U0181401

材料科学与工程著作系列
HEP Series in Materials Science and Engineering

国家科学技术学术著作出版基金
资助出版

晶体结构与缺陷的电子显微分析实验案例

Crystal Structures and Defects Investigated by Electron Microscopy

马秀良 著

JINGTI JIEGOU YU QUEXIAN DE DIANZI XIANWEI FENXI SHIYAN ANLI

中国教育出版传媒集团
高等教育出版社·北京

图书在版编目(CIP)数据

晶体结构与缺陷的电子显微分析实验案例 / 马秀良著. --北京：高等教育出版社，2024.1

ISBN 978-7-04-061096-3

Ⅰ.①晶… Ⅱ.①马… Ⅲ.①晶体结构-电子显微镜分析-案例 Ⅳ.①O766

中国国家版本馆 CIP 数据核字(2023)第 165319 号

策划编辑 刘占伟　　责任编辑 任辛欣　　封面设计 姜 磊　　版式设计 杜微言
责任绘图 黄云燕　　责任校对 刘丽娴　　责任印制 赵义民

出版发行	高等教育出版社	咨询电话	400-810-0598
社　址	北京市西城区德外大街 4 号	网　址	http://www.hep.edu.cn
邮政编码	100120		http://www.hep.com.cn
印　刷	北京中科印刷有限公司	网上订购	http://www.hepmall.com.cn
开　本	787mm × 1092mm　1/16		http://www.hepmall.com
印　张	37.75		http://www.hepmall.cn
字　数	720 千字	版　次	2024 年 1 月第 1 版
插　页	26 页	印　次	2024 年 6 月第 2 次印刷
购书热线	010-58581118	定　价	149.00 元

物 料 号　61096-00

作者简介

马秀良，满族，1964年出生于辽宁省东沟县。1988年毕业于大连理工大学材料工程系。曾师从我国著名科学家郭可信先生，在中国科学院北京电子显微镜实验室和大连理工大学从事Al基合金中十次对称准晶及复杂合金相的冶金学和晶体学研究，1994年获博士学位。1995—2005年先后在德国多特蒙德大学，日本精细陶瓷研究中心、东京大学，中国香港城市大学，以及德国鲁斯卡电镜中心等从事固体材料结构与缺陷的高分辨电子显微学研究。2001—2022年为中国科学院金属研究所研究员，先后任沈阳材料科学国家(联合)实验室固体原子像研究部主任(2006—2018)，沈阳材料科学国家研究中心材料结构与缺陷研究部主任(2018—2022)，金属研究所第十二届学术委员会主任(2019—2022)。现任中国科学院物理研究所研究员、松山湖材料实验室研究员、大湾区显微科学与技术研究中心负责人。

30年来一直致力于材料基础科学问题的透射电子显微学解析。1991—1995年间发现可形成稳定十次对称准晶的唯一的二元合金体系和成分，这一发现修正了此前普遍认为稳定的十次对称准晶只在三元合金系中存在的观点；制备出毫米量级十次准晶单晶体，并测得其有别于传统周期性晶体的独特的物理性能数据；在Al基合金中发现并确定了20余种晶胞参数是以黄金分割比渐进膨胀的大单胞新物相，并将之归纳为单斜和正交两大点阵群族，提出准晶相是上述两大晶体群族中共有的极限成员(单胞无穷大)这一重要观点。

进入新世纪，带领团队重点关注新型铁电拓扑结构的构筑、亚埃尺度的结构特性以及金属腐蚀机理等基础科学问题的像差校正电子显微学解析。相继在铁电材料中发现了通量全闭合畴结构(2015)、半子拓扑畴及半子晶格(2020)、周期性电偶极子波(2021)，为探索基于铁电材料的高密度信息存储和传输提供了新途径；澄清了奥氏体不锈钢点蚀形核初期MnS局域溶解的成因，将不锈钢点蚀机理的认识从先前的微米尺度提升至纳米及原子尺度(2010)；实现了对氯离子在金属钝化膜中传输路径的直接观测，为修正和完善基于模型和假说所建立起来的钝化膜击破理论提供了原子尺度的结构信息（2018）；提出通过界面原子构型的重构来提高不锈钢耐蚀性的新方法，使不锈钢在酸中的活化时间最高延长了两个数量级，大幅度提升了钝化膜的稳定性及不锈钢的耐蚀性能（2022）。

曾获教育部科技进步一等奖（1993），德国“洪堡”基金（1995），美国 ISI“经典引文奖”（2000），中国科学院“百人计划”（2000），国家杰出青年科学基金（2003），国务院政府特殊津贴（2006），郭可信教育基金会“郭可信杰出学者奖”（2016），中国电子显微学会“钱临照奖”（2018），辽宁省自然科学一等奖（2020）等荣誉。

作者相关论文清单
请扫二维码

序　一

读书，或许是人类文明得以传承和发展的最重要方式。其中，诗歌、散文、小说等文学作品以其优美语言、动人故事引人入胜。即便是历史、哲学等较为深奥的人文读物，似乎也比数、理、化、天、地、生等自然科学的专业性书籍更容易读，就更不用与那些读起来晦涩乏味的学术专著相比了。究其原因可能是，对于人文作品来说，即使故事情节再复杂，也会因为故事中的人物角色而生辉；而学术专著重视的是学科体系，要求语言科学严谨，加之专业难懂，所以很难使人爱不释手。

而马秀良师弟集30余年电子显微学研究于材料科学工作之成的这本《晶体结构与缺陷的电子显微分析实验案例》，似乎在努力克服自然科学学术专著晦涩难懂的挑战。作者虽然在全书中依照学术专著的构架将主体内容按照研究对象的科学内涵即晶体的对称性从低到高依次展开，从晶体大千世界中抽象出来5种旋转对称性，到原子在三维空间做千姿百态分布而概括出来14种周期性排列方式，再到令人眼花缭乱的复杂合金相、碳化物、硼化物、硫化物、氧化物等40余个物相，加之神秘的原子层次成像，不可思议的衍射空间……，但他在谈学术问题时始终不忘用生动的语言把那些晦涩科学内容背后的人物显现出来，竭力挖掘他们在发现这些科学规律过程中的精彩故事，用这些活生生的人物和故事去激发本科生、研究生等年轻人投身于基础科学研究、探索自然奥秘的热情和决心，引起他们对这一研究领域历代先驱者们科学精神和人文情怀的无限敬仰。这令我对这位师弟的文风不得不另眼相看。

相信这本学术专著的出版，既可以开拓电子显微学工作者的视野，对电子显微学的用武之地有更为深刻的了解，又可增进对这座学术大厦建设者们的认识，从这些精彩的故事中，欣赏科学精神与人文情怀结合的完美乐章。

中国科学院院士
浙江大学学术委员会主任
2021年12月于杭州

序　二

长期以来，材料科学研究一直围绕着材料的结构–性能关系展开。对于绝大多数材料，晶体结构及各类缺陷决定了其性能和使役行为。因此，分析表征材料的晶体结构及缺陷是材料研究的核心内容。自从德国电气工程师 Ernst Ruska 与 Max Knoll 发明了电子显微镜后，经过近百年的不断发展，电子显微术已成为材料晶体结构及缺陷表征最常用、最有力的工具之一，是材料研究不可或缺的重要手段。电子显微术的发展和应用极大地拓展了人们对材料结构的认知，推动了材料科学的迅猛发展，催生了众多的高性能新材料。

《晶体结构与缺陷的电子显微分析实验案例》一书以多种典型晶体结构及缺陷的分析表征实验案例为主线，包含金属和合金材料中的复杂合金相、碳化物、硼化物、硫化物、尖晶石型氧化物等晶体，系统介绍了电子显微学及晶体学基础知识。作者独具匠心，结合自己 30 余年学术研究的亲身经历，以这种独特的形式生动地展示了通过对材料基础科学问题的再认识，尤其是对晶体结构认识的不断深化，更新了我们对材料经典问题的理解。从中不难读出作者对材料研究浓厚的兴趣和从科学发现中收获的乐趣。书中还讲述了该领域发展中一些精彩的历史事件片段，展示出作者对先驱的敬仰和尊重。书中很多图片具有很强的科学性，同时也展现出晶体的对称之美。该书可读性强，不但对材料研究者具有重要的学术参考价值，对于青年学者和学生也是一部难得的营养丰富的教材。

作者马秀良研究员是我 20 多年来的同事、朋友和合作者。作为一名优秀的材料科学家，他不但在材料的结构与缺陷电子显微学研究中有很深的造诣，在材料的制备、性能和使役行为(如金属的腐蚀)等诸多方面也有独特的建树。他的研究风格和理念深受其导师郭可信先生的影响——学风严谨、精益求精，功底扎实深厚、分析问题入木三分。这些或许就是他在研究工作中不断取得新突破的主要原因吧。当然，他对材料研究的情怀和对学科发展的责任担当是必不可少的。

中国科学院院士

沈阳材料科学国家研究中心主任

2022 年 2 月 10 日于沈阳

前　言

2008—2018年，每年春季为中国科学院金属研究所的研究生讲授“电子衍射与物相分析”课程，其内容涵盖作者自20世纪80年代末师从郭可信先生起至近年带领研究团队在有关电子衍射方面所积累的主要实验案例。2014年我将课件放在课题组网站上供有兴趣的读者随意下载和使用，据悉获得了海内外一些华人学者的关注。同年，作者接受高等教育出版社资深编辑刘剑波老师将课件整理成教材出版的建议，至今已历时8年多。

本书的主体(第2~6章)按晶体的对称性从低到高依次展开，包括单斜、正交、四方、六方、三方、菱方、立方晶系，涉及周期性晶体14种布拉维点阵中的13种点阵类别以及部分准晶体，共40余种物相。本书仅包含合金或金属结构材料中的复杂合金相、碳化物、硼化物、硫化物、尖晶石型氧化物等内容。读者若对铁性功能氧化物中的畴结构及异质界面结构感兴趣，可参阅附录1中所列出的相关论文。第1章和第7章是科学研究中相关历史的精彩片段，不但能引起读者对本领域历代先驱者的无限敬仰，也能激发年轻学者投身于基础科学研究、探索自然奥秘的热情和决心。

得益于40多年来我国经济的快速发展和国家对基础研究的稳步投入，电子显微镜在我国材料科学研究中日渐普及，也是解析材料基础科学问题的最重要手段之一。但是，透射电子显微镜虽可直接呈现原子的排列，却不是一种简单的放大镜。作为改革开放后较早一批有机会受到透射电子显微学专业性熏陶的学者之一，撰写本书旨在以“案例”的形式梳理电子显微学及晶体学的基础知识，展示如何通过对材料基础科学问题的再认识从而对经典问题产生新理解，分享发现的乐趣，传授30余载的学术经验，这种传承理念长久以来深怀于作者心中。

对透射电子显微镜的准确描述为：它是一种具有测试功能的研究型仪器。硬件的配置无疑只是整个科研链条中最为简单的一个环节。在电子显微学实验室作科研通常需要晶体学、晶体化学、材料科学、固体物理、电子光学以及电气工程等多领域的研究人员和技术人员相互配合、通力合作，需要有一种被作者常称之为“暗室文化①”的学术氛围。未来高端科学仪器的自主研制更需要这

① 这里的暗室文化特指互帮互学的一种氛围。源于在暗室里冲洗底片或放大照片的时候，刚入学的学生需要师兄/师姐手把手地教授。

种分工与协作，并以相应的学术评价体系作为保障。

本书包含约1400幅独立的实验照片(大多是早期通过黑白胶片拍摄和记录的)，图片的编辑和文字的撰写难免有不当之处，恳请读者批评指正。

马秀良

2021年12月于沈阳

E-mail：xlma@ sslab. org. cn；xlma@ iphy. ac. cn

目　　录

第1章 历史回顾

1.1 透射电子显微镜的发明及其发明权之争[1-10]

1.1.1 透射电子显微镜的发明[1-8]

根据德国物理学家和数学家 Ernst Abbe (1840—1905) 推导出的阿贝定理，光学显微镜的分辨率与光波的波长成正比。至 19 世纪末，开启人类通往微观世界第一扇门的光学显微镜的分辨率已经接近其理论极限(大约 0.2 μm)。

光学显微镜的分辨率大约是晶体中原子间距的三个数量级，因此无法通过光学显微镜来探测晶体中的原子排列规律。1923—1927 年间物理学领域的三项科学发现奏响了发明电子显微镜提高分辨率的序曲。

(1) 1923 年法国科学家德布罗意(1892—1987)首先提出了电子的波粒二象性的设想，并推导出电子波长的表达式(因此获得 1929 年的诺贝尔物理学奖)。

(2) 1926 年奥地利物理学家薛定谔(1887—1961)推导出电子波在电磁场中的运动方程(因此获 1933 年诺贝尔物理学奖)。

(3) 德国物理学家 Hans W. H. Busch 经过 15 年对阴极射线的

研究，终于在 1926—1927 年相继报道了轴对称电磁场对电子束的透镜聚焦效应，奠定了几何电子光学的基础。

电子波具有远小于光波波长的特点且能够在磁场下聚焦，成为提高显微镜分辨率的希望所在。1931—1933 年，德国电气工程师 Ernst Ruska 与 Max Knoll 一起发明了历史上第一台电子显微镜，开启了人类通往微观世界的第二扇门。

1906 年，E. Ruska 出生于德国海德堡的一个科学之家，在七个兄弟姐妹中排行第五。他的弟弟 H. Ruska(1908—1973)曾从事生物方面的研究，对电子显微镜的发明以及在生物领域中的应用起了重要的推动作用。Ruska 的妹夫 Bodo von Borries 在 Ruska 的影响下参与了电子显微镜的研制工作，是 Ruska 工作、生活中的亲密伙伴。Ruska 研制电子显微镜的过程，按时间顺序简要总结如下。

1925—1927 年：就读于慕尼黑技术学院、柏林高等工业学院[①]，学习电子学。

1928—1929 年：在柏林高等工业学院电机系高压实验室做副博士论文期间，从事阴极射线的聚焦研究。实验上证明 Busch 提出的通电线圈产生的磁场具有对电子束的聚焦作用。Ruska 认识到，如果在线圈外加一个铁盖，可以缩短电磁透镜的焦距，于是动手制作了真正意义上的电磁透镜。他先用一个磁透镜聚焦得出金属网的 13 倍放大像，后来用双透镜得出 17.4 倍的放大像。这些工作奠定了高分辨率电子显微镜的基础，开启了研发电子显微镜的征程。

1931—1933 年：与 Knoll 一起，引入极靴及投影镜，得出 12 000 倍的放大像，该电镜的分辨率(估计为 50 nm)首次超越光学显微镜的分辨极限，宣告第一台电子显微镜诞生。

1934 年：获柏林高等工业学院博士学位。由于缺乏项目资助，不得不别离亲手制造的电镜，到柏林的一家电子光学公司谋求一份差事，研发电视发射器和接收器。

1937 年：2 月与妹夫 von Borries 加入西门子公司，并建立电子光学实验室，发展西门子超级显微镜。

1939 年：制造出第一台分辨率为 7 nm、放大倍数为 3 万倍的商用电子显微镜。

1940 年：与妹夫 von Borries 建议西门子公司成立客座实验室，邀请德国和外国科学家来此进行与电子显微学相关的研究工作。该举措取得了巨大成功，仅 4 年左右的时间就有 200 多篇与该实验室有关的论文发表，对电镜工作的推广功不可没。

① 1946 年，正式更名为柏林工业大学。

1945 年：西门子公司在 Ruska 及其妹夫 von Borries 的负责下，生产了 40 多台电镜，装备于该公司 35 个研究所。

1946—1948 年：战后重建，电镜制造暂时中止。

这里值得一提的是，1948 年，荷兰代尔夫特理工大学的 A. C. Vandorsten 等[11]为飞利浦光学电子公司设计了一款颇具创意的电镜。他们在物镜和投影镜之间加入了一个中间镜，通过改变中间镜线圈的磁场，在不移动样品和电子束的情况下实现了成像和衍射模式间的转换。另外，他们在物镜的像平面上装有一个可变换孔径的光阑，只选择感兴趣部分进行电子衍射(也就是我们现在常说的选区电子衍射)。选区衍射的实现从根本上丰富了电子显微镜的功能，使得电子显微镜不仅可以在实空间得到物体的放大像，而且可以通过倒易空间研究物质的结构与缺陷。

1949—1954 年：在西门子公司生产出带有电子衍射功能的电子显微镜“Elmiskop I”。该显微镜采用双聚光镜以减小电子束照射面积和样品升温，同时使用冷阱以减少样品污染等，很受用户欢迎，英国剑桥大学在几年内就购置了 8 台这种电子显微镜。P. B. Hirsch 等就是使用这种型号的电子显微镜在 1955—1956 年观察到金属薄膜中的位错运动，证明了位错理论的正确。在这之后，电子显微镜在金属学及物理冶金学中得到了广泛应用。

1955—1972 年：任 Fritz Haber 电子显微学研究所所长。

1974 年：是年 12 月 31 日退休。

1986 年：获得诺贝尔物理学奖。获奖理由是：“为他在电子光学基础研究方面的贡献和设计出第一台电子显微镜”。

1988 年：是年 5 月 25 日过世。

1.1.2　透射电子显微镜的发明权之争[5-10]

这里涉及西门子公司与德国电气公司之争，以及电子物理学家 Reinhold Rüdenberg 与电气工程师 Ruska 之争。这种争论从二战前延续到二战后。最后还是因为其他有争议权的人陆续离世，Ruska 才得以在 1986 年 80 岁高龄之际，毫无争议地获得了诺贝尔物理学奖。

从专利优先角度来看，电子显微镜的发明人确实不是 Ruska，而是物理学家 Rüdenberg。

Rüdenberg 是一位天才学者，他 1883 年生于德国汉诺威，1901—1906 年就读于汉诺威工业大学电气工程专业。1906 年他在大学毕业的同时就提交了博士学位论文，并取得了博士学位。

1931 年 5 月 28 日，任职于西门子公司的 Rüdenberg 向法国、德国及美国的专利局提出了利用磁透镜来制造电子显微镜的专利申请，第一次出现“电子显微镜”一词。他的专利于 1932 年 12 月和 1936 年 10 月分别获法国、美国专利局批准。在此之前，德国通用电气公司 AEG 于 1930 年就在 Brüche 领导下开始研究静电透镜成像，并在 1931 年 11 月获得涂上氧化物的灯丝的显微图像。在 AEG 公司的反对下，Rüdenberg 的两个电子显微镜专利申请直到第二次世界大战后才在 1953 年和 1954 年获得联邦德国专利局批准。

Rüdenberg 是著名的电子物理学家，除了在西门子公司任科技部总工程师外，还兼任柏林高等工业学院电机系教授，无论在学识、经验和远见方面都很强。但是，他从未做过磁透镜成像方面的工作，其专利申请全凭理论推导。1930 年 Rüdenberg 的次子得了小儿麻痹症，他曾试图探究病毒的形态与结构，但受到分辨率的限制，光学显微镜对这种病毒无能为力。于是，他设想利用 X 射线或电子束制造分辨率更高的显微镜[9]。

1931 年 5 月，Rüdenberg 的助手 Steenbeck 曾去 Knoll 的实验室参观，了解到 Ruska 的实验结果，并看到了 Knoll 将在 6 月 4 日做的有关 Ruska 研究工作的学术报告的手稿——《阴极射线示波器的设计及新结构的原理》。就在 Knoll 6 月 4 日报告的前几天，Rüdenberg 于 5 月 28 日向法国、德国及美国的专利局提出专利申请。作为柏林高工兼职教授的 Rüdenberg 恰恰参加了 Knoll 在 6 月 4 日的报告，并坐在第一排，但讨论中他一言不发，也没有透露他已于一周前递交了电镜的专利申请。于是，Ruska 与 Knoll 对此产生一些怀疑。

第二次世界大战结束后，Steenbeck 在苏联工作，直到 1956 年 7 月才回到德意志民主共和国，同时期 Knoll 也从美国回到德意志联邦共和国，但 Knoll 仍念念不忘 Steenbeck 曾在 Rüdenberg 申请专利前去他的实验室参观一事。因此，Knoll 于 1960 年 10 月 17 日写信给 Steenbeck，希望了解当时的一些具体情况。11 月 8 日 Steenbeck 在回信中承认了他在参观后向 Rüdenberg 做过汇报，并说“Rüdenberg 的专利申请是我访问的结果，也肯定是从我的见闻中得到了启迪”[6]。

在希特勒迫害犹太人期间，Rüdenberg 于 1936 年移居英国，两年后定居美国，1961 年 12 月 25 日过世。Rüdenberg 过世后，他的太太(Lily)把他生前与电子显微镜有关的所有资料都捐献给了哈佛大学，供后人研究那一段历史。他的两个儿子(Herman Gunther Rüdenberg 和 Frank Hermann Rüdenberg)以及孙子(Paul G. Rüdenberg)也曾提供大量的历史资料以弘扬其前辈在电子显微镜方面的贡献[9, 10]。

1.2 中国第一台电子显微镜

1.2.1 中国第一台电子显微镜的来历、运输、安装

我国电子显微学界的前辈钱临照、郭可信、黄兰友、姚骏恩等都曾在多个场合对中国"第一台电子显微镜"有过这样的记述[12-15]：它是在南京原国民党广播事业局的一个仓库里发现的，该电镜由英国 Metropolitan Vickers 公司生产。

2019 年，中国科学院出版了一本离退休老同志们撰写的回忆文集——《定格在记忆中的光辉七十年——献给中国科学院 70 周年华诞》，文集中第四章的标题是"再不说或许会被遗忘的过往"。中国科学院物理研究所离退休老同志胡欣撰写了一篇纪实短文，题为《新中国第一台电子显微镜运输纪实》，对"第一台电镜"的归属、存放及后期运输等诸多环节提供了一些鲜为人知的线索[16]。

科学出版社胡升华先生根据中国科学院物理所胡欣提供的线索，借助当下便捷的文献检索，重新开启了困扰他 20 多年神秘往事的探秘追踪，并于 2020 年完成了题为"困扰海峡两岸的中国第一台电子显微镜之谜"这一纪实文章[17]。文中围绕"第一台电镜"这一重要科学事件，牵扯出背后一连串神奇的故事，扣人心弦。这里以时间为序简单摘录如下。

1940—1945 年：原"重庆电波研究所"所长冯简(1896—1962)先生以电波研究的名义购买了两台电子显微镜，一台由英国 Metropolitan Vickers 公司生产，另一台由美国 RCA 公司生产。美元经费来自"美国油锡贷款"，英镑经费来自英国第一次对华信用贷款。冯简先生是我国无线电通信领域的先驱，为我国短波通信事业做出了重要贡献。抗战期间，他任国民党"中央广播事业管理处"总工程师，在重庆主持了 35 kW 短波电台的建设，为战时对外宣传做出了重要贡献。

1945 年抗战胜利后：冯简奉命回南京接收电台，"中央广播电台"也由重庆迁回南京。冯简应该是趁着电台搬迁的机会，把 RCA 公司产的电镜带到了南京，以后国民党撤离大陆时，又带到了台湾(该电镜到台湾后一直存放在广播公司的仓库里，1969 年台湾大学电机系打算安装使用这台电镜，但因为零配件损坏又找不到供应商，只得作罢)。另一台英国产的电镜则留在了重庆，连同包装完整地存放在国民党"西南财经委员会"，一直保持未拆箱的状态。

1950 年 12 月：中央人民政府政务院决定将属于国民党"重庆电波研究所"的这台电子显微镜交给刚刚组建的中国科学院。中国科学院一经得知政务院的

决定，立即开始安排各项接收事宜。12 月 20 日，中国科学院先与重庆大学物理系郑衍芬主任取得联系，委托他代为接收和保管。

1951 年 1 月：1 月 16 日，中国科学院向郑衍芬了解了该电镜的具体情况。郑衍芬随后致函严济慈先生告知：电波研究所的孙文海曾赴英国专门学习过该仪器，目前正在北京，可就近联系。郑衍芬还提出建议：待长江水上涨后再搬运，由重庆经水路到汉口转车至北京，可以减少装卸损失。

1951 年 2 月初：中国科学院派工学馆周行健到重庆落实电镜的具体情况。

1951 年 3 月：3 月 21 日，经过周密准备并由政务院机关事务局同意，中国科学院院长办公会决定将这台电镜运到北京，交给近代物理所、应用物理所管理。中国科学院决定派应用物理所许少鸿承担接收、起运这台贵重设备的任务。许少鸿于 1950 年 10 月响应新中国政府的号召从美国归来，进入中国科学院应用物理所工作，当时是应用物理所助理研究员。3 月 26 日，许少鸿接到任务，31 日动身离开北京，途经武汉，于 4 月 4 日到达重庆。到重庆后许少鸿立即开始接洽，经过与多方协商并请示中国科学院，确定了起运方案。先是拟用军用飞机运输，协调中得知空军总司令部暂时没有专机。经中国科学院再次协调，4 月 26 日决定包用一架民航专机。同时，确定由西南财经委员会负责搬运，西南公安部二处负责全程保卫工作。重庆当时有珊瑚坝和白云峰两个机场，其中珊瑚坝机场跑道短，大飞机不能起飞，而白云峰机场又没有符合条件的称重设施。

1951 年 4 月：4 月 28 日，公安部二处派来两名武装人员负责押运，先将全部包装箱送珊瑚坝机场过磅，然后运至白云峰机场。至白云峰机场后，立即由有装卸经验的西南邮电局仓库工人负责装入飞机，保证设备无损伤。这台电镜所有部件共装入 18 只木箱，另有一箱是装箱清单，总重量为 2 060 kg。4 月 30 日，当载有珍贵电镜的专机到达北京时，中国科学院派出的运输车已在机场等候，将所有箱子运到位于东黄城根物理所的前楼内存放。

1952 年 7 月：7 月 16 日，钱临照先生与何寿安同志在一无经验二无资料的情况下，把这台在仓库里沉睡多年的电子显微镜安装调试好。这是新中国成立后第一台由中国人自己装配起来的电镜，在 10 个月内，慕名来物理所来参观的达 340 余人次。

1.2.2　中国第一台电子显微镜上取得的学术成果

在 1955 年之前，研究晶体范性形变的主要方法是 X 射线衍射，而在这之后，电子显微镜的使用逐渐普及，特别是用衍衬法(衍射因晶体取向不同而有强弱差别，由此产生像衬)研究位错的交互作用、组态及动态行为[13]。钱临照先生与何寿安同志一起不仅将一台未开箱的英国造电子显微镜在物理研究所安装就绪，而且对铝单晶体滑移现象进行了详细观察，并于 1955 年在物理学报上连续发表两篇学术论文[18, 19]（图 1.1）。钱临照先生及合作者的这些论文是我国最早发表的电子显微学文献，我国提交到国际电子显微学会议的第一篇学术论文也发端于此。

1956 年，第一届亚太电子显微学会议在日本东京举行，日方邀请中国科学院派团参会。中科院指派应用物理所的李林（Anna Chou，李四光先生的女儿）出席了本次会议（李林曾在剑桥大学冶金系 Nutting 教授指导下从事电子显微学方面的工作，可以说是中国用电镜研究合金的第一人）。李林出发前找钱临照先生商量参会事项，钱先生把自己与何寿安合作的《铝单晶体滑移的电子显微镜观察》一文交给她，并拿出许多用氧化铝复型照的铝滑移线电子显微像供她挑选。日方会前临时调整日程，安排李林做了大会报告，英文题目是 *Slip Propagation of f.c.c. Aluminum Crystals*。“我报告完后得到热烈的掌声，晚宴时被许多国家的代表包围，包括美国和加拿大代表在内，他们对新中国刚解放后不久就有这样水平的电子显微镜工作而感到很惊奇，这是第一篇向国际同行报告的学术论文”[20]。这篇学术报告也表达了新中国科技工作者有意加入国际科学大家庭的愿望，以及有能力为科学事业做出贡献的自信[17]。

物 理 學 報
第 11 卷第 3 期 1955 年 5 月

研 究 簡 報

鋁單晶體滑移的電子顯微鏡觀察(一)

錢臨照 何壽安
(中國科學院應用物理研究所)

THE GLIDE OF ALUMINIUM SINGLE CRYSTALS OBSERVED BY ELECTRON MICROSCOPE [I]

TSIEN LING-CHAO, HO SHOW-AN
(Institute of Applied Physics, Academia Sinica)

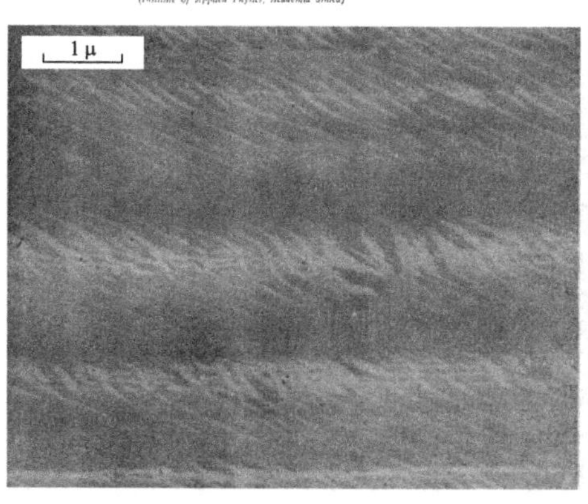

290 物 理 學 報 11 卷

鋁單晶體滑移的電子顯微鏡觀察(二)

錢臨照 何壽安
(中國科學院應用物理研究所)

THE GLIDE OF ALUMINIUM SINGLE CRYSTALS OBSERVED BY ELECTRON MICROSCOPE [II]

TSIEN LING-CHAO, HO SHOW-AN
(Institute of Applied Physics, Academia Sinica)

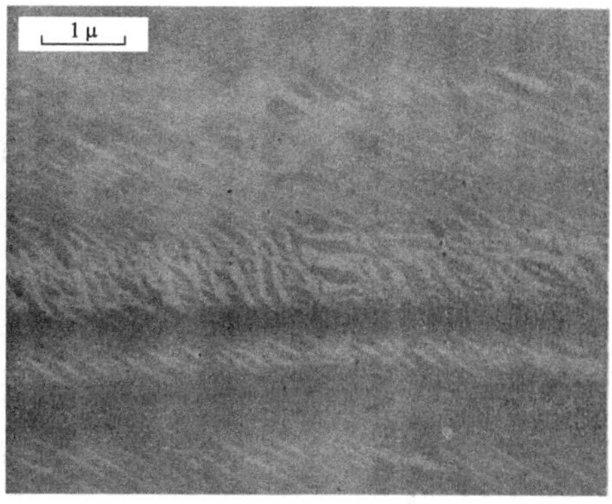

图 1.1 1955 年发表的我国最早与电子显微学有关的学术论文首页[18, 19]

1.3　中国学者和工程技术人员自主研发透射电子显微镜

20 世纪 50 年代末至 80 年代，中国学者和工程技术人员在研制透射电子显微镜方面一直进行着不懈的努力。1996 年，中国电子显微学会旗下的《电子显微学报》同期刊登了由黄兰友先生和姚骏恩先生分别撰写的两篇文章。文章分别以《早期电子显微镜制造的回忆》和《我国超显微镜的研制与发展》为题，纪实描述了中国人研制透射电子显微镜的那段波澜壮阔的历史[14, 15]。以时间顺序简要摘述如下：

1956 年，国家制定了《十二年科学技术发展规划》，由王大珩、龚祖同和钱临照教授等组成了仪器规划小组。当时规划小组就提出研制电子显微镜，但苏联顾问认为难度太大，系统太复杂，不要列入。

1957 年冬，电镜创始人德国电气工程师 Ruska 访华，李林、吴全德教授负责接待和交流。

从此，中国学者和技术人员自行研制透射电镜的热情愈发强烈。下面以时间为序从不同单位的角度简要回顾。

1.3.1　中国科学院长春光学精密机械与物理研究所

1958 年，中国科学院长春光学精密机械与物理研究所(简称长春光机所)王大珩所长、龚祖同副所长再次提出研制电子显微镜的构想。同年，我国著名科学家黄鸣龙之子黄兰友在西德图宾根大学完成电子显微镜方面的博士论文后回国，并被分配到中国科学院电子学研究所(简称电子所)工作。那时电子所正在讨论“大跃进”计划，黄兰友博士提出了若干书生气十足的研究计划，但没人理睬，在冥思苦想怎么才能算得上解放思想时猛然想起：制造电子显微镜！这个“大胆”的设想得到所长顾德欢的赞赏。

1958 年 4 月底，黄兰友出差到长春光机所，经过几番交流后被告知：“马上回北京去取能够保暖一点儿的衣服，国庆前回不了北京了，工作马上开始，国庆前拿出东西来”。黄兰友考虑再三后提出，应有一台比较现代化的电镜做参考，次日被告知：“中国科学院副院长张劲夫已同意把一台新引进的电子显微镜借给我们，此外，电子所已经同意把你借调给长春光机所”。

当时，长春光机所有 8 个为国庆献礼的大项目，所里把电镜研制排为第一号任务。

黄兰友在回北京途中经停沈阳，来到中国科学院金属研究所，希望了解关于极靴材料的事儿。在金属所期间，他遇见了自瑞典留学回来的、后来成为我国电子显微学创始人之一的郭可信。在了解到黄兰友的来意之后，郭可信立刻答应提供用作电镜极靴材料的铁钴合金。

根据黄兰友博士个人的回忆，他离开金属所的时候心情格外轻松，心想这次出来真是看到了祖国的希望，到处都是满腔热情、团结一致的人们。他觉得自己在参与一项伟大的建设事业，心里特别高兴。

1958 年 5 月，黄兰友带着电子所的江钧基一起回到长春。长春光机所分配了一位有经验的机械工程师王宏义及两个物理专业新毕业的大学生林太基和朱焕文，让他们和黄兰友一起工作。他们先把这台新引进的电子显微镜的电子光学系统计算了一遍，推算出几个透镜的线圈匝数和磁路参数，同时也计算了加工精度要求和电源的稳定度纹波等要求，然后交给各专业室。他们建立了一个实验室，开始做光阑、进行真空检漏、做荧光屏，后来在此进行了设备安装和调试等。

1958 年 8 月初，电镜的镜筒、真空、电源都加工完成。但是，他们缺少电子枪的高压绝缘陶瓷(外协加工需要的时间太长)，于是黄兰友提议用塑料加工一个！所以，他们第一次把电子束调到荧光屏上时就是利用一个有机玻璃“瓷瓶”做到的。为应对有机玻璃软化变形，他们只能调试十分钟就休息一会儿，这样就解决了镜筒中许多调试初级阶段都会出现的问题。

1958 年 8 月 19 日凌晨 2 时 45 分，他们在荧光屏上得到了第一个电子显微像。这是一个氧化锌烟粒的像。当天新华社记者刘思泰给他们拍了照(图 1.2)。从开始研制到得到第一个电子显微像仅用了 72 天。

1958 年 9 月，中国科学院在长春光机所召开全院庆功大会。中国科学院院长郭沫若、副院长张劲夫带领各所的所长们观看了展览，张劲夫把黄兰友介绍给郭沫若时说：“这是黄鸣龙的公子”。展览完毕后，第一台电镜及其他献礼大件被装箱运往北京。

全院的献礼成果在新盖的生物物理研究所大楼展出。黄兰友建议把电镜标牌上原先不知谁写的“分辨本领 25 Å”改为“分辨本领 100 Å”。按照黄先生自己的回忆，这 100 Å 也是他凭印象估计的，后来就变成官方数据了。周恩来总理曾来这里参观展览。

1958 年中国科学院庆功大会之前，黄兰友就提出设计一台 100 kV 的大型电镜。长春光机所曾发了一份公函给电子所顾德欢所长，希望把黄兰友调到长春光机所工作。后来在征得个人意见后，两所同意黄兰友每个月去长春一次，花一半时间兼管那里的电镜工作。

1958 年 9 月，长春光机所为了加强电子显微镜方面的力量，成立了由姚骏恩任组长的电镜课题组，同时还有新来的曾朝伟和谢信能参加。大型电镜的设计从 11 月份开始，主要参考资料都是黄兰友从德国带回来的。对他们设计影响最大的是 1955 年 Ruska 在西门子公司制造的 Elmiskop 电镜方面的文章和

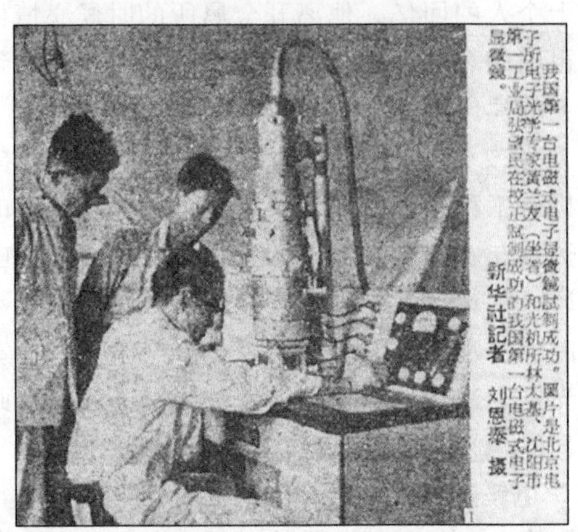

图 1.2　1958 年中国人自行研制的第一台电子显微镜（加速电压 50 kV，分辨率约 10 nm）[14]

一份 Elmiskop 电镜样本，这些德文资料当时在国内都是查不到的。

设计完毕后，长春光机所决定与上海精密医疗机械厂合作，由上海方面负责电器和电镜的架子、操作台和面板等。长春光机所负责电镜镜筒和真空系统。组装完毕后的电镜与 Elmiskop 在外观上基本相同。黄兰友等用长春光机所自制的光栅做的复型校正了放大倍数，并通过在火棉胶膜上喷重金属颗粒的方法来测量样品的分辨率。

1959 年 9 月 25 日，黄兰友在电镜上工作了一个通宵，26 日清晨拍下了他认为比较好的像。他从定影液里取出照片，冲水，利用放大镜在湿淋淋的底片上找到了 50 Å 的最小点间距，随即去火车站返回北京。后来光机所的同志在那张底片上找到了 25 Å 的点间距。

1959 年 9 月 26 日，光机所把电镜拆下来装箱运往火车站，他们把电镜单独放在一节包下来的货箱里，由姚骏恩和王宏义坐在电镜旁将其护送到北京。

1959 年 10 月 1 日，大型电镜在北京展览馆展出（图 1.3）。时任国家主席刘少奇参观了展览会并题词鼓励。图 1.3 中操作电镜的是光机所的曾朝伟，样品是一只蚊子的翅膀。同一天，国庆十周年大游行在天安门广场举行。排在中国科学院队伍前列的是大型电镜的一个巨幅模型，当中国科学院的队伍走过天安门时，毛主席向同志们挥手致意。

图 1.3 1959 年国庆十周年展览会上展出的中国人研制的大型电子显微镜(100 kV, 2.5 nm)[14]

1.3.2 南京、上海相关厂家

1958—1959 年，在中国参与研制电镜的单位达 14 家之多。光机所后来把中型电镜移交给南京教学仪器厂(后改名为江南光学仪器厂)生产，把大型电镜交给上海精密医疗机械厂(后来成立了上海电子光学技术研究所)生产。南京教学仪器厂后来成为我国生产透射电镜最多的厂家，至 1993 年共生产 200 多台。上海共生产约 100 台大型电镜。

上海电子光学技术研究所生产的电子显微镜历经 DXA_1-10 型(100 kV, 5 nm)、DXA_2-8 型(80 kV, 2 nm)，至 1965 年 7 月制成了 DXA_3-8 型(80 kV, 0.7 nm)一级电子显微镜，1968 年定型为 DXA_4-100(100 kV, 0.7 nm)，并批量生产。1966 年 3 月 30 日，邮电部为了庆祝当时全国 8 个新产品，发行了一套 8 张纪念邮票，其中一张是 DXA_2-8 型(图 1.4)。这台电镜很像它的原型机 DX-100，而原型电镜又很像 Elmiskop 电镜，以至于美国集邮爱好者、电子显微学者 Simine Short 把这张邮票上的 DXA_2-8 型电镜当成了 Elmiskop 电镜。Short 于 1990 年发表在“EMSA Bulletin”上的一篇文章中认为，这是世界上最早以电镜为主题的邮票，并凭主观想象错误地认为：“中华人民共和国买了这么一台现代的、复杂的 Elmiskop 电镜，并把这个仪器的图片放在一套显示新工业产品的 8 张邮票之中”。

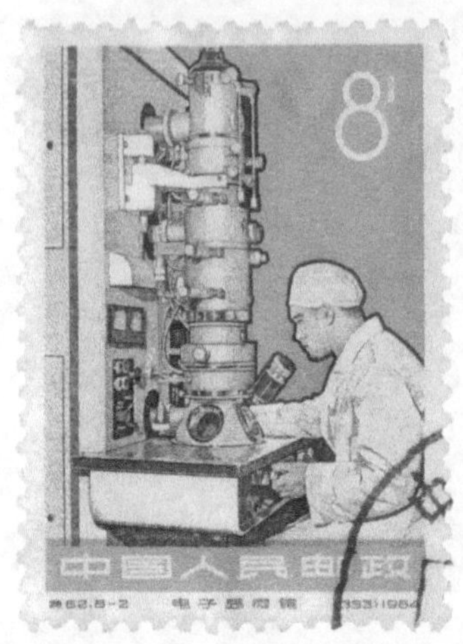

图 1.4　1966 年 3 月 30 日，我国以上海电子光学技术研究所生产的 DXA_2-8 型电镜为主题发行的邮票，这是世界上最早的以电子显微镜为主题的邮票[14]

1.3.3　北京科学仪器厂

根据黄兰友先生的回忆，1959 年以后的光机所在电镜方面没有开展更多工作，地平线上出现了一个北京科学仪器厂(简称"北京科仪厂"，1991 年改名为北京科学仪器研制中心)。1960 年，北京科学仪器厂的胡明相找到黄兰友，请求帮忙做一台发射式电子显微镜。后来，黄兰友帮助胡明相完成了电子光学设计，北京科学仪器厂自己完成了整体设计和调试。这台仪器(图 1.5)随后交给了中国科学院电子学研究所用作阴极发射方面的研究。北京科学仪器厂为什么研制这种应用面很小的特殊电镜呢？按副厂长向鹏举的话来说，是为了跨入电子光学和电子显微镜领域做舆论准备。

1962 年，北京科学仪器厂开始研制大型电子显微镜。

1964 年 4 月，中国科学院为了集中力量决定把以姚骏恩为负责人的长春光机所电镜室合并到北京科仪厂。北京和长春在电子光学设计方面相近，黄兰友建议以长春的设计为基础，加以必要的修改。厂长田巨生和副厂长向鹏举组织了这项研制计划，包括请中国科学院下达给上海冶金所(现为中国科学院上海微系统与信息技术研究所)和沈阳金属所分别用粉末冶金法和真空冶炼法生产极靴材料的任务、组织厂内极靴加工攻关、引进国外先进电镜专门用于测量极靴像散，最终成功研制出 XD-2 型电镜。1965 年底中国科学院组织由钱临照主持的成果鉴定会。结论是："根据鉴定过程中所拍摄的铂铱粒子照片，测得最小可分辨距离为 0.4 nm 和 0.5 nm 的五对点子。按国外常见的表示方法，

图 1.5 1960—1961 年，北京科学仪器厂研制的第一台发射式电子显微镜，中国科学院电子学研究所用之研究阴极发射[14]

DX-2 型电镜的分辨率可达 0.4 nm。沿用国内采用的鉴定分辨率从严的方法（以第五对最近点间的距离计算），评定该电镜的点分辨率为 0.5 nm，电子光学放大可达 25 万倍以上。由此可以认为，DX-2 型电镜在分辨率和放大倍数方面已达到国际先进水平"。这已接近当时国际水平(3 Å)。在北京科仪厂的庆功大会上，青年职工编排的各种节目如实反映了那个时代人民群众的精神面貌，也生动地表达了大家对出色完成各项任务的自豪感。

中国科学院科仪厂于 1975—1980 年完成了 DX-4 型透射电子显微镜的研制，1980 年 12 月完成鉴定，并获中国科学院重大科技成果一等奖。该款电镜分辨率为 3.4 nm，最高放大倍数为 80 万倍，最高加速电压为 100 kV。在同类型电镜中体积较小、使用较方便，镜筒由 6 个透镜组成。设计时采用了黄兰友得到的最短焦距的电子透镜公式。第一中间镜置于物镜下磁路内，减少了镜筒高度，得到了更小的最低放大倍数和更大的视野。

1.4 中国大陆第一台高分辨透射电子显微镜及其相关成果

1946 年夏，郭可信从浙江大学化工系毕业后通过了公费留学考试，于 1947 年 9 月到瑞典斯德哥尔摩的皇家理工学院金相学实验室专攻冶金学，其间主要利用 X 射线衍射方法研究合金中的相结构。后来逐渐接触电子显微镜，用的是当时瑞典唯一的一台 RCA 电镜。那是第二次世界大战后第一代电镜，只有一个聚光镜，消像散是靠机械移动在物镜极件周围的 8 个小铁块来实现的，没有衍射功能。1955年，郭可信用萃取复型法研究合金钢回火初期生成的碳化物[21]，同年11月去伦敦作“δ-铁素体的金相学”的学术报告，会后去剑桥大学参观。那时卡文迪许实验室的Whelan已经用配有双聚光镜和中间镜（可做电子衍射）的西门子Elmiskop-I型电镜观察到铝中的位错运动，并发展出衍衬技术。当时西门子Elmiskop-I是最好的配有衍射功能的电镜，日本的JEM5等才刚刚出来。20多年后，日本电子株式会社生产出JEM200CX，挤掉了西门子公司的电镜市场[22]。

1956年3月，郭可信看到周总理“向科学进军”的动员令，兴奋不已，4月底乘机经苏联回到阔别九年的祖国，任职于中国科学院金属研究所（位于沈阳市）。之所以来到沈阳工作，与那时金属所有一台苏联人仿制西门子的透射电镜不无关系。

1962年中国科学院又分配给金属所一台民主德国产的电镜，仍然不能做电子衍射。郭可信等用它观察到铝合金中的位错运动和交滑移[23]，并于1964年在捷克召开的第4届欧洲电子显微学会议上做了展示。1965年金属所又争取到一台日本电子株式会社生产的JEM-150电镜（加速电压是150 kV），用它开展镍合金中位错、层错的衍衬像研究[24]。

1967年夏，中国科学院分配给金属所一台之前通过贸易定购的捷克产电镜。为了安装这台电镜，郭可信去北京参加钢铁学院（现为北京科技大学）的同一型号电镜的安装。回沈阳后带领其他人居然把这台捷克电镜安装起来，并调试出十几埃的电子显微像。

“文化大革命”期间，郭可信亲自在JEM-150电镜上做了些相分析工作，发现$M_{23}C_6$与M_6C都属面心立方晶系，点阵常数又差不多，只凭斑点的几何位置很难区别它们。但是，它们属于不同的空间群，衍射强度差别较大。为了得到三维的不同取向电子衍射图，他还和北京分析中心的孟宪英利用她的JEM-100电镜开展了倾斜晶体的实验，确定了一些含钒矿物的点阵类型，后来这种技术在国内得以广泛传播。

改革开放之后的1980年，郭可信先生了解到院里准备引进一两台电子显微镜，随即便去北京争取，并向郁文秘书长立下军令状，保证在电镜安装后三年内做出出色成绩。这样，院里决定为金属所订购一款当时分辨率最高的透射电镜。该电镜型号为JEM200CX，是20世纪70年代末日本电子株式会社为高分辨工作而专门设计的，加速电压为200 kV，点分辨率为0.25 nm。这款当时最高端的透射电镜安装调试完成后，郭可信先生带领研究团队统筹安排诸多研究方向，相继取得了一批具有国际领先水平的研究成果：在四面体密堆晶体（Frank-Kasper相）的电子衍射图中观察到5次对称的强电子衍射斑点，并给予正确的诠释；独立在Ti-Ni合金中发现具有5次旋转对称的三维准晶（被西方学者称为“中国相”)；首先发现8次旋转对称二维准晶；首先发现稳定的10次旋转对称的二维准晶；首先发现一维准晶；首先发现具有立方对称的三维准晶，并阐明准晶的必要条件是准周期性，而不是所谓的非晶体学旋转对称(如5次、8次、10次、12次旋转对称)。

这些工作将当时中国的准晶实验观察和理论诠释的研究引领至国际前沿。通过这台电镜完成的研究工作共培养出硕士、博士和博士后共计36名，其中有2人当选为中国科学院院士。相关研究成果获国家自然科学奖一等奖和四等奖各1项，中国科学院自然科学奖和科技进步奖4项。

2000年后，这款已经服役近30年的JEM200CX基本不能处于正常工作状态了。2016年，金属所固体原子像实验室的同事把该电镜的镜筒做了解剖(图1.6)，整机摆放在研究生教育大厦(郭可信楼)一楼大厅供学习和参观。

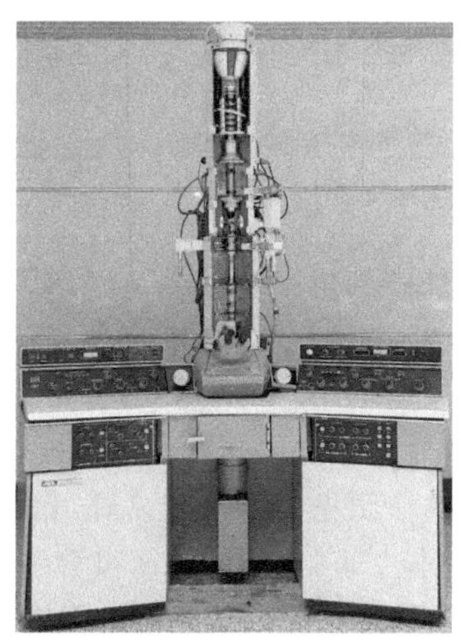

图1.6 中国大陆第一台高分辨透射电子显微镜解剖图[目前摆放在中国科学院金属研究所研究生教育大厦(郭可信楼)一楼大厅]

1.5 像差校正电子显微镜

与透射电镜相关的成像模式大致分两类，一是透射模式成像，二是扫描透射模式成像。在传统的透射电镜成像过程中，接近平行的电子束穿过样品然后通过物镜形成像(这个过程和光学显微镜的成像原理一样)，物镜的像差决定成像的质量。在扫描透射成像过程中，电子束经会聚形成细小的微束后在样品上扫描，形成微束的透镜的像差决定成像的质量。这两类像差也总是包含球差和色差。对球差的校正通常采用特殊的透镜设计，而降低色差的效应通常采用场发射枪以及能量过滤器（单色器）。理想的透镜会使物体（样品）中的一个点形成一个像点，但实际上，由于球差的存在，远离光轴和近离光轴的电子束无法聚焦到一个点上，这样，一个理想的像点就扩展为一个盘，如图 1.7（a）所示[25]。当然，还有其他多种因素也导致产生上述现象[26-28]。

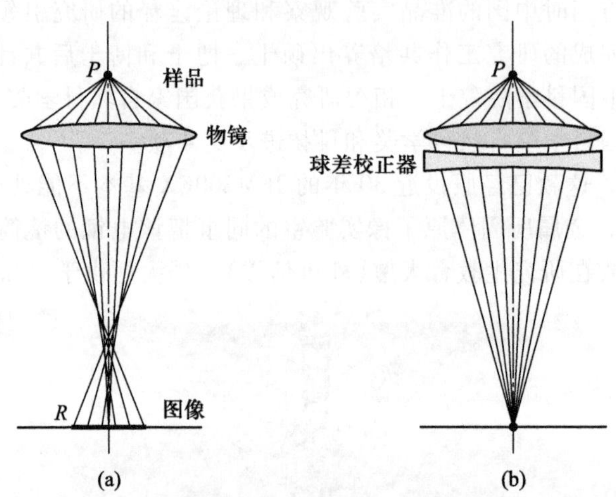

图 1.7　物镜球差校正前后对成像的作用示意图。（a）物镜球差的存在导致样品中的点“P”形成一个直径为“R”的像盘；（b）物镜下方加装校正器后使得样品中的点“P”形成一个敏锐的像点[25]

中国电子显微学鼻祖钱临照先生的外孙、郭可信先生 1986 级研究生章效锋博士于 2005 年出版了一本专著《清晰的纳米世界——显微镜终极目标的千年追求》[29]。由于受到读者的一致好评以及原书责任编辑的邀请，效锋后来将原版内容扩充重新出版，并于 2015 年出版了科普性巨著《显微传》[30]。该书讲述的是关于人类打开微观世界大门，探索纳米世界，并最终将视野和触角延伸进原子世界的千年历程。

章效锋博士在《显微传》中对像差校正器的研发过程有详细描述，其中涉及三代科学家的不懈努力。现按时间顺序简要摘述如后。

1.5.1　三代德国科学家的传承

1936 年，德国科学家 Otto Scherzer（1909—1982，图 1.8）提出电镜中圆形电子透镜的像差不可能用光学系统中消除像差的办法完全消除。

1947 年，Scherzer 提出可采用多极透镜的设计减小像差，并在实验室里搭建了一台配有自制球差和色差校正器的电镜样机用以研究球差校正技术。Scherzer 和 Rose 师徒二人的想法是，电子透镜本身的像差不能被消除，但却可以在电子光路中加装一组校正装置来消除像差，就好像戴眼镜可以校正人眼对光线的折射像差一样。

1980 年起 Rose 与他的学生 Maximilian Haider 一起设计和制造了由六极、八极磁铁以及圆形透镜共同组成的可加装在透射电镜物镜下面的电子光学器件。从原理上说，当电子束依次穿过精确排列的这样一组校正元件后，由电子透镜引起的像差可被减到极小甚至完全消除。

1982 年，Scherzer 去世，研究基金突然终止。但 Rose 与 Haider 还是从理论上继续推敲、改进设计，最终形成了一个包括两个六极电磁透镜和两个圆形传导透镜的组合设计[31]。

图 1.8 电子光学领域先驱者之一、德国理论物理学家 Otto Scherzer (1909—1982)

1989 年，Rose 与 Haider 寻求与德国 Jülich 研究中心电子显微实验室主任 Knut Urban 博士合作，他们计划把这种由两个六极电磁透镜和四个圆形传导透镜的组合设计加装到普通透射电镜上，并预期得到校正球差的效果。

1991 年 1 月，大众汽车基金会资助上述方案。一年后，Rose 设计的这种球差校正器的初版制作完成。当时已经去德国海德堡欧洲分子生物实验室工作的 Haider 在该实验室设立了一个电镜球差校正研究项目，用以配合 Rose 的研发计划。

1992 年 1 月，球差校正器在 Haider 的主持下在海德堡进行了实验测试。经过两年时间的反复调试与改进，终于在 1994 年取得令人欣喜的结果。大众汽车公司基金会因此追加资金并批准移师到 Jülich 研究中心的 Urban 博士所负责的电子显微实验室继续研发。

1996 年，Haider 看到球差校正成功在望，随即与人合伙在海德堡创建

CEOS 公司以此推动像差校正器产品化和商业化。

在 Jülich 研究中心，他们首先将球差校正器加装在一台飞利浦 CM200 透射电镜上（图 1.9），位置处于物镜的下方，加装后电镜镜筒增高了 24 cm。1997 年 6 月 24 日，终于在这台 200 kV 电镜上得到了砷化镓（GaAs）样品的原子结构像，显示了镓和砷原子列之间 1.4 Å 投影点间距。这台电镜原本点分辨率为 2.4 Å，加上球差校正器后点分辨率提高了近一倍，得到了以往在 1000 kV 或更高电压的超高压电镜上才能取得的点分辨率，而相比之下电子束辐照损伤却可以忽略。相关结果于 1998 年 4 月发表在 *Nature* 期刊[32]。

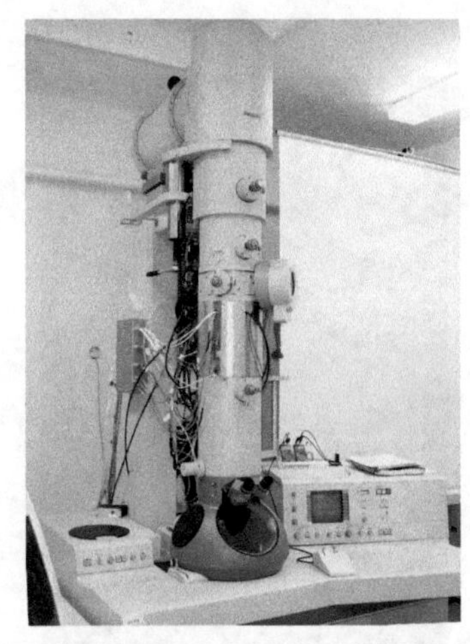

图 1.9　加装球差校正器（物镜下方高亮部分）的飞利浦 CM200 透射电镜

1.5.2　剑桥学派的传承

由 Rose 设计并最终在 Jülich 研究中心取得球差校正首次突破针对的是透射电子显微镜（transmission electron microscope，TEM）成像。而几乎在同一时期，还有另一个人，正在另一条路上摸索前进。他就是当时身在美国的 Ondrej L. Krivanek，其目标是扫描透射电子显微镜（scanning transmission electron microscope，STEM）中的像差校正。这位 1950 年出生于捷克斯洛伐克的 Krivanek，之前曾在 Gatan 公司主持了商业电子能量损失谱（electron energy loss spectrum，EELS）仪的开发并编写了图谱，后来又在透射电镜中引入 CCD 数码相机，为 Gatan 公司带来巨大的利润和声誉。

1947 年 Scherzer 提出电镜中像差校正的可能方法后，英国剑桥大学在 20 世纪 60 年代做了很多球差校正方面的努力，尽管证明了可行性，但可惜并未能在提高电镜分辨率方面有显著进展。

毕业于剑桥大学的 Krivanek 非常熟悉剑桥这些早期像差校正的研发工作，特别是比较接近成功的、可用于低加速电压（最高 30 kV）扫描电镜成像的四极－八极透镜组合的像差校正器，他的目标是在此基础上将其改进并应用于 100 kV 的 STEM 上。在 Gatan 公司不提供研发资金的情况下，Krivanek 想到了母校，他回到剑桥卡文迪许实验室游说，试图开发计算机控制的 STEM 球差校正系统。Krivanek 的极大热情、高度自信以及他成功设计电子能量损失谱仪所带来的声望，使得剑桥最后决定给予支持。卡文迪许实验室答应为 Krivanek 提供所有他需要的实验室资源，包括提供扫描透射电镜供其研发测试。

1994 年 Krivanek 向英国皇家学会申请资金，并得到 8 万英镑的资助。他在 Gatan 公司办理了停薪留职，在剑桥大学进行连续三年的球差校正技术开发。

基于剑桥大学 Hans Deltrap 在 1964 年提出的用四极－八极透镜组合，Krivanek 加入了另外的光学元素设计以校正由于光路校正不佳、磁场不均匀及加工带来的像差效应，而且校正过程都是由计算机分别控制各透镜以避免透镜之间互相干扰，他在 1997 年的美国电镜学会年会上发表了一篇摘要[33]。

1997 年 Krivanek 在美国西雅图附近创立了 NION 公司。与德国 CEOS 公司不同的是，NION 公司不卖单个的像差校正器，而是开发带有像差校正器的扫描透射电镜，不带有透射电镜成像模式。在 STEM 模式下，需要将电子束会聚成一个细束斑然后在样品上扫描，再通过接收透射过样品的电子束进行成像，成像的分辨率与电子束斑的直径有直接关系，束斑直径越小，成像分辨率越高。与 TEM 上球差校正器装在物镜的下方不同，在扫描透射电镜上，球差校正器是加装在物镜的上方，作用是使会聚光斑中包含的所有的近光轴和远光轴电子束都集中到物镜的后焦点上。有了球差校正器，束斑直径不仅可以大幅度缩小，而且包含的电子数大幅度增加，这意味着穿过样品后激发出的用于电子显微成像或者化学分析的信号更强，特别适合于高空间分辨的化学分析，如能量色散 X 射线谱（X-ray energy dispersive spectrum，XEDS）、电子能量损失谱以及原子分辨率的能谱像。

1.5.3 共享卡夫里（Kavli）纳米科学奖

像差校正器的研发和应用使电子显微镜的空间分辨能力达到亚埃尺度，开阔了人们的视野。2011 年，以色列沃尔夫（Wolf）基金会授予 Harald Rose，Maximilian Haider，Knut Urban 三人沃尔夫物理学奖，以表彰他们在研发像差校正电子显微镜方面所作出的杰出贡献，该项工作使人们能够在皮米尺度研究单个原子，对材料科学产生革命性影响。2020 年，挪威科学与文学院授予 Rose、Haider、Urban、Krivanek 卡夫里（Kavli）纳米科学奖（图 1.10），并对获奖人的贡献做了单独阐述。

Harald Rose：创造性地提出像差校正的设计思想(即 Rose 校正器)，并在透射电子显微镜中实现了像差校正功能。该设计既可用于常规电镜，也可用于扫描透射电镜。

Maximilian Haider：基于 Rose 的设计思想，研制出首个六极校正器；在完成第一台像差校正透射电子显微镜的研发过程中发挥了作用。

Knut Urban：在完成第一台像差校正透射电子显微镜的研发过程中发挥了作用。

Ondrej L. Krivanek：研制出六级-八级校正器并加装到扫描透射电子显微镜上，使显微镜的分辨能力达到亚埃尺度，该设计非常适用于高空间分辨的化学分析。

图 1.10　共享 2020 年卡夫里纳米科学奖的四位科学家，从左到右依次为 Haider、Urban、Rose 和 Krivanek

1.5.4　Harald Rose 两度访问中国科学院金属研究所

应本书作者的邀请和安排，像差校正器的主要发明人 Rose 分别在 2011 年和 2017 年两度访问中国科学院金属所。2011 年 7 月 11—15 日，“材料电子显微学国际学术研讨会暨第四届郭可信电子显微学与晶体学暑期班”在金属所召开。这是金属所历史上规模最大、历时最长、学术水平极高的一次国际研讨会。Rose 与来自 10 个国家和地区的 42 位学者应邀做了为期 5 天的专题讲座，国内外 60 余个研究机构的 350 余人参加了本次会议(图 1.11)。在高分辨率 Z 衬度成像技术的开拓者 Stephen J. Pennycook 教授的主持下，Rose 做了题为“*Prospects of Sub-Å Low-Voltage Electron Microscopy—The SALVE Project*”的 40 分钟首场讲座，并与与会学者进行了热烈讨论。

2010 年，在中国科学院修购专项的支持下，金属所和物理所分别购置了 300 kV 和 200 kV 的双球差校正电子显微镜。2011 年 7 月 11—15 日郭可信暑期班

图 1.11 2011 年 7 月 11—15 日，像差校正器的主要发明人 Rose(前排右七)访问中国科学院金属所

期间，Rose 和与会学者参观了正在进行改造用于安装像差校正电镜的场地(图 1.12)。

图 1.12 2011 年 7 月 11—15 日访问金属所期间，Rose(左二)参观正在进行改造用于安装像差校正电镜的场地

2017 年 4 月 23—27 日，Rose 博士再度应邀访问金属所(图 1.13)，并为金属所科研人员和研究生作了题目为“*From Micrometer to Sub-Angstroem Resolution—The Development of the Electron Microscope*”的“李薰奖”讲座。从微米尺度到亚埃尺度分辨，Rose 教授深入系统地讲述了电子显微镜的发展历程，并对球差校正器的发明过程作了详细介绍。讲座得到了金属所科研人员和研究

生的热烈欢迎。李薰材料科学系列讲座始于 2001 年，主要邀请材料科学领域的国内外知名学者来所交流。该系列讲座旨在促进金属所国际合作与交流、扩大金属所国际影响和建立广泛的国际合作关系网络，现已在国际材料领域产生了重要影响。来访期间，Rose 博士饶有兴趣地参观了像差校正电镜(图 1.14)，并对金属所的科研人员在这台电镜上取得的成果给予了高度评价。

图 1.13　2017 年 4 月 23—27 日，Rose(前排中间)访问金属所并与固体原子像研究部部分师生合影

图 1.14　2017 年 4 月 25 日，Rose 邀请作者与他研发的球差校正器合影(与图 1.12 是同一个房间)

参考文献

[1]　Knoll M, Ruska E. Das elektronenmikroskop. Z. Phys., 1932, 78(5): 318-339.

[2]　Knoll M, Ruska E. Beitrag zur geometrischen elektronenoptik. I. Ann. Phys., 1932, 12(5): 607-640.

[3] Ruska E. Über fortschritte im bau und in der leistung des magnetischen elektronenmikroskops. Z. Phys., 1934, 87(9-10): 580-602.

[4] Ruska E. Über ein magnetisches objektiv für das elektronenmikroskop. Z Phys., 1934, 89(1-2): 90-128.

[5] Ruska E. The early development of electron lenses and electron microscopy. Microscop Suppl., 1980 (Suppl 5): 1-140.

[6] Ruska E. The emergence of the electron microscope: Connection between realization and first patent application, documents of an invention. J. Ultra. Mol. Struct. Res., 1986, 95(1-3): 3-28.

[7] Ruska E. The development of the electron microscope and of electron microscopy (Nobel Lecture). Rev. Modern Phys., 1987, 59(3): 627-638.

[8] 郭可信. 金相学史话(6): 电子显微镜在材料科学中的应用. 材料科学与工程, 2002, 20(1): 5-10.

[9] Rudenberg H G, Rudenberg F H. Reinhold rüdenberg as a physicist—His contribution and patent on the electron microscope, traced back to the "Göttingen electron group". EMSA Bull., 1994, 24: 572-580.

[10] Rudenberg H G, Rudenberg P G. Origin and background of the invention of the electron microscope: Commentary and expanded notes on memoir of reinhold rüdenberg. Adv Imag Elect Phys., 2010, 160: 207-286.

[11] Vandorsten A C, LePoole J B, Verhoeff A, et al. The philips electron microscope. J Appl. Phys., 1948, 19(12): 1190.

[12] 钱临照, 朱清时. 钱临照文集. 合肥: 安徽教育出版社, 2001.

[13] 郭可信. 缅怀我国晶体范性及电子显微学研究的先驱钱临照先生. 物理, 1999, 28(12): 751-752.

[14] 黄兰友. 早期电子显微镜制造的回忆. 电子显微学报, 1996, 15(2-4): 344-352.

[15] 姚骏恩. 我国超显微镜的研制与发展. 电子显微学报, 1996, 15(2-4): 353-370.

[16] 胡欣. 新中国第一台电子显微镜运输纪实. //岳爱国. 定格在记忆中的光辉七十年——献给中国科学院70周年华诞. 北京: 科学出版社, 2019.

[17] 胡升华. 困扰海峡两岸的中国第一台电子显微镜之谜. 物理, 2020, 49(11): 777-781.

[18] 钱临照, 何寿安. 铝单晶体滑移的电子显微镜观察(一). 物理学报, 1955, 11(03): 287-289.

[19] 钱临照, 何寿安. 铝单晶体滑移的电子显微镜观察(二). 物理学报, 1955, 11(03): 290-294.

[20] 李林. 对我的老师钱临照先生的怀念. 物理, 1999, 28(12): 748-750.

[21] Kuo K. Alloy carbides precipitated during the fourth stage of tempering. J. Iron Steel Inst., 1956, 184(part 3): 258-268.

[22] 郭可信. 准晶与电子显微学——略述我的研究经历. 电子显微学报, 2007, 26(4):

259-269.

[23]　郭可信，张修睦. 铝镁合金中位错的运动与交滑移. 物理学报，1966，22(3)：257-269.

[24]　郭可信，林保军. 镍铬合金中的位错运动与位错反应. 物理学报，1978，27(6)：729-745.

[25]　Urban K W. Studying atomic structures by aberration-corrected transmission electron microscopy. Science，2008，321(5888)：506-510.

[26]　Lentzen M. Progress in aberration-corrected high-resolution transmission electron microscopy using hardware aberration correction. Microsc. Microanal.，2006，12(3)：191-205.

[27]　Uhlemann S，Haider M. Residual wave aberrations in the first spherical aberration corrected transmission electron microscope. Ultramicroscopy，1998，72(3-4)：109-119.

[28]　Krivanek O L，Dellby N，Lupini A R. Towards sub-Å electron beams. Ultramicroscopy，1999，78(1-4)：1-11.

[29]　章效锋. 清晰的纳米世界：显微镜终极目标的千年追求. 北京：清华大学出版社，2005.

[30]　章效锋. 显微传. 北京：清华大学出版社，2015.

[31]　Rose H H. Historical aspects of aberration correction. J. Electron Microsc.，2009，58(3)：77-85.

[32]　Haider M，Uhlemann S，Schwan E，et al. Electron microscopy image enhanced. Nature，1998，392(6678)：768-769.

[33]　Krivanek O L，Dellby N，Spence A J，et al. On-line aberration measurement and correction in STEM. Microsc. Microanal.，1997，3(S2)：1171-1172.

第 2 章 Al–Co 合金中单斜点阵的复杂合金相及其缺陷结构

2.1 单斜晶系的晶体学特征

单斜晶系的重要对称元素是 2 次旋转轴和镜面。在学术专著和期刊文献当中，通常有两种方式来表示单斜晶系：一种是令 2 次轴在 $\boldsymbol{c}$ 方向；另一种是令 2 次轴在 $\boldsymbol{b}$ 方向。当然，这两种定向的选取没有本质的差别，在研究特定的结构时，如果我们保持各参量之间的关系能够自洽就可以了。在本书中，我们选取第二种定向，即 2 次轴在 $\boldsymbol{b}$ 方向。2 次旋转轴表示每旋转 180°产生重复，所以，很显然，为了转过 180°把 $\boldsymbol{a}$ 和 $-\boldsymbol{a}$ 联系起来，$\boldsymbol{a}$ 轴必须垂直于旋转轴 $\boldsymbol{b}$。同样，$\boldsymbol{c}$ 轴也必须垂直于 $\boldsymbol{b}$ 轴，但不要求同时也垂直于 $\boldsymbol{a}$ 轴。

这样，单斜晶系点阵参数之间的关系为

$$a \neq b \neq c,\ \alpha = \gamma = 90°,\ \beta \neq 90°$$

对于单斜晶体，其点群只有三种：2、m、2/m。由于镜面可以写成 $\bar{2}$，所以，任何一个具有单一 2 次对称元素的物体，就具有单斜的对称性。单斜晶体具有两种点阵类型，一个是简单点阵（P），另一个是 C 心点阵（C）。上述三种点群与 P 和 C 两种点阵类型共可组合成 13 种空间群，如表 2.1 所示。其中有 6 个点式空间群，即空间群由全部作用于同一个公共点上的对称操作完全确定，而其中不含有任何一个比初基平移还要小的平移。这里“比初基平移还要小的平移”指的是由螺旋轴（如 2_1）或滑移面（如 c）引起的平移。

表 2.1　单斜晶系的点群及空间群一览表

点群符号	简略空间群符号	完全空间群符号
2	P2	P121
	$P2_1$	$P12_11$
	C2	C121
m	Pm	P1m1
	Pc	P1c1
	Cm	C1m1
	Cc	C1c1
2/m	P2/m	P12/m1
	$P2_1/m$	$P12_1/m1$
	C2/m	C12/m1
	P2/c	P12/c1
	$P2_1/c$	$P12_1/c1$
	C2/c	C12/c1

2.2　$Al_{13}Fe_4$ 和 $Al_{13}Co_4$ 的结构解析

$Al_{13}Fe_4$ 和 $Al_{13}Co_4$ 具有非常相似但不完全等同的晶体结构。本书选择这两个单斜相作为解析复杂合金相结构与缺陷的第一个案例有两方面的原因。一是 $Al_{13}Co_4$ 是本书作者学术生涯中接触到的第一个合金相，该相所衍生出的包括 10 次对称准晶（decagonal quasicrystal，DQC）在内的众多新物相所具有的几近完美的电子衍射图展现出了自然造化之美，使作者 30 余年没有离开电子显微学这个研究领域；二是以 $Al_{13}Co_4$ 为基础的这些复杂合金相的单胞大小具有以接近于无理数 τ 比膨胀的渐进关系，这是理解包括准晶体在内的复杂晶体结构的很好教材。

2.2.1 $Al_{13}Fe_4$ 的结构

在晶体结构得以精确的确定之前，化学式 $Al_{13}Fe_4$ 和 $Al_3Fe(Al_{12}Fe_4)$ 是交替使用的，实际上描述的是同一个物相。早在 20 世纪初，P. Groth 就对该相的晶体学进行了测量[1]，他将晶体描述为单斜、棱柱以及富含孪晶形态。随后，Osawa[2]、Bachmetew[3,4] 和 Phragmén[5] 相继利用 X 射线衍射对其“单晶”进行了测量，他们都发现其单胞是正交的。

英国剑桥大学卡文迪许实验室的 Black 在其 1954 年完成的博士学位论文中对 Al_3Fe 的结构与缺陷进行了详细的研究，随后在 1955 年以 4 篇系列学术论文的形式发表在专业期刊上[6-9]。Black 利用 X 射线衍射确定 Al_3Fe 这种金属间化合物具有单斜结构，空间群为 C2/m，每个单胞有 100 个原子和 42 个原子参数。从此，这个早期通常被称为“$FeAl_3$”的物相，逐渐被采用了一个更准确的化学式：$Al_{13}Fe_4$。

Black 从 600 ℃以上淬火的合金中提取出部分具有针状、板状和棱柱状外形结构的晶体。经化学分析显示，其 Fe 含量在 38.5～39 wt.%之间。由浮选法测定晶体的密度为 $3.77 \pm 0.04\ g \cdot cm^{-3}$。对劳厄图的观测表明晶体的劳厄对称性为 2/m，具有伪正交对称。绕晶体二次轴摆动拍摄得到的 Weissenberg 照片显示，它们是孪生的，衍射斑可以分成两套晶格，其对应的衍射斑之间有一个恒定强度比，它们的取向由反射关联。

从劳厄对称性和消光规律来看，该相具有 C 心点阵，可能的空间群是 C2/m、Cm、C2。Black 首先用统计学方法测量的强度来确定空间群，绘制了$(h0l)$、$(hk0)$和(hkl)强度的分布曲线，获得了垂直于 $\boldsymbol{b}$ 轴的倒易晶格层的平均强度，最后确定其空间群为 C2/m。精确的点阵参数为

$$a = 15.489 \pm 0.001\ \text{Å};\ b = 8.083 \pm 0.000\,5\ \text{Å};\ c = 12.476 \pm 0.002\ \text{Å};\ \beta = 107°43' \pm 1'$$

Black 进一步通过化学分析确定其平均组成，对应的 Fe 含量为 23.4 at.%。利用这一结果以及测量的密度和单胞体积计算出每种原子的数目，由此推得每个单胞中有 23.4 个 Fe 原子和 76.6 个 Al 原子。基于垂直于二次轴的$(0k0)$反射的分析，原子位于 4 个垂直于 $\boldsymbol{b}$ 轴的亚平面上，分为平坦层(flat layer)和起伏层(puckered layer)。$y = 0$ 和 $y = 0.5$ 都属于平坦层，它们处在镜面上，通过 C 心关联。$y = 0$ 和 $y = 0.5$ 之间的亚层为起伏层，起伏层中的大多数原子位于 $y = 0.211 \sim 0.285$ 之间。

Black 经过精确的结构修正，进一步确定了单胞内有 24 个 Fe 原子和 78 个 Al 原子；最后的合成结果表明，一个 Al 的位置(7 号)仅占 70%。表 2.2 给出了单斜 $Al_{13}Fe_4$ 中的原子坐标。

表 2.2　单斜 $Al_{13}Fe_4$ 的原子坐标

原子编号	单胞中的原子数	*x*	*y*	*z*
Fe 1	4	0.086 5	0	0.383 1
Fe 2	4	0.401 8	0	0.624 3
Fe 3	4	0.090 7	0	0.989 0
Fe 4	4	0.400 1	0	0.985 7
Fe 5	8	0.318 8	0.285 0	0.277 0
Al 6	4	0.064 5	0	0.173 0
Al 7	4×0.7	0.322 3	0	0.277 8
Al 8	4	0.235 2	0	0.539 2
Al 9	4	0.081 2	0	0.582 4
Al 10	4	0.231 7	0	0.972 9
Al 11	4	0.480 3	0	0.827 7
Al 12	2	0.500 0	0	0.500 0
Al 13	4	0.310 0	0	0.769 5
Al 14	4	0.086 9	0	0.781 2
Al 15	8	0.188 3	0.216 4	0.111 1
Al 16	8	0.373 4	0.211 0	0.107 1
Al 17	8	0.176 5	0.216 8	0.334 3
Al 18	8	0.495 9	0.283 2	0.329 6
Al 19	8	0.366 4	0.223 8	0.479 9
Al 20	4	0	0.244 1	0

这种结构是用垂直于单斜 ***b*** 轴的交替出现平坦层和起伏层的原子来描述的。平坦层和起伏层的总体平面图分别如图 2.1 和图 2.2 所示。平面层由密排区域构成，并且沿着单胞 ***c*** 方向的原子链和它们之间的“长岛状”的小的单元，两者之间相差 30°。密排区域内这样的原子排列方式必然导致一个“失配区域”，从而形成十边形或五边形。起伏层的五边形与平坦层中的密排区域连接在一起，但其图谱与密排区的图谱之间没有明显关系。

这个结构可以通过假设必须给 Fe 原子 9 个或 10 个(最好是 10 个)Al 配位来解释，但是这不可能用连续密排区域做到。“失配区域”允许 Fe 配位出现一

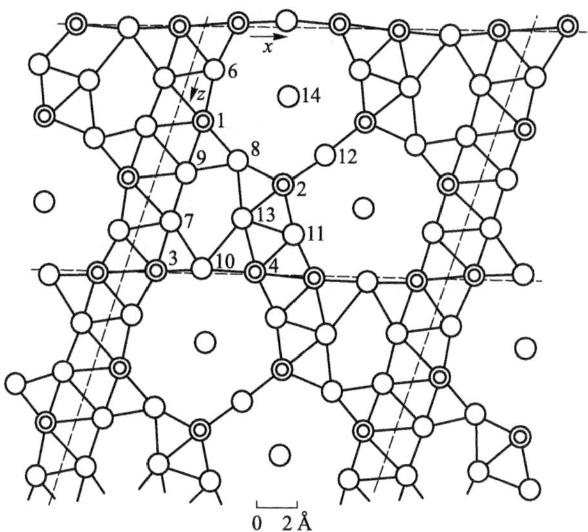

图 2.1 $Al_{13}Fe_4$ 在 $y=0$ 处平坦层中原子的图谱。Fe 原子用双环表示，Al 原子是用单环表示[7]

定的空隙，那么 Fe_5 就会填补这些空白。起伏层由这个原子控制，它有 5 个具有相同高度的相邻原子，这 5 个原子固定了平坦层的 Fe 原子的上下三角形的取向(图 2.2)。这就防止了这些三角形连接在一起形成紧密堆积的构型。在所有标记的点上，如 P 和 Q，起伏层中有离任何相邻原子距离都大于 2 Å 的位置，而在平坦层中 Al 14 没有与该层中的任何原子接触。似乎这样的空白区域

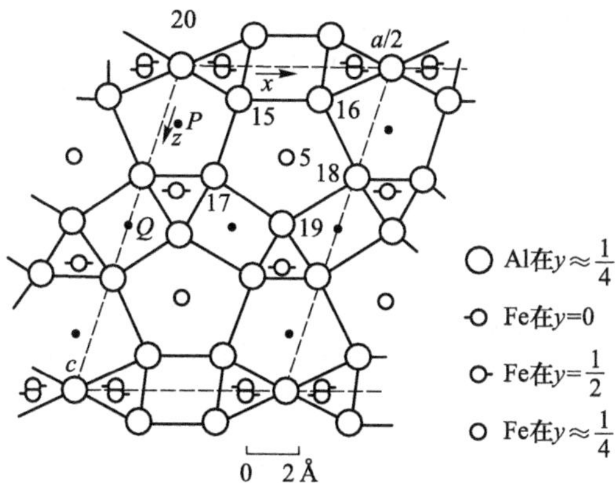

图 2.2 $Al_{13}Fe_4$ 在 $y=0.25$ 附近起伏层原子的图案。没有标记 Fe-Al 连接。并显示了相邻层的 Fe 原子[7]

和不充分的堆积是可以容忍的，而 Fe 原子邻近原子的排列决定了结构构型。同时，每个 Al 原子近似对称地出现在其相邻 Fe 原子之间，偏差最大的是原子 Al 6 和 Al 11。原子间最短的距离是平面层原子间的距离。最短的 Fe-Al 距离是原子 Al 8、Al 10 和 Al 12，它们是密排区域之间的连接(参见参考文献[7]中的图 1)。

$Al_{13}Fe_4$ 晶体中是富含孪生的。X 射线衍射数据表明，孪晶的组成部分可以通过两种方式相互关联，即通过(100)晶面和(001)晶面的反射。用已知的结构来解释这种效应，有必要找到一个合成平面，通过这个合成平面，可以在原子间环境不发生较大变化的情况下连接与这个反射有关的组成部分。Black 起初利用以上平面的一个简单反射来尝试这样做，但却并未成功。然后他考虑了孪晶组成部分通过滑移面相联系的可能性，这就提供了大量的替代方案，因为有 4 个可能的平面。对于可能的组成平面只指定方向，而不是位置，每个平面都有一个滑移分量，这可以是任意的。

在第一种类型中，孪晶是通过单胞的(100)晶面进行反射操作，然后沿负 z 方向平移 3.9 Å 而关联在一起的。这对平坦层和起伏层的影响如图 2.3 和图 2.4 所示。在每种情况下，实线和虚线之间的区域(宽度为 7 Å)对两种结构都是共同的，且最近邻的环境没有变化。

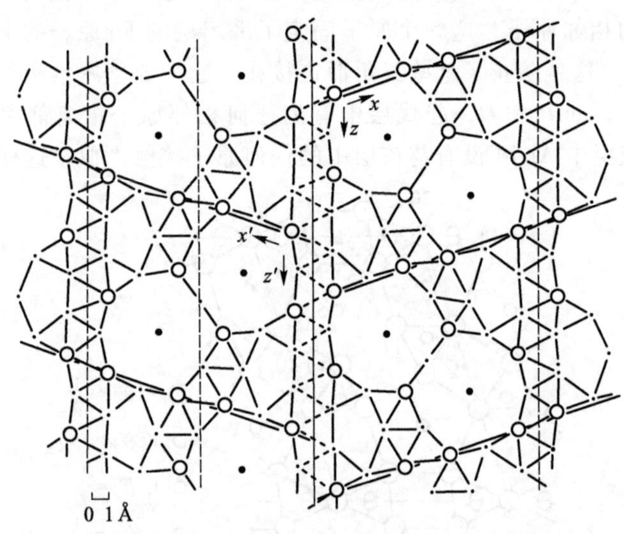

图 2.3　第一类孪晶中位于 $y=0$(或 $y=0.5$)处的层的平面图。实线或虚线都是复合平面[7]

对于第二种类型，有一个过(001)晶面的反射，然后在 x 方向平移了 $a/2$。这对平坦层的影响如图 2.5 所示；同样，这里没有最近邻的变化，而且虚线之

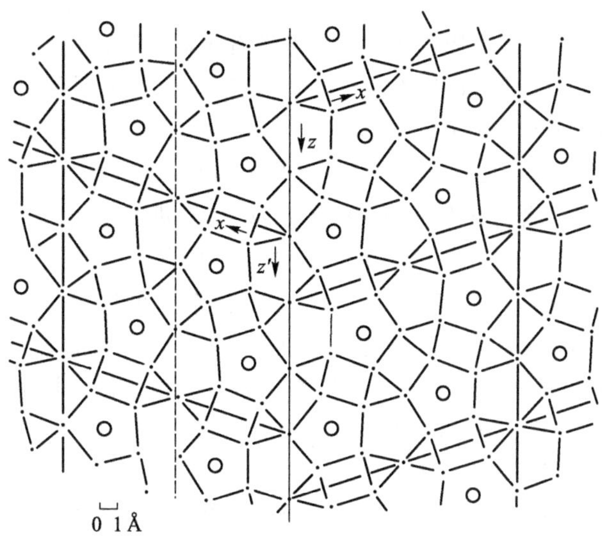

图 2.4 对应图 2.3 的位于 $y=0.25$ 附近的层的平面图[7]

间的区域(12 Å 宽)对两个组成部分都是共有的。对于起伏层，这种滑动面操作已经作为结构的对称操作出现，图 2.2 的图形就可以适应图 2.5。这些特征都是通过仔细的图形化方法建立的，Black 没有尝试过对组合平面上新的原子间距进行详细计算。

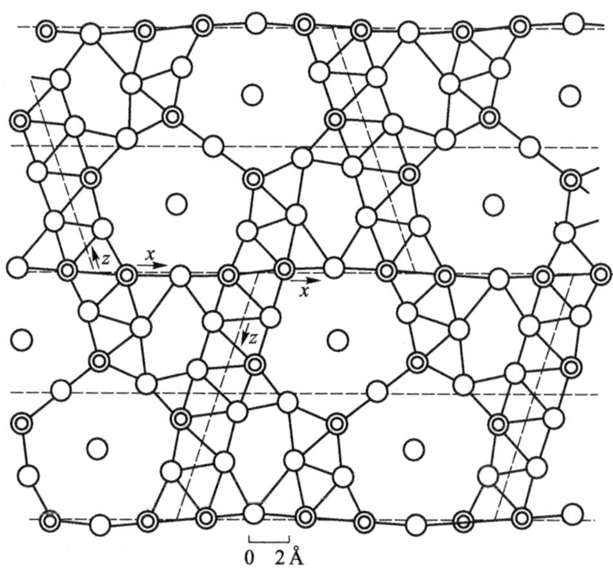

图 2.5 第二种孪晶中位于 $y=0$ 处的层的平面图[7]

孪晶关系只涉及结构的一种长程变化，因此可以理解为什么这种类型的生长孪晶会经常出现。该结构在几个方向上都有明显的层，它们对应 2 Å 左右的间距，产生了非常强的(布里渊区)反射。这些来自孪晶对的反射具有近似的一致性，这可以与 Fe-Al-Be 三元系和 Ni-Mn-Al 三元系的类似结果进行比较。

实际上，在 Black 之前也有与 Al_3Fe 相关的研究，如 Gwyer 和 Phillips[10] 及 Ageev 和 Vher[11]。他们首次对 Fe-Al 体系富 Al 端进行了可靠的研究。Bradley & Taylor[12,13] 研究了该二元体系和三元 Al-Fe-Ni 体系里面的相组成，与此同时 Bradley & Goldschmidt[14] 研究了 Al-Fe-Cu 体系。在 Bradley 和他的合作者的工作中，他们利用粉末照片来研究慢冷和淬火合金。之前的研究表明，在二元体系中，600 ℃以上淬火可得到 $FeAl_3$ 相；而另一种稍微不同的化合物 Fe_2Al_7 则出现在慢冷合金中；加热至 600℃以上时，后者转化为 $FeAl_3$。尽管 Fe_2Al_7 没有粉末照片的数据，但当时人们认为，这两个相之间的差别是明确界定的二级效应。冷却曲线显示在应该发生转化的区域没有不连续的迹象。在上述两种三元体系 Al-Fe-Ni 和 Al-Fe-Cu 中，都发现了这两种相，同时还发现了第三种相，它与另两种相只显示出小的差异。Raynor 等[15] 研究表明，从 Al-Fe-Zn 合金中提取的 $FeAl_3$ 晶体随着合金中锌含量的增加而发生变化；对于含锌量超过 80%的合金，晶体中锌的含量会突然下降，尽管按质量计算，锌减少的含量总是小于 2.5 %。$FeAl_3$ 化学式对应 40.8 wt.%的 Fe。Raynor 等[16] 测量其提取的晶体成分发现，500 ℃退火样品中 Fe 含量为 37.2 wt.%，而在 670 ℃下淬火的样品中，Fe 含量为 38.1 wt.%。Armand 在二元合金中只发现成分在 Fe_2Al_7 附近的晶体[17]。

Black 与伯明翰大学冶金系的 Harding 博士合作，进行了上述样品的制备工作，利用分析电解法从 900 ℃至 600 ℃之间的几个温度下淬火的合金中提取晶体，并对相的组成进行了分析，所有样品含有 38.5 wt.%和 39 wt.%的 Fe。初步的照片显示，这些样品与缓慢冷却到低温的晶体之间没有区别。他们在 900 ℃下淬火一个小的(20 g)试样得到晶体，然后与 470 ℃退火 10 周的晶体进行了对比，发现粉末照片没有差异。通过单晶全旋转和 Weissenberg 照相，对一些样品进行了更为严格的检查，同样没有发现任何差异。其中一个试样从液相线上方淬火，并在 470 ℃退火(这样，没有晶体在更高的温度下生长)，粉末照相再次显示没有差异。因此，Bradley 和 Taylor 曾经描述的相转变没能重现，发现结构上与 39.2 wt.% Fe 相对应的成分，最佳的化学式就是 $Al_{13}Fe_4$。Robinson[18,19] 对三元相 $Ni_4Mn_{11}Al_{60}$ 的研究表明，其结构也与 $Al_{13}Fe_4$ 的结构有关；这个 $Ni_4Mn_{11}Al_{60}$ 就是后来称之为π相的底心正交结构。如果 $Al_{13}Fe_4$ 的结构用伪正交表示，两者的晶胞参数基本一样(第 3 章将会详细介绍)。

2.2.2 $Al_{13}Co_4$ 的结构

在 Black 之后，卡文迪许实验室的 Hudd 用金相显微镜和 X 射线衍射方法对 Al-Co 体系进行了系统研究，阐明了其与 Al-Fe 体系的关系，并于 1959 年完成了其硕士论文。在 Al-Co 体系中，他确定了 η-$Al_{13}Co_4$ 相和 ε-Al_3Co 相的存在，并显示 η 相与 $Al_{13}Fe_4$ 形成了一个完整系列的固溶体；还发现 $Al_{13}Co_4$ 相的结构与 $Al_{13}Fe_4$ 非常相似，但不完全等同[20]。

Hudd 采用超纯 Al 与 Co-Al 母合金在高化学纯度氯化钠助熔剂下熔炼制备合金；将熔体冷却到 900 ℃，并在这个温度下保存一夜再淬火；然后将合金在 600 ℃下退火两周。从单相锭子得到晶体碎片用于 X 射线测量，得到该锭子含有 43.85 wt.% Co；并用溴代法测定晶体密度为 3.81 ± 0.05 gy · cm^{-3}。

X 射线测量得到 $Al_{13}Co_4$ 相具有底心单斜单胞，其精确的点阵参数为

$a=15.183\pm0.002$ Å，$b=8.122\pm0.001$ Å，$c=12.340\pm0.002$ Å；$\beta=107°54'\pm0.5'$

它与 $Al_{13}Fe_4$ 的晶胞参数非常相似，单胞内含有 24.4 个 Co 原子和 68.3 个 Al 原子。与 $Al_{13}Fe_4$ 一样，其孪生结构表现为伪正交对称。这两种合金相的衍射图谱虽然不完全等同，但很相似。Hudd 认为其可能的空间群是 C2、Cm、C2/m。Hudd 在采用多膜技术并用 Mo K_α 辐射获得的 Weissenberg 照片上，直观地估计了 $\sin\theta/\lambda\sim0.8$ 范围内的反射强度。实验中所使用的晶体碎片形状近似正方形，边长为 0.15 mm，对单个反射不作吸收校正，没有发现真正的单晶；在结构分析过程中，消光效应明显；在结构精修的最后阶段，Hudd 使用了从孪晶组成非常小的另一个晶体获得的一套强度测量。这些实验过程的细节可以在 1959 年 R.C.Hudd 的硕士论文里找到(本书作者有收藏)。

上面提到，Black 描述的“Al_3Fe”结构空间群为 C2/m，含 24 个 Fe 和 78 个 Al 位置(序号为 Al 7 的那组有 4 个位点，占位率只有 70%)；直接测定的单胞含量为 23.4 个 Fe 和 76.6 个 Al。因此，该相的理想结构组成为 $Al_{13}Fe_4$。

Al-Co 相和 Al_3Fe 相之间的相似性使得 Hudd 提出了一个试验性结构，他把 24 个 Co 和 78 个 Al 原子放置在空间群为 C2/m 的 Fe 和 Al 位置，但由于单胞实际上只包含大约 68 个 Al，空位或部分占据的 Al 位置被认为是可能的。采用[110]投影通过差分合成对结构进行精修；在这一过程结束时，区域内所有反射的 R 因子为 15%。有三组位置的部分占据情况十分明显：Al 9 为 30%，Al 10 和 Al 14 分别为 70%；单胞中相应的 Al 原子为 72.8 个，更接近 24.4 个 Co 和 68.3 个 Al 的化学成分。表 2.3 给出了 $Al_{13}Co_4$ 中的原子参数[20]。

表 2.3　$Al_{13}Co_4$ 中的原子参数，其中 Al 9、Al 10、Al 14、Al 29、Al 30、Al 34 的原子位置在所示范围内被部分占用

原子编号	单胞中原子数	*x*	*y*	*z*	原子编号	单胞中原子数	*x*	*y*	*z*
Co 1	2	0.086 3	0	0.382 7	Co 21	2	0.913 7	0	0.617 1
Co 2	2	0.604 5	0	0.373 2	Co 22	2	0.395 4	0	0.626 9
Co 3	2	0.909 4	0	0.012 9	Co 23	2	0.090 3	0	0.987 0
Co 4	2	0.597 8	0	0.018 0	Co 24	2	0.402 0	0	0.982 0
Co 5	2	0.318 5	0.292 5	0.227 4	Co 25	2	0.182 7	0.229 7	0.722 6
Al 6	2	0.055 0	0	0.174 5	Al 26	2	0.945 5	0	0.825 0
Al 7	2	0.329 6	0	0.280 3	Al 27	2	0.670 2	0	0.720 0
Al 8	2	0.767 5	0	0.469 0	Al 28	2	0.232 9	0	0.532 0
Al 9	2×0.3	0.923 0	0	0.424 0	Al 29	2×0.3	0.077 0	0	0.576 0
Al 10	2×0.7	0.754 8	0	0.031 0	Al 30	2×0.7	0.245 2	0	0.966 0
Al 11	2	0.522 4	0	0.169 0	Al 31	2	0.477 0	0	0.831 3
Al 12	2	0.502 0	0	0.499 6					
Al 13	2	0.702 0	0	0.230 7	Al 33	2	0.297 5	0	0.769 3
Al 14	2×0.7	0.905 2	0	0.212 0	Al 34	2×0.7	0.095 0	0	0.788 0
Al 15	4	0.185 4	0.217 6	0.111 9	Al 35	4	0.314 3	0.282 6	0.888 0
Al 16	4	0.364 1	0.210 7	0.111 6	Al 36	4	0.124 1	0.271 7	0.888 4
Al 17	4	0.176 9	0.219 2	0.332 4	Al 37	4	0.322 6	0.280 6	0.666 0
Al 18	4	0.491 9	0.224 7	0.331 0	Al 38	4	0.008 7	0.279 3	0.669 0
Al 19	4	0.367 8	0.210 3	0.477 0	Al 39	4	0.131 9	0.289 8	0.523 0
Al 20	2	0.498 5	0.248 5	0					

在这个阶段，[110]差分合成在 Co 5 和靠近 Al 16 的两个位置附近显示出典型的“分裂原子”效应。由于这种效应只发生在这些原子附近，因此，它们不太可能是作为吸收的不充分校正引起的。此外，用明显的热振动各向同性来解释似乎也不可能；Co 5 的大振幅将沿结构中最短的键，并且相邻原子没有相应的效应($Al_{13}Fe_4$ 的中 Fe 5 原子也没有观察到这种效应)。因此，Hudd 认为真正的空间群必须为 Cm，而不是 C2/m。满足对称性要求的弛豫允许由 8 个 Co 5 原子组成的那套原子分离成分别由 4 个原子组成的两套。这样，编号为

Co 5 和 Co 25（表 2.3）不再完全重叠。类似地，8 个 Al 16 分为 4 个 Al 16 和 4 个 Al 36。通过比较[110]和[010]投影，解决了这些分裂时选择正确的位移方向时存在的模糊性。

基于空间群 Cm 的进一步精修循环，Hudd 最终得到[110]投影的 R 因子为 12.2%，[010]投影的为 14.2%。将表 2.3 中的原子参数与“Al_3Fe”的原子参数进行比较，证实了这两种结构的密切相似性。

在考虑结构细节的重要性时，有必要考虑结构分析问题的极端复杂性。例如，具有 43 个原子参数和一组部分占据位置的 $Al_{13}Fe_4$；在 $Al_{13}Co_4$ 的情况下，需要更加谨慎，它有 88 个参数，三套部分占据位置，以及一个非中心对称的空间群。

与 $Al_{13}Fe_4$ 相似，按照三维结构来理解 $Al_{13}Co_4$，它是由沿 $\boldsymbol{b}$ 方向的两种亚层的排列构成，即平坦层($y=0$)和起伏层($y=0.25$，0.210～0.293)；平坦层 $y=0.5$ 由 $y=0$ 沿 $\boldsymbol{a}$ 方向平移$\frac{1}{2}a$ 而得到，起伏层 $y=\frac{3}{4}$同样是由 $y=0.25$ 经过$\frac{1}{2}a$的平移。但对起伏层来说，$\frac{1}{2}a$ 的平移不改变原子的分布，因此，$y=\frac{1}{4}$和$\frac{3}{4}$两层是一样的。在平坦层上，Co 原子构成五边形和 36°菱形，因为五边形对角线长是其边长的 τ 倍。所以，五边形边长为 $a/2\tau$ 或 $c/(1+\tau)=0.47$ nm[$\tau=(1+\sqrt{5})/2=1.618\ 0\cdots$]。在起伏层上，Co 原子位于 Al 原子构成的小五边形的中心位置，即位于平坦层上五边形中心的上方。与 $Al_{13}Fe_4$ 相似，$Al_{13}Co_4$ 中 Co 原子柱内的 Al 原子在三维空间里构成不完整的二十面体对，既与二十面体准晶有关又与十次对称准晶有关。当然，受晶体空间点阵的限制，所有与准晶相关的晶体相里的五边形、十边形或二十面体都会有不同程度的近似[21]。

2.3 关于选区电子衍射、X 射线衍射、点阵、结构单元

2.3.1 选区电子衍射

第 1 章中我们已经提到，荷兰代尔夫特理工大学的学者在 1948 年为飞利浦光学电子公司设计了一款颇具创意的电镜。他们在物镜和投影镜之间加入了一个中间镜，通过改变中间镜线圈的磁场，在不移动样品和电子束的情况下实现了成像和衍射模式间的转换。另外，他们在物镜的像平面上装有一个可变换孔径的光阑（称之为选区光阑），只选择感兴趣部分进行电子衍射。选区电子衍射的实现从根本上丰富了电子显微镜的功能，使得透射电子显微镜可以在微小尺度同时给出形貌和结构信息（如图 2.6），现已成为材料电子显微学研究的

最基本方法。20 世纪 50 年代位错的实验验证和 80 年代准晶体的发现都是电子衍射功能的最佳体现。

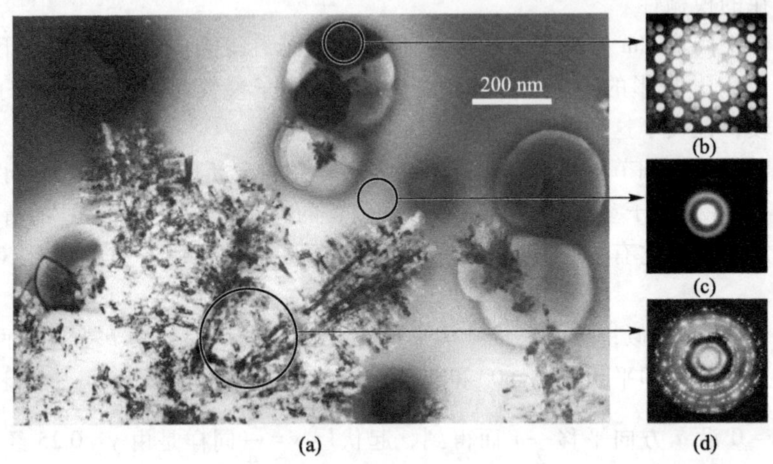

图 2.6　选区电子衍射的实验案例。样品为通过急冷得到的 Zr 基非晶并经 400 ℃ 加热处理①（参见书后彩图）

2.3.2　电子衍射与 X 射线衍射的异同

本书在详细阐述众多类型晶体的电子衍射之前，我们先简单看一下电子衍射与 X 射线衍射的异同。

虽然 X 射线衍射可以给出有关晶体面间距甚至原子位置的精确信息，但是，对于一个未知物相，其粉末 X 射线衍射却难以标定。相反，选区电子衍射给出的单晶体衍射图却可以展示出特定倒易面上倒易阵点的排列规律，使得电子衍射对任何一个物相（无论是已知的，还是未知的）都显得非常直观，这可以从下面两个经典的案例中清楚看出。

早在 1939 年，英国科学家在利用 X 射线衍射研究 Al-Cu-Fe 三元合金平衡相图时就发现了一个无法标定的新物相[22]，该未知相直到 1987 年才由旅日中国台湾学者蔡安邦等利用电子衍射确定为二十面体准晶[23]。同样，20 世纪 50 年代 Al-Li-Cu 合金中也有一个未知相[24]，1985 年法国学者利用电子衍射确定其为二十面体准晶[25]。目前报道的所有准晶体（5 次、10 次、8 次、12 次以及一维准晶等）都是通过电子衍射发现的。

电子衍射相比 X 射线衍射的直观性可以从图 2.7 和图 2.8 清楚地看出，2.7

① 马秀良 1997 年未公开发表的工作。

节将对它们进行详细介绍。

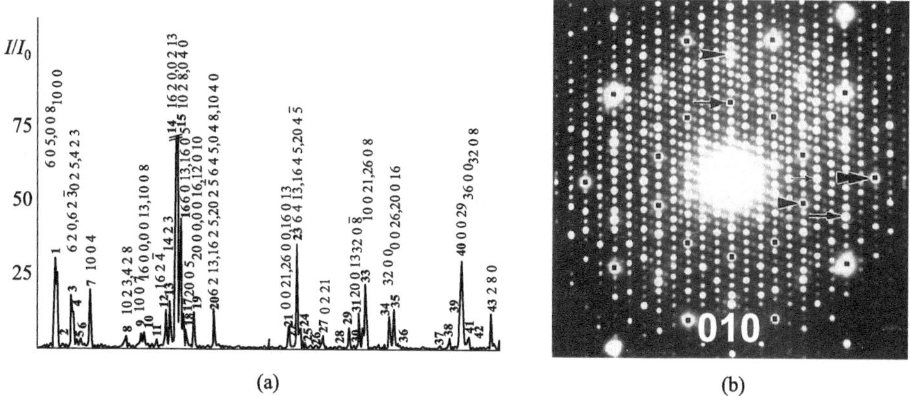

图 2.7 (a) 大单胞晶体相 τ^2-$Al_{13}Co_4$ 的粉末 X 射线衍射图；(b) 电子衍射展示 τ^2-$Al_{13}Co_4$ 的(010)倒易面

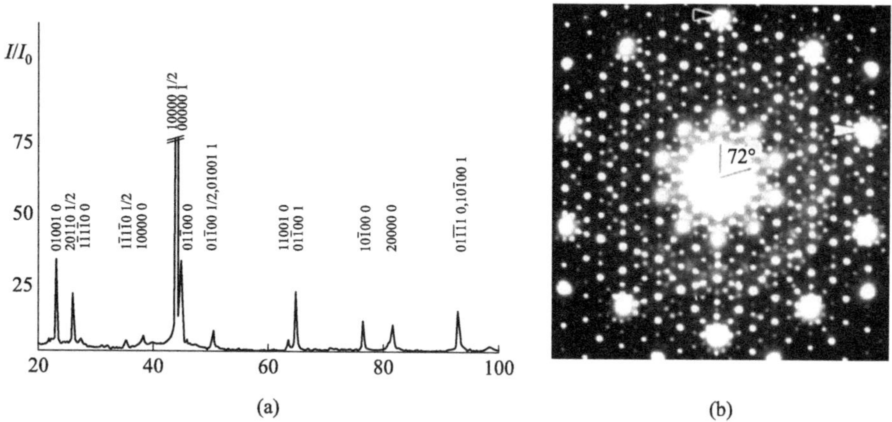

图 2.8 (a) Al-Co 10 次对称准晶的粉末 X 射线衍射图；(b) 电子衍射展示具有 10 次对称倒易面

2.3.3 点阵与结构单元构成晶体结构

晶体结构由两部分构成。其一是点阵，其二是结构单元(如图 2.9，这里在点阵类型不变的情况下，我们选择了三种结构单元)。晶体是由其结构单元按照点阵结构在三维空间里的排列。周期性晶体只有 7 种晶系和 14 中布拉维点阵类型，而结构单元花样繁多，这就是为什么目前已经完成结构测定的晶体具有成千上万种。

需要特别提醒的是，图 2.9 仅仅是一个示意图，因为在这里我们把具有非正交点群的物体放在正交点阵的阵点上。实际上，对于一个三维晶体而言，我们不可以把具有点对称性为“1”的物体放到立方晶系的布拉维点阵上；反之，我们也不可以把具有点对称性 m3m 的物体放在三斜晶体的布拉维点阵上。原因是：在物理上，与立方布拉维点阵相容的力，可以相对于某一个阵点展开成具有立方对称性的球谐函数的组合。因此，在立方布拉维点阵上，物体必须有立方的点对称性。同理，对于三斜布拉维点阵，与其相容的力可以对具有三斜对称性的阵点展开，因此，这些力一定趋向于使高对称性的物体畸变而具有三斜的点对称性[26]。

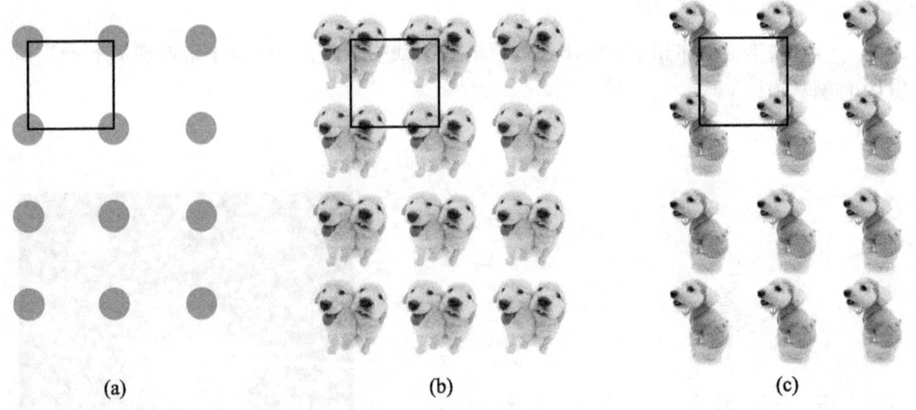

图 2.9　同一点阵类型的晶体结构示意图。几何阵点(a)、一对小狗(b)、一只小狗(c)分别代表了不同的结构单元

2.4　单斜 $Al_{13}Co_4$ 的电子衍射及其孪晶结构

2.4.1　单斜 $Al_{13}Co_4$ 的电子衍射

虽然 $Al_{13}Co_4$ 的晶体结构已经相当清楚，但仍有必要在这里借助电子显微学对单斜 $Al_{13}Co_4$ 的结构特征做一简单的描述，这不仅是由于本章和下一章中通过电子衍射发现了诸多与 $Al_{13}Co_4$ 密切相关的复杂合金相，而且 $Al_{13}Co_4$ 的结构对理解 Al-Co 10 次对称准晶的结构也是很有益的。图 2.10 展示出了单斜 $Al_{13}Co_4$ 的系列电子衍射图(electron diffraction pattern，EDP)，其基本的倒易矢量以及低指数衍射斑点已作了标记。需要特别指出的是，这一整套电子衍射图是实验

上经过大角度倾转而得到的，反映了单斜晶体三维倒易空间的全部特征并可从中直接得到所有的点阵参数值(a，b，c，β)。从[100]经[102]、[104]再到[001]是将晶体绕 $\boldsymbol{b}^*$ 轴倾转 β 角（≈108°），也就是说，这些晶带轴都与[010]晶带轴垂直。由于 $Al_{13}Co_4$ 的 C 心点阵，在[010]电子衍射谱上 h 为奇数的 $h0l$ 衍射消光。例如，在[010]电子衍射谱上我们看不到（100）和(101)衍射斑。因此，[010]电子衍射谱也可以作为一个典型的底心正交晶格[如图 2.10(a)左侧的标记]。然而，[104]晶带轴绕 $\boldsymbol{b}^*$ 轴分别旋转 18°和−18°为[001]和[102]晶带轴，从这两个晶带轴的差异很容易判断它的单斜对称性。这一差异被认为是检测单斜对称性而不是正交对称性的一个有效标准[27]。

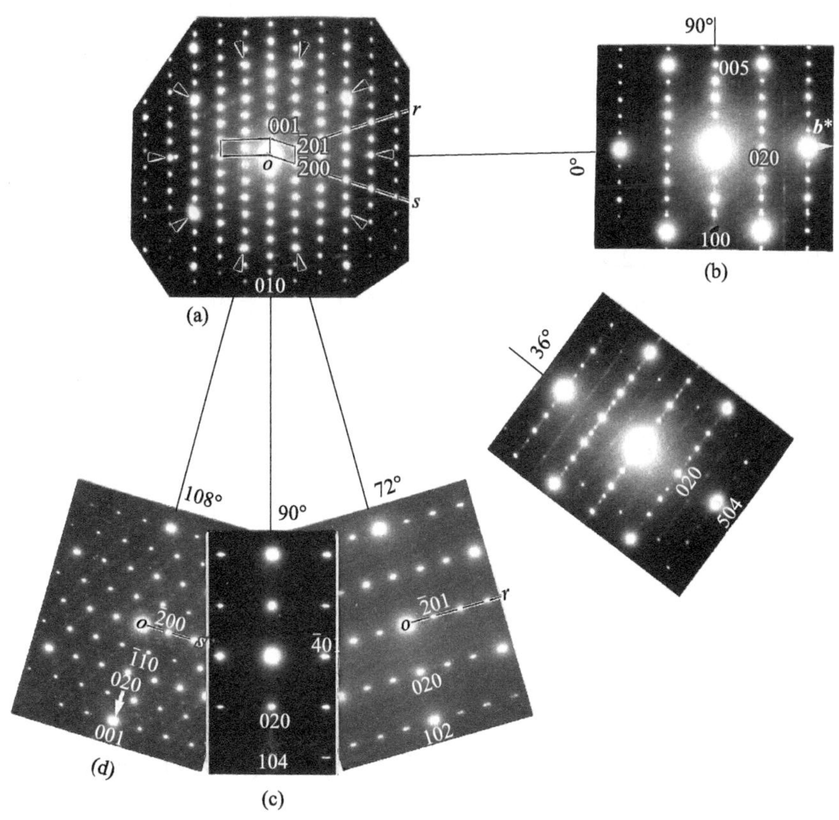

图 2.10 单斜 $Al_{13}Co_4$ 的系列电子衍射图。[010] EDP (a)中有 10 个强的衍射斑点(用中心指向的箭头标注)。[100] (b)经[102]、[104](c)到 [001] (d)，EDP 是围绕[010]轴旋转得到的(这里标注的角度关系是理想化的，实验值与之偏离，一般小于±1°)。值得注意的是，72°和 108°处的两个 EDP 是不同的，这表明该晶体是单斜对称而不是正交对称，尽管在[010]EDP 中，两种对称都是可能的(马秀良和郭可信[27])

从系列电子衍射图中，我们可以归纳其结构特点如下：

(1) 单斜 $Al_{13}Co_4$ 的 β 角为 107°54′，很接近 108°，而 108°正是 5 次或 10 次旋转对称所必需的。如图 2.10(a)中用黑色箭头标记的 10 个强点所示，也就是说它的[010]带轴具有伪 10 次对称性，它来源于(010)平面上的五边形结构单元，这是在垂直于单斜 ***b*** 轴的层中形成五边形网络的几何基础。

(2) 由于 C 心结构，当 h = 奇数时，$h0l$ 衍射消光，例如，从图 2.10 中看不到(100)、(101)衍射点，用 *or* 和 *os* 标记出的两条线上的衍射点分布几乎相同，因此[010]衍射图也可以画成 B 心正交格子，这时垂直于 ***b*** 方向上的点阵参数分别为 a = 2.34 nm，c = 0.76 nm。尽管 *or* 和 *os* 衍射斑列几乎相同，但是由于单斜对称，[001]和[102]轴 EDP 实际上是不同的。此外，[010]、[100]和[104]带轴是互相垂直的，[100]和[104]分别类似于十次对称准晶中的“2D”和“2P”。从整套电子衍射图来看，具有六边形强点的衍射图(相当于十次对称准晶的“2D”)互成 36°，对具有四方形强点的衍射图(相当于十次对称准晶的“2P”)同样如此，相邻的上述两个衍射图间隔 18°。$Al_{13}Co_4$ 和 DQC 外表的相似性表明，它们可能由相似的亚结构组成，也就是说单斜 $Al_{13}Co_4$ 可能是 DQC 的近似结构。这将在 2.4 节做进一步讨论。

(3) 单斜 $Al_{13}Co_4$ 沿 ***b*** 方向堆垛成层状结构，分平坦层和起伏层两种亚层结构，沿 ***b*** 方向的周期长度为 0.81 nm，内含两个起伏层和两个平坦层，这与将要在 2.5.1 节讨论的 AlCo 十次对称准晶沿十次轴的周期相同。

2.4.2　有关单斜 $Al_{13}Fe_4$ 和 $Al_{13}Co_4$ 中孪晶的前期讨论

单斜 $Al_{13}Fe_4$ 和 $Al_{13}Co_4$ 晶体中孪晶是普遍存在的，Black 用于解析 $Al_{13}Fe_4$ 结构的晶体就是由孪晶组成的。在实空间成像方面，Groth[1] 早在 20 世纪初就通过光学显微镜观察到了 $Al_{13}Fe_4$ 中的反映孪晶。Black 在完成解析 $Al_{13}Fe_4$ 结构之后，提出(100)和(001)滑移孪晶模型：对于(100)孪晶，其操作需要沿[001]方向滑移 0.38 nm(0.38 nm 是边长为 0.47 nm 的铁的五边形对角线长的二分之一)，然后进行镜面反射；对于(001)孪晶则需要先沿[100]方向滑移 $a/2$ 再进行镜面反射。1980 年，Louis 等[28] 利用光学显微镜在 $Al_{13}Fe_4$ 中发现五次孪晶，并基于晶格考虑提出了一种复合(100)-(20$\bar{1}$)孪晶机制。冯国光等[29] 利用透射电镜在研究快速凝固的 Al_6Fe 合金中，发现了单斜相 $Al_{13}Fe_4$ 中的五次孪晶和 Al-Fe 十次对称准晶，并通过电子衍射证实了(20$\bar{1}$)孪晶。Skjerpe[30] 和 Tsuchimori 等[31] 利用高分辨电子显微术(high resolution electron microscopy, HREM)研究了 $Al_{13}Fe_4$ 的(100)孪晶并证实了 Black 的滑移反映模型；虽然他们利用高分辨电子显微术也发现了(20$\bar{1}$)孪晶，但没有提出滑移操作。Ellner

和 Burkhardt[32] 基于简单的镜面反映而不是滑移反映机制，提出了(001)、(100)、(20$\bar{1}$)以及 $Al_{13}Fe_4$ 中的五次反映孪晶的结构模型。虽然在一个国际会议上[33]，他们建议(100)和(20$\bar{1}$)孪晶应该分别引入 $c/3$ 和(1/3)[102]滑移操作，然而，五次孪晶的模型却没有改变，仍然是基于简单的镜面反映机制。此外，Ellner 通过 X 射线对热处理并淬火后的 $Al_{13}Fe_4$ 样品进行研究，报道了一种晶格参数为 $a=0.775\ 1$ nm，$b=0.403\ 4$ nm，$c=2.377\ 1$ nm，空间群可能是 Bmmm 的高温正交 $Al_{13}Fe_4$ 相[34]。

2.4.3 (001)孪晶与伪正交对称性

本节将利用选区电子衍射方法对单斜 $Al_{13}Fe_4$(001)微孪晶进行讨论，并将其与 Ellner 提出的正交 $Al_{13}Fe_4$ 相比较。此外，基于滑移反映机制，提出了单斜 $Al_{13}Fe_4$ 的五次孪晶中两种原子排布的可能性[35]。

样品的制备是利用氧化铝坩埚在感应炉中熔炼高纯金属，制备名义成分为 $Al_{13}Fe_4$ 的二元合金(重约 200 g)。把 $Al_{13}Fe_4$ 合金样品置于真空硅管中加热到 950 ℃并保温 50 h，然后进行淬火处理。用于透射电镜观测的薄晶体样品通过切、磨、电解双喷制备，其中，电解双喷制备是在−20 ℃下使用 67 vol.%的甲醇和 33 vol.% HNO_3 溶液进行的[35]。

图 2.11(a)是由许多平行于(001)平面的单斜 $Al_{13}Fe_4$(001)孪晶薄片组成的暗场像。图 2.11(b)是孪晶复合<110>电子衍射谱(倒易矢量 $\boldsymbol{c}^*$ 垂直于孪晶片层)，从中很容易找到两套电子衍射谱，一套是[110]晶带轴的，另一套是[$\bar{1}\bar{1}$0]晶带轴的。图 2.11(c)是孪晶区域[100]晶带轴的电子衍射谱。尽管它是从图 2.11(a)中的孪晶区域获取的，但是，通过与倒易矢量 $\boldsymbol{c}^*$ 垂直的(001)镜面反映却不能看到两套衍射谱。出现这种情况的原因是由于[100]晶带轴的电子衍射谱具有矩形平面晶格[参见图 2.10(b)]，它与<110>晶带轴的电子衍射谱明显不同。

图 2.12 是在图 2.11(a)孪晶区域通过大角度倾转获得的一系列几何排列的电子衍射谱。[010]/[0$\bar{1}$0]垂直于其他分别被标定为[001]、[104]和[102]的晶带轴。值得注意的是，所有这些电子衍射谱中看不到具有孪晶特征的额外衍射斑点；与[104]晶带轴相距+18°和−18°的两张衍射谱现在是一样的，预示着存在新的与 C 心单斜 $Al_{13}Fe_4$ 相密切相关的 B 心正交晶格的可能性。但是，暗场像[图 2.11(a)]及其复合<110>电子衍射谱[图 2.11(b)]排除了正交相的可能性。事实上，图 2.12(b)和(d)的电子衍射谱是[102]和[001]重叠的复合衍射谱([102]电子衍射谱完全叠加在了[001]上，以至于无法辨认)。

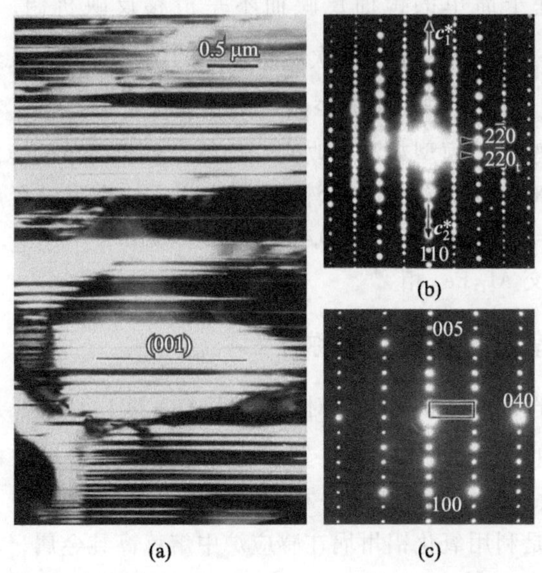

图 2.11　(a) 单斜 $Al_{13}Fe_4$(001)孪晶的暗场像，图中显示大量平行于(001)平面的水平孪晶薄片；(b)(001)孪晶的复合<110>电子衍射谱，一个是[110]，另一个是[$\bar{1}\,\bar{1}0$]。倒易矢量 c^* 垂直于图(a)中的(001)孪晶面；(c)从图(a)中孪晶区域获取的<100>晶带轴的电子衍射谱。由于[100]衍射图具有矩形平面晶格，因此无法从该方向检测到两组具有孪晶关系的电子衍射谱(马秀良等[35])

图 2.13 显示了上述两种互相叠加的衍射谱的特征。在电子衍射中，尽管在选区电子衍射谱中衍射斑点的位置或者它对应的 d 值(面间距)通常不可能被精确测定，但是在没有特别说明的情况下，d 值的误差在 1% 以内通常认为是可以接受的。表 2.4 显示了这些衍射谱中衍射斑点对应的 d 值的对照。显而易见的是它们在可接受的范围内，[102]晶带轴对应衍射谱的所有衍射斑都可以在[001]晶带轴对应的衍射谱中找到。也就是说，这两组衍射花样完全可以重叠[如图 2.12(b)和(d)所示]。因此，尽管不能从这些衍射花样中的任何一个读取额外的衍射斑，但所谓的正交对称性实际上是由两组单斜晶格的叠加。这样一个孪晶的形成是 β 角约为 108°、晶面间距 $d_{200}=d_{20\bar{1}}$ 的单斜相的一个特例。这样一个特殊情况使得主要的电子衍射谱中衍射斑呈现一个伪矩形网格，正如分别在图 2.11(c)、图 2.12(a)和图 2.12(c)中所标记的。

事实上，如果仅考虑图 2.11(c)和图 2.12(a)、图 2.12(c)的三个正交电子衍射谱，利用以下晶格常数可以得到 B 心正交晶格的晶格参数：

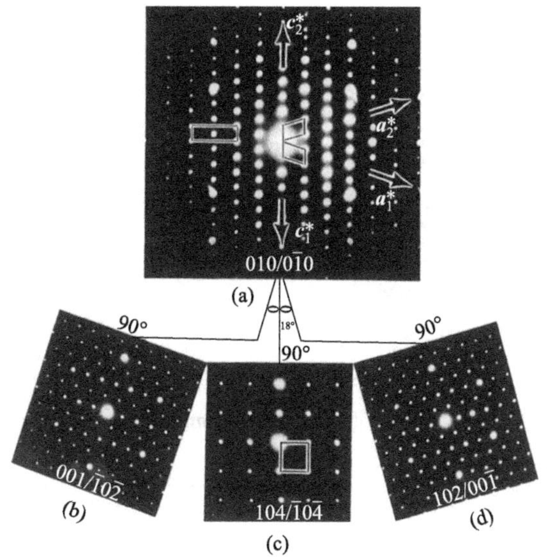

图 2.12 从图 2.11(a)孪晶区域获得的一套电子衍射谱，[010](a)晶带轴垂直于[001](b)、[104](c)和[102](d)，后三张衍射谱是绕 $\boldsymbol{b}^*$ 轴分别旋转 18°。从[010]晶带轴的电子衍射谱可以选择一个 B 心晶格[图 2.12(a)]，所以在这个方向上看不到孪晶特征。此外，[001]和[102]晶带轴电子衍射谱的重叠使得与[104]晶带轴相距+18°和-18°的两张衍射谱相同，这意味着存在伪正交对称性，它的三个平面格子分别被标记在图 2.11(c)、图 2.12(a)和图 2.12(c)中(马秀良等[35])

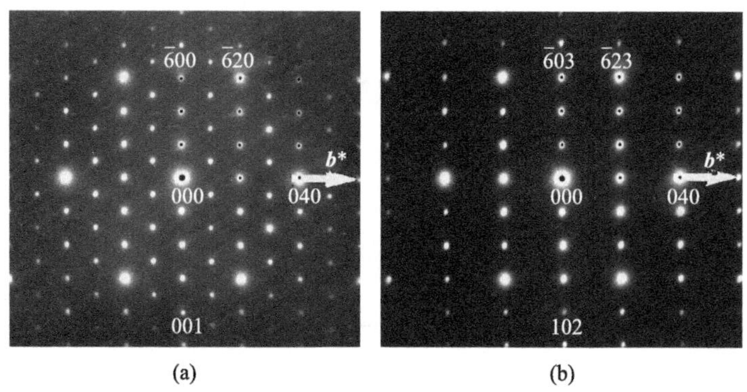

图 2.13 [001](a)和[102](b)电子衍射谱，在 Δd 可接受的误差范围内，[102]中所有衍射斑点都能在[001]的衍射谱中找到对应位置，衍射图中大约有 1/4 的衍射斑点用黑点标记(d 值的对照参考表 2.4)(马秀良等[35])

$$a=\frac{a_m}{2}=\frac{1.548\ 9}{2}\ \text{nm}=0.774\ 5\ \text{nm}$$

$$b=\frac{b_m}{2}=\frac{0.808\ 3}{2}\ \text{nm}=0.404\ 1\ \text{nm}$$

$$c=2c_m\cos 17.72^\circ=2\times 1.247\ 6\ \cos 17.72^\circ\ \text{nm}=2.376\ 8\ \text{nm}$$

从晶格参数和空间群的角度来看，Ellner 所报道的高温 B 心正交 $Al_{13}Fe_4$ 相[34]与单斜 $Al_{13}Fe_4$ 的(001)微孪晶[35]非常相似，也就是说单斜 $Al_{13}Fe_4$ 的(001)微孪晶显示伪正交对称性。

表 2.4　[001]和[102]晶带轴电子衍射谱中部分衍射指数对应的 *d* 值(晶胞参数的精确值是根据 Black[6] 的 X 射线衍射数据获得，$a=1.548\ 9$ nm，$b=0.808\ 3$ nm，$c=1.247\ 6$ nm，$\beta=107.72^\circ$)

从 001 晶带轴获取的数据		从 102 晶带轴获取的数据	
衍射指数	d/nm	衍射指数	d/nm
020	0.404 2	020	0.404 2
040	0.202 1	040	0.202 1
$\bar{2}00$	0.737 7	$\bar{2}01$	0.738 1
$\bar{4}00$	0.368 9	$\bar{4}02$	0.369 1
$\bar{6}00$	0.245 9	$\bar{6}03$	0.246 0
$\bar{2}20$	0.354 4	$\bar{2}21$	0.354 5
$\bar{4}20$	0.272 4	$\bar{4}22$	0.272 5
$\bar{6}20$	0.210 1	$\bar{6}23$	0.210 2
$\bar{2}40$	0.194 9	$\bar{2}41$	0.194 9
$\bar{4}40$	0.177 2	$\bar{4}42$	0.177 2
$\bar{6}40$	0.156 1	$\bar{6}43$	0.156 2

2.4.4　$Al_{13}Fe_4$ 中显示五次对称特征的(100)-(20$\bar{1}$)多重孪晶

图 2.14(a)显示了 $Al_{13}Fe_4$(100)孪晶的<010>复合电子衍射谱，这里标记出了两个孪晶的倒易晶格，它们在垂直于 $\boldsymbol{a}^*$ 的(100)平面上互为镜面反映。高分辨电子显微(high resolution electron microscopy，HREM)图像[图 2.14(b)]表

明这种孪晶机制是滑移反映，而不是简单的镜面反映。在图 2.14(b)右侧，一些亮的像点用黑点做了标记，它们具有五边形特征，五边形的中心标有"t"。(100)孪晶在孪晶平面上的滑移分量由一个小的三角箭头表示，该箭头等于 Fe 五边形对角线的一半位移(五边形的移动在图中 4 个孪晶边界处都标有箭头)。在(100)平面右侧的五边形与(100)孪晶平面另一侧标有"t"的五边形形成镜面反映。因此，滑移组元是 $0.5\tau c/(1+\tau)\approx 0.31c$，在[001]方向上长度约为 0.38 nm。也就是说，它并不是一个绕[010]轴简单的 36°旋转孪晶，垂直于旋转轴的滑移组元是有必要的。这种滑移反映孪晶模式正是 Black 于 1955 年提出来的。

图 2.14(c)和(d)分别是光学显微图片和多重孪晶的复合电子衍射谱，它

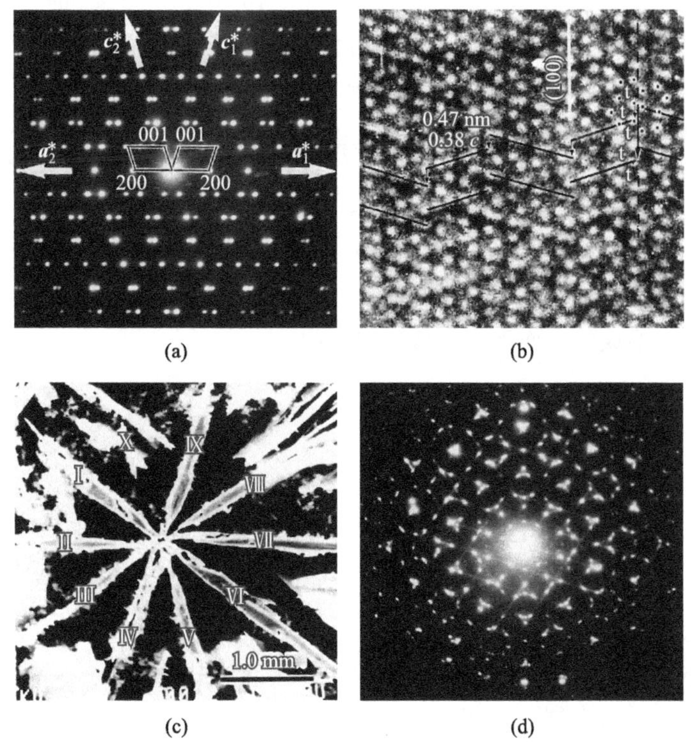

图 2.14 (a)单斜 $Al_{13}Fe_4$(100)孪晶的<010>复合电子衍射谱，图中标出了两个孪晶的倒易晶格，$\boldsymbol{a}^*$ 是垂直于 HREM 图像(b)中标记为(100)的平面，滑移反映机制清晰可见，Fe 五边形的滑移分量用一个小三角形箭头标记，它等于 Fe 五边形一个边的位移；(c) 光学显微镜图片显示五次孪晶的十瓣玫瑰花结形态；(d) 多重孪晶的<010>复合电子衍射谱，显示五次对称性(马秀良等[35])

们都展示了单斜 $Al_{13}Fe_4$ 多重孪晶的五次对称性。这种十瓣玫瑰花结的形态在 Al-Fe 体系中，特别是在富 Al 合金中经常出现。对于单斜 $Al_{13}Fe_4$ 结构，由 Louis 等[28]提出的和被冯国光等[29]证实的复合孪晶是由重复的(100)-(20$\bar{1}$)组成。

基于(100)孪晶的滑移反映机制以及靠近(20$\bar{1}$)平面的原子环境与(100)平面的原子环境非常相似的事实，马秀良等[35]提出了(100)-(20$\bar{1}$)五次孪晶新的结构模型(图 2.15)。图 2.15(a)显示了 $y=0$ 的平坦层中的原子排列，图 2.15(b)显示了 $y\approx 1/4$ 的起伏层的原子排列；它们都是基于滑移反映机制。由于[102]单位矢量的大小是由 0.47 nm 五边形的两条边和两条对角线组成，(20$\bar{1}$)孪晶的滑移分量应该是 $0.5\tau/(2+2\tau)[102]\approx 0.16[102]=0.38$ nm，这与(100)孪晶是相同的值。值得注意的是，在滑移反映操作之后，所有的 Al-Al，Al-Fe，Fe-Fe 原子在孪晶边界处匹配良好；在平坦层中[图 2.15(a)]，中心是由 Fe 五边形包围的 Al 原子，边长为 0.29 nm，它比 $Al_{13}Fe_4$ 结构中的 0.47 nm 的五边形小 $1/\tau$。对于起伏层，两个孪晶的位移与被标记的 Al 五边形的对角线[图 2.15(b)]相同。一些 Fe 和/或 Al 五边形是畸变了的，所以这里 β 角是 107.72°而不是完美的五次对称所要求的 108°。从晶体形核开始，孪晶逐渐长大，最后它们形成十瓣玫瑰花结形态或 10 个卫星点。这也意味着孪晶是在晶体生长过程中形成的，而不是由变形引入的。

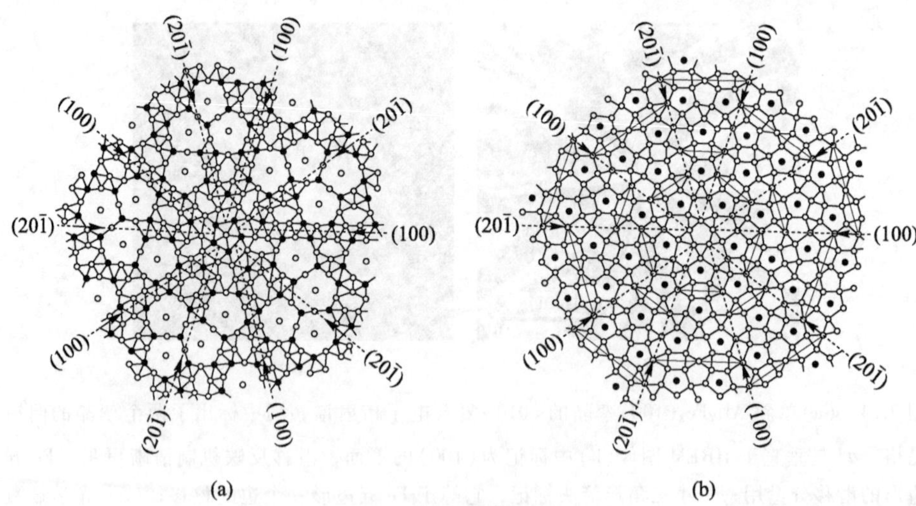

图 2.15　单斜 $Al_{13}Fe_4$(100)-(20$\bar{1}$)五次孪晶的结构模型：(a) 平坦层上($y=0$)的原子排列，(100)和(20$\bar{1}$)两个孪晶的滑移组元在孪晶边界上用箭头标记；(b) 起伏层上($y\approx 0.25$)的原子排列(事实上，$y=0.211\sim 0.285$)，箭头表示滑移大小(马秀良等[35])

$Al_{13}Co_4/Al_{13}Fe_4$ 中边长为 0.47 nm 的五边形等同于后面将要讨论的 τ^2-$Al_{13}Co_4$ 中边长为 1.23 nm 的大五边形。对于 τ^2- $Al_{13}Co_4$ 中的五次孪晶，HREM 图像表明，这些孪晶的 36°扇形中心是五边形特征，边长为 1.23 nm，而不是比它小 $1/\tau$ 的 0.76 nm。因此，$Al_{13}Fe_4$ 五次孪晶的结构模型也有可能与 τ^2- $Al_{13}Co_4$ 的相同，只不过是五边形的长度是 0.47 nm 而不是 1.23 nm。图 2.16 示意性地显示了这些五次孪晶的形成，由 0.47 nm 的 $Al_{13}Fe_4$ 五边形形成。这里仅考虑的是 $y=0$ 平面层的 Fe 的原子位置，孪晶边界的五边形用“ * ”号表示，同样，(100)和$(20\bar{1})$孪晶都是基于滑移反映机制的。

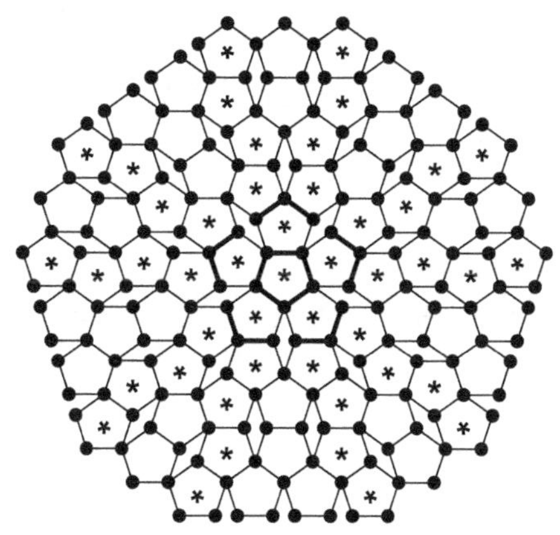

图 2.16 另一种可以形成五次孪晶的 Fe 五边形排列方式，这里仅考虑平面层中的 Fe 原子位置，孪晶边界的五边形用“ * ”号表示，或者说，“ * ”号表示的五边形属于孪晶变体(马秀良等[35])

2.4.5 (100)-(001)孪晶

由于高对称性的五边形结构单元，单斜 $Al_{13}Co_4/Al_{13}Fe_4$ 中大量存在(001)和(100)层错和孪晶，甚至(001)-(100)复合孪晶(图 2.17)。虽然通过电子衍射很容易识别(001)和(100)这两类滑移孪晶(图 2.11 和图 2.14)，然而，由于 $a/2$ 的滑移并没有显著地改变五边形的结构，因此(001)滑移孪晶很难通过高分辨电子显微成像加以判别(除非能够同时得到 Al 的清晰原子像)。类似的情况将在本章 2.5.3 节中针对 τ^2-$Al_{13}Co_4$ 做详细讨论。

图 2.17　单斜 $Al_{13}Fe_4$ 中(001)-(100)复合孪晶的明场像。图像的拍摄接近于[010]晶带轴，因此图中可以看到(100)和(001)面本该有的近似 72°夹角

2.5　Al-Co 十次对称准晶及其单斜 τ^2-$Al_{13}Co_4$ 的确定

2.5.1　二元稳定准晶

1982 年由以色列学者 Shechtman 发现、并于 1984 年由他与合作者发表的具有五次旋转对称的二十面体准晶是一种亚稳定准晶[36]（准晶体的发现和认识过程详见本书第 8 章）。该准晶由合金熔体经过急冷的方法得到，因此准晶体的颗粒都非常细小（当然对于选区电子衍射来说亚微米甚至纳米尺度的颗粒已经足够大，众多合金系中准晶体的发现其实都是由电子衍射提供的证据），但加热之后准晶就变成周期性晶体了。准晶作为一种新的结晶形态，利用 X 射线衍射解析它的结构是准晶发现之后科学家最关注的。但是，通过极冷法才能得到的亚稳定准晶，不能通过平衡凝固获得具有一定大小的单晶体以便用于 X 射线衍射。

1985 年法国学者率先在 Al-Li-Cu 合金中发现稳定的二十面体准晶[25]，随后，1987 年中国台湾学者蔡安邦在日本东北大学发现了 $Al_{65}Cu_{20}Fe_{15}$ 稳定的二十面体准晶[23,37]。1988 年中国科学院金属研究所硕士生何伦雄在郭可信的指导下在 Al-Cu-Co 合金中发现了第一个稳定的十次对称准晶[38]。在这些三元稳定准晶之后，人们希望能够在更简单的合金体系中寻找到稳定准晶，这样能够更方便于结构测定。

我（马秀良）的博士学位论文（1988—1994）是利用电子显微技术研究缓慢冷却（铸态）条件下二元 Al-Co 合金的相组成。关于为什么选择这个体系，郭可信先生曾在一篇回忆录中有过这样一段描述[39]：

“1988 年何伦雄在缓冷的 Al-Cu-Co 合金中找到有十棱柱体外形的十次对称准晶单晶，甚至有几个毫米长，这是第一个发现的稳定十次对称准晶。我当时就想，Al-Co 及 Al-Cu-Co 合金别人早已研究过，说不定也遇到过这种稳定准晶。剑桥大学卡文迪许实验室在五六十年代曾经先后有十几名博士在 W.H.Taylor 指导下系统地用 X 射线研究过铝合金相。好的成套的结果都发表了，零星地解释不了的就留在故纸堆中，说不定其中有宝。于是我就要卡文迪许实验室 Howie 请我去那当访问学者(剑桥叫作 commoner)，原说一学期，后来我说忙，减为两个月，最后我说那也不行，改为一个月。原来每个学院每学期请一定数目的 commoner，除了住房不花钱，还可在高桌上吃晚餐(学生只能在矮桌上吃)，并免费携带友人就餐，还有一些其他特权。我停留的时间短，等于这个名额没很好利用，学院不乐意。我在 1990 年春光明媚的五月到剑桥，真是美极了，偏偏五月是考试季节，Mackey 说：“假如没有考试，五月的剑桥有如天堂一般”。这话对我是适用的，我住在丘吉尔学院，离卡文迪许实验室和图书馆都不远，主要是翻阅那十几部博士学位论文，皇天不负有心人，终于在 Hudd 的有关 Al-Co 合金相的博士论文中找到他观察到五次对称的 X 射线衍射的描述。当时就发传真(FAX)要马秀良做 Al-Co 合金缓冷研究，一年后他完成了一篇 Al-Co 合金准晶及近似晶体相的大作，发表在 *Metallurgical Transaction* 上。从故纸堆中找窍门，也就是“文化大革命”中批判地从文献缝中找题目，是不费力而讨好的事，就看你是否留心于此。”

上面郭先生回忆录中提到的 1992 年发表在 *Metallurgical Transaction*(美国冶金会刊)上的“大作”实际上报道的是“发现可形成稳定十次对称准晶的唯一的二元合金体系和成分”。该工作使郭可信先生带领的准晶团队在准晶合金学方面继续引领国际前沿。英国剑桥大学著名物理冶金学家 R.W.Cahn 教授以及前国际晶体学会副主席、前日本电子显微学会主席 M.Tanaka 教授分别在其学术专著中予以高度评价。该论文被美国 ISI(*Institute for Scientific Information*)列为自 1981 年至 1998 年间在中国大陆完成的最具影响力的 47 篇科学论文之一，马秀良和郭可信也因此于 2000 年荣获 ISI 颁发的“经典引文奖”。

收到郭先生越洋传真之后 4~5 年时间里的工作，我也曾有过这样的回忆：

“按照郭先生的风格，他通常不会非常具体地安排学生去哪里或找谁帮忙熔炼合金。我首先想到的就是对我来说还算有一点人脉的母校大连工学院(我在大二时，母校更名为大连理工大学)，那里的材料系有铸造专业还有新成立的铸造工程研究中心(我本科期间是在金属材料及热处理专业)。带着郭先生的FAX，我当天启程从中国科学院北京电子显微镜开放实验室返回大连理工大学(当时北京至大连特快列车需要 17 个小时)。途经沈阳，到金属所找吴玉琨老师和孟祥敏老师帮忙，免费拿到了公斤级的纯钴(Co)。次日到大连后就在第一时间拜会了材料系铸造过程研究中心主任金俊泽教授，并说明了来意。金老师当即表示予以支持。我虽然很早就知道金老师的学生都特别惧怕他，但我却对金老师的热情接见并答应给予支持一点儿没感到意外，甚至一路上就已经成竹在胸。原因有三：一来我懂礼貌讲规矩，而且在说明这项工作的意义和紧迫性时表现得很自信，也显得特别从容，这给金老师留下了深刻印象(很多老师是你越怕他，他越不喜欢你)；二来郭可信院士是时任大连理工大学材料工程系的名誉系主任，而我是郭先生的学生；三是金老师是郭可信先生的长兄郭可韧教授的弟子。稍后，我在金老师的学生曹志强的帮助下利用电磁感应炉炼制了十几炉、共十余公斤成分在 $Al_{10}Co_4$—$Al_{13}Co_4$ 之间的合金，于是很快就返回北京并开始了电镜观察”。其实，1990 年初夏，当郭先生从剑桥回到北京我去机场接他的时候，我们已经开始讨论初步实验结果了”。

“也正是由于金老师在我熔炼准晶样品过程中给予的支持，后来经我的提意和郭先生的同意，金俊泽老师是我硕士期间的第二导师”。

“AlCo 合金系确实是一个宝藏。我在二元 Al-Co 合金中除了发现稳定的十次对称准晶相并制备出毫米量级稳定的十次对称准晶单晶体之外，还发现并确定了与准晶密切相关的 13 种新物相[它们的晶胞参数以黄金分割比(1.618…)渐进膨胀]，并将之归纳为单斜和正交两大点阵群族，提出 AlCo 准晶体是这两大点阵群族中共有的极限成员这一重要观点”。

“1985 年，中国科学院北京电子显微镜实验室(简称“北京电镜室”)与设在金属所的中国科学院固体原子像开放实验室同时成立，这是中国大陆最早的两个以材料电子显微学为主要研究内容的开放实验室，室主任分别是郭可信先生和叶恒强研究员。当然，同一年成立的中国科学院首批开放实验室和研究所还有福建物构所结构化学开放实验室、理论物理研究所、数学研究所等。北京电镜室设在中关村蓝旗营的中国科学院科学仪器厂(KYKY，简称科仪厂)院内，实验室的牌匾由严济慈先生题字。由于开放实验室当时先进的实验条件以及与国际接轨的学术氛围，曾吸引了来自众多高等院校和科研院所的研究生到这里从事电子显微学实验研究，其中主要有大连理工大学、武汉大学、吉林大学、北京大学、北京钢铁学院(现北京科技大学)、中国科学院物理所(北京)等。但是，从大连和武汉来的学生没有宿舍，由于费用的问题又不能数年里一直住招待所(科仪厂地下室招待所每个床位每天 8 元)。在郭先生跟科仪厂主管的协调下，我们被安排在科仪厂办公楼二楼的 211 会议室里(电话号码：

2565522 转 471)。这里既是我们学生的自习室，也是寝室，同时也是北京电镜室的学术会议室。在这里办公桌和床是一个东西，所以我们晚上上床睡觉叫作"go to desk"。我是在那个时期几十位学生中在 211 会议室生活时间最长的一位，先后共历时五年半，成了名副其实的寝室长，以至于每次武汉的学生来，总是带着时任武汉大学副校长王仁卉教授亲笔给我写的条子："请小马帮忙给某某某安排一张'床'"。当然，住在这里也有方便的地方，楼下一层就是实验室，晚上睡不着时可以随时去做电镜实验，不用预约"。

"在郭先生 120 位弟子中，我可能是唯一一位跟先生拍过桌子的学生(恕我不能在此赘述，因为我一直感到非常内疚)。那一刻，先生虽然感到无比震惊但却没有任何责怪，也许是因为① 那是关于工作方面的事儿；② 先生自己早年在瑞典就曾跟他的老板 Hultgren 有过大吵，于是放弃了三年多的研究成果、在读的学位以及固定的工作，一走了事"。"不同的是，郭先生碰到的老板是一位保守、专横的教授，而我面前的是一位满腹经纶、德高望重的学术大师!"

在 Al-Co 二元相图的富 Al 端，有一系列金属间化合物通过包晶反应从熔体中形成(图 2.18)。除了已知的 Al_9Co_2 和 Al_5Co_2 相之外，Bradley 和 Seager[40] 早在 1939 年就发现了 $Al_{13}Co_4$ 和 Al_3Co，其中 $Al_{13}Co_4$ 的结构由 Hudd 得以确

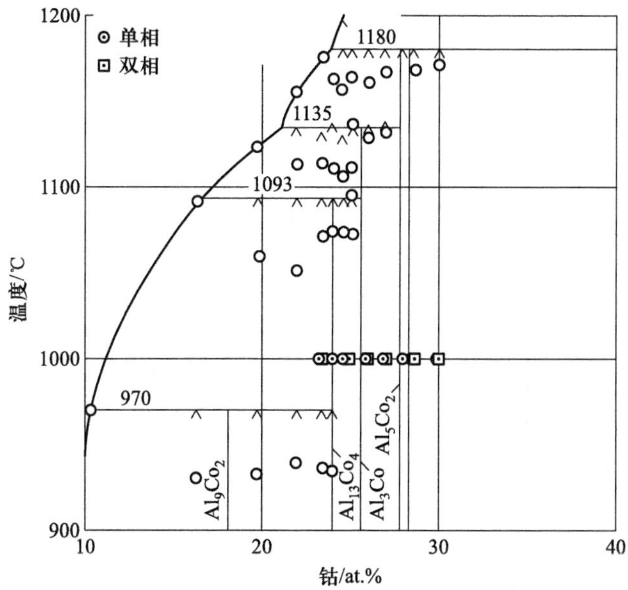

图 2.18　Co 元素含量为 10~40 at.%的 Al-Co 二元相图

定。虽然 Al_3Co 没有包含在 Massalski 编辑的 Al-Co 相图中[41]，但后来几位学者也都证实了它的存在[20,42]。然而，其晶体结构(甚至点阵类型)却迟迟没有得到确定。这可能是由于制备这种化合物的单相合金比较困难，而且这种化合物的精确成分还不清楚。例如 Gödecke[42] 也考虑了 $Al_{11}Co_4$ 为它的化学式。

在这些已知的 Al-Co 化合物中，具有六角晶体结构的 Al_5Co_2 相是由 Bradley 和 Cheng[43] 确定的，后来发现的 $Al_{10}Mn_3$[44] 和 Al_9Mn_3Si[45] 与其结构相同(虽然后者的一些 Co 位置是空的，因为没有 Mn 原子)。这些化合物中的 Co 和 Mn 原子具有二十面体配位。前面已经提到，$Al_{13}Co_4$ 是单斜相，原子形成沿 ***b*** 方向堆垛的五边形网络，其 β 角(= 107°54′±0.5′)非常接近五次或十次旋转对称所需的 108°。从相图上看，Al_3Co 位于 Al_5Co_2 和 $Al_{13}Co_4$ 之间；此外，Al_3Co 是通过熔体和 Al_5Co_2 之间的包晶反应形成的。而 Al_3Co 本身又与熔体发生包晶反应形成 $Al_{13}Co_4$。因而，可以预计 Al_3Co 的结构与 Al_5Co_2 和 $Al_{13}Co_4$ 的结构密切相关。

郭先生查阅到的 Hudd 学位论文中对 Al_3Co 的描述是这样的：

“……通过劳厄、振荡、旋转和韦森伯格等方法对晶体碎片进行拍摄。正常的劳厄反射是存在的，但劳厄照片有一个不寻常的特点，在这些反射之上是一系列圆形或椭圆形的斑点环，它们的确切位置取决于晶体的取向。当把这些晶体安装在一个平行于相机轴的特殊方向时，这些环就变成了一排排直的反射，类似于正常的摇摆或旋转照片上的反射。层线分离对应的重复间距为 8. 12 Å。旋转照片显示，整个晶体沿这个方向有一个 8.12 Å 的轴。如果倒易点阵几乎由垂直于 8.12 Å 轴的连续的面组成，上述反常的衍射效应是可以产生的，这可能由围绕 8.12 Å 轴的多重孪晶引起。

对给出强度较小环的晶体进行了更详细的研究，发现在垂直于 8.12 Å 轴的相隔 18°的方向上具有重复的 37.8 Å 和 32.2 Å 间距。仔细检查劳厄对称性显示它可以被描述为 5/mmm。因此很明显，这种晶体也广泛地孪生。假设该晶体适当地孪生，所有出现在沿 8.12 Å 轴拍摄的零层 Weissenberg 照片的反射可以被标定为一个正交的单胞：$a = 14.6$ Å，$b = 8.12$ Å 和 $c = 17.7$ Å。因此，单胞和对称性都是未知的。虽然 Demjanovic 在三元 Mn-Al-Zn 化合物 T3(5) 中观察到孪生对产生五边形对称的影响，但这两种化合物的单胞不可能相似”。

值得注意的是，这里 Hudd 已经提到了几个重要的参量，如 5/mmm 劳厄对称性，面间距为 8.12 Å、37.8 Å、32.2 Å，相隔 18°等。这些参量随后在马秀良利用电子显微分析的过程中都得到了验证或修正。

早前报道过，在快速凝固得到的含 14 at.% Co 元素的 Al-Co 合金中存在十次对称准晶（DQC）[46,47]，该 DQC 与 Al_9Co_2 共存，沿十次轴的周期约为 1.6 nm。DQC 的存在范围后来扩展到含 25 at.% Co 元素的 Al-Co 合金，其周期约为 0.4 nm、0.8 nm 和 1.6 nm[48]，这与 Al-Ni 二元系[49]和 $Al_{65}Co_{15}Cu_{20}$ 三元合金的 DQC 类似[38,50]。在这些研究中，单斜的 $Al_{13}Co_4$ 是与 DQC 共生的晶体相。

在对 $Al_{65}Co_{15}Cu_{20}$ 熔体进行缓慢凝固后，何伦雄利用电子衍射不仅发现了 DQC，而且发现样品在经过 1 000 ℃长时间退火后该 DQC 仍然保持稳定[38]，这是第一个已知的稳定 DQC。随后，旅日中国台湾学者蔡安邦等发现 $Al_{65}Co_{20}Cu_{15}$、$Al_{65}Co_{20}Ni_{15}$ 和 $Al_{70}Co_{20}Ni_{10}$ 的 DQC 也是稳定[51]的。稳定准晶的发现具有重要意义，原因在于这使得科学家有可能基于这样的成分生长出稳定准晶的单晶体，以便利用 X 射线衍射解析准晶体的结构。上述这些稳定的准晶可以归为 Al_{65-70}(Co，Ni，Cu)[25,35-38]，具有与 Al_3M（M = Co、Ni、Cu）相差不大的化学式。因此，在 Hudd 硕士论文的基础上，研究 Al_3Co 在缓慢凝固过程中能否形成十次对称准晶就更具重要意义。如果在二元合金里发现稳定的准晶，进而利用 X 射线衍射对其进行结构的测定将比对三元合金更方便、更准确。

马秀良利用电磁感应炉熔化置于氧化铝坩埚中的高纯金属，然后在沙浴中空冷，制备了一系列单个重约 600 g、成分在 $Al_{13}Co_4$ ~ $Al_{10}Co_4$ 范围内的二元合金，其名义成分分别为 $Al_{13}Co_4$、$Al_{12}Co_4$、$Al_{11.5}Co_4$、$Al_{11}Co_4$、$Al_{10.5}Co_4$ 和 $Al_{10}Co_4$。在靠近铸锭顶部表面的空腔中，总是有大量长度为毫米级的针状晶体。它们的直径介于 0.1 ~ 0.5 mm。在扫描电子显微镜（scanning electron microscope，SEM）下进行高倍放大，可以看出这些针状晶体呈现十棱柱生长形态（图 2.19）。当这些十棱柱接近平行于电子束方向时，从顶部可以观察到五

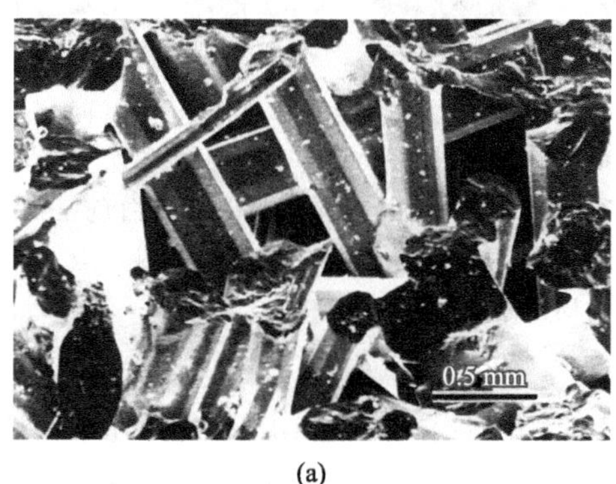

(a)

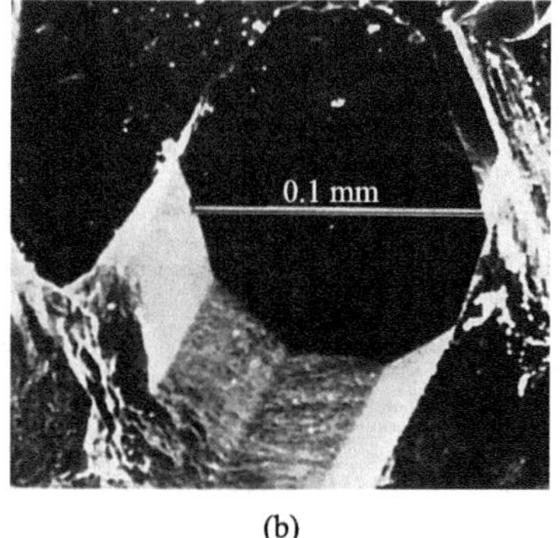

(b)

图 2.19 在缓慢凝固的 $Al_{11}Co_4$ 合金空腔内形成的十棱柱形针状物的 SEM 图像（马秀良和郭可信[27]）

个长棱柱切面。把这些针状晶体取下进行电子衍射发现，一部分晶体是十次对称准晶，其十次轴平行于棱柱的轴向。部分晶体是与准晶密切相关的晶体相，这些晶体相是单斜 $Al_{13}Co_4$ 以及单斜 $Al_{13}Co_4$ 的不同变体，它们的 ***b*** 轴平行棱柱轴(本章后半部分以及第 3 章有详细介绍)。需要指出的是，Al-Co 十次准晶也大量存在于其他缓慢凝固的合金中。

尽管在此之前人们发现了稳定的 $Al_{65}Co_{15}Cu_{20}$[38,50] 和 $Al_{65}Co_{20}Ni_{15}$[52] DQC，但这是首次在二元合金体系中发现稳定的 DQC，因此引起了人们的兴趣。

图 2.20(a)是 Al-Co 十次对称准晶的十次轴，在“2D”方向(用中等大小箭头表示)和“2P”方向(用小箭头表示)具有典型的准周期点列。“2D”和“2P”衍射图如图 2.20(b)和(c)，从中可以看到十次轴沿水平方向，用白箭头示出的衍射点代表面间距为 0.2 nm 的反射，由图中可知 Al-Co 十次对称准晶沿十次轴方向的周期为 0.4 nm。实验中有时也发现有 0.8 nm 周期的准晶，这些电子衍射图与急冷下得到的 Al_3Co 十次对称准晶完全相同。“2D”电子衍射图的基本特征是具有六边形的强斑点；“2P”的特征是具有正方形的强斑点，这种命名源于冯国光研究员等[53]，目的是便于区分十次准晶的两个二次轴。

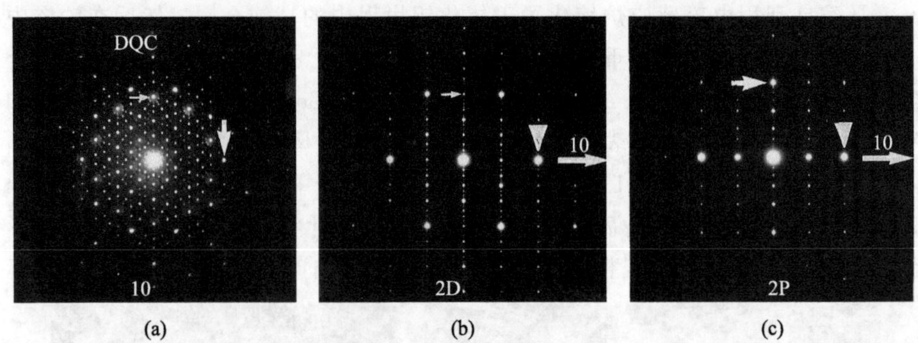

(a)　(b)　(c)

图 2.20　Al-Co 合金中十次对称准晶的特征电子衍射图(马秀良和郭可信[27])。(a) 十次轴的电子衍射图；(b) 垂直于十次轴的 2D 电子衍射图；(c) 垂直于十次轴的 2P 电子衍射图。2D 和 2P 相互垂直或互成 18°角度关系。在 2D 和 2P 电子衍射图上，用白色三角箭头标注的衍射点对应 0.2 nm 的面间距，该衍射斑点和透射斑之间还有一个衍射斑点，所以，可以判断这个十次对称准晶沿十次轴方向的周期是 0.4 nm

何伦雄在 $Al_{65}Co_{15}Cu_{20}$ 合金中发现第一个稳定的 DQC 后不久，几个研究组在成分介于 $Al_{65}Co_{15}Cu_{20}$[51,54] 和 $Al_{65}Co_{17.5}Cu_{17.5}$[54] 之间的不同合金中证实了稳定准晶的存在。然而，$Al_{65}Co_{17.5}Cu_{17.5}$ 合金中的 DQC 仅在 700～1 077 ℃之间是稳定的，在低温下，DQC 转变成准晶近似相的微畴结构[55]。

对包含 Al-Co DQC 的合金进行一系列的退火实验表明，稳定准晶存在的温度范围在 800~900 ℃。在 800 ℃以下和 900 ℃以上，DQC 转变为晶体相(后面有详细介绍)。二元 Al-Co DQC 的这种行为与三元 Al-Co-Cu DQC 相似，但二元合金的稳定温度范围较窄。此外，没有发现二元 Al-Co DQC 的单相区。然而，这些退火实验明确地证明了二元 Al-Co DQC 在该温度范围内是一个稳定的相。加入 15~20 at.% Cu 或 Ni 后，其稳定性有所提高，以至于使单相 DQC 在三元 DQC 的更大温度范围内存在[55]。

2.5.2 τ^2-$Al_{13}Co_4$ 的发现

将缓冷铸锭缩孔处直径介于 0.1~0.5 mm 之间的单晶体取出，在平行于轴向和垂直于轴向这两个方向分别制成透射电镜样品。当电子束方向与针状单晶体的轴线方向平行时，通常会得到 $Al_{13}Co_4$ 的[010]电子衍射图[图 2.21(a)]；如果电子束方向与针状单晶体的轴线方向垂直时，就会得到 $\langle h0k \rangle$ 电子衍射图[例如图 2.21(b)、(c)]。有关单斜 $Al_{13}Co_4$ 倒易空间的特征已在 2.4.1 节进行了详细的分析。这里把 $Al_{13}Co_4$ 的 3 个特征电子衍射图重新拿出来展示是为了与其他新物相进行比较。

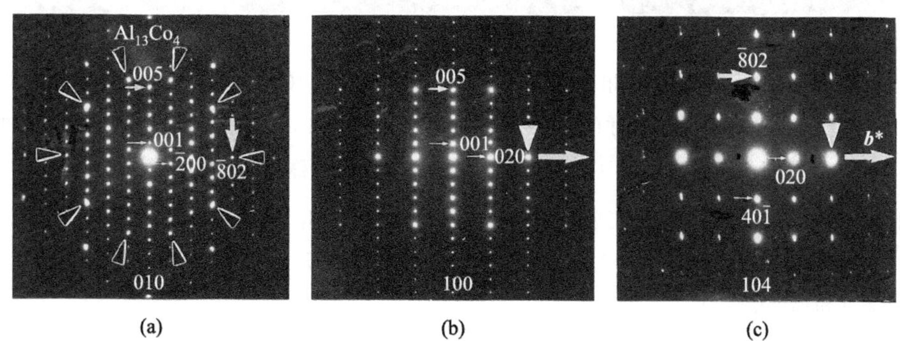

图 2.21 C 心单斜 $Al_{13}Co_4$ 相沿[010](a)、[100](b)、[104](c)晶带轴的电子衍射图。这些晶带轴之间的空间关系已在图 2.10 中展示，这里单独拿出来展示是为了与准晶体以及 τ^2-$Al_{13}Co_4$ 相应的电子衍射图进行比较(马秀良和郭可信[27])

除了单斜 $Al_{13}Co_4$ 之外，实验中还会经常发现一种与 $Al_{13}Co_4$[010]带轴相似但衍射点排列非常密集的电子衍射图，如图 2.22(a)。在这里(0013)和($\overline{20}05$)衍射点分别与图 2.21(a)中(005)、($\bar{8}02$)相当，也就是说，衍射点的数目有这样的比值关系，即在竖直方向为 13/5，在水平方向为 5/2。这在斐波那契(Fibonacci)数列 0，1，1，2，3，5，8，13，21，…，F_n 中成两步膨胀关系。在这个序列中，当 $n\to\infty$ 时，$F_{n+1}/F_n\to\tau=(1+\sqrt{5})/2$。当完成两步膨胀后，$a$

和 c 值分别近似为原来的 τ^2 倍。从图 2.22(b)和(c)中可以看出，该相的 b 值与 $Al_{13}Co_4$ 中的 b 相同(都接近于 0.8 nm)，意味着沿 $\boldsymbol{b}^*$ 方向的堆垛方式与 $Al_{13}Co_4$中的情况相同，仅仅是在垂直于 $\boldsymbol{b}^*$ 的平面上单胞(或者说平面单元)增大 τ^2 倍。因此，这种新的结构变体称为 τ^2-$Al_{13}Co_4$。在其[010]电子衍射谱上，h 为奇数的 $h0l$ 衍射消光，也就是说，在[010]电子衍射谱上看不到(100)和(101)衍射斑。同样，[100]和[104]EDP 与图 2.20 和图 2.21 中相应的 EDP 中的强斑具有相似的分布，有理由推测这个新物相和 $Al_{13}Co_4$ 具有相同的空间群 Cm。

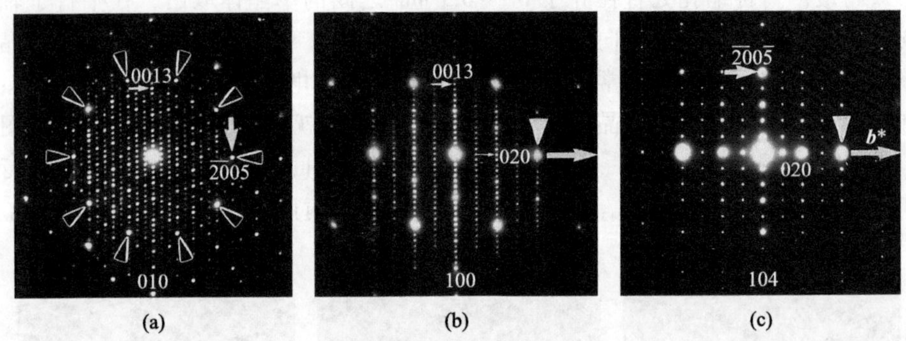

图 2.22 C 心单斜 τ^2-$Al_{13}Co_4$ 相沿[010](a)、[100](b)、[104](c)晶带轴的电子衍射图。[010]电子衍射图中用箭头标注的 10 个强衍射斑点，可以在 $Al_{13}Co_4$ 相[010]电子衍射图中找到相应的位置。这表明两者具有相似的具有五次或十次对称特征的结构单元。τ^2-$Al_{13}Co_4$ 相的 0、0、13 和$\overline{20}$、0、5 的衍射斑分别对应于图 2.21 中 $Al_{13}Co_4$ 的 0、0、5 和 $\overline{8}$、0、5 斑点，这意味着在斐波那契数列 0，1，1，2，3，5，8，13，21，…，F_n 中存在两步膨胀关系(马秀良和郭可信[27])。

在实验中，更常见到的是在 τ^2-$Al_{13}Co_4$ 的[010]上具有许多额外的强度较弱的衍射斑点，如图 2.23(a)中箭头所示的斑点列。这些强度弱的衍射斑点($h0l$)在 C 心单斜 τ^2-$Al_{13}Co_4$ 相属于消光位置，没有衍射斑点[如图 2.22(a)]。那么，现在它们的出现就可以理解为 C 心消失使得($h0l$)反射都出现，包括那些[010]衍射图上 h = 奇数的所有衍射。所以 os 方向的点数是 or 方向上的两倍，沿 or 方向可明显看出强衍射点满足斐波那契数列 3、5、8、13，…，而在 os 方向上为 6、10、16、26，…。此外，从[010]上还可看到许多强衍射点构成的大小不等的十边形环，这意味着 τ^2-$Al_{13}Co_4$ 比 $Al_{13}Co_4$ 具有更好的与准晶的相似性。当然，这也容易理解，因为在斐波那契数列中，F_n 越大，F_n+1/F_n 就越接近于无理数 τ。围绕 $\boldsymbol{b}$ 轴从[100]到[001]所做的系列倾转得到 τ^2-$Al_{13}Co_4$

系列电子衍射图，如图 2.23 所示。具有六角形强衍射点的带轴彼此相差 36°，同样对具有四方形强衍射点的带轴也是如此，从[100]旋转 18°、36°、54°所得到的带轴属高指数带轴。C 心消失导致简单点阵，所以这种 τ^2-$Al_{13}Co_4$ 可能具有空间群 Pm。

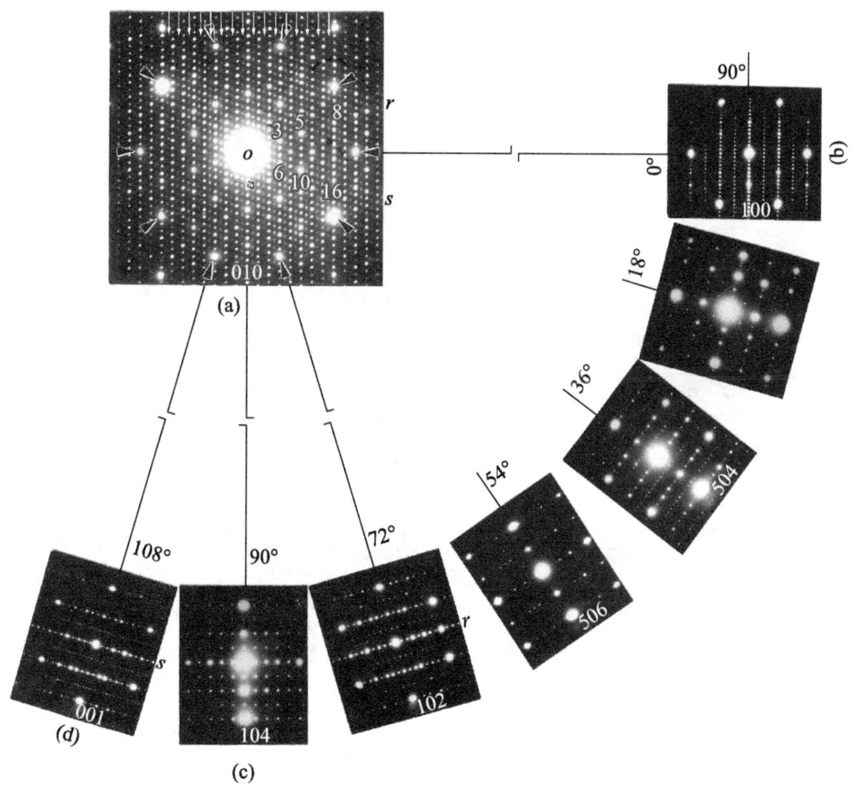

图 2.23 (a) 简单单斜 τ^2-$Al_{13}Co_4$ 相[010]带轴 EDP；(b)～(d)围绕[010]轴从[100]到[001]系列倾转得到的 EDP[与图(a)放大倍数不同，图中标注的角度关系为理想化的]。与图 2.21(a)相比，图(a)处出现了多列弱的 h=奇数的 $h0l$ 衍射斑列，如箭头所示，意味着 C 心的消失。os 方向上的衍射斑的数量是图(a)、(d)和[102] EDP 中 or 方向上衍射斑数量的两倍。强斑呈六角形或正方形分布的 EDP 在 18°左右的间隔交替出现，显示出伪十次对称特征(马秀良和郭可信[27])

2.5.3 τ^2-$Al_{13}Co_4$ 中的孪晶

与 $Al_{13}Fe_4$ 和 $Al_{13}Co_4$ 相类似，τ^2-$Al_{13}Co_4$ 相中的孪晶也经常发生在(001)和(100)面上，它们分别被称为(001)和(100)孪晶。与具有简单点阵的 τ^2-

$Al_{13}Co_4$ 相比，C 心点阵的 τ^2-$Al_{13}Co_4$ 只是在铸态条件下得到，合金样品在 700 ℃以上退化后，τ^2-$Al_{13}Co_4$ 基本上都是以简单点阵的形式出现的。下面讨论的各类孪晶以及 HREM 图像中显示的畴结构，如无特别说明都是指具有简单点阵的 τ^2-$Al_{13}Co_4$ 中的特征。

1. (001) 孪晶

图 2.24(a)显示的是简单单斜 τ^2-$Al_{13}Co_4$ 中的水平孪晶片层，图 2.24(b)

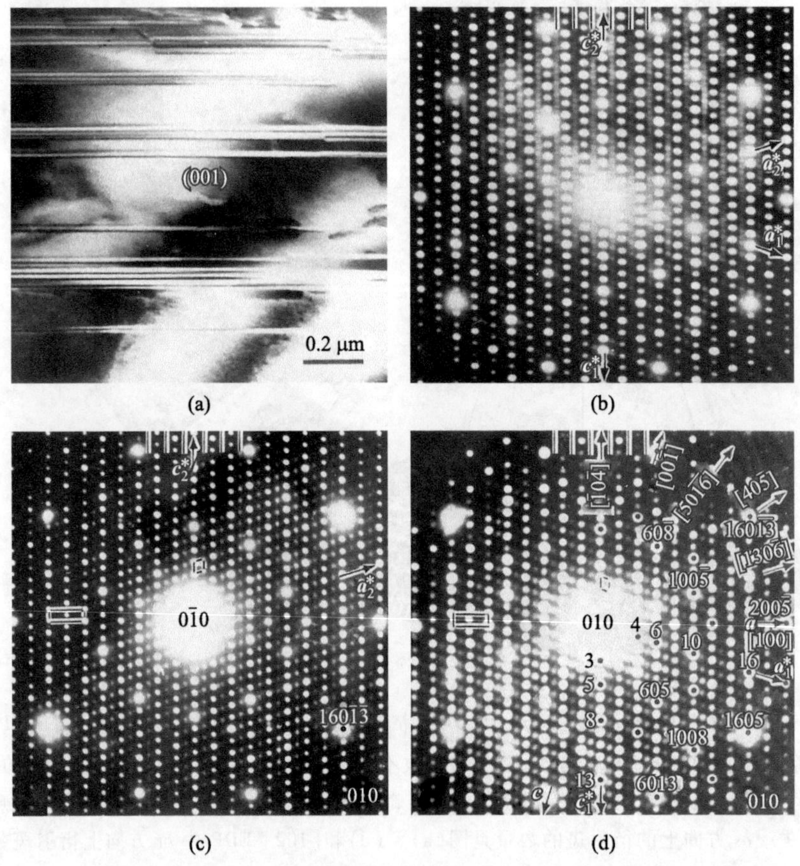

图 2.24　(a) τ^2-$Al_{13}Co_4$ 相(001)孪晶形态，许多孪晶片层平行于(001)面；(b) τ^2-Al_3Co_4 相(001)孪晶沿<010>带轴的复合 EDP，孪晶的强斑点叠加，而竖直的弱的超点阵列(其中一些用线段标记)中的数量是图(c)和(d)斑列中弱点数量的两倍；(c) 孪晶变体[0$\bar{1}$0]轴的 EDP，强斑与 DQC 的十边形分布相似，凸显了由强斑和弱斑组成的简单斜平面单元和仅由强斑组成的有心矩形平面单元；(d) 另一个孪晶变体的[010]轴 EDP，强点的分布几乎与图(c)相同，但弱超晶格点的排列不同(马秀良和郭可信[56])

是孪晶片层对应的复合电子衍射图（磁转角已经进行了修正，所以，正空间和倒异空间是直接对应的）。可以看出，这些孪晶片层垂直于孪晶[010]/[0$\bar{1}$0]复合 EDP 中倒空间的 $\boldsymbol{c}^*$ 轴。由于倒易矢量永远垂直于其所对应的晶面，所以，根据电子衍射图可以判定该孪晶为(001)孪晶。图 2.24(c)和(d)显示了这对(001)孪晶各自的<010>EDP。在这两张 EDP 中，强衍射点几乎形成相同的二维阵列，其中最强的衍射点呈现出与 DQC 类似的十边形分布。在图 2.24(d)中，形成十边形的一些强点用黑点标记，它们的指数 l 与 τ 和准周期有关，遵循斐波那契数列：3，5，8，13……。由于简单点阵在 $\boldsymbol{a}^*$ 倒异矢量方向上，因此能够明显看出 h 指数是这些数字的两倍，如 6，10，16……，但仔细观察“3，5，8，13”等指数以弱斑点形式出现。

正如前面所讨论的，τ^2-$Al_{13}Co_4$ 相中 $h+k$ 为偶数的强衍射点是 C 心单斜晶格所致。h 为奇数的弱的竖直 $h0l$ 斑列（有些用条形标记）不在 C 心点阵的衍射点中，而是出现在强衍射斑列之间。这些弱点在这两个 EDP 中有不同的排列。这决定了这两个 EDP 所描述的正是简单单斜单胞的不同取向。它们通过围绕倒空间 $\boldsymbol{c}^*$ 轴旋转 180°，或者通过垂直于 $\boldsymbol{c}^*$ 的(001)平面上的镜面反射到达彼此孪生位置[图 2.25(a)]。仔细观察图 2.24(b)中(001)孪晶的复合 EDP 图，它具有与图 2.24(c)或(d)所示相同的强点分布，但是垂直的弱点列（用条形标记）的密度变成了两倍。显然，这是由于图 2.24(c)和(d)中弱点的排列方式不同造成的，它们并没有像强点一样叠加在一起。这类孪晶很容易从它们的弱点中识别出来：它们共享 $\boldsymbol{c}^*$ 轴或相同的 $00l$ 点列，但是 $\boldsymbol{a}^*$ 轴或 $h00$ 斑点列的方向不同。需要指出的是，虽然(001)孪晶的强斑和基本斑点的分布大致相同，

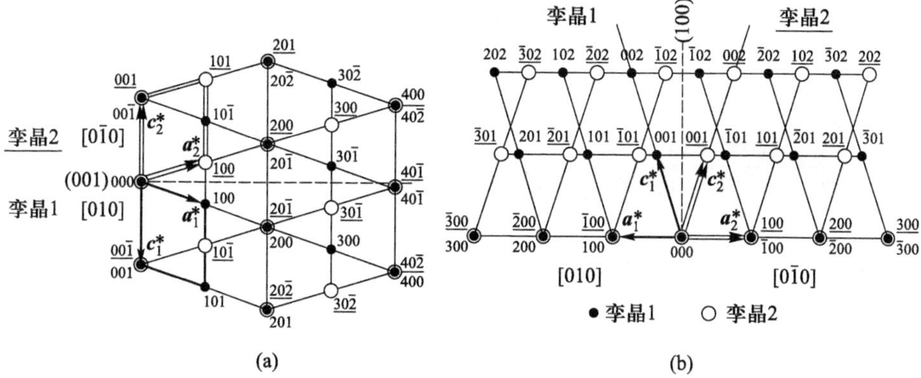

图 2.25　τ^2-$Al_{13}Co_4$ 相中孪晶<010>EDP 的标定示意图：(a)(001)孪晶[与图 2.24(b)~(d)实验图比较]；(b)(100)孪晶[与图 2.26(b)实验图比较]（马秀良和郭可信[56]）

但这对孪晶对应斑点的 h 或 l 指数并不相同。例如，图 2.24(d)中的点 16、0、5 和图 2.24(c)中的点 16、0、$\bar{13}$几乎位于相同的位置。正如后面所讨论的，这种孪晶的形成是单斜相的一个特例，原因在于 β 角接近 108°，$d_{200}=d_{20\bar{1}}$。这种特殊情况使得<010>EDP 中的强点出现在图 2.24(c)和(d)的左侧所示的伪矩形网格上。

2. (100)孪晶

显然，(100)孪晶两侧的晶体应该具有相同的(100)平面或平行的 $\boldsymbol{a}^*$ 轴[图 2.25(b)]。实验中确实也经常观察到这类孪晶。图 2.26(a)显示了许多竖直平行的(100)孪晶片层，图 2.26(b)是它们<010>晶带轴的复合 EDP。(100)孪晶有一个共同的 h00 斑点列，h 是偶数的衍射斑强，h 是奇数的衍射斑弱；图中一些弱点用箭头所示，同时两个不同方向的 $\boldsymbol{c}^*$ 轴和单胞也做了标记。与(001)孪晶不同，这些(100)孪晶中并非所有的强斑都是重叠的。在图 2.26(b)中，只有那些在 l=0、3、5、8 和 13 的层重叠，而其他层上形成斑点对。如果忽略 h 为奇数的弱 $h0l$ 点，则图 2.25(b)中的斑点对变得明显，与图 2.26(b)一致。如前所述，这些列数属于与 τ 相关的斐波那契数。在这些层上也可以容易地观察到 h 为奇数的弱“超晶格”$h0l$ 斑点，其中一些在图 2.26(b)中有标记。

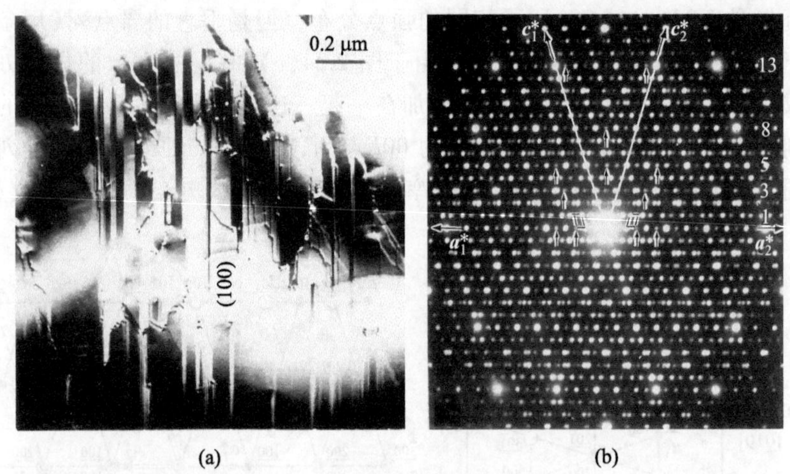

图 2.26　τ^2-$Al_{13}Co_4$(100)孪晶：(a) 孪晶形态的明场像；(b) 两个孪晶变体的<010>复合 EDP，两个孪晶只有位于 l=0、3、5、8 和 13 层的强点位置重叠(其中 l=3 层上衍射点稍有分裂)，弱衍射点也出现在这些层上(部分已用箭头标记)(马秀良和郭可信[56])

Black 曾对 $Al_{13}Fe_4$ 中的孪晶形成给出了原子层面的解释。对于(100)孪晶，首先沿 $\boldsymbol{c}$ 方向滑移 0.39c，然后经过(100)镜面反射从而得到孪晶。通过这样的滑移反映操作，重建了五边形单元通过孪晶界的传播方式。这不仅解释了 $Al_{13}Fe_4$ 中孪晶容易形成，而且还可以解释经过(100)面的重复孪生形成十次孪晶(严格意义上说是五次孪晶)。从准晶的角度，也可以很好地理解 0.39c 滑移反射操作。$Al_{13}Fe_4$ 的单胞参数 c 由一个长度为 p 的五边形边和一个长度为 τp 的五边形对角线组成。五边形边长 p 与单胞长度 c 之比为 $1/(1+\tau)=0.382$，与实验确定的滑移 0.39 相当接近。换句话说，孪晶之间五边形边缘有一个相对移动。τ^2-$Al_{13}Co_4$ 相的 a、c 参数较 $Al_{13}Fe_4$ 或 $Al_{13}Co_4$ 相膨胀了 τ^2 倍，预计前者的五边形亚单元也将相应地膨胀 τ^2 倍。在这两种情况下，相对滑移量应该是相同的。这可以用来解释 $Al_{13}Co_4$ 相和 τ^2-$Al_{13}Co_4$ 相孪生机制的类似特征，而且对 τ^2-$Al_{13}Co_4$ 的结构确定也有一定的参考价值。

3. 孪生机制

在单斜 $Al_{13}Fe_4$[35,57] 和 $Al_{13}Co_4$[58] 中，以及在正交 π-Al_4Mn[59] 中都存在十次孪晶，这被认为与它们层状结构中的五边形亚结构密切相关。$Al_{13}Fe_4$ 和 $Al_{13}Co_4$都是十次对称准晶(DQC)的有理近似相。在一个 DQC 中，在垂直于十次轴的准周期平面内有 10 个二次轴方向。用两个连续的斐波那契数的有理比(F_{n+1}/F_n)代替间隔 36°的两个准周期方向上的无理数 τ 就可以得到单胞类似于这两个化合物的晶体近似相[60]。由于在 DQC 中有 10 个这样的准周期方向，因而这样一个近似相可能存在 10 个不同取向的单胞[61]。当然，它们构成旋转孪晶，两个相邻单胞相差 36°。在结构上，它们在(010)层中分享共同的十边形亚单元，因此有时被称为超孪晶[61]。这可能也解释了 τ^2-$Al_{13}Co_4$ 相中经常观察到 36°孪晶的原因。

在倒空间中，特别是在对应[010]EDP 的倒空间中，这些孪晶将分享与 DQC 中相同的十边形超单元。因此，它们的<010>EDP 强斑显示出与 DQC 的十次轴 EDP 具有相同的十边形分布[比较图 2.24 和图 2.20(a)中的 EDP]。这也解释了为什么(100)孪晶[图 2.26 (b)]的<010>EDP 的 0、3、5、8、13 层上的强斑相互叠置，因为这些层上的很多点落在不同大小的同心十边形上。

4. ($20\bar{1}$)孪晶

前面我们利用衍衬分析并结合电子衍射讨论了单斜 τ^2-$Al_{13}Co_4$ 相中的(100)和(001)孪晶。与其原型结构单斜 $Al_{13}Fe_4/Al_{13}Co_4$ 一样，τ^2-$Al_{13}Co_4$ 相也有形成显示五重对称的多次孪晶的趋势。

在对 τ^2-$Al_{13}Co_4$ 中的(100)和(001)孪晶进行电子显微分析的同时，也发现($20\bar{1}$)孪晶也存在。交替的(100)-($20\bar{1}$)或(100)-(001)-(100)孪生将产生显示五次对称的孪晶。利用高分辨电子显微术，可以清楚地看到(100)和($20\bar{1}$)滑移反映孪晶中 Co 五边形的镶嵌结构。

图 2.27(a)是$(20\bar{1})$孪晶[010]复合 EDP，图 2.27 (b)是其指标化的示意图。由于h=奇数时$h0l$反射微弱，图 2.27(a)中突出的平行四边形由点 000、200、002 和 202 组成(一套指数做了标定)。很明显，这两个平行四边形相对垂直于$[20\bar{1}]^*/[\bar{2}01]^*$倒易矢量的$(20\bar{1})$面呈镜面对称关系，这就对应于$(20\bar{1})$反射孪晶。应该指出的是，尽管图 2.27(a)与图 2.27(b)所示的(100)孪晶[010]轴的复合 EDP 基本相同，但从强衍射斑点考虑，仍可以明确区分(100)和$(20\bar{1})$孪晶。这是因为虽然$[20\bar{1}]^*=[200]^*$，但(100)孪晶[010] EDP 中有h=奇数的$h00$弱点的存在(图 2.26(b)中箭头标记)。

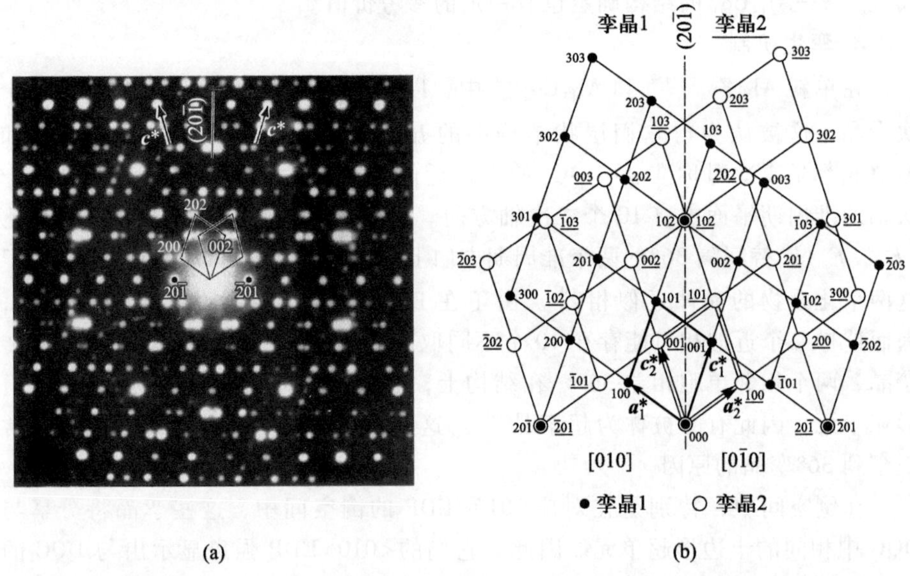

图 2.27　(a) τ^2-$Al_{13}Co_4$ 的$(20\bar{1})$孪晶[010]轴的 EDP，显示了相对于$(20\bar{1})$平面对称排列的两个倒易网络(其中一个平行四边形已标出)；(b)对应实验图的指数标定示意图(马秀良和郭可信[62])

5. (100)-$(20\bar{1})$五次孪晶

图 2.28(a)所示的 36°扇形形状的(100)-$(20\bar{1})$孪晶经常在 τ^2-$Al_{13}Co_4$ 中的形成，图中显示了三组大小不同但取向相同的五次孪晶，它们都以 36°扇形出现，其中孪晶变体Ⅰ在这三组五次孪晶中是共有的。图 2.28(b)显示了在图 2.28(a)“b”周围区域得到的 EDP。显然，它是五次孪晶[010]取向的复合 EDP，显示出几乎完美的五次对称。这种 36°孪晶形态早在底心正交 NiZr 的十次孪晶中就已经观察到[63]。在Ⅰ-Ⅱ、Ⅲ-Ⅳ和Ⅴ-Ⅰ孪晶界获取的 EDP 本质

上都是相同的，但它们在相邻的两个边界之间旋转 72°。图 2.28(c)显示了在通过Ⅰ-Ⅱ孪晶边界的图 2.28(a)中“c”处获得的 EDP，它与图 2.27(a)相同，这显然是(20$\bar{1}$)滑移孪晶[010]轴的复合 EDP。共同的[20$\bar{1}$]*/[$\bar{2}$01]*倒空间方向垂直于Ⅰ-Ⅱ孪晶边界，这表明孪晶Ⅰ和Ⅱ是过(20$\bar{1}$)面的反射孪晶。另一方面，经过Ⅱ-Ⅲ和Ⅳ-Ⅴ得到的 EDP 也是相同的，彼此之间再次旋转 72°。图 2.28(d)显示了通过Ⅱ-Ⅲ孪晶边界图 2.28(a)中“d”处的 EDP。在这种情况下，共同的[100]*倒易方向垂直于Ⅱ-Ⅲ孪晶边界，这对应于(100)滑移孪晶。

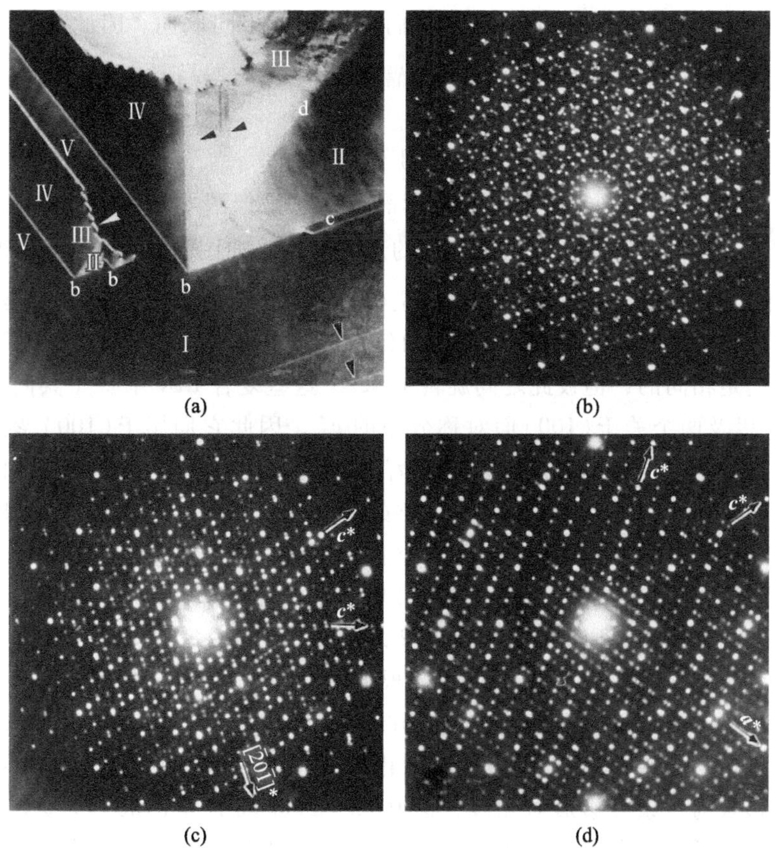

图 2.28 (a) 由连续的(100)-(20$\bar{1}$)滑移孪晶产生的一组 5 个 36°扇形孪晶；(b) 在图(a)“b”周围区域拍摄的[010]轴复合 EDP，显示出几乎完美五次对称；(c) [010]轴复合 EDP 显示(20$\bar{1}$)孪晶，共同倒易矢量[20$\bar{1}$]*垂直于Ⅰ与Ⅱ之间的(20$\bar{1}$)面，(20$\bar{1}$)孪晶关系在Ⅲ-Ⅳ和Ⅴ-Ⅰ中也存在；(d) [010]轴复合 EDP，显示(100)孪晶，和垂直Ⅱ和Ⅲ之间(100)面的共同的倒易矢量 $\boldsymbol{a}^*$，(100)孪晶关系也存在于Ⅳ-Ⅴ(马秀良和郭可信[62])

值得注意的是，在图 2.28(a)的左边部分，两组五次孪晶重叠，使得平行的孪晶薄片出现重复的Ⅳ-Ⅴ-Ⅳ-Ⅴ孪晶。例如，在大的五次孪晶中，有一些零星的、非常薄的孪晶薄片，这些薄片在Ⅰ和Ⅲ中由黑色箭头表示。从它们的取向可以确定它们分别属于孪晶变体Ⅱ和Ⅳ。图 2.28(a)中一个白色箭头表示的之字形边界将孪晶Ⅲ-Ⅴ分成两组五重孪晶，这实际上是二次孪晶的孪晶界。

表面上看起来，36°孪晶似乎应该形成十次孪晶。然而，在这里并非如此。除了有相同的取向，这两个 36°扇形区在 180°相对，因此属于相同的孪晶变体。在图 2.28(a)中，如果扇形Ⅴ之后有一个 36°的扇形Ⅵ，扇形Ⅵ之后有一个 36°的扇形Ⅰ，相隔 180°，那么它们应该具有相同取向。因此，只有 5 个 36°扇形孪晶。形态为 10 点星或 10 个臂状结构[29]的孪晶，也是(100)-(20$\bar{1}$)孪晶，但实际上它们都是五次孪晶。

6. (100)-(001)-(100)孪晶机制

$Al_{13}Co_4$ 和 τ^2-$Al_{13}Co_4$ 中的多重孪晶并不总是像图 2.28(a)所示的那样规则。相反，它们更频繁地以精细薄片的形式出现，如图 2.29(a)所示。孪晶薄片“b”和“c”相隔 36°，表明它们可能是(100)-(20$\bar{1}$)孪晶。然而，它们给出了相同的(100)孪晶关系。图 2.29(b)和(c)中的[010]轴 EDP 分别证明了这一点：它们是相同的，但彼此之间旋转了 72°。这些复合 EDP 有一个共同的倒易矢量 $\boldsymbol{a}^*$ 以及两个关于(100)面对称分布的 $\boldsymbol{c}^*$，因此它们属于(100)孪晶。图 2.29(b)中(100)孪晶的共同倒易矢量 $\boldsymbol{a}_1^*$ 垂直于左上角 EDP 所示的实空间向量 $\boldsymbol{c}_1$，也垂直于图 2.29(a)中的$(100)_1$ 孪晶界。另一方面，图 2.29(c)中的倒易矢量 $\boldsymbol{a}_2^*$ 垂直于左上角 EDP 所示实空间向量 $\boldsymbol{c}_2$，也垂直于图 2.29(a)中的$(100)_2$ 孪晶界。换句话说，图 2.29(a)中的孪晶片层都是(100)孪晶，尽管它们并不平行。然而，通过在晶体 1 和 2 之间引入(001)滑移孪晶，可以调和这些看似矛盾的事实，如图 2.30 所示。根据 Black 的 $Al_{13}Fe_4$ 滑移孪晶模型，可以通过滑移 $a/2=1.99$ nm，然后通过(001)面上反射，使 τ^2-$Al_{13}Co_4$ 的(001)孪晶中的五边形 B 和 B' 可以相互重叠。由于 a 的长度包含两条五边形对角线，所以滑移量为一条五边形对角线，即 $0.62c=2.00$ nm，是(100)滑移孪晶的两倍。通过电子衍射发现这些(001)滑移反射孪晶确实在图 2.29(a)的“d”处，其[010]轴的复合 EDP 如图 2.29(d)所示。这对孪晶有共同的倒易矢量 $\boldsymbol{c}^*$ 垂直于晶体 1 和 2 共同的实空间向量 $\boldsymbol{a}$，如图左上角所示。

虽然业已证实 τ^2-$Al_{13}Co_4$ 中大量存在(001)和(100)孪晶，但是堆垛层错和孪晶出现在(001)面上更为常见。通过电子衍射很容易识别(100)-(001)-(100)连续滑移孪晶，如图 2.29 所示。然而，由于 $a/2$ 的滑移并没有显著地改变五边形的结构，因此(001)滑移孪晶很难通过高分辨电子显微成像加以判别。

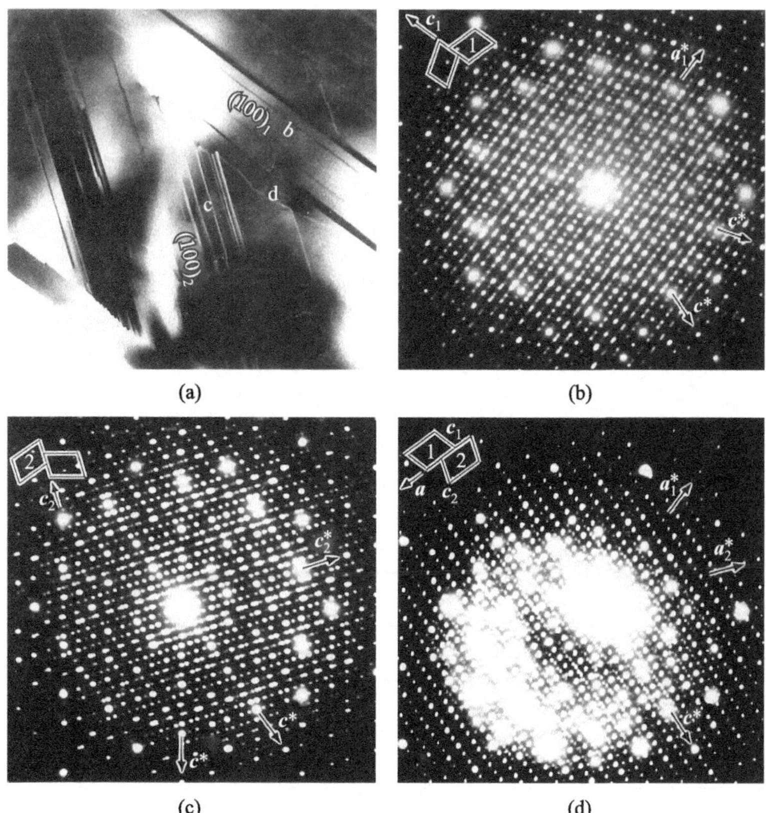

图 2.29 (a) 相隔 36°的$(100)_1$ 和$(100)_2$ 薄孪晶片层；(b) $(100)_1$ 孪晶[010]轴的复合 EDP，其共同的 $\boldsymbol{a}_1^*$ 垂直于图(a)中的$(100)_1$ 孪晶；(c) $(100)_2$ 孪晶[010]轴的复合 EDP，其共同的 $\boldsymbol{a}_2^*$ 垂直于图(a)中的$(100)_2$ 孪晶；(d) (001)孪晶[010]轴的复合 EDP，其共同的 $\boldsymbol{c}^*$ 方向垂直于(001)。复合电子衍射图中左上角展示的是实空间中互为孪晶的单胞之间的关系(马秀良和郭可信[62])

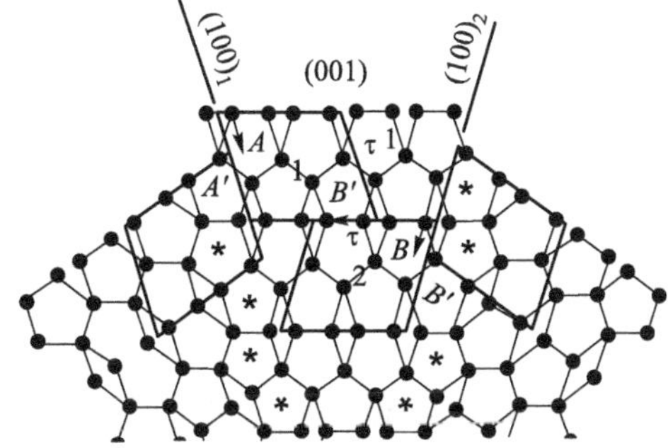

图 2.30 与图 2.29 相对应的$(100)_1$-(001)-$(100)_2$ 滑移孪晶机制示意图。孪晶界相对两侧的斜胞和五边形 A、A'、B、B'经过滑行和反射后可以重叠。这里可以清楚看出，由于 $a/2$ 的滑移并不显著地改变五边形的结构，因此(001)滑移孪晶很难通过高分辨电子显微成像加以判别(马秀良和郭可信[62])

2.5.4 Al-Co DQC 与 τ^2-$Al_{13}Co_4$ 之间的相变

下面介绍 Al-Co DQC 与 τ^2-$Al_{13}Co_4$ 之间的相变。在缓慢凝固或快速淬火后的 $Al_{10}Co_4$ 和 $Al_{11}Co_4$ 合金中，Al-Co DQC 与 C 心或者简单单斜 τ^2-$Al_{13}Co_4$ 相共同出现。然而，C 心的单斜相在高温下不稳定，可以转变为简单单斜相。这里需要特别指出的是，在 950 ℃以上或 750 ℃以下，只存在简单单斜 τ^2-$Al_{13}Co_4$ 相，这使得获得该相的粉末 X 射线衍射图成为可能（详见本章 2.7 节关于粉末衍射谱的标定）。$Al_{11}Co_4$ 合金经过各种热处理条件下所观察到的物相如表 2.5 所示。

表 2.5　$Al_{11}Co_4$ 热处理状态下的相组成及十次对称准晶的稳定性

热处理温度	时间/h	冷却方式	相组成
铸态			DQC，τ^2-$Al_{13}Co_4$
950 ℃	50	炉冷	DQC，τ^2-$Al_{13}Co_4$
950 ℃	50	水冷	τ^2-$Al_{13}Co_4$
900 ℃ *	50	水冷	DQC，τ^2-$Al_{13}Co_4$
850 ℃ *	50	水冷	DQC，τ^2-$Al_{13}Co_4$
800 ℃ *	50	水冷	DQC，τ^2-$Al_{13}Co_4$
750 ℃ *	100	水冷	τ^2-$Al_{13}Co_4$
700 ℃ *	100	水冷	τ^2-$Al_{13}Co_4$

* 从 950 ℃开始炉冷。

950 ℃退火 50 h 再经缓慢炉冷后的 $Al_{11}Co_4$ 合金中，DQC 和具有简单点阵的 τ^2-$Al_{13}Co_4$ 相均存在，而水淬后仅出现 τ^2-$Al_{13}Co_4$ 相。这意味着在 950 ℃只存在 τ^2-$Al_{13}Co_4$ 相，它在缓慢冷却过程中部分地转变为 DQC。首先加热到 950 ℃保温 50 h，再炉冷到 900 ℃、850 ℃或者 800 ℃并保温 50 h，然后水淬，DQC 和 τ^2-$Al_{13}Co_4$ 相均出现，也就是说，这两种相在这个温度范围内共存。另一方面，分别在 750 ℃和 700 ℃退火 100 h 然后水淬的合金中，都只观察到了 τ^2-$Al_{13}Co_4$ 相。这一系列热处理表明二元 Al-Co DQC 的稳定范围大致在 800~900 ℃，它在高于 950 ℃或 750 ℃以下变成 τ^2-$Al_{13}Co_4$ 相。相反，当从较高或较低的温度变化到 800~900 ℃的温度范围时，τ^2-$Al_{13}Co_4$ 相会部分转变为 DQC。

二元 Al-Co DQC 的这种行为与三元 Al-Co-Cu DQC 相似，但二元合金的稳定温度范围较窄。但是，实验中没有发现二元 Al-Co DQC 的单相区。然而，这些退火实验明确地证明了二元 Al-Co DQC 在该温度范围内是一个稳定的相。加入 15~20 at.% Cu 或 Ni 后，其稳定性有所提高，以至于使单相 DQC 在三元合金中的更大温度范围内存在[55]。

Smith 和 Snyder 曾通过选区电子衍射实验和理论上的相位子分析研究了 Al-Cu-Co DQC 向正交近似相的连续转变[64]。如果在 DQC 中沿两个正交准周期方向引入线性相位子应变(这对应于在 DQC 中增加拼块的错排)，将使得 DQC 的准周期更小。或者，换句话说，DQC 中会出现局部周期性的平移有序。随着相位子应变的增加，当沿这两个正交方向的无理数 τ 逐渐接近两个连续的斐波那契数的比值(F_{n+1}/F_n)时，最终会产生周期性的结构。如果在 DQC 中沿两个相隔 36°的准周期方向引入相位子应变，这种分析方法也适用于 β 角为 108°的单斜近似相的形成[60]。

下面将描述一下 Al-Co DQC 向简单单斜 τ^2-$Al_{13}Co_4$ 的(100)孪晶转变的实验研究。

图 2.31(a)是 Al-Co DQC 的十次轴 EDP。除了十边形以外，衍射斑点还形成许多不同尺寸的五边形，其中一个[图 2.31(a)中的箭头所示]被选择用来显示在这个相变过程中的变化。在这个五边形中，还有一个更小的由较弱的点组成的五边形。这个由 5 个弱点组成的较小五边形不是规则的，也就是说，各边的长度不严格相等(DQC 中相位子应变的存在会引起弱衍射斑的明显移动)。这种情况也反映在其他小的围绕着一些强点的五边形和十边形中。两次轴上的强斑点排列(有些用大箭头标出)仍然清晰地显示出准晶所特有的无理数的排列。随着 DQC 转变的进行，平行于水平二次轴的方向上可以明显看出由衍射斑点形成的层线[图 2.31(b)]。此外，一些水平层上的斑点逐渐趋近于等间距。这种情况也发生在其中一个两次轴上(指向右上角的那个)，它后来成为 τ^2-$Al_{13}Co_4$ 相一个倒空间的 $\boldsymbol{c}^*$ 轴。具有序列号或者指数 l 为斐波那契数列 3、5、8、13 和 21 的层是由强点组成的，因而它们或多或少是直的，继承了 DQC 中无理数 τ 的特征。由弱点形成的呈现出波浪状，如图中标注的层线 1、4、6、7、9、12 等所示。虽然由 5 个箭头标记的五边形仍然清晰可见，但是它里面的小五边形却失去了原有的特征。随着转变的进一步进行，波浪状层线几乎变成直线，并可以识别这些直线上的点对[图 2.31(c)]。图 2.31(a)中标记的五边形顶部的顶点位于第 6 层线上，现在分裂成一对点[图 2.31(c)和(d)中标记]。最后，在用大箭头标记的对应准晶体两个二次轴上的点形成了(100)孪晶的两个倒空间的 $\boldsymbol{c}^*$ 轴。与此同时，简单单斜单胞中弱的衍射斑点用箭头标记(指向朝上)，如图 2.31(d)所示。将此 EDP 与图 2.26(b)进行比较，可以清

楚地看到一对 τ^2-$Al_{13}Co_4$ 相的(100)孪晶的存在。

显然，图 2.31(b)和(c)所示的 EDP 显示的既不是 DQC 也不是 τ^2-$Al_{13}Co_4$ 的(100)孪晶，而是对应 DQC 向 τ^2-$Al_{13}Co_4$ 转化的一些中间阶段。这无疑证明了准晶体及其近似相是两种不同的有序物质，无论晶体近似相的晶格参数有多大，都可以通过电子衍射清楚地识别出来。这些实验发现也证明准晶体并不是像 Pauling[65] 和其他人[66] 所声称的周期性晶体的多重孪晶。

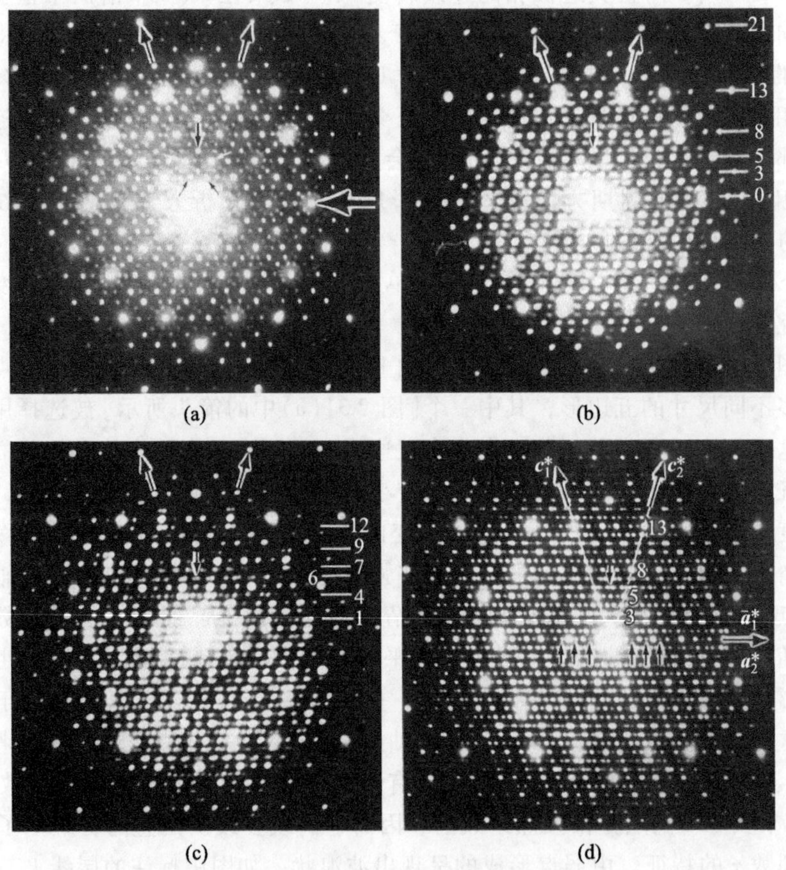

图 2.31　Al-Co DQC 向晶体近似相 τ^2-$Al_{13}Co_4$ 一对孪晶的连续转变：(a) DQC 十次轴方向的 EDP，一个五边形的点用小箭头标记，水平方向的大箭头表示倒空间的 $\boldsymbol{a}^*$ 轴；(b) 0、3、5、8、13 和 21 层的强点几乎形成周期性的层线，而其他层的弱点形成波浪线，图中对应图(a)中被标记了的五边形内的小五边形失去了它的特征；(c) 波浪线上的点成对排列，箭头标记的五边形上顶点处的点也是如此；(d) (100)孪晶的<010>轴复合 EDP，其倒空间 $\boldsymbol{a}^*$ 轴上的一些弱衍射斑已用箭头做了标记(马秀良和郭可信[56])

2.5.5 τ^2-$Al_{13}Co_4$ 高分辨电子显微图像

根据 Hudd 和 Taylor 的研究[20]，与 $Al_{13}Fe_4$ 中对应的 Fe 5 原子不同，Co 5 原子在 $Al_{13}Co_4$ 中被分成两组：Co 5 和 Co 25。除此之外，五边形层结构在这两种合金相中基本相同。图 2.32(a)显示的(010)层结构展示的是位于 $y=0$ 处的 Co 原子(实心圆)形成一个五边形网络和 36°菱形，位于 $y=0.25$ 处的 Co 原子(空心圆)落在这些五边形的中心。位于 $y=0.5$ 和 0.75 处的层相对 $y=0$ 和 0.25 处的层各自移动了 $a/2$。就 Co 原子的位置而言，这些原子层几乎重叠在图 2.32(a)所示的层上。换句话说，图 2.32(a)可以看作是 $Al_{13}Co_4$ 沿单斜 ***b*** 轴的投影结构。应该指出的是，Al 原子在单斜胞中各五边形中的分布是不同的，因此参数 a 不能减少到图 2.32(a)所示的一半。为了描述简单，也为了与只显示 Co 原子分布的(HREM)图像进行比较，图 2.32 中省略了 Al 原子。二十面体团簇的详细分析，包括 $Al_{13}Fe_4$ 中的 Al 原子，及其构建十次对称准晶体结构的重要性，可参考 Barbier 等[67]的文章。这些边长为 0.47 nm 的五边形对研究 $Al_{13}Fe_4$ 中孪晶发挥了重要作用(这在 2.4.4 节中已有简单涉及)。

图 2.32(b)为沿 ***b*** 轴拍摄的 $Al_{13}Co_4$ 的 HREM 图像，这个层状结构中的 Co 原子柱在高分辨电子显微实验图像中得到很好的展示。图中勾画出了单斜结构的斜胞，明亮的像点用黑点标记，显示五边形和 36°菱形的镶嵌结构(斜胞上方的一些五边形和 36°菱形用连接线做了重点展示)。基于 $Al_{13}Co_4$ 已知的原子结构，HREM 图像的模拟利用多层法计算(模拟程序由中国科学院北京电镜室的褚一鸣研究员博士编写)。采用的电子光学参数为球差系数 $Cs=0.5$ mm，欠焦值为−80～−20 nm。为了与实验上得到的图像进行比较，图 2.32(b)的左下角斜胞上附加了一个模拟图像(样品厚度为 20 nm，欠焦值为−20 nm)。该模拟像中五边形中心的像点有轻微的偏移，但这种偏移的原因尚不清楚。然而，$Al_{13}Co_4$ 的五边形层结构模拟图像与观察到的图像具有较好的一致性，这就为利用 HREM 方法研究 τ^2-$Al_{13}Co_4$ 中的未知层结构提供了可靠的方法。

τ^2-$Al_{13}Co_4$ 的参数 a 和 c 大约是 $Al_{13}Co_4$ 相应参数的 $\tau^2=1+\tau=2.618$ 倍，分别为 3.984 nm 和 3.223 nm，意味着五边形边长膨胀 τ^2 倍后，其边长为 1.23 nm。黄金分割比 $\tau=(1+\sqrt{5})/2$ 与五次对称和准晶体有关，$\cos36°=\tau/2$ 和 $\cos72°=(\tau-1)/2$。τ^2-$Al_{13}Co_4$ 的 b 值为 0.814 8 nm，与由 4 个亚层组成的 $Al_{13}Co_4$ 的 b 值基本相同，它的 $\beta=107.97°$，非常接近规则五边形所需的 108°。[010]轴电子衍射谱中的强电子衍射点与十次对称准晶体的十次轴电子衍射点具有很强的相似性，因此，τ^2-$Al_{13}Co_4$ 比 $Al_{13}Co_4$ 在结构上更接近十次对称准晶，这种结构的相似性在 HREM 图像中更加明显。

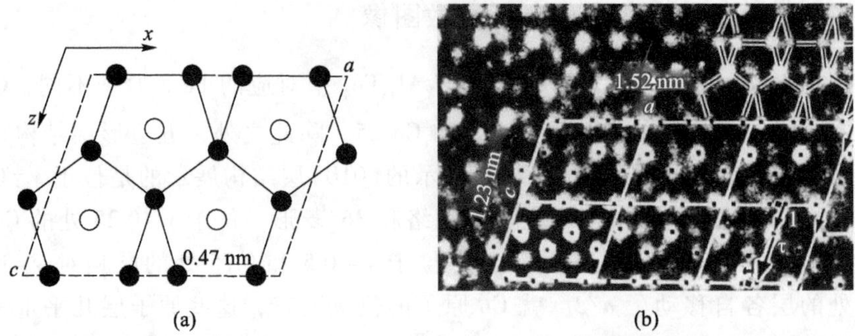

图 2.32　(a) $Al_{13}Co_4$ 中 Co 原子层的结构模型，位于 $y=0$ 或 0.50 处的 Co 原子用实心圆标记，$y=0.25$ 或 0.75 处的 Co 原子用空心圆标记；(b) [010] HREM 图像显示了 Co 原子柱的五边形网络(在勾画出的斜胞内用黑点标出)，实验像与 Co 原子的结构投影图吻合良好。左下角的斜胞处为模拟图像(样品厚度为 20 nm，欠焦值为-20 nm)(马秀良和郭可信[62])

图 2.33 是在 Scherzer 欠焦(约 50 nm)处拍摄的 τ^2-$Al_{13}Co_4$[010]HREM 图像，样品厚度小于 10 nm，明亮的像点对应于 Co 原子柱投影。用星形点标记的每个单胞由边长为 1.23 nm 的 4 个五边形和 2 个 36°菱形组成。这些五边形和 36°菱形构成的镶嵌结构类似于 $Al_{13}Co_4$，五边形边长在 $Al_{13}Co_4$ 中为 0.47 nm，约比 τ^2-$Al_{13}Co_4$中的五边形边长小 τ^2 倍。在每个大五边形(1.23 nm)中有 6 个小五边形(0.47 nm)，一个在中心倒置，另 5 个围绕中心五边形并与大五边形有相同的取向，见图 2.33 中左下单胞。从这幅 HREM 图像中可以清

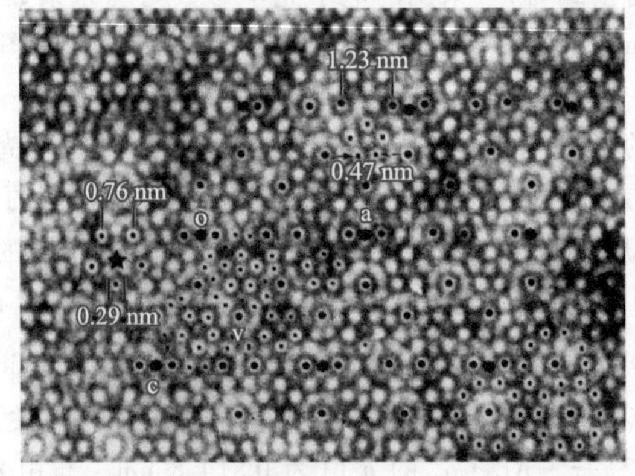

图 2.33　单斜 τ^2-$Al_{13}Co_4$ 的[010]轴 HREM 图像，使用约 10 nm 厚的样品在 Scherzer 欠焦条件下拍摄。明亮的像点对应于 Co 原子柱投影，形成一个由五边形和 36°菱形(用实心圆标记)组成的网络。每个顶点周围有 10 个像点形成一个十边形(马秀良和郭可信[68])

楚地看出，τ^2-$Al_{13}Co_4$ 中的边长为 1.23 nm 的五边形与 $Al_{13}Co_4$ 或 $Al_{13}Fe_4$ 相中边长为 0.47 nm 的五边形镶嵌方式完全相同。

值得注意的是，在这些五边形和菱形的每个顶点周围都有 10 个明亮的像点，参见图 2.33 中标记为“v”的顶点周围的像点。右下角的一些顶点用实心圆标记，表示以两个五边形顶点为中心的两个十边形像点的交叉点。因此，τ^2-$Al_{13}Co_4$ 的 HREM 图像可以视为一组 Co 原子柱的十边形。这更说明了这种 τ^2-$Al_{13}Co_4$ 与十次对称准晶在结构上的密切关系。

为了更清晰地看清 τ^2-$Al_{13}Co_4$ 的结构特征，图 2.34(a)仅展示了一个单胞的 HREM 图像(沿 ***b*** 轴拍摄)，构成边长为 1.23 nm 的大五边形的明亮像点用实心圆标记。从图中可以清楚地看到，这个单胞中有 4 个这样的大五边形，他们的镶嵌方式与图 2.32(a)所示 $Al_{13}Co_4$ 中边长为 0.47 nm 的小五边形完全一样。在左上角的大五边形中，Co 原子构成的小五边形的像点用小正方形黑点标记，形成 6 个小的中心五边形。

这些小五边形的轮廓凸显在左下角的大五边形中，而在另外两个大的五边形中只凸显了中间的小五边形的轮廓。图 2.34(b)是基于这些实验观察绘制的 Co 原子柱投影的示意图，其中，裁剪并粘贴在右上角大五边形中心的小五边形是图 2.32(b)中 $Al_{13}Co_4$ 观察到的一个小五边形的实验图像；这个小五边形看起来与图 2.34(a)中一个小五边形的图像完全相同。对比图 2.32 和图 2.34 可知，这两种单斜结构的五边形镶嵌规则完全相同，一种边长为 0.47 nm，另一种边长为 1.23 nm。此外，$Al_{13}Co_4$ 层结构中的五边形，与 τ^2-$Al_{13}Co_4$ 层结构

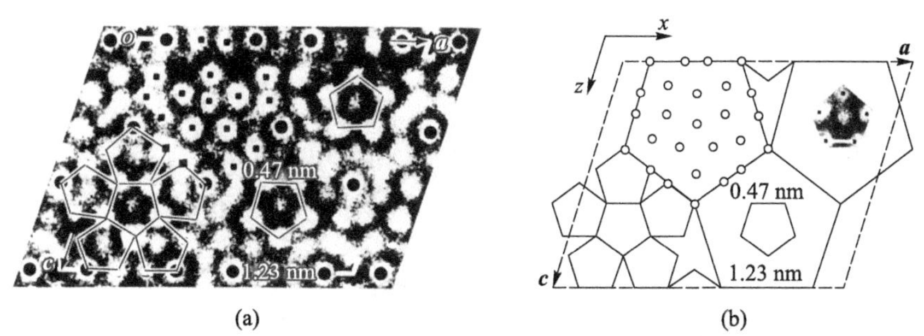

图 2.34 (a) [010] HREM 图像显示了 τ^2-$Al_{13}Co_4$ 中的 Co 原子柱的投影。实心圆标记的五边形网络与图 2.32 中 $Al_{13}Co_4$ 的相同，但这里五边形更大，它的边长为 1.23 nm。左下角的大五边形被分解成 6 个小五边形和 2.5 个 36°菱形。图中通过勾画凸显出来的小五边形与图 2.32(a)中的五边形相同。(b) 与图(a)对应的 τ^2-$Al_{13}Co_4$ 中 Co 原子层结构模型，图 2.32(b)中 $Al_{13}Co_4$ 的五边形结构单元的实验图像，裁剪并粘贴在位于右上角大五边形的中心位置(马秀良和郭可信[68])

中每个大五边形内的 6 个小五边形吻合良好。通过对 τ^2-$Al_{13}Co_4$ 中五边形层结构的了解，便可以借助 HREM 图像分析和理解 τ^2 相中的孪晶机制以及诸多形态的畴结构。

2.5.6　单斜 τ^2-$Al_{13}Co_4$ 中的畴结构

τ^2-$Al_{13}Co_4$(010)层中具有高对称性的五边形和 36°菱形结构单元，这些五边形和菱形的不同镶嵌会形成种类繁多的畴结构，如畴界平行于(100)、$(20\bar{1})$、$(10\bar{1})$和(001)的平行畴，畴界位于(100)和$(20\bar{1})$的 36°旋转畴(滑移反映孪晶)，以及由平行畴和旋转畴组合而成的各种复杂畴结构。除了五边形和 36°菱形，实验中也观测到其他彭罗斯铺砌块，如 72°菱形、“船形”和“星形”结构单元。这些新的平行畴结构构型不能简单地理解为平面层错，因此，下面将使用“微畴”这一术语来同时概括平行畴和旋转畴(孪晶)。由于 Co 原子构成的五边形层状结构在(010)面上，所以，HREM 图像均沿单斜系的[010]方向拍摄，以此用来显示五边形和 36°菱形的镶嵌。

为了研究 τ^2-$Al_{13}Co_4$ 的各种微畴结构，我们只需要观察大五边形镶嵌的变化。因此，较厚的电镜样品和分辨率不高的图像是可以容忍的，如图 2.35。在这种情况下，可以清楚地看到它们所形成的大五边形(边长为 1.23 nm)、菱形以及(001)“层线”(这类层线在图 2.35 的左边用黑色水平线标记)。此外，中心小五边形显示出明显的暗衬度，这就更有利于识别大五边形和它们的镶嵌。事实上，这也是使用厚样品的优点。

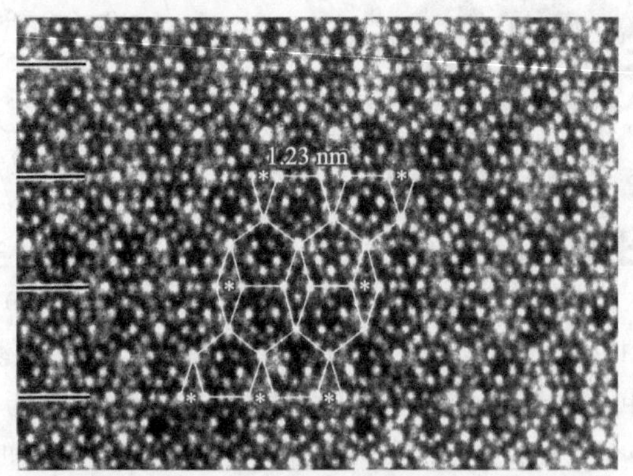

图 2.35　使用较厚的电镜样品拍摄得到的单斜 τ^2-$Al_{13}Co_4$[010]HREM 图像，通过显示具有暗衬度的中心小五边形(边长为 0.47 nm)加以识别，可以清楚看出大五边形(边长为 1.23 nm)的周期性排列。(001)“层线”在左侧边缘用黑色水平线标记，这些“层线”的任何中断或弯曲都意味着在 τ^2-$Al_{13}Co_4$ 晶体中存在平行畴或旋转畴(马秀良和郭可信[68])

1. 平行畴

(1) (100)畴界。

图 2.36 显示了跨越 τ^2-$Al_{13}Co_4$(100)畴界的两个平行的微畴(每个畴中的两个单胞用黑线做了勾画，其中的五边形和 36°菱形单元以细白线画出)。每个单胞有 4 个五边形和两个菱形，边长为 1.23 nm。很明显，晶格参数 c 由大五边形的一条边和一条对角线组成，如图 2.36 右上角单胞所示。由于五边形的对角线长是边长的 τ 倍，因此，$c=(1+\tau)\times1.23=3.23$ nm。晶格参数 a 包含两条对角线，因此等于 $2\tau\times1.23=3.99$ nm。这些参数分别与电子衍射实验测定值($a=3.984$ nm 和 $c=3.223$ nm)是对应的。

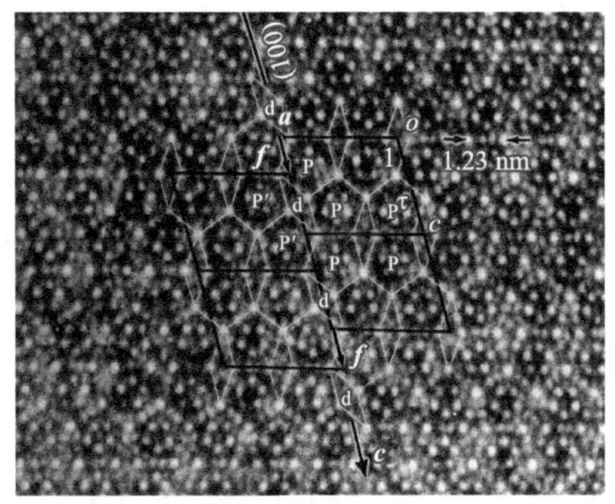

图 2.36 HREM 图像显示两个取向相同的平行畴，由一个(100)畴界分隔。在畴界处，单胞和其中五边形错位的长度相当于五边形的边长，或者说 $f=c/(1+\tau)=0.38c$。(001)"层线"在具有相同平移量的畴界断裂。与此同时，在(100)畴界处出现了一列不同取向的 36°菱形，图中用"d"标记(马秀良和郭可信[68])

在图 2.36 中可以看到，这每一个畴中的 36°菱形都被 4 个取向相同的标记为"P"的五边形围绕，它们都是按同一个方向排列。因此，这两个畴的单胞也具有相同的取向。然而，在畴界处，一个新的取向菱形(标记为"d")出现在这个边界两边的五边形"P"和"P′"之间。用箭头表示的在(100)畴界沿[001]方向的位移 $\boldsymbol{f}$ 的长度等于五边形的边长，或者 $c(1+\tau)=0.38c=1.22$ nm。显然，正如 Tsuchimori 等[31]在讨论 $Al_{13}Fe_4$ 时提出的，这个平行畴界也可以看作是(100)上的一个平面层错。这种位移也可以通过畴界上水平"层线"的断裂来识别，这种五边形的移动在畴界上造成了一个新的五边形镶嵌和 36°菱形的一个新取向。

(2) $(20\bar{1})$畴界。

Black 在讨论 $Al_{13}Fe_4$ 的晶体结构时曾经指出，(100)和$(20\bar{1})$面的原子环

境非常类似(2.2 节)。这两个晶体学面上的结构相似性使得 Louis 等[28]提出 $Al_{13}Fe_4$ 中($20\bar{1}$)孪生，以及 Tsuchimori 等[31]提出 $Al_{13}Fe_4$ 中($20\bar{1}$)平面层错。事实上，后者在 HREM 图像中观察到了平移量为 0.51 nm 的($20\bar{1}$)平面层错，对应平移长度为 0.41c，方向为[102]。

在图 2.37 中，“层线”明显有两处断裂(图中左右各一处)。在左断点处，显示了 τ^2-$Al_{13}Co_4$ 的两个平行畴，其畴界平行于($20\bar{1}$)，其中的单胞、五边形和菱形分别做了勾画。在这个畴界上，有一个标记为“p-p”的扁六边形和一对标记为“P”的五边形交替出现。在这个六边形中有两个边长为 0.47 nm 的小五边形，标记为“p”，它们沿着畴界共享一条边成直接相连。图 2.37 中的箭头表示的这两个平行畴之间的位移也是大五边形沿[102]方向上的一个边长长度。它对应的长度是 0.38c，而不是 Tsuchimori 等[31]所提出的 0.41c。

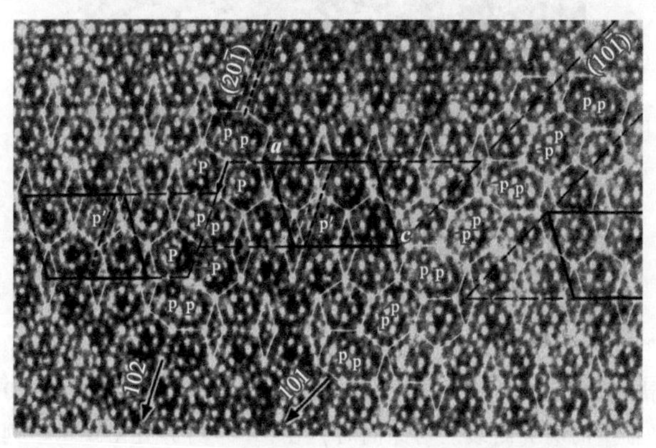

图 2.37　HREM 图像显示(001)“层线”两处断裂。左边的断裂对应于一个($20\bar{1}$)畴界，由交替排列的扁六边形和“五边形对”组成。标记为“p-p”的扁六边形由两个小五边形沿着畴界共享五边形一条对角线；而“五边形对”用大写的“P-P”标记。标有黑色虚线的畴界对应这两个单胞中的黑色虚线部分，用“p′”标记。其中的白色虚线是真实的($20\bar{1}$)面。右边的断裂对应于“($10\bar{1}$)”畴界，它由不同取向的六边形交替组成(马秀良和郭可信[68])

仔细观察这个畴界，我们会发现畴界尽管非常接近($20\bar{1}$)面并与之平行，但并不精确地位于($20\bar{1}$)面上。这个畴界对应于在两个单胞中用黑色虚线(标记为“p′”)绘制的平面。这两个单胞中的真实($20\bar{1}$)面用白色虚线表示。换句话说，当这两条黑色虚线重叠时(在这两个单胞中，黑白虚线之间的原子必须去除)，大五边形的两半部分连接起来形成一个六边形，两个小五边形“p′”共享一条边。这些单胞中的五边形“P”与其他五边形“P”结合，形成成对的大五边形。这里称之为$(20\bar{1})$畴界，主要表示它的取向平行于$(20\bar{1})$。很显然，这种五边形的构型不能简单地描述为一个$(20\bar{1})$平面层错。

(3) $(10\bar{1})$畴界。

在图 2.37 的右部分，两个平行的 τ^2-$Al_{13}Co_4$ 畴由$(10\bar{1})$面分开(黑色虚线所示)，不同取向的六边形交替穿插于五边形和 36°菱形之间的$(10\bar{1})$畴界。在这种情况下，不可能找到两个平行畴之间的位移来描述它们的相对位置。这清楚地表明，这种五边形和菱形的镶嵌是生长的结果，而不是$(10\bar{1})$面上的平移。当两个平行畴在$(10\bar{1})$面上合并时，不同取向六边形的出现是平铺或尺寸考虑的必要条件。

(4) (001)畴界。

在图 2.35、图 2.36 和图 2.37 等 HREM 图像中，“层线”由平行于(001)面的亮的像点组成。一般来说这些“层线”很容易识别出来，这样就非常便于描绘 τ^2-$Al_{13}Co_4$ 中(100)畴界以及其他复杂的畴界结构。然而，这样的“层线”只出现在图 2.38 的上部和底部，而在中心部分缺失。在图中上下部分标记五边形和 36°菱形后，所以很明显看到两个平行的 τ^2-$Al_{13}Co_4$ 畴被箭头标识的平移分开。这并不像 Tsuchimori 等[31]在 $Al_{13}Fe_4$ 中发现的(001)面上的平移，而是使得两个边长为 0.47 nm 的小五边形直接接触(图中用“p”标记)。

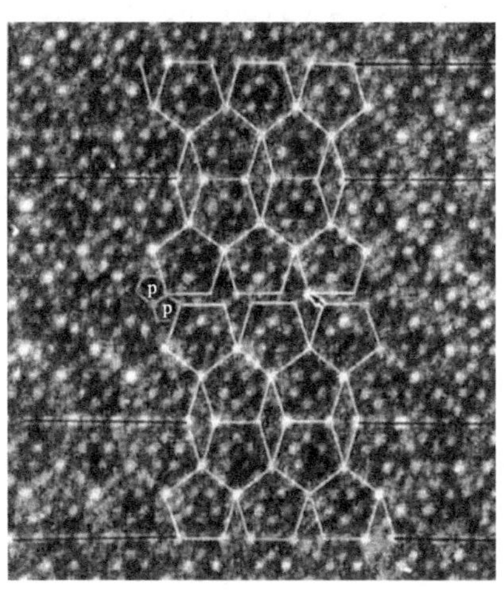

图 2.38 HREM 图像显示(001)“层线”在图中中心部位的缺失，对应于两个平行畴之间的“(001)”畴界。箭头所示的平移产生了两个小五边形(标记为“p”)，以此连接上下错开了的 36°菱形(马秀良和郭可信[68])

2. 旋转畴

(1) (100)滑移孪晶。

Black 首先通过五边形镶嵌结构提出 $Al_{13}Fe_4$ 中(100)滑移孪晶模型，Tsuchimori 等[31]和马秀良等[35]通过高分辨电子显微成像证实了这一点。实际上，τ^2-$Al_{13}Co_4$ 中的(100)滑移孪晶也是如此。图 2.39 显示了孪晶变体 Ⅰ 和 Ⅱ 之间交替出现的(100)滑移孪晶。图中右侧勾画了一个详细的滑移孪生机制，其中用点和线勾画出的既有单胞，也有五边形和菱形。在(100)孪晶界五边形中心都用白色"+"字标记，这些孪晶变体的公共五边形用"t"标记。(100)孪晶面的滑移分量是由一个小箭头表示，该平移等于大五边形对角线的一半(五边形中箭头所示)。在这样的滑移之后，这个五边形将与(100)孪晶面的另一边的五边形"t"呈镜面对称。因此，滑移分量为$\frac{1}{2}\tau c/(1+\tau)=0.31c$，在[001]方向长度为 1.00 nm。五边形和 36°菱形在(100)面两侧呈滑移反映对称。因此，它们不是围绕[010]简单地旋转 36°的畴，而且存在垂直于旋转轴的滑移分量。这些滑移反映孪晶很容易通过 36°菱形的不同取向加以识别。

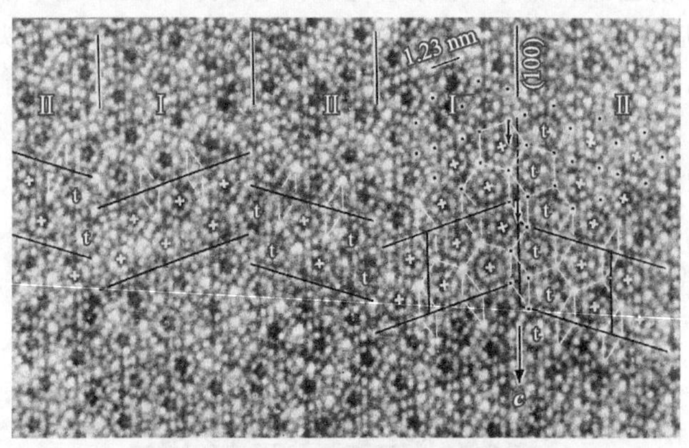

图 2.39　HREM 图像显示重复的(100)滑移反映孪晶(Ⅰ-Ⅱ)，其基本特征是(001)"层线"的扭折和不同取向的 36°菱形。两个孪晶变体共有的五边形，标记为"t"。在这些(100)滑移孪晶中，单胞或其中五边形的滑移分量是五边形对角线的一半，或$\frac{1}{2}\tau c/(1+\tau)=0.31c$(马秀良和郭可信[68])

(2) $(20\bar{1})$滑移孪晶。

由于 $Al_{13}Fe_4$ 中(100)面和$(20\bar{1})$面上的原子环境差别不大，因而利用电子衍射和后来由高分辨电子显微成像[31]确认$(20\bar{1})$孪晶的存在并不意外。在与

$Al_{13}Fe_4/Al_{13}Co_4$ 密切相关的 τ^2-$Al_{13}Co_4$ 中，也发现了这类的滑移孪晶。图 2.40 显示了 5 个变体（Ⅰ—Ⅰ′—Ⅱ—Ⅱ′—Ⅲ），Ⅰ—Ⅰ′和Ⅱ—Ⅱ′都对应$(20\bar{1})$平行畴；左上方的孪晶变体Ⅰ′和Ⅱ与图 2.39 中讨论的(100)滑移孪晶相似。确定了(100)滑移孪晶之后，畴界与之相差 36°的孪晶变体Ⅱ′和Ⅲ一定就是$(20\bar{1})$滑移孪晶，滑移分量也是五边形的边长，或者$\frac{1}{2}\tau c/(2+2\tau)[102]=0.16[102]$。所以，Ⅰ′—Ⅱ和Ⅱ′—Ⅲ分别是(100)和$(20\bar{1})$滑移孪晶，它们在两个相邻变体之间存在围绕一个“原点”五边形的旋转轴的 36°旋转。

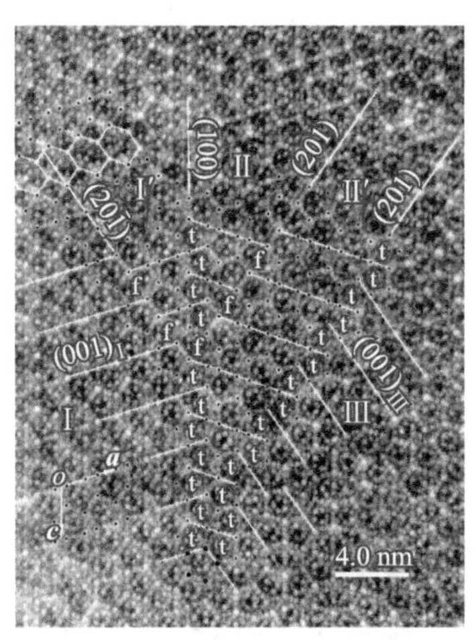

图 2.40 HREM 图像显示同时存在$(20\bar{1})$平移畴以及(100)和$(20\bar{1})$滑移反映孪晶。图中的白线表示不同取向的“层线”，其中的错排和扭折清晰可见。$(20\bar{1})$平移畴界（层错）处的扁六边形用“f”表示；孪晶变体间共有的五边形用“t”表示。$(20\bar{1})$滑移孪晶与(100)滑移孪晶的滑移分量长度相同。这三种孪晶变体Ⅰ—Ⅲ有一个共同的旋转轴，该旋转轴的中心可看作一个五边形（图中下端用黑点标记出的五边形）。这种重复的(100)-$(20\bar{1})$滑移孪生可以产生 5 次对称的 36°旋转孪晶

这里需要指出的是，在仅考虑 Co 原子位置的情况下，(100)和$(20\bar{1})$滑移孪生关系是等效的。然而，如果把 Al 原子的位置也考虑进去，它们就不同了。由于现阶段 HREM 图像只显示了 Co 原子柱，并且单胞的左半部分与右半部分相同（如图 2.34），此外，由于(100)和$(20\bar{1})$孪晶界相对于 Co 原子柱是对称的，它们也可以互换，因此，无法用仅包含 Co 原子的 HREM 图像来区分这两种滑移孪生机制。换句话说，没有进一步的证据，因而在[010]HREM 图像中(100)或$(20\bar{1})$滑移孪晶的判断是模糊的。但是，如果这些滑移孪晶界与(100)

或“$(20\bar{1})$”平行畴界共存，如图 2.40 所示，就可以得到确切的识别。

图 2.40 也显示重复的复合(100)-$(20\bar{1})$滑移孪生可以产生旋转角为 36°的五次孪晶。由于相差 180°的两个畴具有相同的取向，它们属于相同的孪晶变体(如图 2.28)。我们通过透射电子显微镜观察到 τ^2-$Al_{13}Co_4$ 中的这种情况，并通过选区电子衍射得到证实[62]。τ^2-$Al_{13}Co_4$ 中的五次孪晶也可以由复合(100)-(001)-(100)滑移孪生产生(如图 2.29)。然而，由于在(001)面的滑移分量是$\frac{1}{2}a$，在只考虑 Co 原子位置的情况下，在[010]投影单胞上的 0 ~ $\frac{1}{2}a$ 和$\frac{1}{2}a$ ~ a 两部分是相同的。因此，HREM 图像中不能观察到(001)滑移孪晶。

3. 复杂畴结构

在图 2.41 的左半部分，畴界上交替出现的六边形和“五边形对”证明图 2.37 中存在 τ^2-$Al_{13}Co_4$ 的$(20\bar{1})$平行畴。此外，这也表明图中右侧的滑移孪晶属于(100)型，而不是$(20\bar{1})$型。换句话说，这是 (100)滑移孪晶和$(20\bar{1})$平行畴界的一个简单组合情况。

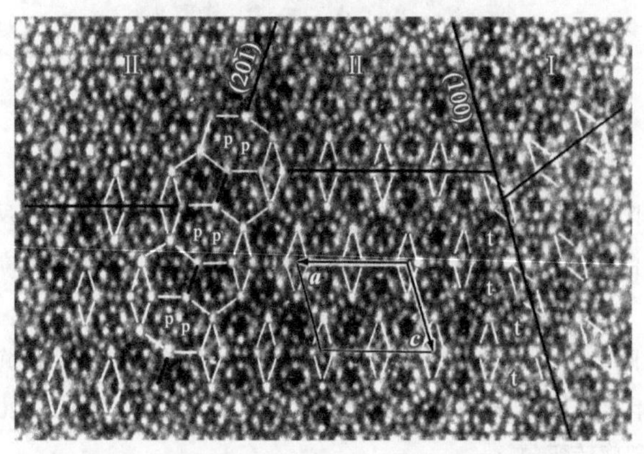

图 2.41　HREM 图像显示(100)滑移孪晶(右)和$(20\bar{1})$平行畴界(左)的组合(马秀良和郭可信[68])

图 2.42 显示了一个更复杂的畴组态。在图的底部可以看到 Ⅰ 和 Ⅱ 构成滑移孪晶关系。然而，根据该图像尚不能判断它们是(100)还是$(20\bar{1})$滑移孪晶。在用黑色五角星标记的点上，两个具有平行畴界特征的“$(20\bar{1})$”畴界分别对称地出现在这两个孪晶变体 Ⅰ 和 Ⅱ 中。这就证明了 Ⅰ 和 Ⅱ 之间的滑移孪生关系是(100)型，而非$(20\bar{1})$型。同样值得注意的是，左侧的$(20\bar{1})$畴界在“Q”处变为

(100)畴界。这不仅可以从竖直的(100)边界上看出来，还可以从 36°菱形的出现看出来(用“d”标记)，这些在畴界出现的 36°菱形与平行畴中的取向不同。

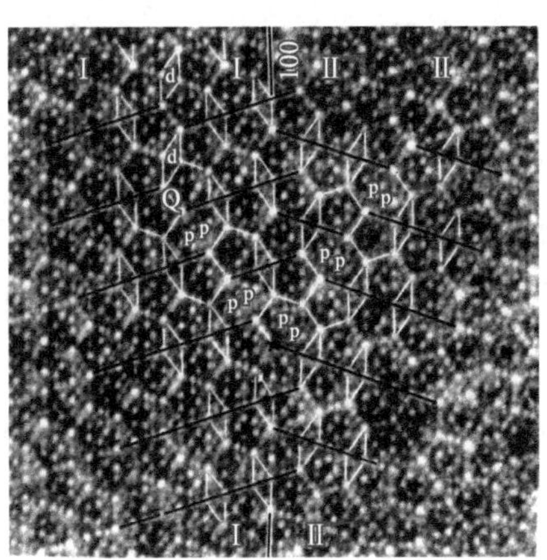

图 2.42 HREM 图像显示(100)滑移孪晶 I 和 II 中同时存在(20$\bar{1}$)平行畴界。这两个(20$\bar{1}$)畴界在标记为黑五角星的点处消失，只剩下图中下方的(100)滑移孪晶界。注意左边的(20$\bar{1}$)畴界在“Q”处变成了(100)畴界(马秀良和郭可信[68])

图 2.43 显示了一个更为复杂的畴结构。在图中的上部有重复的(100)滑移孪晶 I — II — I，而在底部只有一个(100)畴界存在于两个平行畴 I 之间。也就是说，左侧 I — II (100)滑移孪晶界变为(100)平行畴界，右侧 II — I (100)滑移孪晶界在过渡区消失。从 36°菱形的不同取向可以看出，左边的 I — II (100)滑移孪晶界在一个 72°菱形(“R”)处变成了(100)畴界(用一列不同取向的菱形“d”表示)，在(100)面上的位移 f 用箭头表示。右侧 II — I (100)滑移孪晶边界在“B”处消失，“B”代表彭罗斯点阵中的“船形”铺砌块[69]。为了补偿高度差，在两列五边形之间引入了一列六边形，这再次说明了五边形镶嵌的灵活性。除了在规则畴结构中出现五边形和 36°菱形外，其他彭罗斯点阵如 72°菱形和“船形”在实验中也经常看到。

在对 τ^2-$Al_{13}Co_4$ 畴结构的研究中，有时还发现介于微畴结构与十次对称准晶之间的过渡结构。图 2.44 显示了一个由五边形拼接而成的区域，这些五边形与不同取向的 36°菱形(图中共有 5 个取向)、“船形”(4 个取向)和“星形”铺砌块交织在一起。如果这些彭罗斯铺砌块严格按照准周期排列，就构成了一个十次对称准晶的二维准晶格。在这个准周期区域中，一些相邻的菱形和相同取向的“船形”可以被认为是十次对称准晶中的相位子缺陷。事实上，Al-Cu-Co 十次对称准晶的 HREM 图像中显示十边轮毂状的像点(类似于图 2.33)，它们非周期性排列形成五边形、36°菱形、“船形”和“星形”等边长为 1.2 nm 的铺砌

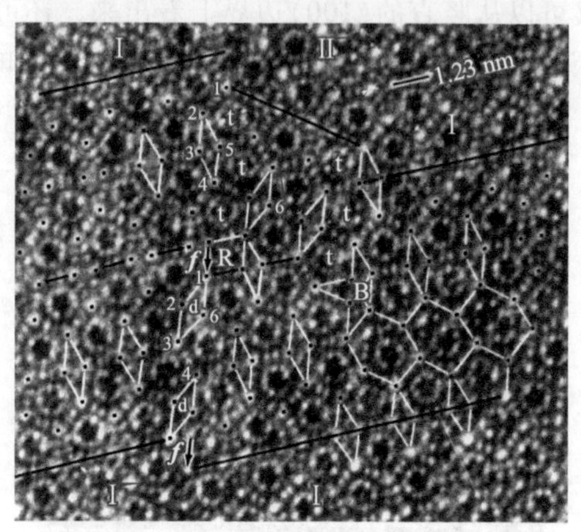

图 2.43　图像左侧是(100)滑移孪晶界，它在 72°菱形“R”处变成平行畴，主要特征是一排取向不同的 36°菱形，标记为“d”。在图像右侧可以看到(100)滑移孪晶界在“B”处消失(“B”代表彭罗斯点阵的“船形”铺砌块)。“船形”铺砌块下面出现一排六边形单元来补偿图中左右两侧的“层线”高度差(马秀良和郭可信[68])

块。李惠林等[70]曾利用高分辨电子显微成像方法对稳定的 Al-Cu-Co 十次对称准晶中的相位子进行了阿曼线(Ammann-line)分析(参见参考文献[71])，通过在这些彭罗斯点阵中绘制阿曼线，可以得到由 5 组平行线组成的准晶格；线条的抖动对应于铺砌块的错排或相位子缺陷。在 Al-Cu-Co 十次对称准晶中，铺砌块的错排仅为 4%左右，这为十次对称准晶的准周期堆垛模型提供了有力的支持。

由 Co 原子五边形的特殊对称性决定了这类结构单元在空间排列中的多样性，形成了上面讨论的多种畴结构。实验发现，这些畴结构通常是共生在一起，因此，得到晶体结构完整的单晶体是不容易的。有关畴结构，我们这里归纳如下几点。

(1) 与 $Al_{13}Co_4$ 原型结构类似，单斜 τ^2-$Al_{13}Co_4$ 相的 a 和 c 比 $Al_{13}Co_4$ 的膨胀了 τ^2 倍[$\tau=(1+5^{1/2})/2$]，具有由边长为 1.23 nm 的 Co 原子五边形和 36°菱形组成的五边形层状结构，这个五边形的边长是 $Al_{13}Co_4$ 的 τ^2 倍。这种五边形层状结构的相似性决定了 τ^2-$Al_{13}Co_4$ 和 $Al_{13}Co_4$/$Al_{13}Fe_4$ 畴结构的相似性。

(2) 单斜 τ^2-$Al_{13}Co_4$ 中具有相同取向的平行畴，并发现畴界位于(100)面或平行于$(20\bar{1})$、$(10\bar{1})$以及(001)面，采用高分辨电子显微成像发现位于和接近畴界的五边形的镶嵌方式具有多样性。在(100)平行畴的情况下，在畴界处出现了一列不同取向的 36°菱形，这导致这个畴界两侧的五边形之间沿[001]方向出现相对位移，其大小为 0.38c 或五边形边长。因此，(100)平行畴也可

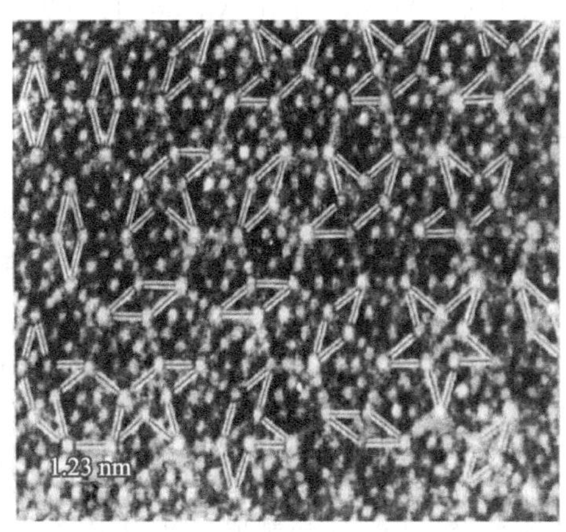

图 2.44 HREM 图像显示五边形与不同取向的菱形(图中共标注出 5 个取向)、“船形”(4 个取向)和一个“星形”组合在一起构成的复杂畴结构(马秀良和郭可信[68])

以认为是平移矢量为 0.38$\boldsymbol{c}$ 的(100)平面层错。在(20$\bar{1}$)和(10$\bar{1}$)平行畴的情况下，在畴界处出现一串相同或不同取向的扁六边形。这种畴结构是不同取向五边形生长的结果，而不是平面层错引起的五边形相对位移的结果。在(001)平行畴的情况下，涉及形成位于畴界的边长为 0.47 nm 的小五边形。

(3) τ^2-$Al_{13}Co_4$ 的旋转畴实际上是 36°滑移孪晶。(100)和(20$\bar{1}$)滑移孪晶均已观察到，两种情况下的滑移分量均等于五边形对角线的一半。也就是说，滑移分别发生在[100]和[102]方向，大小为 0.31c。重复的(100)-(20$\bar{1}$)滑移孪生将产生一组五重 36°旋转孪晶。由于这里展示的 HREM 图像只显示了 Co 原子位置，(010)投影单胞的 $0\sim\frac{1}{2}a$ 和 $\frac{1}{2}a\sim a$ 部分是相同的，(001)滑移孪晶滑移分量 $\frac{1}{2}a$ 不能在 HREM 图像中观察到。然而，在 τ^2-$Al_{13}Co_4$ 中(001)滑移孪晶的存在可以通过选区电子衍射得到准确证实(如图 2.24)。

(4) τ^2-$Al_{13}Co_4$ 中的各种复杂畴结构都是由平行畴和旋转畴组合得到的。当(100)滑移孪晶转变为(100)平行畴时，在畴界交界处出现 72°菱形。当(100)滑移孪晶消失时，彭罗斯铺砌块“船形”和一排拉长的六边形出现在过渡区。除五边形和 36°菱形外，72°菱形、“船形”和“星形”的出现表明了单斜 τ^2-$Al_{13}Co_4$ 与十次对称准晶在结构上的密切关系。$Al_{13}Co_4$、$Al_{13}Fe_4$ 和十次对称准晶体的这样一个密切结构关系之前已经提出假设[53]，并在后来用实验得到了证明[72,73]。然而，结合高分辨成像(图 2.33 十边形中的五边形网络)和电子衍射(伪十次对称)已经表明 τ^2-$Al_{13}Co_4$ 相比 $Al_{13}Co_4$ 具有更高的准晶相似性，这在 2.6 节讨论 τ^n-$Al_{13}Co_4$($n=3$, 4)时将看得更加清楚。

2.5.7　热变形 τ^2-$Al_{13}Co_4$ 中的小角度晶界

基于五边形这种高对称性的结构单元，2.5.6 节我们利用高分辨电子显微成像发现 τ^2-$Al_{13}Co_4$ 中通常存在各类畴结构，包括堆垛层错、滑移反映孪晶以及它们的复杂组合。这些丰富的畴结构很容易在凝固过程中形成，并且在缺陷边界处原子能够很好地匹配。然而，与堆垛层错和孪晶不同，位错在铸态和退火态 τ^2-$Al_{13}Co_4$ 中很少存在。

实际上，通过热变形可以在 τ^2-$Al_{13}Co_4$ 中引入位错以及由位错网络构成的小角度晶界。将单相的 τ^2-$Al_{13}Co_4$ 样品制成尺寸为 10.5 mm×4 mm×3 mm 的热压试棒，使用 Instron1122 试验机分别在 950 ℃和 1050 ℃下以 100 μm/min 的速度对试样进行热压。卸载后，将试样放入水中淬火。在电子显微学实验中，可以通过同一入射束方向的会聚束电子衍射(convergent beam electron diffraction，CBED)图的差异确定小角度晶界处两亚晶粒的取向差。

为了清楚说明在进行衍衬成像时所选择的衍射矢量，图 2.45 对单斜相 τ^2-$Al_{13}Co_4$ 中相应的主要衍射点的指数进行了标定，部分斑点用于成暗场像或明场像。

图 2.46(a)是在 $\boldsymbol{g}_{040}$双束条件下第一类小角度晶界的暗场像，入射束方向接近[001]晶带轴，图中可以看到高密度平行位错构成的扭转小角度晶界。当使用与(040)垂直的($\overline{10}00$)成像时，除了与样品表面弛豫有关的残余衬度外，原先显示位错的位置[图 2.46(a)]已看不到位错(也就是说位错衬度消光了)，见图 2.46(b)。使用不同衍射矢量进行的衬度分析显示，小角度晶界中位错的伯格斯(Burgers)矢量平行于[010]方向，并且也平行于位错线。这说明这些位错是螺型位错，这种小角度晶界的晶界面与 $\boldsymbol{b}$ 轴大致平行。

图 2.47 是 $\boldsymbol{g}_{040}$双束条件下的明场像，入射束方向接近于[100]轴。图中可以看到十分复杂的小角度晶界。在整个小角度晶界带中，左侧(A)的位错密度与右侧(B)不同，值得注意的是，A 和 B 之间还有另一组位错，图中用矩形和两个反向的箭头标出。对不同衍射矢量的衬度分析表明，这是由刃型位错墙构成的第二类小角度晶界。这些位错的伯格斯矢量平行于[010]方向，并且垂直于位错线。这种情况下，晶界面垂直于 $\boldsymbol{b}$ 轴。

为了进一步了解图 2.47 中区域 A 和区域 B 中位错的特征，在双束条件下使用不同的衍射矢量分别对区域 A 和区域 B 成像。图 2.48(a)~(c)分别是图 2.47 中区域 B 在双束条件下 $\boldsymbol{g}_{040}$、$\boldsymbol{g}_{008}$、$\boldsymbol{g}_{0213}$所成的明场像，入射束方向接近于

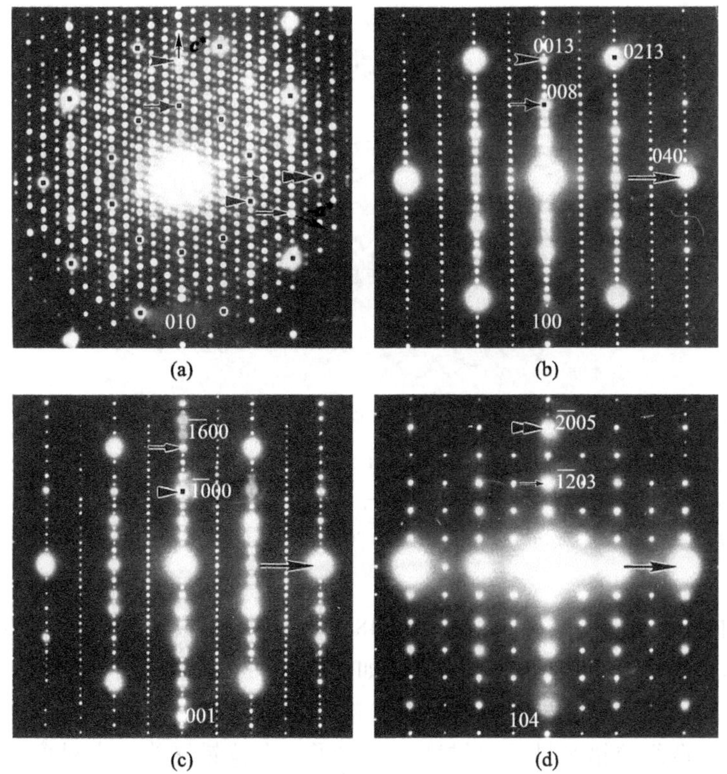

图 2.45 τ^2-$Al_{13}Co_4$ 的主要晶带轴的电子衍射图，图中用于成像的衍射点都做了标定：(a)[010]电子衍射图，图中所有的强衍射斑点都可以用斐波那契或双斐波那契数进行标定，例如沿 $\boldsymbol{c}^*$ 方向的(0 0 5)，0 0 8，0 0 13 以及沿 $\boldsymbol{a}^*$ 方向的4 0 0，6 0 0，10 0 0，16 0 0。(b)~(d) [100](b)，[001](c)以及[104](d)晶带轴电子衍射图。图中相同的箭头表示相同的指数(马秀良等[74])

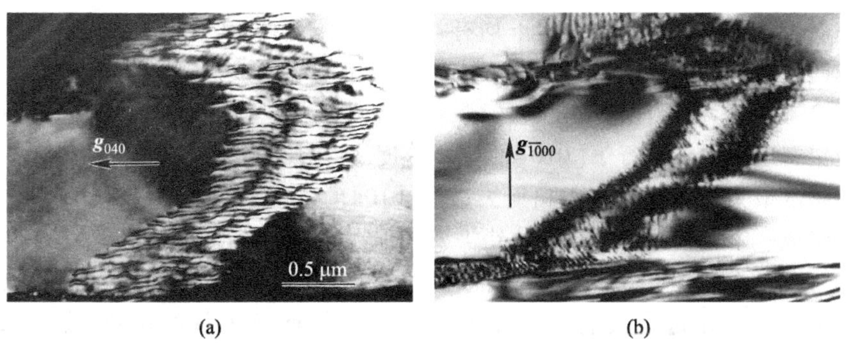

图 2.46 (a) $\boldsymbol{g}_{040}$双束条件下第一类小角度晶界的暗场像，入射束方向接近于 τ^2-$Al_{13}Co_4$ 的[001]晶带轴。(b) $\boldsymbol{g}_{\overline{10}00}$条件下成像，上述位错消光，只能看到与样品表面弛豫有关的残余衬度(马秀良等[74])

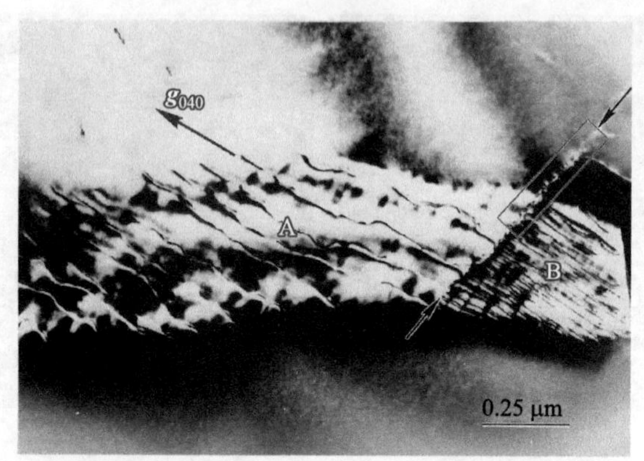

图 2.47　g_{040}双束条件下的明场像，入射束方向接近于[100]轴。在整个小角度晶界带中，左侧(A)的位错密度与右侧(B)不同，A 和 B 之间还有另一组位错，图中用矩形和两个反向的箭头标出。这些位错的伯格斯矢量平行于[010]方向，并且垂直于位错线。因此，这是刃型位错墙构成的第二类小角度晶界(马秀良等[74])

[100]方向。当以 g_{040}成像时，如图 2.48(a)，一组位错线平行于[010]方向的位错显示出衬度。当使用 g_{008}成像时[如图 2.48(b)]，上述位错没有衬度，而另一组位错线沿[001]方向的高密度位错显示出衬度。当使用 g_{0213}成像时[图 2.48(c)]，两组位错都显示出衬度，形成了一个位错网络。由衬度分析可知，图 2.48(a)中位错的伯格斯矢量沿着[010]方向，平行于位错线，是螺型位错；图 2.48(b)中位错的伯格斯矢量沿着[001]方向，平行于位错线，同样是螺型位错。因此第三类小角度晶界是由两组平行的螺型位错构成的，它们的伯格斯矢量相互垂直，一个平行于[010]，另一个平行于[001]。对于区域 A，衬度分析显示除位错密度外，其位错网络的特点与区域 B 相同。分别用 g_{040} 和 g_{008}成像时，一组位错在两种情况下均有衬度，如图 2.48(d)和(e)。当使用 g_{0213}成像时，两组位错显示出衬度，形成了由位错网络构成的第三类小角度晶界，如图 2.48(f)。值得注意的是，区域 A 和区域 B 中，伯格斯矢量平行于[001]的位错密度均大于平行于[010]的位错密度。区域 B 中伯格斯矢量沿[001]的位错密度最大，区域 A 中伯格斯矢量沿[010]的位错密度最小。

组成一个位错网络的不同位错需要确保在穿过小角度晶界面时晶粒只有单纯的“旋转”(如图 2.48)。在常规晶体中，单组的螺型位错不能形成小角度晶界(图 2.46)。在这个实验中，并未发现其他伯格斯矢量的位错[如图 2.46(b)]，这一罕见的现象可能与热压有关。需要指出的是，τ^2-$Al_{13}Co_4$ 中小角度晶界的特征与 Al-Ni-Co 十次对称准晶[75]中的十分相似，位错在准晶中很难移动，在单胞非常大的近似晶体相中很可能也是如此。

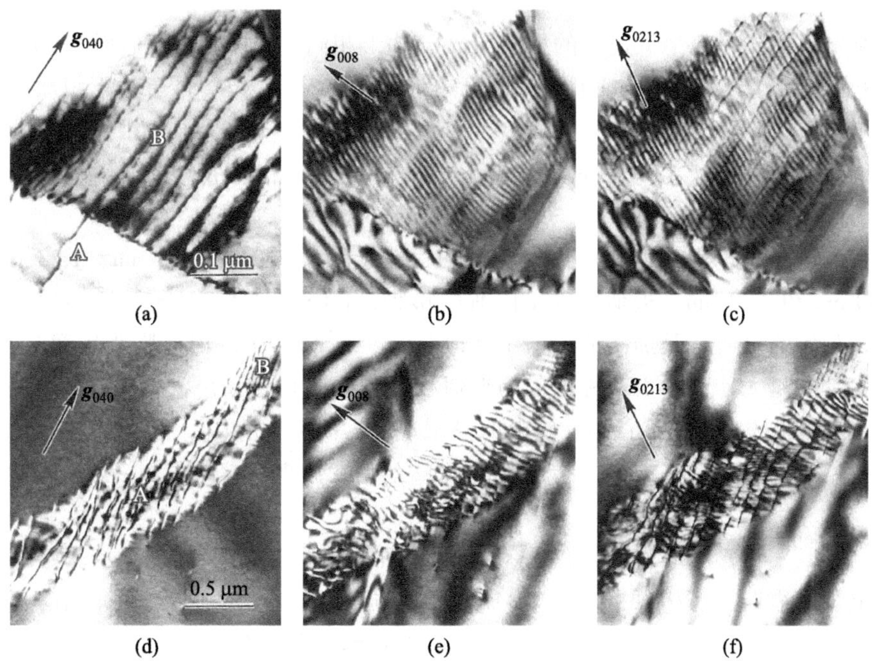

图 2.48　由位错网络构成的第三类小角度晶界的明场像：(a) 当 $\boldsymbol{g}_{040}$ 成像时，一组位错线平行于[010]方向的位错显示出衬度；(b) 当使用 $\boldsymbol{g}_{008}$ 成像时，上述位错没有衬度，而另一组位错线沿[001]方向的高密度位错显示出衬度；(c) 当使用 $\boldsymbol{g}_{0213}$ 成像时，两组位错都显示出衬度，形成一个位错网络；(d)~(f) 图 2.47 中区域 A 的明场像，除位错密度外，其位错网络的特点与区域 B 相同，双束条件已在图中标出(马秀良等[74])

2.6 以 τ 比渐进膨胀的 τ^n-$Al_{13}Co_4$(n=0, 2, 3, 4)单斜相家族

本节介绍 τ^2-$Al_{13}Co_4$、τ^3-$Al_{13}Co_4$ 和 τ^4-$Al_{13}Co_4$ 等构成以 τ 比膨胀的单斜相家族，它们具有相同的 b 值，但参数 a 和 c 分别为 $Al_{13}Co_4$ 相(空间群 Cm，a=1.518 3 nm，b=0.812 2 nm，c=1.234 0 nm；β=107°54′)对应值的 τ^2、τ^3 和 τ^4 倍[$\tau=(1+\sqrt{5})/2=1.618\ 03$，这是黄金数]。沿着 $\boldsymbol{b}$ 方向拍摄得到的 HREM 图像显示，这些 τ^n-$Al_{13}Co_4$ 相具有与 $Al_{13}Co_4$ 类似的五边形层状结构，但五边形的边长分别为 $Al_{13}Co_4$ 的 τ^2、τ^3 和 τ^4 倍。这就解释了为什么 τ^n-$Al_{13}Co_4$ 系列单斜相具有大约相同的 β 角(≈108°)和五边形层状重复单元(对应 b 值)。τ^2

五边形(1.23 nm)由 $Al_{13}Co_4$ 中存在的 6 个较小的五边形(0.47 nm)组成，其中 1 个是倒置的，另 5 个五边形的取向与 τ^2 五边形相同。同样，τ^3 五边形(2.00 nm)由 6 个 τ 五边形(0.76 nm)组成；τ^4 五边形(3.23 nm)由 6 个 τ^2 五边形组成，而每个 τ^2 五边形又包含 6 个边长为 0.47 nm 的五边形。τ^3-$Al_{13}Co_4$ 相五边形的亚结构也有两种尺寸，0.76 nm 和 2.00 nm；τ^4-$Al_{13}Co_4$ 相的五边形亚结构分别为 1.23 nm 和 3.23 nm。

值得注意的是，这些五边形的边长分别为 0.47 nm、0.76 nm、1.23 nm、2.00 nm 和 3.23 nm，近似于以 τ 比渐进膨胀，$1:\tau:\tau^2:\tau^3:\tau^4$。这些数字不仅是几何的，而且是加法的，即 $\tau^2=\tau+1$，$\tau^3=\tau^2+\tau$，…。因此膨胀级数越大，单胞参数越大，其十次对称准晶的近似程度越高。换句话说，十次对称准晶是以 τ 比膨胀的 τ^n-$Al_{13}Co_4$ 相家族中的极限成员(单胞无穷大)。这里需要指出的是，τ^3-$Al_{13}Co_4$ 和 τ^4-$Al_{13}Co_4$ 都是以纳米畴的形式出现，它们与 τ^2-$Al_{13}Co_4$ 共生在一起。

对以 τ 比膨胀的最好理解是对五角星图的描述，如图 2.49 所示。延伸一个单位五边形 *ABCDE* 的边缘，形成尖顶点位于 *F*、*G*、*H*、*I*、*J* 处的五角星。由于该单元五边形的对角线(如 *AC*)的长度为 τ，$CH=AC$，所以直线 *JH* 被分成三个无理数线段，长度比为 $\tau:1:\tau$。将这些尖顶点连接起来就会得到一个更大的倒置五边形 *FGHIJ*，其边长 $HI=HD=1+\tau=\tau^2$。在这个 τ^2 膨胀的五边形 *FGHIJ* 中，有一个小的倒置五边形 *ABCDE* 在中心，另外 5 个小五边形环绕中

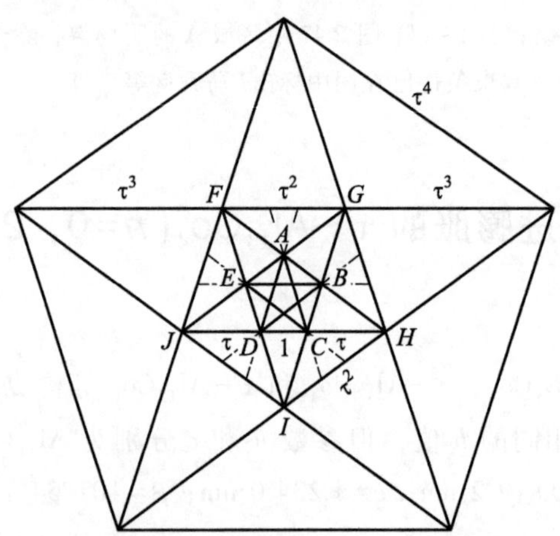

图 2.49　五角星图显示了五边形的 τ^2 膨胀/收缩。直线上顶点之间的距离呈无理数比 $1:\tau:\tau^2:\tau^3:\cdots$。在 τ^2 膨胀的五边形 *FGHIJ* 内部，其中心有一个小的倒置五边形 *ABCDE*，在它周围还有 5 个用虚线画出的等腰三角形(马秀良等[76])

心五边形。此外，还有 5 个等腰三角形，更确切地说，是 5/2 个 36°菱形(图 2.49 中用虚线画出)。如果这样的膨胀继续下去，就会出现一个 τ^4 膨胀的五边形。相反，单元五边形 *ABCDE* 也可以收缩，其中心会出现一个边长为 τ^{-2}的倒五边形。显然，这种 τ^2 膨胀/收缩过程可以无限重复。

$Al_{13}Co_4$ 和 $Al_{13}Fe_4$ 的结构基本相同。由于反演中心的缺失，空间群由 $Al_{13}Fe_4$ 中的 C2/m 变为 $Al_{13}Co_4$ 中的 Cm。Henley[77] 和 Kumar 等[78] 认为单斜 $Al_{13}Fe_4$ 的五边形层状结构是 DQC 的原型结构。随后，Barbier 等[67] 讨论了 $Al_{13}Fe_4$ 中伪二十面体配位作为二十面体准晶和十次准晶之间的联系。Steurer 和 Kuo[73] 通过实验在 Al-Co-Cu DQC 结构中发现了部分 $Al_{13}Co_4$ 单胞。由于以 τ 比膨胀的 τ^2-$Al_{13}Co_4$、τ^3-$Al_{13}Co_4$ 和 τ^4-$Al_{13}Co_4$ 与 DQC 更相似(DQC 相当于 τ^∞-$Al_{13}Co_4$)，因此对它们的层结构进行详细的研究对于理解 DQC 和具有 τ 膨胀单胞的单斜 $Al_{13}Co_4$ 相的结构具有一定的指导意义。

图 2.50 展示出 $Al_{13}Co_4$、τ^2-$Al_{13}Co_4$、τ^3-$Al_{13}Co_4$[010]电子衍射图以及 Al-Co DQC 沿十次轴方向拍摄的电子衍射图，以此用来比较 τ^n-$Al_{13}Co_4$ 五边形层状结构所导致的在倒易空间中的伪十次对称性。在 $Al_{13}Co_4$ 和 τ^2-$Al_{13}Co_4$ 任何一个倒易方向上，衍射点都具有严格的周期性，表明晶体具有非常好的结晶完整性。相比之下，τ^3-$Al_{13}Co_4$[001]* 方向以及所有平行于[001]* 方向的竖直点列中，衍射点的分布都显示出波浪状，这表明这种具有巨大单胞参数的 τ^3-$Al_{13}Co_4$ 在结构单元的排列方面具有大量的缺陷，这也预示着结构拼块的排列更趋向于准晶体。

为了更清楚地看出上述单斜相之间的渐进关系，图 2.51 显示了它们的复合电子衍射图(每一个衍射图选取四分之一拼接而成)。在图 2.51(d)中，衍射斑点不仅有十次分布，而且它们沿着任何一列的分布也遵循无理的 τ-膨胀关系，即服从 $1:\tau:\tau^2:\tau^3:\cdots$。另一方面，图 2.51(a)~(c)中的衍射点都落在一个交叉网格上，尽管这些网格的尺寸不同。衍射图中相对应的衍射斑点分别用黑色和白色箭头标记。黑色箭头标记的点的指数 $|l|$ 分别为 5、13、21，而白色箭头标记的点的指数 $|h|$ 分别为 6、16 及 26。这些数字服从斐波那契数列(0, 1, 1, 2, 3, 5, 8, 13, 21, …)，它们的比值大约按 $1:\tau^2:\tau^3$ 膨胀。由于 C 心的存在，图 2.51(a)中 h 为奇数的 $h0l$ 衍射消光。然而，这些衍射出现在图 2.51(b)和图 2.51(c)中，这是因为 τ^2-$Al_{13}Co_4$ 和 τ^3-$Al_{13}Co_4$ 相不再是 C 心点阵，而是简单点阵。衍射指数的膨胀对应衍射图中斜的倒易胞($\beta\approx72°$)以大约 $1:\tau^{-2}:\tau^{-3}$的比例缩小。复合衍射图中外环上用黑点标出的 10 个强斑点形成一个几乎完美的十边形，无论它们属于 DQC 还是属于不同的晶体相。此外，图 2.51(d)中 DQC 的强斑点列连续过渡到图 2.51(c)中 τ^3-$Al_{13}Co_4$ 相的

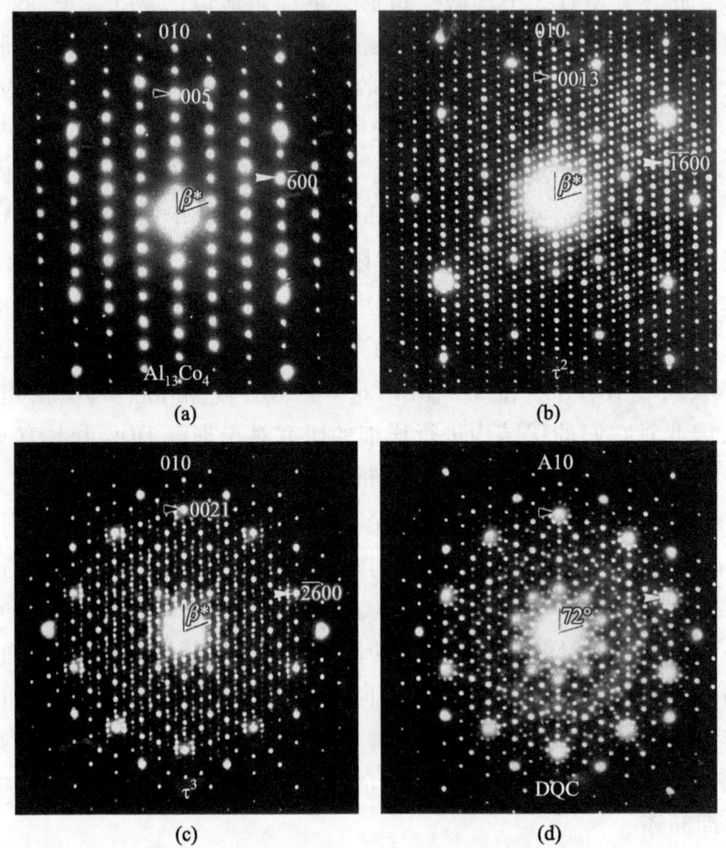

图 2.50　单斜 $Al_{13}Co_4$、τ^2- $Al_{13}Co_4$、τ^3- $Al_{13}Co_4$ 的[010]电子衍射图以及 Al-Co DQC 十次轴电子衍射图。随着 n 的增大，衍射图中衍射点的密集程度逐渐增加：(a) C 心 $Al_{13}Co_4$；(b) 简单 τ^2-$Al_{13}Co_4$；(c) 简单 τ^3-$Al_{13}Co_4$；(d) Al-Co DQC

强斑点列。图 2.51(d)中的相应点形成的五边形以及图 2.51(b)和图 2.51(c)中的伪五边形用箭头表示。其中，图 2.51(d)为 τ^{-2}收缩五边形；图 2.51(c)为伪五边形；图 2.51(b)为一个畸变较大的五边形(所有这些衍射斑都用黑点做了标记)。在图 2.51(d)中甚至可以发现一个类似于图 2.49 所示五角星的 τ^{-4}收缩五边形，但这样小的五边形在其他 3 个衍射图中没有。DQC 中衍射点的十次对称分布与 τ^n-$Al_{13}Co_4$ 相家族中的强点分布的相似性随着 τ 膨胀或单胞尺寸的增大而增大。在这种情况下，DQC 可以被认为是该膨胀序列的最终成员，它具有无限大单胞。

这些以 τ 比膨胀 $Al_{13}Co_4$ 相的晶格参数如表 2.6 所示。$Al_{13}Co_4$ 和 τ^2-$Al_{13}Co_4$

的晶格参数用X射线衍射得到；τ^3-$Al_{13}Co_4$的参数由电子衍射得到；对于τ^4-$Al_{13}Co_4$，因为畴太小而不能使用选区衍射获得晶体的衍射图。在这种情况下，其晶格参数由HREM图像推得。τ^3-$Al_{13}Co_4$相的晶格参数$b\approx0.81$ nm，这是由包含$0k0$衍射点的电子衍射确定，它等于DQC沿十次轴的周期。在这些以τ比膨胀的单斜相中，五边形的边长也如表2.6所示，它们也服从τ膨胀关系。

表2.6　以τ比膨胀的系列τ^n-$Al_{13}Co_4$相的点阵参数及其特征五边形边长

物相	晶格参数				五边形边长/nm
	a/nm	b/nm	c/nm	β/(°)	
$Al_{13}Co_4$	1.518 3	0.812 2	1.234 0	107.90	0.47
τ-$Al_{13}Co_4$					0.76
τ^2-$Al_{13}Co_4$	3.984	0.814 8	3.223	107.94	1.23
τ^3-$Al_{13}Co_4$	6.4	0.81	5.2	108	2.00
τ^4-$Al_{13}Co_4$	10.4		8.4	108	3.23

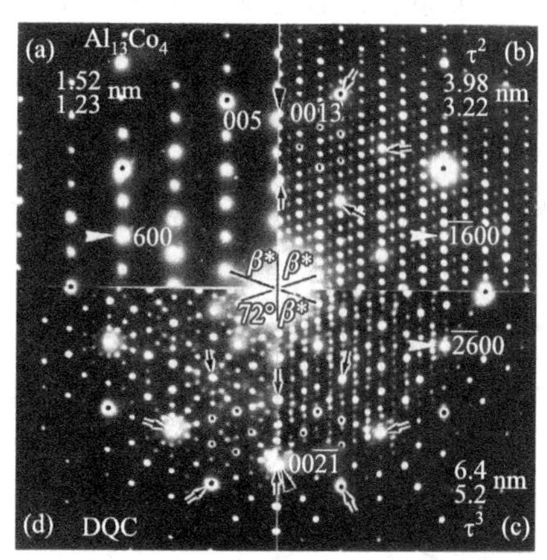

图2.51　由单斜$Al_{13}Co_4$(a)、τ^2-$Al_{13}Co_4$(b)、τ^3-$Al_{13}Co_4$(c)的[010]衍射图，以及Al-Co DQC (d)的十次轴衍射图拼接而成的复合电子衍射图。同类型的箭头或黑点在这些衍射图中表示相对应的衍射斑点。膨胀越大，单胞参数越大，其近似程度越接近准晶。注意从图(d)到图(c)几乎构成连续的直线点列；用箭头标记出的五边形的大小以及对称程度在图(d)和图(c)中几乎完全一样(马秀良等[76])

τ^2-$Al_{13}Co_4$的HREM图像前面已有描述，明亮的像点形成两种不同大小的五边形。τ^2-$Al_{13}Co_4$ 中边长为 0.47 nm 中心小五边形与 $Al_{13}Co_4$ 中观察到的特征五边形相同，但其镶嵌方式不同：在一个边长为 1.23 nm 的大五边形中，有 6 个小五边形，其中一个在中心倒置，另外 5 个取向与中心小五边形周围的大五边形相同。实际上，在 τ^2-$Al_{13}Co_4$ 中，除了边长为 1.23 nm 和 0.47 nm 的五边形外，还有边长为 0.76 nm 和 0.29 nm 的五边形，它们取向倒置且以 τ^2 膨胀或收缩。边长为 0.29 nm、0.47 nm、0.76 nm 和 1.23 nm 的 Co 原子五边形组成了一个 τ 膨胀系列。在这些五边形边长系列中有两个 τ^2 膨胀系列：一个是 0.47，1.23，3.23，…，而另一个是 0.29，0.76，2.00，…。

图 2.52 是 τ^3-$Al_{13}Co_4$ 的 HREM 图像，其特征五边形的边长为 2.0 nm(黑色圆点标记)。在这些五边形内部有用黑色方点标记的 τ^2 收缩五边形(0.76 nm)，它们的分布与 τ^2-$Al_{13}Co_4$ 中的小五边形(0.47 nm)在大五边形(1.23 nm)中的分布相同。此外，τ^3-$Al_{13}Co_4$ 中也有边长为 0.47 nm 和 1.2 nm 的五边形。值得注意的是，图 2.52 中两个凸出的单胞呈滑移反射孪晶关系(见五边形或者用箭头所指的跨孪晶界的菱形)。箭头表示的滑移分量是大五边形对角线的一半，或 $\frac{1}{2}\tau c/(1+\tau)=0.31c$。对 τ^3-$Al_{13}Co_4$ 的观察不仅证实了存在于 $Al_{13}Co_4$ 和 τ^2-$Al_{13}Co_4$中的这种滑移孪生关系，而且也显示了 τ^n-$Al_{13}Co_4$ 相中孪晶形成的相似性。

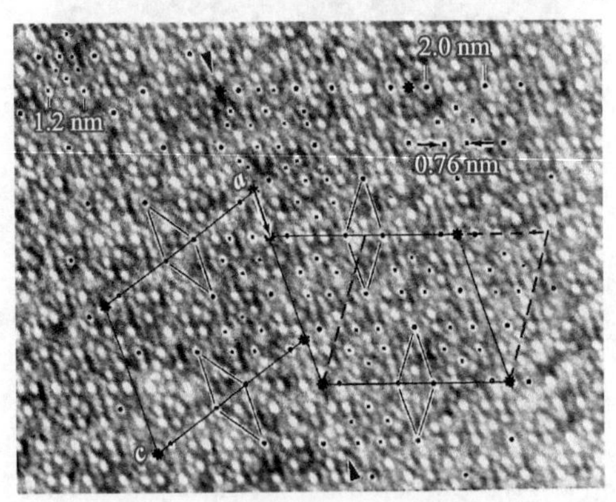

图 2.52　τ^3-$Al_{13}Co_4$ 相中两个单胞的(100)滑移反射孪晶关系，滑移分量(用箭头表示)为 0.31c(马秀良等[76])

图 2.53 为 τ^4-$Al_{13}Co_4$ 的 HREM 图像，平面单胞的 4 个顶点分别由箭头标记。同样，这里也存在类似于其他 τ^n-$Al_{13}Co_4$ 相中的五边形网络，但五边形的边长为 3.23 nm，或者说 0.47 nm 的 τ^4 倍膨胀。这样的五边形由 6 个边长为

1.23 nm 的五边形组成，一个倒置在中心，另 5 个取向与大五边形相同；在这个小五边形中，有 6 个更小的边长为 0.47 nm 的五边形。实验中这种 τ^4-$Al_{13}Co_4$ 单胞只在局部位置观察到，其参数 a 和 c 分别为 10.4 nm 和 8.4 nm，这是迄今为止发现的与 DQC 共存的最大单斜单胞($\beta\approx 108°$)。

图 2.53 τ^4-$Al_{13}Co_4$ 相的一个巨大的单胞。平面单胞的顶点如箭头所示，图的下端勾画出了边长为 3.23 nm 的五边形以及位于其中心位置的边长为 1.23 nm 的五边形(马秀良等[76])

在 2.4.4 节中，我们通过电子衍射讨论了 DQC 与 τ^2-$Al_{13}Co_4$ 之间的相转变。接下来我们借助 HREM 图像讨论一下 τ^2-$Al_{13}Co_4$ 向 DQC 的过渡。图 2.54 是非周期彭罗斯拼图，显示了局部五次对称，这种图案最初是由英国数学家及天体物理学家彭罗斯(Roger Penrose)提出的[69]。在准晶体(特别是十次对称准晶体)发现之后，彭罗斯拼图被广泛用于描述二维十次准晶格，它有三套等效彭罗斯铺砌块。第一套由 4 种彭罗斯铺砌块组成：五边形、薄(36°)菱形、星形、船形(在图 2.54 中用小字号 B 标记)，这里涉及的所有角度都是 π/5 的倍数。按照严格的匹配规则，这些铺砌块可以形成无限大小的非周期拼图。在彭罗斯拼图中，通常是三个五边形、两个菱形和一个船形组成一个十边形。彭罗斯铺砌块和十边形都可以膨胀 $1+\tau=\tau^2$ 倍，如图 2.54 中粗线条所示。一个小船形会膨胀成一个大船形(标记为大字号 B)，一个小十边形会膨胀成一个大十边形，以此类推。当然，彭罗斯铺砌图也可以缩小 τ^{-2}倍，这种 τ^2 膨胀或收缩可以无限地进行。

图 2.54 中小五边形向大五边形的膨胀值得特别注意，因为它使我们想起 τ^2-$Al_{13}Co_4$ 大五边形中 6 个 $Al_{13}Co_4$ 的小五边形(边长 0.47 nm)的构型。这些大五边形在这种晶体相中周期性地排列，而在 DQC 中则是准周期性排列。

在 τ^2 相和 DQC 之间可能存在过渡区。为了验证这一假设，将成分为

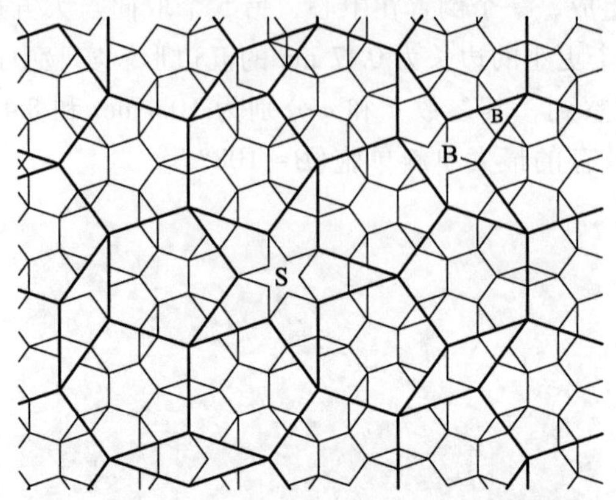

图 2.54　彭罗斯铺砌图由五边形、36°菱形、船形（标记为 B）和星形（标记为 S）的非周期排列组成[69]。由细线绘制的铺砌块膨胀 τ^2 倍后构成用粗线绘制的铺砌块。值得注意的是，包含 6 个小五边形的大五边形与图 2.34 所示 τ^2-$Al_{13}Co_4$ 相中五边形构型完全相同（马秀良等[76]）

$Al_{13}Co_4$的合金试样加热到 1 223 K，并在空气中冷却，使该温度下存在的 τ^2-$Al_{13}Co_4$ 相在 1 073~1 173 K 温度范围内冷却时部分转化为 DQC，其中 DQC 为稳定相（只有在水中淬火才能阻止这种转化，见表 2.5）。图 2.55 的 HREM 图像显示了这种过渡结构。在本例中，由于透射电镜样品不够薄，使得这幅 HREM 图像的分辨率不是很好。然而，这可能不是一个缺点，因为只有五边形作为一个整体时才值得关注。图中边长为 0.47 nm 的中心小五边形呈现暗衬度，使得识别边长为 1.23 nm 的大五边形更加简捷，这大大方便了分析这些五边形的排列规则。在图的左侧，只存在 τ^2-$Al_{13}Co_4$，其单胞由五边形和菱形组成（边长 1.23 nm），此外，图中还画了该区域的其他菱形，以显示它们的相同取向和周期性排列。在这个晶体区域的右边，出现了不同取向的菱形，有时在两个取向相差 36°的菱形之间出现了一个船形。随着船形数量的逐渐增加，最终在图 2.55 的右下角出现了一个星形“S”。这种由五边形、菱形、船形和星形组成的构型意味着在周期基体中发展出了准周期序。换句话说，这是从晶体相到 DQC 转变的开始。在这个准周期区域内存在一些取向相同的菱形和船形铺砌块，这可以认为是 DQC 中的相位子缺陷。

总之，通过上面两节对 τ^n-$Al_{13}Co_4$ HREM 图像的研究，可以看到在系列单斜相的形成以及畴结构组态中，Co 五边形是重要的结构单元，可以简单总结为以下几点。

（1）单斜相家族中的每一个结构变体都存在与 $Al_{13}Co_4$ 原型结构相同的 β

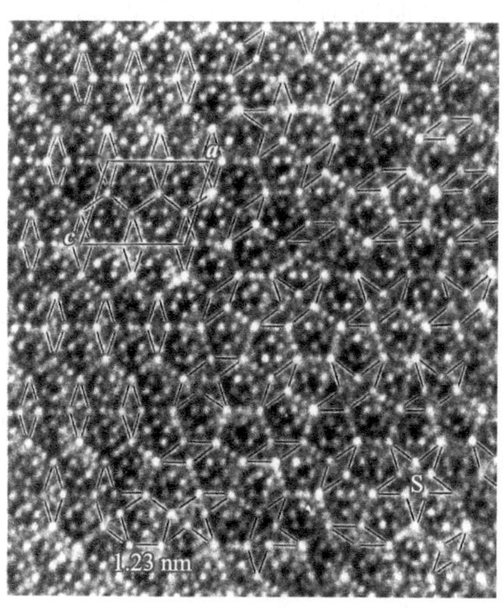

图 2.55 HREM 图像显示了 τ^2-$Al_{13}Co_4$ 相中准周期序的出现。在图中左半部分，菱形和五边形单元呈周期性排列，取向单一(勾画了一个单胞)。图中右半部分，逐渐出现不同取向的菱形，且两个取向差异为 36°的菱形之间出现了船形。最后，在右下角出现了一个被五边形包围的星形“S”，这意味着在周期基体相转变过程中逐渐发展出了准周期序(马秀良等[76])

(≈ 108°)和 b 值，但参数 a 和 c 是 $Al_{13}Co_4$ 原型结构的 τ^2、τ^3 和 τ^4 倍。这里 $\tau=(1+\sqrt{5})/2$，它是与十次或五次对称相关的黄金数[$\cos 36°=\tau/2$，$\cos 72°=(\tau-1)/2$]。这些几何关系一方面显示了这些复杂合金相之间的密切关系，另一方面也显示了可以用无理数 τ 描述它们与十次对称准晶之间的结构关系。这些相中(010)五边形层状结构的 HREM 图像清楚地显示以 τ 比膨胀的晶格参数实际上源于 $Al_{13}Co_4$ 中边长为 0.47 nm 的 Co 原子五边形的膨胀。这个膨胀过程可以无限地进行，十次对称准晶可以认为是这个膨胀序列的最终成员，具有无限大的单胞。

(2) 这些 τ^n-$Al_{13}Co_4$ 相的结构单元由五边形和 36°菱形网络组成，其中 36°菱形可以看作五边形排列所留下的间隙空间。在这些单斜相中，τ^2-$Al_{13}Co_4$ 相最容易得到，它的五边形边长为 1.23 nm，由 6 个较小的边长为 0.47 nm 的五边形组成，其中一个取向倒置的五边形在它中心，另外 5 个五边形围绕中心五边形。这在两个方面很有趣：首先，两种不同大小五边形的这种构型也出现在著名的彭罗斯图[69]中，它被广泛用作二维十次对称准晶体的准晶点阵模型；其次，在 Al-Co-Cu 十次准晶[70]的 HREM 图像中观察到一个由五边形、菱形、船形和星形组成的准周期镶嵌，边长为 1.23 nm。在 τ^2-$Al_{13}Co_4$ 中，它和准晶相之间存在一个中间阶段，取向均匀且周期性排列的五边形逐渐演变为取向随机和准周期性，并出现彭罗斯铺砌块、船形和星形。从平面堆砌的角度来看，准晶体和相关的晶体相可能由几乎相同的五边形结构单元组成，它们在准晶中以准周期性排列，在晶体中以周期性排列。事实上，单斜 $Al_{13}Co_4$ 的部分单胞可以在 Al-Co 十次对称准晶的结构中找到[73]。需要指出的是，Al-Co-Cu 合金中也同时发现了准晶相和准晶近似相，但五边形的边长为 2.0 nm[79]。

(3) 在与准晶体共存的许多晶体相中都有五边形亚结构单元的存在。在正交相中，如 Al_3Mn/Al_4Mn[80-83]，Al_3Co[56] 或正交 $Al_{13}Co_4$[84]，和 Al-Cr-Fe 相[85]。在这些以五边形为主要特征的原子层上，两个相互垂直方向对应的点阵参数可以经由十次对称准晶得到，也就是说，通过用两个连续的斐波那契数的有理比作为近似来替换准晶体中的无理数 τ[60,86]。因此，这些晶体相被称为十次准晶的近似相。在一些具有大单胞的六方晶体中(如 μ-Al_4Mn)也存在五边形结构单元，Shoemaker 曾结合 Al-Mn 十次对称准晶的结构模型对其进行了讨论[87]。

2.7　τ^2-$Al_{13}Co_4$ 相的粉末 X 射线衍射谱标定

如 2.4.4 节所述，$Al_{11}Co_4$ 合金在 950 ℃长期保温时，仅存在简单单斜 τ^2-$Al_{13}Co_4$。将该样品制成细粉，利用 Rigaku /MAX RC 衍射仪(试样与计数器之间装有石墨单色仪，使用的是 Cu K_α 射线，2θ 扫描速率是 1.6 (°)/min)得到粉末 X 射线衍射图[图 2.56(a)]。为便于比较，图 2.56 (b)给出了 $Al_{11}Co_4$ 十次对称准晶的 X 射线衍射图。

比较图 2.56 (a)和(b)可以看出，在这两个衍射图中，强衍射峰出现在大约相同的角度范围内。由于 DQC 具有更高的对称性，其峰的数量较少。DQC 的指数标定是根据 Takeuchi 和 Kimura 提出的六指数标定方案确定的[88]。前 5 个指数指的是在与十次轴垂直的准周期平面内相邻 72°角的 5 个倒空间轴，第 6 个指数是倒空间的十次轴，000001 峰对应实空间十次轴方向大约 0.21 nm 的面间距。当 τ^2-$Al_{13}Co_4$ 的晶格对称性降低到单斜时，除 000001 峰外，DQC 的每个峰都分裂为 5 个峰。然而，由于晶格参数非常大，标定 τ^2-$Al_{13}Co_4$ 的衍射图有一定困难。一般来说，有相当多的衍射发生在与其中一个观测到的衍射峰几乎相同的 2θ 位置上，因此很难判别衍射强度来源的准确指数。许多辅助标定粉末 X 射线衍射图的计算程序都用来做了尝试，但都没有给出理想的解决方案。

然而，无论晶格参数有多大，电子衍射谱的标定都简便易行，这是因为一个电子衍射谱相当于倒空间的一个点阵平面。不过，电子衍射的缺点有两方

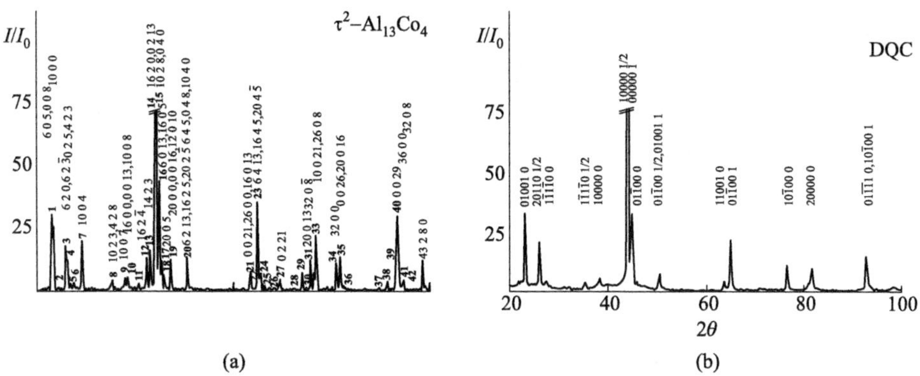

图 2.56 τ^2-$Al_{13}Co_4$(a)和 Al-Co DQC(b)的粉末 X 射线衍射图。一般来说，每个 DQC 峰(基于 Takeuchi 和 Kimura[88] 的标定方案)分裂成多个 τ^2-$Al_{13}Co_4$ 峰，它们出现在大约相同的角度范围内(并非所有 *hkl* 指数都在这里给出，较完整的指数标定请参见表 2.7)

面。首先，衍射斑点在选区电子衍射图中的位置[或其对应的面间距(d)]通常无法很准确地确定，在没有特别说明的情况下，d 间距的 1%误差是可以接受的。因此，通常不能从选区电子衍射图中得到精确的晶格参数。第二，电子衍射的动力学效应比 X 射线强几个数量级，电子衍射中衍射斑点的强度被平滑化。换句话说，强衍射会减弱，而弱衍射会增强。因此，电子衍射一般只能给出定性的结果。尽管其本质上是定性的，但是如果使用得当，电子衍射提供的丰富信息对标定非常复杂的 X 射线衍射图仍然是非常有用的。

在 2.5 节，具有简单点阵的单斜 τ^2-$Al_{13}Co_4$ 相[010]电子衍射图中重要的衍射斑点已经做了标定[如图 2.24(d)]，在同心十边形上的部分强 $h0l$ 衍射点用黑点标记。沿着倒易矢量 $\boldsymbol{a}^*$ 方向，强 $h00$ 点仅由指数 h 表示，如 4、6、10 和 16。沿着 $\boldsymbol{c}^*$ 方向，$00l$ 点也仅由指数 l 表示，如 3、5、8 和 13。这些指数服从斐波那契数中的整数，或者是这些数的两倍。虽然电子衍射图中的强衍射因强的动力学效应而减弱，但它们的强度应该仍然比原来的弱衍射强。

表 2.7 具有简单点阵的单斜 τ^2-$Al_{13}Co_4$ 的粉末 X 线衍射指数

	τ^2-$Al_{13}Co_4$						Al-Co DQC		
	d_{exp}/Å	d_{calc}/Å	I/I_0	h	k	l	d_{exp}/Å	d_{calc}/Å	衍射指数
1	3.847	3.850	25	6	0	$\bar{8}$			
		3.847		6	0	5			
		3.832		0	0	8	3.830	3.819	01001 0

续表

	τ^2-$Al_{13}Co_4$						Al-Co DQC		
	d_{exp}/Å	d_{calc}/Å	I/I_0	h	k	l	d_{exp}/Å	d_{calc}/Å	衍射指数
2	3.809	3.792	23	10	0	$\overline{5}$			
		3.790		10	0	0			
3	3.424	3.424	15	6	2	$\overline{3}$			
		3.423		6	2	0			
4	3.388	3.394	9	0	2	5	3.408	3.408	20110 1/2
		3.384		4	2	3			
		3.384		4	2	$\overline{5}$			
5	3.323	3.320	2	12	0	$\overline{3}$			
6	3.227	3.245	3	10	0	$\overline{8}$			
		3.242		10	0	3	3.252	3.248	$1\overline{1}1\overline{1}0$ 0
		3.227		4	0	$\overline{10}$			
		3.226		4	0	8			
7	3.043	3.044	16	10	0	4			
8	2.534	2.538	4	10	2	$\overline{8}$			
		2.537		10	2	3	2.541	2.543	$1\overline{1}1\overline{1}0$ 1/2
		2.529		4	2	$\overline{10}$			
		2.528		4	2	8			
9	2.505	2.508	2	10	0	7			
10	2.373	2.373	4	16	0	0			
		2.370		16	0	$\overline{8}$			
		2.361		0	0	13	2.355	2.360	10000 0
		2.358		10	0	$\overline{13}$			
		2.356		10	0	8			
11	2.334	2.337	5	10	2	5			
12	2.125	2.125	11	16	2	$\overline{4}$			
13	2.097	2.091	16	14	2	3			
14	2.048	2.049	58	16	2	$\overline{8}$			
		2.047		16	2	0			

续表

	τ^2-$Al_{13}Co_4$						Al-Co DQC		
	d_{exp}/Å	d_{calc}/Å	I/I_0	h	k	l	d_{exp}/Å	d_{calc}/Å	衍射指数
15	2.037	2.042	100	0	2	13	2.043	2.044	10000 1/2
		2.041		10	2	$\overline{13}$			
		2.039		10	2	8			
		2.037		0	4	0	2.043	2.043	00000 1
16	2.012	2.017	37	6	0	$\overline{16}$			
		2.016		6	0	13			
		2.013		16	0	$\overline{13}$	2.010	2.008	01$\overline{1}$00 0
		2.010		16	0	5			
17	1.993	1.992	10	20	0	$\overline{5}$			
18	1.970	1.968	3	2	4	3			
19	1.917	1.925	11	12	0	$\overline{16}$			
		1.924		12	0	10			
		1.916		0	0	16			
		1.896		20	0	$\overline{10}$			
		1.895		20	0	0			
20	1.797	1.808	10	6	2	$\overline{16}$			
		1.807		6	2	13			
		1.804		16	2	$\overline{13}$	1.798	1.802	01$\overline{1}$00 1/2
		1.803		16	2	5			
		1.790		20	2	$\overline{5}$			
		1.800		6	4	5			
		1.800		6	4	$\overline{8}$			
		1.799		0	4	8	1.798	1.801	01001 1
		1.794		10	4	0			
		1.794		10	4	$\overline{5}$			
21	1.457	1.462	6	16	0	$\overline{21}$			
		1.461		16	0	13			
		1.460		0	0	21	1.458	1.459	11001 0
		1.459		26	0	$\overline{13}$			
		1.457		26	0	0			

续表

	τ^2-$Al_{13}Co_4$						Al-Co DQC		
	d_{exp}/Å	d_{calc}/Å	I/I_0	h	k	l	d_{exp}/Å	d_{calc}/Å	衍射指数
22	1.439	1.440	3	22	2	5			
23	1.430	1.433	30	6	4	13			
		1.433		6	4	$\overline{16}$			
		1.432		16	4	$\overline{13}$	1.430	1.432	01$\overline{1}$00 1
		1.431		16	4	5			
		1.424		20	4	$\overline{5}$			
24	1.414	1.411	3	20	4	$\overline{8}$			
		1.411		20	4	$\overline{2}$			
25	1.406	1.401	2	10	0	18			
26	1.388	1.386	2	8	2	13			
27	1.349	1.347	3	0	2	21			
28	1.305	1.303	2	6	4	16			
29	1.277	1.277	6	24	4	$\overline{3}$			
30	1.268	1.268	2	6	2	21			
31	1.254	1.255	10	20	0	13			
32	1.244	1.245	6	32	0	$\overline{8}$			
33	1.240	1.242	19	26	0	$\overline{21}$			
		1.241		10	0	21	1.241	1.241	10$\overline{1}$00 0
		1.241		26	0	8			
		1.241		10	0	$\overline{26}$			
34	1.185	1.185	8	32	0	0			
		1.185		32	0	$\overline{16}$			
35	1.178	1.179	11	0	0	26	1.185	1.180	20000 0
		1.179		20	0	$\overline{26}$			
		1.175		20	0	16			
36	1.168	1.168	2	32	2	3			
37	1.097	1.097	1	26	0	13			
38	1.078	1.078	4	10	6	13			

续表

	τ^2-$Al_{13}Co_4$						Al-Co DQC		
	d_{exp}/Å	d_{calc}/Å	I/I_0	h	k	l	d_{exp}/Å	d_{calc}/Å	衍射指数
39	1.061	1.063	8	32	4	$\overline{8}$			
		1.060		10	4	$\overline{26}$			
		1.060		26	4	8	1.059	1.060	10$\overline{1}$00 1
		1.060		26	4	$\overline{21}$			
		1.059		10	4	21			
40	1.057	1.058	24	0	0	29			
41	1.052	1.053	3	36	0	0			
		1.053		36	0	$\overline{18}$	1.059	1.055	01$\overline{1}$ $\overline{1}$1 1
42	1.048	1.045	4	32	0	$\overline{24}$			
		1.044		32	0	8			
43	1.017	1.017	11	2	8	0			

显然，τ^2-$Al_{13}Co_4$ 的强衍射都应该出现在 X 射线衍射图中[如图 2.56（a)和表 2.7]，例如，在图 2.24(d)中较小十边形对应的 5 个强点：(6 0 5)、(6 0 $\overline{8}$)、(0 0 8)、(10 0 0) 和(10 0 $\overline{5}$)。因此，图 2.56（a)和表 2.7 中前两个衍射能够得到标定，它们对应于图 2.56（b)中 DQC 的 010010 衍射。图 2.24(d)中外环十边形的强斑点(6 0 13)、(6 0 $\overline{16}$)、(16 0 5)、(16 0 $\overline{13}$)和(20 0 $\overline{5}$)分别作为衍射序号 16 和 17 出现在图 2.56（a)和表 2.7 中，它们对应 DQC 的 01$\overline{1}$000 衍射。图 2.56（a)和表 2.7 中对应于[010]晶带轴中标定的其他强衍射点($h0l$)也可以进行类似的标定。因此，借助于电子衍射图的指数标定，X 射线衍射图中大约有一半的衍射可以得到正确地标定。这里需要强调的是，$h0l$ 衍射一般对应于 DQC 中最后一个指标为 0 的衍射。

剩下的那些有待标定的衍射通常都不是 $h0l$ 衍射。因此，应该考虑涉及 $0k0$ 衍射的电子衍射图。图 2.57 是垂直于[010]晶带轴的系列电子衍射图。图 2.57（a)～(c)是由一个六边形的强斑点组成，对应于 DQC 的 2D 衍射谱；而图 2.57（d)～(f)由一个正方形的强斑点组成，对应于 DQC 的 2P 衍射谱。这些带轴上都有一个方向位于(010)平面上，即垂直于 $\boldsymbol{b}$ 轴。图 2.57（a)～(c)的相邻带轴间隔约 36°，图 2.57（d)～(f)也是如此。因此，沿着倒空间 $\boldsymbol{b}^*$ 轴的点[如(0 4 0)]出现在所有这些衍射图中。(0 4 0)指数对应面间距(d)约为 0.20 nm，

所以 b=0.81 nm。这与 Al-Co DQC 沿十次轴的周期基本相同。通过图 2.57 透射斑的所有竖直列也可以在[010]衍射图中找到，这些点列上标定的强点与图 2.24 (d)中标定的相同。图 2.57 (a)~(c)中的强斑(0 2 13)、(10 2 8)、(16 2 0)位于包含相同(0 4 0)点的六边形顶点上，与(0 4 0)点的面间距大致相同，它们共同对应图 2.56(a)和表 2.7 中的两个最强反射，序号 14 和 15。(0 4 0)点对应的是 Al—Co DQC 的 000001 反射，其他点对应的是 100001/2 反射，两者都是 DQC 最强的反射。在这些衍射图中存在一些中强点，如(0 4 8)、(6 4 5)和(10 4 0)，对应衍射序号 20，分别出现在图 2.57 (a)~(c)中；而衍射图中的(0 2 5)、(4 2 3)和(6 2 0)对应衍射序号 3。图 2.57 (d)~(f)中出现在正方形顶点的强点，如(6 4 13)、(16 4 5)和(20 4 5)，对应图 2.56 (a)的中强衍射

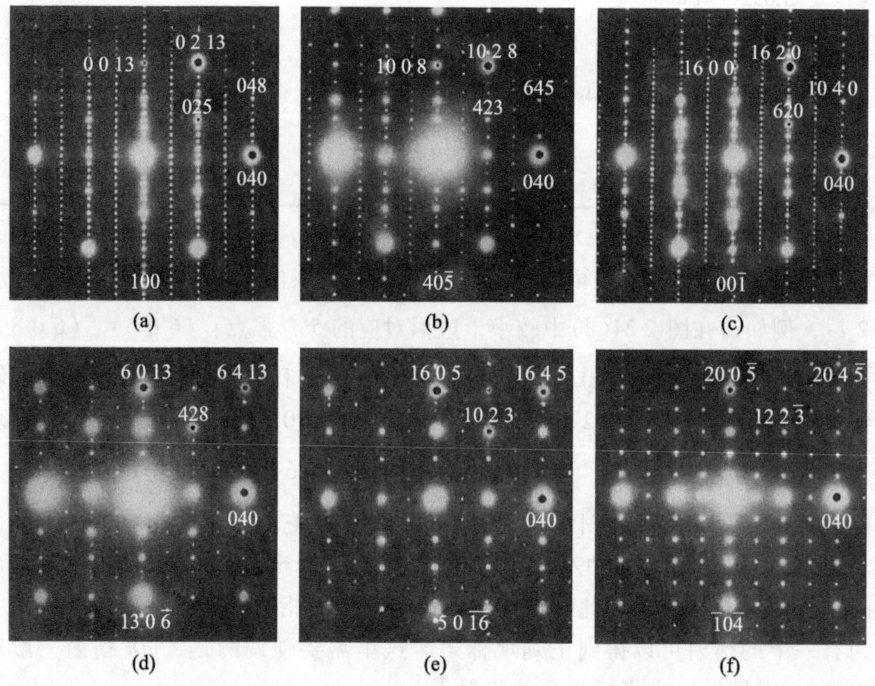

图 2.57　(a)~(c) τ^2-$Al_{13}Co_4$ 相的[100]、$[40\bar{5}]$、$[00\bar{1}]$电子衍射图，它们对应于具有六边形强斑的 DQC 二次轴 2D 衍射图；相邻的带轴间隔 36°并垂直于 ***b*** 轴。(d)~(f) τ^2-$Al_{13}Co_4$ 相的$[13\ 0\ \bar{6}]$、$[5\ 0\ \overline{16}]$、$[\bar{1}\ 0\ \bar{4}]$电子衍射图，它们对应于具有正方形的强斑点的 DQC 的两次轴 2P 衍射图；同样，相邻的带轴间隔 36°并垂直于 ***b*** 轴。这里所有的竖直列和晶带轴如图 2.24(d)所示，强衍射点和中强衍射点也出现在图 2.56(a)所示的 X 射线衍射图中(马秀良和郭可信[56])

(序号 23)以及图 2.56(b)中的 $01\bar{1}001$ 衍射。类似地,图 2.57 (d)和(e)中的点(4 2 8)和(10 2 3)对应于图 2.56(a)中序号为 8 的衍射。通过与这些衍射图中的强点、中强点及相应的 DQC 衍射对比,可以确定 τ^2-$Al_{13}Co_4$ 相的强衍射和中强衍射的指标。因此,衍射图中的大多数衍射可以得到正确地标定而不产生歧义。这些 $k=2$ 和 4 的反射对应于 DQC 的最后一个指标分别等于 1/2 和 1 的反射。通常,l 指数是一个斐波那契整数,而 h 是其值的两倍。然而,有些 X 射线衍射峰既不对应于电子衍射图中的强点,也不对应于 DQC 衍射峰,如中等强度的反射 7、12、13,对其标定仍需要更深入的电子衍射实验来证实。

根据上面的指数标定,确定的晶格参数为 $a=3.984$ nm、$b=0.814\ 8$ nm、$c=3.223$ nm 和 $\beta=107.97°$。与 $Al_{13}Co_4$ 的晶格参数($a=1.518\ 3$、$b=0.812\ 2$、$c=1.234\ 0$、$\beta=107.67°$)相比,a 膨胀了 2.624 倍,c 膨胀了 2.612 倍($\tau^2=2.618$)。这也正是 τ^2-$Al_{13}Co_4$ 名字的来历。

2.8 简单单斜 τ^2- $Al_{13}Co_4$(P2/m)的结构模型

在准晶体研究过程中,已经发现很多与准晶体在结构上密切相关的晶体相(被称为准晶近似相)。近似相和准晶体拥有相似或相同的原子团簇(或叫作结构单元),这些原子团簇在近似相中周期性排列,而在准晶体中以准周期方式排列。因此,解析准晶近似相的结构是准晶体结构分析的重要方面。

李兴中和日本东北大学的 Hiraga 教授使用 JEM4000EX 高分辨透射电子显微镜(在 400 kV 下操作时分辨率为 0.17 nm)获得了较高分辨率的 τ^2-$Al_{13}Co_4$(空间群 P2/m)的高分辨透射电子显微镜(high resolution transmission electron microscope, HRTEM)图像[89]。他们发现沿 $\boldsymbol{b}$ 轴的结构投影显示出带有极性的扁平六边形亚单元的周期性镶嵌。该亚单元由两个相连的十边形图案组成,内部具有五次对称核心,边缘上有部分重叠的五边形,而顶点处有五边形。

图 2.58 是在较薄区域(小于 10 nm)获得的 τ^2-$Al_{13}Co_4$ 相的 HRTEM 图像(入射电子束沿 $\boldsymbol{b}$ 轴),图 2.58(a)和图 2.58(b)对应的欠焦值分别为 $\Delta f=-48$ nm 和 $\Delta f=-20$ nm。图 2.58(a)几乎是在 Scherzer 欠焦条件下获得的(对于 JEM4000EX, Scherzer 欠焦值为-47.5 nm),因此该图像是所谓的高分辨率结构图像,它真实地反映了 τ^2-$Al_{13}Co_4$ 相沿 $\boldsymbol{b}$ 轴的投影原子势。图 2.58(a)中图像的局部特征可以识别为一个(扁平的)六角形亚单元(图中已用细线画出),它由两个连在一起的十边形图案组成,内部有五重核心,边缘上有部分重叠的五边形,而顶点处有五边形。仔细观察图 2.58(a)可以看到六角形亚单元内部的两个十边形图案是不同的,这意味着六角形亚单元具有极性。在图 2.58(b)

中，具有车轮状衬度(不是对应部分的十边形图案)出现在六角形亚单元中，六角形亚单元的极性可以看成是一个完整的车轮和一个相邻的不完整的车轮。HRTEM 图像显示了六边形亚单元的周期性镶嵌，即从一个亚单元到相邻亚单元的极性翻转，这证实了 $\tau^2-Al_{13}Co_4$ 相(010)面中的单斜晶胞(晶胞已用细线画出)。

显然，六角形亚单元的翻转极性使得 $\tau^2-Al_{13}Co_4$ 相中存在二次旋转操作。考虑到 $\tau^2-Al_{13}Co_4$ 和 $Al_{13}Co_4$ 相的结构关系，可以预期，$Al_{13}Co_4$ 中垂直于 ***b*** 轴的镜面也可能存在于 $\tau^2-Al_{13}Co_4$ 相中，这已经通过会聚束电子衍射实验得到了证实。因此，$\tau^2-Al_{13}Co_4$ 相的点群可以确定为 2/m。在 $\tau^2-Al_{13}Co_4$ 相的电子衍射图中未发现反射的系统消光(如图 2.23)[27]，所以可以确定它的空间群为 P2/m，进而就可以在 HRTEM 结构像的基础上提出其结构模型。

图 2.59 是平坦层和起伏层的原子构型模型。其中 $y=0$ 和 $y=1/2$ 对应平坦层；$y=1/4$ 对应的是起伏层。实心圆和空心圆分别表示 Co 和 Al 的原子位置。与 $Al_{13}Co_4$ 结构一样，$\tau^2-Al_{13}Co_4$ 的结构由富 Co 层(在镜面)和富 Al 层组成；该结构的特征是平行于 ***b*** 方向的五边形柱由富 Co 层中的 Co 原子作为框架和位于富 Al 层中心的 Co 原子构成。这种五边形柱由基本五边形表示[图 2.59(a)~(c)中的虚线]，而较大的五边形柱由膨胀 τ^2 倍的五边形表示(实线)。在这个模型中，富 Al 层作为一个二维平面给出，但是在进一步的结构精修中可能会出现原子的起伏。在富 Al 层中，模型中建议在大五边形边缘的成对 Al 原子显示每个原子位置的占有率为 50%。该模型包含 25.07% 原子比的 Co，接近于 Al_3Co。

李兴中等[89]使用 MACTEMPAS 程序包在 400 kV 的加速电压和 1.0 mm 的球差系数下进行图像模拟。图 2.59 (d)和(e)是 4 nm 厚样品分别在 $\Delta f=-48$ nm 和 $\Delta f=-20$ nm 欠焦值下得到的计算图像。可以看出，模拟图像与图 2.58 实验像对应良好。

图 2.60(a)和(b)分别是电子束沿 $\tau^2-Al_{13}Co_4$ 相的 ***a*** 轴入射得到的 HRTEM 实验图像和计算像，样品厚度为 8 nm，欠焦值为 $\Delta f=-20$ nm。显然，计算图像的衬度与相应实验图像的衬度非常一致。

具有十边形形状的五重原子簇是 $\tau^2-Al_{13}Co_4$ 和 Al-Co DQC 的重要结构单元。Saitoh 等[90]曾利用会聚束电子衍射和高分辨电子显微成像研究了 Al-Co 和 Al-Co-Cu DQC 的空间群和局部结构特征，急冷的 $Al_{73}Co_{27}$合金中 Al-Co DQC 的空间群被确定为 P10m2(或 P5/mm2)，并且在单个畴中具有相同极性的五重原子簇导致五次旋转对称。根据 P10m2 空间群，在 0.4 nm 周期内的两个准周期原子层必须有所不同。$Al_{13}Co_4$ 这一周期性晶体相包含两个结构不同的亚层，即富 Al 的起伏层和富 Co 的平坦层。但是，$Al_{13}Co_4$ 相的结构不能直接用来解释 Al-Co DQC 的结构，因为前者不存在具有十边形形状的五重原子簇。从晶体结构这个意义上来说，τ^2-$Al_{13}Co_4$ 是 Al-Co DQC 和 $Al_{13}Co_4$ 之间的桥梁。总之，τ^2-$Al_{13}Co_4$ 的结构对于理解 Al-Co DQC 的结构而言是很好的帮助。

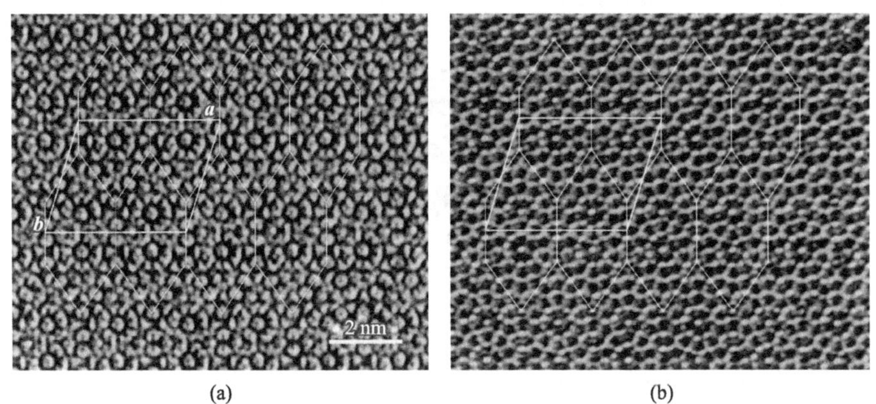

图 2.58 利用 JEM4000EX 高分辨透射电子显微镜在两种欠焦条件下得到的 τ^2-$Al_{13}Co_4$ 实验像，入射电子束沿 ***b*** 轴：(a) Δf=-48 nm；(b) Δf=-20 nm(李兴中等[89])

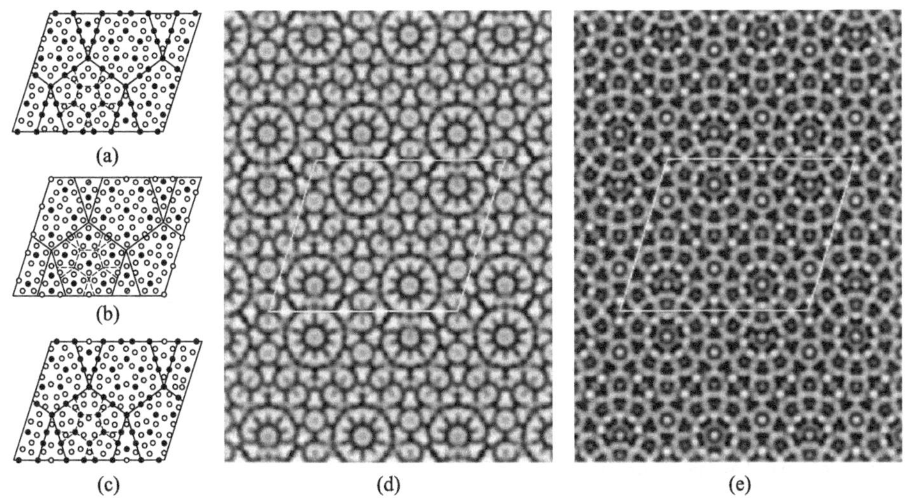

图 2.59 τ^2-$Al_{13}Co_4$ 结构模型中的层结构，其空间群为 P2/m：(a) y=0；(b) y=1/4；(c) y=1/2；(d)、(e) Δf=-48 nm(d)和 Δf=-20 nm(c)欠焦值下的模拟像，样品厚度为 4 nm（李兴中等[89]）

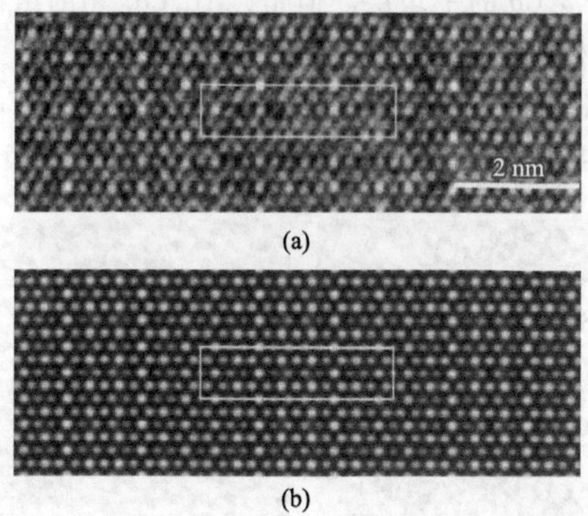

图 2.60　(a) 入射电子束沿 $\boldsymbol{a}$ 轴方向的 τ^2-$Al_{13}Co_4$ HRTEM 实验像；(b) 欠焦值为 $\Delta f=-20$ nm 的模拟像，样品厚度为 8 nm（李兴中等[89]）

2.9　底心单斜 τ^2- $Al_{13}Co_4$(Cm) 的结构模型

在上面 2.7 节，我们借助 τ^2-$Al_{13}Co_4$ 的电子衍射图以及 Al-Co 十次准晶的粉末 X 射线衍射标定了单斜 τ^2-$Al_{13}Co_4$ 的粉末 X 射线衍射图，并由此比较精确地确定了 τ^2-$Al_{13}Co_4$ 的晶格参数。稍后，德国学者 Grushko 等[91,92]以及 Gödecke 和 Ellner[93]均获得了类似的粉末 X 射线衍射图，从而证实了单斜 τ^2-$Al_{13}Co_4$ 相的存在。在这两项工作中，作者把 τ^2-$Al_{13}Co_4$ 称之为 Z 相[91,92](因为其结构尚未确定)或 Al_3Co 相（其组成为 74.5 at.% Al 和 25.5 at.% Co[92]，以及 74.6 at.% Al 和 25.4 at.% Co）[93]。提到 Al_3Co 相，这里必须指出事实上它是由 Bradley 和 Seager[40]首先报道，随后由 Gödecke 证实的[42]。因此，Gödecke 和 Ellner 曾建议使用化学式 Al_3Co 来表示这个 τ^2-$Al_{13}Co_4$ 单斜相[93]。但是，Al-Co 合金系在 Al_3Co 成分附近具有丰富的相组成(包括本章介绍的系列单斜相以及第 3 章即将讨论的系列正交相)，所谓的“Al_3Co”是否就是马秀良和郭可信发现的 τ^2-$Al_{13}Co_4$ 尚不得而知。

低晶格对称性和大晶胞参数晶体的粉末 X 射线衍射线衍射峰经常重叠，使其标定成为一个难题。通过借助 τ^2-$Al_{13}Co_4$ 的电子衍射图以及 Al-Co 十次准晶的粉末 X 射线衍射，单斜 τ^2-$Al_{13}Co_4$ 的粉末 X 射线衍射图大体上得到了标定，但仍有可能存在一些不确定。下面就通过三个方法试图更精确地标定这种单斜相的粉末 X 射线衍射图：

(1) 利用高分辨率电子显微图像获得(010)层中具体五边形特征的 Co 原子位置信息；

(2) 利用单斜 $Al_{13}Co_4$ 中(010)层的五边形亚单元的结构来获得单斜 τ^2-$Al_{13}Co_4$ 中的 Al 原子位置信息，以此建立结构模型；

(3) 计算粉末 X 射线衍射线衍射峰的强度和位置，并与实验观测数据比较。计算与实验结果的一致性，反过来证明了所提出的单斜 τ^2-$Al_{13}Co_4$ 的结构模型基本正确。

图 2.61(a)为沿[010]方向拍摄的单斜 τ^2-$Al_{13}Co_4$ 的过焦 HREM 图像，其中像点的含义在 2.4.5 节已经做了详细的说明。图中边长为 1.23 nm≈ $0.47\tau^2$ 的大五边形用实心圆标记，而一些边长为 0.47 nm 的小的中心五边形用点标记。(010)平面上的单斜胞用"*"表示。

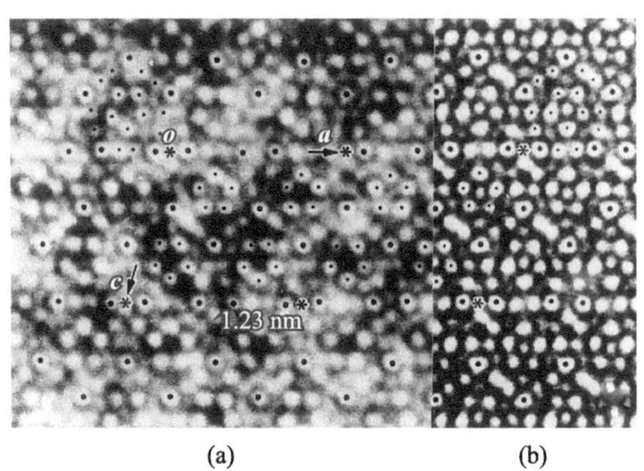

图 2.61 单斜 τ^2-$Al_{13}Co_4$ 相的 HREM 实验像(a)及模拟像(b)。模拟像所设定的样品厚度为 8.15 nm，过焦值为+32 nm。仔细观察实验像和模拟像的交界处，可以看出其结构单元的特征吻合得非常好(莫志民等[94])

2.9.1 结构模型的推导

下面利用 HREM 图像和已知的单斜 $Al_{13}Co_4$ 结构，推演 C 心单斜 τ^2-$Al_{13}Co_4$ 的结构模型。基于结构模型模拟出的[010]HREM 图像和电子衍射图与实验结果吻合较好，并在此基础上，更准确地标定粉末 X 射线衍射图谱。

单斜 $Al_{13}Co_4$ 的结构由平坦的(F)和起伏的(P)五边形亚层沿[010]方向堆积而成[20]。此前已有研究表明，在过焦的 HREM 图像中[76,83]，$Al_{13}Co_4$ 沿[010]方向的 Co 原子柱可成像形成边长为 0.47 nm 的五边形的亮点。值得注意的是，τ^2-$Al_{13}Co_4$ 的参数 b (0.814 8 nm)和 β(107.97°)与单斜 $Al_{13}Co_4$ 的 b

(0.812 2 nm)和β(107.90°)几乎相同。这说明(010)层中的五边形亚单元也增大了 τ^2 倍，但这些层的堆垛序列与单斜 $Al_{13}Co_4$ 的相同。

与单斜 $Al_{13}Co_4$ 一样，图 2.62 所示的单斜 τ^2-$Al_{13}Co_4$ 平坦层的 Co 原子五边形网络可以从图 2.61(a)中的 HREM 图像中提取出来，图中小五边形用细虚线表示，大五边形用细实线表示。虽然在该图像中得到了 Co 原子的排列，但由于 Al 原子在[010]投影中有大量重叠，在 HREM 图像中无法直接检测到 Al 原子的位置。因此，寻找一个可信的单斜 τ^2-$Al_{13}Co_4$ 结构模型的主要任务是从一个密切相关的结构中(如单斜 $Al_{13}Co_4$)推导出合适的亚单元，其中在小的 Co 原子五边形中的 Al 原子位置是已知的。

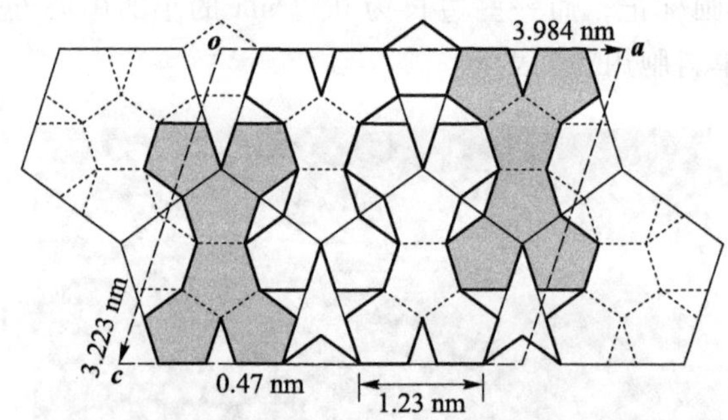

图 2.62　从[010]HREM 图像中提取的 τ^2-$Al_{13}Co_4$ 相平坦层中 Co 原子网络示意图。小五边形用细虚线表示，大五边形用细实线表示。由 6 个五边形组成的哑铃形亚单元包含有阴影的和无阴影的两种，并以粗实线表示(莫志民等[94])

虽然由 6 个小五边形组成的哑铃形亚单元穿过相邻单胞(在图 2.62 中用粗线凸显，也有部分是由阴影凸显)，但是这类亚单元完全可以在已知的 $Al_{13}Co_4$ 结构中找到[图 2.63 (a)和图 2.63(b)]，这就为 τ^2-$Al_{13}Co_4$ 模型的建立提供了便利。

单斜结构 $Al_{13}Co_4$ 可以描述为位于 $y=0$ 处的 F 层与位于 $y=0.25$(0.210～0.293)处的 P 层沿 $\boldsymbol{b}$ 轴堆积。堆积序列为 $FPF'P^m\cdots$，其中 F′层通过 $a/2+b/2$ 的平移与 F 层相关，而 P^m 层可由 P 层经平层上镜面的反射得到。F 层和 P 层的原子排列分别如图 2.63(a)和(b)所示。可以看出，F 层中的 Co 原子形成了一个边长为 0.47 nm 的五边形网络(如图 2.63 (a)中的虚线所示)，而 P 层中的 Co 原子位于 F 层中的 Co 原子五边形中心的上方。每个单胞由 4 个这样的五边形组成。由 6 个这样的五边形[图 2.63 (a)和(b)用粗实线表示]组成的哑铃形亚单元有两种，一种使用了阴影，用来与另一种区分。

由于单斜 $Al_{13}Co_4$ 和 τ^2-$Al_{13}Co_4$ 经常同时存在，并且两者都是 Al-Co 十次

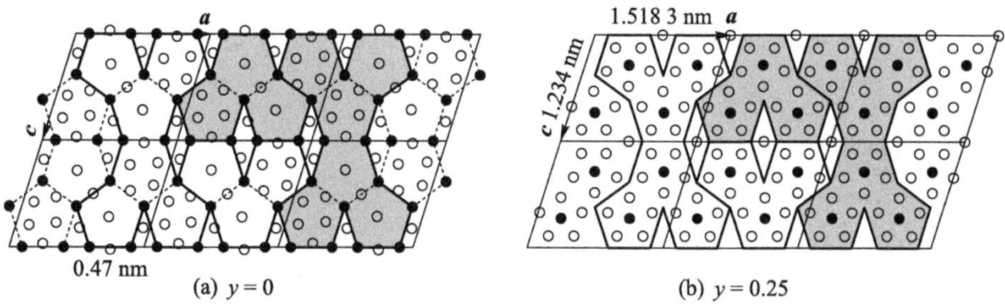

图 2.63 单斜 $Al_{13}Co_4$ 相的层结构，它是由平坦层(a)和起伏层(b)沿[010]方向堆积而成：空心圆代表 Al 原子；实心圆代表 Co 原子。平坦层中的 Co 原子形成了一个边长为 0.47 nm 的五边形网络(虚线所示)，而起伏层中的 Co 原子位于平坦层中的 Co 原子五边形中心上方。阴影和无阴影的两种哑铃形亚单元由相邻单胞中的 6 个五边形组成，用粗实线表示(莫志民等[94])

准晶的近似相，因此可以合理地假设其中的小五边形亚单元可能具有相同的 Al 原子分布。这样就可以利用 $Al_{13}Co_4$ 中存在的哑铃形亚单元[图 2.63(a)和(b)]来构建单斜 τ^2-$Al_{13}Co_4$ 的 F 层和 P 层的主要部分。此外，由于 τ^2-$Al_{13}Co_4$ 和 Al-Co 十次准晶具有密切的结构关系，因此可以从彭罗斯拼图中推断出大五边形之间以 τ^2 比膨胀的 36°菱形中的原子排列。根据这样的思路构建出的 F 层和 P 层的原子排列分别如图 2.64(a)和(b)所示。通过沿着 **b** 轴并按与单斜 $Al_{13}Co_4$ 中相同的 $FPF'P^m$…序列叠加这些层，从而得到 τ^2-$Al_{13}Co_4$ 的结构模型。这种结构模型也可以用来解释单斜 τ^2-$Al_{13}Co_4$ 和 $Al_{13}Co_4$ 之间的相转变。

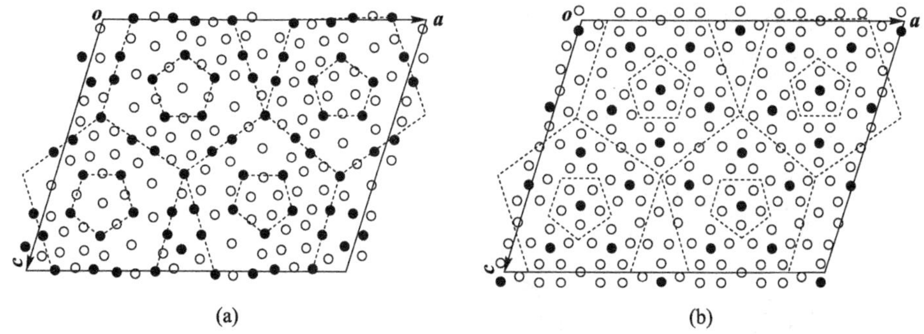

图 2.64 单斜 τ^2-$Al_{13}Co_4$ 相位于 $y=0$(a)的 F 层和 $y\approx0.25$(b)的 P 层中的原子排列：空心圆代表 Al 原子；实心圆代表 Co 原子。大五边形和小五边形都用细的虚线表示(莫志民等[94])

这样构建出的单胞中包含 524 个 Al 和 168 个 Co 原子，满足空间群 Cm 的对称性。如果继承 $Al_{13}Co_4$ 中 Al 原子的部分占位，其成分接近 $Al_{2.925}Co$。Al-Al 键长最短为 0.224 nm，Al-Co 为 0.221 nm，Co-Co 为 0.273 nm，这些键长与 $Al_{13}Co_4$ 结构中的相应键长相似。

2.9.2 模拟

图 2.61(b)中已经展示了单斜 τ^2-$Al_{13}Co_4$ 的模拟像(使用 $CERIUS^{2*}$ Release 1.5 程序计算得到)。为了详细地比较，将图 2.61 中模拟图像(右)与实验图像(左)拼接在一起。很明显，水平(001)“层线”没有中断地出现在实验像和模拟像的边界。此外，模拟像显示了与实验像相同的亮点分布，形成大小不等的五边形。此外，模拟像还具有实验像的其他特征：① 每个单胞(用“*”表示)由 4 个大五边形和两个 36°菱形(用实心圆表示)组成，边长为 1.23 nm；② 6 个边长为 0.47 nm 的小中心五边形(用黑点标记)，构成一个大五边形。这两幅图像的良好对应关系表明单斜 τ^2-$Al_{13}Co_4$ 相结构模型的合理性。

图 2.65(a)和图 2.65(b)分别为单斜 τ^2-$Al_{13}Co_4$ 的[010]电子衍射图和基于结构模型的模拟衍射图。这里可以看出，模拟衍射图中几乎所有的强衍射点都与实验结果有很好的对应关系。考虑到电子衍射情况下的强动力学效应难以准确解释，上面的计算与实验结果(特别是两套十边形强斑之间)的一致性是可以接受的。这些十边形强斑点几乎发生在 Al-Co 十次准晶的十次轴电子衍射图的相同位置，意味着单斜 τ^2-$Al_{13}Co_4$ 和 Al-Co 十次准晶体具有几乎相同的五边形或十边形的亚单元。这些亚单元在晶体相中周期性排列，而在准晶相中以准周期方式排列。

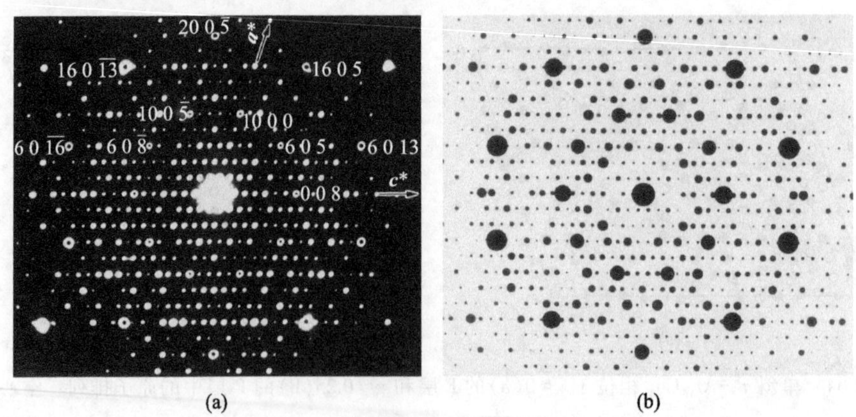

图 2.65　单斜 τ^2-$Al_{13}Co_4$ 相的实验(a)和模拟(b)[010]电子衍射图。这里用圆点标记的两个十边形强斑点也作为强反射出现在粉末 X 射线衍射图中(表 2.8)(莫志民等[94])

2.10 τ^2-$Al_{13}Co_4$ 粉末 X 射线衍射图的精确标定

在上面 2.7 节，我们介绍了标定单斜 τ^2-$Al_{13}Co_4$ 粉末 X 射线衍射图的一种有效方法，它是借助于电子衍射图的标定和 Al-Co 十次形准晶的粉末 X 射线衍射谱[56]来实现的。由于标定电子衍射图是非常直接的（无论晶胞参数多么大），而且电子衍射的动力学效应不至于影响衍射强度的定性结果（电子衍射图中的最强衍射点在粉末 X 射线衍射图中也会显示为强反射），因此，X 射线衍射图中的所有强峰都可以得到正确标定。尽管如此，X 射线衍射谱的完整标定需要对整个倒易空间 d_{hkl}内的每个格点正确认知。电子衍射图只是近似对应于一个倒易晶格面，实验上不可能获得所有强的电子衍射斑点（一些强的衍射峰可能会被错过）。此外，上述方法仅利用 X 射线衍射的位置信息，而没有考虑它们的强度。对于晶格参数较大且对称性较低的晶体，常出现弱反射叠加。如果没有强度分析，很难正确地标定那些弱的 X 射线衍射峰线。

下面我们借助于基本正确的结构模型和模拟技术，更精确地标定单斜 τ^2-$Al_{13}Co_4$ 的粉末 X 射线衍射图谱。基于 2.8 节中的结构模型，使用 CERIUS^2 程序计算了粉末 X 射线衍射峰的强度，而那些强度高于 1.02×10^7 的衍射见表 2.8（计算得到的最强衍射的 1.4%的强度，且针对 $d=0.203\ 1\sim0.204\ 1$ nm 内的衍射峰重叠）。包括实验数据[56]的前 20 个衍射，再加上衍射 11 和 12 之间的 11+，这在原始衍射图中是存在的，但之前似乎被忽略了。

首先，衍射的重叠是很常见的。例如，在 $d=0.203\ 1\sim0.204\ 1$ nm 之间至少有 5 个强反射。为了进行粗略的比较，将用方括号标注起来的重叠峰的强度加和并归一化，表示为 $\sum I_{calc}/I_0$。

其次，在[010]晶带轴电子衍射图中形成外环和中间伪十边形的两套强斑（图 2.65），如$\pm(0\,0\,8)$、$\pm(6\,0\,5)$、$\pm(10\,0\,0)$、$\pm(10\,0\,\bar{5})$、$\pm(6\,0\,\bar{8})$、$\pm(6\,0\,13)$、$\pm(16\,0\,5)$、$\pm(20\,0\,\bar{5})$、$\pm(16\,0\,\overline{13})$、$\pm(6\,0\,\overline{16})$，也表现为粉末 X 射线衍射图的强峰。这两套 10 个强$\pm(h0l)$衍射［表 2.8 中的组（1）和组（6）］分别对应于 Al-Co 十次准晶的 01001 0 和 01$\bar{1}$00 0 衍射。由于 τ^2-$Al_{13}Co_4$ 中五次或十次旋转轴的消失，十次准晶的每个衍射都被分成 10 个衍射。然而，这些衍射彼此如此接近，以至于它们经常重叠，并且只表现为两个单独的衍射（就像上面提到的两组）。在倒易$(020)^*$面上的两套 10 个$\pm(h2l)$点，分别对应于十次准晶的 20110 1/2 和 10000 1/2 衍射，在粉末 X 射线衍射图中也表现为强反射［组（2）中 3 号和 4 号，以及组（4）中 14 号和 15 号］。事实上，X 射线衍射图中的所有强反射都可以用这 4 组指标来标定。

再次，计算出的(040)衍射强度也是很高。因为在 $b=0.814\ 8$ nm 周期中有 4 个五边形层状结构，强的(040)衍射对应的是单斜 τ^2-$Al_{13}Co_4$ 沿[010]方向堆垛的这些五边形层结构的衍射。此外，(040)衍射对应于十次准晶的 00000 1 衍射，即沿十次轴叠加的准周期层的衍射。因此，这个衍射峰不会发生分裂。

最后，由于粉末 X 射线衍射图中没有其他强反射，说明在单斜 τ^2-$Al_{13}Co_4$ 结构中大、小五边形是主要的结构单元。

如图 2.56 所示，十次准晶的所有这些衍射的归一化强度都高于10，如表 2.8 中 τ^2-$Al_{13}Co_4$ 对应的 10 个衍射一样。假设十次准晶的衍射强度并不强，那么只有 τ^2-$Al_{13}Co_4$ 两个或三个衍射[例如，表 2.8 中反射组(3)或(7)]可以在实验中表现为弱峰或很弱峰。

表 2.8　单斜 τ^2-$Al_{13}Co_4$ 相($a=3.984$ nm、$b=0.814\ 8$ nm、$c=3.223$ nm、$\beta=107.97°$)实验[$(I/I_0)_{exp}\geqslant 2\%$]和计算($I_{calc}\geqslant 1.02\times10^7$)的粉末 X 射线衍射数据。第 4 列衍射指数上标代表其指数对应准晶衍射峰的序号

No.	h	k	l	d_{exp}/nm	d_{calc}/nm	$(I/I_0)_{exp}$	I_{calc}	$\Sigma I_{calc}/I_0$	Al_5Co_2	
									d/nm	$(I/I_0)_{exp}$
1	6	0	$5^{(1)}$	0.384 7	0.384 6	25	5.19×107	27		
	6	0	$\overline{8}^{(1)}$		0.384 4		6.16×10^7			
	0	0	$8^{(1)}$		0.383 2		8.65×10^7			
2	10	0	$0^{(1)}$	0.380 9	0.379 0	23	6.15×10^7	18	0.380 3	28
	10	0	$\overline{5}^{(1)}$		0.378 8		6.23×10^7			
	0	2	3		0.378 4		1.03×10^7			
3	6	2	$0^{(2)}$	0.342 4	0.342 4	15	7.50×10^7	17		
	6	2	$\overline{3}^{(2)}$		0.342 3		5.35×10^7			
4	0	2	$5^{(2)}$	0.338 8	0.339 3	9	3.39×10^7	17		
	4	2	$3^{(2)}$		0.338 4		5.20×10^7			
	4	2	$\overline{5}^{(2)}$		0.338 3		4.36×10^7			
5	12	0	$\overline{3}^{(3)}$	0.332 3	0.332 0	2	1.51×10^7	2	0.332 2	13
6	2	2	5	0.322 7	0.324 5	3	1.94×10^7	6		
	2	2	$\overline{6}$		0.324 5		1.25×10^7			
	10	0	$\overline{8}^{(3)}$		0.324 0		1.21×10^7			

续表

No.	h	k	l	d_{exp}/nm	d_{calc}/nm	$(I/I_0)_{exp}$	I_{calc}	$\sum I_{calc}/I_0$	Al_5Co_2 d/nm	Al_5Co_2 $(I/I_0)_{exp}$
7				0.304 3		16			0.304 4	60
8				0.253 4		4				
9				0.250 5		2				
10	3	3	5	0.237 3	0.238 1	4	1.17×10^7	5	0.236 85	8
	7	3	$\overline{5}$		0.237 2		2.34×10^7			
11				0.233 4		5				
11+	3	3	$\overline{8}$	0.223 1	0.225 2	3	4.26×10^7	6		
12	14	0	6	0.212 5	0.213 5	11	1.07×10^7	14	0.212 63	76
	14	0	$\overline{13}$		0.213 4		1.12×10^7			
	9	3	$\overline{8}$		0.212 3		1.48×10^7			
	3	1	13		0.212 3		2.83×10^7			
	3	3	8		0.211 9		1.44×10^7			
	13	1	$\overline{13}$		0.211 9		2.58×10^7			
13	2	2	$\overline{13}$	0.209 7	0.209 0	16	1.03×10^7	1	0.209 55	100
14	16	2	0(4)	0.204 8	0.204 8	58	2.50×10^8	60		
	16	2	$\overline{8}$(4)		0.204 7		1.94×10^8			
15	0	2	13(4)	0.203 7	0.204 1	100	1.56×10^8	100		
	10	2	8(4)		0.203 9		1.45×10^8			
	10	2	$\overline{13}$(4)		0.203 9		1.77×10^8			
	0	4	0(5)		0.203 7		2.49×10^8			
	9	3	5		0.203 1		1.49×10^7			
16	6	0	13(6)	0.201 2	0.201 5	37	7.29×10^7	32	0.201 53	95
	6	0	$\overline{16}$(6)		0.201 4		5.99×10^7			
	16	0	5(6)		0.201 1		3.12×10^7			
	16	0	$\overline{13}$(6)		0.201 0		7.09×10^7			
17	20	0	$\overline{5}$(6)	0.199 3	0.199 2	10	4.12×10^7	9		
	13	3	0		0.198 7		2.65×10^7			

续表

No.	h	k	l	d_{exp}/nm	d_{calc}/nm	$(I/I_0)_{exp}$	I_{calc}	$\Sigma I_{calc}/I_0$	Al_5Co_2	
									d/nm	$(I/I_0)_{exp}$
18	2	2	13	0.197 0	0.197 4	3	1.61×10^7	2		
	13	3	$\overline{8}$		0.193 9		1.56×10^7	8		
	19	1	0		0.193 7		2.62×10^7			
	7	3	8		0.193 3		1.44×10^7			
19				0.191 7		11			0.191 79	48
20	6	4	$\overline{8}$(7)	0.179 7	0.180 0	10	1.08×10^7	5	0.179 09	12
	0	4	8(7)		0.179 9		1.78×10^7			
	10	4	0(7)		0.179 4		1.04×10^7			

注：① 与 Al-Co 十次准晶对应的 τ^2-$Al_{13}Co_4$ 的反射：(1) 01001 0，(2) 20110 1/2，(3) $1\overline{1}1\overline{1}0$ 0，(4) 10000 1/2，(5) 00000 1，(6) $01\overline{1}00$ 0，(7) 01001 1。

② 半方括号括起的衍射为重叠的衍射，计算得到的强度加和并记为 $\Sigma I_{calc}/I_0$。

根据对 τ^2-$Al_{13}Co_4$ 电子衍射图和 Al-Co 十次准晶 X 射线衍射谱的标定，可以正确地标定前面提到衍射；除此之外，X 射线衍射谱中也存在许多弱的、严重重叠的 *hkl* 反射(在 2.7 节中，通过比较实验与计算的 d_{hkl} 值，曾对这些衍射进行了指标化)。由于很多衍射出现在一个很窄的 *d* 范围内，衍射指数标定的准确性有必要进一步精修。这也就是说，现在可以根据它们的衍射强度和位置重新标定这些 X 射线衍射峰。这些指标化的结果与 2.7 节所介绍的大致相同，这也凸显出基于合理结构模型进行强度计算的重要性(需要指出的是，这里衍射强度和位置的计算是基于 C 心点阵)。虽然强峰和中强峰的归一化强度总体上与实验观察值吻合较好，但我们注意到两者之间也存在一些明显的差异。实验图中的 3 个中弱峰(反射 7、13 和 19)和 3 个弱峰(反射 8、9 和 11)在计算图中都没有对应的衍射峰。正如 Grushko 等[91,92]所指出，反射 7、13 和 19 属于六方相 Al_5Co_2，如表 2.8 最后两栏所示。另一方面，计算图中三个弱反射(13 3 8)、(19 1 0)和(7 3 8)在实验衍射图中没有找到对应的衍射峰。

虽然略微改变晶格参数或原子位置不会改变强衍射的指数和强度，但是这里应该指出的是由于点阵参数非常大的单斜晶体的衍射严重重叠，所以弱衍射的指标可能会相应地改变，因此上述指标和结构模型只能作为初步结果。此外，X 射线粉末图谱实际上是来自具有简单点阵的 τ^2-$Al_{13}Co_4$，因此借助简单点阵的电子衍射图来标定 X 射线图更直接和合理。相比之下，利用具有 C 心

点阵的 τ^2-$Al_{13}Co_4$ 结构模型来标定粉末 X 射线图则更值得商榷。当然，最终解决这些不确定性的唯一方法还是单晶 X 射线衍射。然而，由于 τ^2-$Al_{13}Co_4$ 单相区较窄[91,92]，而且 τ^2-$Al_{13}Co_4$ 中经常存在孪晶和微畴结构[68]，因此，利用电子衍射图和 HREM 图像推得单斜 τ^2-$Al_{13}Co_4$ 的初步结构模型，并以此标定其粉末 X 射线衍射谱，似乎是现阶段解决这些问题的一种切实可行的方法。

2.11 一个新的单斜 $Al_{11}Co_4$ 的结构测定

在图 2.19 中我们已经看到，缓慢凝固的 $Al_{11}Co_4$ 合金空腔内形成大量的具有十棱柱形的单晶体，这些单晶体的直径在 0.1~0.5 mm，长度通常在数个毫米甚至厘米级。对这些单晶体进行电子衍射分析发现，大多数晶体是 $Al_{13}Co_4$ 的多型结构($\beta\approx108°$)；它们构成以 τ 比膨胀的单斜 τ^n-$Al_{13}Co_4$ 群族(准晶体是这一家族的极限成员)。

除此之外，我们还发现了一个不属于单斜 τ^n-$Al_{13}Co_4$ 群族的新成员，并利用单晶 X 射线衍射分析确定了该相(具有化学计量组成 $Al_{73.24}Co_{26.76}$)的晶体结构。它具有单斜晶格：a=2.466 1(5) nm、b=0.405 6(9) nm、c=0.756 9(2) nm、β=107.88(3)°，空间群为 P2，一个单胞中有 52 个原子，密度为 4.26 mg m^{-3}。从 718 个衍射中最终得到 R 因子为 0.088。与 τ^n-$Al_{13}Co_4$ 结构类似，该单斜相也可以看作平坦层和起伏层沿其 ***b*** 轴交替堆垛，并且可以描述为五边形原子柱的二维周期排列。它与 $Al_{13}Co_4$ 和 $Al_{13}Os_4$ 相都有密切的结构关系。

数据的采集是在 Rigaku RASA-IIS 四圆衍射仪(带有石墨单色 Mo K_α 辐射，λ=0.071 069 nm)上进行的，并从 2θ 为 $27°<2\theta<51°$范围内的 12 个反射中精修得出晶格常数。实验中使用 ω-2θ 扫描技术，扫描速率为 4.0 (°)/min，扫描宽度为 (1.32+0.50tan θ)°。扫描范围为 $3°\leqslant2\theta\leqslant65°$、$-35\leqslant h\leqslant35$、$0\leqslant k\leqslant6$ 和 $0\leqslant l\leqslant11$，总共收集了 3 400 个衍射。每 100 个衍射中测量了三个标准反射(020、004 和 313)的强度变化，它们都低于 1.2%。该 $Al_{11}Co_4$ 相的结构使用 MULTAN[82,95]确定，并使用 SHELXS[78,96]进行精修(使用 718 个独立反射进行精修)。最终的精修导致所有 240 个参数的 R=0.088。表 2.9 中列出了最终的晶格参数、原子点位、坐标以及各向同性的温度系数。

表 2.9　单斜 $Al_{11}Co_4$ 相的原子坐标，其中，晶格参数为 a=2.466 1(5) nm、b=0.405 6(9) nm、c=0.756 9(2) nm、β=107.88(3)°。B_{iso}是各向同性温度系数

原子	占位	原子坐标 x	y	z	B_{iso}
Co(1)	2e	0.007 0(4)	0.000(3)	0.195 4(13)	0.55(14)
Co(2)	2e	0.508 2(4)	0.011(7)	0.817 9(13)	0.32(13)
Co(3)	2e	0.687 0(5)	0.005(10)	0.167 1(15)	0.88(15)
Co(4)	2e	0.191 9(4)	0.009(9)	0.210 6(12)	0.28(12)
Co(5)	2e	0.858 5(5)	0.420(3)	0.359 4(17)	0.61(18)
Co(6)	2e	0.636 1(4)	0.540(4)	0.638 3(13)	0.23(16)
Co(7)	1a	0	0.493(19)	0	1.80(7)
Co(8)	1c	0.5	0.520(3)	0	0.00(10)
Al(9)	2e	0.941 4(14)	0.431(10)	0.254 4(5)	1.70(6)
Al(10)	2e	0.553 7(9)	0.565(6)	0.743 5(3)	0.40(5)
Al(11)	2e	0.052 2(12)	0.553(9)	0.373 2(4)	0.90(5)
Al(12)	2e	0.557 9(11)	0.432(7)	0.366 7(3)	0.40(4)
Al(13)	2e	0.830 2(11)	0.428(7)	0.023 1(4)	0.60(4)
Al(14)	2e	0.665 5(10)	0.546(8)	0.982 4(3)	0.40(4)
Al(15)	2e	0.162 9(9)	0.536(10)	0.347 0(3)	0.40(4)
Al(16)	2e	0.667 7(14)	0.443(9)	0.344 6(4)	1.50(6)
Al(17)	2e	0.736 0(16)	0.480(20)	0.738 9(5)	2.80(8)
Al(18)	2e	0.760 6(10)	0.580(6)	0.257 5(3)	0.20(4)
Al(19)	2e	0.087 4(11)	0.009(21)	0.051 4(3)	1.00(4)
Al(20)	2e	0.585 3(9)	0.014(17)	0.114 1(3)	0.40(3)
Al(21)	2e	0.241 4(19)	0.005(24)	0.501 5(7)	2.80(7)
Al(22)	1b	0	0.010(9)	0.5	0.45(37)
Al(23)	1d	0.5	0.010(5)	0.5	3.80(20)
Al(24)	2e	0.734 1(15)	0.023(22)	0.943 0(5)	2.30(6)
Al(25)	2e	0.615 5(14)	0.003(22)	0.824 4(4)	1.60(4)
Al(26)	2e	0.115 6(14)	0.027(20)	0.436 6(5)	2.30(6)
Al(27)	2e	0.623 4(17)	0.031(22)	0.417 3(5)	3.20(8)
Al(28)	2e	0.885 0(18)	0.045(17)	0.187 0(5)	3.20(8)

2.11.1 晶格参数

可以使用两个不同的坐标系描述这一新的 $Al_{11}Co_4$ 晶胞。第一种坐标系下的晶格参数为 $a=2.466\ 1(5)$ nm、$b=0.405\ 6(9)$ nm、$c=0.756\ 9(2)$ nm 和 $\beta=107.88(3)°$，第二种坐标系下的晶格参数为 $a'=2.347\ 1(5)$ nm、$b'=0.405\ 6(9)$ nm、$c'=0.756\ 9(2)$ nm、$\beta'=90.01(3)°$。晶胞的两种坐标系表示之间的关系是 $a'=a+c$、$b'=b$、$c'=c$。第二个晶胞反映了结构中实际存在的伪正交晶格特征。与其他相关相相比，采用第一个单胞更方便，因此我们这里在结构描述中选择了此选项。

2.11.2 层的结构

图 2.66(a)和(b)分别显示了 $Al_{11}Co_4$ 相沿[001]和[010]投影的原子分布，其中 Al 原子用空心圆表示，Co 原子用实心圆表示。与 $Al_{13}Co_4$ 相类似，$Al_{11}Co_4$ 相的结构也由垂直于 ***b*** 轴的两种层组成：平坦层(F)和起伏层(P)。在平坦层中[如图 2.67(a)]，Co 原子位于五边形(边长约 0.47 nm)和 36°菱形的顶点处，例如由图 2.66(b)中的两个 Co(1)、Co(3)和两个 Co(4)形成的五边形。在每个五边形中有 3 个 Al 原子，在两个相邻的五边形的边缘中有一个 Al 原子，菱形中还包含一些稍微远离五边形的边缘的 Al 原子。在起伏层中[如图 2.67(b)]，Al 原子形成由三角形、正方形、中心五边形和挤压五边形组成的网络，而 Co 原子位于一些五边形的中心。

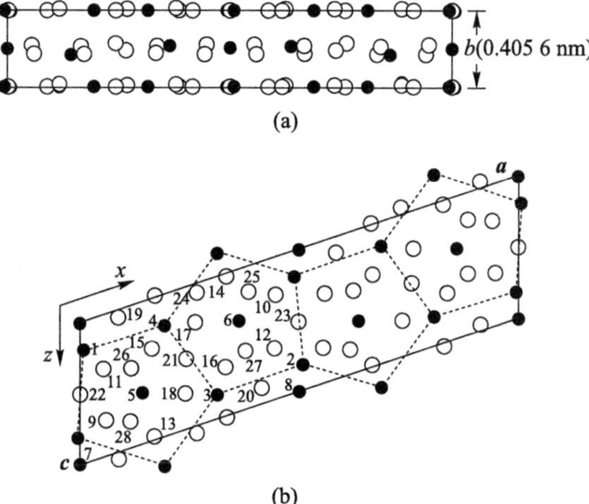

图 2.66 $Al_{11}Co_4$ 相沿[001](a)和[010](b)轴投影的原子分布。Co 原子表示为实心圆，Al 原子表示为空心圆(李兴中等[97])

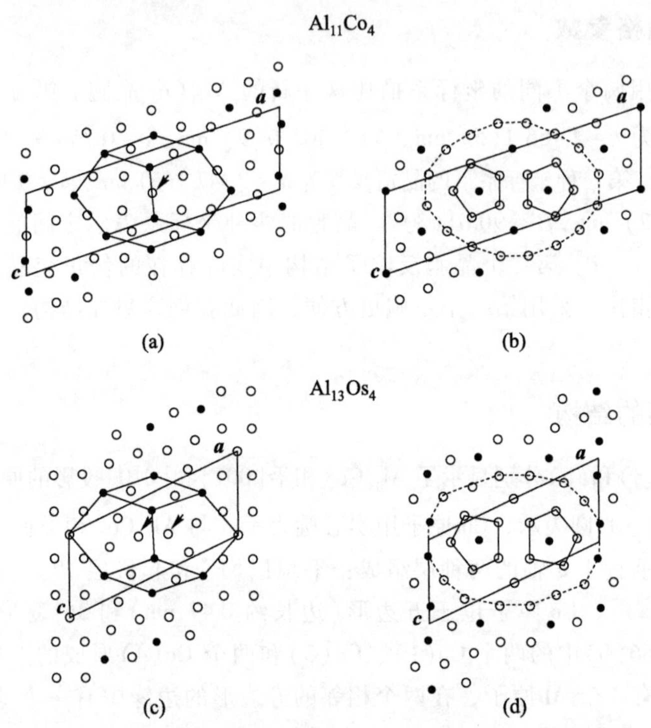

图 2.67　$Al_{11}Co_4$ 相中位于 $y\approx0$（a）和 $y\approx\frac{1}{2}$（b）的层结构以及 $Al_{13}Os_4$ 相位于 $y=0$（c）和 $y=\frac{1}{2}$（d）的层结构。图中勾画凸显出了晶胞和局部结构（李兴中等[97]）

2.11.3　原子团簇

与 $Al_{13}Co_4$ 相的结构不同，$Al_{11}Co_4$ 结构中没有形成二十面体原子团簇。但是，在两相中都发现了由平坦层中的 Co 原子组成的类似五边形棱柱（五棱柱）。这些五棱柱在图 2.66(b)中用虚线表示。在棱柱的柱中，由 5 个 Al 原子[例如 Al.9，Al.11，Al.15，Al.18 和 Al.13]和一个 Co 原子（例如 Co.5）形成的中心五边形可以在起伏层中得到，可以认为五边形棱柱是 $Al_{11}Co_4$ 相的主要原子团簇。这种五边形棱柱在解释 Al-Co DQC 及其晶体近似相之间的结构关系方面起着重要作用。

2.11.4　$Al_{11}Co_4$ 相和 $Al_{13}Os_4$ 相

1995 年，Zhang 等[98]在 Al-Co-Ni 合金中报道了单斜 $Al_{75}Co_{22}Ni_3$ 相，其晶格

参数为 $a=1.706$ nm、$b=0.410\ 4$ nm、$c=0.749\ 9$ nm、$\beta=115.94°$，这与 $Al_{13}Os_4$ 具有同型结构[99]。$Al_{11}Co_4$ 和 $Al_{75}Co_{22}Ni_3$ 均具有伪十次轴，周期都约为 0.4 nm。但是，前者有两种类型的层，后者只有一种；因此可以将它们视为 Al-Co DQC 的两种不同类型的晶体近似相。另一方面，$Al_{11}Co_4$ 和 $Al_{13}Os_4$ 相之间存在紧密的结构关系。

图 2.67(c)和(d)分别是 $Al_{13}Os_4$ 相中位于 $y=0$ 和 $y=\frac{1}{2}$的层结构，$y=\frac{1}{2}$层与 $y=0$ 层之间通过 $a/2$ 的平移相关联。为了显示 $Al_{13}Os_4$ 和 $Al_{11}Co_4$ 相之间的结构相似性，实线和虚线突出了一些局部结构构型。图 2.67(c)中可以看到五边形和菱形，除了五边形的一个顶点被 Al 原子占据外，其他顶点被 Os 原子占据。可以注意到，在 Os 原子和 Al 原子的五边形中有三个 Al 原子；但是，在 Co 原子的五边形中有三个 Al 原子(其中一个非常接近五边形的边缘)，并且在 $Al_{11}Co_4$ 结构中的两个 Co 原子五边形的边缘中存在额外的 Al 原子。在相邻的层中，两个结构中都出现了以 Co 或 Os 原子为中心的较小的 Al 原子五边形。显然，除了 Al/Co 和 Al/Os 的占有率有所不同以及 $Al_{11}Co_4$ 结构中各层的轻微起伏外，这两层的局部结构构型几乎相同。

上面的比较表明，$Al_{11}Co_4$ 和 $Al_{13}Os_4$ 相的局部结构非常相似，尽管前者有两种层，而后者只有一种层。由于 $Al_{11}Co_4$ 和 $Al_{75}Co_{22}Ni_3$ 都是 Al-Co DQC 的晶体近似相，因此可能意味着某些 DQC 的结构由两种层组成而其他 DQC 只有一层。

2.11.5 $Al_{11}Co_4$ 相和 $Al_{13}Co_4$ 相

$Al_{11}Co_4$ 相和 $Al_{13}Co_4$ 相之间的结构相似性并不难辨认。尤其是在起伏层中，如果忽略了原子的微小移动，这两个相的 Al 原子和 Co 原子的分布几乎相同。这两个结构之间的主要差异在于平坦层，在 $Al_{11}Co_4$ 相中由 Co 原子形成的所有五边形包含三个 Al 原子，在 $Al_{13}Co_4$ 相中 Co 原子五边形包含三个或一个 Al 原子。这种差异导致平层和起伏层不同的堆垛模式，在 $Al_{11}Co_4$ 相的结构中为 FPFP……，而在 $Al_{13}Co_4$ 相中为 fpf′p……，其中 f′通过 $a/2$ 的位移与 f 关联。因此，$Al_{11}Co_4$ 相中 $\boldsymbol{b}$ 轴的周期大约是 $Al_{13}Co_4$ 相中 $\boldsymbol{b}$ 轴周期的一半。这两个相中其他晶格参数的关系是，前者 $\boldsymbol{a}$ 轴的周期约为后者的一半，而前者 $\boldsymbol{c}$ 轴的周期约为后者的两倍(图 2.68)。

$Al_{11}Co_4$ 和 $Al_{13}Co_4$ 结构都可以通过周期性堆积 Co 原子五棱柱来描述(这两种结构在图 2.68 中示意性地示出)。图 2.68 的五边形表示五边形棱柱，并且 $Al_{11}Co_4$ 和 $Al_{13}Co_4$ 相的晶胞用粗线表示，这些投影五棱柱在这两种结构中是相似的。可以认为，Al-Co DQC 的结构是指五棱柱的准周期堆积；因此 $Al_{11}Co_4$ 和 $Al_{13}Co_4$ 都是 Al-Co DQC 的晶体近似相，周期分别为 0.4 nm 和 0.8 nm。

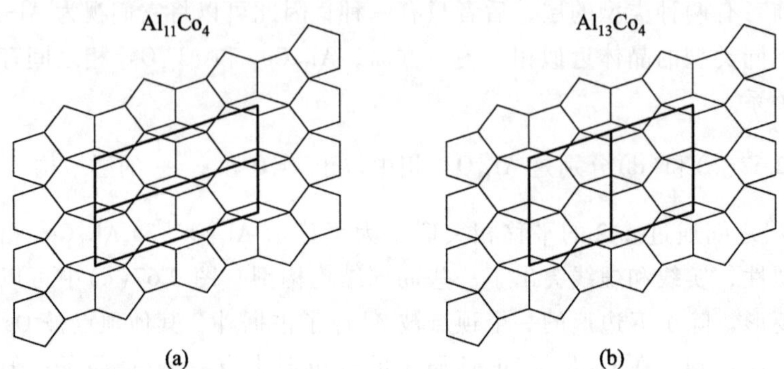

图 2.68　$Al_{11}Co_4$(a)和 $Al_{13}Co_4$(b)结构的示意图，其中五边形表示 Co 原子五棱柱，$Al_{11}Co_4$ 和 $Al_{13}Co_4$ 相的单胞用粗线表示(李兴中等[97])

2.11.6　Al-Cu-Co 和 Al-Co 十边形准晶体

在准晶体的结构研究中，德国科学家 W.Steurer 曾和郭可信合作[73]，利用单晶 X 射线衍射对 $Al_{65}Cu_{20}Co_{15}$ 十次对称准晶的结构进行了测定。该准晶结构由两个相同的准周期层的堆垛组成，两层彼此旋转 36°，沿十次轴的周期约为 0.4 nm，空间群为 $P10_5/mmc$。此外，日本学者 K. Saitoh 等[100]通过使用会聚束电子衍射确定 $Al_{70}Co_{26}Cu_4$ 和 $Al_{73}Co_{27}$ 的空间群为 $P\overline{10}m2$。这两个 DQC 都具有约 0.4 nm 的唯一周期，并由一个周期中的两个准周期层组成。空间群 $P\overline{10}m2$ 意味着这两层的结构一定不同。

2.12　Al-Co 合金中的 $Al_{13}Os_4$ 型结构

2.11 节在解析 $Al_{11}Co_4$ 结构的过程中发现它与 Al-Os 合金中的 $Al_{13}Os_4$ 密切相关。实际上在 1100 ℃退火后淬火的 $Al_{13}Co_4$ 合金中，我们还发现了一种形貌上类似板条状的晶体(如图 2.69)。通过倾转这些晶体获得的一系列的电子衍射图样(如图 2.70)，确定出这些板条状晶体具有 C 心单斜点阵，其晶胞参数为 $a=1.704$ nm、$b=0.409$ nm、$c=0.758$ nm 和 $\beta\approx116°$，可能的空间群为 C2/m。从点阵参数与 β 角的大小来看，它与单斜 $Al_{13}Os_4$ 具有同型结构。验证其单斜点阵的另一个实验证据是通过会聚束电子衍射，垂直于[010]和[001]方向的[101]方向没有显示出二次轴特征。这类结构在 $Al_{75}Co_{22}Ni_3$ 合金中也有报道[98]。

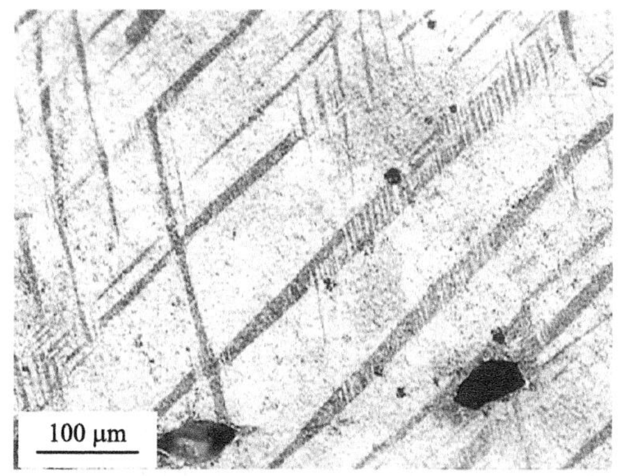

图 2.69 $Al_{13}Co_4$ 合金在经过 6 h 1100 ℃退火后淬火的扫描电子显微镜图片。根据系列电子衍射图的重构，板条状晶体是与 $Al_{13}Os_4$ 具有同型结构的单斜相(马秀良等[101])

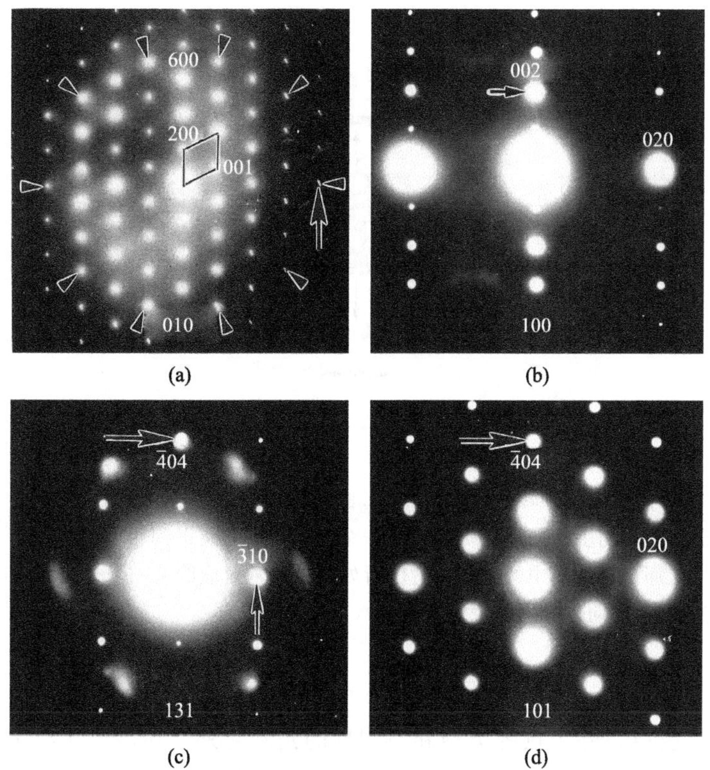

图 2.70 C 心单斜相低指数晶带轴的电子衍射图。在[010]上可以直接得出 $\beta \approx 116°$。对于该单斜点阵，[010]、[001]、[101] 3 个晶带轴方向相互垂直(马秀良等[101])

2.13　本章小结

（1）由于单斜晶系的重要对称元素是二次旋转轴和镜面（镜面实际上是二次倒反轴），如何寻找唯一的二次轴是确定单斜晶系的重要一环。在处于任何一个晶带轴的电子衍射图上，只要有一个(hkl)，随之就有一个($\overline{h}\overline{k}\overline{l}$)对应，所以任何一个电子衍射图都看似自动加了一个二次轴。这就要求我们在实验上通过晶体的倾转或会聚束电子衍射进行验证二次轴的真伪。如果我们在一个晶带轴的基础上，向左和向右分别倾转某一个角度(α)能够得到相同的电子衍射图（如下图 2.71 中的拿着金箍棒的猴子）；然后向上和向下分别倾转另一个角度(β)也能得到相同的电子衍射图（如下图 2.71 中的小老鼠），那就说明我们要验证的晶带轴对应的是一个二次轴。如果这两次操作中的任何一次不能得到相同的衍射图，那么就排除了二次轴的可能性（如图 2.10 和图 2.23 中的[104]晶带轴）。

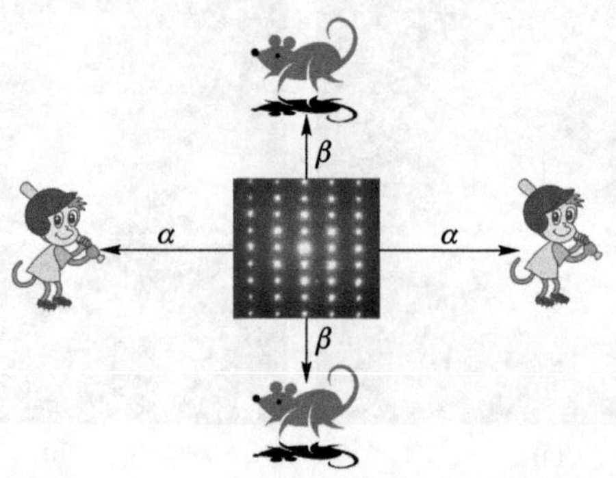

图 2.71　二次旋转轴的实验验证。假如我们在实验中得到了图中中间放置的电子衍射图（注意这是一个水平方向的点列和竖直方向的点列互相垂直的二维矩形倒易点阵），以这个晶带轴为基础向左和向右分别倾转某一个角度(α)能够得到相同的电子衍射图（如图中的拿着金箍棒的猴子）；然后向上和向下分别倾转另一个角度(β)也能得到相同的电子衍射图（如图中的小老鼠），那就说明图中的电子衍射图所处的晶带轴对应的是一个 2 次轴。这里所说的向左和向右或向上和向下分别指绕竖直列或水平列倾转晶体

（2）物相分析的重要内涵是发现和确定新的结构而不是单纯地验证一个已知的结构，所以，除了点阵类型和空间群的判断之外，还需要从电子衍射图上得到点阵参数。由于单斜晶系 $a\neq b\neq c$，$\alpha=\gamma=90°$，$\beta\neq 90°$，所以衍射图上的(010)面间距就直接对应 b 值。但是，(100)和(001)面间距却不直接对应 a 和 c 值，这里有个 β 的问题必须考虑进来（如图 2.72 所示）。只有考虑单斜晶系点

阵参数与面间距之间关系，才会正确地得出：$a = d_{(100)}/\sin(180°-\beta)$；$c = d_{(001)}/\sin(180°-\beta)$。

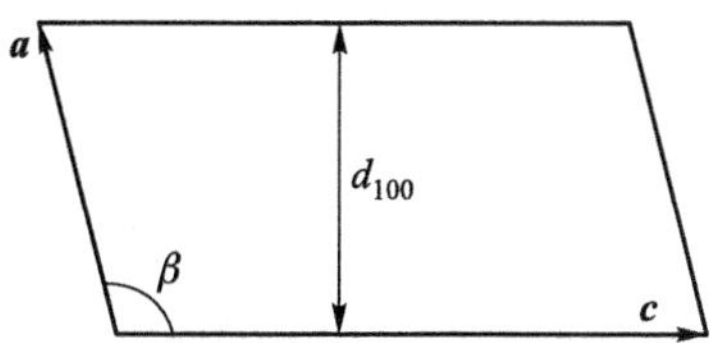

图 2.72 单斜晶系点阵参数与面间距之间关系示意图

（3）单斜 τ^2-$Al_{13}Co_4$ 具有两种点阵类型，一种是 C 心点阵，另一种是简单点阵(P)。C 心的 τ^2-$Al_{13}Co_4$ 不稳定，在经过高温长时间退火后转变为简单点阵。无论是 C 心点阵还是简单点阵的 τ^2-$Al_{13}Co_4$，单胞中都包含近 700 个原子。具有如此之多原子的大单胞晶体如何实现 C 心的消失？这是作者在授课过程中许多青年学子提出的疑问。实际上，C 心的消失并不是说 C 心上具有数百个原子的结构单元消失，只要 C 心上的结构单元稍有变化使其有别于其他阵点上的结构单元，就可以使有心点阵变成简单点阵了，如图 2.73 所示。这里需要特别提醒的是，图 2.73 仅仅是一个帮助读者理解的示意图，它并不表示真实的晶体结构，因为在这里我们把具有非单斜点群的物体(小狗)放在了单斜

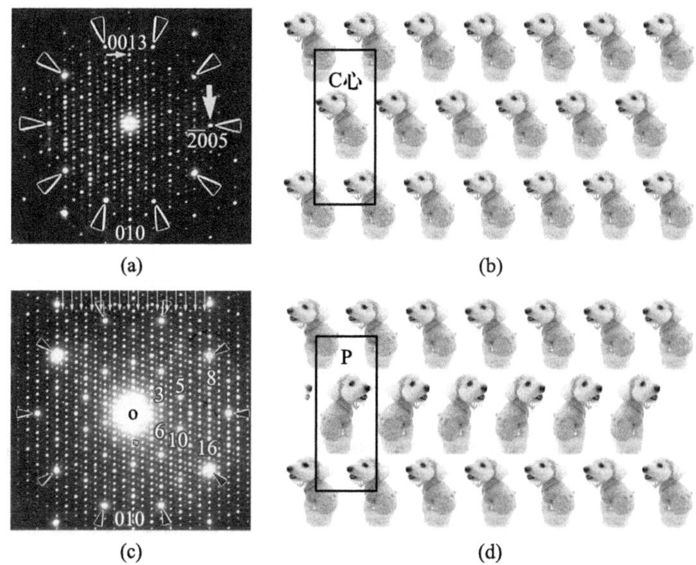

图 2.73 C 心点阵与简单点阵的 τ^2-$Al_{13}Co_4$ 以及它们结构单元空间排列的示意图

点阵的阵点上。普适一点来说，对于一个三维晶体而言，我们不可以把具有点对称性为“1”的物体放到立方晶系的布拉维点阵上；反之，我们也不可以把具有点对称性 m3m 的物体放在三斜晶体的布拉维点阵上。

（4）本章以 Al-Co 合金为主要对象，详细阐述了多种单斜相的确定及其结构特性。长期以来尽管 X 射线衍射是解析晶体结构的主要手段，但前提是需要一定尺寸的单晶体或至少是单相多晶体。$Al_{11}Co_4$ ~ $Al_{13}Co_4$ 成分的合金在已知的相图上看似非常单一，然而利用可以在微小区域给出结构信息的电子衍射技术，发现并确定了一系列通常共生在一起具有单斜点阵的新物相（见表 2.10）。实际上，几乎每一个单斜相都对应 1 ~ 2 个具有正交点阵的结构变体（第 3 章详述）。这一具有丰富结构信息的成分范围正是 1959 年英国剑桥大学 R. C. Hudd 学位论文中留下的未知区域。

表 2.10　Al—Fe 和 Al—Co 合金系中单斜相的晶体学参数及其实验方法

物相	空间群或点阵类型	点阵参数				实验方法
		a/nm	b/nm	c/nm	β/(°)	
$Al_{13}Fe_3$	C2/m	1.548 9	0.808 3	1.247 6	107.72	单晶 X 射线衍射[6,7]
$Al_{13}Co_4$	Cm	1.518 3	0.812 2	1.234 0	107.90	单晶 X 射线衍射[20]
τ^2- $Al_{13}Co_4$	Cm	3.984	0.814 8	3.223	107.97	电子衍射[21,27]
τ^2- $Al_{13}Co_4$	Pm	3.984	0.814 8	3.223	107.97	电子衍射、粉末 X 射线衍射[21,27,56,62,68,76]
τ^3- $Al_{13}Co_4$	P	6.4	0.81	5.2	≈108	电子衍射[76]
τ^4- $Al_{13}Co_4$	-	10.4	-	8.4	≈108	高分辨电子显微成像[76]
τ^∞ -$Al_{13}Co_4$(DQC)		∞	0.4 或 0.8	∞	108	电子衍射[21,27,56,76]
$Al_{11}Co_4$	P2	2.466 1	0.405 6	0.756 9	107.88	单晶 X 射线衍射[97]
$Al_{13}Co_4$($Al_{13}Os_4$ 同型)	C	1.704	0.409	0.758	≈116	电子衍射[101]
Al_9Co_2	$P2_1$/a	0.855 6	0.629 0	0.621 3	94.42	单晶 X 射线衍射[102]

参考文献

[1]　Groth P. Chemische krystallographie. Leipzig：Engelmann，1906.

[2] Osawa A, Murata T. On the equilibrium diagram of iron-aluminium system. Sci. Rep. Tohoku Univ., 1933, 22: 803-823.

[3] Bachmetew E. Radiographic determination of the $FeAl_3$ structure. Z. Kristallogr. Cryst. Mater., 1934, 88(2): 179-181.

[4] Bachmetew E. Radiographic determination of the structure of $FeAl_3$. Z. Kristallogr. Cryst. Mater., 1934, 89(6): 575-586.

[5] Phragmén G. On the phases occurring in alloys of aluminium with copper, magnesium, manganese, iron, and silicon. J. Inst. Met., 1950, 77(6): 489-551.

[6] Black P J. The structure of $FeAl_3$. Ⅰ. Acta Cryst., 1955, 8(1): 43-48.

[7] Black P J. The structure of $FeAl_3$. Ⅱ. Acta Cryst., 1955, 8(3): 175-182.

[8] Black P J. The structure of T (AlFeBe). Acta Cryst., 1955, 8(1): 39-42.

[9] Black P J. The measurement of electron transfer by X-ray diffraction methods. Philos. Mag. A, 1955, 46(373): 155-163.

[10] Gwyer A G C, Phillips H W L. The constitution of alloys of aluminum with silicon and iron. J. Inst. Met., 1927, 38: 29-83.

[11] Ageew N W, Vher O I. The diffusion of aluminium into iron. J. Inst. Met., 1930, 44: 83-96.

[12] Bradley A J, Taylor A. An X-ray study of the iron-nickel-aluminium ternary equilibrium diagram. Proceedings of the Royal Society of London, 1938, 166(926): 353-375.

[13] Bradley A J, Taylor A. An X-ray investigation of aluminium-rich iron-nickel-aluminium alloys after slow cooling. J. Inst. Met., 1940, 66: 53-65.

[14] Bradley A J, Goldschmidt H J. An X-ray study of slowly cooled iron-copper-aluminium alloys——Part Ⅰ. Alloys rich in iron and copper. J. Inst. Met., 1939, 65: 389-401.

[15] Raynor G V, Faulkner C R, Noden J D, et al. Ternary alloys formed by aluminium, transitional metals and divalent metals. Acta Metall., 1953, 1(6): 629-648.

[16] Raynor G V, Pfeil P C L. The Constitution of the aluminium-rich aluminium-iron-nickel alloys. J. Inst. Met., 1947, 73(5): 397-419.

[17] Armand M. On the Phases in the ternary system aluminium iron silicon. Compt. Rend. Acad. Sci. Paris, 1952, 235: 1506-1508.

[18] Robinson K. The unit cell and Brillouin zones of $Ni_4Mn_{11}Al_{60}$ and belated compounds. Philos. Mag. A, 1952, 43(342): 775-782.

[19] Robinson K. The determination of the crystal structure of $Ni_4Mn_{11}Al_{60}$. Acta Cryst., 1954, 7(6-7): 494-497.

[20] Hudd R C, Taylor W H. The structure of Co_4Al_{13}. Acta Cryst., 1962, 15(5): 441-442.

[21] 马秀良. Al-Co 二元系中稳定的十次对称准晶及相关晶体相的电子显微学研究. 大连: 大连理工大学, 1994.

[22] Bradley A J, Goldschmidt H J. An X-ray study of slowly-cooled iron-copper-aluminium alloys——Part Ⅱ. Alloys rich in aluminium. J. Inst. Met., 1939, 65: 403-418.

[23] Tsai A P, Inoue A, Masumoto T. A stable quasicrystal in Al-Cu-Fe system. Jap. J. Appl. Phys., 1987, 26(9A): 1505-1507.

[24] Hardy H K, Silcock J M. The phase sections at 500 and 350°C of Al rich Al-Cu-Li alloys. J. Inst. Met., 1955, 84: 423-428.

[25] Sainfort P, Dubost B, Dubus A. The precipitation of 'quasi-crystals' by decomposition of solid solutions of the Al-Li-Cu-Mg system (Precipitation de 'quasi-cristaux' par decomposition de solutions solides du systeme Al-Li-Cu-Mg). Academie des Sciences (Paris), Comptes Rendus, Serie II Mecanique, Physique, Chimie, Sciences de l'Univers,Sciences de la Terre, 1985, 301(10): 689-692.

[26] Burns G, Galzer A M. 固体科学中的空间群. 俞文海，周贵恩，译. 北京：高等教育出版社，1984.

[27] Ma X L, Kuo K H. Decagonal quasicrystal and related crystalline phases in slowly solidified Al-Co alloys. Metall. Mater. Trans. A, 1992, 23(4): 1121-1128.

[28] Louis E, Mora R, Pastor J. Nature of star-shaped clusters of $FeAl_3$ in aluminium-iron alloys. Met. Sci., 1980, 14(12): 591-593.

[29] Fung K K, Zou X D, Yang C Y. Transmission electron microscopy study of $Al_{13}Fe_4$ tenfold twins in rapidly cooled Al-Fe alloys. Philos. Mag. Lett., 1987, 55(1): 27-32.

[30] Skjerpe P. An electron microscopy study of the phase Al_3Fe. J. Microsc., 1987, 148(1): 33-50.

[31] Tsuchimori M, Ishimasa T, Fukano Y. Crystal structures of small Al-rich Fe alloy particles formed by a gas-evaporation technique. Philos. Mag. B, 1992, 66(1): 89-108.

[32] Ellner M, Burkhardt U. Zur bildung von drehmehrlingen mit pentagonaler pseudosymmetrie beim erstarrungsvorgang des Fe_4Al_{13}. J. Alloys Compd., 1993, 198(1-2): 91-100.

[33] Ellner M, Burkhardt U. Multiple twinning of Fe_4Al_{13} showing pentagonal pseudosymmetry. Mater. Sci. Forum, 1994, 150: 97-107.

[34] Ellner M. Polymorphic phase transformation of Fe_4Al_{13} causing multiple twinning with decagonal pseudo-symmetry. Acta Cryst., 1995, 51(1): 31-36.

[35] Ma X L, Liebertz H, Köster U. Multiple twins of monoclinic $Al_{13}Fe_4$ showing pseudo-orthorhombic and fivefold symmetries. Phys. Status Solidi A, 1996, 158(2): 359-367.

[36] Shechtman D, Blech I, Gratias D, et al. Metallic phase with long-range orientational order and no translational symmetry. Phys. Rev. Lett., 1984, 53(20): 1951-1953.

[37] Tsai A P, Inoue A, Masumoto T. Stable quasi-crystals in $Al_{75}Cu_{15}V_{10}$ prepared by crystallization of an amorphous phase. Jpn. J. Appl. Phys., 1987, 26(12A): L1994-L1996.

[38] He L X, Wu Y K, Kuo K H. Decagonal quasicrystals with different periodicities along the tenfold axis in rapidly solidified $Al_{65}Cu_{20}M_{15}$(M=Mn, Fe, Co or Ni). J. Mater. Sci. Lett., 1988, 7(12): 1284-1286.

[39] 郭可信. 准晶与电子显微学——略述我的研究经历. 电子显微学报，2007，26(4)：259-269.

[40] Bradley A J, Seager G C. An X-ray investigation of cobalt-aluminium alloys. J. Inst. Met., 1939, 64: 81-91.

[41] Massalski T B, Subramanian P R, Okamoto H, et al. Binary alloy phase diagrams, vol 1-3. Materials Park, OH: American society for metals, 1986.

[42] Gödecke T. Number and composition of the intermetallic phases in the Al-Co system between 10 and 40 at.% Co. Z. Metallkd., 1971, 62(11): 842-843.

[43] Bradley A J, Cheng C S. The crystal structure of Co_2Al_5. Z Kristallogr Cryst Mater, 1938, 99(6): 480-487.

[44] Taylor M A. The crystal structure of Mn_3Al_{10}. Acta Cryst., 1959, 12(5): 393-396.

[45] Robinson K. The structure of β (AlMnSi)-Mn_3SiAl_9. Acta Cryst., 1952, 5(4): 397-403.

[46] Suryanarayana C, Menon J. An electron microscopic study of the decagonal phase in a melt-spun Al-26 wt.% Co alloy. Scr. Metall., 1987, 21(4): 459-460.

[47] Dong C, Li G B, Kuo K H. Decagonal phase in rapidly solidified Al_6Co alloy. J. Phys. F, 1987, 17(9): L189-L192.

[48] Menon J, Suryanarayana C, Singh G. Polytypism in a decagonal quasicrystalline Al-Co phase. J. Appl. Crystallogr., 1989, 22(2): 96-99.

[49] Li X Z, Kuo K H. Decagonal quasicrystals with different periodicities along the tenfold axis in rapidly solidified AlNi alloys. Philos. Mag. Lett., 1988, 58(3): 167-171.

[50] He L X, Li X Z, Zhang Z, et al. One-dimensional quasicrystal in rapidly solidified alloys. Phys. Rev. Lett., 1988, 61(9): 1116-1118.

[51] Tsai A P, Inoue A, Masumoto T. A stable decagonal quasicrystal in the Al-Cu-Co system. Mater. Trans. JIM, 1989, 30(4): 300-304.

[52] Tsai A P, Inoue A, Masumoto T. Stable decagonal Al-Co-Ni and Al-Co-Cu quasicrystals. Mater. Trans. JIM, 1989, 30(7): 463-473.

[53] Fung K K, Yang C Y, Zhou Y Q, et al. Icosahedrally related decagonal quasicrystal in rapidly cooled Al-14-at.%-Fe alloy. Phys. Rev. Lett., 1986, 56(19): 2060-2063.

[54] Grushko B, Urban K. Solidification of $Al_{65}Cu_{20}Co_{15}$ and $Al_{65}Cu_{15}Co_{20}$ alloys. J. Mater. Res., 1991, 6(12): 2629-2636.

[55] Dong C, Dubois J M, De Boissieu M, et al. Phase transformations and structure characteristics of the $Al_{65}Cu_{17.5}Co_{17.5}$ decagonal phase. J. Phys.: Condens. Matter, 1991, 3(11): 1665-1673.

[56] Ma X L, Kuo K H. Crystallographic characteristics of the Al-Co decagonal quasicrystal and its monoclinic approximant τ^2-$Al_{13}Co_4$. Metall. Mater. Trans. A, 1994, 25(1): 47-56.

[57] Zou X D, Fung K K, Kuo K H. Orientation relationship of decagonal quasicrystal and tenfold twins in rapidly cooled Al-Fe alloy. Phys. Rev. B, 1987, 35(9): 4526-4528.

[58] Ma L, Ma X L, Kuo K H. Structural variants of the aleco, approximant of the decagonal quasicrystal//Kuo K H, Ninomiya T. Quasicrystals-proceedings of china-japan seminars. Singapore World Scientific, 1991: 142-149.

[59] Li X Z, Kuo K H. Orthorhombic crystalline approximants of the Al-Mn-Cu decagonal quasicrystal. Philos. Mag. B, 1992, 66(1): 117-124.

[60] Zhang H, Kuo K H. Giant Al-M (M = transitional metal) crystals as Penrose-tiling approximants of the decagonal quasicrystal. Phys. Rev. B, 1990, 42(14): 8907-8914.

[61] Bendersky L A, Cahn J W, Gratias D. A crystalline aggregate with icosahedral symmetry: Implication for the crystallography of twinning and grain boundaries. Philos. Mag. B, 1989, 60(6): 837-854.

[62] Ma X L, Kuo K H. Multiple twins of τ^2-$Al_{13}Co_4$ showing fivefold symmetry. Metall. Mater. Trans. A, 1995, 26(4): 757-763.

[63] Jiang W J, Hei Z K, Guo Y X, et al. Tenfold twins in a rapidly quenched NiZr alloy. Philos. Mag. A, 1985, 52(6): L53-L58.

[64] Smith G S, Snyder R L. FN: A criterion for rating powder diffraction patterns and evaluating the reliability of powder-pattern indexing. J. Appl. Cryst., 1979, 12: 60-65.

[65] Pauling L. So-called icosahedral and decagonal quasicrystals are twins of an 820-atom cubic crystal. Phys. Rev. Lett., 1987, 58(4): 365-368.

[66] Field R D, Fraser H L. Precipitates possessing icosahedral symmetry in a rapidly solidified Al-Mn alloy. Mater. Sci. Eng. A, 1985, 68(2): L17-L21.

[67] Barbier J N, Tamura N, Verger-Gaugry J L. Monoclinic $Al_{13}Fe_4$ approximant phase: A link between icosahedral and decagonal phases. J. Non-Cryst. Solids, 1993, 153: 126-131.

[68] Ma X L, Kuo K H. A high-resolution electron microscopy study of the domain structures of monoclinic τ^2-$Al_{13}Co_4$. Philos. Mag. A, 1995, 71(3): 687-700.

[69] Penrose R. The role of aesthetics in pure and applied mathematical research. Bull. Inst. Math. Appl., 1974, 10: 266-271.

[70] Li H L, Zhang Z, Kuo K H. Experimental Ammann-line analysis of phasons in the Al-Cu-Co-Si decagonal quasicrystal. Phys. Rev. B, 1994, 50(6): 3645-3647.

[71] Grünbaum B, Shephard G C. Tilings and patterns. San Francisco: Freeman 1987.

[72] Steurer W, Kuo K H. 5-dimensional structure refinement of decagonal $Al_{65}Cu_{20}Co_{15}$. Philos. Mag. Lett., 1990, 62(3): 175-182.

[73] Steurer W, Kuo K H. 5-dimensional structure analysis of decagonal $Al_{65}Cu_{20}Co_{15}$. Acta Cryst., 1990, 46(6): 703-712.

[74] Ma X L, Liebertz H, Köster U. Small-angle grain boundaries in hot-deformed τ^2-$Al_{13}Co_4$. Phys. Status Solidi A, 1997, 160(1): 11-17.

[75] Yan Y F, Wang R H. High-temperature-deformation-introduced defects in an $Al_{70}Co_{15}Ni_5$ decagonal quasicrystal. Philos. Mag. Lett., 1993, 67(1): 51-57.

[76] Ma X L, Li X Z, Kuo K H. A family of τ-inflated monoclinic $Al_{13}Co_4$ phases. Acta Cryst., 1995, 51(1): 36-43.

[77] Henley C L. Crystals and quasicrystals in the aluminum-transition metal system. J. Non-Cryst. Solids, 1985, 75(1-3): 91-96.

[78] Kumar V, Sahoo D, Athithan G. Characterization and decoration of the two-dimensional Penrose lattice. Phys. Rev. B, 1986, 34: 6924-6932.

[79] Hiraga K, Sun W, Lincoln F J. Structural change of Al-Cu-Co decagonal quasicrystal studied by high-resolution electron microscopy. Jpn. J. Appl. Phys., 1991, 30(2B): L302-L305.

[80] Kang S S, Malaman B, Venturini G, et al. Structure of the quasicystal-approximant phase $Al_{61.3}Cu_{7.4}Fe_{11.1}Cr_{17.2}Si_3$. Acta Cryst., 1992, 48(6): 770-776.

[81] Li X Z, Shi D, Kuo K H. Structure of Al_3Mn, an orthorhombic approximant of the decagonal quasicrystal. Philos. Mag. B, 1992, 66(3): 331-340.

[82] Hiraga K, Kaneko M, Matsuo Y, et al. The structure of Al_3Mn: Close relationship to decagonal quasicrystais. Philos. Mag. B, 1993, 67(2): 193-205.

[83] Li X Z, Ma X L, Kuo K H. A structural model of the orthorhombic Al_3Co derived from the monoclinic $Al_{13}Co_4$ by high-resolution electron microscopy. Philos. Mag. Lett., 1994, 70(4): 221-229.

[84] Grin J, Burkhardt U, Ellner M, et al. Crystal structure of orthorhombic Co_4Al_{13}. J. Alloys Compd., 1994, 206(2): 243-247.

[85] Dong C A, Dubois J M, Song S K, et al. The orthorhombic approximant phases of the decagonal phase. Philos. Mag. B, 1992, 65(1): 107-126.

[86] Kuo K H. Decagonal approximants. J. Non-Cryst. Solids, 1993, 153: 40-44.

[87] Shoemaker C B. On the relationship between μ-$MnAl_{4\cdot 12}$ and the decagonal Mn-Al phase. Philos. Mag. B, 1993, 67(6): 869-881.

[88] Takeuchi S, Kimura K. Structure of Al_4Mn decagonal phase as a Penrose-type lattice. J. Phys. Soc. Jpn., 1987, 56(3): 982-988.

[89] Li X Z, Hiraga K. High-resolution electron microscopy of the ε-Al_3Co, a monoclinic approximant of the Al-Co decagonal quasicrystal. J. Alloys Compd., 1998, 269(1-2): L13-L16.

[90] Saitoh K, Tsuda K, Tanaka M, et al. Electron microscope study of the symmetry of the basic atom cluster and a structural change of decagonal quasicrystals of Al-Cu-Co alloys. Philos. Mag. A, 1996, 73(2): 387-398.

[91] Grushko B, Freiburg C, Ma X L, et al. Discussion of crystallographic characterization of the Al-Co decagonal quasicrystal and its monoclinic approximant τ^2-$Al_{13}Co_4$. Metall. Mater. Trans. A, 1994, 25(11): 2535-2536.

[92] Grushko B, Wittenberg R, Bickmann K, et al. The constitution of aluminum-cobalt alloys between Al_5Co_2 and Al_9Co_2. J. Alloys Compd., 1996, 233(1-2): 279-287.

[93] Gödecke T, Ellner M. Phase equilibria in the aluminium-rich portion of the binary system Co-Al and in the cobalt/aluminium-rich portion of the ternary system Co-Ni-Al. Z. Metall., 1996, 87(11): 854-864.

[94] Mo Z M, Sui H X, Ma X L, et al. Structural models of τ^2-inflated monoclinic and

orthorhombic Al-Co phases. Metall. Mater. Trans. A, 1998, 29(6): 1565-1572.

[95] Main P, Fiske S J, Hull S E, et al. MULTAN80. A system of computer programs for the automatic solution of crystal structures from X-ray diffraction data. Univs. of York, England, and Louvain, Belgium. 1980.

[96] Sheldrick G M. Crystallographic Computing 3. SHELXS-86. Oxford: Oxford university press, 1985: 175-189.

[97] Li X Z, Shi N C, Ma Z S, et al. Structure of $Al_{11}Co_4$, a new monoclinic approximant of the Al-Co decagonal quasicrystal. Philos. Mag. Lett., 1995, 72(2): 79-86.

[98] Zhang B, Gramlich V, Steurer W. $Al_{13-x}(Co_{1-y}Ni_y)_4$, a new approximant of the decagonal quasicrystal in the Al-Co-Ni system. Z. Kristallogr. Cryst. Mater., 1995, 210(7): 498-503.

[99] Ed Shammar L E, Sbrink S, Reistad T, et al. The crystal structure of Os_4Al_{13}. Acta Chem. Scand., 1964, 18: 2294-2302.

[100] Saitoh K, Tsuda K, Tanaka M, et al. Convergent-beam electron diffraction and electron microscope study on decagonal quasicrystals of Al-Cu-Co and Al-Co alloys. Mater. Sci. Eng. A, 1994, 181: 805-810.

[101] Ma X L, Köster U, Grushko B. $Al_{13}Os_4$-type monoclinic phase and its orthorhombic variant in the Al-Co alloy system. Z. Kristallogr. Cryst. Mater., 1998, 213(2): 75-78.

[102] Douglas A M B. The structure of Co_2Al_9. Acta Crystallogr., 1950, 3(1): 19-24.

第3章

Al基合金及Mn-Ga体系中正交点阵的复杂晶体相及其缺陷结构

3.1 正交晶系的晶体学特征

正交晶系的重要对称元素是两个二次旋转轴或二次倒转轴(即镜面)。假设沿 $\boldsymbol{a}$ 轴(或[100]方向)和 $\boldsymbol{b}$ 轴(或[010]方向)都是二次轴，那么，我们就可以得到

$$(2[100])\boldsymbol{r}=x\boldsymbol{a}-y\boldsymbol{b}-z\boldsymbol{c}\text{(这里 }\boldsymbol{a}\text{ 和 }\boldsymbol{b}\text{、}\boldsymbol{c}\text{ 垂直)}$$

和

$$(2[010])\boldsymbol{r}=-x\boldsymbol{a}+y\boldsymbol{b}-z\boldsymbol{c}\text{(这里 }\boldsymbol{b}\text{ 和 }\boldsymbol{a}\text{、}\boldsymbol{c}\text{ 垂直)}$$

如果再取这两个操作的积，就能够得到

$$(2[001])\boldsymbol{r}=-x\boldsymbol{a}-y\boldsymbol{b}+z\boldsymbol{c}\text{(这里 }\boldsymbol{c}\text{ 和 }\boldsymbol{a}\text{、}\boldsymbol{b}\text{ 垂直)}$$

这一结果和绕 $\boldsymbol{c}$ 轴(或[001]方向)的二次旋转轴相同。这就说明，对于正交晶系，两个二次轴就必然决定有第三个二次轴，而且这三个二次轴彼此相互垂直。同样，两个相互垂直的镜面决定了在两个镜面的交线上有一个二次轴。如果我们令垂直于镜面的轴为 $\boldsymbol{a}$ 轴和 $\boldsymbol{b}$ 轴，那么二次轴就是 $\boldsymbol{c}$ 方向。

这样，正交晶系点阵参数之间的关系为

$$a\neq b\neq c,\qquad \alpha=\beta=\gamma=90°$$

对于正交晶体，其点群有三种：222、mm2、mmm。在周期性

晶体的 7 个晶系中，正交晶体拥有最多的布拉维点阵类型，它们分别为：简单点阵(P)、底心点阵(C 或 B 或 A)、面心点阵(F)、体心点阵(I)。

另外，除了 2 次螺旋轴(2_1)外，还可能有轴向滑移(a、b 或 c)、对角线滑移(n)和金刚石滑移(d)。点群 222 有 9 种空间群，点群 mm2 有 21 种空间群，点群 mmm 有 28 种空间群。除了非初基(有心)点阵导致的点阵消光之外，螺旋轴和滑移面也会导致电子衍射图上的某些衍射点消光(通常称之为系统消光)，所有这些消光规律都是我们判断空间群的重要依据。

3.2　Al_5Fe_2 点阵类型及空间群的确定

下面以 Al_5Fe_2 为例，讨论一下如何根据一套完整的电子衍射图(electron diffraction pattern，EDP)来判断一个正交点阵及其可能的空间群。第 2 章我们已经知道，单斜晶系最重要的对称元素就是唯一的一个二次轴，如何通过电子衍射判断一个二次轴已做了比较详细的介绍。对于正交晶系，这里有三个二次轴，所以只要我们判断出两个就可以了(因为两个二次轴就必然决定有第三个二次轴)。图 3.1 是通过大角度倾转得到的一套完整的电子衍射图，这些衍射图中基本衍射斑点的指数都已经做了标定。从标定出的指数来看，显然[001]、[100]、[010]晶带轴都对应的是二次轴(此处没有给出如何确定每一个二次轴的具体实验细节，实际上这与第 2 章介绍的判断二次轴的过程完全一样)。从[010]晶带轴的电子衍射图来看，它具有有心矩形点阵。也就是说，在倒易矢量 $\boldsymbol{a}^*$ 方向，(k00)在 k 为奇数时，衍射点消光；同样，在倒易矢量 $\boldsymbol{c}^*$ 方向，(00l)在 l 为奇数时，衍射点消光，这意味着可能是 B 心点阵或(010)面上有 n 滑移面。绕倒易点列 $\boldsymbol{c}^*$ 倾转晶体 90°到[100]晶带轴，可以看到(00l)在 l 为奇数时，衍射点仍然消光；而(h00)在 h 无论奇数还是偶数时，衍射点都出现，即这里看不到额外的消光现象。如果在[010]晶带轴的基础上，绕倒易点列 $\boldsymbol{a}^*$ 倾转晶体 38°到[021]晶带轴、61°到[011]晶带轴、90°到[001]晶带轴，我们可以发现在所有这些晶带轴上，(h00)在 h 为奇数时，衍射点都消光。也就是说，在[001]电子衍射图上，$\boldsymbol{a}^*$ 方向的消光源自[010]上的同类消光。这意味着该类消光由 B 心点阵引起，这是因为由有心点阵引起的消光在所有的方向上都保持消光。至于[001]上的 $\boldsymbol{b}^*$ 方向，(0k0)在 k 为奇数时，衍射点消光；而同样的衍射指数在[100]上却不消光，显然这类消光不是由于有心点阵引起的，而是在(001)上有一个 b 滑移面。所以，归纳起来该项的消光规律为

$$hkl：h+l=\text{奇数 B 心}$$

$$[001]：k=\text{奇数 b 滑移面}$$

对于正交晶系，特殊的投影方向依次为[001]、[100]、[010]，所以该相可能的空间群为 Bbmm。

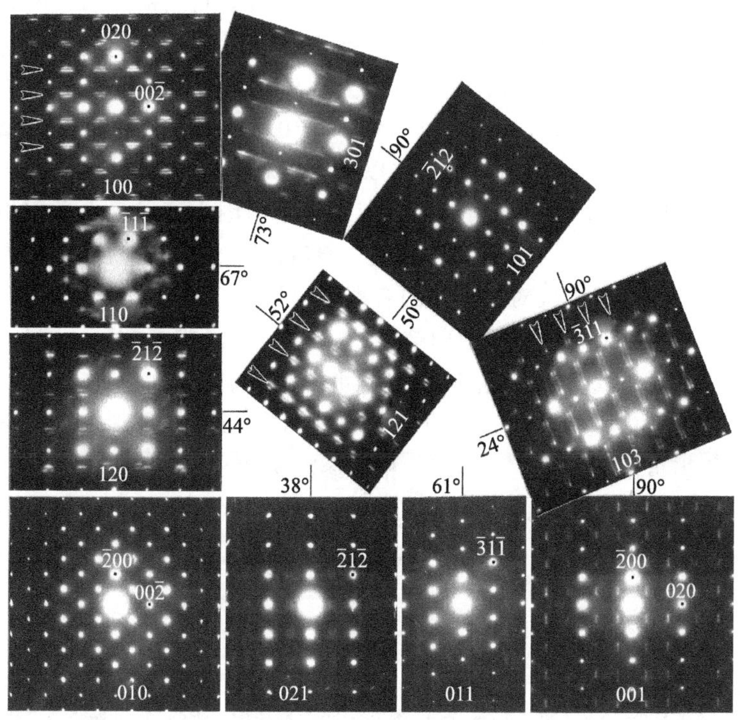

图 3.1 Al_5Fe_2 正交相的系列电子衍射图，根据电子衍射图上的消光规律，推导出该相可能的空间群为 Bbmm①

3.3 基于单斜 $Al_{13}Co_4$ 中的层错衍生出的正交相 Al_3Co

3.3.1 Al_3Co 的电子衍射

在缓慢凝固的 $Al_{11}Co_4$ 和 $Al_{12}Co_4$(Al_3Co)合金中，除了第 2 章中介绍的系列单斜相和十次对称准晶之外，还发现了多种新的正交结构，其中一个正交相主要晶带轴的电子衍射图如图 3.2 所示。这三个晶带轴通过大角度倾转而获得，它们在空间上是相互垂直的。[010]电子衍射图显示了一个矩形的交叉网格花样，但是强斑点显示了一个十边形花样[在图 3.2 (a)中用黑色箭头标记]。

① 马秀良 1997 年未公开发表的工作。

在[100]和[001]电子衍射图[图 3.2 (b)和(c)]中都显示了一个有心矩形的交叉网格花样，其消光规则为：当 $k+l$ = 奇数时，($0kl$)衍射消光；当 $h+k$ = 奇数时，($hk0$)衍射消光。然而，这类消光似乎不是由空间晶格中的任何有心点阵引起的，而是由垂直于[100]和[001]轴的对角滑移面(n)引起的。这是因为在[010]电子衍射图上，($h0l$)衍射没有消光现象。因此，这个正交相的空间群可能是 Pnmn，其晶格参数为 a = 1.25 nm、b = 0.81 nm、c = 1.46 nm。值得注意的是，它的参数 b 与单斜 $Al_{13}Co_4$ 变体以及十次对称准晶沿十次轴的周期相同。此外，在图 3.3 围绕 $\boldsymbol{b}$ 轴倾转得到的一组电子衍射图中可以看出，该相与十次对称准晶和单斜 $Al_{13}Co_4$ 变体相似。这进一步说明，所有这些具有大晶格参数的晶体相都是 Al-Co 十次对称准晶的有理近似相。

这个晶体相可以同样较好地归结为 $Al_{11}Co_4$。其晶胞参数 a、c 与空间群为 Pnma 的 Al_3Mn[1]的参数基本相同，有时也称为高温(HT) $Al_{11}Mn_4$[2]。由 X 射线能谱分析确定的这一 Al_3Co 相的成分与 Godecke 给出的 $Al_{11}Co_4$ 化学式相当接近[3]。应当指出，在本例中 Al_3Co 相的参数 b = 0.81 nm，而 Al_3Mn 相的参数 b = 1.2 nm。这是可以理解的，因为 Al-Mn 十次对称准晶的周期和许多 Al-Mn 晶体相的 b 参数约为 1.2 nm，而 Al-Co 十次对称准晶和 $Al_{13}Co_4$ 变体对应的参数约为 0.8 nm。

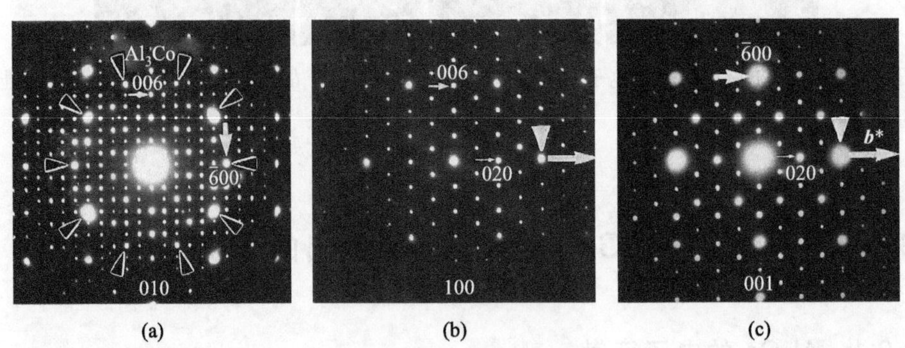

图 3.2　正交 Al_3Co 三个相互垂直的基本电子衍射图：(a) [010]；(b) [100]；(c) [001]。在[010]电子衍射图的 $\boldsymbol{c}^*$ 方向上，l 为奇数的衍射点接近消光，这说明[001]方向可能有 2 次螺旋轴(2_1)的存在(马秀良和郭可信[4])

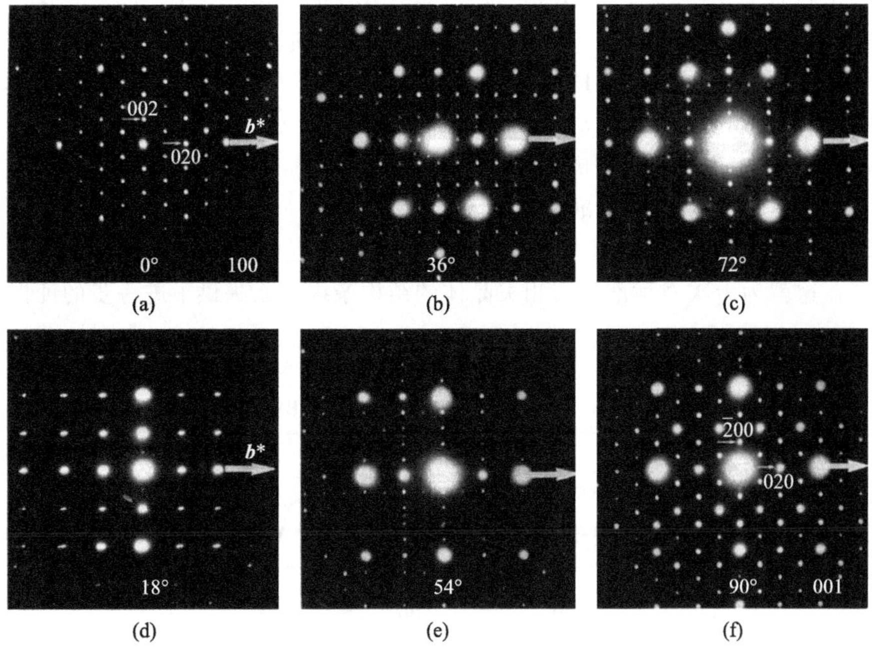

图 3.3　围绕 ***b*** 轴倾转 90°(从[100]到[001]轴)获得的一系列电子衍射图进一步证实伪十次对称性(角度关系标记在每一个衍射图的下方，即 0°、18°、36°、54°、72°、90°)。强斑点呈六角形(0°、36°、72°)和正方形(18°、54°、90°)分布的衍射图，每隔 18°左右交替出现，显示伪十次对称(马秀良和郭可信[4])

3.3.2　Al_3Co、π-Al_4Mn 及 Al_3Mn 三者间的晶体学关系

值得注意的是，正交 Al_3Co 与单斜 $Al_{13}Co_4$ 有两个参数大致相同；其中一个为参数 b，均在 0.81 nm 左右；另一个为 1.23~1.25 nm 的公共边[见图 3.4(a)的晶格关系]。第三个参数之间的关系为 $1.518\ 3 \approx 1.46/\cos 18°$。在图 2.6(a)中，我们讨论了 $Al_{13}Co_4$ 的[010]电子衍射图，由于 C 心引起的消光，$h0l$ 衍射点形成了一个有心矩形点阵，如图 3.4(b)所示。事实上，三元化合物 $Al_{60}Mn_{11}Ni_4$[5]、$Al_{20}Mn_3Cu_2$[6]和 T_3-AlMnZn[7]以及后来发现的二元 π-Al_4Mn[8]都具有这种尺寸相同的有心正交晶格。如图 3.4 (c)所示，李兴中和郭可信[9]曾通过电子衍射和晶格像，建立了 π-Al_4Mn 与正交 Al_3Mn 或 $Al_{11}Mn_4$ 的取向关系，其晶格参数 a、c 与 Al_3Co 相似，他们认为 π-Al_4Mn 的菱形亚单元重复孪生形成了 Al_3Mn 正交晶格，美国和比利时学者也曾提出过类似的观点[10,11]。这种单胞尺度的孪生和取向关系也被用来利用与 T_3-AlMnZn 和 $Al_{60}Mn_{11}Ni_4$[9,12]

结构相同的 π-Al_4Mn 推导 Al_3Mn 和 Al-Mn DQC 的结构。这不仅解释了这两个相密切共生，而且也解释了这两个相中十次孪晶的形成[9]。当然，这也可能适用于本书中的 $Al_{13}Co_4$ 和 Al_3Co。

所有 Al-Mn 晶体相的 b 参数均约为 1.2 nm，而 Al-Co 晶体相的参数 b 大多为 0.8 nm。然而，这只反映了原子的堆积层数，而不是这些层之间的关系。Al-Mn 和 Al-Co 十次对称准晶分别具有其晶体近似相相同的周期，分别为 1.2 nm 和 0.8 nm。这说明十次对称准晶及其晶体近似相可能具有相同的叠加序列，这就为十次对称准晶与相关晶体的结构亲缘关系提供了进一步的证据。

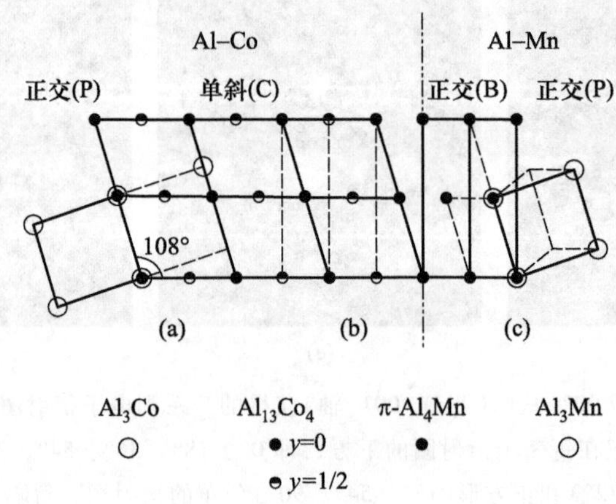

图 3.4　(a) 正交 Al_3Co 与 C 心单斜 $Al_{13}Co_4$ 点阵参数之间的关系；(b) 由于特殊的 β 角，C 心单斜 $Al_{13}Co_4$ 看似有心矩形点阵；(c) B 心正交 π-Al_4Mn 与简单正交 Al_3Mn 之间的关系，正交 Al_3Co 与 C 心单斜 $Al_{13}Co_4$ 之间关系类似于 B 心正交 π-Al_4Mn 与简单正交 Al_3Mn 之间的关系，该 Al_3Mn 结构通过 108°菱形亚单元在单胞尺度的重复孪生得到(马秀良和郭可信[4])

3.3.3　Al_3Co 的结构解析

其实早在 1939 年，Bradley 和 Seager[13] 就报道了在富 Al 的 Al-Co 合金中除了 Al_9Co_2 和 Al_5Co_2 之外，还存在 $Al_{13}Co_4$ 和 Al_3Co。他们经过 600 ℃退火 21 天后，在 Co 含量为 41.4 wt% ($Al_{3.03}Co$)的合金中发现了单相 $Al_{13}Co_4$；在 Co 含量为 42.9 wt% ($Al_{2.70}Co$)的合金中发现了单相 Al_3Co。成分为 $Al_{2.80}Co$ 的 $Al_{13}Co_4$ 的晶体结构后来由 Hudd 和 Taylor[7] 确定，它与 $Al_{13}Fe_4$ 的结构非常接近[14,15]，第 2 章我们已经对它们的点阵类型以及晶体结构进行了详细介绍。在 20 世纪 90 年代准晶体结构的研究中，德国晶体学家 W. Steurer 曾和郭可信合作，通过

单晶 X 射线衍射在 Al-Cu-Co 十次准晶中发现了 $Al_{13}Co_4$ 的一部分单胞[16,17]。

第 2 章里我们已经了解到单斜 $Al_{13}Co_4$ 容易形成高密度的层错和微孪晶。在此基础上，马秀良通过高分辨电子显微成像发现正交 Al_3Co 实际上是由单斜 $Al_{13}Co_4$ 中单胞尺度的重复(100)层错演变而来，随后与李兴中等合作利用单斜 $Al_{13}Co_4$ 结构推演出正交 Al_3Co 的结构模型[18]。在一个单胞中有 78 个 Al 和 24 个 Co 原子位置(Al 位点仅被部分占据)，满足 Pnmn 空间群的对称性。这种结构与正交 Al_3Mn 的结构相似，具有相似的参数 a、c。

在[010]高分辨电子显微镜(high resolution electron microscope，HREM)图像中，明亮的像点对应单斜和正交两个相中的 Co 原子五边形网络，但其中五边形的镶嵌方式是不同的。为了从实验 HREM 图像中获得有用的未知相(如 Al_3Co)的结构信息，有必要首先研究已知结构的模拟图像，最好有类似的组成和密切相关的结构，如单斜 $Al_{13}Co_4$。图 3.5 (a)展示了单斜 $Al_{13}Co_4$ 位于 $y=0$ 的(010)平坦层在出现层错时的原子构型(这里忽略了 $Al_{13}Co_4$ 两个平面单胞沿着 $\boldsymbol{c}$ 方向相对位移)，而图 3.5 (b)是相同的层错在 $y\approx0.25$(从 0.210 到 0.293 变化)起伏层的原子构型[7]。位于 $y=0.5$ 处的平坦层通过将 $y=0$ 处的原子相对移动 $a/2$ 得到，而 $y\approx0.75$ 处的起伏层也是如此。当然，这种平移并没有改变从 $y\approx0.25$ 到 $y\approx0.75$ 处起伏层的原子分布。Co 原子在平坦层[图 3.5 (a)]中形成一个由五边形和菱形组成的网络(层错面两侧的情况也是如此)。显然，五边形的边长是 $a/2\tau$ 或 $c/(1+\tau)=0.47$ nm，而黄金数 $\tau=(1+\sqrt{5})/2=1.6180\cdots$，因

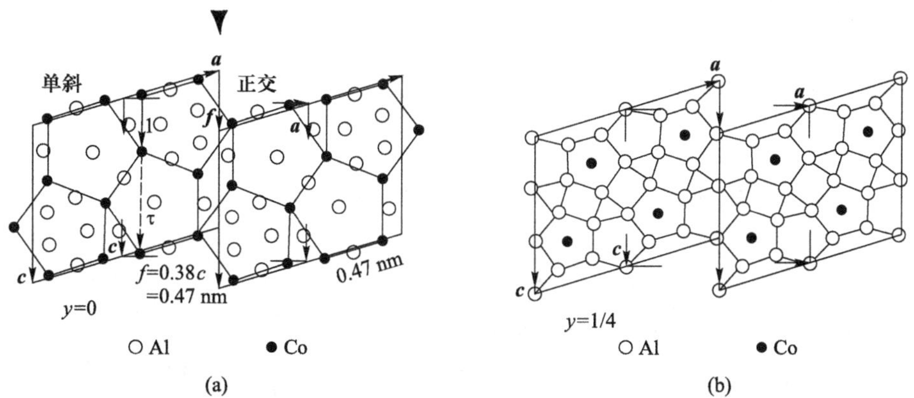

图 3.5 单斜 $Al_{13}Co_4$ 层错的原子构型：(a) 位于 $y=0$ 处的平坦层；(b) 位于 $y\approx0.25$ 处的起伏层。在两个单斜胞之间的(100)面上，Co 原子构成的五边形边上发生了位移(图中标记“1”)，位移长度为 $f=c/(1+\tau)=0.38c=0.47$ nm，这就在边界处形成了正交 Al_3Co 的矩形平面胞（李兴中、马秀良、郭可信[18]）

此五边形的对角线是它边长的 τ 倍。起伏层中的 Co 原子位于 Al 原子组成的小五边形中心，同时位于 $y=0$ 处的平坦层中 Co 组成的五边形中心的正上方。与单斜 $Al_{13}Fe_4$ 类似[19]，$Al_{13}Co_4$ 中的原子形成同心但不完整的二十面体壳层结构，该结构既类似于二十面体准晶(icosahedral quasicrytal，IQC)又类似于十次对称准晶(DQC)。应该指出的是，晶体相中的五边形、十边形和二十面体只是近似的，因为它们必须稍微变形才能符合各自的周期性空间晶格的要求。

利用中国科学院北京电子显微镜实验室储一鸣研究员编写的图像模拟软件，计算了不同欠焦值下不同样品厚度的[010]模拟图像。对于 8~16 nm 的厚度，图像特征随离焦值的变化是相似的。图 3.6 (a)~(f)是 12 nm 厚样品在不同欠焦值下的模拟结构像，可以看出其像点分布的基本特征与图 3.5 所示 $Al_{13}Co_4$ 中(010)层的原子分布非常相似。图 3.6 (a)、(e)和(f)显示了与图 3.5(b)起

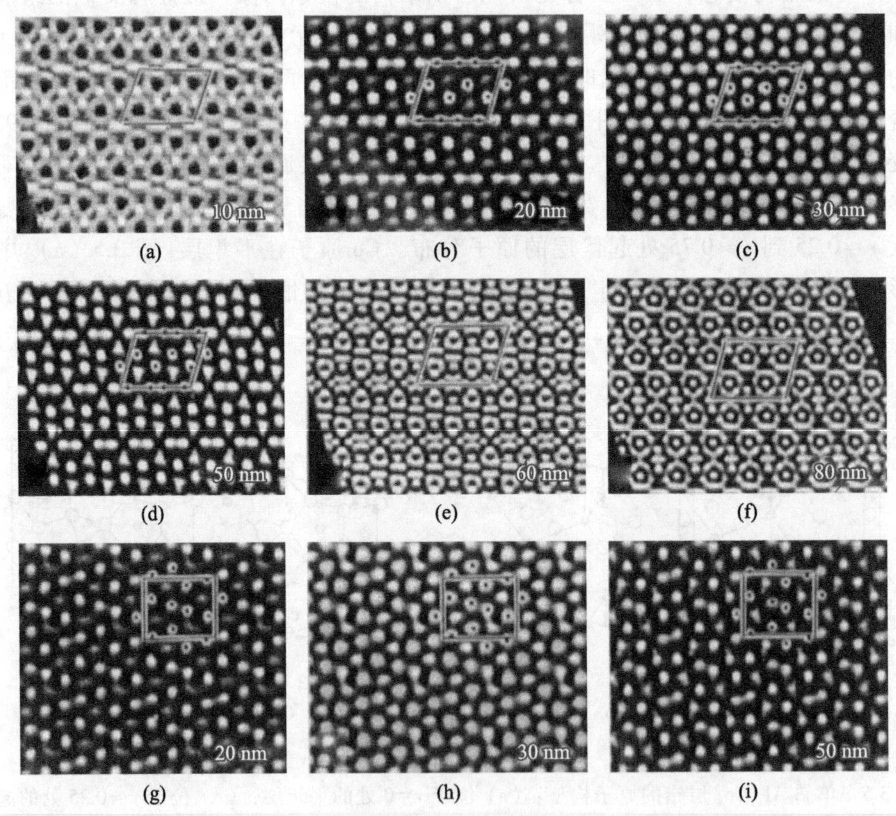

图 3.6　单斜 $Al_{13}Co_4$[(a)~(f)]和正交 Al_3Co 沿[010]晶带轴的模拟结构像[(g)~(i)]。样品厚度为 12 nm，欠焦值为-30 nm 的图像反映了 Co 原子柱投影(李兴中、马秀良、郭可信[18])

伏层中 Co 原子相同的像点分布(为清晰起见，请参见斜胞中的点)。另一方面，图 3.6 (b)~(d)中亮像点位于 Co 五边形的顶点(用黑点表示)和中心位置，这对应于平坦层和起伏层叠加在一起后沿着[010]方向的投影。换句话说，图 3.6 (b)~(d)大体上反映了 Co 原子柱沿[010]带轴的投影图像。当欠焦值为-30 nm 时，模拟图像与 $Al_{13}Co_4$ 结构中的 Co 原子具有最佳的对应关系；偏离这个欠焦值，五边形中心的像点都会变得模糊，在图 3.6 (b)中，这些像点非常微弱且弥散，以至于几乎看不见，而这幅模拟图像仅与平层中 Co 原子的分布相似。因此，在一个很大的欠焦值范围内，$Al_{13}Co_4$ 沿[010]带轴的模拟图像对应于 Co 原子在平层、起伏层或两者的叠加。因此，我们可以利用高分辨电子显微实验像来定位 Co 原子柱，或者等效地定位平行于单斜 $Al_{13}Co_4$ 唯一轴向的五棱柱。这应该也适用于正交 Al_3Co，因为这两个结构是密切相关的。

图 3.7 (a)为单斜 $Al_{13}Co_4$ 的 HREM 实验像，图中共勾画出了三组斜平面单胞($\beta \approx 108°$)。与第 2 章中讨论过的 $Al_{13}Fe_4$ 中的情况一样，在这些平面单胞中，明亮的像点形成五边形和 36°菱形(用小黑点表示)；有时五边形中也有像点，但它们的强度通常很弱，而且不是精确地在五边形中心位置。图中那些斜平面单胞的上方还用黑白连接线画出了一些多边形及它们的连接形式。与图 3.6(b)中欠焦值为-20 nm 的模拟图像比较，或者与图 3.7 (a)中 $Al_{13}Co_4$ 两个模拟单胞比较，可以清楚地看出，这些斜胞(其中一个标记为“mono”)与单斜 $Al_{13}Co_4$ 的[010]轴投影单胞相对应。

很明显，这些斜平面单胞被分成三个组，在相邻两组之间用小箭头表示它们之间的位移 f。这些位移对应于 $Al_{13}Co_4$ 中的(100)层错或者两个 $Al_{13}Co_4$ 微畴之间的相对位移。在每个畴中，五边形排列在同一水平线，但是在畴界处有缺口，如图 3.7 (a)上部的箭头所示。畴界两侧的五边形之间存在错位。此外，在两个相邻区域畴界上的 36°菱形(倾斜的)与微畴内的 36°菱形(水平的)具有不同的取向。(100)层错的位移或者畴界的位移大小与五边形边长相等，即为 $f = c/(1+\tau) = 0.38c = 0.47$ nm。

值得注意的是，在畴界上没有失配，只是五边形沿着[001]方向进行了边长尺度的位移，于是在畴界处出现了新取向的 36°菱形。然而，这样的位移将在畴界处产生一个新的结构。图 3.7 (a)底部有一个矩形单胞标记为“ortho”，参数 $a = 1.44$ nm、$c = 1.23$ nm。结合垂直于 $\boldsymbol{a}$ 和 $\boldsymbol{c}$ 的 $\boldsymbol{b}$ 值(= 0.81 nm)可以看出，它们继承了 $Al_{13}Co_4$ 的晶胞参数，构成了 Al_3Co 的正交单胞。从这幅 HREM 图像中还可以看出，两个 Al_3Co 之间的畴界面是一片 $Al_{13}Co_4$；如果进一步仔细观察图 3.7 (a)底部所示的平面单元，更能看出这两个相之间结构上的密切关系。

同样，正交晶体相 Al_3Mn 和 π-Al_4Mn，以及具有五边形层的 Frank-Kasper

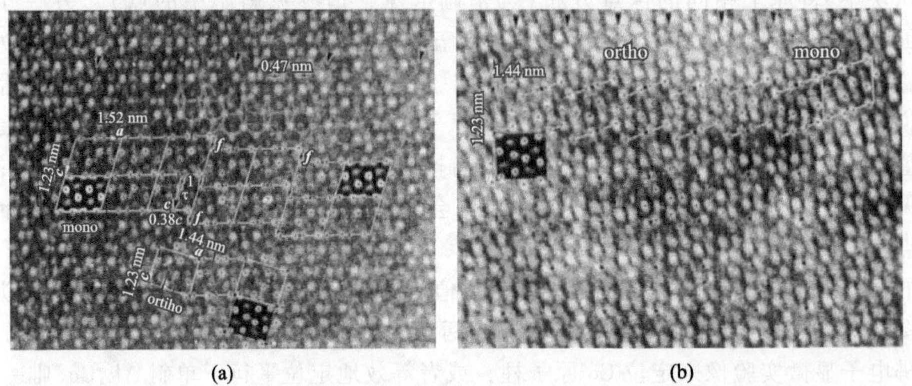

图 3.7　(a) 单斜 $Al_{13}Co_4$ 的[010]HREM 实验像，显示由 Co 原子五棱柱组成的三组 $Al_{13}Co_4$ 单胞(参见图中最右侧的模拟图像)。在两个相邻畴之间的(100)界面上发生 f 移位，导致在畴界形成一个正交 Al_3Co 片层(参见底部的矩形单胞和其中一个模拟图像)。(b) 正交 Al_3Co 的[010]HREM 图像与模拟像比较，白线勾画出了 $Al_{13}Co_4$ 单胞，箭头标记了(100)层错面(李兴中、马秀良、郭可信[18])

相、μ 相和拉弗斯相[20]均表现出密切的结构关系，所有这些复杂合金相都具有相似取向的五棱柱或二十面体链。

如图 3.7 (b) 上部勾画出的以锯齿形状排列的 $Al_{13}Co_4$ 单胞所示，如果(100)层错以单胞尺度重复出现在单斜 $Al_{13}Co_4$ 中，将演变为正交 Al_3Co 晶体。因此，高分辨电子显微成像清楚表明，这两种晶体结构可以通过重复的(100)层错相互转化；这也解释了这两个相经常同时出现的成因。应该指出的是，在研究 $Al_{13}Fe_4$ 中的(100)滑移孪晶时，Black[14]已经发现沿 $\boldsymbol{c}$ 方向 0.39 nm 的位移以及(100)面的滑移反映孪晶；在研究准晶近似相的过程中，Tsuchimori 等[21]在单斜 $Al_{13}Fe_4$ 中也发现了类似的(100)层错，但没有对应的正交 Al_3Fe 存在。

基于上面的实验像以及图 3.5 给出的原子构型，可以推得正交 Al_3Co 中不同(010)层的原子分布，如图 3.8 (a)~(c)。

将图 3.8 (a) 中位于 $y=0$ 处的平坦层 F 沿中心 36°菱形的短对角线或两个五边形的公共边的方向移动五边形的一条对角线长度，可以得到位于 $y=1/2$ 处的平坦层 F′[图 3.8(c)]。换句话说，这个移动将交换五边形的位置。与 $Al_{13}Fe_4$ 和 $Al_{13}Co_4$ 类似，正交 Al_3Co 中位于 $y=3/4$ 处的起伏层与 $y=1/4$ (P) 处起伏层的相同。图 3.8 (d) 显示了 Al_3Co 的空间群 $P\dfrac{2_1}{n}\dfrac{2}{m}\dfrac{2_1}{n}$ 的对称元素，它们是由不同电子衍射图中的系统消光确定的[4]。原点选在反演中心，$y=0$ 处的一对五边形(五边形 A 或五边形 B)通过绕 $\boldsymbol{b}$ 轴的二次旋转轴关联起来。五边形

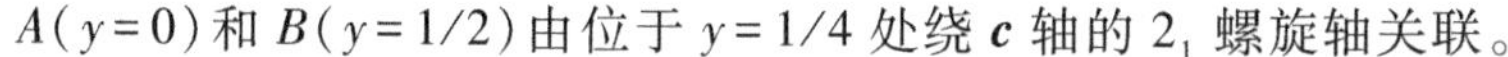

$A(y=0)$和$B(y=1/2)$由位于$y=1/4$处绕$\boldsymbol{c}$轴的2_1螺旋轴关联。

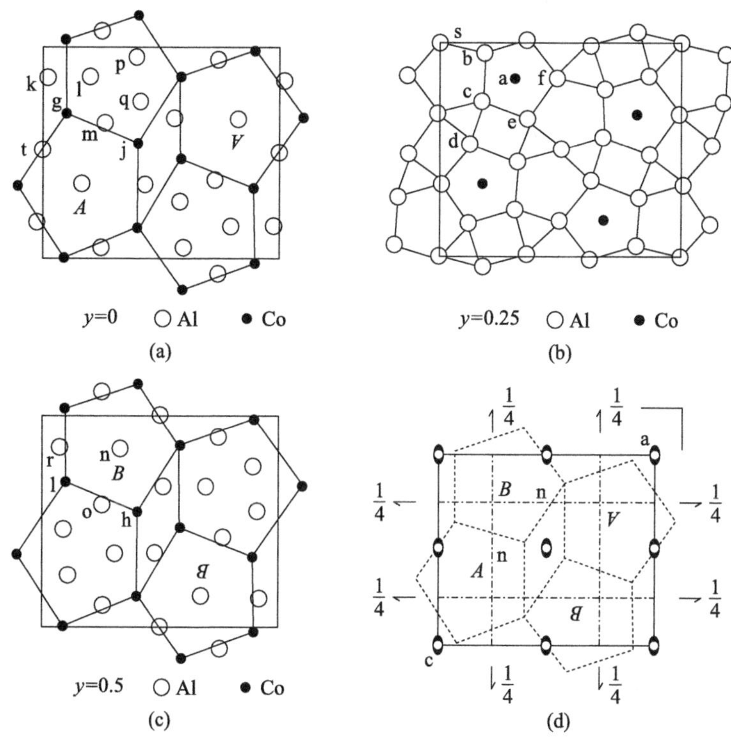

图 3.8　正交 Al_3Co 的结构模型：(a) 位于 $y=0$ 处的平坦层 F；(b) 位于 $y=1/4$ 处的起伏层 P；(c) 位于 $y=1/2$ 处的平坦层 F′；F′和 F 可以通过沿相邻两个五边形的公共边移动 Co 五边形对角线(或长度为 0.47τ nm)得到；(d) 空间群 $P\frac{2_1}{n}\frac{2}{m}\frac{2_1}{n}$各对称元素分布图(李兴中、马秀良、郭可信[18])

由 $Al_{13}Co_4$ 晶体结构导出的 Al_3Co 的原子位置如表 3.1 所示。根据这些值可以计算出原子间距离，即 Co-Al 原子间最短距离为 0.236 6 nm，Al-Al 为 0.249 1 nm。根据这些原子参数，还可以计算出厚度为 12 nm 的样品在各种欠焦值下的[010]模拟图像，其中，欠焦值为-20 nm、-30 nm 和-50 nm 的模拟像见图 3.6(g)~(i)。这些图像特征随欠焦值的变化与 $Al_{13}Co_4$ 的情况非常相似。当然这是容易理解的，因为这两相中的五边形或二十面体亚单元是相同的，差别只是它们在两相中的镶嵌方式略有不同。为了与实验像进行对比，贴附在图 3.7 (a)和图 3.7 (b)上的正交 Al_3Co 模拟像是在欠焦值为-20 nm 的条件下得到，以五边形和菱形分布的像点与实验像基本一致。微小的差别在于五边形内部的像点有弥散特征，有时会偏离中心。详细计算表明，这是由于薄膜样品的轻微屈曲使得电子束相对于样品的入射不完全是垂直入射。

与 $Al_{13}Fe_4$ 类似(见 Barbier 等[19]论文中的图 1C)，平坦层($y=0$、1/2、1)上的 Co 原子五边形形成一个五棱柱，五棱柱内的 Al 原子形成一对相互穿插的二十面体。例如，从位于 $y=0$ 平层的五边形 A(或等效的倒五边形 A)中的 Al 原子开始[图 3.8 (a)]，在其上方的 $y\approx1/4$ 处[即图 3.8 (b)左下角]出现一个由 Al 原子组成的小五边形(中心的 Co 原子出现在 $y=0.29$ 处，稍高于这个二十面体中心的五边形)；在 $y=1/2$ 处出现一个倒置的变形了的 Al 原子五边形[即图 3.8(c)左下角]；接下来的 Al 原子五边形出现在位于 $y=3/4$ 处的起伏层[如图 3.8 (b)所示]；最后，另一个位于 $y=1$ 处五边形内的 Al 原子作为这对相互穿插的二十面体的上顶点。这一对相互穿插的二十面体也出现在五棱柱 B 和倒五棱柱 B 内部，但是它的顶点是位于图 3.8 (c)中 $y=1/2$ 处 F′层的 Al 原子 n。

正交 Al_3Co 和单斜 $Al_{13}Co_4$ 的结构都是由这些 Co 原子五棱柱和相互穿插的二十面体链构成的，只是它们在两相中的镶嵌方式不同。五棱柱间的所有菱形在 $Al_{13}Co_4$ 中的取向是相同的，而 Al_3Co 中的两个取向的菱形沿 $\boldsymbol{c}$ 方向交替排列。与 $Al_{13}Co_4$[16,17]一样，Al_3Co 的单胞也存在于 Al-Co DQC 的结构中。这两种晶体相都被视为 Al-Co 十次对称准晶的近似相[4]。

表 3.1　正交 Al_3Co 相的原子位置参数(空间群 Pnmn：$a=1.44$ nm、$b=0.81$ nm 和 $c=1.23$ nm)(李兴中、马秀良、郭可信[18])

序号	Wyckoff 位置	点对称性	原子位置坐标			原子种类
			x	y	z	
a	8h	1	0.318	0.208	0.156	Co
b	8h	1	0.176	0.283	0.041	Al
c	8h	1	0.176	0.281	0.267	Al
d	8h	1	0.131	0.211	0.473	Al
e	8h	1	0.369	0.290	0.338	Al
f	8h	1	0.491	0.276	0.144	Al
g	4g	m	0.104	0	0.333	Co
h	4g	m	0.403	0.5	0.481	Co
i	4g	m	0.091	0.5	0.357	Co
j	4g	m	0.413	0	0.46	Co
k	4g	m	0.022	0	0.161	Al

续表

序号	Wyckoff 位置	点对称性	原子位置坐标			原子种类
			x	y	z	
l	4g	m	0.202	0	0.153	Al
m	4g	m	0.267	0	0.368	Al
n	4g	m	0.330	0.5	0.155	Al
o	4g	m	0.246	0.5	0.434	Al
p	4g	m	0.412	0	0.058	Al
q	4g	m	0.412	0	0.263	Al
r	4g	m	0.055	0.5	0.156	Al
s	4e	2	0	0.248	0	Al
t	2d	2/m	0	0	0.5	Al

3.3.4 Al_3Co 的成分

从上面对结构的讨论中可以看出，正交 Al_3Co 和单斜 $Al_{13}Co_4$ 应该有相同的单胞内容，即 24 个 Co 原子和 78 个 Al 原子。但是，如 Hudd 和 Taylor[7] 所发现，并不是所有的 Al 原子位置都被占据。由于部分占位，单斜 $Al_{13}Co_4$ 中共约 6.8 个 Al 位置是空的，这对应于化学式 $Al_{2.97}Co$，这离化学分析得到的 $Al_{2.80}Co$ 不远。我们对 Al_3Co 分析的结果是 $Al_{2.75}Co$，这与 Gödecke[3] 为该化合物给出的 $Al_{11}Co_4$ 化学式相同。

由于这两种相经常同时出现，所以很自然地认为它们的成分是相同的。从这个角度来看，这个正交相也可以称为正交 $Al_{13}Co_4$。但是，为了避免混淆，也为了与以往的用法保持一致，在本书中仍然使用 Al_3Co 化学式。

3.3.5 Al_3Co 与 Al_3Mn 在结构上的异同

将 Al_3Co 的结构模型与正交 Al_3Mn 的结构进行比较，它们的参数 a 和 c 大约相同，而参数 b 不同，Al_3Mn 的参数 $b = 1.247$ nm[22,23]。它们都是十次准晶的(1/1，1/1)近似相，分别利用有理数比 1/1 和 1/1 取代十次准晶中二维准周期平面内两个准周期方向上的无理数 τ，就可得到正交晶体相参数 a 和 c[24]。这两个相都是由平坦层和起伏层组成的层状结构。将上面的图 3.8 (b)与李兴中等[22]关于 Al_3Mn 的结构进行比较，可以明显看出在这两个相中，整个起伏层以及平坦层中的 Co 或 Mn 五边形和菱形是完全相同的。但是，由于 Al_3Co 的参数 b 为 0.815 6 nm，Al_3Mn 的为 1.256 nm，(010)亚层的堆垛顺序在这两个相中不同。

Al_3Co 中的平坦层(F 或 F′=平移 F)和起伏层(P)在重复单元 b 中按 FPF′P 序列堆垛；而在 Al_3Mn 中，平坦层(F 或 F′= F 旋转 180°)和起伏层(P 或 P′= P 旋转 180°)按 PFPP′F′P′序列堆垛。Al_3Co 的 Co 原子五棱柱内存在一对相互穿插的 Al 二十面体；Al_3Mn 中，在 Mn 原子组成的五棱柱内部存在一条由 4 个相互穿插的 Al 二十面体组成的链，尽管它们在 $\boldsymbol{b}$ 方向上略有压缩[23,25]。另外，这两种合金相的结构亚单元基本相同，因此，Al_3Co 和 Al_3Mn 的空间群是密切相关的。Al_3Mn 的空间群为 Pnma[22,23]，而 Al_3Co 的为 Pnmn。用单晶 X 射线衍射方法进行结构优化后，发现 Al_3Mn 的空间群实际上是 Pnma 的一个子群，即 $Pn2_1a$[25]。当然，这种现象也可能发生在 Al_3Co 结构里。

3.4　正交 τ^2-Al_3Co 的结构模型

在 3.3 节里我们已经讨论[4,18]，参数为 a = 1.446 nm、b = 0.815 6 nm、c = 1.236 nm 的正交相通常与单斜 $Al_{13}Co_4$ 同时出现。这两个相结构上密切相关，一个表示为“ortho”，另一个表示为“mono”，它们之间有如下点阵关系：

$$a_{\text{ortho}} = a_{\text{mono}} \cos\,(\beta - 90°)$$

$$b_{\text{ortho}} = b_{\text{mono}}$$

$$c_{\text{ortho}} = c_{\text{mono}}$$

正交相可以通过单斜相的每个(100)面沿[001]方向剪切 $c/(1+\tau)$ = 0.47 nm 得到[18,26]。因此，这两个相具有相同的单胞体积，且正交相也由 4 个边长为 0.47 nm 的五边形组成，但与单斜 $Al_{13}Co_4$ 中的排列不同[18,26]。Grin 等[27]确定了该正交相的结构和组成，并称之为 o-$Al_{13}Co_4$，以此将它区别于单斜 m-$Al_{13}Co_4$。

根据晶胞参数的几何关系以及 HREM 图像的特征，我们提出了如何通过单斜的 $Al_{13}Co_4$ 的晶体结构来推演正交的 Al_3Co 的结构[18]。实际上，我们在对 Al-Co 合金的系统研究中，不但发现了第 2 章中介绍的 τ^n-$Al_{13}Co_4$ 系列单斜相，而且也发现每一个单斜相都对应这一个正交相，于是就有了 τ^n-Al_3Co 系列正交相[28]。它们在(010)层中都有以 τ^n 比膨胀的五边形，这些以 τ^n 比膨胀的新物相的[010]电子衍射图中，强衍射点显示出一种类似于十次准晶的伪十边形分布。膨胀越大，与准晶的近似程度就越高。当 n 趋于无穷大时，晶胞参数 a 和 c 也趋于无穷，相应地，τ^n-$Al_{13}Co_4$ 相接近一个十次准晶。

在第 2 章介绍的单斜 τ^2-$Al_{13}Co_4$ 原子结构的基础上，接下来我们讨论一下正交 τ^2-Al_3Co(a=3.79 nm、b=0.81 nm、c=3.22 nm)的结构模型。这里面的推导过程类似于通过单斜 $Al_{13}Co_4$ 结构模型推得正交 Al_3Co 结构模型[18]。

图 3.9 (a)为正交 τ^2-Al_3Co [010]电子衍射图，图中显示了衍射点构成的矩形交叉网格(部分衍射点之间有衍射条纹)，三套十边形强衍射斑非常明显。与正交 Al_3Co 相相比，参数 a、c 分别膨胀约 τ^2 倍。

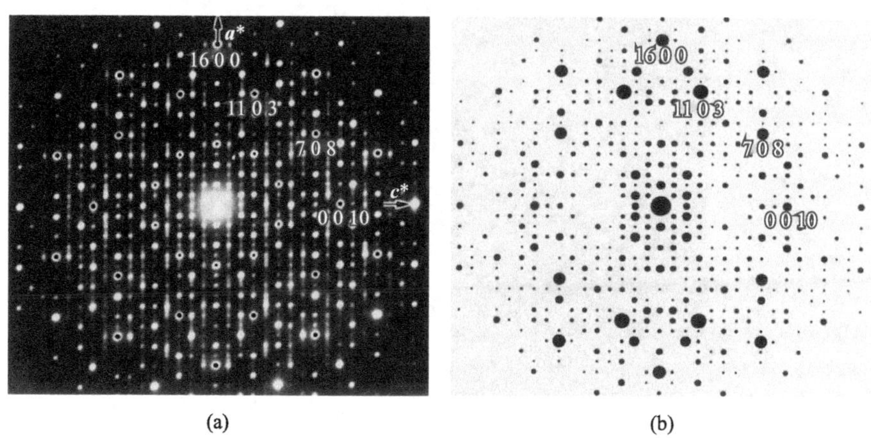

图 3.9 正交 τ^2-Al_3Co[010]电子衍射图：(a) 实验上获得的衍射图；(b) 根据结构模型模拟出的衍射图(莫志民等[29])

图 3.10 (a)是沿 **b** 轴拍摄的 τ^2 膨胀正交相的 HREM 图像。明亮的像点也形成了两种不同大小的五边形，边长为 1.23 nm 的大五边形由 6 个边长为 0.47 nm 的小五边形组成，这与 τ^2-$Al_{13}Co_4$ 单斜相中观察到的相同，但大五边形的镶嵌方式与小五边形在正交 Al_3Co 中的镶嵌方式相似，而不是像在单斜 τ^2-$Al_{13}Co_4$ 中那样。以 τ^2 比膨胀的正交(ortho)和单斜(mono)相的晶格参数之间的关系为

$$a_{\text{ortho}}=a_{\text{mono}}\cos(\beta-90°)=3.790\ \text{nm}$$

$$c_{\text{ortho}}=c_{\text{mono}}=3.232\ \text{nm}$$

这一组晶胞参数与从该相的[010]电子衍射图和 HREM 图像中得到的参数一致，晶格参数 b 在两者中大约是相同的。

这种晶格关系表明，以 τ^2 比膨胀的正交相结构也可以从 τ^2-$Al_{13}Co_4$ 的结构中推导出来，即通过在每个(100)面上沿[001]方向重复移动 $c/(1+\tau)$得到。(100)层错的性质与单斜 $Al_{13}Co_4$ 层错相同，但位移约长了 τ^2 倍，即 $c/(1+\tau)$=1.23 nm (这是因为 c 膨胀了 τ^2 倍)。如果在单斜 τ^2-$Al_{13}Co_4$ 的每个单胞上重复出现错排，就会形成一个以 τ^2 比膨胀的正交晶格。基于这一原理，从单斜

Al_3Co 的结构模型可以推导出 τ^2-Al_3Co 的结构模型，其空间群为 $P2_1mn$。图 3.11 (a)和(b)分别显示了位于 $y=0$ 处的 F 层和 $y\approx0.25$ 处的 P 层的原子排列。堆积顺序是 $FPF'P^m\cdots$，其中 F′与 F 通过一个位于 $y=0.25$ 沿[100]方向的二次螺旋轴相关联，P^m 与 P 通过位于 F 层的镜面相关联。

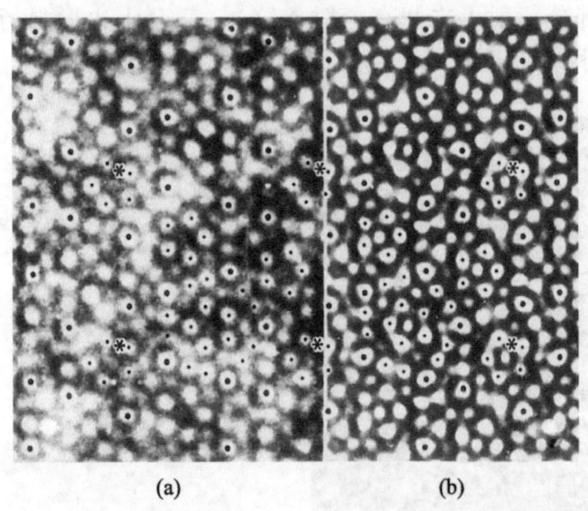

图 3.10　正交 τ^2-Al_3Co 的[010]HREM 图像，单胞的顶点以“*”标记：(a) 实验像；(b) 模拟像(莫志民等[29])

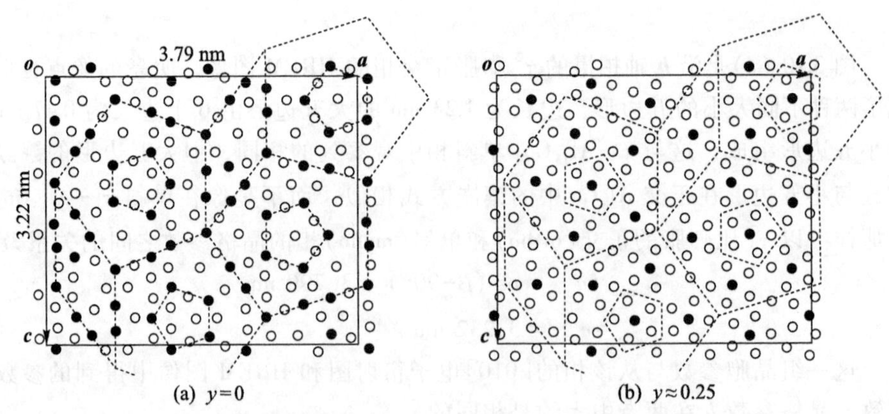

图 3.11　正交相 τ^2-Al_3Co 的结构模型：(a) 位于 $y=0$ 处的 F 层的原子排列；(b) 位于 $y\approx0.25$ 处的 P 层的原子排列。○ Al 原子，● Co 原子；大五边形和小五边形都用细的虚线画出(莫志民等[29])

图 3.9 (b)为基于结构模型模拟出的[010]衍射图，与实验上获得的衍射图相比[图 3.9 (a)]，这个模拟图谱的强衍射点与实验基本一致。

图 3.10 (b)为 τ^2-Al_3Co 正交相的模拟[010]HREM 图像，样品厚度和过焦值分别为 8.15 nm 和+32 nm。对比实验 HREM 图像[图 3.10 (a)]，明亮的像点具有相同的五边形分布，且当亮点的之字形路径穿过左右两幅图像的边界时，没有可识别的不连续，这进一步支持了该 τ^2-Al_3Co 正交相结构模型的正确性。

值得注意的是，禹日成等[30]在 $Al_{70}Co_{15}Ni_{10}Tb_5$ 合金中也发现了类似的 τ^2-相（a=3.68 nm、b =1.60 nm、c=3.20 nm）。其参数 a、c 与之前讨论的 τ^2-Al_3Co 正交相的基本相同，但其参数 b 约为 τ^2-Al_3Co 的两倍。这意味着这两个 τ^2 正交相具有相似的(010)五边形层，但堆垛序列不同。所以，它们的[010]电子衍射图也很相似[将图 3.9(a)与参考文献[30]中的图 1(c)进行比较]。在这些实验工作的基础上，捷克科学家便用 τ^2 和 τ^3 正交相的结构构建了十次对称准晶的结构模型[31]。

3.5 正交 τ^n-Al_3Co 结构

在利用电子显微技术研究 $Al_{13}Co_4$ 结构与缺陷的过程中，我们发现了系列单斜相 τ^n-$Al_{13}Co_4$(n=0、2、3、4、∞)的结构。在此基础上，$Al_{13}Co_4$和 τ^2-$Al_{13}Co_4$ 当中(100)晶面上单胞尺度的重复层错导致了正交 Al_3Co 和 τ^2-Al_3Co 的出现。实际上，τ^n-$Al_{13}Co_4$ 当中的层错和孪晶是高密度存在的(图 3.12)。在详细的电子衍射实验中，我们还发现了正交的 τ^3-Al_3Co[图 3.13(a)3]，它的 a (≈6.1 nm)和 c (≈5.2 nm)的大小分别是 Al_3Co 的 τ^3 倍。根据点阵参数的几何规律，τ^3-Al_3Co 也一定是由单斜 τ^3-$Al_{13}Co_4$ 当中(100)面上层错引起的。此外，

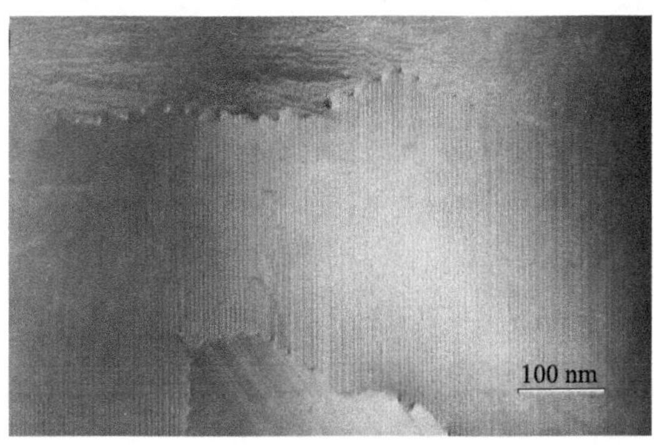

图 3.12 显示 τ^n-$Al_{13}Co_4$ 中高密度的层错和孪晶的电子显微明场像(马秀良[32])

我们还发现一种新的 τ^2-Al_3Co(II)，它的 a（≈7.6 nm）是上面讨论的 τ^2-Al_3Co 的 2 倍[图 3.13(d)]。这一个新的正交相的出现是单斜 τ^2-$Al_{13}Co_4$(100)重复孪晶的结果[图 3.13(c)]。

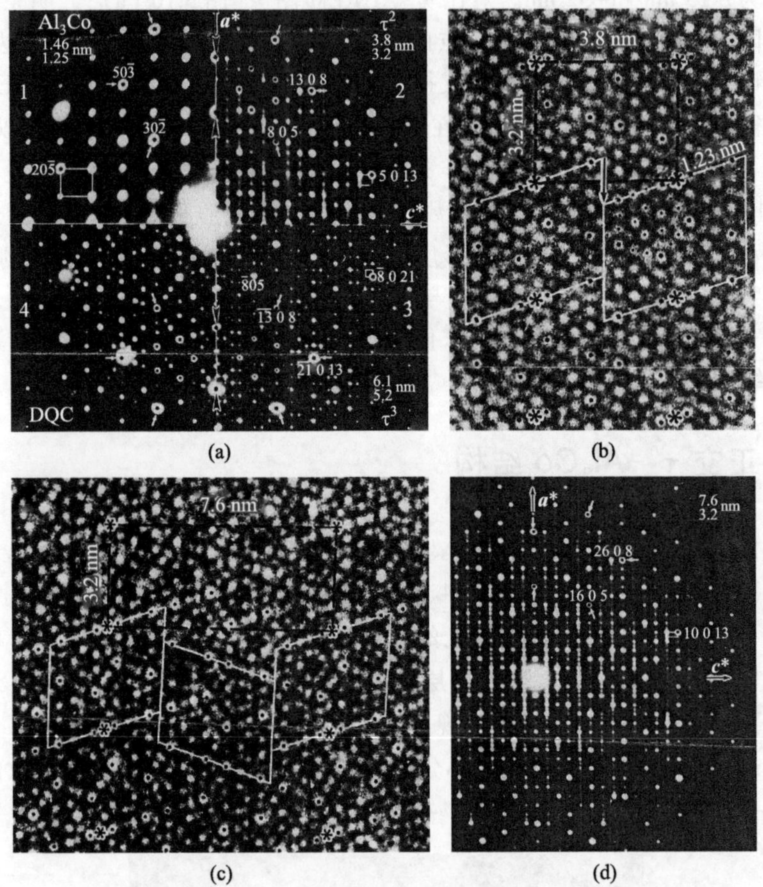

图 3.13 正交 τ^n-Al_3Co 系列相的电子衍射图及其对应的 HREM 图像(马秀良[32])：(a) Al_3Co、τ^2-Al_3Co、τ^3-Al_3Co 以及十次准晶的复合电子衍射图，从图中标定的衍射指数中可以看出它们之间的 τ 或 τ^2 比膨胀关系；(b) 单斜 τ^2-$Al_{13}Co_4$ 的(100)层错导致正交 τ^2-Al_3Co的形成，单胞顶点以"*"标记；(c)、(d)分别是 τ^2-Al_3Co(Ⅱ)的 HREM 图像(c)和电子衍射图(d)，HREM 图像上可以看出它是由单斜 τ^2-$Al_{13}Co_4$ 的(100)重复孪晶演变而来

3.6 Al-Co 合金体系中 $Al_{13}Os_4$ 型单斜相及其正交变体

这里涉及单斜和正交两个物相，其中的单斜相在第 2 章里已经做过简单讨论。这部分工作是与德国 Jülich 研究中心的 B.Groshko 博士合作完成的。针对这一合作，马秀良曾经有过这样的回忆：

“截至 1994 年元月，我在 AlCo 方面的工作分两篇论文相继发表在美国冶金会刊[4,33]”。

“1994 年春季，我在大连补修早就应该修完的博士学位课程(我的策略是在毕业之前的最后一刻，补修课程的同时写学位论文)。一天，郭先生从北京打来电话说：‘德国 Jülich 研究中心的两位学者对我们之前发表的两篇文章有些疑问，并给期刊写了个“Discussion”；按照编辑的要求，我们需要写一个答复，你尽快回京’”。“我稍稍准备了一下就匆匆返回了北京电镜室。郭先生见到我后，把德国人写的那个 Discussion 给我看。由于内容不长，我当着郭先生的面几分钟就浏览完了。我看完后，郭先生跟我对视了几秒钟，然后我俩几乎同时哈哈大笑起来。我说，没想到德国科学家还能犯这种错误。先生说，是呀，冶金学家就容易犯这类错误，我们晶体学家应该好好利用这个机会给他们补一补电子衍射方面的课”。

“这两位学者 B. Grushko 和 C. Freiburg 给 *Metall. Mater. Trans.* 的这个短文[34]，题目叫 *Discussion of Crystallographic Characterization of the Al - Co Decagonal Quasicrystal and Its Monoclinic Approximant* τ^2*-*$Al_{13}Co_4$”。他们认为：① 在 τ^2-$Al_{13}Co_4$ 的粉末 X 射线衍射中，一些峰的位置与六方相 Al_5Co_2 有些相近，所以该套衍射谱应该标定为 Al_5Co_2；② 正交相 Al_3Co 的[100]电子衍射图显示六次对称，所以应该标定为六方相 Al_5Co_2 的[0001]。

“接下来的几天，我和郭先生针对德国学者的每一项疑问愉快地写了答复寄给了美国冶金会刊的编辑，我又匆匆地返回大连继续上课”。

“我们在答复中，详细阐述了如何利用系列电子衍射图来确定一个物相。Grushko 和 Freiburg 强调的具有六次对称的电子衍射图应该标定为六方相 Al_5Co_2 的[0001](我们的标定是正交相的[100])，只能说听起来有道理。假如它是 Al_5Co_2 的[0001]，那么正交相 Al_3Co ($c = 14.6$ A)的(002)衍射点就应该重新标定为六方 Al_5Co_2 的($10\bar{1}0$)，于是得到六方相的 $a = 14.6/(2\cos 30°) = 8.43$ Å。这与已知的六方 Al_5Co_2 的点阵参数($a = 7.656$ Å)显然是不一致的(JCPDS 卡片 3-1080)。此外，六方相的假设也使得[010]、[001]以及通过晶体的倾转得到的其他系列电子衍射图之间不能自洽。单一一张电子衍射图有可能被错误标定，但通过 90°大角度倾转得到的系列电子衍射图显然不会被标错”。

“Grushko 和 Freiburg 还认为τ^2-$Al_{13}Co_4$ 的粉末 X 射线衍射谱中的强峰应该标定为六方相 Al_5Co_2。我们对τ^2-$Al_{13}Co_4$ 的粉末 X 射线衍射与 Al_5Co_2 标准的 X 射线卡片进行了详细比较。在面间距为 3.85～1.06 Å 的范围内，我们发现对应τ^2-$Al_{13}Co_4$有 40 个衍射峰；在这个范围内 Al_5Co_2 有 38 个衍射峰。其中，在±0. 01 Å的精度范围内，只有 11 个衍射峰是重贴的。此外，τ^2-$Al_{13}Co_4$ 的最强(d=2.037 Å)和次强(d = 2.048 Å)衍射峰都不在 Al_5Co_2 标准的衍射谱里；Al_5Co_2 的次强衍射峰(d=1.91 Å，I/I_1=90)也不在我们的τ^2-$Al_{13}Co_4$ 衍射峰里。虽然 Al_5Co_2 的最强衍射峰(d=1.92 Å) 与τ^2-$Al_{13}Co_4$ 的 12 0 16 (d=1.917 Å)几乎重叠，但是我们观察到的峰的强度很弱(I/I_1 = 11)。因此，Grushko 和 Frieburg 认为单斜τ^2-$Al_{13}Co_4$ 的衍射谱应标定为六方 Al_5Co_2，显然是不成立的。需要补充说明的是，我们在标定单斜τ^2-$Al_{13}Co_4$ X 射线衍射谱的过程中，经过了多种方法的验证。一方面参考十次对称准晶的粉末衍射谱，另一方面也参考τ^2-$Al_{13}Co_4$ 的系列电子衍射谱”。

“德国学者的疑问和我们的答复于 1994 年 11 月发表[34]。我们的答复显然得到了 Grushko 和 Freiburg 两位学者的高度认同。1996 年初，Grushko 听说我受洪堡基金会的资助正在距离 Jülich 不远的 Dortmund 做访问学者，于是他发邮件给我，表示想过来见我。邮件里还说他手头有个 X 射线衍射谱无法标定，希望我能够用电子衍射帮忙确定一下这个物相，然后他就可以借鉴电子衍射图的指数来标定 X 射线粉末衍射图。显然，这是 1992—1994 年我那两篇文章里的套路，我倒是有十足的把握”。

“一个星期五的上午，我们如期见面。他滔滔不绝，说自己喜欢这个方向，这一辈子就干这个了……。他还说从我们 1994 年那个“答复”当中学到了不少东西，并表示感谢。他拿出一张扫描电镜照片(图 2.69)，说这张照片里显然有两个物相，但其对应的 X 射线衍射图却无法用任何一个已知相进行标定。我看了看这张图片的标尺，对利用电子衍射确定这两个物相成竹在胸”。

通过详细的电子衍射分析，可以确定出那个具有树枝状的晶体是一个具有 C 心点阵的单斜相(图 2. 66)，它与 $Al_{13}Os_4$ 具有相同的结构；包裹着这一单斜相的是一个与之密切相关的体心正交相。较小的单斜相作为一种分叉的针状孪生结构嵌入在正交相基体中，两者的界面处有高密度的位错。从形貌上看，有点像钢经过马氏体相变后的组织。该样品是 Grushko 在 1100 ℃退火后迅速淬火得到的，因此发生这种相的转变也可以解释。图 3.14 是对应图 2. 65 微观组织的透射电子显微镜(transmission electron microscope, TEM)暗场像。

图 3.15 是正交相的主要晶带轴的电子衍射图。在三个基本晶带轴的电子衍射图上，都可以画出边长不等的有心正交格子(即每一个倒易面都具有面心特征)，所以，在倒易空间上它是一个面心正交点阵，对应实空间它就是一个体心正交点阵。这个体心正交点阵可以进一步通过[110]、[011]、[101]得到验证。图 3.16 分别是沿[302]、[023]、[370]晶带轴的会聚束电子衍射谱，从中可以看到，在垂直于倒易矢量 $\boldsymbol{a}^*$、$\boldsymbol{b}^*$、$\boldsymbol{c}^*$ 方向上都有一个镜面。这说明该正交结构的点群是 mmm。考虑到 $h+k+l=$奇数的一般消光条件，可以确定其可能的空间群为 Immm，晶格参数为 $a=1.531$ nm，$b=1.235$ nm 和 $c=0.758$ nm。

图 3.14 中树枝状晶体的不同"树枝"彼此成(100)孪晶关系，并且与正交相基体有晶体学取向关系。正交相和单斜相的[010]方向是相互平行的，相应的电子衍射图样也基本一样。比较两个物相的电子衍射图，我们可以得到两者之间的取向关系：$[100]_m /\!/ [101]_o$，$[131]_m /\!/ [110]_o$ 和 $[101]_m /\!/ [100]_o$。倒易矢量之间的关系为 $[200]_o^* = [200]_m^*$，$[002]_o^* = [\bar{2}02]_m^*$ 和 $[060]_o^* = [020]_m^*$。由此得出 $a_o = a_m\cos(\beta-90°)$，$b_o = 3b_m$ 和 $c_o = c_m$。这两种相的差别不是简单地在 $\boldsymbol{b}$ 方向上的堆垛周期不同，而是它们的对称性是完全不同的。

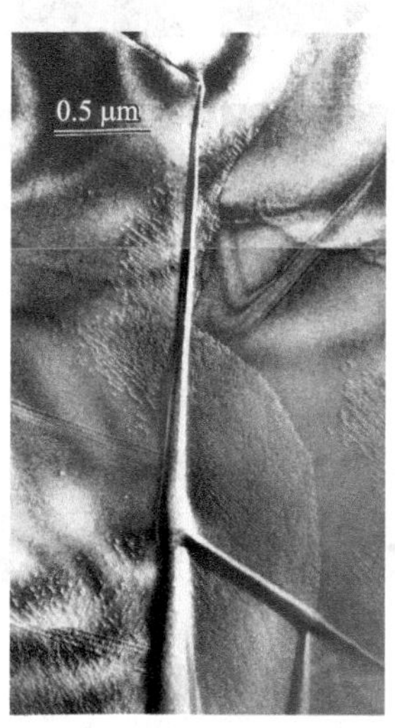

图 3.14 $Al_{76.5}Co_{23.5}$ 透射电子显微暗场像，样品经 1373 K 退火后淬火。图中可以看到两相界处有高密度的位错塞积(马秀良等[35])

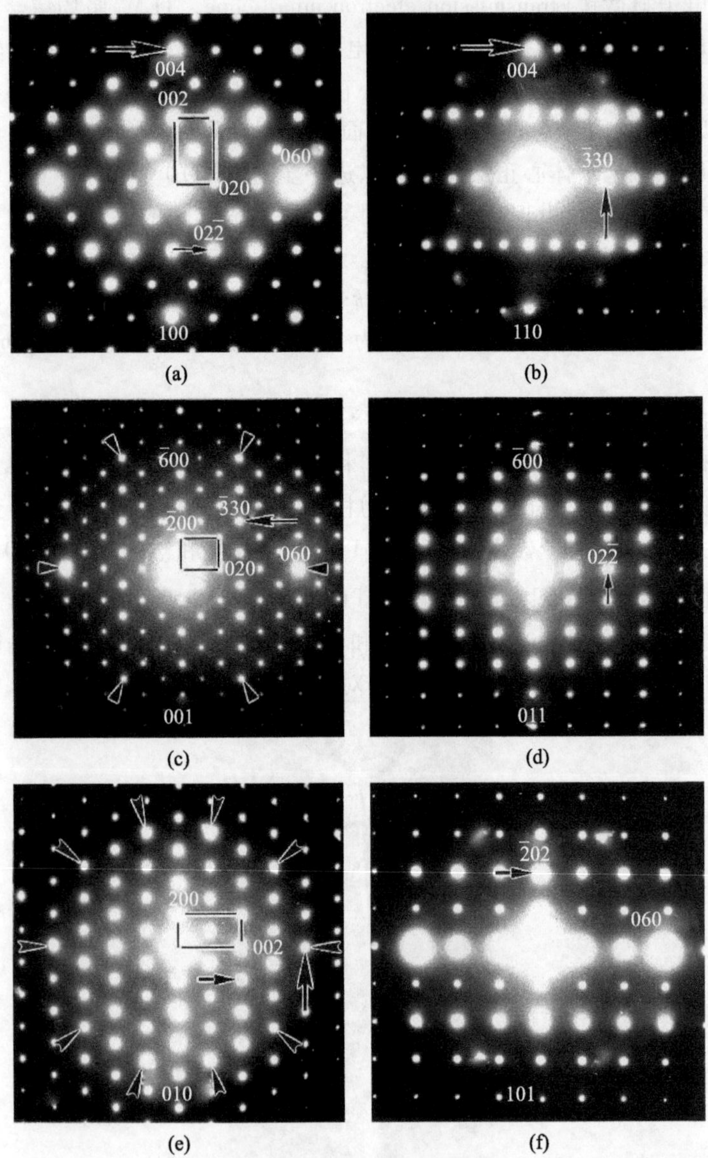

图 3.15　体心正交相的电子衍射图谱。三个平面倒易胞在(a)、(c)、(e)中做了勾画和标定，在倒易空间中显然它具有面心正交点阵。[010]电子衍射图中显示出 10 个强衍射斑点(箭头标出)，[001]电子衍射图中强斑点构成伪六边形，这些特征都表明该体心正交相与十次准晶具有结构相似性(马秀良等[35])

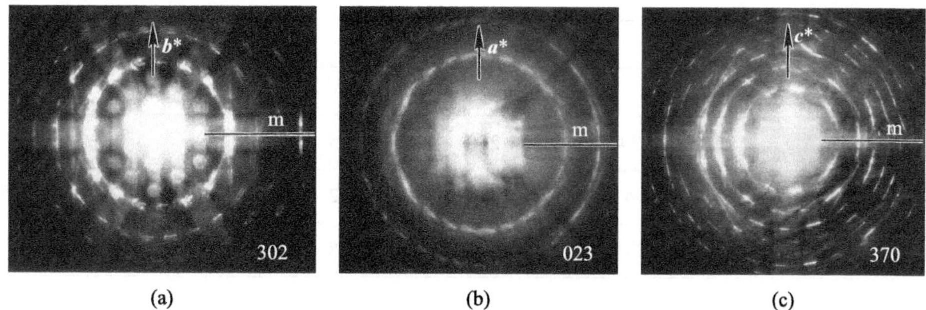

图 3.16 在高指数晶带轴拍摄的会聚束电子衍射谱，目的是验证是否有垂直于 ***a***、***b***、***c*** 的镜面：(a) [302]晶带轴；(b) [023]晶带轴；(c) [370]晶带轴。选择高指数晶带轴拍摄的原因是尽可能避免高阶劳厄斑(或劳厄环)的严重叠，以便于准确判断对称元素(马秀良等[35])

3.7 Al-Mn-Cu 十次准晶的正交晶体近似相

在 Al-Mn-Cu 体系中，已知存在两种富 Al 的正交合金相：一种是 $Al_{20}Mn_3Cu_2$[36]，另一种叫 Y-AlMnCu[37]。前者与 $Al_{60}Mn_{11}Ni_4$[5] 和 T3 AlMnZn[38] 具有相同的晶格，而且可能具有相似的结构[6]。1992 年，李兴中和郭可信[39] 在对二元 Al_4Mn 合金的研究中，发现了一种与 $Al_{20}Mn_3Cu_2$ 具有相同结构的新正交相，被称为 π-Al_4Mn 相，以区别于其他两种化合物 λ-Al_4Mn 和 μ-Al_4Mn。因此，这里我们把与 π-Al_4Mn 具有相同结构的 $Al_{20}Mn_3Cu_2$ 简单地描述为 π-AlMnCu。化合物 Y-AlMnCu 的晶格与 Al_3Mn[1] 相同，也被称为 HT $Al_{11}Mn_4$[40]，但这两种化合物的结构尚未确定。π 相和 Y 相的晶格参数和相关数据见表 3.2。

表 3.2 π 相和 Y 相的点阵参数和相关数据(参数 *a* 和 *c* 括号内的数值是计算值，参见表 3.3)

物相	点阵参数/nm			参考文献
	a	*b*	*c*	
Al_3Mn	1.479 (1.45)	1.242	1.259 (1.23)	[1]
Y-AlMnCu	1.48 (1.45)	1.24	1.26 (1.23)	[9]
π- Al_4Mn	2.36 (2.34)	1.24	0.77 (0.76)	[39]

续表

物相	点阵参数/nm			参考文献
	a	*b*	*c*	
$Al_{60}Mn_{11}Ni_4$	2.380 (2.34)	1.250	0.775 (0.76)	[5]
$Al_{20}Mn_3Cu_2$	2.42 (2.34)	1.25	0.772 (0.76)	[6]
AlMnZn (T3)	2.38 (2.34)	1.26	0.778 (0.76)	[38]

Al-Mn 合金中的二十面体准晶发现之后，Elser 和 Henlen 报道了与 Al-Mn 二十面体结构密切相关的 AlMnSi 体心立方结构，其由两层二十面体亚单元组成。他们提出这种结构可以通过将无理数 τ 替换为二十面体准晶中原先由两个连续的斐波那契数(0，1，1，2，3，5，8，13，…)的有理数之比的方式来得到，并称这种相关的结晶相为二十面体准晶近似相[41]。现已证明，立方结构 AlMnSi 是 1/1 型的 Al-Mn 二十面体近似相，其参数 $a=1.268$ nm。立方结构的 Al_5Li_3Cu 由 $a=1.391$ nm 的 Pauling-Bergman 二十面体亚单元组成的，这是属于 1/1 型的 Al-Li-Cu 体系的近似相。十次对称准晶是二维的准周期结构，其周期性的十次轴垂直于准周期面。张洪和郭可信[24]研究了十次对称准晶的正交近似相，这种相来自把无理数替换为斐波那契数之比的有理数，这种替换发生在准周期面上的两个相互垂直的二次轴方向。这种正交近似相的 *a* 和 *c* 值见表 3.3。

表 3.3　十次对称准晶有理近似相的参数 *a* 和 *c*(计算值)

斐波那契数比	1/0	1/1	2/1	3/2	5/3	8/5
a/nm	0.76	1.23	1.99	3.23	5.22	8.44
c/nm	0.90	1.45	2.34	3.79	6.13	9.92

通过将 Al-Mn-Cu 化合物的晶格参数与计算数据进行比较，可知这两种 Al-Mn-Cu 化合物可能都是十次准晶的近似相，它们的 ***b*** 轴就是伪十次轴。事实上，这两个相与十次准晶在 $Al_{10}Mn_3Cu_{0.1-0.2}$ 合金中共存。由于这两个相的晶格都可以由彭罗斯准晶格导出，因此它们之间必然存在着取向关系和结构关系。

3.7.1　正交近似相

李兴中等[9]发现在淬火的 $Al_{10}Mn_3Cu_{0.1-0.2}$ 合金中，主要组成是十次准晶。

图 3.17 (a)、(b)和(c)是其相互正交的十次轴(10)以及两个二次轴(2P 和 2D)的电子衍射图(这种命名源于冯国光研究员等[42])。从中心斑到 0.2 nm 的强斑点[图 3.17 (c)中的箭头所示]被六等分，所以该准晶沿十次轴的周期约为 1.2 nm。

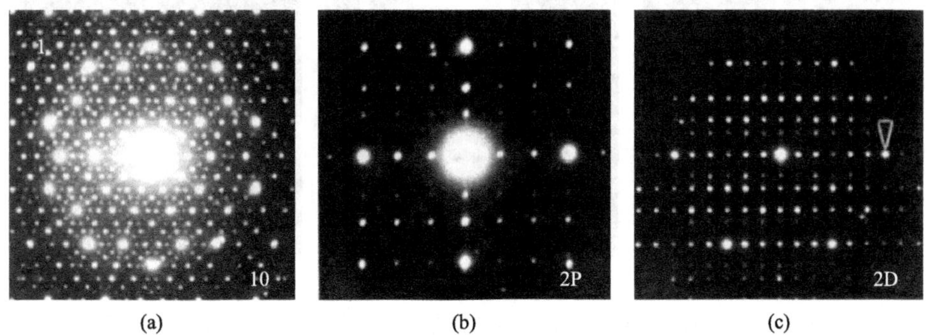

图 3.17 (a) AlMnCu DQC 的十次轴电子衍射图；(b) 2P 电子衍射图；(c) 2D 电子衍射图(李兴中等[9])

图 3.18 (a)~(c)分别为正交 π-AlMnCu 相的三个相互垂直轴向的 EDP，而 Y-AlMnCu 对应的 EDP 如图 3.19 所示。图 3.17~图 3.19 中各 EDP 的排列是基于它们之间的取向关系，即晶体相的 ***b*** 轴与 DQC 十次轴平行，***a*** 轴与 ***c*** 轴分别平行于 2P 方向和 2D 方向。这两种正交晶体的[010] EDP 由排列成完美二维阵列的衍射点组成，与 DQC 的十次轴 EDP 中衍射点的非周期性分布形成对比，说明点阵在(010)平面上的周期性排列。然而，图 3.18 (a)和图 3.19(a)中用箭头标出的 10 个强斑几乎构成一个圆，大约与图 3.17 (a)中 DQC 对应的位

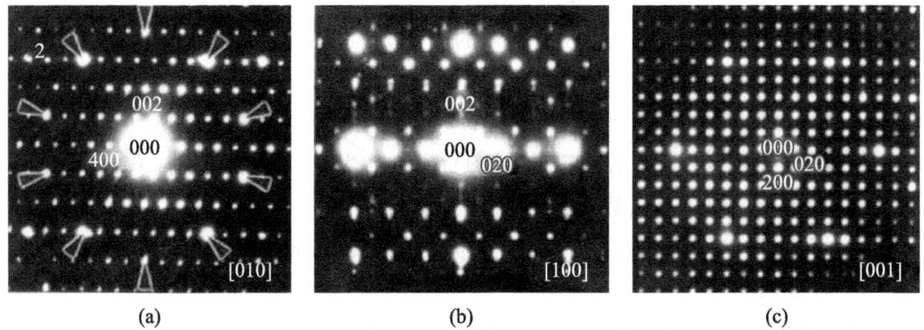

图 3.18 π-AlMnCu 相的三个相互垂直的基本晶带轴的电子衍射图：(a) [010] EDP，具有伪十次对称性，对应于 DQC 的十次轴；(b)[100] EDP；(c) [001] EDP(李兴中等[9])

置相同。这意味着，这两个 Al-Mn-Cu 正交化合物可能与 DQC 具有类似的五边形亚单元。张洪和郭可信[24]曾计算了 Y-AlMnCu 相和作为 DQC 正交近似相的同构结构 Al_3Mn 或 $Al_{11}Mn_4$ 的[010] EDP，它们与图 3.19 (a)非常相似。

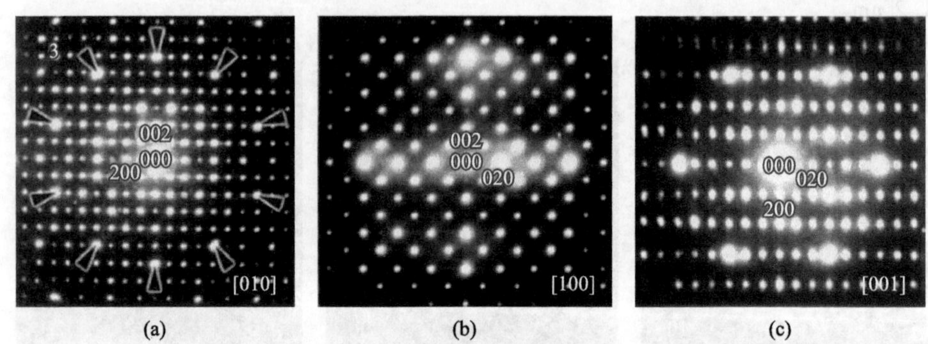

图 3.19　Y-AlMnCu 相的三个相互垂直的基本晶带轴的电子衍射图：(a)[010] EDP，具有伪十次对称性，对应于 DQC 的十次轴也对应于 π-AlMnCu 的[010] EDP；(b)[100] EDP；(c) [001]EDP(李兴中等[9])

值得注意的是，π 相和 Y 相具有与 DQC 沿十次轴的周期几乎相同的参数 *b*。衍射斑点在这个方向上的分布也很相似，其中第 6 个斑点是最强的。目前发现的所有 DQC 都具有一个基本厚度为 0.4 nm 的层结构[43]，其沿十次轴的周期是该值的倍数，对 π 相和 Y 相而言，这个倍数为 3。此外，在[100] EDP 中形成正方形的强点和在[001] EDP 中形成六边形的强点分别与 DQC 的 2P 和 2D EDP 中的强点相似。所有这些都意味着 DQC 和它的这两个正交近似相的周期性叠加序列可能相同。然而，近似相中的(010)层本身是周期性的，而 DQC 中的(001)层本身是非周期性的。

根据图 3.18 和图 3.19 中标注出来的衍射斑点，这两个化合物的消光和对称性可以总结如下。

π-AlMnCu：

(1) 0*kl* 只有 *k*+*l*=偶数出现，(100)面的 b 滑移(B 心)或 n 滑移；

(2) *h*0*l* 只有 *h*+*l*=偶数出现，(010)面的 B 心；

(3) *hk*0 只有 *h*=偶数出现，(001)面的 B 心或 a 滑移。

Y-AlMnCu：

(1) 0*kl* 只有 *k*+*l*=偶数出现，(100)的 n 滑移；

(2) *h*0*l* 不消光；

(3) *hk*0 只有 *h* =偶数出现，(001)面的 a 滑移。

前者的空间群可能为 Bbmm，相当于 Robinson[5]和 Damjanovic[38]确定的

Cmcm，后者的空间群也与 Taylor [1] 提出的 Al_3Mn 的空间群 Pnma 或 $Pn2_1a$ 一致。值得注意的是，前者的 B 心在后者中消失了。

这些关系表明，这两种具有大单胞参数的正交晶体，可能是 DQC 的近似相。它们的晶格参数 a 和 c 与张洪和郭可信[24]对 DQC 近似相的预测非常一致。

3.7.2 正交关系和多重孪晶

由于 π-AlMnCu 和 Y-AlMnCu 两相的正交点阵都可以由同一个十边形准晶格导出，所以它们之间也必然是相关的。从图 3.17~图 3.19 可以很明显得出

$$[100]_\pi \parallel 2P_{DQC}, \quad [100]_Y \parallel 2P_{DQC}$$
$$[010]_\pi \parallel 10_{DQC}, \quad [010]_Y \parallel 10_{DQC}$$
$$[001]_\pi \parallel 2D_{DQC}, \quad [001]_Y \parallel 2D_{DQC}$$

当然，$[010]_\pi \parallel [010]_Y$，是因为 DQC 的十次轴是唯一的。但这并不意味着 $[100]_\pi \parallel [100]_Y$ 和 $[001]_\pi \parallel [001]_Y$ 成立，这是因为在 DQC 中有十个对称的、等价的 2P 和 2D 方向。因此，这两个正交相的取向关系仍然是一个有待解决的问题。

图 3.20 (a)是这两个相的一个复合[010] EDP，它们的倒易平面胞之间的关系如图 3.20 (b)。显然，$(100)_Y \parallel (\bar{1}01)_\pi$ 成立，且两个 $\boldsymbol{a}^*$ 轴相隔 108°。这就确定了这两个相之间的取向关系，如图 3.20 (c)所示，具体尺寸关系如下：

$$a_Y = 2c_\pi \cos(\pi/10), \quad b_Y = b_\pi, \quad c_Y = a_\pi / [2\cos(\pi/10)]$$

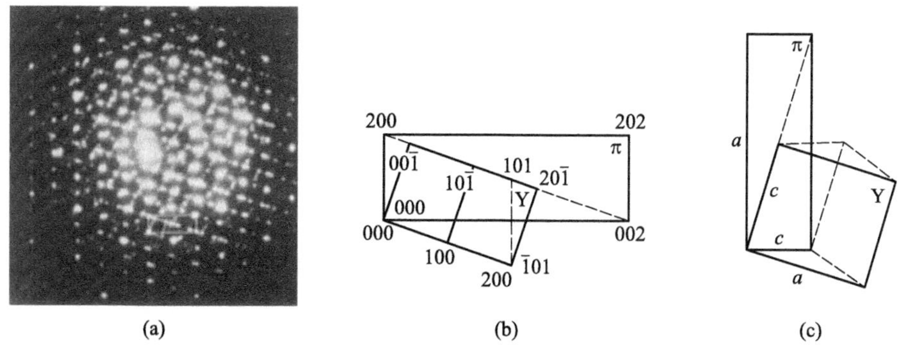

图 3.20 (a) AlMnCu 合金中 π 相和 Y 相的[010]轴复合 EDP；(b)复合电子衍射图指标化示意图；(c)两相的取向关系和单胞特征(李兴中等[9])

显然，这两个单胞具有相同的体积，在(010)平面上它们都由两个 72°平行四边形组成，尽管它们是不同镶嵌的。在 π 相中，平行四边形取向一致，形成 B 心矩形单胞。另一方面，平行四边形在 Y 相中有两个不同的交替取向，

并以$(110)_\pi$为界面。显然，这两个正交晶格是密切相关的，这就是一个晶格很容易变成另一个晶格的原因，反之亦然。

图 3.21 (a)为 π 相和 Y 相沿[010]方向的晶格像，图 3.21 (b)为可以推断的结构关系示意图。π 相和 Y 相都很容易孪生，Robinson 曾于 1952 年就用 X 射线衍射方法研究了 π-AlMnCu 中的十次孪晶关系[6]。图 3.22 显示了这些围绕[010]轴旋转孪晶的 36°扇形形貌，这是由 S. C. Wang 博士在一种工业铝合金(4.19 at.% Cu，1.5 at.% Mg，0.62 at.% Mn，0.49 at.% Fe 和 0.48 at.% Si)中发现的[9]。

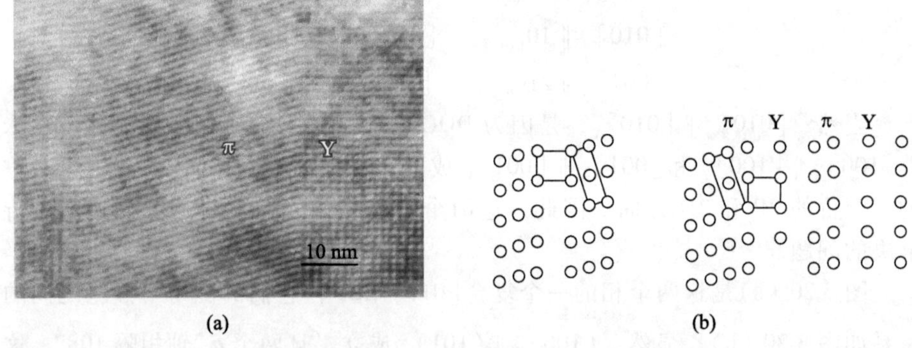

图 3.21　(a) [010]晶格像显示 π 相和 Y 相共生关系；(b) 对应实验像的两个不同晶格的示意图(李兴中等[9])

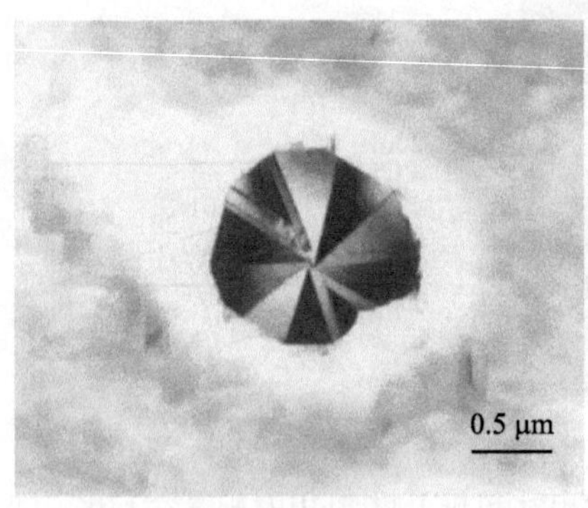

图 3.22　工业 Al-Cu-Mg-Mn 合金中 π 相的十次孪晶的 36°扇形形貌(李兴中等[9])

π-$Al_{60}Mn_{11}Ni_4$ 和 π-AlMnZn 相的结构已经为人所知[5]。正如李兴中和郭可信[39]指出的，B 心的 P 层和 F 层的基本单元都是一个扁平的六边形。这些 72°扁平六边形的平行网格化形成了一个 B 心矩形平面晶格，如图 3.23 (a)。

10个这样的点阵反过来形成十次孪晶且孪晶界在图 3.24 中用粗线凸显出来，这个示意图也解释了为什么 π 相很容易孪生。

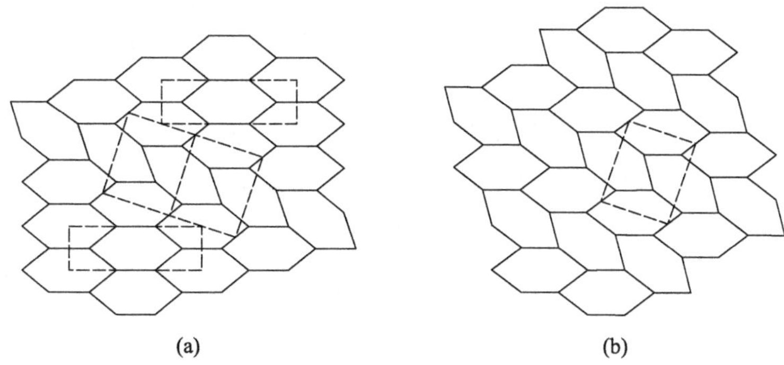

图 3.23 （a）取向一致的六边形形成 π 相的 *B* 心矩形点阵，中心部分两个平移 π 畴的孪晶界或畴界是 Y 相的一个片层；（b）两个不同取向的六边形交替排列形成 Y 相(李兴中等[9])

很明显，这种 36°旋转孪晶可以存在于所有其他以边比为 tan 18°的 B 心晶格中，如 NiZr[44]，也可以存在于 $\beta \approx 108°$ 的单斜晶格中，如 $Al_{13}Fe_4$[45]。高分辨率电子显微图像和暗场像清楚地显示了这些孪晶的 36°扇形结构。

图 3.24 由六边形构成 π 相的十次旋转孪晶的示意图，粗线条勾画出孪晶边界(李兴中等[9])

这种旋转孪晶界提供了这些扁平六边形镶嵌的另一种构型，就像图 3.23 (a)所示的那样。图 3.23 (b)中，相邻的两个扁平六边形具有不同的取向，它们共同构成一个矩形网格。与 B 心矩形单元一样，这种简单矩形单元[图 3.23 (b)]也包含两个扁平的六边形，并与 π 相具有相同的体积。在这种情况下，Y 相可以被认为是两个不同取向的扁平六边形链的交替镶嵌，而 π 相是同一取向的扁平六边形链的镶嵌，这也可以称之为单胞孪生且发生在许多氧化物和矿物质中。

很明显，π 相的畴界是 Y 相的片层[如图 3.23 (a)的中心部分]；相反，两个 Y 相的畴界是 π 相片层，无论它们是旋转畴还是平移畴。这类似于五边形 Frank-Kasper 相的畴结构，例如 Laves-μ 畴[20,46]，也类似于六边形 Frank-Kasper 相的畴结构，例如 σ-H 畴[47,48]。这就解释了为什么这两个相会频繁地共生，如图 3.21 所示。

3.7.3 π-$Al_{20}Cu_2Mn_3$ 中复杂孪晶的原子尺度成像

王静等[49]利用具有原子尺度分辨能力的像差校正电子显微镜系统研究了 π-$Al_{20}Cu_2Mn_3$ 中的复杂孪晶，不仅证实了滑移反映孪晶，同时还发现了镜面对称孪晶[9,50,51]。

图 3.25(a)是电子束沿 ***b*** 轴方向得到的 HREM 像，这里可以清楚地看到沿着竖直方向的孪晶界(twin boundary，TB)。图 3.25(b)和(c)分别对应完整区域和(101)孪晶区域的电子衍射图。从图 3.25(c)中可以清楚看到两套互成孪晶关系的衍射斑点，它们相互成 36°，并沿(101)面成对称关系。图 3.25(d)是该孪晶的高分辨高角环状暗场-扫描透射电子(high angle annular dark field-scanning transmission electron microscope，HAADF-STEM)像，可以看到扁长六边形结构单元(elongated hexagonal subunits，简称 H 结构单元)。对于每一个 π-$Al_{20}Cu_2Mn_3$结构变体，H 结构单元平行相连，每一个单胞包含两个基本结构单元。孪晶由这些 H 结构单元相互成 36°倾转形成，即孪晶是通过(101)面的镜面反映然后滑移 1/4[101]而形成。这种类型的孪晶由单一的 H 结构单元按照滑移反映方式形成。

无论是正交 π-$Al_{20}Cu_2Mn_3$ 还是第 2 章介绍的单斜 $Al_{13}Fe_4$ 和 τ^2-$Al_{13}Co_4$，滑移反映孪晶都是普遍存在的，这是由于只有通过滑移，才能保持孪晶界处原子的有效匹配。相比之下，单质金属中的孪晶结构，通常仅仅通过镜面对称即可完成。那么，在复杂合金相中是否也有镜面对称型孪晶，长期以来却存在一些争议[50-53]。π-$Al_{20}Cu_2Mn_3$ 相是由扁长六边形的结构单元构成的，如果存在镜面对称型的孪晶，很明显从几何学来说这类孪晶没有办法完全由 H 结构单元构成。也就是说如果存在这种镜面对称型孪晶，那么孪晶界面处一定存在一种特殊的结构单元或者某种类型的缺陷来填补这种几何学上的不合理性。

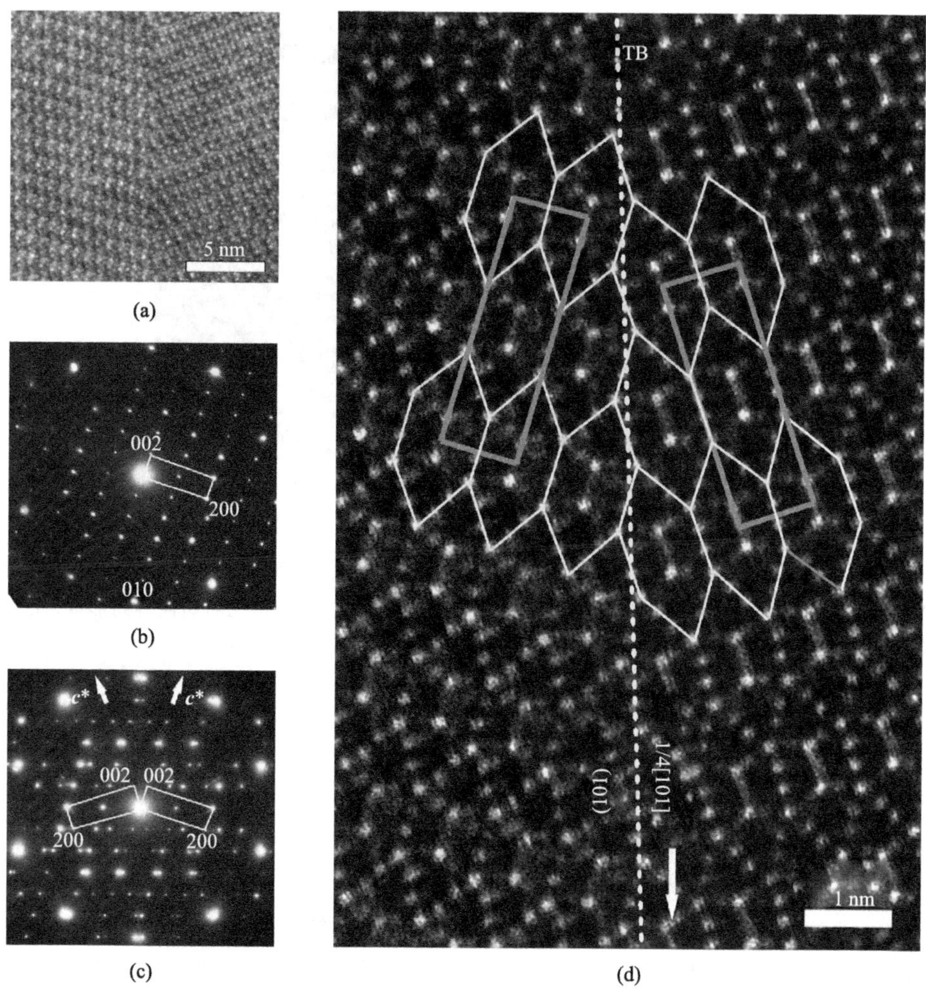

图 3.25 (a)沿 ***b*** 轴方向得到的包含孪晶界的 π-$Al_{20}Cu_2Mn_3$ HREM 像；(b)单一畴的[010]电子衍射图；(c)孪晶的复合电子衍射图，两套沿(101)面并相互成 36°倾转对称的孪晶衍射斑；(d)孪晶的高分辨 HAADF-STEM 像(王静等[49])

图 3.26(a)给出了正交 π-$Al_{20}Cu_2Mn_3$ 中镜面对称孪晶的原子像，可以看出这种孪晶界是由领带结形状的(bow-tie-shaped, BT)结构单元沿着孪晶界周期性排列，BT 结构单元两侧的 H 结构单元互成严格的镜面对称关系。

如果该镜面对称孪晶在其孪晶界以两列 BT 结构单元出现，那么就形成了一种新的滑移反映孪晶，如图 3.26(b)。这种孪晶的滑移方式与前面介绍的单纯 H 结构单元的滑移是一样的，滑移量也是 1/4[101]。

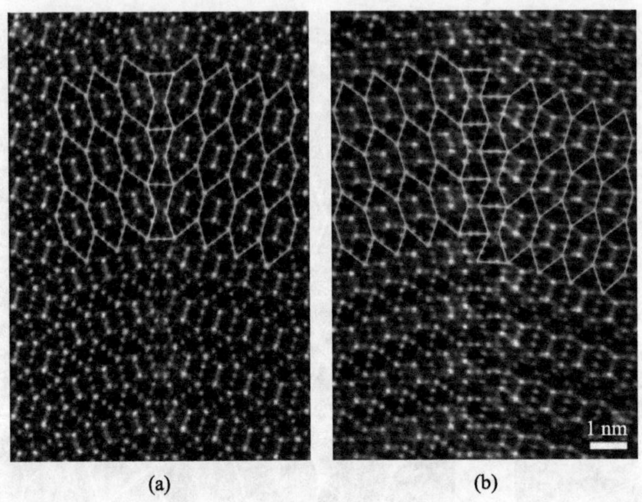

图 3.26　正交 π-$Al_{20}Cu_2Mn_3$ 中两种新的孪晶结构：(a) 镜面对称孪晶的高分辨 HAADF-STEM 像，这种新型孪晶的界面由一列 BT 结构单元周期性排列而成；(b) 一种滑移反映孪晶结构的 HAADF-STEM 像，这种新型孪晶的边界由两列 BT 结构单元周期性排列形成(王静等[49])

由于正交 π-$Al_{20}Cu_2Mn_3$ 相中(101)和(10$\bar{1}$)两面之间相差约 36°，而(101)和(10$\bar{1}$)在晶体学上是等价的，所以，如果(101)-(10$\bar{1}$)交替同时出现，就形成了所谓的十次孪晶。但是，严格意义上，(101)和(10$\bar{1}$)两面之间不是 36°，所以，十次孪晶中一定存在较大的应变。王静等[49]发现这种应变以重元素 Cu 的偏聚得到了松弛，这可以在图 3.27 的多重孪晶高分辨率原子序数 Z 衬度像上得到验证。从图中可以确定 9 个方向的孪晶片层(分别标注为Ⅰ~Ⅸ)。Cu 元素富集区域位于Ⅸ孪晶片层与Ⅰ、Ⅱ和Ⅲ的边界，这些孪晶片层之间的夹角分别近似为 72°、108° 和 144°。这种复杂的孪晶界面存在大量的复杂缺陷，而这些缺陷呈现的多边形形态可以由周围的 H 结构单元在外围拼接形成，如图 3.27(c)、(d)。从高分辨率原子序数 Z 衬度像上来看，这些复杂缺陷处存在大量明亮的像点，意味着重元素(Cu)的可能偏聚。有关固溶元素向缺陷处的迁移及其对体系自由能的影响，Kirchheim[54]曾从理论的角度进行过讨论。

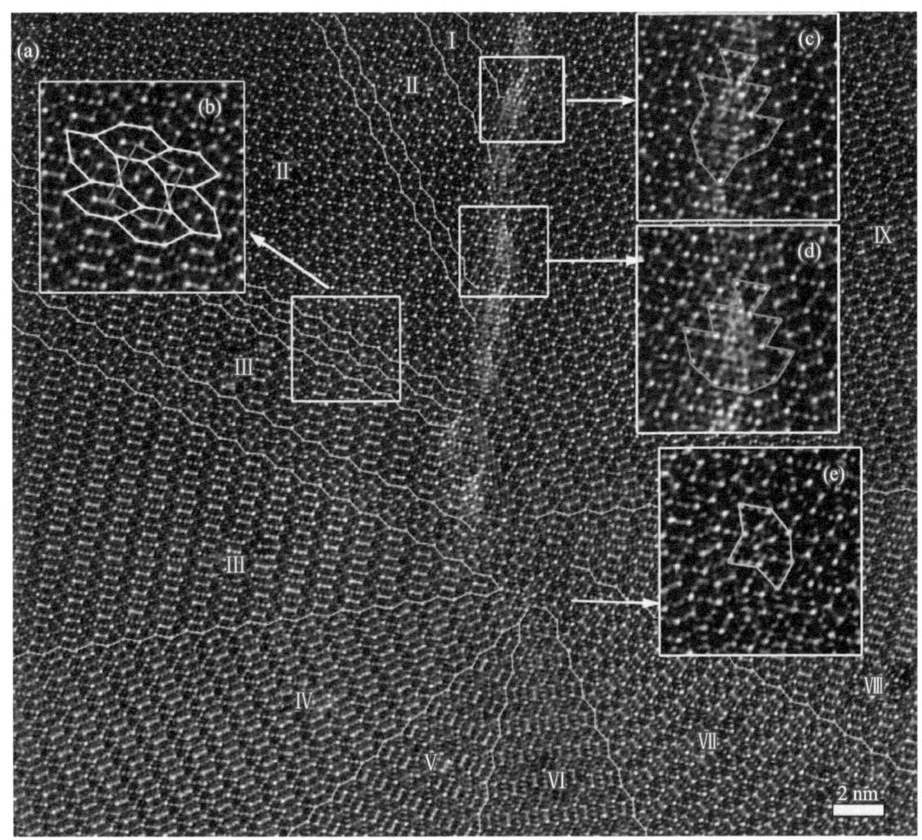

图 3.27　(a) π-$Al_{20}Cu_2Mn_3$ 颗粒中心区域的高分辨 HAADF-STEM 像，可以看到这个颗粒是由 9 个孪晶片层组成的(分别标注为 Ⅰ ~ Ⅸ)；(b) 两个不同取向的扁长六边形交替排列，实际上形成了一个 Y 相片层；(c)、(d)两个复杂的缺陷，这种类型的缺陷形状不固定，而且缺陷内部的原子可能是无序排布；(e) 在多个孪晶片层的交界位置存一个 B 型的结构，这个结构单元的形状固定而且内部原子有序排列(王静等[49])

3.8　2024 铝合金的局域腐蚀

纯铝的电极电位很低(－1.67 V/SHE①)，但由于其表面能形成一层连续致密的氧化铝膜而具有非常优异的抗腐蚀性能。相较于纯铝，铝合金中大量存在的第二相强化粒子属于金属间化合物。虽然这些第二相赋予了铝合金高的强

---

① SHE 是 standard Hydrogen Electrode 的简写，即标准氢电极。

度，但是由于其造成铝合金表面氧化膜的不均一、不连续，加之第二相粒子与基体铝存在电位差，使得铝合金的耐局部腐蚀能力很差，尤其是在有 Cl^- 存在的服役环境中，容易发生点蚀[55-58]。

2XXX 系合金包括 Al-Cu-Mg 系、Al-Cu-Mn 系、Al-Cu-Mg-Si-Mn 系和 Al-Cu-Mg-Fe-Ni 系。Al-Cu-Mg 系因其具有高的比强度、良好的塑性及易于加工等一系列优异的机械性能，成为 2XXX 系铝合金中应用最为广泛的一类。其中，2024 铝合金中除了包含主要的合金元素 Cu 和 Mg 外，还有 Mn、Ti 等少量添加元素及 Fe、Si 等杂质元素。

3.8.1　2024 铝合金中的 S 相及其在介质条件下的局域溶解

2024 铝合金具有的优良机械性能，这主要源于在热处理过程中获得的沉淀强化相，其中 S 相是最重要的沉淀强化相，且其强化效果可以通过时效处理改变 S 相的微观结构进行调节[59-64]。时效最初阶段是 GPB 区的形成，有文献[65,66]认为 GPB 区是 Cu 和 Mg 元素的共同聚集区，然后会形成纳米尺度的 S′或者 S″沉淀过渡相，最后才形成 S 相。S′相的结构与 S 相相同，只是晶格常数有所差异[67]。S 相是一种正交结构(图 3.28)，空间群为 Cmcm，每个单胞中有 16 个原子，晶格常数为 $a = 0.400$ nm、$b = 0.923$ nm、$c = 0.714$ nm，但是关于 S 相中原子的具体占位一直存在争议。关于 S 相的精细结构存在争论的主要原因是 S 相尺寸小而且在 Al 基体中的占比较小。受到基体的影响，X 射线衍射很难成功地确定 S 相的精细结构。

2024 铝合金的点蚀总是优先在 S 相处发生。通常，人们普遍通过“第二相相对基体电极电位的高低”来解释 S 相电化学活性相对较高的原因，如 Buchheit 等[69]在溶液体系中测量了第二相粒子的腐蚀电位，发现与基体相比，S 相的腐蚀电位相对较低，作为阳极性粒子而发生溶解。根据扫描电子显微镜下的能量色散 X 射线谱(scanning electron microscope-X-ray energy dispersive spectrum，SEM-EDS)成分分析，S 相作为活性阳极首先发生 Mg、Al 的选择性溶解，随着溶解的进行，S 相变得富 Cu，导致电极电位逐渐正移，S 相转变为阴极性组分，导致其周围基体溶解，进而引发点蚀[70-75]。

但是，人们同时也发现[76,77]，在腐蚀初始阶段，并不是所有的 S 相都发生溶解，这说明 S 相作为 2024 铝合金的点蚀形核位置，其活性存在差异。更为细致的研究表明，不但不同 S 相粒子之间存在溶解活性差异，同一 S 相粒子内部的不同位置也存在活性差异[77,78]。第二相粒子之间及其内部的显微结构及化学组成的差异是造成这种活性差异的可能原因。然而由于以往研究手段的空间分辨率低以及无法同时捕捉显微结构和成分信息等方面的限制，尚没有建立二者之间的内在联系，从而制约了对铝合金点蚀形核机理的深入理解。

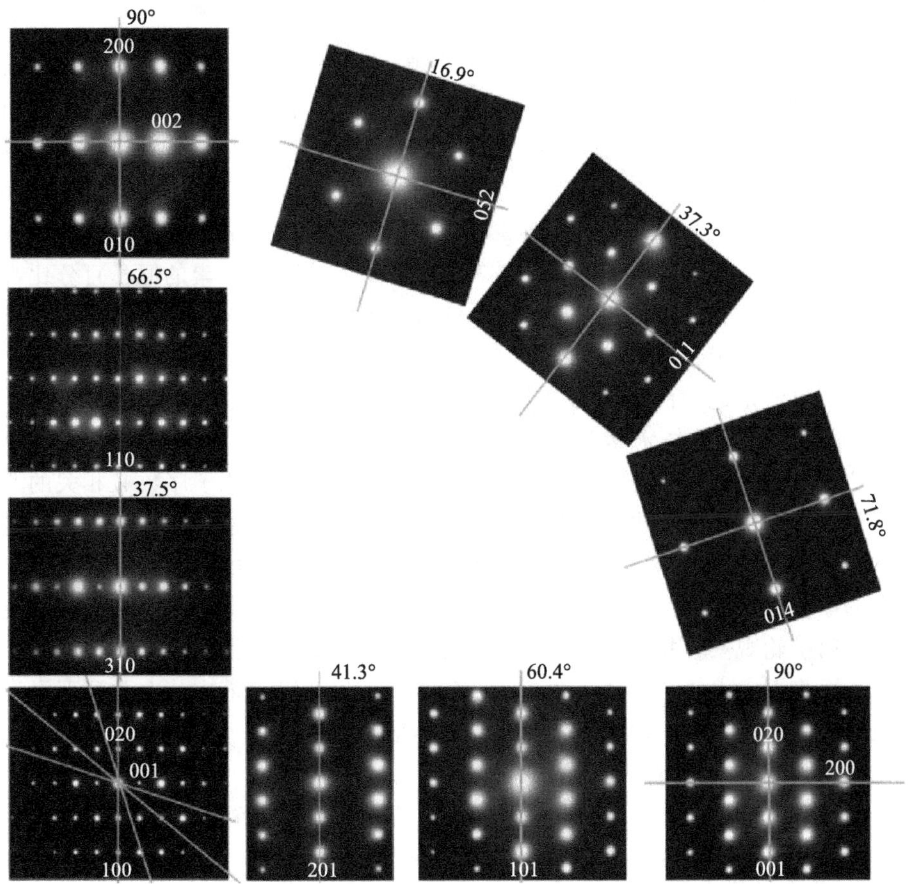

图 3.28　S-Al_2CuMg的系列电子衍射图谱。在[001] EDP 可以看到有心矩形点阵，也就是说(h00)中 h =奇数以及(0k0)中 k=奇数时衍射点消光。该消光规律一直延续到[100]和[010]晶带轴。由此可知，这是一个 C 心点阵；[010]晶带轴上 l=奇数的(00l)衍射点消光源于 c 滑移面；可能的空间群是 Cmcm(王静[68])

王静等[68,79]利用现代高空间分辨分析电子显微技术，通过腐蚀前后样品的 HAADF-STEM 形貌像的比对，确定了 S 相优先溶解的起始位置；通过控制样品的腐蚀时间，使样品的腐蚀无限接近腐蚀的最初阶段；通过 HAADF 成像模式和衍衬成像模式的转换，配合衍射及 EDS 或电子能量损失谱(electron energy loss spectrum，EELS)分析，在原子尺度下确定优先溶解起始位置处的结构及成分分布特征，从而得出第二相粒子内部溶解活性差异的本质原因。

3.8.2　2024 铝合金中准晶近似相引发 S 相的局域溶解

图 3.29(a)为 2024 铝合金的扫描电子显微镜(scanning electron microscope, SEM)下的形貌像，图中可以看出该合金中多种第二相的分布情况。结合透射电镜中的电子衍射和 EDS 成分分析确定样品中主要包含三种类型的第二相颗粒：S-Al_2CuMg 相[原子百分比(%)：Al 50.5，Cu 28.4，Mg 21.1]、θ-Al_2Cu 相[原子百分比(%)：Al 60.7，Cu 39.3]以及 Al-Cu-Fe-Mn-Si 相[原子百分比(%)：Al 62.8，Cu 7.6，Mn 10.4，Fe 14.5，Si 4.7]。每个元素的原子百分比都是至少对 10 个第二相颗粒进行成分分析而得到的统计平均值。该样品中 S 相的尺寸大约在微米量级。

为了更清楚地观测腐蚀形核初期的成分演化特征，实验中采用 HAADF-STEM 成像技术，该技术是利用高角环状暗场探测器收集高角区域的散射电子，这样可以消除衍射花样之间的相干作用，得到衬度与原子序数 Z 相关的非相干像，这种成像方法也被称为 Z 衬度像。在高分辨 Z 衬度成像中，图像的亮点就是原子柱的投影，因此在这种成像技术下得到的图像的衬度与元素成分和样品的厚度密切相关。在腐蚀前将 2024 铝合金电镜样品放入透射电子显微镜内进行第一轮观察，找到感兴趣的 S 相之后，记录相关数据，并从电镜中取出样品。再将同一电镜样品放入浓度为 0.5 mol/L 的 NaCl 溶液中，在常温下浸泡一段时间后清洗干净，放入电镜中再次进行观察。通过这个方法可以监控到所选定的 S 相颗粒的微观结构随着腐蚀时间的演化特征。

图 3.29(b)是原始样品中的一个 S 相颗粒的 HAADF-STEM 形貌像。其中，微米尺度的 S 相内部存在诸多衬度更亮的纳米尺度小颗粒[如图 3.29(b)箭头所示]。根据 HAADF 成像原理可知这些纳米尺度的小颗粒可能代表着 S 相中存在纳米尺度的成分或者结构的不均匀。将样品取出后在 0.5 mol/L 的 NaCl 溶液中浸泡 15 min，清洗后再观察同一 S 相颗粒的 HAADF 形貌像，如图 3.29(c)所示。根据 Z 衬度像的特点可知，如果 S 相发生了溶解，那么图像衬度由于样品厚度的变化将变得更暗。因此我们可以确定 S 相发生特征明显的局域溶解并形成了很多的溶解坑[如图 3.29(c)箭头所指位置]。仔细观察可以发现这些溶解坑的衬度并不均匀，每个溶解坑中心存在一个衬度更暗的小核心。图 3.29(d)和图 3.29(e)中的Ⅰ~Ⅻ分别为 S 相颗粒溶解前和溶解后对应于局域溶解坑位置的放大图。对比观察可以发现溶解坑内的小核心位置与 S 相中衬度更亮的纳米小颗粒一一对应。图 3.30 所示为 S 相颗粒及其内部包含的纳米粒子的微结构特征，可以看到纳米小颗粒在原始样品中呈现较亮的衬度，而在腐蚀后的样品中呈现比基体更暗的衬度，说明在这里不但 S 相发生了局域溶解，纳米小颗粒也发生了溶解，而且溶解程度相较于 S 相来说更为严重。从以上实验现

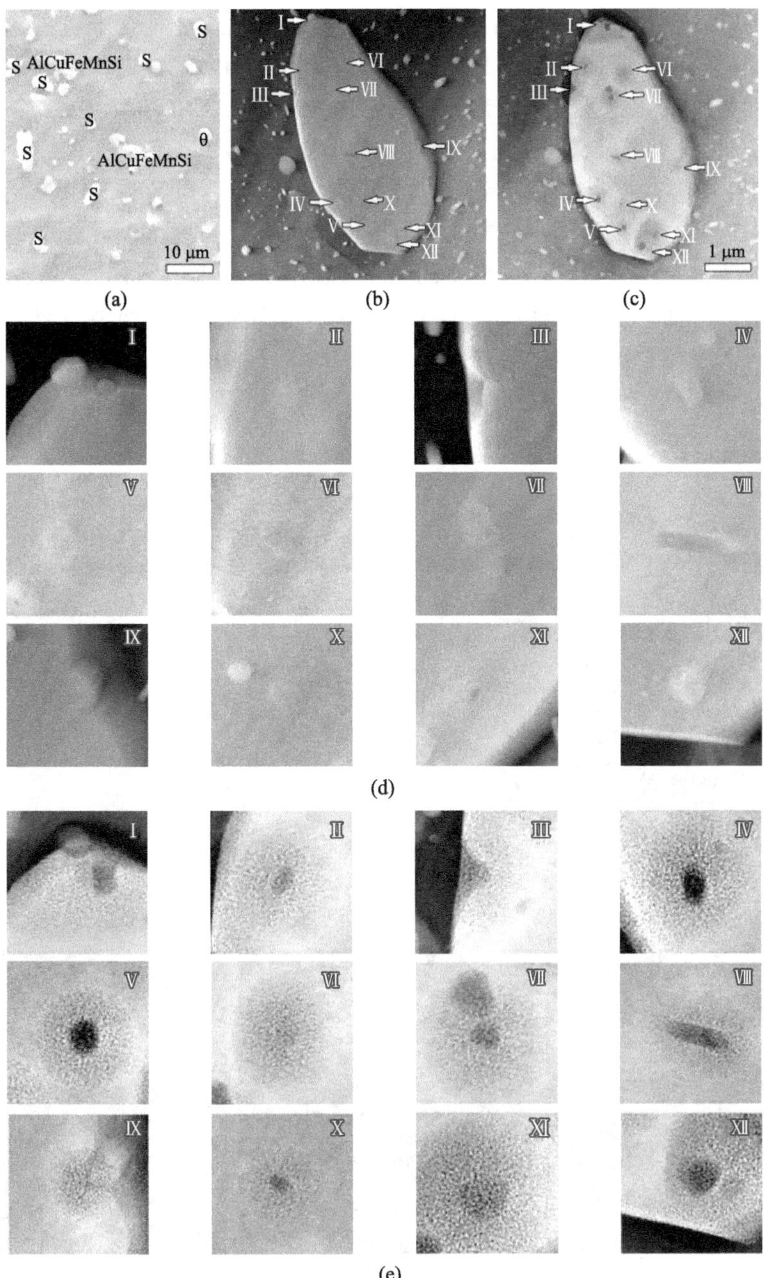

图 3.29　介质条件下 2024 铝合金中 S 相局域溶解的实验观测：(a) SEM 图片显示合金中的多种第二相的形态图，包括 S(Al_2CuMg)相、θ(Al_2Cu)和 Al-Cu-Mn-Fe 相等；(b) 原始样品中单一 S 相颗粒的 HAADF-STEM 像；(c) 在 0.5 mol/L NaCl 中浸泡 15 min 后上述 S 相颗粒的 HAADF-STEM 像；(d) S 相颗粒内部特征位置的 HAADF-STEM 像；(e) S 相中局域溶解位置的放大图，可以看到每个溶解坑的中间位置都对应一个纳米小颗粒(王静等[79])

象和分析可以看出，S 相的优先溶解起始于弥散分布在其中的纳米小颗粒处。

上面的实验结果表明 S 相的局域溶解与其中的纳米颗粒密切相关，那么接下来的问题就是确定 S 相中纳米颗粒的结构与成分。图 3.30(a)是一个 S 相颗粒的低倍 TEM 明场像，其点阵结构可以由图 3.30(b)电子衍射图确定。从衬度来看，S 相内部存在很多纳米尺度的衬度不均匀，如白色箭头所示。在更高的倍数下对这些纳米尺度的小颗粒进行观察并倾转一定角度可以看到这些衬度不均匀的位置都是具有多重孪晶形态的纳米小颗粒，图 3.30(c)为选取 4 个纳米小颗粒的放大图。从孪晶形态上可以把这些纳米小颗粒分为两种类型：一种是具有平行的孪晶片层的纳米颗粒，如图 3.30(c) Ⅰ ~ Ⅱ；另一种是孪晶片层成扇形的纳米颗粒，如图 3.30(c) Ⅲ ~ Ⅳ。

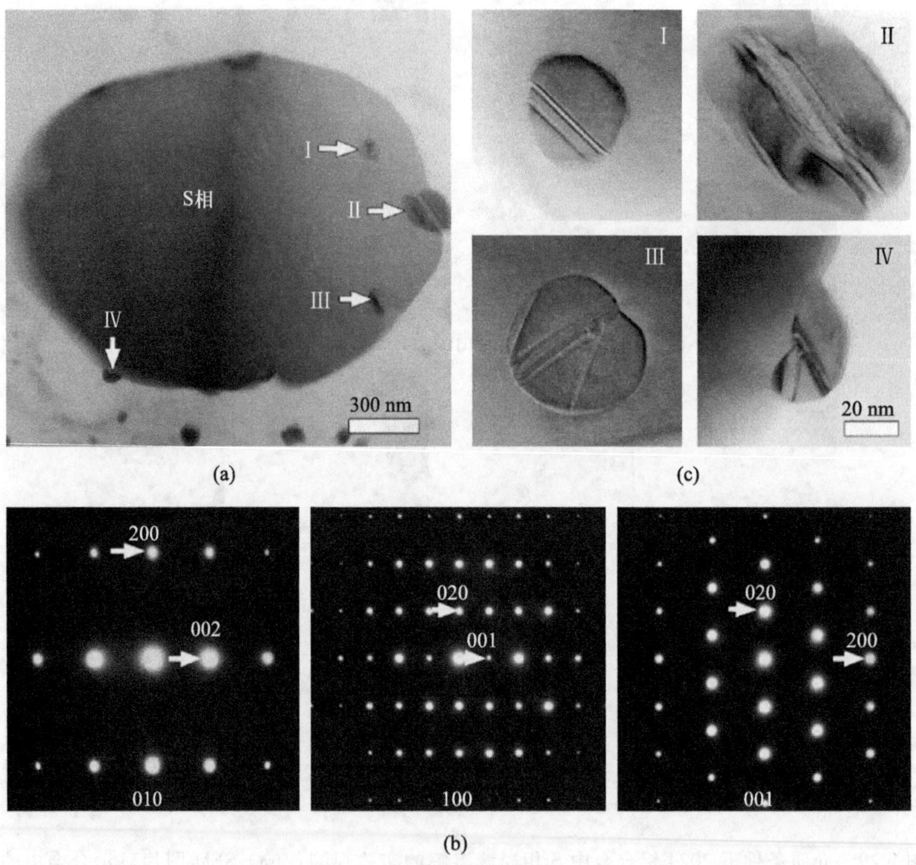

图 3.30　S 相颗粒及其内部包含的纳米粒子的微结构特征：(a) TEM 明场像显示 S 相分布有纳米尺度的小颗粒，其中 4 个颗粒用箭头标示；(b) S 相基本晶带轴的电子衍射图；(c) S相中箭头所指的 4 个纳米小颗粒的放大图(王静等[79])

图 3.31(a)是高倍率下 S 相中一个纳米颗粒的 TEM 明场像，从图中可以看出该纳米颗粒具有典型的扇形多重孪晶形貌特征，对应的衍射花样[图 3.31(b)]具有局域典型的十次孪晶特征。成分分析[图 3.31(c)]显示 Al、Cu、Mn 的原子百分比分别为 83.17%、10.46% 和 6.36%。这实际上就是 3.7.2 节中提到的 π-AlMnCu 中的十次孪晶(空间群为 Bbmm，晶格常数为 a =2.42 nm，b =1.25 nm 和 c =0.775 nm)。

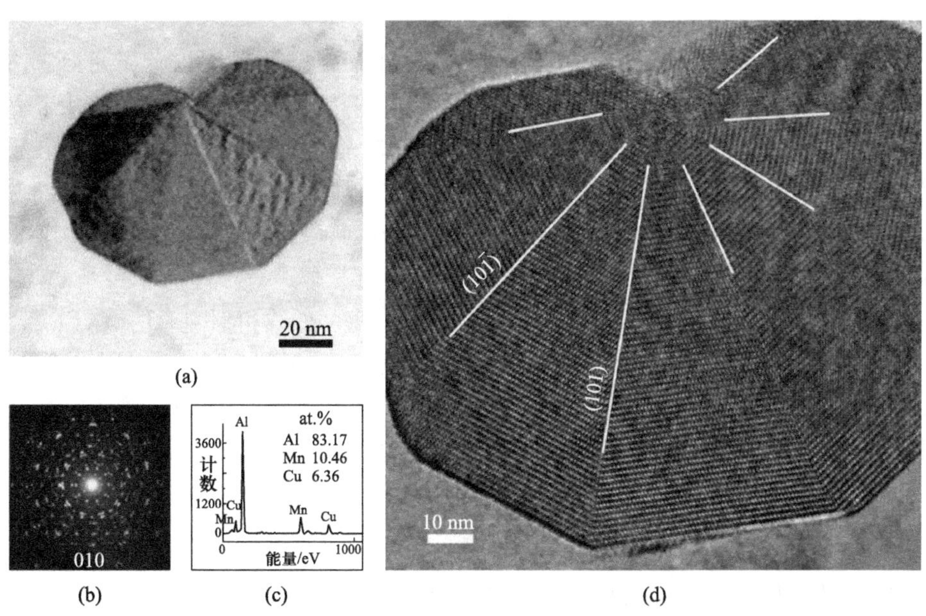

图 3.31 S 相中纳米颗粒的多重孪晶特征：(a) 高倍率下纳米颗粒的 TEM 明场像；(b) 纳米颗粒多重孪晶的电子衍射谱；(c) 纳米颗粒的 EDS 成分分析，这个纳米颗粒主要包含 Al、Cu 和 Mn 三种元素；(d)纳米颗粒多重孪晶的高分辨晶格像(王静等[79])

准晶近似相 π-$Al_{20}Cu_2Mn_3$ 是在对铝合金进行均匀化处理的过程中形成的，并且在随后热处理过程中(比如固溶或时效处理)不发生分解或者长大[80]。π-$Al_{20}Cu_2Mn_3$ 不仅存在于 AlCuMg 合金体系中，还广泛存在于 Al-Cu-Mn 和 Al-Cu-Li(Mn)等其他含 Cu 和 Mn 的铝合金体系中[81-84]。因为颗粒细小、热力学稳定，并且具有复杂的晶体结构，以前的工作通常都认为弥散相 $Al_{20}Cu_2Mn_3$ 可以有效地强化 Al 合金[85,86]。然而在过去的几十年里虽然有大量关于铝合金腐蚀机理研究的报道，但是对于 π-$Al_{20}Cu_2Mn_3$ 的电化学作用及其对铝合金点蚀的影响却未见关注。其原因可能是 $Al_{20}Cu_2Mn_3$ 的尺度在纳米量级，而在以往关于铝合金点蚀的研究工作中缺乏可以在纳米尺度上直接观察局域溶解的手段。即便是在透射电子显微成像中，明场像和 HAADF 像所提供的衬度差别都不大，S 相中存在的 $Al_{20}Cu_2Mn_3$ 的颗粒也很容易被忽略。所以在以往的工作中纳米尺度的弥散相 $Al_{20}Cu_2Mn_3$ 对点蚀初期的影响被忽略了。通过上面详细的透射电子显微分析发现，是否包含准晶近似相是 S 相溶解活性差异的根本原因。

3.9　$Al_{67}Cr_{15}Cu_{18}$ 中的十次对称准晶以及系列正交近似相

在富铝的 Al-Cr-Cu 合金中已经发现了二十面体准晶[87,88]以及周期为 3.78 nm[89]或 1.256 nm 的十次对称准晶[90]。在该体系中，人们还发现了其他几个三元化合物，只是未确定这些结构是否属于十次准晶的近似相。例如，点阵参数为 a =1.754 nm 的面心立方晶体[88,91]；一系列有序 CsCl 结构[92]；点阵参数为 a=1.76 nm 和 c=124 nm 的六方结构[88,92,93]。然而，对于这些结构的更多细节尚缺乏系统的研究。

苏联科学家 Prevarskiy 和 Skolozdra[94]曾利用 X 射线衍射对 $Al_{67}Cr_{15}Cu_{18}$合金进行了研究，但对其中的一些衍射无法给予明确的标定。通常具有大单胞的晶体近似相可能与十次准晶共生或在某些情况下从十次准晶相中转变而来。在这种情况下，将会产生复杂的、很难解析的 X 射线衍射谱。据推测，$Al_{67}Cr_{15}Cu_{18}$合金中这些有着复杂的 X 射线粉末衍射图的结构可能是正交近似相，例如 $Al_{72}Cr_{16}Cu_{12}$[89]、$Al_{70}Cr_{15}Cu_{15}$[90]以及 $Al_{75}Cr_{15}Cu_{10}$[95]。

3.9.1　$Al_{67}Cr_{15}Cu_{18}$ 中的十次对称准晶

将纯度为 99.99% 的金属按比例熔化于坩埚炉中，制得 0.5 kg 的 $Al_{67}Cr_{15}Cu_{18}$合金，并在空气中冷却。部分样品在真空石英管中经过 750 ~950 ℃退火 50 h。通过选区电子衍射，发现十次准晶在其十次轴方向上具有两个周期，分别是 1.24 nm 和 3.72 nm，这已经在快速凝固制得的 $Al_{67}Cr_{15}Cu_{18}$样品中得以证实。

图 3.32 (a)展示的是在会聚束条件下十次准晶的衍射图谱，更高阶的劳厄环是与其 1.24 nm 的周期相对应的，而这也正是十次轴的周期。该周期值也在其 2D 电子衍射图[图 3.32 (c)]中得到验证，因为从透射斑到对应着 0.20 nm 衍射点之间有 6 个斑点。这类周期的十次准晶已经在 Al-Cr、Al-Mn-Cu[9]和 Al-Cr-Cu[95]体系中有过报道。

在图 3.32 (b)的十次轴方向会聚束电子衍射图中，高阶劳厄环对应的周期除了 1.24 nm，还有 2.48 nm 和 3.72 nm。与图 3.32 (a)的会聚束电子衍射图(周期为 1.24 nm)相对比后可知，该十次准晶沿十次轴具有 3.72 nm 的周期，这一点也从图 3.32(d)中得到了进一步证明。图 3.32 (d)中十次轴方向上亮的衍射斑与图 3.32(c)中 1.24 nm 的周期相对应。换句话说，两个高亮的倒易点的距离被分成了三等分，这恰好也是对应着周期长度的三倍，即 3.72 nm。

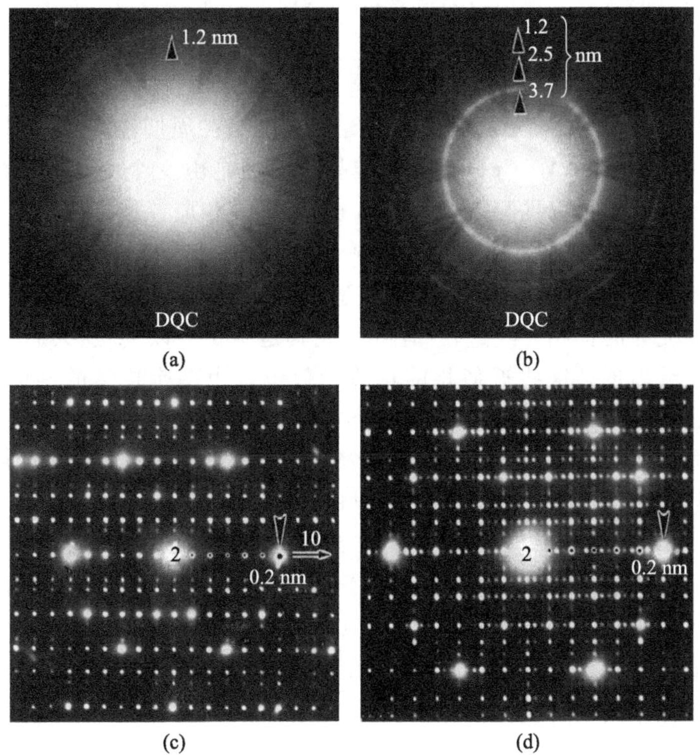

图 3.32 两种周期大小的十次准晶的电子衍射特征。十次轴的会聚束电子衍射图展示了十次轴在零阶劳厄带和高阶劳厄环中的分布：(a) 周期为 1.24 nm 的十次准晶的零阶劳厄带和高阶劳厄环的分布；(b) 周期为 3.72 nm 的十次准晶的零阶劳厄带和高阶劳厄环的分布；(c) 2D电子衍射图，对应周期为 1.24 nm 的准晶；(d) 2D 电子衍射图，对应周期为 3.72 nm 的准晶，透射斑到十次轴方向最强衍射峰之间有 18 个衍射斑点(吴劲松、马秀良、郭可信[96])

利用高阶劳厄环的半径大小推得十次轴方向的周期，如下式所示：

$$b = 2\lambda N\left(\frac{L}{R}\right)^2$$

式中，b 为十次轴方向的周期；N 为劳厄带的阶数；λ 为电子束的波长；L 为相机长度，单位为 mm；R 为 N 阶劳厄带的半径，单位为 mm。

当然，利用高阶劳厄环的半径大小推得晶体沿电子束方向的周期值，并不限于上面案例中的准晶体，对其他任何晶体都适用(只要晶体沿电子束方向是周期的）。这也意味着，如果我们能够得到正交晶体某一个基本晶带轴的电子衍射图（如[100]、[010]或[001]）并从其会聚束电子衍射花样中测到高阶劳厄环的半径，那么我们就可以得到该晶体的所有晶胞参数（a、b、c）。

在绝大多数合金体系中，十次准晶的周期分别为 0.41 nm、0.82 nm、1. 23 nm 或 1. 64 nm，这是由 0.41 nm 这一基本层间结构沿着十次轴方向堆垛而成的。然而，在 Al-Cr-Cu 合金系中，十次准晶在周期性方向的周期主要为 3.72 nm。也就是说，Al-Cr-Cu 十次准晶的周期是由 9 个 0.41 nm 堆垛而成，从这一角度来看，可以推测周期为 2.48 nm 的准晶相应该也是存在的。

Al-Cr-Cu 合金系中的准晶是一种亚稳相，虽然这种准晶相可以从传统的缓慢冷却方式得到，但是，无论是提高退火温度还是延长退火时间，这种十次准晶都会转变为晶体相。经过较高温度（尤其是 900 ℃以上）退火后，4 种正交性近似相相继出现，这些近似相的点阵参数可以由两个连续的斐波那契数列（0，1，1，2，3，5，8，13，…）有理数之比替换十次准晶中相互垂直的两个二次轴方向上的无理数 τ 得到。（1/1，1/1）型近似相与 Al_3Mn 或 Y-AlMnCu 的晶格参数相同，（1/0，2/1）型近似与π-Al_4Mn、$Al_{20}Cu_2Mn_3$ 或 T_3-AlMnZn 的晶格参数相同。（1/0，2/1）、（2/1，5/3）和（3/2，8/5）型近似相则组成了一种 a 和 c 的晶格参数之比为 $1:\tau^2:\tau^3$ 的相似相群族。特别注意的是，（2/1，5/3）型近似相的参数 b 为 3.72 nm，其他的近似相 b 值为 1.24 nm。在 900 ℃及以下温度退火后得到具有十次旋转对称的微畴结构，该微畴结构是由三种大单胞的正交近似相共生形成。

3.9.2　（1/1，1/1）和（1/0，2/1）近似相

这两种晶体相在十次准晶发现之前就已得到确定。1961 年，Taylor[1] 发现的正交相 Al_3Mn 的晶格参数分别为 1.259 nm、1.242 nm 和 1.479 nm，这实际上就是 1988 年 Fitzgerald 等[97] 发现的与 Al-Mn 十次准晶共存的近似相。后来，系统的研究发现 Al_3Mn 与三元化合物 $Al_{60}Mn_{11}Ni_4$ 或者 T_3-AlMnZn[5,38] 的结构密切相关[22,23]。事实上，在表 3.4 中的（1/0，2/1）近似相的晶格参数与三元化合物 $Al_{60}Mn_{11}Ni_4$ 和 T_3-AlMnZn 相同。（1/1，1/1）和（1/0，2/1）近似相，分别称为 Y 和π相，这两种相与十次准晶相在 Al-Mn-Cu[9] 以及 Al-Pd-Mn[98] 合金中共存，它们按照一定的晶体学取向关系共生[9]。在 Al-Cr 和 Al-Cu 二元系统以及 Al-Cr-Cu 三元系统中尚没有发现这样的相。

表 3.4 Al-Cr-Cu 体系中十次准晶近似相的晶格参数

斐波那契比	点阵参数/nm			合金成分	确定方法	参考文献
	a	*b*	*c*			
1/1，1/1	1.24	1.24	1.42	$Al_{67}Cr_{15}Cu_{18}$	电子衍射	[96]
1/0，2/1	0.78	1.24	2.37	$Al_{67}Cr_{15}Cu_{18}$	电子衍射	[96]
2/1，5/3	1.97	3.72	6.14	$Al_{67}Cr_{15}Cu_{18}$	电子衍射	[96]
3/2，8/5	3.20	未知	9.80	$Al_{67}Cr_{15}Cu_{18}$	电子衍射	[96]
3/2，2/1	3.22	3.72	2.34	$Al_{67}Cr_{15}Cu_{18}$	电子衍射、高分辨电子显微成像	[89，99]
2/1，3/2	1.99	3.72	3.79	$Al_{67}Cr_{15}Cu_{18}$	高分辨电子显微成像	[99]
2/1，2/1	1.99	3.72	2.34	$Al_{67}Cr_{15}Cu_{18}$	高分辨电子显微成像	[99]
3/2，2/1	3.22	3.78	2.40	$Al_{70}Cr_{20}Cu_{10}$	高分辨电子显微成像	[89]
2/1，8/5	2.04	3.78	9.42	$Al_{70}Cr_{20}Cu_{10}$	高分辨电子显微成像	[89]
8/5，5/3	8.41	1.26	6.11	$Al_{75}Cr_{15}Cu_{10}$	高分辨电子显微成像	[100]

图 3.33 (a)~(c)所示的电子衍射图分别是在 $Al_{67}Cr_{15}Cu_{18}$样品经过 950 ℃退火 48 h 后得到的，它们分别对应(1/1，1/1)近似相的[001]、[010]和[100]晶带轴。在[001]衍射谱中，只有(*hk*0)衍射，且 $h+k$=偶数，这意味着(001)是 n 型滑移面。在[100]衍射谱中，l =奇数时的(0*kl*)衍射产生消光，这与(100)方向发生 c 滑移是相符的。Taylor[101]已经证实在该消光条件下，空间群 Pcmn 与空间群 Pnma 是相同的，而这也与(1/1，1/1)近似相 Al-Mn-Cu[9]的结果相符。图 3.33(c)中(060)点与周期 0.2 nm 相对应，因此 b = 1.24 nm。同理，由[010]衍射谱中可知，a = 1.24 nm，c = 1.42 nm。

图 3.33 (d)~(f)分别是 $Al_{67}Cr_{15}Cu_{18}$合金经过 950 ℃退火 48 h 后(1/0，2/1)近似相的[001]、[010]和[100]衍射谱。在沿[001]入射的衍射谱中，k 为奇数的那些(*hk*0)斑点虽然比较弱，但仍然可以辨别，因此，只有 h 为奇数的(*hk*0)才发生消光。在[010]衍射谱中，(*h*0*l*)斑点只有在 $h+l$ =偶数时才会出现；在沿[100]入射的衍射谱中，只有 l 为奇数时，(0*kl*)才发生消光。因此，这种结构所属的空间群是 Bmmm。该空间群与空间群 Bmmb 或者 Robinson[5]发现的 $Al_{60}Mn_{11}Ni_4$ 空间群 Cmcm 以及 Damjanovic[38]发现的 T_3-AlMnZn 空间群都不相同，尽管这些结构具有相同的晶胞参数。由图 3.33 (f)可知，(1/0，2/1)近似相的 b =1.24 nm，d_{060} = 0.20 nm。

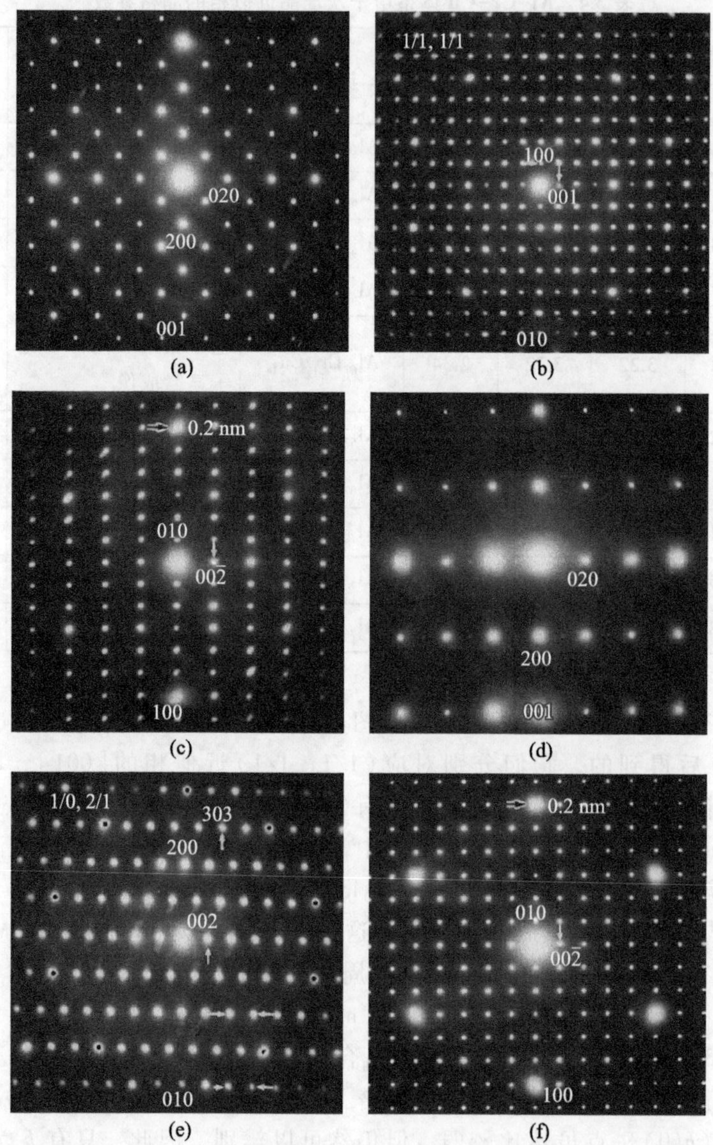

图 3.33　$Al_{67}Cr_{15}Cu_{18}$合金中(1/1, 1/1) 和(1/0, 2/1)近似相的电子衍射确定：(a)~(c)(1/1, 1/1)近似相沿[001]、[010]和[100]晶带轴入射的衍射谱；(d)~(f)(1/0, 2/1)近似相的衍射谱。这两个相有着相同的参数 b(b=1.24 nm)，但是(1/1, 1/1)近似相的 a 值和 c 值却与(1/0, 2/1)近似相有 τ 倍的差别(吴劲松、马秀良、郭可信[96])

3.9.3 (1/0, 2/1)、(2/1, 5/3)和(3/2, 8/5)近似相

通过实验在上述合金中还发现具有伪十次对称特征的电子衍射图，这表明十次准晶部分转化为具有巨大晶胞参数的近似相，并构成微小的畴结构。在一些畴比较大的区域，可以通过[010]选区电子衍射图进行确定，如图3.34。这些明亮的点所显示的十次对称分布与十次准晶中的电子衍射图是一样的[如图3.34 (a)、(c)、(d)]。图3.34 (a)和(c)中所示的衍射斑点网格是有心矩形

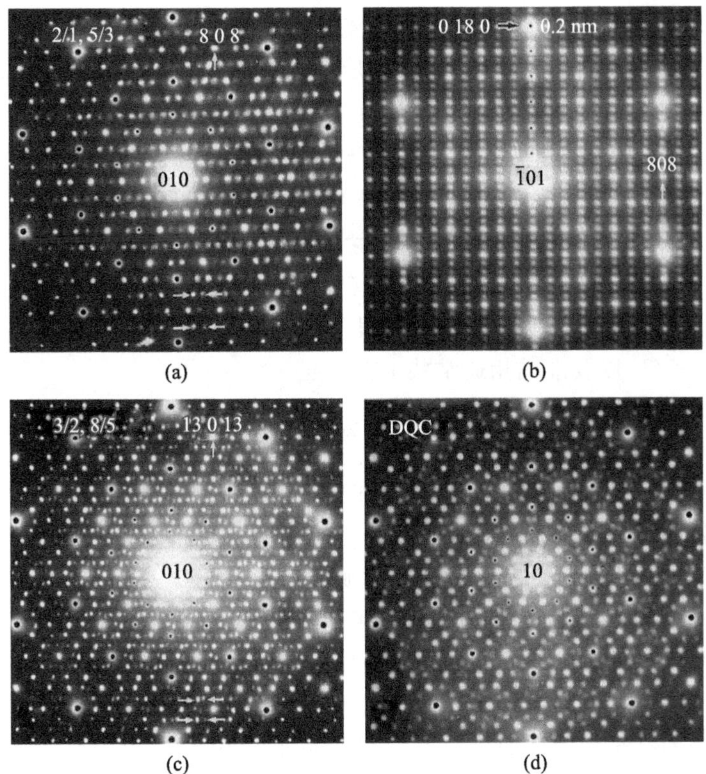

图3.34 (2/1, 5/3)和(3/2, 8/5)近似相的电子衍射确定：(a) (2/1, 5/3)近似相的[010]电子衍射谱；(b) (2/1, 5/3)近似相的[$\bar{1}$01]电子衍射谱，显示 $b=3.72$ nm；(c) (3/2, 8/5)近似相的[010]电子衍射谱；(d) 十次对称准晶沿十次轴方向的电子衍射图。图(c)中沿十次轴分布的亮点(用黑点来标记)与图(d)中十次准晶的十次轴的亮点是相同的。图(a)和(c)都显示有心矩形点阵(倒易单胞已在图中底部用箭头标记)，这与图3.33(e)的(1/0, 2/1)近似相[010]衍射图相同，相应三种近似相的晶格参数 a 或 c 之比为3∶8∶13；倒易矢量之比近似为 $1:\tau^{-2}:\tau^{-3}$(吴劲松、马秀良、郭可信[96])

(图片底部用箭头标记)，这与图 3.33 (e)的(1/0，2/1)近似相[010]相同，只不过图 3.34 中显示的倒易格子更小。由箭头标记的三个点 303[图 3.33(e)]、808[图 3.34 (a)]和 13 0 13[图 3.34 (c)]是对应的。因此，三种近似相的晶格参数 a 和 c 之比为斐波那契序数的比值 3∶8∶13，即近似于 $1:\tau^2:\tau^3$。这些参数都可以在表 3.4 中找到，它们分别对应着(1/0，2/1)、(2/1，5/3)、(3/2，8/5)近似相，且晶格参数越大，其强衍射斑点与十次准晶中对应斑点越接近。需要指出的一点是，图 3.34 (c)是与准晶近似程度更高的近似相，但其衍射图远不如图 3.34 (a)那么有规则，这说明(3/2，8/5)近似相里含有大量的缺陷。考虑到参数 c 已接近 10 nm，结晶不完整甚至形成微畴结构并不意外，这也是拥有巨大晶格参数的准晶近似相(无论是单斜还是正交)中的常有现象[102,103]。

图 3.34 (b)是(2/1，5/3)近似相沿[$\bar{1}$01]晶带轴的电子衍射图，水平方向的点列是($h0l$)斑点($h=l$)，竖直方向的点列是($0k0$)斑点。由黑箭头特别标注的($0k0$)斑点与图 3.33 (f)所示的 $b=1.24$ nm 的近似相的对应斑点相同。然而，除此之外，每两个强的($0k0$)斑点之间多出来两个弱的衍射斑点，这样其 b 值增加了三倍，即 $b=3.72$ nm。虽然(3/2，8/5)近似相中的 b 参数尚未得到实验上的确定，但可以预期该相的 b 很可能也是 3.72 nm，这是因为(3/2，8/5)、(2/1，5/3)以及准晶相通常共生在一起。

3.9.4　(3/2，2/1)、(2/1，3/2)和(2/1，2/1)近似相

在 800~900℃退火，十次准晶逐渐发生转变，取而代之的是一种微畴结构。高分辨成像显示这种微畴结构是由多种新的正交晶体共生在一起，微畴的选区电子衍射图显示出几乎完美的十次旋转对称。

图 3.35 为 $Al_{67}Cr_{15}Cu_{18}$ 合金在 900 ℃下退火 50 h 后得到的电子衍射图。虽然它与十次准晶的十次轴衍射谱十分相似，但是仍然可以看出几点明显的不同：① 尽管透射斑周围的 10 个强衍射点等间隔并形成十次旋转对称，但是每个强斑点周围都是衍射环而不是像十次准晶那样 10 个弱衍射斑点，这种现象意味着结构的无序；② 在电子衍射谱中，大多数强衍射斑点实际上呈三角形形状，意味着多个孪晶相或多相的共生。

图 3.36 是高分辨率透射电子显微镜下的晶格像，它与图 3.35 电子衍射图相对应。由图中可以清楚看出，其点阵既不是准晶体的准周期排列，也不是周期性晶体的单一取向。但是，这种结晶态可以通过微畴以及每个微畴都代表一种取向的晶体来描述。

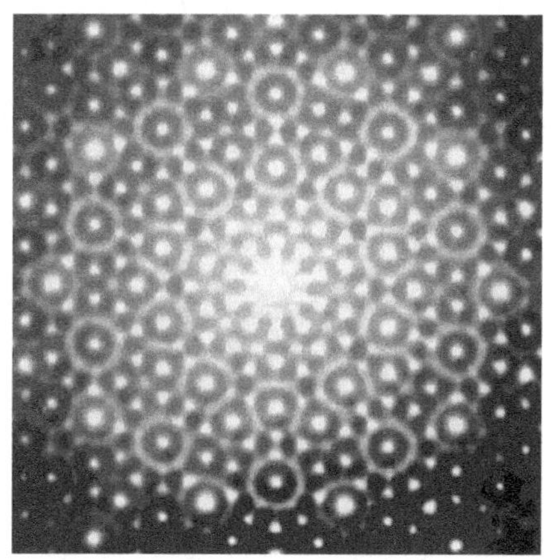

图 3.35 $Al_{67}Cr_{15}Cu_{18}$合金经 900 ℃退火 50 h 后得到的选区电子衍射图，该衍射图具有几乎完美的十次对称特征。但是，无论是强衍射斑点本身的三角形特征还是强点周围衍射环的特征都表明它与具有长程取向序的准晶体截然不同(马秀良[99])

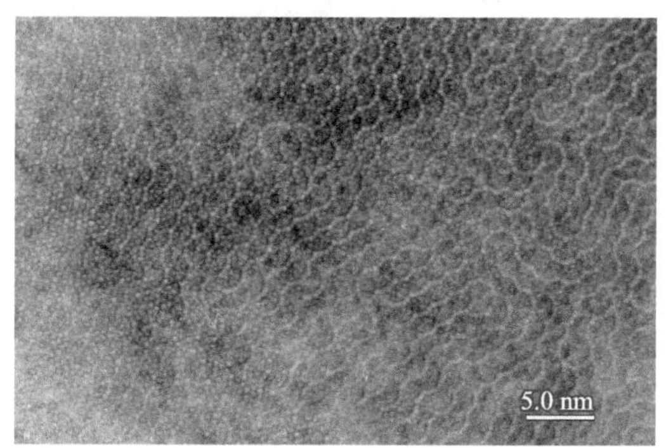

图 3.36 $Al_{67}Cr_{15}Cu_{18}$合金经 900 ℃退火 50 h 后形成的微畴，该晶格像是在 Philips CM12 透射电镜上拍得的(加速电压 120 kV，W 灯丝)。虽然晶格像的分辨率不高，但仍然可以清楚地看到微畴内各晶格的走向，看似无序实则有序(马秀良[99])

图 3.37 选定了图 3.36 中的一部分来说明微畴之间的共生关系。在图 3.37 (a)中，可以看到明亮的像点形成菱形网络，边长为 1.99 nm，$\alpha=72°$。当这些菱形结构周期性排列时就形成了正交晶胞，其晶胞的参数可以从菱形结构推测出来：$a=1.99\times(2\cos36°)=3.22$ nm，$c=1.99\times(2\sin36°)=2.34$ nm，如图 3.37 (a)中的 O_1 所示。当两个菱形以菱形边相连的方式进行堆垛，如 O_2 标记的区域所示，可得另一种正交晶胞，晶格参数为 $a=1.99$ nm，$c=1.99\times(2\sin 72°)=3.79$ nm。由图 3.37 (a)可以看出，微畴 O_1和 O_2 是交叉共存的，每个微畴的尺

寸范围从几纳米到几十纳米。图 3.37（b）是另外一种微畴，O_1 点阵的两侧有另一个正交晶格(O_3)与之共生。O_3 的晶格参数是 $a=1.99$ nm 和 $c=2.34$ nm。从三个正交晶格的参数来看，它们都是十次准晶的近似相，因为这些正交晶相都可以通过两个连续的斐波那契数(0，1，2，3，5，8，13，……)的有理数之比取代准周期平面中两个垂直的二次轴方向的无理数 τ 来得到。

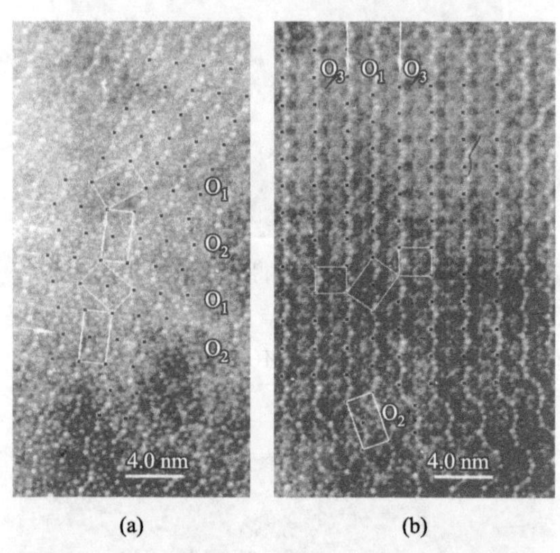

图 3.37　(a) 微畴中边长为 1.99 nm 的菱形($\alpha=72°$)网络，这些菱形的不同排列方式形成了两种类别的正交点阵(O_1 和 O_2)；(b) 第三种正交晶格(O3)与有心正交晶格(O_1)共生(马秀良[99])

微畴内的区域 O_1、O_2和 O_3 分别对应着(3/2，2/1)、(2/1，3/2)和(2/1，2/1) 近似相(见表 3. 1)。由于每个区域的尺寸不同并且非常微小，因此，在大多数情况下，难以从单个区域获得“单晶”的电子衍射图。从周期性的角度来看，图 3.38 (a)的电子衍射图尽管有些畸变，但可以大致画出 O_1 的倒易单胞(左上角 4 个箭头所示)。图 3.38(b)是 O_1(3/2，2/1)近似相[$\bar{1}01$]晶带轴的电子衍射图，其参数 $b=3.72$ nm，与 Al-Cr-Cu 体系中 3.72 nm 十次准晶的周期相同。(2/1，3/2) 和 (2/1，2/1)近似相的 b 值尚无法得到唯一确定，尽管根据高阶劳厄环的半径，它似乎也是 3.72 nm[89,96]。

我们在第 2 章讨论具有简单点阵τ^2-$Al_{13}Co_4$ 中(001)孪晶的时候曾经提到，该类孪晶由于 $a/2$ 滑移并没有明显改变 Co 五边形的结构，因此(001)滑移反映孪晶很难通过高分辨电子显微成像加以判别。然而，通过电子衍射却很容易甄别(001)孪晶以及(100)-(001)-(100)多重孪晶。这充分说明在晶体结构与缺陷的电子显微学研究中电子衍射(倒易空间信息)与高分辨成像(实空间信

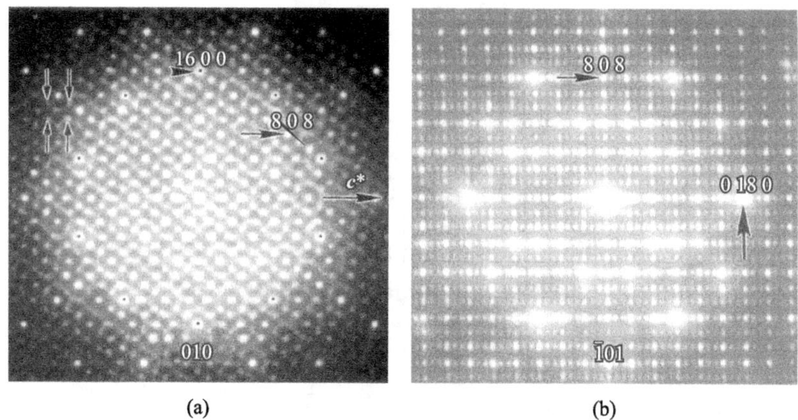

图 3.38 O_1(3/2, 2/1)近似相基本晶带轴的点阵衍射图。(a) [010]电子衍射谱具有伪十次对称性，虽然该衍射图具有明显的微畴特征，但大体上可以勾画出 O_1 相的倒易单胞(左上角 4 个箭头标出 4 个阵点)；(b) [$\bar{1}$01]晶带轴电子衍射谱，[101]* 和[010]* 倒易方向都有明显的周期性特征，所以这是一个二维周期性点阵；对应 0.2 nm 间距的衍射点标定为(0 18 0)，于是可以推得 b=3.72 nm(马秀良[99])

息)相结合的重要性。在 $Al_{67}Cr_{15}Cu_{18}$合金体系中，仅仅利用具有较大选区光阑的电子衍射(即便通过晶体的大角度倾转)是无法获得有关结构的明确信息的。图 3.39 是在微畴区域通过晶体的大角度倾转得到的系列电子衍射图，其中晶带轴 P10[图 3.39(a)]垂直于其他三个方向[图 3.39(b)~(d)]，“2D”[图 3.39(b)]-“2P”[图 3.39(c)]-“2D”[图 3.39(d)]之间互成 18°。倒易空间里的这些基本特征与十次对称准晶非常相似，但是仔细观察“2D”，它却是一个周期性的倒易格子，与 P10 看似不能自洽。尽管如此，结合高分辨透射电子显微晶格像(如图 3.36 和图 3.37)就能够给出有关畴组态的详细结构信息。同样，如果没有倒易空间信息(如图 3.38 和图 3.39)也无法对该类特殊结构进行三维的描述。所以，对任何一个“未知结构”的确定离不开倒易空间的信息(X 射线衍射或电子衍射等)，仅仅通过高分辨率电子显微镜下某一个方向的结构投影是不充分的。

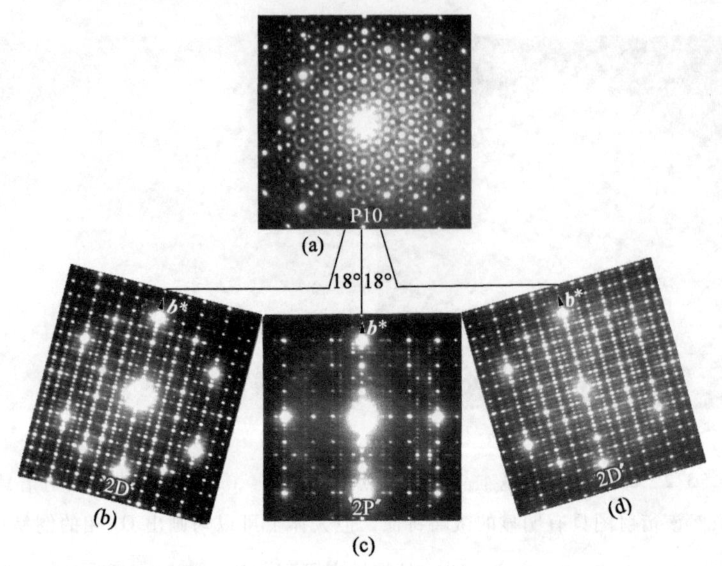

图 3.39　$Al_{67}Cr_{15}Cu_{18}$ 合金中微畴区域通过晶体的大角度倾转得到的系列电子衍射图，其中伪十次轴 P10(a)垂直于其他三个方向“2D”(b)、“2P”(c)、“2D”(d)。微畴所具有的伪十次性还可以通过“2P”与“2D”互成 18°以及两个“2D”互成 36°得到证实①

3.10　一种新的 ζ_1-Al_3Cu_4 结构变体及其与立方 γ-Al_4Cu_9 的取向关系

第 2 章在介绍 Black 和 Hudd 工作的时候已经提到，利用 X 射线衍射进行物相分析和结构鉴定时，通常需要样品是单晶或单相多晶材料。然而，很多情况下这种要求很难满足。因此，在从很小的颗粒或复杂的多相混合体中获取晶体学信息这方面，透射电子显微技术的微束分析尤为重要(这在 Al-Co 合金系里诸多新物相的确定方面已经得到充分体现)。三元系 Al-Cu-Fe 合金和二元系 Al-Cu 合金的平衡相图已经借由 X 射线衍射得到了基本确定，但是 ϕ-$Al_{10}Cu_{10}Fe$的晶体学数据仍然不清楚。Bradley 和 Goldschmidt[104] 曾认为该相具有 Al_3Ni_2 型结构，但后来 Gayle 等[105] 不认为是这样。

利用电弧炉在氩气气氛下熔化高纯度金属，然后空冷至室温，制备名义组成为 ϕ-$Al_{10}Cu_{10}Fe$ 和 Al_3Cu_4 的三元和二元合金。每个铸锭质量大约 20 g，对部分 Al_3Cu_4 样品进行重熔并且在 3×10^4 Pa 的氦气气氛中用表面速度为 50 m/s

① 马秀良 1994 年未公开发表的工作。

的单铜轮旋转来进行熔融并快速凝固。在常规缓慢凝固的 $Al_{10}Cu_{10}Fe$ 样品中未发现具有 Al_3Ni_2 型结构的 ϕ-$Al_{10}Cu_{10}Fe$。上述样品中的主要物相是 CsCl 型(B2)结构，有时它以结构变体的形式出现，并伴随着空位有序层堆垛在 CsCl 结构的<111>方向上，即τ_n相[106-108]。在这里主要是τ_3相，因为[110]电子衍射图中从(000)到$(1\bar{1}1)_{CsCl}$有三个衍射斑点。此外，少量初生立方的 γ-Al_4Cu_9 相与一种新的面心正交相同时存在，这种新的面心正交相的晶格参数为 a_0 = 1.411nm、b_0 = 0.815 nm、c_0 = 0.995 nm，空间群可能为 Fmm2。从晶格参数的角度来看，这个正交相与二元六方的 ζ_1-Al_3Cu_4[109] 和单斜的 ζ_2-Al_3Cu_4[109] 密切相关。它们的晶体学参数都列在表 3.5 中。

这些密切的结构关系可以简单地归结为

$$a_0 \approx \sqrt{3}a_{\zeta_1},\ b_0 \approx a_{\zeta_1},\ c_0 \approx c_{\zeta_1}$$

$$a_0 \approx \frac{1}{2}a_{\zeta_2},\ b_0 \approx \frac{1}{2}b_{\zeta_2},\ c_0 \approx c_{\zeta_2}$$

这些单胞之间的几何关系表明，新的正交相很有可能是 ζ-Al_3Cu_4 的一种结构变体。

表 3.5 Al_3Cu_4 三种结构变体的晶体学参数

物相	点阵类型	点阵参数/nm	参考文献
ζ_1-Al_3Cu_4	六方	a_{ζ_1} = 0. 8096, c_{ζ_1} = 0. 9999	[109]
ζ_2-Al_3Cu_4	单斜	a_{ζ_2} = 0. 707, b_{ζ_2} = 0. 408, c_{ζ_2} = 1. 002, β = 90. 6°	[110]
ζ_3-Al_3Cu_4	正交	a_0 = 1. 411, b_0 = 0. 815, c_0 = 0. 995	[111]

3.10.1 面心正交相 ζ_3-Al_3Cu_4

透射电子显微分析发现在常规凝固的 $Al_{10}Cu_{10}Fe$ 样品中，主要包含 CsCl 型结构及其结构变体 τ_3，同时也能观察到少量的 γ-Al_4Cu_9。无论在明场还是暗场条件下，很难观察到这些相之间的对比。然而，有时在 γ-Al_4Cu_9 的大晶粒内，明场像下会出现一个明亮、薄而小的区域，与其周围的 γ-Al_4Cu_9 有明显的衬度差别，如图 3.40 所示。这意味着存在另外一种相，该相很容易在样品制备过程中被使用的化学溶液侵蚀薄化。图 3.41 展示了从该相上获得的一系列电子衍射图。围绕[100][图 3.41(a)]和[001][图 3.41(c)]进行的大角度倾转显示两者都是二次轴。[100]下绕 $\boldsymbol{c}^*$ 或者[001]下绕 $\boldsymbol{a}^*$ 旋转 90°都可以获得[010][图 3.41(e)]轴。三个电子衍射图彼此垂直，并且它们都具有二维矩形的网格图案。此外，结合[110][图 3.41(b)]、[201][图 3.41(d)]和[101][图 3.41(f)]电子衍射图及其指标化规律，推得该相具有面心正交结构。应该指出的是，当 $h=2$、6、10 时，$h0l$ 衍射斑没有出现在[010]轴中，如图 3.41(e)所示，这可能是因为该电子衍射图是在实验中样品倾转到非常大的角度时得到的。尽管如此，我们可以从其他衍射图上读取这些指数，例如[101]电子衍射图中的($\bar{2}02$)以及[201]中的($\bar{2}04$)。还需要指出的是，图 3.41 (c)中用最小箭头标出的一些额外的斑点是来自另一种具有相同[001]取向的孪晶变体。在这种情况下，它是正交相的($10\bar{1}$)孪晶。基于上述分析可以得出这个正交相的晶格参数为 $a_0=1.411$ nm、$b_0=0.815$ nm、$c_0=0.995$ nm，具有这组晶格参数的晶体既没有在三元合金 Al-Cu-Fe，也没有在二元合金 Al-Cu 中报道过。

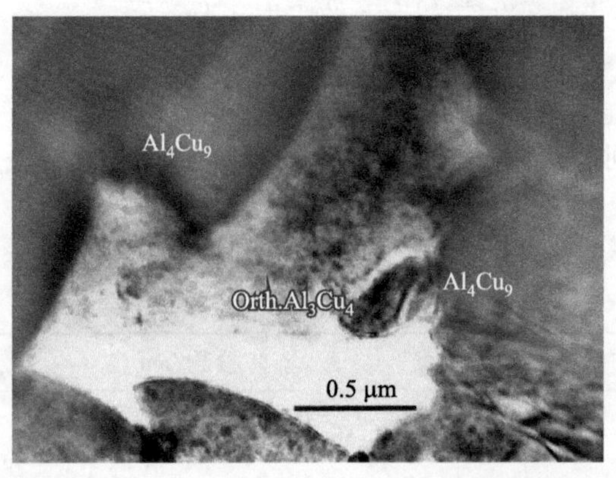

图 3.40　明场像显示在 γ-Al_4Cu_9 晶粒内形成一个新的正交相 ζ_3-Al_3Cu_4(马秀良等[111])

在二元合金 Al-Cu 体系中，Preston[109] 早在 1931 年就发现了点阵参数为 $a_{\zeta_1}=0.808$ nm 和 $c_{\zeta_1}=0.999$ nm 的六方相 ζ_1-Al_3Cu_4。我们这里确定的正交相 ζ_3-Al_3Cu_4 的晶格参数与 ζ_1-Al_3Cu_4 的晶格参数有如下几何关系：

$$a_0 \approx \sqrt{3}a_{\zeta_1},\ b_0 \approx a_{\zeta_1},\ c_0 \approx c_{\zeta_1}$$

就晶格参数 a 和 b 而言，这个矩形点阵是由六方相派生出来的。在 Al-Cu 合金体系中，Bradley 等[110] 于 1938 年报道了一个单斜 ζ_2-Al_3Cu_4 相，其晶格参数为 $a_{\zeta_2}=0.707$ nm、$b_{\zeta_2}=0.408$ nm、$c_{\zeta_2}=1.002$ nm、$\beta=90.6°$。可是，对于这个单斜相尚没有得到共识；例如，在 Massalski 等[112] 编辑的二元相图手册中，没有列出该相的晶格参数，并对该单斜相的存在存有疑问。尽管如此，基于 Bradley 等[110] 的结果，这种 β 角非常接近 90°的单斜相可以被认为具有伪正交晶格，它与 ζ_3-Al_3Cu_4 的关系可以归结为

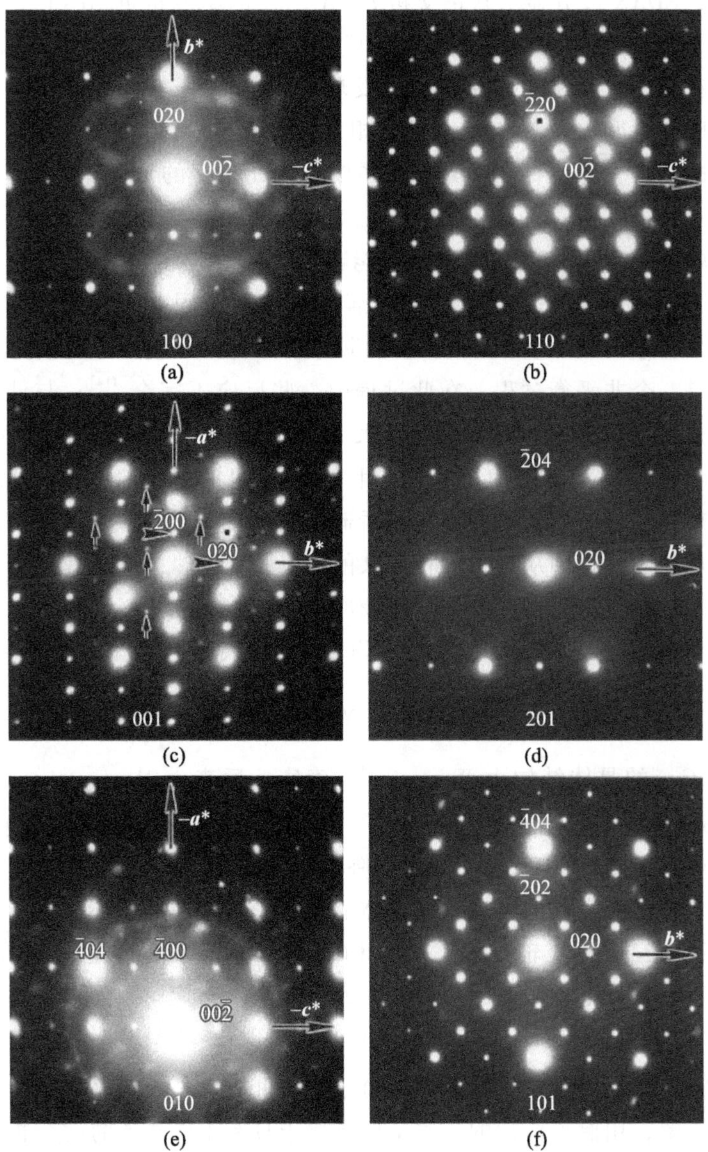

图 3.41 Al-Cu 体系中新正交相 ζ_3-Al_3Cu_4 的电子衍射确定。(a) [100]; (b) [110]; (c) [001];(d) [201]; (e) [010]; (f) [101]。图中看出[100]、[001]、[010]构成体心正交倒易点阵，从而推得实空间具有面心正交晶格(马秀良等[111])

$$a_0 \approx \frac{1}{2} a_{\zeta_2},\ b_0 \approx \frac{1}{2} b_{\zeta_2},\ c_0 \approx c_{\zeta_2}$$

此外，EDAX 成分显示新正交相 ζ_3-Al_3Cu_4 的组成接近 Al_3Cu_4，但含少量 Fe(约 2~3 at.%)。考虑到晶格和组成成分，新的正交相 ζ_3 与 ζ_1 和 ζ_2 都有关联，尽管在目前这个实验样品中没有发现 ζ_1 和 ζ_2，但它们的晶格类型以及点阵参数之间的紧密关系意味着该正交相是 Al_3Cu_4 的新结构变体。值得注意的是，类似的结构变体也存在于其他体系中，例如正交的 ε-Al_4Cr，ε'-Al_4Cr 和六方的 μ-Al_4Cr[113]。

为了验证二元 Al-Cu 体系中是否能够生成 ζ_3-Al_3Cu_4 相，配制了名义成分为 Al_3Cu_4 的二元合金并将熔融液态金属通过常规凝固获得铸锭。电子衍射证实新的正交相 ζ_3-Al_3Cu_4 确实存在，同时样品中也含有 η_1-AlCu 和 ζ_1-Al_3Cu_4。常规凝固是一个非平衡过程，在此过程中一些反应不完全[114]；与此同时，一些亚稳相也可以从高温情况下保存下来。本书目前已经提到的 $Al_{13}Co_4$ 合金中的系列新物相[4,35,103]以及 $Al_{67}Cr_{15}Cu_{18}$ 中[96]的系列正交相都属于在这种非平衡条件下出现的，尽管它们的平衡相图看起来非常简单。正交相 ζ_3-Al_3Cu_4 很可能是在常规凝固过程中从高温保存下来的亚稳相。尝试通过快速凝固获得单一 ζ_3-Al_3Cu_4 相以便用于粉末 X 射线衍射研究，但没有得到。在急冷样品中，ζ_3-Al_3Cu_4 相与 η_1-AlCu 和空位有序的 AlCu B_2 结构共存。

3.10.2 面心正交相 ζ_3-Al_3Cu_4 与 γ-Al_4Cu_9 的取向关系

γ-Al_4Cu_9 的晶体结构由 Westman[115] 确定，后来由 Herdenstam、Johansson 和 Westman[116] 进行了精修。图 3.42 是 γ-Al_4Cu_9 相的 4 个主要晶带轴的电子衍射图，这些衍射图中的强点可以用点阵参数为 0.29 nm 的体心立方单胞来标定。然而，弱衍射斑点的出现将立方体的基本矢量分成三个部分，所有衍射图都可以通过沿三个正交轴堆垛三个 CsCl 型单元而获得的单胞来解释。因此，就强衍射斑而言，电子衍射图与体心立方结构完全对应。

$Al_{10}Cu_{10}Fe$ 样品中新的正交相 ζ_3-Al_3Cu_4 出现在 γ-Al_4Cu_9 颗粒内部，两者之间具有密切的取向关系。图 3.43 (a) 是正交相[100]与 γ-Al_4Cu_9[$\bar{1}12$]的复合电子衍射图，用黑点标记的一些衍射点属于具有不同指数的两个相，平行于水平线并用箭头标记的那些衍射点列来自正交相。图 3.43 (b) 是正交相[110]与 γ-Al_4Cu_9[011]的复合电子衍射图。图 3.43 (c) 是正交相[001]与 γ-Al_4Cu_9[$\bar{1}1\bar{1}$]的复合电子衍射图。与其他复合电子衍射图不同，在这种情况下，正交相的衍射来自具有不同孪晶取向的两个晶体。两个相反的格子通过($10\bar{1}$)镜面反射相关联。图 3.43 (d) 是正交相[101]与 γ-Al_4Cu_9[$\bar{2}21$]的复合电子衍射图，在图 3.41 (f) 和图 3.42 (d) 中可清楚地看到两个独立的电子衍射图。图 3.43

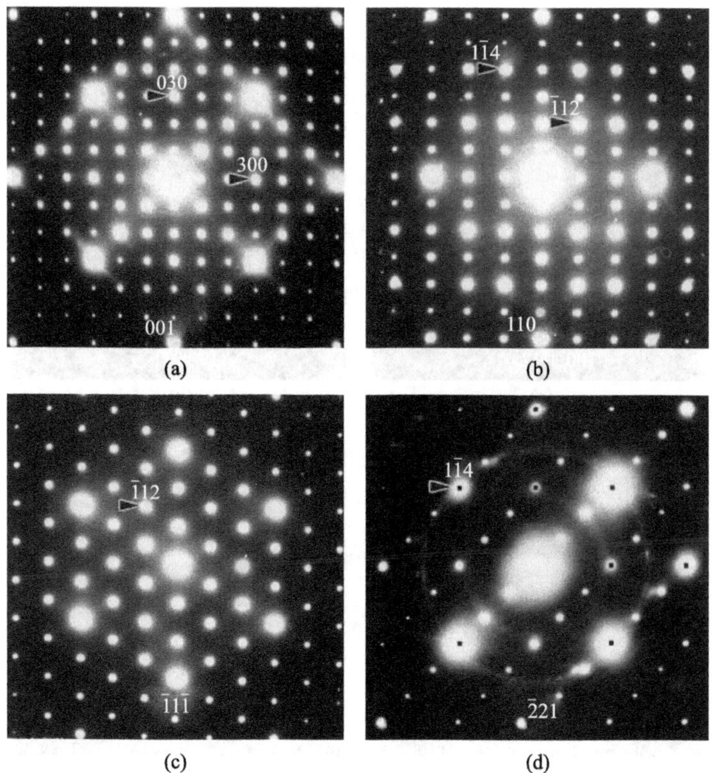

图 3.42 简单立方 γ-Al_4Cu_9 的主要晶带轴的电子衍射图：(a) [001]晶带轴，通过[110]晶带轴绕[$\bar{3}30$]* 旋转 90°而获得的；(b) [110]晶带轴，垂直于其他三个晶带轴；(c) [$\bar{1}1\bar{1}$]晶带轴，通过[110]绕[$\bar{1}12$]* 旋转 90°获得；(d) [$\bar{2}21$]晶带轴通过[110]绕[$1\bar{1}4$]* 旋转 90°获得(马秀良等[111])

(e)是正交相[010]与 γ-Al_4Cu_9[110]的复合电子衍射图，这个复合电子衍射图看起来与 γ-Al_4Cu_9[110]是相同的。但是，用点标记的强点应该来自两个相[比较图 3.41 (e)和图 3.42 (b)]。由于正交相[101]和[$10\bar{1}$]的电子衍射图是相同的，实验结果显示正交相的[100]轴平行于 γ-Al_4Cu_9 的[$\bar{1}12$]轴，并且正交相的[101]轴平行于 γ-Al_4Cu_9 的[$\bar{2}21$]轴[图 3.42 (d)]，所以，正交相的[$10\bar{1}$]必定平行于相邻 γ-Al_4Cu_9 的[001]轴，这个复合电子衍射图如图 3.43 (f)所示。图 3.44 给出了反映两相关系的极射投影图，其中 γ-Al_4Cu_9 的[110]轴和正交相的[010]方向的叠加，下划线的指标对应正交相。这种紧密的取向关系和衍射图中强点的叠加意味着 γ-Al_4Cu_9 结构对解析 ζ_3-Al_3Cu_4 的结构非常重要。

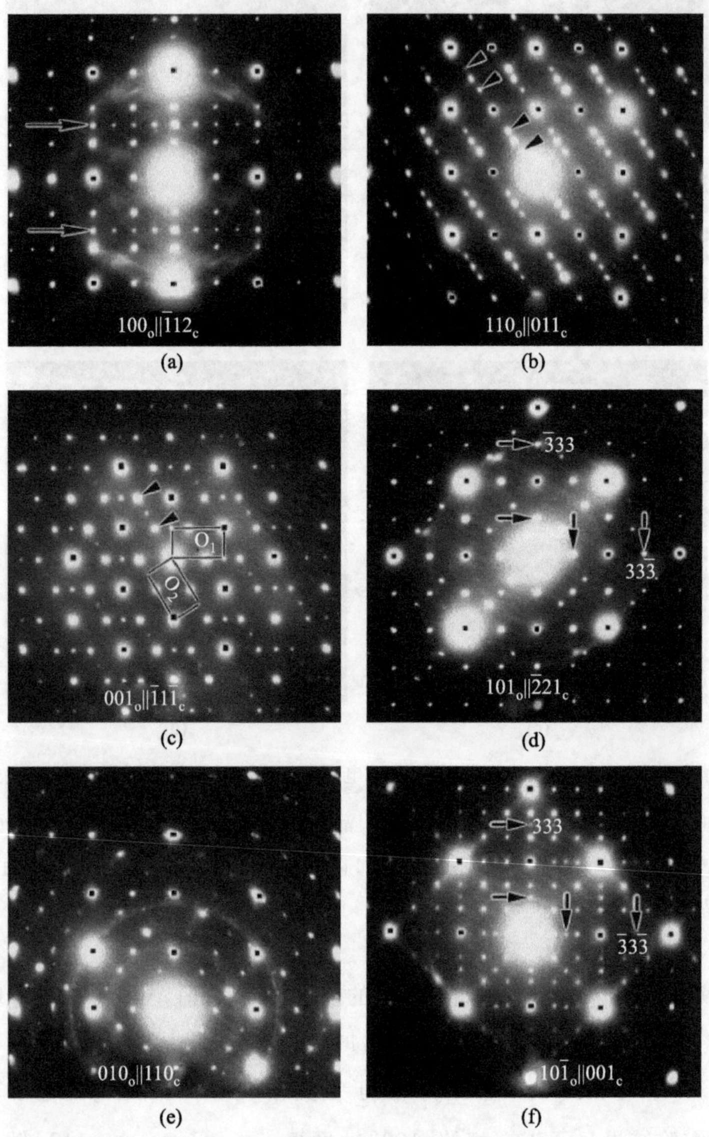

图 3.43　面心正交相 ζ_3-Al_3Cu_4(用 O 标记)和简单立方 γ-Al_4Cu_9(用 C 标记)的复合电子衍射图：(a) $[100]_O \| [\bar{1}12]_C$；(b) $[110]_O \| [011]_C$；(c) $[001]_O \| [\bar{1}1\bar{1}]_C$；(d) $[101]_O \| [\bar{2}21]_C$；(e) $[010]_O \| [110]_C$；(f) $[10\bar{1}]_O \| [001]_C$(马秀良等[111])

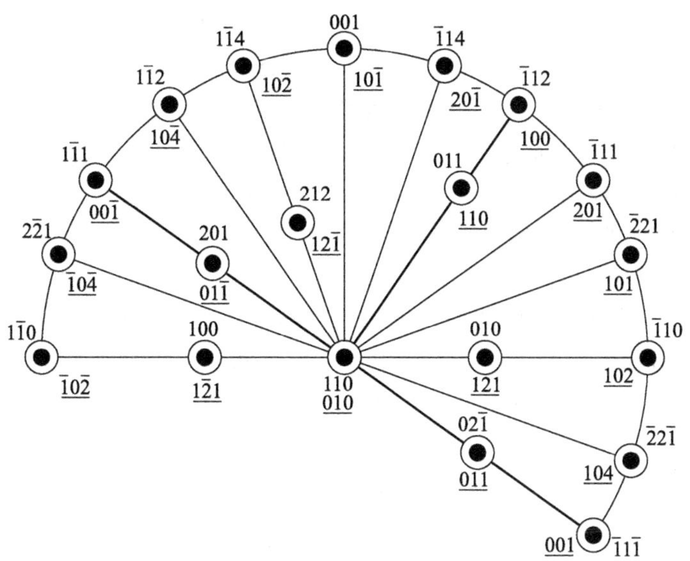

图 3.44 γ-Al_4Cu_9 的[110]轴和 ζ_3-Al_3Cu_4 的[010]方向叠加的立体投影。正交相 ζ_3-Al_3Cu_4 的晶带轴指数用下划线表示。γ-Al_4Cu_9 的所有指数也适用于 CsCl 结构，实际上该图说明了这三个相之间的取向关系(马秀良等[111])

3.11 Mn-Ga 合金中与十次对称准晶相关的系列晶体相

Mn 和 Ga(Ga 在高压下)都具有同素异形体，且其中有的还具有复杂的晶体结构。Mn-Ga 体系共有 12 种二元相[112,117-120]。富 Mn 相 Mn_3Ga_2 和富 Ga 相 Mn_2Ga_5 相对来说结构较简单[120]：α-Mn_3Ga_2(AuCu 结构)，γ-Mn_3G_a(γ 黄铜结构)，Mn_2Ga_5(Mn_2Hg_5 结构，晶格参数：a = 0.880 3 nm、c = 0.269 4 nm)。然而，在 Mn-Ga 二元相图[112]中，在 Ga 的原子百分比分别为 53%、56%、58%、62%处都是未知物相：MnGa (50.7 ~ 53.4 at. % Ga)、Mn_5Ga_6(55 at.% Ga)、Mn_5Ga_7(57.9 at. %Ga)、Mn_3Ga_5(62.9 at. %Ga)。这些化合物由一系列包晶反应生成，且它们之间的成分非常相近，因此难以获得单相的晶体样品，更不用说获得单晶样品了。它们的 X 射线粉末衍射图非常复杂，长期以来一直没有得到准确的标定[117-119]。

吴劲松和郭可信[121-124]详细研究了这些成分对应的晶体类型，在急冷的 Mn-Ga 合金中(Ga 的原子百分比在 52% ~ 63%之间)发现了一种 Ga-Mn DQC；

在退火态的合金中，发现 6 种与准晶结构密切相关的大单胞金属间化合物相：铁磁性的 Mn_3Ga_5 具有四方结构，晶格参数为 $a=1.25$ nm、$c=2.50$ nm；Mn_5Ga_7 为正交结构，晶格参数为 $a=4.57$ nm、$b=1.25$ nm、$c=1.44$ nm；Mn_5Ga_6 有两种结构上密切相关的正交相，点阵参数分别为 $a=1.26$ nm、$b=1.25$ nm、$c=1.48$ nm 以及 $a=0.77$ nm、$b=1.25$ nm、$c=2.36$ nm；MnGa 同样也有两种不同但相关的结构，一种为正交结构，晶格参数为 $a=2.04$ nm、$b=1.25$ nm、$c=1.48$ nm，另一种为单斜结构，晶格参数为 $a=2.59$ nm、$b=1.25$ nm、$c=1.15$ nm，$\beta=110°$。所有这些正交相都具有晶格参数 $b=1.25$ nm，与 Ga-Mn 和 Al-Mn DQC 沿十次轴方向的周期性相同。不仅如此，这 6 种金属间化合物相都显示出具有伪十次对称性分布的电子衍射强斑点，说明它们都应为 Ga-Mn DQC 的晶体近似相。这些金属间化合物的晶体学信息总结在表 3.6 中。

表 3.6　Ga 含量为 52%~63%的 Mn-Ga 金属间化合物的晶体学信息(吴劲松和郭可信[121])

化合物类型	空间群	组成(以 Ga 的原子百分比表示)/%		晶格参数			
		文献报道的成分	EDAX	a/nm	b/nm	c/nm	β/(°)
Mn_3Ga_5(T)	$P4_2/n2_1c$	62.5	62	1.25	1.25	2.5	—
Mn_5Ga_7(O)	Bmm2	57.9	58	4.57	1.25	1.44	—
Mn_5Ga_6(1/1, 1/1)	Pnma, $Pn2_1a$	55	55	1.26	1.25	1.48	—
Mn_5Ga_6(1/0, 2/1)	Bmmb	55	57	0.77	1.25	2.36	—
MnGa (2/1, 1/1)		50.6~53.4	54	2.04	1.25	1.48	—
MnGa(M)		50.6~53.4	52	2.59	1.25	1.15	110

第一个二十面体准晶(IQC)相和第一个十次对称准晶(DQC)相都是在 Al-Mn 合金中发现的。Al-Mn IQC 相是在含有 10~14 at.% Mn 的铝合金中发现的[125]，而 DQC 则是在含有 10~20 at.% Mn 的合金中发现的[126,127]。由于 Ga(也被称为类铝)和 Al 在元素周期表中属于同一主族，而且二十面体团簇 Ga12 经常出现在含有 Ga 的二元或者三元金属间化合物之中(参见文献[128])，因此郭可信等认为很有可能在 Mn-Ga 合金中找到准晶相。事实上，Tartas 和 Knystautas[129] 在气相沉积制备得到并随后进行离子混合的平均成分为 $Ga_{85}Mn_{15}$ 的多层薄膜中，利用电子衍射环的特征就已发现过准晶相。受到已知的$(Al,Zn)_{49}Mg_{32}$二十面体准晶相的启发，Spaepen 等[130] 在 $Ga_{20}Mg_{37}Zn_{43}$ 合金中也发现

了具有五角十二边形凝固外形的稳定二十面体准晶相。

根据电子衍射花样的相似性，为数不少的 Al-Mn 金属间化合物被认为是 Al-Mn IQC 和 DQC 的近似相，比如六方 $\mu-Al_4Mn$[131,132]、六方 $\lambda-Al_4Mn$[131,132]以及正交的 Al_3Mn[97]。该结论也由 Al-Mn DQC[133]、六方 $\mu-Al_4Mn$[134,135]、六方 $\lambda-Al_4Mn$[101,136]以及正交 Al_3Mn 相[22,23,25,101,137]的晶体结构所支持。准晶和这些准晶近似相具有相似的二十面体单元，在晶体相中周期性堆垛排列，而在准晶相中以非周期性排列。Elser 和 Henley[41]曾为这种结构的相似性建立了严格的数学基础。IQC 和 DQC 由无理黄金数 $\tau=(1+\sqrt{5})/2=1.618\ 03\cdots\cdots$来描述，并与空间几何上的 72°[cos 72 ° = $(\tau-1)/2$]或 36°(cos 36 ° = $\tau/2$) 相关。如果 IQC 中沿三个准周期性轴向的这一无理数用一个有理近似值来替代，比如斐波那契数列(0，1，1，2，3，5，8，…，F_n，…，$F_n=F_{n-1}+F_{n-2}$)的相邻两位数之比，即 1/0、1/1、2/1、3/2、5/3、8/5、……或 F_{n+1}/F_n，就可以获得立方的晶体近似相。例如，立方 α(AlMnSi)为 Al-Mn-Si IQC 的 1/1 近似相。Spaepen 等[130]发现了 6 种 Ga-Mg-Zn IQC 的晶体近似相，它们都具有很大的单胞。其中三种为立方相：(1/1)、(2/1) 和 (3/2)相，它们的晶格参数 a 分别为 14.1 nm、22.8 nm 和 36.9 nm，它们呈 $1:\tau:\tau^2$ 关系；一种为正交相：a = 36.9 nm、b = 22.8 nm、c = 22.8 nm，显然它是(3/2，2/1)近似相；剩余两种为菱方相：a = 21.7 nm，夹角分别为 α = 63.43°和 116.57°。

对于二维 DQC 来说，准周期性晶面沿垂直于其十次对称轴的方向排列，因而这些准周期面具有十次旋转对称性。换言之，等同的准周期方向之间相隔 $n\times36°$。因此，在准周期平面中的两组正交准周期方向是不等价的。如果沿这两个正交准周期性方向的无理数 τ 被一对斐波那契数之比所取代的话，就可以得到一个矩形的单胞。加上沿 DQC 十次轴方向的周期，其变为晶格参数 b，这样就获得了一个正交的近似相。比如，正交 Al_3Mn 即为 Al-Mn DQC 的(1/1，1/1)近似相，其晶格参数 a = 1.26 nm、c = 1.48 nm，而 b = 1.24 nm 与 Al-Mn DQC 的十次轴方向的周期性一致。也就是说，准晶及其近似相在结构上是密切关联的。

根据 Mn-Ga 二元相图中几个未知相的成分，吴劲松等[121]分别熔炼制备了名义成分为 $Mn_{37}Ga_{63}$、$Mn_{42}Ga_{58}$、$Mn_{45}Ga_{55}$ 以及 $Mn_{48}Ga_{52}$ 的合金。部分合金重熔后急冷甩带成薄带，冷速为 $10^5\sim10^6$ ℃/s。前三种 Ga 含量超过 55 at.%的合金中部分样品在 570 ℃退火 2～60 h，剩下的含 Mn 量高的样品在 700 ℃退火 2 h。这些样品所包含的物相类别见表 3.7。

表 3.7　Ga 含量为 52%~63%的 Mn-Ga 合金经不同处理后形成的金属间化合物（吴劲松和郭可信[121]）

二元相图中的未知相成分	合金成分	电子衍射发现的物相		
		熔铸样品	水淬急冷样品	退火
Mn_3Ga_5	$Mn_{37}Ga_{63}$	—	DQC MnGa（2/1，1/1） Mn_2Ga_5 Mn_3Ga_5(T)	Mn_3Ga_5(T)
Mn_5Ga_7	$Mn_{42}Ga_{58}$	DQC	Mn_5Ga_7(O) Mn_5Ga_6(1/0，2/1) Mn_5Ga_6(1/1，1/1)	Mn_5Ga_7(O)
Mn_5Ga_6	$Mn_{45}Ga_{55}$	DQC	Mn_5Ga_6(1/0，2/1) Mn_5Ga_6(1/1，1/1)	Mn_5Ga_7(O) Mn_5Ga_6(1/1，1/1)
MnGa	$Mn_{48}Ga_{52}$	DQC	MnGa（2/1，1/1） MnGa(M)	MnGa(M)

在甩带制备的样品中，Mn-Ga DQC 以细小晶粒形式出现。在退火样品中，分别在 $Mn_{37}Ga_{63}$、$Mn_{42}Ga_{58}$、$Mn_{48}Ga_{52}$ 合金中发现了单相的四方 Mg_3Ga_5(T)、正交 Mn_5Ga_7(O)以及单斜 MnGa（M）。在退火的 $Mn_{45}Ga_{55}$ 合金中，主要的物相是正交 Mn_5Ga_7(O)，还有少量正交 Mn_5Ga_6(1/1，1/1)。吴劲松对单相样品（2.5 mm×2.5 mm×3.8 mm）分别进行了 X 射线粉末衍射和磁性测量；四方 Mn_3Ga_5(T)和正交 Mn_5Ga_7(O)的 X 射线衍射借助电子衍射数据进行标定。

Mn-Ga DQC 在水冷的 $Mn_{37}Ga_{63}$ 合金中与四方 Mn_2Ga_5、四方 Mn_3Ga_5 以及正交 MnGa（2/1，1/1）同时出现，如图 3.45 所示。由 Mn-Ga 二元相图可以看出，MnGa 相在 $Mn_{37}Ga_{63}$ 合金中可以在 772~725℃范围内凝固。在凝固过程中，合金液相中 Ga 含量可以达到高于 63 at.%但少于 71 at.%，在这种情况下，四方 Mn_2Ga_5 和四方 Mn_3Ga_5 也可以形成。但它们并非稳定相，退火后仅剩下稳态的 Mn_3Ga_5(T)。在水冷的 $Mn_{48}Ga_{52}$ 合金中，正交 MnGa（2/1，1/1)为主要物相，退火后转变为单斜 MnGa(M)。退火 $Mn_{42}Ga_{58}$ 合金、正交 Mn_5Ga_6(1/0，2/1)和 Mn_5Ga_6(1/1，1/1)也同样消失。然而，在退火的 $Mn_{45}Ga_{55}$ 样品中，Mn_5Ga_6(1/1，1/1)仍然能保留下来。

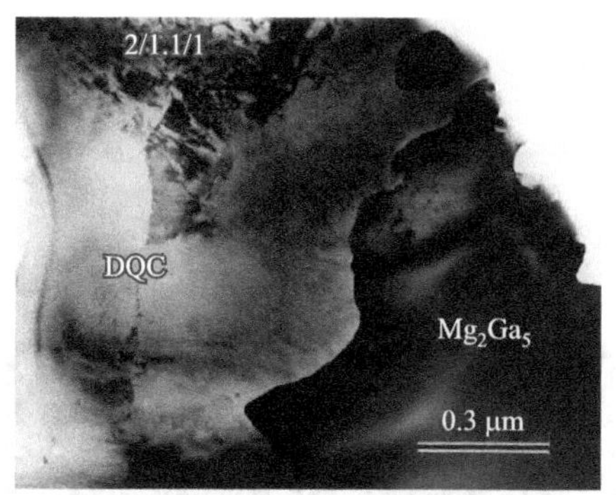

图 3.45 水冷 $Mn_{37}Ga_{63}$ 合金 DQC 和晶体相共存的电子显微照片(吴劲松和郭可信[121])

3.11.1 Mn-Ga 合金中的十次对称准晶

图 3.46 展示了 Mn-Ga DQC 的系列电子衍射图，包含了倒空间 36°扇形范围内的所有衍射。图 3.46 (a)是这一 DQC 具有十次对称的衍射花样，所有的衍射斑点都包含在同轴的十边形之中，而且所有的衍射点列都为非周期性的。围绕竖直方向的衍射列(如大箭头所标注)倾转 90°后可以得到二次对称的"2P"电子衍射图(冯国光等[42]命名)，如图 3.46 (b)所示，图中白色箭头所指的方向为非周期性的，而黑色箭头所指示的方向为周期性的。如果围绕图 3.46 (a)中的小箭头所示的轴向倾转 90°，可以得到两组相互夹角为 36°的"2D" 晶带轴，如图 3.46 (c)所示，它们又分别与"2P"成 18°夹角。图 3.46 (c)中用无尾小箭头所指的沿十重轴向的强衍射斑，其对应的晶面间距约为 0.20(8) nm。由于这一列中离透射斑最近邻的斑点其间距仅为强点到透射斑距离的 1/6，故而该 DQC 沿十次轴方向在实空间的周期性应为 6×0.20(8) nm = 1.25 nm。

在围绕图 3.46 (a)中的竖直方向的倒易点列倾转晶体的过程中，可以获得一系列电子衍射图[图 3.46 (d)至(g)]。电子衍射的花样和夹角的关系与之前报道的 Al-Mn DQC 一致，尤其是倾转 61°后得到的伪五次对称 P5 衍射图以及倾转 79°后得到的伪三次对称 P3 电子衍射图。透射电子显微镜下的能谱分析表明 Ga-Mn DQC 的化学成分为 Mn 含量在 45~50 at.%之间。可见，该物相中的 Mn 含量远高于 Al-Mn DQC 中的 20~30 at.%。

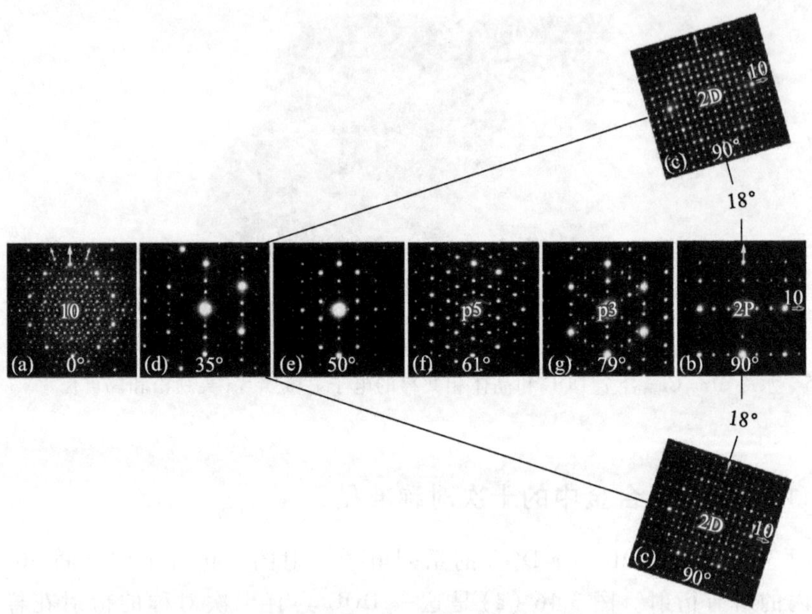

图 3.46 Ga-Mn DQC 在 36°扇形范围内的所有主要衍射谱以及它们之间的角度关系，其中 P5 和 P3 分别代表伪五次轴和伪三次轴(吴劲松和郭可信[121])

3.11.2 正交相 Mn_5Ga_7(O)的点阵确定

1. 电子衍射

在正交近似相 Mn_5Ga_7(O)中，$\boldsymbol{b}$ 轴选为与 DQC 十次轴平行的方向，这样参数 b 就沿袭了 DQC 中十次轴方向的周期，而且在[010]方向的电子衍射中也可看到伪十次对称(p10)的($h0l$)衍射强点[图 3.47 (a)]。该图的衍射格点构成了有心矩形，对应着 B 心的正交晶格，晶格参数为 a = 4.57 nm、c = 1.44 nm。以六边形强衍射点为主要特征的[100]电子衍射图[图 3.47 (c)中的无尾箭头所指]与 DQC 的 2D 相似[图 3.46 (c)]，且由(060)衍射点计算得出参数 b 为 1.25 nm，这与 Al-Mn DQC[126] 以及 Ga-Mn DQC 的周期一致。[001]电子衍射图显示出与 DQC 的 2P[图 3.46 (b)]中相似的正方形格子。除了 B 心之外，没有其他结构消光，因此该相空间群应为 Bmmm 或是其某一子群。

除了 Mn_5Ga_7(O)相的几个带轴方向电子衍射中的强点分布与 DQC 的十次、2P 以及 2D 电子衍射很相似外，吴劲松还做了若干系列倾转衍射实验。

首先，围绕图 3.47 (a)中的 $\boldsymbol{a}^*$ 轴，或是 $h00$ 衍射点列获得了一系列[$0vw$]电子衍射[图 3.47 (d) ~ (f)]，图中的倾转角度以及强衍射点分布都与图 3.46

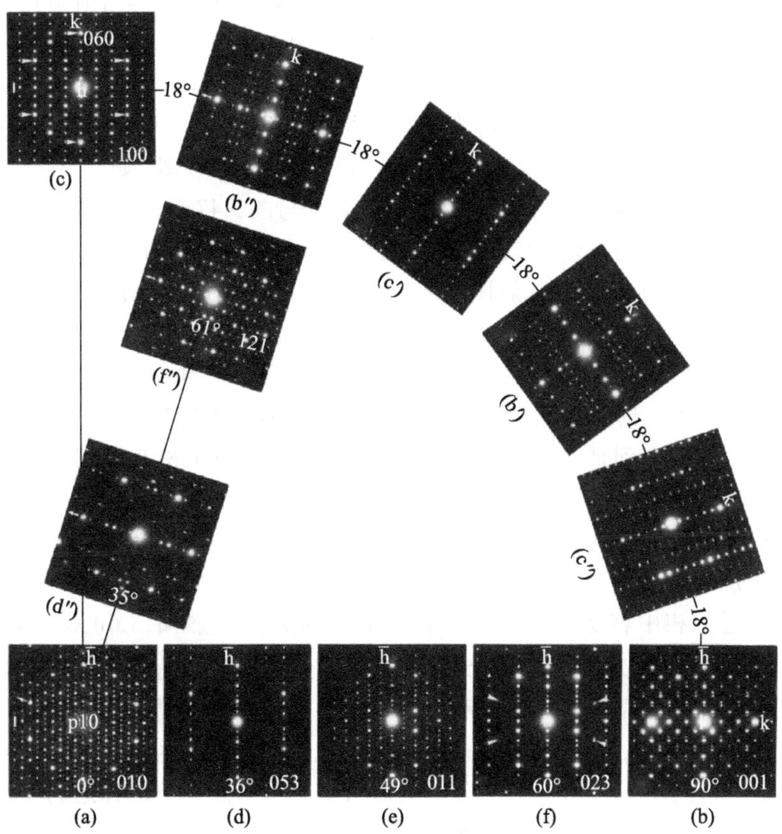

图 3.47 正交 Mn_5Ga_7(O) 90°扇形［100］-［010］-［001］区域内的主要电子衍射图。围绕伪十次轴[010](a)，伪二次轴 2P 每隔 36°重复出现[(b)、(b′)，(b″)]；伪二次轴 2D 同样每隔 36°重复出现[(c)、(c′)、(c″)]。图(d)~(f)以及图(d″)~(f″)中的强衍射点分布与图 3.46 (d)~(f)的 DQC 衍射类似(吴劲松和郭可信[121])

(d)~(f)中 DQC 的衍射图吻合。比如，从[010]带轴倾转 60°，[023]电子衍射图显示出伪五次对称的强点[图 3.47 (f)]中 4 个用箭头所指的衍射点中的两个强度很微弱，它们并不属于这一带轴下的衍射]。这一衍射图同样出现在 DQC 同一倾转角度下获得的衍射，即伪五次对称的 P5 衍射图中[图 3.46 (f)]。从图 3.41 (d)~(f)的电子衍射与图 3.46 (d)~(f)的高度吻合一定不是偶然现象。

其次，一系列围绕[010]轴或图 3.41 (b)或(c)中 $0k0$ 衍射点列倾转得到的[$u0w$]电子衍射图显示出明显的伪十次对称的特点。图 3.47 (c)中呈六边形分布的强衍射点与 DQC 中 2D 电子衍射极其相似，而且每隔 36°重复出现，如

图 3.47 (c)、(c′)、(c″)所示。同样，图 3.47 (b)中的正方形衍射格点与 DQC 的 2P 电子衍射图也类似，且也是每隔 36°重复出现，如图 3.47 (b)、(b′)、(b″)所示。

再次，围绕图 3.47 (a)中箭头所指的衍射点列(约与 *h*00 衍射点列呈逆时针 72°)倾转，可以获得与图 3.47 (d) ~ (f)类似的衍射图[如图 3.47 (d″) ~ (f″)]。例如，图 3.47 (f″)中的十边形强衍射点与图 3.47 (f)中出现的相似。这两组衍射图系列之间相差 72°，可以预测出距离[001]轴 36°的衍射点列进行系列倾转也可以得到相似的衍射图系列。换言之，这样的衍射图系列应该围绕[010]轴每 36°就出现一次。

由前述的衍射证据可知，正交 Mn_5Ga_7(O)相与 Ga-Mn DQC 在结构上一定是关联的。电子衍射图的相似性源于它们结构亚单元的相似性，这已在高分辨电子显微图像中得到证实。但是，这种 Mn_5Ga_7(O)并非斐波那契近似相，因为它的晶格参数 *a* 并不满足 τ 膨胀关系。这种非斐波那契近似相还在 $Al_{12}Fe_2Cr$ 合金中有所报道[138]。

2. 十次旋转孪晶

DQC 近似相中容易出现十次旋转孪晶已为人们所熟知，Mn_5Ga_7(O)相也不例外。图 3.48 中为相隔 36°的 5 个孪晶瓣，分别用 1~5 标记，每一个孪晶瓣除了其中包含的孪晶片层外都显示出均匀的衬度。十次孪晶瓣相交的地方多数为共格(用“c”表示，意为 coherent)孪晶界，也有少量非共格(用“i”表示，意为 incoherent)的锯齿界面。尽管图中只显示了五瓣孪晶，但仍称之为十次旋转

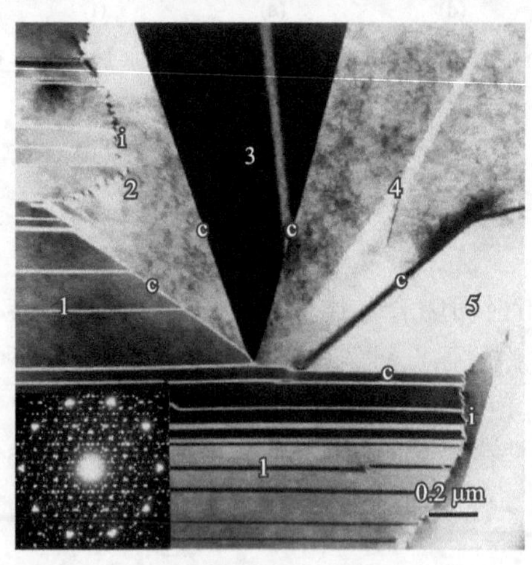

图 3.48　Mn_5Ga_7(O)中的十次旋转孪晶的形貌像，左下角插图为复合电子衍射图。字母“c”和“i”分别表示共格(coherent)和非共格(incoherent)孪晶界(吴劲松和郭可信[121])

孪晶，因为相邻孪晶之间的夹角为 36°。5 个孪晶瓣的[010]方向的复合电子衍射图如图中插图所示。每个孪晶瓣[010]电子衍射图中的 10 个强衍射点与其他孪晶瓣的强衍射点重合，这样使得复合衍射图中的 10 个衍射点在强度上有所增强。这也是十边形每隔 36°旋转出现的强点在十次旋转孪晶中得以加强导致的结果。

3.11.3 基于高分辨电子显微图像推导正交相 Mn_5Ga_7(O)的结构模型

通过快速凝固获得的 Mn-Ga DQC 由扁六边形(H)、“王冠”形(C)和五角星形(S)结构单元组成，如图 3.49 所示。具有深色核心的明亮像点看起来像一个靶心，对应于边长为 0.47 nm 的彭罗斯五边形。如果连接这些大的明亮像点，将产生由扁六边形和王冠形组成的边长为 0.66 nm 的 72°五角星形结构单元。事实上，围绕一个彭罗斯 36°菱形的 6 个五边形可以构成扁六边形；围绕一个彭罗斯“船”形的 8 个五边形可以构成王冠形结构单元；围绕一个彭罗斯 36°五角星形的 10 个五边形可以构成 72°五角星形。这些结构单元被称为具有 $n\times72°$特征的“二元拼块”[139,140]。这些二元拼块可以周期性、准周期性或随机地拼接。

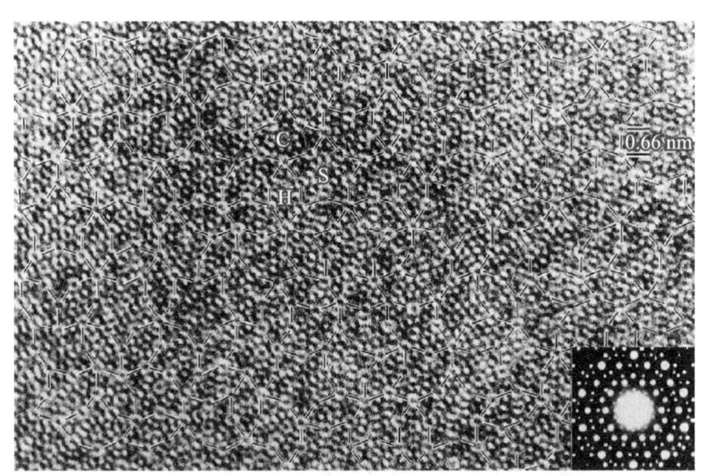

图 3.49 沿 Ga-Mn DQC 十次轴 HREM 像，图中可以看出扁六边形(H)，王冠形(C)和 72°五角星形(S)结构单元，边长为 0.66 nm。右下角插图是十次轴衍射图(吴劲松和郭可信[124])

底心正交 Mn_5Ga_7 属于非斐波那契近似相，因为它的晶格参数不能从无理数 τ 的两个连续斐波那契数的比率替换得到。高分辨电子显微成像表明 Mn_5Ga_7 由扁六边形和凹八边形(或称之为“crown”，王冠形)结构单元组成[123]，它与 Mn-Ga 十次准晶共存在 $Mn_{42}Ga_{58}$ 合金中。根据仅由六边形结构单元组成的正交近似相 Mn-Ga（1/1，1/1）的结构信息（参见后面的 3.11.4 节），可推导出扁六边形结构单元中的原子位置。同样，根据仅由王冠形结构单元组成的另一个正交近似相 Mn-Ga（2/1，1/1）的结构信息可推导出王冠形结构单元中的原子位置（参见后面的 3.11.5 节）。因此，可以从这些结构单元构建正交相 Mn_5Ga_7 的结构模型。其一个晶胞中共有 332 个 Ga 原子和 232 个 Mn 原子，其组成为 $Mn_{41.2}Ga_{58.8}$，满足空间群 Bmm2 的对称性。

1. 结构单元的拼接

图 3.50 的［010］HREM 像显示位于两个不同取向交替排列的六边形（H）结构单元之间形成了由王冠形（C）结构单元构成的畴壁。如果这样的 C 结构单元畴壁侧向生长，它们将构成由 C 结构单元组成的底心排列，形成正交（2/1，1/1）近似相，其中晶格参数为 $a = 2.04$ nm、$b = 1.25$nm、$c = 1.48$ nm。相反，C 结构单元畴壁两侧的六边形结构单元在互为孪晶的位置形成（1/1，1/1）近似相，晶格参数为 $a = 1.26$ nm、$b = 1.25$ nm、$c = 1.48$ nm，这在图 3.50 中由实心圆标注。这里值得注意的是，（2/1，1/1）近似相的晶格参数 a 大约是（1/1，1/1）近似相的 τ 倍，而 b 和 c 分别相同。C 结构单元的外侧构成具体 72°特征的凹型界面，它与两侧不同取向的 H 结构单元完美地匹配在一起。一个 C 结构单元被两种不同方向的 6 个 H 结构单元包围（这里称之为“O”团簇），正交 Mn_5Ga_7 相正是由这些“O”团簇构成。该图像还显示由 C 结构单元组成的（2/1，1/1）近似相容易转换成由 H 结构单元组成的（1/1，1/1）近似相，表明这两种

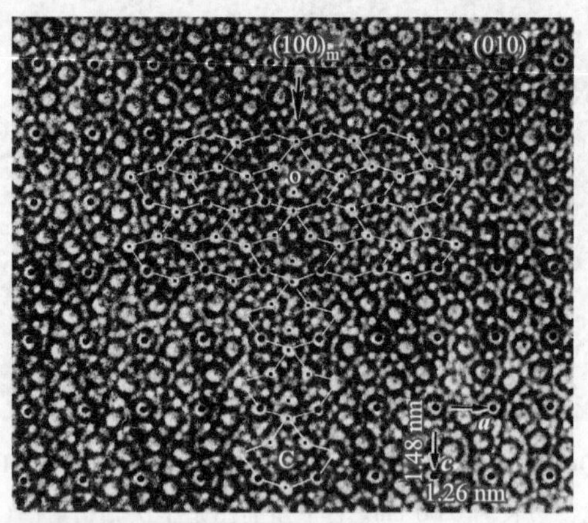

图 3.50　［010］HREM 像显示由 C 结构单元构成的竖直畴壁分隔两个由不同取向的 H 结构单元组成的 Ga-Mn（1/1，1/1）近似相，该畴壁处于（100）镜面的反映孪晶位置。王冠形结构单元及其周围的 6 个六边形结构单元形成所谓的“O”团簇（吴劲松和郭可信[124]）

近似相以及 C 和 H 结构单元之间紧密的结构关系。此外，H 结构单元可以分解成 1 个彭罗斯宽菱形和 2 个窄菱形，而 C 结构单元可以分解成 3 个彭罗斯宽菱形和 1 个彭罗斯窄菱形(在图 3.50 中的 C 结构单元中用点标记)。这种结构关系非常有利于对 Ga_7Mn_5 近似相结构模型的构建。

图 3.51(a)为 Mn_5Ga_7 近似相的[010]HREM 像。C 结构单元以有心矩形方式排列，它的平面单胞由“＊”画出，晶格参数为 $a=4.57$ nm、$b=1.25$ nm、$c=1.44$ nm，其中，参数 b 与正交晶系 Ga-Mn(1/1，1/1)近似相相同。C 结构单元的畴壁与 H 结构单元交错，每个平面单胞包含 2 个 C 结构单元和 4 个 H 结构单元。H 结构单元的锯齿形排列与两侧的 C 畴壁完全吻合。值得注意的是，每个靶心图像点由 10 个小的像点包围，对应于十边形棱柱的投影[23,25]。在图像的中下部可以看到，C 结构单元被分解成 3 个彭罗斯宽菱形和 1 个彭罗斯窄菱形，边长为 0.66 nm。在图 3.51（b）中，以底心排列的 C 结构单元叠加在 Bmm2 空间群的[010]投影上，可见(001)镜面对称的缺失。

因此，非斐波那契正交近似相 Mn_5Ga_7 是由分别构成 Ga-Mn(2/1，1/1)和(1/1，1/1)近似相的 C 结构单元和 H 结构单元形成的共生结构。

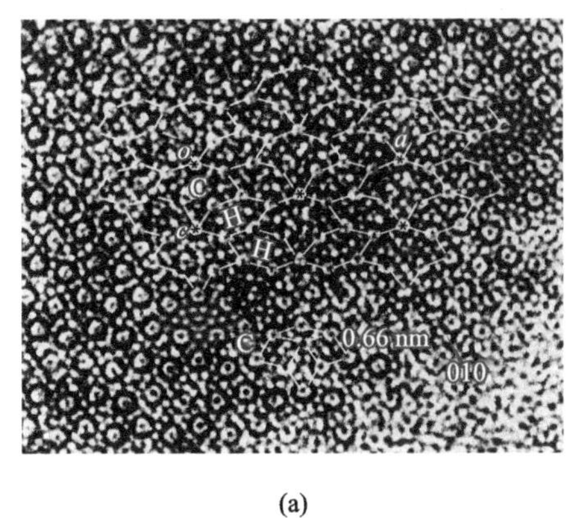

(a)

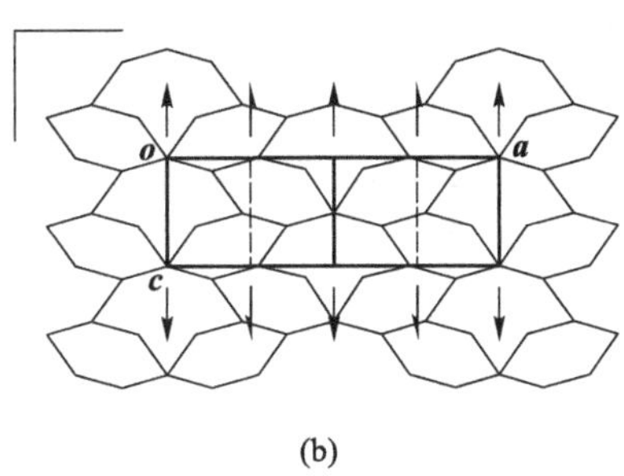

(b)

图 3.51　(a) 正交晶体相 Mn_5Ga_7 的[010]HREM 像，它的平面单胞由 2 个王冠形结构单元和 4 个扁六边形结构单元组成(单胞的顶点用“＊”显示)；(b) 叠加在 Bmm2 空间群的[010]投影上的这些结构单元的示意图(吴劲松和郭可信[124])

2. 结构模型

正交相 Mn_5Ga_7 以及 Ga-Mn(1/1，1/1)和(2/1，1/1)近似相具有相同的参数 b(~1.25 nm)，一个 b 周期内对应六层堆垛。类似于仅由王冠形结构单元组成的(2/1，1/1)近似相，Mn_5Ga_7 近似相中 b 方向上的原子层的堆垛顺序也是 $P_1^mF_1P_1P_2^mF_2P_2$，其中 F_n 为平坦层，P_n 为起伏层，而 P_n^m($n=1$ 或 2)层与 P_n 层

通过处于 F_n 层（$y=0$ 和 0.5）的镜面 m 相互关联。也就是说，构建正交相 Mn_5Ga_7 的结构模型只需要确定 F_1、F_2、P_1 和 P_2 4 层中的原子分布。

根据吴劲松等[122,123]提出的 F_1、F_2、P_1 和 P_2 4 层 H 结构单元和 C 结构单元的原子构型，Mn_5Ga_7 近似相中这 4 层的原子分布也就显而易见，如图 3.52 所示。平面单胞的顶点用“ * ”显示，(100) 镜面也在图中示出。这里可以看出，C 结构单元和 H 结构单元的顶点完全被 P 起伏层中的五边形包围；而在 F 平坦层中，该顶点部分被五边形包围，部分被十边形包围，并且相邻层中的五边形处于相反的方向。在 $F_1P_1P_2^mF_2P_2P_1^mF_1$ 序列中，处于 F_1 层（$y=0$）中 A 位置的两个十边形之间，连续层中具有交替相反取向的 5 个五边形，它们形成 4 个五边形反棱柱或 4 个互相贯穿的二十面体链[23,25]。这同样适用于 F_2 层（$y=0.5$）中 B 处的两个十边形。换句话说，明亮像点的靶心衬度对应于 C 结构单元和 H 结构单元的顶点在二十面体链的投影结构。

假设 Mn_5Ga_7 结构模型中的 97 个非等效位置被完全占据，单胞中一共有 332 个 Ga 原子和 232 个 Mn 原子，其组成为 $Mn_{41.2}Ga_{58.8}$，近似于 Mn_5Ga_7。计算的密度约为 7.091 g/cm^3，单位晶胞体积为 8.407 nm^3。最短的键合长度为 Ga-Mn：0.224 nm；Ga-Ga：0.248 nm；Mn-Mn：0.242 nm。

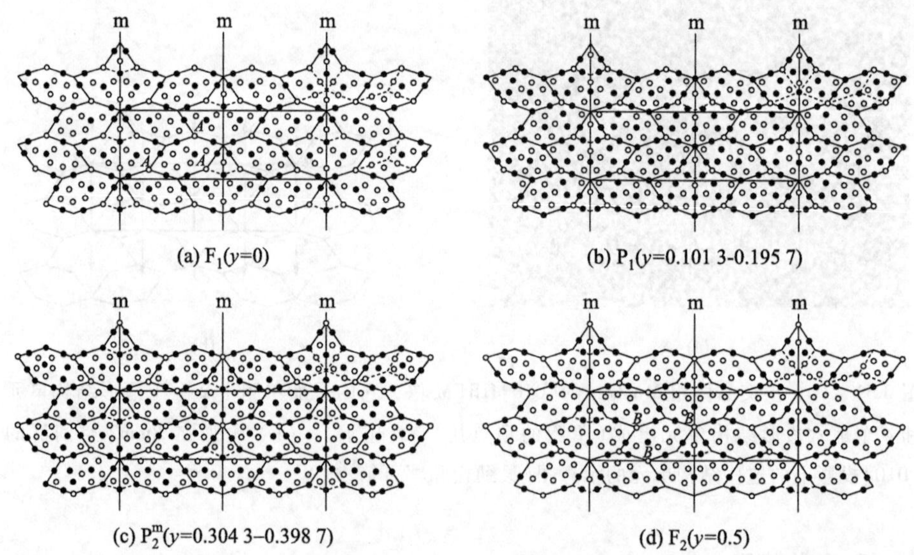

图 3.52　正交相 Mn_5Ga_7 中不同 y 值下平坦层 F_1(a) 和 F_2(d) 以及起伏层 P_1(b) 和 P_2^m(c) 的原子构型。这些原子层在 b 方向上以 $F_1P_1P_2^mF_2P_2P_1^m$ 序列堆垛，其中 P_n^m 层、P_n 层通过 F_n 的镜面相互关联（吴劲松和郭可信[124]）

3. 与实验结果的对比

基于上面提出的 Mn_5Ga_7 结构模型，吴劲松进一步计算模拟得到[010] HREM 像、主要带轴电子衍射图和 X 射线粉末衍射图。在样品厚度为 40～50 nm 时，计算所得的[010]、[100]和[001]衍射图[图 3.53 (a′)～(c′)]与实验[图 3.53 (a)～(c)]具有很好的对应。强衍射斑点类似于 DQC 的衍射斑点，尤其是在图 3.53 (a)和(a′)中形成十边形的 10 个斑点和在图 3.53(b)和(b′)中形成六边形的 6 个斑点，它们都发生在 d = 0.201～0.209 nm 的很窄范围内，它们也都出现在实验和计算的 X 射线粉末衍射图(表 3.8)中。尽管一些模拟出的弱斑点和中等弱点的强度与实验结果有些不同，但是由于难以准确估算电子衍射的强动态效应，这种微小的差别可以忽略。

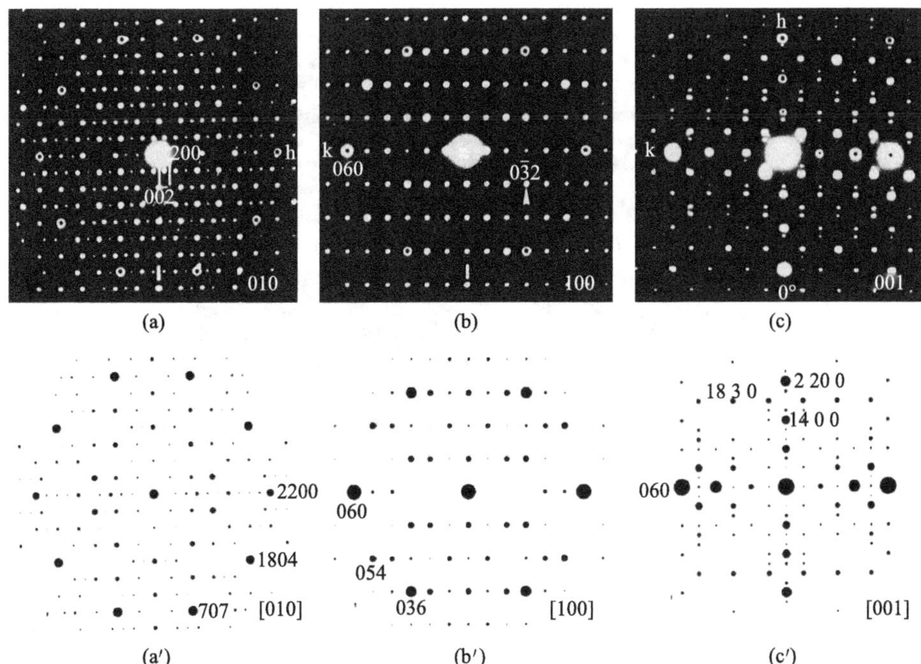

图 3.53　正交相 Mn_5Ga_7 的[010]、[100]和[001]的电子衍射图：(a)～(c)为实验数据；(a′)～(c′)为模拟衍射图(吴劲松和郭可信[124])

HREM 像的衬度特征受欠焦值以及样品厚度影响很大。图 3.54 (a)和(b)中的图像取自相同区域但具有不同的欠焦值，而图 3.54 (c)中图像取自样品较厚的区域。在厚度样品为 10 nm(在利用多层法进行模拟过程中，每个片层厚度为 0.2 nm)时，模拟图像中最大的亮像点[图 3.54 (a′)]显示了 Scherzer 欠焦(−48 nm)下的特征靶心衬度。然而，当欠焦值为−32nm 时，模拟图像中最大的亮像点在其核心失去了暗衬度，如图 3.54（b′）。当样品变厚（例如 50 nm）时，在 C 结构单元和 H 结构单元的顶点处像点变为大的亮盘，尽管此时欠焦值仍然保持在 Scherzer 欠焦（-45 nm）。实验像与模拟像之间的一致性显而易见，这不仅体现在 C 结构单元和 H 结构单元的顶点处的强像点，而且结构单元内的小像点也基本一致。

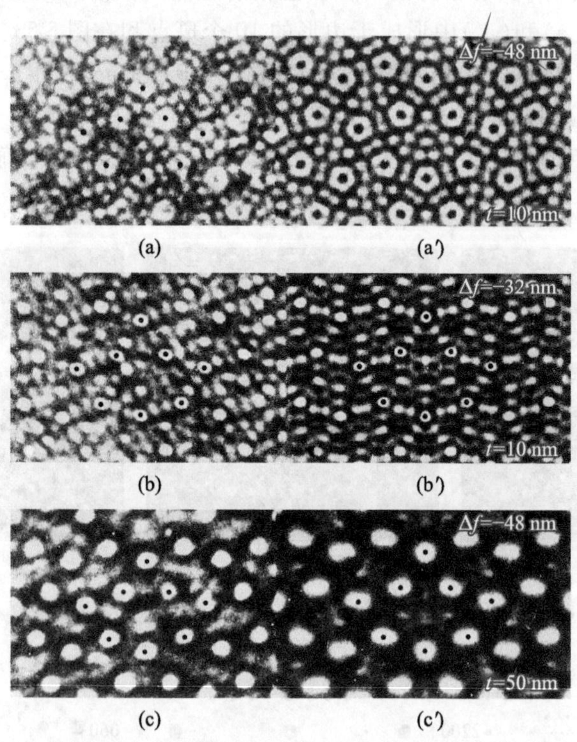

图 3.54　正交相 Mn_5Ga_7 实验像与模拟像的对比。样品厚度为 10 nm 在欠焦值为-48 nm 条件下的实验像（a）和模拟像（a′）；样品厚度为 10 nm 在欠焦值为-32 nm 条件下的实验像（b）和模拟像（b′）；样品厚度为 50 nm 在欠焦值为-48 nm 条件下的实验像（c）和模拟像（c′）（吴劲松和郭可信[124]）

表 3.8 为正交相 Mn_5Ga_7 实验（相对强度 $I/I_0>5\%$，I_0 是最强的峰）和计算所得（$\Sigma I/I_0>3\%$）的 X 射线粉末衍射结果。强峰和中等强峰（$I/I_0>20\%$）出现在 2θ 为 40°~45°的很窄范围内，对应于 $d=0.201\sim0.225$ nm。一些计算出的强峰非常接近以至于出现重叠。例如，有 4 个强峰和中等强峰，包括图 3.53 中的（18 0 4）和（0 5 4）强反射，发生在 $d=0.207\ 68\sim0.208\ 84$ nm，并且它们一起作为计算的最强衍射峰，$\Sigma I/I_0=100\%$，对应于观察到的最强峰。表 3.8 的最后一列给出了所有计算的峰的相对强度 $\Sigma I/I_0$，如果发生重叠则求和。一些相

邻的强峰，例如(0 6 0)、(0 3 6)、(7 0 7)和(22 0 0)，也在Mn_5Ga_7相的主要电子衍射图中显示为强斑点(图3.53)。使用最小二乘法精细化的晶格参数是a=4.547 (6) nm、b=1.256(9) nm、c=1.482(1) nm。通常而言，计算结果与实验结果之间的峰值位置和强度匹配很好，但确实存在个别情况的差异。在实验衍射图(I/I_0>48%)和计算衍射图($\Sigma I/I_0$>34%)中，位于d = 0.208 60 ~ 0.213 20 nm范围内的4个最强的反射以相同的顺序出现，其d值的差异通常小于0.001 nm。

表3.8 实验所得[I/I_0(Obs)>5%]和计算得到的[$\Sigma I/I_0$>3%]的正交相Mn_5Ga_7[晶格参数为a=4.547(6) nm、b=1.256(9) nm、c=1.482(1) nm]的X射线粉末衍射结果。在*hkl*列中，那些标有上标a的衍射对应图3.53 (a)[010]衍射图中的强衍射斑点，而那些标有上标b和c的衍射分别在图3.53 (b)和(c)所示的[100]和[001]衍射图中出现(吴劲松和郭可信[124])

d(实验)/nm	I/I_0(实验)/%	*hkl*	d(计算)/nm	I(计算) ×10^8	$\Sigma I/I_0$(计算)/%
0.280 14	5	4 4 2	0.280 36	6.03	3
0.278 44	6	7 4 1	0.277 86	6.83	3
0.256 73	5	14 3 0	0.256 71	6.12	3
0.251 16	7	0 5 0	0.251 38	7.92	4
0.247 94	9	7 2 5	0.247 82	7.66	9
		11 4 1	0.246 68	10.03	
0.244 29	13	7 4 3	0.245 48	14.52	11
		14 0 4[b]	0.244 26	7.77	
0.240 87	11	1 3 5	0.241 46	9.3	10
		0 4 4	0.239 65	10.42	
0.235 17	9	18 1 2	0.234 92	7.85	7
		4 4 4	0.234 5	6.47	
0.229 96	14	0 2 6[b]	0.229 9	18.53	13
		2 2 6	0.228 76	8.5	
0.223 82	32	11 2 5	0.224 94	21.78	18
		16 3 2	0.224 19	15.17	
0.222 34	20	1 5 3	0.223 77	18.31	27
		18 2 2	0.22 35	36.63	

续表

d(实验)/nm	I/I_0(实验)/%	hkl	d(计算)/nm	I(计算) ×10^8	$\Sigma I/I_0$(计算)/%
0.218 52	10	8 5 2	0.219 58	15.68	8
0.216 72	16	5 5 3	0.217 54	28.47	17
		18 3 0[c]	0.216 35	6.18	
0.2132	48	0 3 6[b]	0.212 79	42.1	34
		11 5 1	0.212 57	26.68	
0.211 58	51	15 0 5[a]	0.211 95	10.52	38
		2 3 6	0.211 86	16.67	
		7 5 3	0.211 8	49.99	
0.209 71	57	3 0 7[a]	0.209 69	12.53	55
		0 6 0[b,c]	0.209 48	56.01	
		4 3 6	0.209 15	41.76	
0.208 6	100	11 3 5	0.208 84	55.42	100
		18 0 4[a]	0.208 74	37.23	
		0 5 4[b]	0.208 02	36.12	
		18 3 2	0.207 68	72.67	
0.206 61	20	2 5 4	0.207 16	9.3	17
		22 0 0[b,c]	0.206 71	25.21	
0.201 54	24	7 0 7[a]	0.201 31	47.75	24
0.200 95	16	15 2 5	0.200 83	15.69	12
		6 5 4	0.200 6	8.5	
0.197 95	9	13 3 5	0.199 01	10.01	5
0.191 33	6	14 5 2	0.192 01	9.81	5
0.148 44	6	11 2 9	0.148 65	5.88	3
0.147 8	5	18 6 4	0.147 86	6.03	3
0.145 97	5	25 3 5	0.145 4	9.74	5
0.144 87	6	7 6 7	0.145 15	11	6
0.134 83	7	18 4 8	0.134 93	7.77	4

续表

d(实验)/nm	I/I_0(实验)/%	hkl	d(计算)/nm	I(计算) $\times 10^8$	$\Sigma I/I_0$(计算)/%
0.133 99	7	0 4 10	0.134 05	9.01	5
0.132 78	8	0 8 6	0.132 57	8.21	4
0.132 26	10	11 8 5	0.131 6	7.14	4
0.131 68	9	18 8 2	0.131 31	15.21	8
0.128 5	14	18 5 8	0.128 43	15.27	11
		29 5 3	0.128 47	6.39	
0.127 67	16	0 5 10	0.127 67	9.3	10
		14 6 8	0.127 62	9.16	
0.127 05	8	20 8 2	0.127 34	8.57	4
0.126 36	8	36 0 0	0.126 32	6.76	4
0.125 87	8	29 0 7	0.126 02	9.16	5
0.125 42	11	0 10 0	0.125 69	7.85	4

这里需要强调的是，对于具有非常大的晶格参数的金属间化合物，即使可能但也很难标定其 X 射线粉末衍射图，更不用说解析其原子结构。然而，在十次准晶近似相的特殊情况下，通过使用 HREM 像找出结构单元及其在单胞中的分布并最终在这些结构单元或单胞中找到原子位置，有可能可以克服这些困难。

3.11.4 正交 Mn_5Ga_6(1/0，2/1)和 Mn_5Ga_6(1/1，1/1)

1. 电子衍射

正交 Mn_5Ga_6 可以以两种不同但又相互关联的结构形式存在。一是简单正交相，属于 Al_3Mn 结构[101],[25]。按照准晶近似相的分类，它属于(1/1，1/1)近似相，晶格参数为 $a=1.26[\approx 0.77\tau$ 其中 $\tau=(1+5^{1/2})/2]$ nm、$b=1.25$ nm、$c=1.48$ $(2.36/\tau)$ nm。另一个是 B 心正交相，属于 $Al_{60}Mn_{11}Ni_4$ 或 T3-AlMnZn 结构[5],[38]，为 (1/0，2/1)准晶近似相，晶格参数为 $a=0.77$ nm、$b=1.25$ nm、$c=2.36$ nm。这两种相以及它们在结构上的关联性已在 3.7 节介绍 Al-Mn-Cu 合金时做了讨论，所以在此仅简要述之。它们的[010]电子衍射，分别为简单和有心格子，但都显示出伪十次对称的强点分布[图 3.55 (a)和(b)]。而且，它们的[100]电子衍射图都显示出六边形强点分布[图 3.55 (d)和(e)]。图 3.53

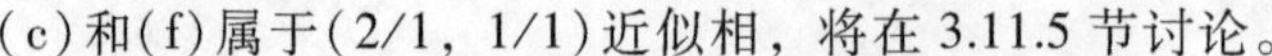

(c)和(f)属于(2/1, 1/1)近似相，将在 3.11.5 节讨论。

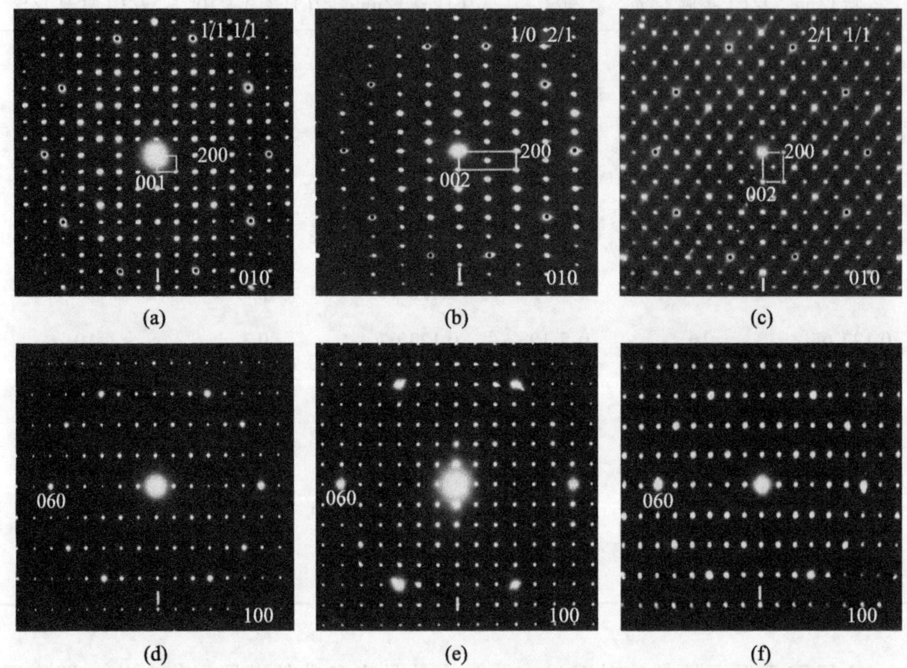

图 3.55 (a)~(c)正交 Mn_5Ga_6(1/1, 1/1)(a)，Mn_5Ga_6(1/0, 2/1)(b)，以及 MnGa (2/1, 1/1)(c)的[010]电子衍射图，其中的十边形强衍射斑用圆点标出；(d)~(f)对应斐波那契 DQC 近似相的[100]衍射图，其中可看到六边形的强衍射点(吴劲松和郭可信[121])

2. 两相共生与十次旋转孪晶

正如之前在讨论 Al-Mn 和 Al-Mn-Cu 合金中近似相时所提到的，这两种正交相经常共生在一起[10,11,22,141]，而且也容易形成十次旋转孪晶[9,141,142]。这一现象同样出现在 Mn_5Ga_6 正交近似相中。图 3.56 中可以看到 (1/0, 2/1)近似相中间隔 36°的孪晶瓣 1~5，其中穿插着标记为 I~V 的是(1/1, 1/1) 近似相。根据不同的形貌和衍衬，两种不同的孪晶瓣可以很容易辨别出来。两种相的电子衍射图分别叠放在与之对应的孪晶瓣 2 和 II 之上。显然，这两种 Mn_5Ga_6 近似相中的二十面体亚单元是平行的。在叠放在图 3.56 右上角的十次旋转孪晶的复合衍射图中，不仅能看到呈三角形形状的 10 个衍射强点，还有相互倾斜 36°的 5 个衍射点列。在 (1/0, 2/1) 近似相中，相同取向的六边形亚单元构成有心矩形的晶格。而在 (1/1, 1/1)近似相中，沿两个不同方向的相同六边形亚单元交替出现，构成了简单矩形晶格。这也解释了为什么这两种近似相很容易共生在一起，而且常常出现由两种不同方向的六边形亚单元构成的（1/1，1/1）近似相薄层被夹在两个不同取向的（1/0，2/1）近似相之间。

图 3.56　Mn_5Ga_6(1/0，2/1)中的十次旋转孪晶 1~5，以及 Mn_5Ga_6(1/1，1/1)中的十次孪晶 I ~ V。叠放在孪晶 2 和 II 上方的衍射图分别对应相应区域的[010]微衍射花样，所有孪晶[010]方向的复合电子衍射图则如右上角所示(吴劲松和郭可信[121])

3. 结构模型

吴劲松等[122]利用高分辨电子显微成像发现上述两种 Mn_5Ga_6 近似相都由扁六边形结构单元构成。这种结构单元在 Audier 和 Guyot[131]对 Al-Mn 十次准晶的观察中已经发现。同样，李兴中等[22]及 Hiraga 等[23]在研究 $Al_{3\sim4}Mn$ 近似相时也发现类似的结构单元。然而，Mn-Ga 体系近似相的原子比 Mn∶Ga 为 5∶6，和 Al-Mn 体系中近似相的原子比 Al∶Mn(3~4∶1)明显不同。所以，在讨论 Mn-Ga 近似相结构模型时有必要考虑这种化学成分的差异。

图 3.57 是两种 Mn-Ga 正交近似相共生结构[010]方向的 HREM 像，图中左侧为(1/0，2/1)近似相，右侧为(1/1，1/1)近似相。其中扁六边形结构单元(用 H 表示)边长为 0.66 nm。在(1/0，2/1)近似相中，所有的扁六边形结构单元都具有单一取向，这些结构单元构成晶格参数为 $a=0.77$ nm、$c=2.36$ nm 的底心矩形二维单胞(单胞顶点在图 3.57 中用“ * ”标注)。而在(1/1，1/1)近似相中，扁六边形结构单元表现出两种不同的取向(图中标注为不同方向的 H)，在[001]方向交替分布，结构单元所构成的二维单胞为简单正交，晶格参数为 $a=1.26$ nm、$c=1.48$ nm。两种近似相共享一列扁六边形结构单元，形成共格界面结构(图 3.57 中用一对白色箭头标示)。这也就可以解释为什么这两种近似相可以较容易地相互转化，而且两种结构满足如下关系：

$$b(1/1,\ 1/1)=b(1/0,\ 2/1),\quad 2a\ (1/1,\ 1/1)=-(a+c)\ (1/0,\ 2/1)$$

这种点阵关系在 Al-Mn 系、Al-Mn-Cu 系和 Al-Pd-Mn 合金系中的 $Al_{3-4}Mn$ (1/1，1/1)和(1/0，2/1)近似相中同样存在[9,98,141,142]。此外，其 b 值为 1.25 nm，与 Mn-Ga 十次准晶的十次轴方向的周期(由 6 个原子层构成)刚好相等[121]。

如同李兴中等[22]和 Hiraga 等[23]研究的 Al_3Mn (1/1，1/1)近似相，以及 Robinson[5]和 Damjanovic[38]分别研究的 $Al_{60}Mn_{11}Ni_4$ 和 T_3-AlMnZn (1/0，2/1)近似相，Mn-Ga (1/0，2/1)和(1/1，1/1)近似相在[010]方向也都具有层状结构。在层面法线方向，即[010]方向上的堆垛序列为 $PFP^mP'F'P^{m\prime}$，其中 F ($y=0.25$)为平坦层，P ($y=0.103\sim0.195$)和 P^m 是关于 F 镜面对称的起伏层，$P'F'P^{m\prime}$层相对于 PFP^m 层成 2_1 螺旋对称。

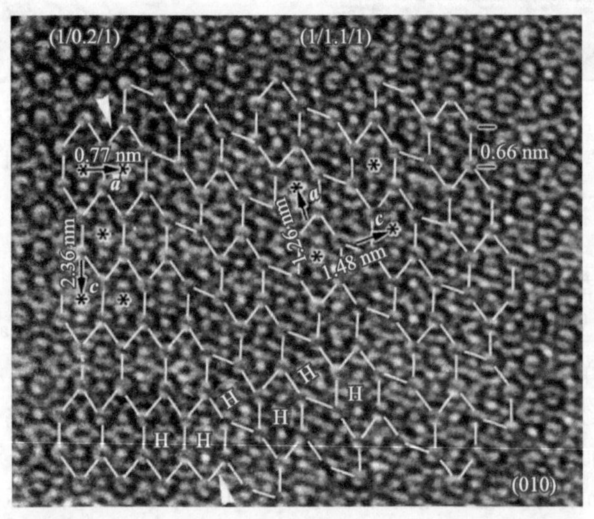

图 3.57　[010]HREM 像显示 Mn-Ga 近似相(1/0，2/1)(左侧)和(1/1，1/1)(右侧)共生结构，共格界面在图中用一对白色箭头表示。近似相(1/0，2/1)扁六边形结构单元 H 只有一种取向，而(1/1，1/1)扁六边形结构单元 H 具有交替分布的两种取向(吴劲松等[122])

显然，只要明确了扁六边形结构单元的原子分布，Mn-Ga (1/0，2/1)和(1/1，1/1)两种近似相的结构模型就可以确定。Al_3Mn (1/1，1/1)近似相结构模型的确定是直接借鉴于 $Al_{60}Mn_{11}Ni_4$ 和 T_3-AlMnZn (1/0，2/1)近似相[22]，而后两种近似相的结构是通过 X 射线单晶衍射分析测定的。因此，如何从 Al-Mn 系推测出 Mn-Ga (1/0，2/0) (1/1，1/1)的结构就显得十分关键。然而，Mn-Ga 系原子比为 5∶6，而 Al-Mn 系原子比为 3~4∶1，简单地从 Al 替换到 Ga 显然是不行的。首先，T_3-AlMnZn (1/0，2/1)是一种新结构，T_3 晶体的平均成分约为 $Al_{11}(Mn, Zn)_5$，并且一个单胞原子比 Al∶(Mn，Zn)为 102.5∶

49.5≈2∶1[38]。在这种结构中，(a)位(Wyckoff 16h)和(f)位(Wyckoff 8g)分别由 Al 和 Zn 部分占据。如果参照 T_3-AlMnZn（1/0，2/1），将 Al 原子换为 Ga 原子，Zn 换为 Mn 原子，得到的成分将与 Mn_5Ga_6 有很大相差。而且，Mn 将会在平坦层 F 中显得比较拥挤。通过对几种可能的 Mn 原子分布结构进行电子衍射和 HREM 像的模拟，并将其结果与实验结果进行对比，吴劲松等选定了如图 3.58 所示的结构。

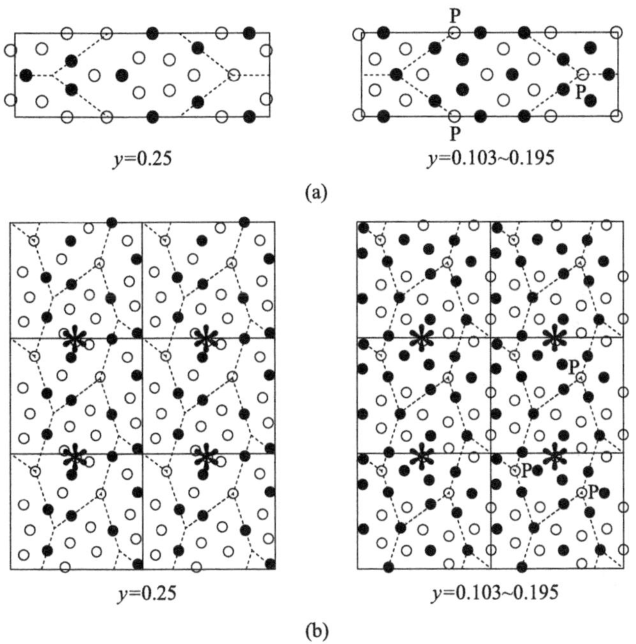

图 3.58 Mn-Ga(1/0，2，0)(a)和 Mn-Ga(1/1，1/1)(b)近似相[010]方向的层结构模型。其中左侧为平坦层，右侧为起伏层，扁六边形结构单元用虚线画出。Ga、Mn 原子分别用“○”和“●”表示。在[010]方向上的二十面体棱柱和反棱柱出现在这些扁六边形的顶点上(吴劲松等[122])

在 Ga-Mn 合金(Ga 52~63 at.%)中总共有 4 种正交近似相，它们的 HREM 像显示其结构均是由六边形和王冠形结构单元拼砌而成[121]。其中 Mn_5Ga_7 近似相(a=4.57 nm、b=1.25 nm、c=1.44 nm)的层内结构具有六边形与王冠形单元共生结构[143]，而这两种结构又可以分解为彭罗斯宽菱形和窄菱形[139]：一个宽菱形和两个窄菱形对应一个六边形单元；三个宽菱形和一个窄菱形对应一个王冠形结构单元。也就是说，这两种结构单元是结构相关的。如果这类结构单元对于 Mn_5Ga_7 近似相是可以接受的，那么对于 Mn_5Ga_6 近似相也是可以的。吴劲松等利用一种正交 Mn_5Ga_7 近似相样品的 X 射线粉末衍射实验来测试

Mn_5Ga_7 和 Mn_5Ga_6 近似相的结构模型，结果表明在所测试的三种 Mn_5Ga_7 结构模型中，基于图 3.58 的结构单元得到的结果和实验结果最相吻合。

图 3.58 (a)和(b)分别为 Mn-Ga (1/0, 2/1)和(1/1, 1/1)近似相中扁六边形结构单元及在平坦层 F(y=0.25)和起伏层 P(y=0.103~0.195)的原子分布。在平坦层中的 Mn 原子(实心圆“●”)占据 Al-Mn 近似相中的 Mn 原子位置，而 Ga 原子(空心圆“○”)占据其 Al 原子位置。在起伏层中，扁六边形三个顶点[图 3.58 (a)中“P”位置]由 Mn 原子占据，形成一个以 Ga 原子为中心的五边形。相反，另外三个顶点则由 Ga 原子占据，形成一个由 Mn 原子为中心的五边形。如此，在层 PFP^m 中会形成以 F 中的 Ga 原子为中心的由 Mn 原子构成的三个五棱柱。两个 PFP^m 中的两个 Mn 五棱柱形成 PFP^m(Ga)P′(Mn)F′(Ga)PFP^m 堆垛序列，中间将形成 4 个反五棱柱，或者表示为分别以 Ga、Mn、Mn、Ga 为顶点的二十面体结构{见参考文献[144]中的图 7，以及参考文献[25]中的图 4(c)}。其中，Mn 二十面体顶点上有 4 个 Mn 原子和 8 个 Ga 原子，而 Ga 二十面体顶点上有 6 个 Mn 原子和 6 个 Ga 原子。而这种情况在 Al_3Mn(1/1, 1/1)近似相中也存在，如 Mn(18)和 Al(12)二十面体结构(见参考文献[25]中的附录)。尽管在[010]方向移动了 b/2，但是相似的五棱柱和反五棱柱也出现在扁六边形的另外三个顶点上[如图 3.58 (a)]。在一个 Mn-Ga (1/0, 2/1)近似相单胞中，含有 84 个 Ga 原子和 72 个 Mn 原子。需要指出的是，原子位置比 Mn∶Ga 为 6∶7，小于原子比 5∶6，这可能是由于 Mn 原子位置只是部分占位的缘故。

以上讨论的扁六边形单元和二十面体链接也适用于 Ga-Mn(1/1, 1/1)近似相。为了显示出六边形结构单元取向的交替排列，图 3.58(b)中绘出了 6 个相邻的结构单元并且在其中心标注了“*”，用来与 HREM 像进行对比。在 Mn-Ga (1/1, 1/1)近似相单胞中同样具有 84 个 Ga 原子和 72 个 Mn 原子。而这其实与 Mn-Ga(1/0, 2/1)近似相是一样的，因为二者的单胞体积是相同的。

基于以上讨论的结构模型，吴劲松等进行了三个主要晶带轴的衍射模拟，选取晶体厚度为 40~50 nm。如图 3.59 所示，其中，[100]和[010]晶带轴的电子衍射可以对比早期报道的实验结果(见参考文献[121]中的图 8)。从中可以发现，不论是模拟结果还是实验结果，在[010]电子衍射都出现同样的十次对称强衍射点，而在[100]电子衍射图中则都出现同样的六次对称强衍射点。

图 3.60 对比了 Mn-Ga(1/0, 2/1)实验[图 3.60(a)和(c)]和模拟[图 3.60 (b)和(d)]的[010]HREM 像。其中模拟时采用了两种欠焦值[图 3.60 (b)为 -48 nm,图 3.60 (d)为-36 nm]，而样品厚度选取 10 nm。在图 3.60 (a)和(b)中最亮像点表现为“牛眼状”衬度，并且从中可以看出扁六边形结构单元成单一方向堆垛。在每个最亮点周围的扁六边形顶点，都有 10 个小亮点，对应着

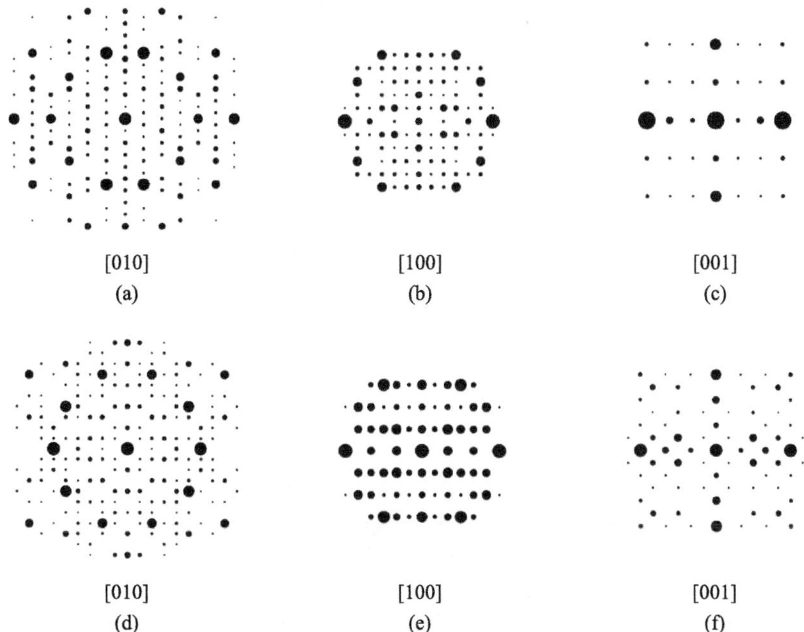

图 3.59 (a)~(c)正交 Mn-Ga(1/0, 2/1)近似相沿[010](a)、[100](b)和[001](c)方向的模拟电子衍射；(d)~(f)Mn-Ga (1/1, 1/1)近似相沿[010](a)、[100](b)和[001](c)方向的模拟电子衍射(吴劲松等[122])

前面讨论的二十面体链接。由于欠焦值从-48 nm 变为-36 nm，图 3.60 (c)和(d)的衬度刚好与图 3.60 (a)和(b)相反。此时，扁六边形每个顶点周围有 10 个暗的像点。图中实验像和模拟像的界面处单胞用“ * ”进行了标注，由此可以看出模拟结果和实验结果完全匹配。

图 3.61 (a)和(b)分别为 Mn-Ga(1/1, 1/1)近似相实验和模拟的[010] HREM 像。在欠焦值为-48 nm，样品厚度为 10 nm 条件下的模拟像与实验像具有相同的衬度。最亮像点的堆垛与图 3.60 并不相同，可以发现其中的扁六边形结构单元有两种不同的取向。

通过以上的高分辨成像和电子衍射实验观察以及基于图 3.58 结构模型模拟的结果对比分析可以发现，这些结构模型基本上是正确的，表明其可以用于进一步的结构精修。

4. 微畴与层错结构

图 3.62 中用一对白色箭头标注了具有不同取向的扁六边形倾斜排列，这也可以认为是一个层错，该层错将具有相同排列方向(垂直方向)的扁六边形

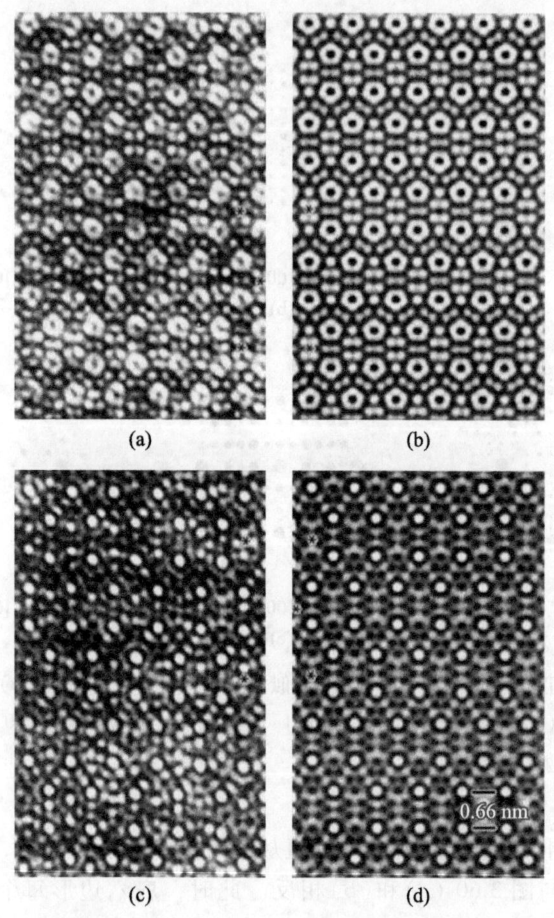

图 3.60　实验[(a)、(c)]和对应模拟[(b)、(d)]所得 Mn-Ga (1/0, 2/1)近似相同一区域不同欠焦值的[010]HREM 像。其中，模拟图像所选取的样品厚度为 10 nm，欠焦值分别为 -48 nm(b)和-32 nm(d)。“牛眼状”大像点表现出单一方向的六边形单元，图(a)和(b)的界面处单胞用“ * ”进行了标注(吴劲松等[122])

单元构成的两个平移畴分隔开来。Mn-Ga (1/0, 2/1)近似相的两个畴具有相同的取向，但是发生了相对平移使得中间插入一倾斜的扁六边形单元列。由于在竖直的[001]方向同样存在六边形单元的平移，因此在这个六边形单元斜列两侧，用“ * ”标示的(1/0, 2/1)近似相单胞并不处在同一水平线上。这可以理解为两个平行的或者平移(1/0, 2/1)畴被一列 Mn-Ga(1/1, 1/1)近似相分开，其中(1/1, 1/1)近似相单胞在图 3.62 中下部区域用 4 个“ * ”标出。在早前关于 Al-Mn-Cu (1/0, 2/1)和(1/1, 1/1)近似相的研究中已经指出[9]，无

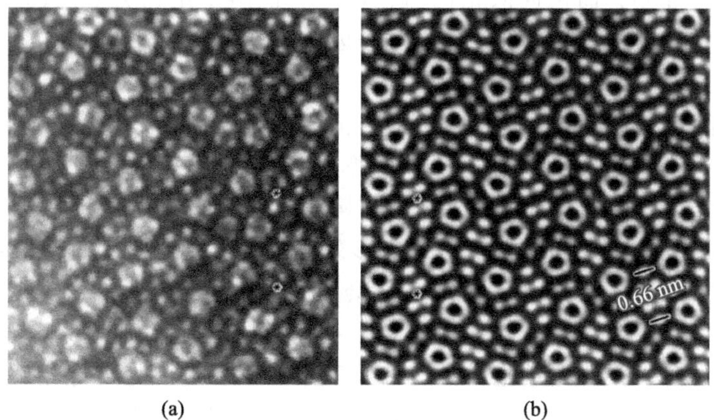

图 3.61 Mn-Ga (1/1, 1/1)实验和模拟的[010]HREM 像。模拟时的欠焦值为-48 nm，样品厚度为 10 nm。图中可以看到扁六边形单元有两种取向，图(a)和(b)的界面处单胞用“＊”标注(吴劲松等[122])

图 3.62 Mn-Ga(1/0, 2/1)近似相的[010]HREM 像显示出具有不同方向的扁六边形单元斜列(白色箭头指示的倾斜六边形单元列)，也可以表示为两个(1/0, 2/1)平移畴中间的一列(1/1, 1/1)。斜列的扭折处为一个王冠形结构单元，标记为 C(吴劲松等[122])

论是平移畴还是旋转畴，在(1/0, 2/1)近似相中的畴壁结构为一列(1/1, 1/

1)，称之为 π 相；而在近似相(1/1，1/1)中的畴壁结构为一列(1/0，2/1)，称之为 Y 相。畴界处并没有失配，这也解释了为什么这两种结构可以互相转变。

如果图 3.62 中不同取向的六边形结构单元侧向生长，就会形成一个（1/0，2/1)的 36°旋转畴，或者形成一个十次孪晶。如果这种情况发生，就会形成一个由 10 片 36°旋转畴构成的玫瑰花状结构，如图 3.56。

有趣的是，在图 3.62 中倾斜六边形列扭折处出现了一个王冠形结构单元 C，换言之，在此处六边形结构单元将会从一列转到另一列。这类王冠形结构单元在李兴中等[22]的研究中已经进行了报道，是作为两个(1/1，1/1)平移畴之间的一列(1/0，2/1)单胞中的一个特殊单元，不过此处恰好相反。李兴中等[22]讨论彭罗斯二维拼图时，已经使用王冠形、扁六边形和五角星形结构单元对十次准晶准周期面进行拼接。此外，王冠形结构单元在 Al-Pd-Mn 十次准晶及其近似相中也有出现。Hiraga 和孙威[144]称王冠形结构单元为船形八边形(ship-shaped octagon)结构单元，因其有 8 个长为 0.66 nm 的边。而 Klein 等[141]则将其称为船形(boat)结构单元，认为是一种线性相位缺陷，其运动将会改变扁六边形单元的取向。然而，从几何角度考虑，这种王冠形结构单元是一种由三个宽菱形和一个窄菱形构成的不完整的三顶点的 72°五角星。

图 3.63 为两个具有相同取向的(1/0，2/1)平移畴之间的一种由六边形结构单元和王冠形结构单元组合成的复杂组态，图中部分王冠形结构单元可以用两种不同却等价的方式分解为一个六边形单元和一个凹五边形单元。此外，这两个平移畴中的六边形结构单元并没有发生[001]方向的平移。也就是说在图中用“＊”标记的(1/0，2/1)单胞保持在同一水平线上。因此，图 3.63 中两个白色箭头之间的区域可以认为是(1/0，2/1)近似相基体中的一个复杂层错。在层错区域，既存在(1/0，2/1)平移畴也存在(1/1，1/1)旋转畴(图 3.63 下部区域)。需要指出的是，这些六边形、王冠形和 72°五角星单元，已经在孙威等[145]研究的 $Al_{72}Pa_{18}Cr_{10}$正交近似相以及隋海心等[146]研究的 C_{31}-$Al_{60}Mn_{11}Ni_4$ 正交近似相中用于二维结构拼砌。根据 Lancon 和 Billard[139]的研究，这类二维拼接可以形成周期的、非周期的甚至随机的平面拼图，这表明在界面处不出现失配是完全可能的。

值得指出的是，在图 3.63 中层错区存在不同取向的王冠形结构单元，有的王冠形结构单元还以共用两条边的形式存在。如果这种结构组态继续侧向扩展，由王冠形结构单元形成的有心矩形堆垛就会形成。根据李兴中和 Hiraga[147]的研究结果，这样的堆垛将会产生类似 Al-Co-Ni-Tb(2/1，1/1)近似相中的底心矩形单胞。实际上，李兴中等[148]也发现了 Mn-Ga（2/1，1/1)近似相，并且发现其[010]HREM 像也具有王冠形结构单元堆垛。换言之，这

图 3.63 [010]的 HREM 像显示(1/0, 2/1)近似相中的复杂层错，从图中层错区域可以确定出(1/1, 1/1)的不全平移畴和孪晶变体(吴劲松等[122])

类结构可以由纯王冠形单元构成。而且，由王冠形和扁六边形结构单元拼接而成的近似相结构也是存在的，如李兴中等[148]发现的 M_2 相，B. Zhang 等[149]观察的 $Al_{75}Pd_{13}Ru_{12}$正交近似相以及 Hiraga[150]发现的 $Al_{75}Pd_{15}Fe_{10}$正交近似相。在 Mn_5Ga_7 正交近似相中，吴劲松等[143]通过高分辨电子显微成像确定了由王冠形和六边形结构单元构成的周期性堆垛，这也进一步表明王冠形结构单元是十次对称准晶及其晶体近似相的一种稳定且普遍存在的结构单元。

3.11.5 正交 MnGa (2/1, 1/1)和单斜 MnGa (M)

1. 正交 MnGa

这一成分的化合物包含两种结构密切相关的晶体相。其中的正交相为 MnGa (2/1, 1/1)，由于它的晶格参数 a 和 c 可以用有理数比值 2/1 和 1/1 替代 DQC 中两个准周期性正交方向的无理数 τ。图 3.55 (c)为具有伪十次对称的[010]晶带轴的电子衍射图，它的[100]电子衍射图[图 3.55 (f)]包含六边形的强衍射点，类似于图 3.55 (d)和(e)中 Mn_5Ga_6 近似相的衍射图。从这两个相互垂直的衍射图可知这一正交近似相 MnGa (2/1, 1/1) 的晶体学信息，列于表 3.6 中。与 Mn_5Ga_6(1/1，1/1)相比，MnGa (2/1，1/1)中两个垂直方向无理数 τ 的替代比值，一个为高阶(2/1)，另一个则与 Mn_5Ga_6 同为(1/1)。因此，它的晶格参数 a 为 Mn_5Ga_6(1/1，1/1) a 值的 τ 倍，而它们的 c 相同。这一对 a、c 值与 Al-Co-Ni-Tb (2/1，1/1) 近似相的对应参数(a = 2.00 nm、b = 1.60 nm、c = 1.38 nm)几乎相同[148]。不过，它们的 b 值不相等。对于 MnGa (2/1，1/1) 而言，b = 1.25 nm，与 Al-Mn 和 Ga-Mn DQC 沿十次轴方向的周期性几乎相同；而 Al-Co-Ni-Tb (2/1，1/1)的 b 值则与 Al-Co-Ni-Tb DQC [148] 以及 Al-Fe DQC[42] 十次轴方向的周期一致。MnGa (2/1，1/1)的空间群为 Bmmm 或是其子群之一，而 Al-Co-Ni-Tb (2/1，1/1)的空间群为 $Pna2_1$[148]。

图 3.64 为 MnGa (2/1，1/1)近似相的[010]HREM 像，其中明亮的像点(用白线连接)被一个由 10 个小点组成的圆环包围，边长为 0.66 nm 的取向一致的王冠形亚单元形成一个有心矩形单元，a = 2.04 nm，c = 1.48 nm。每个矩形单元由两个王冠形亚单元组成。如上所述，在 Al-Pd-Mn[151,152] 和 Al-Co-Ni-Tb[148] 合金中已发现了一个具有相似 a 和 c 参数的矩形单元，但其中的亚单元是由它们的两个相对的顶点压缩而成的宽六边形。在图 3.64 的左上角，三个

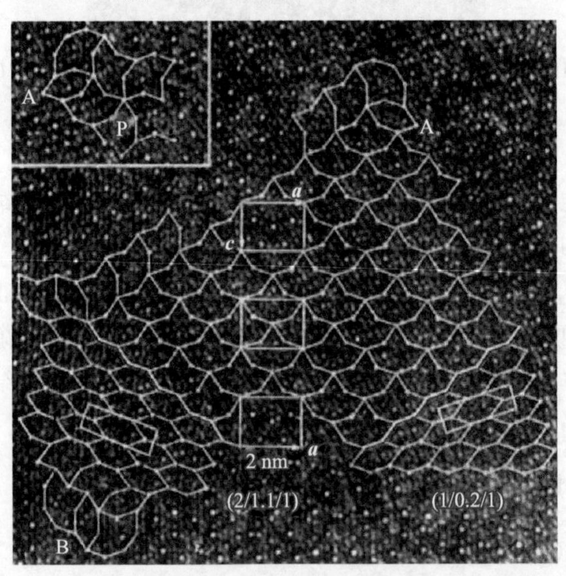

图 3.64　MnGa (2/1，1/1)近似相的[010]HREM 图像的主要特征是由许多白线连接的强像点。在中心部分，王冠形亚单元的周期性排列构成底心点阵，该点阵被左下角和右下角的底心(1/0，2/1)近似相中扁六边形亚单元所包围。左上角的插图显示在 P 处有一个不完整的五边形王冠形亚单元。A 处显示王冠形和六边形亚单元的不同堆砌，但没有留下任何空白空间，B 处两个王冠形亚单元彼此相对(吴劲松等[123])

王冠形亚单元和两个不完整的王冠形亚单元出现在 P 附近，相邻两个王冠形亚单元之间的夹角为 72°。在图 3.64 的外围，实验发现不同取向的王冠形亚单元也存在，有时与扁六边形亚单元接触，如图 3.64 中标记为 A 和 B 的区域。

在图 3.64 的左下角和右下角，均有取向一致的扁六边形形成(1/0，2/1)近似相[122]，它具有有心矩形单胞，图中两个矩形单胞的取向相差 2×72°。王冠形和扁六边形亚单元都属于同一组二元拼图[139,140,153,154]或 n×72°角的两层拼图[140]，使它们在周期、准周期和随机平铺方式中完美匹配，如图 3.64 中的 A 和 B 所示。由于这两个亚结构可能由相同的宽和窄彭罗斯拼图组成，它们结构之间的密切关系是显而易见的。利用这一点，从(1/0，2/1)近似相便可推导出（2/1，1/1)近似相的结构模型。

图 3.65 是另一张较高倍率下的 HREM 像，其中强像点具有典型的“牛眼状”衬度，围绕它的 10 个小像点刚好能够分辨出来。右下角的“ * ”突出显示了有心矩形单胞。为便于比较，图中插入了(2/1，1/1)近似相的模拟图像。

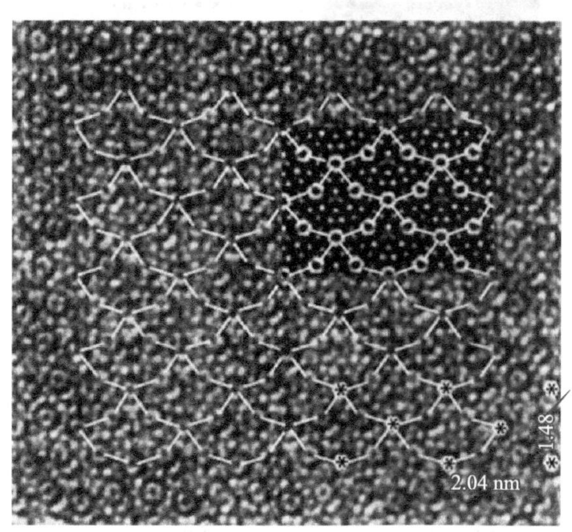

图 3.65　HREM 像显示在(2/1，1/1)正交近似相(a = 2.04 nm、c = 1.48 nm)的底心矩形点阵中取向一致的王冠形亚单元(边长为 0.66 nm)。图中粘贴了高分辨模拟像，以便于比较(吴劲松等[123])

吴劲松在实验上获得了主要晶带轴的选区电子衍射图。图 3.66(a)中的[010]衍射图一方面显示了满足 $h+l=2n$ 的($h0l$)衍射斑点构成的有心矩形阵列，得到 a = 2.04 nm 和 c = 1.48 nm；另一方面显示了几乎处于对称位置的 10 个强斑点，包括(10 0 0)衍射斑。在[100]衍射图中没有 l 为奇数的点列[图 3.66 (b)]，而在[001]衍射图中没有 h 为奇数的点列[图 3.52 (c)]，这进一步证明了其点阵类型属于 B 心点阵。从图 3.66（b）和（c）中的（060）衍射点位置得出 $b=1.25$ nm。正如 Al-Mn 和 Ga-Mn DQC 以及它们的正交近似相，这里的（2/1，1/1）近似相沿［010］方向的一个周期内也有 6 个亚层。图 3.66（a）~（c）中强衍射点的分布分别类似于 DQC 的十次轴、2D 和 2P，这充分说明该相的 DQC 近似相本质。

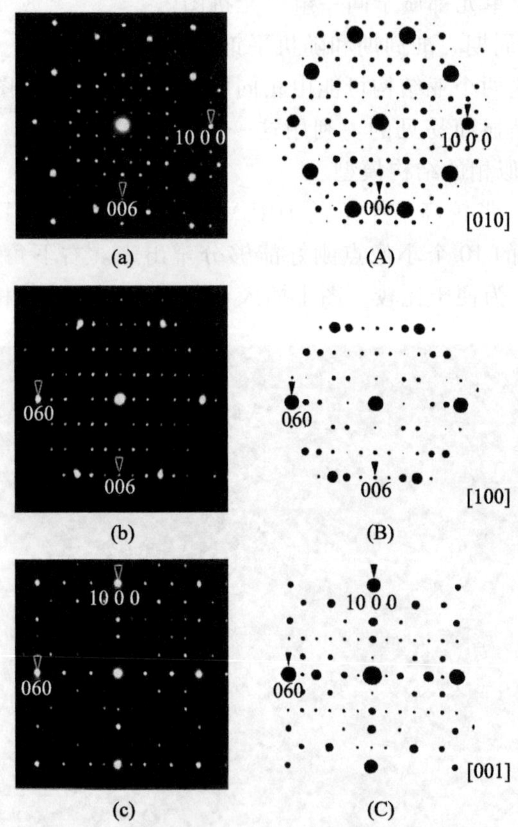

图 3.66　（a）~（c）（2/1，1/1）近似相沿［010］（a）、［100］（b）和［001］（c）晶带轴获得衍射图；（A）~（C）对应图（a）~图（c）的模拟衍射图（吴劲松等[123]）。

图 3.65 中（010）面上的王冠形亚单元的形状排除了（001）镜面存在的可能性，这在图 3.67 所示的会聚束电子衍射图中得到了证实。由于（2/1，1/1）近似相的晶格参数较大，轴向会聚束电子衍射中衍射盘重叠一定相当严重，以至于很难从中得到有用的对称性信息。由于这个原因，实验中将样品沿轴向倾转（如图 3.67 中箭头所示），直到分离出多个衍射盘，其中的衍射条纹也清晰可见。如图 3.67（a）和（b）所示，从分别过（100）和（010）面两个对称位置的衍射圆盘

中条纹的相同特征便可以明显看出镜面 m 的存在，这两个衍射圆盘垂直于倒易 $\boldsymbol{a}^* \parallel \boldsymbol{a}$ 和 $\boldsymbol{b}^* \parallel \boldsymbol{b}$ 轴。然而，图 3.67（c）中箭头所示的对称位置的圆盘对没有显示相同的衍射条纹，这意味着没有垂直于 $\boldsymbol{c}^* \parallel \boldsymbol{c}$ 轴的(001)镜面。因此，可以判断(2/1，1/1)近似相的点群为 mm，空间群为 Bmm2 或它的一个子群。

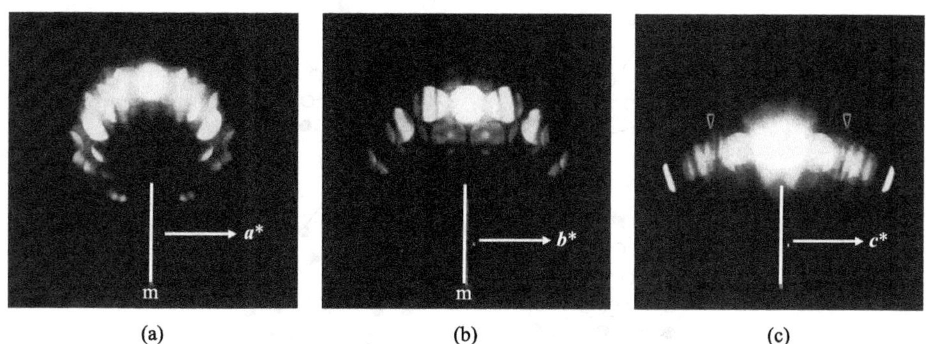

图 3.67 在(a)和(b)中，离轴会聚束电子衍射显示垂直于 $\boldsymbol{a}^* \parallel \boldsymbol{a}$ 和 $\boldsymbol{b}^* \parallel \boldsymbol{b}$ 方向分别有镜面 m。然而，(c)中的图谱相对于垂直于 $\boldsymbol{c}^* \parallel \boldsymbol{c}$ 的(001)平面却不对称(由一对箭头突出显示)，表明(001)面不是镜面(吴劲松等[123])

在(010)面上的王冠形亚单元的形状也排除了在平面法线方向上有一个二次旋转轴的可能性。Mn-Ga（1/0，2/1）近似相[122]中，在[010]方向上有 6 个按 $P^m FP(P^m FP)'$序列排列的原子层，其中两个起伏层 P 和 P^m 位于过平坦层 F 处的镜面反映位置，$(P^m FP)'$层块通过 2_1 螺旋轴与 $P^m FP$ 相关联。在这个例子中，2_1 螺旋轴不存在，6 个原子层可以写成 $P_1^m F_1 P_1 P_2^m F_2 P_2$，其中起伏层 P_n^m ($n=1$ 或 2)通过平坦层 F_n 上的镜面 m 与 P_n 相关联。在 $n=1$ 和 $n=2$ 层，扁平六边形亚单元旋转 180°，这相当于将图 3.68（a)中的扁六边形分割成由实线和虚线表示的彭罗斯窄菱形和宽菱形。在图 3.68（a)的 F 层中两种宽菱形和窄菱形用于构造(2/1，1/1)近似相的两个平坦层的王冠形亚单元，如图 3.68（b)所示。图 3.68（a)中的 P 层的两种菱形用于构造两个起伏层中的冠状亚单元，如图 3.68（c）。然而，左边王冠形亚单元中画作虚线的原子被删除，以避免两个原子之间的距离太近。一旦确定了这些王冠形亚单元中的原子位置，就知道了(2/1，1/1)近似相中的 F_1、F_2、P_1 和 P_2 层中的原子位置，如图 3.69 所示。通过选择 $F_1(y=0)$ 和 $F_2(y=1/2)$，堆垛序列为 $F_1 P_1 P_2^m F_2 P_2 P_1^m$。

从以上讨论可以看出，图 3.69 中(2/1，1/1)近似相的结构模型是由 Ga-Mn(1/0，2/1)近似相[122]的结构模型得到的。在一个单胞中总共有 140 个 Ga 原子和 112 个 Mn 原子，组成为 $Ga_{55.6}Mn_{44.4}$。最短的 Ga-Mn 键长为 0.224 nm，Ga-Ga 键长为 0.230 nm，Mn-Mn 键长为 0.235 nm。

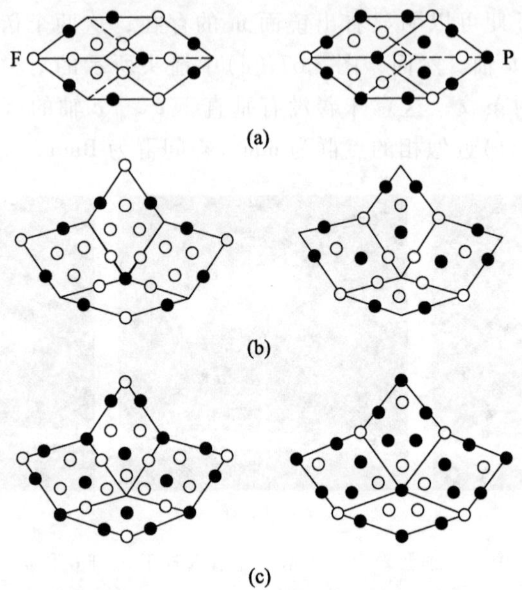

图 3.68　(a) 平坦层 F 和起伏层 P 中扁六边形可以通过两种不同的方式分解成 1 个宽菱形和 2 个窄菱形，分别用实线和虚线表示；(b) F 层的两个冠状亚单元由图(a)中 F 层六边形中不同的宽菱形和窄菱形组成；(c)与图(b)相同，但适用于 P 层，王冠形亚单元可分解为 3 个宽菱形和 1 个窄菱形。图中实心圆代表 Mn；空心圆代表 Ga(吴劲松等[123])

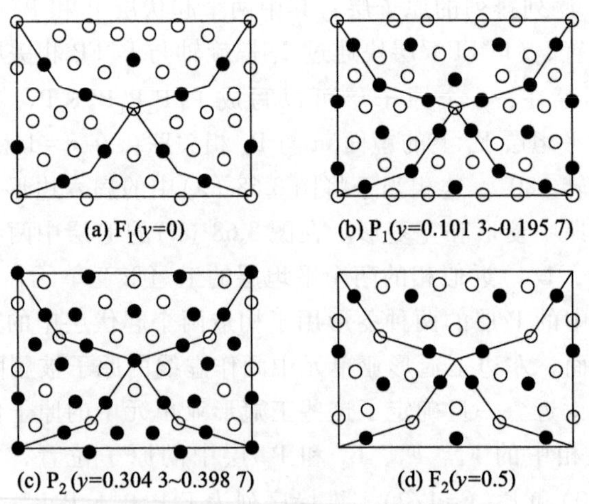

图 3.69　沿着[010]方向按 $F_1P_1P_2^mF_2P_2P_1^m$…顺序堆垛的结构模型：(a) 平坦层 F_1；(b) 起伏层 P_1；(c) 起伏层 P_2；(d) 平坦层 F_2。一般来说，王冠形亚单元顶点周围相邻原子层中的五边形方向相反，它们在 *b* 周期内形成五边形反棱柱链或 4 个穿插二十面体(吴劲松等[123])

基于该结构模型，模拟出[010]晶带轴 HREM 像并与实验像进行对比。基于多层法的模拟程序是由中国科学院北京电子显微镜实验室的褚一鸣研究员编写的。在像模拟中，样品厚度为 10 nm，欠焦值为-48 nm(JEOL 2010 电子显微镜的球差系数为 0.5 mm)，如图 3.65 的右上方。模拟像的基本特征是王冠形亚单元顶点处具有“牛眼状”衬度的大像点，每个大的像点周围都有 10 个小的像点。图 3.66 (A)~(C)是利用商业程序 Cerius2 模拟的样品厚度为 40~50 nm 时的[010]、[100]和[001]电子衍射图。与图 3.66 (a)~(c)中对应的实验中得到的衍射图进行比较可以看到它们的强衍射斑点具有相同的特征分布：[010]轴中有一个由 10 个强斑组成的环[图 3.66 (a)和图 3.66 (A)]；[100]衍射图中强斑点构成六边形[图 3.66 (b)和图 3.66 (B)]；[001]衍射图中强斑点构成正方形[图 3.66 (c)和图 3.66 (C)]。除(10 6 0)斑点之外，所有这些强衍射点都出现在约$(0.2\ \mathrm{nm})^{-1}$处，对应 DQC 中互相穿插的二十面体。

值得注意的是，在图 3.69 中，王冠形亚单元的顶点周围的原子一般形成五边形，而同一顶点周围在两个相邻层中的五边形的方向是相反的。由于这些原子层的王冠形亚单元之间相互叠加，在 $F_1P_1P_2^mF_2P_2P_1^m\cdots$层序列中具有交替倒置取向的五边形将形成一个由 4 个中心五边形反棱柱组成的链。对于矩形单胞的角和中心的王冠形亚单元顶点，$y=0$ 和 $y=1$ 处的 Ga 原子位于五棱柱的中心。Shoemaker[135]早前在 μ-Al_4Mn 的结构中指出，这 4 个五边形反棱柱和一个五棱柱将形成一个由 4 个互相穿插的二十面体组成的链，其周期约为(4×0.235+0.295) nm=1.235 nm，接近本例中 $b=1.25$ nm。对于王冠形亚单元的其他顶点，4 个五边形反棱柱的两个顶点原子出现在 $y=\pm1/2$ 处，即在两个 F_2 层之间有 4 个相互渗透的二十面体。换言之，在冠状亚单元的每个顶点上都有一个由 4 个相互穿插的二十面体组成的链，并且在[010]投影中有一个中心十边形。这正是王冠形亚单元顶点处显示靶心衬度且一个大的像点周围出现 10 个小像点的结构基础。这种结构和图像衬度也出现在 Mn-Ga (1/0, 2/1)和(1/1, 1/1)近似相[122]中的扁六边形亚单元顶点上。由 4 个穿插二十面体组成的链在 DQC 和 $b\approx1.25$ nm 的近似相中也很常见[144]。

基于对王冠形亚单元的实验观察，李兴中等[22,155,156]曾讨论了二元拼图和彭罗斯拼图之间的关系。一方面二元拼图由扁六边形、王冠形(或凹八边形)和 72°五角星形组成；另一方面，彭罗斯拼图由五边形、36°菱形、船形、五角星形组成，如图 3.70。这提供了一些线索，在这些二元拼图或亚单元的每个顶点周围，都存五边形原子柱。由于所有这些二元拼图的角度都是 $n\times72°$，因此它们可以以许多不同的方式彼此匹配。

王冠形亚单元的八角形看起来有些不规则，其直边弯折，出现两个凸和两个凹。然而，它可以匹配到一个更大的彭罗斯宽菱形中[图 3.70 (b)中虚线画出]。当王冠形亚单元放在一起时，其边界凸凹相接，形成一个锯齿形边界。

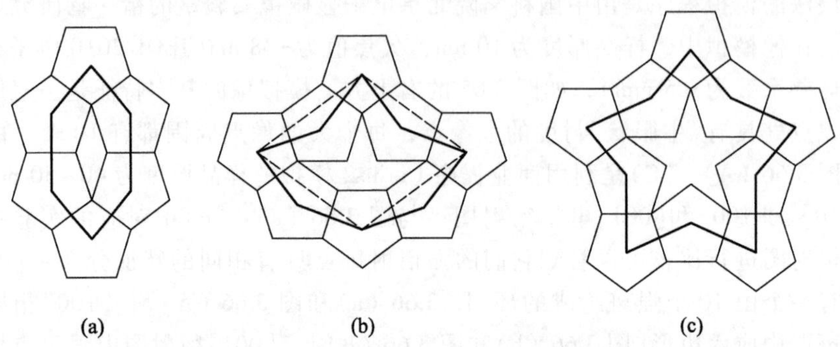

图 3.70　二元拼块之间的关系：(a) 扁六边形；(b) 王冠形(或凹八角形)；(c) 72°五角星形。图(b)中的王冠形亚单元添加了虚线，以显示其与较大的彭罗斯宽菱形的关系（吴劲松等[123]）

在图 3.65 所示的这个(2/1，1/1)近似相中，所有王冠形亚单元都具有相同的取向，它们在底心矩形点阵中完美地镶嵌在一起，其[101]和[$10\bar{1}$]方向清晰地显示出“之”字形路径。图 3.71 中的 HREM 像主要显示出两个不同取向的王冠形亚单元。在图的中心部分，有 4 行王冠形亚单元，相邻的两行具有一个取向，而另两个具有另一个取向，它们形成(2/1，1/1)近似相中呈 72°旋转孪晶关系的两个单胞。在它们的上面和下面，王冠形亚单元的取向交替排列。这种排列包含两个不同取向的王冠形亚单元，于是形成了一个 $a=1.26$ nm 和 $c=2.30$ nm 的平面单胞。图 3.72 示意画出了这些平面单胞。与(2/1，1/1)近似相的对应参数相比，其参数 a 小 τ 倍、参数 c 大 τ 倍，所以它是(1/1，2/1)近似相(它们的参数 b 应该是相等的)。然而，实验中发现这只发生在有限的区域里，且(1/1，2/1)近似相的电子衍射图尚未得到。尽管如此，在 Al-Pd、Al-Pd-Mn 和 Al-Co-Ni-Tb 合金中，$b=1.6$ nm 的(1/1，2/1)近似相或 Al_3Pd 结构确实存在。

图 3.71 清楚地显示，王冠形亚单元的两种不同拼图可以得到(2/1，1/1)近似相和(1/1，2/1)近似相。如果两个相邻王冠形亚单元面对彼此或彼此对立，就会出现另外的情况，这在 Al-Pd-Mn 合金对应的近似相中确实观察到了王冠形亚单元的这些构型[141]，如图 3.72 所示。两个王冠形亚单元面对彼此有两种可能性，其中一个具有矩形单胞，如图 3.72 (a)。虽然它的参数 a 和 c 与图 3.71 所示的(1/1，2/1)近似相相似，但是这两个王冠形亚单元的排列和原子分布在两个矩形单胞中是不同的。另一个具有斜的单胞，如图 3.72 (b)，$a=1.26$ nm、$c=2.44$ nm、$\beta=76.2°$。值得注意的是，这两个平面单胞都包含两

个王冠形亚单元。很容易看出，如果两个王冠形亚单元反向相接，其结果与图 3.72 所示的相同。

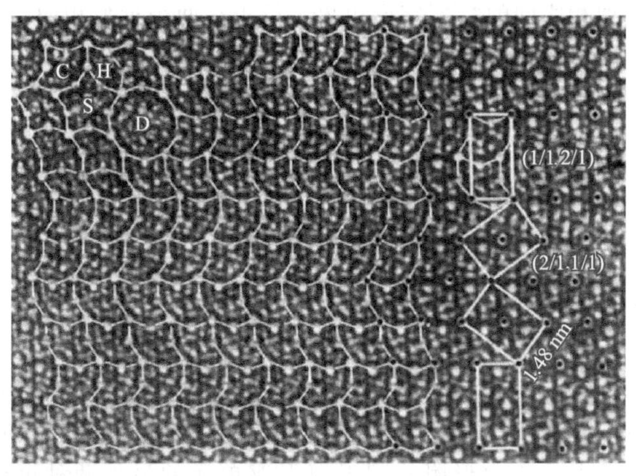

图 3.71 不同取向王冠形亚单元的拼接形成(2/1，1/1)和(1/1，2/1)近似相的两个平面单胞(吴劲松等[123])

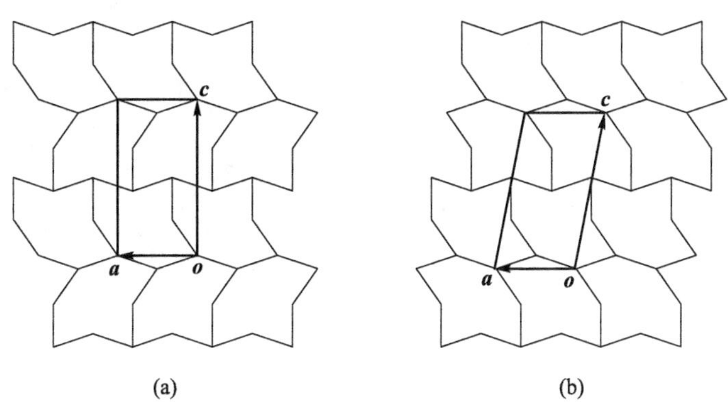

图 3.72 王冠形亚单元面对面拼图：(a) 对应(1/1，1/1)近似相的矩形单元；(b) 非 90°倾斜单胞(吴劲松等[123])

在图 3.64 的插图中，在 P 处有三个王冠形亚单元和两个不完整的王冠形亚单元，这显示了 5 个王冠形亚单元共享一个公共顶点以及相邻王冠形亚单元旋转 72°的可能性。如果在这里添加更多的王冠形亚单元，就会得到(2/1，1/1)近似相的五重旋转孪晶。王冠形亚单元的以上组合都是将一个王冠形亚单元的凹进部分匹配到另一个王冠形亚单元的凸出部分得到的，反之亦然。

在图 3.64 的两个底角处，(1/0，2/1)近似相(仅由六边形亚单元组成)与(2/1，1/1)近似相(仅由冠状亚单元组成)无失配地共生在一起。用黑白线标出的这两个近似相之间的“之”字形边界平行于这两个近似相的[101]和[10$\bar{1}$]对角线。由此可知，这两个近似相之间的取向关系为

(2/1，1/1) <101> ∥ <101> (1/0，2/1)

[010] ∥ [010]

此外，还有一个晶格对应关系：

(2/1，1/1) <101>=<101> (1/0，2/1)

[010]=[010]

(1/0，2/1)近似相的两个不同取向的矩形单元相对于王冠形亚单元是对称排列的，它们是反映孪晶或 154°旋转孪晶，如图 3.73 (a)所示。图中六边形在 4 个王冠形亚单元的上方，它们可以对等地放在这些王冠形亚单元所构成的“之”字形边界上，如图 3.64 所示。除了图 3.73 (a)所示的两种情况外，图 3.73 (b)还显示了将六边形附着到王冠形亚单元的另外两种可能性。同样，(1/0，2/1)近似相的<101>对角线是平行的，并且等于(2/1，1/1)近似相的对角线。显然，(1/0，2/1)近似相的两个矩形单胞也是反映孪晶或 72°孪晶。

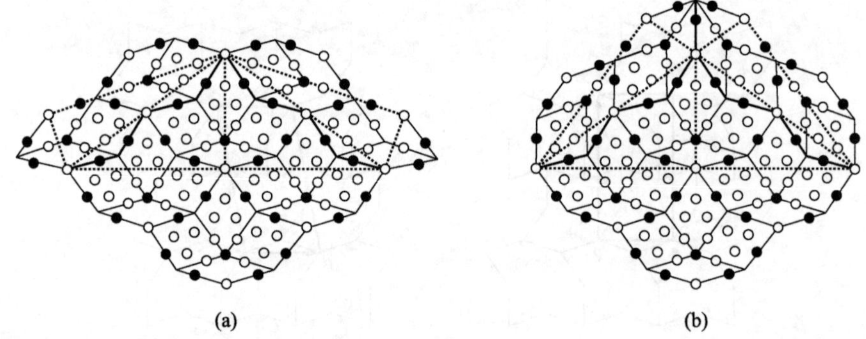

图 3.73　(2/1，1/1)近似相中的王冠形亚单元与(1/0，2/1)近似相中的六边形亚单元之间的“之”字形边界(粗线表示)。点划线表示这两个近似相的不完整的单胞及其共同对角线(吴劲松等[123])

吴劲松在实验中还发现单一取向的王冠形亚单元(包括它的反向取向)有时被扁六边形单元分开，如图 3.74 所示的[010]轴 HREM 图像中，王冠形亚单元被勾画出来，而六边形亚单元的顶点被点表示出来。“A”处表示(2/1，1/1)近似相的一个不完整单胞，两对王冠形亚单元(“O”)被两个不同取向的六边形分开。在每个单独的王冠形亚单元周围有 6 个具有两种不同取向的六边形，它

被称为“O”团簇，因为这些团簇可以形成一个底心正交相[参见图 3.76（c）]。它的晶格参数为 $a=4.57$ nm、$b=1.25$ nm、$c=1.44$ nm[143]。

图 3.74　HREM 图像显示王冠形亚单元被 6 个具有两种不同取向的六边形(圆点标记)包围，这里称之为“O”团簇。图中画出了(1/1，1/1)近似相的矩形单胞(吴劲松等[123])

图 3.75 是两个不同取向(1/1，1/1)近似相的示意图，它们位于一对王冠形亚单元的两侧，两者成反映孪晶关系。图中可以看到，(2/1，1/1)近似相和(1/1，1/1)近似相具有平行取向关系，即两者的正交单位矢量互相平行，且它们的参数 b 和 c 相等，即

$$(2/1,\ 1/1)\ \boldsymbol{a}=\tau\boldsymbol{a}\ (1/1,\ 1/1)$$

$$\boldsymbol{b}=\boldsymbol{b}$$

$$\boldsymbol{c}=\boldsymbol{c}$$

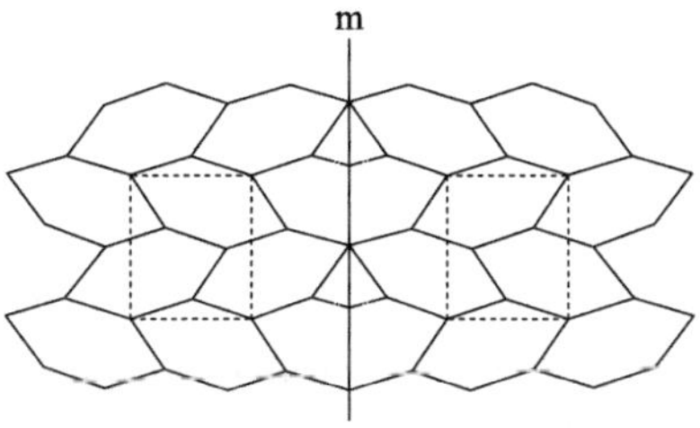

m

图 3.75　一对王冠形亚单元两侧由不同取向交替的六边形亚单元构成的(1/1，1/1)近似相，两个矩形单胞成反映孪晶关系(吴劲松等[123])

虽然 Mn-Ga(1/1，1/1)近似相经常出现[121]，但实验上还没有发现它与(2/1，1/1)近似相共存。然而，这种可能性应该存在。

虽然王冠形亚单元形成(2/1，1/1)和(1/1，2/1)近似相，而六边形亚单元形成(1/0，2/1)和(1/1，1/1)近似相，但事实上，这两种亚单元经常共生在一起，如图 3.64（在 A 和 B 处)和图 3.74 所示。如果这两种亚结构单元的共生以周期性形式出现，就会产生新的物相。

图 3.76（a)为 Al-Cu-Fe-Cr 合金[11]中单斜 M_2 相的拼接模型($a=1.24$ nm、$b=1.22$ nm、$c=2.01$ nm 和 $\beta=108°$)，该结构由交替的单排王冠形亚单元和六边形亚单元组成。显然，这是这两类亚单元的最简单的周期性组合。图 3.76（b)为正交 $Al_{75}Pd_{13}Ru_{12}$(晶格参数为 $a=2.388\ 9$ nm、$b=3.280\ 2$ nm、$c=1.699\ 2$ nm[149])和 $Al_{75}Pd_{15}Fe_{10}$(晶格参数为 $a=2.35$ nm、$b=3.24$ nm、$c=1.66$ nm[147])，其中两类结构单元的组合稍微复杂一些。在这两种情况下，矩形单胞位于(001)平面上，晶格参数 b 和 a 与(3/2，2/1)近似相一致，它们分别是(2/1，1/1)近似相晶格参数的 τ 倍。该结构是由两个不同取向的王冠形亚单元包含一个六边形亚单元组成的团簇的底心点阵。图 3.76（c)显示的是一个更为复杂的共生结构，它是 B 心正交 O-Ga_7Mn_5 相，其晶格参数为 $a=4.57$ nm、$b=1.25$ nm、$c=1.44$ nm。在该结构中，冠状亚单元由两种不同取向的六边形包裹形成一个团簇，而团簇的周期性排列构成底心正交点阵。

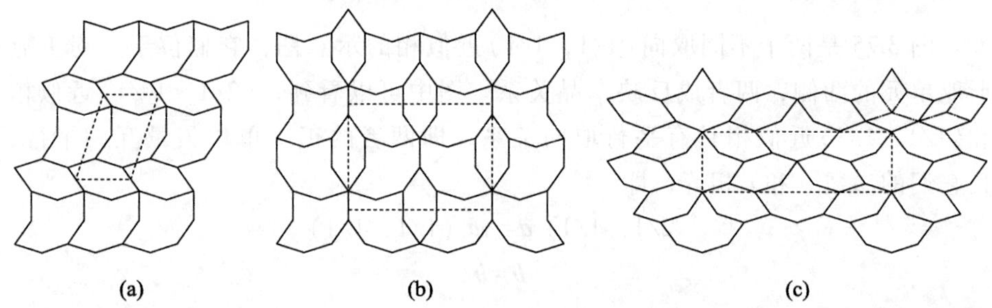

图 3.76　实验中曾观察到的具有王冠形和六边形亚单元的不同组合形成的十次准晶近似相：（a）Al-Cu-Fe-Cr 合金中的 M_2 相[156]；（b）底心正交 $Al_{75}Pd_{13}Ru_{12}$[149] 和 $Al_{75}Pd_{15}Fe_{10}$[147]；（c）底心正交 O-Ga_7Mn_5 相[143]

这里补充说明一下关于十边形(D)亚结构单元。在图 3.71 的左上角，我们看到一个 D 亚结构单元，它与一个 72°五角星 S 以及一些不同取向的王冠形亚单元共存。D 亚单元可以分解为 1 个王冠形和 2 个六边形亚单元(见图 3.77 中右上角)，所以，它不是基本的二元拼块。然而，这里的拼块却经常出现在 DQC[144,157] 和具有大晶格参数的近似相中[150]。图 3.77 显示了 Al-Pd-Mn 合金中参数为 5.23 nm 和 3.8 nm 的矩形单胞[150]，这些参数分别比(2/ 1，1/1)近似相的参数 a 和 c 大 τ^2 倍左右，因此它对应于(5/3，3/2)近似相。在混杂着十边形的底心镶嵌中，每个平面单胞由两个王冠形亚单元和两个 72°五角星亚结构组成。

在这种情况下，也许还需要提及一些由除王冠形亚单元以外的其他二元拼块组成的 DQC 近似相。正交相 O_1 - AlCuFeCr[156]、$Al_{72}Pd_{18}Cr_{10}$[145]、O - AlPdMn[145]和 C_{3l}-$Al_{60}Mn_{11}Ni_4$[146]都有一个矩形单胞，但它们不包含王冠形亚单元，尽管它们的矩形单胞类似于 $Al_{75}Pd_{13}Ru_{12}$ 和 $Al_{75}Pd_{15}Fe_{10}$(3/2，2/1)近似相。在这些近似相中，六边形和 72°五角星形亚结构单元在矩形单胞中的镶嵌方式是不一样的[146,147]。另一方面，在 Al-Pd-Mn 合金[145,158]中矩形单胞晶格参数为 6.14 nm 和 1.92 nm 的正交(5/3，2/1)近似相由六边形、72°五角星形和十边形亚结构组成的。

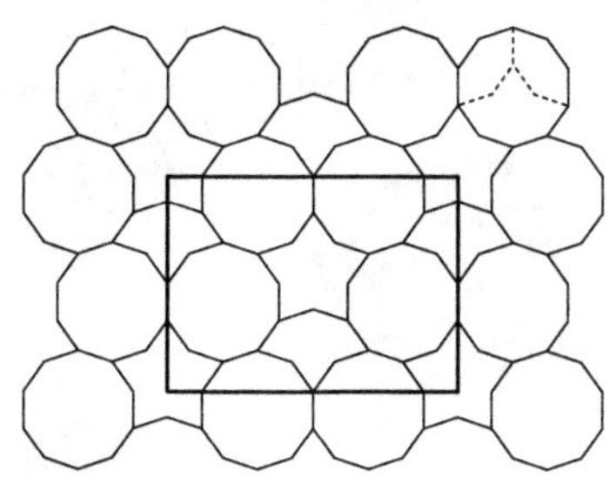

图 3.77 十边形、王冠形、72°五角星形亚结构单元构成的底心镶嵌[150]

2. 单斜 MnGa (M)

单斜 MnGa (M)也有类似于正交 Mn_5Ga_7(O)的伪十次[图 3.78 (a)]、伪 2P[图 3.78 (b)]、伪 2D[图 3.78 (c)]电子衍射花样，它们分别对应图 3.47 (a)~(c)。不仅如此，图 3.78 (b，b′，b″)、图 3.78 (c，c′，c″)以及图 3.78 (f，f′，f″)都具有 36°的重复性。由此看来，MnGa (M)似乎为 Ga-Mn DQC 的另一正交近似相。但是，这一推测是有矛盾的。首先，图 3.78 (c)中的衍射斑并没有形成正交相所应有的矩形格子；第二，注意观察图 3.78 (a)中用箭头所指的水平衍射点列，当它们出现在图 3.78 (c)中时，它们并不是最近间距衍射点列。如果这列衍射点用正交相 $00l$ 来标定，其他有的衍射点就无法标定。在图 3.78 (c)中，如果把两组最密衍射点列选为 $h00$ 和 $00l$(这两列衍射点之间夹角为 70°)，那么所有衍射点都可以标定出来。因此，这是一个单斜相 MnGa (M)，其晶格参数为 β = 110°、a = 2.59 nm、b = 1.25 nm、c = 1.13 nm。围绕 $00l$ 衍射点列的系列倾转电子衍射为图 3.78 (i)、(j)、(k)，其中只有 $00l$ 衍射点列没有拉线。出现衍射点拉线的现象可能源于生长层错，因为在MnGa（M）中高密度层错很常见，如图 3.79（a）。该相的空间群尚未确定。

需指出的是，图 3.78（a）中的有心矩形衍射格点并没有显现出清晰的十边形强点。不过，用箭头所示的 4 个属于高阶劳厄带的强点与零阶格点中对应的衍射点距离很近，这 4 个属于高阶劳厄带的衍射点，加上 6 个属于[302]带轴的强衍射点构成了伪十次对称关系。此外，图 3.78（b）中的正方形格点以及图 3. 78（c）中的六边形强点，每隔 36°就出现一次。在其他衍射图中，比如图 3.78（f）、（f′）、（f″）、（j），都具有明显的十边形强衍射点。因此，这一单斜 GaMn（M）相可以认为是 DQC 的近似相。

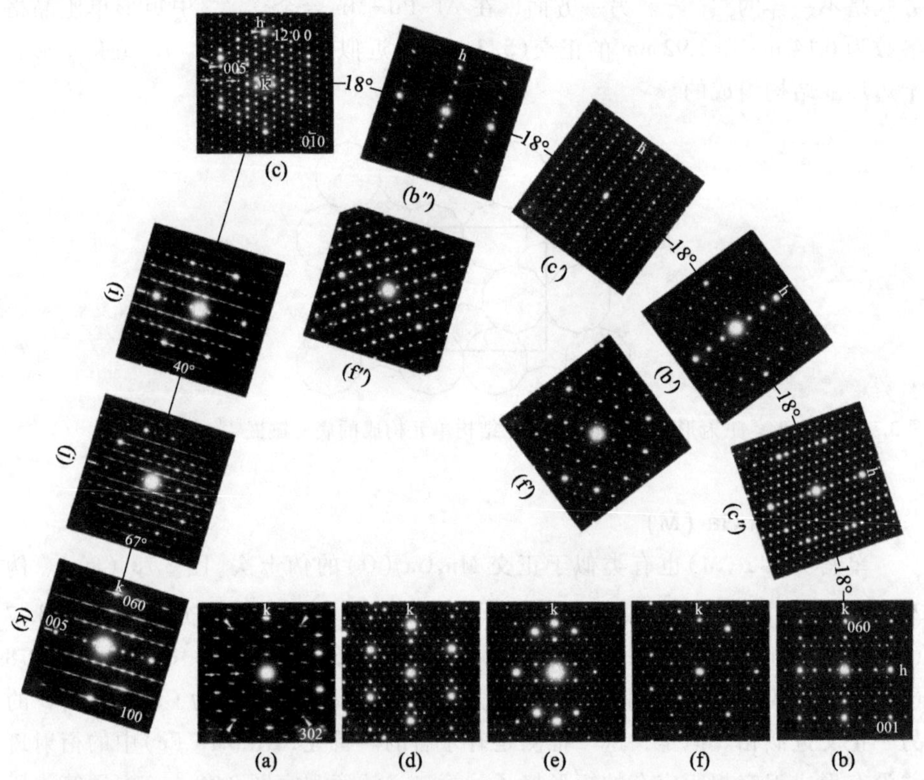

图 3.78　单斜 MnGa（M）的系列电子衍射图。图(a)、(b)、(c)中的电子衍射与图 3.47 中正交 Mn_5Ga_7(O)中对应的衍射花样很相似。图(i)～(k)为围绕 00*l* 衍射点列倾转晶体得到的[$0\bar{1}0$]～[100]电子衍射图(吴劲松等[121])

3. 正交一单斜转变

正交和单斜 MnGa 近似相通常共生在一起。在图 3.79(a)的中间部分，层错出现在两个方向，分别为正交 MnGa 相的 ***b*** 和 ***c*** 方向，而在图中标记的 b 和 c 之间的区域，两种取向的层错同时出现。从这两个位置得到的[010]选区电子衍射图如图 3.79(b)和(c)。由于不同方向的衍射出现拉线，因此这两个衍射图看起来差别不明显。不过，它们中的十边形强衍射点很容易辨识，而且可相互重叠。仔细观察，可以画出两个[010]电子衍射图中的倒空间有心矩形平

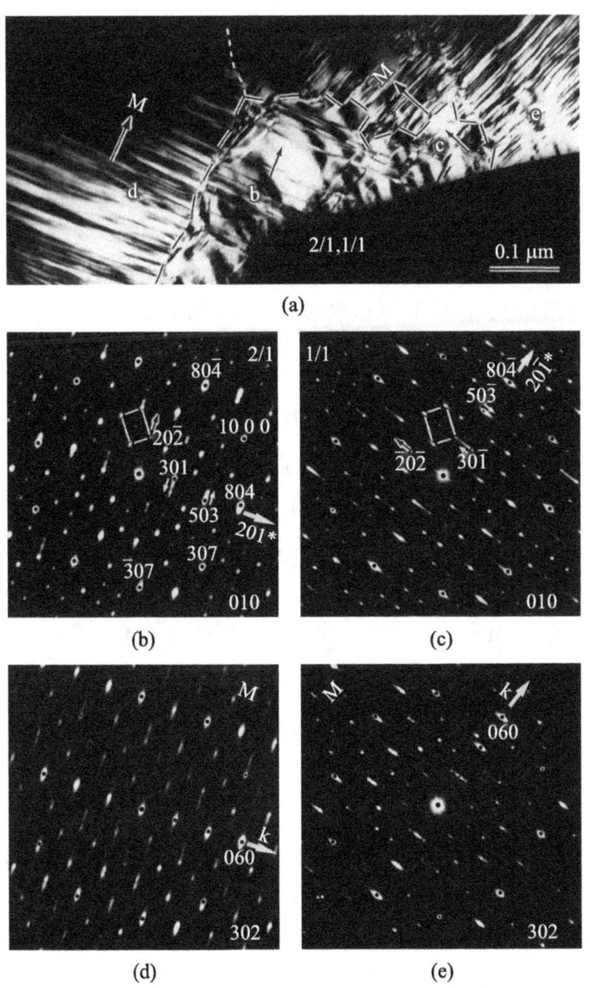

图 3.79 正交 MnGa (2/1, 1/1)与单斜 MnGa (M)的共生：(a) 透射电镜下的形貌像，可看出正交 MnGa (2/1, 1/1)中 b 和 c 区域沿不同方向的两组层错，以及单斜 MnGa (M)中 d 和 e 两个区域取向差为 72°的两个晶粒；(b) ~ (e)图(a)中对应 b(b)和 c(c)区域的[010]电子衍射图，以及对应 d(d)和 e(e)区域的[302]电子衍射图(吴劲松等[121])

面胞，将之与图 3.55（c）中的正交 MnGa（2/1，1/1）的矩形平面胞作对比，可见这两个衍射图属于同一晶体。不过，由于图 3.79(a)中位于 ***b*** 和 ***c*** 不同方向的层错，其中有拉线的衍射点(用小黑箭头指示)也表现出不同的拉线方向。例如，图 3.79（b)中的(301)和(503)衍射点显示出沿±[$10\bar{1}$]*倒易方向的相反拉线(用小白箭头指示)。类似的情况也同样见于图 3.79（c)中，沿±[$\bar{1}0\bar{1}$]*的衍射拉线。这意味着正交 MnGa 相的层错分别位于(101)和($10\bar{1}$)面。单斜 MnGa（M)相[010]*倒易方向在图 3.79（d)和(e)中用白色箭头指示，它们在两个图中间隔 72°。也就是说，它们属于 MnGa（M)相的孪晶。因此，图 3.79(a)中，在正交 MnGa（2/1，1/1）和单斜 MnGa（M)之间有一个晶界(用黑色虚线划出)，同时在两个不同取向的单斜 MnGa（M)中间有一孪晶界(用白色虚线划出)。

图 3.79 展示了两种 MnGa 相之间的结构关系。首先，从正交 MnGa（2/1，1/1)通过引入大量的层错似乎可以转变到单斜 MnGa（M)。第二，这种转变可以在正交 MnGa 的 5 个倒易方向(±[100]*，±[201]*，±[$20\bar{1}$]*，±[307]*，±[$\bar{3}07$]*)中的任意一个。这也可以从图 3.79(b)中 5 对强衍射点看出，它们分别是±(1000)、±(804)、±($80\bar{4}$)、±(307)、±($\bar{3}07$)。所以，单斜 MnGa（M)的[010]*倒易方向可以由正交 MnGa（2/1，1/1)的 5 个方向之一转变过来。这也解释了单斜 MnGa（M)中的十次孪晶形成的原因。第三，两种 MnGa 相之间的晶体学关系为

MnGa（M)		MnGa（2/1，1/1)
[302]	//	[010]
(010)	//	(100)，(201)，($20\bar{1}$)，(307)或($\bar{3}07$)

3.11.6　取向关系

在上面介绍的 Mn-Ga 体系中，所有正交相的晶格参数 b 都等于 1.25 nm，这与 Mn-Ga DQC 的十次轴方向的周期性相同。不仅如此，它们的[010]电子衍射图都显示出与 DQC 十次对称衍射花样相似的伪十次对称强衍射点。在单斜 MnGa（M)中，同样也有类似伪十次对称的[302]电子衍射花样，与另外两相[010]衍射的位置对应。基于这样的几何信息自然可以推测在这些金属间化合物中，一定存在和 Mn-Ga DQC 中相似的具有五次或十次对称性的结构亚单元，而且它们在生长过程中很可能共用一个伪十次轴，如图 3.80。图中 M、O 和 Y 分别代表单斜 MnGa（M)、正交 Mn_5Ga_7(O)以及正交 Mn_5Ga_6(1/1，1/1)。它们的选区电子衍射图均显示出取向和构型都一样的十边形强点分布特征，

O/M 和 O/Y 相界面的复合电子衍射图中近乎有重合的十边形强点更加能够证明这一点。结合前面 3.11.4 和 3.11.5 节中分别提及的 Mn_5Ga_6(1/0, 2/1) 和 Mn_5Ga_6(1/1, 1/1)，以及 MnGa (2/1, 1/1) 和 MnGa (M) 之间的取向关系，可以说这 5 种近似相都具有平行的取向关系。这种晶体取向的平行关系只可能来自它们共有的结构相似的亚单元，而不同相之间在对称性和晶格参数上的差异则来自这些结构亚单元的不同组合方式。

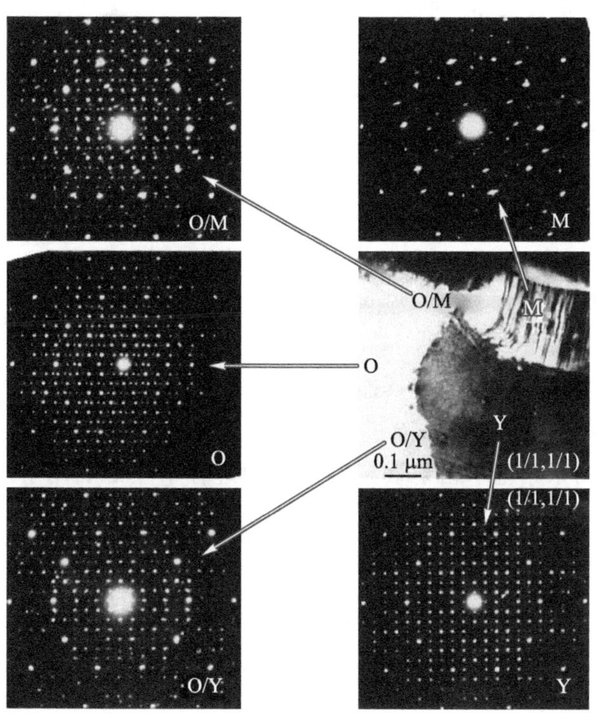

图 3.80 Mn_5Ga_7(O)、MnGa (M) 以及 Mn_5Ga_6(1/1, 1/1) 的形貌像及其对应的电子衍射图。它们几乎都是沿着具有十边形强衍射点的晶带轴方向(尤其是在 O/M 和 O/Y 边界处得到的电子衍射图)，表明它们中所含的二十面体亚单元应具有平行的取向关系(吴劲松等[121])

3.12 本章小结

(1) 本章介绍的正交相涉及多个合金体系，它们分别是 Al-Fe、Al-Co、Al-Cu、Al-Cu-Mn、Al-Cu-Cr、Mn-Ga。这里我们详细讨论了如何利用电子衍射确定复杂晶体相的正交点阵类型和可能的空间群以及如何利用高分辨成像解析其缺陷结构。当然，对一个物相点阵类型和空间群的判断与具体的合金体系没有太大关联。正交相具有丰富的点阵类型，简单正交、面心正交、体心正交、布拉维点阵分别对应倒易空间的简单正交、体心正交、面心正交，这一点跟立方晶体相同。但是，底心（A、B 或 C）正交对应的倒易点阵仍旧是底心（A、B 或 C）正交（如图 3.81 所示）。

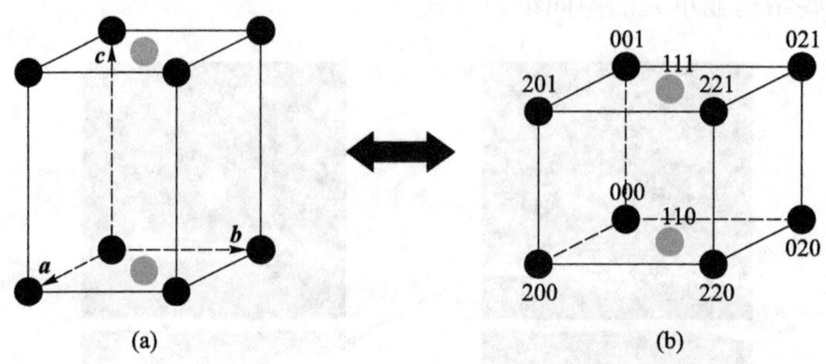

图 3.81　底心正交晶体（a）及其倒易点阵（b）

（2）在正交晶系中，由滑移面和螺旋轴引起的系统消光也花样繁多。在表 3.9 列出的系统消光规律中，除了六方和菱方晶系外，基本上都与正交晶系有关。本章在利用系列电子衍射确定空间群的过程中正是利用了这些对应关系。对镜面的判断主要是利用会聚束电子衍射。

表 3.9　点阵消光、系统消光与对称性的对应关系

衍射指标类型	消光条件	消光解释	对称元素记号
hkl	$h+k+l$ = 奇数	体心点阵	I
	$h+k$ = 奇数	C 面带心点阵	C
	$h+l$ = 奇数	B 面带心点阵	B
	$k+l$ = 奇数	A 面带心点阵	A
	h，k，l 奇偶混杂	面心点阵	F
	$-h+k+l$ 不为 3 的倍数	以六方晶轴系指标化的三方点阵	R
	$h+k+l$ 不为 3 的倍数	以三方晶轴系指标化的六方点阵	H
$0kl$	k = 奇数	(100) 滑移面，滑移量 $b/2$	b(P，B，C)
	l = 奇数	(100) 滑移面，滑移量 $c/2$	c(P，C，I)
	$k+l$ = 奇数	(100) 滑移面，滑移量 $b/2+c/2$	n(P)

续表

衍射指标类型	消光条件	消光解释	对称元素记号
$0kl$	$k+l$ 不为 4 的倍数	(100) 滑移面，滑移量 $b/4+c/4$	d(F)
$h0l$	h = 奇数	(010) 滑移面，滑移量 $a/2$	a(P, A, I)
	l = 奇数	(010) 滑移面，滑移量 $c/2$	c(P, A, C)
	$h+l$ = 奇数	(010) 滑移面，滑移量 $a/2+c/2$	n(P)
	$h+l$ 不为 4 的倍数	(010) 滑移面，滑移量 $a/4+c/4$	d(F)
$hk0$	h = 奇数	(001) 滑移面，滑移量 $a/2$	a(P, B, I)
	k = 奇数	(001) 滑移面，滑移量 $b/2$	b(P, A, B)
	$h+k$ = 奇数	(001) 滑移面，滑移量 $a/2+b/2$	n(P)
	$h+k$ 不为 4 的倍数	(001) 滑移面，滑移量 $a/4+b/4$	d(F)
hhl	l = 奇数	$(1\bar{1}0)$ 滑移面，滑移量 $c/2$	c(P, C, F)
	h = 奇数	$(1\bar{1}0)$ 滑移面，滑移量 $a/2+b/2$	b(C)
	$h+l$ = 奇数	$(1\bar{1}0)$ 滑移面，滑移量 $a/4+b/4+c/4$	n(C)
	$2h+l$ 不为 4 的倍数	$(1\bar{1}0)$ 滑移面，滑移量 $a/4+b/4+c/4$	d(I)
$h00$	h = 奇数	[100] 螺旋轴，平移量 $a/2$	2_1, 4_2
	h 不为 4 的倍数	[100] 螺旋轴，平移量 $a/4$	4_1, 4_3
$0k0$	k = 奇数	[010] 螺旋轴，平移量 $b/2$	2_1, 4_2
	k 不为 4 的倍数	[010] 螺旋轴，平移量 $b/4$	4_1, 4_3
$00l$	l = 奇数	[001] 螺旋轴，平移量 $c/2$	2_1, 4_2, 6_3
	l 不为 3 的倍数	[001] 螺旋轴，平移量 $c/3$	3_1, 3_2, 6_2, 6_4
	l 不为 4 的倍数	[001] 螺旋轴，平移量 $c/4$	4_1, 4_2
	l 不为 6 的倍数	[001] 螺旋轴，平移量 $c/6$	6_1, 6_2
$hh0$	h = 奇数	[110] 螺旋轴，平移量 $a/2+b/2$	2_1

(3) 在确定一个晶体点群的过程中，经常需要判断镜面(m)的存在与否。实验上判断一个晶面是否是镜面，最简单的方法就是利用会聚束电子衍射(当然前提是被电子束聚焦其上的晶体要足够完整、无缺陷的)。在会聚束电子衍射花样中，通过对比镜面两侧对应位置的异同，可以判断镜面是否存在。为了

更清晰地展示高阶劳厄斑或环的分布特征，通常需要绕镜面法线所对应的晶轴倾转晶体，也就是说在远离高对称性晶带轴的取向拍摄会聚束电子衍射图（如图 3.82）。

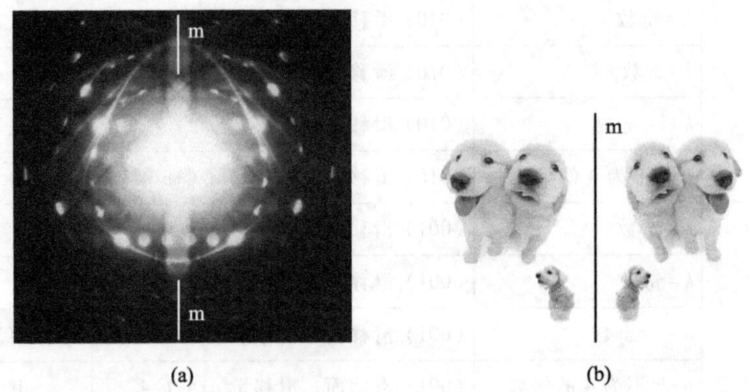

图 3.82　(a) 利用会聚束电子衍射判断晶体中的镜面；(b) 包含镜面的物体示意图

(4) 本章介绍的正交相与第 2 章单斜相之间的相似之处在于它们都具体非常大的单胞（大部分与准晶体有关），它们都富含层错、孪晶以及微畴结构。由于对称性的限制，正交相没有(100)、(010)和(001)孪晶，其孪晶面大多出现在(0*kl*)、(*h*0*l*)或(*hk*0)面上。十次孪晶的形成表面上是晶格参数几何关系的自洽[如(101)和$(10\bar{1})$的面夹角为 36°]，但实际上是晶体内部结构单元匹配的结果。

(5) 其实，晶体学家很早前就已经通过 X 射线衍射对本章介绍的这些合金系有过研究，其中结构相对简单且容易得到单晶体的物相的结构都得到了解析，但几乎每一种合金系都有通过 X 射线衍射无法解析的未知相存在。透射电子显微术可以在微小尺度解析结构信息并同时给出正空间和倒空间信息之间的对应关系，这就使得利用电子衍射和高分辨成像在上述合金系中发现了如此丰富的内容，从而丰富和发展了这些合金系早期通过 X 射线衍射方法建立起来的平衡相图。一个最经典的案例就是 Al-Cu-Fe 和 Al-Li-Cu 体系，20 世纪前半叶在相图中标记出的未知相在 80 年代由电子衍射确定为二十面体准晶（本书最后一章将有介绍）。

(6) 最后需要补充说明的是，Al-Cr 合金中也有一系列复杂正交相，它们通常与六方相共生且在结构上密切相关，所以有关 Al-Cr 合金中的正交相将在第 5 章与六方相一同讨论。

参考文献

[1] Taylor M A. The space group of $MnAl_3$. Acta Cryst., 1961, 14(1): 84-84.

[2] Gödecke T, Köster W. Supplement to constitution of aluminium-manganese system. Z. Metallkd., 1971, 62(10): 727-732.

[3] Gödecke T. Number and composition of the intermetallic phases in the aluminum-cobalt system between 10 and 40 at percent Co. Z. Metallkd., 1971, 62(11): 842-843.

[4] Ma X L, Kuo K H. Decagonal quasicrystal and related crystalline phases in slowly solidified Al-Co alloys. Metallurgical Transactions A, 1992, 23(4): 1121-1128.

[5] Robinson K. The determination of the crystal structure of $Ni_4Mn_{11}Al_{60}$. Acta Cryst., 1954, 7(6-7): 494-497.

[6] Robinson K. The unit cell and brillouin zones of $Ni_4Mn_{11}Al_{60}$ and related compounds. Philos. Mag., 1952, 43(342): 775-782.

[7] Hudd R, Taylor W. The structure of Co_4Al_{13}. Acta Cryst., 1962, 15(5): 441-442.

[8] Kuo K H, Ninomiya T. Quasicrystals-proceedings of china-japan seminars. Singapore: World Scientific. 1991.

[9] Li X Z, Kuo K H. Orthorhombic crystalline approximants of the Al-Mn-Cu decagonal quasicrystal. Philos. Mag. B, 1992, 66(1): 117-124.

[10] Daulton T L, Kelton K F, Gibbons P C. Decagonal and related phases in Al-Mn alloys: Electron diffraction and microstructure. Philos. Mag. B, 1991, 63(3): 687-714.

[11] Vantendeloo G, Singh A, Ranganathan S. Quasicrystals and their crystalline homologues in the Al-Mn-Cu ternary alloys. Philos. Mag. A, 1991, 64(2): 413-427.

[12] Ma L, Ma X L, Kuo K H. Structural variants of the $Al_{13}Co_4$ approximants of the decagonal quasicrystal// Kuo K H, Ninomiya T. Quasicrystals-proceedings of China-Japan seminars. Singapore: World Scientific. 1991: 142-149.

[13] Bradley A, Seager G C. An X-ray investigation of cobalt-aluminium alloys. J. Inst. Met., 1939, 64: 81-88.

[14] Black P J. The structure of $FeAl_3$. Ⅰ. Acta Cryst., 1955, 8(1): 43-48.

[15] Black P J. The structure of $FeAl_3$. Ⅱ. Acta Cryst., 1955, 8(3): 175-182.

[16] Steurer W, Kuo K H. Five-dimensional structure analysis of decagonal $Al_{65}Cu_{20}Co_{15}$. Acta Cryst., 1990, 46(6): 703-712.

[17] Steurer W, Kuo K H. Five-dimensional structure refinement of decagonal $Al_{65}Cu_{20}Co_{15}$. Philos. Mag. Lett., 1990, 62(3): 175-182.

[18] Li X Z, Ma X L, Kuo K H. A structural model of the orthorhombic Al_3Co derived from the monoclinic $Al_{13}Co_4$ by high-resolution electron microscopy. Philos. Mag. Lett., 1994, 70(4): 221-229.

[19] Barbier J N, Tamura N, Verger-Gaugry J L. Monoclinic $Al_{13}Fe_4$ approximant phase: A

link between icosahedral and decagonal phases. J. Non. Cryst. Solids, 1993, 153: 126-131.

[20] Li D X, Kuo K H. Domain structures of tetrahedrally close-packed phases with juxtaposed pentagonal antiprisms Ⅲ. Domain boundary structures in the μ phase. Philos. Mag. A, 1985, 51(6): 849-856.

[21] Tsuchimori M, Ishimasa T, Fukano Y. Crystal structures of small Al-rich Fe alloy particles formed by a gas-evaporation technique. Philos. Mag. B, 1992, 66(1): 89-108.

[22] Li X Z, Shi D, Kuo K H. Structure of Al_3Mn, an orthorhombic approximant of the decagonal quasicrystal. Philos. Mag. B, 1992, 66(3): 331-340.

[23] Hiraga K, Kaneko M, Matsuo Y, et al. The structure of Al_3Mn: Close relationship to decagonal quasicrystals. Philos. Mag. B, 1993, 67(2): 193-205.

[24] Zhang H, Kuo K H. Giant Al-M (M = transitional metal) crystals as Penrose-tiling approximants of the decagonal quasicrystal. Phys. Rev. B, 1990, 42(14): 8907-8914.

[25] Shi N C, Li X Z, Ma Z S, et al. Crystalline phases related to a decagonal quasicrystal. I. A single-crystal X-ray diffraction study of the orthorhombic Al_3Mn phase. Acta Cryst., 1994, 50(1): 22-30.

[26] Kuo K H. Decagonal quasicrystal and crystalline approximants. Acta Cryst., 1993, A49 Supplement (c6): 179.

[27] Grin J, Burkhardt U, Ellner M, et al. Crystal structure of orthorhombic Co_4Al_{13}. J. Alloys Compd., 1994, 206(2): 243-247.

[28] Kuo K H, Ma X L, Li X Z. A family of τ^2-inflated orthorhombic Al-Co phases // Barber D, Chan P Y, Chew E C, et al. Proceedings of the Sixth Asia-Pacific Electron Microscopy Conference. Hong Kong. Chinetek Promotion. 1996: 239-240.

[29] Mo Z M, Kuo K H, Ma X L, et al. Structural models of τ^2-inflated monoclinic and orthorhombic Al-Co phases. Metall. Mater. Trans. A, 1998, 29(6): 1565-1572.

[30] Yu R C, Li X Z, Xu D P, et al. Orthorhombic phases with large unit cells coexisting with the decagonal quasicrystal in an AlCoNiTb alloy. Scripta Metal. Mater., 1994, 31(10): 1285-1290.

[31] Krajci M, Hafner J, Mihalkovic M. Atomic and electronic structure of decagonal Al-Pd-Mn alloys and approximant phases. Phys. Rev. B, 1997, 55(2): 843-855.

[32] 马秀良. Al-Co 二元系中稳定的十次对称准晶及相关晶体相的电子显微学研究. 大连：大连理工大学，1994.

[33] Ma X L, Kuo K H. Crystallographic characteristics of the Al-Co decagonal quasicrystal and its monoclinic approximant τ^2-$Al_{13}Co_4$. Metall. Mater. Trans. A, 1994, 25(1): 47-56.

[34] Grushko B, Freiburg C. Discussion of "crystallographic characterization of the Al-Co decagonal quasicrystal and its monoclinic approximant τ^2-$Al_{13}Co_4$". Metall. Mater. Trans. A, 1994, 25(11): 2535-2538.

[35] Ma X L, Köster U, Grushko B. $Al_{13}Os_4$-type monoclinic phase and its orthorhombic

variant in the Al-Co alloy system. Z. Kristallogr. Cryst. Mater., 1998, 213(2): 75-78.

[36] Raynor G. The constitution of the aluminium-rich aluminium-manganese-nikel alloys. J. Inst. Met., 1944, 70: 507-529.

[37] Petri H G. Die Aluminiumecke des Dreistoffsystems Aluminium-Kupfer-Mangan. Berlin: Aluminium-Zentrale, 1938.

[38] Damjanovic A. The structure analysis of the T_3(AlMnZn) compound. Acta cryst., 1961, 14(9): 982-987.

[39] Li X Z, Kuo K H. The structural model of Al-Mn decagonal quasicrystal based on a new Al-Mn approximant. Philos. Mag. B, 1992, 65(3): 525-533.

[40] Gödecke T, Köster W. An addition to the phase diagram of the Al - Mn system. Z. Metallkd., 1971, 62(10): 727-732.

[41] Elser V, Henley C L. Crystal and quasicrystal structures in Al-Mn-Si alloys. Phys. Rev. Lett., 1985, 55(26): 2883-2886.

[42] Fung K K, Yang C Y, Zhou Y Q, et al. Icosahedrally related decagonal quasicrystal in rapidly cooled Al-14-at.%-Fe alloy. Phys. Rev. Lett., 1986, 56(19): 2060-2063.

[43] He L X, Wu Y K, Kuo K H. Decagonal quasicrystals with different periodicities along the tenfold axis in rapidly solidified $Al_{65}Cu_{20}M_{15}$(M=Mn, Fe, Co or Ni). J. Mater. Sci. Lett., 1988, 7(12): 1284-1286.

[44] Jiang W J, Hei Z K, Guo Y X, et al. Tenfold twins in a rapidly quenched NiZr alloy. Philos. Mag. A, 1985, 52(6): L53-L58.

[45] Zou X D, Fung K K, Kuo K H. Orientation relationship of decagonal quasicrystal and tenfold twins in rapidly cooled Al-Fe alloy. Phys. Rev. B, 1987, 35(9): 4526-4528.

[46] Ye H Q, Wang D N, Kuo K H. Domain structures of tetrahedrally close-packed phases with juxtaposed pentagonal antiprisms. Ⅱ. Domain boundary structures of the Cl4 Laves phase. Philos. Mag. A, 1985, 51(6): 839-848.

[47] Li D X, Ye H Q, Kuo K H. A HREM study of domain structures in the H phase coexisting with the σ phase in a nickel-based alloy. Philos. Mag. A, 1984, 50(4): 531-544.

[48] Ye H Q, Kuo K H. High-resolution images of planar faults and domain structures in the σ phase of an iron-base superalloy. Philos. Mag. A, 1984, 50(1): 117-132.

[49] Wang J, Zhang B, He Z B, et al. Atomic-scale mapping of twins and relevant defective structures in $Al_{20}Cu_2Mn_3$ decagonal approximant. Philos. Mag., 2016, 96(23): 2457-2467.

[50] Chen Y Q, Yi D Q, Jiang Y, et al. Twinning and orientation relationships of T-phase precipitates in an Al matrix. J. Mater. Sci., 2013, 48(8): 3225-3231.

[51] Shen Z J, Liu C H, Ding Q Q, et al. The structure determination of $Al_{20}Cu_2Mn_3$ by near atomic resolution chemical mapping. J. Alloys Compd., 2014, 601: 25-30.

[52] Chen Z W, Chen P, Li S S. Effect of Ce addition on microstructure of $Al_{20}Cu_2Mn_3$ twin phase in an Al-Cu-Mn casting alloy. Mater. Sci. Eng. A, 2012, 532: 606-609.

[53]　Feng Z Q, Yang Y Q, Huang B, et al. Crystal substructures of the rotation-twinned T ($Al_{20}Cu_2Mn_3$) phase in 2024 aluminum alloy. J. Alloys Compd., 2014, 583: 445-451.

[54]　Kirchheim R. Reducing grain boundary, dislocation line and vacancy formation energies by solute segregation. I. Theoretical background. Acta Mater., 2007, 55(15): 5129-5138.

[55]　Richardson E U. CXL. The passivity of metals. Part Ⅰ. The isolation of the protective film. J. Chem. Soc., 1927, (0): 1020-1040.

[56]　Hoar T P, Mears D C, Rothwell G P. The relationships between anodic passivity, brightening and pitting. Corros. Sci., 1965, 5(4): 279-289.

[57]　Hoar T P. The production and breakdown of the passivity of metals. Corros. Sci., 1967, 7(6): 341-355.

[58]　Rosenfeld I L, Danilov I S. Electrochemical aspects of pitting corrosion. Corros. Sci., 1967, 7(3): 129-142.

[59]　Majimel J, Molenat G, Danoix F, et al. High-resolution transmission electron microscopy and tomographic atom probe studies of the hardening precipitation in an Al-Cu-Mg alloy. Philos. Mag. A, 2004, 84(30): 3263-3280.

[60]　Kovarik L, Miller M K, Court S A, et al. Origin of the modified orientation relationship for S(S″)-phase in Al-Mg-Cu alloys. Acta Mater., 2006, 54(7): 1731-1740.

[61]　Wang S C, Starink M J. Two types of S phase precipitates in Al-Cu-Mg alloys. Acta Mater., 2007, 55(3): 933-941.

[62]　Tolley A, Ferragut R, Somoza A. Microstructural characterisation of a commercial Al-Cu-Mg alloy combining transmission electron microscopy and positron annihilation spectroscopy. Philos. Mag., 2009, 89(13): 1095-1110.

[63]　Afzal N, Shah T, Ahmad R. Microstructural features and mechanical properties of artificially aged AA2024. Strength Mater., 2013, 45(6): 684-692.

[64]　Ringer S P, Sofyan B T, Prasad K S, et al. Precipitation reactions in Al-4.0Cu-0.3Mg (wt.%) alloy. Acta Mater., 2008, 56(9): 2147-2160.

[65]　Marceau R K W, Sha G, Ferragut R, et al. Solute clustering in Al-Cu-Mg alloys during the early stages of elevated temperature ageing. Acta Mater., 2010, 58(15): 4923-4939.

[66]　Marceau R K W, Sha G, Lumley R N, et al. Evolution of solute clustering in Al-Cu-Mg alloys during secondary ageing. Acta Mater., 2010, 58(5): 1795-1805.

[67]　Starink M J, Gao N, Kamp N, et al. Relations between microstructure, precipitation, age-formability and damage tolerance of Al-Cu-Mg-Li (Mn, Zr, Sc) alloys for age forming. Mater. Sci. Eng. A, 2006, 418(1-2): 241-249.

[68]　王静. 2024 铝合金点蚀形核机制的透射电子显微学研究. 北京：中国科学院大学, 2015.

[69]　Buchheit R G, Grant R P, Hlava P F, et al. Local dissolution phenomena associated with S Phase (Al_2CuMg) particles in aluminum alloy 2024-T3. J. Electrochem. Soc., 1997, 144(8): 2621-2627.

[70] Campestrini P, van Westing E, van Rooijen H. Relation between microstructural aspects of AA2024 and its corrosion behaviour investigated using AFM scanning potential technique. Corros. Sci., 2000, 42(11): 1853-1861.

[71] Obispo H M, Murr L E, Arrowood R M, et al. Copper deposition during the corrosion of aluminum alloy 2024 in sodium chloride solutions. J. Mater. Sci., 2000, 35(14): 3479-3495.

[72] Blanc C, Freulon A, Lafont M C, et al. Modelling the corrosion behaviour of Al_2CuMg coarse particles in copper-rich aluminium alloys. Corros. Sci., 2006, 48(11): 3838-3851.

[73] Hughes A, Muster T H, Boag A, et al. Co-operative corrosion phenomena. Corros. Sci., 2010, 52(3): 665-668.

[74] Boag A, Hughes A E, Glenn A M, et al. Corrosion of AA2024-T3 Part I: Localised corrosion of isolated IM particles. Corros. Sci., 2011, 53(1): 17-26.

[75] Hashimoto T, Curioni M, Zhou X, et al. Investigation of dealloying by ultra-high-resolution nanotomography. Surf. Interface Anal., 2013, 45(10): 1548-1552.

[76] Lacroix L, Ressier L, Blanc C, et al. Combination of AFM, SKPFM, and SIMS to study the corrosion behavior of S-phase particles in AA2024-T351. J. Electrochem. Soc., 2008, 155(4): C131-C137.

[77] Lacroix L, Ressier L, Blanc C, et al. Statistical study of the corrosion behavior of Al_2CuMg intermetallics in AA2024-T351 by SKPFM. J. Electrochem. Soc., 2008, 155(1): C8-C15.

[78] Suter T, Alkire R C. Microelectrochemical studies of pit initiation at single inclusions in Al 2024-T3. J. Electrochem. Soc., 2001, 148(1): B36-B42.

[79] Wang J, Zhang B, Zhou Y, et al. Multiple twins of a decagonal approximant embedded in S-Al_2CuMg phase resulting in pitting initiation of a 2024Al alloy. Acta Mater., 2015, 82: 22-31.

[80] Wang S, Starink M. Precipitates and intermetallic phases in precipitation hardening Al-Cu-Mg-(Li) based alloys. Int. Mater. Rev., 2005, 50(4): 193-215.

[81] Feng W X, Lin F X, Starke E A. The effect of minor alloying elements on the mechanical properties of Al-Cu-Li alloys. Metall. Mater. Trans. A, 1984, 15(6): 1209-1220.

[82] Mukhopadhyay A K, Eggeler G, Skrotzki B. Nucleation of ω phase in an Al-Cu-Mg-Mn-Ag alloy aged at temperatures below 200 ℃. Scr. Mater., 2001, 44(4): 545-551.

[83] Liu Q, Chen C Z, Cui J Z. Effect of copper content on mechanical properties and fracture behaviors of Al-Li-Cu alloy. Metall. Mater. Trans. A, 2005, 36(6): 1389-1394.

[84] Cai Y H, Cui H, Zhang J S. Microstructures and precipitation behaviour of cryomilled Al-Zn-Mg-Cu-Mn powders. Mater. Sci. Technol., 2010, 26(3): 352-355.

[85] Li Y, Liu Z Y, Lin L H, et al. Deformation behavior of an Al-Cu-Mg-Mn-Zr alloy during hot compression. J. Mater. Sci., 2011, 46(11): 3708-3715.

[86] Toleuova A R, Belov N A, Smagulov D U, et al. Quantitative analysis of the Al-Cu-Mn-Zr phase diagram as a base for deformable refractory aluminum alloys. Met. Sci. Heat Treat., 2012, 54(7-8): 402-406.

[87] Tsai A P, Inoue A, Masumoto T. New quasicrystals in $Al_{65}Cu_{20}M_{15}$ (M = Cr, Mn or Fe) systems prepared by rapid solidification. J. Mater. Sci. Lett., 1988, 7(4): 322-326.

[88] Ebalard S, Spaepen F. Approximants to the icosahedral and decagonal phases in the Al-Cu-Cr system. J. Mater. Res., 1991, 6(8): 1641-1649.

[89] Okabe T, Furihata J I, Morishita K, et al. Decagonal phase and pseudo-decagonal phase in the Al-Cu-Cr system. Philos. Mag. Lett., 1992, 66(5): 259-264.

[90] Ryder P L, Selke H. Decomposition of the icosahedral phase in $Al_{85-x}Cu_xCr_{15}$. J. Non-Cryst. Solids, 1993, 153: 630-634.

[91] Selke H, Vogg U, Ryder P L. Approximants of the icosahedral phase in as-cast $Al_{65}Cu_{20}Cr_{15}$. Philos. Mag. B, 1992, 65(3): 421-433.

[92] Liu W, Koester U. Eutectoid decomposition of the icosahedral quasicrystals in melt-spun $Al_{65}Cu_{20}Cr_{15}$ alloys. Mater. Sci. Eng. A, 1992, 154(2): 193-196.

[93] Selke H, Ryder P L. Quasicrystalline microstructures in $Al_{85-x}Cu_xCr_{15}$ splats. Mater. Sci. Eng. A, 1991, 134: 917-920.

[94] Prevarskiy A P, Skolozdra R V. Cr-Cu-Al system. Russian Metallurgy, 1972, 1: 137-139.

[95] Ryder P L, Hory R. Influence of the cooling rate on the formation of the decagonal phase in melt spun $Al_{75}Cu_{10}Cr_{15}$. Proceedings of the 5th International Conference on Quasicrystals, 1995: 692-695.

[96] Wu J S, Ma X L, Kuo K H. Decagonal quasicrystals (periodicity of 1.24 nm and 3.72 nm) and their orthorhombic approximants in $Al_{67}Cr1_5Cu_{18}$. Philos. Mag. Lett., 1996, 73(4): 163-172.

[97] Fitz Gerald J D, Withers R L, Stewart A M, et al. The Al-Mn decagonal phase 1. A re-evaluation of some diffraction effects 2. Relationship to crystalline phases. Philos. Mag. B, 1988, 58(1): 15-33.

[98] Sun W, Hiraga K. Non-equilibrium and equilibrium Al-Pd-Mn decagonal quasicrystals and their related crystals: Structural characteristics and relationships revealed by high-resolution electron microscopy. Philos. Mag. Lett., 1994, 70(5): 311-317.

[99] Ma X L. Microdomains of decagonal approximants in $Al_{67}Cr_{15}Cu_{18}$ alloy. Phys. Status Solidi B, 2002, 231(2): 601-606.

[100] Hu J J, Ryder P L. Twinned structure in $Al_{75}Cu_{10}Cr_{15}$ exhibiting decagonal symmetry. Philos. Mag. B, 1993, 68(3): 389-395.

[101] Taylor M A. The crystal structure of Mn_3Al_{10}. Acta Cryst., 1959, 12(5): 393-396.

[102] Yu R C, Li X Z, Xu D P, et al. New orthorhombic approximants of the $Al_{70}Co_{15}Ni_{10}Tb_5$ decagonal quasicrystal. Philos. Mag. Lett., 1993, 67(4): 287-292.

[103] Ma X L, Li X Z, Kuo K H. A family of τ-inflated monoclinic $Al_{13}Co_4$ phases. Acta Cryst., 1995, 51(1): 36-43.

[104] Bradley A J, Goldschmidt H J. An X-ray study of slowly cooled iron-copper-alluminium alloys. Part II. Alloys rich in aluminium. J. Inst. Met., 1939, 65: 403-418.

[105] Gayle F W, Shapiro A J, Biancaniello F S, et al. The Al-Cu-Fe phase diagram: 0 to 25 at. pct Fe and 50 to 75 at. pct AI equilibria involving the icosahedral phase. Metall. Trans. A, 1992, 23(9): 2409-2417.

[106] Lu S S, Chang T. Crystal structure changes in the τ-phase of Al-Cu-Ni alloys. Acta Phys. Sinica, 1957, 13(2): 150-176.

[107] Sande M V, Ridder R D, Landuyt J V, et al. A study by means of electron microscopy and electron diffraction of vacancy ordering in ternary alloys of the system AlCuNi. Phys. Status Solidi A, 1978, 50(2): 587-599.

[108] He L X, Li X Z, Zhang Z, et al. One-dimensional quasicrystal in rapidly solidified alloys. Phys. Rev. Lett., 1988, 61(9): 1116-1118.

[109] Preston G D. An X-ray investigation of some copper-aluminium alloys. Philos. Mag., 1931, 12(80): 980-993.

[110] Bradley A J, Goldschmidt H J, Lipson H. The intermediate phases in the aluminium-copper system after slow cooling. J. Inst. Met., 1938, 63: 149-162.

[111] Ma X L, Rudiger A, Liebertz H, et al. A new structural variant of ζ-Al_3Cu_4 and its orientation relationship with the cubic γ-Al_4Cu_9. Scr. Mater., 1998, 39(6): 707-714.

[112] Massalski T B, Murray J L, Benneft L H, et al. Binary alloy phase diagrams. ASM, Metals Park, OH, 1986.

[113] Wen K Y, Chen Y L, Kuo K H. Crystallographic relationships of the Al_4Cr crystalline and quasicrystalline phases. Metall. Trans. A, 1992, 23(9): 2437-2445.

[114] Liao X Z, Ma X L, Jin J Z, et al. Peritectic solidification of the stable Al-Cu-Co decagonal quasicrystal. J. Mater. Sci. Lett., 1992, 11(13): 909-912.

[115] Westman S. Refinement of γ-Cu_9Al_4 structure. Acta Chem. Scand., 1965, 19(6): 1411-1419.

[116] Heidenstam O V, Johansson A, Westman S. A redetermination of the distribution of atoms in Cu_5Zn_8, Cu_5Cd_8, and Cu_9Al_4. Acta Chem. Scand., 1968, 22: 653-661.

[117] Meissner H G, Schubert K. Zum aufbau einiger zu T^5-Ga homologer und quasihomologer systeme. Ⅱ. Die systeme chromgallium mangan-gallium und eisen-gallium sowie einige bemerkungen zum aufbau der systeme vanadium-antimon und vanadium-arsen. Z. Metallkd., 1965, 56(8): 523-530.

[118] Wachtel E, Nier K J. Magnetische untersuchung des systems mangan-gallium im festen und flussigen zustand. Z. Metallkd., 1965, 56(11): 779-789.

[119] Lu S S, Liang J K, Shi T J, et al. A X-ray investigation of the manganese-gallium system. Acta Phys. Sinica, 1980, 29(4): 469-484.

[120] Villars P, Calvert L D. Pearson's handbook of crystalline data for intermetallic phases. ASM, Metals Park, OH, 1985.

[121] Wu J S, Kuo K H. Decagonal quasicrystal and related crystalline phases in Mn-Ga alloys with 52 to 63 a/o Ga. Metall. Mater. Trans. A, 1997, 28: 729-742.

[122] Wu J S, Li X Z, Kuo K H. A high-resolution electron microscopy study of the structure of the (1/0, 2/1) and (1/1, 1/1) decagonal approximants in Ga_6Mn_5. Philos. Mag. Lett., 1998, 77(6): 359-370.

[123] Wu J S, Ge S P, Kuo K H. A new orthorhombic approximant of the Ga-Mn and Ga-Fe-Cu-Si decagonal quasicrystals consisting entirely of uniformly oriented 'crown' subunits. Philos. Mag. A, 1999, 79(8): 1787-1803.

[124] Wu J S, Kuo K H. A structural model of the orthorhombic Ga_7Mn_5 derived from its HREM image. Micron, 2000, 31(5): 459-467.

[125] Shechtman D, Blech I, Gratias D, et al. Metallic phase with long-range orientational order and no translational symmetry. Phys. Rev. Lett., 1984, 53(20): 1951-1953.

[126] Bendersky L. Quasicrystal with one-dimensional translational symmetry and a tenfold rotation axis. Phys. Rev. Lett., 1985, 55(14): 1461-1463.

[127] Chattopadhyay K, Ranganathan S, Subbanna G N, et al. Electron microscopy of quasi-crystals in rapidly solidified Al - 14% Mn alloys. Scripta Metall., 1985, 19(6): 767-771.

[128] Belin C, Tillard-Charbonnel M. Frameworks of clusters in alkali metal-gallium phases: Structure, bonding and properties. Prog. Solid State Chem., 1993, 22(2): 59-109.

[129] Tartas J, Knystautas E J. Experimental verification of quantum structural diagrams: formation by ion-beam mixing of new quasicrystals $Ga_{85}Mn_{15}$ and $Al_{73}Ni_{16}Ta_{11}$. J. Mater. Res., 1994, 29(22): 6011-6018.

[130] Spaepen F, Chen L C, Ebalard S, et al. Microquasicrystals, superlattices and approximants // Jaric M V, Lundqvist S O. Quasicrystals-Proceedings of the anniversary adriatico research conference. Singapore: World Scientific, 1990: 1-18.

[131] Audier M, Guyot P. Quasicrystalline and crystalline atomic structures of Al_4Mn. Journal de Physique, 1986, 47(C-3): 405-414.

[132] Bendersky L. Al-Mn μ-phase and its relation to quasi-crystals. Journal of microscopy-Oxford, 1987, 146(3): 303-312.

[133] Steurer W. Five-dimensional patterson analysis of the decagonal phase of the system Al-Mn. Acta Cryst., 1989, 45(6): 534-542.

[134] Shoemaker C B, Keszler D A, Shoemaker D P. Structure of μ-$MnAl_4$ with composition close to that of quasicrystal phases. Acta Cryst., 1989, 45(1): 13-20.

[135] Shoemaker C B. On the relationship between μ-$MnAl_{4.12}$ and the decagonal Mn-Al phase. Philos. Mag. B, 1993, 67(6): 869-881.

[136] Franzen H F, Kreiner G. Crystal-structure of λ-$MnAl_4$. J. Alloys Compd., 1993, 202:

L21-L23.

[137] Kang S S, Malaman B, Venturini G, et al. Structure of the quasicystal-approximant phase $Al_{61.3}Cu_{7.4}Fe_{11.1}Cr_{17.2}Si_3$. Acta Cryst., 1992, 48(6): 770-776.

[138] Sui H X, Liao X Z, Kuo K H. A non-fibonacci type of orthorhombic decagonal approximant. Philos. Mag. Lett., 1995, 71(2): 139-145.

[139] Lancon F, Billard L. Binary tilings and quasi-quasicrystalline tilings. Phase Transit., 1993, 44(1-3): 37-46.

[140] Roth J, Henley C L. A new binary decagonal Frank-Kasper quasicrystal phase. Philos. Mag. A, 1997, 75(3): 861-887.

[141] Klein H, Boudard M, Audier M, et al. The T - Al_3 (Mn, Pd) quasicrystalline approximant: Chemical order and phason defects. Philos. Mag. Lett., 1997, 75(4): 197-208.

[142] Daulton T L, Kelton K F. The orthorhombic ($Al_{11}Mn_4$) - Pd decagonal approximant. Philos. Mag. B, 1993, 68(5): 697-711.

[143] Wu J S, Kuo K H. Ga-Mn decagonal quasicrystal and structures of its four orthorhombic approximants//T. Fujiwara, S. Takeuchi. Quasicrystals-Proceedings of the sixth international conference on quasicrystals. Singapore: World Scientific, 1997: 215-218.

[144] Hiraga K, Sun W. The atomic arrangement of an Al - Pd - Mn decagonal quasicrystal studied by high-resolution electron microscopy. Philos. Mag. Lett., 1993, 67 (2): 117-123.

[145] Sun W, Yubuta K, Hiraga K. The crystal structure of a new crystalline phase in the Al-Pd-Cr alloy system, studied by high-resolution electron microscopy. Philos. Mag. B, 1995, 71(1): 71-80.

[146] Sui H X, Sun K, Kuo K H. A structural model of the orthorhombic C-3I-$Al_{60}Mn_{11}Ni_4$ approximant. Philos. Mag. A, 1997, 75(2): 379-393.

[147] Li X Z, Hiraga K. On the crystalline approximants of the Al-Mn, Al-Pd and Al-Mn-Pd type decagonal quasicrystals. Science Reports of the Research Institutes Tohoku University Series A, 1996, 42(1): 213-218.

[148] Li X Z, Yu R C, Zhang Z, et al. HREM study and structural models of the (1/1, 2/1) and (2/1, 1/1) orthorhombic approximants in an $Al_{70}Co_{15}Ni_{10}Tb_5$ alloy. Philos. Mag. B, 1995, 71(2): 261-272.

[149] Zhang B, Li X Z, Steurer W, et al. New crystalline approximant of the decagonal quasicrystal in Al-Pd-Ru alloy. Philos. Mag. Lett., 1995, 72(4): 239-244.

[150] Hiraga K. The structures of decagonal and quasicrystalline phases with 1. 2 nm and 1. 6 nm periods, studied by high-resolution electron microscopy//Chapius G, Paciorek W. Proceedings of the international conference on a periodic crystals. Singapore: World Scientific, 1995: 341-350.

[151] Audier M, Durand-Charre M, Boissieu M D. AlPdMn phase diagram in the region of

quasicrystalline phases. Philos. Mag. B, 1993, 68(5): 607-618.

[152] Sun W, Hiraga K. High-resolution transmission electron microscopy of the Al-Pd-Mn decagonal quasicrystal with 1.6 nm periodicity and its crystalline approximants. Philos. Mag. A, 1996, 73(4): 951-971.

[153] Lancon F, Billard L, Chaudhari P. Thermodynamical properties of a two-dimensional quasicrystal from molecular dynamics calculations. Europhys. Lett., 1986, 2 (8): 625-629.

[154] Widom M, Strandburg K J, Swendsen R H. Quasicrystal equilibrium state. Phys. Rev. Lett., 1987, 58(7): 706-709.

[155] Li X Z, Dubois J M. Structural sub-units of the Al-Mn-Pd decagonal quasicrystal derived from the structure of the T_3 Al-Mn-Zn phase. J. Phys.: Condens. Matter, 1994, 6(9): 1653-1662.

[156] Li X Z, Dong C, Dubois J M. Structural study of crystalline approximants of the Al-Cu-Fe-Cr decagonal quasicrystal. J. Appl. Cryst., 1995, 28(2): 96-104.

[157] Sun W, Hiraga K. Al-Pd-Mn decagonal quasicrystals formed with different tiling structures. Philos. Mag. A, 1997, 76(3): 509-526.

[158] Li X Z, Li H L, Frey F, et al. Structural models of high-order approximants of the Al-Mn-Pd decagonal quasicrystal. Philos. Mag. B, 1995, 71(6): 1101-1110.

第 4 章 复杂四方相的精细结构：高温合金中的硼化物和 Al 基合金中的析出相

4.1 四方晶系的晶体学特征

四方晶系的重要对称元素是一个 4 次旋转轴或 $\bar{4}$ 旋转倒反轴。通常取[001]方向为 $\boldsymbol{c}$ 轴，[100]和[010]等价。这样，四方晶系点阵参数之间的关系为

$$a=b\neq c,\ \alpha=\beta=\gamma=90^\circ$$

对于四方晶体，其点群有 7 种：4、422、4/m、4mm、4/mmm、$\bar{4}$、$\bar{4}$2m。四方晶体只有两种布拉维点阵类型，分别为简单点阵(P)和体心点阵(I)。把 7 种点群和两种布拉维点阵组合，同时考虑非点式(螺旋轴和滑移面)操作，一共可以得到 68 种空间群。这里的螺旋轴有 4_1、4_2、4_3，滑移面包含轴向滑移(a，b 或 c)、对角线滑移(n)以及金刚石滑移(d)。

与第 3 章介绍的正交晶系相同，除了非初基(有心)点阵导致的点阵消光之外，螺旋轴和滑移面也会导致电子衍射图上的某些衍射点消光(通常称之为系统消光)，所有这些消光规律都是我们判断空间群的重要依据。

4.2　Al_7Cu_2Fe 点阵类型及空间群的确定

下面以 Al_7Cu_2Fe 为例，讨论一下如何根据一套完整的电子衍射图来判断一个四方点阵及其可能的空间群。在第 2 章中我们已经知道，单斜晶系最重要的对称元素就是唯一的 2 次轴，如何通过电子衍射判断一个 2 次轴我们也做了简单的介绍。四方晶系也只有一个唯一轴，只不过它是 4 次轴，判断一个 4 次轴的过程与判断 2 次轴很相似。图 4.1 是通过大角度倾转得到的一套完整的电子衍射图，这些衍射图中基本衍射斑点的指数都已经做了标定。从标定出的指数来看，显然[001]晶带轴对应着 4 次轴，[100]、[110]晶带轴都对应的是 2 次轴(此处没有给出如何确定 4 次轴和 2 次轴的具体实验细节，实际上这与前两章介绍的判断过程完全一样)。从[001]晶带轴的电子衍射图来看，它具有简单矩形倒晶格。也就是说，在倒易矢量 $\boldsymbol{a}^*$ 和 $\boldsymbol{b}^*$ 方向，没有出现衍射点消光，这意味着可能是简单点阵。如果在[001]晶带轴的基础上，绕倒易点列 $\boldsymbol{b}^*$ 倾转晶体 24°到[101]晶带轴、42°到[301]晶带轴、90°到[100]晶带轴，我们发现在[101]和[301]晶带轴的衍射谱里，$(0k0)$无论在 k 为奇数还是偶数时，衍射点都不消光。但是，在[100]电子衍射谱里，k 为奇数的$(0k0)$衍射点消光。结合[100]电子衍射谱的有心矩形特征，可以推得该类消光有可能源于 n 滑移面，该项推测可以进一步从[210]和[310]电子衍射谱中得到验证。在[100]晶带轴的基础上，绕倒易点列 $\boldsymbol{c}^*$ 倾转晶体 19°到[310]晶带轴、28°到[210]晶带轴、45°到[110]晶带轴，可以看到在[100]晶带轴中 l 为奇数的$(00l)$消光衍射点在[310]和[210]晶带轴中却不消光。这更进一步验证了(100)中 n 滑移面的存在。在[110]晶带轴电子衍射图中，l 为奇数的$(00l)$衍射点消光，然而与 $\boldsymbol{c}^*$ 垂直的$[\bar{1}10]^*$倒易点列上却没有消光(注意比较[001]、[111]、[110]晶带轴)，这说明$(\bar{1}10)$中有 c 滑移面。所以，归纳起来该相的消光规律为

hkl：不消光

[100]：$k+l$=奇数的衍射点消光，n 滑移面

[110]：l =奇数的衍射点消光，c 滑移面

对于四方晶系，特殊的投影方向依次为[001]、[100]、[110]，所以，该相可能的空间群为 P4/m 2/n 2/c，简略为 P4/mnc。

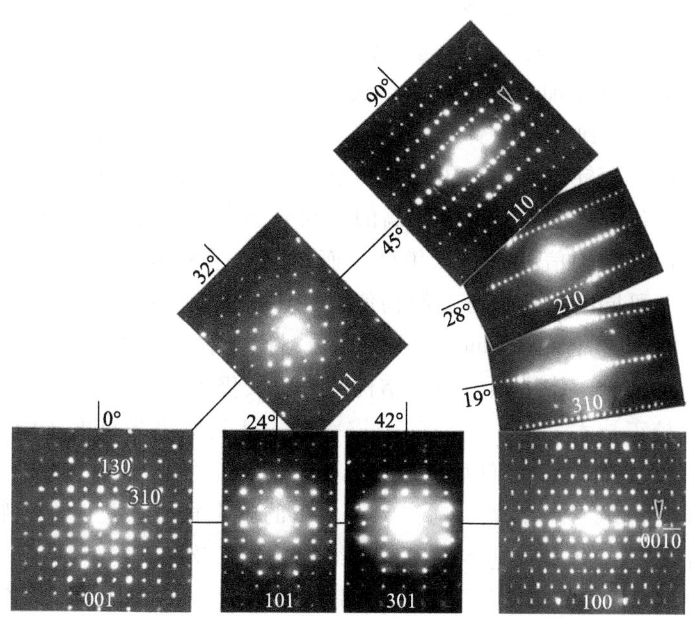

图 4.1 Al_7Cu_2Fe 四方相的系列电子衍射图。根据电子衍射图上显示的消光规律，推导出该相可能的空间群为 P4/mnc。[100]和[110]晶带轴中 $\boldsymbol{c}^*$ 方向微弱的衍射斑点可以认为是二次衍射。该相是作者早期和德国学者 U. Köster 一起在研究 Al-Cu-Fe 二十面体准晶的过程中从铸态样品中观察到的①

4.3 高温合金中的硼化物

高温合金具有良好的高温强度、断裂韧性和组织稳定性，以及优异的抗氧化腐蚀、抗高温蠕变和抗高温疲劳性能，被广泛应用于航空发动机和工业燃气轮机等核心部件，是现代国防建设和国民经济发展不可或缺的关键材料。作为重要的微量元素，硼(B)在高温合金中扮演着重要角色[1-10]，被广泛加入到几乎所有的商用高温合金中。无论对于常规镍基高温合金，还是新型的 γ′强化的钴基高温合金，B 的有益效应都非常明显，如微量 B 的加入可使新型钴基高温合金的室温拉伸延展性从 4.7%提高到 12.3%[11]。以往人们通过电子探针、三维原子探针和二次离子质谱等分析手段来阐述这种有益作用，将其归结于 B 元素在晶界或相界处的偏析[12-16]。考虑到 B 元素在奥氏体基体中低的固溶度(10^{-4}%，质量分数)以及高合金化基体的过饱和性，在服役过程中，B 元素往

① 马秀良 1998 年未公开发表的工作。

往会与过渡族金属元素结合形成各种各样的硼化物，主要包括 M_2B、M_3B_2 和 M_5B_3[17-19]，其中 M 代表过渡金属元素。

微量元素 B 的添加量往往很少，探测其分布需要仪器具有较高的灵敏度。虽然电子探针、三维原子探针和二次离子质谱的探测精度比较高，但都具有各自的限制。电子探针和二次离子质谱的空间分辨率低，无法揭示更多的细节信息。虽然新一代的三维探针具有很高的空间分辨率和探测精度，但其仅能给出成分信息，而对结构信息则不太敏感。而透射电子显微镜(TEM)具有较高的空间分辨率，可同时探测成分和结构信息，对揭示 B 效应的研究非常有效。利用常规 TEM（分辨率约 0.2 nm），研究人员对硼化物做出了一些探索，但总体来说，由于电镜分辨率限制，很多结构细节争议仍较大[17,20-23]。进入 21 世纪，得益于像差校正技术，电镜的空间分辨率基本达到亚埃米尺度（10^{-10} m）。基于先进校差校正电镜，人们对 Al、Mg 等轻质合金中众多析出相已有了更细致、更系统的认识[24-30]，然而对高温合金中的析出相尤其是对硼化物的认识，仍停留在很低的尺度，对这些析出相的结构细节以及微结构信息，知之甚少。

胡肖兵在中国科学院金属研究所完成博士学位论文期间(2009—2015)，采用基于像差校正电子显微技术对这些硼化物的微结构特征进行了系统研究，并将多面体堆垛模型引入到硼化物结构解析中，澄清了以往文献中的诸多争议，使得对硼化物的认识提升到一个更高的尺度[31-35]。该工作选取了 2 组样品。一组样品为抗热腐蚀高温合金[36]，主要用于研究 M_2B 型硼化物。该合金由真空感应熔炼和真空重熔铸成，其合金成分(wt.%)为：Cr 15.5、Co 10.8、W 5.6、Mo 2.1、Al 3.2、Ti 4.6、Nb 0.2、Hf 0.4、B 0.075、C 0.073、Ni 余量。铸态合金经标准热处理后，在 900 ℃下时效 1×10^4 h。同时，部分 M_5B_3 硼化物研究工作也取自于该样品。另一组样品为过渡液相(Transient Liquid Phase, TLP)连接样品[37]，主要用于研究 M_3B_2 和 M_5B_3 型硼化物。母材为单晶高温合金，其名义成分(wt.%)为：Cr 6.0、Co 7.5、Mo 1.2、W 5.8、Al 5.9、Ti 1.1、Ni 余量。在直径为 16 mm、长为 10 mm 的圆柱样品中央切出高 8 mm、宽 300 μm 的缺口，清洗干净后在缺口处填满雾化粉末填充料。填充料名义成分(wt. %)为 Cr 15.0、B 15.0、Ni 余量。然后将样品置于真空炉中，压力为 5×10^{-3} Pa，1200 ℃下保温 4 h 后炉冷至室温。电镜取样为连接处附近的扩散影响区域(diffusion affect zone, DAZ)。

4.3.1　M_2B 型硼化物精细结构解析

1. M_2B 型硼化物基本结构与化学特征

含 B 高温合金经过长期时效处理后，基体内部会析出大量的 M_2B 型硼化物，如图 4.2 中标记为 Ⅰ 和 Ⅱ 的颗粒。从图中可以看出 M_2B 晶粒内部是高度层错化的。

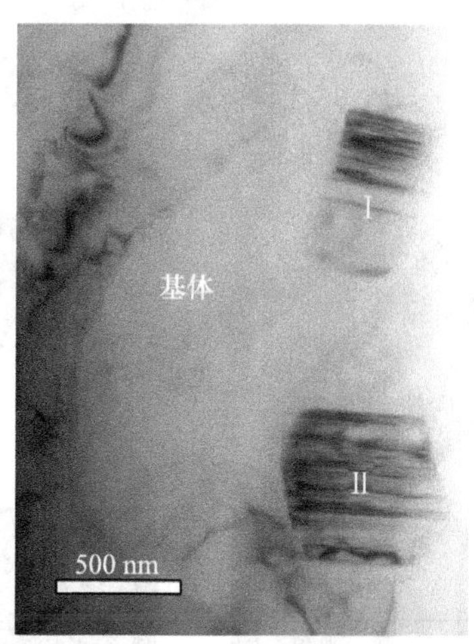

图 4.2 TEM 明场像显示在基体内(γ/γ′)析出的 M_2B 型硼化物(胡肖兵等[31])

系列电子衍射实验表明基体内析出的 M_2B 晶粒主要由两种结构变体组成，它们分别是 C16 变体和 C_b 变体(C16 和 C_b 为描述特定晶体类型时普遍采用的 Strukturbericht 符号)。C16 结构对应的体心四方点阵，空间群为 I4/mcm，晶格参数为 $a=0.52$ nm、$c=0.43$ nm，如图 4.3。C_b 结构对应是面心正交点阵，空间群为 Fddd，晶格参数为 $a=1.47$ nm，$b=0.74$ nm，$c=0.43$ nm，如图 4.4。

2. M_2B 型硼化物基本结构的晶体学特征

对于复杂结构相而言，引入多面体堆垛概念，可以大大简化其结构分析，如关于拓扑密堆相(topologically close-packed phase，TCP)[38-40]、M_7C_3[41-43]、TiB[44-47]等体系缺陷结构的解析。虽然从点阵类型上看，C16 和 C_b 属于两种完全不同的结构，实际上二者之间有着密切的联系。通过引入反四棱柱堆垛概念，其结构解析可以得到很好的简化。图 4.5 给出了单一反四棱柱的体式图及重要方向投影图。如图 4.5(a)所示，反四棱柱上下顶面是大小相同、互相平行但彼此之间有 36.7°旋转的正方形，侧面由 6 个正三角形组成。对于单一反四棱柱，主要有两种取向，即一个 4 次轴取向(No.1 取向)和四个 2 次轴取向(No.2 取向)。单一反四棱柱沿 No.1 和 No.2 取向的投影如图 4.5(b)、(c)所示。

为便于分析，表 4.1 给出了 C16-Cr_2B 与 C_b-Cr_2B 的晶体学信息[33]。尽管 C16 与 C_b 空间群结构差异很大，但是二者之间有很大相似性，其晶格参数间的关系如图 4.6(a)所示。在具体结构上，C_b-Cr_2B 由两类反四棱柱组成，四次

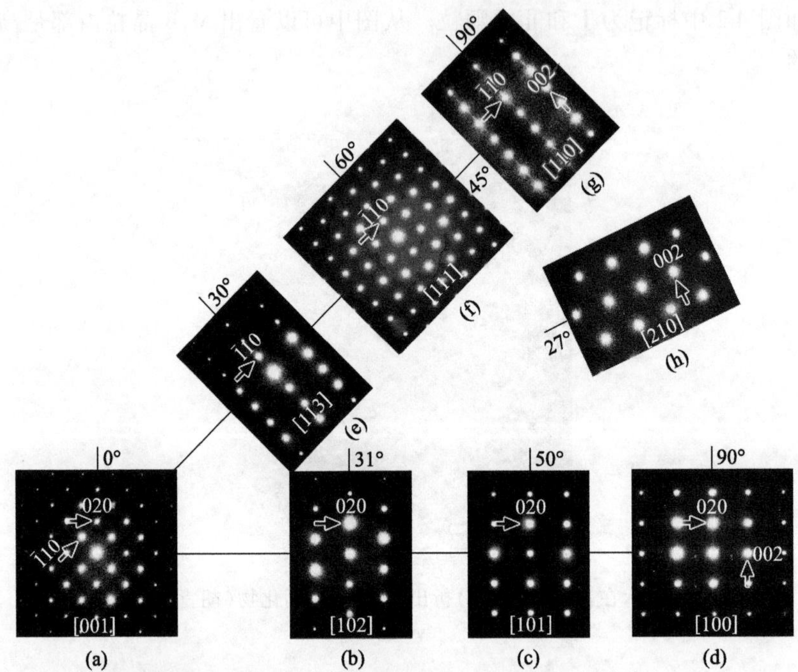

图 4.3　C16-M_2B 的系列电子衍射，其空间群为 I4/mcm(胡肖兵等[31])

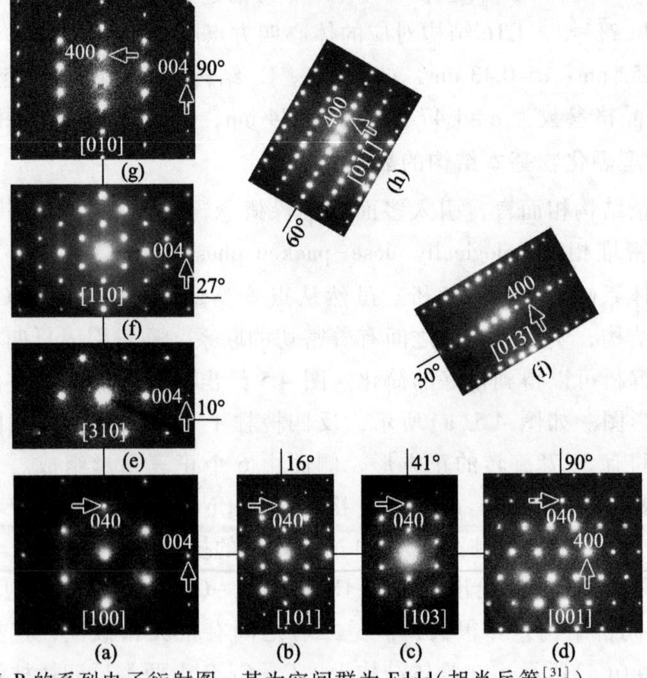

图 4.4　C_b-M_2B 的系列电子衍射图，其为空间群为 Fddd(胡肖兵等[31])

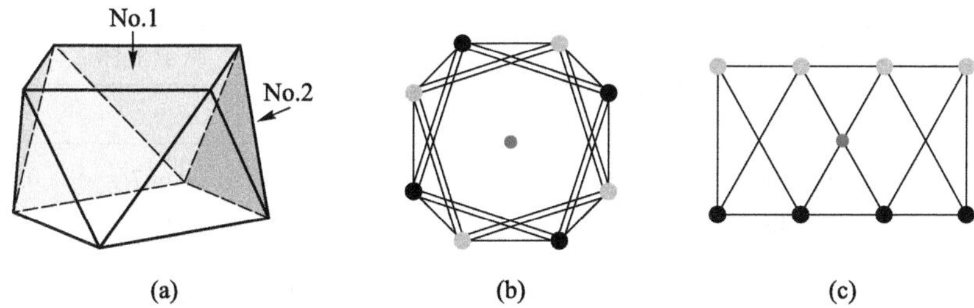

图 4.5 (a) 反四棱柱的体式图，No.1 和 No.2 分别代表 4 次轴和 2 次轴取向；(b) No.1 取向投影图；(c) No.2 取向投影图（马秀良、胡肖兵[48]）

轴取向分别沿$[011]_{C_b}$[图 4.6(b)]和$[01\bar{1}]_{C_b}$[图 4.6(c)]方向；$[011]_{C_b}$和$[01\bar{1}]_{C_b}$之间的夹角近似为 60°[图 4.6(a)]。C16-Cr_2B 仅由一类反四棱柱组成，其四次轴取向为$[001]_{C16}$方向，单一反四棱柱的顶点由 Cr 原子占据，中心由 B 原子占据[图 4.6(d)]。由此可见，可以通过反四棱柱这一最小的结构基元将 C16 与 C_b 点阵联系起来。此外，基于 C_b 点阵可以推断，有可能存在另外一种基本结构，由三类反四棱柱组成，其四次轴取向分别沿$[001]_{C_b}$、$[011]_{C_b}$和$[01\bar{1}]_{C_b}$方向。该结构具有 Mg_2Ni 的晶体点阵[49]，在此标记为 C_a-Cr_2B，其具体的晶体学信息如表 4.1 所列。C_a-Cr_2B 结构内的三类反四棱柱分别如图 4.6(e)~(g)所示。C_a-Cr_2B 点阵与 C16-Cr_2B、C_b-Cr_2B 点阵间有紧密的联系，如图 4.6(a)所示。由于 C_a 是六方点阵，所以$[110]_{C_a}$、$[100]_{C_a}$和$[010]_{C_a}$是完全等价的。在晶体点阵上，C_b 的$[001]_{C_b}$、C16 的$[001]_{C16}$与 C_a 的$[010]_{C_a}$三者之间具有等效性；C_b 的$[011]_{C_b}/2$、C16 的$[11\bar{1}]_{C16}/2$、C_a 的$[110]_{C_a}$三者之间也具有等效性。可用一个归一化的正交点阵来描述以上三种结构，即

$$a_O = OA = [001]_{C_a}/3 = [110]_{C16}/2 = [100]_{C_b}/4$$

$$b_O = OB = [210]_{C_a} = [1\bar{1}0]_{C16} = [010]_{C_b}$$

$$c_O = OC = [010]_{C_a} = [001]_{C16} = [001]_{C_b}$$

基于图 4.6(b)~(g)，可以发现以上三种变体结构在$[001]_{C16}$、$[11\bar{1}]_{C16}$、$[001]_{C_b}$、$[011]_{C_b}$、$[100]_{C_a}$方向上的投影结构具有某些相似性。

表 4.1　C16-Cr_2B、C_b-Cr_2B 和 C_a-Cr_2B 的晶体结构信息[34]

结构类型	空间群	晶格参数/nm	原子位置	原子坐标		
				x	y	z
Cr_2B	I4/mcm	$a=0.52$	Cr（8h）	0.167	0.667	0.000
C16	（No.140）	$c=0.43$	B（4a）	0.000	0.000	0.250
Cr_2B	Fddd	$a=1.47$	Cr（16e）	0.917	0.000	0.000
		$b=0.74$	Cr（16f）	0.000	0.333	0.000
C_b	（No.70）	$c=0.43$	B（16e）	0.373	0.000	0.000
		$a=0.43$	Cr（6f）	0.500	0.000	0.390
Cr_2B	$P6_222$		Cr（6j）	0.166	0.332	0.500
		$c=1.09$	B（3a）	0.000	0.000	0.333
C_a	（No.180）	$\beta=120°$	B（3c）	0.500	0.500	0.333

注：C_a-Cr_2B 是一种假定结构。

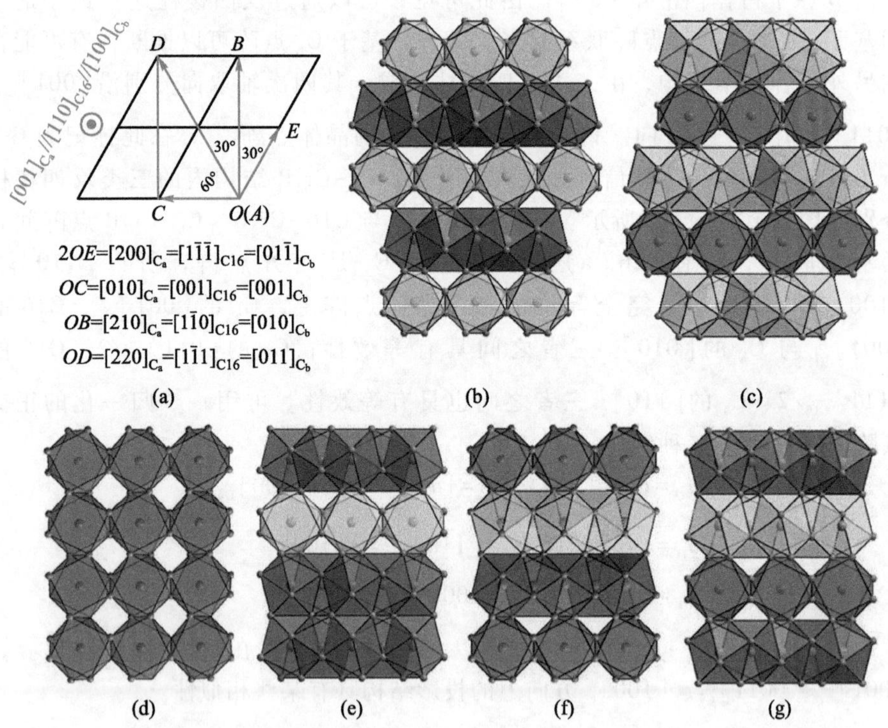

图 4.6　(a) C16、C_b、C_a 点阵之间的内在联系；(b)、(c) C_b 结构在$[011]_{C_b}$(b)、$[01\bar{1}]_{C_b}$(c)方向的结构投影；(d) C16 结构沿$[001]_{C16}$方向的投影图；(e)~(g) C_a 结构在$[110]_{C_a}$(e)、$[100]_{C_a}$(f)、$[010]_{C_a}$(g)方向投影（胡肖兵等[33]）。（参见书后彩图）

基于以上多面体分析发现，B 原子和多面体是一一对应的，一旦构成多面体骨架的金属原子位置确定下来，B 原子的位置也是固定的。由于 B 原子在实验上很难观察到，因此，接下来仅考虑用金属骨架来进一步简化结构。图 4.7(a)对应 C_a 结构在$[100]_{C_a}$方向上投影图，这里引入 4 种基本结构单元 A、$\underline{A}$、B、$\underline{B}$，它们仅仅在投影方向上的坐标有微小差异。得益于基本结构单元的引入，$[100]_{C_a}$方向的投影堆垛结构可大大简化，如图 4.7(b)所示。基于$[100]_{C_a}$、$[001]_{C16}$、$[001]_{C_b}$方向之间的等价性，$[001]_{C16}$和$[001]_{C_b}$方向的结构投影图也可以简化，分别如图 4.7(c)和图 4.7(e)所示。由于 C16 与 C_b 分别是体心四方结构和面心正交结构，因此$\langle 111\rangle_{C16}/2$、$\langle 011\rangle_{C_b}/2$ 矢量是各自点阵的周期平移矢量，且$\langle 111\rangle_{C16}/2$、$\langle 011\rangle_{C_b}/2$ 在长度上与$[100]_{C_a}$矢量相同。这样就可以将通过$[100]_{C_a}$引入的 4 种基本结构单元用以$[1\bar{1}1]_{C16}$、$[011]_{C_b}$的投影简化，如图 4.7(d)和图 4.7(f)所示。对比图 4.7(d)和图 4.7(e)可发现，二者之间的差异仅仅在投影方向上的坐标。由于高分辨电子显微镜(high

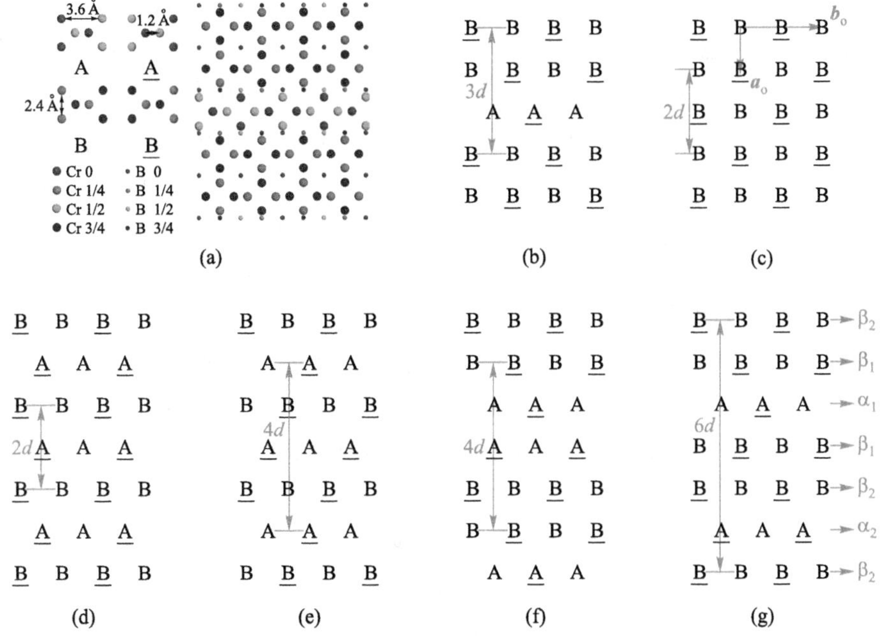

图 4.7　(a)、(b) C_a 结构在$[100]_{C_a}$方向的投影及其简化排列图；(c)、(d) C16 结构在$[001]_{C16}$(c)，$[111]_{C16}$(d)方向投影的简化排列图；(e)、(f) C_b 结构在$[001]_{C_b}$(e)，$[011]_{C_b}$(f)方向投影的简化排列图；(g) 一种新的 N2 有序结构[001]的投影简化图(胡肖兵等[33])。(参见书后彩图)

resolution electron microscope，HREM）图像都是投影像，故这种差异是无法在图像上区分出来的，即使是图像模拟也没有帮助，唯一有效的方法就是通过大角度倾转来确定。同样，基于图 4.7(b)～(f)的结构排布规律，在不破坏各自内部反四棱柱多面体的前提下，可推演其他可能的复杂长周期结构，如图 4.7(g)所示。对比图 4.7(b)和图 4.7(g)可知，二者的微小差异也只在投影方向上，故也无法在图像上体现出来。

基于图 4.7 的简化结构可以看出，C16 与 C_b 变体间可以在不同方向上共生。在此，特别定义$[001]_{C16}$($[001]_{C_b}$)与$[1\bar{1}1]_{C16}$($[011]_{C_b}$)结构片段之间的共生为 C16(C_b)变体内部的 60°旋转孪晶；$[001]_{C16}$($[1\bar{1}1]_{C16}$)与$[001]_{C_b}$($[011]_{C_b}$)片段之间的共生为 C16 与 C_b 变体间正常模式的共生；$[001]_{C16}$($[1\bar{1}1]_{C16}$)与$[011]_{C_b}$($[001]_{C_b}$)之间的共生为 C16 与 C_b 变体间孪晶模式的共生。

为了进一步描述堆垛规律，图 4.7(g)中定义了 4 种排列方式，以结构单元 A、$\underline{A}$、B、$\underline{B}$ 开始的层分别为 α_1、α_2、β_1、β_2。在 α/β 内部，即 b_0 方向，A(B)与 $\underline{A}$($\underline{B}$)交替排列。而在 a_0 方向，紧接着 α_1 层排布的可以是 α_2、β_1、β_2；如果是 β（包括 β_1 和 β_2）层，则在 b_0 方向上移动 $bo/4$。紧接着 β_1 层排布的可以是 β_2、α_1、α_2；如果是 α（包括 α_1 和 α_2）层，则在 b_0 方向上移动 $b_0/4$。如此一来，$[001]_{C16}$、$[1\bar{1}1]_{C16}$、$[001]_{C_b}$、$[011]_{C_b}$、$[100]_{C_a}$的结构投影图可以分别表示为 $\alpha_1\alpha_2\alpha_1$、$\alpha_1\beta_{1/2}\alpha_1$、$\alpha_1\beta_{1/2}\alpha_2\beta_{2/1}\alpha_1$、$\alpha_1\alpha_2\beta_{1/2}\beta_{2/1}\alpha_1$、$\alpha_1\beta_{1/2}\alpha_2\alpha_1$。其中 $\alpha_{1/2}$($\beta_{1/2}$)表示 α(β) 层选择的两种可能性，即 α_1 或者 α_2(β_1 或者 β_2)。针对 C16 结构，完整的排列应该是 $\alpha_1\alpha_2\alpha_1$，但也可能引入错排，形成 $\alpha_1\alpha_2\alpha_1\beta_1\beta_2\beta_1$ 的排列，即 C16 结构中的层错结构，层错面为$(110)_{C16}$，其位移矢量为$[1\bar{1}1]_{C16}/4$。类似方法可确定 C_b 结构的层错面为$(100)_{C16}$，其位移矢量为$[011]_{C16}/4$。此外可以清晰地看到 Cr_2B 可以是一个多型体结构，其结构衍生规律如图 4.8 所示。随着堆垛层数 L 的增加，还可以有多种排布方式。

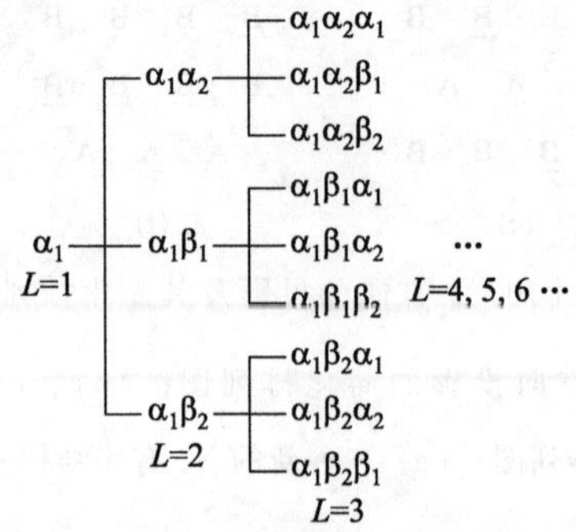

图 4.8　Cr_2B 多型体的结构衍生图，其中 L 代表堆垛层数（胡肖兵等[33]）

3. C16-M_2B 中的层错结构与 60°旋转孪晶

M_2B 微结构的基本特征是高密度的堆垛层错。这不但可以从图 4.2 中的明场像看出，也可以从图 4.9 电子衍射图中得到验证。在$[110]^*_{C16}$和$[100]^*_{C_b}$倒易矢量方向上，基本衍射点由衍射线相连，这正是高密度层错的基本特征。

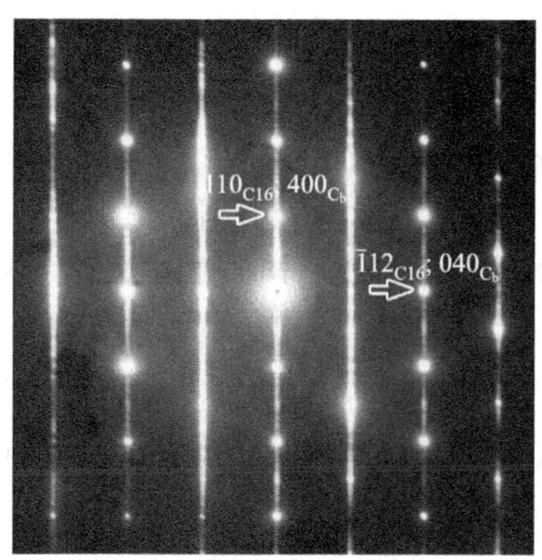

图 4.9　含高密度层错的 M_2B 析出相对应的电子衍射谱

完整地确定层错的位移矢量需要两个方向相互垂直且保证层错面处于平行于电子束的条件下进行高分辨电子显微成像。图 4.10(a)、(b)分别对应于 C16

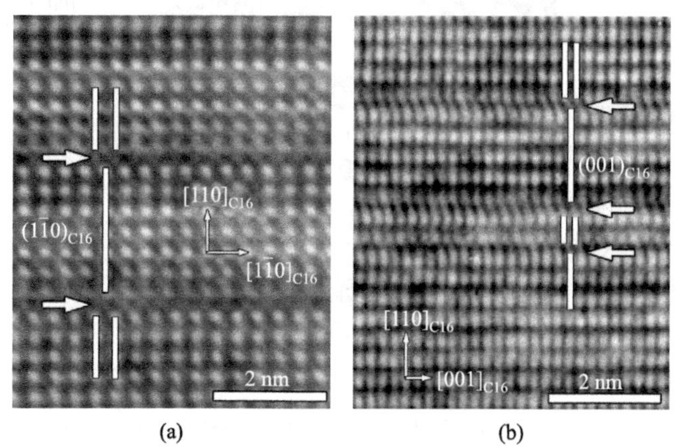

图 4.10　C16 结构中(110)层错位移矢量的确定，层错面的位置如箭头处所示：(a)$[001]_{C16}$方向的 HREM 像；(b)$[1\bar{1}0]_{C16}$方向的 HREM 像。图(a)和(b)中竖直方向标记的白线分别代表$(1\bar{1}0)$和(001)面(胡肖兵等[31])

结构的$[001]_{C16}$晶带轴和$[1\bar{1}0]_{C16}$晶带轴的高分辨像，层错面可确定为$(110)_{C16}$平面。根据图4.10(a)，在$[001]_{C16}$方向可见的位移矢量分量为$[1\bar{1}0]_{C16}/4$；而根据图4.10(b)，在$[1\bar{1}0]_{C16}$方向可见的位移矢量的分量为$[001]_{C16}/4$。由于$[001]_{C16}$方向与$[1\bar{1}0]_{C16}$方向是相互垂直的，故C16结构中层错的完整位移矢量为$[1\bar{1}1]_{C16}/4$。实验上确定的C16结构中层错面及其位移矢量与上节基于晶体学的分析是一致的。

图4.11是对C16结构M_2B中60°旋转孪晶的确定。图4.11(a)为M_2B硼化物的暗场像，可以看出内含两个区域，分别标记为Ⅰ和Ⅱ。图4.11(b)~(d)是对应区域Ⅰ进行晶体倾转得到的系列电子衍射图；图4.11(e)~(g)是对应区域Ⅱ进行倾转的系列电子衍射图。图中所有的衍射斑都可基于M_2B相的C16结构去标定，且都包含$[110]^*_{C16}$倒易矢量。也就是说，当区域Ⅰ围绕$[110]^*_{C16}$倒易矢量从$[003]_{C16}$倾转30°转到$[1\bar{1}3]_{C16}$、继续倾转30°到$[1\bar{1}1]_{C16}$方向时，区域Ⅱ从$[1\bar{1}1]_{C16}\rightarrow[1\bar{1}0]_{C16}\rightarrow[1\bar{1}\bar{1}]_{C16}$，这些倾转过程如图4.11(h)所示。据此可知，$M_2B$晶粒内部的区域Ⅰ和Ⅱ实际上具有60°的旋转孪晶关系，且旋转轴为$[110]_{C16}$。这种旋转孪晶之间的取向关系可以表示为$[001]_{C16}/\!/[1\bar{1}1]_{C16-T}$，$[1\bar{1}0]_{C16}/\!/[1\bar{1}3]_{C16-T}$和$[110]_{C16}/\!/[110]_{C16-T}$，其中C16-T表示

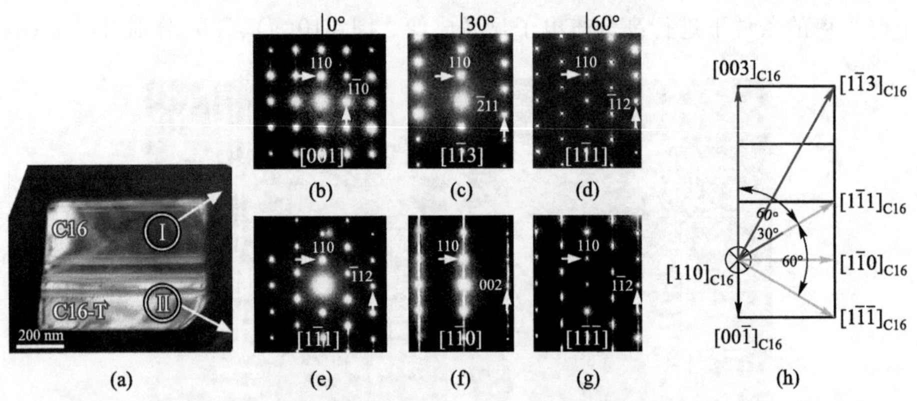

图4.11 C16结构M_2B中60°旋转孪晶的确定。(a)电子显微暗场像，其中包含Ⅰ和Ⅱ两个相对完整的区域；(b)~(d)对应区域Ⅰ的电子衍射图，分别标定为$[001]_{C16}$(b)，$[1\bar{1}3]_{C16}$(c)和$[1\bar{1}1]_{C16}$(d)；(e)~(g)对应区域Ⅱ的电子衍射图，分别标定为$[1\bar{1}1]_{C16}$(e)，$[1\bar{1}0]_{C16}$(f)和$[1\bar{1}\bar{1}]_{C16}$(g)；(h)C16结构的$(110)_{C16}$平面内几个主要方向之间相对位置的示意图(胡肖兵等[31])

C16 的旋转孪晶。这种 60°旋转孪晶不同于我们常见的 180°或者镜面对称孪晶，如将其对应衍射斑叠加到一起，鉴别起来就不是那么直接。图 4.11(f)中的拉线是由于 C16 中的堆垛错排造成的，且错排面为$(110)_{C16}$。

4. C_b-M_2B 中的层错结构与 60°旋转孪晶

图 4.12(a)、(b)是含高密度层错 C_b-M_2B 的 HREM 像，它们对应于同一位置但不同倾转角，图中包含两个区域，分别标记为Ⅰ和Ⅱ。图 4.12(a)中的区域Ⅰ可以唯一确定为 C_b 结构的$[013]_{C_b}$晶带轴；而区域Ⅱ相对复杂，它可对应 C_b 结构的$[010]_{C_b}$晶带轴，也可对应 C16 结构的$[1\bar{1}3]_{C16}$晶带轴，这两个晶带轴的衍射斑分布是相同的，如图 4.12(d)、(e)所示。当然，鉴别它是属于 C_b 还是 C16，倾转晶体到另一晶带轴是一个有效办法。当沿着$[100]_{C_b}$方向倾转 30°时，可以获取图 4.12(b)的 HREM 像。由于图 4.12(b)中的区域Ⅱ可以

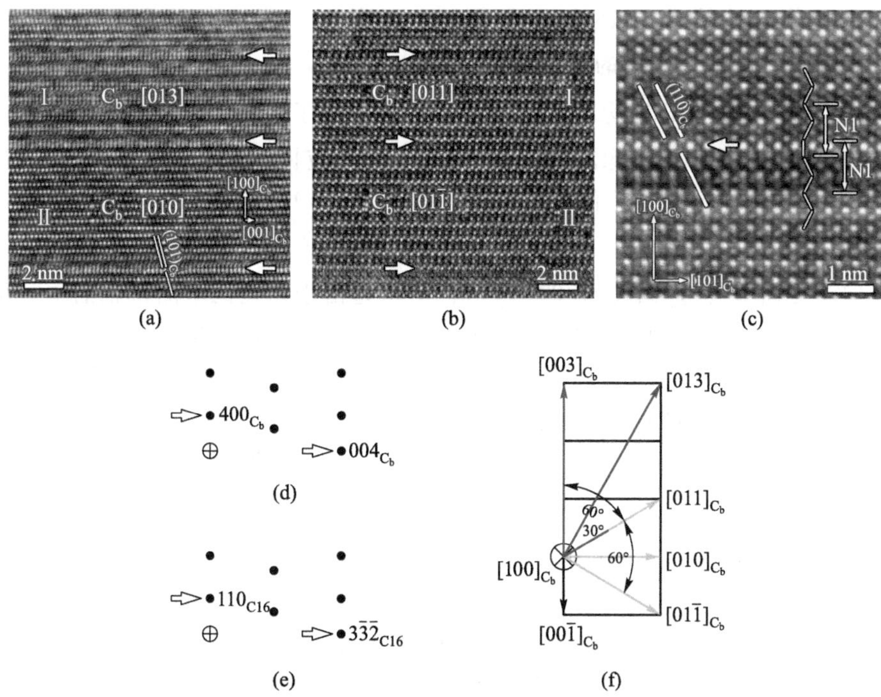

图 4.12 C_b 结构 M_2B 中 60°旋转孪晶的确定：(a)、(b)同一位置、不同倾转角下 C_b 结构的 HREM 像，图中包含两个微区域Ⅰ和Ⅱ；(c) 带有层错的 C_b 结构沿$[001]_{C_b}$方向的 HREM 像；(d)、(e)$[010]_{C_b}$晶带轴(d)、$[1\bar{1}3]_{C16}$晶带轴(e)电子衍射谱的示意图；(f) C_b 结构 $(100)_{C_b}$面内几个重要方向相对分布的示意图(胡肖兵等[31])

唯一确定为 C_b 结构的 $[01\bar{1}]_{C_b}$ 晶带轴，所以图 4.12(a)中的区域Ⅱ对应 C_b 结构的 $[010]_{C_b}$ 晶带轴。图 4.12(f)显示了 C_b 结构在 $(100)_{C_b}$ 面上几个重要方向的相对位置。据此可知，当区域Ⅰ沿着 $[100]_{C_b}$ 方向从 $[013]_{C_b}$ 晶带轴倾转 30°转到 $[011]_{C_b}$ 方向时，区域Ⅱ从 $[010]_{C_b}$ 方向转到了 $[01\bar{1}]_{C_b}$。因此，区域Ⅰ、Ⅱ本质上对应于 C_b 结构中的 60°旋转孪晶关系，旋转轴为 $[100]_{C_b}$。

此外，图 4.12(a)所示的 HREM 像的下端包含一层错，层错面为 $(100)_{C_b}$。在 $[010]_{C_b}$ 方向上，该层错可见的位移矢量分量为 $[001]_{C_b}/4$。图 4.12(c)为包含层错的 C_b 结构沿 $[001]_{C_b}$ 的 HREM 像，在该方向上可见的位移矢量分量为 $[010]_{C_b}/4$。由于 $[010]_{C_b}$ 方向与 $[001]_{C_b}$ 是相互垂直的，故 C_b 结构中层错的完整位移矢量为 $[011]_{C_b}/4$。需要特别指出的是，C_b 结构中由于层错产生了局部有序的新多型体结构 N1[如图 4.12(c)中所标示]，这个 N1 其实也就对应着 C_a-Mg_2Ni的结构单元，即可标记为 C_a-M_2B 结构。

5. C16-与 C_b-M_2B 的结构共生

图 4.13 中的 HREM 像取自同一 M_2B 晶粒，由于晶粒尺度较大，无法获取同时包含两端的 HREM 像。图 4.13(a)、(b)对应同一晶粒的两端，图 4.13(b)、(c)对应于同一端，但相对倾转角不同。图 4.13(a)可以唯一标定为 C16 结构的 $[001]_{C16}$ 晶带轴，而图 4.13(b)比较复杂，可标定为 C16 结构的 $[1\bar{1}1]_{C16}$ 方向或者 C_b 结构的 $[001]_{C_b}$ 方向。这是由于以上两个晶带轴的电子衍射斑分布是相同的，如图 4.13(d)、(e)所示。对于这种不可区分性，倾转到另一晶带轴是唯一的解决办法。当沿着 $[110]_{C16}$ 方向倾转 30°时，得到了图 4.13(c)图像。由于图 4.13(c)可以唯一确定为 C_b 结构的 $[013]_{C_b}$ 方向，所以图 4. 13(b)对应为 $[001]_{C_b}$ 方向。由此可确定，C16 与 C_b 结构之间正常模式的共生所具有的晶体学取向关系为 $[001]_{C16}$ // $[001]_{C_b}$、$[1\bar{1}0]_{C16}$ // $[010]_{C_b}$、$[220]_{C16}$ // $[100]_{C_b}$。这种共生模式的取向关系与上节晶体学考虑部分分析是一致的。

图 4.14 的 HREM 像中包含两个相对比较完整区域，图像上下两部分分别对应于 C16 结构的 $[001]_{C16}$ 和 C_b 结构的 $[011]_{C_b}$。据此可确定为 C16 与 C_b 结构之间孪晶相关模式的共生所具有的取向关系可以描述为 $[002]_{C16}$ // $[011]_{C_b}$、$[2\bar{2}0]_{C16}$ // $[01\bar{3}]_{C_b}$、$[220]_{C16}$ // $[100]_{C_b}$ 或者 $[1\bar{1}1]_{C16}$ // $[002]_{C_b}$、$[1\bar{1}\,\bar{3}]$ // $[020]_{C_b}$、$[220]_{C16}$ // $[100]_{C_b}$。而这种共生模式的取向特征与上节的晶体学考虑结果是一致的。

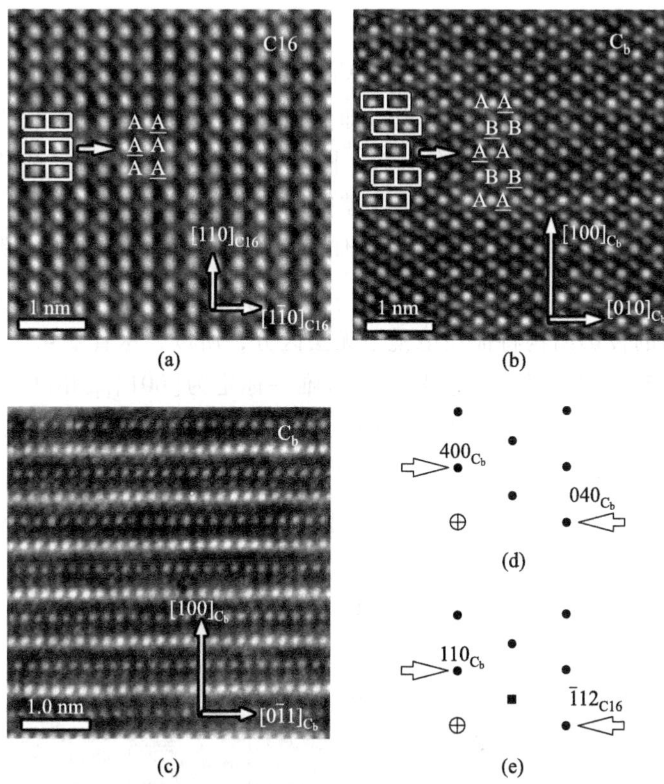

图 4.13 C16-M_2B 与 C_b-M_2B 的结构共生：(a)~(c) $[001]_{C16}$(a)、$[001]_{C_b}$(b)、$[013]_{C_b}$(c)方向的 HREM 像。其中，图(a)和(b)对应同一 M_2B 晶粒的两端，图(b)和(c)对应同一位置，但成像方向不同；(d)、(e)对应于$[001]_{C_b}$晶带轴(d)、$[1\bar{1}1]_{C16}$晶带轴(e)电子衍射谱示意图(胡肖兵等[31])

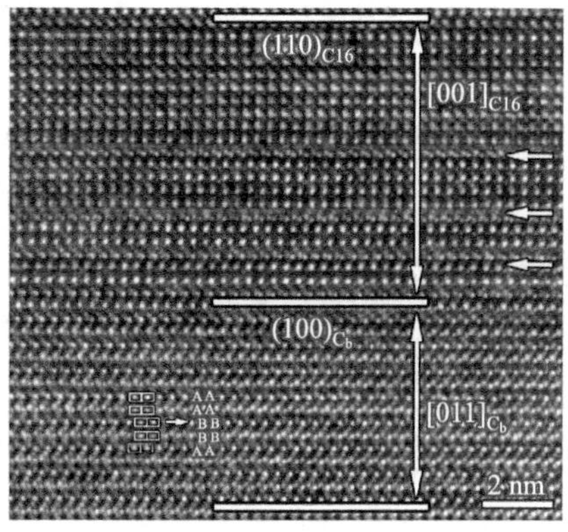

图 4.14 HREM 像显示 C16 与 C_b 之间以孪晶模式的共生。图中上、下两部分区域分别对应$[001]_{C16}$、$[011]_{C_b}$方向(胡肖兵等[31])

6. M_2B 缺陷结构的归一化

从上面的讨论中已经看到 C16 和 C_b 变体中经常出现高密度的层错和 60° 旋转孪晶。实际上，实验中还发现，即使在同一个 M_2B 晶粒内这两个具有不同点阵结构的变体也时常共生在一起。图 4.15 是显示 M_2B 内复杂共生结构的高分辨率 Z 衬度像，这里采用的是像差校正电镜（点分辨率<0.8 Å）。由于像差校正电镜的超高分辨率，M_2B 结构中的原子位置可以通过原子分辨率的 Z 衬度像得到确定。由于 C16 结构在 $[1\bar{1}1]_{C16}$ 方向的投影结构特征与 C_b 结构在 $[001]_{C_b}$ 方向的投影结构特征在电镜下无法区分，所以，尽管图 4.15(a)的上半部分和图 4.15(b)的下半部分结构特征可唯一标定为 $[001]_{C16}$ 和 $[011]_{C_b}$，但是图 4.15(a)的下半部分和图 4.15(b)的上半部分却无法唯一确定。如果图 4.15(a)的下半部分和图 4.15(b)的上半部分的结构特征分别标定为 $[1\bar{1}1]_{C16}$ 和 $[001]_{C_b}$，则图 4.15(a)和 4.15(b)分别对应 C16 与 C_b 中的 60° 旋转孪晶；如果

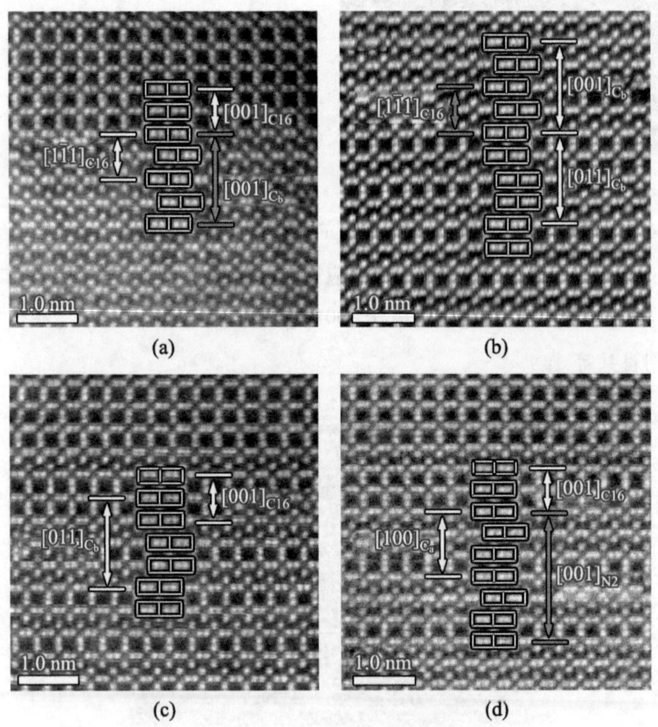

图 4.15　M_2B 析出相内 C16 和 C_b 变体复杂共生结构的像差校正高分辨率 Z 衬度像（胡肖兵等[33]）

图 4.15(a)的下半部分和图 4.15(b)的上半部分的结构特征分别标定为$[001]_{C_b}$和$[1\bar{1}1]_{C16}$，则图 4.15(a)和图 4.15(b)分别对应 C16 与 C_b 结构间的共生。图 4.15(c)上半部分结构可唯一标定为$[001]_{C16}$，下半部分结构则可唯一确定为$[011]_{C_b}$，所以图 4.15(c)显示了 C16 结构与 C_b 结构间以孪生相关模式的共生。同时，对比图 4.7(b)和图 4.7(g)可知，C_a(N1)结构在$[100]_{Ca}$方向与 N2 结构在$[001]_{N2}$方向上也不可区分，所以图 4.15(d)显示了 C16 与 C_a/N2 结构间的共生。此外，正如前面基于晶体学原理所讨论的，在 M_2B 中完全有可能衍生出更长周期的多型体结构，即长周期堆垛结构。图 4.16 对应着 M_2B 析出相内部的长周期结构特征，如 6d、12d 和 18d 结构[33]。

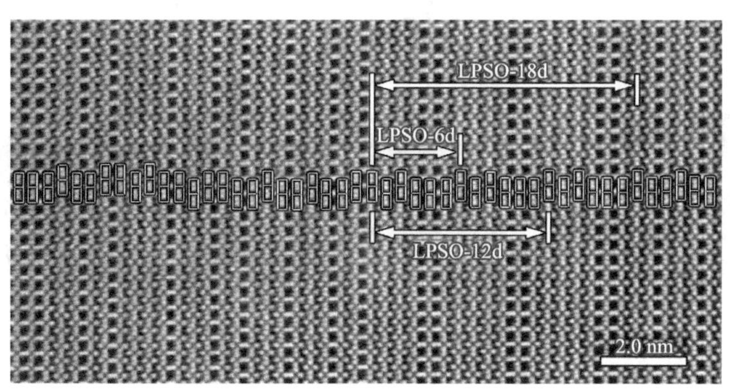

图 4.16 M_2B 析出相中衍生出的具有长周期特征的多型体结构，如 6d、12d 和 18d 结构(胡肖兵等[33])。

4.3.2 M_3B_2 与 M_5B_3 型硼化物

1. M_3B_2 与 M_5B_3 型硼化物基本结构特征

除了 M_2B 型硼化物，实验中还确定出 M_3B_2 和 M_5B_3 型硼化物析出相。图 4.17 和图 4.18 是 M_3B_2 和 M_5B_3 相的系列电子衍射图。根据消光规律，M_3B_2 具有简单四方点阵，其空间群为 P4/mbm，属于 D5a (Strukturbericht 标示)结构，晶格常数为 $a=5.7$ Å，$c=3.0$ Å。M_5B_3 具有体心四方点阵，其空间群为 I4/mcm，属于 $D8_1$ 结构，晶格常数为 $a=5.7$ Å，$c=10.4$ Å。

从高角环状暗场像上可以看出，与基体 γ/γ'相比，M_3B_2 显示出较亮的衬度[图 4.19(a)]，这意味着它具有较高的平均原子序数。图 4.19(b)~(d)分别对应着 γ、γ'和 M_3B_2 的成分分析。γ 相主要由 Ni、Cr、Co、W 元素组成；γ'相主要包含 Ni 和 Al 元素以及少量的 Cr 和 W 元素，而 M_3B_2 主要包含 W 和 Cr

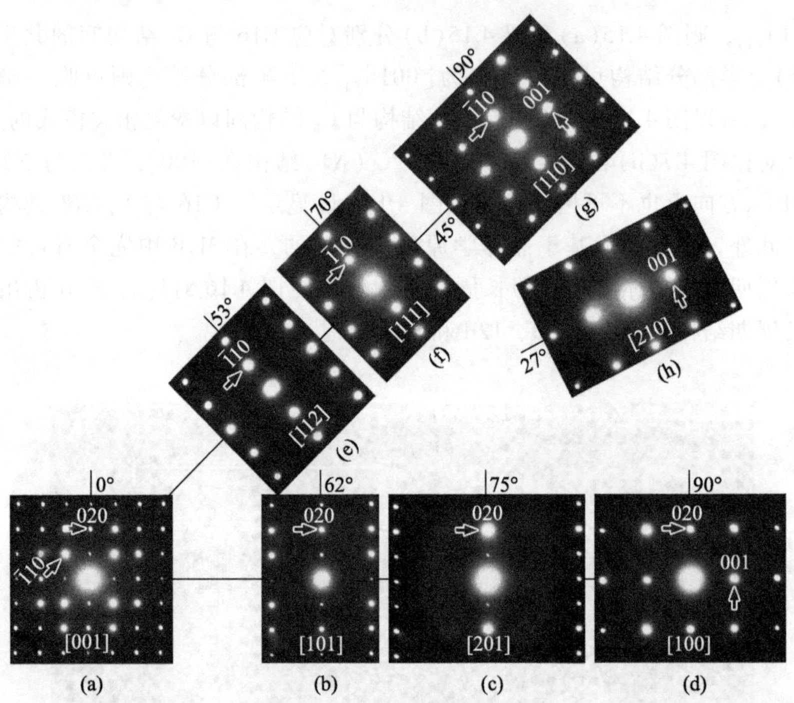

图 4.17　简单四方相 M_3B_2 的系列电子衍射图，空间群为 P4/mbm(胡肖兵等[32])

元素，也有少量的 Mo 元素和微量的 Co 元素。M_3B_2 中轻元素 B 的信息如电子能量损失谱(electron energy loss spectrum，EELS) 所示[图 4.19(e)]。

为展示元素在各相之间的相对分布，实验中选取图 4.19(a)中正方形标记区域进行能量色散 X 射线(energy dispersion X-ray，EDX)面扫描，如图 4.19(f)~(k)所示。与 γ 相比，γ'相更富含 Al 和 W 元素，贫 Co、Cr 元素；而元素 Ni、Mo 在 γ 和 γ'两相中均匀分布。相对于基体(包含 γ 和 γ')，M_3B_2 相富含 W、Cr、Mo。实验上对轻元素 B 的分析采用了能量过滤成像。图 4.19(l)为零损失峰像。在 Cr-L[图 4.19(m)]和 W-M[图 4.19(n)]像中，M_3B_2 与基体之间的相对衬度与图 4.19(h)和(k)的 EDX 面扫描结果一致。图 4.19(o)对应于 B-K 峰的过滤像，显示出 B 元素在 M_3B_2 相中分布，而基体中几乎不含 B 元素。

M_5B_3 相的化学成分特征如图 4.20 所示。与 γ/γ'基体相比，高角环状暗场像中 M_5B_3 显示出较亮的衬度，说明其较高的平均原子序数。图 4.20(b)对应着 M_5B_3 相的 EDX 成分分析。对比图 4.19(d)和图 4.20(b)，可以看出 M_5B_3 与 M_3B_2 主要都由 W、Cr、Mo 元素组成，且二者的峰形极其相似。因此，仅仅根

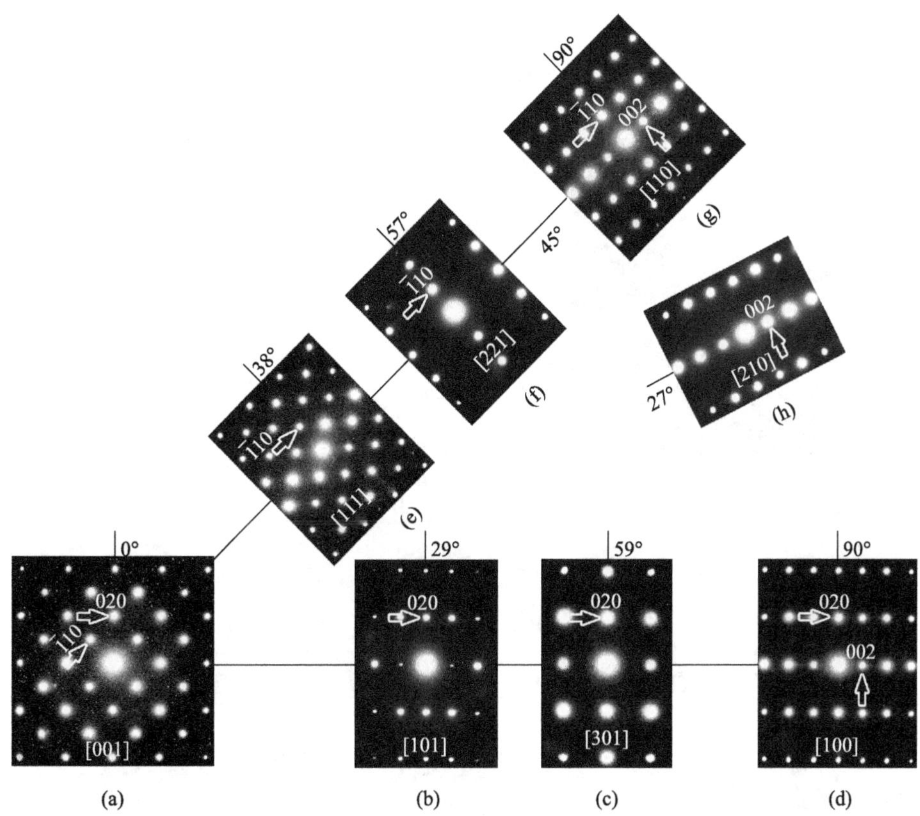

图 4.18 体心四方 M_5B_3 的系列电子衍射图，空间群 I4/mcm（胡肖兵等[32]）

据 EDX 谱无法区分硼化物的种类，电子衍射才是确定物相有效手段。但仔细观察，图 4.19(d) 中 $(H_{W-M}+H_{Mo-L})/H_{Cr-K}$ 值接近 2.9，而图 4.20(b) 中 $(H_{W-M}+H_{Mo-L})/H_{Cr-K}$ 值接近 4，其中 H_{W-M}、H_{Mo-L} 和 H_{Cr-K} 分别代表 W-M、Mo-L、Cr-K 的高度。EDX 谱峰的高度对应着元素在该相中的含量。由此可知，相对于 M_3B_2 相，M_5B_3 相更富含重元素 W、Mo。

2. M_3B_2、M_5B_3 和 M_2B 型硼化物的内在联系

高温合金中常见的硼化物有 M_3B_2、M_5B_3 和 M_2B 相，为显示三者之间的联系，表 4.2 列出了含单一金属元素的四方合金相的晶体学信息，它们分别是 W_2B、V_3B_2、Cr_5B_3。根据表中参数可以看出，以上三种四方相的 a 轴长度基本相似，M_5B_3 的 c 轴长度约等于 M_2B 相的 c 轴长度与 M_3B_2 的 c 轴长度 2 倍的和。

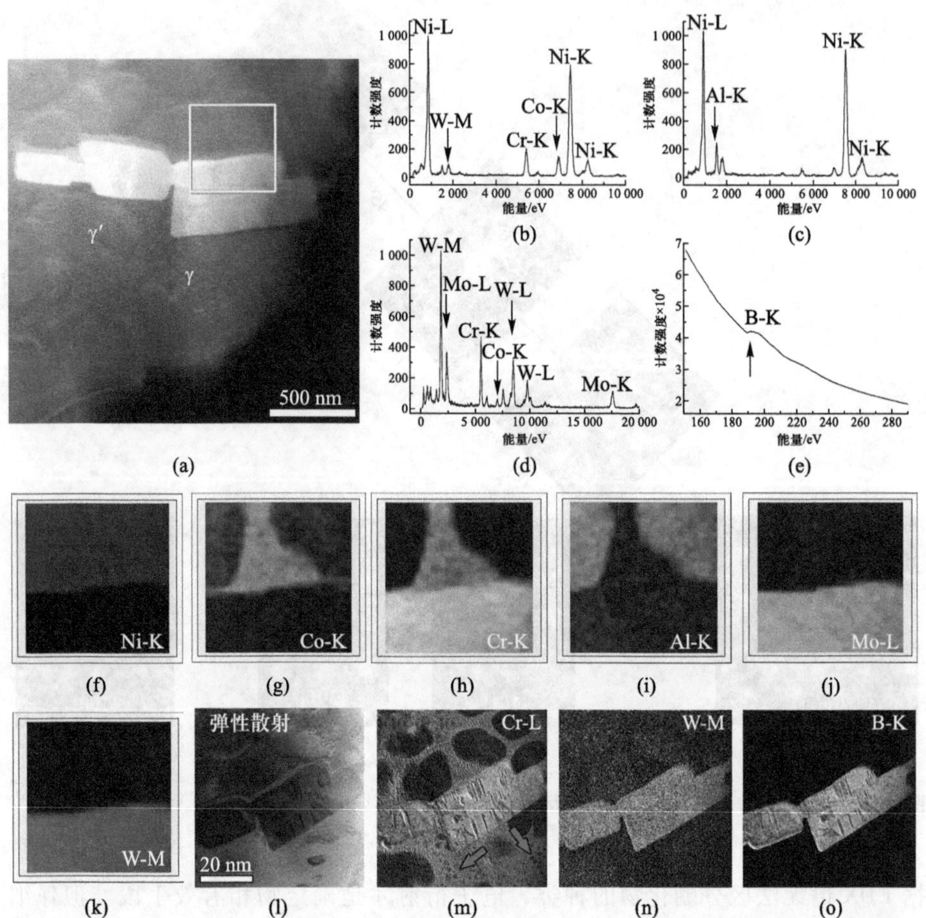

图 4.19　γ/γ′与 M_3B_2 的成分分析：(a) 高角环状暗场像，其中明亮衬度的长条状晶体为 M_3B_2 相；(b)～(d)γ(b)、γ′(c) 和 M_3B_2(d) 相的 EDX 谱；(e) 电子能量损失谱，对应于 M_3B_2 相中 B 元素位于 188 eV 处的吸收峰；(f)～(k) Ni-K(f)、Co-K(g)、Cr-K(h)、Al-K(i)、Mo-L(j)、W-M(k) 的元素分布图，与图(a)中的矩形框区域相对应；(l)-(o) 对应于弹性散射电子(l)、Cr-L(m)、W-M(n)、B-K(o) 的能量过滤像(胡肖兵等[32])。(参见书后彩图)

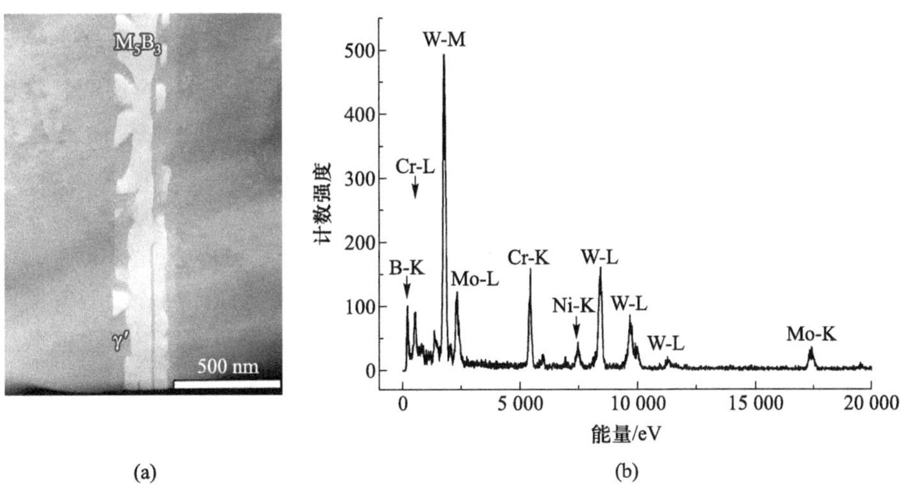

图 4.20 γ/γ′与 M_5B_3 的成分分析：(a) HAADF 像显示出基体内部析出的 M_5B_3 相；(b) M_5B_3相所对应的 EDX 能谱(胡肖兵等[32])

表 4.2 W_2B、V_3B_2、Cr_5B_3 的结构类型、空间群信息、点阵常数、特定位置和原子的分数坐标[33]

结构类型	空间群	晶格参数/nm	原子位置	原子坐标 *x*	原子坐标 *y*	原子坐标 *z*
W_2B	I4/mcm	*a* = 0.557	Cr (8h)	0.169	0.669	0.000
C16	(NO. 140)	*c* = 0.474	B (4a)	0.000	0.000	0.250
			V (4h)	0.173	0.673	0.500
V_3B_2	P4/mbm	*a* = 0.576	V (2a)	0.000	0.000	0.000
$D5_a$	(NO. 127)	*c* = 0.304	B (4g)	0.388	0.888	0.000
			Cr (16l)	0.166	0.666	0.150
Cr_5B_3	I4/mcm	*a* = 0.546	Cr(4c)	0.000	0.000	0.000
$D8_1$	(NO. 140)	*c* = 1.064	B (8h)	0.625	0.125	0.000
			B (4a)	0.000	0.000	0.250

硼化物的结构基本都是由多面体堆垛组成[41,44,46,47]，B 原子位于多面体的中心，而金属原子位于多面体的顶点。为显示出 M_3B_2、M_5B_3、M_2B 相中多面体堆垛情况，图 4.21 给出了以上三相单胞示意图，其中多面体如阴影部分标

示出。可以明显地看出，M_3B_2 相在[001]方向，完全由三棱柱层堆垛组成，如图 4.21(a)所示。M_2B 相在[001]方向，完全由反四棱柱层堆垛组成，如图 4.21(c)所示。而 M_5B_3 相在[001]方向上，由三棱柱层与反四棱柱层交替堆垛组成。为了更简便分析，可以将三棱柱层简化为 T、T′，反四棱柱层简化为 A、A′。其中 T′和 A′所代表的多面体相对于 T 和 A 在[001]方向上有 36.7°旋转。通过引入简化符号，M_3B_2 相在[001]方向上的堆垛可以表示为 TTT 或者 T′T′T′;M_2B 相在[001]方向上堆垛可以表示为 AA′AA′；M_5B_3 相在[001]方向上堆垛可以表示为 AT′A′TAT′。由于以上三种硼化物在多面体堆垛上具有紧密联系，造成其晶格常数之间也具有紧密的几何关系，同时也暗含三者之间共生的可能性，其取向关系为

$$[100]_{M_3B_2} /\!/ [100]_{M_2B} /\!/ [100]_{M_5B_3}$$

$$[010]_{M_3B_2} /\!/ [010]_{M_2B} /\!/ [010]_{M_5B_3}$$

$$[001]_{M_3B_2} /\!/ [001]_{M_2B} /\!/ [1001]_{M_5B_3}$$

除此之外，基于 M_5B_3 相的多面体组成，三棱柱与反四棱柱之间可以很好地连接在一起，也就意味着可能有更小尺度的共生，即多面体的共生。也就是说，在 M_3B_2 相的三棱柱层中可以共生反四棱柱层，而在 M_5B_3 相中可以共生三棱柱与反四棱柱层。由于这种多面体共生不改变 B 的局域配位环境，因此，共生所造成的界面在能量上也应该是允许的。

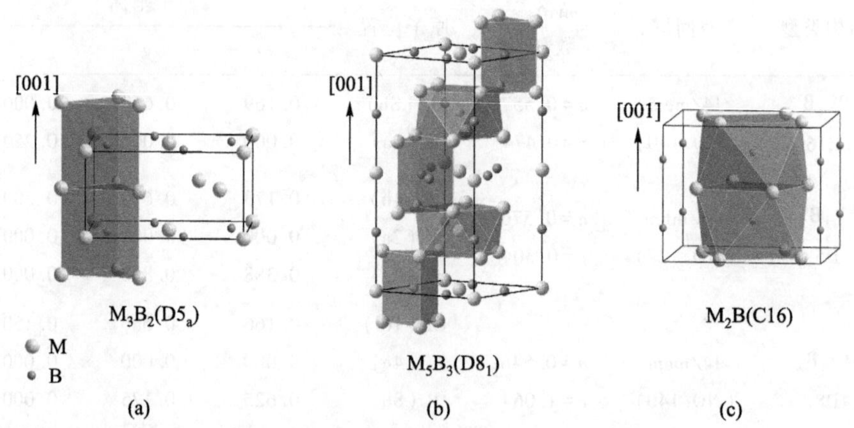

图 4.21　$M_3B_2(D5_a)$(a)、$M_5B_3(D8_1)$(b)、M_2B(C16)(c)的单胞示意图，阴影部分标示组成对应结构的多面体(胡肖兵等[32])。(参见书后彩图)

3. M_3B_2 与 M_5B_3 型硼化物点阵中的化学有序

M_3B_2 相具有 $D5_a$ 结构，其金属原子具有 2 类占据位置，即 4h 和 2a 位置。

M_3B_2 具有多种金属元素组成，即原子半径较大的重元素(主要为 W 及少量 Mo)和原子半径相对较小的金属元素(主要为 Cr，及少量的 Co、Ni)。至于这些不同金属元素在 $D5_a$ 结构中的原子占位情况，长期以来一直无法定论。基于初步 X 射线衍射结果分析，Beattie[20] 曾提出 M_3B_2 型硼化物中金属原子可能的有序分布的概念，但到目前为止尚无任何更直接证据。

图 4.22(a)~(c)分别对应 M_3B_2 相在[001]、[100]和[110]方向的高分辨率 Z 衬度像。在图 4.22(a)中，其原子柱存在 2 种衬度，如红色箭头(标注为 1)和绿色箭头(标注为 1′)所示。标记为 1 的原子柱对应 4h 位置，标记为 1′的原子柱对应 2a 位置。对于 $D5_a$ 结构，在[001]投影方向上，4h 和 2a 位置具有相同的原子数密度。在高分辨率的原子尺度，样品的厚度可视为均匀的，因此，图 4.22(a)中的 2 种衬度特征应该对应着金属原子的有序占位。原子柱 1，即 4h 位置主要由大原子半径的重金属原子所占据，而原子柱 1′，即 2a 位置，主要由原子半径相对较小的轻金属所占据。金属原子有序占位的 M_3B_2 单胞如图 4.22(d)所示，其化学式可标记为 L_2SB_2，其中 L 代表原子半径较大的重金属原子(用蓝色球表示)，S 代表半径相对较小的重金属原子(用绿色球表示)，B 原子用红色球表示。有序化的 M_3B_2 相(L_2SB_2)在[001]方向上的投影结构如图 4.22(e)所示。

为了更可靠地确定 M_3B_2 相中金属原子有序占位的现象，实验中对四方结构的 M_3B_2 的另外 2 个主要方向即[100]和[110]进行了原子尺度的 Z 衬度成像，如图 4.22(b)、(c)所示。图 4.22(b)中原子柱存在 2 种衬度，如 1 和 1′所标示。对于 $D5_a$ 结构而言，在[100]方向上，原子柱 1 和 1′具有相同的原子数密度，但由于位置 1 是由大原子所占据(L)，而位置 1′是由小原子(S)所占据，因此，相对于 1′，原子柱 1 具有较亮衬度。图 4.22(b)所对应的有序 M_3B_2 相的结构投影如图 4.22(f)所示。在图 4.22(c)中，可明显看出 3 种原子柱衬度，分别标记为 1、1′和 2。对于 $D5_a$ 结构，在[110]方向上，原子柱 1 和 1′具有相同的原子数密度，而原子柱 2 的原子数密度是 1 的一半。对于有序化的 M_3B_2 而言，原子柱 1 和 2 是由大原子所占据(L)，原子柱 1′是由小原子(S)所占据。所以原子柱 1 和 2 的衬度差异源自不同的原子数密度，而原子柱 1 和 1′的衬度差异源自不同的金属原子占位。其对应的有序化的 M_3B_2 相[110]方向结构投影如图 4.22(g)所示，其中半透明的原子柱 2 表示其原子数密度是原子柱 1 的一半。

虽然原子尺度分辨率的 Z 衬度像可以较好地揭示出 M_3B_2 中的占位有序现象，但仍不能给出具体的元素分布图。借助近年来发展起来的具有原子尺度分辨率的成分成像方法(Super-EDX 技术)，可以在成像投影方向上清楚地获得

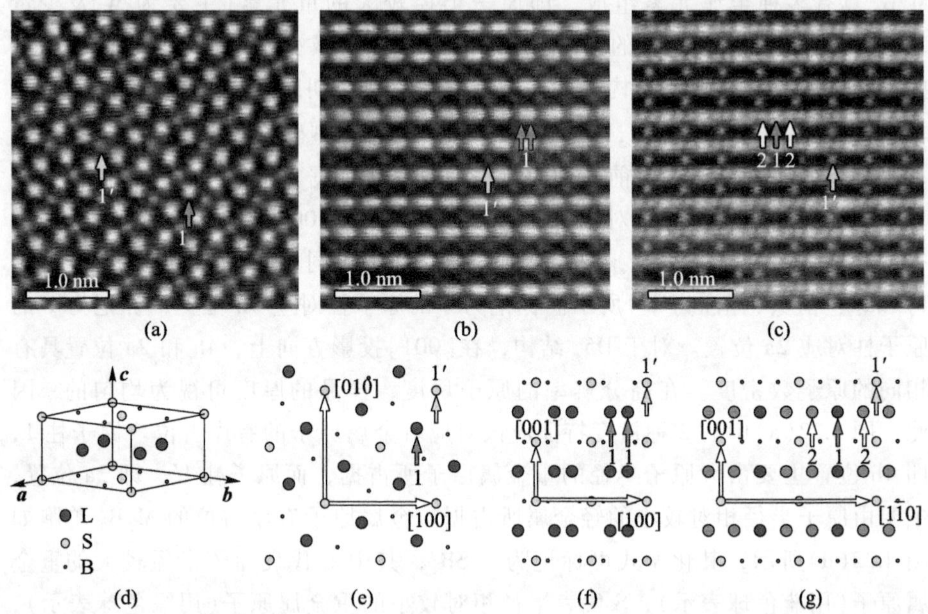

图 4.22　M_3B_2 相在高分辨率下的 Z 衬度像。(a)[001]；(b)[100]；(c)[110]取向；(d) 有序结构 L_2SB_2 模型；有序结构在[001](e)、[100](f)、[110](g)取向的投影结构(胡肖兵等[32])

原子位置图谱。图 4.23(a)~(e)是在 M_3B_2 的[001]方向上分别用 Cr-K、Co-K、Ni-K、W-K 和 Mo-L 成像获得的成分图谱。图中可以清晰地看到，Cr、Co 和 Ni 倾向于占据 2a 位置，而 W 和 Mo 倾向于占据 4h 位置，其叠加成分分布如图 4.23(f)。图中还可以看到，W 和 Cr 在 M_3B_2 中的占位有序现象非常明显，而 Co、Ni、Mo 占位有序现象相对较弱。

M_5B_3 相具有 $D8_1$ 结构，其中金属原子具有 2 类占据位置，即 4c 和 16l 位置。M_5B_3 相中金属也可进一步分为 2 类，即原子半径较大的重元素(W、Mo)和原子半径相对较小的金属元素(主要是 Cr、Co、Ni)。至于这些金属元素在 $D8_1$ 结构中的占位情况，目前普遍认为这些金属原子在 M_5B_3 中是随机分布的。

图 4.24(a)对应 M_5B_3 相在[001]方向的原子尺度 Z 衬度像。图中原子柱存在两种衬度，如红色箭头(标注为 1)和绿色箭头(标注为 1′)所示，其中原子柱 1、1′分别对应 16l、4c 位置。对于 $D8_1$ 结构，在[001]投影方向上，原子柱 1 和 1′具有相同的原子数密度。因此，图 4.24(a)中的两种衬度应该对应于金属原子的有序占位，即原子柱 1 主要有大原子半径的金属所占据，而原子柱 1′主

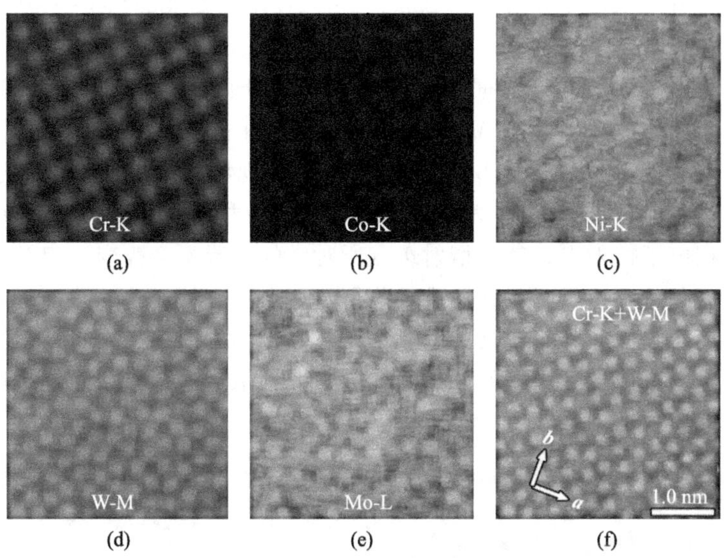

图 4.23　M_3B_2[001]方向上原子尺度的成分分布图谱，其中 Cr 和 W 明显具有化学有序现象（胡肖兵等[35]）。（参见书后彩图）

要由小原子半径金属所占据。金属原子有序占位的 M_5B_3 相单胞如图 4.24(d)所示，其化学式为 L_4SB_3，其中 L 代表原子半径较大的重金属元素，S 代表原子半径相对较小的轻金属。有序化的 M_5B_3 相(L_4SB_3)在[001]方向投影结构如图 4.24(e)所示。

为了更可靠地确定 M_5B_3 相中金属原子有序占位的现象，实验中对另外 2 个主要方向即[100]和[110]进行了原子尺度的 Z 衬度成像，如图 4.24(b)、(c)所示。图 4.24(b)中原子柱存在两种衬度，如 1 和 1′所标示。对于 $D8_1$ 结构而言，在[100]方向上，原子柱 1 和 1′具有相同的原子数密度，但由于位置 1 是由大原子所占据(L)，而 1′是由小原子(S)所占据，因此，相对于原子柱 1′，原子柱 1 具有较亮衬度。图 4.24(b)所对应的有序 M_5B_3 相的结构投影如图 4.24(f)所示。对于图 4.24(c)而言，可以明显看出三种原子柱衬度，分别标记为 1、1′和 2。对于 $D8_1$ 结构而言，在[110]方向上，原子柱 1 和 1′具有相同的原子数密度，而原子柱 2 的原子数密度是 1 的一半。对于有序化的 M_5B_3 而言，原子柱 1 和 2 是由大原子所占据(L)，原子柱 1′是由小原子(S)所占据。所以，原子柱 1 和 2 的衬度差异源自不同的原子数密度，原子柱 1 和 1′的衬度差异源自不同的金属原子占位。其对应的有序化的 M_5B_3 相[110]方向结构投影如图 4.24(g)所示，其中半透明的原子柱 2 表示其原子数密度是原子柱 1 的一半。

借助具有原子尺度分辨率的 Super-EDX 技术，图 4.25(a)~(e)展示了分别用 Cr-K、Co-K、Ni-K、W-K 和 Mo-L 成像所获得的原子尺度成分图谱。图中可以看到，Cr 倾向于占据 4h 位置，而 W 倾向于占据 16l 位置，其叠加成分布如图 4.25(f)。Co、Ni、Mo 在 M_5B_3 中并无明显有序占位现象。M_5B_3 中的占位有序现象，本质上与 M_3B_2 相中的占位有序现象是一样的，都属于一种特定位置有序。而这类有序是发生在晶胞内部的，故而不会造成其空间群的改变，反映在电子衍射上，就是衍射斑点所对应的位置不会改变。相对于无序结构而言，这种特定位置有序会造成某些衍射斑点强度的变化。但是由于电子衍射斑的强度对曝光时间、样品厚度、偏离精确带轴方向等因素有很强的依赖性以及硼化物中金属元素组成的复杂性，通过电子衍射斑强度来确定这种特定位置有序是很困难的。

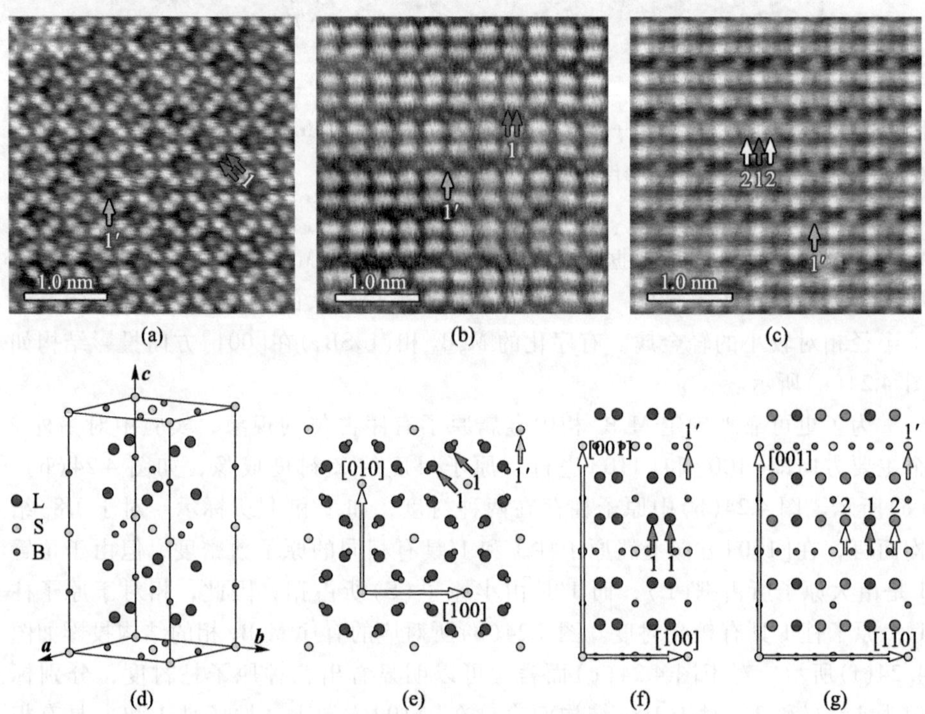

图 4.24　M_5B_3 相在 HREM 下的 Z 衬度像：(a) [001]取向；(b) [100]取向；(c) [110]取向；(d)有序结构模型 L_4SB_3；(e)~(g)有序结构在[001](e)、[100](f)、[110](g)取向的投影结构（胡肖兵等[32]）

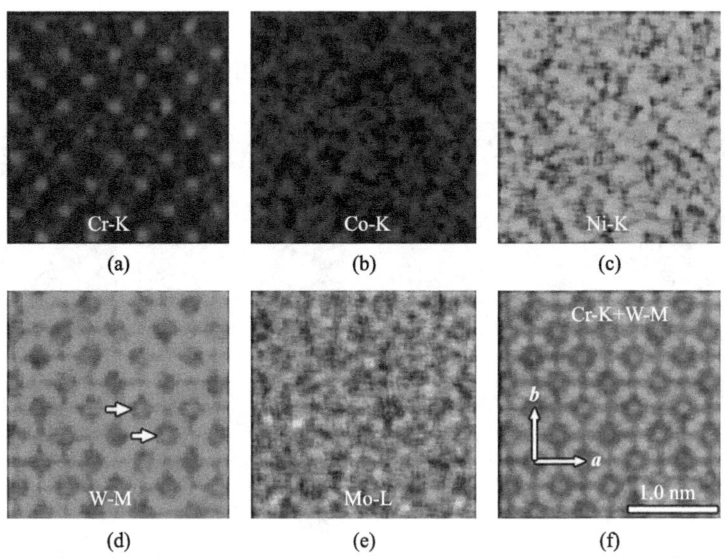

图 4.25 M_5B_3 型硼化物在[001]方向上原子尺度的成分分布图谱（胡肖兵等[35]）。（参见书后彩图）

4.3.3 M_3B_2、M_5B_3、基体(γ/γ')间的取向关系及界面特征

1. M_3B_2 与 γ/γ' 基体间的取向关系及界面特征

图 4.26(a)是低倍 HAADF-STEM 图像，显示在$[001]_M$ 方向下 M_3B_2 硼化物的基本形貌特征。图中可以看出 M_3B_2 晶粒有 4 种基本形貌特征，意味着 4 个可区分的取向变体，分别标记为 V1 ~ V4。这些不同的取向变体与基体间的复合电子衍射图如图 4.26(b) ~ (e)所示。根据复合电子衍射图，V1 与基体间的取向关系可以表示为

$$(100)_M // (3\bar{1}0)_{M_3B_2}$$

$$[001]_M // [001]_{M_3B_2}$$

其中，下标 M 代表基体，包括 γ 和 γ′相。

图 4.26(c)显示了 V2 变体和周围基体的复合选区电子衍射斑。对比图 4.26(b)，可以发现图 4.26(c)中的 M_3B_2 衍射斑绕$[001]_{M_3B_2}$旋转了 ~53°。而这个 53°旋转角也对应于$(130)_{M_3B_2}$和$(310)_{M_3B_2}$平面之间的夹角。对于四方点阵而言，$(130)_{M_3B_2}$和$(310)_{M_3B_2}$两个平面在晶体学上是等价的。图 4.26(d)复合衍射图对应着 V3 变体与周围基体间的取向关系，可标记为$[001]_M // [1\bar{3}0]_{M_3B_2}$，$(100)_M$ 偏离$(001)_{M_3B_2}$大约 1°。图 4.26(e)所示复合衍射图对应着变体 V4 与周

围基体间的取向关系，可以标记为 $[001]_M // [1\bar{3}0]_{M_3B_2}$，$(010)_M$ 偏离 $(001)_{M_3B_2}$ 约 ~1°。相对于图 4.26(d)，图 4.26(e)中的 M_3B_2 衍射斑有 90°旋转。

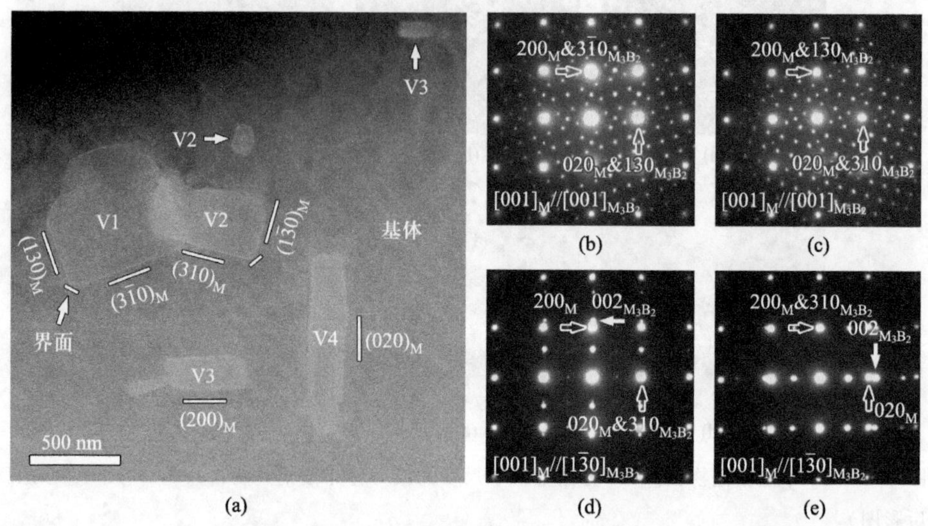

图 4.26　M_3B_2 与 γ/γ′基体间的取向关系的电子衍射确定：(a) M_3B_2 型硼化物四种取向变体的形貌特征；(b)~(e) 4 种取向变体与基体的复合电子衍射图(胡肖兵等[50])

V1 与 V2 变体本质上是等价的。首先分析一下变体 V1/V2 与基体间的界面特征，如图 4.27 所示。图 4.27(a)、(b)是两张典型的 HAADF-STEM 像，成像方向是基体的$[001]_M$ 方向。图中可以看出 M_3B_2 与基体间的界面特征：Ⅰ、Ⅱ为宽平面，可以标记为$\{100\}_{M_3B_2}/\{1\bar{3}0\}_M$；Ⅲ对应着小平面。$M_3B_2$ 晶粒大部分界面由宽平面组成，宽平面之间由小平面组成。宽平面Ⅰ和Ⅱ的原子分辨率图像分别如图 4.27(c)、(d)所示，这些界面在原子尺度非常平直。图 4.27(e)所示的原子分辨率图像对应着小平界面Ⅲ的部分特征，可以发现这些小平面在原子尺度也是平直的，对应着$(1\bar{1}0)_{M_3B_2}/(120)_M$。V1 和 V2 变体与基体间的界面在$[001]_M$ 方向具有非奇异特征，这是由于$\{310\}_{M_3B_2}$平面与$\{200\}_M$ 平面的面间距($d_{\{310\}M_3B_2} = 1.8$ Å，$d_{\{200\}M} = 1.8$ Å，$\delta \sim 0$)是完美匹配的。考虑到组成界面时，M_3B_2 相与基体点阵间的重合点阵的密度在$<100>_{M_3B_2}/<130>_M$ 方向上是最大的，如图 4.28 所示，所以，M_3B_2 与基体在$[001]_M$ 方向上的宽平面为$\{100\}_{M_3B_2}/\{1\bar{3}0\}_M$。

V3 和 V4 取向变体与基体间的界面特征比较复杂，这是由于$(001)_{M_3B_2}$与$(001)_M$ 之间的巨大点阵失配($d_{\{001\}M_3B_2} = 3.1$Å，$d_{\{001\}M} = 3.6$Å，$\delta \sim 0.139$)造成

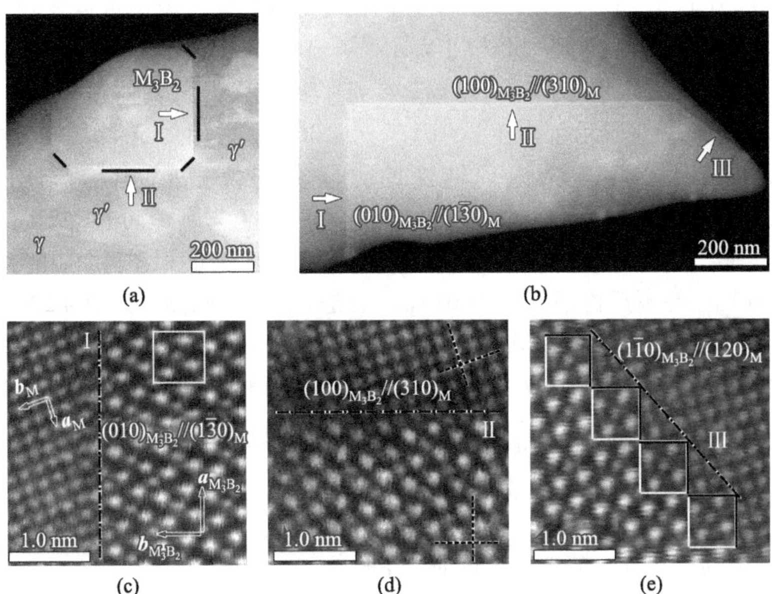

图 4.27 M_3B_2 中取向变体 V1/V2 与 γ/γ′基体间的界面特征：(a)、(b) $[001]_M$ 方向成像典型的 HAADF-STEM 像；(c)~(e) HAADF 图像显示 M_3B_2 型硼化物与基体间原子尺度的界面特征(胡肖兵等[50])

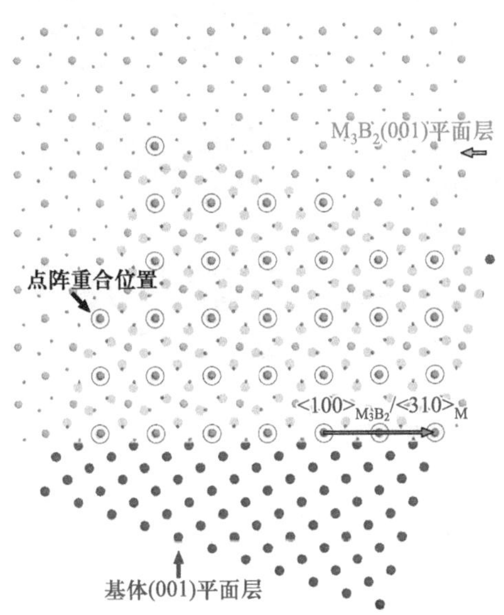

图 4.28 $(001)_{M_3B_2}$和$(001)_M$ 点阵格子的重合点示意图(胡肖兵等[50])。(参见书后彩图)

的。图 4.29(a)是$[310]_M/[100]_{M_3B_2}$方向的 HAADF 像，图中可以发现，M_3B_2晶粒分为两个区域，分别用Ⅰ和Ⅱ表示。对于区域Ⅰ，小平面 α 的特征如图 4.29(b)所示；界面的宽平面$(001)_{M_3B_2}$严格平行于$(001)_M$，如图 4.29(c)傅里叶变换的复合斑点所示。由于$(001)_{M_3B_2}$与$(001)_M$之间的巨大点阵失配(δ~0.139)，会在小平面上造成周期性的点阵失配位错，间距约为 $d_{(001)M}/\delta$ (~2.5 nm)，如图 4.29(d)、(e)所示。因此，区域Ⅰ与基体间的宽平面不具有非奇异特征。对于区域Ⅱ，其高空间分辨率的结构特征如图 4.29(f)~(i)所示。$(001)_{M_3B_2}$并不严格平行于$(001)_M$，而是有~1°的偏离，如图 4.29(g)的傅里叶变换斑点所示。界面偏离原始的$(001)_M$惯析面~7°，界面上有台阶组成，如图 4.29(h)所示。对于 V3/V4 变体，界面两侧的晶体学关系为$[001]_M/[001]_{M_3B_2}$、$[1\bar{3}0]_M/[010]_{M_3B_2}$。基于倒空间的 O 点阵理论可以很好地解释固体相变的各种界面特征[51-56]。根据不变线特征[54,57,58]，当两个平面失配比较大时，引入微小的点阵旋转 θ，界面应变会得到有效的释放，造成惯析面会偏离原始惯析面 φ。θ 与 φ 的数值可以通过下面公式定量计算

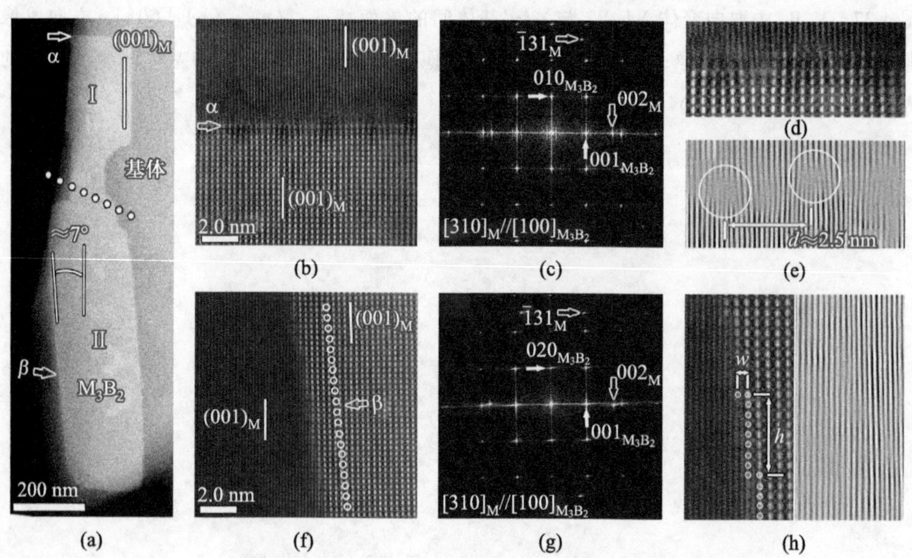

图 4.29　V3 和 V4 取向变体与基体间的界面特征：(a) $[310]_M$ 方向的低倍 HAADF 图像显示了 M_3B_2 型硼化物与基体间界面特征，该硼化物晶粒可分为两部分，如区域Ⅰ、Ⅱ所表示；(b)~(e) 原子尺度分辨率 HAADF 图像、傅里叶变换斑点、傅里叶逆变换图像显示出Ⅰ部分的非奇异界面特征；(f)~(i) 原子尺度分辨率 HAADF 图像、傅里叶变化斑点、傅里叶逆变换图像显示出Ⅱ部分的奇异界面特征(胡肖兵等[50])。(参见书后彩图)

$$\cos\theta = \frac{1 + \gamma\mu}{\gamma + \mu} \tag{4.1}$$

$$\tan\varphi = \sqrt{\frac{1 - \mu^2}{\gamma^2 - 1}} \tag{4.2}$$

γ 对应着$[001]_M/[001]_{M_3B_2}$点阵对的应变，约为 0.861 1。μ 对应着$[1\bar{3}0]_M/[010]_{M_3B_2}$点阵对间的应变，约为 1.001 8。根据式(4.1)和(4.2)，可以得到 θ 约为 0.93°，φ 约为 6.7°，这与实验上观测到的角度基本一致。对于区域Ⅰ，$(001)_{M_3B_2}$与$(001)_M$平面间的巨大应变没有得到有效释放，界面严格平行于惯析面$(001)_M$。而对于区域Ⅱ，由于引入微小的点阵旋转约 1°，界面偏离原始的惯析面约为 7°，$(001)_{M_3B_2}$与$(001)_M$平面间的应变得到有效释放。因此，相对于区域Ⅰ的宽界面，区域Ⅱ的宽界面具有较低的界面能，故在图 4.34(a)所示的块状 M_3B_2 中，区域Ⅱ的面积相对比较大。

2. M_5B_3 与基体间的取向关系及界面特征

图 4.30(a)的 HAADF-STEM 图像给出了 M_5B_3 硼化物形貌特征，电子衍射表明它与基体间也有很好的取向关系，如图 4.30(b)所示。这种取向关系可以表示为$\{200\}_M // \{310\}_{M_5B_3}$和$\langle 001\rangle_M // \langle 001\rangle_{M_5B_3}$。同样的，由于$\{200\}_M$与$\{310\}_{M_5B_3}$面间距之间完美的匹配($d_{\{310\}M_5B_3} = 1.8$ Å，$d_{\{200\}M} = 1.8$ Å，$\delta \sim 0$)，故在$[001]_M$取向上，M_5B_3 与基体间的界面没有奇异特征，界面比较弥散，如图 4.30(c)所示。

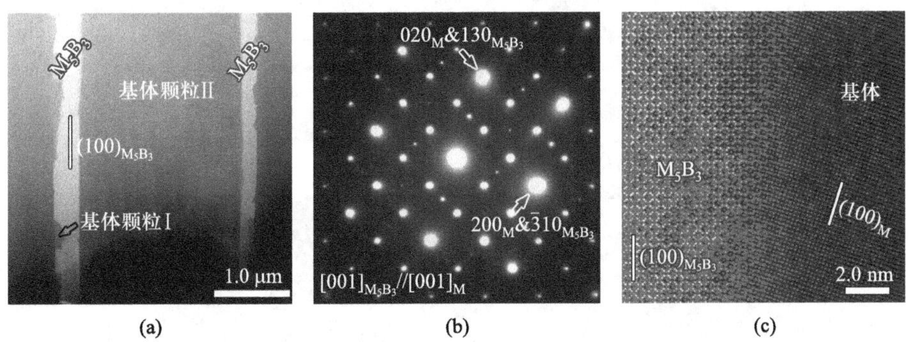

图 4.30 TLP 样品中析出的 M_5B_3 型硼化物与基体间的取向关系与界面特征(胡肖兵等[50])。(参见书后彩图)

在长期时效的高温合金中，实验中也发现了大量的纳米尺度的 M_5B_3 析出相，这些硼化物倾向于在 γ/γ'界面析出，如图 4.31 和图 4.32(a)所示。电子衍射表明这些纳米尺度的硼化物与基体间也具有很好的取向关系，如图 4.32

(b)~(e)的复合电子衍射图。M_5B_3 相也有 4 种取向变体，如图 4.32(a)中所标示的 V1~V4。这些取向特征与 TLP 样品中确定的 M_3B_2/基体间的取向关系类似。但是，M_5B_3 的 V3 与 V4 变体与基体间并无奇异特征，这是由于$(003)_{M_5B_3}$与$(001)_M$ 面间距之间的完美匹配($d_{\{003\}M_3B_2}=3.6$ Å，$d_{\{001\}M}=3.6$ Å，$\delta\sim0$)。此外，在长期时效样品中还发现，纳米尺度的 M_5B_3 相还倾向于在小角晶界析出，如图 4.33 所示。这些小角晶界析出的纳米尺度 M_5B_3 仍与基体间保持很好的取向关系。

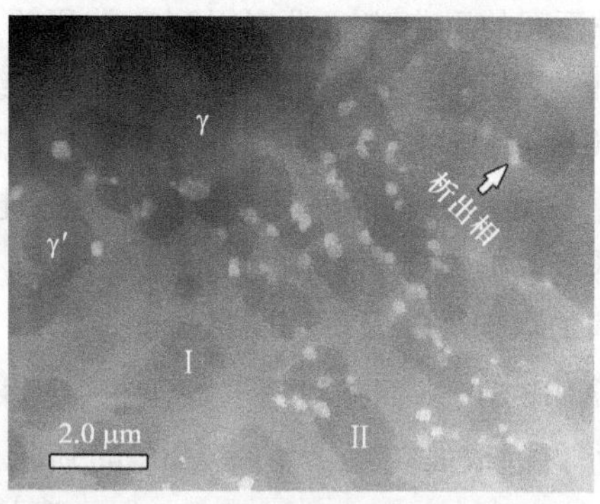

图 4.31　γ/γ′界面析出的纳米尺度 M_5B_3 析出相(胡肖兵等[34])

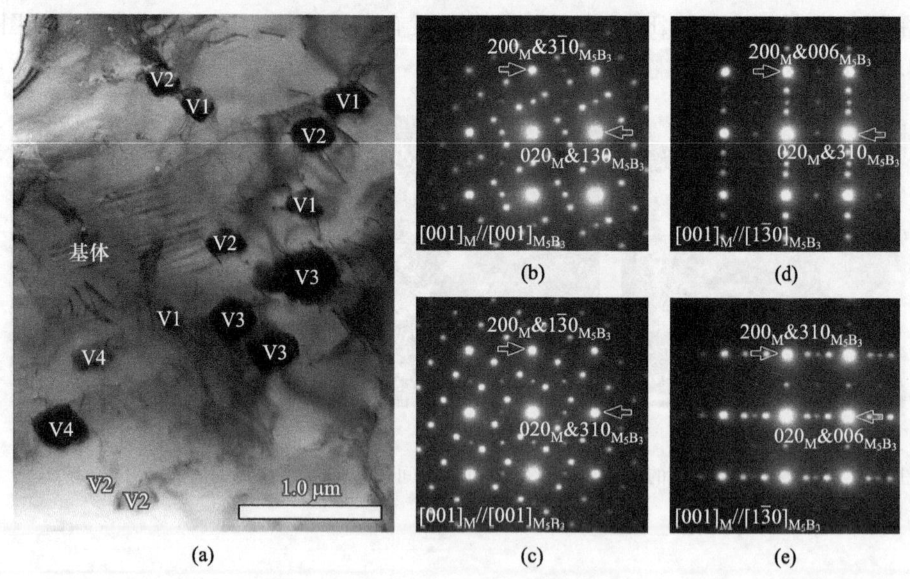

图 4.32　纳米尺度 M_5B_3 相的析出及其与 γ/γ′基体之间的取向关系：(a) TEM 明场像显示出长期时效高温合金中纳米尺度 M_5B_3 相的界面析出，图中 V1~V4 代表 4 种取向变体；(b)~(d)复合衍射确定 M_5B_3 4 种取向变体与基体间的取向关系(胡肖兵等[34])

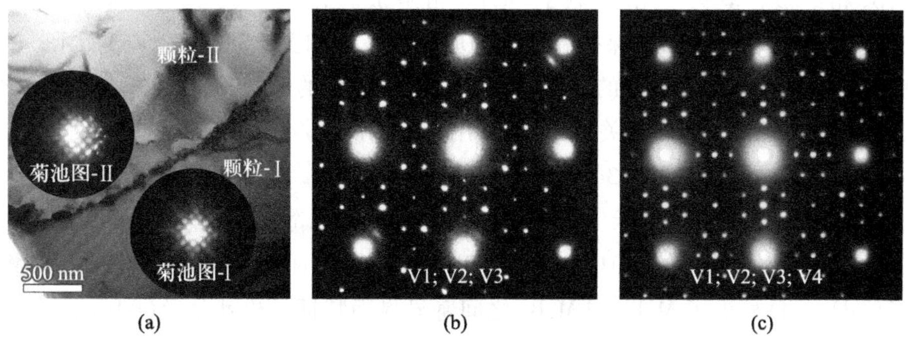

图 4.33 经过长期时效，γ/γ′小角晶界析出的纳米尺度 M_5B_3 硼化物，这些纳米尺度 M_5B_3 仍与基体间保持很好的取向关系（胡肖兵等[34]）

3. M_3B_2 与 M_5B_3 的共生特征

在 TLP 样品的扩散影响区域中，实验中还发现 M_3B_2 与 M_5B_3 两种硼化物间的树枝状共生，如图 4.34 所示。对于这种共生，树枝干的核心区域是由

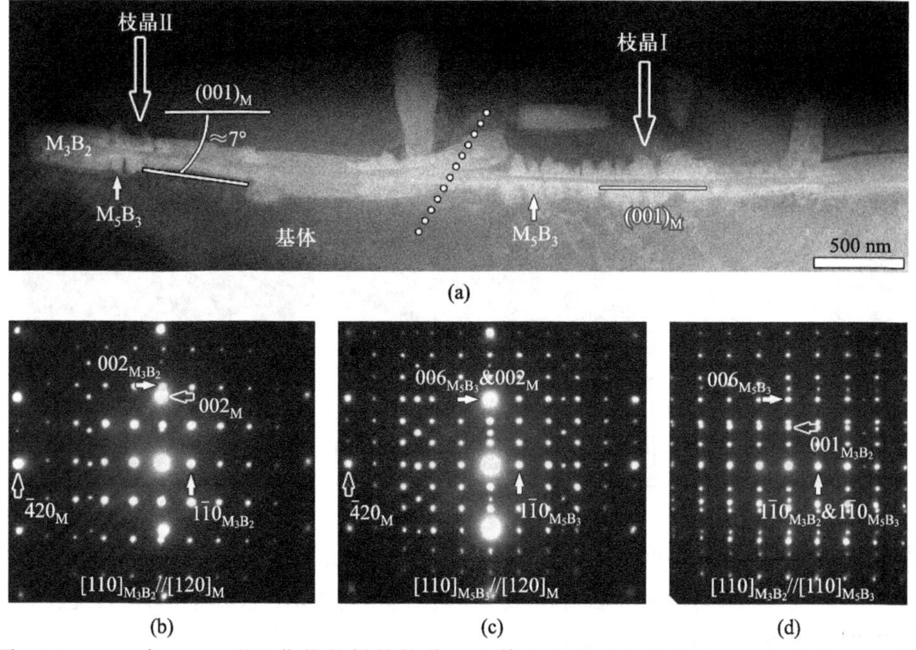

图 4.34 M_3B_2 与 M_5B_3 型硼化物的树枝状共生及其取向关系的确定：（a）低倍 HAADF 图像，树枝干的核心区域是由 M_3B_2 相组成，其外围由块状的 M_5B_3 相组成；（b）~（d）复合电子衍射分别对应 M_3B_2 与基体、M_5B_3 与基体以及 M_3B_2 与 M_5B_3 间的位向关系（胡肖兵等[50]）

M_3B_2 相组成，其外围由块状的 M_5B_3 相组成。在这个共生体系中，M_3B_2、M_5B_3 与 γ/γ′基体之间都保持着很好的取向关系，如图 4.34(b)、(c)所示，这些取向特征与上面讨论过的取向特征本质上是等价的。此外，M_3B_2 与 M_5B_3 之间也保持着很好的取向关系，可以用 $(100)_{M_5B_3}$ // $(100)_{M_3B_2}$ 和 $[001]_{M_5B_3}$ // $[001]_{M_3B_2}$ 来表示，如图 4.34(d)。

图 4.35(a) ~ (c) 显示了 M_3B_2 与 M_5B_3 之间非奇异界面特征，也就是说 $(001)_{M_5B_3}$ 严格平行于 $(001)_{M_3B_2}$，M_3B_2/M_5B_3 的界面也平行于 $(001)_{M_3B_2}$。图 4.35(d) ~ (f) 显示了 M_3B_2 与 M_5B_3 之间奇异界面特征，也就是说 $(001)_{M_5B_3}$ 偏离 $(001)_{M_3B_2}$ 约 1°，M_3B_2 与 M_5B_3 间界面也偏离 $(001)_{M_3B_2}$ 约 7°。这些特征也可以

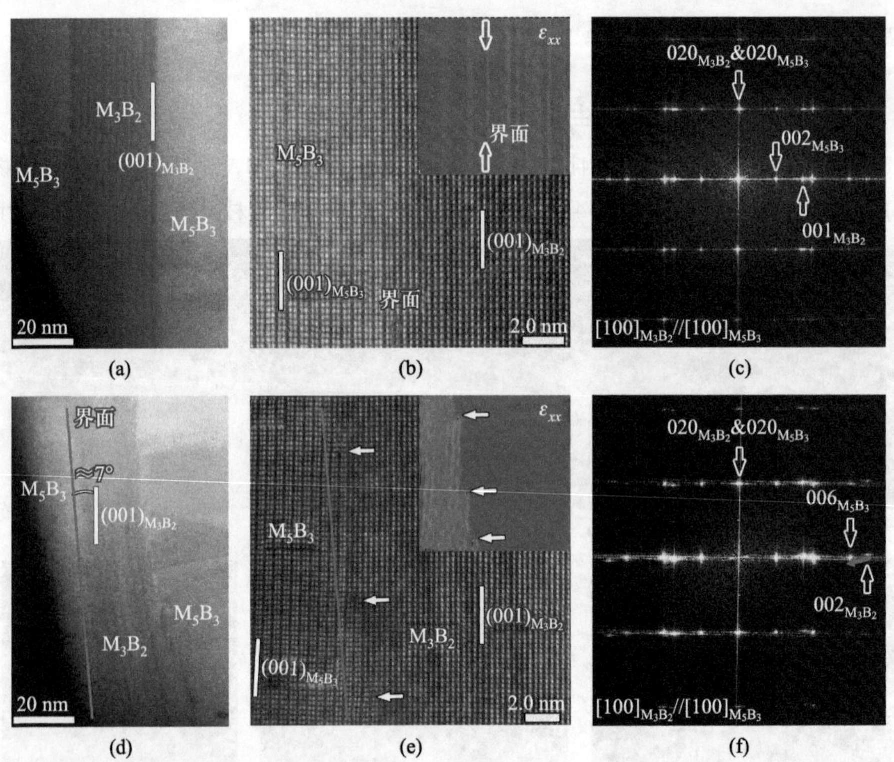

图 4.35　M_3B_2 与 M_5B_3 间的非奇异界面特征：(a) $[100]_{M_3B_2/M_5B_3}$ 非奇异界面的低倍 HAADF 图像；(b) 原子尺度分辨率图像，插图为其对应的应变分布图；(c) 傅里叶变换斑点显示出 M_3B_2 与 M_5B_3 间的非奇异界面特征；(d) $[100]_{M_3B_2/M_5B_3}$ 奇异界面的低倍 HAADF 图像；(e) 原子尺度分辨率图像，插图为其对应的应变分布图；(f) 傅里叶变换斑点显示出 M_3B_2 与 M_5B_3 间的奇异界面特征(胡肖兵等[50])。(参见书后彩图)

通过不变线理论来解释。$(003)_{M_5B_3}$与$(001)_{M_3B_2}$之间面间距也有很大的失配($d_{\{003\}M_5B_3}=3.6$ Å，$d_{\{001\}M_3B_2}=3.1$ Å，$\delta\sim0.139$)。若二者之间形成界面时没有点阵旋转，会包含较大的界面应变，故这种非奇异特征界面能量上相对来说是不稳定的。而当引入微小的点阵旋转约1°后，界面之间的失配应变会等到很好的释放，最终造成界面偏离$(001)_{M_3B_2}$约7°，这种奇异界面在能量上相对较低。

下面简单讨论一下 M_5B_3 倾向于与 M_3B_2 共生的成因。析出相经过形核后在后续的生长过程中，由于其点阵和基体间的差异会造成形状的畸变，这些畸变可以通过式(4.3)~(4.5)来定量计算[59]：

$$\varepsilon_d = \gamma\mu - 1 \tag{4.3}$$

$$m = \frac{1}{\cos\varphi}\sqrt{1+\gamma^2-2\gamma\cos\theta} \tag{4.4}$$

$$\varepsilon_s = \sqrt{m^2-\varepsilon_d^2} \tag{4.5}$$

式中，m、ε_d 和 ε_s 分别代表总的形状畸变、垂直于界面的正应变和平行于界面的切应变。图 4.36(a)、(b)所示的示意图显示了 M_3B_2 在基体内部的析出情况，图中，m_x、m_y、p_x、p_y 分别代表$(1\bar{3}0)_M$、$(002)_M$、$(050)_{M_3B_2}$、$(002)_{M_3B_2}$的形状畸变，γ 与 μ 代表点阵对(m_x/p_x，m_y/p_y)间的应变。对于 M_3B_2/基体体系，总形状畸变 m、垂直界面正应变分量 ε_d、平行于界面的切应变分量 ε_s 分别为 0.140 6，−0.137 4，0.030 2。由此可以看出 M_3B_2 型硼化物在长大过程中在 M_3B_2/基体界面上会造成巨大压应变。

假如 M_3B_2/M_5B_3 共生，如图 4.36(c)、(d)所示，图中，m_x，m_y，p_x，p_y 分别代表$(010)_{M_3B_2}$、$(002)_{M_3B_2}$、$(010)_{M_5B_3}$、$(006)_{M_5B_3}$；γ 与 μ 代表点阵对(m_x/p_x，m_y/p_y)间的畸变。对于 M_3B_2/M_5B_3 体系，总形状畸变 m、垂直界面正应变分量 ε_d、平行于界面的切应变分量 ε_s 分别为 0.140 6，0.137 4，0.030 2。因此可以看出 M_5B_3 型硼化物在长大过程中会对 M_3B_2/M_5B_3 界面造成巨大拉压变。也就是说，当 M_5B_3 与 M_3B_2 共生到一起时，会使总的形状畸变几乎变为零，这也就是二者倾向于共生到一起的原因。

在界面严格平行于$(001)_M$的情况下，也具有与上面讨论相同的机理，如图 4.36(e)~(h)。

上面通过对高温合金中系列硼化物结构与缺陷的讨论，可以简单归纳如下：

(1) M_2B 型硼化物是一个多型体结构，由三种基本结构组成，分别是 C16(空间群：I4/mcm。晶格参数：$a=0.52$ nm、$c=0.43$ nm)、C_b(空间群：Fddd。晶格参数：$a=1.47$ nm、$b=0.74$ nm、$c=0.43$ nm)和 C_a(空间群：$P6_222$。晶格参数：$a=0.43$ nm，$c=1.09$ nm)。C16 结构仅由一类反四棱柱结构构成，而 C_b

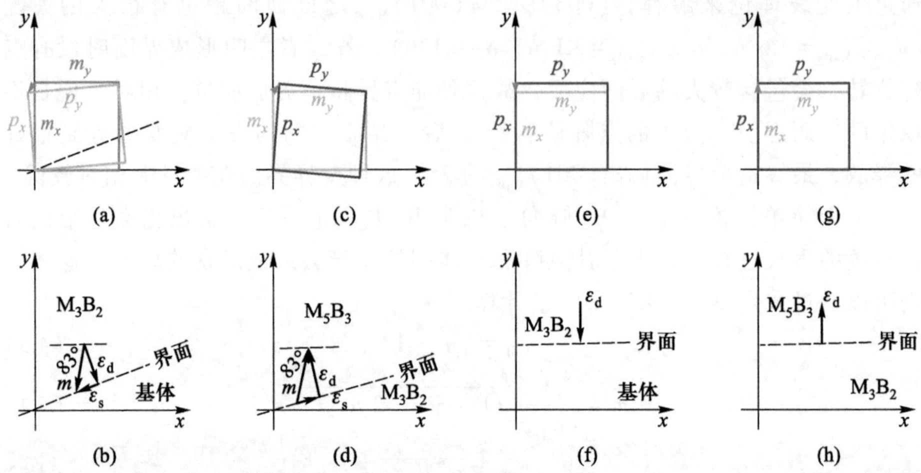

图 4.36　不同界面类型导致的形状畸变分析：(a)、(b) M_3B_2/基体奇异界面处的形状畸变；(c)、(d) M_3B_2/M_5B_3 奇异界面处的形状畸变；(e)、(f) M_3B_2/基体非奇异界面处的形状畸变；(g)、(h) M_3B_2/M_5B_3 非奇异界面处的形状畸变（胡肖兵等[50]）

和 C_a 结构则分别有两类和三类反四棱柱。这些反四棱柱的有序排列可构成长周期堆垛结构。所有变体的点阵矢量可以基于 C_b 结构归一成一个正交点阵来描述，也就是 $a=na_{C_b}/4$（对于 C16 结构 $n=2$；对于 C_a 结构，$n=3$；对于 C_b 结构，$n=4$；n 为某些正整数），$b=b_{C_b}$，$c=c_{C_b}$。

（2）M_2B 多型体中包含大量层错和 60°旋转孪晶。C16 结构的层错面为 $(110)_{C16}$，层错的位移矢量为 $[1\bar{1}1]_{C16}/4$；C16 结构 60°旋转孪晶的旋转轴为 $[110]_{C16}$，孪晶之间取向关系可以表示为 $[001]_{C16}$ // $[1\bar{1}1]_{C16\text{-}T}$、$[1\bar{1}0]_{C16}$ // $[1\bar{1}\bar{3}]_{C16\text{-}T}$；$C_b$ 结构的层错面为 $(100)_{C_b}$，层错的位移矢量为 $[011]_{C_b}/4$；C_b 结构 60°旋转孪晶的旋转轴为 $[100]_{C_b}$，孪晶之间取向关系可以表示为 $[001]_{C_b}$ // $[011]_{C_b\text{-}T}$、$[010]_{C_b}$ // $[01\bar{3}]_{C_b\text{-}T}$。

（3）对于 M_2B 相而言，C16 和 C_b 两种结构变体可以共生在一起，存在两种共生模式，即正常模式共生和孪晶相关模式共生。正常共生模式的取向关系为 $[001]_{C16}$ // $[001]_{C_b}$、$[1\bar{1}0]_{C16}$ // $[010]_{C_b}$；孪晶相关共生模式的取向关系可以表示为 $[001]_{C16}$ // $[011]_{C_b}$，$[1\bar{1}0]_{C16}$ // $[01\bar{3}]_{C_b}$。

（4）M_3B_2 型硼化物基本结构为 $D5_a$，空间群为 P4/mbm，晶格常数为 a = 0.57 nm、c = 0.3 nm；M_5B_3 型硼化物基本结构为 $D8_1$ 结构，空间群为 I4/mcm，晶格常数为 a = 0.57 nm、c = 1.04 nm。金属元素在以上两种硼化物的结构中分

布有序，有序形式为 L_2SB_2 与 L_4SB_3，其中 L 代表原子半径相对较大的重元素，如 W、Mo、S 代表原子半径相对较小的轻元素，如 Cr、Co。

(5) M_3B_2、M_5B_3、M_2B 之间具有紧密联系。在[001]方向，M_3B_2 完全由三棱柱堆垛而成，可简化表示为 TTT 或者 T′T′T′；而 M_2B 完全由反四棱柱堆垛组成，可简化表示为 AA′ AA′ A；M_5B_3 则由三棱柱和反四棱柱交叉堆垛组成，可简化表示为 AT′A′TAT′。其中，T、T′代表三棱柱层，A、A′代表反四棱柱层。相对于 T (A)，T′(A′)绕[001]方向旋转了 36.7°。由于结构堆垛相似性，在 M_3B_2 与 M_5B_3 内会产生多面体尺度的结构共生。

4.4 四方 Al_2Cu 析出相内位错运动与局域分解

对许多工程材料而言，沉淀硬化和弥散强化被广泛用来提高材料的力学性能，其中弥散分布的第二相小颗粒(通常具有复杂的晶体结构)能够阻碍基体中位错的滑移，对强化合金起重要作用。小尺度析出相的数量、形貌和分布对调控材料力学性能和使役行为至关重要。然而，在过去的几十年中，越来越多的实验证据表明小尺度的第二相在塑性变形过程中会发生部分分解。例如，由渗碳体(Fe_3C)和铁素体组成的珠光体钢在室温下进行塑性变形时，尤其是在其经过严重冷拔处理形成超强度钢丝的过程中，Fe_3C 颗粒发生细化并发生部分分解[60-64]。这种塑性变形导致的相分解现象在很多铝合金中也有报道，例如，Al-Cu 合金在室温下进行塑性变形时，沉淀相 θ′发生分解[65,66]。此外，还有 Al-Fe 合金中的 $Al_{13}Fe_4$ 相[67]、Al-Mg-Si 合金中 β′相[68]、Al-Ag 合金中 γ′相[69]、Al-Zn-Mg 合金中 η′相[70]以及 Al-Li 合金中的 δ′相[71,72]。

工程合金在机械加载服役过程中，具有强化作用的第二相部分分解使得材料偏离了原来人们对其设计的组织结构及预期的使役行为，是材料科学与工程领域中经典的基础科学问题之一。长期以来，有关位错与小尺度第二相的交互作用有多种机制，例如“Orowan 绕过”机制[73-75]和“切割”机制[76,77]。此外，第二相和基体之间的界面作为一种影响因素也受到特别关注[60-62,78-81]。尽管人们已经熟知在有序结构中不全位错能够导致反向畴界的消失或产生，但是在具有复杂结构的沉淀相中，如 Al 合金中的析出相中，对其内部位错行为的理解尚很匮乏。工程合金中起强化作用的第二相通常具有复杂的晶体结构，而原子尺度的位错结构(尤其是位错核芯)取决于晶体结构，因此，复杂结构相中位错动力学必与一般单质金属中的位错有着本质区别。

其实在专注 Al_2Cu 之前，作者曾有五年左右的时间在跟卢柯研究员合作探究珠光体钢在塑性变形过程中 Fe_3C 的分解，并在已有的关于 Fe_3C 分解机制的基础上，提出Fe_3C内位错的滑移导致其分解的新机制。但是，在透射电子显微镜下，如何区分Fe_3C分解出的微量碳和因样品污染产生的碳颇具挑战。从事该课题的李智同学在其硕士学位（2005—2009）的结尾只做了相对保守的总结[82]：

"本论文首先对位错运动对Fe_3C成分的调制作用做了进一步的研究。利用HREM像分析了Fe_3C中的位错，发现其不同于单质的特征。利用能量过滤系统对位错运动对Fe_3C成分的调制作用做了细致的研究，由于能量过滤系统的局限性，滑移面和滑移台阶下碳元素的分布图不能提供足够高的信噪比，如果要验证渗碳体中位错对成分调制的观点，可能需要改进实验方法。其次，掌握了几何相位分析的手段并验证其可行性，为计算机模拟位错核心结构打下基础。另外，对形变导致Fe_3C分解的经典机制进行了的探讨。通过实验发现，给珠光体钢施加中小变形量时，片状Fe_3C将在其表面产生大量台阶，对于极薄的Fe_3C片甚至能产生均匀的弯曲，这将显著增大界面能，使得片状Fe_3C的分解方式以热力学机制为主导，因而碳原子固溶在铁素体晶格内。颗粒状Fe_3C很难发生剪切形变，其表面有大量位错缠结，碳原子容易与表面位错结合，粒状Fe_3C的分解方式以位错机制为主，碳原子固溶在位错中。形变中组织的演化是一个动态的过程，当经历严重塑性变形时，微观组织会发生很大的改变，这就不能不考虑Fe_3C的形态在变形过程中的动态变化对分解方式的影响，因此，Fe_3C的分解是一个十分复杂的过程，不同的阶段会由不同的机制来发挥作用，当发生严重塑性变形后，不能仅仅从碳原子的位置来判断Fe_3C分解的方式。只有经过中小变形量后的碳原子位置才能反映出Fe_3C的分解方式"。

尽管与形变导致Fe_3C细化甚至分解的相关工作也已发表[63]，但为了在电子显微镜下直接验证位错在复杂合金相中的运动导致其自身分解这一新提法，只好暂时搁置了钢当中的Fe_3C，转而关注Al合金中的Al_2Cu。

4.4.1　θ-Al_2Cu中[001](110)滑移系中的位错运动导致其结构局域分解

杨兵在中科院金属所完成博士学位论文期间（2007—2013），曾在实验上专注于利用透射电子显微技术解析Al合金形变过程中Al_2Cu的分解，发现Al_2Cu中不全位错的运动会导致局域化学成分偏离原来的化学计量比，该现象无法利用常规晶体中任何位错矢量进行描述。在变形Al_2Cu颗粒内的位错滑移带上，Cu原子和Al原子发生再分布导致原始晶体结构的局部分解和坍塌表明位错在复杂结构相内的滑移导致其自身失稳，这与基于单质金属建立起来的位错理论有着本质区别。从某种意义上来说，这是在Al_2Cu里面直接验证了曾对

Fe_3C 的猜想。

1. 电子显微镜下的实验观察

实验上选取 Al-4 wt.% Cu 合金，首先在 520 ℃进行固溶处理，然后在 300 ℃经过 48 h 的时效处理。处理后的初始样品由 Al 基体和镶嵌在其内的四方 θ-Al_2Cu 析出相组成，如图 4.37(a)。高角环形暗场像[图 4.37(b)]显示每个 Al_2Cu 析出相内部衬度均匀，且选区电子衍射花样[图 4.37(b)插图]显示为一套衍射斑点，这些结果表明 Al_2Cu 析出相为结构完整的单晶。对单晶 Al_2Cu 进行元素面分布分析发现 Al 和 Cu 均匀分布[图 4.37(c)、(d)]，在所测试的区域内 Al 和 Cu 的成分变化幅度分别为 65%~68%和 31%~35%。

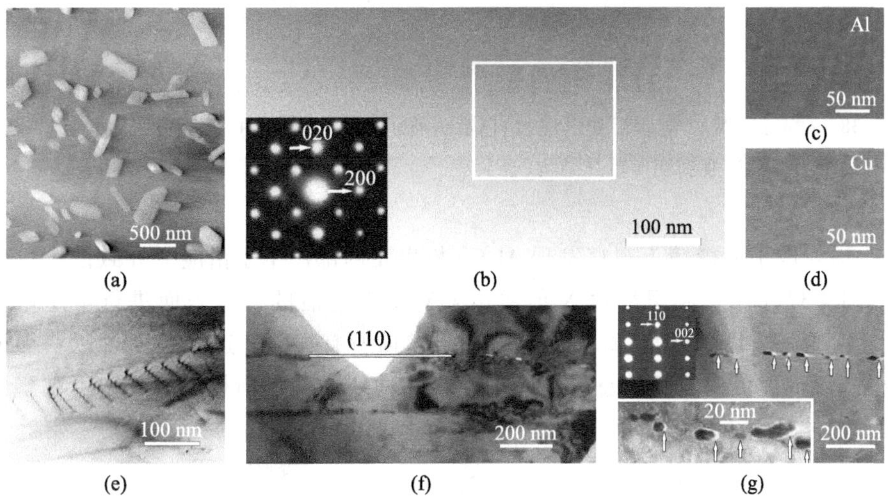

图 4.37　变形前后 Al_2Cu 沉淀相内部局域成分分析：(a) Al 合金初始双相材料的微观组织高角环形暗场像，其中颗粒是四方 θ-Al_2Cu 相，已通过 X 射线和系列电子衍射证实；(b)单个 Al_2Cu 沉淀相沿[001]晶带轴的高角环形暗场像(插图为[001]带轴电子衍射花样)；(c)、(d)图(b)中白色方框区域 Al(c)和 Cu(d)元素的面分布，两种元素分布均匀；(e)变形导致沉淀相内产生位错列的显微照片；(f) Al_2Cu 颗粒内(110)滑移面的 TEM 明场像；(g) 图(f)中相同区域经过滑移变形后的高角环形暗场像，其中可以清楚看到衬度的变化，左下角插图是其中黑色矩形框所示滑移带区域的放大像，左上角插图是来自黑色圆圈所示区域的[$\bar{1}$10]带轴的电子衍射花样(杨兵等[83])。(参见书后彩图)

在液氮温度下利用表面机械研磨(surface mechanical attrition treatment，SMAT)技术对初始样品进行塑性变形。钢球振动频率为 50 Hz；为了避免 Al 合金表面氧化，采用封闭的变形腔室，真空度为 6×10^{-2} Pa；为了避免变形过程中样品的温度升高，每变形 1 min 后停止，待温度恢复到液氮温度，总计变形时间为 60 min。表面纳米化使样品表层产生成梯度变化的塑性应变。图 4.38 显示变形层的总厚度约为 40 μm，其中不同深度处的 Al_2Cu 颗粒承受的塑性应变量不同。

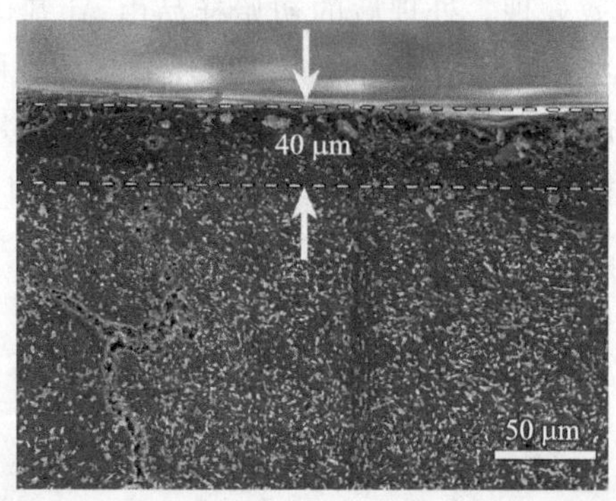

图 4.38　样品经 SMAT 处理后变形层（白色箭头所示区域）的截面扫描电镜图像，其显微组织从纳米晶逐渐过渡到变形粗晶结构（杨兵等[83]）

透射电子显微镜下观察发现 Al_2Cu 析出相内部产生了由应变导致的大量位错［图 4.37（e）］。利用小角 X 射线衍射对变形前后的合金表面进行半定量分析，实验中采用掠射角（2α）为 3°的小角扫描所有样品，这个角度可以获得最表层 2 μm 厚度内物相信息（图 4.39）。黑色曲线为变形前样品，其中可观察到

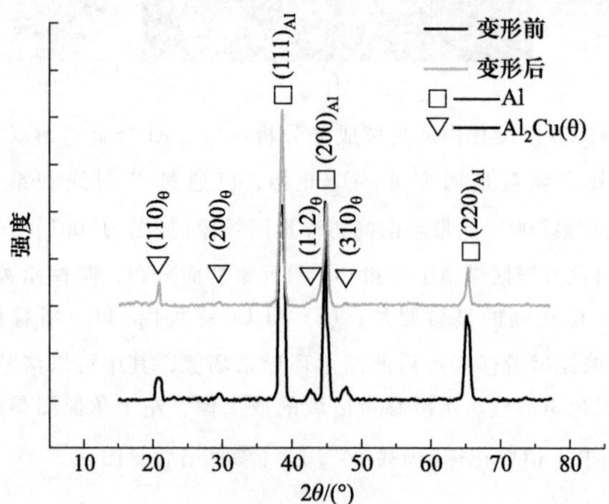

图 4.39　变形前后样品的 X 射线衍射谱，衍射角为 3°。图中可以看到一些变形后样品中 Al_2Cu 衍射峰强度比未变形样品强度大幅度降低，意味着在经严重塑性变形后一些 Al_2Cu 发生分解（杨兵等[83]）

Al 和 Al_2Cu 相；红色曲线来自 SMAT 样品，可以看到一些 Al_2Cu 衍射峰强度比未变形样品强度低很多，这表明在严重塑性变形后一些 Al_2Cu 发生分解。

利用小角 X 射线对样品最表层 2 μm 深度进行物相确定，掠射角 $2\alpha=3°$。对于掠射角为 α 的小角 X 射线衍射，X 射线穿透深度(t)可通过以下公式[84]估算

$$t \propto \frac{1}{\mu}\sin\alpha = \frac{1}{\rho\mu_m}\sin\alpha \approx \frac{\alpha}{\rho\mu_m}$$

式中，μ 为样品的有效吸收系数；μ_m 为样品的有效质量吸收系数；ρ 为样品的密度。

当掠射角很小时，穿透深度 t 与掠射角 α 呈正相关性。Foerster 等[85]估算当小角 X 射线衍射采用 Cu Kα 射线源和掠射角为 0.5°的条件时，纯 Al 的穿透深度为 700 nm。在本实验中，采用 Cu Kα 射线源和掠射角为 1.5°的 X 射线衍射，确定了 SMAT 变形的 Al-4 wt.%Cu 合金中的相含量。考虑到本实验中常数 ρ 和 μ_m 与 Foerster 等的相差不大，估算 X 射线穿透深度大约为 2 μm。

对比变形前后最表层深度内的 X 射线衍射峰强度，可以看出在 SMAT 变形后 Al_2Cu 的含量大幅减少。对于半定量分析，我们首先证实样品在变形前无织构，然后对变形前后的同一区域进行小角衍射分析($2\alpha=3°$)：首先对曲线扣背底，然后选取两相的最强峰即$(110)_{Al_2Cu}$和$(111)_{Al}$计算峰面积；相对 Al 基体而言，Al_2Cu 的相对含量可通过以下公式计算：

$$W_{Al_2Cu} = \frac{I_{Al_2Cu}}{I_{Al_2Cu} + K_{Al_2O_3}^{Al_2Cu}\dfrac{I_{Al}}{K_{Al_2O_3}^{Al}}} = \frac{I_{Al_2Cu}}{I_{Al_2Cu} + K_{Al}^{Al_2Cu} I_{Al}}$$

式中，$K_{Al_2O_3}^{Al_2Cu}$和 $K_{Al_2O_3}^{Al}$分别是 Al_2Cu 和 Al 粉末的吸收校正因子，从 PDF 数据库中可查得 $K_{Al_2O_3}^{Al_2Cu}=2.82$[86]，$K_{Al_2O_3}^{Al}=4.3$[87]；$K_{Al}^{Al_2Cu}$是 Al_2Cu 对于 Al 基体的相对吸收校正因子；I_{Al_2Cu}、I_{Al} 分别是(110) Al_2Cu 和(111) Al 的峰；W_{Al_2Cu}是 Al-4 wt. % Cu 合金中 Al_2Cu 相的相对质量分数。

通过计算可知，变形前后同一区域内的 Al_2Cu 质量分数分别为 7.6% 和 4.89%，由此可知，在表层 2 μm 深度内 Al_2Cu 减少 35.6%，也就是说在最表层中大量的析出相由于受到严重塑性变形发生溶解。

在样品内部变形层中(距变形面 30~40 μm)，变形 Al_2Cu 颗粒的主要特征为其内部产生沿(110)晶面的滑移带[图 4.37(f)]。利用高角环状暗场成像对图 4.37(f)中区域进行分析发现，沿滑移带的衬度非常不均匀[图 4.37(g)中向上箭头所示]，这表明沿滑移带的区域内化学成分偏离了变形前的成分。更深

入的观察发现，在图 4.37(g)中左下角插图所示的区域内衬度变化明显，且每个深色衬度区域总是伴随着一个具有明亮衬度的椭圆形区域。

利用 EDS 能谱和元素面分布成像技术对滑移带上衬度呈现不均匀的区域[图 4.40(a)]进行了半定量分析。图 4.40(b)和图 4.40(c)分别展示了对图 4.40(a)中白色矩形框所示区域的元素分布结果，在 Al 分布图中[图 4.40(b)]可以

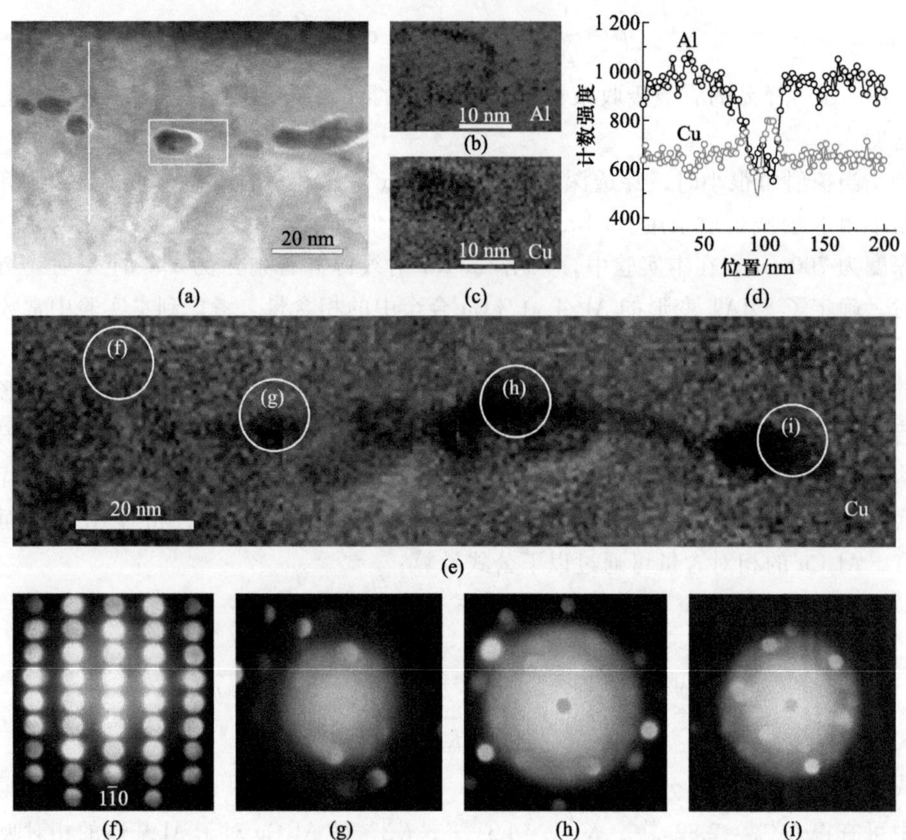

图 4.40　Al_2Cu 滑移带上成分和结构的演变规律：(a)(110)滑移带上典型区域的高角环状暗场像，从中可以看到富 Cu 区域的形貌从圆形演化成椭圆形，以及有些区域呈现无规则形；(b)、(c)图(a)中白色矩形框所示区域的 Al 元素(b)和 Cu 元素(c)的面分布，图(b)中暗环对应着图(c)亮环，表明该区域贫 Al 和富 Cu；(d) 图(a)中白色直线所示区域的 EDS 线分布，表明沿滑移带存在局域化学成分波动；(e) 沿滑移带的 Cu 元素分布，其中 Cu 的强度发生变化；(f) 靠近滑移带区域的[$\bar{1}$10]微衍射照片；(g)～(i)滑移带上不同贫 Cu 区域的微衍射照片，这些电子衍射花样不能再标定为四方 Al_2Cu 相(杨兵等[83])。(参见书后彩图)

观察到一个暗环，在相应位置的 Cu 分布图中[图 4.40(c)]却观察到一个亮环，这说明这个环形区域缺少 Al 元素而富含 Cu 元素。这样的 Cu 富集导致相邻区域中 Cu 贫瘠，而且沿图 4.4(a)中标注的竖直白线做 EDS 线扫描，结果也显示成分的波动[图 4.40(d)]，这说明滑移带上化学成分发生明显变化。对十二组 EDS 能谱数据进行系统地测量并统计分析，结果显示富 Cu 区的成分在一定区间内变化，其中按原子比 Cu 的含量为 38%~46%，Al 的含量为 53%~62%，相应地，可计算出 Al/Cu 原子比为 1.16~1.63，这明显偏离了 Al_2Cu 相的化学计量比(2∶1)。对比高角环状暗场像和对应的 EDS 线扫描数据，可以发现在高角环状暗场像中具有明亮衬度的区域总是富集 Cu 原子，而具有深色衬度的区域缺少 Cu 原子。这样的元素分布在图 4.40(e)所示的 Cu 元素分布图中可以清楚地看到，其中富 Cu 区和贫 Cu 区沿滑移带交替分布。

利用系列选区电子衍射实验研究上述成分波动区域所对应的结构演化。作为对比，实验中首先采集了滑移带附近的完整区域的微衍射信息[图 4.40(f)]，对应的是四方 Al_2Cu 相[$\bar{1}10$]带轴衍射花样。当电子束平移到滑移带上的贫 Cu 区时，电子衍射花样展示了完全不同的结构特征[图 4.40(g)~(i)]，该衍射花样不能再标定为四方 Al_2Cu 相。换句话说，Al_2Cu 析出相内的位错沿滑移带的运动不仅导致了成分分解，而且导致点阵结构坍塌，这种现象完全不能用基于单质金属建立起来的位错理论来解释。

之前曾有学者利用衍射衬度和高分辨透射电子显微成像技术研究了体心四方结构的 Al_2Cu 晶体中的位错类型[88,89]，发现了伯格斯矢量为 1/2<111>、[001]、[100]的位错以及沿(110)面和(001)面的层错。在上面讨论的 SMAT 样品中，可经常观察到具有[001](110)滑移系的位错。HREM 图像[图 4.41(a)]表明这样的位错通常分解为两个间距在 10~20 nm 范围内的不全位错，这两个不全位错中间夹杂着层错。图 4.41(b)是图 4.41(a)中左侧的不全位错的放大图，可以看出其在投影方向的位错平移矢量为 1/2[001]。四方 Al_2Cu 相沿<110>投影方向具有 8 个亚原子层，分别是 $A_1B_1CB_2A_2B_2CB_1$。A 层的 Al 原子形成六边形网络结构，且相邻的 B 层 Al 原子位于六边形中心上方；C 层由 Cu 原子组成，位于两个 B 层之间。起伏的 BAB 可看作是一种三明治状结构，且滑移 1/2[001]位移量将导致 B 层原子移动到 A 层六边形棱边上，这种结构一定是不稳定的。这样，每个不全位错的核芯结构应该如图 4.41(c)所示，图中主要示意了 3 个亚层上的原子(两个不全位错之间的层错区域用省略号表示)。

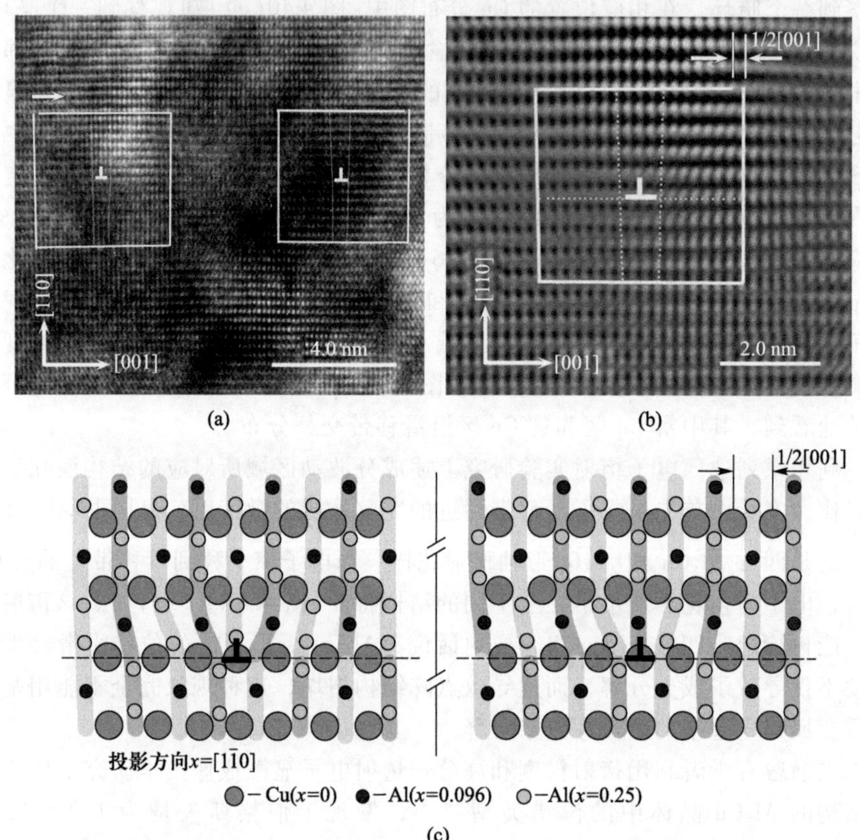

图 4.41　θ-Al_2Cu [001](110)滑移系的位错结构：(a)沿[$\bar{1}$10]带轴 HREM 像，其中显示了一个[001](110)滑移系位错列，每个位错分别用伯格斯回路进行标定，显示其沿该投影方向具有 1/2[001]的伯格斯矢量；(b) 图(a)中左侧不全位错的高倍放大像，处于位错芯右侧的层错由于(001)和 1/2(001)晶面具有相同原子投影结构而无法显示；(c)沿位错线投影的不全位错的原子模型图，为了区别两个位错核，只显示了 3 个亚层($x=0$，0.096，0.25)上的原子。不全位错改变了晶体中堆垛顺序(该示意图中的竖直方向)，比如，其消除或产生层错。两个不全位错和其中夹杂的层错(两个的位错芯之间用省略号标注的区域)通常称为扩展位错(杨兵等[83])

2. 基于分子动力学的计算模拟

为了在原子尺度阐明位错运动导致 Al_2Cu 分解的过程，陈东博士利用分子动力学(molecular dynamics，MD)对图 4.41(a)右侧的不全位错进行了模拟计算。在模拟的单胞示意图中[图 4.42(a)]，不全位错是通过删除 Al_2Cu 晶体中两个相邻半原子面建立的[图 4.42(b)]。在图 4.42(a)中的加载应力下，设定

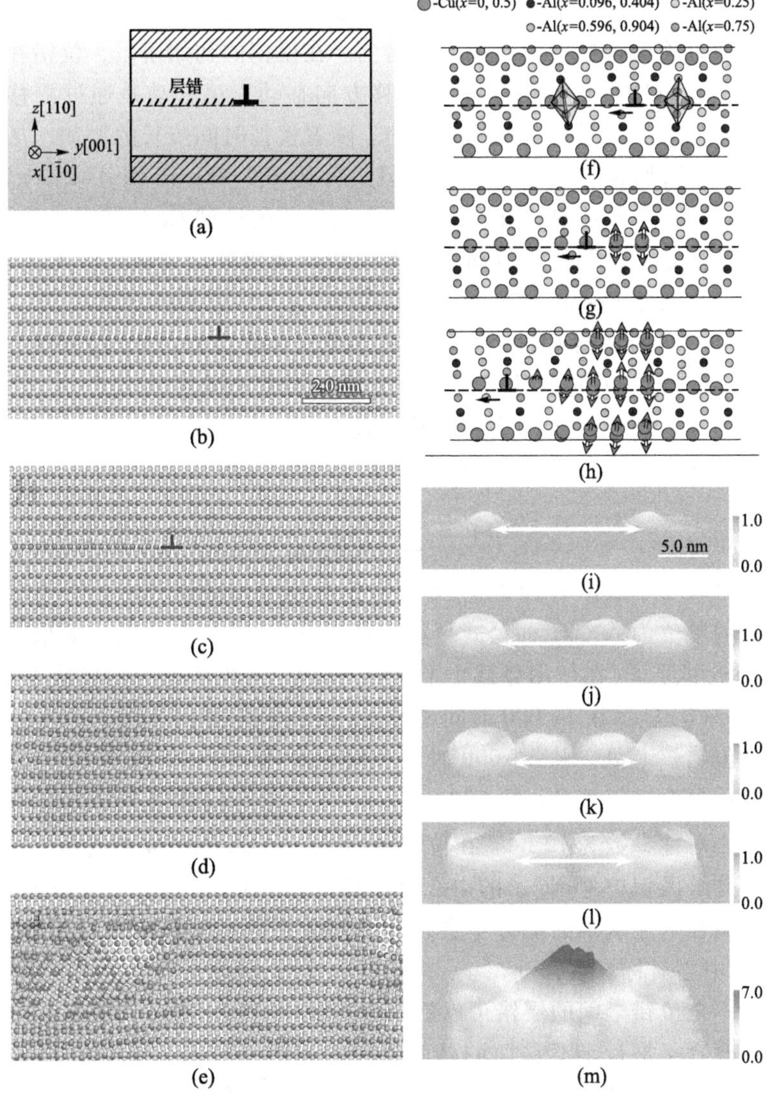

图 4.42 [001](110)滑移系位错结构分子动力学模拟：(a) 用于分子动力学模拟的计算单胞示意图。位错用“⊥”标识，层错用蓝色断点标识（在位错芯左侧）；(b) 用于分子动力学模拟的原子单胞，其中包含了不全位错，其中，绿球和棕球分别表示 Al 和 Cu 原子；(c)～(e) 运行 14 000(c)，200 000(d)，400 000(e)步的原子构型截图，其中，绿球和棕色球分别表示 Al 和 Cu 原子；(f) 沿[$\bar{1}$10]带轴投影的原子模型图，其中示意了完整区域、不全位错核和层错；(g)、(h)位错连续运动后在滑移面产生 Cu 原子偏离平衡位置(如红色箭头所示)；(i)～(m) 分子动力学模拟表明两个不全位错趋向于相向运动(见图中双箭头线的长度变化)，图片根据 Cu 原子位移量 $\sqrt{dx^2+dy^2+dz^2}$ 着色，分别显示在 6000、10 000、16 000、30 000 和 240 000 时间步下。Cu 原子位移量在图(i)～(l)中在 0～1 Å 变化而在图(m)中在 0～7 Å 变化。在图(j)～(l)中，两个不全位错之间的附加峰是层错区内应力导致的局域原子畸变导致的(杨兵等[83])。(参见书后彩图)

顶层原子沿着 y 轴以一定速率运动，而底层原子固定不动。在这个体系中，产生的应力通过顶层传播到中心层的位错上。在模拟的初始阶段，位错在应力作用下可以沿着(110)滑移面和[001]滑移方向移动，该移动是通过滑移面上半部分垂直方向上的原子相互偏移实现的。随着模拟时间步长的增加，从 14 000[图 4.42(c)]增加到 200 000[图 4.42(d)]再到 400 000 步[图 4.42(e)]时，应力导致的畸变越来越明显，并形成了一个眉毛状的局域 Cu 富集区。

为了更清楚地阐明位错运动过程中的结构演化甚至局域点阵无序化过程，利用中心对称参数(centrosymmetry parameter，CSP)来分析计算中产生的大量数据(图 4.43)，对比富 Cu 区和贫 Cu 区中单位体积内 Cu 原子偏移量，发现其比值接近 2.5。中心对称参数可用于研究原子周围的局域晶格无序，并且可以描述原子是属于固态系统的完整晶格，还是属于局域缺陷(位错或层错)。中心对称参数通过以下公式[90]计算：

$$\mathrm{CSP} = \sum_{i=1}^{N/2} \left| \overrightarrow{R_i} + \overrightarrow{R_{i+2/N}} \right|^2$$

式中，N 为最近邻数，$\boldsymbol{R}_i$ 和 $\boldsymbol{R}_{i+2/N}$ 分别为中心原子到最近邻原子的矢量。中心对称参数的单位为 $\mathrm{\AA}^2$。上面公式可能存在 $N\times(N-1)/2$ 配位数；如果一个原子没有 N 个近邻原子(在作用势截止半径内)，设定它的中心对称参数为 0。

图 4.43(b)显示在 14 000 时间步数时，沿[001]方向作用于原子的应力主要集中在位错核芯处。从 14 000 时间步数增加到 200 000 和 400 000，原子根据中心对称参数进行着色[图 4.43(c)～(e)]。对于块体四方 Al_2Cu 晶格，Cu 原子的中心对称参数为 12 $\mathrm{\AA}^2$。在位错运动中，当 Cu 原子偏离点阵位置形成聚集时，在分解区域中 Cu 原子的中心对称参数趋向于 0。这些数值假定了 Cu 的最近邻距离在上述缺陷的地方不会改变，因此在四方完整区域和分解区之间，Cu 原子的中心对称参数为 6 $\mathrm{\AA}^2$。

两个不全位错之间的层错可以看作是一种片状析出物，其产生了一种新的键长并且改变了平行于滑移面的晶面之间的间距[91]。换句话说，在扩展位错中，层错改变了局域质量密度。在这种情况下，在复杂结构化合物内部的位错运动可能加剧晶格畸变。一旦原子位移产生，在应力作用下畸变将越来越严重，最终导致 Cu 原子富集且析出相发生分解。基于分子动力学模拟，建立了位错运动初始阶段的连续演化过程，如图 4.42(f)～(h)，其中的所有 8 个亚层中原子均按[$\bar{1}$10]方向投影。

同时，计算中还建立了一个具有 22 912 个原子的模拟单胞来阐明扩展位错的运动过程(包含两个不全位错)。模拟结果表明通过优化弛豫后，两个不全位错处于平衡态时的分隔间距为 14.4 nm。类似于图 4.42(a)～(e)中一个不

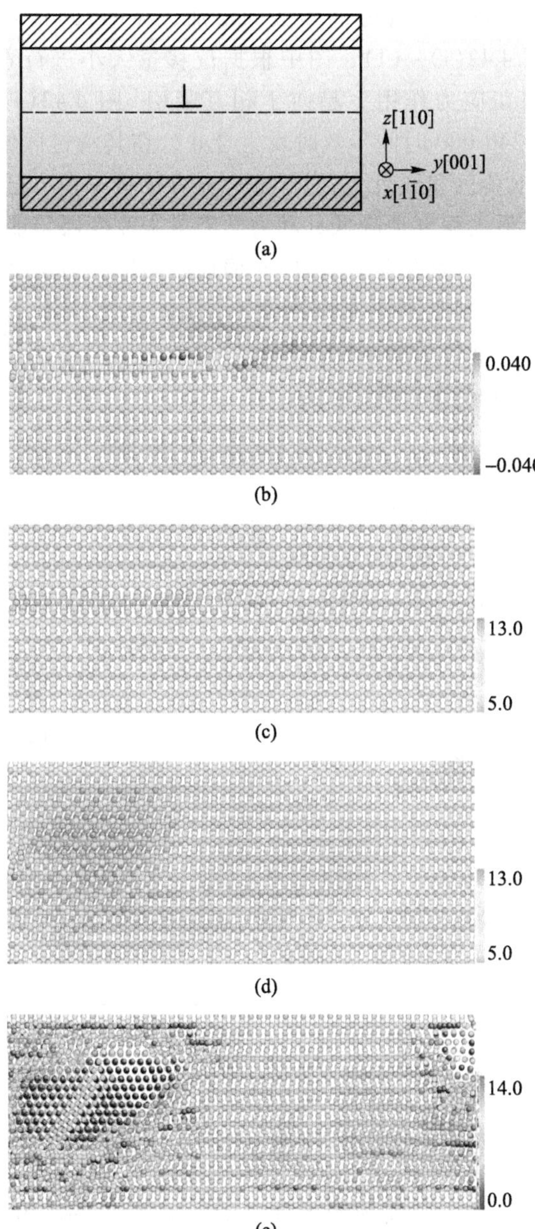

图 4.43 1/2[001](110)不全位错的分子动力学模拟：(a) 分子动力学模拟单胞的示意图，层错在不全位错“⊥”的左侧；(b) 在 14 000 步，投影在(-110)面的原子模型截图，其按原子在[001]水平方向上的受力大小着色，大小在-0.040~0.040 eV/Å 之间变化；(c) 在 14 000 步，原子按中心对称参数着色显示，大小在 5.0~13.0 $Å^2$ 之间变化；(d) 在 200 000 步，原子按中心对称参数着色显示，大小在 5.0~13.0 $Å^2$ 之间变化；(e) 在 400 000 步，原子按中心对称参数着色显示，大小在 0.0~14.0 $Å^2$ 之间变化(杨兵等[83])。(参见书后彩图)

全位错的模拟结果，随着计算时间步数的增加，在(110)滑移面上的 Cu 偏移越来越明显，如图 4.42(i)～(l)，图中根据位移量大小进行着色显示。同时，两个不全位错在剪切应力作用下趋向于相互吸引[图 4.42(i)～(l)中双箭头条]，并且最终在 240 000 时间步数时发生合并，在其滑过区域产生一条 Cu 偏移峰[图 4.42(m)中黄色和红色]。对于面心立方结构来说，已有理论提出扩展位错的收缩可能会最大程度地降低其动力学能量来改变层错能，并改变其扩展宽度[92]。陈东通过分子动力学模拟的 Cu 偏移区的尺寸与位错开动前两个不全位错之间的间距几乎相同(如图 4.44 所示)，这也是说，Cu 富集区的最终尺寸取决于实际材料中扩展位错的宽度，因此可以认为具有最大 Cu 偏离量的区域等同于图 4.37 和图 4.40 中的贫 Cu 区。

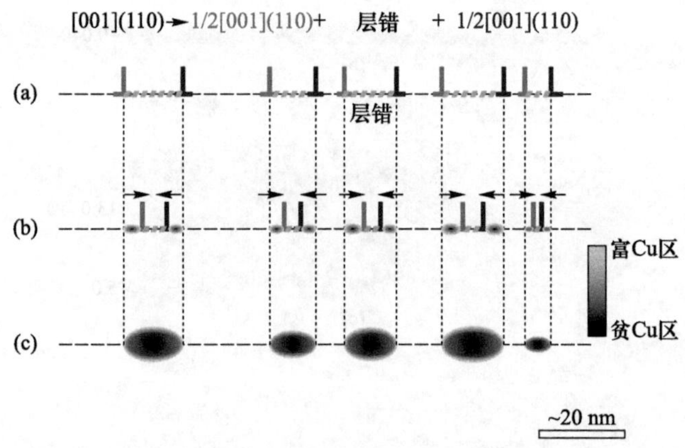

图 4.44　Al_2Cu 相内(110)面内扩展位错列运动前后的微结构演化示意图：(a) 运动前，每个扩展位错由两个不全位错中间夹着一片层错组成。根据实验，层错宽度是变化的，从 10 nm 到 20 nm 不等；(b) 位错运动特征是两个不全位错相向运动，导致不全位错滑过区域 Cu 元素偏离化学计量比；(c) 扩展位错相吸最后导致不全位错合并。Cu 偏移和 Cu 富集导致在其富集区附近出现贫 Cu 区(杨兵等[83])。(参见书后彩图)

4.4.2　相分解的物理过程与滑移系之间的关系

晶体中的位错通常可归属为若干独立的滑动系。4.4.1 节介绍了在复杂合金相中，不全位错运动会使局域成分偏离其化学计量比，结果导致结构的坍塌。接下来着重介绍这种局域分解行为强烈地依赖于位错的滑移系。陈东等[93]采用分子动力学模拟研究了施加外应力作用下铝合金中四方 Al_2Cu 晶体的三个独立滑移系中的位错运行行为；指出各滑移系中位错运动均会导致相的局域分解，但它们的物理细节却大不相同。

四方 Al_2Cu 中三组独立滑移系分别为[001](110)、[100]($0\bar{1}0$)和[110]($1\bar{1}0$)，为方便起见，这些位错分别被标记为位错Ⅰ、Ⅱ和Ⅲ。4.4.1 节在实验中观察到沿[001](110)滑移系运动的位错，即位错Ⅰ。高分辨电子显微成像表明，该类位错通常被分解成两个不全位错，中间夹着堆垛层错。每部分不全位错的晶格滑移矢量经确证为$\frac{1}{2}$[001] [110]。基于此，陈东构造了与实验观察结果相同并含有两个不全位错的计算模型，优化后两个不全位错的平衡间距约为 14.4 nm，处于实验观察到的 10~20 nm 间距范围内[83]。

图 4.45 是计算模型的示意图，其中刃型位错的初始结构是通过从晶体结构中移除两个相邻的半原子平面而成的。计算模型中包含沿 x 轴方向的位错，并且在位错线方向具有周期性边界条件，同时固定沿 y 轴和 z 轴方向的边界。对于位错Ⅰ，x 轴沿[$1\bar{1}0$]方向，y 轴沿[001]方向，z 轴沿[110]方向。位错Ⅰ、Ⅱ和Ⅲ分别由 22 912 个原子(沿 x、y 和 z 轴模型尺寸分别为 17.2 Å、289.9 Å 和 72.6 Å)、8496 个原子(体积为 $4.9\times178.8\times76.5$ Å^3)和 21 408 个原子($9.8\times510.2\times68.3$ Å^3)构成。在图 4.45 中，顶部原子设定一个速度，但底部原子是固定的。在实验中，SMAT 可以在薄层中产生一个从高值到零的梯度变化的塑性应变(和应变率)。在该方法中顶部的应变率高达 $10^3\sim10^5$ s^{-1}，缩小了 Al_2Cu 块体的体积。远离最顶层的 Al_2Cu(即距顶部约 40 μm 厚)在 SMAT 过程中受到的应变较小，在这种情况下，Al_2Cu 仍能保持粗粒度，但沿滑动面发生的局域分解可以被很好地记录下来。因此，将计算模型的顶部原子沿 y 轴的速度

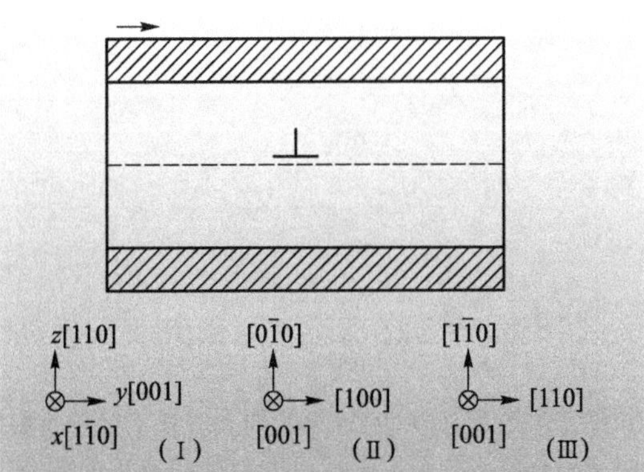

图 4.45　用于 MD 模拟的计算模型示意图。位错用红色⊥标示，蓝色箭头标示出顶部原子的速度方向。顶部原子只允许沿 y 方向水平移动，而底部原子是固定的。图中插图分别标示出位错Ⅰ、Ⅱ和Ⅲ的坐标系，晶体学方向用⊗和箭头表示(陈东等[93])

(v_{top})设为 0.1 m/s。对于位错Ⅰ、Ⅱ和Ⅲ，这样的速度分别对应 $5.79\times10^4\ s^{-1}$、$1.56\times10^5\ s^{-1}$和 $6.15\times10^4 s^{-1}$的应变率(与实验中的应变率相当)。系统中产生的应力从顶部向位于中心平面上的位错传播。采用基于共轭梯度算法的总能量最小化准则对原子结构进行优化，使系统达到平衡。

图 4.46(a)和(b)为模型优化后在$(1\bar{1}0)$面上的原子结构投影图。值得注意

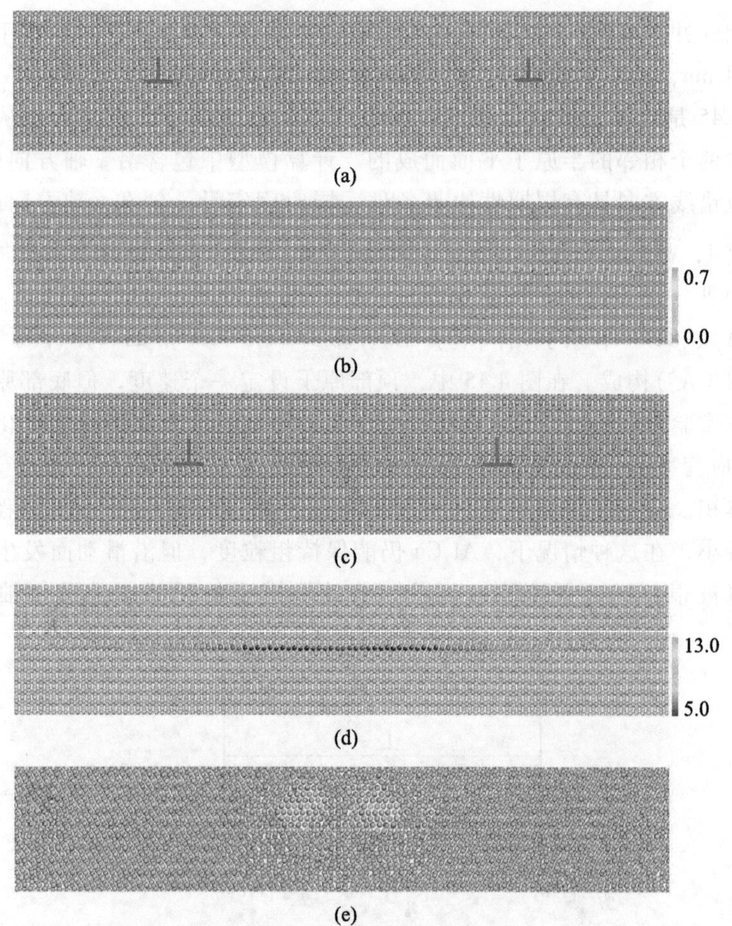

图 4.46　位错Ⅰ在弛豫和应变状态下$(1\bar{1}0)$投影平面上的原子结构投影图：(a) 弛豫完成后的状态，灰色球为铝原子，黄色球为铜原子；(b) 弛豫完成后的状态，用不同颜色显示了在水平方向［001］，即 y 轴上原子所受力的大小，力的大小范围 0.0～0.7 eV/Å；(c) 9000 时间步长；(d) 9000 时间步长，原子根据中心对称参数(CSP)的值着色，值变化范围为 13.0～5.0 $Å^2$；(e) 75 000 时间步长(陈东等[93])。(参见书后彩图)

的是，两个不全位错有着不同的原子排列方式，这是因为在[$1\bar{1}0$]方向上原子的空间排列方式在两个不全位错核心处不同。图 4.46(b)用不同颜色显示在水平方向[001]，即 y 轴上原子所受力的大小，力的大小范围在 0.0~0.7 eV/Å(1 eV/Å = 1.603×10^{-9} N)。结果表明如果施加外部应力，每个不全位错都在核心处受到力的作用，该力集中于(110)面内。图 4.46(c)和(d)为 9000 个时间步长时的原子结构图，表明每个不全位错都可以被驱动并沿[001]方向在(110)面内移动。同时，在外应力作用下，两个不全位错互相靠近。根据针对面心立方(FCC)晶体的理论研究成果[92]，扩展位错距离逐渐接近可能会降低它们的动能，以抵消决定扩展大小的堆垛层错能。图 4.46(d)是根据中心对称参数对原子着色，图中可以看出，此时滑移面已有局域畸变的趋势。也就是说，每个不全位错的运动本质上是一组具有局域畸变的特殊原子排列结构的迁移。

此外，不全位错的运动使得局域畸变的场扩展，这与不全位错运动的状态变化相对应，即每个不全位错的运动变得越来越艰难。最终，局域畸变扩展取代了位错区。图 4.46(e)为第 75 000 时间步长的原子结构图，其中不全位错完全消失。这表明，Al_2Cu [001](110)滑动系中的位错运动导致滑移面周围的化学成分分解和原子结构坍塌。

位错Ⅱ也可以分解成两个不全位错，中间为堆垛层错。图 4.47 为位错Ⅱ在不同时间步长的(001)面原子结构投影图。图 4.47(a)和(e)为模型优化后的原子结构投影图，其中位错伯格斯矢量[100]分解为两个不全位错$\frac{1}{2}$[$1\bar{1}0$]和$\frac{1}{2}$[110]，不全位错间距即堆垛层错宽度约为 6.0 nm。图 4.47 上方的插图为伯格斯矢量方向示意图。在外部应力的作用下，不全位错在($0\bar{1}0$)面内的间距逐渐缩小，它们以相反的方向朝着堆垛层错的原始中心位置移动。图 4.47(b)和(f)为 55 000 时间步长结构图，可以看到两个不全位错的间距减小，使得中间出现无序结构。图 4.47(c)和(g)是 75 000 时间步长，表明当不全位错进一步靠近时，这些无序特征更加显著。至 130 000 时间步长时，已经形成一个显著的无序区域，如图 4.47(d)和(h)所示。继续施加外部应力，无序区的分布越来越广，直至 30 万时间步长。

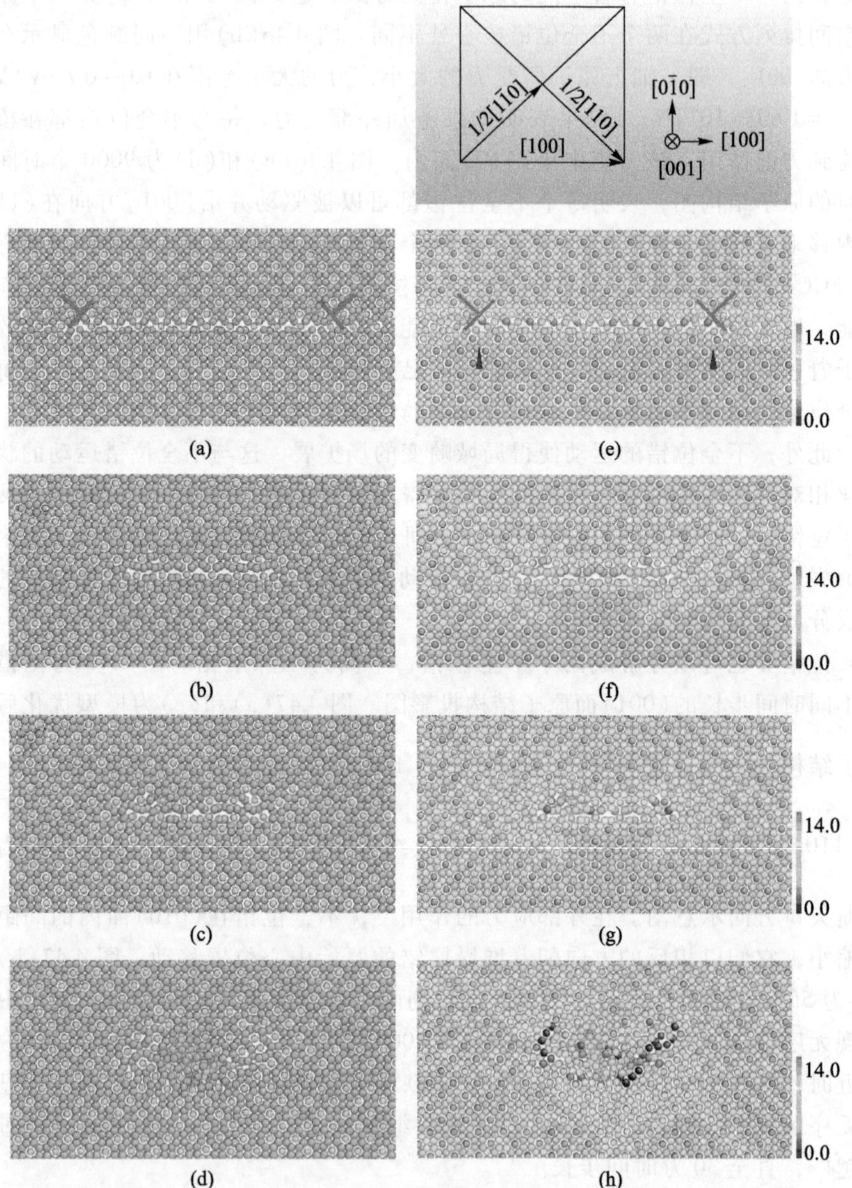

图 4.47　位错Ⅱ在弛豫和应变状态下(001)投影平面上的原子结构投影图：(a)、(e) 弛豫完成后的情况；(b)、(f) 55 000 时间步长在(001)平面上的原子结构投影图；(c)、(g) 75 000 时间步长；(d)、(h) 130 000 时间步长。图(a)~(d)中，灰色球为铝原子，黄色球为铜原子。图(e)~(h)中原子根据中心对称参数(CSP)的值着色，值变化范围 0.0~14.0 Å^2。上方插图为伯格斯矢量方向示意图(陈东等[93])。(参见书后彩图)

位错Ⅲ同样也可以分解成两个不全位错，中间为堆垛层错。每个不全位错的伯格斯矢量为$\frac{1}{2}[110]$。图 4.48 为位错Ⅲ在不同时间步长时的原子结构图。图 4.48(a)和(b)为模型优化后的位错Ⅲ在(001)面上的原子结构投影图，其中两个不全位错的平衡间距约为 24.5 nm。图 4.48(b)中不同颜色显示了沿水平方向([110]即 y 轴)原子所受的力的大小，其大小范围为-2.0~2.0 eV/Å(参照图 4.45 所示的坐标系，如果力沿 y 轴的正方向，则值为正)。结果表明每个不全位错的结构都是非对称的，这是因为$\frac{1}{2}[110]$位错核心结构具有本征非对称性。

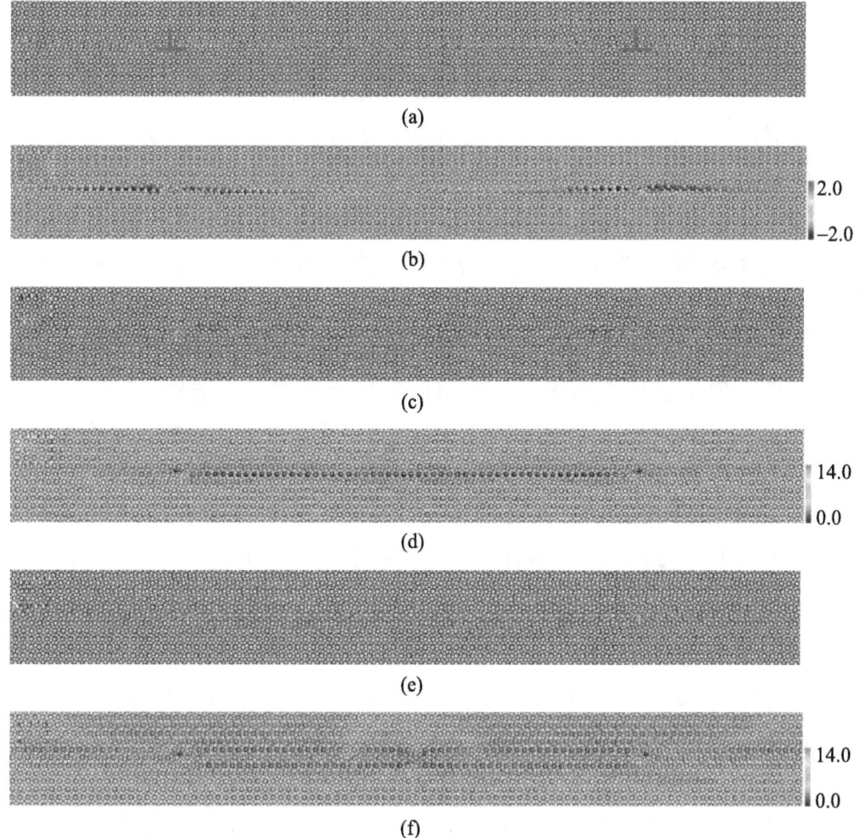

图 4.48 位错Ⅲ在弛豫和应变状态下(001)投影平面上的原子结构投影图：(a) 弛豫完成后的状态，灰色球为铝原子，黄色球为铜原子；(b) 弛豫完成后的状态，不同颜色显示了在水平[110]方向即 y 轴上原子所受力的大小，力的范围为-2.0~2.0 eV/Å；(c)、(d) 6000 时间步长；(e)、(f) 20 000 时间步长。图(d)、(f)中原子根据中心对称参数(CSP)的值着色，值变化范围为 0.0~14.0 $Å^2$(陈东等[93])。(参见书后彩图)

不全位错对外应力的响应缓慢，从而导致结构紊乱。图 4.48(c)和(d)为 6000 时间步长时每一个惰性的不全位错的原子结构。每个不全位错似乎均成为具有巨大应变的无序区。正是这种巨大应变造成了不全位错的“不运动”效应。随着 MD 模拟的进行，原子无序区域会发生扩展。图 4.48(e)和(f)显示在第 20 000 个时间步长时，每个无序区均团聚在每个不全位错的原始位置附近。随着模拟的持续进行，这种无序区可能最终扩展到计算模型的整个范围。

位错Ⅲ的运动行为与位错Ⅰ和位错Ⅱ有很大的不同。在外应力的作用下，位错Ⅰ在滑移面上移动，导致位错核心处键合的断裂，致使滑移面周围发生局域 Cu 偏析。Cu 的迁移势垒(0.28 eV)低于 Al(1.10 eV)，Cu 的原子半径(1.28 Å)小于 Al(1.43 Å)[94]。因此，Cu 原子更容易移动，更倾向于偏析，这取决于局域分解区的断裂键数。相反，位错Ⅲ和Ⅱ具有相似的局域不动性特征。

通过对四方 Al_2Cu 三组滑移系统的分子动力学模拟，可以看出局域微结构演化与位错核心的原子结构密切相关。在复杂合金相中位错芯原子结构在不等价的滑移系中截然不同，使得 Al_2Cu 中不同滑移系的位错行为强烈依赖于它们具体的滑移系类型，并且它们的物理细节差异显著。位错Ⅰ滑移导致它在(110)滑移面上产生局域扭曲，进而破坏位错核心的化学键合结构，致使局域相分解；而对于位错Ⅱ和位错Ⅲ滑移系中的位错，它们在外应力的作用下均不能产生滑动，但位错核心结构会发生扭曲并形成局域无序结构。

一般来说，系统的稳定性和内能成反比，系统的内能越低，系统就越稳定。吉布斯自由能 ΔG 与吉布斯方程 $\Delta G=\Delta H-T\Delta S$ 中的焓变 ΔH 相关，其中，T 是绝对温度，ΔS 是熵变。在我们的 MD 模拟中，T 设为 0.1 K，当与 ΔH 比较时，$T\Delta S$ 可以忽略不计。因此，可以利用焓变 ΔH 来表示滑移系的内能变化。

对于[001](110)、[100]$(0\bar{1}0)$和[110]$(1\bar{1}0)$三种滑移系，计算得到它们的生成焓分别为−224.436 kJ/mol、−222.904 kJ/mol 和−220.731 kJ/mol。在位错核心处，原子间键合并不处于平衡状态，即在其最小焓值下，它们也发生严重畸变，这与理想晶体的键合不同。在计算工作中，定义任何一个时间步长的滑移系统的焓变是此时的焓与模拟过程开始时的焓(即系统的初始焓)之间的差值。

在扩展位错中，堆垛层错所对应的不全位错是影响 fcc 金属变形机制的基本缺陷[95-97]。在理解铝合金中 Al_2Cu 沉淀相内部变形诱导分解的机制时，必须考虑不全位错的运动行为。下面分别选取位错Ⅰ的左部$\left\{\frac{1}{2}[001](110)\right\}$和位错Ⅲ的左部$\left\{\frac{1}{2}[110](1\bar{1}0)\right\}$的不全位错作为代表性实例，并对不同滑移系进行模拟约 30 万时间步长。作为对比，计算中考虑了位错Ⅱ的延展位错，因为它的宽度比位错Ⅰ和位错Ⅲ的宽度小得多。图 4.49 显示了不同滑移系统随时间步长变化的焓变。对于位错Ⅰ的左部不全位错，曲线表示了能量变化的路径，且值均为负。模拟过程中几乎没有出现能量势垒。从开始到约 10 000 时间步长的曲线段，曲线的斜率大，这表明当外部应力作用于系统时，(110)平面上的不全位错几乎没有被驱动。之后，由于滑移面产生了局域畸变，曲线的斜率降低。模拟结果表明，曲线的下降趋势反映出从能量上来看，系统在时间周期内更易发生局域分解。换言之，位错Ⅰ发生相分解在热力学上是有利的。

对于位错Ⅱ和Ⅲ，图 4.49 给出了它们不同的焓变路径。虽然两条曲线有相似之处：都呈稳定上升趋势且有回落。也就是说，当受到外应力的作用，在约 5000 时间步长时，两个系统的原子都可以被驱动形成一个暂时的结构，它具有最小的焓变，且持续时间较短。因此，并不能绝对地将位错Ⅱ和Ⅲ描述为不可滑移。相反，在前面这种情况下，它们仍然可以进行一个暂时的运动(滑移)。经过最低焓状态后，曲线开始上升，由位错本身固有性质决定的阻力引起结构无序。自此，两种体系的原子构型都会在位错核心周围产生一定浓度的无序结构。当 MD 模拟结束时(30 万时间步长)，正的焓变值表明能量上已不利于继续发生改变。在模拟过程中，无序区产生的应力场与每个位错的外应力相互作用，从而使应力增加，进而产生“锚定”位错的晶格应变，实现较低势能的状态。值得强调的是，这里所展示的数据能够适用于施加外部应力的过程，而无需传统的热激活过程。

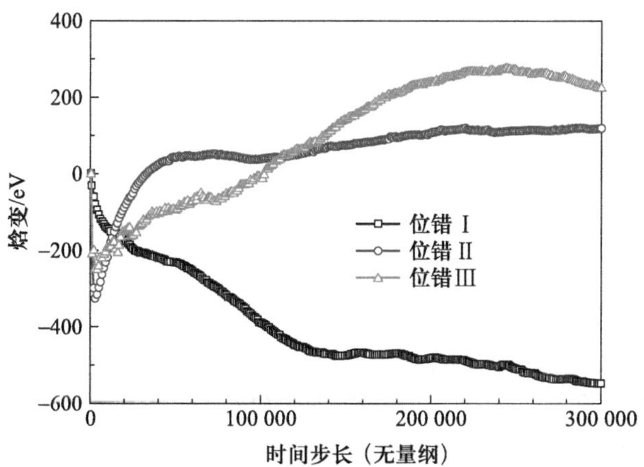

图 4.49　位错Ⅰ、Ⅱ和Ⅲ滑移系统的焓变随时间步长的变化曲线(陈东等[93])

4.5　本章小结

（1）本章介绍的高温合金中的硼化物具有多种结构变体，如 M_2B 型（I4/mcm，Fddd，$P6_222$）、M_3B_2 型（P4/mbm）、M_5B_3 型（I4/mcm）。这些硼化物具有结构上的密切关联，通常以微畴的形式共生在一起。正因为它们在结构上的密切关系，本章在介绍四方结构的同时也讨论了正交和六方结构变体。相信这些硼化物的结构和缺陷类型不是高温合金的特有现象，其他合金体系中的硼化物也会有相同或相似的特征。

（2）四方晶系的重要对称元素是一个 4 次旋转轴或 4 次倒反轴。4 次轴的实验验证类除了可以直接用会聚束电子衍射之外，还可以通过对晶体的倾转来验证，类似于第 3 章介绍的 2 次轴的验证（如图 4.50）。假如我们在实验中得到了图中中间放置的电子衍射图（注意这是一个水平方向的点列和竖直方向的点列互相垂直的等间距二维矩形倒易点阵），以这个晶带轴为基础向左、向右、向上和向下分别倾转一个角度（β），都能得到相同的电子衍射图（如图中的小老鼠），那就说明图中的电子衍射图所处的晶带轴对应的是一个 4 次轴。这里所说的向左和向右或向上和向下分别指绕竖直列或水平列倾转晶体。

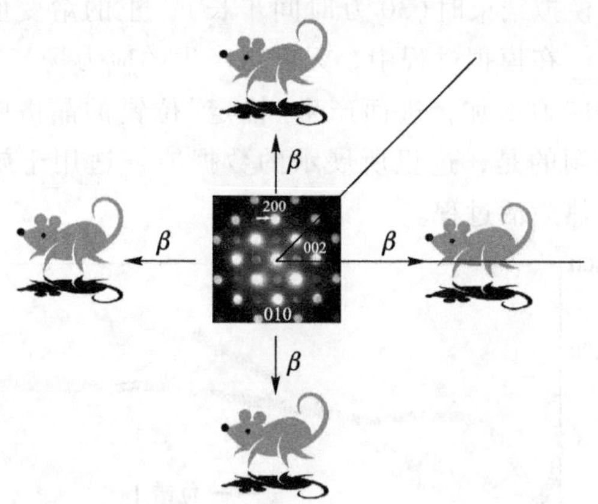

图 4.50　4 次旋转轴的实验验证示意图

（3）四方晶体只有两种布拉维点阵类型，分别为简单点阵（P）和体心点阵（I），它们对应的倒易点阵分别为简单四方和面心四方（图 4.51）。对四方晶体而言，通常取[001]方向为 $\boldsymbol{c}$ 轴，[100]和[010]等价。因此，[001]、[100]和[110]是四方晶系最重要的三个方向，其中[001]垂直于[100]和[110]，[100]和[110]彼此间隔 45°且都垂直于 $\boldsymbol{c}$ 轴。与其他晶系相同，除了有心点阵导致的点阵消光之外，螺旋轴和滑移面也会导致电子衍射图上的某些衍射点消光，所有这些消光规律都是我们判断空间群的重要依据。在此以四方 Al_3Ti 为例，总结一下如何根据电子衍射信息判断可能的空间群：图 4.52(a)~(c)是四方 Al_3Ti 三个最重要方向的电子衍射图。实际上，根据[001]和[100]并结合[110]晶带轴的电子衍射图可以判断其具有体心四方点阵。通过会聚束电子衍射[图 4.52(d)~(f)]发现，在垂直于 $\boldsymbol{a}^*$、$\boldsymbol{c}^*$、$[110]^*$ 方向上都有一个镜面，因此可以判断其点群为 4/mmm。四方晶系特殊的投影方向依次为[001]、[100]、[110]，所以，该相可能的空间群为 I4/m 2/m 2/m，简写为 I4/mmm。

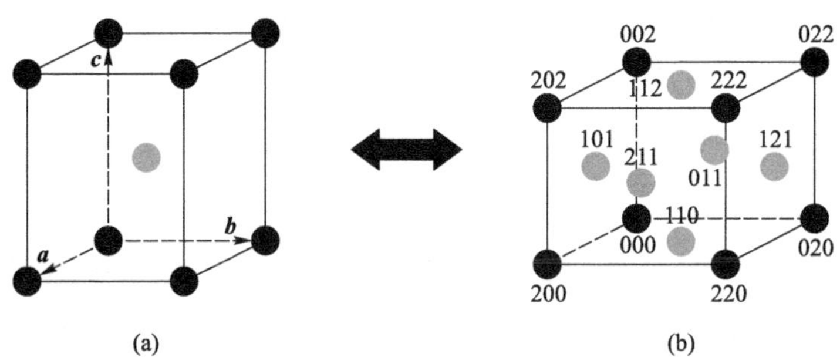

图 4.51 体心四方晶体(a)及其倒易点阵(b)

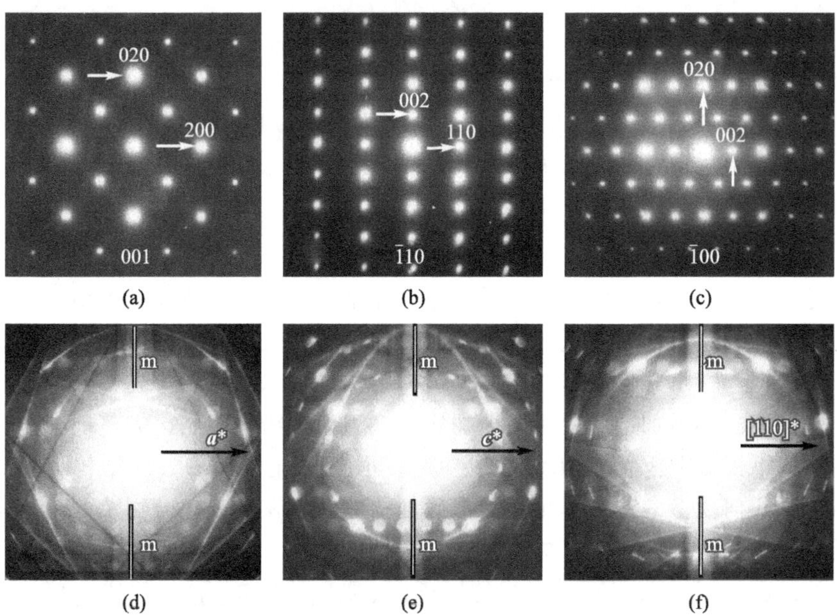

图 4.52 Al_3Ti 点阵类型及空间群的判断。根据[001]和[100]并结合[110]晶带轴的电子衍射图，可以判断其具有体心四方点阵。通过会聚束电子衍射，推断其点群为 4/mmm。点阵类型结合点群信息，可知空间群为 I4/mmm(马秀良等[98])

(4) 本章讨论了 Al_2Cu 化合物中分属三组不同滑移系的位错动力学行为，重点是证明位错运动行为与位错结构紧密相连。实际上，位错普遍存在于单质金属、合金、化合物、陶瓷等多种材料体系中(图 4.53)，它在工程材料的塑性变形及使役过程中起着至关重要的作用。早在 20 世纪四五十年代，凝聚态物理学家就提出了晶体中有关位错的理论，并把位错与晶体在生长当中的某些特定现象以及材料的机械性能定性地联系起来[99-101]，随后有关位错理论的论著相继问世[102,103]。然而，对位错的直接观察和实验验证直到当时新一代电子显微镜的出现才得以实现。1956 年，Menter[104]、Hirsch 等[105] 以及 Bollmann[106] 分别利用透射电子显微镜在铂、铝以及不锈钢中直接观察到位错的点阵像和衍衬像，这是位错理论提出后人们首次对位错的直接认识和实验验证。

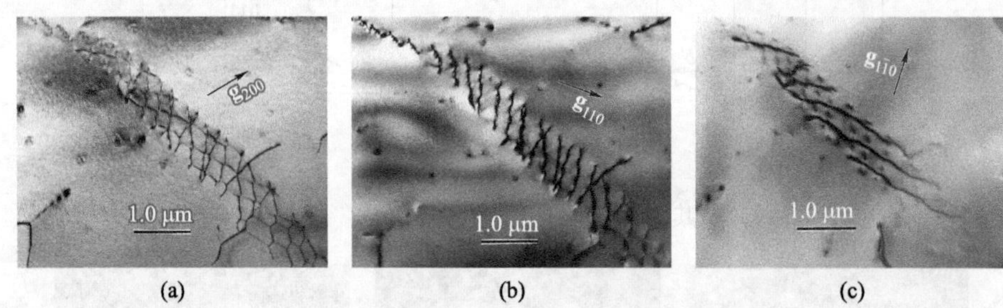

图 4.53　Al_2Cu 晶体中伯格斯矢量分别为[110]和[$1\bar{1}0$]两组平行位错构成的位错网格。利用(200)衍射斑点成像，两组相互垂直的位错同时出现；利用(110)斑点成像，只有伯格斯矢量为[110]的一组位错出现；利用($1\bar{1}0$)斑点成像，伯格斯矢量为[$1\bar{1}0$]的一组位错出现①

通常情况下，描述一个位错需要包含几个特征参量：位错的类型、伯格斯矢量的方向及其伯格斯矢量的大小。人们在讨论单质金属中的位错时，通常把一个原子视为一个几何阵点，这样，位错结构就可以由特定排列的几何阵点示意地来描述，如增加半个原子面即构成一个刃型位错。但是，完整地描述一个位错结构不仅需要上面这几个基本参量，也离不开位错核心的结构信息。因此，基于几何模型的位错理论不能准确地描述位错在复杂化合物及合金相中的原子组态及其运动行为。其原因是在复杂结构相中，布拉维点阵中的一个阵点表示的是由多组元和多原子组成的原子团(或称结构单元)，位错芯部的原子结构不能用简单的几何模型表示。同类或异类原子在位错的核芯处需要进行重

① 马秀良 1996 年未公开发表的工作。

新组合甚至形成非化学计量比的新的结构单元从而达到降低弹性应力场的作用，因此位错核芯处的原子组态以及滑移形式随位错类型、相的成分以及具体的晶体结构等一些参量而变化，位错的应力场也会随之变化。例如，在复杂合金相方面，Chisholm 等[107]在对 Cr_2Hf 拉弗斯相中位错核芯和层错结构的原子序数衬度像的研究中直接观察到同步 Shockley 不全位错，证实了在拉弗斯相中，Shockley 不全位错的运动是通过在相邻两个原子面上以两个不同方向上的同步剪切实现的，从而解释了拉弗斯相的形变以及相变机理。在对陶瓷材料微结构的研究方面，Shibata 等[108]通过高角度环状暗场像和明场像技术得到了α-Al_2O_3 中 Al 原子和 O 原子的亚点阵，他们发现α-Al_2O_3 的基面刃型位错可以分解成两个不全位错，其中一个不全位错的多余半原子面中止于 Al 原子，而另一个不全位错的半原子面中止于 O 原子。因此，每个不全位错都存在着过剩 Al 原子或者 O 原子产生的非化学计量比的位错核芯。当不全位错移动时，必然伴随着 Al 原子或者 O 原子的扩散。这种非化学计量比不全位错的存在解释了α-Al_2O_3 在低温下由于位错运动受阻所引起的脆性以及在高温下由于位错的开动而导致的韧性。这种位错结构造成了局域成分偏离化学计量比，但仍保持了材料的整体电荷平衡。总之，Cr_2Hf 拉弗斯相和α-Al_2O_3 陶瓷中的位错结构以及它们的运动行为都难以用基于单质金属的位错模型来解释。

为了满足强度要求，实际使用的工程金属材料都是合金，如钢、高温合金、Al 合金、Mg 合金、Ti 合金等。典型的合金强化机制有固溶强化、沉淀强化等。所谓沉淀强化通常指的是具有复杂结构的小尺度的第二相颗粒弥散分布于基体材料中，由于它们阻碍位错的滑移从而提高了材料的强度。不过这些所谓的强化颗粒也会在长期的使役过程中被位错切割、变形，甚至是分解，从而破坏了原有的强化机制甚至造成材料失效。从显微学的角度来看，复杂合金相的溶解过程主要是由位错运动以及这种运动对材料局域化学成分的调制所控制。为了正确地描述复杂合金相中的位错组态及其滑移行为，需要在传统的位错几何模型的基础上考虑多组元化学成分的因素。不同的合金体系或不同的晶体结构即使有相同的位错类型(如同为刃型位错)，其位错芯部的结构也截然不同，这明显不同于单质金属。近年来发展起来的具有亚埃尺度分辨能力的像差校正电子显微技术为揭示其内在机制提供了可能。可以预期，在原子尺度下对复杂合金相中位错核心结构的直接观测不仅具有科学意义，而且对理解工程合金在使役过程中的结构演化规律(尤其是位错滑移和化合物分解之间的内在关联)也具有一定的参考价值，对如何利用可控塑性变形来优化工程材料的力学性能也会有一定的帮助。

(5) 本书主要讨论复杂合金相的结构与缺陷，没有涉及一些功能氧化物及其在应变条件下的微结构问题。钙钛矿型 $PbTiO_3$ 是具有四方结构的铁电氧化物，该类结构中阴阳离子中心不重叠使得在其单胞内产生电极化。在一定的应变条件下(如外延生长在一定衬底上)，铁电氧化物中可以产生一系列丰富的拓扑畴结构(图 4.54)。像差校正电子显微技术的兴起使科学家有机会在亚埃尺度下实现轻重元素、阴阳离子等同时成像，甚至可以从具有超高空间分辨率的实验图像中通过定量电子显微学方法提取出其他方法所不能得到的新的物理特性信息。读者如有兴趣进行扩展阅读，可参阅作者团队近年来基于像差校正电子显微成像的相关工作[109-123]。

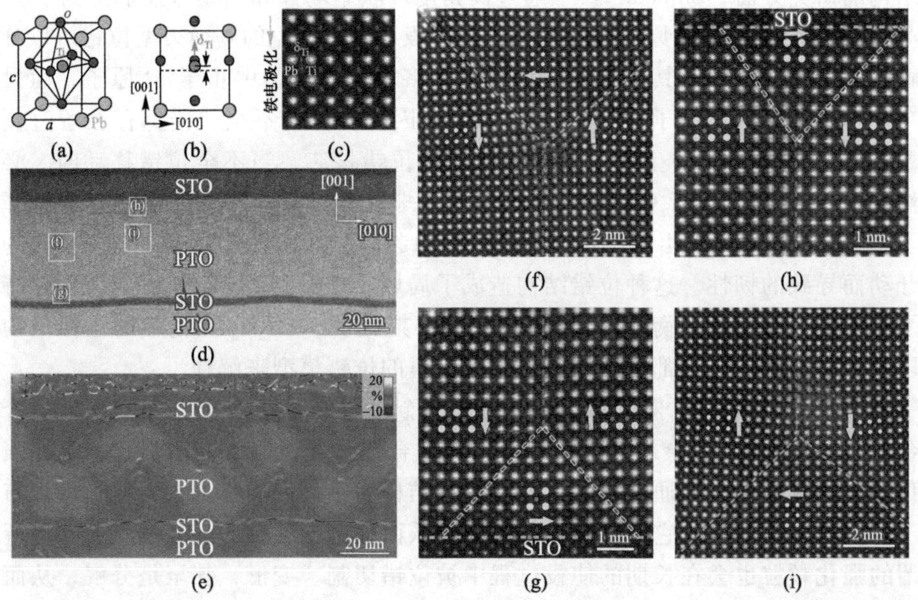

图 4.54　生长在钪酸盐衬底上的超薄 $PbTiO_3$ 铁电薄膜。利用具有原子尺度分辨能力的像差校正电子显微术，不仅发现通量全闭合畴结构及其新奇的原子构型图谱，而且还观察到由顺时针和逆时针闭合结构交替排列所构成的大尺度周期性阵列(唐云龙、朱银莲等[109])。(参见书后彩图)

参考文献

[1]　Floreen S, Davidson J M. The effects of B and Zr on the creep and fatigue crack growth behavior of a Ni-base superalloy. Metall. Trans. A, 1983, 14(4): 895-901.

[2]　Xiao L, Chaturvedi M C, Chen D L. Effect of boron on the low-cycle fatigue behavior and deformation structure of INCONEL 718 at 650 C. Metall. Mater. Trans. A, 2004, 35(11): 3477-3487.

[3] Xiao L, Chaturvedi M C, Chen D L. Low-cycle fatigue behavior of INCONEL 718 superalloy with different concentrations of boron at room temperature. Metall. Mater. Trans. A, 2005, 36(10): 2671-2684.

[4] Xiao L, Chen D L, Chaturvedi M C. Effect of boron and carbon on thermomechanical fatigue of IN 718 superalloy. Part Ⅰ. Deformation behavior. Mater. Sci. Eng., A, 2006, 437(2): 157-171.

[5] Mukherji D, Rösler J, Krüger M, et al. The effects of boron addition on the microstructure and mechanical properties of Co-Re-based high-temperature alloys. Scr. Mater., 2012, 66(1): 60-63.

[6] Mo W, Hu X, Lu S, et al. Effects of boron on the microstructure, ductility-dip-cracking, and tensile properties for NiCrFe-7 weld metal. Journal of Materials Science & Technology, 2015, 31(12): 1258-1267.

[7] Zhao Y S. In Superalloys. New York: John Wiley & Sons Inc, 2016.

[8] Kontis P, Yusof H A M, Pedrazzini S, et al. On the effect of boron on grain boundary character in a new polycrystalline superalloy. Acta Mater., 2016, 103: 688-699.

[9] Kontis P, Pedrazzini S, Gong Y, et al. The effect of boron on oxide scale formation in a new polycrystalline superalloy. Scr. Mater., 2017, 127: 156-159.

[10] Antonov S, Huo J, Feng Q, et al. The effect of Nb on grain boundary segregation of B in high refractory Ni-based superalloys. Scr. Mater., 2017, 138: 35-38.

[11] Shinagawa K, Omori T, Oikawa K, et al. Ductility enhancement by boron addition in Co-Al-W high-temperature alloys. Scr. Mater., 2009, 61(6): 612-615.

[12] Li N, Sun W, Xu Y, et al. Effect of P and B on the creep behavior of alloy 718. Mater. Lett., 2006, 60(17-18): 2232-2235.

[13] Ping D H, Gu Y F, Cui C Y, et al. Grain boundary segregation in a Ni-Fe-based (Alloy 718) superalloy. Mater. Sci. Eng. A, 2007, 456(1-2): 99-102.

[14] Zhou P J, Yu J J, Sun X F, et al. The role of boron on a conventional nickel-based superalloy. Mater. Sci. Eng. A, 2008, 491(1-2): 159-163.

[15] Tytko D, Choi P-P, Klöwer J, et al. Microstructural evolution of a Ni-based superalloy (617B) at 700 ℃ studied by electron microscopy and atom probe tomography. Acta Mater., 2012, 60(4): 1731-1740.

[16] Alam T, Felfer P J, Chaturvedi M, et al. Segregation of B, P, and C in the Ni-based superalloy, inconel 718. Metall. Mater. Trans. A, 2012, 43(7): 2183-2191.

[17] Zhang H-R, Ojo O A. Cr-rich nanosize precipitates in a standard heat-treated Inconel 738 superalloy. Philos. Mag., 2010, 90(6): 765-782.

[18] Sheng N, Hu X, Liu J, et al. M_3B_2 and M_5B_3 formation in diffusion-affected zone during transient liquid phase bonding single-crystal superalloys. Metall. Mater. Trans. A, 2015, 46(4): 1670-1677.

[19] Du B, Shi Z, Yang J, et al. M_5B_3 boride at the grain boundary of a nickel-based

superalloy. Journal of Materials Science & Technology, 2016, 32(3): 265-270.

[20] Beattie H J. The crystal structure of an M_3B_2-type double boride. Acta Crystallogr., 1958, 11(9): 607-609.

[21] Garcia-Borquez A, Kesternich W. TEM-studies on the borides formed in an austenitic steel with 38 ppm boron. Scripta metallurgica, 1985, 19(1): 57-62.

[22] Goldfarb I, Kaplan W D, Ariely S, et al. Fault-induced polytypism in (Cr, Fe)2B. Philos. Mag. A, 1995, 72(4): 963-979.

[23] Kaufman M J, Levit V I. Characterization of chromium boride precipitates in the commercial superalloy GTD 111 after long-term exposure. Philos. Mag. Lett., 2008, 88(4): 259-267.

[24] Bourgeois L, Dwyer C, Weyland M, et al. Structure and energetics of the coherent interface between the θ′ precipitate phase and aluminium in Al-Cu. Acta Mater., 2011, 59(18): 7043-7050.

[25] Kishida K, Yokobayashi H, Inui H, et al. The crystal structure of the LPSO phase of the 14H-type in the Mg-Al-Gd alloy system. Intermetallics, 2012, 31: 55-64.

[26] Wenner S, Marioara C D, Ramasse Q M, et al. Atomic-resolution electron energy loss studies of precipitates in an Al-Mg-Si-Cu-Ag alloy. Scr. Mater., 2014, 74: 92-95.

[27] Rosalie J M, Dwyer C, Bourgeois L. On chemical order and interfacial segregation in γ′ ($AlAg_2$) precipitates. Acta Mater., 2014, 69: 224-235.

[28] Egami M, Abe E. Structure of a novel Mg-rich complex compound in Mg-Co-Y ternary alloys. Scr. Mater., 2015, 98: 64-67.

[29] Jin Q Q, Shao X H, Hu X B, et al. New polytypes of long-period stacking ordered structures in a near-equilibrium $Mg_{97}Zn_1Y_2$ alloy. Philos. Mag. Lett., 2017, 97(5): 180-187.

[30] Jin Q Q, Shao X H, Hu X B, et al. New polytypes of LPSO structures in an Mg-Co-Y alloy. Philos. Mag., 2017, 97(1): 1-16.

[31] Hu X B, Zhu Y L, Ma X L. Crystallographic account of nano-scaled intergrowth of M2B-type borides in nickel-based superalloys. Acta Mater., 2014, 68: 70-81.

[32] Hu X B, Zhu Y L, Sheng N C, et al. The Wyckoff positional order and polyhedral intergrowth in the M_3B_2- and M_5B_3-type boride precipitated in the Ni-based superalloys. Scientific Reports, 2014, 4(1): 1-9.

[33] Hu X B, Zhu Y L, Shao X H, et al. Atomic configurations of various kinds of structural intergrowth in the polytypic M_2B-type boride precipitated in the Ni-based superalloy. Acta Mater., 2015, 100: 64-72.

[34] Hu X B, Zhou L Z, Hou J S, et al. Interfacial precipitation of the M_5B_3-type boride in Ni-based superalloys. Philos. Mag. Lett., 2016, 96(7): 273-279.

[35] Hu X B, Niu H Y, Ma X L, et al. Atomic-scale observation and analysis of chemical ordering in M_3B_2 and M_5B_3 borides. Acta Mater., 2018, 149: 274-284.

[36] Hou J S, Guo J T, Yang G X, et al. The microstructural instability of a hot corrosion resistant superalloy during long-term exposure. Mater. Sci. Eng., A, 2008, 498(1-2): 349-358.

[37] Sheng N C, Liu J D, Jin T, et al. Wide gap TLP bonding a single-crystal superalloy: Evolution of the L/S interface morphology and formation of the isolated grain boundaries. Metall. Mater. Trans. A, 2013, 44(4): 1793-1804.

[38] Frank F C t, Kasper J S. Complex alloy structures regarded as sphere packings. Ⅰ. Definitions and basic principles. Acta Crystallogr., 1958, 11(3): 184-190.

[39] Frank F C t, Kasper J S. Complex alloy structures regarded as sphere packings. Ⅱ. Analysis and classification of representative structures. Acta Crystallogr., 1959, 12(7): 483-499.

[40] 叶恒强，李斗星，郭可信. 高温合金中的拓扑密堆相：新相及畴结构. 金属学报，1986，22(1)：A1-A43.

[41] Dudzinski W, Morniroli J P, Gantois M. Stacking faults in chromium, iron and vanadium mixed carbides of the type M_7C_3. J. Mater. Sci., 1980, 15(6): 1387-1401.

[42] Morniroli J P, Bauer-Grosse E, Gantois M. Crystalline defects in M_7C_3 carbides. Philos. Mag. A, 1983, 48(3): 311-327.

[43] Morniroli J P, Khachfi M, Courtois A, et al. Observations of non-periodic and periodic defect structures in M_7C_3 carbides. Philos. Mag. A, 1987, 56(1): 93-113.

[44] Lundstrom T. Structure, defects and properties of some refractory borides. Pure Appl. Chem., 1985, 57(10): 1383-1390.

[45] De Graef M, Löfvander J P A, Levi C G. The structure of complex monoborides in γ-TiAl alloys with Ta and B additions. Acta metallurgica et materialia, 1991, 39(10): 2381-2391.

[46] De Graef M, Löfvander J P A, McCullough C, et al. The evolution of metastable B borides in a Ti-Al-B alloy. Acta metallurgica et materialia, 1992, 40(12): 3395-3406.

[47] Kooi B J, Pei Y T, De Hosson J T M. The evolution of microstructure in a laser clad TiB-Ti composite coating. Acta Mater., 2003, 51(3): 831-845.

[48] 马秀良，胡肖兵. 高温合金中硼化物精细结构的高空间分辨电子显微学研究. 金属学报，2018，54(11)：1503-1524.

[49] Gingl F, Selvam P, Yvon K. Structure refinement of Mg_2Cu and a comparison of the Mg_2Cu, Mg_2Ni and Al_2Cu structure types. Acta Crystallogr. Sect. B: Struct. Sci., 1993, 49(2): 201-203.

[50] Hu X B, Sheng N C, Zhu Y M, et al. Atomic-scale investigation of the borides precipitated in a transient liquid phase-bonded Ni-based superalloy. Metall. Mater. Trans. A, 2020, 51(4): 1689-1698.

[51] Zhang W Z, Purdy G R. O-lattice analyses of interfacial misfit. Ⅰ. General considerations. Philos. Mag. A, 1993, 68(2): 279-290.

[52] Zhang W Z, Purdy G R. O-lattice analyses of interfacial misfit. Ⅱ. Systems containing invariant lines. Philos. Mag. A, 1993, 68(2): 291-303.

[53] Zhang W Z, Weatherly G C. A comparative study of the theory of the O-lattice and the phenomenological theory of martensite crystallography to phase transformations. Acta Mater., 1998, 46(6): 1837-1847.

[54] Zhang W Z, Weatherly G C. On the crystallography of precipitation. Progress in materials science, 2005, 50(2): 181-292.

[55] Zhang M, Zhang W Z. Interpretation of the orientation relationship and habit plane orientation of the equilibrium β-phase in an Mg-Y-Nd alloy. Scr. Mater., 2008, 59(7): 706-709.

[56] Zhang M, Zhang W Z, Zhu G Z. The morphology and crystallography of polygonal Mg_2Sn precipitates in a Mg-Sn-Mn-Si alloy. Scr. Mater., 2008, 59(8): 866-869.

[57] Dahmen U, Ferguson P, Westmacott K H. Invariant line strain and needle-precipitate growth directions in Fe-Cu. Acta Metall., 1984, 32(5): 803-810.

[58] Xiao S Q, Howe J M. Analysis of a two-dimensional invariant line interface for the case of a general transformation strain and application to thin-film interfaces. Acta Mater., 2000, 48(12): 3253-3260.

[59] Nie J F. Orientation relationship, shape change and their traces in electron diffraction patterns and high-resolution transmission electron microscopy images. Acta Mater., 2008, 56(13): 3169-3176.

[60] Gavriljuk V G. Decomposition of cementite in pearlitic steel due to plastic deformation. Mater. Sci. Eng. A, 2003, 345(1-2): 81-89.

[61] Languillaume J, Kapelski G, Baudelet B. Cementite dissolution in heavily cold drawn pearlitic steel wires. Acta Mater., 1997, 45(3): 1201-1212.

[62] Ivanisenko Y, Lojkowski W, Valiev R Z, et al. The mechanism of formation of nanostructure and dissolution of cementite in a pearlitic steel during high pressure torsion. Acta Mater., 2003, 51(18): 5555-5570.

[63] Zhou L, Liu G, Ma X L, et al. Strain-induced refinement in a steel with spheroidal cementite subjected to surface mechanical attrition treatment. Acta Mater., 2008, 56(1): 78-87.

[64] Embury J D, Fisher R M. The structure and properties of drawn pearlite. Acta Metall., 1966, 14(2): 147-159.

[65] Murayama M, Horita Z, Hono K. Microstructure of two-phase Al-1.7 at.% Cu alloy deformed by equal-channel angular pressing. Acta Mater., 2001, 49(1): 21-29.

[66] Hutchinson C R, Loo P T, Bastow T J, et al. Quantifying the strain-induced dissolution of precipitates in Al alloy microstructures using nuclear magnetic resonance. Acta Mater., 2009, 57(19): 5645-5653.

[67] Senkov O N, Froes F H, Stolyarov V V, et al. Microstructure and microhardness of an

Al-Fe alloy subjected to severe plastic deformation and aging. Nanostructured materials, 1998, 10(5): 691-698.

[68] Cabibbo M, Evangelista E, Vedani M. Influence of severe plastic deformations on secondary phase precipitation in a 6082 Al-Mg-Si alloy. Metall. Mater. Trans. A, 2005, 36(5): 1353-1364.

[69] Horita Z, Ohashi K, Fujita T, et al. Achieving high strength and high ductility in precipitation-hardened alloys. Adv. Mater., 2005, 17(13): 1599-1602.

[70] Xu C, Furukawa M, Horita Z, et al. Influence of ECAP on precipitate distributions in a spray-cast aluminum alloy. Acta Mater., 2005, 53(3): 749-758.

[71] Lendvai J, Gudladt H J, Gerold V. The deformation-induced dissolution of δ1 precipitates in Al-Li alloys. Scripta metallurgica, 1988, 22(11): 1755-1760.

[72] Brechet Y, Louchet F, Marchionni C, et al. Experimental (TEM and STEM) investigation and theoretical approach to the fatigue-induced dissolution of δ′ precipitates in a 2.5 wt% Al-Li alloy. Philos. Mag. A, 1987, 56(3): 353-366.

[73] Orowan E. Symposium on internal stresses in metals and alloys, October 15~16, 1947. London: Institute of Metals, London, 1948.

[74] Kelly A. Precipitation hardening. Progress in Material Science, 1963, 10: 151-391.

[75] Bacon D J, Kocks U F, Scattergood R O. The effect of dislocation self-interaction on the Orowan stress. Philos. Mag., 1973, 28(6): 1241-1263.

[76] Gleiter H, Hornbogen E. Beobachtung der Wechselwirkung von Versetzungen mit kohärenten geordneten Zonen (Ⅱ). physica status solidi (b), 1965, 12(1): 251-264.

[77] Gerold V, Haberkorn H. On the critical resolved shear stress of solid solutions containing coherent precipitates. Physica Status Solidi (B), 1966, 16(2): 675-684.

[78] Srolovitz D J, Petkovic-Luton R A, Luton M J. Edge dislocation-circular inclusion interactions at elevated temperatures. Acta Metall., 1983, 31(12): 2151-2159.

[79] Gridnev V, Gavrilyuk V. Cementite decomposition in steel under plastic deformation (a review). Phys. Metals, 1982, 4(3): 531-551.

[80] Shabashov V A, Korshunov L G, Mukoseev A G, et al. Deformation-induced phase transitions in a high-carbon steel. Mater. Sci. Eng. A, 2003, 346(1-2): 196-207.

[81] Sauvage X, Ivanisenko Y. The role of carbon segregation on nanocrystallisation of pearlitic steels processed by severe plastic deformation. J. Mater. Sci., 2007, 42(5): 1615-1621.

[82] 李智. 形变导致渗碳体(Fe3C)分解的电子显微学研究. 沈阳: 中国科学院金属研究所, 2009.

[83] Yang B, Zhou Y T, Chen D, et al. Local decomposition induced by dislocation motions inside precipitates in an Al-alloy. Scientific Reports, 2013, 3(1): 1-6.

[84] Cullity B D, Stock S R. Elements of X-Ray Diffraction. 3rd ed. Englewood Cliffs: Prentice-Hall, 2001.

[85] Foerster C E, Fitz T, Dekorsy T, et al. Carbon ion implantation into pure aluminium at

low fluences. Surf. Coat. Technol., 2005, 192(2-3): 317-322.

[86] Bradley A J t, Jones P. An X-ray investigation of the copper-aluminium alloys. J. Inst. Met., 1933, 51(1): 131-157.

[87] Straumanis M E. The precision determination of lattice constants by the powder and rotating crystal methods and applications. J. Appl. Phys., 1949, 20(8): 726-734.

[88] Hadj Belgacem C, Fnaiech M, Loubradou M, et al. HRTEM observation of a <113> θ low angle tilt boundary in the Al-Al_2Cu (θ) eutectic composite. Physica Status Solidi (A), 2002, 189(1): 183-196.

[89] Bonnet R, Loubradou M. Crystalline defects in a BCT Al_2Cu (θ) single crystal obtained by unidirectional solidification along [001]. Physica Status Solidi (A), 2002, 194(1): 173-191.

[90] Kelchner C L, Plimpton S J, Hamilton J C. Dislocation nucleation and defect structure during surface indentation. Phys. Rev. B, 1998, 58(17): 11085-11088.

[91] Ferreira P J, Müllner P. A thermodynamic model for the stacking-fault energy. Acta Mater., 1998, 46(13): 4479-4484.

[92] Gilman J J. Contraction of extended dislocations at high speeds. Mater. Sci. Eng. A, 2001, 319: 84-86.

[93] Chen D, Ma X L. Local decomposition induced by dislocation motions inside tetragonal Al_2Cu compound: Slip system-dependent dynamics. Scientific Reports, 2013, 3(1): 1-6.

[94] Liu C L, Liu X Y, Borucki L J. Defect generation and diffusion mechanisms in Al and Al-Cu. Appl. Phys. Lett., 1999, 74: 34-36.

[95] Yamakov V, Wolf D, Phillpot S R, et al. Dislocation processes in the deformation of nanocrystalline aluminium by molecular-dynamics simulation. Nat. Mater., 2002, 1(1): 45-49.

[96] Chen M, Ma E, Hemker K J, et al. Deformation twinning in nanocrystalline aluminum. Science, 2003, 300(5623): 1275-1277.

[97] Hunter A, Zhang R F, Beyerlein I J, et al. Dependence of equilibrium stacking fault width in fcc metals on the γ-surface. Modelling and Simulation in Materials Science and Engineering, 2013, 21(2): 025015.

[98] Ma X L, Zhu Y L, Wang X H, et al. Microstructural characterization of bulk Ti_3AlC_2 ceramics. Philos. Mag., 2004, 84(28): 2969-2977.

[99] Heidenreich R D, Shockley W. Report of a conference on the strength of solids. London: Physical Society, 1948: 57-75.

[100] Burton W K, Cabrera N, Frank F C. Role of dislocations in crystal growth. Nature, 1949, 163(4141): 398-399.

[101] Cottrell A H. LX. The formation of immobile dislocations during slip. Philosophical Magazine, 1952, 43(341): 645-647.

[102] Cottrell A H. Dislocations and Plastic Flow in Crystals. Oxford: Clarendon Press, 1953.

[103] Read W T. Dislocations in Crystals. New York: McGraw-Hill, 1954.

[104] Menter J W. The direct study by electron microscopy of crystal lattices and their imperfections. Proceedings of the Royal Society of London. Series A. 1956, 236(1204): 119-135.

[105] Hirsch P B, Horne R W, Whelan M J. Direct observations of the arrangement and motion of dislocations in aluminium. Philos. Mag., 1956, 1(7): 677-684.

[106] Bollmann W. Interference effects in the electron microscopy of thin crystal foils. Physical Review, 1956, 103(5): 1588.

[107] Chisholm M F, Kumar S, Hazzledine P. Dislocations in complex materials. Science, 2005, 307(5710): 701-703.

[108] Shibata N, Chisholm M F, Nakamura A, et al. Nonstoichiometric dislocation cores in α-alumina. Science, 2007, 316(5821): 82-85.

[109] Tang Y L, Zhu Y L, Ma X L, et al. Observation of a periodic array of flux-closure quadrants in strained ferroelectric $PbTiO_3$ films. Science, 2015, 348 (6234): 547-551.

[110] Liu Y, Tang Y L, Zhu Y L, et al. Spatial coupling of ferroelectric domain walls and crystallographic defects in the $PbTiO_3$ films. Adv. Mater. Interfaces, 2016, 3 (15): 1600342.

[111] Tang Y L, Zhu Y L, Ma X L. On the benefit of aberration-corrected HAADF-STEM for strain determination and its application to tailoring ferroelectric domain patterns. Ultramicroscopy, 2016, 160: 57-63.

[112] Li S, Zhu Y L, Tang Y L, et al. Thickness-dependent a1/a2 domain evolution in ferroelectric $PbTiO_3$ films. Acta Mater., 2017, 131: 123-130.

[113] Wang Y J, Zhu Y L, Ma X L. Chiral phase transition at 180 domain walls in ferroelectric $PbTiO_3$ driven by epitaxial compressive strains. J. Appl. Phys., 2017, 122 (13): 134104.

[114] Liu Y, Wang Y J, Zhu Y L, et al. Large scale two-dimensional flux-closure domain arrays in oxide multilayers and their controlled growth. Nano Lett., 2017, 17 (12): 7258-7266.

[115] Zhang S, Zhu Y, Tang Y, et al. Giant polarization sustainability in ultrathin ferroelectric films stabilized by charge transfer. Adv. Mater., 2017, 29(46): 1703543.

[116] Zhang S R, Guo X W, Tang Y L, et al. Polarization rotation in ultrathin ferroelectrics tailored by interfacial oxygen octahedral coupling. ACS Nano, 2018, 12 (4): 3681-3688.

[117] Tang Y L, Zhu Y L, Wang Y J, et al. Multiple strains and polar states in $PbZr_{0.52}Ti_{0.48}O_3$/$PbTiO_3$ superlattices revealed by aberration-corrected HAADF-STEM imaging. Ultramicroscopy, 2018, 193: 84-89.

[118] Zou M J, Tang Y L, Zhu Y L, et al. Anisotropic strain: A critical role in domain

evolution in (111)-Oriented ferroelectric films. Acta Mater., 2019, 166: 503-511.

[119] Li S, Wang Y J, Zhu Y L, et al. Evolution of flux-closure domain arrays in oxide multilayers with misfit strain. Acta Mater., 2019, 171: 176-183.

[120] Tang Y L, Zhu Y L, Ma X L, et al. A coherently strained monoclinic [111] $PbTiO_3$ film exhibiting zero poisson's ratio state. Adv. Funct. Mater., 2019, 29(35): 1901687.

[121] Wang Y J, Feng Y P, Zhu Y L, et al. Polar meron lattice in strained oxide ferroelectrics. Nat. Mater., 2020, 19(8): 881-886.

[122] Tang Y L, Zhu Y L, Ma X L. Topological polar structures in ferroelectric oxide films, J. Appl. Phys., 2021, 129, 200904.

[123] Gong F H, Tang Y L, Zhu Y L, et al., Atomic mapping of periodic dipole waves in ferroelectric oxide. Sci. Adv., 2021, 7, eabg 5503.

第 5 章

具有六方、三方和菱方点阵的复杂合金相

5.1 六方晶系和三方晶系的晶体学特征

5.1.1 六方晶系

六方晶系的定义是具有单一的 6 次旋转轴或 $\overline{6}$ 旋转倒反轴的晶系。根据这样的定义，立刻就会出现一个概念性问题，即 $\overline{6}$ 等效于 3 次非真旋转轴，或者说，等效于带有垂直镜面的 3 次真旋转轴 (3/m)。也就是说，六方晶系可以用 6 次轴描述，也可以用结合其他对称操作的 3 次轴描述，而究竟用哪一种方法，这里可能有些混乱[1]。

根据对称操作，6 或 $\overline{6}$ 对称性导致 $\boldsymbol{a}$ 轴和 $\boldsymbol{b}$ 轴互成 120°；$\boldsymbol{a}$ 和 $\boldsymbol{b}$ 的长度相等；$\boldsymbol{c}$ 垂直于 $\boldsymbol{a}$ 和 $\boldsymbol{b}$。因此，六次对称性使得六方晶体点阵参数之间的关系为

$$a=b\neq c,\ \alpha=\beta=90°,\ \gamma=120°$$

除了 $\boldsymbol{a}$ 轴和 $\boldsymbol{b}$ 轴之外，还有一个重要的轴，即 $-(\boldsymbol{a}+\boldsymbol{b})$。它在长度上与 $\boldsymbol{a}$ 和 $\boldsymbol{b}$ 相等，它与 $\boldsymbol{a}$ 轴和 $\boldsymbol{b}$ 轴之间的夹角都是 120°。当然，我们也可以选 $-(\boldsymbol{a}+\boldsymbol{b})$ 作为一个轴，从而使得六方晶系具有四

轴配置，这正是六方晶系的晶体也可以用四指数标定的原因。实际上，四轴配置只是为了展现六方晶系的对称性，四轴配置当中的-($\boldsymbol{a}+\boldsymbol{b}$)其实并不是独立的。

六方晶系有 7 种点群，分别是 6、$\bar{6}$、6/m、622、6mm、$\bar{6}$2m、6/mmm。考虑到六方晶体中唯一的一种点阵类型(P)以及广泛存在的螺旋轴和滑移面，六方晶系共包含 27 种空间群。

5.1.2 三方晶系

三方晶系的定义是具有单一的 3 次旋转轴或 $\bar{3}$ 旋转倒反轴的晶系，点群有 5 种：3、$\bar{3}$、32、3m、$\bar{3}$m。三次对称性使得三方晶系点阵参数之间的关系与六方晶系相同：$a=b\neq c$，$\alpha=\beta=90°$、$\gamma=120°$。按照这样的定义，三方晶系共包含 18 种空间群类型。

三方晶系存在一种特殊的情况，即所谓的菱方晶系(R)，各轴和轴间角满足的条件是：$a=b=c$，$\alpha=\beta=\gamma$，其中 3 或 $\bar{3}$ 次轴与 $\boldsymbol{a}$、$\boldsymbol{b}$、$\boldsymbol{c}$ 之间的夹角相同。菱方晶系包含 7 种空间群，即 R3、R$\bar{3}$、R32、R3m、R3c、R$\bar{3}$m、R$\bar{3}$c。

5.2 Al-Cr 与 Al-Si-Cr 合金系中的六方相

我国著名晶体学家陆学善先生早在 20 世纪 30 年代在英国留学期间曾对 Al-Cr二元合金相图进行过详细的 X 射线衍射分析[2]，发现了多种结构密切相关的化合物：Θ-Al_7Cr(后来修改成为较精确的化学配比 $Al_{45}Cr_7$)、η-$Al_{11}Cr_2$ 和 ε-Al_4Cr。目前为止，其中只有单斜 Θ-$Al_{45}Cr_7$ 的晶体结构得到了解析[3]。该晶体中包含大量的伪二十面体结构单元，其伪五次轴方向平行于晶体的[101]方向，因此在[101]晶向的电子衍射图中能看到明显的五次对称强衍射点，类似于二十面体准晶(IQC)的五次对称电子衍射图[4-6]。Bradly 和陆学善同时还发现了一种正交(伪六方)的晶体，晶格常数 $a=3.451$ nm，$b=1.999$ nm，$c=1.247$ nm。然而，他们误把这种化合物的化学式写为 Al_7Cr。50 年代初，Pratt 和 Raynor[7] 称这种化合物为 η-$Al_{11}Cr$，但给出了一个不正确的晶格常数为 3.251 nm(改名为 $\boldsymbol{c}$ 轴)而不是本来的 3.451 nm。之后，Little[8] 报道了一种正交的 Al-Cr 晶体，$a=2.48$ nm，$b=2.47$ nm，$c=3.02$ nm（又被称为 Al_7Cr)。此后，这两种 Al_7Cr 相有时被分别称为 Θ″-Al_7Cr 和 Θ′-Al_7Cr[9]。这些不确定性可能源于这三种金属间化合物(无论是 Θ、Θ′、Θ″，还是 Θ、η、ε)的粉末 X 射线衍射照片都很相似。利用电子显微技术，文可云等[10] 以及何战兵等[11,12]

在富 Al 的 Al-Cr 与 Al-Si-Cr 合金中发现并确定了一系列新的复杂合金相(见表 5.1)。

表 5.1 富 Al 的 Al-Cr 与 Al-Si-Cr 合金中复杂结构相的晶体学数据

物相	空间群和点阵	点阵参数/nm				文献
		a	*b*	*c*	*β*	
Θ-$Al_{45}Cr_7$	C2/m	2.5196	0.7574	1.0949	128°43′	[3]
η-$Al_{11}Cr_2$	C2/c	1.76	3.05	1.76	未知	[13]
μ-Al_4Cr	$P6_3/mmc$	2.01		2.48		[13]
μ-Al_4Cr	$P6_3/mmc$	2		2.47		[10]
μ-$(Al, Si)_4Cr$	$P6_3/mmc$	2.01		2.47		[12]
μ′-$(Al, Si)_4Cr$	$P6_3/mmc$	2.01		1.24		[12]
τ(μ)-$Al_{66}Si_6Cr_{28}$	$P6_3/mmc$	3.24		1.24		[11]
β-$Al_{65.4}Si_{13}Cr_{21.6}$	$P6_3/mmc$	0.76		0.82		[11]
λ-$Al_{67}Si_{4.5}Cr_{28.5}$	$P6_3/mmc$	2.84		1.24		[11]
η-$Al_{11}Cr_2$	正交点阵	2.48	2.47	3.02		[8]
η-Al_5Cr	Cmcm	1.24	3.46	2.02		[14]
Al_7Cr		3.451	1.999	1.247		[12]
ε-Al_4Cr	Bbmm	3.46	2	1.26		[10]
ε′-Al_4Cr	Pbnm	3.46	2	1.26		[10]
ε′-$(Al, Si)_4Cr$	Pbnm	3.48	2.01	1.24		[12]
ε″-$(Al, Si)_4Cr$	$P2_12_12_1$	3.48	2.01	1.24		[12]

5.2.1 μ-Al_4Cr

与 Al-Mn 体系中的 μ-Al_4Mn 相同，六方 μ-Al_4Cr 在快速凝固的 Al-Cr 合金(18~22 at.% Cr)中与二十面体准晶(IQC)和十次对称准晶(DQC)共生。不仅如此，六方 μ-Al_4Cr 也可以在缓冷的合金中出现，因此这是 Al-Cr 二元合金中的一种稳定相。

六方 μ-Al_4Mn 的结构已经得到了解析[15]。在其单胞中的 110 个 Mn 原子中，有 108 个为二十面体配位。沿晶体<100>方向，Mn 原子的排布是近乎直线的，因此沿着这个方向表现为伪二十面体对称，与 $Al_{10}Mn_3$[16]、β-

Al_9Mn_3Si[17] 以及 Al_5Co_2[18] 类似。图 5.1 中是 β-Al_9Mn_3Si 沿六次轴的结构投影，其中沿[110]方向的二十面体链用虚线标出。类似的二十面体链还出现在[100]和[010]方向，它们共同构成了具有伪五边形扩展特征的(001)面的六次对称关系。

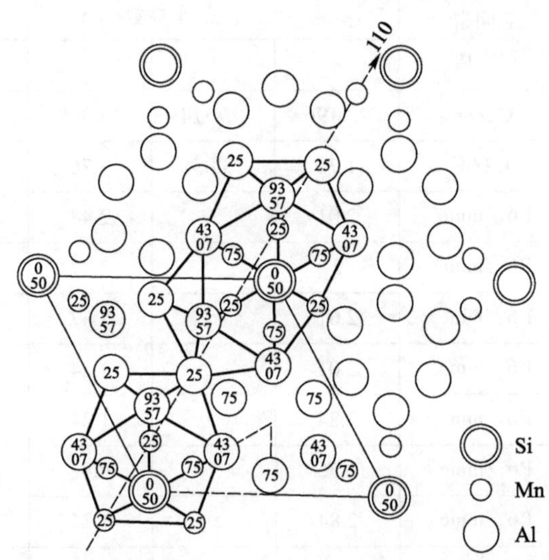

图 5.1　β-Al_9Mn_3Si(001)面的投影[17]。沿[110]方向的二十面体链在图中用虚线画出，它们是由以 Mn 原子为中心($z=1/4$)的嵌合二十面体构成。类似的链状结构同样存在于[100]和[010]方向

为了对比这些晶体相与 IQC 和 DQC 的电子衍射花样，图 5.2 展示了 μ-Al_4Cr 四分之一极图的主要带轴的电子衍射花样[10]，图片的中心摆放的是具有 $2/m\bar{3}\bar{5}$对称性二十面体点群的四分之一极图。其中三个相互垂直的二次轴，用三个“2”表示。在正交结构点群中，这三个二次轴是不等价的，因而它们按二十面体点群中的三个“2”轴分别被标记为 10、D 和 P。这一简单的几何构型可以很好地解释在六方 μ-Al_4Cr 和与其共生的 IQC、DQC 的衍射花样中强衍射点出现的相似性。

之前有学者认为，一个六方相的六次轴应该与 IQC 的 $\bar{3}$轴或 DQC 的伪三次轴平行。但是，周维列等[20]通过大量的实验研究发现并非如此：六方[001]轴事实上是与 DQC 的某一个二次轴平行。这是由于在这些晶体结构中，例如图 5.1 中 β-Al_9Mn_3Si 的三个嵌合二十面体，或是六方相 α-AlFeSi 中的六个二十面体[21]，它们的二次轴是与晶体六次轴平行的。μ-Al_4Cr 也是这样的情况，这也是为什么在图 5.2 中把二次轴 2D 放在角上的原因。可以看到，图 5.2 中水

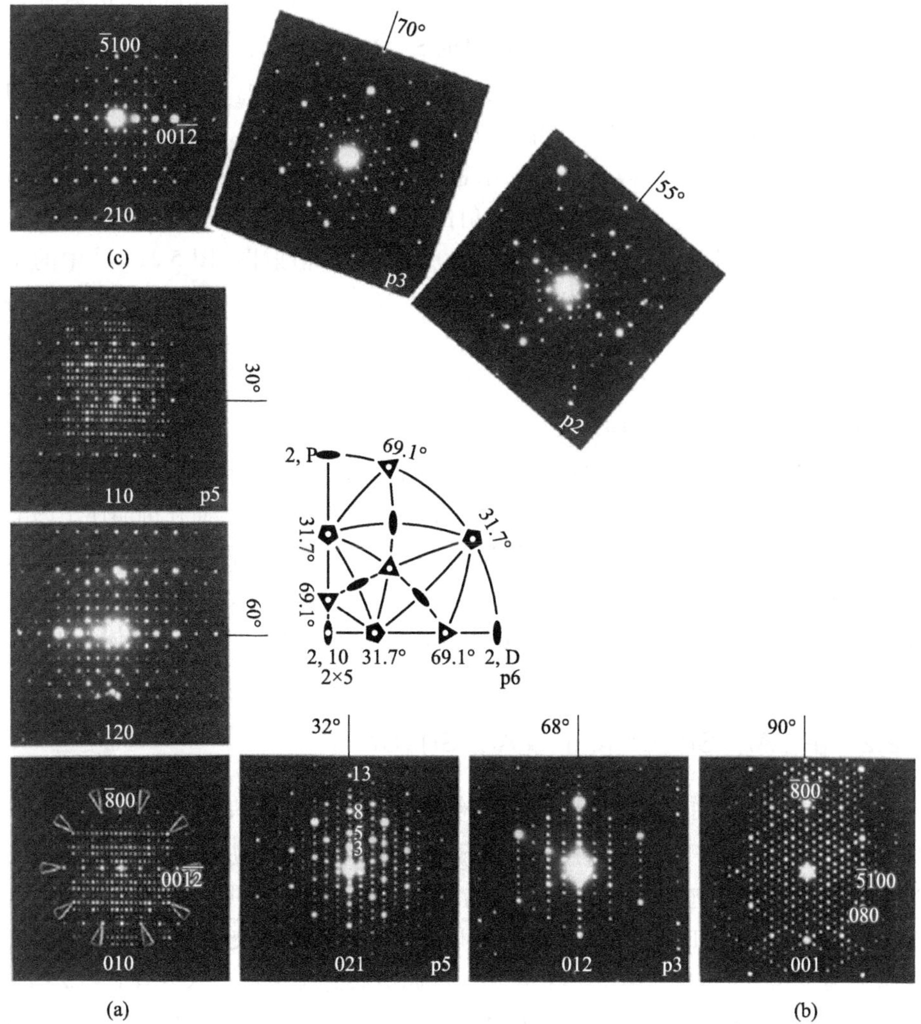

图 5.2 六方 μ-Al_4Cr 的电子衍射花样：(a) 伪 10 次轴 [010]；(b) 六次轴 [001]；(c) 二次轴 [210]。伪五次轴 p5 和伪三次轴 p3 同样出现在图中间二十面体点群极图的五次 $\bar{5}$、三次轴 $\bar{3}$ 的相应位置（文可云等[10]）

平排列的衍射花样，围绕倒易矢量[100]*轴旋转，[010]、[021]、[012]以及[001]衍射花样分别对应于二十面体点群的 2、$\bar{5}$、$\bar{3}$ 和 2 轴[在这些衍射花样中，分别标记了 2、p5、p3 以及 2(或 p6)]。在[021]衍射中，强衍射点的伪五次对称性最为显著，如图中在竖直的一列衍射点上标记了 3、5、8 和 13，而且十边形连接了强点中的 5、8 和 13。不仅如此，[110]衍射花样也表现出伪五次对称性（p5），离[001]带轴 70°夹角的电子衍射体现出伪三次对称性（p3），分别对应于二十面体点群极图里的 $\bar{5}$、$\bar{3}$ 轴。

另一方面，在[010]、[001]以及[210]电子衍射图中[图 5.2(a)~(c)]的强衍射点与 DQC 的 10、2D、2P 衍射花样相似。通过围绕［010］轴从［210］倾转 35°(接近 36°)后获得的衍射图中也有伪正方形的衍射点，正如 μ-Al_4Cr 的［210］衍射图，或是 DQC 的 2P 衍射图中出现的那样。换言之，［010］轴扮演了一个伪十次对称轴(p10)的角色，表现为[010]衍射图[图 5.2(a)]中的十边形强衍射点。在［110］衍射中也能看到类似［010］衍射图中的十边形强衍射点，这是由于这两个轴向是围绕［001］轴旋转 60°的关系。这是很容易理解的，因为在图 5.1 中已经画出［010］和［110］是 β-Al_9Mn_3Si 和 μ-Al_4Cr 中伪五次对称性延展的等价方向。

上述内容中，很显然 μ-Al_4Cr 和 IQC、DQC 在结构上是相似的。它们具有类似的二十面体结构单元，这些结构单元在晶体中周期性排列，而在准晶体中为非周期性排列。正如本书第 2 章和第 3 章讨论过的，如果用一组有理数来替代 IQC/DQC 中的无理数 τ，比如斐波那契数列 2/1，3/2，5/3，8/5，13/8，……，就可以得到一个晶体相。换言之，μ-Al_4Cr 事实上是 IQC/DQC 的晶体近似相，这也解释了为什么 Al_4Cr 合金中这些物相会共生在一起。

5.2.2　μ-$(Al, Si)_4Cr$ 和 μ′-$(Al, Si)_4Cr$

六方 μ-Al_4Cr 作为 μ-Al_4Mn 的同构物相，具有层状结构，由四层二十面体 PFP 层块构成(F 表示平坦层，P 表示起伏层)。沿 $\boldsymbol{c}$ 轴方向的 4 个平坦层或近平坦层以及 8 个起伏层，构成了该结构 $\boldsymbol{c}$ 方向的堆垛，周期为 2.47 nm。由于多数富 Al 的 Al-TM(TM 为过渡族金属)六方准晶和正交准晶近似相的晶格常数 c 为 1.24 nm，包含两个 PFP 层块，因此会联想是否也有六方且 c = 1.24 nm 的 μ 相变体？何战兵和郭可信[12]在 Al-Cr-Si 合金(Cr 含量为 20~27 at.%，Si 含量为 5~15 at.%)中找到 μ 相变体(μ′)。对比六方 μ 和 μ′两个物相的电子衍射图[图 5.3(a)和(b)]，它们具有相同的衍射花样，当然，晶格常数 a 也一样。二者的衍射强点也一样，例如水平方向的 $h00$(h = 3，5，8)衍射点。这些强点的 h 值满足斐波那契数列，即 0，1，1，2，3，5，8，13，……，F_n，……当 $n\to\infty$ 时，$F_{n+1}/F_n\to(1+\sqrt{5})/2$。在[010]方向的电子衍射图中，图 5.3(c)中沿竖直方向($00l$)电子衍射斑点的密度是图 5.3(d)中的 2 倍。而两张[010]的衍射图都在晶面间距为 0.206 nm 处为最强点，对应于 μ 相中的 l = 12，μ′相中的 l = 6。这表明 μ 相的 $\boldsymbol{c}$ 方向晶格常数为 2.47 nm，而 μ′为 1.24 nm。

不仅如此，在 μ 相和 μ′相的[010]方向电子衍射图中用白色箭头指出的衍

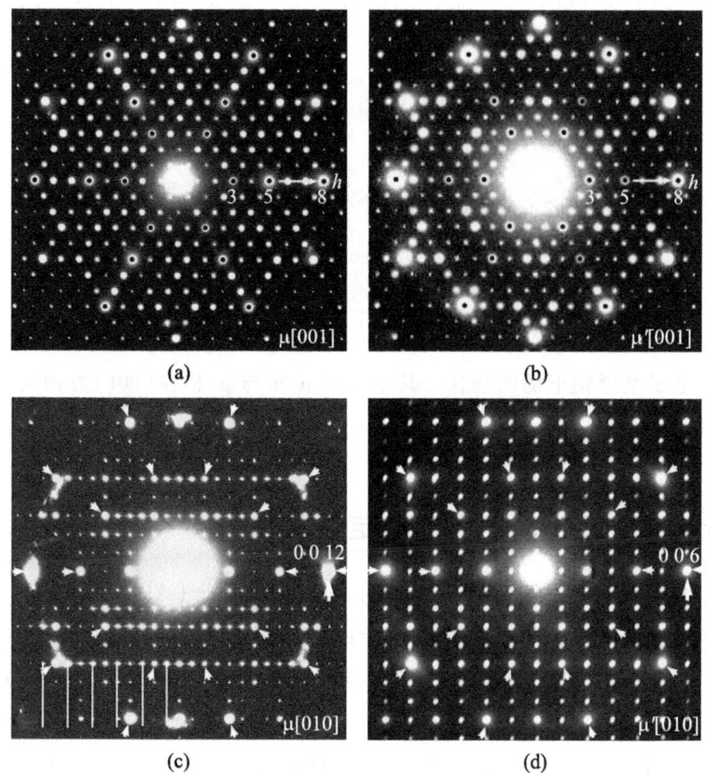

图 5.3 $Al_{70}Cr_{20}Si_{10}$合金中六方 μ 和 μ'相的电子衍射图：(a)、(b) μ 相(a)和 μ'相(b)的[001]电子衍射图，显示出六次对称的强衍射点。h=3、5、8 时，两相的 h00 衍射皆为强点且完全重合，表明二者的晶格常数 a 相等。(c)、(d) μ 相(c)和 μ'相(d)的[010]电子衍射图，显示出十次对称的强点。μ 相的(0 0 12)与 μ'相的(006)衍射点重合，表明 $c_{\mu'}=c_{\mu}/2$(何战兵和郭可信[12])

射强点显示出伪十次旋转对称的特点[图 5.3(c)和(d)]。这种伪十次强衍射点表明沿<100>轴向具有近似五次对称性，如同 μ-Al_4Mn。这些结构特性以及(h00)强衍射斑点(h=3、5、8)意味着 μ 相和 μ'相中存在与黄金分割数 τ 相关的伪二十面体单元。

通常，μ'相与 μ 相具有共生关系。如图 5.4 所示，μ'相和 μ 相沿[001]方向交替生长，其中 μ'相为白线所标的较细的(001)条带。由于 μ 相和 μ'相具有相似的(001)面、相似的[001]电子衍射花样以及 $\boldsymbol{c}$ 方向晶格常数的 2 倍关系，二者的普遍共生现象并不意外。不仅如此，二者沿[001]方向的共生和[001]方向的相似衍射花样，都表明它们不仅具有平行的取向关系：$(100)_{\mu}$//

$(100)_{\mu'}$、$(001)_{\mu}$//$(001)_{\mu'}$，而且晶格常数应满足 $a_{\mu'}=a_{\mu}$、$c_{\mu'}=c_{\mu}/2$。

图 5.4　透射电子显微镜下的明场像。其中六方 μ 相与 μ′相在[001]方向交替共生，其(001)面为相界面(何战兵和郭可信[12])

5.2.3　μ′-(Al，Si)$_4$Cr 的结构确定

μ′-(Al，Si)$_4$Cr 相通常与 μ-(Al，Si)$_4$Cr 和 λ-(Al，Si)$_4$Cr 相共生在一起。这三种物相不仅具有确定的晶体学取向关系，而且它们在倒易空间的衍射强点分布也很相似(图 5.5)。从图 5.5 中可以看出，μ 相和 μ′相的 $hk0$ 衍射点是重合的，而且($h00$)、($0k0$)以及($\bar{h}h0$)在 h 和 k=3、5、8(斐波那契数列)时的衍射强度额外强，这恰好与沿这些带轴方向存在伪五次对称相吻合。μ′相沿[010]方向的电子衍射呈现出 10 个衍射强点形成的环[图 5.5(b)]，进一步证实了[010]方向的伪五次对称。

由于 μ-Al_4Mn 和 μ′-Al_4Mn 具有相同的空间群 $P6_3/mmc$ 以及非常相似的晶格常数 a，何战兵等曾试图从 μ 相的结构来推测 μ′相。但是，它们 $\boldsymbol{c}$ 方向的晶格常数不一样：μ′相仅有 1.24 nm，刚好是 μ 相的一半(2.47 nm)。在 μ′相中，$0<z<0.5$ 之间的原子构型(厚度为 6.2 Å)与相邻的 $0.5<z<1$ 之间的原子构型呈 6_3 螺旋轴对称。而在 μ 相中，相对的层块在 $0.125<z<0.375$ 之间(厚度也为 6.2 Å)，但与相邻的在 $0.625<z<0.875$ 之间的层块并无对称关系。因此，由对称性决定的衍射在这两相之中并不一样。比如，μ′相中的强点(505)对应于 μ 相中的(5 0 10)。由空间群可知，μ′的(505)和($50\bar{5}$)的相位应相差 180°，而对应的 μ 中的(5 0 10)和($5\ 0\ \overline{10}$)相位是一样的。由此，强衍射方法并不适用于 μ 相和 μ′相之间。

λ 相最早是在 Al-Mn 合金体系中发现的，并用 X 射线单晶衍射方法确定了晶体结构[23,24]。之后，何战兵等[11]在 Al-Cr-Si 合金中也发现了 λ 相。尽管 λ 相的空间群 $P6_3/m$ 与 μ′相不同，但它们二者的 $\boldsymbol{c}$ 轴晶格常数是相等的。而

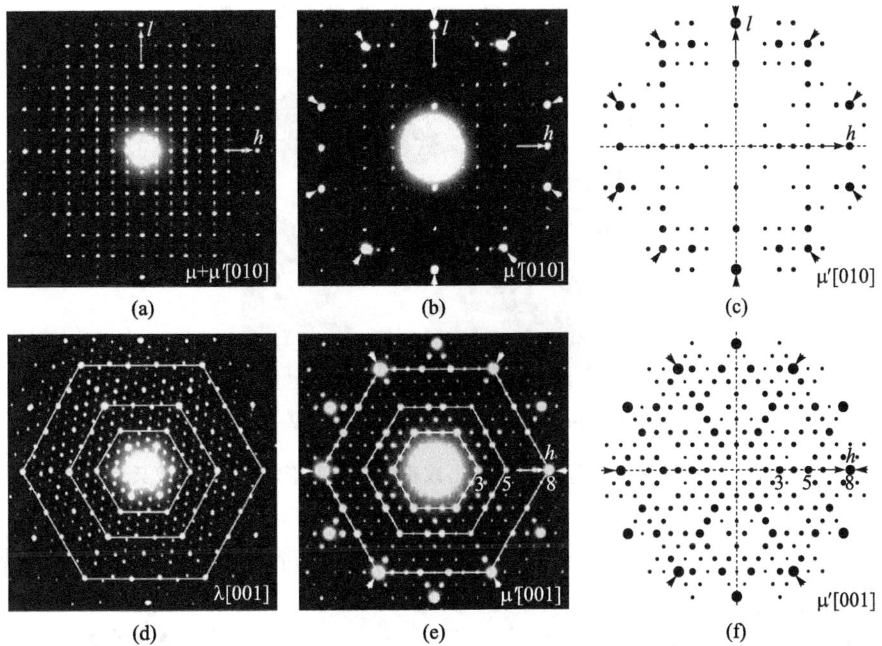

图 5.5 μ'-，μ-，λ-(Al，Si)$_4$Cr 的电子衍射图：(a) μ'相和 μ 相共生区域的电子衍射图；(b) μ'相沿[010]方向的衍射图；(c) μ'相沿[010]方向的模拟衍射图；(d)、(e)λ 相(d)和 μ'相(e)沿[001]方向的电子衍射图，其强衍射点都形成了相似的六边形；(f) μ'相沿[001]方向的模拟衍射图(何战兵等[22])

且，它们的强衍射点分布也很相似[如图 5.5(d)和(e)所示]。

在基于 λ 相建立起来的 μ'相模型中，μ'相的结构可以描述为一种层状结构，由沿 **c** 方向交替堆垛的平坦层(F)和起伏层(P)构成。在每一个单胞中，沿 **c** 方向共有 6 个层。这 6 层中只有两种原子层，一种平坦层出现两次(在镜面位置 $z=0.25$、0.75)，还有一种起伏层出现 4 次(位于 $z\approx0.08$、0.42、0.58、0.92)。位于 $z\approx0.08$ 和 0.42 的起伏层以及 $z\approx0.58$ 和 0.92 的起伏层，分别相对于 $z=0.25$ 和 0.75 的平坦层为镜面对称关系。

5.2.4 新型六方相 τ(μ)-$Al_{66}Cr_{28}Si_6$

除了 β 相、μ 相以及 λ 相之外，何战兵和郭可信[11]在 Al-Cr-Si 合金中还发现了一个亚稳态的六方相 τ(μ)。图 5.6 中展示了 τ(μ)相具有六边形特征的生长形貌，该相有时与 μ 相共边生长。合金在 600～800 ℃加热 10～24 h 后，τ(μ)相消失并转化为 μ 相，这说明其本质上是亚稳态相。此外，它的晶格常数 $a_{\tau(\mu)}=3.23$ nm，恰约为 μ 相点阵常数的 τ 倍，$a_{\mu}=2.01$ nm(2.01×1.618 nm≈

3.25 nm)，其中 $\tau=(1+\sqrt{5})/2=1.61803\cdots\cdots$ 为黄金分割数。

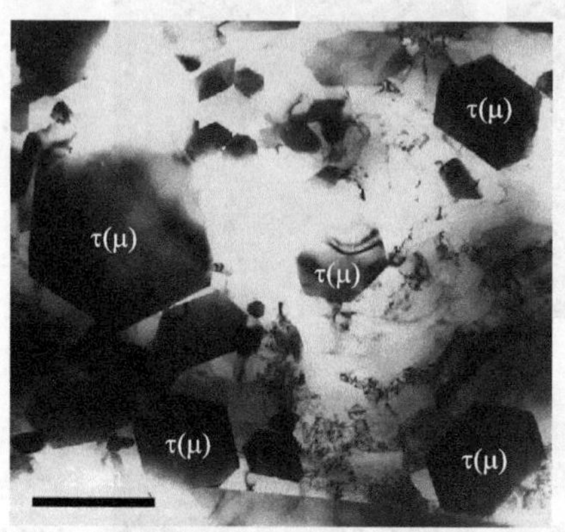

图 5.6　τ(μ)相的电子显微形貌像，可以看出该相的六边形形貌特征(何战兵和郭可信[11])

图 5.7(a)和(b)分别是六方 μ 相和 τ(μ)相沿[001]方向的电子衍射花样。

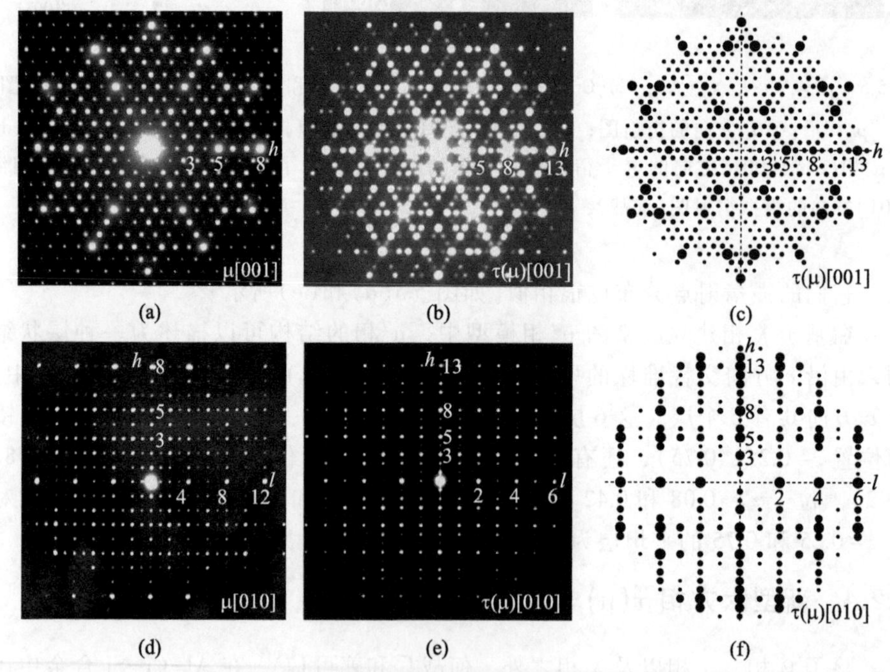

图 5.7　μ 相和 τ(μ)相的电子衍射图：(a) μ 相[001]电子衍射图；(b) τ(μ)相的[001]电子衍射图；(c) 基于 τ(μ)结构模型沿[001]方向的模拟衍射花样；(d) μ 相[010]电子衍射图；(e) τ(μ)相的[010]电子衍射图；(f) 基于 τ(μ)结构模型沿[010]方向的模拟衍射花样(何战兵和郭可信[11])

在所有(h00)衍射点中，μ 相的强点为 $h=3$、5、8，而 τ(μ)相为 $h=5$、8、13，它们分别相对应且出现在相同的几何位置。这些数皆属斐波那契数列：0，1，1，3，5，8，13，21，……其中 $F_0=0$，$F_1=1$，当 $n\to\infty$ 时，$F_{n+1}/F_n\to\tau$。显然，后者的 h 指数相是前者相应 h 指数的近似 τ 倍。这意味着在 μ 相和 τ(μ)相中存在与黄金数 τ 相关的伪五次旋转对称。这种相似性同样出现在二次轴[010]衍射花样中[图 5.7(d)和(e)]。在图 5.7(e)中，l 为奇数的(00l)衍射斑很弱甚至消失，意味着沿 **c** 轴方向有 2_1(或 6_3)螺旋轴。为了确定 τ(μ)相的空间群，实验中获得了沿六次轴[001]和二次轴[100]的会聚束电子衍射(convergent beam electron diffraction，CBED)花样，如图 5.8(a)和(b)。从中分别可以看出点群 6mm 和点群 2mm 的对称性。这些证据表明其空间群为 $P6_3/mmc$。

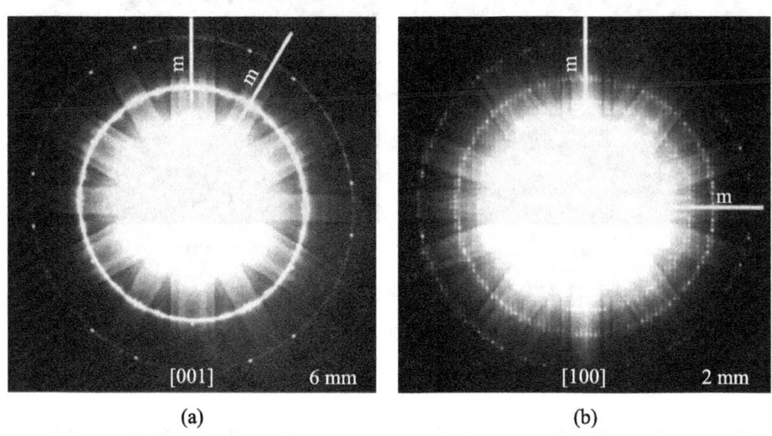

图 5.8 τ(μ)相的会聚束电子衍射花样：(a) [001]，可以确定点群 6mm；(b) [100]，可以确定点群 2mm(何战兵和郭可信[11])

从图 5.9(a)和(b)的电子衍射花样中可以看出 μ 相和 τ(μ)相的伪五次对称性。两组密集分布的衍射斑列之间夹角为 72°，这对应于实空间中的 108°。这与单斜 $Al_{13}Co_4$ 中的 $\beta=107.9°$ 非常相似[25]。其中的强衍射点组成了尺寸不断增加的同心十边形(如箭头所指)。(h00)强衍射点的 h 指数以及十边形的尺寸都满足 τ 倍膨胀的关系，五次旋转对称的证据也可以从高分辨电子显微镜(high resolution electron microscope，HREM)图像中看出(图 5.10)。

图 5.10(a)和(b)分别是 μ 相和 τ(μ)相沿与图 5.9(a)和(b)相同带轴下获得的 HREM 图像。在两张照片中，大而亮的像点都被十边形的弱点所包围，并且这些亮点构成了周期性的五边形与 36°菱形交错排列的图样。这正好是第 2 章里在单斜 $Al_{13}Co_4$[010]方向上看到的五边形，这样的排列在 τ^2-$Al_{13}Co_4$ 中

更加明显[26]。在电子衍射和 HREM 图像中，六方 μ 相和 τ(μ)相之间，以及单斜 $Al_{13}Co_4$ 和 τ^2-$Al_{13}Co_4$ 之间的相似性表明，它们可能有相同的五边形层结构。换言之，六方 μ 相和 τ(μ)相之间可以由这种五边形层结构联系起来，正如单斜 $Al_{13}Co_4$ 和 τ^2-$Al_{13}Co_4$ 的情况。然而，在单斜相中，五边形层仅沿唯一的单斜带轴堆垛；而在六方相中，它们可以沿三个等同的<100>方向排列。既然单斜 $Al_{13}Co_4$ 存在系列 τ^n 倍膨胀关系的晶体相，那么六方相中也应存在 τ^n 膨胀关系的物相系列[包括 μ 相和 τ(μ)相]。

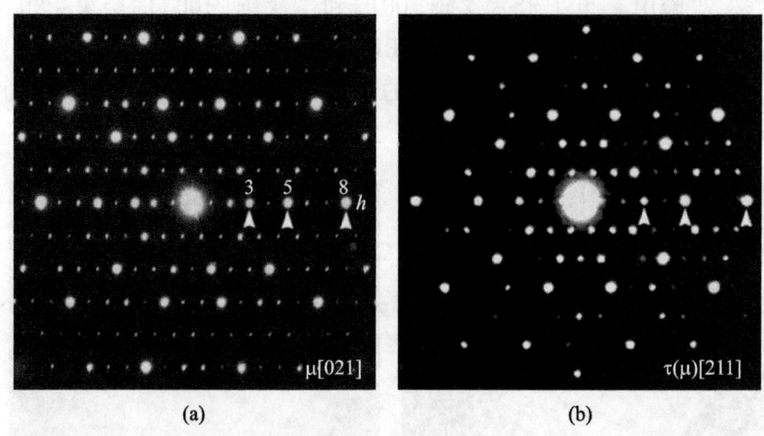

图 5.9　μ 相和 τ(μ)相中具有伪五次对称性的电子衍射花样：(a) μ 相，[021]；(b) τ(μ)相，[211]。两列最密强衍射点列之间的夹角为 72°(何战兵和郭可信[11])

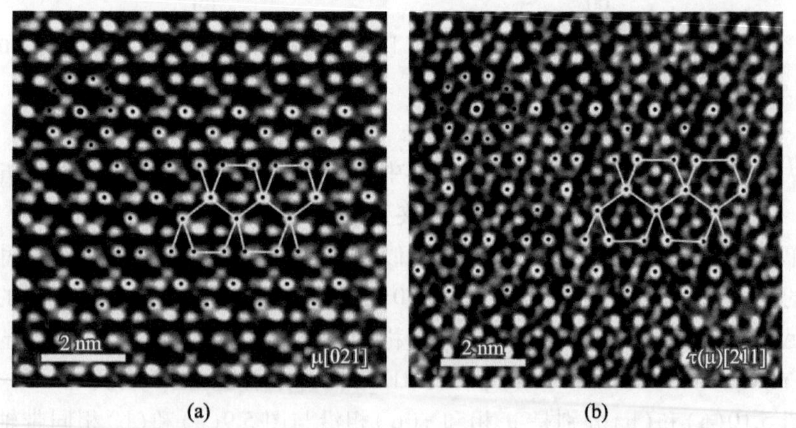

图 5.10　μ 相和 τ(μ)相的 HREM 图像：(a) μ 相，[021]；(b) τ(μ)相，[211]。最密强点列之间的夹角为 108°(对应电子衍射图中的 72°)，这些强的像点构成了以五边形和 36°菱形交错排列组成的花样，这与单斜 $Al_{13}Co_4$ 中情况相似(何战兵和郭可信[11])

5.2.5 ε-Al_4Cr

在快冷的 Al_7Cr~Al_4Cr 合金中，文可云等[10]发现了一种正交 ε-Al_4Cr 相，它与六方 μ-Al_4Cr、IQC 和 DQC 共生在一起。正交 ε-Al_4Cr 的系列电子衍射图如图 5.11 所示，其晶格参数与 Bradley 和陆学善[2]早期通过 X 射线衍射方法得到的结果相似。对系列衍射斑点的标定，可以确定它具有一种底心矩形格子。

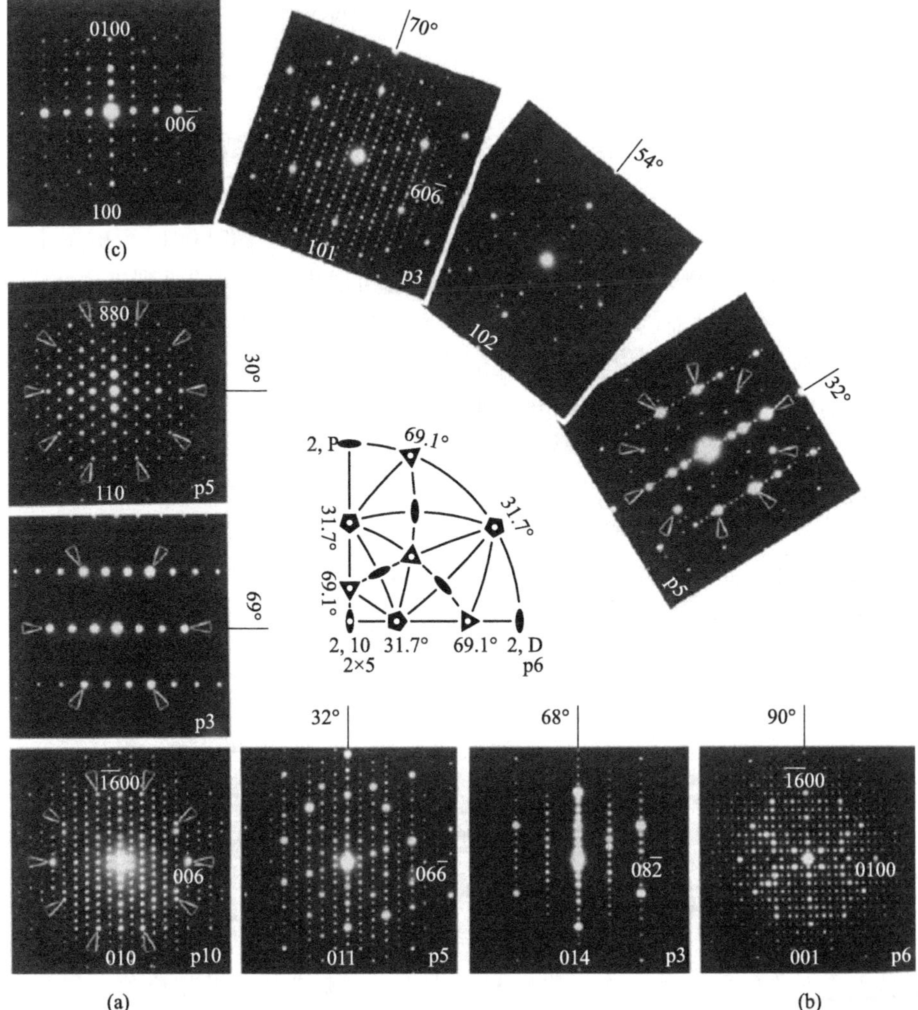

图 5.11 B 心正交相 ε-Al_4Cr 的系列电子衍射图。所有的伪五次轴(p5)和伪三次轴(p3)均出现在[010]~[001]、[001]~[100]以及[100]~[010]之间。p5 和 p3 同样出现在图中间二十面体点群极图的五次轴 $\overline{5}$、三次轴 $\overline{3}$ 的相应位置(文可云等[10])

三个相互垂直的晶带轴方向的衍射点出现条件为

[100]：$0kl$，$l=2n$，$k=2n$；B 心，b 滑移

[010]：$h0l$，$h+l=2n$；　　B 心

[001]：$hk0$，$h=2n$；　　B 心

此外，在[011]衍射花样中，对于 h 为偶数的 $h1\bar{1}$ 衍射点，以及[014]衍射花样中 h 为偶数的 $h4\bar{1}$ 衍射点都不出现，即对于 hkl 衍射来说，$h+l=2n+1$ 是消光的。这些都证明了在空间群 Bbmm 中 B 心和(100)面的 b 滑移的存在。

5.2.6　ε′−Al_4Cr

对 Al_4Cr 薄带样品加热至 700 ℃保温 10 h 后，即可发现 ε−Al_4Cr 的衍射花样发生了变化[10]，这从图 5.12(a)~(c)的三个主轴衍射图中就可看出。尽管其大致图样仍然没什么变化，但仔细观察会发现在[100]和[001]衍射图中出现一些额外的衍射斑，如箭头所指。在[100]衍射中，出现的纵列新斑点是 l 为奇数的 $0kl$ 衍射，而[001]衍射图中出现的横列新斑点是 h 为奇数的 $hk0$ 衍射。这些都为 B 心点阵中禁止出现的衍射点。这种变化还表现在[011]和[014]衍射图中，$h+l$ 为奇数的 hkl 衍射点也都出现了。这意味着 B 心的消失。不过，它的[010]衍射图和 ε−Al_4Cr 还是一样的，表明(010)面的 n 滑移代替了 B 心。在[100]衍射图中，k 为奇数的 $0kl$ 衍射仍然不出现，这表明(100)面上的 b 滑移。这些特征说明空间群为 Bbmm 的 ε−Al_4Cr 转变为了一个具有简单正交点阵和 Pbnm 空间群的新物相。由于晶格常数上没有明显的变化，这种相变可能不涉及成分变化，而仅是原子位移引起的转变。

5.2.7　ε″−(Al，Si)$_4$Cr

除了正交相 ε′之外，何战兵和郭可信[12]在 Al−Cr−Si 合金(Cr：20~27 at.%，Si：5~15 at.%)中发现了一种晶格常数与 ε′非常接近的新正交相 ε″−(Al，Si)$_4$Cr。图 5.13 是该相的系列电子衍射图。图中插入的是一个二十面体点群的 1/4 极射赤面投影图。ε″的系列倾转衍射角度与二十面体的 $\bar{5}$(中心五边形)、$\bar{3}$(中心三角形)和 2(棱)次轴之间的关系很相近。电子衍射的强点也具有伪五次对称(p5)和伪三次对称(p3)。它们在衍射花样以及相应角度位置都与二十面体准晶非常相似，因此 ε″相应是二十面体准晶或十次对称准晶的晶体近似相，与 ε′相类似。

图 5.13 中的[010]、[100]和[001]方向的电子衍射构成了一个简单正交的倒易胞。因而 ε″相为简单正交相，晶格常数为 $a=3.48$ nm、$b=2.01$ nm、$c=$

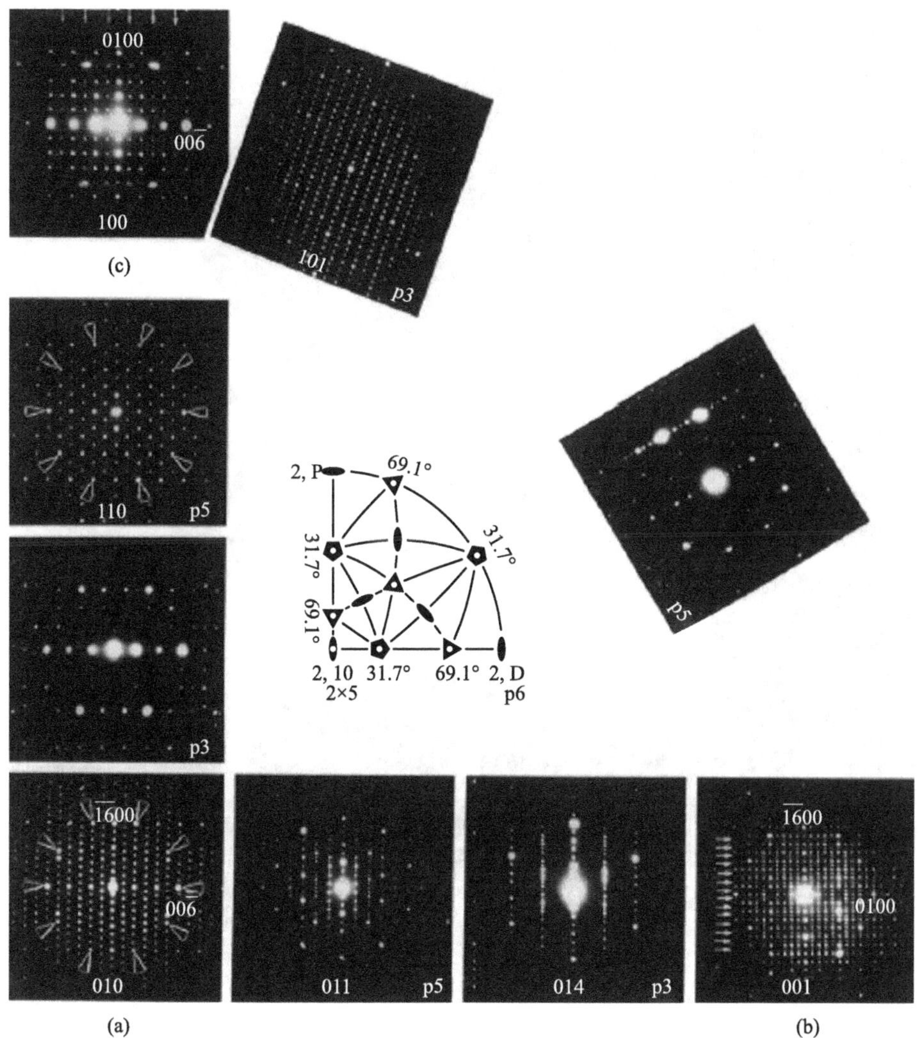

图5.12　简单正交相 ε′-Al_4Cr 的电子衍射花样。与图5.11中相应的晶带轴近乎一致，但在[100]和[001]中用箭头所指的多余的衍射点列 $h+l=$ 奇数，意味着B心的消失（文可云等[10]）

1.24 nm，与 ε-Al_4Cr 和 ε′-$(Al, Si)_4Cr$ 几乎一样。从[001]电子衍射来看，其奇数的 $0k0$ 衍射点出现消光，意味着[010]方向存在 2_1 螺旋轴。在[010]方向的电子衍射图中，$h00$ 和 $00l$ 中 h 和 l 为奇数的衍射点比偶数衍射点弱很多，可能是二次衍射，这意味着沿这两个轴向可能存在 2_1 螺旋轴。此外，[011]电子衍射中 h 为奇数的 $h00$ 衍射点未出现，说明[100]方向确实有 2_1 螺旋轴，因

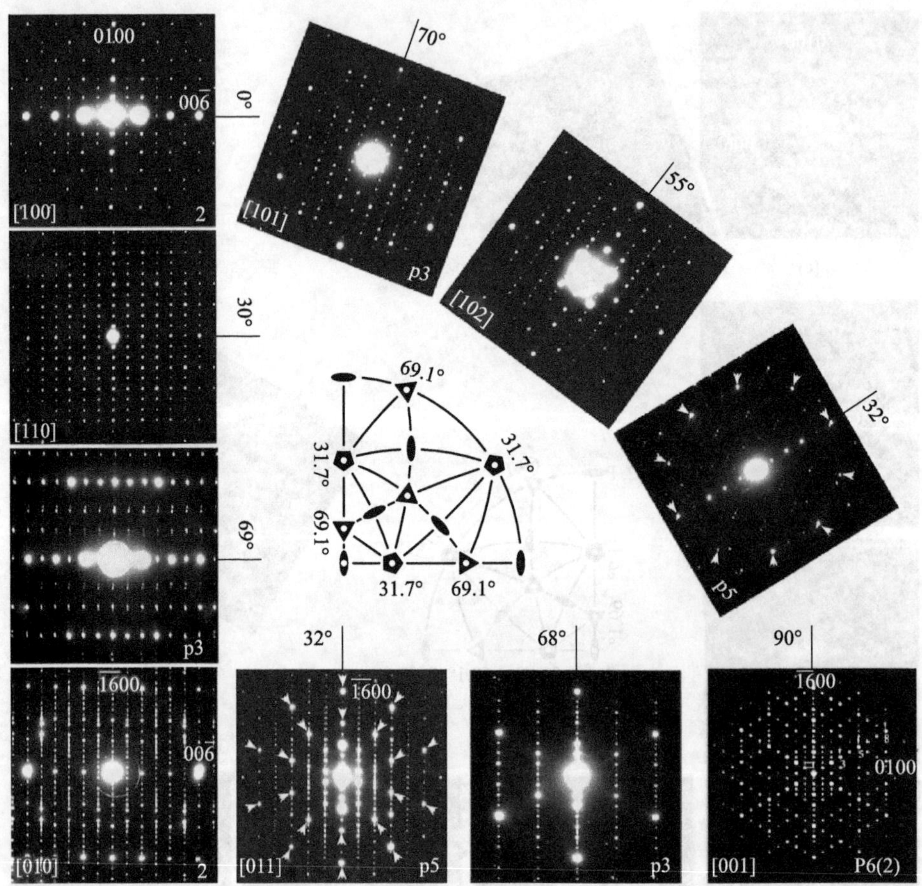

图 5.13　ε″-(Al, Si)$_4$Cr 相的系列电子衍射图。p5 和 p3 分别表示衍射强点显示伪五次和伪三次对称性的电子衍射图。图中间位置是一个二十面体点群的 1/4 极射赤面投影图（何战兵和郭可信[12]）

此 ε″相的空间群应为 $P2_12_12_1$。图 5.14 展示了正交 ε″相的(001)HREM 图像。图中的矩形结构单元为 3.5 nm×2.0 nm，与其晶格常数 a = 3.48 nm、b = 2.01 nm 相吻合。HREM 图像中的强像点经常构成六边形，看似其应有六方的晶体结构。然而，在图 5.14 下半部分标出的两个六边形中，内部像点并不完全一致，而矩形框内的像点是一致的，这也进一步说明 ε″应是正交相而非六方相。

图 5.15(a)～(c)是 ε-Al_4Cr、ε′-(Al, Si)$_4$Cr 和 ε″-(Al, Si)$_4$Cr 的[001]电子衍射图。其中的强点用六边形连接后可以看出其伪六次对称的特点，同时也用矩形框标出其单胞。显然，ε 相、ε′相和 ε″相具有相同的晶格常数 a 和 b。沿[010]方向观察，它们的 $\boldsymbol{c}$ 轴也是一样的。文可云等[10]报道了 ε-Al_4Cr 的空

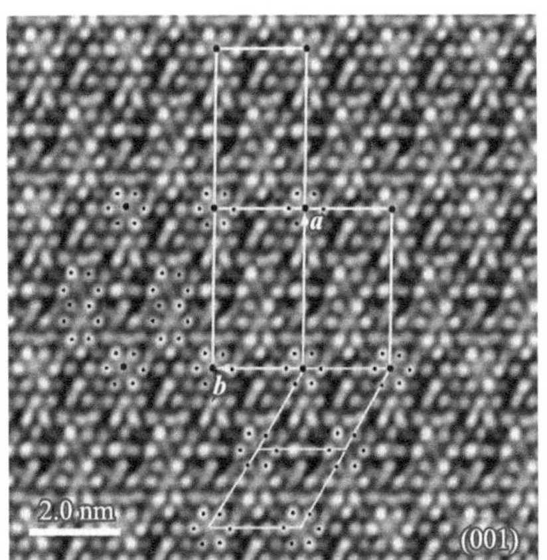

图 5.14 正交 ε″相[001]方向的 HREM 像。白色矩形框标出了正交相的平面胞，同时，下半部分白线也画出其伪六方的结构单元（何战兵和郭可信[12]）

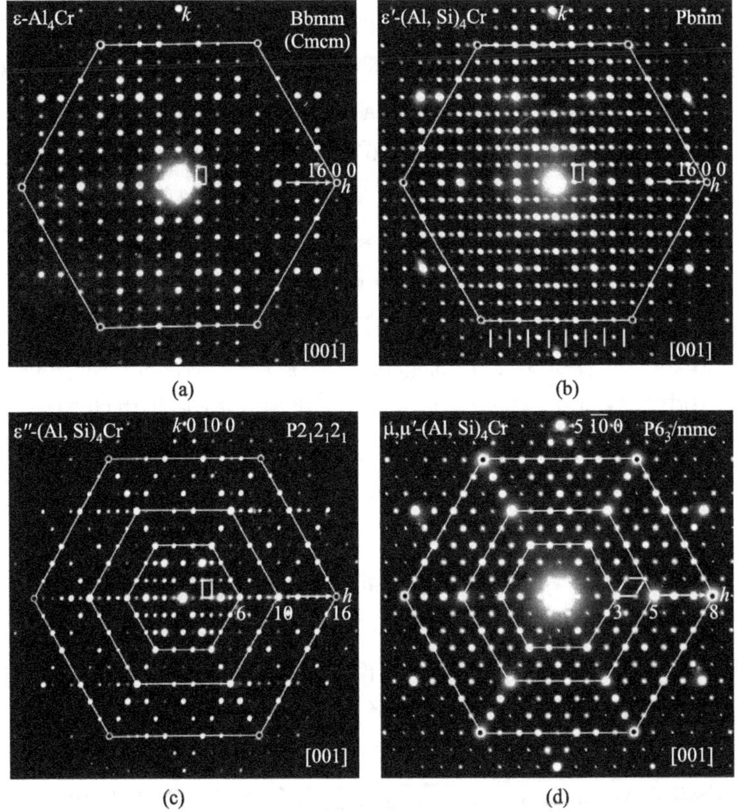

图 5.15 ε 相，ε′相，ε″相，μ 相和 μ′相的[001]电子衍射图，图中衍射强点形成六边形构型：(a) ε 相；(b) ε′相；(c) ε″相；(d) μ 相和 μ′相。μ 相和 μ′相的(8 0 0)衍射点与 ε 相、ε′相、ε″相的(16 0 0)点重合，意味着它们之间的晶格常数符合 $a_{\varepsilon、\varepsilon'、\varepsilon''}=\sqrt{3}\,a_{\mu,\mu'}$ 关系，同时满足 $(100)_{\varepsilon、\varepsilon'、\varepsilon''}\,//\,(100)_{\mu、\mu'}$，$(001)_{\varepsilon、\varepsilon'、\varepsilon''}\,//\,(001)_{\mu、\mu'}$ 取向关系（何战兵和郭可信[12]）

间群为 Bbmm；在 700 ℃保温 10 h 后，ε-Al_4Cr 的底心消失，转化为简单正交相 ε′-Al_4Cr(Pbnm)。何战兵等[12]在三元 Al-Cr-Si 合金中，发现的是 ε′-(Al，Si)$_4$Cr 和 ε″-(Al，Si)$_4$Cr，而没有观察到 ε 相。这可能是 Si 促进了 ε 相到 ε′相或 ε″相的转变。

5.2.8　ε′-(Al，Si)$_4$Cr 的结构解析

在缓慢冷却的合金铸锭(名义成分为 $Al_{72}Cr_{20}Si_8$)的缩孔处很容易找到一些断面为矩形的针状单晶体。何战兵和郭可信[27]选取尺寸为 0.5 mm×0.1 mm×0.1 mm 的单晶，利用 Bruker SMART CCD X 射线单晶衍射仪确定了 ε′-(Al，Si)$_4$Cr 精确的晶格常数：a=3.447 7(4) nm、b= 2.009 8(6) nm、c= 1.246 7(6) nm。在一个单胞中，共有独立占位的 Cr 原子 24 个，Si 原子 8 个，以及 Al 原子 62 个。有的位置为 Al/Cr 和 Al/Si 随机占位，有的是交替占位，如 Al12/Al12A、Al13/Al13A 和 Al58/Al58A。通常对于 Cr-Cr、Cr-Al(Si) 和 Al(Si)-Al(Si) 原子对来说，原子间距分别为 0.253 7～0.284 0 nm、0.228 7～0.297 8 nm 和 0. 248 7～0.306 0 nm。此外，在 Al53～Al57 间的位置仅部分占位。在单胞中，Al、Si 和 Cr 原子的总原子数分别为 407.54、43.61 和 119.25，对应化学式为 $Al_{71.45}Si_{7.64}Cr_{20.91}$。

ε′-(Al，Si)$_4$Cr 的空间群 Pbnm 为 ε-Al_4Cr 空间群 Bbmm 的最大子群。随着 B 心的消失，(010)镜面转变为一个 n 滑移面，但(001)镜面保持不变。因而 ε-Al_4Cr 的层状结构由沿单胞最短轴方向(**c** 轴)的六层构成，表示为 PFP(PFP)′，其中 F 为平坦层，P 为起伏层。在 ε′-(Al，Si)$_4$Cr 中也是如此，(PFP)′由 PFP 层通过 2_1 旋转产生。ε′中 24 个独立 Cr 原子中的 21 个、8 个 Si 原子中的 5 个，还有 62 个 Al 原子中的 6 个为二十面体配位。这些二十面体链沿夹角为 120°的三个方向延伸，因此其层结构由扁六边形和截角三角形单元构成。

ε-Al_4Cr 和 ε′-(Al，Si)$_4$Cr 与六方相 μ-Al_4Mn/μ-Al_4Cr($P6_3$/mmc)的晶格常数之间有 $a_\varepsilon \cong \sqrt{3}a_\mu$、$b_\varepsilon \cong a_\mu$、$c_\varepsilon \cong c_\mu/2$ 的关系，而且后者的层结构的一半可以在前两种相中找到。ε 相、ε′相和 μ 相中的截角三角形和扁六边形单元同样存在于其他许多六方和正交的 $Al_{\sim 4}$TM 准晶近似相之中(TM 为过渡族金属元素)。

上面介绍了 Al-Cr 和 Al-Cr-Si 合金中复杂合金相的确定以及它们在 Al-Mn 和 Al-Mn-Si 中的同型结构，其中主要包含六方点阵和正交点阵。按照本书各章节的安排，正交晶体本应在第 3 章讨论，但由于 Al-Cr 和 Al-Cr-Si 合金中的六方晶体和正交晶体通常共生在一起，为了在介绍相确定的同时也能了解它

们之间的结构关系，本节把该合金体系中的两种点阵类型放在一起讨论，简单归纳如下。

（1）利用电子衍射并结合高分辨成像，讨论了在富 Al 且 Si 含量小于或等于 10 at.%的 Al-Cr-Si 合金中的 4 种六方结构相，它们分别是：① β-$Al_{65.4}Cr_{21.6}Si_{13}$，$P6_3/mmc$，$a=0.76$ nm，$c=0.82$ nm（β-Al_9Mn_3Si 类型）；② μ-$Al_{70}Cr_{19}Si_{11}$，$P6_3/mmc$，$a=2.01$ nm，$c=2.47$ nm（μ-Al_4Mn 和 μ-Al_4Cr 类型）；③ τ(μ)-$Al_{66}Cr_{28}Si_6$，$P6_3/mmc$，$a=3.23$ nm，$c=1.24$ nm；④ λ-$Al_{67}Cr_{28.5}Si_{4.5}$，$P6_3/m$，$a=2.84$ nm，$c=1.24$ nm（λ-Al_4Mn 类型）。

（2）这些物相都包含(001)面的二十面体链/网络，都是沿 **c** 轴堆垛的层状化合物，**c** 方向周期分别包含 4 层(β)、6 层[τ(μ)]、6 层(λ)、12 层(μ)。在高度为 $z=0.25$ 和 0.75 处的原子层为平坦的镜面，它们上下都是两个起伏的原子层。

（3）在空间群为 $P6_3/mmc$ 的 β 相、H-$Al_{15}Mn_3Be_2$、μ 相和 τ(μ)相中，每个 PFP′ 层单元沿<100>方向存在分别为 2、4、4+2 以及 4+4+2 形式的穿插二十面体链。这些链的周期性(或者说晶格常数 a)符合 τ 倍膨胀关系。

（4）在二元 Al-Cr 合金中，有三种成分接近 Al_4Cr 的晶体相：与 μ-Al_4Mn 同构的六方 μ 相($P6_3/mmc$)以及两种正交相、底心 ε 相(Bbmm)和简单正交 ε′ 相(Pbnm)。用 Si 原子取代约 10~15 at.%的 Al 原子，得到与 μ-Al_4Cr 和 ε′-Al_4Cr 同构的 μ-$(Al, Si)_4Cr$ 相和 ε′-$(Al, Si)_4Cr$ 相以及两种新的$(Al, Si)_4Cr$ 相，即六方 μ′相($P6_3/mmc$，$c_{\mu'}=c_{\mu}/2$)和正交 ε″相($P2_12_12_1$)。这 5 种相在晶体结构上是相关的，在晶格学上满足以下关系：

$$a_{\varepsilon、\varepsilon'、\varepsilon''}=\sqrt{3}\,a_{\mu、\mu'}\cong 3.46\ \text{nm}$$

$$b_{\varepsilon、\varepsilon'、\varepsilon''}=a_{\mu、\mu'}\cong 2.00\ \text{nm}$$

$$c_{\varepsilon、\varepsilon'、\varepsilon''}=c_{\mu'}=c_{\mu}/2\cong 1.24\ \text{nm}$$

同时，取向关系为

$$(100)_{\varepsilon、\varepsilon'、\varepsilon''}//\{100\}_{\mu、\mu'},\ [001]_{\varepsilon、\varepsilon'、\varepsilon''}//[001]_{\mu、\mu'}$$

（5）由上面 5 种相之间的晶格常数关系和空间群关系，可以推测它们的晶体结构也应密切相关。六方 μ-Al_4Cr/μ-Al_4Mn、正交 ε-Al_4Cr 和 ε′-$(Al, Si)_4Cr$ 的晶体结构已由 X 射线单晶衍射确定。这些物相结构中的基本单元为二十面体(I)，通过二十面体的穿插形成链状，构成了<100>方向的伪五次对称，以及 μ 相中二十面体以三角面相连构成沿[001]方向的三次对称。沿<100>方向延伸的三支二十面体链形成了 PFP 层块的二十面体三角网络。这种二十面体层块同样存在于正交 ε 和 ε′中的(001)面。因此，(001)面中的三个二十面体以顶角相连，或形成 I3 团簇以及 2I3 团簇，这种情况在六方 μ 和 μ′相中大量存在，同样也存在于正交ε和ε′相中。由于ε″相通常以薄片状形式与其他相共生在一起，因此很难取出单晶而使晶体结构无法确定。不过，由于ε、ε′、ε″相都具有相似的伪五次对称的电子衍射图，ε″相中因而也应存在(001)面的二十面体链三角网络。

(6) 新相μ′-$Al_{71.9}Cr_{20.0}Si_{8.1}$或μ′-$(Al, Si)_4Cr$($a$=2.01 nm，$c$=1.24 nm)的结构模型可以从已知的六方相λ-Al_4Mn通过强衍射方法推导出来。其结构包含沿<100>方向延伸的穿插二十面体构成的链，单元为4+2和3+3，这种结构同样可以在μ-Al_4Mn中找到。μ′中沿c方向六层堆垛为一个周期，而在μ相中为12层堆垛。

5.3　镁合金中的系列长周期堆垛有序(LPSO)结构

近些年，添加少量Zn和RE（稀土）元素的镁合金因其优异的室温、高温力学性能以及抗腐蚀能力而备受关注。例如，利用RS P/M制备的$Mg_{97}Zn_1Y_2$(at.%)合金在室温下的最大拉伸屈服强度达610 MPa，延伸率为5%[28,29]。这项工作激起了人们对各种$Mg_{97}M_1RE_2$(M=Zn、Ni、Cu)铸态合金的研究兴趣。普遍认为，这些合金如此优异的力学性能源于比Mg基体更强更韧的长周期堆垛有序(long-period stacking ordered，LPSO)结构和晶粒细化[30-33]。

不考虑M/RE元素在LPSO结构基面的分布方式，仅考虑其堆垛方式，LPSO结构的布拉维点阵类型有菱方(R)和六角(H)两种，通常用Ramsdell符号表示。例如，18R表示该结构包含18层堆垛层并具有菱方点阵。LPSO结构的特性包括元素在基面的排列方式和堆垛序列，并受组元、成分和热处理过程等合成条件的影响。首先，M/RE元素在基面的分布有序程度取决于Mg-M-RE合金中M（M=Al、Ni、Cu和Zn)元素类型。比如，Al/Gd元素在525 ℃/64 h退火后的Mg-Al-Gd合金中的LPSO结构的基面内高度有序分布，而Ni/Y元素在$Mg_{88}Ni_5Y_7$(at.%)合金中的LPSO结构的基面内排列完全无序[34]。其次，M/RE元素在基面的分布有序程度取决于合金成分，随着Zn/Y元素含量的增加，$Mg_{97}Zn_1Y_2$、$Mg_{85}Zn_6Y_9$和$Mg_{75}Zn_{10}Y_{15}$合金中LPSO结构中Zn/Y元素分布的有序程度依次升高[35,36]。最后，M/RE元素在基面分布的有序程度取决于热处理过程，与铸态合金相比，$Mg_{75}Zn_{10}Y_{15}$(at.%)合金经过773 K退火24 h后，合金中10H结构中的Zn_6Y_8团簇在基面分布的有序程度显著增加[36]。此外，不同体系的LPSO结构的堆垛方式各不相同。目前人们在各种工艺制备的Mg-M-RE(M=Al、Ni、Cu和Zn；RE=Y、Gd、Tb、Dy、Ho、Er和Tm)合金中先后发现了10H、18R、14H和24R 4种LPSO结构，它们只包含AB′C′A堆垛单元[37-42]。

靳千千在中国科学院金属研究所完成的学位论文(2010—2017)以及随后留在课题组工作期间对镁合金中的长周期堆垛有序结构进行了深入、系统的研究，发现了一系列新的长周期结构[43-46]。在 $Mg_{88}Co_5Y_7$(at.%)合金中发现包含 AB′C′A 堆垛单元的 18R 结构，以及包含 AB′C 堆垛单元的 15R、12H 和 21R 三种新型 LPSO 结构[43,44]。$Mg_{92}Co_2Y_6$ 铸态合金中除了存在 15R、12H 和 18R 以外，还发现 72R、29H、102R、192R、51R 和 60H 6 种新型 LPSO 结构，它们既包含 AB′C 堆垛单元，又包含 AB′C′A 堆垛单元[45]。在 $Mg_{97}Zn_1Y_2$ 近平衡合金中除了存在 14H 和 18R 以外，还发现 60R、78R、26H、96R、38H、40H、108H 和 246R 8 种新型 LPSO 结构[46]。在此基础上，提出一种简便描述其结构的新符号：F(或 $\overline{F}$)表示 AB′C′A(或 AC′B′A)结构单元，T(或 $\overline{T}$)表示 AB′C(或 AC′B)结构单元，数字 n 代表 Mg 堆垛层的层数，下标数字 p 代表单胞中亚结构单元的个数。通过这样的定义，提出快捷确定其布拉维点阵和空间群的新方法。

5.3.1 密堆结构确定方法

1. 长周期结构类型

在晶体点阵的周期上再叠加一个新的更长的周期，这种结构称为长周期结构。沿垂直于长周期方向的低指数晶带轴拍摄的选区电子衍射(selected area electron diffraction，SAED)花样特征是在基本衍射斑点外，还出现一系列间隔较密、排列成行的衍射斑点。根据长周期衍射斑点的间距与基体衍射斑点间距的比值，可以简便地得出长周期结构的周期。长周期结构可分为以下三类[47]：

(1) 密堆长周期结构。长周期结构密排层可以看作是由密排层每隔 L 层引入一个或几个相对位移(层错)引起的，周期直接与 L 有关。由于这些层错是长程有序排列的，因此可以降低整个系统的能量，产生稳定的晶体结构。根据层错的排列周期和一个周期内密排层的堆垛方式，分为多种密堆长周期结构。

(2) 有序长周期结构。由元素的长程有序分布引起的长周期结构与固溶体有序化联系在一起的超点阵就属于有序长周期结构。例如 AuCu Ⅱ 的结构可以看作是在 $\boldsymbol{b}$ 方向上，每隔 5 个 AuCu Ⅰ 单胞就有一个[1/2 0 1/2]位移。因此每隔 10 个单胞就重新回到原来的位置上。这种结构可以看作是点阵常数 b 加大 10 倍的超点阵结构。也可以看作是在晶体点阵周期的 $\boldsymbol{b}$ 方向上叠加一个 10 倍于晶体点阵的长周期。

(3) 晶体缺陷的长程分布。尽管在晶体中，空位、位错、层错这些晶体缺陷不是完全有序排列，但只要它们具有长程有序分布的统计特征，也会产生长周期结构的衍射斑点列。

2. 密堆长周期结构晶体学

为了确定未知 LPSO 结构，有必要分析密堆结构的晶体学信息。连续 L 层堆垛层将引入一个平移矢量 $\boldsymbol{t}$。在六方坐标中，$\boldsymbol{a}$ 和 $\boldsymbol{b}$ 表示密排面中的六方基矢量，而 $\boldsymbol{c}$ 为垂直于 $\boldsymbol{a}$ 和 $\boldsymbol{b}$ 的基矢量。当 $\boldsymbol{t}=\boldsymbol{c}$ 时，该结构为六方结构(H 型)，其中相邻的 L 层具有相同的堆垛序列，如图 5.16 (a)所示。当 $\boldsymbol{t}=\frac{\boldsymbol{a}}{3}+\frac{2\boldsymbol{b}}{3}+\frac{\boldsymbol{c}}{3}$时，该结构为反菱方结构(R 型)，其中相邻的 L 层具有不同的堆垛序列但相同的堆垛方式，其中第 1、$L+1$、$2L+1$ 和 $3L+1$ 层的原子分别位于 A、C、B 和 A 位置，如图 5.16(b)。当 $\boldsymbol{t}=\frac{2\boldsymbol{a}}{3}+\frac{\boldsymbol{b}}{3}+\frac{\boldsymbol{c}}{3}$时，该结构为正菱方结构(R 型)，其中第 1、$L+1$、$2L+1$ 和 $3L+1$ 层的原子位于 A、B、C 和 A 位置，如图 5.16(c)。菱方结构的一个单胞由 $3L$ 层堆垛层组成[45]。

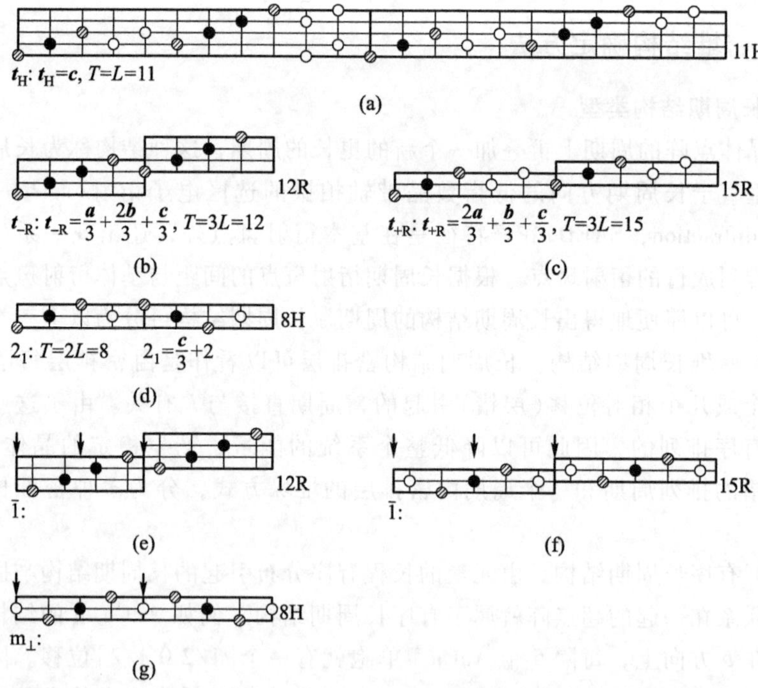

图 5.16　11H、12R、15R 和 8H 沿$[2\bar{1}\bar{1}0]_\alpha$晶带轴观察的结构模型图。显示了密堆结构中的平移对称性和 $\bar{1}$、2_1 和 $m_\perp$ 对称操作(靳千千等[45])

对于一层密排球，对称元素有 2、3 和 6 次旋转轴以及对称平面 m，当两层或多层这种平面按 A、B 或 C 位置堆垛在一起时，各平面的 2 次轴不重合，故密堆结构中不再有 2 次轴，但对称平面 m 是重合的，并且 6 次轴与 3 次轴重合后只保留 3 次轴，因此密堆结构的最低对称为 P3m1 和 R3m。如果单胞中的堆垛按某种特殊方式进行，其对称性会更高一些。这是因为特殊的对称元素可能存在于某些密堆结构中，如平行于 $\boldsymbol{c}$ 轴的螺旋轴 2_1、倒反中心 $\bar{1}$ 以及垂直于 $\boldsymbol{c}$ 轴的镜面 $m_{\perp}$[图 5.16(d)~(g)]。这些特殊的对称元素和平面点群 3m1 组合可以产生新的空间群，如表 5.2 所示。长周期结构对称性可能有以下 8 个空间群：P3m1、$P\bar{3}m1$、$P\bar{6}m2$、$P6_3mc$、$P6_3/mmc$、R3m、$R\bar{3}m$ 和 $Fm\bar{3}m$。前 5 个空间群对应六角点阵，接下来两个对应菱面体点阵，最后一个对应面心立方点阵，仅有 ABC…或 ACB…堆垛结构满足此点阵。

表 5.2 堆垛有序结构的额外对称元素、布拉维点阵和空间群之间的关系

布拉维点阵	3	$\bar{3}=3+\bar{1}$	$6_3=2_1+3$	$\bar{6}=3+m_{\perp}$	$6_3/m$	晶系
菱方	R3m	$R\bar{3}m$				三角
六方	P3m1	$P\bar{3}m1$				
			$P6_3mc$	$P\bar{6}m2$	$P6_3/mmc$	六角

根据消光规律可知分别具有表 5.2 中 7 种空间群的堆垛有序结构 $000l$、$1\bar{1}0l$ 和 $11\bar{2}l$ 衍射斑列的反射条件，如表 5.3 所示。可以根据沿$[11\bar{2}0]_{\alpha}$晶带轴获取的电子衍射花样的 $1\bar{1}0l$ 衍射斑列的位置判断密堆结构是菱方点阵(R)还是六角点阵(H)。其中，R 型密堆结构的反射条件为$-h+k+l=3n$，它的 $1\bar{1}00$ 衍射斑消光，$1\bar{1}0l$ 衍射斑列中不存在与 $\boldsymbol{g}_{000l}$ 垂直的倒易矢量 $\boldsymbol{g}_{1\bar{1}00}$；中心斑点列 $000l$ 与两旁点列 $1\bar{1}0l$ 上的斑点不处在等高线上，一侧位于 0000 与 0003 之间的 1/3 层线上，一侧出现在 2/3 层线上；而透射斑与 0002_{Mg}之间被额外衍射斑等分的间隔数 n 等于 R 型密堆结构具有相同堆垛方式的最小结构单元包含的堆垛层数 L，而它的单胞所含的堆垛层数为 $3L$。R 型密堆结构具有 R3m 和 $R\bar{3}m$ 两种可能的空间群。对于 H 型密堆结构它的 $1\bar{1}00$ 衍射斑出现，意味着 $1\bar{1}0l$ 衍射斑列中存在与 $\boldsymbol{g}_{000l}$垂直的倒易矢量 $\boldsymbol{g}_{1\bar{1}00}$；中心斑点列 $000l$ 与它两旁衍射点列 $1\bar{1}0l$ 上的斑点处在等高线上；具有 P3m1、$P\bar{3}m1$、$P\bar{6}m2$ 三种空间群的 H 型密堆结构不存在结构消光，它的 $000l$、$1\bar{1}0l$ 和 $11\bar{2}l$ 衍射斑列间隔相同，透射斑与 0002_{Mg}之间被额外衍射斑等分的间隔数 n 等于这类密堆结构单胞所包含的

堆垛层数 L。具有 $P6_3mc$ 和 $P6_3/mmc$ 两种空间群的密堆结构存在螺旋轴和滑移面引起的消光，它的 $1\bar{1}0l$ 衍射斑列的间隔是 $000l$ 或 $11\bar{2}l$ 衍射斑列间隔的一半。这类结构沿 $[11\bar{2}0]_{\alpha}$ 晶带轴获取的 SAED 花样衍射斑列的反射条件分别为 $1\bar{1}0\ n$ 衍射斑列和 $000\ 2n$，但由于二次衍射效应，在电子衍射谱中，$000\ n$ 都可见。透射斑与 0002_{Mg} 之间被额外衍射斑等分的间隔数 n 也等于这类密堆结构单胞所包含的堆垛层数 L。

表 5.3　堆垛有序结构 $000l$、$1\bar{1}0l$ 和 $11\bar{2}l$ 衍射斑列的反射条件

空间群	$000l$	$1\bar{1}0l$	$11\bar{2}l$
$P3m1$，$P\bar{3}m1$，$P\bar{6}m2$	$l=n$	$l=n$	$l=n$
$P6_3mc$，$P6_3/mmc$	$l=2n$	$l=n$	$l=2n$
$R3m$，$R\bar{3}m$	$l=3n$	$l=3n+1$ 或 $3n-1$	$l=3n$

3. 密堆长周期结构的传统表示方法

人们使用各种表示方法来描述各种体系中结构关联密切的层状结构，如 CdI_2、PbO_2 和 SiC，这些表示方法在使用过程中不断演化，它们也被用来描述 Mg-M-RE 合金中的 LPSO 结构，如表 5.4 所示。通常，Mg-M-RE 合金中的 LPSO 结构按照 Ramsdell 符号命名，该符号中的数字表示单胞中的堆垛层数，字母表示布拉维点阵类型。如 18R 代表该结构是菱方堆垛类型(点阵)，单胞内有 18 个密排层。这一符号简洁明了地给出了堆垛类型和层数，缺点是未给出具体的堆垛顺序。此外，还有三种常见的方法描述各种 LPSO 结构[45]。

首先，LPSO 结构可以用它的堆垛序列来表示。例如，15R 能表示成 15R——ABCBC BCACA CABAB，它表示每层所处的 A (0, 0)、B (2/3, 1/3) 或 C (1/3, 2/3)位置。密排长周期结构均可通过在 L 层的 ABCABC…排列中引入 p 个错排而形成。显然，如有 p 层错排，就需要有 p 层正确的排列抵消错排的作用。因此，当 $L-2p=3n$(n 为整数)时，第 1 层与第 $L+1$ 层具有相同的 A、B 或 C 位置，形成 H 型堆垛；而当 $L-2p=3n+1$ 时，第 1 层、第 $L+1$ 层、第 $2L+1$ 层及第 $3L+1$ 层分别位于 A、B、C 和 A 位置，形成正 R 型堆垛；当 $L-2p=3n-1$ 时，第 1 层、第 $L+1$ 层、第 $2L+1$ 层及第 $3L+1$ 层分别位于 A、C、B 和 A 位置，形成反 R 型堆垛，一个周期内的层数是 $3L$。根据上述分析便可以基于 15R 的堆垛序列确定它的点阵类型。15R 的重复结构单元包含 $L=5$ 层，相邻 5 层的堆垛序列不同，但是堆垛方式相同，第 1 层、第 $L+1$ 层、第 $2L+1$

层及第 $3L+1$ 层分别位于 A、B、C 和 A 位置，因而它为正 R 型堆垛。此外，将 15R 的错排层用黑体标记，如 **A**BC**B**C **B**CA**C**A **C**AB**A**B，则每 5 层中含有 $p=2$ 层错排，那么 $L-2p=5-2\times2=1$，也可以得知它为正 R 型堆垛。同时，堆垛序列也显示了其微观对称元素。如在 CAB 的堆垛中，A 处存在对称中心 $\bar{1}$，C 与 B 以 A 为对称中心呈倒反关系；在 6H 的…ACBABC(A)…堆垛中，A 层为一与 $\boldsymbol{c}$ 轴正交的对称平面 $m_{\perp}$；在六角密堆结构的 ABAB 堆垛中，在 C 位置处有一平行于 $\boldsymbol{c}$ 轴的 6_3 螺旋轴。把 $\bar{1}$、6_3 和 $m_{\perp}$ 添加到 P3m、R3m 中去共可以得到 8 个空间群，其中与长周期结构相关的 7 个空间群如表 5.2 所示。

其次，Jagodzinski 符号表示每层的化学环境，h 表示该堆垛层处于密排六方(HCP)的环境，而 c 表示该堆垛层处于面心立方(FCC)环境，因而 15R 可表示为 hchhhhchhhhchh。

最后，Zhdanov 符号中用一对数字表示堆垛顺序，并规定按 ABC…顺序堆垛为正确排列，反之按 ACB……顺序堆垛为错排列。其中，第 1 个数字代表正确排列的层数，第 2 个数字代表其后的错排层数，再接下去的正确排列层数用第 3 个数字代表，错排的层数用第 4 个数字代表，如此继续下去，直到整个单胞内的层数都已包含在内(对于 R 型堆垛，把这个顺序用括号括起来再加一脚标 3)。如(3，3)代表 ABC**ACB**(A)的 6H 结构，$(\bar{1}2\bar{1}1)_3$ 代表堆垛序列为 **A**BC**B**C **B**CA**C**A **C**AB**A**B 的 15R 结构，其中黑体标记了错排层。

4. 新符号描述和确定 Mg-M-RE 合金 LPSO 结构

然而，利用上述表示法不能简洁而方便地描述具有更长周期的 LPSO 结构和无序密堆结构。考虑到 Mg-M-RE 合金中 LPSO 结构特性，靳千千博士引入了一种新的表示方法来描述这些 LPSO 结构，规则如下。

(1) 包含 4(four)层堆垛层的 AB′C′A(和/或 AC′B′A)结构单元定义为 F-block，记为 F(和/或 $\bar{\mathrm{F}}$)，其化学环境为 hcch；包含 3(three)层堆垛层的 AB′C(和/或 AC′B)结构单元定义为 T-block，记为 T(和/或 $\bar{\mathrm{T}}$)，其化学环境为 hch；负号表示 block 相反的剪切方向，数字 n (n 为整数)代表 block 之间 Mg 的层数，记为 n-Mg；下标代表单胞中具有相同尺寸和对称性、相同或者不同堆垛序列的亚结构单元的数量。按照这种表示法，15R 可以表示为$(\mathrm{T2})_3$，12H 表示为$(\mathrm{T3\bar{T}3})$，而 18R 可以表示为$(\mathrm{F2})_3$。

(2) 根据 Mg-M-RE 合金中 LPSO 结构所包含 block 的类型，将 LPSO 结构分为三类：F-type，只包含 F-block；T-type，只包含 T-block；FT-type，同时包含 F-block 和 T-block，如表 5.4 所示。

表 5.4 Mg–M–RE 合金中的 LPSO 结构的表达式和晶体学参数

类型	Ramsdell 符号	堆垛序列	Jagodzinski 表示	Zhdanov 符号	新符号	c/nm	空间群	文献
F-type	12R	AB′C′A CA′B′C BC′A′B	hcchhcchhcch	$(\bar{1}3)_3$	$(F0)_3$	3.13	$R\bar{3}m$	[48]
	10H	AB′C′ACAC′B′AB	hcchhhcchh	$(\bar{1}3\bar{1}1\bar{3}1)$	$(F1\bar{F}1)$	2.61	$P6_3/mmc$	[40, 49]
	18R	AB′C′ACACA′B′CBCBC′A′BAB	hcchhhhcchhhhcchhh	$(\bar{1}3\bar{1}1)_3$	$(F2)_3$	4.69	$R\bar{3}m$	
	14H	AB′C′ACACAC′B′ABAB	hcchhhhhcchhhh	$(\bar{1}3\bar{1}1\bar{1}1\bar{3}1\bar{1}1)$	$(F3\bar{F}3)$	3.65	$P6_3/mmc$	
	24R	AB′C′ACACACA′B′CBCBCBC′A′BABAB	cchhhhhhcchhhhhhcchhhhh	$(\bar{1}3\bar{1}1\bar{1}1)_3$	$(F4)_3$	6.25	$R\bar{3}m$	
	60R				$(F2F3\bar{F}3)_3$	15.6	$R\bar{3}m$	[46]
	78R				$(F2F2F3\bar{F}3)_3$	20.3	$R\bar{3}m$	
	26H				$F2F3\bar{F}2\bar{F}3$	6.77	$P6_3/mmc$	
	38H				$F2F2F3\bar{F}2\bar{F}2\bar{F}3$	9.90	$P6_3/mmc$	
	96R				$(F2F2F3\bar{F}2\bar{F}3)_3$	25.0	$R\bar{3}m$	
	40H				$F2F3\bar{F}2\bar{F}3F3\bar{F}3$	10.4	$P\bar{6}m2$	
	108H				$(F2F3\bar{F}2\bar{F}3F3\bar{F}3)_2(F3\bar{F}3)_2$	27.1	$P\bar{6}m2$	
	246R				$[F2F3\bar{F}2\bar{F}3F3\bar{F}3(F2)_7]_3$	64.1	R3m	
T-type	15R	AB′CBC BC′ACA CA′BAB	hchhhhchhhhchhh	$(\bar{1}2\bar{1}1)_3$	$(T2)_3$	3.91	$R\bar{3}m$	[43]
	12H	AB′CBCBCB′ABAB	hchhhhhchhhh	$(\bar{1}2\bar{1}1\bar{1}1\bar{2}1\bar{1}1)$	$(T3\bar{T}3)$	3.13	$P6_3/mmc$	
	21R	AB′CBCBCBC′ACACACA′BABAB	hchhhhhhchhhhhhchhhhh	$(\bar{1}2\bar{1}1\bar{1}1)_3$	$(T4)_3$	5.47	$R\bar{3}m$	
	654R	$(AB′CBCBC′ACACA′BAB)_3$AB′CBC$(BC′ACACAC′BABA)_{14}$**B**···			$[(T2)_{10}(T3\bar{T}3)_{14}]_3$	170	$R\bar{3}m$	[50]
FT-type	51R	AB′CBCBC′A′BABAB′C′ACA **C**···			$[(T2F2F)2]_3$	13.3	$R\bar{3}m$	
	72R	AB′CBCBC′A′BABAB′C′ACACAC′BCBC **B**···			$[(T2F2F)3(\bar{T})3]_3$	18.8	R3m	
	29H	AB′CBCBC′A′BABAB′C′ACACAC′BCBCB′ABAB **A**···			$(T2F2F)3(\bar{T}2\bar{T})3$	7.55	P3m1	
	102R	AB′CBCBC′A′BABAB′C′ACACAC′BCBCB′ABABA′CACA **C**···			$[(T2F2F)3(\bar{T}2\bar{T}2\bar{T})3]_3$	26.6	R3m	
	192R	AB′CBCBC′A′BABAB′C′ACACAC′BCBCB′ABAB AB′CBCBC′A′BABAB′C′ACACAC′BCBCBC′ACACA′B′CBC **B**···			$[(T2F2F)3(\bar{T}2\bar{T})3$ $(T2F2F)3(\bar{T})3(T2F2)]_3$	50.0	R3m	
	60H	AB′C′AC AC′B′ABAB $(AB′CBCB\ CB′ABAB)_4$ **A**···			$(F1\bar{F}1)2(T3\bar{T}3)_4$	15.6	$P\bar{6}m2$	

基于上述新符号，极大地方便了确定 Mg-M-RE 合金的 LPSO 结构的布拉维点阵和空间群，具体方法如下。对于密堆结构，一个结构的第一层与紧邻该结构的堆垛层关系为下列三种平移矢量：$\boldsymbol{s}_1=\boldsymbol{e}$，$\boldsymbol{s}_2=\frac{2}{3}\boldsymbol{a}+\frac{1}{3}\boldsymbol{b}+\boldsymbol{e}$ 和 $\boldsymbol{s}_3=\frac{1}{3}\boldsymbol{a}+\frac{2}{3}\boldsymbol{b}+\boldsymbol{e}$，其中 $\boldsymbol{a}$ 和 $\boldsymbol{b}$ 代表密排面内的基矢量，$\boldsymbol{e}$ 为垂直于 $\boldsymbol{a}$ 和 $\boldsymbol{b}$ 的一个任意矢量。F(2k)结构(k 为整数)的堆垛序列为 $\underline{\mathrm{AB'C'A}}\ (\mathrm{CA})_k(\mathbf{C}\cdots)$，它的平移矢量为 $\boldsymbol{s}_3$，剩余结构的平移矢量列于表 5.5。LPSO 结构单胞的平移矢量为 $\boldsymbol{s}_1$，一个重复单元的平移矢量为它所包含结构组元的平移矢量之和。LPSO 的布拉维点阵类型取决于它重复单元的平移矢量 $\boldsymbol{s}_1$、$\boldsymbol{s}_2$、$\boldsymbol{s}_3$，它们分别对应六方点阵、正菱方点阵、反菱方点阵[46]。

此外，LPSO 结构的对称性也可以基于其新的表示方法推导出来。F-block、T-block 和(2k)-Mg 结构中心位置具有一个倒反中心。而(2k+1)-Mg 结构中心位置具有一个垂直于堆垛方向的镜面，如表 5.5 所示，它所包含的组元的点对称性决定了 LPSO 结构的对称性。例如，60R 的表达式为 F**2**F3**$\overline{\mathbf{F}}$**3F**2**F3**$\overline{\mathbf{F}}$**3F**2**F3**$\overline{\mathbf{F}}$**3，显示了位于与加粗的 2-Mg 或 $\overline{\mathrm{F}}$-block 结构等距的组元的结构相同且剪切方向也相同，这意味着它们中间位置存在倒反中心，因而 60R 的空间群为 R$\overline{3}$m。40H 的表达式为 F2F**3**$\overline{\mathrm{F}}$2$\overline{\mathrm{F}}$3F**3**$\overline{\mathrm{F}}$3，表明与加粗的 3-Mg 结构等间距的组元的结构相同而剪切方向相反，这意味着它们中间位置存在垂直于 $\boldsymbol{c}$ 轴的镜面，因而 40H 的空间群为 P$\overline{6}$m2。到目前为止，在 Mg-M-RE 合金中尚未发现空间群为 P6$_3$mc 并具有 2$_1$ 螺旋轴的 LPSO 结构。因而，可以构造一个结构为 F2T3**$\overline{\mathbf{F}}$2$\overline{\mathbf{T}}$3** 的 24H 来说明确定 2$_1$ 螺旋轴的方法。显然，这个结构前后两部分的结构组元对应相同，其中 F-block 或 T-block 的剪切方向相反，意味着该结构有一个沿堆垛方向的 2$_1$ 螺旋轴，其空间群为 P6$_3$mc，它们的空间群可以基于它们特殊的对称元素推导出来，如表 5.2 所示。

表 5.5 组成 Mg-M-RE 合金 LPSO 结构各组元的平移对称性和点对称性

组成单元	平移矢量	组成单元	平移矢量	组成单元	点对称性
F(2k)	$\boldsymbol{s}_3$	T(2k)	$\boldsymbol{s}_2$	F-block	$\overline{1}$
$\overline{\mathrm{F}}$(2k)	$\boldsymbol{s}_2$	$\overline{\mathrm{T}}$(2k)	$\boldsymbol{s}_3$	T-block	$\overline{1}$
F(2k+1)	$\boldsymbol{s}_1$	T(2k+1)	$\boldsymbol{s}_3$	(2k)-Mg	$\overline{1}$
$\overline{\mathrm{F}}$(2k+1)	$\boldsymbol{s}_1$	$\overline{\mathrm{T}}$(2k+1)	$\boldsymbol{s}_2$	(2k+1)-Mg	m

5.3.2　$Mg_{88}Co_5Y_7$ 合金中新型 LPSO 结构

如图 5.17 背散射电子–扫描电子显微镜（back scattered electron–scanning electron microscope，BSE–SEM）照片所示，在该 Mg–Co–Y 合金中 Mg 基体显示暗衬度，LPSO 结构显示灰色衬度，$Mg_{24}Y_5$ 形状不规则并显示较亮衬度，未知相 Mg_3(Co，Y) 也显示较亮衬度，通常为条形，而 $MgYCo_4$ 显示的衬度最亮。该合金中 Mg 基体和 LPSO 结构的体积分数超过 80%。能量色散 X 射线分析（energy–dispersion X–ray analysis，EDX）测量出 LPSO 结构的化学成分范围为 $Mg_{89\sim92}Co_{2\sim4}Y_{6\sim7}$。Mg 基体中固溶 Y 的含量约为 3 at.%，而 Co 在 Mg 基体和 $Mg_{24}Y_5$ 中的固溶度由于太小而很难得到准确测量。在 LPSO 结构区域测得的维氏硬度值约为 135 HV0.01，在 Mg 基体区域测得的维氏硬度值约为 72 HV0.01。由于 LPSO 结构的硬度值明显高于 Mg 基体，因而能极大提高该铸态合金的力学强度。进一步研究发现这些 LPSO 结构具有新的堆垛序列。向 Mg 中添加少量 Co/Y 便能获得体积分数非常大的 LPSO 结构，这对于减轻镁合金的质量，降低添加元素的成本都有很重要的意义[43]。

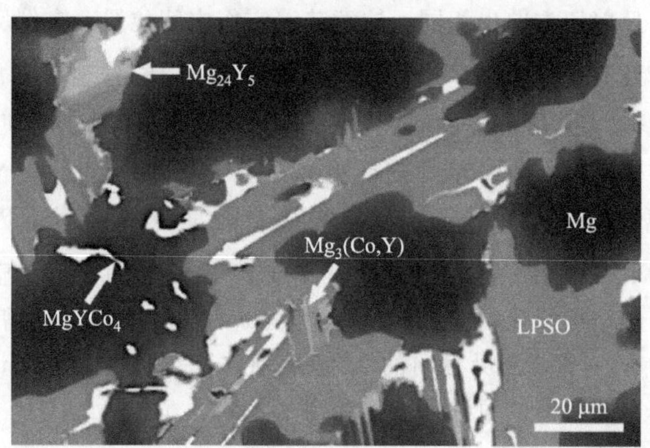

图 5.17　铸态 $Mg_{88}Co_5Y_7$ 合金的 BSE–SEM 照片（米少波和靳千千[43]）

1. 15R–LPSO 结构

图 5.18(a) 和 (b) 为 $Mg_{88}Co_5Y_7$ 铸态合金中一种 LPSO 结构分别沿 $[2\bar{1}\bar{1}0]_\alpha$ 和 $[10\bar{1}0]_\alpha$ 晶带轴拍摄的电子衍射花样。在衍射花样中，有 4 个额外的衍射斑等间距地分布在透射斑与 $(0002)_{Mg}$ 衍射斑之间。$01\bar{1}l$ 衍射斑列与 $000l$ 衍射斑列中的衍射斑不在同一高度，$01\bar{1}0$ 衍射斑消光。由此可知，该结构为 R 型，具有相同排列方式的最小结构单元含有 5 层堆垛层，每个单胞含有 15 层，因

而命名为 15R。000 l、$01\bar{1}l$ 和 $\bar{1}2\bar{1}l$ 衍射斑列可以分别标定为 000 $3n$、$01\bar{1}\,3n+1$ 和 $\bar{1}2\bar{1}\,3n$（n 为整数）。

利用高分辨电子显微成像技术研究了 15R-LPSO 结构的原子排列。图 5.18(c)为 15R-LPSO 结构沿$[2\bar{1}\bar{1}0]_{\alpha}$轴拍摄的高分辨 TEM 像，在此成像模式下，亮点对应原子列。通过确定原子列的排列方式，就可以确定 15R-LPSO 结构的堆垛序列中包含 AB′C 型结构单元，并在图 5.18(c)中沿一个方向排列。利用原子分辨率高角环状暗场(high-angle annular dark-field，HAADF)像进一步研究了 15R-LPSO 结构的化学特征和结构特征，在这种成像模式下像点强度大约

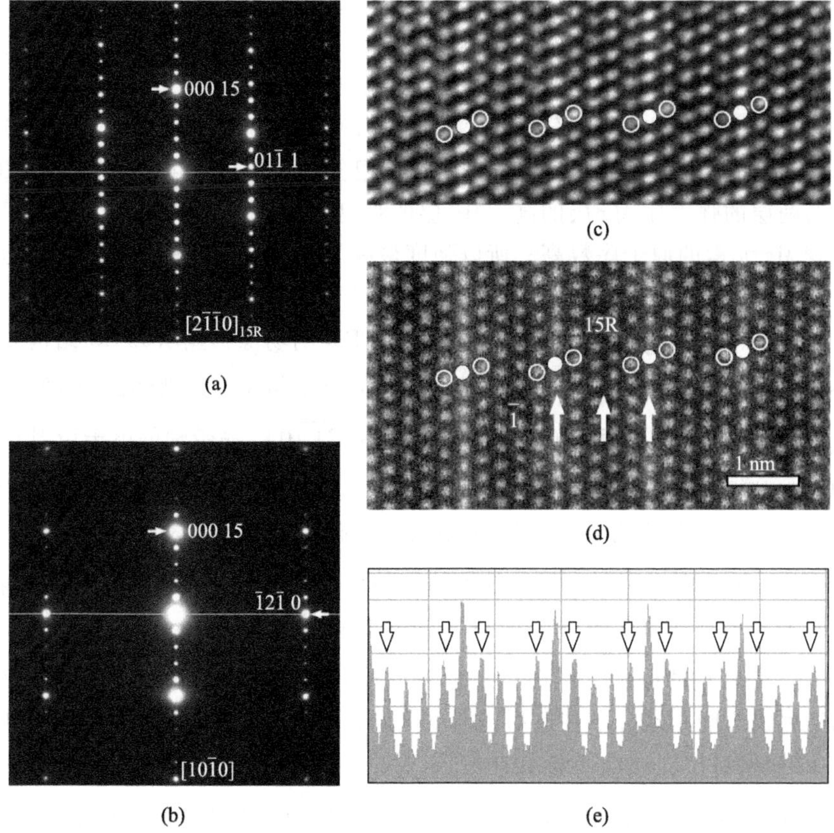

图 5.18 (a)、(b) 15R-LPSO 结构分别沿$[2\bar{1}\bar{1}0]_{\alpha}$(a)和$[10\bar{1}0]_{\alpha}$(b)晶带轴拍摄的电子衍射花样，用水平箭头标记了特征衍射斑；(c)、(d)该 15R-LPSO 结构沿$[2\bar{1}\bar{1}0]_{\alpha}$轴拍摄的高分辨 TEM 像(c)和 HAADF 像(d)，在图中标注了 AB′C 三层结构单元；(e)为图(d)中高分辨 HAADF 像的 Z 衬度强度分布图(米少波和靳千千[43])

正比于该原子列的原子序数的平方。图 5.18(d)为该 15R-LPSO 结构沿 $[2\bar{1}\bar{1}0]_\alpha$ 轴拍摄的高分辨 HAADF 像，AB′C 型三层堆垛结构清晰可见。此外，在 AB′C 结构单元中，B′层的强度高于相邻的 A 层和 C 层，这意味着，Co/Y 原子主要富集在 B′层。该结构单元和文献报道的 LPSO 结构的 AB′C′A 四层结构单元不同，它密排面的堆垛序列为 A′BABAB′CBCBC′ACAC。根据衍射斑特征和高分辨 HAADF 像，都可得知其晶格参数为：$a_{15R}=a_{Mg}=0.321$ nm、$c_{15R}=7.5\times c_{Mg}=3.91$ nm。在 AB′C 结构单元和两层 Mg 堆垛层的中央都存在倒反中心 $\bar{1}$，如图 5.18(d)箭头所示，由此可知该结构的空间群为 $R\bar{3}m$。同时，假设 AB′C 结构单元中 B 层全部被 Co/Y 原子占据，那么 15R-LPSO 的化学成分为 Mg_4(Co，Y)；而 EDX 测量出该结构的化学成分为 $Mg_{89\sim90}Co_{3\sim4}Y_{6\sim7}$(at.%)，这意味着，Mg 原子占据 B′层的部分位置。

通过对图 5.18(d)中高分辨 HAADF 像沿密排方向做强度统计可以得到如图 5.18(e)所示的 Z 衬度强度分布图。由图可知，B′层的强度最高，而与 B′层相邻的两层的强度比 Mg 层的高，Mg 层的强度明显最低。Co 和 Y 元素的原子序数较 Mg 元素的原子序数高，所以强度最高的 B′层中富集较多的 Co/Y 元素。

2. 12H-LPSO 结构

图 5.19(a)为 $Mg_{88}Co_5Y_7$ 铸态合金低倍 TEM 明场像，显示 LPSO 结构与 Mg 基体共生。图中可以看出有类似 LPSO 结构的三个晶粒，分别标注为 LPSO-1、LPSO-2、LPSO-3。图 5.19(b)为 LPSO-2 沿 $[2\bar{1}\bar{1}0]_\alpha$ 晶带轴的电子衍射花样，它的 $(01\bar{1}l)$ 衍射斑列中存在与 $\boldsymbol{g}_{000l}$ 垂直的 $\boldsymbol{g}_{01\bar{1}0}$ 矢量，由此可以推断，该长周期结构为 H 型。尽管没有在图 5.19 中给出，但靳千千博士在实验中采集并标定了 $[10\bar{1}0]_\alpha$ 轴的电子衍射花样，其中的 $(\bar{1}2\bar{1}l)$ 衍射斑列的间隔是 $(01\bar{1}l)$ 衍射斑列间隔的一半。由图 5.19 可知，该结构的空间群为 $P6_3mc$ 或者 $P6_3/mmc$。在 $[2\bar{1}\bar{1}0]_\alpha$ 晶带轴的电子衍射花样中的 $(000\ n/12\times2)_{Mg}$（n 为整数）位置处，有额外的衍射斑等间距地分布在透射斑与 $(0002)_{Mg}$ 衍射斑之间，所以该结构的单胞中有 12 层密排层，该结构为 12H[43]。

图 5.19(d)为 12H-LPSO 沿 $[2\bar{1}\bar{1}0]_\alpha$ 轴拍摄的高分辨 HAADF 像，该像表明 12H-LPSO 结构密排面的堆垛序列为 ABABAB′CBCBCB′，其中被“′”标记的层中富集了 Co/Y 元素，该结构可以看成 AB′C 结构单元之间夹 3 层 Mg 堆垛层。该结构中既存在镜面 m，又存在倒反中心 $\bar{1}$，由此可知，该结构的空间群为 $P6_3/mmc$。由电子衍射花样和高分辨 HAADF 像可知，该结构的晶格参数为 $a_{12H}=a_{Mg}=0.321$ nm，$c_{12H}=6\times c_{Mg}=3.13$ nm。

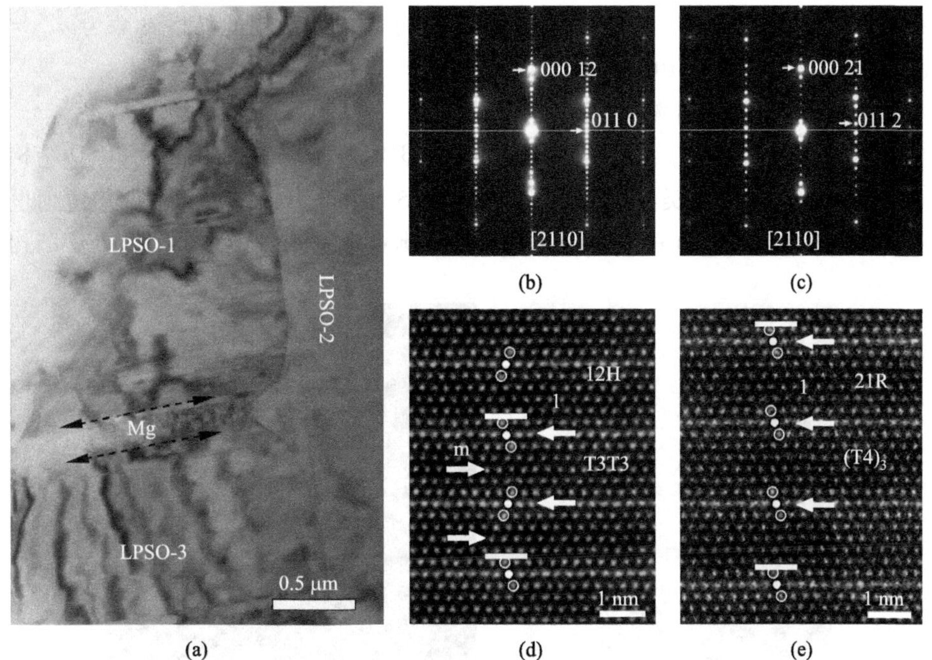

图 5.19 12H-LPSO 和 21R-LPSO 的电子显微分析：(a) $Mg_{88}Co_5Y_7$ 铸态合金低倍 TEM 明场像，显示 LPSO 结构与 Mg 基体共生；(b)、(c) 12H-LPSO(b) 和 21R-LPSO(c) 沿 $[2\bar{1}\bar{1}0]_\alpha$ 晶带轴的电子衍射花样，用水平箭头标记了与 $(0002)_{Mg}$ 相对应的衍射斑；(d)、(e) 12H-LPSO(d) 和 21R-LPSO(e) 结构沿 $[2\bar{1}\bar{1}0]_\alpha$ 轴拍摄的高分辨 HAADF 像，显示出沿密排面存在 AB′C 三层结构单元，同时还标记出了镜面 m 和倒反中心 $\bar{1}$(米少波和靳千千[43])

3. 21R-LPSO 结构

图 5.19(c) 为 LPSO-3 沿 $[2\bar{1}\bar{1}0]_\alpha$ 晶带轴的电子衍射花样。在该衍射花样中的 $(000\ n/7\times2)_{Mg}$(n 为整数) 位置处，有额外的衍射斑，而它的 $(01\bar{1}l)$ 衍射斑列中不存在与 $\boldsymbol{g}_{0001}$ 垂直的 $\boldsymbol{g}_{01\bar{1}0}$ 矢量。由此可以推断，该长周期结构为 R 型，具有相同堆垛方式的最小结构单元中有 7 层堆垛层，而每个单胞中有 21 层堆垛层，该结构可以表示为 21R。图 5.19(e) 为 21R-LPSO 结构沿 $[2\bar{1}\bar{1}0]_\alpha$ 轴拍摄的高分辨 HAADF 像，该图像表明 21R-LPSO 结构包含 AB′C 结构单元。21R-LPSO 结构密排面的堆垛序列为 A′BABABAB′CBCBCBC′ACACAC，其中被“′”标记的层中富集了 Co/Y 元素。该结构可以看成 AB′C 结构单元之间夹 4 层 Mg 堆垛层。利用我们引入的新符号可以简便地描述为 $(T4)_3$，在 AB′C 结构单元和 4 层 Mg 堆垛层的中间都存在倒反中心 $\bar{1}$，由此可知，该结构的空间群为

$R\bar{3}m$。由电子衍射花样和高分辨 HAADF 像可知，该结构的晶格参数为 $a_{21R}=a_{Mg}=0.321$ nm，$c_{21R}=10.5\times c_{Mg}=5.47$ nm[43]。

4. 18R-LPSO 结构

除了在 $Mg_{88}Co_5Y_7$ 合金中发现了包含 AB′C 型结构单元的 3 种 LPSO 结构外，还发现了另一种类型的 LPSO 结构。图 5.20(a)为该铸态合金低倍透射电子显微镜(transmission electron microscope，TEM)明场像，显示出该 LPSO 结构

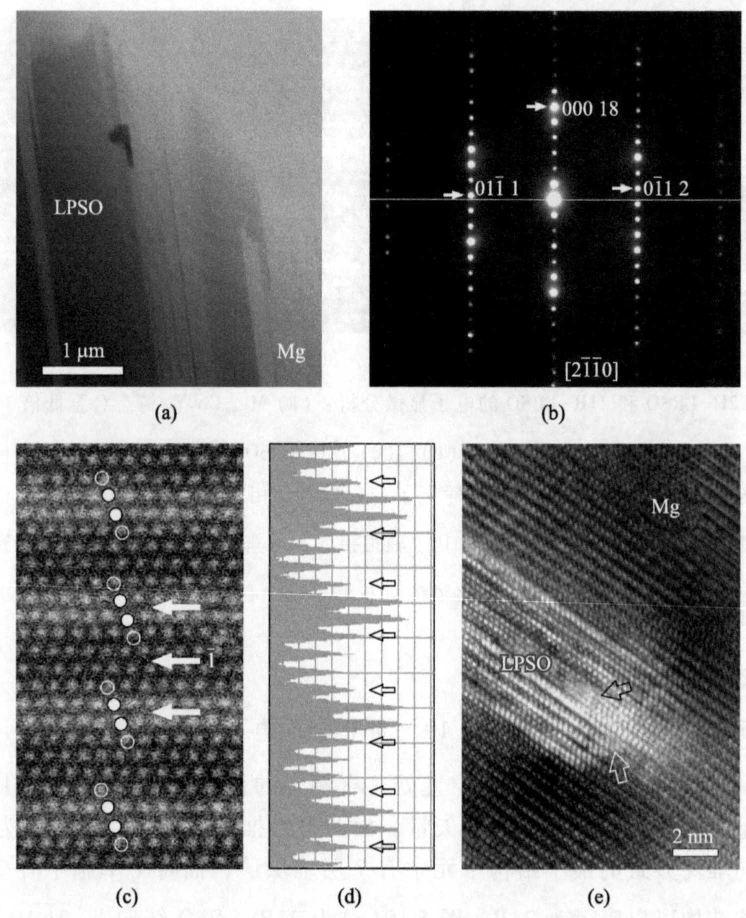

图 5.20　21R-LPSO 的电子显微分析：(a) 低倍 TEM 像，显示了 18R-LPSO 结构与 Mg 基体共生；(b) 18R-LPSO 沿 $[2\bar{1}\bar{1}0]_\alpha$ 晶带轴的 SAED 花样，水平箭头标记了特征衍射斑；(c) 18R-LPSO 结构沿 $[2\bar{1}\bar{1}0]_\alpha$ 轴拍摄的高分辨 HAADF 像；(d) 图(c)中高分辨 HAADF 像的 Z 衬度强度分布；(e) 高分辨 HAADF 像显示 18R-LPSO 结构终止在 Mg 基体中，点阵畸变已用箭头标记(米少波和靳千千[43])

与 Mg 基体共生。在图中，Mg 基体显示亮衬度，LPSO 结构形状为片状并显示暗衬度，一些片状结构终止在 Mg 基体中。该结构沿$[2\bar{1}\bar{1}0]_{\alpha}$轴拍摄的电子衍射谱如图 5.20(b)所示，中心斑点列(000l)两旁点列上的斑点不处在等高线上，一侧的 $01\bar{1}l$ 列位于 0000 与 0003 间的 1/3 层线上，一侧的 $0\bar{1}1l$ 列出现在 2/3 层线上。由此可知，该结构为 R 型长周期结构。0002_{Mg}位置处的衍射斑可标定为 000 18。由此可知，该结构的晶格参数为：$a_{18R}=a_{Mg}=0.321$ nm、$c_{18R}=9\times c_{Mg}=4.69$ nm。图 5.20(c)为该 18R-LPSO 结构沿$[2\bar{1}\bar{1}0]_{\alpha}$轴拍摄的高分辨 HAADF 像，可以看出其原子排列方式，密排面的堆垛序列为 ABAB′C′ACACA′B′CBCBC′A′B。图中箭头位置标记了倒反中心，由此可知，该结构的空间群为 $R\bar{3}m$。该结构的衍射斑特征和堆垛序列与文献报道的 Mg-Zn-RE 合金系中 18R-LPSO结构的相同。图 5.20(d)为图 5.20(c)中高分辨 HAADF 像中沿密排面堆垛方向的 Z 衬度强度分布图，如图中箭头所示，该图像显示了在 AB′C′A 结构单元中存在强度最高的两个堆垛层。另外，相邻于强度最高堆垛层的原子层的强度也相对较高，这种现象也存在于 Mg-Zn-RE 合金系中的 18R-LPSO 结构。从化学成分来说，假设 AB′C′A 结构单元中 B′层和 C′层全部占据 Co/Y 原子，那么 18R-LPSO 的化学成分为 Mg_2(Co，Y)。而 EDX 测量出该 18R-LPSO 结构的化学成分约为 $Mg_{90}Co_{3\sim3.5}Y_{6.5\sim7}$(at.%)，这意味着，Mg 原子占据 B′层和 C′层的部分位置。图 5.20(e)给出的高分辨 HAADF 像显示 18R-LPSO 结构终止在 Mg 基体中，点阵畸变已用箭头标记。18R-LPSO 结构与 Mg 沿基面存在共格界面，然而，界面位错出现在终止面处，这来源于 18R-LPSO 结构与 Mg 的堆垛序列不同[43]。

5. 654R 晶体结构

图 5.21(a)为在稍偏离$[2\bar{1}\bar{1}0]_{\alpha}$晶带轴的条件下获取的 $Mg_{88}Co_5Y_7$ 的 TEM 像。该图左边为均匀的 LPSO 结构，而右边的结构包含一些层错。为了更细致地研究该 LPSO 结构，根据其中亚结构的尺寸或结构特征，用长方形框标示出了 16 个区域。图 5.21 (b)为区域 2~8 沿$[UV.0]_{\alpha}$晶带轴获取的低倍高角环状暗场-扫描透射电子显微镜(high-angle annular dark-field-scanning transmission electron microscope，HAADF-STEM)像，显示薄厚片层交替排列，其中薄片层含有 10 条亮线，厚片层含有 28 条亮线。将图 5.21(b)中的长方形框所示的区域沿$[2\bar{1}\bar{1}0]_{\alpha}$晶带轴进一步放大，如图 5.21(c)所示，发现该结构包含 AB′C 结构单元(T 或 $\bar{T}$)，在其中间为 2 层或 3 层 Mg 堆垛层，分别形成 15R 和 12H 结构，其表达式为$(T2)_3$或 $T3\bar{T}3$。按照靳千千等[45]提出的新表示法，包含一个薄片层和厚片层的结构单元可以表示为$(T2)_{10}(T3\bar{T}3)_{14}$，它包含 218 层原子

层。它的堆垛序列为(AB′CBCBC′ACACA′BAB)$_3$ AB′CBC (BC′ACACAC′BABA)$_{14}$(**B**……)，这里用下划线突出显示了 T 或 $\bar{\mathrm{T}}$ 堆垛单元。假设第 1 层原子位于 A 位置，那么第 219、437 和 655 层原子分别位于 B、C 和 A 位置。因而，这种新型 LPSO 结构可以确定为 654R 结构，它的表达式为$[(\mathrm{T2})_{10}(\mathrm{T3\bar{T}3})_{14}]_3$。按照 $a_{654\mathrm{R}}=a_{\mathrm{Mg}}$ 和 $c_{654\mathrm{R}}=\frac{1}{2}\times654\times c_{\mathrm{Mg}}$，可以得出它的晶格参数为 $a=0.321$ nm 和 $c=170.4$ nm[50]。

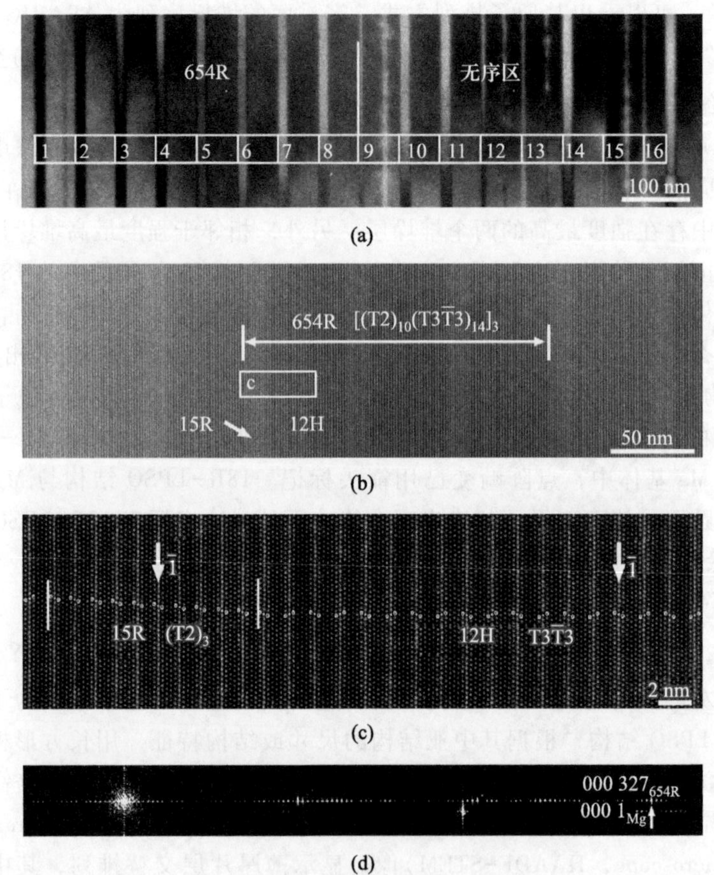

图 5.21　$Mg_{88}Co_5Y_7$(at.%)铸态合金中 654R-LPSO 的电子显微分析：(a) 在稍偏离$[2\bar{1}\bar{1}0]_\alpha$晶带轴成像获得的低倍 TEM 像，显示厚薄 LPSO 片层交替分布；(b) 图(a)中左半部分结构沿$[\mathrm{UV.0}]_\alpha$晶带轴获取的 HAADF-STEM 像，薄片层和厚片层分别含有 10 条和 28 条亮线；(c) 图(b)长方形区域的高分辨 HAADF-STEM 像，显示较薄和较厚区域的结构分别为 15R 和 12H；(d) 图(b)的 FFT 图谱(靳千千等[50])

如果把重复单元表达式写成$(T2)_5\mathbf{T}(2T)_5(3\bar{T}3T)_6 3\bar{T}3\mathbf{T}3\bar{T}3(T3\bar{T}3)_6$，可以看出，在加粗的 T-block 位置存在倒反中心，如图 5.21(c)箭头所示，那么 654R 结构的空间群为 $R\bar{3}m$。图 5.21(d)为图 5.21(b)对应的 FFT 照片，谱中位于 $n/109(0001)_{Mg}$(n 为整数)位置的点可以标定为$(000\ 3n)_{654R}$，这与 654R 结构一致。该快速傅里叶变换(fast Fourier transform，FFT)图谱敏锐而无明显拉线，说明该结构沿堆垛方向高度有序。

5.3.3 $Mg_{92}Co_2Y_6$ 合金中新型复杂 LPSO 结构

图 5.22 为 $Mg_{92}Co_2Y_6$(at.%)铸态合金的 BSE-SEM 图像，各相的衬度取决于它的化学成分。合金晶粒尺寸在 50～150 μm，金属间化合物分布在晶界(grain boundary，GB)。LPSO 结构和 $Mg_{24}Y_5$ 显示白色衬度，而该合金中 $MgYCo_4$ 和 $Mg_3(Co，Y)$的含量少于 $Mg_{88}Co_5Y_7$(at.%)合金。此外，该合金中 LPSO 结构的化学成分为 $Mg_{87\sim88}Co_{2\sim3}Y_{9\sim10}$(at.%)，与 $Mg_{88}Co_5Y_7$ 合金中 LPSO 结构的化学成分 $Mg_{89\sim92}Co_{2\sim4}Y_{6\sim7}$略有不同。这些差异很可能是由这两个合金的 Co/Y 比例差异所导致的。本节重点关注同时包含 AB′C 和 AB′C′A 堆垛单元的新型 LPSO 结构的晶体学特征[45]。

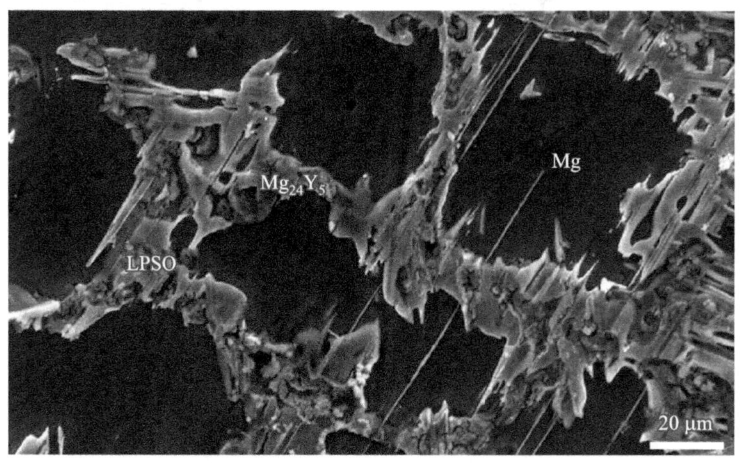

图 5.22　铸态 $Mg_{92}Co_2Y_6$ 合金的 BSE-SEM 图像(靳千千等[45])

1. 72R 和 102R 结构

图 5.23(a)是 $Mg_{92}Co_2Y_6$ 铸态合金电子显微低倍明场像，显示了几种 LPSO 结构以及它们与 Mg 基体共生。利用电子衍射，确定出 15R、18R 和几种具有更长周期的新型 LPSO 结构。图 5.23(b)显示了区域Ⅰ(R Ⅰ)中 LPSO 结构沿

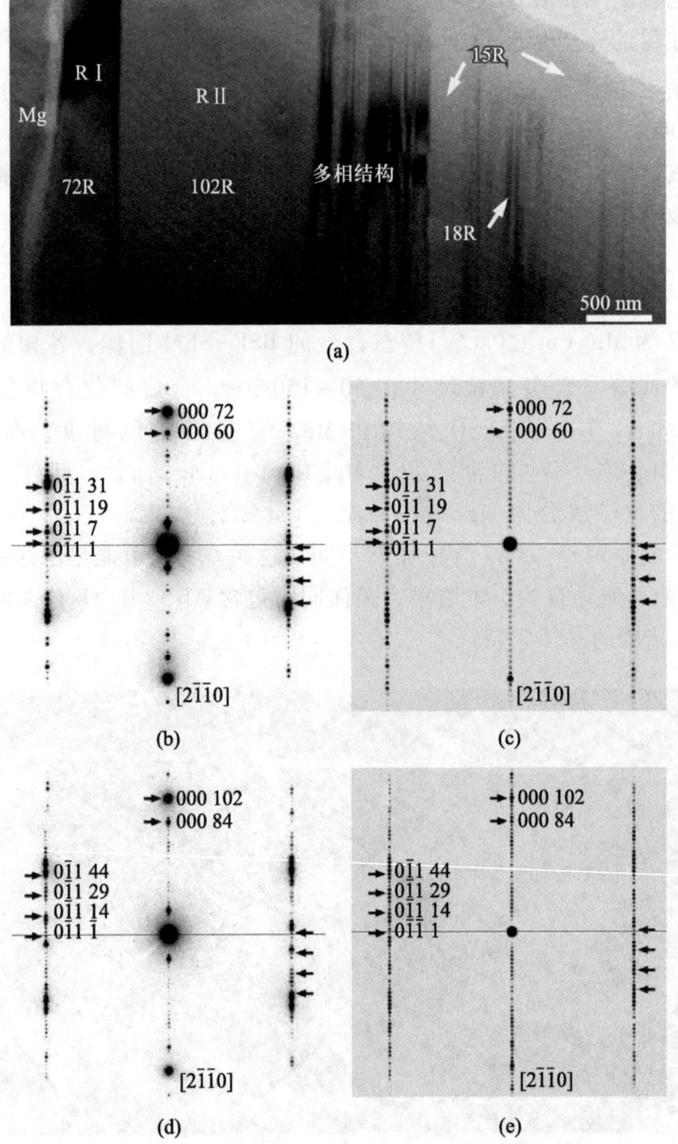

图 5.23　Mg、72R、102R、15R、18R 多相结构及其相互共生。(a) $Mg_{92}Co_2Y_6$ 铸态合金的电子显微低倍明场像；(b)、(c) 72R 结构沿$[2\bar{1}\bar{1}0]_{\alpha}$晶带轴的电子衍射图(b)和模拟电子衍射花样(c)；(d)、(e) 102R 结构沿$[2\bar{1}\bar{1}0]_{\alpha}$晶带轴的电子衍射图(d)和模拟电子衍射花样(e)(靳千千等[45])

$[2\bar{1}\bar{1}0]_{\alpha}$晶带轴获取的电子衍射花样。在$n/24(0002)_{Mg}$($n$为整数)位置处存在额外的衍射斑，因而该结构是24H或72R结构。因为$(0\bar{1}10)$衍射斑消光，所以，该结构具有菱方点阵而被确定为72R。$(0\bar{1}1l)$、$(000l)$和$(01\bar{1}l)$衍射斑列在六角坐标中可以标定为$(0\bar{1}1\ 3n+1)_{72R}$、$(000\ 3n)_{72R}$和$(01\bar{1}\ 3n-1)_{72R}$(n为整数)。根据$a_{72R}=a_{Mg}$和$c_{72R}=36\times c_{Mg}$可知，72R的点阵参数是$a=0.321$ nm、$c=18.8$ nm[45]。

除了RⅠ中72R以外，还存在另一种新型LPSO结构，分布在区域Ⅱ(RⅡ)。图5.23(d)是它沿$[2\bar{1}\bar{1}0]_{\alpha}$轴的电子衍射图。在$n/34(0002)_{Mg}$($n$为整数)位置处存在额外的衍射斑，且$(0\bar{1}10)$衍射斑消光，所以该结构为102R。与72R类似，102R的$(0\bar{1}1l)$、$(000l)$和$(01\bar{1}l)$衍射斑列在六角坐标中，可以分别标定为$(0\bar{1}1\ 3n-1)_{102R}$、$(000\ 3n)_{102R}$和$(01\bar{1}\ 3n+1)_{102R}$(n为整数)。102R的点阵参数是$a_{102R}=a_{Mg}=0.321$ nm、$c_{102R}=51\times c_{Mg}=26.6$ nm。

图5.24(a)为HAADF模式下沿$[2\bar{1}\bar{1}0]_{\alpha}$晶带轴采集的72R、102R结构以及它们之间界面的晶格条纹像。该图包含两种衬度的亮线，经图5.24(b)和图5.24(d)核实，衬度较亮的线为F-block，即AB′C′A堆垛单元；而衬度稍弱的线为T-block，即AB′C堆垛单元。在72R结构中，2个F-block和2个T-block沿着堆垛方向交替排列；而在102R结构中，2个F-block和4个T-block沿着堆垛方向交替排列。

图5.24(b)为一张沿$[2\bar{1}\bar{1}0]_{\alpha}$晶带轴获取的72R结构的原子分辨率的HAADF-STEM像，图5.24(c)为对应图5.24(b)的高分辨HAADF像在不同堆垛层的强度分布曲线。该结构存在具有相同尺寸和对称性、不同堆垛序列的24层亚结构单元。第1个亚结构单元的堆垛序列为**A**B′CBCBC′A′BABAB′C′ACACAC′BCBC (**B**…)。如果第1层原子位于A位置，那么，第25层和第49层原子分别位于B和C位置，第73层原子也位于A位置，该层位于第2个单胞的第1层。因此，根据它的堆垛序列也可以确定该结构具有菱方点阵，每个单胞中含有72层堆垛层，记作72R。该结构可以表示为$[(T2F2F)3(\bar{T})3]_3$。

图5.24(d)为一张沿$[2\bar{1}\bar{1}0]_{\alpha}$晶带轴获取的102R结构的原子分辨率的HAADF-STEM像，图5.24(e)为对应图5.24(d)的高分辨HAADF像在不同堆垛层的强度分布曲线。该结构存在包含34层堆垛层的亚结构单元。第1个亚结构单元的堆垛序列为**A**B′CBCBC′A′BABAB′C′ACACAC′BCBCB′ABA BA′CACA (**C**…)。第1层、第35层和第69层原子分别位于A、C和B位置，第103层原子也位于A位置，因而，根据堆垛序列可以确定该结构为102R。该

结构可以表示为$[(T2F2F)3(\bar{T}2\bar{T}2\bar{T})3]_3$。

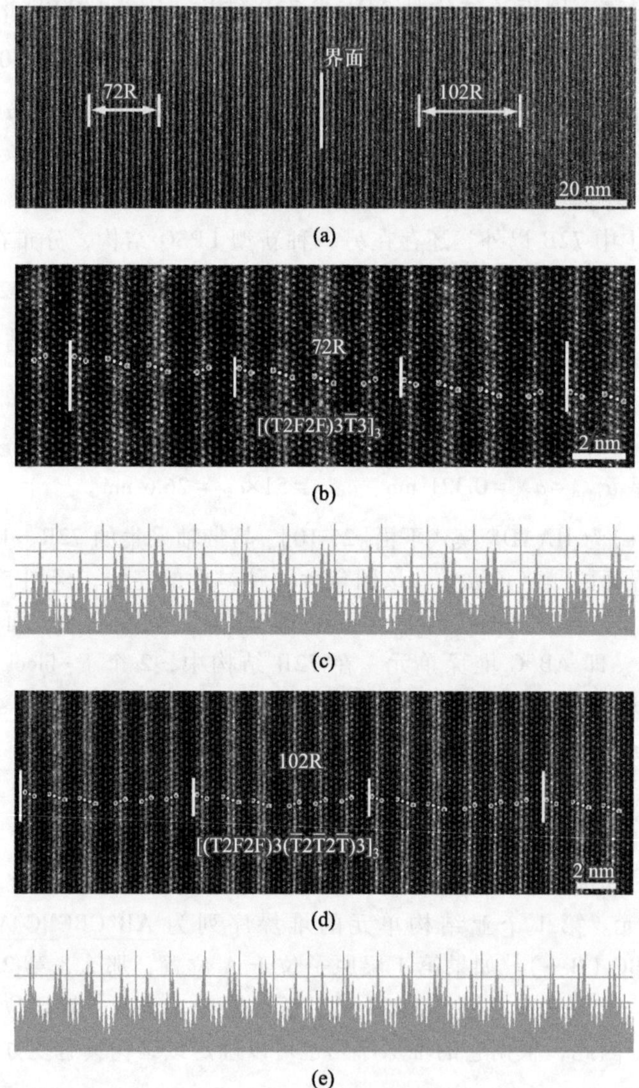

图 5.24　72R 和 102R 长周期结构，HAADF 图像都是沿$[2\bar{1}\ \bar{1}0]_{\alpha}$晶带轴获取：(a) 在 HAADF 模式下，72R、102R 结构以及它们之间界面的晶格条纹像；(b) 72R 结构的原子分辨率的 HAADF-STEM 像；(c) 对应于图(b)的高分辨 HAADF 像强度分布图；(d) 102R 结构的原子分辨率的 HAADF-STEM 像；(e)对应图(d)的高分辨 HAADF 像强度分布图(靳千千等[45])

根据 72R 和 102R 结构的堆垛序列，便可建立具有这些堆垛方式的纯 Mg 结构模型。基于它们的结构模型分别模拟了 72R 和 102R 结构沿$[2\bar{1}\bar{1}0]_{\alpha}$晶带轴的 SAED 花样，如图 5.23（c)和(e)所示。显然，与图 5.23(b)和(d)中实验得到的电子衍射花样的形状完全一致，此外，它们的强度特征也很相似。

根据定义，72R 的亚结构单元 BAB′CBCBC′A′BABAB′C′ACACAC′BCBC 可以表示成 $h_2^T h_1^T c^T h_1^T h_2^T h_2^F h_1^F c^F c^F h_1^F h_2^F h_2^F h_1^F c^F c^F h_1^F h_2^F h_3 h_2^T h_1^T c^T h_1^T h_2^T h_3$。可以看出，72R 结构的 c^T 与 $c^F c^F$ 堆垛层左侧和右侧的强度分布大致对称。$I_{c^T}>I_{h_1^T}>I_{h_2^T}>I_{h_3^T}$，且 $I_{c^F}>I_{h_1^F}>I_{h_2^F}>I_{h_3^F}$。这意味着 Co/Y 元素在 c 层、$h_1$ 层、h_2 层和 h_3 层的含量依次下降，此外，I_{c^T}与 I_{c^F}相当。

2. 29H 和 192R 结构

图 5.25(a)为 HAADF-STEM 模式下沿$[2\bar{1}\bar{1}0]_{\alpha}$晶带轴获取的晶格条纹像，显示了 15R、18R 和另外两种新型 LPSO 结构共生。图 5.25(b)显示了 RⅠ中 LPSO 结构沿$[2\bar{1}\bar{1}0]_{\alpha}$晶带轴获取的 SAED 花样。在 $n/29(0002)_{Mg}$(n 为整数)位置处存在额外的衍射斑，且$(0\bar{1}10)$衍射斑出现，因而，该结构为六方点阵的 29H 结构。该结构的$(0\bar{1}1l)$、$(000l)$和$(01\bar{1}l)$衍射斑列在六角坐标中可以标定为$(0\bar{1}1n)_{29H}$、$(000n)_{29H}$和$(01\bar{1}n)_{29H}$(n 为整数)。29H 的点阵参数是 $a_{29H}=a_{Mg}=0.321$ nm、$c_{29H}=14.5\times c_{Mg}=7.55$ nm[45]。

图 5.25(d)为沿$[2\bar{1}\bar{1}0]_{\alpha}$晶带轴获取的 29H 结构的原子分辨率的 HAADF-STEM 像。29 层堆垛层的堆垛序列为 **A**B′CBCBC′A′BABAB′C′ACACAC′BCBCB′ABAB（**A**……)，其中第 1 层和第 30 层的原子都处在 A 位置，因而该单胞包含 29 层堆垛层并具有六方点阵，记为 29H，与电子衍射的结果一致。该结构可以表示为$(T2F2F)3(\bar{T}2\bar{T})3$。通过检查 29H 的堆垛序列发现，该结构中不存在额外的对称元素，因此，该结构的空间群为 P3m1。根据 29H 结构的堆垛序列，建立了具有 29H 结构堆垛方式的纯 Mg 结构模型。用该模型模拟了沿$[2\bar{1}\bar{1}0]_{\alpha}$晶带轴的电子衍射花样，如图 5.25(c)所示，显然，与图 5.25(b)中实验得到的电子衍射花样的形状完全一致、强度特征相似。

图 5.25(a)中 RⅡ存在另一种具有复杂结构和超长周期的新型 LPSO 结构。图 5.25(e)是沿$[2\bar{1}\bar{1}0]_{\alpha}$晶带轴获取的原子分辨率的 HAADF-STEM 像，该结构存在堆垛序列为 **A**B′CBCBC′A′BABAB′C′ACACAC′BCBCB′ABABAB′CBCBC′A′BABAB′C′ACACAC′BCBC BC′ACACA′B′CBC（**B**……)的亚结构单元，第 1 层、第 65 层和第 129 层堆垛层的位置分别为 A、B 和 C，而第 193 层堆垛层的位置为 A，所以该结构为菱方点阵并包含 192 层堆垛层，记为 192R。该结构

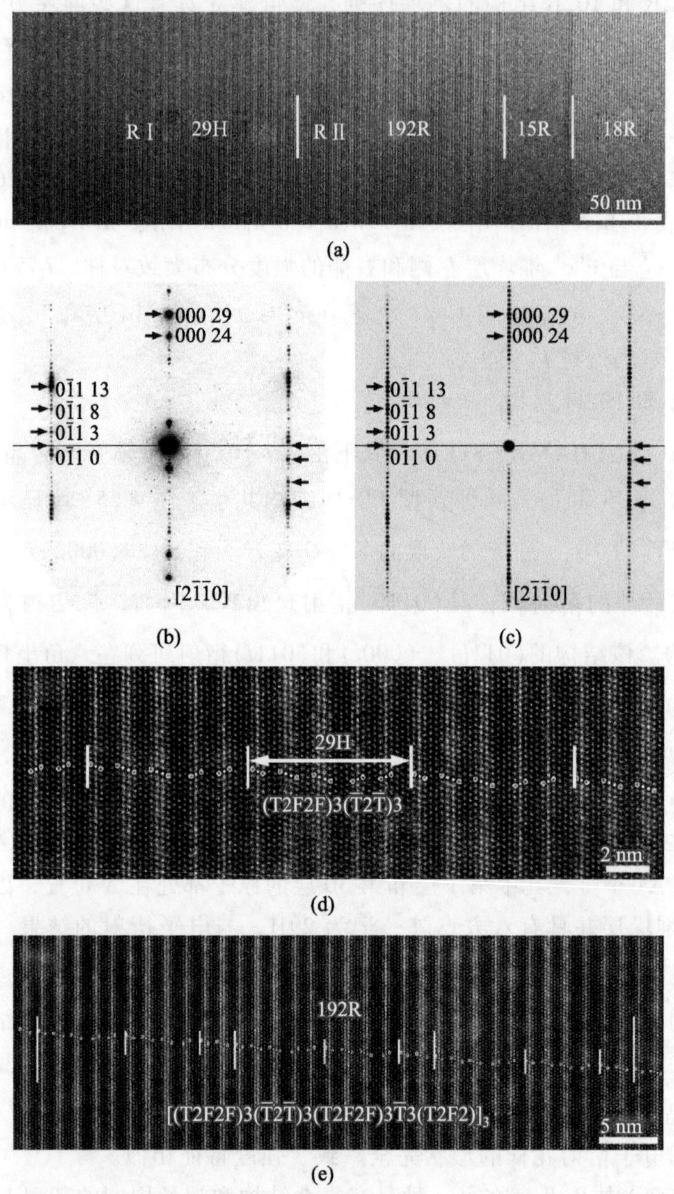

图 5.25　(a) 29H、192R、15R 和 18R 长周期新型 LPSO 结构的共生，该结构是在 HAADF-STEM 模式下沿 $[2\bar{1}\bar{1}0]_{\alpha}$ 晶带轴获取的晶格条纹像；(b) 29H 结构沿 $[2\bar{1}\bar{1}0]_{\alpha}$ 晶带轴获取的电子衍射谱；(c) 模拟得到的 29H 结构的电子衍射谱；(d) 29H 结构的原子分辨率 HAADF-STEM 像；(e) 192R 结构的原子分辨率 HAADF-STEM 像（靳千千等[45]）

还可以描述为[(T2F2F)3($\overline{T}2\overline{T}$)3(T2F2F)3$\overline{T}$3(T2F2)]$_3$。显然，192R 结构包含三个 64 层的亚结构，而该亚结构又包含三种结构片段：29H，(T2F2F)3($\overline{T}2\overline{T}$)3；72R 的亚结构，(T2F2F)3$\overline{T}$3；(T2F2)。192R 结构的点阵参数为 $a_{192R}=a_{Mg}=0.321$ nm 和 $c_{192R}=96\times c_{Mg}=50$ nm。该 192R 结构中无额外的对称元素，因此其空间群为 R3m。

3. 51R 和 60H 结构

除了上述与 15R、18R 结构共生的 29H、72R、102R 和 192R 结构外，实验中还发现了两种分布在晶界的新型 LPSO 结构。图 5.26(a)为在 HAADF-STEM 模式下沿[$2\overline{1}\overline{1}0$]$_\alpha$ 晶带轴获取的晶格条纹像，衬度较亮且未标记箭头的线为 F-block，而衬度稍弱标记了箭头的线为 T-block。根据它们的排列方式分为 4 个区域：区域Ⅰ为 18R 结构，区域 RⅡ和 RⅣ为无序结构，区域 RⅢ中两个 F-block 和一个 T-block 交替排列。进一步研究它的堆垛序列，发现 RⅢ中的结构为新型 LPSO 结构，其原子分辨率的 HAADF-STEM 像如图 5.26(b)所示。该结构存在包含 17 层堆垛层的亚结构单元，其堆垛序列为 **AB′**CBC<u>BC′A′B</u>

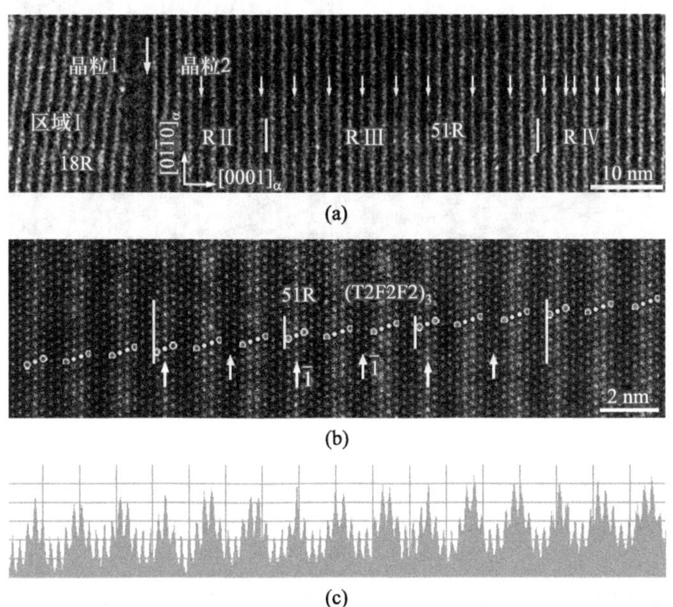

图 5.26 (a) $Mg_{92}Co_2Y_6$ 铸态合金中沿[$2\overline{1}\overline{1}0$]$_\alpha$ 晶带轴获取的 HAADF-STEM 像，显示了晶粒 1 中的 18R，晶粒 2 中包含 F-block 和 T-block 的多相区以及它们的非共格界面；(b) 51R 结构原子分辨率的 HAADF-STEM 像；(c) 是图(b)中 HAADF-STEM 图像的 Z 衬度强度分布图(靳千千等[45])

ABAB′C′ACACAC′BCBC（**B**……）。第1层、第18层和第35层分别位于A、B和C位置，第52层为A位置，因而该结构包含51层堆垛层，为菱方点阵，记作51R。该结构也可以表示为$(F2F2T2)_3$。不考虑Co/Y元素在基面内的分布，51R的点阵参数为$a_{51R}=a_{Mg}=0.321$ nm和$c_{51R}=25.5\times c_{Mg}=13.3$ nm。显然，图5.26(b)显示该结构中标记箭头的位置存在倒反中心$\bar{1}$，因而51R的空间群为$R\bar{3}m$。图5.26(c)为图5.26(b)中51R的高分辨HAADF-STEM图像不同堆垛层的强度分布曲线。51R各堆垛层的元素分布特征与72R结构一致。

图5.27(a)为$Mg_{92}Co_2Y_6$铸态合金的晶格条纹像，衬度较亮的线为F-block，而衬度稍弱的线为T-block。根据它们的分布情况，可以分成4个区域：区域Ⅰ(RⅠ)为$Mg_{24}Y_5$结构；区域RⅡ和RⅣ中block沿堆垛方向无序排列；而在85 nm宽的RⅢ中，成对的F-block和8个T-block沿堆垛方向交替排列。利用原子分辨率的HAADF-STEM像进一步确定它的堆垛序列为AB′C′AC AC′B′ABAB（AB′CBCB CB′ABAB）$_4$ **A**……，如图5.27(b)所示。根据它

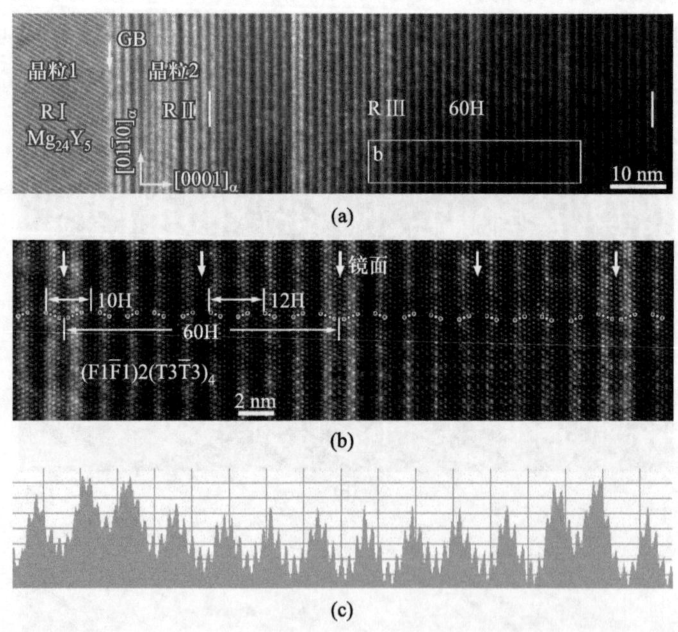

图5.27 60H长周期结构，HAADF图像都是沿$[2\bar{1}\bar{1}0]_\alpha$晶带轴获取：(a) 从$Mg_{92}Co_2Y_6$铸态合金中获取的HAADF-STEM像，显示晶粒1中$Mg_{24}Y_5$与晶粒2中包含F-block和T-block的多相区；(b) 60H结构原子分辨率的HAADF-STEM像，它是图5.27(a)中标记b的长方形区域的放大；(c) 60H结构的高分辨STEM像不同堆垛层Z衬度强度分布图（靳千千等[45]）

的堆垛序列和化学元素分布，可以确定出这种新型的包含60层堆垛层的结构为60H。它可以表示为$(F1\bar{F}1)2(T3\bar{T}3)_4$，所包含的一个10H $(F1\bar{F}1)$单胞和4个12H $(T3\bar{T}3)$单胞交替排列。Co/Y元素在基面内无序排列，所以它的点阵参数可以确定为：$a_{60H}=a_{Mg}=0.321$ nm，$c_{60H}=30\times c_{Mg}=15.6$ nm。由于在图5.27(b)标记箭头的位置处存在镜面$m_{\perp}$，它的空间群为$P\bar{6}m2$。图5.27(a)和(b)中60H的F-block比T-block明显显示出更亮的衬度，而图5.27(c)为图5.27(b)中60H结构的高分辨STEM像不同堆垛层的Z衬度强度分布曲线，可以看出，60H结构的$I_{c^F}>I_{c^T}$，这意味着Co/Y元素在c^F层的含量高于在c^T的含量[45]。

4. LPSO结构的M/RE元素分布

为了研究$Mg_{92}Co_2Y_6$合金中各种LPSO结构不同堆垛层的元素分布规律，靳千千等[45]沿$[2\bar{1}\bar{1}0]_\alpha$晶带轴拍摄了18R、15R、12H、51R、72R、29H、102R、192R和60H共9种LPSO结构的HAADF-STEM高分辨像，统计并计算了上述9种LPSO结构各堆垛层的Z衬度相对强度分布，如图5.28所示。其中

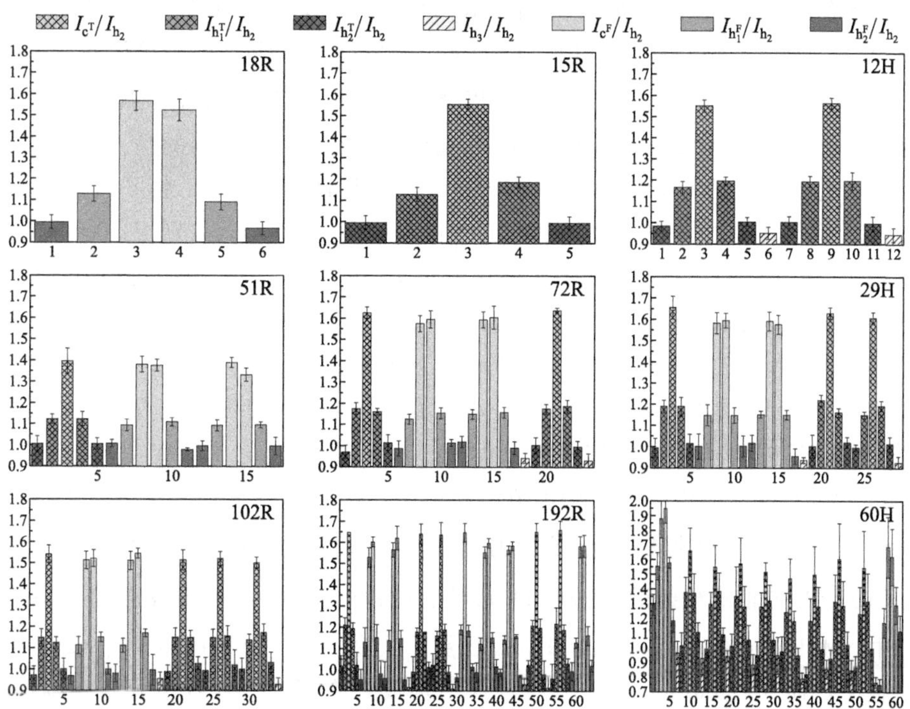

图5.28 18R、15R、12H、51R、72R、29H、102R、192R和60H的HAADF-STEM像不同堆垛层Z衬度强度分布统计平均值(靳千千等[45])

以 60H 为特例，Co/Y 元素在 c^F 层的含量高于在 c^T 的含量。可以看出，各 LPSO 结构的每个 c 堆垛层左侧和右侧的元素分布大致对称。$I_{c^T}/I_{h_2}>I_{h_1^T}/I_{h_2}>I_{h_2^T}/I_{h_2}>I_{h_3^T}/I_{h_2}$，且 $I_{c^F}/I_{h_2}>I_{h_1^F}/I_{h_2}>I_{h_2^F}/I_{h_2}>I_{h_3^F}/I_{h_2}$，这意味着 Co/Y 元素在 c 层、$h_1$ 层、h_2 层的含量依次下降。这些 LPSO 结构的 M/RE 元素在层间的分布特征与 $Mg_{97}Zn_1Y_2$(at.%)合金中 18R 结构的 M/RE 元素在层间分布特征一致，通常认为该 18R 结构的 M/RE 元素在层内短程有序分布。经过热处理的 $Mg_{75}Zn_{10}Y_{15}$(at. %)合金中 10H 结构以及 Mg-Al-Gd 合金中 18R 结构的 M/RE 元素层内分布高度有序，根据它们的原子结构模型，在 $2\sqrt{3}a_{Mg}\times2\sqrt{3}a_{Mg}$ 单胞内，各堆垛层的原子数量分别是：c 层为 6Mg、3M、3RE，h_1 层为 11Mg、1RE 和 h_2 层为 12Mg。显然，这些结构中 M/RE 元素分布也满足 $I_{c^F}/I_{h_2}>I_{h_1^F}/I_{h_2}>I_{h_2^F}/I_{h_2}$。有趣的是，按照报道的 Mg-Al-Gd 和 Mg-Zn-Y 合金中 14H 结构的原子结构模型[35,51]，h_2 层和 h_3 层都只含有 Mg，那么，$I_{h_2^F}/I_{h_2}=I_{h_3^F}/I_{h_2}$，这与上述 LPSO 结构得出的 $I_{h_2^T}/I_{h_2}>I_{h_3^T}/I_{h_2}$ 不一致。$I_{h_2^T}/I_{h_2}>I_{h_3^T}/I_{h_2}$ 意味着 h_2 层比 h_3 层固溶了更多的 M/RE 元素。

图 5.29 中，曲线 a、b、c 分别表示 51R、72R、29H 和 102R 这 4 种混合型 LPSO 结构的 I_{c^F}/I_{c^T}、$I_{h_1^F}/I_{h_1^T}$ 和 $I_{h_2^F}/I_{h_2^T}$ 的值，它们都在 0.97~1.00。这说明这 4 种 LPSO 结构的 T 型堆垛单元中的 c^T 层以及临近的 h_1^T 层和 h_2^T 层的强度与 F 型堆垛单元中的 c^F 层以及临近的 h_1^F 层和 h_2^F 层的强度相当。所不同的是，60H 中各堆垛层的强度满足 $I_{c^F}>I_{c^T}$，如图 5.28 所示。在下面的讨论中，将不再区分 I_{c^F} 和 I_{c^T}，都记作 I_c。另外，也不再区分 $I_{h_1^F}$ 和 $I_{h_1^T}$ 以及 $I_{h_2^F}$ 和 $I_{h_2^T}$，分别记作 I_{h_1} 和 I_{h_2}。曲线 d、e、f 分别表示不同 LPSO 结构中 c 层、h_1 层、h_2 层 LPSO 结构的相对强度。曲线 f 表示不同 LPSO 结构中的 I_c/I_{h_2} 大致相当，它们在 1.53~1.61，平均值为 1.57。曲线 e 表示不同 LPSO 结构中的 I_{h_1}/I_{h_2} 大致相当，它们在 1. 10~1. 19，平均值约为 1.16。曲线 d 表示不同 LPSO 结构中的 I_{h_3}/I_{h_2} 大致相当，它们在 0.93~0.95，平均值约为 0.94。

$Mg_{75}Zn_{10}Y_{15}$ 合金中有序 10H 结构以及 Mg-Al-Gd 合金中有序 18R 和 14H 结构沿 $[2\bar{1}\bar{1}0]_\alpha$ 晶带轴的电子衍射谱在 $1/2(01\bar{1}l)$ 处有敏锐的拉线，而沿 $[10\bar{1}0]_\alpha$ 晶带轴的衍射谱在 $n/6(11\bar{2}l)$ 处有敏锐的拉线[36,42]。这表明在这些合金中，M/RE 元素以 M_6RE_8 或 M_6RE_9 团簇形式高度有序分布在 $2\sqrt{3}a_{Mg}\times2\sqrt{3}a_{Mg}$ 单胞中。而 $Mg_{85}Zn_6Y_9$ 合金中，LPSO 结构被认为团簇短程有序分布在基面，该结构在 $1/2(01\bar{1}l)$ 处和 $n/6(11\bar{2}l)$ 处有较弱的拉线[36]。而 Mg-Co-Y 合金中 72R、29H、102R 以及 15R、12H、21R、18R 结构沿 $[2\bar{1}\bar{1}0]_\alpha$ 和 $[10\bar{1}0]_\alpha$ 轴的

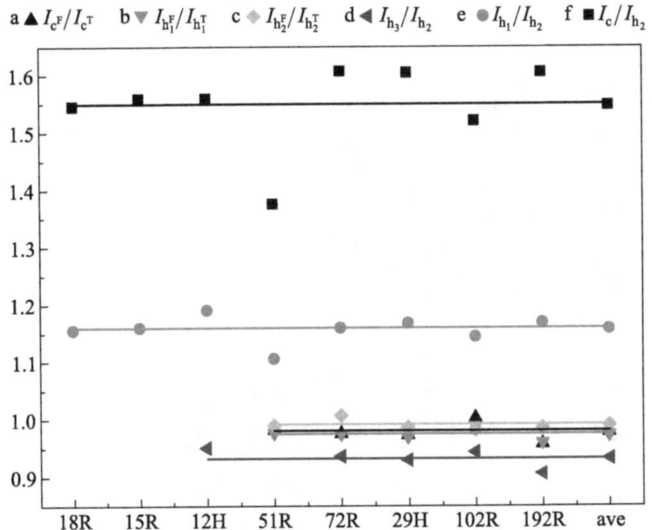

图 5.29 51R、72R、29H 和 102R 这 4 种 LPSO 结构的 I_{c^F}/I_{c^T}(曲线 a)、$I_{h_1^F}/I_{h_1^T}$(曲线 b)和 $I_{h_2^F}/I_{h_2^T}$(曲线 c)的值,以及各种 LPSO 结构中,c 层(曲线 d)、h_1 层(曲线 e)和 h_2 层(曲线 f)LPSO 结构的相对强度(靳千千等[45])

SAED 花样无明显拉线,说明 Co/Y 元素在层内的分布无周期性。

对于 Mg-M-RE(M = Al、Co、Ni、Cu 和 Zn;RE = Y 和 Gd)三元体系,Mg-RE 混合焓为 $\Delta H_{Mg-RE}^{mix} = -6$ kJ/mol,Mg-M 混合焓为 -4 kJ/mol $< \Delta H_{Mg-M}^{mix} <$ 3 kJ/mol,M-RE 混合焓为 -38 kJ/mol $< \Delta H_{Mg-M}^{mix} < -22$ kJ/mol。显然,$\Delta H_{M-RE}^{mix} < \Delta H_{Mg-RE}^{mix} < \Delta H_{Mg-M}^{mix}$,所以,M 和 RE 元素更容易结合并形成各种团簇,如 M_6RE_8 团簇或者 M_6RE_9 团簇。此外,Mg-M-RE 合金各元素配位数为 12 的原子半径分别为:$r_{Mg} = 0.160$ nm、$r_{RE} = 0.180$ nm,r_M 介于 0.124~0.143 nm,显然,$r_M < r_{Mg} < r_{RE}$,M 和 RE 的结合可减少它们取代 Mg 原子位置后引起的畸变。尽管尚未发现 Mg-Co-Y 合金中的 LPSO 结构中明显的 Co-Y 团簇,但根据上述分析可推测,在 T 型和 F 型堆垛单元中,Co/Y 元素都以团簇形式存在,只是因为团簇排列无序而不容易被观测到。

5.3.4 $Mg_{97}Zn_1Y_2$ 合金中新型 LPSO 结构

1. 60R 和 78R

已有文献表明 $Mg_{97}Zn_1Y_2$(at.%)合金中 LPSO 结构的主要类型为 18R 和 14H。此外,还发现了一些新型 LPSO 结构。图 5.30(a)所示的低倍 TEM 像显示区域 R Ⅰ(Region Ⅰ)至 R Ⅲ 中新型 LPSO 结构与 18R 结构共生。图 5.30

(b)、(c)分别为区域 RⅠ中 LPSO 结构沿$[2\bar{1}\bar{1}0]_\alpha$和$[10\bar{1}0]_\alpha$晶带轴的电子

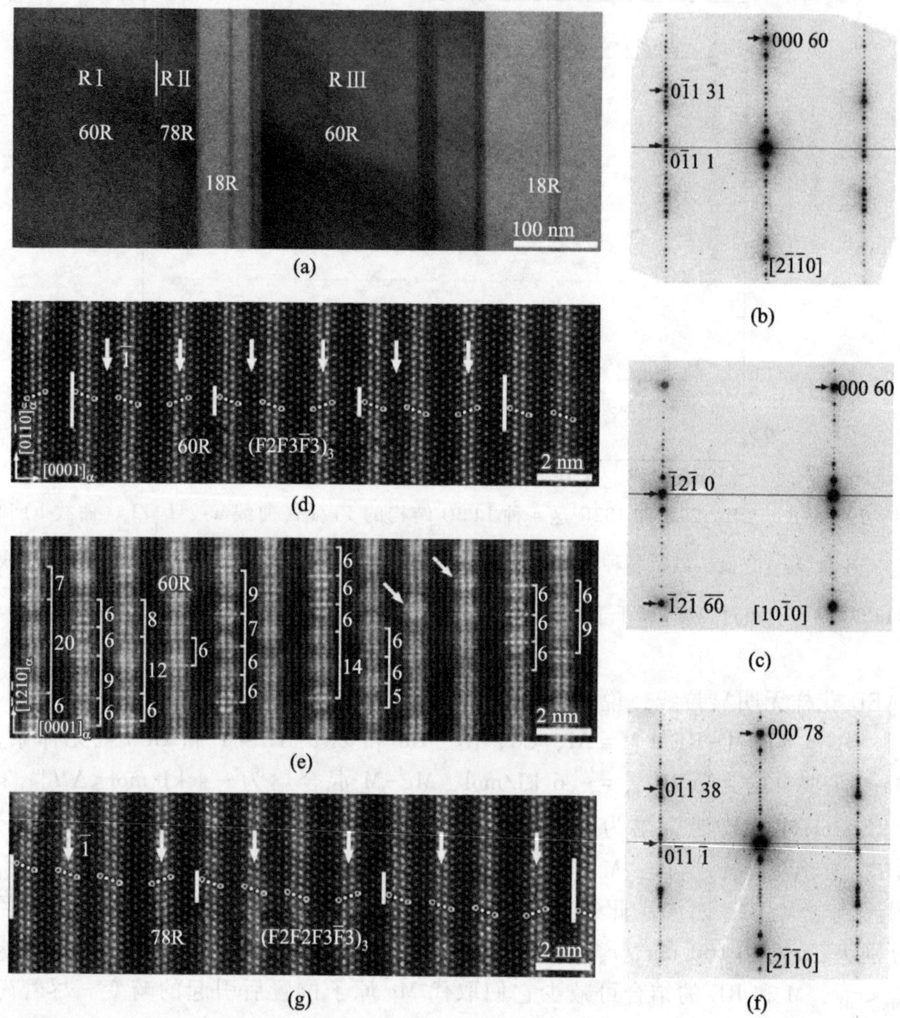

图 5.30　新型 60R 和 78R 的确定及其与 18R 结构共生：（a）$Mg_{97}Zn_1Y_2$ 近平衡铸态合金的低倍 TEM 像，显示 18R、60R 和 78R 结构共生；（b）60R 结构沿$[2\bar{1}\bar{1}0]_\alpha$晶带轴电子衍射花样；（c）60R 结构沿$[10\bar{1}0]_\alpha$晶带轴电子衍射花样；（d）60R 结构沿$[2\bar{1}\bar{1}0]_\alpha$晶带轴拍摄的高分辨 HAADF-STEM 像；（e）60R 结构沿$[10\bar{1}0]_\alpha$晶带轴获取的高分辨 HAADF-STEM 像，图中标记出了相邻 Zn_6Y_8X（X = Mg、Zn、Y）团簇间的间距；（f）沿$[2\bar{1}\bar{1}0]_\alpha$晶带轴获取的 78R 的电子衍射花样；（g）78R 结构沿$[2\bar{1}\bar{1}0]_\alpha$晶带轴获取的高分辨 HAADF-STEM 像（靳千千等[46]）

衍射花样。有 19 个额外的衍射斑等间距地分布在透射斑和$(0002)_{Mg}$衍射斑中间，这意味着该结构要么为 20H，要么为 60R 结构。然而，$(0\bar{1}10)$衍射斑未出现在图 5.30(b)中，而$(\bar{1}2\bar{1}0)$衍射斑出现在图 5.30(c)中，基于对 LPSO 结构电子衍射谱的分析，可以推导出该结构为 60R。假设 $a_{60R}=a_{Mg}$和 $c_{60R}=\frac{1}{2}\times 60\times c_{Mg}$，那么，它在六方坐标的点阵参数为 $a=0.321$ nm 和 $c=15.6$ nm。电子衍射谱中的衍射斑点敏锐，而且在图 5.30(b)和(c)中的 $1/2(0\bar{1}1l)$和 $n/6(\bar{1}2\bar{1}l)$点列位置处无明显拉线，表明这种 LPSO 结构堆垛有序，面内的化学元素排列无序。图 5.30(d)为 60R 结构沿$[2\bar{1}\bar{1}0]_\alpha$晶带轴获取的高分辨 HAADF-STEM 像，它的重复结构单元为 F2F3$\bar{\text{F}}$3。因而，该结构为 R 型，表达式为(F2F3$\bar{\text{F}}$3)$_3$。由于在图 5.30(d)中标记箭头的位置存在倒反中心，所以它的空间群可以确定为 R$\bar{3}$m。图 5.30(e)为在样品较薄区域获取的 60R 结构沿$[10\bar{1}0]_\alpha$晶带轴的高分辨 HAADF-STEM 像，从图中可以看到 Zn_6Y_8X (X=Mg、Zn、Y)团簇分布在 60R 结构的 AB′C′A 结构单元中，团簇间距在图中标出。一些团簇局域有序分布，其间距沿$[2\bar{1}\bar{1}0]_\alpha$轴的分量为 $d_{1\bar{2}10}$(0.160 nm)面间距的 6 倍，意味着它们分布在 $2\sqrt{3}\,a_{Mg}\times 2\sqrt{3}\,a_{Mg}$的二维单胞中。一些团簇分布无序，它们之间的间距大小随机，或者团簇的形状不明显，说明团簇无序分布或者局域有序分布，与图 5.30(b)、(c)所示的电子衍射花样的特征吻合[46]。

图 5.30(f)为区域 R Ⅱ中结构沿$[2\bar{1}\bar{1}0]_\alpha$晶带轴的电子衍射谱。额外的衍射点分布在 $n/26(0002)_{Mg}$(n 为整数)位置，且衍射斑$(0\bar{1}10)$消光，这意味着该结构为 78R，其六方坐标下的晶格参数为 $a_{78R}=a_{Mg}=0.321$ nm 和 $c_{78R}=\frac{1}{2}\times 78\times c_{Mg}=20.3$ nm。图 5.30(g)为 78R 沿$[2\bar{1}\bar{1}0]_\alpha$晶带轴的高分辨 HAADF-STEM 像，它的重复结构单元 F2F2F3$\bar{\text{F}}$3 的平移矢量为 $\boldsymbol{s}_2$，由此也可以确定它为菱方结构，表达式为(F2F2F3$\bar{\text{F}}$3)$_3$。表达式 F2**F**2F3$\bar{\textbf{F}}$3 中加粗的 F-block 的中心存在倒反中心，意味着它的空间群为 R$\bar{3}$m。

2. 26H、96R 和 38H

图 5.31(a)中低倍 TEM 像显示多个 LPSO 的共生，其中区域 R Ⅰ～R Ⅳ中的新型 LPSO 结构显示较暗衬度，区域 R Ⅰ和 R Ⅱ中的 LPSO 结构经确认为 60R。图 5.31(b)中 HAADF-STEM 高分辨像表明区域 R Ⅲ中的 LPSO 结构的重复结构单元为 F2F3$\bar{\text{F}}$2$\bar{\text{F}}$3，平移矢量为 $\boldsymbol{s}_1$，说明该结构为 26H。它的表达式

F2F**3**$\bar{F}$2$\bar{F}$**3** 中加粗的 3-Mg 结构中心存在垂直于 ***c*** 轴的镜面，而它的表达式 F**2**F3$\bar{F}$**2**$\bar{F}$3 中加粗的 2-Mg 结构中心存在倒反中心，因而 26H 的空间群为 $P6_3/mmc$。

图 5.31(c)中的高分辨 HAADF-STEM 像显示区域 R Ⅳ中的结构的重复单元为 F2F2F3$\bar{F}$2$\bar{F}$3，或写作(F2，26H)，它的平移矢量为 s_3，所以该结构为 96R，其表达式为$(F2F2F3\bar{F}2\bar{F}3)_3$。F2**F**2F3$\bar{F}$**2**$\bar{F}$3 表示加粗的 2-Mg 和 F-block 中存在倒反中心，因而它的空间群为 $R\bar{3}m$。此外，图 5.31(d)显示了另一种 LPSO 结构，其重复单元 F2**F**2F**3**$\bar{F}$2$\bar{\mathbf{F}}$2$\bar{F}$**3** 具有平移矢量 s_1，说明它为 38H 结构。在加粗的 3-Mg 结构中心处存在垂直于 ***c*** 轴的镜面，在加粗的 F-block 中

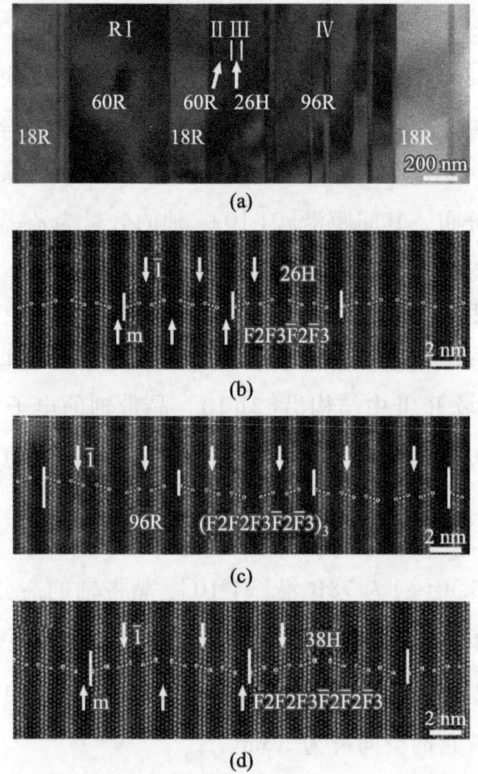

图 5.31　(a) $Mg_{97}Zn_1Y_2$ 合金的低倍 TEM 形貌像，显示了 18R、60R、26H 和 96R 结构共生；(b) 26H 结构沿$[2\bar{1}\bar{1}0]_\alpha$ 晶带轴的 HAADF-STEM 高分辨像；(c) 96R 结构沿$[2\bar{1}\bar{1}0]_\alpha$ 晶带轴的高分辨 HAADF-STEM 像；(d) 38H 结构沿$[2\bar{1}\bar{1}0]_\alpha$ 晶带轴的高分辨 HAADF-STEM 像(靳千千等[46])

心存在倒反中心，因而它的空间群为 $P6_3/mmc$。

3. 40H、108H 和 246R

低倍 TEM 像显示 18R 和两种超结构共生，如图 5.32(a)。图 5.32(b)为区域 RⅠ中超结构沿$[2\bar{1}\bar{1}0]_\alpha$晶带轴的电子衍射花样。额外的电子衍射斑出现在 $n/40(0002)_{Mg}$(n 为整数)位置，且$(0\bar{1}10)$衍射斑出现，说明该结构为 40H。图 5.32(c)为 40H 的 HAADF-STEM 高分辨像，它的重复结构单元为 $F2F3\bar{F}2\bar{F}3F3\bar{F}3$，或表示为(26H，14H)，因而它的平移矢量为 $\boldsymbol{s}_1$。

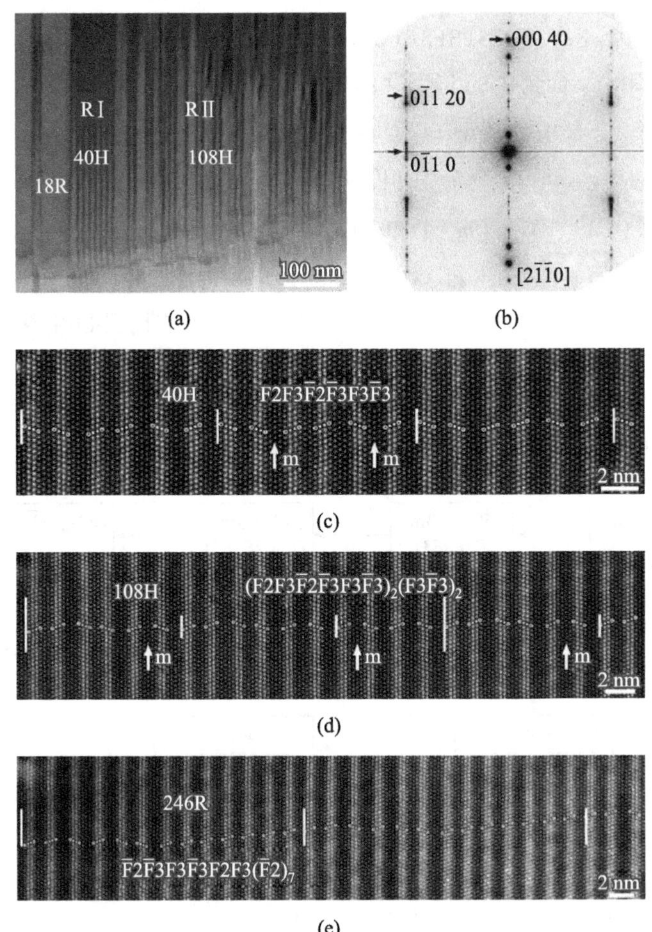

图 5.32 (a) $Mg_{97}Zn_1Y_2$ 合金的低倍 TEM 像，显示了 18R、40H 和 108H 结构共生；(b) 40H 沿$[2\bar{1}\bar{1}0]_\alpha$晶带轴的电子衍射花样；(c)~(e) 40H(c)、108H(d)和 246R(e)结构沿$[2\bar{1}\bar{1}0]_\alpha$晶带轴的高分辨 HAADF-STEM 像(靳千千等[46])

F2F**3**$\bar{F}$2$\bar{F}$3F**3**$\bar{F}$3 显示在加粗的 3-Mg 结构中心存在垂直于 ***c*** 轴的镜面，说明它的空间群为 P$\bar{6}$m2。图 5.32(d)中的重复结构单元可以写成$(F2F3\bar{F}2\bar{F}3F3\bar{F}3)_2(F3\bar{F}3)_2$ 或者$(40H)_2(14H)_2$，其平移矢量为 $\boldsymbol{s}_1$，说明该结构为 108H。类似地，在它的表达式 F2F3$\bar{F}$2$\bar{F}$3F**3**$\bar{F}$3F2F3$\bar{F}$2$\bar{F}$3F3$\bar{F}$3F**3**$\bar{F}$3F3$\bar{F}$3 中加粗的 3-Mg 结构中心存在垂直于 ***c*** 轴的镜面，说明它的空间群为 P$\bar{6}$m2。此外，图 5.32(e)中存在另一种超结构，它的重复结构单元可表示为 $\bar{F}2\bar{F}3F3\bar{F}3F2F3(\bar{F}2)_7$ 或 $(40H)(F2)_7$，其平移矢量为 $\boldsymbol{s}_3$，因而该结构可以确定为 246R。它的空间群为 R3m，表达式为$[F2F3\bar{F}2\bar{F}3F3\bar{F}3(F2)_7]_3$[46]。

4. $Mg_{97}Zn_1Y_2$ 合金中的 LPSO 结构关系

$Mg_{97}Zn_1Y_2$ 合金中的新型 LPSO 结构的表达式和晶体学参数列于表 5.4。此外，图 5.33 为 $Mg_{97}Zn_1Y_2$ 合金中 LPSO 结构间的结构关系图。60R 和 78R 结构都可以表示成$(F2)_mF3\bar{F}3$（$m=1$ 和 2），且它们的点群都为 $\bar{3}$m，所以存在结构上的相似性。而 14H、26H 和 38H 都可以表示为$(F2)_nF3(\bar{F}2)_n\bar{F}3$（$n=0$、1 和 2），并具有相同的空间群 $P6_3/mmc$。复杂的 LPSO 结构可以由简单的结构组成，例如 96R、40H、108H 和 246R 可以分别表示成 96R，$(F2，26H)_3$；40H，(26H，14H)；108H，$(40H)_2(14H)_2$；246R，$[(40H)(F2)_7]_3$。所有这些结构都由 18R 和 14H 的基本结构单元组成，即 F-block、2-Mg 和 3-Mg[46]。

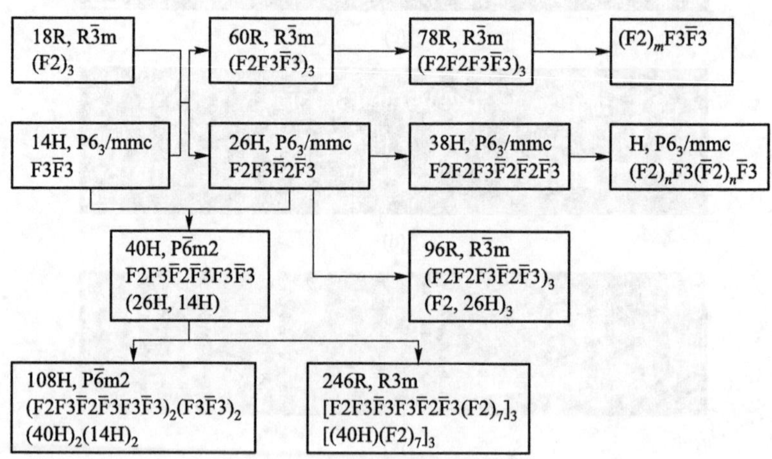

图 5.33 $Mg_{97}Zn_1Y_2$ 合金中 LPSO 结构关系示意图(靳千千等[46])

5.3.5 Mg-Co-Y 合金 LPSO 结构中堆垛层错和生长孪晶

1. 12H 结构中堆垛层错

下面通过解析两个 Mg-Co-Y 合金的显微结构，讨论 12H、15R 和 18R 结构中的堆垛层错(stacking fault，SF)和生长孪晶。图 5.34 为低倍 TEM 明场像，显示了 $Mg_{88}Co_5Y_7$ 铸态合金的 12H 结构中存在各种堆垛层错，以及 12H 和 15R 结构有序共生而形成的 654R 结构。堆垛层错和生长孪晶是常见的堆垛缺陷，其堆垛序列不同于某种特定的 LPSO 结构。在镁合金中，由堆垛层错分开的一种 LPSO 片层结构的取向是完全相同的，而由生长孪晶界分开的某种 LPSO 结构片层的取向则呈镜面对称。然而，共生是指两种或两种以上具有不同晶体结构的 LPSO 相交替排列。从低倍形貌上可以看出，被层错分开的 LPSO 结构的衬度应该是相同的，但不容易区分 LPSO 的生长孪晶和 LPSO 的共生结构，它们都表现出两种交替排列的衬度。

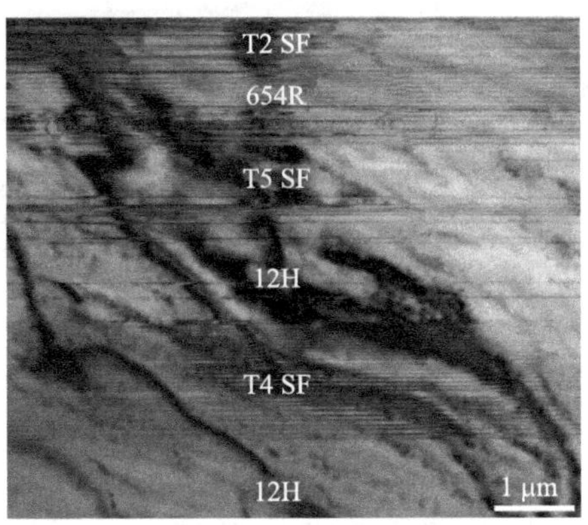

图 5.34 $Mg_{88}Co_5Y_7$ 铸态合金沿近$[2\bar{1}\bar{1}0]_\alpha$晶带轴的低倍 TEM 明场像，显示 654R 结构与含有多种堆垛层错的 12H 结构共生(靳千千等[52])

如图 5.35(a)~(c)中较高倍数的 TEM 明场像进一步显示了图 5.34 中 12H 结构的 T2、T4 和 T5 堆垛层错。图 5.35(d)~(f)为它们沿$[2\bar{1}\bar{1}0]_\alpha$晶带轴获取的高分辨 HAADF-STEM 像，用来阐明它们的原子结构和对称性。12H 结构中 T2 和 T4 堆垛层错可以分别表示为$(3\bar{T}3T)_p\mathbf{2}(T3\bar{T}3)_q$和$(3\bar{T}3T)_p\mathbf{4}(T3\bar{T}3)_q$，在 2-Mg 和 4-Mg 结构组元中心存在倒反中心。在表达式$(3\bar{T}3T)_p\mathbf{2}(T3\bar{T}3)_q$中，“$3\bar{T}3T$”表示 12H 的堆垛序列，“3”表示 3 层 Mg 堆垛单元，记为 3-Mg，下标“p”和“q”表示与层错相邻的 12H 单胞的数量，粗体用来显示堆垛层错的对称

性。图 5.35(f)显示包含 T5 层错的 12 H 可以表示为$(3\bar{T}3T)_p\mathbf{5}(\bar{T}3T3)_q$，在 5-Mg 结构单元的中心存在镜面。应该指出的是，T5 层错不能改变 12H 结构固有的孪生对称特性。图 5.35(c)中的每个 LPSO 片层显示了相同的衬度，这也表明在 12H 内的 T5 结构应该被称为堆垛层错而不是生长孪晶界。通过 HAADF-STEM 成像统计分析图 5.35(a)~(c)所有的堆垛层错，发现除了一个 T2 层错之外，12H 结构中所有 T2 和 T4 层错中 T-block 结构剪切方向相同(T 或 $\bar{T}$)，而在 T5 层错中的 T-block 可以有两种相反的剪切方向(T 和 $\bar{T}$)，占比分别是 75%和 25%。

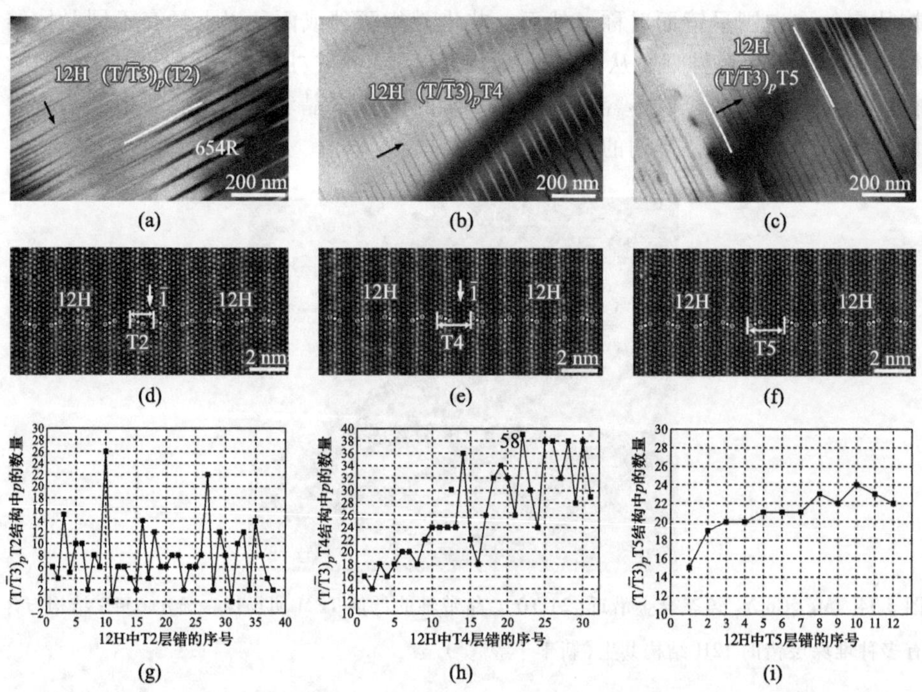

图 5.35　12H 结构中的 T2、T4 和 T5 堆垛层错：(a)~(c) 较高倍数的 TEM 明场像，显示了 T2(a)、T4(b)和 T5(c)堆垛层错在 12H 结构中局域分布；(d)~(f) 沿$[2\bar{1}\bar{1}0]_\alpha$晶带轴获取的含有 T2(d)、T4(e)和 T5(f)堆垛层错的 12H 结构的高分辨 HAADF-STEM 像；(g)~(i) 表达式$(T/\bar{T}3)_p$T2(g)、$(T/\bar{T}3)_p$T4(h)和$(T/\bar{T}3)_p$T5(i)中 p 值的分布图，用来描述层错在 12H 结构中的分布间距(靳千千等[52])

在图 5.35(a)~(c)中，包含 T2、T4 和 T5 堆垛层错的 12H 结构分别可以表示为$(T/\bar{T}3)_p$T2、$(T/\bar{T}3)_p$T4 和$(T/\bar{T}3)_p$T5，其中，引入 p 来描述堆垛层错

的分布。图 5.35(g)~(i)为描述这些结构中层错间距离的 p 值的分布图。$(T/\overline{T}3)_pT2$ 和 $(T/\overline{T}3)_pT4$ 表达式中的 p 值大多数为偶数，说明大多数 T2 和 T4 堆垛层错的 T-block 具有相同的剪切方向。而表达式 $(T/\overline{T}3)_pT5$ 中的 p 值既可以为奇数，也可以为偶数，说明 T5 堆垛层错中的 T-block 存在两种剪切方向。图 5.35(g)所示表达式 $(T/\overline{T}3)_pT2$ 中的 p 值分布表明 T2 堆垛层错无序分布。而图 5.35(h)、(i)所示的表达式 $(T/\overline{T}3)_pT4$ 和 $(T/\overline{T}3)_pT5$ 中的 p 值分布表明 T4 或 T5 堆垛层错的分布具有一定梯度。

$Mg_{92}Co_2Y_6$ 铸态合金的 12H 结构中除了存在 T2、T4 和 T5 堆垛层错外，还观察到其他堆垛层错。图 5.36(a)~(c)为沿 $[2\overline{1}\overline{1}0]$ 晶带轴获取的这些堆垛层错的 HAADF-STEM 高分辨像。在以前报道的 Mg-Co-Y 合金中的 12H、15R、21R 和 18R 结构中还未有报道 1-Mg 结构组元的，图 5.36(a)显示为 12H 结构

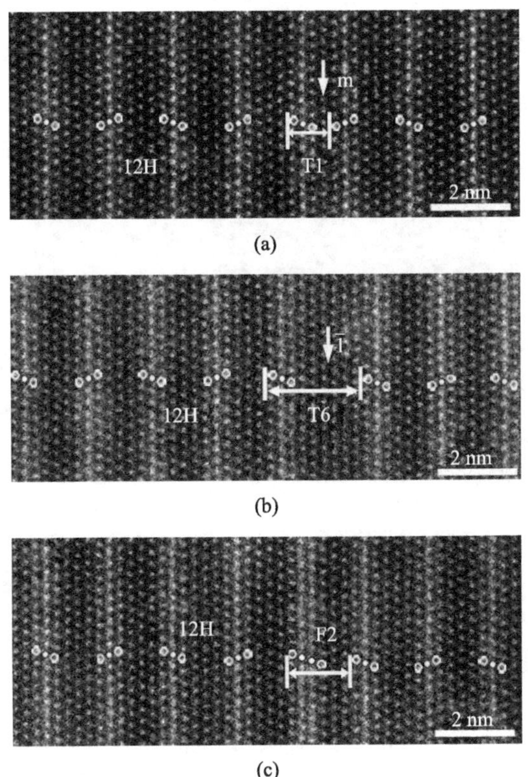

图 5.36 $Mg_{92}Co_2Y_6$ 铸态合金中的 12H 结构以及其中的 T1(a)、T6(b)和 F2(c)堆垛层错(靳千千等[52])

中存在 T1 堆垛层错。图 5.36(b)显示 12H 中存在 T6 堆垛层错，在组元 6-Mg 中心存在倒反中心。此外，图 5.36(c)显示 12H 存在包含 F-block 的 F2 堆垛层错。

2. 15R 结构中堆垛层错

图 5.37 (a)为在 $Mg_{88}Co_5Y_7$ 铸态合金中沿稍偏离$[2\bar{1}\bar{1}0]_\alpha$晶带轴获取的包含高密度层错的 LPSO 结构的低倍 TEM 明场像。所有这些 LPSO 片层显示相同的衬度，这意味着它们具有相同的晶体学取向。为了获得该 LPSO 结构的结构信息，沿$[2\bar{1}\bar{1}0]_\alpha$晶带轴获取选区电子衍射谱，如图 5.37(b)所示。在 $n/5(0002)_{Mg}$(n 为整数)位置存在额外的衍射斑点，而且$(0\bar{1}10)$衍射斑消光，基于对 LPSO 结构消光规律的分析可知，该结构为 15R。而在$(01\bar{1}l)$、$(000l)$和$(0\bar{1}1l)$衍射斑列出现了弥散拉线，如图 5.37(b)箭头所示，说明沿堆垛方向

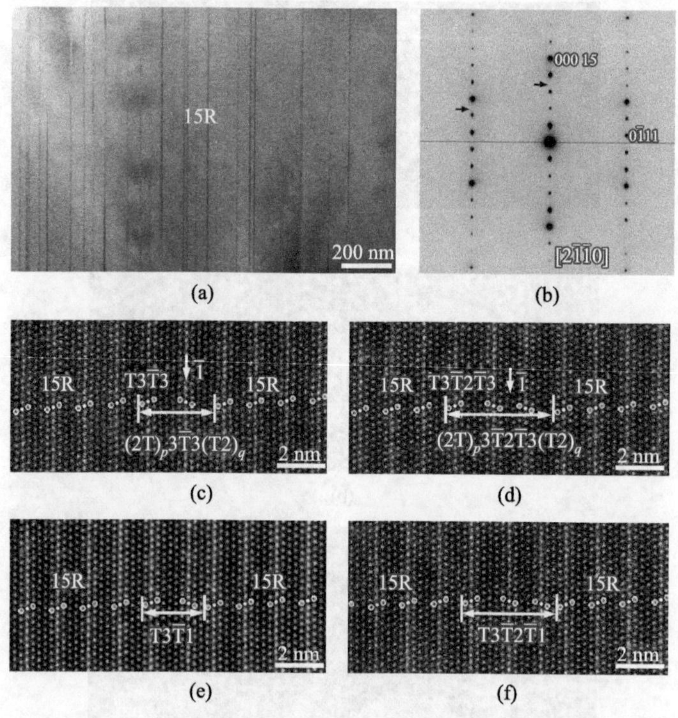

图 5.37 $Mg_{88}Co_5Y_7$ 铸态合金中 15R 结构中的堆垛层错：(a) 在沿稍偏离$[2\bar{1}\bar{1}0]_\alpha$晶带轴获取的低倍 TEM 明场像，显示包含几种层错的 15R 结构；(b) 沿$[2\bar{1}\bar{1}0]_\alpha$晶带轴获取的含层错的 15R 结构的选区电子衍射谱；(c)～(f)包含 T3$\bar{T}$3(c)、T3$\bar{T}$2$\bar{T}$3(d)、T3$\bar{T}$1(e)、T3$\bar{T}$2$\bar{T}$1(f)层错的 15R 结构的高分辨 HAADF-STEM 像(靳千千等[52])

存在一些堆垛无序缺陷。为了进一步研究 15R 结构中层错的结构细节，沿 $[2\bar{1}\bar{1}0]_\alpha$ 晶带轴获取了它们的高分辨 HAADF-STEM 像，如图 5.37(c)～(f)所示。

图 5.37(c)显示了 15R 结构中的 $T3\bar{T}3$ 层错，基于它的表达式 $(2T)_p3\bar{\mathbf{T}}3(T2)_q$ 可知，在层错中加粗的 T-block 中心存在倒反中心，如箭头所示。图 5.37(d)显示了 15R 结构中的 $T3\bar{T}2\bar{T}3$ 层错，基于它的表达式 $(2T)_p3\bar{T}\mathbf{2}\bar{T}3(T2)_q$ 可知，该堆垛层错的 2-Mg 组元中心存在倒反中心，如箭头所示。图 5.37(e)、(f)显示了 15R 结构中的 $T3\bar{T}1$ 和 $T3\bar{T}2\bar{T}1$ 堆垛层错，它们都包含 1-Mg 组元，在这两种堆垛层错中无倒反中心和镜面。

此外，在 15R 中还发现了一种 T4 类型的层错，如图 5.38(a)、(b)。在 4-Mg 组元的中心存在倒反中心，两个相邻层错间的距离可以用 $(T2)_pT4$ 表达式中的“p”值表示。图 5.38(c)所示的 p 值分布表明 15R LPSO 中的 T4 堆垛层错呈梯度分布。

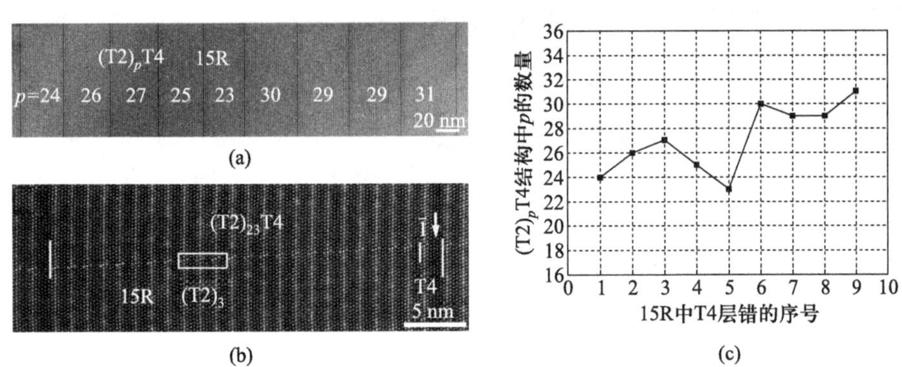

图 5.38　$Mg_{88}Co_5Y_7$ 铸态合金中 15R 结构中的 T4 堆垛层错：(a) HAADF-STEM 像，成像方向是 $[2\bar{1}\bar{1}0]_\alpha$ 晶带轴；(b) 15R 结构中 T4 堆垛层错的高分辨 HAADF-STEM 像；(c)表达式 $(T2)_pT4$ 中的 p 值的分布图，用来描述 15R 结构中 T4 层错的分布(靳千千等[52])

3. 15R 结构中生长孪晶

图 5.39(a)中的区域 R Ⅰ和 R Ⅱ都包含 15R 结构。区域 R Ⅰ中被层错分开的 15R 片层显示相同的衬度，而区域 R Ⅱ中的 15R 片层显示两种不同的衬度。在区域 R Ⅱ中沿 $[2\bar{1}\bar{1}0]_\alpha$ 晶带轴获取的选区电子衍射谱中，$(0\bar{1}1l)$ 和 $(01\bar{1}l)$ 衍射斑列存在额外的衍射斑，如图 5.39(b)所示。该衍射谱可以标定为两套对称的 15R 结构，它们的 $(0\bar{1}1l)$ 衍射斑以(0001)面为镜面呈孪生对称关系，如箭头所示。此外，在 $(0\bar{1}1l)$、$(000l)$ 和 $(01\bar{1}l)$ 衍射斑列存在弥散拉线，

它很可能是由沿堆垛方向的微孪晶或层错所贡献的。图 5.39(c)为沿$[2\bar{1}\bar{1}0]_\alpha$晶带轴获取的区域Ⅱ的高分辨 HAADF－STEM 像，该结构可以表示为$(2T)_p\mathbf{3}(\bar{T}2)_q$,在 3-Mg 组元的中心存在镜面，显示出孪晶对称关系。3-Mg 组元的左边的 T-block 与右边的 T-block 剪切方向相反。

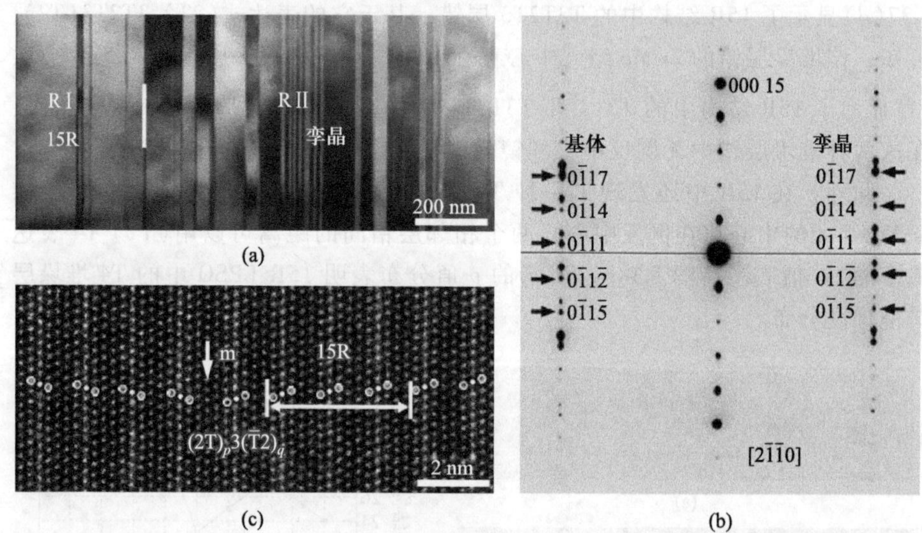

图 5.39　$Mg_{88}Co_5Y_7$ 合金中的堆垛层错和生长孪晶：(a) 低倍 TEM 明场像，显示了区域 RⅠ中的堆垛层错和区域 RⅡ中的生长孪晶；(b) 沿$[2\bar{1}\bar{1}0]_\alpha$晶带轴获取的 15R 生长孪晶的选区电子衍射谱，两个$(0\bar{1}1l)$衍射斑列由水平箭头所标记；(c) 沿$[2\bar{1}\bar{1}0]_\alpha$晶带轴获取的 15R 生长孪晶的高分辨 HAADF-STEM 像(靳千千等[52])

4. 18R 结构中堆垛层错

之前报道的 F 型 LPSO 结构，如 10H、18R、14H 和 24R 都包含 F-block，在它们之间分布着 1~4 层 Mg 堆垛层。在 $Mg_{92}Co_2Y_6$ 合金中，靳千千等[52]发现 18R 结构偶尔存在相邻的两个 F-block，在它们之间无 Mg 堆垛层，如图 5.40(a)所示。该层错记为 F0，包含该层错的 18R 结构表示为$(F2)_p\mathbf{F0}(F2)_q$或$(2F)_p\mathbf{0}(F2)_q$。在两个 F-block 毗邻处存在倒反中心。图 5.40(b)显示了图 5.40(a)中高分辨 HAAD-STEM 像的强度分布曲线，用来分析 18R 结构中 F0 层错的元素分布特征。在此，把 AB′C′A 结构单元用 Jagodzinski 符号记为 hcch[33]。相邻的两个 F-block 中标记向上箭头的 c 堆垛层显示了与其他 F-block 中 c 堆垛层近似相同的强度，而这些 c 堆垛层的强度高于 h 堆垛层。相邻的两个 F-block 中标记向下箭头的 *h* 堆垛层显示了与其他 F-block 中 h 堆垛层近似相同的强度，而 F-block 的 h 堆垛层的强度又高于 Mg 堆垛层。同时，发现了由于 T-block 的引入而导致的 18R 中的层错，如图 5.40(c)所示。包含该层错的 18R 结构可以表示为$(F2)_p$**T2**$(F2)_q$或者$(F2)_p$**T**$(2F)_q$，在加粗的 T-block 的中心存在倒反中心。

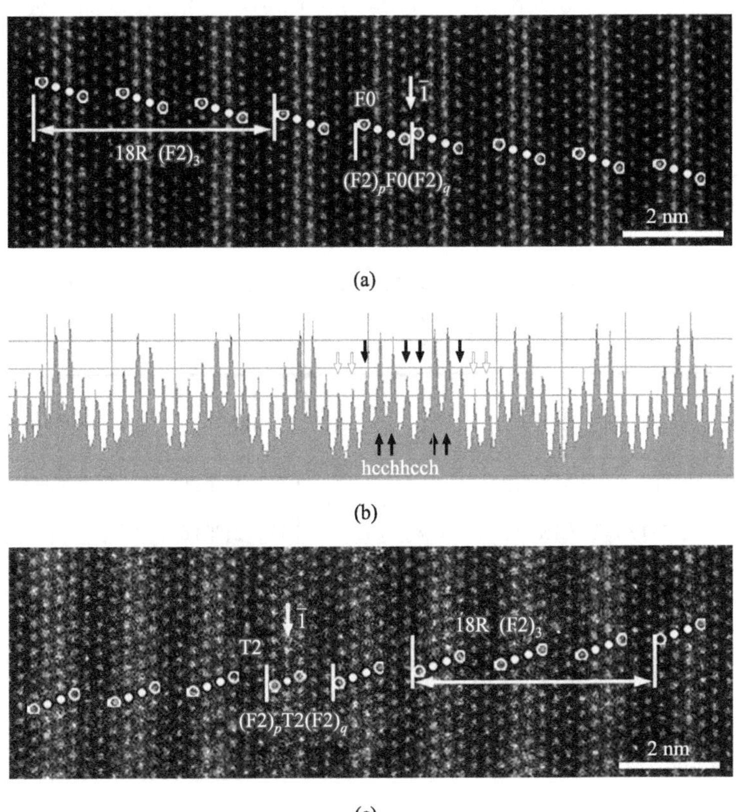

图 5.40　18R 结构中的堆垛层错：(a) 包含 F0 堆垛层错的 18R 结构的高分辨 HAADF-STEM 像，成像方向为$[2\bar{1}\bar{1}0]_\alpha$晶带轴；(b) 图 5.40(a)中高分辨 HAADF-STEM 像的强度分布图；(c) 包含 T2 堆垛层错的 18R 结构的高分辨 HAADF-STEM 像(靳千千等[52])

以前在 Mg-Co-Y 合金发现的长周期结构[43,44]，包括 12H、15R、21R、18R、51R、72R、29H、102R 和 192R，都由 T-block、F-block、2-Mg、3-Mg 和 4-Mg 组成。本节在讨论 12H、15R 和 18R 中的堆垛层错和生长孪晶过程中发现，在 LPSO 结构的堆垛层错和生长孪晶中还可以有 0-Mg、1-Mg、5-Mg 和 6-Mg 等结构组元。

如果两个 block 中间的所有 n-Mg 组元中 Mg 堆垛层之和为偶数(或奇数)，

那么这两个 block 显示相同(或相反)的剪切方向。具有孪生对称关系的 R 型 LPSO 结构中的 block 具有相反的剪切方向，因而，这种孪晶界中的所有 n-Mg 组元包含的 Mg 堆垛层之和为奇数。包含层错的 R 型 LPSO 结构中的 block 具有相同的剪切方向，因而，这种堆垛层错中的所有 n-Mg 组元包含的 Mg 堆垛层之和为偶数。该分析与表 5.6 列出的实验观察到的堆垛层错和生长孪晶一致。

实验中还发现几种类型的堆垛层错可以分布在一个 LPSO 晶粒中。同时，具有相同结构的某种堆垛层错可以局域分布，它们之间的距离随机或者呈梯度分布。如图 5.35 所示，12H 结构中 T5 层错中的 T-block 存在两种剪切方向，而 12H 结构中大多数的 T2 和 T4 层错中的 T-block 具有相同的剪切方向，该剪切方向与 654R 中$(T2)_{10}$结构的 T-block 剪切方向一致。

表 5.6　Mg-Co-Y 合金中堆垛层错和生长孪晶的表达式和晶体学信息，其中 $s_1=e$，$s_2=\frac{2}{3}a+\frac{1}{3}b+e$ 和 $s_3=\frac{1}{3}a+\frac{2}{3}b+e$($e$ 为垂直于 a 和 b 的矢量[46])

结构	表达式	平移对称性	表达式	点对称性	文献
12H 层错	$(T3\overline{T}3)_p\mathbf{T1\overline{T}3}(T3\overline{T}3)_q$	s_1	$(3\overline{T}3T)_p\mathbf{1}(\overline{T}3T3)_q$	m	[52]
	$(T3\overline{T}3)_p\mathbf{T2}(T3\overline{T}3)_q$	s_2	$(3\overline{T}3T)_p\mathbf{2}(T3\overline{T}3)_q$	$\overline{1}$	
	$(T3\overline{T}3)_p\mathbf{T4}(T3\overline{T}3)_q$	s_2	$(3\overline{T}3T)_p\mathbf{4}(T3\overline{T}3)_q$	$\overline{1}$	
	$(T3\overline{T}3)_p\mathbf{T5\overline{T}3}(T3\overline{T}3)_q$	s_1	$(3\overline{T}3T)_p\mathbf{5}(\overline{T}3T3)_q$	m	
	$(T3\overline{T}3)_p\mathbf{T6}(T3\overline{T}3)_q$	s_2	$(3\overline{T}3T)_p\mathbf{6}(T3\overline{T}3)_q$	$\overline{1}$	
	$(T3\overline{T}3)_p\mathbf{F2}(T3\overline{T}3)_q$	s_3			
	$(T3\overline{T}3)_p(\mathbf{T2F2})_2(T3\overline{T}3)_q$	s_1	$(3\overline{T}3T)_p2F2\mathbf{T}2F2(T3\overline{T}3)_q$	$\overline{1}$	
15R 层错	$(T2)_p\mathbf{T4}(T2)_q$	s_2	$(2T)_p\mathbf{4}(T2)_q$	$\overline{1}$	[52]
	$(T2)_p\mathbf{T3\overline{T}3}(T2)_q$	s_1	$(2T)_p3\overline{\mathbf{T}}3(T2)_q$	$\overline{1}$	
	$(T2)_p\mathbf{T3\overline{T}2\overline{T}3}(T2)_q$	s_3	$(2T)_p\mathbf{3\overline{T}2\overline{T}3}(T2)_q$	$\overline{1}$	
	$(T2)_p\mathbf{T3\overline{T}1}(T2)_q$	s_1			
	$(T2)_p\mathbf{T3\overline{T}2\overline{T}1}(T2)_q$	s_3			
15R 孪晶	$(T2)_p\mathbf{T3}(\overline{T}2)_q$		$(2T)_p\mathbf{3}(\overline{T}2)_q$	m	[52]
18R 层错	$(F2)_p\mathbf{F0}(F2)_q$	s_3	$(2F)_p\mathbf{0}(F2)_q$	$\overline{1}$	[52]
	$(F2)_p\mathbf{T2}(F2)_q$	s_2	$(F2)_p\mathbf{T}(2F)_q$	$\overline{1}$	
18R 孪晶	$(F2)_p\mathbf{F3}(\overline{F}2)_q$		$(2F)_p\mathbf{3}(\overline{F}2)_q$	m	[34]

5.3.6 小结

利用电子衍射可以有效地判断 Mg-M-RE 合金中 LPSO 结构所属的点阵类型并进而利用高分辨成像揭示长周期方向上的排列规则。但因 LPSO 结构种类繁多，对其结构的描述容易产生混乱。本节提出一种简便描述其结构的新符号：F(或 $\overline{\mathrm{F}}$)表示 AB′C′A(或 AC′B′A)结构单元，T(或 $\overline{\mathrm{T}}$)表示 AB′C(或 AC′B)结构单元，数字 n 代表 Mg 堆垛层的层数，下标数字 p 代表单胞中亚结构单元的个数。通过这样的定义，提出快捷确定其布拉维点阵和空间群的新方法。

(1) 在 $Mg_{92}Co_2Y_6$(at.%)合金中解析了 6 种结构奇特的新型 LPSO 结构，它们既包含堆垛序列为 AB′C′A 的结构单元，又包含堆垛序列为 AB′C 的结构单元，而在这些结构单元之间分布着 1~3 层 Mg 堆垛层。它们的结构和空间群分别为 72R，$[(\mathrm{T2F2F})3(\overline{\mathrm{T}})_3]_3$，R3m；29H，$(\mathrm{T2F2F})3(\overline{\mathrm{T}}2\overline{\mathrm{T}})3$，P3m1；102R，$[(\mathrm{T2F2F})3(\overline{\mathrm{T}}2\overline{\mathrm{T}}2\overline{\mathrm{T}})3]_3$，R3m；192R，$[(\mathrm{T2F2F})3(\overline{\mathrm{T}}2\overline{\mathrm{T}})3(\mathrm{T2F2F})3(\overline{\mathrm{T}})3(\mathrm{T2F2})]_3$，R3m；51R，$[(\mathrm{T2F2F})2]_3$，R$\overline{3}$m；60H，$(\mathrm{F1}\overline{\mathrm{F}}1)2(\mathrm{T3}\overline{\mathrm{T}}3)_4$，P$\overline{6}$m2。

它们的晶格参数为 $a_{\mathrm{LPSO}}=a_{\mathrm{Mg}}=0.321\mathrm{nm}$ 和 $c_{\mathrm{LPSO}}=\frac{1}{2}n\times c_{\mathrm{Mg}}$($n$ 为堆垛层数)。Co/Y 元素在 AB′C′A 和 AB′C 结构单元中无序分布，且主要分布在 B′和 C′堆垛层。

(2) 在 $Mg_{88}Co_5Y_7$(at.%)铸态合金中发现了新型 LPSO 结构。其中 15R、12H 和 21R 都包含 AB′C 结构单元，可以看成由 AB′C 结构单元分别夹 2~4 层 Mg 堆垛层形成。其中包含 AB′C′A 堆垛单元的 18R 结构与 Mg-Zn-RE 合金中的 18R 结构具有相同的堆垛序列。此外，合金中还存在由 15R 和 12H 结构有序共生形成的具有超长周期的 654R 结构。该结构堆垛序列可以表示为 $[(\mathrm{T2})_{10}(\mathrm{T3}\overline{\mathrm{T}}3)_{14}]_3$，其晶格参数为 $a=0.321\mathrm{nm}$，$c=170.4\mathrm{nm}$，空间群为 R$\overline{3}$m。

(3) 在 $Mg_{97}Zn_1Y_2$(at.%)近平衡合金中研究了 8 种新型 LPSO 结构，它们分别为 60R、78R、26H、96R、38H、40H、108H 和 246R。它们都由 F-block、2-Mg 和 3-Mg 结构组成。它们的点阵参数为 $a_{\mathrm{LPSO}}=a_{\mathrm{Mg}}=0.321\mathrm{nm}$ 和 $c_{\mathrm{LPSO}}=\frac{1}{2}n\times c_{\mathrm{Mg}}$($n$ 为整数)。

(4) 借助球差校正电子显微学方法，阐明了 $Mg_{88}Co_5Y_7$ 和 $Mg_{92}Co_2Y_6$(at.%)铸态合金中 12H、15R 和 18R 结构中各种堆垛层错和生长孪晶的结构、对称性和分布。除了已经报道的 LPSO 结构的组元(如 T-block、F-block、2-

Mg、3-Mg 和 4-Mg)外，实验中还发现堆垛层错中含有 0-Mg、1-Mg、5-Mg 和 6-Mg 的组元。在 LPSO 结构的某些堆垛层错中存在倒反中心，某些生长孪晶具有镜面对称性。R 型 LPSO 结构中的堆垛缺陷所包含的所有 n-Mg 结构中 Mg 堆垛层数总和的奇偶性决定了该缺陷的属性(堆垛层错或堆垛孪晶界)；其中，12H 结构中只有堆垛层错。

5.4 含 LPSO 结构镁合金的变形行为

如前所述，LPSO 结构既是堆垛有序的又是化学有序的：其堆垛有序，是指 LPSO 结构可以有很多不同的类型，如 18R、14H、10H、24R 等；其化学有序，是指 LPSO 结构中的溶质元素(如 Zn、Co、Y)主要分布在 AB′C′A 或 AB′C (FCC)堆垛片层。变形具有结构敏感性，与材料本身的组织和结构密切相关。LPSO 特有的晶体结构赋予了其本身及含有 LPSO 结构的镁合金特殊的变形行为，包括变形扭折(deformation kink)、变形孪晶(deformation twin)、变形引起的溶质元素再分布、LPSO 结构与变形孪晶的强烈交互作用等。了解这些变形微观机理，有利于建立镁合金微观结构与力学性能的本质联系，为优化设计更具应用潜力的新型镁合金材料提供原子尺度的结构基础。邵晓宏在中国科学院金属所完成学位论文(2007—2011)以及随后留在课题组工作期间对含长周期堆垛有序结构镁合金的变形行为进行了深入系统研究，下面就这些年来的部分结果做一介绍。

5.4.1 LPSO 结构中变形扭折的形成机理及对基体变形的影响[32]

1. 含 LPSO 结构镁合金的机械性能

$Mg_{97}Zn_1Y_2$(at.%)合金的高温性能优于传统不含 LPSO 结构的镁合金，其在 573 K、1.0×10^{-3} s^{-1}条件下的压缩应力应变曲线如图 5.41 所示。该压缩曲线可以分为三个阶段，分别为 OA、AB 和 BC 段。最初，应力在 OA 阶段几乎呈线性增长；在 AB 阶段，应力连续增长，大约在应变为 23%时达到峰值 190 MPa，但是此时加工硬化率随应变的增加开始下降；在 BC 阶段，应力随应变增加稍有下降，表明此时出现加工软化现象，但软化速度比较缓慢。在 573 K、1.0×10^{-3} s^{-1}压缩条件下，屈服强度和压缩强度分别为 90 MPa 和 190 MPa，该合金表现出较好的高温抗变形能力及良好的结构稳定性。选择峰值应力处(真应变为 23%，曲线 B 处)和应变为 60%(曲线 C 处)的样品进行微观结果分析，分别称为样品 B 和样品 C，以揭示微观结构变形机理及其对性能的贡献。

2. LPSO 结构中的变形扭折及其对镁合金变形的影响

图 5.42 为 Mg-Zn-Y 合金在经过压缩变形后取下的样品 B 和样品 C 的

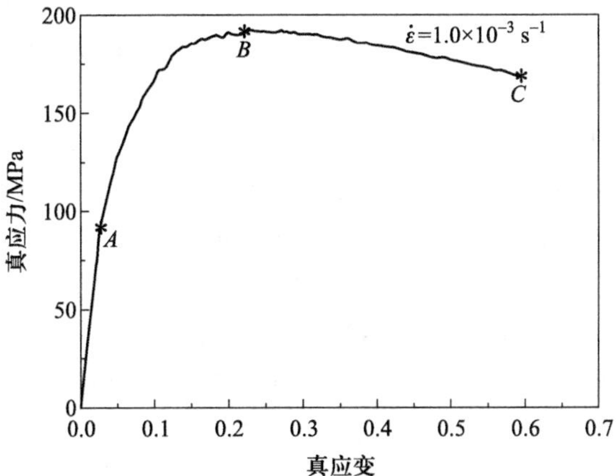

图 5.41 $Mg_{97}Zn_1Y_2$(at.%)合金在 573 K 和 $1.0\times10^{-3}\ s^{-1}$条件下的压缩应力应变曲线

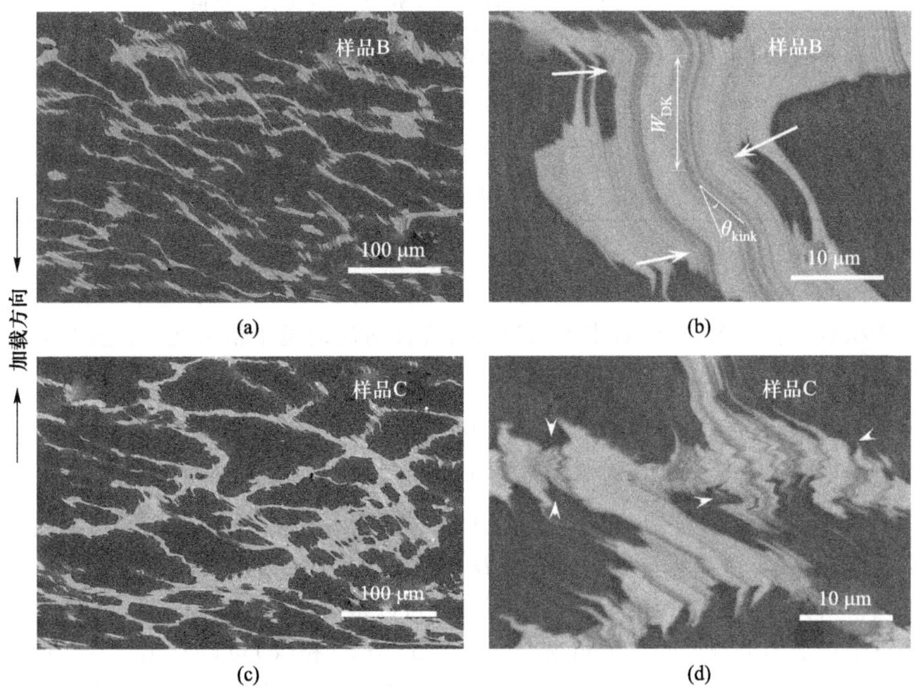

图 5.42 (a)、(c)样品 B(a)和样品 C(c)的低倍 BSE-SEM 形貌像；(b)、(d)样品 B(b)和样品 C(d)中的扭折带的高倍形貌照片。图(b)中，扭折界面由白色箭头所示；图(d)中多重扭折带由白色成对箭头所示，图中左侧示出压缩方向(邵晓宏等[32])

BSE-SEM形貌照片。比较 5.3 节中未经变形的样品，可以看出样品 B[图 5.42(a)]和样品 C[图 5.42(c)]中的 Mg 晶粒沿垂直于压缩方向被拉长，且在两个样品中都有扭折带形成[图 5.42(b)、(d)]。如图 5.42(b)中箭头所示，样品 B 中的扭折带宽度(W_{DK})大约在 10 μm，扭折角(θ_{kink})小于 30°，在此定义这样的扭折界面(kink boundary，KB)为小角扭折界面。当应变增加到 60%(样品 C)时，θ_{kink}> 30°，这样的扭折界面(kink boundary，KB)称为大角扭折界面。样品 C 中的 LPSO 结构中出现多重扭折，W_{DK}也远小于 10 μm，形成了包含有大角扭折界面的锯齿状结构，如图 5.42(d)箭头对所示。随着真应变增大，不仅原先的扭折带中形成了新的扭折，θ 也有所增大，而且在 LPSO 结构或 Mg/LPSO 结构的界面处，不存在明显裂纹。表 5.7 列出原始样品、样品 B 和样品 C 中 Mg 晶粒和 LPSO 结构的维氏硬度值，说明压缩过程的加工硬化使 Mg 晶粒和 LPSO 结构的硬度在变形后较铸态时都有所增大。

表 5.7　变形前后 Mg 晶粒和 LPSO 结构的维氏硬度值

	Mg 晶粒	LPSO 结构
铸态样品	70.3 ± 6.9	77.8 ± 4.7
样品 B(23%)	85.8 ± 4.1	100.1 ± 2.8
样品 C(60%)	89.4 ± 1.7	112.0 ± 6.3

图 5.43 为样品 B 中 LPSO 结构扭折的典型电子显微形貌像，其扭折界面看上去相对平直。图 5.43(a)中插图为扭折界面对应的电子衍射花样，分析表明左侧扭折界面两侧扭折带中的基面绕<$1\bar{1}00$>相对旋转 15°。图 5.43(b)和(c)分别为左侧和右侧扭折界面的高分辨电子显微图像。通过对高分辨 TEM 图像进行傅里叶逆变换(IFFT)，发现这两个扭折界面均是由伯格斯矢量为 $\boldsymbol{b}$ = 1/3 <$11\bar{2}0$>的基面刃型位错组成，在图中由“T”标示。相邻位错的平均距离为 6. 2 Å，通过小角晶界公式 $D=b/\theta$ (D 为两个相邻位错的平均距离，$\boldsymbol{b}$ 为位错的伯格斯矢量，θ 为小角晶界的倾转角度)可以得出该界面的倾角为 15°，这与在电子衍射图上测得的结果相吻合。从图 5.43(b)和(c)可以看出，左右两侧扭折界面的位错具有相反的伯格斯矢量，也就是说小角扭折带两个界面是异号位错列形成的倾转界面。

图 5.44 显示的是样品 B 中具有台阶状界面的扭折。在镶嵌于 LPSO 结构中约 10 nm 厚的 Mg 片层与扭折界面相截处有一些小台阶[图 5.44(a)中白色箭头所示]。这些镶嵌在 LPSO 结构中很薄的 Mg 片层，暂称其为 Mg 纳米片层。高

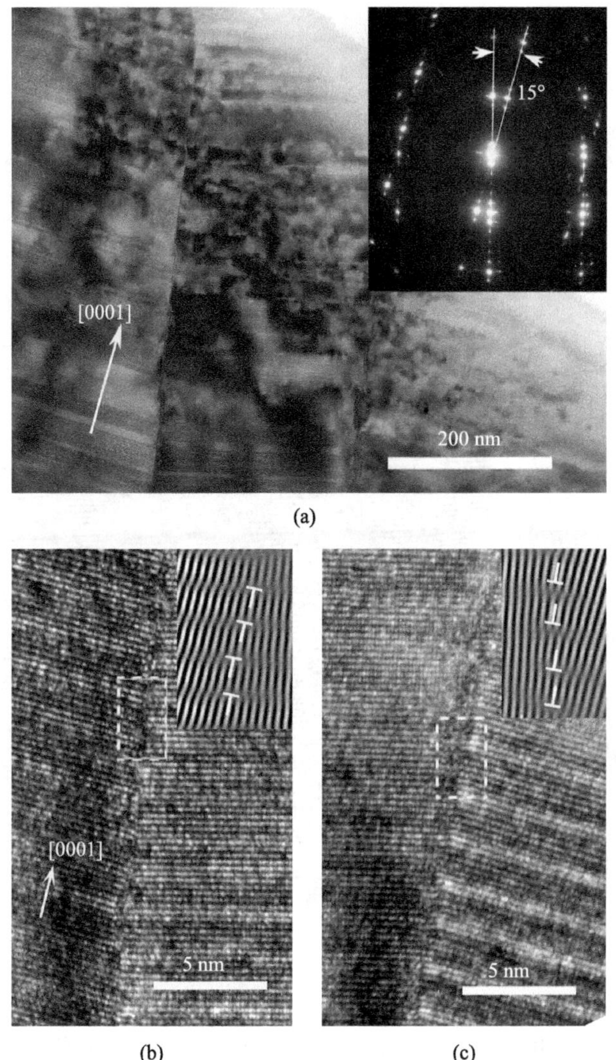

图 5.43 LPSO 结构经变形后形成的扭折界面的电子显微特征：(a) LPSO 结构中的平直扭折界面(样品 B)，电子束平行于<1$\bar{1}$00>方向，左侧扭折界面的选区电子衍射花样如插图所示；(b) 左侧扭折界面的高分辨电子显微图像，右上角插图为矩形虚线框标注区域的 IFFT 过滤像，位错由"⊤"标示；(c) 右侧扭折界面的高分辨 TEM 像，右上角插图为图中矩形虚线框标注区域的 IFFT 过滤像，位错由"⊤"标示(邵晓宏等[32])

分辨电子显微成像表明这些具有台阶状的扭折界面在 LPSO 结构中同样是由$\boldsymbol{b}$= 1/3<11$\bar{2}$0>的基面刃型位错组成的。但在 Mg 纳米片层中，在标注有"B"的台

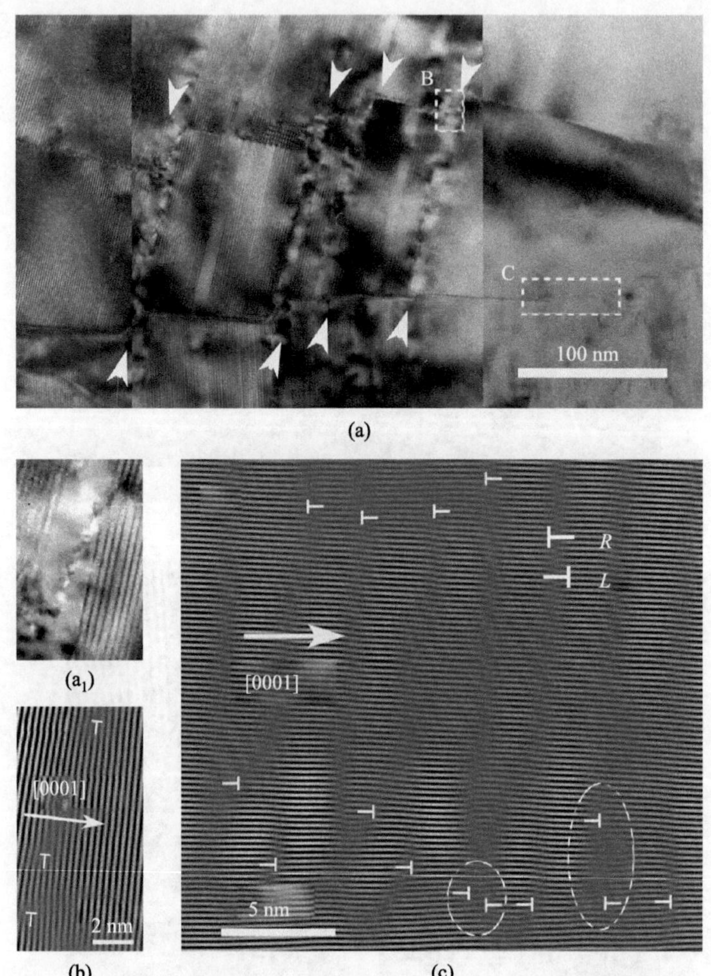

图 5.44　样品 B 中具有台阶状界面的扭折：(a) 具有台阶界面扭折带的低倍 TEM 形貌像；(a_1)图(a)中标注有"B"区域的放大图；(b) 通过{0001}$_{Mg}$衍射所得的"B"区域的 IFFT 过滤像，表明 Mg 纳米片层中存在棱柱面位错；(c) 通过{$11\bar{2}0$}$_{LPSO}$衍射所得的图(a)中标注有"C"区域的 IFFT 过滤像，显示扭折尖端的位错组态(邵晓宏等[32])

阶区域，存在 $\boldsymbol{b}$=1/2<0001>棱柱面位错，如图 5.44(b)所示。Mg 纳米片层中棱柱面位错与台阶状扭折界面的关系可以这样理解：在较硬 LPSO 扭折带的作用下，较软 Mg 纳米片层沿扭折方向通过 $\boldsymbol{b}$ = 1/2<0001>棱柱面位错的作用发生剪切，而不是激发基面位错，这样就导致原来扭折界面发生了偏转。下一个 LPSO 结构的扭折将在 LPSO 结构与 Mg 纳米片层中倾斜位错墙的交界处形成，如此就使得扭折界面呈现台阶状。图 5.44(c)是利用 $\{11\bar{2}0\}_{LPSO}$ 衍射通过 IFFT 过滤所得的扭折带尖端[图 5.44(a)中标注"C"的区域]的图像，图中可以清晰看出该区域存在具有相反符号的位错对。该异号位错分别定义为 L 和 R 位错。近尖端处的扭折带是由分布在几个纳米宽度中的位错组成的，说明这时扭折带处于一个高能状态。扭折带中的大多数位错为 L 型。然而，在最靠近尖端处有两个 R 型位错，它们分别与邻近 L 型位错组成了位错对，如图 5.44(c)中虚线椭圆所示区域。一系列 R 型位错分布于 LPSO 扭折带的上半部分，距离扭折界面大约 20 nm。在剪切应力的作用下，L 和 R 型位错会向相反方向滑移。以上分析结果表明在 LPSO 结构中，扭折的形成与压缩过程中异号位错对的产生和同步滑移密切相关。具有台阶界面的高能状态扭折(图 5.44)将会通过位错的运动和重组逐步向具有平直界面的低能状态扭折(图 5.43)转变。

基于以上在高倍率电子显微镜下的观察，可以对 LPSO 结构中扭折的形成机理推测如下：首先在 LPSO 结构的基面上形成异号位错，异号位错在应力作用下向相反方向运动，位错的重组形成了小角倾侧界面，从而形成了扭折。随着应变的增大，扭折带中位错数目增多，界面上吸收位错增多，扭折角将随之增大。未扭折区中位错的形核和运动使得扭折不断增多，如图 5.45 所示。

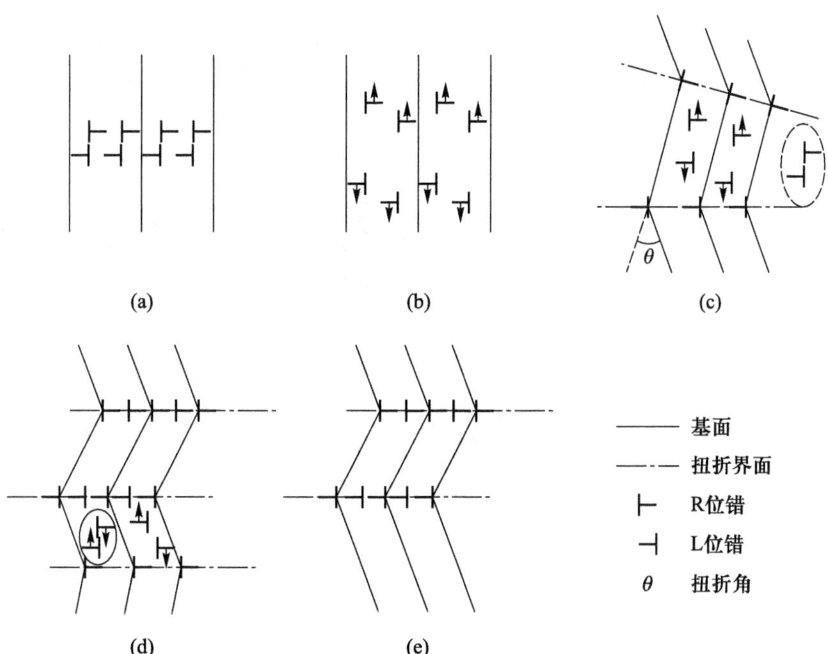

图 5.45 LPSO 结构中扭折带的形成示意图

变形扭折早在 1942 年由 Orawan 首先提出[53]，是在六方晶系如 Zn 和 Cd 中观察到的一种变形方式。已有文献报道 LPSO 结构中变形扭折的形成原因为基面上突然产生的成对位错导致晶格的往返旋转[54]。基于高分辨电子显微成像及分析结果(图 5.43 和图 5.44)，邵晓宏等[32]从原子尺度证实了 LPSO 结构中扭折形成的位错协同运动机制。

图 5.46 为样品 C 中 LPSO 结构扭折带的微结构特征。很明显，样品 C 中 LPSO 结构存在高角度多重扭折，这与 SEM 观察结果是一致的[图 5.42(d)]。不仅如此，除了大角度扭折界面外，还存在一些小角度的亚扭折带，如图 5.46(b)中白色箭头所示。同时，大角度扭折界面伴随微裂纹的形核，如图 5.46(a)中黑色箭头所指。这些微裂纹大都形成高角扭折界面与镶嵌在 LPSO 结构中 Mg 纳米片层的界面相交的地方。当 LPSO 结构中扭折带较宽或 θ_{kink}<30°时，没有出现微裂纹。当 θ_{kink} 增大到一个临界值时，微裂纹才会在扭折界面与镶嵌在 LPSO 结构的 Mg 纳米片层相截处形核。微裂纹的形状表示微裂纹是沿基面扩展进入扭折带的。详细的电子显微分析表明图 5.46(a)中黑色箭头所指区域比邻近的薄，意味着这里发生了局部颈缩，随着应变增大它可能会发展成为一个裂纹。但是，这些微裂纹的扩展，也就是颈缩区域的扩大，被亚扭折界面[图 5.46(b)中箭头所示]所阻碍。所以，LPSO 结构中局部微裂纹可能发生在一个扭折带内，同时它被暂时性地限制在这个扭折带内部。因为大角度扭折的形成导致下一个扭折带的基面相对于该扭折带的基面发生了一定角度偏转，而微裂纹沿偏折基面的扩展需要更高的能量。

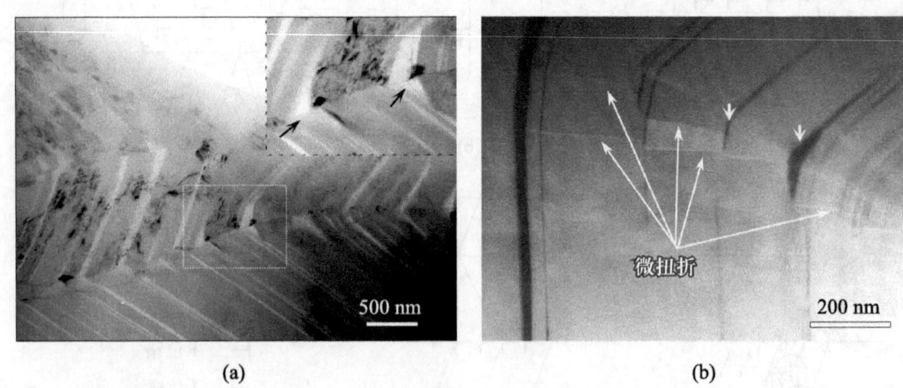

图 5.46　样品 C 中 LPSO 结构中大角度扭折带：(a) 大角度扭折带的低倍形貌像，微裂纹形核于高角度扭折界面且沿基面传播，如黑色箭头所指；(b) 含有亚扭折界面(白色箭头所指)的扭折带的低倍 HAADF-STEM 照片(邵晓宏等[32])

$Mg_{97}Zn_1Y_2$ 铸态合金中 LPSO 结构与 Mg 基体在基面和棱柱面都保持良好的共格关系。图 5.47(a)为样品 C 中 LPSO 结构与 Mg 基体的界面微观形貌，其界面由黑色点线所示，图中可以看出沿界面没有孔洞或裂纹。HREM 图像[图 5.47(b)]显示，变形后两相界面的基面平直且保持共格关系；棱柱面虽然仍是共格的，但却发生了弯折，如白色点线所示。

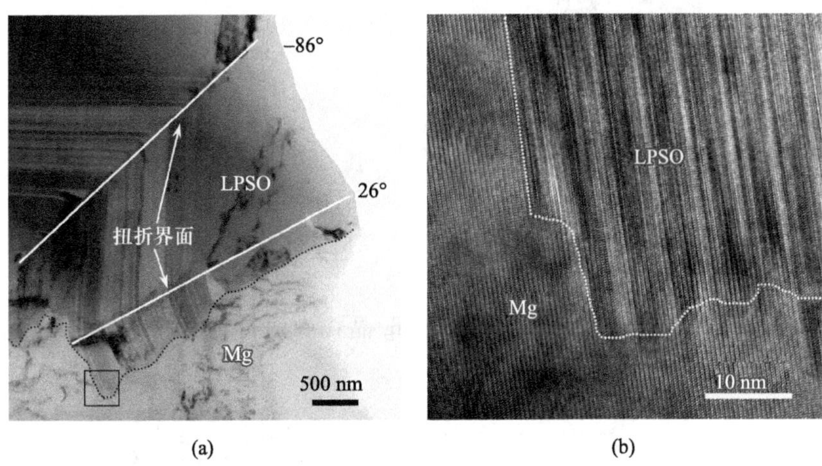

图 5.47　样品 C 中 LPSO 结构与 Mg 基体的界面：(a) LPSO/Mg 界面的形貌像，界面部分由黑色点线示出；(b) 对应图(a)方框区域的 HREM 像，图中看不出因变形导致的解离(邵晓宏等[32])

图 5.48 是变形样品的电子显微图像，图中包含了 Mg 晶粒和 LPSO 扭折带，可以看出 LPSO 结构中的扭折毫无偏转地传递到 Mg 晶粒内，使得 Mg 中产生具有同样倾角的界面，这与镶嵌在 LPSO 结构中 Mg 纳米片层的变形(图 5.44)不同。高分辨电子显微成像分析表明 Mg 晶粒中扭折界面[图 5.46(a)中虚线所示]的形成同样是由具有伯格斯矢量为 $\boldsymbol{b}=1/3\langle 11\bar{2}0\rangle$ 的基面刃型位错组成，与 LPSO 结构中扭折界面的形成机理相同。因此，可以认为 Mg 晶粒中扭折界面也是由具有相反符号的基面位错的产生和协同滑移形成的。

图 5.49 显示了样品 C 中远离 LPSO 结构 Mg 晶粒中的位错形态，图中可见基面上有大量的堆垛层错。位错大多都存在于邻近的层错带中，并且与 SF 相连。显然，图 5.49 中所示的位错不在基面上，且 SF 没有沿 $[0001]_{Mg}$ 方向被剪切。所以，Mg 晶粒中存在棱柱面或棱锥面位错，说明基面 SF 对于阻碍位错沿 $[0001]_{Mg}$ 和 $\langle 11\bar{2}\bar{3}\rangle_{Mg}$ 方向滑移起到重要作用。白色箭头所指的较暗区域说明这些地方具有较大的应变集中或较大的晶格旋转，使它与周围的 Mg 显示不同的衬度，这可能是动态再结晶(dynamic recrystallization，DRX)亚结构。由于位

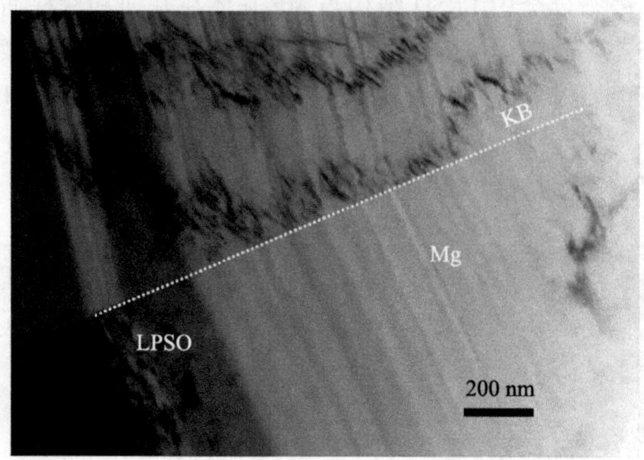

图 5.48　具有共格界面的 Mg 晶粒和扭折 LPSO 结构的形貌图

错的运动被限制在邻近的 SF 内，所以 Mg 晶粒中的再结晶晶粒的厚度可能与相邻 SF 的宽度相当。

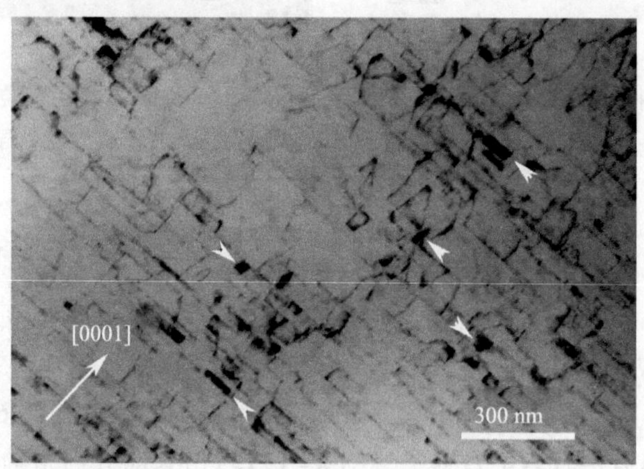

图 5.49　样品 C 中远离 LPSO 结构的 Mg 晶粒中的位错形态

然而变形后的样品中并不存在明显的再结晶晶粒，如图 5.50 所示，这与 $Mg_{97}Zn_1Y_2$ 合金在较高温度下挤压[55]的情况有所不同。详细的电子显微镜观察发现少量的再结晶晶粒存在于弯曲又皱褶的 Mg 基体界面处，如图 5.51 所示。在塑性变形过程中，Mg 基体通过 DRX，大角晶界发生局部迁移。同时，晶界两侧 SF 的相对旋转和剪切(图 5.51)表明界面的迁移伴随局部晶格旋转和晶界滑移。SF 在 Mg 晶粒再结晶过程中没有回复，这可能是由于 SF 中偏聚的 Zn 和 Y 元素起到了抑制作用。

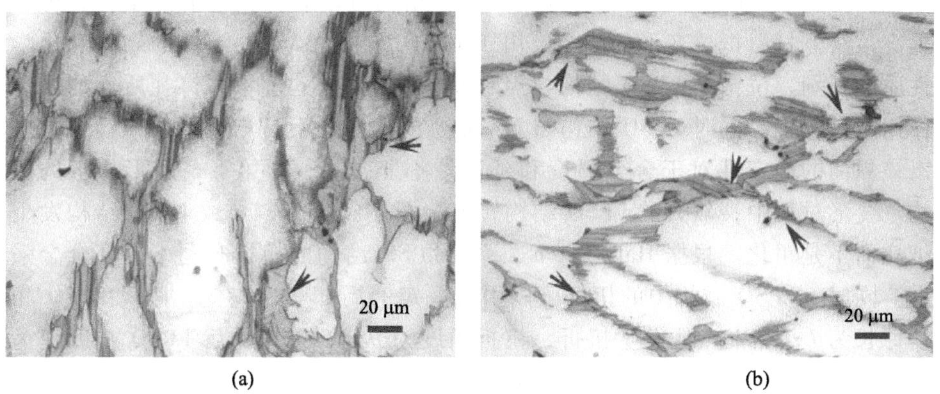

图 5.50 变形样品的金相照片：（a）样品 B 的金相照片表明几乎没有 DRX 产生；（b）样品 C 的金相照片同样表明没有 DRX 产生

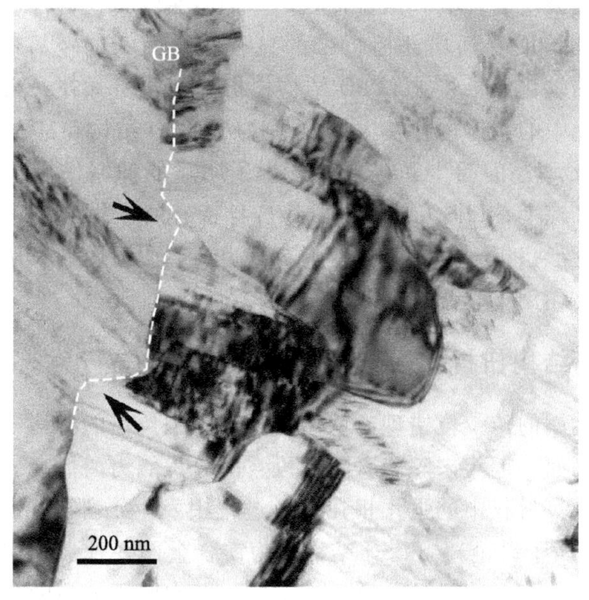

图 5.51 变形样品中 Mg 基体内弯曲且有皱褶的晶界

3. LPSO 结构变形特征对镁合金强度和延展性的贡献

上面的实验结果表明，在热压缩过程中，LPSO 结构形成变形扭折。除了 LPSO 结构本身作为合金的强化相外，变形过程中所产生的一些微结构特性都对 $Mg_{97}Zn_1Y_2$ 合金的力学性能有很重要的影响，包括 LPSO 结构与 Mg 基体的共格界面、扭折界面、位错以及 LPSO 中的微裂纹。第一，LPSO 结构及其与

Mg 的界面。三维准连续网状分布的 LPSO 结构可以看作较硬的骨架，它可以提高该块体材料抵抗变形的能力。由于 LPSO 结构与 Mg 固溶体的结构和化学性质的区别，位错在 LPSO 结构与 Mg 基体的界面处的塞积与钉扎所起的强化作用不容忽视。同时 LPSO 结构与 Mg 晶粒的界面处不易产生孔洞或裂纹，所以该界面的稳定性对于合金强度和延展性都非常重要。第二，变形扭折的影响。变形过程中，较大的 LPSO 结构转变为小的扭折带，导致 LPSO 结构发生细化而不是粗化。根据 Hall-Petch 关系，LPSO 结构的扭折有利于提高合金强度。同时，LPSO 结构中的扭折可以引入一定的局部塑性应变。假设 LPSO 相的原长为 L，在中点处发生扭折，扭折角度为 θ_{kink}，则扭折后 LPSO 长度变为 $L\cos(\theta_{kink}/2)$，这时引入的局部应变可估算为 $1-\cos(\theta_{kink}/2)$。因此，随着 θ_{kink} 的增大，可以引入一个很可观的变形量且不会导致裂纹的产生。LPSO 结构及其邻近的 Mg 中产生变形扭折，在容纳相对较大的塑性变形的同时，多重扭折的形成使得微结构明显细化。这些新形成的界面可以阻碍位错滑动，从而强化合金。第三，微裂纹的影响。扭折带处产生的微裂纹将使得合金的力学性能有所下降，但是其扩展受到局部扭折带的显著影响而不能轻易进行(图 5.46)，所以，它引起的软化效果将被 LPSO 结构扭折的细化所弥补。第四，变形孪晶的影响。该合金中的基体内存在大量的薄片层 LPSO 结构和富含 Zn、Y 元素的 SF 单元，对变形孪晶的萌生和扩展都产生了明显的抑制作用，这点将在后续的小节中阐述。综上，LPSO 结构由于其自身特有的堆垛序和化学序，会在变形过程中形成变形扭折，且对基体变形行为也产生明显影响，从而对镁合金的强韧化起到重要作用。

5.4.2 LPSO 结构扭折界面处溶质元素的再分布行为

基于单质金属的传统位错理论认为变形过程中位错的滑移不引起晶格化学成分的变化。然而，近年来随着研究手段空间分辨能力的提高，人们逐渐认识到钢铁及铝合金等材料中的强化相在变形过程中发生了部分分解(第 4 章中以 Al_2Cu 为例已经做了讨论)。LPSO 结构作为镁合金的一种强化相，在塑性变形过程中由于内部位错反应导致溶质元素也发生了空间再分布的现象。

1. 室温变形引起扭折界面处溶质元素的偏聚[30]

实验发现室温压缩变形可以引起 Mg-Zn-Y 合金内部 LPSO 结构、SF 及 Mg 片层形成多重扭折，如图 5.52(a)所示，扭折宽度为 1~5 μm。低倍 HAADF-STEM 图像[图 5.52(b)]进一步表明多个纳米尺度扭折贯穿于 LPSO 结构、SF 和 Mg 片层中，这与 5.4.1 节在 573 K 压缩后的样品中观察到的结果一致。Yamasaki 等[56]的研究表明，变形过程中可能形成 4 种不同的扭折，即$\langle 1\bar{2}10\rangle$、

<0001>、<1$\bar{1}$00>和<0$\bar{1}$10>旋转型扭折。下面主要介绍<1$\bar{2}$10>旋转型对称扭折界面(kink boundary, KB)的溶质元素再分布行为。

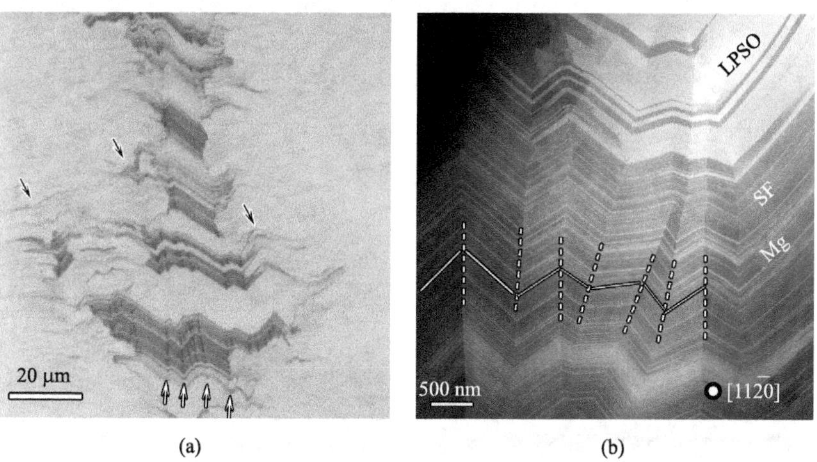

图 5.52 Mg-Zn-Y 合金经室温压缩后的多重扭折：(a) 多重扭折微观组织的低倍 HAADF-STEM 形貌像；(b) HAADF-STEM 图像显示多重扭折贯穿 LPSO 结构、SF 以及 Mg 片层中(邵晓宏等[30])

图 5.53(a)所示的低倍 HAADF-STEM 形貌显示 LPSO 结构及其 Mg 纳米片层处扭折，成像方向为 $[11\bar{2}0]_{Mg}$，图中可以看出扭折界面两侧基面的取向约为 78°。区域"b""c"和"d"的原子分辨率 STEM 图像显示出在 LPSO 结构及其 Mg 纳米片层的 KB 处都存在较亮的衬度，尤其是厚度约为 6 nm[图 5.53(c)]和 10 nm[图 5.53(d)]的 Mg 纳米片层中，这意味着 Zn、Y 溶质元素在 KB 处存在富集。同时，在 LPSO 结构的 KB 附近，溶质元素的缺失和富集共存，如图 5.53(c)中箭头所示。

溶质原子可以周期性地沿 KB 分布，或以非常小的纳米团簇的形式偏聚，如图 5.54 所示。样品经过一段时间的自然时效后，对称 KB 在低倍 STEM 图像中依然表现出较亮的衬度[图 5.54(a)和(c)]，表明 KB 处含有 Zn、Y 溶质原子。图 5.54(b)为图 5.54(a)中区域"b"的 KB 的原子分辨率 STEM 图像，表明溶质元素倾向于在 Mg 层中形成纳米团簇。同时，对于特殊角度(60°)的 KB，溶质原子呈现周期性分布[图 5.54(d)]，插图中红色周期性亮点代表富含 Zn、Y 的原子柱。这种原子构型与镁合金中 Zn 元素、Gd 元素在镁合金{10$\bar{1}$1}共格孪晶界(61.9°)的周期性偏聚相同[57]。

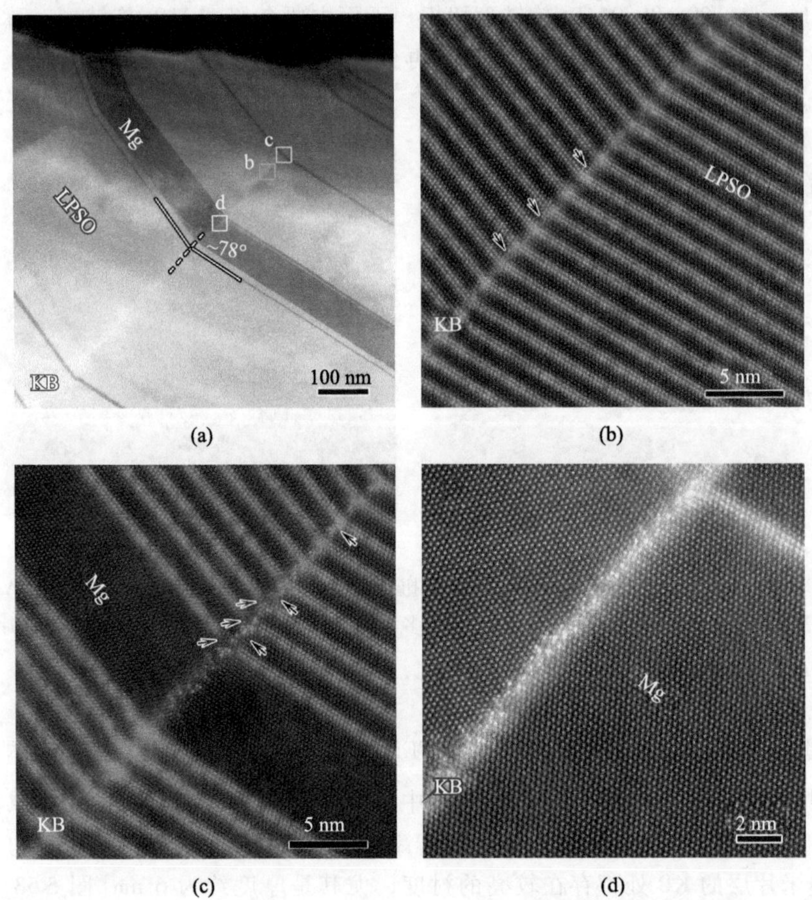

图 5.53　扭折界面上元素再分布，扭折界面上的较亮衬度表明有溶质元素的富集：(a) LPSO/Mg纳米片层扭折的低倍 HAADF-STEM 图像；(b)～(d) 分别为对应于图(a)中区域“b～d”的原子分辨率 STEM 形貌(邵晓宏等[30])。(参见书后彩图)

能量色散 X 射线谱(X-ray energy dispersive spectrum，EDS)结果可进一步说明 LPSO 结构和 SF 中 KB 处的化学成分特征。图 5.55(a)为典型的 LPSO 结构和 Mg 纳米片层中的对称 KB 的形貌。EDS 结果证明 LPSO 结构及 Mg 纳米片层的 KB 处均有 Zn 元素的偏聚，如图 5.55(b)所示，但不能清晰显示 Y 原子沿 KB 的偏聚。通过 MATLAB 软件对图 5.55(b)进行处理，得到2D 强度分布，如图 5.55(c)所示，可以看出 LPSO 结构中存在少量 Y 元素偏聚(白色箭头)，而 Mg 夹层中则几乎没有 Y 元素的富集(蓝色箭头)。图 5.56 显示了 SF 和 Mg 层的共生结构中的 KB，可见 Zn 元素明显偏聚，而在 SF 与 KB 交界处[图 5.56(c)中白色箭头]未能探测到 Y 元素。表 5.8 进一步说明了 KB 中心处和邻近区

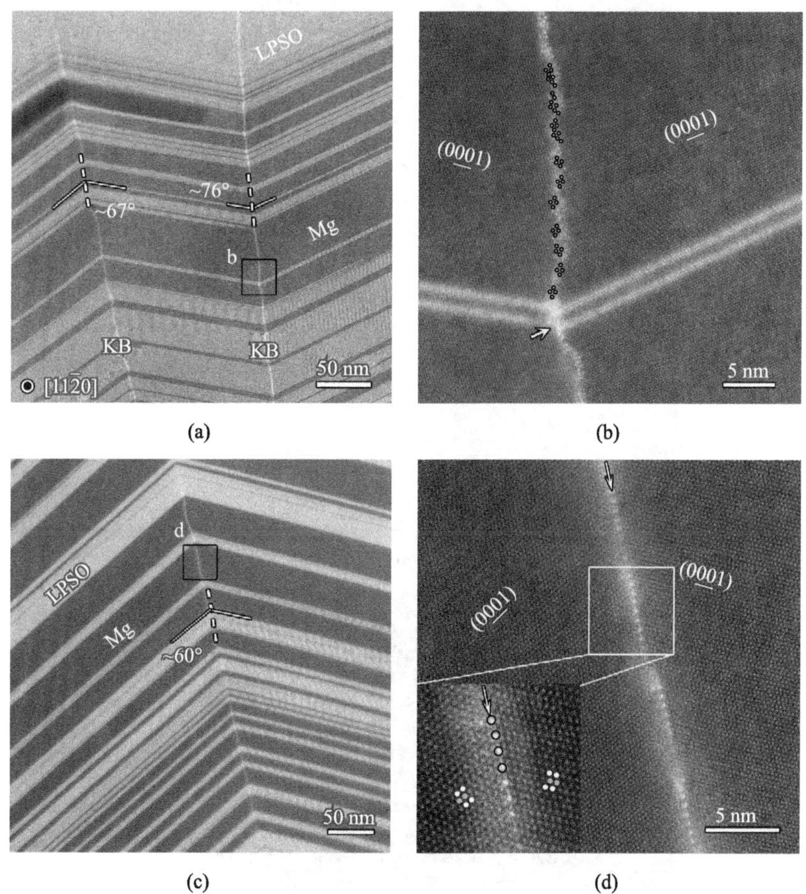

图 5.54　样品经 10 个月自然时效后 KB 处的微观形貌，显示 KB 处依然存在明显的溶质元素偏聚：(a)、(c)具有一定角度的 KB 的低倍 HAADF-STEM 图像；(b)、(d)分别对应于图(a)中的区域“b”和图(c)中的区域“d”的高分辨 HAADF-STEM 形貌，清晰展示溶质元素的原子构型(邵晓宏等[30])。(参见书后彩图)

域(约 10 nm 处)的溶质元素的偏聚程度，它们分别对应图 5.55(b)和图 5.56(b)中的白色和黄色箭头所指的区域。对比发现，LPSO 结构的 KB 处 Zn 元素含量约为原 LPSO 结构的 3 倍，SF 处 Zn 元素含量约为原 SF 的 2 倍；LPSO 结构 KB 处 Y 元素的含量变化不明显。因此，推测溶质元素在 KB 处的富集含量与 KB 局部的微观结构密切相关。

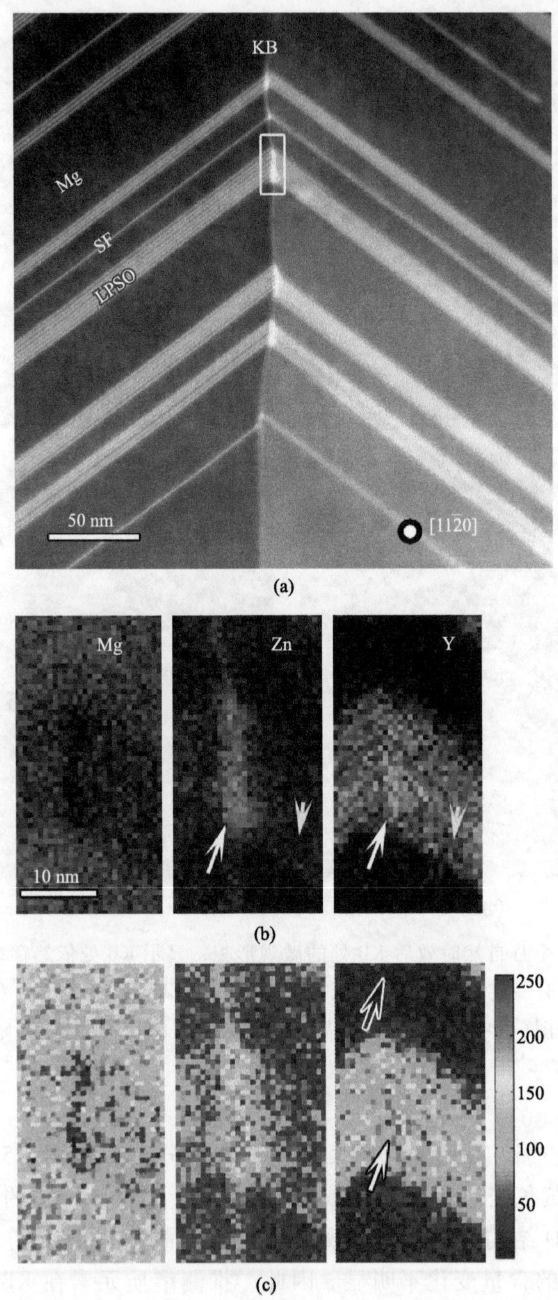

图 5.55　LPSO 结构和 SF 中 KB 处的化学成分特征：(a) LPSO 结构和 Mg 纳米片层的对称 KB 形貌；(b) 对应图(a)中矩形区域的 EDS 面扫描结果，表明 Zn 元素沿 KB 面的富集；(c) 经过 MATLAB 计算得到图(b)的 2D 强度图，显示 Y 元素在 LPSO 结构的 KB 处有少量偏聚(邵晓宏等[30])。(参见书后彩图)

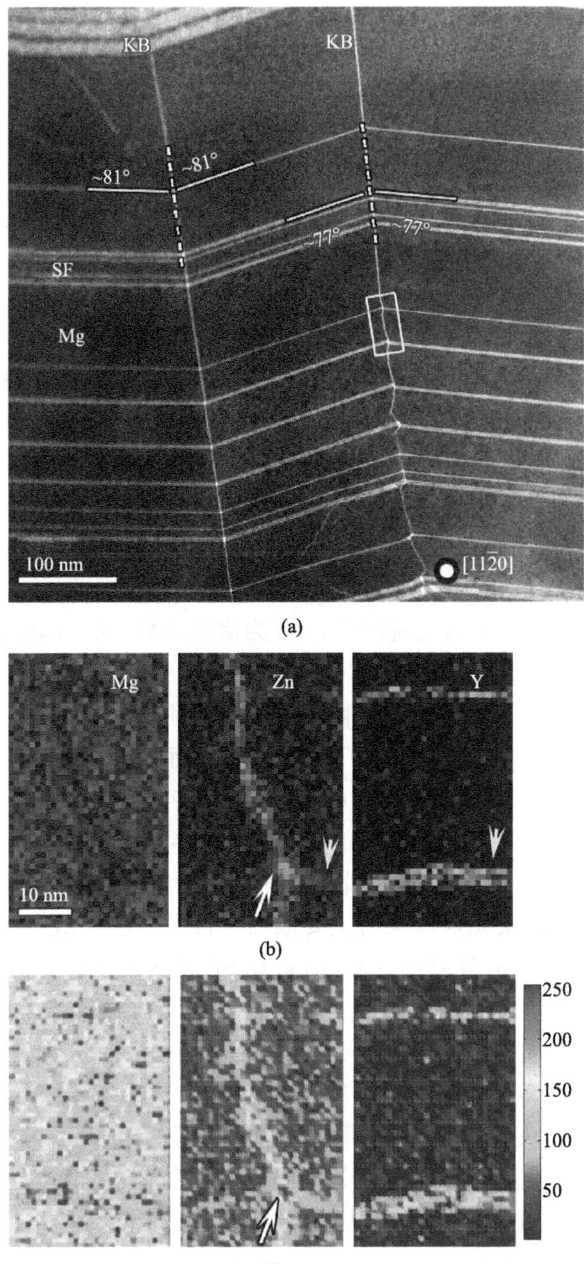

图 5.56 SF 和 Mg 纳米片层中 KB 处的化学成分特征：(a) SF 和 Mg 纳米片层的对称 KB 形貌；(b) 对应图(a)中矩形区域的 EDS 面扫描结果，可以看出 Zn 元素沿 KB 面的富集；(c) 经过 MATLAB 计算得到图(b)的 2D 强度图，没有探测到 Y 元素的偏聚(邵晓宏等[30])。(参见书后彩图)

表5.8　Zn元素和Y元素在KB处及邻近区域的含量，这两处分别对应图5.55(b)和图5.56(b)中白色和黄色箭头所示区域

	KB & LPSO	LPSO	KB & SF	SF
Zn/(at.%)	20.8±4.5	6.5±1.5	8.0±2.1	4.5±0.5
Y/(at.%)	8.4±4.4	8.1±2.1	*	*

注：* SF的KB处没有探测到明显的Y元素。

如上所述，变形引起的Mg-Zn-Y合金中的溶质原子在KB处的富集形式有所不同，可以随机分布、形成纳米团簇或以原子柱形式周期性排列，尤其是Zn元素的偏聚较为明显。下面对其原子尺度的形成机制进行定性说明。首先，Mg中溶质元素的各向异性扩散系数沿 ***a*** 轴是沿 ***c*** 轴的1.23倍，且Zn比Y的扩散系数及Mg的自扩散系数高一个数量级[58,59]。根据扩散公式：

$$D_{a/c\text{-axis}}^{\mathrm{Zn/Y}}=D_0\times\exp\left(-\frac{Q}{\mathrm{R}T}\right)$$

式中，R为气体常数；T为绝对温度；D_0为前置系数；Q为激活能。由此可计算出溶质元素Zn和元素Y在Mg中的扩散系数。但是它们在室温时扩散系数在10^{-28}量级，故它们的自扩散基本可以忽略，对KB处偏聚现象的贡献也很小。其次，5.4.1节讲到KB由LPSO结构中的基面位错协同运动产生。不全位错滑过LPSO结构的基面可能会让LPSO结构失稳从而偏离其化学计量比。同时，溶质元素沿位错的扩散比晶体自扩散快数个量级，则Zn原子和Y原子可沿基面位错在LPSO结构中快速扩散。因此LPSO结构或SF在变形时，位错增强的扩散是KB处溶质元素偏聚的主要原因。再次，由位错组成的KB类似晶界，可认为是一种高扩散率的路径，LPSO/SF的KB处富集的溶质元素可沿KB快速进入邻近的Mg纳米片层内。目前还不能很好地解释为什么Zn元素比Y元素的扩散更加明显，原子半径大小可能是原因之一($r_{\mathrm{Y}}>r_{\mathrm{Mg}}>r_{\mathrm{Zn}}$)，但真正潜在的原因可能还需要计算模拟来进行验证。

图5.57为溶质元素于KB处偏聚形成的示意图，Mg-Zn-Y合金中LPSO结构和Mg纳米片层沿基面共生[图5.57(a)]。变形激活了共生结构中的基面位错来释放局部应变[图5.57(b)]。同时，位错增强的扩散使Zn元素扩散到KB处，引起LPSO结构KB处的溶质发生局部过饱和。KB作为快速扩散通道，加速溶质元素从Zn、Y平面进入Mg平面，随后从LPSO结构和SF进入Mg纳米片层。图5.57(c)中，箭头显示了溶质元素在KB富集和沿KB的扩散方向。此外，Mg基体中固溶的Zn元素也有可能通过位错运动到Mg纳米片层的KB处，所以Mg纳米片层KB处的Zn原子可能来自LPSO结构和基体。从表5.8中可

以看出 LPSO 结构和 SF 处 KB 中的 Zn 含量是原来的 2～3 倍，也就是 KB 处的化学成分明显偏离原定的化学计量比。因此，塑性变形导致了溶质元素（尤其是 Zn 元素）沿基面和 KB 的快速扩散和再分布；同时，LPSO 结构和 SF 在 KB 处发生了局部分解。

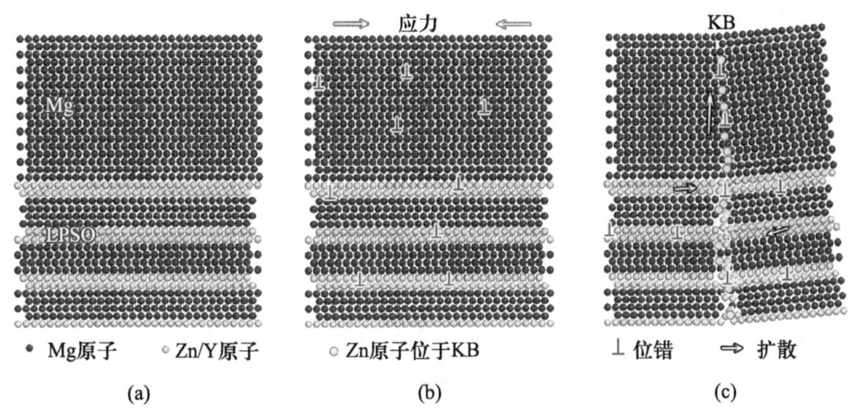

图 5.57　位错加速扩散引起溶质元素在 KB 处再分布的示意图。（参见书后彩图）

2. 热挤压变形后低角度扭折界面（low angle kink boundary，LAKB）处的位错类型及溶质元素再分布[60]

（1）独立存在的 LPSO 晶粒中的 LAKB。

图 5.58（a）是沿$[11\bar{2}0]_{LPSO}$拍摄的挤压 Mg-Zn-Y-Zr 合金中变形 LPSO 晶粒的形貌图，可以看出 LPSO 结构发生了弯曲。图 5.58（b）和（c）分别为弯曲

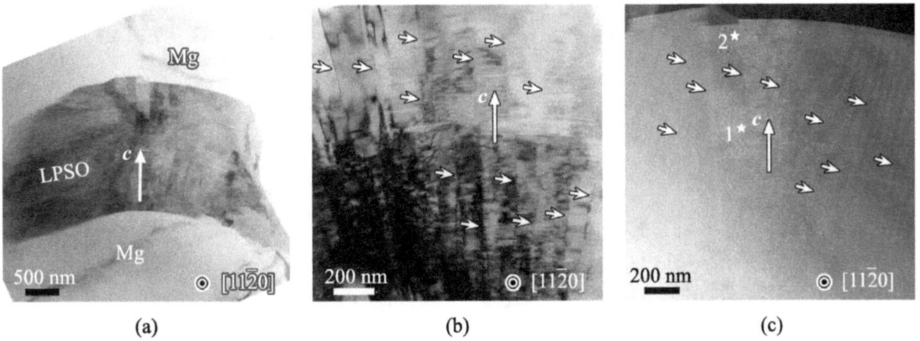

图 5.58　挤压合金中一个弯曲的 LPSO 晶粒的形貌像，电子束方向接近$[11\bar{2}0]_{LPSO}$：（a）电子显微明场像；（b）、（c）弯曲 LPSO 的局部放大的衍衬像（b）和对应的 HAADF-STEM 像（c），其中 LAKB 用箭头标出（彭珍珍等[60]）

LPSO 的局部放大衍衬像和相应的 HAADF-STEM 像，可见大量的低角度扭折界面形成。由于图 5.58(b)和(c)中所有的 LAKB 都使得基面从左到右发生顺时针旋转，因此虽然每个 LAKB 的扭转角度都小于 5°，但是总的扭转角度可以达到 19°。

图 5.59 是在 LPSO 中的一个 3°的 LAKB[图 5.58(c)中"1"位置]放大的 HAADF-STEM 像，该 LPSO 结构包含 14H-LPSO 结构和少量的 18R-LPSO 夹层。图 5.59(b)为图 5.59(a)中矩形框所示区域原子分辨率的 HAADF-STEM 像。通过作伯格斯回路可知，LAKB 由一列垂直于基面有序排列的<***a***>位错组成，该 LAKB 包含两种类型的<***a***>位错。第一种类型是扩展<***a***>位错，在其上 B′和 C′层有明显的重元素的缺失；第二种类型是<***a***>全位错，在 B′和 C′层没有明显的重元素缺失，在图 5.59(b)中由符号"⊤"标示。扩展<***a***>位错和<***a***>全位错的区别在于前者将 AB′C′A(FCC)堆垛顺序变为 ABAB(HCP)堆垛顺序，并伴随重元素的缺失；而后者只能引入多余的半原子面而溶质元素没有发生变化。另外，溶质原子偏聚在它缺失区域的两端，这是由于溶质原子倾向于沿着

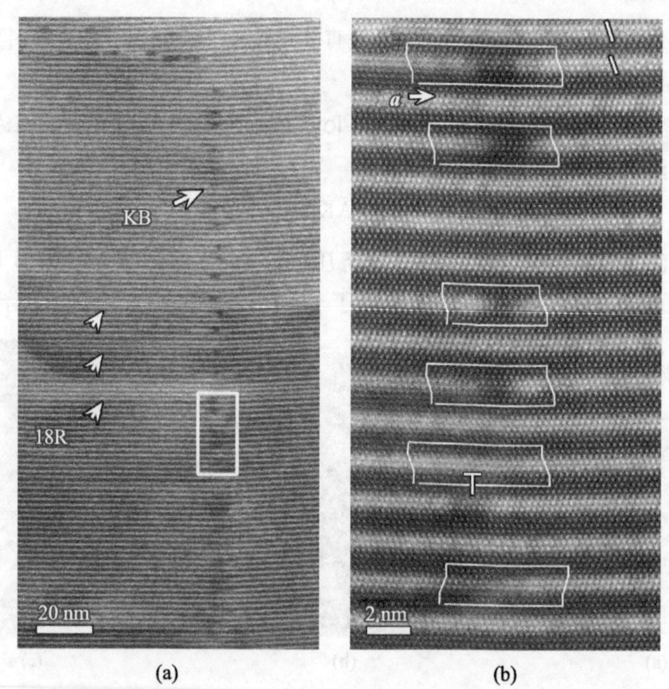

图 5.59　弯曲 LPSO 晶粒中的一个低角度扭折界面[图 5.58(c)中的"1"位置]：(a) 低倍 HAADF-STEM 像；(b) 图(a)中矩形区域的原子分辨率的 HAADF-STEM 像。伯格斯回路用白线表示，包含 5 个存在溶质原子缺失的扩展<***a***>位错和一个不存在原子再分布的<***a***>全位错。<***a***>全位错用符号"⊤"标出(彭珍珍等[60])

基面扩散。LAKB 的扭折角与沿着 *c* 轴排列的<*a*>位错的位错间距密切相关。因此可以预测随着扭折角度的增加，相邻两个位错的间距减小，位错可以存在于两个相邻 FCC 结构单元上。

靠近弯曲 LPSO 外边缘的 LAKB[图 5.58(c)中位置“2”]的位错构型与图 5.59 所示的情形稍有不同。如图 5.60(a)所示，沿着 LAKB 没有明显的暗衬度。图 5.60(b)中原子分辨率的 HAADF-STEM 图像显示没有扩展<*a*>位错，只有<*a*>全位错分布在该段扭折界面上，其中多余的半原子面由符号“⊤”表示。因此，在 B′和 C′层上没有明显的重元素缺失。此处没有扩展位错的原因是 LPSO 相的层错能相对较高(这可以由图 5.59 中层错的宽度很窄得到证明)，因此，需要很大的应力才能使得<*a*>全位错分解。弯曲 LPSO 相的外边缘所受的应力一部分由相邻的 Mg 晶粒分担，而剩余的应力不足以促使<*a*>全位错发生分解。图 5.60(c)~(e)显示了<*a*>全位错的核心结构，其中多余半原子面由红色圆点表示。大多数位错核心位于 B′或 C′层，如图 5.60(c)中红色圆点所示。只有少部分位错核心位于 A 层或其他 Mg 层，分别如图 5.60(d)和图 5.60(e)中的红色圆点所示。分布在 B′层或 C′层、A 层及其他 Mg 层的位错核心的比例大约为 10 : 3 : 2，说明<*a*>全位错倾向于分布在 B′层和 C′层，表明位错倾向于在这些层上滑动或者<*a*>位错在这些层上的形成能低于其他层。虽然原因尚不清楚，但这应该与晶体结构和元素种类密切相关。

另外，在变形后的 LPSO 结构中，沿着基面分布 LAKB 的连接处呈现暗的衬度，如图 5.61(a)中数字“Ⅰ”和“Ⅱ”所示。原子分辨率 HAADF-STEM 像清晰显示了其位错构型，图 5.61(b)显示了图 5.61(a)中位置“Ⅰ”处包含由符号“⊤”表示的两个多余半原子面。该位错除包含<*a*>分量外，还包含<*c*+*a*>分量，如图中大的伯格斯回路所示。<*c*+*a*>位错分解为两个沿基面分布的不全位错并且所有的位错核心上均偏聚了重元素。图 5.61(c)显示了包含 6 个多余半原子面的更复杂的位错构型[对应图 5.61(a)中位置“Ⅱ”处]，由符号“⊤”表示。结合不显示多余半原子面的位错，所有位错总的伯格斯矢量为<3*c*+*a*+*p*>，如图 5.61(c)中大的伯格斯回路所示。字母 *p* 表示基面不全位错，它的伯格斯矢量为 $1/3[10\bar{1}0]$。我们推测复杂位错构型的形成原因为：14H-LPSO 的堆垛顺序为 ABAB′C′ACACAC′B′ABA，它包含两个与孪晶相关的 FCC 的堆垛单元。由伯格斯回路包含的左边畸变区域比右边区域多包含一个 FCC 堆垛单元和两层 Mg 层，导致总的伯格斯矢量为<3*c*+*a*+*p*>。需要注意的是，在位置“Ⅱ”处位错之间重元素缺失但是位错核心处重元素偏聚，这和位置“Ⅰ”处相似但是比位置“Ⅰ”处更复杂。由位置“Ⅰ”和“Ⅱ”处的位错结构引起的晶格倾斜角度分别为 2.3°和 3°。

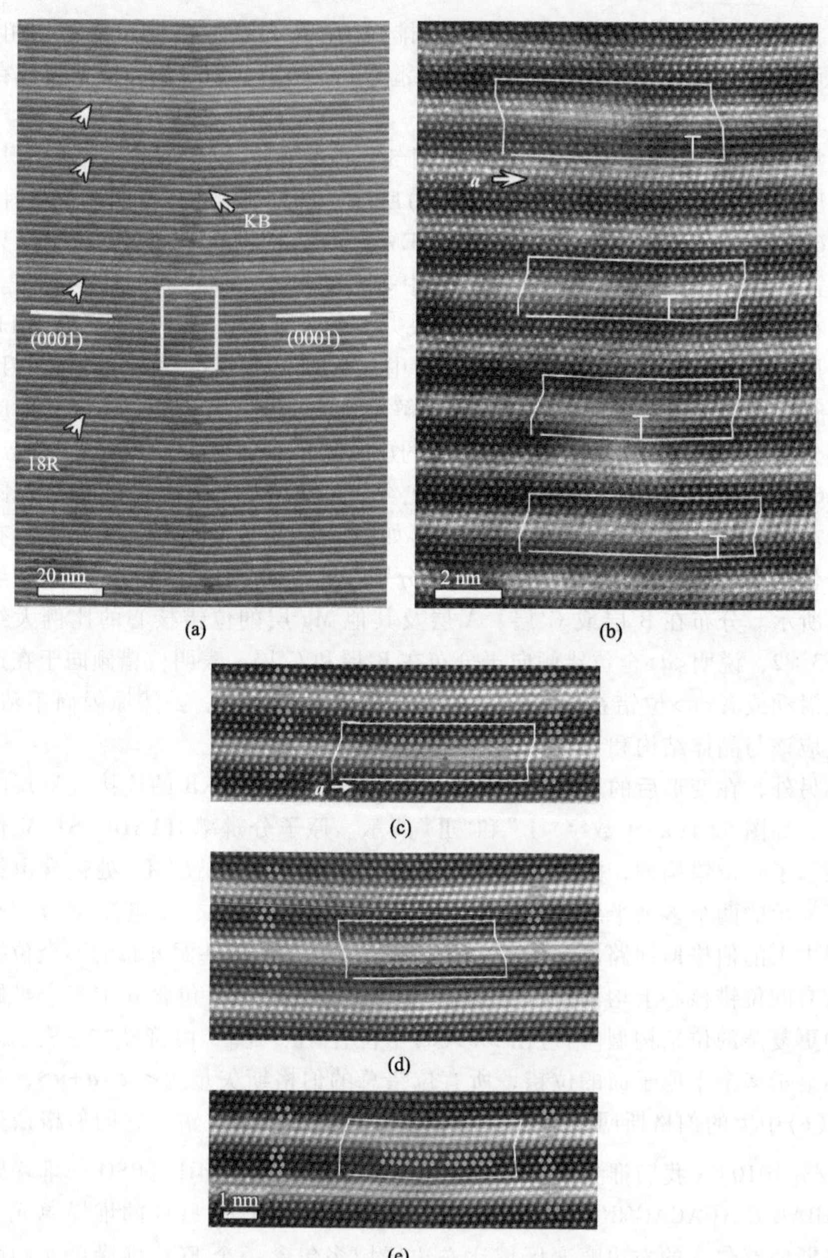

图 5.60　靠近弯曲 LPSO 晶粒外边缘的 LAKB[图 5.58(c)中的位置“2”]：(a) 低倍 HAADF-STEM 像；(b) 图(a)中所标注区域的原子分辨率 HAADF-STEM 的图像，显示该 LAKB 由<*a*>全位错组成，由符号“丅”表示；(c) 位错核心在 B′和 C′层的分布；(d) 位错核心在 A 层的分布；(e) 位错核心在其他 Mg 层的分布。其中多余的半原子面用红点表示。橙色和蓝色的点分别表示在 B′层和 C′层以及其他层上的原子投影(彭珍珍等[60])。(参见书后彩图)

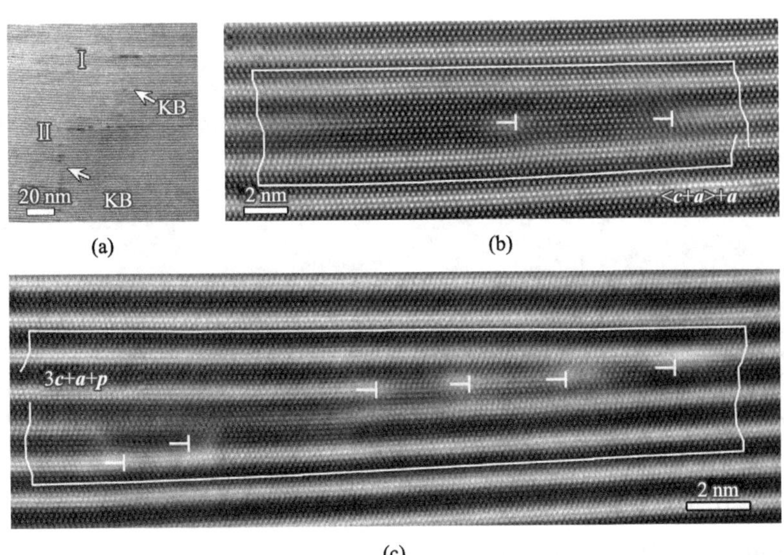

图 5.61 LAKB 连接处的结构特征：(a)低倍 HAADF-STEM 像显示沿基面长条状的暗衬度，如“Ⅰ”和“Ⅱ”所示；(b)、(c)图(a)中“Ⅰ”(b)和“Ⅱ”(c)区域的原子分辨率照片，显示连接处由很复杂的位错结构组成。伯格斯回路由白线所示，多余的半原子面由符号“⊤”标出(彭珍珍等[60])

(2) LPSO/Mg 共生晶粒中的 LAKB。

图 5.62(a)显示 LPSO/Mg 晶粒的$(0001)_{Mg}$面绕着$[11\bar{2}0]_{Mg}$轴发生了小角度均匀弯曲。从方框所示区域放大后的图像[图 5.62(b)]，可以看到在 Mg 纳米片层中有很多长度不等的亮线，其中一些无序分布，另一些在垂直于 Mg/LPSO 基面的方向上有序排列(图中白色箭头所示)。原子尺度的结构观察表明这类亮线是偏聚了 Zn/Y/Zr 重元素的扩展<***a***>位错，亦即 I_2 层错。同时，LPSO 中仅观察到少量的 LAKB(图中黑色箭头所示)。这些扭折界面是由一列垂直于基面有序排列的<***a***>位错组成的，其结构与图 5.59 和图 5.60 中的位错结构相同。

弯曲的 LPSO/Mg 共生晶粒中局部区域的曲率可以特别大，如图 5.63(a)所示。图中放大后的图像[图 5.63(b)]表明 LAKB 不仅存在于 LPSO 中，同时也存在于 Mg 夹层中。图 5.64(a)是图 5.63(b)中包含一个 LAKB 的局部位置“1”的进一步放大图。图 5.64(b)和图 5.64(c)分别是图 5.64(a)中区域“Ⅰ”和“Ⅱ”的原子分辨率的图像，表明图 5.64(b)中 LAKB 由三对有序排列的<***c+a***>位错(图中符号“⊤”所示)和一些有序排列的扩展<***a***>位错组成，而且<***c+a***>位错分解为两个新的沿基面分布的不全位错并且中间以一个 I_1 型基面层错隔开

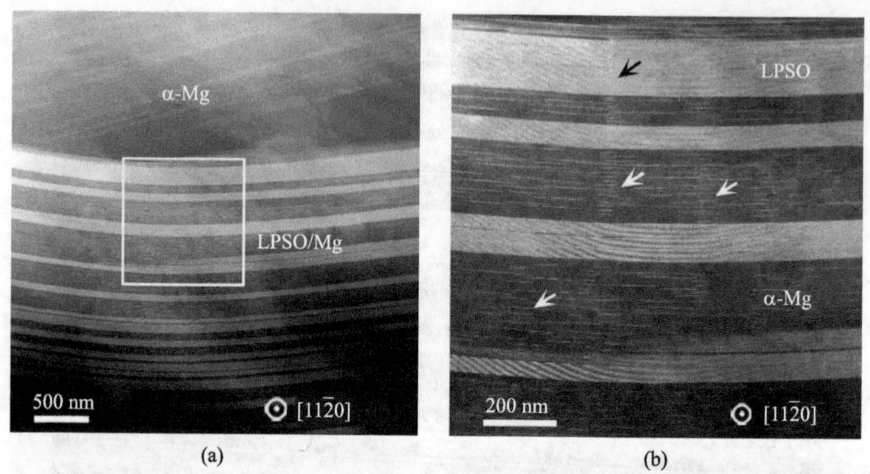

图 5.62　LPSO/Mg 共生结构在变形后的典型形貌：(a) 低倍形貌像，沿 [11$\bar{2}$0]$_{Mg}$ 带轴拍摄；(b) 图(a)中所标注区域的放大像，显示在 Mg 纳米片层中富集了 Zn、Y、Zr 原子的由白色箭头标注的扩展<*a*>位错和在 LPSO 相中由黑色箭头标注的 LAKB(彭珍珍等[60])

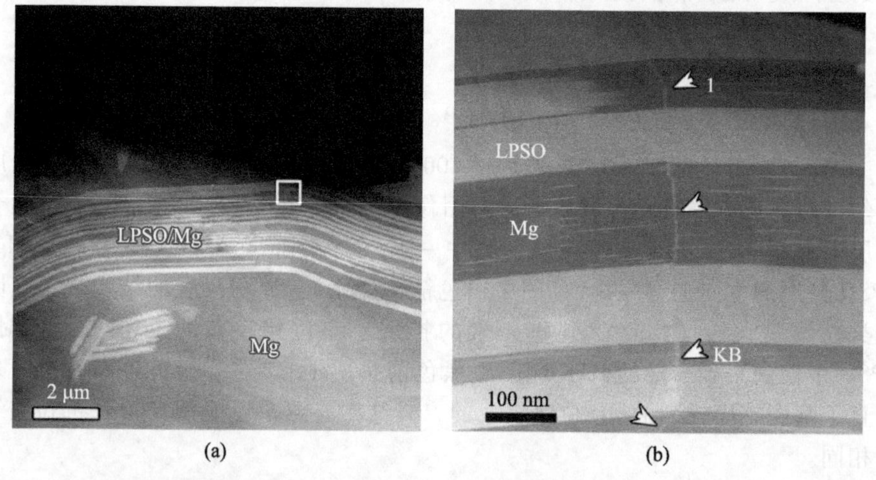

图 5.63　局部曲率较大的变形 LPSO/Mg 晶粒：(a) 低倍形貌像；(b) 图(a)中白框区域的放大像，显示大的弯曲是由箭头所指的 LAKB 引起的(彭珍珍等[60])

(如插图所示)，这与纯 Mg 中的结果一致[61]。重元素的明显偏聚证明在位错核心附近形成了柯垂尔气团。同样，所有有序排列的扩展<*a*>位错都偏聚了重元素表明铃木气团的形成，如图 5.64(b)和(c)中箭头所示。这里需要指出的是一个箭头代表一个扩展<*a*>位错，否则该处没有形成位错。

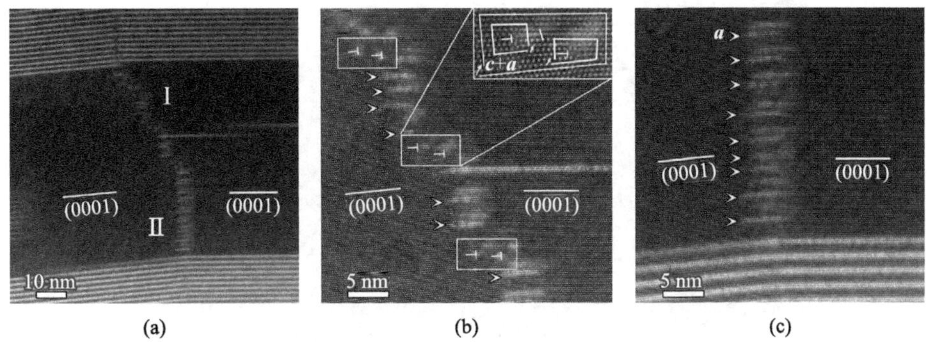

图 5.64 LPSO/Mg 共生晶粒中的 LAKB：(a) 图 5.63(b)中位置“1”处的放大，显示 LAKB 由富集了重元素的复杂的位错结构组成；(b)、(c)图(a)中区域“Ⅰ”(b)和“Ⅱ”(c)原子分辨率的图像，显示界面由有序排列的分解了的<***c*+*a***>和<***a***>位错组成。图(b)中 3 个白框所示为 3 个分解了的<***c*+*a***>位错，其中插图为中间分解位错的放大图，而箭头表示<***a***>位错(彭珍珍等[60])

在 LPSO/Mg 共生晶粒中，LPSO 中的 LAKB 起源于有序排列的<***a***>位错，而 Mg 纳米片层中的 LAKB 由<***c*+*a***>和<***a***>位错组成。共生 LPSO/Mg 中 LAKB 的 EDS 面扫描结果(图 5.65)证明 Mg 纳米片层和 LPSO 中 LAKB 上的元素分布几乎是互补的。Y、Zn、Zr 元素在 Mg 纳米片层中的 LAKB 富集，但它们在 LPSO 中的 LAKB 缺失。值得注意的是，Zn 元素的再分布没有 Y 元素和 Zr 元素明显。

(3) LPSO 晶粒中具有楔形形状的 Mg 中的 LAKB。

图 5.66(a)是一个大约 5 μm 厚的 18R-LPSO 的 HAADF 图像，其中包含两个大的楔形区域(显示暗的衬度)，这些楔形区域实际上是 Mg，它们用阿拉伯数字“1”和“2”表示。楔形区域“1”和“2”的夹角分别为 5.6°和 1.8°。在两个楔形区域的中间都存在 LAKB，呈线状的亮衬度。图 5.66(b)为楔形区域“1”中 LAKB 顶部的原子分辨率 HAADF-STEM 照片，显示一个<***c*+*a***>位错分解为两个沿基面分布的不全位错，中间由一个 I_1 型基面层错隔开。该位错由中下位置的矩形框标出，位错的伯格斯回路显示在其放大图中(左下插图)。在该<***c*+*a***>位错附近的 LPSO 中也存在一个与 LAKB 顶部类似的分解了的<***c*+*a***>位错，由中上的矩形框圈出，位错的伯格斯回路显示在其相应放大图中(右上插图)。图 5.66(c)显示楔形区域“1”中的 LAKB 的正方形标注区域的高分辨 STEM 图像，矩形框所示为其中两对分解的<***c*+*a***>位错。综上，该 LAKB 由一列有序排列的<***c*+*a***>位错组成，并且每个<***c*+*a***>位错都分解为两个新的沿基面排列的不全位错和一个 I_1 层错，每对分解了的<***c*+*a***>位错中间是 I_2 层错。楔形区域“2”

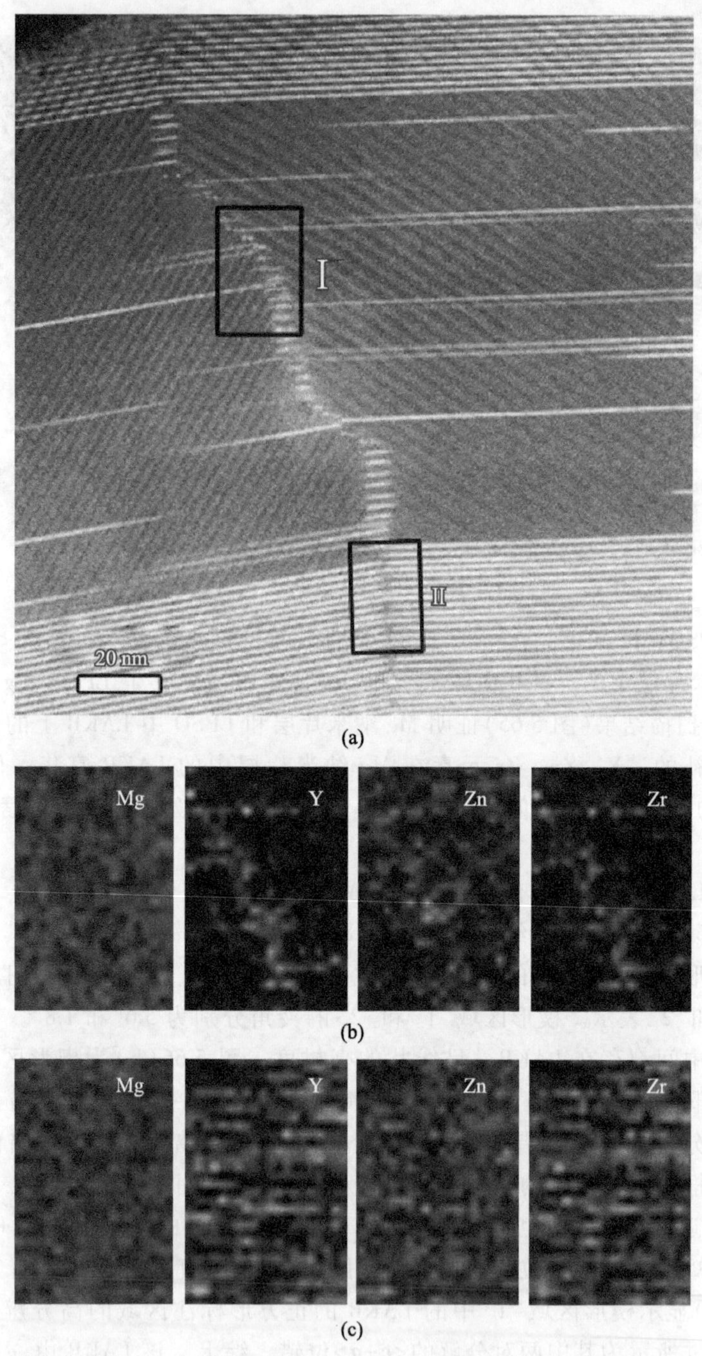

图 5.65　LPSO/Mg 晶粒中 LAKB 的 EDS 成分分析：(a) 低倍 HAADF-STEM 图像；(b) Mg 纳米片层中 LAKB 的面扫描结果，图中可以看出 LAKB 富集了 Y、Zn 和 Zr 元素；(c) LPSO 中 LAKB 的面扫描结果，可见 LAKB 处缺失 Y、Zn 和 Zr 元素(彭珍珍等[60])。(参见书后彩图)

(1.8°)中的 LAKB 的本质和楔形区域"1"(5.6°)中 LAKB 的相同。楔形区域的倾斜角度与实验测量的位错间距相吻合。这些 LAKB 显示出亮的衬度主要是因为位错核心和 I_2 层错都富集了重元素原子。图 5.66(d)所示为楔形区域中 LAKB 的化学成分，显示分解的<*c*+*a*>位错列上富集 Y、Zn 和 Zr 元素。

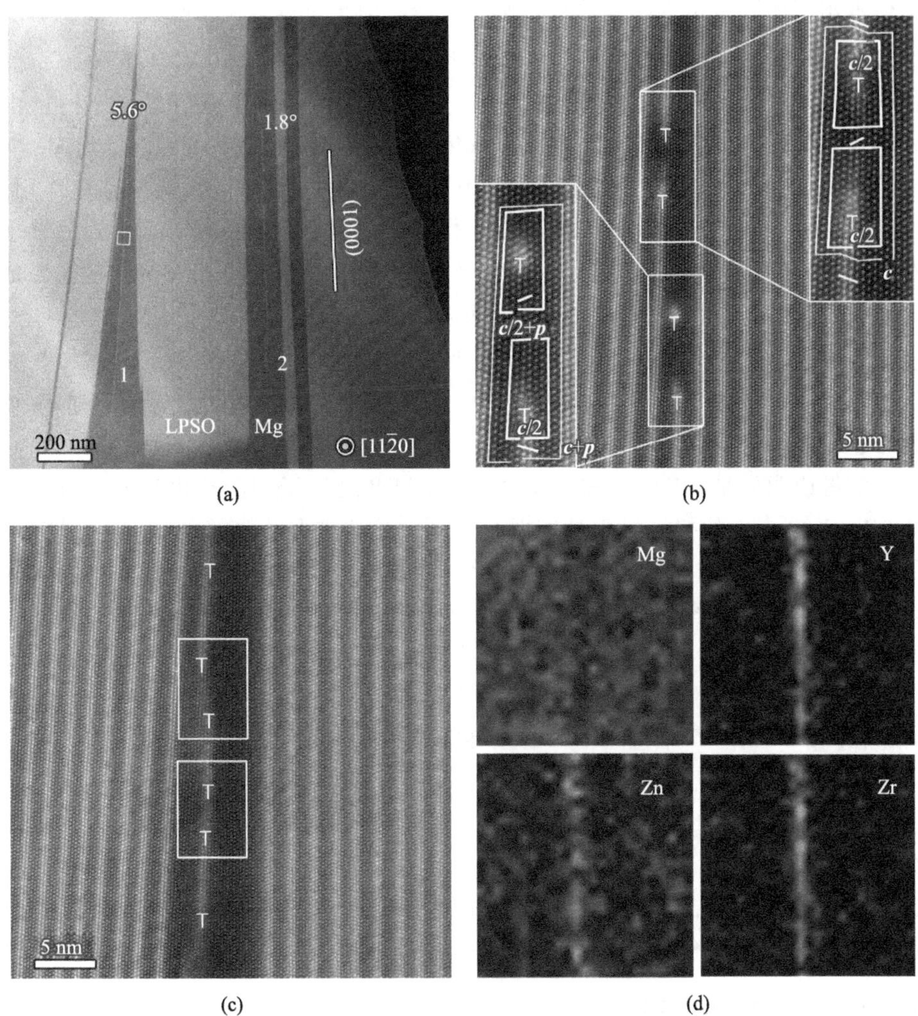

图 5.66　楔形 Mg 区域中的 LAKB 及其 EDS 面扫描图：(a) 18R-LPSO 中包含两个楔形区域的(如拉阿伯数字"1"和"2"所示)HAADF 图像；(b)、(c)楔形区域"1"中 LAKB 顶部(b)和中部(c)的原子分辨率照片，可以看出 LAKB 由一列有序排列的分解了的<*c*+*a*>位错组成。伯格斯矢量为 1/2[0001]的位错由符号"⊤"表示；(d) LAKB 的 EDS 面扫描结果，表明 LAKB 富集 Y、Zn 和 Zr 元素(彭珍珍等[60])。(参见书后彩图)

由上面的分析可以看出，这些新形成的 LAKB 上的元素再分布情况可分为两种类型：第一种是在 Mg 夹层中 Zn、Y 和 Zr 元素沿着 LAKB 偏聚，而在 LPSO 相中 LAKB 处发生 Zn、Y 和 Zr 元素缺失；第二种是与 LAKB 是由扩展<***a***>位错还是由<***c***+***a***>分解位错组成无关。这里溶质元素再分布的本质可以用传统的柯垂尔气团和铃木气团理论进行解释。溶质原子可以被位错吸引形成柯垂尔气团，这是位错和溶质原子弹性相互作用的结果。Mg 夹层中的 $1/6\langle 2\bar{2}03\rangle$位错核心上发现 Zn、Y 和 Zr 柯垂尔气团，与块体 LPSO 相中扭折界面上的位错和单独存在的位错上的 Zn、Y 柯垂尔气团[62]类似。柯垂尔气团可以增加 Mg 夹层在变形过程中位错运动的能垒，在 Mg-Zn-Y-Zr 材料中起重要的强化作用。与 Mg-Zn-Y 合金中的 Zn、Y 原子的铃木偏聚[63]类似，Zn 和 Zr 元素的偏聚是 Zn 和 Zr 原子与沿着 LAKB 分布的 I_2 型层错的化学相互作用，而 Y 元素的偏聚是源于尺寸效应的结果。根据图 5.60，计算得出 Mg-Zn-Y-Zr 合金中 Mg 相的 I_2 型层错的层错能为 $0.1\sim1.6\ \mathrm{mJ\cdot m^{-2}}$，明显低于纯镁的层错能($30\sim80\ \mathrm{mJ\cdot m^{-2}}$)，也低于仅含有 Zn、Y 元素的 Mg 合金($4.0\sim10.3\ \mathrm{mJ\cdot m^{-2}}$)，该结果表明添加 Zr 元素可进一步降低层错能。

值得说明的是，Mg-Zn-Y-Zr 合金中 LAKB 处原子构型和化学成分与前面 Mg-Zn-Y 合金中的扭折界面处有明显不同。这主要是由变形方式的不同引起的，前者是热挤压，而后者为室温压缩。在这里，伴随溶质原子扩散的位错运动被认为是导致这些差异的主要原因。室温压缩变形后，只有 Zn 原子随机的偏聚在 Mg-Zn-Y 合金的对称扭折界面上形成纳米团簇，或者沿对称扭折界面周期性排列，此时不考虑温度引起的溶质原子的扩散。然而在 450 ℃ 热挤压时，在 Mg-Zn-Y-Zr 合金中，Zn、Y 和 Zr 原子共同偏聚在沿着 LAKB 分布的 I_2 型层错上，此时需要考虑高温引起的 Zn、Y 和 Zr 原子的扩散。经估测，Zn 和 Y 原子在 450 ℃时的晶格扩散系数比在室温下的晶格扩散系数要高几个数量级。由于 Zr 的原子半径与 Mg 原子半径相当，可以认为它的扩散系数和 Mg 的自扩散系数相当。结合伴随位错运动时发生的原子扩散，可以理解在高温变形后 Mg-Zn-Y-Zr 合金中的 LAKB 上存在这些溶质原子的富集。

5.4.3 变形孪晶与 LPSO 结构的交互作用

镁合金变形过程中典型的$\{10\bar{1}2\}$拉伸孪晶以及$\{10\bar{1}1\}$和$\{10\bar{1}3\}$压缩孪晶的惯习面均为棱柱面，而 LPSO 结构和富含 Zn 元素和 Y 元素的 SF 沿基面分布，因此变形孪晶在萌生和扩展过程中必然与 SF 及 LPSO 结构发生交互作用。下面主要介绍此类交互作用对孪晶界(twin boundary，TB)、SF 及 LPSO 结构稳定性的影响。

1. {10$\bar{1}$2}孪晶与 LPSO 结构的交互作用[64]

图 5.67 显示了 $Mg_{97}Zn_1Y_2$(at.%)合金压缩后{10$\bar{1}$2}变形孪晶与 LPSO 结构发生交互作用的典型微观形貌，其对应的电子衍射花样如插图所示。孪晶角度约为 81°，略低于理论值 86°。同时，孪晶与 SF 强烈的交互作用使得孪晶在它们发生交截的地方产生束集，如图 5.67 中的箭头所示。

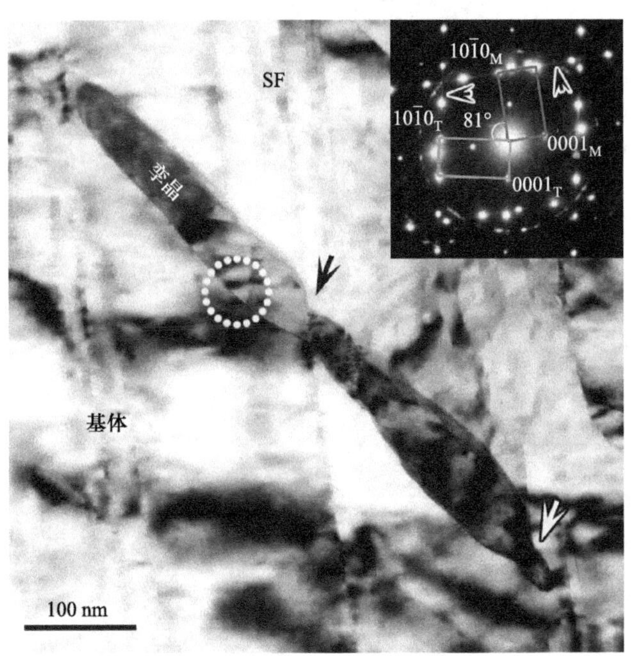

图 5.67　Mg-Zn-Y 合金中{10$\bar{1}$2}变形孪晶与 LPSO 及 SF 发生交互作用的典型形貌图(经 373 K，$1.0\times10^{-3}\,s^{-1}$压缩)，右上角插图为对应的电子衍射花样(邵晓宏等[64])

图 5.68(a)是{10$\bar{1}$2}孪晶界穿过 SF 的高分辨 STEM 像。基体与孪晶的基面之间的取向差大约 84°。很明显，弯曲的 TB 偏离了(10$\bar{1}$2)惯习面，而且宽约 4 nm 的 TB 存在严重的晶格畸变[图 5.68(b)中用虚线标记的区域]。局域放大图[图 5.68(a)中的插图]为内禀层错(ISF：堆垛序列为…… ABCBCB……)，箭头表示的 C 平面从 TB 开始。这个 ISF 很可能是由于<***a+c***>位错的分解形成，对比 HAADF-STEM 像[图 5.68(b)]可见该 ISF 无明显 Zn 元素和 Y 元素聚集。对比图 5.68(b)中的区域 c 和 d，其高分辨 STEM 图像清晰地显示了 SF 在基体和孪晶内部的原子分布，如图 5.68(c)和(d)中所示。图 5.68(c)中 SF 的堆垛顺序为 AB′C′A，Zn 元素和 Y 元素更多富集于中间两层上。图 5.68(d)表明在

孪晶内部 Zn 和 Y 原子分布在 3~4 个相邻的棱柱面上。与 FCC 金属中的退孪晶相似，这种堆垛序列的改变是肖克莱(Shockley)不全位错在基面上滑动的结果。

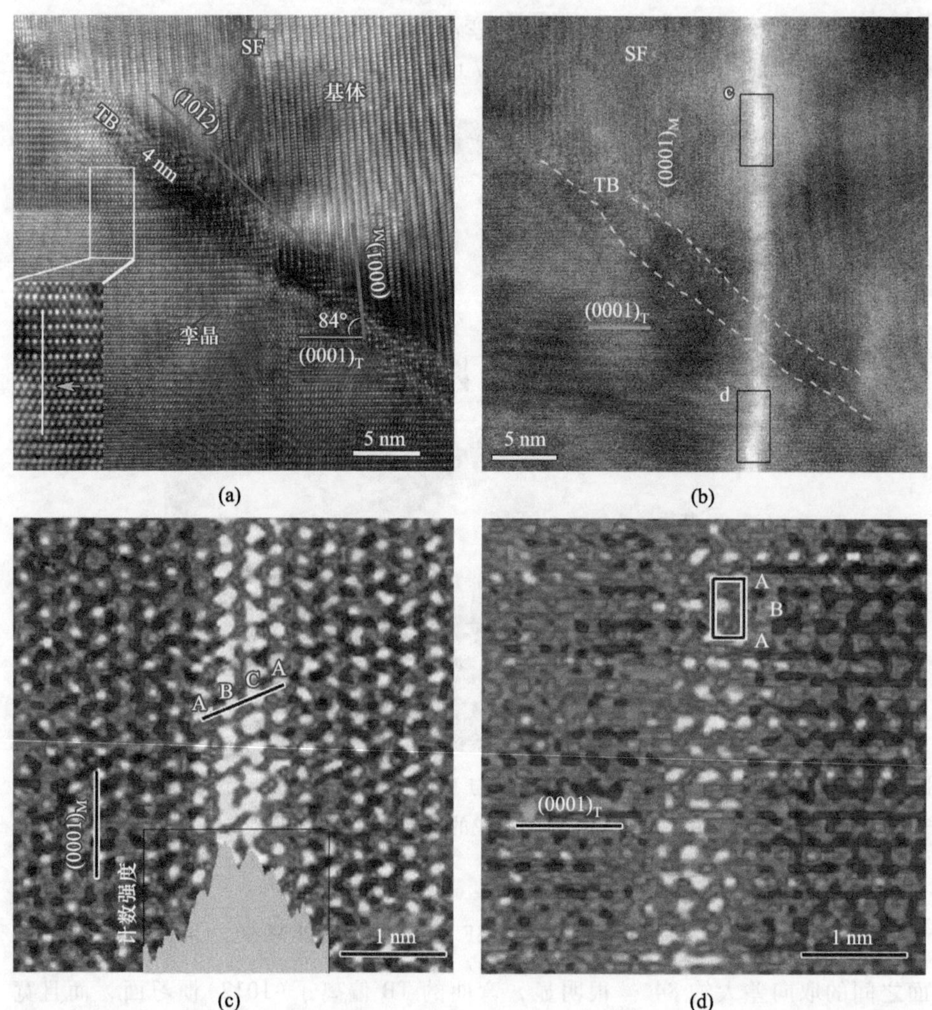

图 5.68　$\{10\bar{1}2\}$孪晶与 LPSO 结构的交互作用：(a) $\{10\bar{1}2\}$孪晶界穿过 SF 的高分辨 STEM 像，其中左下角插图是矩形区域的放大图，表明内禀层错的产生；(b) 对应图(a)的 HAADF-STEM 像；(c)和(d)分别为 SF 中 Zn、Y 元素在基体和孪晶内部的分布(邵晓宏等[64])。(参见书后彩图)

变形孪晶可穿过 SF 并绕过 12 nm 厚 LPSO 片层，其 TEM 和 STEM 形貌分别如图 5.69(a)和图 5.69(b)所示。孪晶界在孪晶与薄片层 LPSO 交截处产生了明显的弯曲(区域 d)。区域 c 的高分辨 TEM 图像[图 5.69(c)]表明{10$\bar{1}$2} TB 与相互间距约 10 nm 和 6 nm 的层错单元相交，TB 偏离了原来的方向并形成小平台(如箭头所示)，且伴随厚度约为 20 nm 的复杂界面结构(虚线所示)。区域 d 的高分辨 TEM 图像[图 5.69(d)]表明当 TB 与 12 nm 厚 LPSO 交互作用时，LPSO 尾端存在严重晶格畸变，尤其是在厚度约为 5 nm 处，畸变约为 6°，如白色箭头所示。因此，LPSO 结构在孪晶扩展过程中发生了塑性变形，甚至原始 LPSO 尾端已经成为孪晶取向(其基面与孪晶基面取向相同，图中白线所示)。当前的变形孪晶使得 5 nm 厚的 LPSO 结构成为孪晶取向，但需绕过 12 nm 厚的 LPSO 结构。上述结果表明：① 当孪晶与富含 Zn 和 Y 元素的 SF 和 LPSO 结构相交时，孪晶角度会偏离理论值；② 孪晶面偏离惯习面，复杂的 TB 结构与孪晶与 SF 或 LPSO 结构的强烈交互作用相关；③ 具有临界厚度的 LPSO 结构或连续 SF 有望阻碍孪晶的快速扩展。

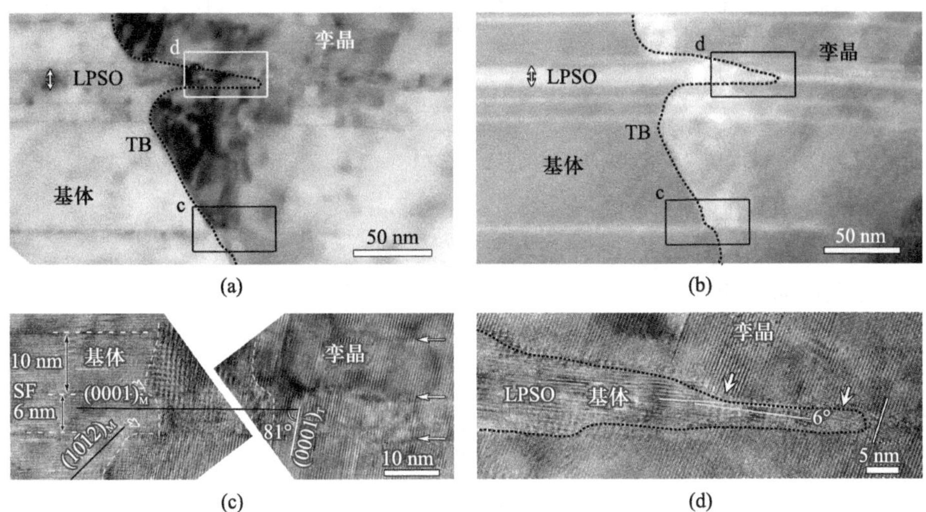

图 5.69 {10$\bar{1}$2}孪晶与 SF 和 LPSO 结构的交互作用：(a) {10$\bar{1}$2}孪晶穿过 SF 和薄片层 LPSO 的 TEM 形貌像；(b) {10$\bar{1}$2}孪晶穿过 SF 和薄片层 LPSO 的低倍 STEM 像；(c) 孪晶穿过 SF 单元；(d) 孪晶绕过 12 nm 厚的 LPSO(邵晓宏等[64])

图 5.70(a)为 Mg 晶格的结构示意图，其中(0001)基面和(10$\bar{1}$2)孪晶面分别用粉色和蓝色示出，该孪生方向[10$\bar{1}\bar{1}$]用红色箭头标注。$A\boldsymbol{\delta}$、$B\boldsymbol{\delta}$ 和 $C\boldsymbol{\delta}$ 表示基面 Shockley 不全位错，其伯格斯矢量分别为 1/3[01$\bar{1}$0]、1/3[1$\bar{1}$00]和 1/3[10$\bar{1}$0]。而镁{10$\bar{1}$2}孪晶的孪晶位错伯格斯矢量为 0.07[10$\bar{1}\bar{1}$][65]。当孪晶扩

展到 SF 或 LPSO 结构处时，局部剪切矢量为 $\mp X\boldsymbol{\delta}+0.07[10\bar{1}1]$（$X$ 代表 A、B 或 C），因此使得变形孪晶偏离其惯习面且形成了沿基面的台阶，如图 5.70(b) 所示。此外，基体和孪晶的晶格重叠导致 TB 宽化并存在严重畸变（如图 5.68 和图 5.69 所示），以及 SF 与孪晶界反应产生的位错。

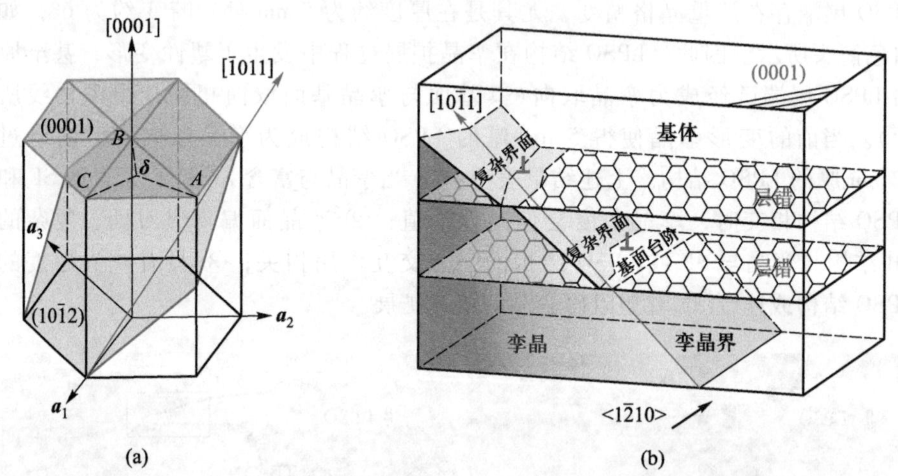

图 5.70　(a) 密排六方 Mg 晶格的结构示意图；(b) 富含 Zn 元素和 Y 元素的基面 SF 与 {10$\bar{1}$2} 孪晶交互作用的示意图（邵晓宏等[64]）。（参见书后彩图）

综上可知，变形孪晶绕过约 12 nm 的 LPSO 结构（大约 9 个连续的 SF）[图 5. 69(d)]，同时它可以切过从 LPSO 结构延伸出的两个连续 SF。前期研究表明，$Mg_{97}Zn_1Y_2$ 合金中 Shockley 不全位错滑移所需的临界分切应力在 26.5 ~ 60. 4 MPa的范围内[63]。因此，这里切过两个相邻 SF 所需的分切应力应超过 53 MPa。考虑到实验中测得的 $Mg_{97}Zn_1Y_2$ 合金的屈服应力为 90 MPa，所以在屈服点处孪晶可切过的相邻 SF 不超过 3 个，这与邵晓宏等[64] 的实验结果一致。因此，SF/LPSO 结构与孪晶的交互作用有效地降低了孪晶萌生或扩展所需要的能量，一定程度上阻碍变形孪晶的快速扩展。这可以抑制以孪晶界作为裂纹形核点的裂纹萌生或扩展，同时利于提升其力学性能。

2. {10$\bar{1}$2} 孪晶引起 LPSO 结构中溶质元素空间再分布[33]

$Mg_{97}Zn_1Y_2$(at.%) 合金在 573 K 下经 1.0 s^{-1} 压缩后，样品中存在少量的变形孪晶。图 5.71(a) 为具有弯曲孪晶界面的 {10$\bar{1}$2} 变形孪晶的 STEM 图像，TB 由白色虚线所示，图 5.71(b) 为其对应的衍射花样。由此可见，基体被 {10$\bar{1}$2} 孪晶所包围，同时在基体和孪晶内部都存在具有亮衬度的平行于基体基面的线条，如实心和空心箭头所示，分别对应基体内部 SF 以及孪晶内部溶质元素偏聚区。这里 TB 除了沿{$10\bar{1}2$}惯习面外，还有一部分平行于基体基面的 LPSO 结构，如图 5.71(a)中 Ⅰ 和 Ⅱ 所示的区域，称之为 LPSO-TB。这类界面与文献中报道的基面-棱柱面/棱柱面-基面(basal prismatic/prismatic basal，BP/PB)界面[66]类似，后者在 Mg、Co 以及其他镁合金中亦有发现，且计算结果表明，从几何结构与能量角度来说，BP/PB 界面比传统 TB 更易于形成。因此，深入解析 LPSO-TB 的特征对于其他相似的界面具有一定的参考意义。

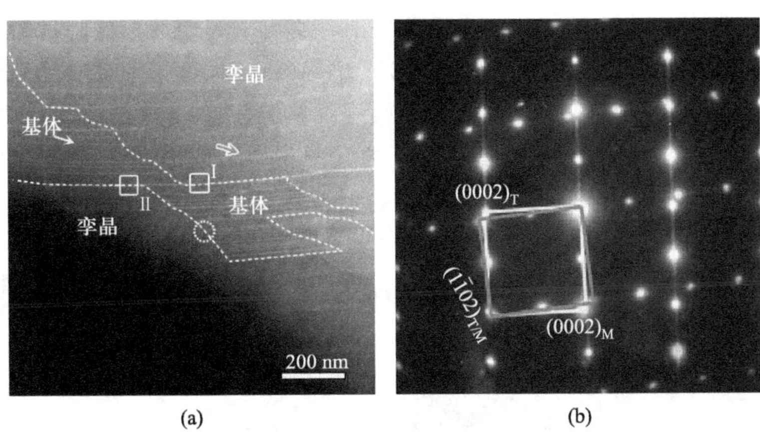

图 5.71 (a) $Mg_{97}Zn_1Y_2$(at.%)合金在 573 K 下经 1.0 s^{-1}压缩后样品中变形孪晶的 STEM 形貌；(b) 图(a)对应的衍射花样表明其为{$10\bar{1}2$}孪晶(邵晓宏等[33])

LPSO-TB 包含周期性失配位错，导致界面处偏离 LPSO 结构的原始堆垛序列和化学计量比。图 5.71(a)中区域 Ⅰ 处的高倍 STEM 像显示 LPSO-TB 呈现周期性的明暗衬度，如图 5.72(a)中的箭头所示，右上角插图所示的快速傅里叶变换(fast Fourier transform，FFT)证明基体和孪晶之间的旋转角为 86°，表明其为{$10\bar{1}2$}孪晶。高分辨 STEM 观测表明 LPSO-TB 的位错间距约为 4.0 nm[图 5.72(b)]。LPSO-TB 可以被看作是相对于孪晶基面的{$1\bar{1}00$}<0001>PB，或是相对于基体基面的{0001}<$1\bar{1}00$>BP。傅里叶逆变换(inverse fast Fourier transform，IFFT)表明 LPSO-TB 处存在两个失配位错列。这是由于晶格沿 LPSO-TB 的失配引起的，其失配度为

$$\delta = 2\times\frac{\sqrt{3a}/2-c/2}{\sqrt{3a}/2+c/2} = 2\frac{\sqrt{3}-k}{\sqrt{3}+k} = 6.5\% \text{（对于 Mg，}k=c/a=1.623\text{）}$$

计算结果表明位错的平均间距约为 4.0 nm，这与实验结果中周期性位错分布相吻合[图 5.72(b)]。而且，LPSO-TB 界面的最外层(1st LPSO)已经偏离了

AB′C′A 堆垛序列，局部已经成为孪晶取向[图 5.72(b)中红色圆圈所示]。同时，位错核心处表现出更亮的衬度，可能是少量 Zn、Y 原子在这里富集引起的。图 5.72(b)插图中的强度分布图也表明最外层 AB′C′A 单元的衬度呈周期性变化，与周期性失配位错密切相关。对 LPSO－TB 进行几何相位分析(Geometric phase analysis，GPA)清楚地显示了界面的位错核心位置。图 5.72(c)和(d)分别为平行($[1\bar{1}00]_{matrix}$ 及 $[0001]_{twin}$，ε_{xx})和垂直($[0001]_{matrix}$ 及 $[1\bar{1}00]_{twin}$，ε_{yy})于 LPSO-TB 的应变分布图，给出了周期性位错的压缩和拉伸应变分布。其中，第 1、2 和 3 层 AB′C′A 单元(FCC)与之间的 Mg 层(HCP)表现出不同的应变源于它们属于不同的微观结构。值得注意的是，第 2、3 层 AB′C′A 单元(2^{nd}和 3rd)及夹在这些单元之间的 Mg 层，仍然保持原有堆垛序列和化学成分，表明一定程度上 LPSO 结构的最外层可有效屏蔽外界的孪生或剪切变形。

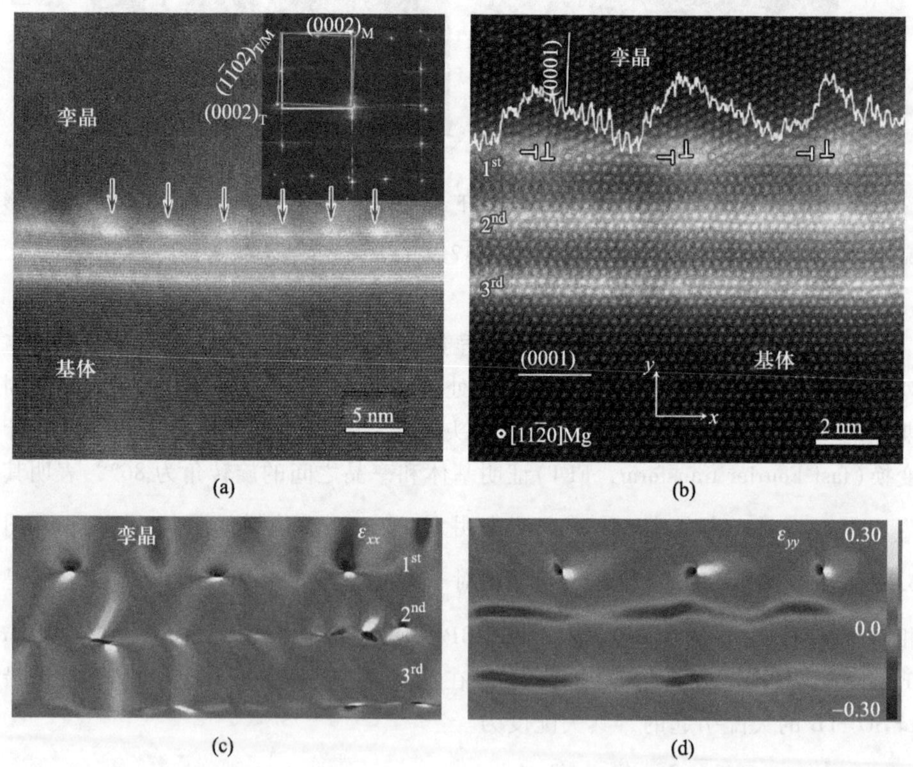

图 5.72　LPSO-TB 的周期性位错及其应变分析：(a) LPSO-TB 的 STEM 像以及对应的 FFT 图谱，表明上下两部分呈现孪晶取向；(b) LPSO-TB 的原子尺度分辨率 STEM 图像显示界面上的周期性失配位错；(c) 平行(ε_{xx})于 LPSO-TB 的 GPA 分析；(d) 垂直(ε_{yy})于 LPSO-TB 的 GPA 分析(邵晓宏等[33])。(参见书后彩图)

富集 Zn、Y 元素的层错在变形孪晶中重新析出，如图 5.73(a)中 STEM 图像所示。图中可以看出在孪晶内部存在一些短线列，它们微观上近乎垂直于基体 SF 及 LPSO 结构，但宏观上平行于孪晶基面。图 5.73(b)是图 5.73(a)中虚线所示区域的高分辨 STEM 像，表明孪晶内部的短线列为沿基面析出的 SF^T (stacking faults precipitated in the twin)，呈 ABAB 原子堆垛序列且富含 Zn、Y 元素。区域 T、M 和 L 的 FFT 表明 SF^T 的基面相对于孪晶上部和下部的局部旋转约 3.6°，这应该源于 区域“M”左上方的位错引起局部应变，从而导致晶格畸变。进一步分析发现，沿着孪晶中的 SF^T 列经常可以探测到类似的晶格畸变。因此，这里观察到的晶格旋转应该是 LPSO 与变形孪晶相互作用过程中的

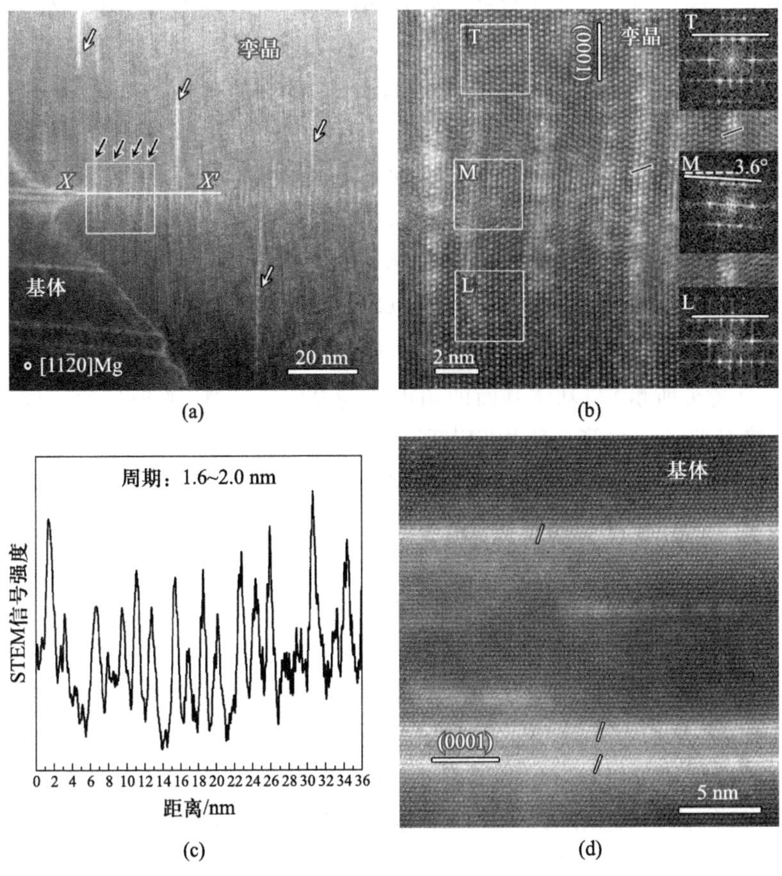

图 5.73 (a) 孪晶内部的析出层错(ST)的微观形貌，呈纵列平行于基体基面；(b) 原子尺度分辨率的 STEM 图像表明 SF^T 中存在弯曲和晶格畸变；(c) 沿图(a)中的 *XX′*的Ⅱ SF^T 间距介于 1.6~2.0 nm 之间；(d)基体中原有的 SF 与在孪晶内部新析出的 SF 在长度和晶格畸变方面都存在明显不同(邵晓宏等[33])

残留位错引起的。需要说明的是，孪晶中的 SF^T 根据其分布位置分为两类：第一类是Ⅰ SF^T，随机分布在孪晶内部，长度大于30 nm，由图5.73(a)中的白色箭头所示，它们是由于 $<\boldsymbol{a}>$ 或 $<\boldsymbol{a}+\boldsymbol{c}>$ 位错的分解而产生的[63]；第二类是Ⅱ SF^T 沿着原始的 LPSO-TB 析出，呈现短线列。图5.73(c)示出沿 XX' 的Ⅱ SF^T 的间距为1.6~2.0 nm，这与 Mg-Zn-Y 合金中14H-LPSO、18R-LPSO 和24R-LPSO 相的 AB′C′A 结构单元沿 $\boldsymbol{c}$ 轴的距离(分别为1.82 nm、1.56 nm 和2.04 nm)相吻合，表明Ⅱ SF^T 很可能是 LPSO 结构在孪晶内部的形核阶段。此外，一些长度约为20 nm 的Ⅱ SF^T[图5.73(a)中黑色箭头标出]可能与最初在 LPSO-TB 上分布的失配位错密切相关。在失配位错处形核的Ⅱ SF^T 应该比临近Ⅱ ST^T 更长，这是因为溶质元素易于沿 LPSO-TB 处的失配位错[图5.73(b)]形成快速扩散通道且偏聚在位错核心附近，因此溶质元素沿位错分布以及位错分解的动态析出引起了孪晶内较短Ⅱ SF^T 和较长Ⅰ SF^T 的形成。图5.73(d)显示了原始样品中的 SF 长约几十或几百纳米，没有明显的晶格应变，与动态析出的 ST 明显不同。因此，镁合金中 Zn、Y 元素在孪晶扩展过程中发生了空间再分布。SF^T 或 LPSO 结构的形核阶段是孪晶扩展过程中 LPSO 结构演变的产物。这里需要注意，并非基体中的每个层状 LPSO 结构都会转化为孪晶中的 SF^T，SF^T 的形成取决于局部 Zn、Y 元素的浓度和局部应变相关的扩散速率。

图5.74(a)所示为近乎沿$\{10\bar{1}2\}$惯习面扩展的孪晶界。孪晶内部 SF^T 列的基面(白色箭头所示)与基体基面的角度约为92°，与 Mg 的理想孪晶取向关系(86.3°)略有偏差。白箭头所指 SF^T 列几乎平行于原始 LPSO 结构；而黑箭头所指的远离孪晶界的 SF^T 基面之间则不是完全平行。这表明孪晶内析出新的 LPSO/SF^T 与局部应变和晶格畸变密切相关，很可能是由于孪晶扩展引起的塑性变形导致晶格局部沿基面旋转引起的。图5.74(b)[图5.74(a)中方形 b 所标注区域的高分辨 STEM 像]说明 BP 界面作为孪晶界面，如果没有失配位错存在，LPSO 结构不会发生分解。宽为2 nm 的 BP 界面和 PB 界面垂直交替形成了阶梯状孪晶界，如图5.74(c)所示，而且较亮的衬度表明它们富含溶质原子。同时，孪晶内部还存在残留的原始 SF 片段，长约10 nm，如图5.74(d)[图5.74(a)中方形 d 所标注区域的高分辨 STEM 像]所示。该残留 SF 的最外层未观察到失配位错，缺少溶质元素从基体扩散到孪晶内部的快速通道。处于 SF 之间的 Mg 层保持基体取向，侧面证明了富含 Zn、Y 元素的原子层可以在变形过程中有效保护其内部结构。

图5.75为镁合金在热变形时，孪晶扩展过程中层状 LPSO 结构和 SF 中 Zn、Y 元素发生空间再分布的微观机理示意图。由图5.75(a)可见，Mg-Zn-Y 合金中的层状 LPSO 结构平行于 Mg 基体的基面[图5.75(a)]。当孪晶与 LPSO

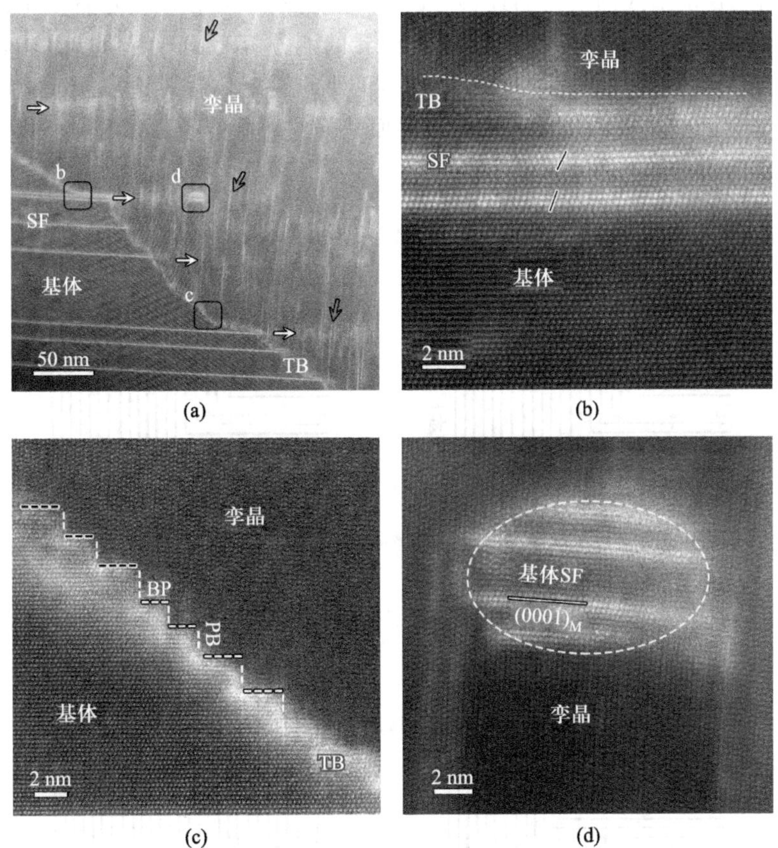

图 5.74　(a) 孪晶与多个 SF 发生交互作用形成的弯折孪晶界；(b) 没有失配位错的 BP 界面；(c) 由 BP 和 PB 界面交替形成的孪晶界；(d) 孪晶内存在原始 SF 的残留片段，长约 10 nm(邵晓宏等[33])

结构相交时，LPSO-TB 产生周期性失配位错，Zn、Y 元素首先偏聚在位错核心处，引起最外层化学元素发生变化如图 5.75(b)所示。随后，过饱和的 Zn、Y 元素通过位错快速扩散到孪晶界面，如图 5.75(c)所示。在镁晶格中，溶质沿基面的扩散速率远高于沿其他晶面。因此，可以假设 Zn、Y 元素首先沿基面扩散到位错核心处，再扩散到孪晶内部；然后，孪晶内过饱和的 Zn、Y 元素自发地沿基面析出形成Ⅱ SF^T，分布在 LPSO-TB 处[图 5.75(d)]。这里可能存在两种潜在的形核点，一个是界面处失配位错；另一个可能是原来的 LPSO-TB，LPSO 与孪晶相互作用引起的残留晶格应变是Ⅱ SF^T/LPSO 在孪晶中形核的驱动力，因此多数Ⅱ SF^T 列沿原有的 LPSO 方向。从能量的角度讲，Zn、Y 元素沿基面析出形成 SF 或 LPSO 结构有利于系统总能的降低，整个过程伴随着图中 TB 从虚线向实线的迁移。LPSO 结构及 SF 可以在一定程度上减缓孪晶的快速扩展，所以在 LPSO 与 TB 相交界的地方容易出现台阶状，这种相互作用有助于强化镁合金。因此，LPSO-TB 处的失配位错对于溶质元素的空间再分布起到至关重要的作用；同时，界面缺陷和溶质原子之间的强烈相互作用也会影响合金中第二相的稳定性。

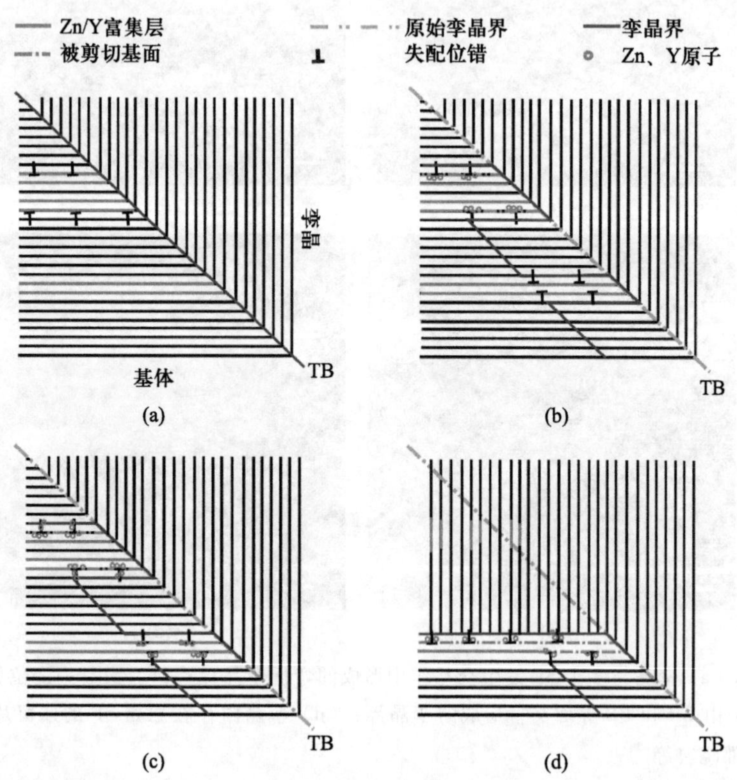

图 5.75　Mg 合金在热变形时，孪晶扩展过程中层状 LPSO 结构和 SF 中的 Zn、Y 元素发生空间再分布的微观机理示意图。(参见书后彩图)

孪晶引起 LPSO 结构的分解及随后在孪晶内部的再析出为调控镁合金微观结构获得更好的力学性能提供了新的思路。首先，基体中层状 LPSO 结构会在一定程度上阻碍$\{10\bar{1}2\}$孪晶的快速扩展，相应地提高了镁合金的强度。其次，富含 Zn、Y 元素的薄 LPSO 结构或 SF 在成为孪晶取向的过程中需要克服更高的能量势垒来激活 Shockley 不全位错和孪晶位错的启动。再次，Zn、Y 元素富集的 BP 和 PB 界面可以有效钉扎孪晶界的快速迁移。最后，SF^T 的析出可缓解溶质元素过饱和引起的局部应力集中，从而延缓二次孪晶及裂纹萌生，从而有利于提高其延展性。因此，在镁合金孪生过程中层状 LPSO 结构的动态演变有助于提高其机械性能。

变形过程中，强化相界面上的元素通过失配位错进行了空间再分布，使合金的微观结构偏离了原来的设计值。因此，深入认识工程合金中复杂合金相在变形过程中的微结构及化学元素再分布规律，对于理解其使役行为有重要意义。

3. $\{10\bar{1}3\}$ 孪晶与富含溶质元素的基面层错之间的交互作用[67]

图 5.76 所示为 $Mg_{97}Zn_1Y_2$(at.%)合金中$\{10\bar{1}3\}$压缩孪晶在扩展过程中与基体中富含 Zn、Y 元素的 SF 之间的相互作用。$\{10\bar{1}3\}$ TB 穿过基体 SF，通过沿着基体 SF 的外延直线可知孪晶内的 SF 并不平直，如图 5.76(a)所示。图 5.76(b)是图 5.76(a)中黑色矩形区域的高分辨 STEM 图像，其对应的 FFT 图谱证明这里的$\{10\bar{1}3\}$孪晶约为 64°，接近理想的取向关系。而 TB 则呈锯齿状，由$\{10\bar{1}3\}$共格孪晶界(coherent twin boundary，CTB)、$\{0001\} \parallel \{1\bar{1}01\}$(基面-棱柱面，BPy)和$\{1\bar{1}01\} \parallel \{0001\}$(棱柱面-基面，PyB)组成。BPy 或 PyB 小平面表示基体中的基面与孪晶中的棱柱面平行，即$\{0001\}_{matrix} \parallel \{1\bar{1}01\}_{twin}$；反之亦然，即$\{1\bar{1}01\}_{matrix} \parallel \{0001\}_{twin}$。这两个 SF 在孪晶内部已经成为孪晶取向，

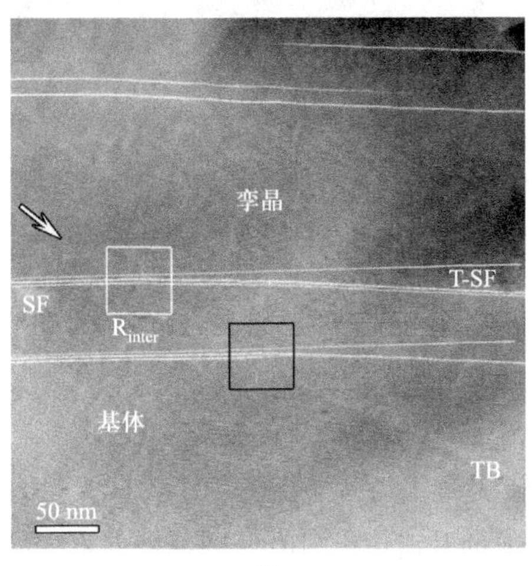

(a)

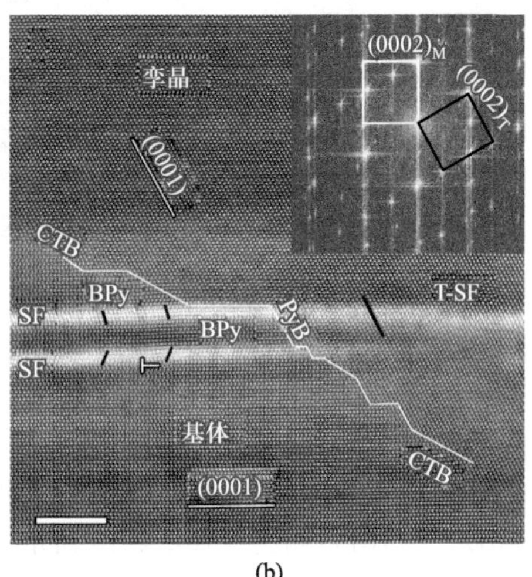

(b)

图 5.76 $\{10\bar{1}3\}$压缩孪晶与基面 SF 交互作用的微观形貌：(a) 孪晶内部 SF 存在明显的弯曲；(b) 图(a)中黑色矩形区域的高分辨 STEM 形貌，表明$\{10\bar{1}3\}$孪晶界并不平直，主要由共格孪晶界、基面-棱柱面和棱柱面-基面的小平面组成(邵晓宏等[67])

在此称其为孪晶堆垛层错(twinned stacking faults, TSF)。

图 5.76(a)中上面两个连续 SF 与{10$\bar{1}$3}孪晶的交截处仍然保持基体取向(白色矩形区域),这可以从高分辨 STEM 像中看出[图 5.77(a)]。{10$\bar{1}$3}孪晶绕过两个连续 SF;TB 在 SF 处近乎沿基体基面和孪晶的{10$\bar{1}$1}面扩展,由交替的 BPy 和 PyB 小平面组成。距离 TB 稍远的地方,可见 BPy 和 PBy 小平面交替形成的 TB[图 5.77(b)和图 5.77(c)],明显偏离{10$\bar{1}$3}惯习面。同时,随着 SF 与孪晶交界点距离的增加,BPy 作为孪晶界面的比例也增加[从图 5.77(a)到图 5.77(c)]。在 BPy 和 PyB 小平面连接处通常存在界面不连续(interface disconnection),其中一些还伴随着位错的产生(图中"T"所示),且两个连续 SF 之间的 Mg 层保持基体取向。

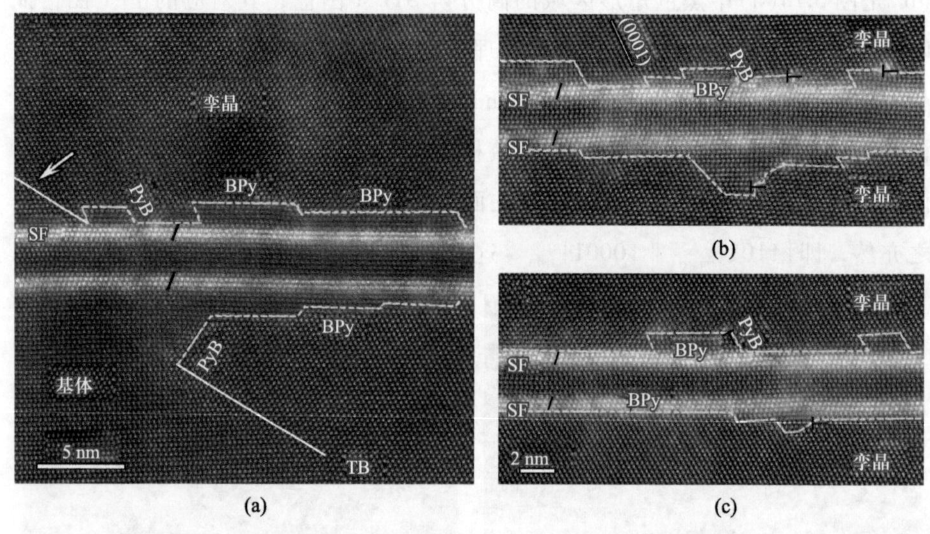

图 5.77　{10$\bar{1}$3}孪晶与两个连续 SF 发生交互作用:(a)孪晶与 SF 交截;(b)、(c)沿着 SF 两侧的 TB 由 BPy 和 PyB 小平面组成,且一些含有位错的相交处呈现亮衬度(邵晓宏等[67])

沿 SF 基面的 BPy 小平面可在局部转变为宽约 4 nm 的{10$\bar{1}$1}TB,呈现{10$\bar{1}$3}-{10$\bar{1}$1}组态,如图 5.78 所示。SF 的基面作为{10$\bar{1}$1}孪晶的共格孪晶界,如蓝色虚线所示。{10$\bar{1}$1}孪晶左右两侧的 SF,以及这些 SF 之间的 Mg 片层仍处于基体取向,表明这种转变应是由于局部邻近原子的位移产生的。同时,B′和 C′中的 Zn、Y 溶质原子缺失使得 B′和 C′层呈现与基体相同的衬度,这里推测可能是由两个 Shockley 位错沿基面滑动形成的。另外,在{10$\bar{1}$1}孪晶与 SF 交截的地方,存在两个 $\boldsymbol{c}$ 分量的位错(1/2 <0001>,用"T"标记)引起

SF 在$\{10\bar{1}1\}$孪晶后基面向下运动。当$\{10\bar{1}3\}$与连续两个 SF 交互作用时，$\{10\bar{1}3\}$-$\{10\bar{1}1\}$组态的形成在几何上和能量上都是可行的。首先，BPy 小平面作为$\{10\bar{1}3\}$TB 的组成部分，$\{0001\}_{matrix} \parallel \{10\bar{1}1\}_{twin}$刚好是$\{10\bar{1}1\}$孪晶的 CTB。其次，计算所得$\{10\bar{1}1\}$CTB 的形成能为 74.3 mJ · m^{-2}[65]，低于 BPy 界面的形成能(160 mJ · m^{-2})[68]。

下面对可能产生这种双孪晶界面的机制进行简要讨论。首先，$\{10\bar{1}3\}$孪晶与两个连续 SF 的交截处易激活<***a***+***c***>位错。<***a***+***c***>位错如图 5.78(b)所示，它不稳定且可以分解为第二棱锥面上的两个 1/2<$2\bar{2}03$>位错[图 5.78(c)，第

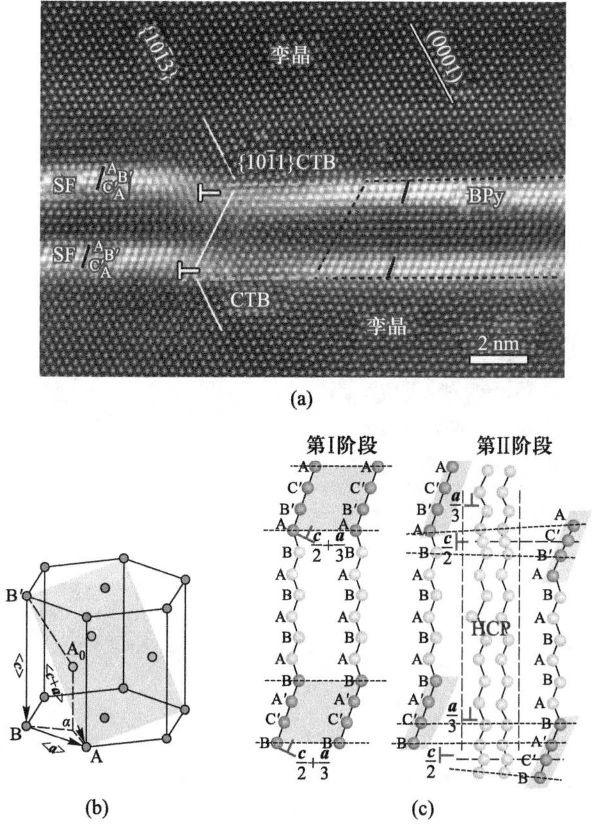

图 5.78 $\{10\bar{1}3\}$-$\{10\bar{1}1\}$孪晶组态通过位错反应形成于孪晶与连续两个 SF 交截处：(a)$\{10\bar{1}3\}$-$\{10\bar{1}1\}$组态的微观形貌；(b) HCP 镁的结构示意图；(c) 位错反应示意图(邵晓宏等[67])。(参见书后彩图)

Ⅰ阶段]。随后，1/2<$2\bar{2}03$>位错进一步分解为 Shockley 分位错 1/3<$1\bar{1}00$>位错和 1/2<0001>位错[图 5.78(c)，步骤Ⅰ]。肖克莱位错(1/3<$1\bar{1}00$>)在基面上滑移，将原始 AB′C′A 转变为 ABAB 堆垛序列(FCC 转变为 HCP)[图 5.78(c)，步骤Ⅱ]，同时导致局部 Zn、Y 原子缺失。接着，局部的 HCP 晶格可以通过原子重组(atomic shuffling)快速转换为{$10\bar{1}1$}取向。1/2<$\boldsymbol{c}$>位错[图 5.78(a)中用"⊤"标记]无法再滑移，因此钉扎在{$10\bar{1}3$}孪晶和 SF 的交截处，引起原始 SF 向下运动。以上机制进行了明显的简化，没有考虑孪生位错以及它们与<$\boldsymbol{a}+\boldsymbol{c}$>错位的详细反应，但可以对{$10\bar{1}3$}-{$10\bar{1}1$}组态的深入理解起到一定的借鉴作用。

图 5.79 展示了孪晶与连续两个 SF 交截远端的微观结构特征，对应的是图 5.76(a)白色矩形 R_{inter} 右侧区域。由图 5.76(a)中可见，距 R_{inter} 约 200 nm 处的大部分 SF 仍然保持基体取向，局部 SF 被剪切成为孪晶取向，如图 5.79 R1 和 R2 处。同时，上侧 SF 逐渐向下移动两个或者一个原子层(数字和箭头示出)，导致 SF 逐渐向下移动出现弯曲的特征，这与图 5.76(a)中所示的情况相吻合。距 R_{inter} 约 350 nm 处，整个 SF 转变为具有严重晶格畸变的 TSF，且局部区域发生了溶质元素再分布，导致其衬度相对于 TSF 发生了明显变化[图 5.79(b)椭

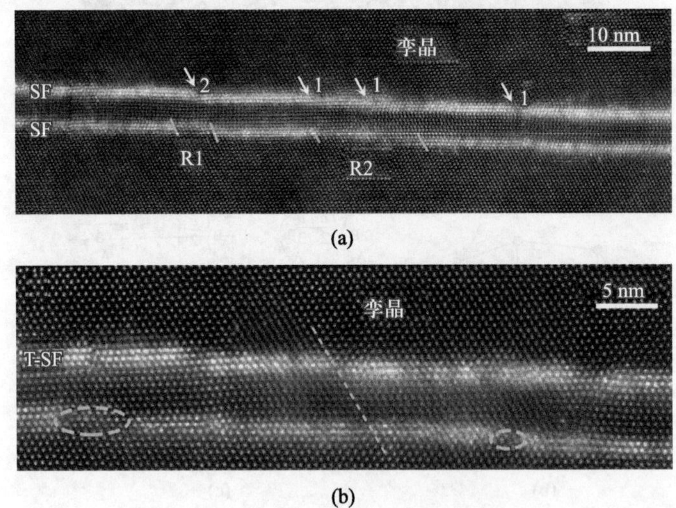

图 5.79　{$10\bar{1}3$}孪晶与连续两个 SF 交截远端的微观结构特征：(a) 大部分 SF 保留有基体取向，部分 SF 的局部区域转为孪晶取向，如 R1 和 R2 处；(b)更远端可见 SF 已经转为孪晶取向，成为 TSF，同时伴随有溶质元素再分布(邵晓宏等[67])

圆标注处]。之前有文献报道变形孪晶与第二相的相互作用取决于沉淀物的大小和形状[69]。如果这里富含溶质原子的 SF 被看作是基面析出相，那么变形孪晶和 SF 的交互作用还与其厚度密切相关。所以，{$10\bar{1}3$}孪晶可以剪切一个单位的 SF(~0.78 nm)，绕过两个连续的 SF(~3.38 nm)，如图 5.76 和图 5.77 所示。对比 5.4.3(A)和(B)节中{$10\bar{1}2$}孪晶与 SF 交互作用，相同之处在于这些富含溶质元素的 SF 或 LPSO 结构均可以有效地屏蔽外界的剪切或孪生作用，保护内部的结构并保持基体取向。而由于 BP/PB 与 BPy/PyB 小平面界面本质的不同，伴随它们的位错也不同。一方面，组成{$10\bar{1}3$}孪晶的 BPy/PyB 小平面没有失配位错(图 5.77)，{$10\bar{1}2$}孪晶的 BP/PB 小平面存在周期性失配位错，后者对 Zn、Y 溶质元素的再分布起到关键作用；另一方面，BPy/PyB 小平面相交处或{$10\bar{1}3$}、{$10\bar{1}1$}孪晶处(图 5.78 和图 5.79)，通常可以探测到含有<***c***>分量的位错，这些位错的累积效应将引起孪晶内部 SF 沿着 ***c*** 方向的移动，从而解释了 SF 发生弯曲[图 5.76(a)]的原因。

4. 基面位错对孪晶堆垛层错的剪切以及该行为对力学性能的作用[70]

变形孪晶内部的析出相可阻止位错运动，从而影响材料的机械性能。在含有 LPSO 结构的 Mg-Zn-Y 合金中，邵晓宏等[70]在原子尺度观察到变形孪晶内孪晶堆垛层错的基面位错剪切行为。这些富含溶质原子的 TSF 作为变形孪晶内的析出相，被基面位错进行一次或多次剪切。其微观结构特征，即基面剪切台阶的宽度，可以用来定量评估变形孪晶内由于基体位错而引起的局部和总塑性剪切应变。TSF 可以阻止位错滑移，而位错剪切引起了较大的晶格畸变甚至溶质原子在局部交截处的再分布。TSF 与位错的相互作用有利于降低基面位错运动并可以由此调节镁合金的机械性能。

在不同的加载条件下，镁合金中形成不同类型变形孪晶，如图 5.80(a)所示。其中{$10\bar{1}2$}拉伸孪晶和{$10\bar{1}1$}压缩孪晶是最易被激发的变形孪晶。层状 LPSO 相和富含溶质原子的 SF 平行于基面，如图 5.80(a)中蓝色平面所示。因此，变形孪晶在生长过程中一定与 LPSO 结构或 SF 相交并产生交互作用。前面已讲到非常薄的 LPSO 结构和 SF 可被孪生成为孪晶方向，并被称为 TSF 且通常位于棱柱面或棱锥面[31,64,67]。{$10\bar{1}2$}和{$10\bar{1}1$}的理论孪晶角分别为 86°和 56°。假设这些 TSF 与基体内 SF 是连贯的，那么孪晶基面与 TSF 之间的角度差约为 94°和 56°[图 5.80(b)和(c)]，也就是富含溶质原子的 TSF 并不平行于变形孪晶的基面。

图 5.81 为 Mg-Zn-Y 合金经压缩后沿[$11\bar{2}0$]带轴所得变形孪晶的 HAADF-

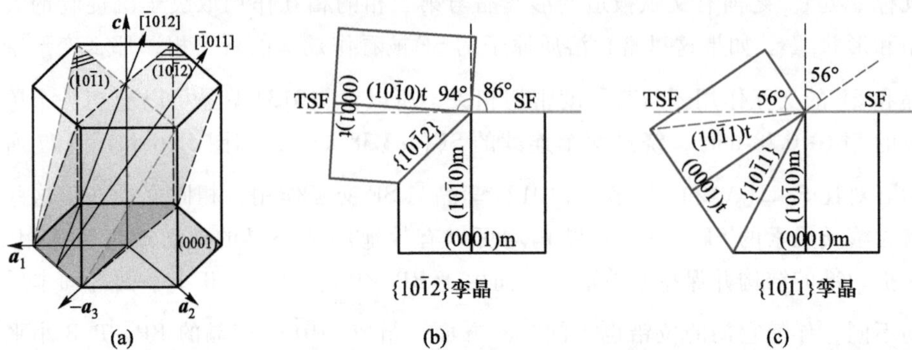

图 5.80　(a) {10$\bar{1}$2}<10$\bar{1}$1>拉伸孪晶和{10$\bar{1}$1}<10$\bar{1}$2>压缩孪晶示意图；(b) 对于拉伸孪晶，其基面与孪晶内基体基面延伸线(虚线代表 TSF)的夹角为 94°；(c) 对于压缩孪晶，其基面与孪晶内基体基面延伸线(虚线代表 TSF)的夹角为 56°。图中 m 和 t 分别代表基体和孪晶。(参见书后彩图)

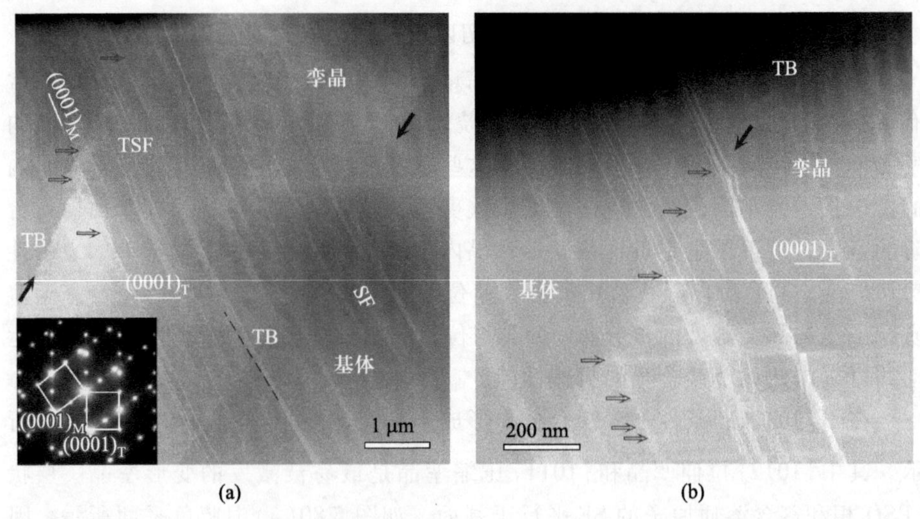

图 5.81　Mg-Zn-Y 合金中的{10$\bar{1}$1}<10$\bar{1}$ $\bar{2}$>压缩孪晶：(a) {10$\bar{1}$1}<10$\bar{1}$ $\bar{2}$>变形孪晶的 HAADF-STEM 图像，插图为其选区电子衍射图。基体中存在大量富集溶质原子的堆垛层错，在孪晶内部转变为孪晶取向，被称为 TSF；(b) 图(a)中左上角孪晶界的放大图像，红色箭头表示变形孪晶中基面剪切台阶(邵晓宏等[70])。(参见书后彩图)

STEM 图像，其电子衍射花样(左下角插图)表明它是{10$\bar{1}$1}<10$\bar{1}$ $\bar{2}$>压缩孪晶，衍射图中明显的衍射拉线表示基体和孪晶中存在大量的面缺陷。这些 SF 富含 Zn 和 Y 原子，孪生将使得部分薄 LPSO/SF 成为孪晶取向，同时溶质原子的堆垛序由 AB′C′A(基体)转变为 ABAB(孪晶)，即形成 TSF。图 5.81(b)是图 5.81(a)中左侧上部孪晶界的放大图，可以发现 TSF 沿基面被剪切，呈现波浪形的曲线，如红色箭头所示，与基体中的非常平直的 SF 形成明显对比。

图 5.82(a)显示的是{$10\bar{1}2$} <$10\bar{1}1$>孪晶内的不均匀波浪状 TSF。基面剪切

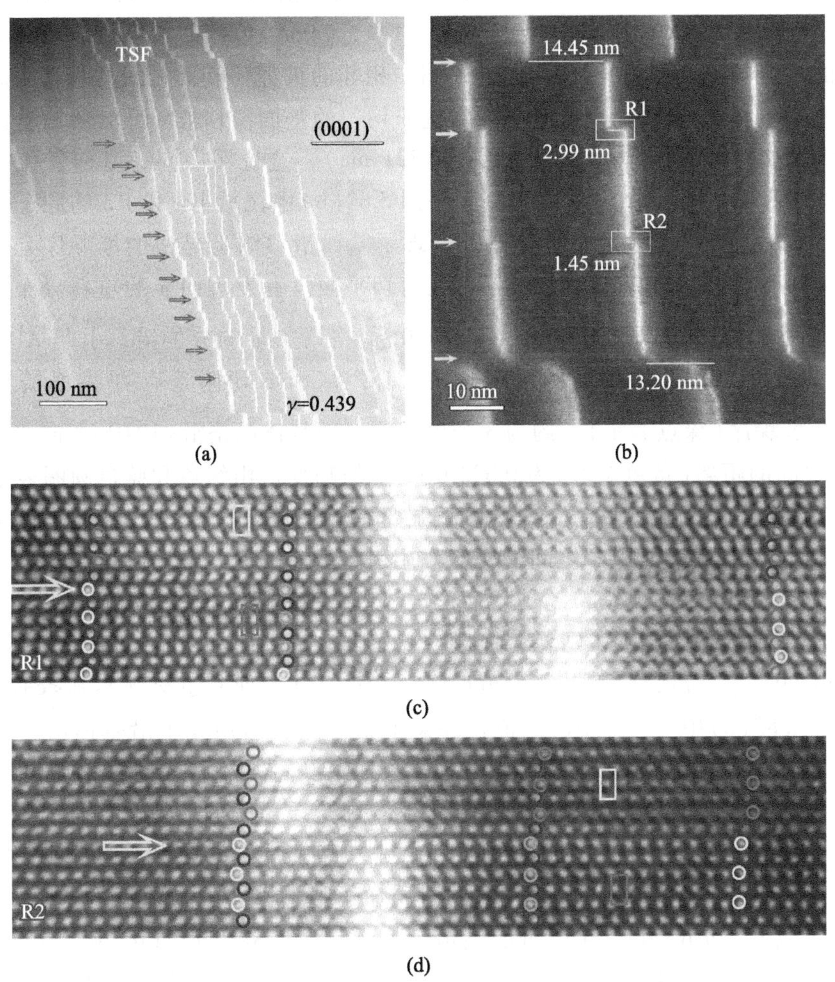

图 5.82 Mg-Zn-Y 合金中的{$10\bar{1}2$} <$10\bar{1}1$>孪晶：(a) 高密度基面滑移剪切 TSF，并导致变形孪晶中产生基面滑移台阶(红色箭头所示)，基面滑移引起的局部剪切应变估测为 0.439；(b) 对应图(a)中矩形标注区域的放大像，表明基面剪切各不相同，且在同一基面上发生了多次剪切；(c)、(d)图 5.82(b)中区域 R1(c)和 R2(d)的高分辨率图，可见 TSF 的基面滑移剪切附近存在严重的晶格畸变，红色矩形中的 A 和 B 位置沿<$10\bar{1}0$>方向的距离小于黄色矩形中的理论距离(邵晓宏等[70])。(参见书后彩图)

在TSF上留下一个台阶如红色箭头所示，可见被剪切基面之间的垂直距离彼此不同。图5.82(b)是图5.82(a)中的矩形标注区域的放大图。TSF与基体基面之间的角度约为93.7°，与图5.80示意图中TSF与基面之间的角度差吻合。从图中可以测定基面滑移台阶宽度分别是2.99 nm、1.45 nm和13.2 nm。基于$\gamma=b/d$(其中，γ是剪切应变，b是基面滑移台阶的宽度，d为相邻的滑移平面距离)，可以求出相应的局部剪切应变为0.174、0.085和0.757。可以算出图5.82(a)的总剪切应变约为0.439，此外，图中相邻的被剪切基面之间的垂直距离为4.63~33.3 nm。表明在变形孪晶内这些非均匀的基面滑移被局部激活。基面滑移台阶宽度明显远大于基面位错(b=0.321 nm)，这说明沿同一基面发生了多次滑移/剪切。图5.82(c)和(d)分别是图5.82(b)中区域R1和R2的原子分辨率HAADF-STEM图像，图中清楚地呈现了基面滑移附近晶格的堆垛序列。首先，TSF中溶质元素为ABAB堆垛，在剪切平面没有发现明显的重新分布。其次，在基面剪切处观察到具有1/3 $<10\bar{1}0>$伯格斯矢量的分位错，引起ABC堆垛序的产生，如红色箭头所示。再次，TSF基面剪切附近存在晶格畸变的ABAB堆垛序(绿点表示)，约为3个单元厚。镁基体晶格沿$<10\bar{1}0>$方向A和B位置之间的距离(黄色矩形)为0.092 6 nm，但畸变区由绿色和蓝色圆圈表示的距离(红色矩形)约为0.06 nm。这表明局部晶格畸变约为35%，可能是由于基面位错与TSF中溶质原子之间的交互作用引起的。

图5.83(a)是被基面位错剪切后形成较大弯曲的TSF。图5.83(b)为原子尺度分辨率HAADF-STEM图像，表明在基面滑移的TSF处存在60°全位错[图5.83(b)中“⊤”所示]，尤其是左侧两个单元的TSF，偶尔也会观察到$<\boldsymbol{c}+\boldsymbol{a}>$位错[图5.83(b)中“⊢”所示]。值得注意的是，这里溶质原子沿基面滑移的重新分布较为明显。例如，与上、下TSF部分相比，图5.83(c)中虚线矩形所标注区域的TSF呈现相对较暗的衬度，表明存在溶质原子的缺失。这是因为TSF中溶质原子从原来5 nm扩展到约40 nm的基面上。图5.83(d)的原子分辨率HAADF-STEM图像表明区域R1中的溶质原子显著减少。与邻近的区域Rf相比，区域R2和R3中存在严重的晶格畸变，与图5.82(c)和(d)中结果类似。按照$d_{\{10\text{-}10\}\ \mathrm{R2/R3}} \leqslant 0.224$ nm和$d_{\{10\text{-}10\}\ \mathrm{Rf}} \leqslant 0.26$ nm计算，畸变约为14%，说明溶质原子重新分布的邻近区域也存在晶格畸变。

图5.84展示的是3个单元厚的TSF中同时发生孪生和剪切。图5.84(a)显示该TSF明显被基面滑移剪切，矩形区域Ⅰ的FFT图谱说明TSF的上部分依然保留基体取向，而区域Ⅱ对应的FFT图谱说明其下部分已经完全转变为孪晶取向。图5.84(b)进一步从原子尺度展示了这3个单元厚的TSF孪生同时发生基面滑移。如黄色箭头所示，这里我们定义为1~4个不同的转变阶段。

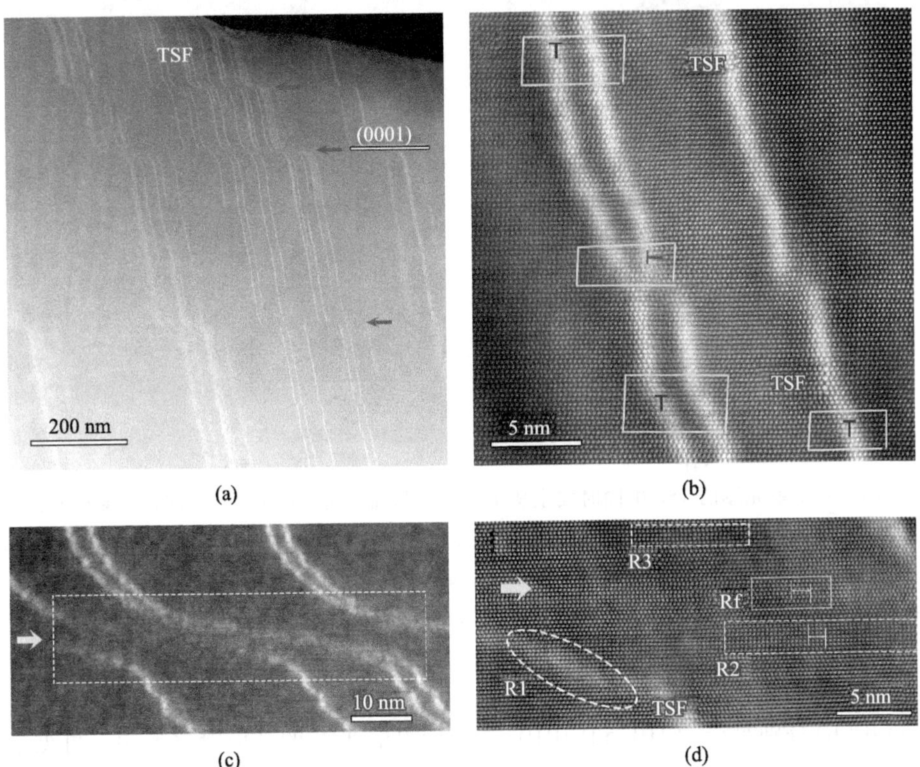

图 5.83 (a) HAADF-STEM 图像表明 TSF 被基面位错剪切产生较大弯曲，如红色箭头所示；(b) 左侧两个单元的 TSF 内存在少量分位错，表明 TSF 可以钉扎位错，降低位错滑移能力；(c) TSF 中的溶质原子在基面滑移带中重新分布，如虚线矩形所示；(d) 图(c)中矩形标记区的高分辨率像。区域 R1 中明显缺失溶质原子；与区域 Rf 中的晶格相比，区域 R2 和 R3 中存在严重的晶格畸变(邵晓宏等[70])。(参见书后彩图)

TSF1 已经完全成为孪生取向，而 TSF2 和 TSF3 处于不同的转变阶段。虚线矩形框所示区域的环形图案由基体和孪晶的晶格重叠引起[31]，这表明 TSF2 和 TSF3 在阶段 1 和 2 正处于基体向孪晶转变的过程。在第 3 阶段，TSF2 和 TSF3 与变形孪晶完全共格，表明这时 TSF2 和 TSF3 处于孪生取向，与 TSF1 相同。在阶段 4，红色斜线标注的 AB′C′A 堆垛序表示这里是原始 SF，还没有转变为孪晶取向。所以 TSF1～3 同时经历了基面剪切和孪生变形。由于取向不同，它们可以抑制基面滑移，表明溶质富集的 SF 可以降低变形孪晶的扩展。

需要注意的是，沿[$11\bar{2}0$]带轴成像可以很容易观察到变形孪晶中的基面滑移带，而沿[$10\bar{1}0$]方向只可以观察到具有较大基面台阶的滑移带。图 5.85

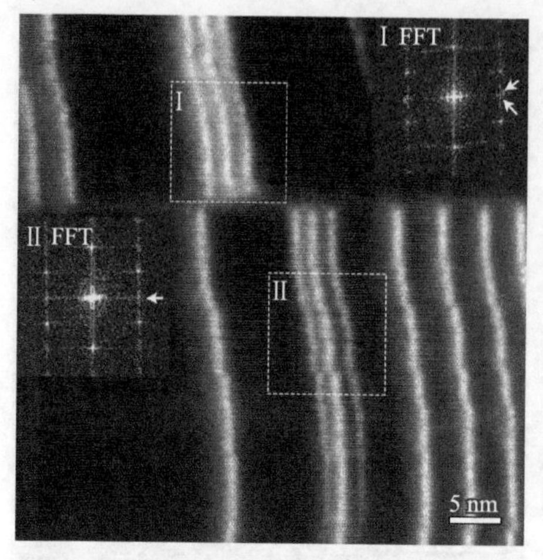

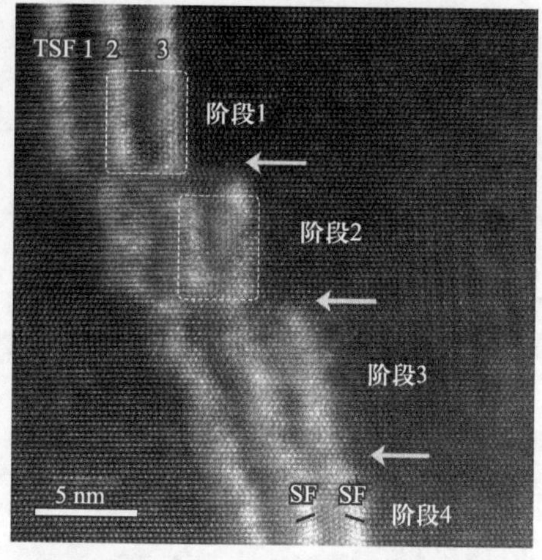

图 5.84　三个单元厚的 TSF 中同时发生孪生变形和基面剪切：(a) TSF 上部存在原始基体取向(I FFT 中的两个箭头所示)，而 TSF 的下部已完全转变为孪晶取向(II FFT)；(b) 阶段 1 和 2 处的三个单元厚 TSF 呈现环状图案(虚线矩形框出)，阶段 4 处存在残留基体取向的 SF(红色斜线表示)，同时，这些 TSF 沿基面发生滑移(黄色箭头所指)(邵晓宏等[70])。(参见书后彩图)

(a)和(b)分别是沿[$1\bar{2}10$]和[$10\bar{1}0$]带轴所得的 TSF 的基面滑移形貌，可见空心箭头指出的那些小台阶在图 5.85(a)中可见，而在图 5.85(b)中不可见。这主要是由于镁合金中的 LPSO 结构及 SF 的片状特征引起的。同时，TSF 的基面剪切并未导致明显的相变。

镁合金孪生使得富集溶质原子的 LPSO 结构或 SF 转变为孪晶取向，即基体 AB′C′A 堆垛序转变为孪晶 ABAB 堆垛序。孪晶内部溶质原子则平行于{$10\bar{1}0$}棱柱面或{$10\bar{1}1$}棱锥面分布。图 5.86 示意性地说明了镁合金中{$10\bar{1}2$}变形孪晶中基面滑移与 LPSO/SF 的交互作用。基体中富含溶质元素的 LPSO/SF[图 5.86(a)]，在塑性变形过程中转变成 TSF。从图 5.86(b)中可以看出基体基面和 TSF 的基面约为 3.7°。由于孪生引起晶体取向发生突然改变，孪晶中基面滑移被激活。通常，基面位错沿孪晶界萌生，如图 5.86(b)中“T”所示，它穿过 TSF 并分布在孪晶内。沿着基面发生的单次或多次剪切将使得 TSF 产生一个原子层或更大的偏离[图 5.86(c)]。邵晓宏等在实验中也观察到单次基面剪切引起 TSF 沿基面的原子尺度位移(图 5.87 中白色箭头)及相应的偏转；而同一基面上多次滑移带来 TSF 的相对较大位移(图 5.87 中红色箭头)，但没有明显的 TSF 偏转。后者可能包含复杂的位错反应，以及位错与 TSF 的交互作用，这将引起溶质元素在 TSF 与基面交截处的重新分布。

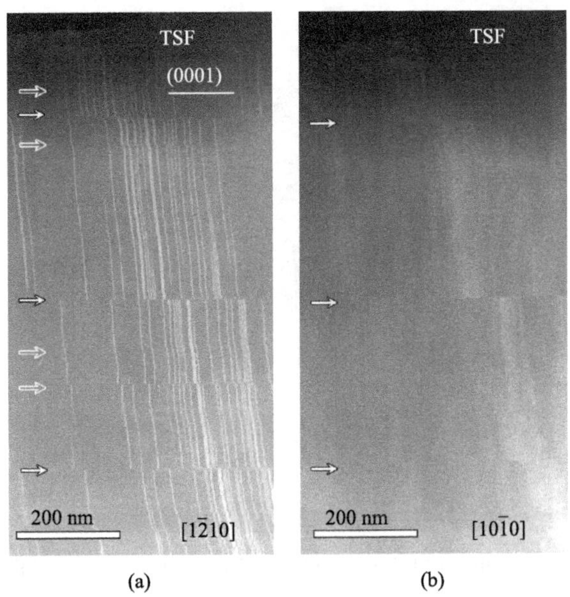

图 5.85 不同晶体学取向下观察变形孪晶中的基面滑移带的异同：(a) TSF 沿 [1$\bar{2}$10] 带轴的基面滑移剪切形貌；(b) TSF 沿[10$\bar{1}$0]带轴的基面滑移剪切形貌，由于 SF 的片状特征，从[10$\bar{1}$0]方向不能区分处剪切距离较小的基面台阶(邵晓宏等[70])

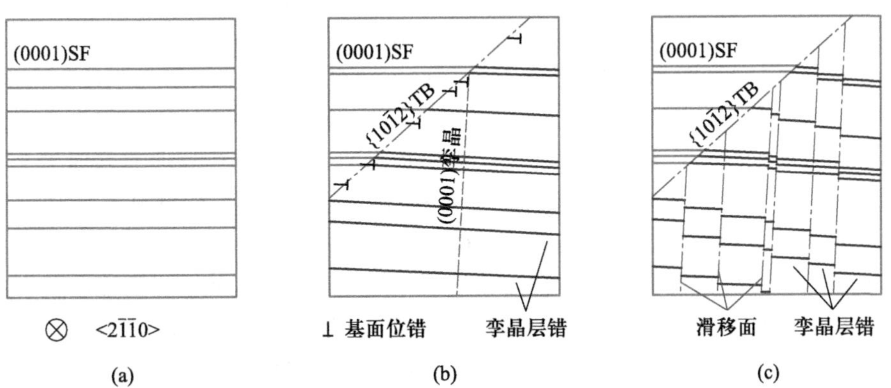

图 5.86 {10$\bar{1}$2}变形孪晶中基面滑移与 LPSO/SF 的交互作用示意图：(a) {10$\bar{1}$2}孪生之前基体中的 LPSO/SF；(b) 变形孪晶中 TSF 的形成和基面位错的激活；(c) TSF 发生基面剪切。(参见书后彩图)

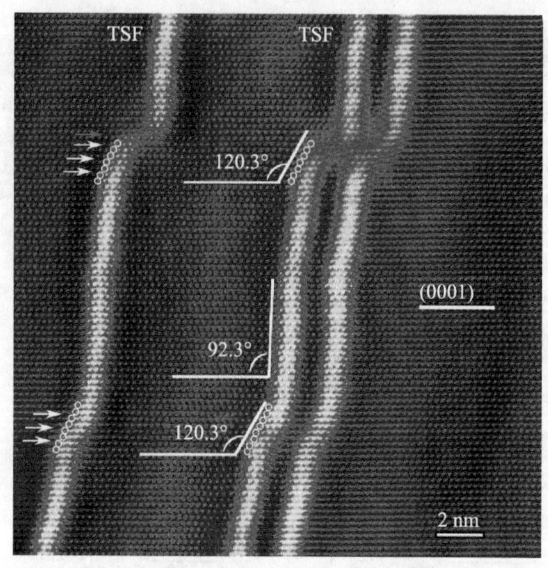

图 5.87　孪晶内 TSF 中的单次(白色箭头)和多次剪切(红色箭头)行为(邵晓宏等[70])。(参见书后彩图)

TSF 能够在一定程度上抑制基面滑移，提高镁合金的力学性能。首先，被 TSF 钉扎的位错需要更多的能量才能脱钉并继续在孪晶内部滑移(图 5.83)，即克服位错与 TSF 的溶质原子交互作用的能垒，这将预期提高镁合金强度。同时，TSF 抑制基面位错，导致<***c***>位错以及相对均匀的<***a***>位错的激活，降低了应变局部化和过早失效。其次，位错和 TSF 之间的交互作用导致晶体中的晶格存在较大畸变(图 5.82 和图 5.83)，可以容纳更大的应变来增强塑性。再次，剪切和孪生共存的孪生过渡过程(图 5.84)表明 SF 需要更多的局部应力来完成其孪晶取向的转变，从而提高强度。需要指出的是，孪晶中这些非基面 TSF 可有效增强基面滑移的阻力，但这些 TSF 在局部应力增大后能够被基面位错剪切。对于可剪切的颗粒或板条结构，Gladman[71]提出在提高塑性屈服所需的应力水平时，应考虑几种通常被称为化学硬化的强化作用，例如界面能、具有相关无序能的反相界面、颗粒中的堆垛层错能和相干应变。因此，有理由推断，随着颗粒尺寸的增加，可剪切颗粒的增强作用也随之增强，从颗粒被剪切到位错绕过机制应有明显的过渡。对于此处的 TSF，应该存在某个临界厚度对应塑形变形机制的转变，例如三个或更多单元。但是，由于大量基面位错贯穿变形孪晶且穿过 TSF，因此可推测 TSF 的间距与 TSF 本身的厚度共同在强化机制中起关键作用。所以在基体中的 LPSO 结构和 SF 基础上，变形孪晶中的 TSF 亦有助于提高 Mg-Zn-Y 合金的优异机械性能。

因此，塑性变形过程中，TSF 在{$10\bar{1}1$}和{$10\bar{1}2$}孪晶中会发生基面剪切。TSF 在基面上的单次或多次剪切行为可被认为是基面剪切应变的微观结构特征，基于同一 TSF 沿基面的位移，便可以定量评估位错运动引起的局部塑性应变。TSF 的基面剪切伴随位错钉扎、较大晶格畸变和局部溶质原子的重新分布等现象，这些与 TSF 富集溶质原子密切相关。TSF 的基面剪切将降低孪晶内部的基面位错滑移，并在一定程度上激发相对均匀的变形，从而有效降低应变局部化。除基体中的 LPSO/SF 外，变形孪晶内部的 TSF 同样可以提高镁合金的强度和塑性。

综上，本节主要借助高分辨率透射电子显微镜下的实验观察，阐述了含长周期堆垛有序(LPSO)结构镁合金的变形行为。包括 LPSO 结构在变形过程中形成变形扭折的微观机理、LPSO 结构内部位错反应对溶质元素再分布的作用、LPSO 结构和富含溶质元素的基面层错与孪晶的交互作用，以及孪晶内部 TSF 与基面位错的交互作用等，同时也尽可能地讨论了这些微观结构特征对力学性能的潜在影响。期望这些原子尺度的研究结果能够为通过调控镁合金微观结构来优化其综合力学性能提供一些新思路。

5.5　本章小结

(1) 本章讨论了 Al 合金和 Mg 合金中一系列六方相、三方相和菱方相。与其他晶系不同，在六方晶系和三方晶系中，***a*** 轴和 ***b*** 轴之间具有一个特殊的角度关系(120°)。这就出现了另一个重要的轴，即-(***a***+***b***)。它在长度上与 ***a*** 和 ***b*** 相等，且与 ***a*** 轴和 ***b*** 轴之间的夹角都是 120°。为了展现六方晶系的对称性，我们也可以选并不独立的-(***a***+***b***)作为一个轴，从而使得六方晶系也可用四指数标定。本章在标定六方相时，有时采用三指数标定(如第 5.2 节中的 Al 合金系)，有时采用四指数标定(如第 5.3 节中的 Mg 合金系)，其目的就是告诉读者没有必要规定必须采用 3 个指数或 4 个指数来标定一个六方相，其实只要能保证指数之间的自洽就可以。三指数和四指数之间的互换关系如图 5.88 所示。

(2) 以图 5.89 六方相 Ti_3AlC_2 为例，可以再回顾一下这类六方晶体的基本特征。在[0001]晶带轴上可以看出，倒易矢量[$10\bar{1}0$]*和[$01\bar{1}0$]互成 60°，这是因为在正空间中 ***a*** 和 ***b*** 轴之间的夹角是 120°。[$1\bar{2}10$]和[$1\bar{1}00$]晶带轴互成 30°，而且它们都垂直于[0001]晶带轴。在[$1\bar{2}10$]电子衍射图中，所有的衍射斑点都出现，而在[$1\bar{1}00$]中，只有 l 为偶数的衍射点出现，这意味着有一个 c 滑移面。在介于[$1\bar{2}10$]和[$1\bar{1}00$]之间的一个高指数晶带轴上(如[$khi0$])，我

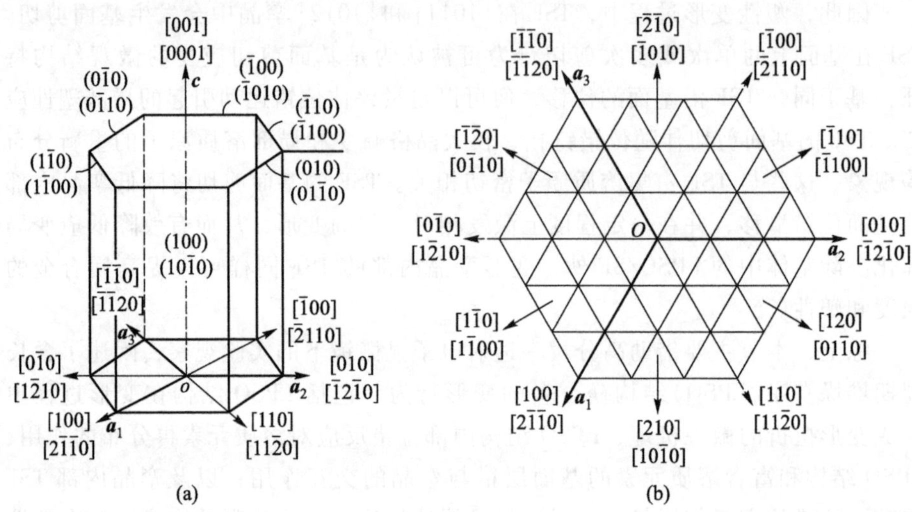

图 5.88　六方晶体的三指数和四指数标定及其两者之间的对应关系：(a) 单胞的三维构型；(b) [0001]方向的投影

们发现只有在$[000l]^*$点列上 l 为奇数的衍射点出现，这意味着 $\boldsymbol{c}$ 方向上有一个 6_3 螺旋轴。会聚束电子衍射不但验证了六次对称性，而且也可以看出在垂直于$(1\bar{2}10)$、$(1\bar{1}00)$和(0001)这三个面上都存在镜面，也就是说该晶体的点群是 6/mmm。结合上面 c 滑移面和 6_3 螺旋轴的判断，可以推得其空间群为 $P6_3/mmc$。在[0001]会聚束电子衍射图上，可以看到一阶劳厄环，根据这个劳厄环的半径，可以计算出该晶体沿[0001]方向的周期值，即点阵参数 c 值。

(3) 六方晶系具有单一的 6 或 $\bar{6}$ 次旋转轴；三方晶系具有单一的 3 或 $\bar{3}$ 次旋转轴；而立方晶系同时具有 4 个的 3 或 $\bar{3}$ 次旋转轴。它们在电子衍射图上都表现为一个具有六次对称的衍射图谱。因此，正如第 2 章我们一再强调的那样，不能通过一个看似具有六次对称性的电子衍射图就可以判断其点阵类型。实际上，一个具有六次对称的衍射图谱甚至还可以属于其他晶系的某一个衍射图谱，如第 3 章中正交 Al_3Co 相的[100]。

(4) 晶体结构是指晶体中原子的周期性排列(准晶体是指原子的准周期排列)。无论是晶体结构还是准晶体结构都可以描述为每一个阵点和原子团的结合，这样的原子团通常称为结构单元。因此，晶体结构是由点阵和结构单元构成的。只要将单胞及其中的原子在整个空间重复，就可以得到晶体结构。可以这么认为，点阵信息是晶体结构的最基本信息。不限于本章讨论的六方晶系和三方晶系，虽然通过高分辨成像可以直观地展示晶体当中点阵(甚至是原子)

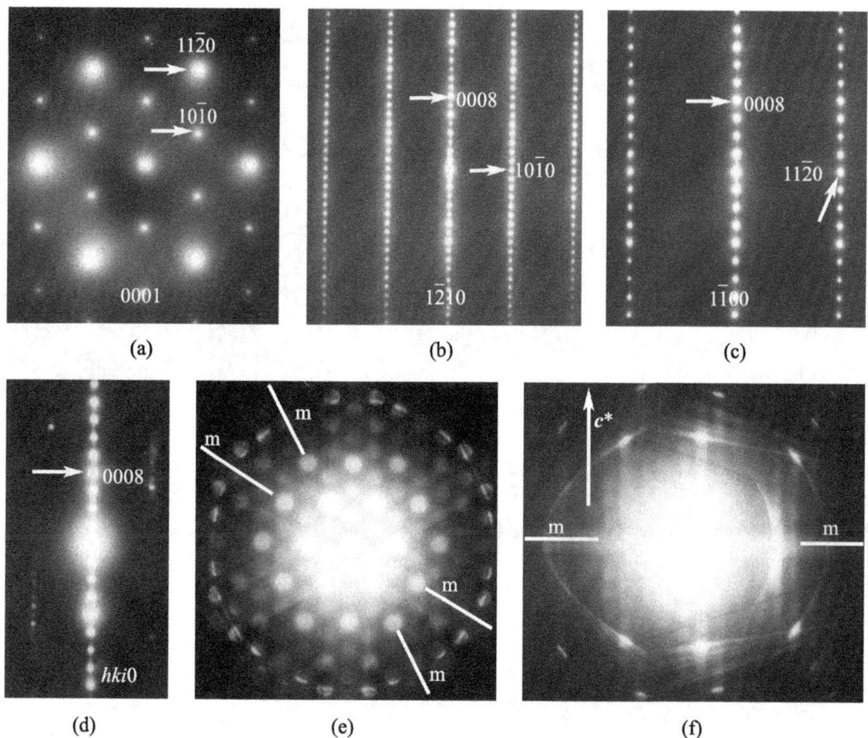

图 5.89 六方相 Ti_3AlC_2 衍射的四指数标定规则以及点群和空间群的推断(马秀良等[72])

的排列规则，但对任何一个晶体中缺陷类型的解析无疑是建立在点阵类型的正确判断的基础上，如层错面、孪晶面、位错伯格斯矢量、界面、晶体间取向关系等。自 20 世纪 30 年代德国电气工程师 Ruska 发明透射电子显微镜之后的 90 多年时间里，透射电镜的发展一直是以提高空间分辨率为主线(现在已经通过像差校正达到了亚埃尺度分辨率)，目的是分辨出原子而非点阵。也许正因为如此，以点阵分析为基础的物相分析越来越被一些材料显微学工作者所忽视，甚至在公开发表的学术论文中相关错误并不罕见，讨论的内容也因此答非所问。

(5) 本章主要讨论具有六方和菱方结构的复杂合金相的结构与缺陷，没有涉及具有六方和菱方结构的铁电氧化物及其在应变条件下的微结构问题。$BiFeO_3$ 是具有菱方结构的多铁性氧化物，外延生长在一定衬底上的纳米尺度 $BiFeO_3$ 薄膜可以产生一系列丰富的拓扑畴结构(图 5.90)。读者如有兴趣进行扩展阅读，可参阅作者团队近年来基于像差校正电子显微成像对菱方 $BiFeO_3$ 所作的一系列工作[73-90]。

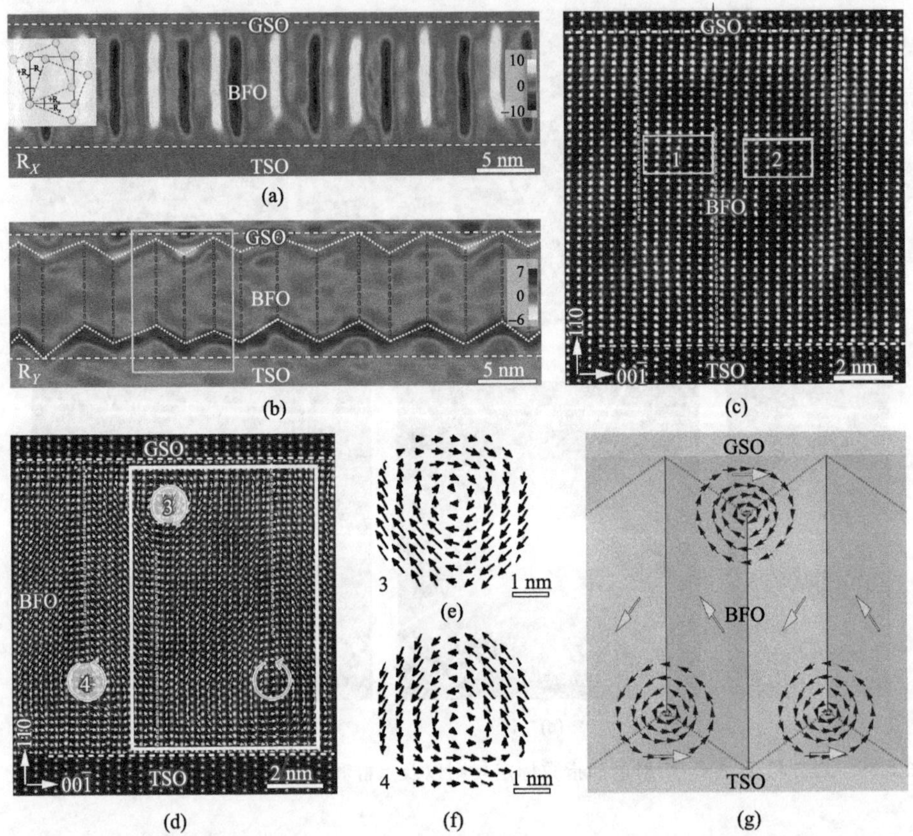

图 5.90　生长在 $TbScO_3(010)_0$ 衬底上的 $BiFeO_3$(10 nm)/$GdScO_3$(3 nm)/$BiFeO_3$(10 nm)多层膜的像差校正电子显微解析。$BiFeO_3$ 层中靠近异质界面处形成了周期性的、由正交和菱方两相构成的极化涡旋结构(耿皖荣等[80])。(参见书后彩图)

参考文献

[1]　本斯 G，格莱泽 A M. 固体科学中的空间群. 俞文海，等，译. 北京：高等教育出版社，1984.

[2]　Bradley A J, Lu S S, An X. An X-Ray Study of the chromium-aluminium equilibrium diagram. J. Inst. Met., 1937, 60: 319-337.

[3]　Cooper M J. The structure of the intermetallic phase θ (Cr-Al). Acta Crystallogr., 1960, 13 (3): 257-263.

[4]　Inoue A, Kimura H, Masumoto T. Formation, thermal stability and electrical resistivity of quasicrystalline phase in rapidly quenched Al-Cr alloys. J Mater. Sci., 1987, 22(5): 1758-

1768.

[5] Zhang H, Wang D H, Kuo K H. Quasicrystals, crystalline phases, and multiple twins in rapidly solidified Al-Cr alloys. Phys. Rev. B, 1988, 37(11): 6220-6225.

[6] Swamy V T, Ranganathan S, Chattopadhyay K. Rapidly solidified Al-Cr alloys: Crystalline and quasicrystalline phases. J. Mater. Res., 1989, 4(3): 539-551.

[7] Pratt J N, Raynor G V. The aluminium-rich alloys of the system aluminium chromium iron. J. Inst. Met., 1952, 80(8): 449-458.

[8] Little K. The ternary compound-e in the system aluminium chromium magnesium. J. Inst. Met., 1954, 82(9): 463-464.

[9] Henley C L. Crystals and quasicrystals in the aluminum-transition metal system. J. Non-Cryst., 1985, 75(1-3): 91-96.

[10] Wen K Y, Chen Y L, Kuo K H. Crystallographic relationships of the Al_4Cr crystalline and quasicrystalline phases. Metall. Trans. A(USA), 1992, 23(9): 2437-2445.

[11] He Z B, Kuo K H. Hexagonal phases consisting of icosahedral chains/networks in (0 0 1) layers in Al-Cr-Si alloys. J. Alloys Compd., 2004, 373(1-2): 39-47.

[12] He Z B, Kuo K H. A family of hexagonal and orthorhombic $(Al, Si)_4Cr$ approximants of quasicrystals. J. Alloys Compd., 2006, 424(1-2): 164-170.

[13] Bendersky L A, Roth R S, Ramon J T, et al. Crystallographic characterization of some intermetallic compounds in the Al-Cr system. Metall. Trans. A, 1991, 22(1): 5-10.

[14] Audier M, Durand-Charre M, Laclau E, et al. Phase equilibria in the Al-Cr system. J. Alloys Compd., 1995, 220(1-2): 225-230.

[15] Shoemaker C B, Keszler D A, Shoemaker D P. Structure of $\mu-MnA_{14}$ with composition close to that of quasicrystal phases. Acta Crystallogr. Sec. B, 1989, 45(1): 13-20.

[16] Taylor M A. The crystal structure of Mn_3Al_{10}. Acta Crystallogr, 1959, 12(5): 393-396.

[17] Robinson K. The structure of β (AlMnSi) - Mn_3SiAl_9. Acta Crystallogr., 1952, 5(4): 397-403.

[18] Bradley A J, Cheng C S. The crystal structure of Co_2Al_5. Z. Kristallogr., 1938, 99(1-6): 480-487.

[19] Robinson K. The unit cell and Brillouin zones of $Ni_4Mn_{11}Al_{60}$ and belated compounds. Edin. Dubl. Philos. Mag. J. Sci., 1952, 43(342): 775-782.

[20] Zhou W L, Li X Z, Kuo K H. A new hexagonal metastable phase coexisting with the diagonal quasicrystal in Al-Cr-Ni and Al-Mn-Ni alloys. Scripta Metal., 1989, 23(9): 1571-1574.

[21] Corby R N, Black P J. The structure of α-(AlFeSi) by anomalous-dispersion methods. Acta Crystallogr. Sec. B, 1977, 33(11): 3468-3475.

[22] He Z B, Zou X D, Hovmöller S, Oleynikov P, Kuo K H. Structure determination of the hexagonal quasicrystal approximant $\mu'-(Al, Si)_4Cr$ by the strong reflections approach. Ultramicroscopy, 2007, 107(6-7): 495-500.

[23] Kreiner G, Franzen F H. Crystal-structure of lambda-$MnAl_4$. J. Alloys Compd., 1993, 202: L21-L23.

[24] Franzen H F, Kreiner G. Crystal structure of λ-$MnAl_4$. J. Alloys Compd., 1997, 261: 83-104.

[25] Hudd R C, Taylor W H. The structure of Co_4Al_{13}. Acta Crystallogr., 1962, 15(5): 441-442.

[26] Ma X L, Li X Z, Kuo K H. A family of τ-inflated monoclinic $Al_{13}Co_4$ phases. Acta Crystallogr B, 1995, 51(1): 36-43.

[27] He Z B, Kuo K H. Crystal structure of the primitive orthorhombic ε'-$(Al, Si)_4Cr$ phase. J. Alloys Compd., 2005, 395(1-2): 117-125.

[28] Inoue A, Kawamura Y, Matsushita M, et al. Novel hexagonal structure and ultrahigh strength of magnesium solid solution in the Mg-Zn-Y system. J. Mater. Res., 2001, 16(7): 1894-1900.

[29] Kawamura Y, Hayashi K, Inoue A, et al. Rapidly solidified powder metallurgy $Mg_{97}Zn_1Y_2$ Alloys with excellent tensile yield strength above 600 MPa. Mater. Trans., 2001, 42(7): 1172-1176.

[30] Shao X H, Peng Z Z, Jin Q Q, et al. Atomic-scale segregations at the deformation-induced symmetrical boundary in an Mg-Zn-Y alloy. Acta Mater., 2016, 118: 177-186.

[31] Shao X H, Peng Z Z, Jin Q Q, et al. Unravelling the local ring-like atomic pattern of twin boundary in an Mg-Zn-Y alloy. Philos. Mag., 2019, 99(3): 306-317.

[32] Shao X H, Yang Z Q, Ma X L. Strengthening and toughening mechanisms in Mg-Zn-Y alloy with a long period stacking ordered structure. Acta Mater., 2010, 58(14): 4760-4771.

[33] Shao X H, Zheng S J, Chen D, et al. Deformation twinning induced decomposition of lamellar LPSO structure and its re-precipitation in an Mg-Zn-Y alloy. Sci. Rep., 2016, 6(1): 30096.

[34] Jin Q Q, Fang C F, Mi S B. Formation of long-period stacking ordered structures in $Mg_{88}M_5Y_7$ (M= Ti, Ni and Pb) casting alloys. J. Alloys Compd., 2013, 568: 21-25.

[35] Egusa D, Abe E. The structure of long period stacking/order Mg-Zn-RE phases with extended non-stoichiometry ranges. Acta Mater., 2012, 60(1): 166-178.

[36] Yamasaki M, Matsushita M, Hagihara K, et al. Highly ordered 10H-type long-period stacking order phase in a Mg-Zn-Y ternary alloy. Scr. Mater., 2014, 78: 13-16.

[37] Kawamura Y, Kasahara T, Izumi S, et al. Elevated temperature $Mg_{97}Y_2Cu_1$ alloy with long period ordered structure. Scr. Mater., 2006, 55(5): 453-456.

[38] Kawamura Y, Yamasaki M. Formation and mechanical properties of $Mg_{97}Zn_1Re_2$ alloys with long-period stacking ordered structure. Mater. Trans., 2007, 48(11): 2986-2992.

[39] Itoi T, Takahashi K, Moriyama H, et al. A high-strength Mg-Ni-Y alloy sheet with a long-period ordered phase prepared by hot-rolling. Scr. Mater., 2008, 59(10): 1155-1158.

[40] Matsuda M, Ii S, Kawamura Y, et al. Variation of long-period stacking order structures in rapidly solidified $Mg_{97}Zn_1Y_2$ alloy. Mater. Sci. Eng.: A, 2005, 393(1-2): 269-274.

[41] Abe E, Ono A, Itoi T, et al. Polytypes of long-period stacking structures synchronized with chemical order in a dilute Mg-Zn-Y alloy. Philos. Mag. Lett., 2011, 91(10): 690-696.

[42] Yokobayashi H, Kishida K, Inui H, et al. Enrichment of Gd and Al atoms in the quadruple close packed planes and their in-plane long-range ordering in the long period stacking-ordered phase in the Mg-Al-Gd system. Acta Mater., 2011, 59(19): 7287-7299.

[43] Mi S B, Jin Q Q. New polytypes of long-period stacking ordered structures in Mg-Co-Y alloys. Scr. Mater., 2013, 68(8): 635-638.

[44] Jin Q-Q, Mi S-B. Intermetallic phases in Mg-Co-Y alloys. J. Alloys Compd., 2014, 582: 130-134.

[45] Jin Q Q, Shao X H, Hu X B, et al. New polytypes of LPSO structures in an Mg-Co-Y alloy. Philos. Mag., 2017, 97(1): 1-16.

[46] Jin Q Q, Shao X H, Hu X B, et al. New polytypes of long-period stacking ordered structures in a near-equilibrium $Mg_{97}Zn_1Y_2$ alloy. Philos. Mag. Lett., 2017, 97(5): 180-187.

[47] 郭可信，叶恒强，吴玉琨. 电子衍射图在晶体学中的应用. 北京：科学出版社，1983.

[48] Liu C, Zhu Y, Luo Q, et al. A 12R long-period stacking-ordered structure in a Mg-Ni-Y alloy. J. Mater. Sci. Tech., 2018, 34(12): 2235-2239.

[49] Luo Z P, Zhang S Q. High-resolution electron microscopy on the X-$Mg_{12}ZnY$ phase in a high strength Mg-Zn-Zr-Y magnesium alloy. J. Mater. Sci. Lett., 2000, 19(9): 813-815.

[50] Jin Q Q, Shao X H, Peng Z Z, et al. Crystallographic account of an ultra-long period stacking ordered phase in an $Mg_{88}Co_5Y_7$ alloy. J. Alloys Compd., 2017, 693: 1035-1038.

[51] Kishida K, Yokobayashi H, Inui H, et al. The crystal structure of the LPSO phase of the 14H-type in the Mg-Al-Gd alloy system. Intermetallics, 2012, 31: 55-64.

[52] Jin Q, Shao X, Peng Z, et al. Stacking faults and growth twins in long-period stacking-ordered structures in Mg-Co-Y alloys. Adv. Eng. Mater., 2020, 22(4): 1901029.

[53] Orowan E. A type of plastic deformation new in metals. Nature, 1942, 149(3788): 643-644.

[54] Hagihara K, Kinoshita A, Sugino Y, et al. Plastic deformation behavior of $Mg_{89}Zn_4Y_7$ extruded alloy composed of long-period stacking ordered phase. Intermetallics, 2010, 18(5): 1079-1085.

[55] Matsumoto R, Yamasaki M, Otsu M, et al. Forgeability and flow stress of Mg-Zn-Y alloys with long period stacking ordered structure at elevated temperatures. Mater. Trans., 2009, 50(4): 841-846.

[56] Yamasaki M, Hagihara K, Inoue S i, et al. Crystallographic classification of kink bands in an extruded Mg-Zn-Y alloy using intragranular misorientation axis analysis. Acta Mater.,

2013, 61(6): 2065-2076.

[57] Nie J F, Zhu Y M, Liu J Z, et al. Periodic segregation of solute atoms in fully coherent twin boundaries. Science, 2013, 340(6135): 957-960.

[58] Das S K, Kim Y M, Ha T K, et al. Investigation of anisotropic diffusion behavior of Zn in hcp Mg and interdiffusion coefficients of intermediate phases in the Mg - Zn system. Calphad., 2013, 42: 51-58.

[59] Das S K, Kang Y B, Ha T, et al. Thermodynamic modeling and diffusion kinetic experiments of binary Mg-Gd and Mg-Y systems. Acta Mater., 2014, 71: 164-175.

[60] Peng Z Z, Shao X H, Jin Q Q, et al. Dislocation configuration and solute redistribution of low angle kink boundaries in an extruded Mg-Zn-Y-Zr alloy. Mater. Sci. Eng.: A, 2017, 687: 211-220.

[61] Wu Z, Curtin W A. The origins of high hardening and low ductility in magnesium. Nature, 2015, 526(7571): 62-67.

[62] Hu W W, Yang Z Q, Ye H Q. Cottrell atmospheres along dislocations in long-period stacking ordered phases in a Mg-Zn-Y alloy. Scripta Mater., 2016, 117: 77-80.

[63] Yang Z, Chisholm M F, Duscher G, et al. Direct observation of dislocation dissociation and Suzuki segregation in a Mg-Zn-Y alloy by aberration-corrected scanning transmission electron microscopy. Acta Mater., 2013, 61(1): 350-359.

[64] Shao X H, Yang Z Q, Ma X L. Interplay between deformation twins and basal stacking faults enriched with Zn/Y in $Mg_{97}Zn_1Y_2$ alloy. Philos. Mag. Lett., 2014, 94(3): 150-156.

[65] Wang J, Beyerlein I J, Tomé C N. An atomic and probabilistic perspective on twin nucleation in Mg. Scripta Mater., 2010, 63(7): 741-746.

[66] Liu B - Y, Wang J, Li B, et al. Twinning-like lattice reorientation without a crystallographic twinning plane. Nat. Mater., 2014, 5(1): 1-6.

[67] Shao X H, Peng Z Z, Jin Q Q, et al. Atomic scale characterizing interaction between {1013} twin and stacking faults with solute atoms in an Mg-Zn-Y alloy. Mater. Sci. Eng.: A, 2017, 700: 468-472.

[68] Barnett M R, Ghaderi A, Da Fonseca J Q, et al. Influence of orientation on twin nucleation and growth at low strains in a magnesium alloy. Acta Mater., 2014, 80: 380-391.

[69] Gharghouri M A, Weatherly G C, Embury J D. The interaction of twins and precipitates in a Mg-7. 7 at.% Al alloy. Philos. Mag. A, 1998, 78(5): 1137-1149.

[70] Shao X H, Jin Q Q, Zhou Y T, et al. Basal shearing of twinned stacking faults and its effect on mechanical properties in an Mg-Zn-Y alloy with LPSO phase. Mater. Sci. Eng.: A, 2020, 779: 139109.

[71] Gladman T. Precipitation hardening in metals. Mater. Sci. Techs., 1999, 15(1): 30-36.

[72] Ma X L, Zhu Y L, Wang X H, et al. Microstructural characterization of bulk Ti_3AlC_2 ceramics. Philos. Mag., 2004, 84(28): 2969-2977.

[73] Wang W Y, Tang Y L, Zhu Y L, et al. Atomic level 1D structural modulations at the negatively charged domain walls in $BiFeO_3$ films. Adv. Mater. Interfaces, 2015, 2(9): 1500024.

[74] Wang W Y, Zhu Y L, Tang Y L, et al. Large scale arrays of four-state vortex domains in $BiFeO_3$ thin film. Appl. Phys. Lett., 2016, 109(20): 202904.

[75] Liu Y, Zhu Y L, Tang Y L, et al. Local enhancement of polarization at $PbTiO_3/BiFeO_3$ interfaces mediated by charge transfer. Nano Lett., 2017, 17(6): 3619-3628.

[76] Wang W Y, Zhu Y L, Tang Y L, et al. Atomic mapping of structural distortions in 109° domain patterned $BiFeO_3$ thin films. J. Mater. Res., 2017, 32(12): 2423-2430.

[77] Tang Y L, Zhu Y L, Liu Y, *et al.* Giant linear strain gradient with extremely low elastic energy in a perovskite nanostructure array. Nat. Commun., 2017, 8: 15594.

[78] Liu Y, Zhu Y L, Tang Y L, et al. Controlled growth and atomic-scale mapping of charged heterointerfaces in $PbTiO_3/BiFeO_3$ bilayers. ACS Appl. Mater. Int., 2017, 9(30): 25578-25586.

[79] Zhang S R, Guo X W, Tang Y L, et al. Polarization rotation in ultrathin ferroelectrics tailored by interfacial oxygen octahedral coupling. ACS Nano, 2018, 12(4): 3681-3688.

[80] Geng W R, Guo X W, Zhu Y L, et al. Rhombohedral-orthorhombic ferroelectric morphotropic phase boundary associated with a polar vortex in $BiFeO_3$ films. ACS Nano, 2018, 12(11): 11098-11105.

[81] Han M J, Wang Y J, Tang Y L, et al. Shape and surface charge modulation of topological domains in oxide multiferroics. J. Phys. Chem. C, 2019, 123(4): 2557-2564.

[82] Zou M J, Tang Y L, Zhu Y L, et al. Anisotropic strain: A critical role in domain evolution in (111)-Oriented ferroelectric films. Acta Mater., 2019, 166: 503-511.

[83] Han M J, Eliseev E A, Morozovska A N, et al. Mapping gradient-driven morphological phase transition at the conductive domain walls of strained multiferroic films. Phys. Rev. B, 2019, 100(10): 104109.

[84] Geng W R, Tian X H, Jiang Y X, et al. Unveiling the pinning behavior of charged domain walls in $BiFeO_3$ thin films via vacancy defects. Acta Mater., 2020, 186: 68-76.

[85] Han M J, Tang Y L, Wang Y J, et al. Charged domain wall modulation of resistive switching with large ON/OFF ratios in high density $BiFeO_3$ nano-islands. Acta Mater., 2020, 187: 12-18.

[86] Geng W R, Guo X W, Zhu Y L, et al. Oxygen octahedral coupling mediated ferroelectric-antiferroelectric phase transition based on domain wall engineering. Acta Mater., 2020, 198: 145-152.

[87] Geng W R, Tang Y L, Zhu Y L, et al. Boundary conditions control of topological polar nanodomains in epitaxial $BiFeO_3$(110) multilayered films. J. Appl. Phys., 2020, 128(18): 184103.

[88] Wang Y J, Geng W R, Tang Y L, et al. Construction of novel ferroelectric topological

structures and their structural characteristics at sub-angstrom level. Acta Phys. Sin., 2020, 69(21): 216801.

[89] Zou M J, Tang Y L, Zhu Y L, et al. Flexoelectricity-induced retention failure in ferroelectric films. Acta Mater., 2020, 196: 61-68.

[90] Zou M J, Tang Y L, Zhu Y L, et al. Deterministic contribution of low symmetry phases to piezoresponse in oxide ferroelectrics. Acta Mater., 2021, 205: 116534.

第6章

奥氏体不锈钢中的立方晶体：硫化物和氧化物

6.1 立方晶系的晶体学特征

立方晶系是大家熟知的具有最高对称性的晶系。在立方晶系中，重要的对称元素是沿着立方单胞体对角线<111>方向的4个三次轴，而不是立方体上容易看到的3个相互垂直的四次轴。因此，没有四次轴的立方晶体是完全可能的。用群论可以证明，如果晶体有一个以上的三次轴，那么它就必定同时有4个三次轴。由每两个之间夹角是109°28′的4个三次轴就会产生出一个新的晶系，称之为立方晶系。其晶胞参数之间的关系为

$$a=b=c,\ \alpha=\beta=\gamma=90°$$

对于立方晶系，其点群有5种：23、$2/m\bar{3}$(简写m3)、432、$\bar{4}3m$、$4/m\bar{3}2/m$(简写m3m)。立方晶系有三种布拉维点阵类型，它们分别为：简单立方(P)、面心立方(FCC)、体心立方(BCC)。把它们同非点式对称元素组合起来，得到36种立方空间群。

由于立方晶体晶胞参数之间特殊的几何关系，两个晶向之间的夹角与晶体的晶胞参数大小无关，它们可以用极射赤面投影图表示(如图6.1)。同理，相同指数倒易面上的衍射谱构型(矢量的比值以及夹角)与晶体的晶胞参数大小无关，这使得立方晶系中任何一

个点阵类型的晶体都有一个“标准”的电子衍射图谱，它们常见于各类晶体学教科书中。

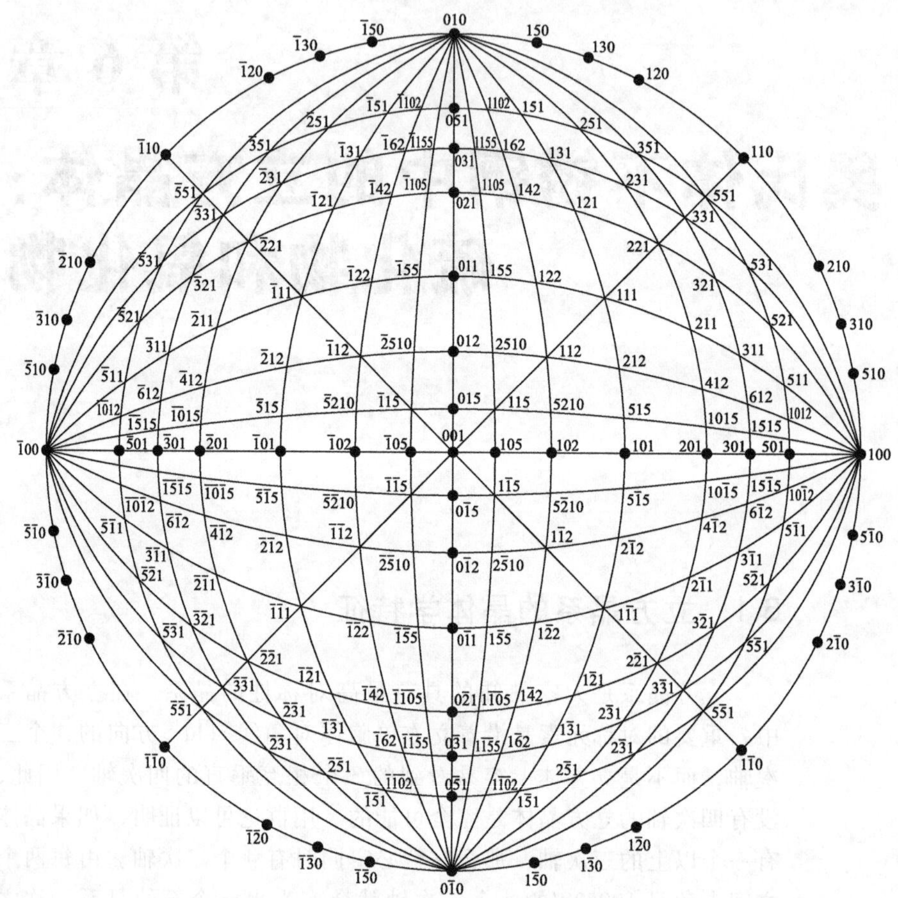

图 6.1　立方晶体(001)极射赤面投影图

一个晶面(hkl)发生衍射的必要条件是它需要满足布拉格定律($2d\sin\theta=\lambda$)，然而并不是所有满足布拉格定律的晶面都能够发生衍射，因为这里还涉及结构因子的问题。晶面(hkl)的结构因子表示晶胞内所有原子的散射波在衍射方向上的合成振幅，它可以表示为

$$F(h, k, l)=\sum_{i=1}^{n} f_i(h, k, l)\exp[2\pi i(hx_i+ky_i+lz_i)]$$

式中，f_i 是指晶胞中位于 r_i 的第 i 个原子的原子散射振幅。衍射强度 $I\propto|F(hkl)|^2$。

对于简单立方晶体，单胞中只有一个原子或结构单元，这时，

$$F(h,\ k,\ l)=f(h,\ k,\ l)$$

对于体心立方晶体，单胞中有两个相同的原子或结构单元，它们的位置分别为(0，0，0)和(1/2，1/2，1/2)。这样，结构因子可表示为

$$F(h,\ k,\ l)=f(h,\ k,\ l)\{1+\exp[\pi i(h+k+l)]\}$$

式中，当 $h+k+l=2n$ 时，$F(h,\ k,\ l)=2f(h,\ k,\ l)$；当 $h+k+l\neq 2n$ 时，$F(h,\ k,\ l)=0$，即衍射点消光。

对于面心立方晶体，单胞中有 4 个相同的原子或结构单元，它们的位置分别为(0，0，0)、(0，1/2，1/2)、(1/2，0，1/2)和(1/2，1/2，0)。这样，结构因子可表示为

$$F(h,\ k,\ l)=f(h,\ k,\ l)\ \{1+\exp[\pi i(h+k)]+\exp[\pi i(h+l)]+\exp[\pi i(k+l)]\}$$

式中，当 h，k，l 同为奇数或偶数时，$F(h,\ k,\ l)=4f(h,\ k,\ l)$；当 h，k，l 为奇偶混杂时，$F(h,\ k,\ l)=0$，即衍射点消光。

如果我们把不消光的所有衍射点用一个三维倒易阵点来表示，那么简单立方晶体对应简单立方倒易阵点，体心立方晶体对应面心立方倒易阵点，面心立方晶体对应体心立方倒易阵点，如图 6.2～图 6.4 所示。

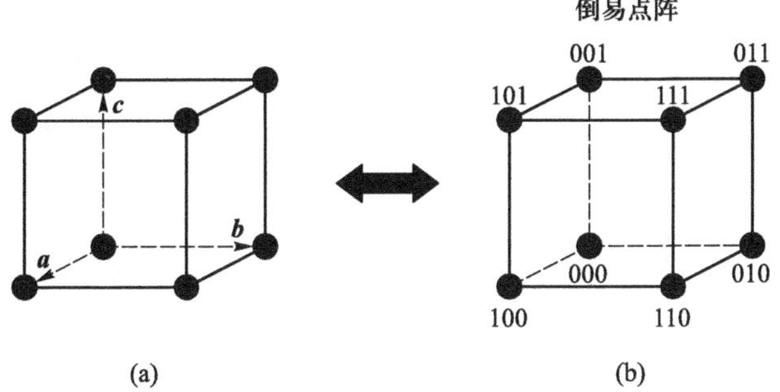

图 6.2 简单立方晶体(a)及其倒易点阵(b)

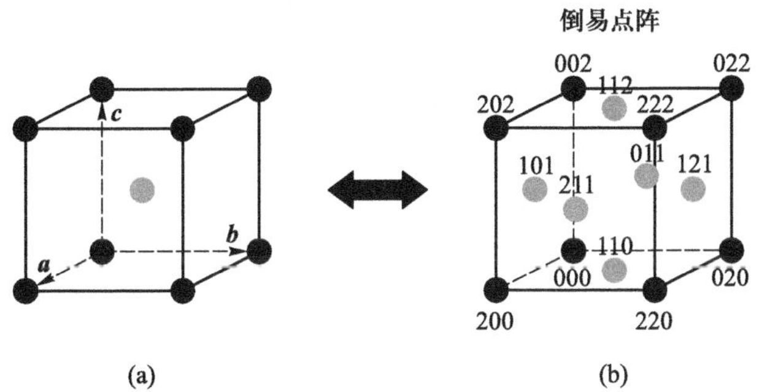

图 6.3 体心立方晶体(a)及其倒易点阵(b)

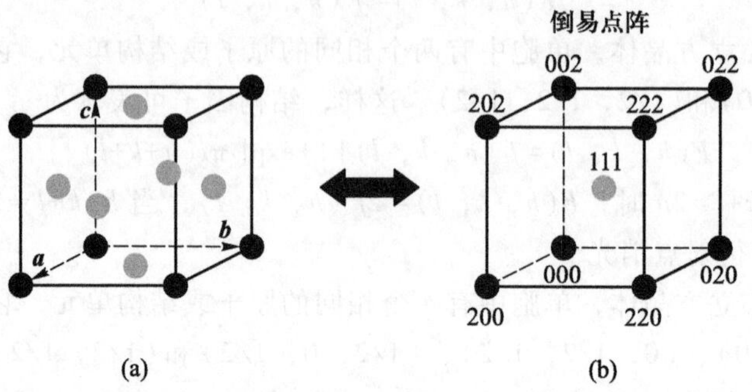

图 6.4　面心立方晶体(a)及其倒易点阵(b)

本书作者在每学年授课的结尾通常以奥氏体不锈钢的点蚀作为经典案例，详细介绍透射电子显微技术的综合应用，其中涉及的立方晶体有奥氏体、MnS、$MnCr_2O_4$ 等。

6.2　奥氏体不锈钢中的 MnS

Mn 是奥氏体不锈钢中重要的合金元素。除了可以稳定奥氏体，Mn 元素与 S 元素的结合能力较强，容易形成 MnS 夹杂。添加 Mn 元素可以抑制 FeS 在晶界的形成(晶界析出的 FeS 会严重损害钢铁的热加工性能)。此外，MnS 可以改善不锈钢的可加工性，在易切削不锈钢中发挥重要作用。

奥氏体不锈钢材料[图 6.5(a)]在使用前一般要经历热轧或者冷轧，这个过程中会使 MnS 夹杂物变形成长条状。图 6.5(b)和图 6.5(c)是商用热轧态 316F 型奥氏体不锈钢(新日铁)中 MnS 夹杂分布特征的扫描电子显微镜(scanning electron microscope，SEM)图片，分别从平行于和垂直于轧制方向展示了长条状 MnS 夹杂物在不锈钢中的分布，可以看到夹杂物沿轧制方向被拉长了。基于对几百个夹杂物的尺寸统计，可知它们的长度为 20~50 μm，直径为 0.3~1 μm[图 6.5(d)和图 6.5(e)]。系列电子衍射表明 MnS 具有面心立方点阵(图 6.6)，其点阵参数为 $a = 0.52$ nm。

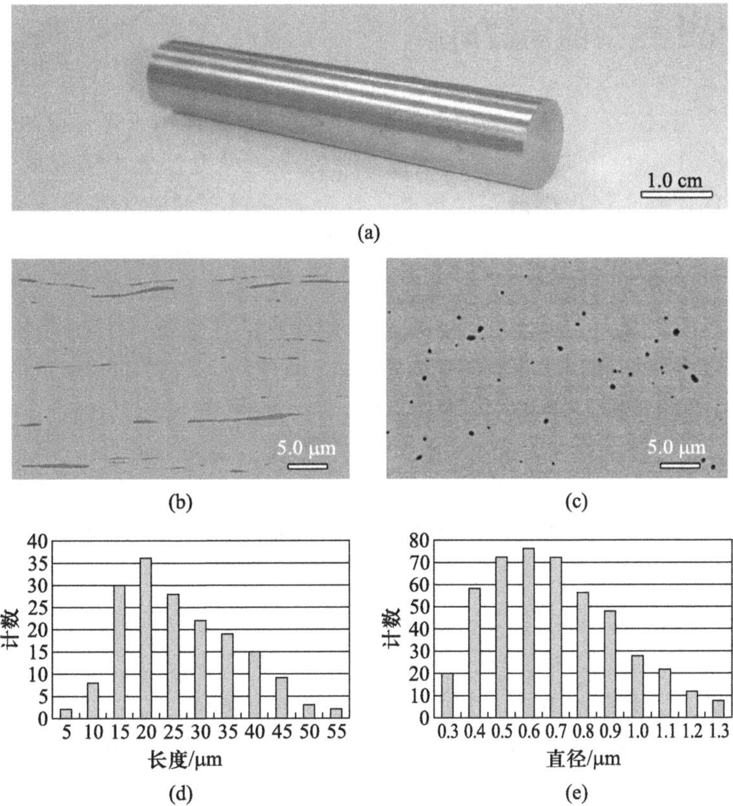

图 6.5 热轧态 316F 奥氏体不锈钢中 MnS 夹杂物的分布特征：(a) 直径约 1 cm 的棒状样材；(b) 平行于轧制方向的 SEM 图片显示条状特征；(c) 垂直于轧制方向的 SEM 图片显示小的圆盘状特征；(d)、(e) 从数百个 MnS 夹杂统计出的长度(d)和直径(e)分布(郑士建等[1])

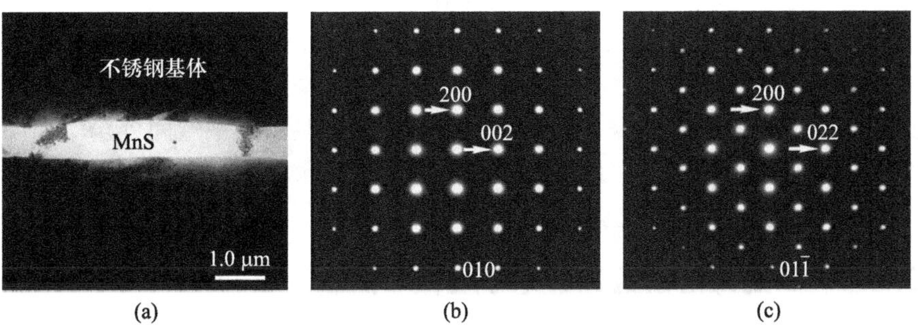

图 6.6 (a)包埋在不锈钢基体里的 MnS 夹杂的明场像；(b)、(c)[010] (b)和[$01\bar{1}$] (c)的电子衍射图(郑士建等[1])

6.3　MnS 夹杂的局域溶解

钝性金属材料具有优异的耐腐蚀能力，但是当其应用于含有侵蚀性阴离子(如氯离子)的环境中时，易发生点蚀。点蚀是一种腐蚀集中于金属表面很小范围内并深入到金属内部的腐蚀形态。这种腐蚀形态的破坏性和隐患性极大，而且难以控制[2-5]。点蚀已成为腐蚀领域中的经典问题，一直被人们所关注[6-21]。点蚀通常分为形核、长大和稳定三个阶段。点蚀形核作为点蚀发生的第一步，一旦完成可能会迅速扩展进而形成稳定的点蚀坑，所以点蚀形核发生的难易程度在一定程度上影响着材料的抗点蚀性能。延长点蚀形核的诱导期、减缓点蚀形核的速率等都将有效提高材料的抗点蚀能力，而其理论基础是要对点蚀形核阶段的机理有深入的认识。近几十年来，虽然人们对点蚀机理的研究从未间断，但是对于点蚀形核阶段一些问题的认识受研究手段空间分辨率的限制尚不清楚甚至存在一些争议，制约了对点蚀机理的深入认识及抗点蚀措施的改进。

一般认为，奥氏体不锈钢的点蚀起始于 MnS 夹杂的局域溶解[6-9,15-20]，但是，不同 MnS 夹杂之间以及同一 MnS 夹杂内部的溶解活性存在差异，点蚀的发生通常被认为是随机和不可预测的。Williams 和 Zhu[21] 从冶金学的角度提出 MnS 夹杂周围可能存在贫 Cr 区，并认为贫 Cr 区优先发生溶解可能是点蚀萌生的机制之一。基于这个设想，Ryan 等[13] 通过聚焦离子束技术加工 MnS 区域，之后对该区域进行了二次离子质谱分析。他们在 MnS 颗粒周围几百纳米范围内的不锈钢基体中发现了 Cr/Fe 比的下降，并认为这种贫 Cr 区容易触发点蚀。然而，Meng 等[11] 对上述不锈钢样品在扫描透射电子显微镜(scanning transmission electron microscope，STEM)下进行能量色散 X 射线谱(X-ray energy dispersive spectrum，EDS)分析，却并没有发现贫 Cr 区的存在。

尽管已经确认不锈钢点蚀的萌生与 MnS 夹杂密切相关，但由于缺乏 MnS 优先溶解位置的结构信息，点蚀的萌生与结构特征之间的关联依然无法建立，其原因是以往研究中普遍采用的分析手段不能提供具有高的空间分辨率和高的化学成分分辨能力的局部三维信息，如扫描电子显微术[8,14,16-19]，原子力显微术[16,18]以及扫描俄歇电子显微术[6,7,14]。

6.3.1　MnS 局域溶解的透射电子显微学解析

为了确定 MnS 局域溶解的初始位置以及对应的结构特征，需要在高的空间分辨率下对样品在化学介质中进行原位观察。郑士建等[1] 提出一种原位外环境透射电子显微技术，并对 MnS 溶解的初始位置进行了系统研究。在该方法中，首先对 316F 奥氏体不锈钢在透射电子显微镜（简称透射电镜）下进行详细观察，重点关注某一 MnS 夹杂的显微特征；其次，将透射电镜下的样品取出，放到氯化钠溶液中浸泡一定的时间；最后，将样品放回透射电镜，对比观察同一个 MnS 夹杂在氯化钠溶液中浸泡前后的微结构变化。透射电子显微成像采用高角环状暗场（high-angle annular dark-field，HAADF）技术[22]，该技术可以非常好地展示因原子序数差异以及样品厚度变化所导致的图像衬度变化。

图 6.7(a)是 316F 不锈钢的 SEM 图像，其中黑色条状衬度为 MnS 夹杂物。图 6.7(b)是单个 MnS 夹杂物的 HAADF 图像。样品在盐水中浸泡了 45 min 后，在透射电子显微镜中找到与图 6.7(b)相同的位置[图 6.7(c)]，通过对比图 6.7(b)和图 6.7(c)中用箭头标注的位置，可以看出 MnS 夹杂物发生了局域溶解。图 6.7(d)和图 6.7(e)是选取 5 个特征位置的放大对比图，清楚看出 MnS 的局域溶解起源于一个纳米尺度未溶解的核心。也就是说，MnS 在这个核心周围开始溶解，并逐渐向 MnS 内部扩展并且留下一个腐蚀坑。值得注意的是，腐蚀

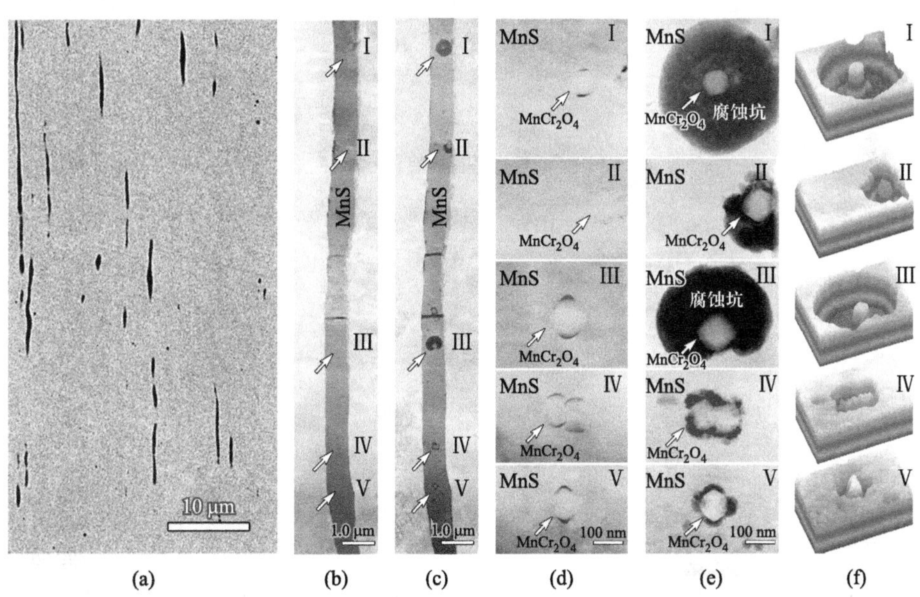

图 6.7 利用原位外环境透射电子显微学方法发现 MnS 的局域溶解起始于镶嵌在其中的纳米颗粒：(a) 实验中所用 316F 不锈钢样品的 SEM 照片，其中黑色条状物是 MnS 夹杂物；(b)、(c) MnS 夹杂腐蚀实验前(b)、后(c)的 HAADF 照片，可以看出 MnS 的非均匀溶解都发生在其中的纳米颗粒周围；(d)图(b)中箭头所指的纳米颗粒的放大图；(e)图(c)中 MnS 发生溶解的部分的放大图像；(f)对图(e)衬度数字处理得到的三维可视化图像（郑士建等[1]）。（参见书后彩图）

坑的出现意味着样品变薄，它们在 HAADF 成像模式下就表现为相对暗的衬度。把图 6.7(e)的衬度图像数字化后可以更清楚地看出这个溶解方式的三维特征[图 6.7(f)]。

在大量实验观察的基础上，图 6.8 选取了与 MnS 溶解相关的这些颗粒的高倍放大图(它们的放大倍数相同)。无论这些颗粒是在 MnS/不锈钢界面附近[图 6.8(a)~(d)、(g)、(l)、(m)、(r)、(s)、(v)~(x)]或者是在 MnS 的内部[图 6.8(e)，(f)，(h)~(k)，(n)~(q)]，它们都使得其周围的 MnS 发生优先溶解。也就是说，MnS 与颗粒的界面提供了 MnS 溶解的初始位置。通过对腐蚀前后几百个颗粒的统计测量(图 6.9)，发现它们是在同一个尺寸范围，这就意味着颗粒未发生腐蚀溶解。

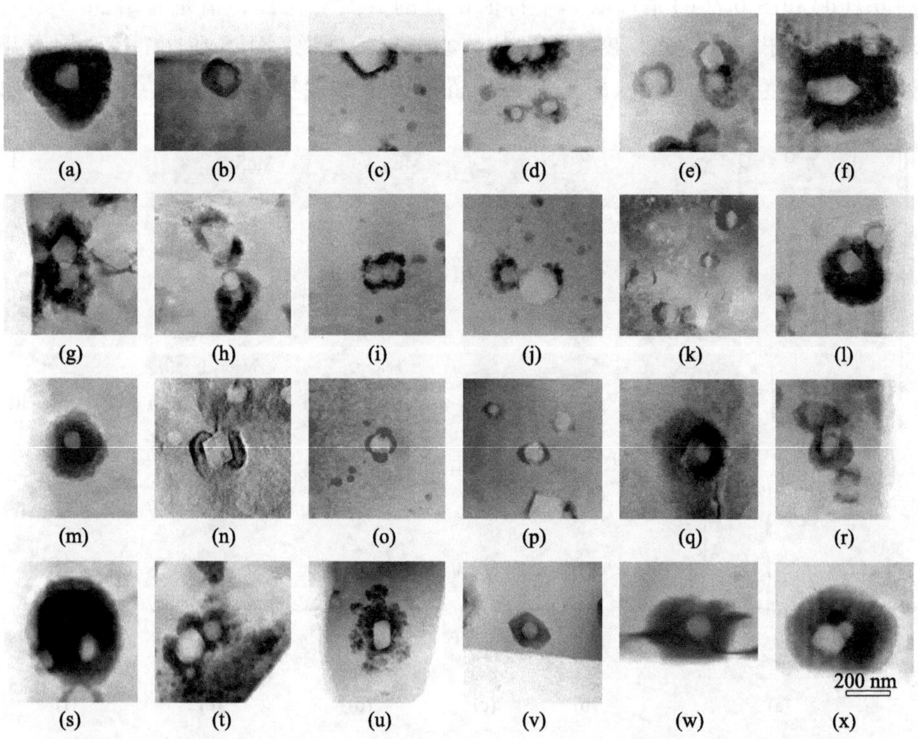

图 6.8　在颗粒周围发生 MnS 溶解的 HAADF 图像。这些图像来自在盐水中浸泡 30~60 min 的样品，同时它们的放大倍数相同。颗粒周围的蚀坑形态各不相同。这些颗粒具有不同的尺寸，但它们都是 MnS 夹杂溶解的初始位置(郑士建等[1])

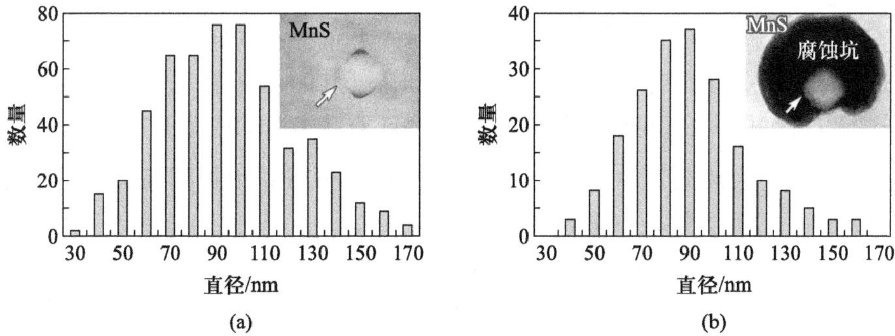

图 6.9 (a) 腐蚀实验前颗粒的尺寸分布(基于超过 500 个颗粒的统计)；(b) 腐蚀实验后点蚀坑内颗粒的尺寸分布，这是基于超过 200 个颗粒的统计数据(郑士建等[1])

6.3.2 导致 MnS 局域溶解的纳米颗粒的晶体学确定

在本书前面几章中，我们已经详细介绍了如何利用电子衍射确定物相的布拉维点阵类型及其晶体学参数。导致 MnS 局域溶解的纳米颗粒也可以通过电子衍射得到确定。图 6.10(a)是 MnS 夹杂的透射电镜明场像，图中用箭头标出了 MnS 中的两个纳米颗粒。在明场像模式下，颗粒的衬度越黑，说明它越接

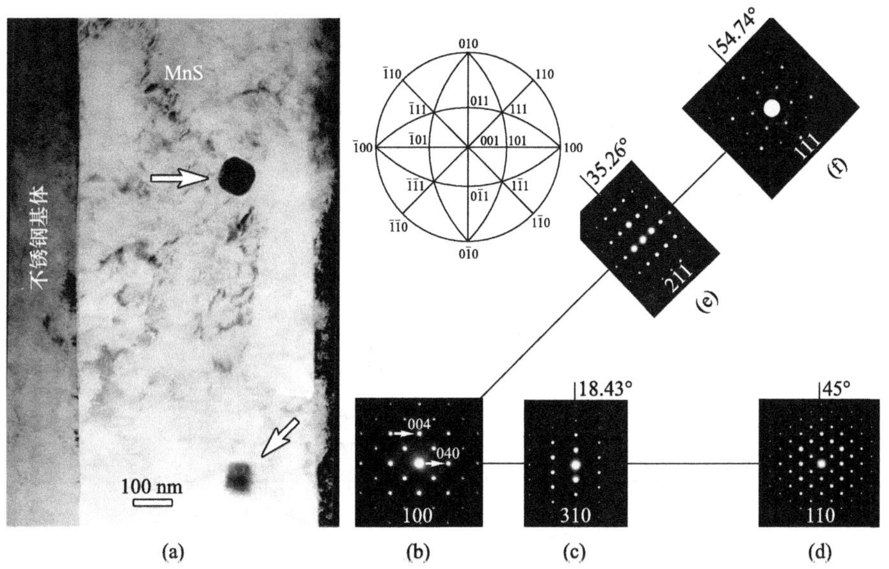

图 6.10 (a) MnS 夹杂的透射电镜明场像，箭头标注出两个包覆在其中的纳米颗粒；(b)～(f)系列电子衍射图及其它们之间的角度关系(郑士建等[1])，图中插图为立方晶体的极射赤面投影图

近低指数晶带轴。通过分析经大角度倾转获得的一系列电子衍射图[图 6.10(b)~(i)]的基本特征以及电子衍射图之间的夹角，可以确定这些颗粒具有面心立方(FCC)点阵。同时看到，当 $k \neq 4n$ 时，[100]晶带轴下(0k0)衍射点消光；(00l)衍射点也有相同的消光规律。这就意味着(100)面上有一个金刚石滑移。基于这些消光规律，可推得其空间群是 $Fd\bar{3}m$；根据倒易矢量的大小，可计算出晶格参数为 a = 0.84 nm。

利用能谱探测上述具有面心立方结构的小颗粒的化学成分。图 6.11(a)中标记出的水平线从左至右分别经过不锈钢基体、MnS、纳米颗粒，沿该水平线进行 EDS 线扫描分析，发现该颗粒主要由 Mn、Cr、O 以及小部分的 Ti 组成[图 6.11(b)]。结合布拉维点阵类型以及晶格参数，可以确定该颗粒是具有尖晶石结构的 $MnCr_2O_4$。如果考虑其中的小部分 Ti，该化合物可以写为 $Mn(Cr,Ti)_2O_4$。

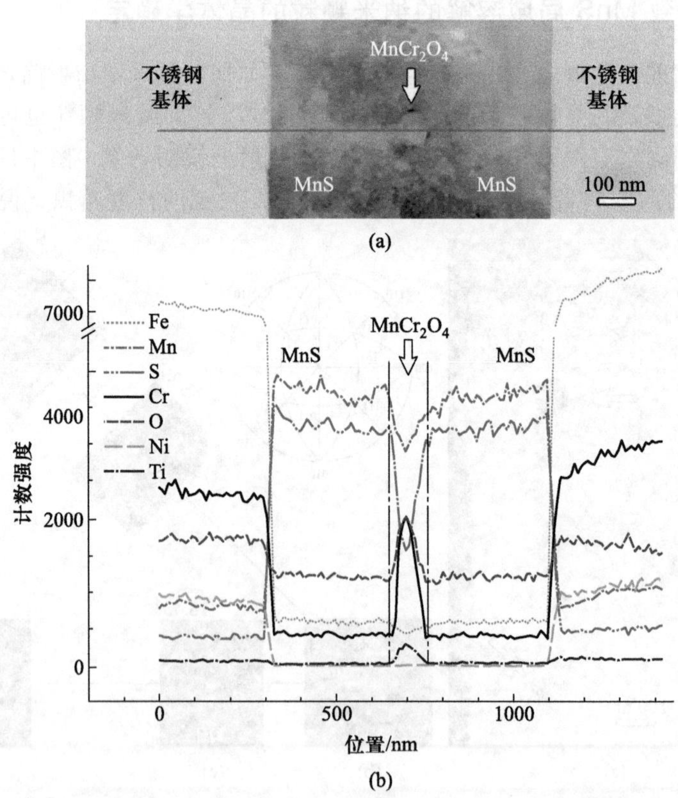

图 6.11　MnS 夹杂内小颗粒的成分分析：(a) 展示不锈钢基体、MnS 夹杂以及 MnS 内小颗粒空间分布的 HAADF 图像；(b)沿图(a)中标记出的水平线扫描进行 EDS 成分分析，可以看出该颗粒主要由 Mn、Cr、O 以及少量 Ti 组成(郑士建等[1])

对已导致周围 MnS 局域溶解的颗粒做类似的成分分析，如图 6.12 所示。图 6.12(b)是沿着图 6.12(a)中水平线的 EDS 线扫描图谱，将之与图 6.11(b)对比可以看出该类颗粒的成分在 MnS 局域溶解前后基本相同。一般来说，腐蚀实验前 $MnCr_2O_4$ 颗粒会或多或少地与周围的 MnS(图 6.11b)有些重叠。随着 MnS 的溶解，这种重叠会逐渐减弱。因此，腐蚀实验前 Mn 信号的相对强度会高于腐蚀实验后的相对强度。此外，在图 6.12(b)中还可以看到在 $MnCr_2O_4$ 颗粒周围，信号明显减弱，这正是 MnS 溶解后所留下的蚀坑。电子衍射分析证实在 MnS 溶解前和局域溶解后，这些颗粒都具有相同的结构和晶格参数。

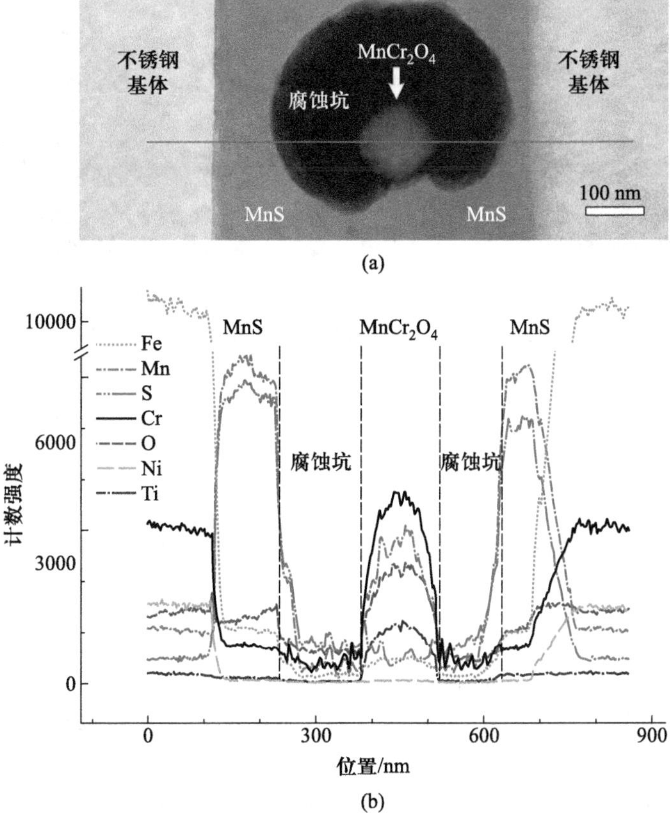

图 6.12 MnS 局域溶解后纳米颗粒的成分分析：(a) 展示不锈钢基体、MnS 夹杂、蚀坑以及 MnS 内小颗粒空间分布的 HAADF 图像；(b) 沿图(a)中标记出的水平线扫描进行 EDS 成分分析，可以看出该颗粒依旧由 Mn、Cr、O 以及少量 Ti 组成。蚀坑内 MnS 的信号很弱，清楚地说明 MnS 的溶解(郑士建等[1])

高分辨 TEM 图像证实溶解后的 MnS 展现出结构无序的特征。图 6.13(a)

是展示 $MnCr_2O_4$ 和 MnS 腐蚀坑之间界面的高分辨 TEM 图像，拍摄方向是 $MnCr_2O_4$ 的[110]晶带轴。图 6.13(b)是 MnS/腐蚀坑界面的高分辨 TEM 图像，拍摄方向是 MnS 的[100]晶带轴方向。由图 6.13 可以看出，$MnCr_2O_4$ 与腐蚀坑界面比较平直，而 MnS 与腐蚀坑界面有些不规则，这说明 MnS 溶解时 $MnCr_2O_4$ 颗粒基本没有变化。

图 6.13　(a) MnS 腐蚀坑与 $MnCr_2O_4$ 界面的高分辨 TEM 图像，沿着 $MnCr_2O_4$ 的[110]晶带轴拍摄；(b) MnS 与腐蚀坑界面的高分辨 TEM 图像，沿着 MnS 的[100]晶带轴拍摄。$MnCr_2O_4$ 与蚀坑界面比较平直，然而 MnS 与蚀坑界面不规则，这说明 MnS 溶解时 $MnCr_2O_4$ 未受到影响(郑士建等[1])

如何去除大尺寸的氧化物夹杂(通常在微米尺度)是不锈钢生产和加工过程中需要考虑的重要一环，这是因为大尺寸的氧化物夹杂不易变形从而降低了不锈钢的力学性能[23,24]。随着现代精炼技术的发展，工业上已经能够大幅度降低氧化物夹杂的尺寸从而满足高纯度钢的基本需求[25]。尽管如此，氧化物夹杂还是很容易形成，一般认为它们是在凝固的初始阶段形核[26-28]。在铸造过程中，因为 O 元素在奥氏体中的固溶度比在金属熔体状态时要低，因此容易析出，从而导致了 MnO 和 Cr_2O_3 首先形成，之后随着不锈钢的退火或热轧形成了 $MnCr_2O_4$。尽管上面介绍的 $MnCr_2O_4$ 颗粒处于纳米尺度，但它们以随机的取向几乎存在于所有的 MnS 夹杂物里，也存在于 MnS 与不锈钢界面附近。图 6.14 展示了几个 MnS 片段，可以看出 $MnCr_2O_4$ 纳米颗粒在每个 MnS 片段中是随机分布的。此外，这些纳米颗粒具有特定的形貌，这就意味着它们具有特定的三维几何形态，然而这些小尺度的氧化物夹杂在工程中受到的关注不多。

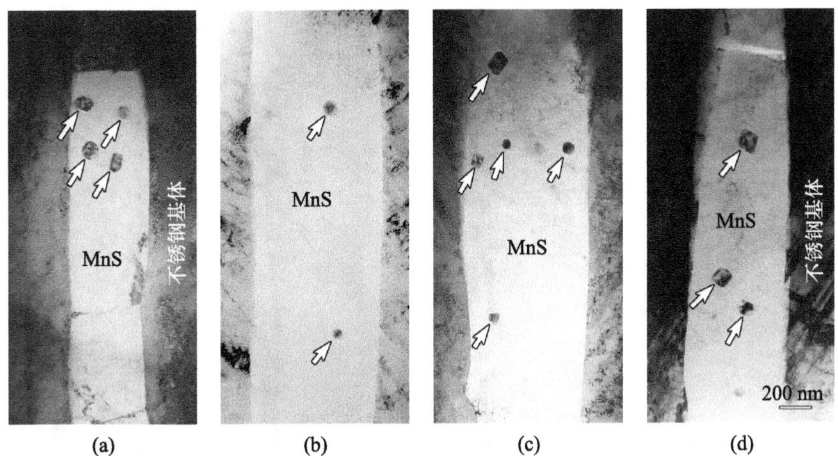

图 6.14　低倍明场像(放大倍数相同)展示了一系列的 MnS 夹杂物，其中尖晶石型 $MnCr_2O_4$ 纳米颗粒(箭头标出)随机分布。在明场像模式下，这些颗粒具有暗的衬度，意味着它们的取向接近某一低指数带轴。图中可以看出这些氧化物通常具有特定的几何形状(郑士建等[1])

6.3.3　MnS 局域溶解的扩展

原位透射电子显微观察能够为理解腐蚀过程提供丰富的晶体学和形态学细节。将不锈钢样品浸没在 NaCl 溶液中持续 5～90 min，可以发现一个不变的现象是 MnS 的局域溶解都起源于 MnS 与 $MnCr_2O_4$ 界面。也就是说哪里有 $MnCr_2O_4$ 颗粒，哪里就开始发生 MnS 的溶解。当浸入在盐水中小于 10 min 时，MnS 夹杂没有明显的变化。与此相比，当浸入盐水中 60 min 后，绝大部分 MnS 夹杂都发生了严重的溶解。原位观察显示，MnS 溶解一旦发生，会随着浸入在盐水中时间的增加而持续溶解。图 6.15(a)～(d)是展示腐蚀坑持续扩展的一系列 HAADF 图像，这些图像对应于样品在盐水中沉浸 15～60 min。图 6.15(a)是腐蚀实验前的 HAADF 图像，从中可以看出 $MnCr_2O_4$ 颗粒跟它周围的 MnS 衬度相似，这是由于它们具有相似的原子序数。然而，当 MnS 局域溶解发生之后，$MnCr_2O_4$ 颗粒便清晰可见。从图 6.15(b)～(d)中可以看出，随着浸入盐水时间的增加，$MnCr_2O_4$ 附近的腐蚀坑逐渐扩展。同时在 MnS 溶解的整个过程中，$MnCr_2O_4$ 颗粒的尺寸不变。

在经历 90 min 的腐蚀实验后，$MnCr_2O_4$ 周围 MnS 的溶解已非常严重，以至于相邻的腐蚀坑长大合并，如图 6.16(a)～(d)。在这种情况下，MnS 溶解已扩展到 MnS 与不锈钢的界面。一般认为不锈钢耐腐蚀的原因是不锈钢表面形

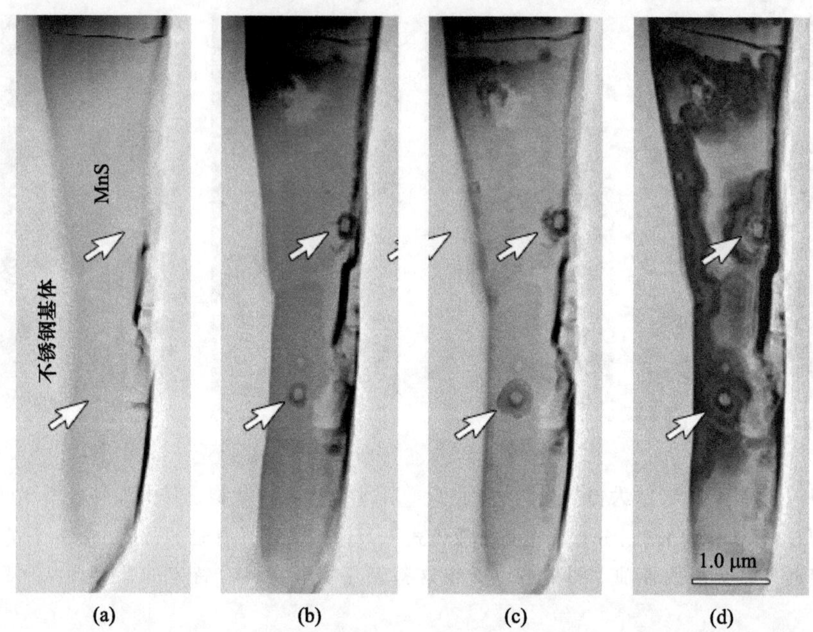

图 6.15　原位外环境透射电子显微成像展示在 1 mol/L NaCl 溶液中 MnS 局域溶解蚀坑的扩展，其中 $MnCr_2O_4$ 颗粒用箭头标出，这些图像是在 HAADF 模式下采集的，且对应相同的区域。腐蚀坑的形成来源于 $MnCr_2O_4$ 颗粒附近 MnS 的溶解：（a）浸入盐水之前，$MnCr_2O_4$ 颗粒和 MnS 衬度的差异很小，这是由于两者的原子序数接近；（b）浸入盐水 15 min 后，MnS 夹杂已发生局域溶解；（c）浸入盐水 30 min 后的 MnS 夹杂；（d）浸入盐水 60 min 后的 MnS 夹杂(郑士建等[1])

成了致密的钝化膜，MnS 的完全溶解会使其下方的不锈钢基体暴露于潮湿的环境中，从而使不锈钢遭受进一步的腐蚀。

另一个值得关注的现象是，尽管 $MnCr_2O_4$ 颗粒的尺寸相近，但它们周围 MnS 的溶解方式不尽相同，这说明 $MnCr_2O_4$ 颗粒在促使 MnS 溶解时表现出不同的表面活性。

$MnCr_2O_4$ 与 MnS 构成的异质界面对于理解 MnS 的局域溶解至关重要。图 6.17(a)是 $MnCr_2O_4$ 颗粒和 $MnCr_2O_4$/MnS 界面的明场像，图中可以看出在 $MnCr_2O_4$/MnS 的界面处存在两个弧形区域(图中显示明亮的衬度)，该弧形区域应该是不锈钢在轧制过程中由于 $MnCr_2O_4$ 和 MnS 之间的变形失配所导致，这种情况一般出现在具有硬相颗粒和软相基体的复合材料中。图 6.17(b)是弧形界面区域的高分辨 TEM 图像，可以看出该区域结构无序。图 6.17(c)所示的成分分布表明此处富集 Si 元素和 O 元素。在 HAADF 模式下，这一类非晶的区

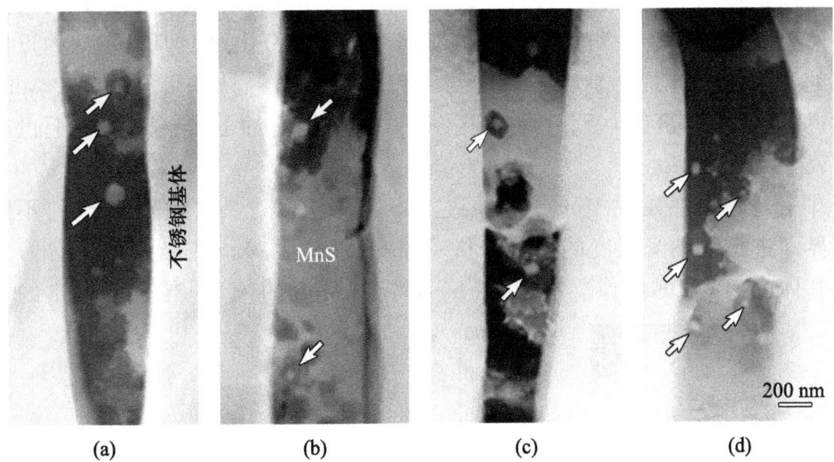

图 6.16　316F 不锈钢样品在 1 mol/L NaCl 溶液中浸泡了 90 min 后 MnS 的溶解情况。可以看出 MnS 中大部分区域都发生了溶解，一些腐蚀坑内的 $MnCr_2O_4$ 颗粒用箭头标出(郑士建等[1])

域因其富集轻元素而显示出暗的衬度[如图 6.17(d)]。然而，一系列的腐蚀实验证实这一类非晶的区域却不会使 MnS 优先溶解。此外，在不锈钢加工过程中，MnS 附近产生的缺陷(比如裂纹，空洞等)也基本不影响 MnS 的溶解。也就是说，导致 MnS 局部溶解的是 $MnCr_2O_4$ 颗粒，而非其他类型的缺陷。

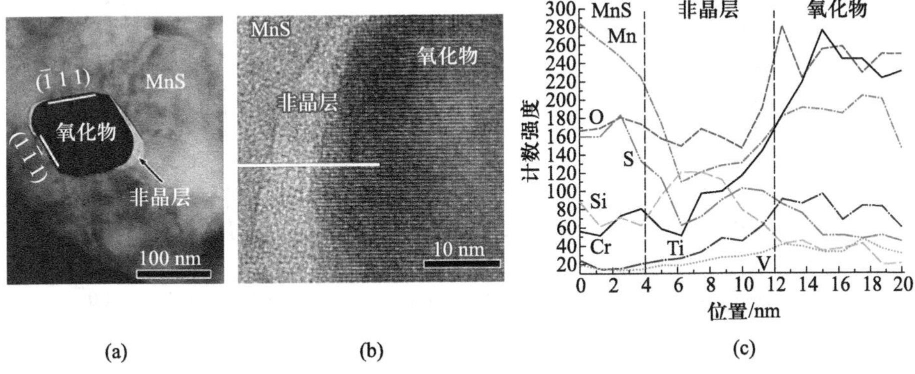

图 6.17　$MnCr_2O_4$/MnS 界面的微观结构表征：(a) $MnCr_2O_4$ 颗粒和 $MnCr_2O_4$/MnS 界面的明场像，界面上有两个垂直于轧制方向的弧形区域，这是由于轧制过程中 $MnCr_2O_4$ 和 MnS 之间的变形失配导致的；(b) 高分辨图像显示图(a) 中弧形区域的结构无序；(c) 沿着图(b) 中白线的 EDS 线扫描结果，表明弧形区域富集 Si 元素和 O 元素。一系列的腐蚀实验证实弧形的类非晶区域并不导致 MnS 优先溶解(郑士建等[1])

点蚀是钝性金属在特定侵蚀性环境下的局域溶解，同时它也是材料失效的主要原因之一。尽管预测点蚀发生的时间和位置十分困难，但不锈钢的点蚀与 MnS 的局域溶解有关已是腐蚀科学与工程领域的普遍认知[8,20]。有关 MnS 夹杂附近存在“贫铬区”以及该“贫铬区”导致不锈钢点蚀的观点，实验上也有不少争议[11,13,29]。

郑士建等[1]在发现 $MnCr_2O_4$ 导致 MnS 局域溶解之前，也对 MnS 与不锈钢基体界面进行了纳米尺度的成分分析。图 6.18(a)是 MnS 夹杂(箭头指出)和不锈钢基体的 HAADF 图像。图 6.18(b)是沿着 MnS 的[110]带轴下拍摄的 MnS

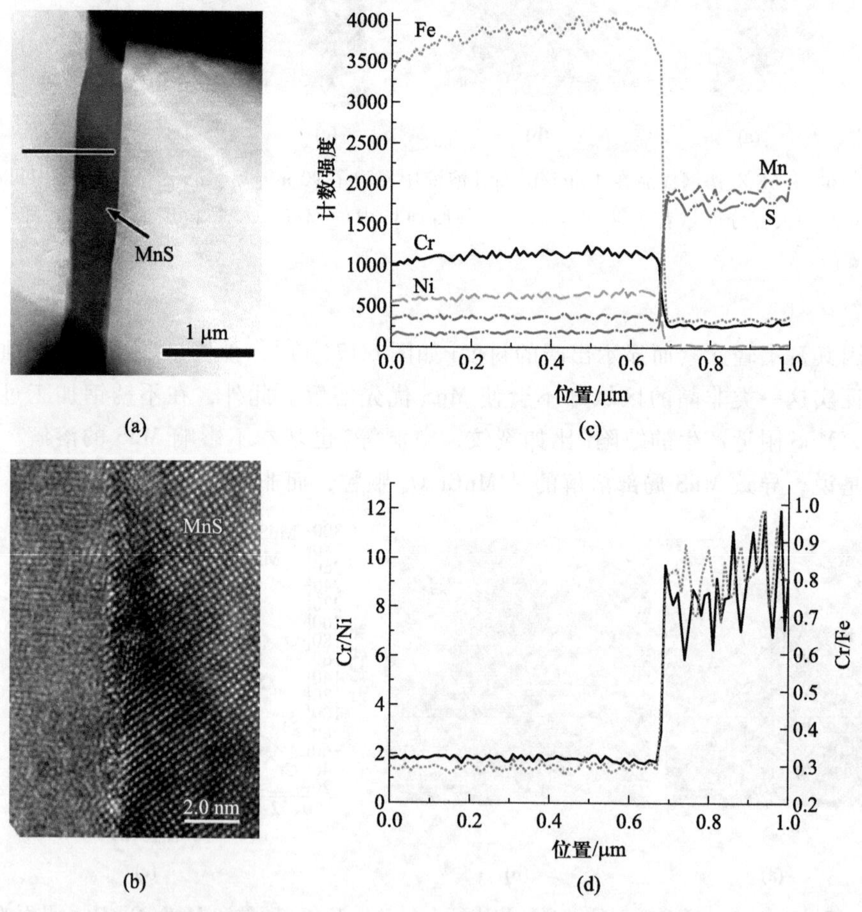

图 6.18　MnS/不锈钢界面的微结构特征及成分分析：(a) MnS 夹杂和不锈钢基体的低倍 HAADF 图像；(b) 高分辨 TEM 图像显示 MnS 和不锈钢基体之间明锐的界面，意味着两相之间没有中间过渡区；(c) 沿着图(a)中黑线进行的成分线扫描；(d)根据图(c)中数据所得到的 Cr/Ni 和 Cr/Fe 的相对含量分布(郑士建等[1])

与不锈钢界面的高分辨 TEM 像。由于 MnS 与不锈钢基体没有固定的晶体学取向关系，在该方向上不能同时得到不锈钢基体的二维晶格。尽管如此，从图中还是可以看出其界面敏锐，而且界面附近也没有生成中间相。图 6.18(c)是沿着图 6.18(a)中黑线所作的成分分析，扫描路径从不锈钢基体到 MnS 夹杂内部。显然，MnS 和不锈钢基体两相之间的成分是突变的。图 6.18(d)给出了基于图 6.18(c)所得的 Cr/Ni 和 Cr/Fe 相对成分的图谱，从中可以看出 MnS 夹杂附近并没有贫铬区。

因为透射电镜样品是薄膜，为了排除腐蚀机制的小尺度效应，郑士建等[1]也对块体样品进行了腐蚀测试，即把不锈钢样品放入盐水中浸泡 60 min。之后，在扫描电镜下选取一个轻微溶解的 MnS 夹杂物，并通过离子束聚焦(focused ion beam，FIB)技术将该区域制成透射电镜样品[图 6.19(a)~(c)]。这样，腐蚀的区域就能被精确地选取从而在透射电镜下观察。TEM 明场像中，

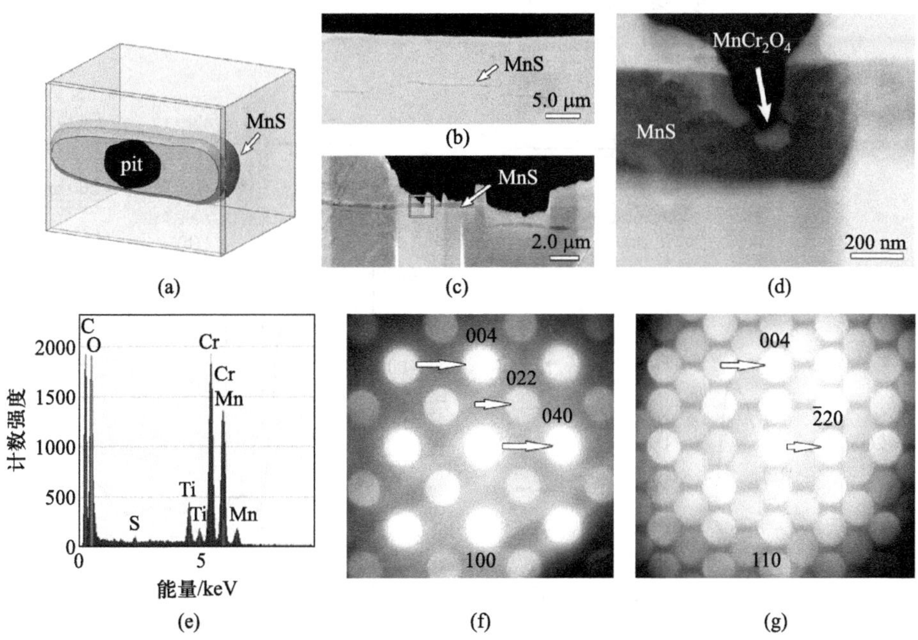

图 6.19 块体样品的腐蚀实验：(a) 使用 FIB 技术在腐蚀后的块体上制备 TEM 样品的图解，选择 MnS 轻微溶解的地方切割来制取 TEM 样品；(b) 样品腐蚀后的 SEM 图像，其中箭头所指的地方 MnS 轻微溶解；(c) 通过 FIB 切下来的 MnS 夹杂的图像，最终选取矩形框内的区域来制备 TEM 样品；(d) 腐蚀之后 MnS 夹杂的中心区域，其中 $MnCr_2O_4$ 颗粒用箭头标出；(e) 颗粒的 EDS 分析，其中颗粒由 Cr、Mn、O 以及少部分的 Ti 组成；(f)、(g) $MnCr_2O_4$ 颗粒在[100] (f) 及[110] (g)带轴下的电子衍射谱(郑士建等[1])

MnS 溶解的中间区域有小颗粒的存在[图 6.19(d)]。EDS 分析[图 6.19(e)]和电子衍射分析[图 6.19(f)和(g)]证实这个小颗粒是尖晶石型的 $MnCr_2O_4$，这与对透射电镜样品进行浸泡得到的结果一样，即在 316F 不锈钢中纳米尺度的 $MnCr_2O_4$ 颗粒导致了 MnS 的局域溶解。

为了进一步确认这个现象的普适性，郑士建等[1]还利用相同的方法研究了低含硫量的 304 不锈钢。图 6.20(a)是 304 不锈钢中 MnS 片段的 HAADF 图像，图 6.20(b)是经过 75 min 盐水浸泡后同一片段的图像，图中可以看出 MnS 发生了局域溶解，而且它开始于一个小颗粒附近，这和 316F 不锈钢中观察到的结果一致。图 6.20(c)是沿图 6.20(a)中红线 EDS 线扫的结果，该线扫从不锈钢

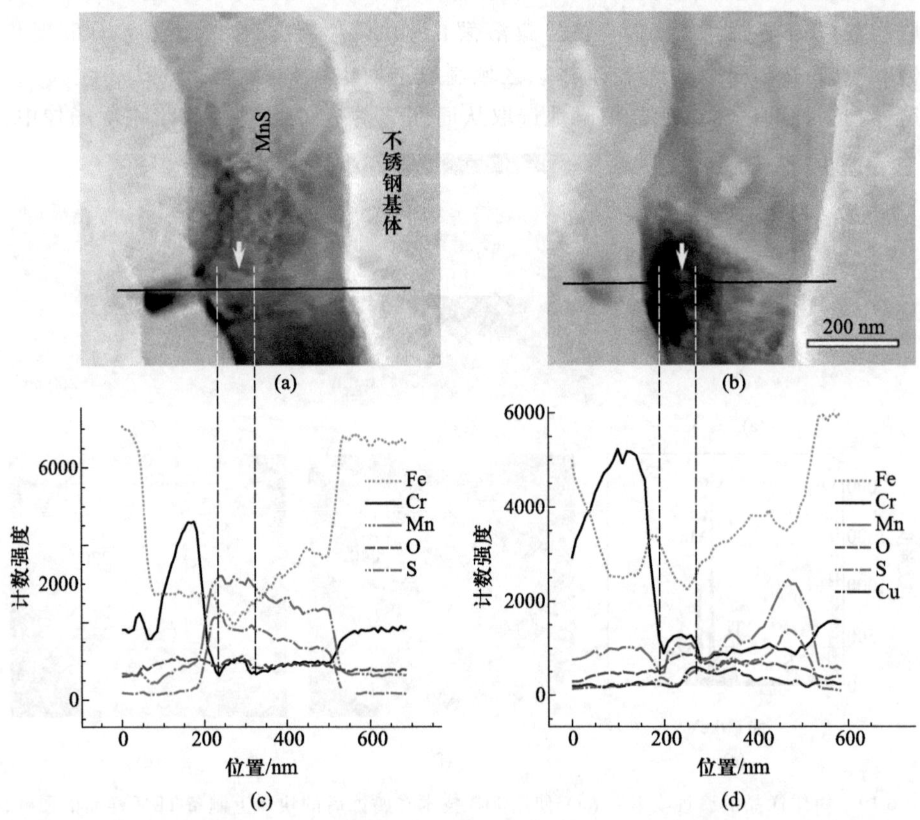

图 6.20　针对 304 不锈钢的原位外环境实验：(a) MnS 夹杂的 HAADF 图像，其中夹杂内的小颗粒用箭头标出；(b) 在 1 mol/L 盐水中浸泡 75 min 后与图 (a) 中相同位置的图像；(c) 沿图(a) 中红线 EDS 线扫的结果；(d) 沿图(b) 中红线 EDS 线扫的结果。MnS 溶解前后，纳米颗粒的成分不变，而且这个颗粒跟 316F 不锈钢中的颗粒相同，都是 $MnCr_2O_4$(郑士建等[1])

基体到氧化物/MnS 夹杂内，再回到基体中。图 6.20(d)是腐蚀实验后沿着图 6.20(b)中红线 EDS 线扫的结果，这个线扫的路径跟图 6.20(c)相同。图 6.20(c)和(d)中 EDS 图谱的对比说明了 MnS 局域溶解(浸泡腐蚀实验)前后颗粒的成分不变。该颗粒主要成分是 Mn、Cr 和 O。EDS 结合电子衍射分析证明了 $MnCr_2O_4$ 纳米颗粒存在于 304 不锈钢的 MnS 夹杂中，而且正是这些颗粒导致了 MnS 的局域溶解。

6.3.4 $MnCr_2O_4$ 纳米颗粒的八面体构型

基于前面一系列实验的分析，可以看出 MnS 的非均匀溶解与存在于其中的 $MnCr_2O_4$ 纳米颗粒直接相关。然而，并不是所有的 $MnCr_2O_4$ 颗粒都具有促使 MnS 夹杂溶解的活性，这意味着这些颗粒具有不同的活性表面。在透射电镜中，通过进行大角度倾转实验以及三维重构可以发现这些纳米颗粒具有特定的几何学面，即它们是由 8 个三角形所围成的八面体。图 6.21 是一个典型的八面体的三维重构图。基于不同低指数带轴下常规 TEM 图像的分析也能得出 $MnCr_2O_4$ 纳米八面体的几何形状。图 6.22(a)是 $MnCr_2O_4$ 颗粒在[100]带轴下的明场像，图 6.22(b)是该颗粒在[110]带轴下的明场像。不同晶面之间的夹角(图中已标出)也几乎和图 6.22(c)中理想八面体对应的夹角相同。图 6.22(d)和(e)是图 6.22(a)和(b)中八面体一角的高分辨透射电子显微镜(High Resolution Transmission Electron Microscope，HRTEM)图像。HRTEM 图像中的晶格和图 6.22(a)和(b)中的晶面指数对应。$MnCr_2O_4$ 八面体周围的类非晶区域是 MnS 的溶解所导致的。

图 6.23(a)是一个 $MnCr_2O_4$ 单胞的原子构型。图 6.23(b)是 $MnCr_2O_4$ 沿着[110]方向的原子投影，其中(111)面沿着[$\bar{1}$11]方向堆垛。可以看出面心立方 $MnCr_2O_4$ 的(111)面具有 4 种亚原子层，分别是两个 O 截止层以及两个金属截止层。基于此种堆垛方式，具有不同表面构型的 $MnCr_2O_4$ 三维结构变体如图 6.23(c)~(f)所示。如果八面体的截止面是金属离子面[图 6.24(a)和(b)]，那它就被称为金属截止八面体（metal-terminated octahedron)。相反，如果八面体以氧离子面来截止[图 6.24(c)]，那它就被称为氧截止八面体(oxygen-terminated octahedron)。

通常来说，具有高反应活性表面的无机物单晶(如锐钛矿型的 TiO_2 和尖晶石型的 Co_3O_4)一直是催化和能源/环境领域的研究热点[30-33]。对于单个纳米颗粒来说，在颗粒生长过程中，高反应活性的表面一般会快速消失，这是体系最小表面能的需要。与之相反，上面讨论的 $MnCr_2O_4$ 单晶纳米八面体是内生在不锈钢中的 MnS 夹杂内部，因此这些八面体表面的原子构型各不相同。

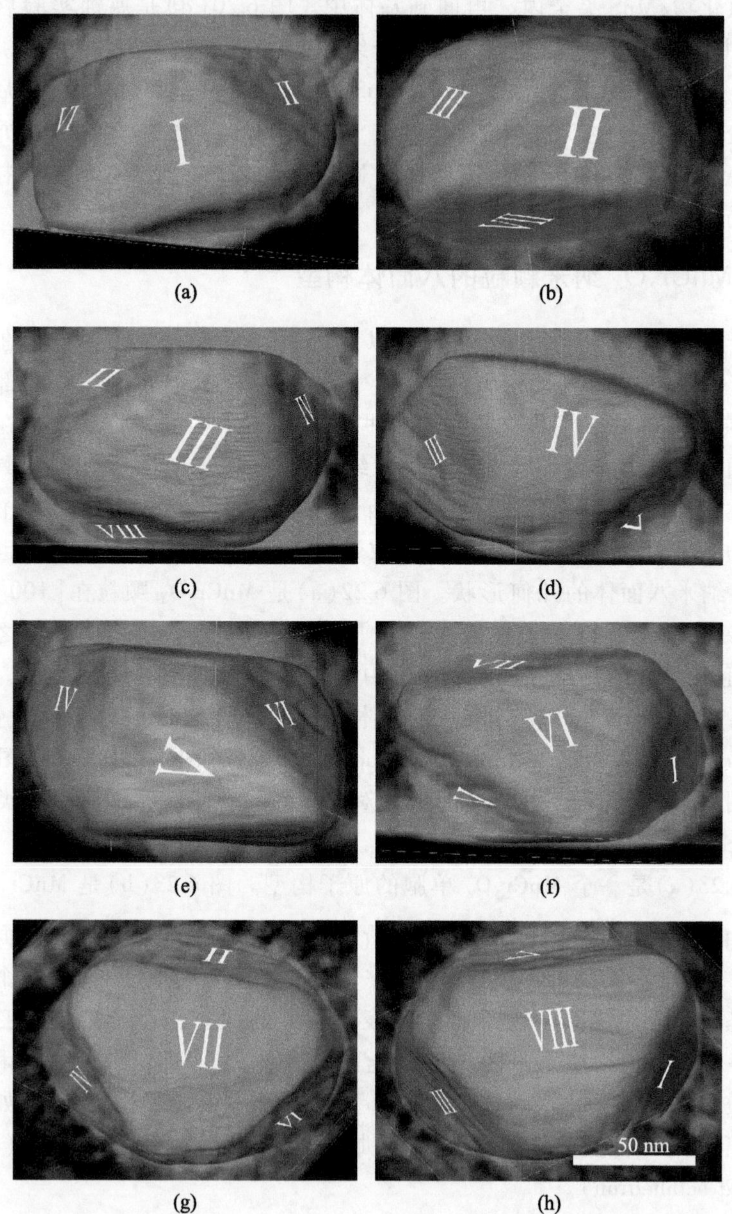

图 6.21　利用 STEM 三维重构可以确认 $MnCr_2O_4$ 纳米颗粒为正八面体构型。每一个外表面在图中用Ⅰ、Ⅱ、Ⅲ、…、ⅤⅢ 标注(郑士建、王宇佳等[1])。(参见书后彩图)

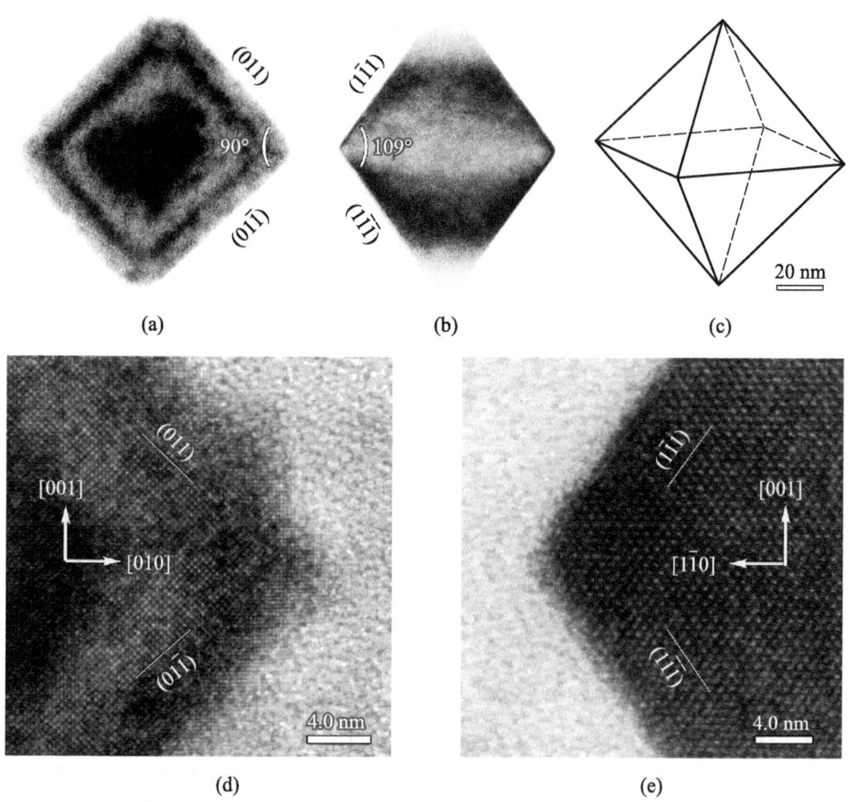

图 6.22 通过常规 TEM 技术来标定 $MnCr_2O_4$ 纳米八面体的几何形状：（a）$MnCr_2O_4$ 八面体在[100]带轴下的明场像；（b）图（a）中 $MnCr_2O_4$ 八面体在[110]带轴下 TEM 图像；（c）理想八面体的图解；（d）八面体在[100]带轴下的 HRTEM 图像；（e）八面体在[110]带轴下的 HRTEM 图像。$MnCr_2O_4$ 八面体周围的类似非晶的区域是 MnS 的溶解导致的（郑士建、王宇佳等[1]）

6.3.5 MnS 局域溶解的理论解析

材料腐蚀的发生大多是其表面微电偶电池作用的结果，其中微阴极加速了与之相邻的微阳极区域的腐蚀。在这里讨论的 $MnS/MnCr_2O_4$ 系统中，MnS 相作为微电偶电池的阳极，其溶解过程由阴极性纳米颗粒 $MnCr_2O_4$ 所加速，这一过程可以基于原子尺度来理解。在中性盐水中开路电位下，阳极（MnS）发生了 MnS 的溶解，同时在阴极（$MnCr_2O_4$）上发生了氧气还原反应。阴极（$MnCr_2O_4$）上发生氧气还原反应的第一步是 O_2 分子的吸附：

$$O_2(g) + * \rightarrow O_2(ad)$$

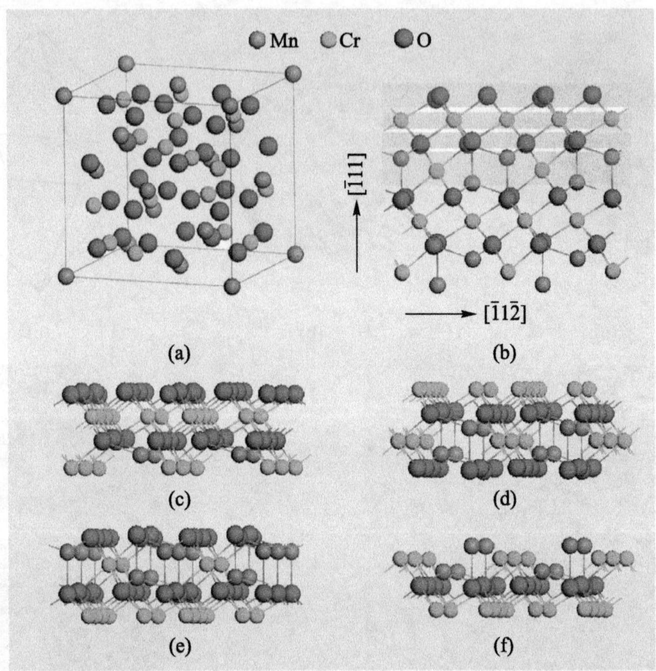

图 6.23　尖晶石 $MnCr_2O_4$ 的晶体结构：(a) 一个尖晶石 $MnCr_2O_4$ 单胞的三维原子构型；(b) 沿着[110]方向的原子投影，图中 4 个(111)原子层已标记出来；(c) O 离子在(111)表面层的原子构型，其中它的下方是 Cr 离子；(d) Cr 离子在表面截止层的原子构型；(e) O-Mn在表面截止的原子构型；(f) Mn-Cr 在表面截止的原子构型(郑士建、王宇佳等[1])。(参见书后彩图)

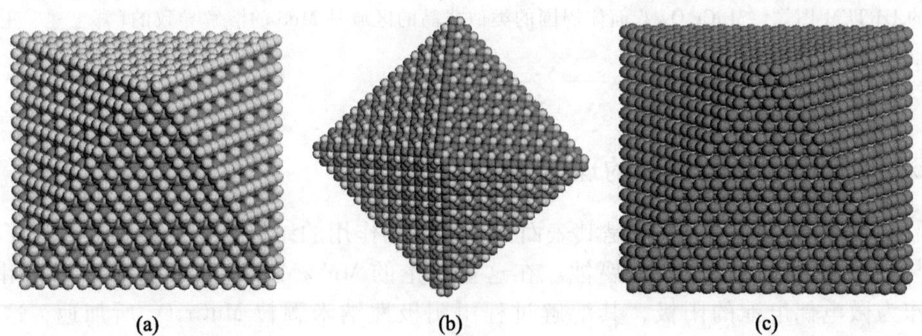

图 6.24　具有不同离子截止面的八面体的结构模型：(a) Cr 离子截止层的八面体；(b) Mn 离子截止层的八面体；(c) O 离子截止层的八面体。八面的催化反应活性由截止层离子类型所决定(郑士建、王宇佳等[1])。(参见书后彩图)

式中，* 是表面的一处活性吸附位置，g 和 ad 分别是气态和吸附的英文缩写。

王宇佳等[34]构建了 4 种具有不同截止面的表面模型，并采用第一性原理计算软件 VASP[35,36]研究了 O_2 分子的吸附情况。图 6.25 展示了 O_2 分子在 4 种 $MnCr_2O_4$ 的(111)面上的吸附结构的俯视图和侧视图，从中发现 O_2 分子是远离于氧截止型表面的，即 O_2 分子无法吸附在氧截止型表面上[如图 6.25(a)~(d)]。既然第一步的吸附反应都无法发生，那么后续的反应也都无从进行。如果 MnS 和这种氧截止型 $MnCr_2O_4$ 颗粒相接触，那么 MnS 将很难溶解。与此相反，在金属截止型表面上，O_2 分子与表面的金属离子之间形成了很强的化学键[如图 6.25(e)~(h)]。与此同时，O—O 键被显著拉长(比未吸附的 O_2 分子长 20%以上)，即 O_2 分子处于被激活状态。王宇佳利用结构弛豫和过渡态搜索细致地研究了这两种金属截止型表面上的氧气还原反应的机理，如图 6. 26~图 6.28 所示，并且计算出这两种表面上氧气还原反应的能量曲线，如图

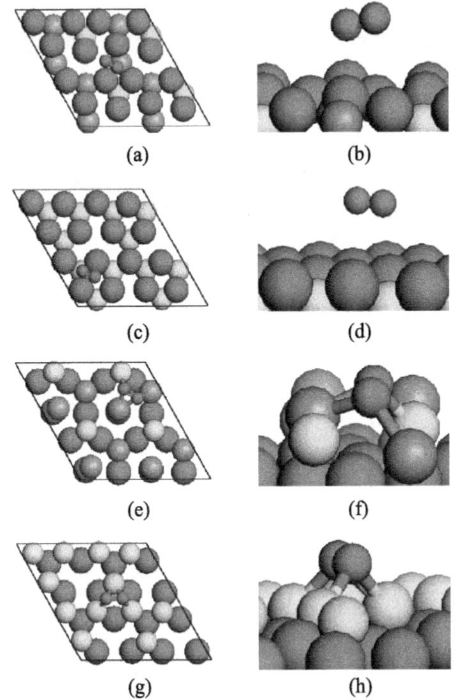

图 6.25　O_2 在 $MnCr_2O_4$ 的 4 种(111)表面上的吸附结构的俯视图以及侧视图：(a)、(b) O—Mn；(c)、(d) O—Cr；(e)、(f) Mn—Cr；(g)、(h) Cr—O 表面。4 种吸附结构的 O—O 键长分别为 1.236 Å、1.236 Å、1.541 Å、1.494 Å。O_2 到吸附表面原子的直线距离分别为 2.458 Å、2.854 Å、0.514 Å、1.323 Å(郑士建、王宇佳等[1])。(参见书后彩图)

6.29 所示。从图 6.29 中可以看出，在这两种表面上，氧气还原反应的势垒都非常低，因此可以很容易地进行。如果 MnS 和这种金属截止型 $MnCr_2O_4$ 颗粒相接触，那么 MnS 将很容易溶解。

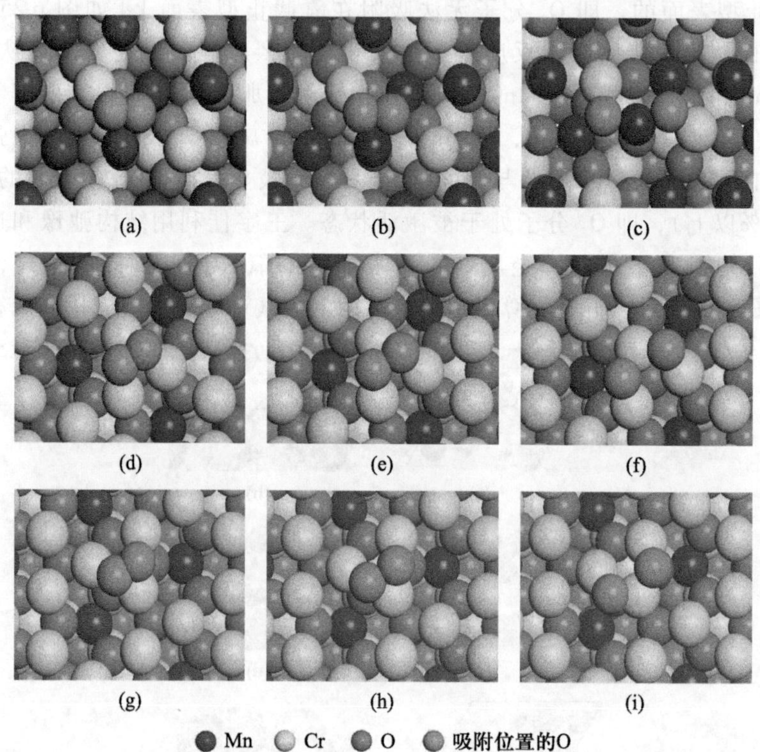

图 6.26　O_2 分子的直接裂解过程：(a)~(c) O_2 分子吸附在 Mn-Cr 表面上的情况；(d)~(f) O_2 分子吸附在 Cr-O 表面上的第一种吸附位置的情况；(g)~(i) O_2 分子吸附在 Cr-O 表面上的第二种吸附位置的情况。从图(d)和(g)可以看出，在 Cr-O 表面上，O_2 分子可能吸附在两种 Cr 原子三角形上，这两种吸附位置分别命名为 Δ1 和 Δ2。从图(f)和(i)可以看出，它们的区别在于三角形中心的正下方有无 O 原子。图(a)、(d)、(g)，(b)、(e)、(h)和(c)、(f)、(i)分别给出了裂解反应的初始态、过渡态和末态(王宇佳等[34,37])。(参见书后彩图)

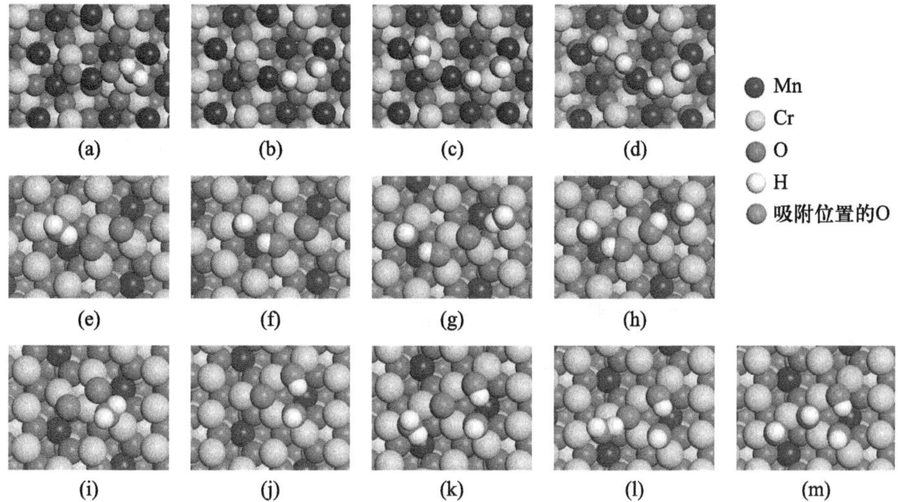

图 6.27 O_2 分子裂解之后的两个 O 原子分别与两个 H_2O 分子之间发生的质子传递反应：(a)～(d) O_2 分子吸附在 Mn-Cr 表面上的情况；(e)～(h) O_2 分子吸附在 Cr-O 表面上 Δ1 处的情况；(i)～(m) O_2 分子吸附在 Cr-O 表面上 Δ2 处的情况。其中，图(a)、(c)、(e)、(g)、(i)、(k)是各反应的初始态，图(b)、(d)、(f)、(h)、(j)、(m)是各反应的末态，图(l)是过渡态。只有在 Cr-O 表面上的 Δ2 处，第二个 O 原子与第二个 H_2O 分子之间的质子传递反应才有明显的势垒，能够找到过渡态。其他反应的势垒都非常低，以至于在离子弛豫的过程中就能发生(王宇佳等[34,37])。(参见书后彩图)

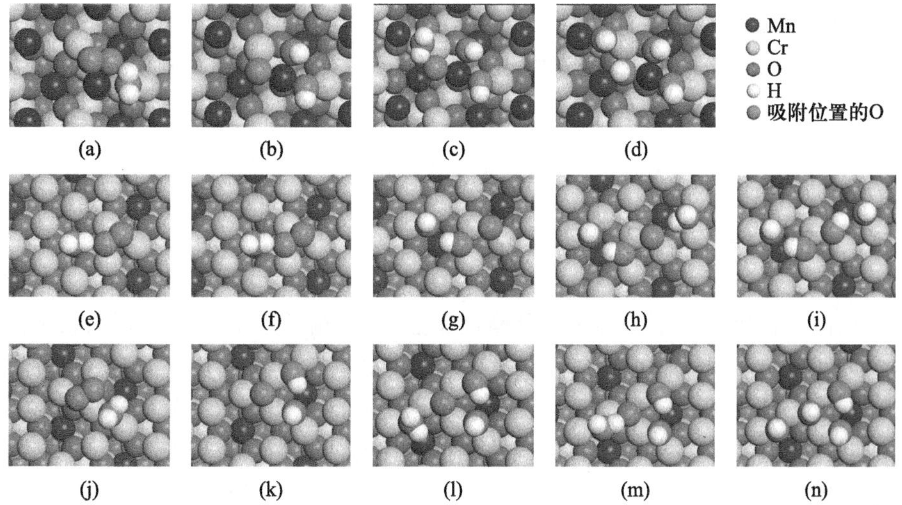

图 6.28 H_2O 分子协助 O_2 分子裂解的反应过程：(a)～(d) O_2 分子吸附在 Mn-Cr 表面上的情况；(e)～(i) O_2 分子吸附在 Cr-O 表面上 Δ1 处的情况；(j)～(n) O_2 分子吸附在 Cr-O 表面上 Δ2 处的情况。其中，图(a)、(c)、(e)、(h)、(j)、(l)是各反应的初始态，图(b)、(d)、(g)、(i)、(k)、(n)是各反应的末态，图(f)、(m)是过渡态(王宇佳等[34,37])。(参见书后彩图)

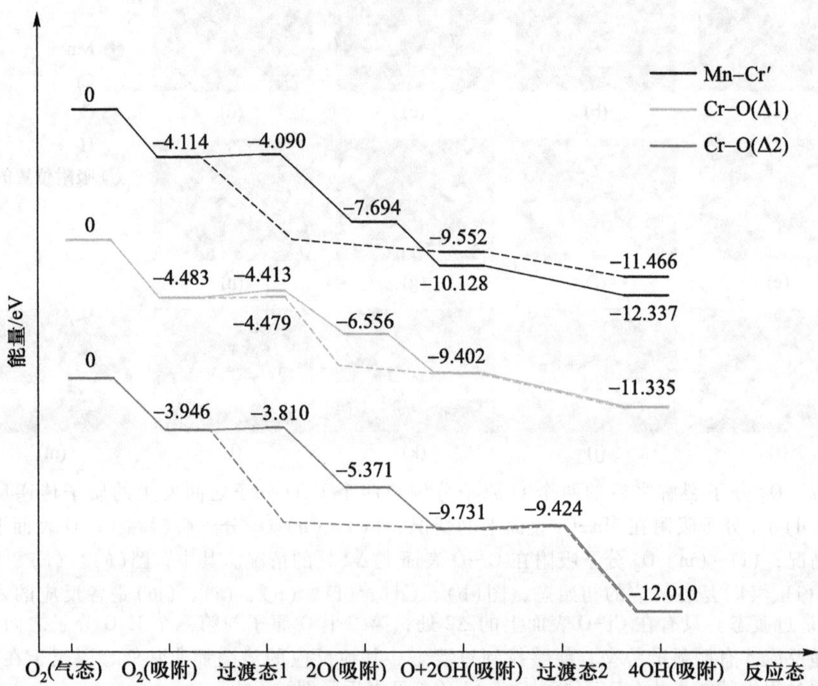

图 6.29　Mn-Cr 和 Cr-O 表面上氧气还原反应的最小能量路径。水平粗线代表不同的反应态，其中短的水平粗线代表过渡态。细实线代表 O_2 分子直接裂解的能量路径，细虚线代表 H_2O 分子协助 O_2 分子裂解的能量路径。水平粗线附近的数字表示该反应态与初始态之间的能量差。单位是 eV（王宇佳等[34,37]）

6.4　钝化膜结构及击破机制

点蚀形核机制的研究实际上就是回答点蚀“在哪里（where）、为什么（why）以及如何（how）”开始的问题。钝性金属材料发生点蚀首先发生的是钝化膜的局部击破。钝化膜发生局部破坏的本质原因是膜的性质不均一从而造成与氯离子交互作用存在差异。钝化膜性质的不均一性与两方面因素密切相关：一是材料基体的结构特征，二是钝化膜自身的性质。所以，研究材料点蚀机制需要阐明两大基本科学问题，即点蚀发生的基体结构相关性，以及钝化膜结构及与氯离子的交互作用。

关于点蚀发生的基体结构相关性，我们在 6.3 节中讨论了不锈钢中的 $MnCr_2O_4$ 纳米颗粒导致 MnS 的局域溶解。总之，点蚀的发生起始于钝化膜的局部破坏，自 20 世纪 60 年代开始至今，人们对氯离子对钝化膜的局部破坏机制的探索就从未间断[38-50]，钝化膜击破机制已成为材料科学与工程领域中的经典问题之一。

氯离子对钝化膜的破坏机制本质上是钝化膜的组成结构及其在含氯离子环境中的演变问题。由于钝化膜非常薄(3 ~5 nm)，对其表征本身就极具挑战性，探究氯离子导致的结构演变则更为困难。几十年来，人们对钝化膜的认识主要通过间接的实验手段，如早在 20 世纪 30 年代就通过 X 射线衍射[51,52]以及 60 年代就利用电子衍射[53,54]进行了探索。直到 70 年代，随着表面谱学的兴起，对钝化膜的认识才进入了一个全新的阶段，科学家不但勾勒出钝化膜的双层结构[55-58]，还确定了氯离子通过进入钝化膜内与膜发生某种交互作用[45,59-66]。遗憾的是，这种手段无法精确确定氯离子在厚度只有几纳米的钝化膜内的分布，因此导致了两种关于氯离子击破机制的假说一直存在争论：一种是基于氯离子作用于膜与基体界面处的穿透机制[47,63]，另一种是基于氯离子只作用于钝化膜外层作用机制[45,64-67]。所以，精细解析氯离子在钝化膜中的分布特征是需要解决的重要问题。自 90 年代以来，作为一种直接观测手段的扫描隧道电子显微镜被用于研究钝化膜的结构[58-73]，实现了对钝化膜的直接成像观察，同时也实现了对钝化膜结构在氯离子作用下所发生的结构演变的原位观察，大大推动了钝化膜的研究进程。然而，该手段仅仅提供了钝化膜的表面结构信息。长期以来，钝化膜截面方向的结构以及膜和膜/基体界面结构在氯离子作用下的演变这一重要科学问题一直没有得到解决，极大地限制了人们对钝化膜破坏机制的深入认识。

像差校正透射电子显微术在研究钝化膜结构及在氯离子作用下的结构演变等方面可提供了其他方法无法得到的结构与成分信息。但是，其中的瓶颈性问题是难以得到清晰明锐的钝化膜与基体直接的界面。基于此，作者研究团队[74]通过制备奥氏体单晶合金解决了这一瓶颈性难题。他们利用定向生长技术得到了 $FeCr_{15}Ni_{15}$奥氏体单晶合金，并利用单晶 X 射线衍射仪得到两个相互垂直的取向，即[001]和[110]。将样品切割使得宏观表面平行于(001)和(110)晶体学面，然后在其中一个面上进行钝化，将与之垂直的表面作为观察面，即可得到清晰明锐的膜与基体之间的界面，而不会造成钝化膜与基体信息的重叠。研究证实钝化膜由极其微小的具有尖晶石结构的纳米晶和非晶组成(图 6.30)；基于定量电子显微学分析并结合相应的理论计算发现，氯离子会沿着纳米晶和非晶之间的特殊“晶界”并以贯穿通道为路径传输至钝化膜与金属之间的界面(图 6.30、图 6.31)。到达界面处的氯离子造成基体一侧的晶格膨胀、界面的起伏以及膜一侧的疏松化，并在界面处引入了拉应力(图 6.32)。起伏界面的凸起在应力的作用下最终成为钝化膜发生破裂的起始位置。这一系

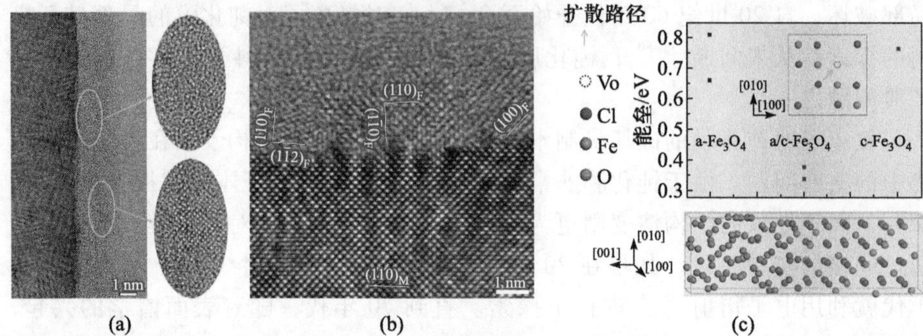

图 6.30　钝化膜中晶体/非晶界面作为氯离子在膜中的传输通道：(a) 沿基体[001]晶带轴的 HRTEM 像显示钝化膜主要为非晶态，其中包含有一些纳米晶；(b)界面处 HRTEM 像的局部放大图，其中包含三个纳米晶；(c)氯离子在钝化膜中的晶体、非晶及二者界面处进行扩散所需能量的第一性原理计算，插图所示为氯离子在晶体区域的扩散路径，结果表明晶体/非晶界面处扩散阻碍最小[74][75]。(参见书后彩图)

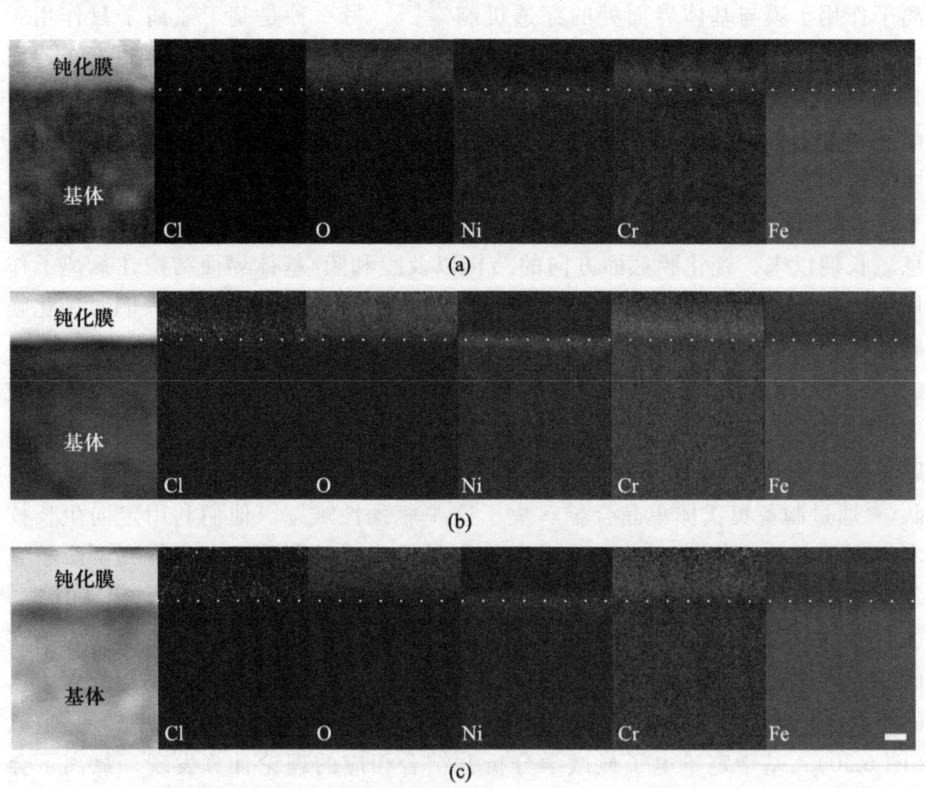

图 6.31　不同形成条件下钝化膜的元素面分布分析：(a) 0.5 mol · L^{-1} H_2SO_4 中 640 mV/SHE 下恒电位钝化 30 min；(b) 在 0.5 mol · L^{-1} H_2SO_4+0.3 mol · L^{-1} NaCl 中 640 mV/SHE 下恒电位钝化 30 min；(c) 先在 0.5 mol · L^{-1} H_2SO_4中 640 mV / SHE 下恒电位钝化 30 min，然后向溶液中加入 NaCl 溶液[74][75]。(参见书后彩图)

列结果为揭示氯离子与金属钝化膜的交互作用机制提供了直接的实验证据，也为修正和完善数十年来基于模型和假说所建立起来的钝化膜击破理论提供了原子尺度的结构信息。

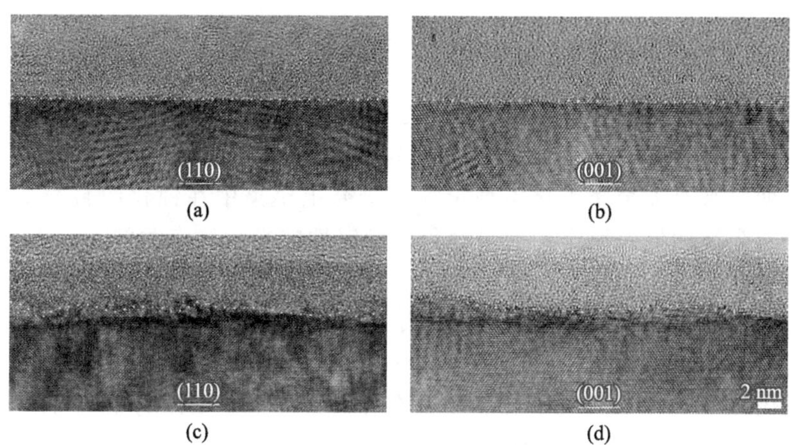

图 6.32　氯离子作用于界面导致基体/钝化膜界面的起伏：(a)、(b)沿基体[001]及[110]带轴的 HRTEM 像，钝化膜为在 0.5 mol · L H_2SO_4溶液中生长在(110)及(001)面上；(c)沿基体[001]带轴的 HRTEM 像，钝化膜为在 0.3 mol · L^{-1} NaCl+0.5 mol · L^{-1} H_2SO_4溶液中生长在(110)面上；(d)沿基体[110]带轴的 HRTEM 像，钝化膜为先在 0.5 mol · L^{-1} H_2SO_4 溶液中形成，然后向溶液中加入 NaCl 溶液[74][75]

6.5　钝化膜稳定性及不锈钢耐蚀性提高

最近，魏欣欣和张波等[76]利用在过钝化电位下的阳极极化处理，在不破坏不锈钢钝化膜的同时实现了对金属表面原子构型的重构，使不锈钢在酸中的活化时间最高延长了两个数量级，大幅度提升了钝化膜的稳定性及不锈钢的耐蚀性能。这一研究结果实现了原子尺度的界面重构，显著提高了钝化膜的稳定性及材料宏观耐腐蚀性能，建立了界面原子构型与钝化膜稳定性的关联，为进一步提高不锈钢的耐蚀性提供了一种新的思路和方法，同时也在原子尺度上对过钝化机制给予了新的认识和理解。

不锈钢表面几纳米厚的钝化膜赋予了其优良的耐腐蚀性能。钝化膜的稳定性是决定不锈钢耐蚀性的重要因素，是腐蚀领域备受关注的基本科学问题之一。早在 1930 年[77]，科学家就发现了一个有趣的实验现象，铁表面的氧化膜在稀酸中很快发生溶解失效，但是当将其从铁基体剥离转移到塑料载体上时，就可以在稀酸溶液中保持相当长时间免遭腐蚀，这一实验现象说明了氧化膜与金属基体的电接触对于氧化膜的稳定性有重要影响。1962 年有学者提出了还原溶解理论并对这一现象进行了合理的解释[78]，认为表面氧化膜下的铁基体发生了氧化溶解，同时氧化膜发生了还原溶解，且金属基体的氧化溶解速率决定了氧化膜的还原溶解速率。该过程的速度控制步骤发生在氧化膜与金属界面处，这意味着界面结构可能对钝化膜的稳定性有显著影响。尽管如此，长期以来有关金属钝化膜稳定性的研究主要集中在钝化膜自身的特性，钝化膜与金属的界面原子构型对钝化膜稳定性的影响鲜有关注，二者之间的关系尚未建立。

魏欣欣等[79]利用像差校正透射电子显微镜，通过对比在稀硫酸溶液中浸泡前后的 FeCr15Ni15 单晶合金表面钝化膜的剖面显微图像发现，原子尺度平直的钝化膜/基体界面变得起伏，说明在界面处发生了基体的非均匀溶解，在实验上证实了还原溶解理论的合理性；同时发现起伏界面都沿着密排的{111}面，说明界面处基体的溶解具有与晶体学取向相关的各向异性，沿[111]方向的溶解速率最慢。

基于这一实验现象，利用在过钝化电位下的阳极极化处理，促进金属在界面处的阳极溶解过程，同时抑制表面钝化膜的还原溶解过程，实现了在不破坏钝化膜的同时对异质界面原子构型进行重构(图 6.33)。利用像差校正透射电子显微术、扫描电子显微术以及原子力显微术等多尺度微结构分析手段发现，钝化膜/基体界面处发生的非均匀溶解导致金属表面产生大量高低起伏的由{111}面作为外表面的纳米多面体，起伏的基体表面由均匀连续的氧化膜覆盖(图 6.34)。腐蚀性能测试表明，过钝化处理的单晶合金以及商用 304 不锈钢在酸中的活化时间最高延长了两个数量级，在盐水溶液中的点蚀击破电位显著提高(图 6.35)。

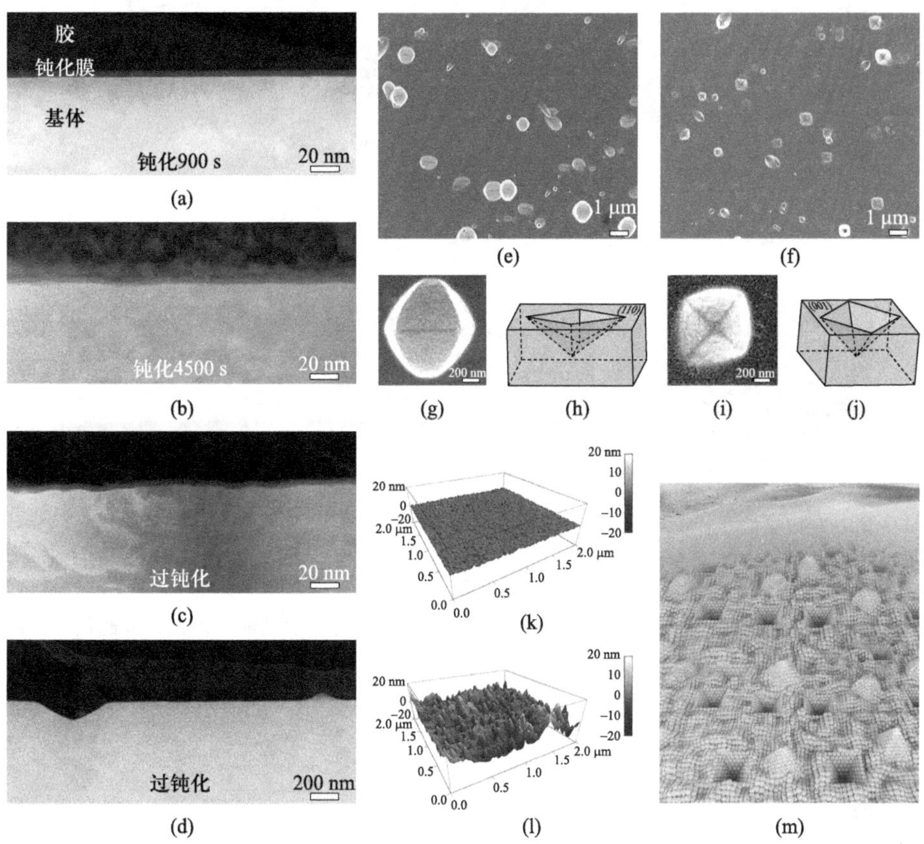

图 6.33 金属/钝化膜界面的晶面重构：(a)~(b)单晶合金在 0.5 mol · L^{-1} H_2SO_4 溶液中 0.4 V/SCE 下钝化 900 s(a)和 4500 s(b)的 HAADF-STEM 像；(c)、(d)单晶合金在 0.5 mol · $L^{-1}$$H_2SO_4$溶液中先在 0.4 V/SCE 下钝化 900 s(c)，而后在 1.1 V/SCE 下过钝化 3600 s(d)的 HAADF-STEM 像；(e)、(f) SEM 图像表明过钝化处理在(110)表面(e)及(001)表面(f)上形成不同外形的凹坑；(g)~(j)不同表面上凹坑的局部放大图[(g)、(i)]及示意图[(h)、(j)]；(k)、(l)钝化(k)和过钝化(l)表面的 AFM 图像；(m)过钝化后的形貌示意图，表面的起伏由密排的{111}晶体学面构成[76]。(参见书后彩图)

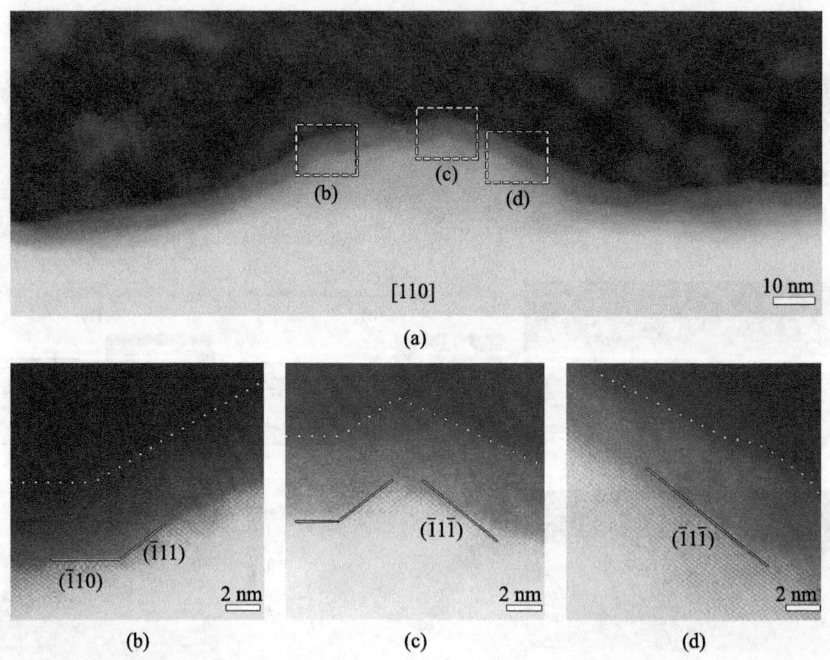

图 6.34　过钝化处理将界面修饰成由密排{111}晶体学面构成的低能界面：(a) 起伏界面的 HAADF-STEM 像；(b)～(d)图(a)中标示位置的局部放大图[76]。(参见书后彩图)

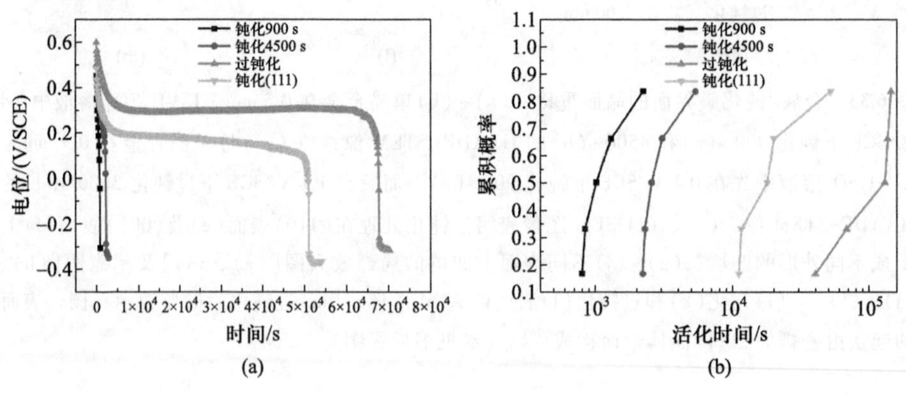

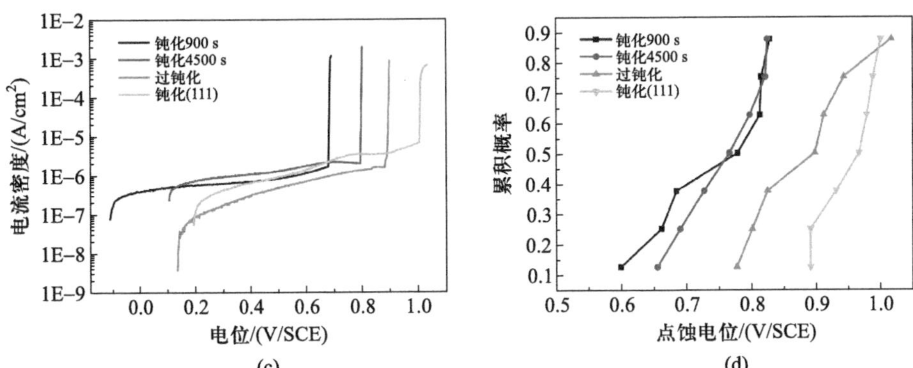

图 6.35 低能密排界面提高材料的耐还原溶解及抗点蚀能力：(a) 室温下 $FeCr_{15}Ni_{15}$单晶合金在 5.6 mol · L^{-1} H_2SO_4溶液中的开路电位衰减曲线，密排{111}界面的形成显著延长了活化时间；(b) 活化时间的累计概率分析；(c) 不同条件处理的 $FeCr_{15}Ni_{15}$单晶合金在 3.5% NaCl 溶液中(50 ℃)的动电位极化曲线；(d)点蚀电位的累计概率分析[76]。(参见书后彩图)

6.6 本章小结

(1) 本书至此已经介绍了周期性晶体 7 个晶系中的 6 个(除了三斜晶系)。从中可以看到，完整的空间群符号都依次包含了点阵类型以及特殊投影方向上的对称性信息，这些特殊的投影方向如表 6.1。对于单斜和正交晶系，这些特殊投影方向的顺序在一些书籍或学术论文中并不是一成不变的，例如，在单斜晶系中有的学者习惯于把唯一的二次轴定义为 ***c*** 轴，有的则定义为 ***b*** 轴，但无论以哪种方式定义，在讨论同一个结构时能够保持晶格参数和对称元素之间自洽就可以了。但是，对于立方晶系，特殊投影方向一般是固定的，从左到右依次为[001]、[111]、[110]。理解这些规则对于我们解读特性晶体结构是非常重要的。例如，本章介绍的导致不锈钢中 MnS 局域溶解的 MnC_2O_4，其空间群 $Fd\bar{3}m$ 包含了如下信息：① 面心立方点阵(以 F 表示)；② {001}面上有金刚石滑移面(以 d 表示)，金刚石滑移面反映在[100]电子衍射图上，就是 $k+l\neq 4n$ 的衍射斑点消光，如图 6.36(a)；③ [111]是一个$\bar{3}$轴，该方向电子衍射图中衍射点出现的条件是 h、k、l 同为奇数或偶数，如图 6.36(b)；④ 垂直于[110]方向包含镜面(以 m 表示)，[110]电子衍射图中衍射斑点的消光规律与单质面心立方晶体中的情况相同，如图 6.36(c)。

表 6.1　晶系及其特殊投影方向

晶系	特殊投影的方向		
三斜	[001]	[100]	[010]
单斜	[001]	[100]	[010]
正交	[001]	[100]	[010]
四方	[001]	[100]	[110]
六角	[001]	[100]	[210]
菱方	[111]	$[1\bar{1}0]$	$[2\bar{1}\bar{1}]$
立方	[001]	[111]	[110]

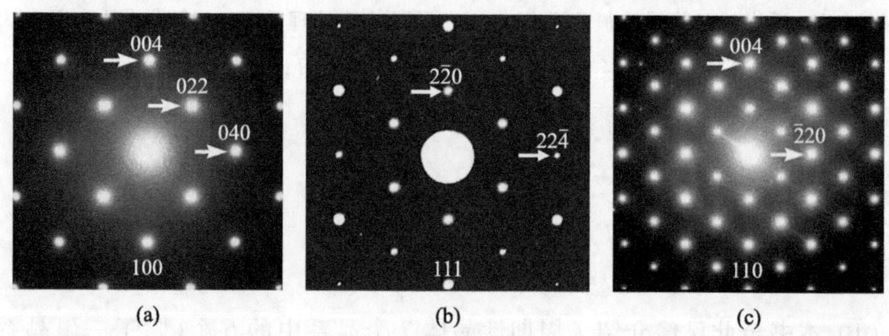

图 6.36　面心立方晶体低指数晶带轴的电子衍射图。从左到右分别对应立方晶体特殊投影方向的顺序

(2) 腐蚀是材料失效的主要形式之一(图 6.37)。对于发达经济体而言，每年因腐蚀所造成的损失占 GDP 的 2%~3%[3]。我国南海岛礁的建设以及具有漫长的海岸线等特殊海洋环境使得对金属腐蚀的基础性研究尤为迫切。本章以透射电子显微术为主要研究手段，围绕与点蚀形核密切相关的材料基体结构特征以及钝化膜性质这两方面进行了简要介绍。在原子尺度下建立了材料基体结构特征与腐蚀溶解活性之间的关联，揭示了钝化膜的结构特征以及氯离子与之交互作用之间的内在规律，这些研究结果丰富、完善甚至修正了金属点蚀形核机制方面的传统认识。

(3) 尽管之前人们借助谱学以及扫描电子显微镜对奥氏体不锈钢中 MnS 局域溶解的具体位置进行了大量的研究，但是由于研究手段无法提供有关晶体结构的信息，所以长期以来 MnS 的局域溶解一直被认为是随机和不可预测的。与之相比，利用能够在微小尺度同时给出成分和结构信息的透射电子显微术，

图 6.37 金属的腐蚀。利用透射电子显微术对氯离子传输的直接观测能够加深对金属腐蚀过程的理解[80]

我们发现奥氏体不锈钢中“单晶”MnS 在成分和结构方面具有不均匀性，即 MnS 内弥散分布着纳米尺度的 $MnCr_2O_4$ 尖晶石颗粒，并形成了局部的 $MnCr_2O_4$/MnS 纳米原电池。在盐水中，MnS 的溶解始于 $MnCr_2O_4$ 和 MnS 的界面，随之逐渐向 MnS 扩展，并在 $MnCr_2O_4$ 纳米颗粒周围留下腐蚀坑。尽管导致 MnS 局域溶解的 $MnCr_2O_4$ 纳米氧化物颗粒大体上是由{111}面组成的八面体构型，但这些纳米八面体的催化反应活性是不同的。第一性原理计算表明，MnS 的溶解速率与纳米八面体截止面的原子种类有关。与截止面是氧原子的 $MnCr_2O_4$ 纳米八面体相比，截止面是金属原子的 $MnCr_2O_4$ 纳米八面体在导致 MnS 溶解时具有更强的反应活性。因此，实验中经常发现不同 $MnCr_2O_4$ 周围的 MnS 的溶解情况不同。这里值得强调的是，随着现代冶金工艺水平的提高，钢中夹杂物的尺寸可以大大降低，从而制备出所谓的超纯净钢。在工程应用领域人们很少关注超纯净钢中细小的夹杂物颗粒，因为它们不会严重影响不锈钢的力学性能。然而通过本章的介绍，可以看出尽管纳米尺度的 $MnCr_2O_4$ 氧化物颗粒可能不损害不锈钢的力学性能，但是它们却能够作为微电偶电池的阴极加速 MnS 的局域溶解并引发不锈钢的点蚀形核。

(4) 在过去的数十年里，科学家普遍采用表面谱学等间接的实验手段研究氯离子击破钝化膜的机制，并因此提出了多种模型和假说，但一直没有定论，其争论的核心问题是氯离子在钝化膜中的存在位置及作用方式。为了获得钝化膜内部的结构与成分信息，需要借助透射电子显微镜从“剖面”方向由表及里地观察钝化膜以及钝化膜与金属基体之间的界面。在利用像差校正电子显微镜研究金属表面钝化膜结构及其在氯离子作用下的演变过程中，发现钝化膜本身的结构特征决定了氯离子在其中传输的难易。钝化膜由非晶和纳米晶组成，非晶与纳米晶之间的界面构成了有利于氯离子传输的通道，到达钝化膜与基体界面的氯离子引起了膜一侧的疏松、界面的起伏以及基体一侧的晶格膨胀，并在界面引入拉应力，导致钝化膜在起伏界面的凸起位置处发生击破[74, 80]。简而言之，金属表面超薄钝化膜在原子尺度下的剖面显微图像为揭示氯离子与金属钝化膜的交互作用机制提供了直接的实验证据，为修正和完善数十年来基于模型和假说所建立起来的钝化膜击破理论提供了原子尺度的结构信息。

（5）通常认为，对金属的过钝化处理是一种腐蚀破坏过程。然而，特定过钝化电位下的阳极极化处理会实现对金属表面原子构型的重构，获得由低能{111}晶体学面组成的起伏界面（图 6.38），使不锈钢在酸中的活化时间最高延长两个数量级，大幅度提升了钝化膜的稳定性及不锈钢的耐蚀性能[76, 81]。这一研究结果为钝化膜稳定性的研究提供了新的视角，阐释出界面原子构型是影响钝化膜稳定性的重要因素，阐明了钝化膜具有高稳定性的界面结构特征，实现了通过原子尺度界面重构提高材料的宏观耐蚀性能的新方法。同时，也在原子尺度对金属过钝化机制提出了有别于传统认知的新理解。

图 6.38 提高金属的抗腐蚀能力不但需要理解金属与钝化膜界面的原子构型，更需要通过一定的手段操控这类界面的原子构型[81]

（6）关于包含奥氏体（γ）和铁素体（δ）的 $FeCr_{22}Mo_3Ni_{13}$ 双相合金，像差校正透射电子显微术发现该双相合金的钝化膜连续不断地覆盖在奥氏体和铁素体相上，但钝化膜在两相边界处具有明显的阶梯状起伏。氯离子对铁素体和对奥氏体相的侵蚀机理具有明显差异：对铁素体而言，氯离子主要集中在钝化膜的外层；对奥氏体而言，氯离子主要集中在钝化膜和基体的界面处[82]。因本书的主要内容是关于晶体学及电子显微学，有关金属钝化膜以及腐蚀科学方面的内容本章仅仅做了简单介绍，有兴趣的读者可以参考作者课题组已发表的原文[1,74, 75,76,82,83]以及国际重要学术期刊对其中部分工作的推介[80, 81]。

(7) 材料科学的核心问题是结构与性能之间的关系问题，科学家对材料结构与缺陷的认识程度决定了理解和控制材料性能的能力，同时也对制造工业意义重大。透射电子显微技术是能够在微小尺度下给出结构与性能之间对应关系的重要研究手段，从而在高的空间分辨率下建立材料的特性以及使役行为与微结构演变之间的内在关联。长期以来，由于磁透镜对近轴和远轴入射电子在聚焦能力方面的差异所导致的球差是制约透射电镜空间分辨率提高的主要因素，球差所导致的像衬离位效应也使得科学家对超薄钝化膜(尤其是钝化膜与基体之间的界面)的研究面临巨大挑战。近年来，在磁透镜后附加球差校正器的电子显微镜在原理和技术上获得了突破，使磁透镜的球差系数得到有效校正，电子显微镜的空间分辨率得以大大提高，而且原子序数小的轻元素也可以和重元素同时成像，使人们对材料结构与缺陷的认识上升了一个新的台阶。因此，球差校正电子显微技术以及在此基础上的定量分析使材料科学家有机会对一些经典的基础科学问题进行再认识并从中获得新的理解，必将在材料科学研究中发挥越来越大的作用。

参考文献

[1] Zheng S J, Wang Y J, Zhang B, et al. Identification of $MnCr_2O_4$ nano-octahedron in catalysing pitting corrosion of austenitic stainless steels. Acta Mater., 2010, 58(15): 5070-5085.

[2] Jones R L. Some critical corrosion issues and mitigation strategies affecting light water reactors. Mater. perform., 1996, 35(7): 63-67.

[3] Lyon S. A natural solution to corrosion? Nature, 2004, 427(6973): 406-407.

[4] Punckt C, Bölscher M, Rotermund H H, et al. Sudden onset of pitting corrosion on stainless steel as a critical phenomenon. Science, 2004, 305(5687): 1133-1136.

[5] Williams D E, Newman R C, Song Q, et al. Passivity breakdown and pitting corrosion of binary alloys. Nature, 1991, 350(6315): 216-219.

[6] Baker M A, Castle J E. The initiation of pitting corrosion at MnS inclusions. Corros. Sci., 1993, 34(4): 667-682.

[7] Castle J E, Ke R. Studies by auger spectroscopy of pit initiation at the site of inclusions in stainless steel. Corros. Sci., 1990, 30(4-5): 409-428.

[8] Eklund G S. Initiation of pitting at sulfide inclusions in stainless steel. J. Electrochem. Soc., 1974, 121(4): 467-473.

[9] Frankel G S. Pitting corrosion of metals: A review of the critical factors. J. Electrochem. Soc., 1998, 145(6): 2186-2198.

[10] Krawiec H, Vignal V, Heintz O, et al. Influence of the dissolution of MnS inclusions

under free corrosion and potentiostatic conditions on the composition of passive films and the electrochemical behaviour of stainless steels. Electrochim. Acta, 2006, 51(16): 3235-3243.

[11] Meng Q, Frankel G S, Colijn H O, et al. Stainless-steel corrosion and MnS inclusions. Nature, 2003, 424(6947): 389-390.

[12] Williams D E, Westcott C, Fleischmann M. Stochastic models of pitting corrosion of stainless steels: I. Modeling of the initiation and growth of pits at constant potential. J. Electrochem. Soc., 1985, 132(8): 1796-1804.

[13] Ryan M P, Williams D E, Chater R J, et al. Why stainless steel corrodes. Nature, 2002, 415(6873): 770-774.

[14] Schmuki P, Hildebrand H, Friedrich A, et al. The composition of the boundary region of MnS inclusions in stainless steel and its relevance in triggering pitting corrosion. Corros. Sci., 2005, 47(5): 1239-1250.

[15] Stewart J, Williams D E. The initiation of pitting corrosion on austenitic stainless steel: On the role and importance of sulphide inclusions. Corros. Sci., 1992, 33(3): 457-474.

[16] Suter T, Webb E G, Böhni H, et al. Pit initiation on stainless steels in 1 M NaCl with and without mechanical stress. J. Electrochem. Soc., 2001, 148(5): B174-B185.

[17] Webb E G, Alkire R C. Pit initiation at single sulfide inclusions in stainless steel: I. Electrochemical microcell measurements. J. Electrochem. Soc., 2002, 149(6): B272-B279.

[18] Williams D E, Mohiuddin T F, Zhu Y Y. Elucidation of a trigger mechanism for pitting corrosion of stainless steels using submicron resolution scanning electrochemical and photoelectrochemical microscopy. J. Electrochem. Soc., 1998, 145(8): 2664-2672.

[19] Muto I, Izumiyama Y, Hara N. Microelectrochemical measurements of dissolution of MnS inclusions and morphological observation of metastable and stable pitting on stainless steel. J. Electrochem. Soc., 2007, 154(8): C439-C444.

[20] Wranglen G. Pitting and sulphide inclusions in steel. Corros. Sci., 1974, 14(5): 331-349.

[21] Williams D E, Zhu Y Y. Explanation for initiation of pitting corrosion of stainless steels at sulfide inclusions. J. Electrochem. Soc., 2000, 147(5): 1763-1766.

[22] Pennycook S J. Structure determination through Z-contrast microscopy. Adv. Imaging Electron. Phys., 2002, 123: 173-206.

[23] Osio A S, Liu S, Olson D L. The effect of solidification on the formation and growth of inclusions in low carbon steel welds. Mater. Sci. Eng.: A, 1996, 221(1-2): 122-133.

[24] Park J H. Formation mechanism of spinel-type inclusions in high-alloyed stainless steel melts. Metall. Mater. Trans. B, 2007, 38(4): 657-663.

[25] Naito K i, Wakoh M. Recent change in refining process in nippon steel corporation and metallurgical phenomena in the new process. Scand. J. Metall., 2005, 34(6): 326-333.

[26] Oikawa K, Sumi S I, Ishida K. The effects of addition of deoxidation elements on the morphology of (Mn, Cr) S inclusions in stainless steel. J. Phase Equilib., 1999, 20(3): 215-223.

[27] Wakoh M, Sawai T, Mizoguchi S. Effect of S content on the MnS precipitation in steel with oxide nuclei. ISIJ Internat., 1996, 36(8): 1014-1021.

[28] Tanahashi M, Furuta N, Taniguchi T, et al. Standard gibbs free energy of formation of MnO-saturated MnO · Cr_2O_3 Solid Solution at 1873 K. ISIJ Internat., 2003, 43(1): 7-13.

[29] Meng Q, Frankel G S, Colijn H O, et al. High-resolution characterization of the region around manganese sulfide inclusions in stainless steel alloys. Corrosion, 2004, 60(4): 346-355.

[30] Yang H G, Sun C H, Qiao S Z, et al. Anatase TiO_2 single crystals with a large percentage of reactive facets. Nature, 2008, 453(7195): 638-641.

[31] Jansson J, Palmqvist A E C, Fridell E, et al. On the catalytic activity of Co_3O_4 in low-temperature CO oxidation. J. Catal., 2002, 211(2): 387-397.

[32] Petitto S C, Marsh E M, Carson G A, et al. Cobalt oxide surface chemistry: The interaction of CoO (100), Co_3O_4(110) and Co_3O_4(111) with oxygen and water. J. Mol. Catal. A: Chem., 2008, 281(1-2): 49-58.

[33] Xie X W, Li Y, Liu Z-Q, et al. Low-temperature oxidation of CO catalysed by Co_3O_4 nanorods. Nature, 2009, 458(7239): 746-749.

[34] 王宇佳. 不锈钢中 MnS 夹杂相局域溶解的第一性原理研究. 沈阳：中国科学院金属研究所，2012.

[35] Kresse G, Furthmüller J. Efficient iterative schemes for ab initio total-energy calculations using a plane-wave basis set. Phys. Rev. B, 1996, 54(16): 11169-11186.

[36] Kresse G, Hafner J. Ab initio molecular dynamics for liquid metals. Phys. Rev. B, 1993, 47(1): 558-561.

[37] Wang Y J, Hu P, Ma X L. Oxygen reduction reaction on metal-terminated $MnCr_2O_4$ nano-octahedron catalyzing MnS dissolution in an austenitic stainless steel. J. Phys. Chem. C, 2011, 115(10): 4127-4133.

[38] Di Quarto F, Piazza S, Sunseri C. Electrical and mechanical breakdown of anodic films on tungsten in aqueous electrolytes. J. Electroanal Chem., 1988, 248(1): 99-115.

[39] Galvele J R. Transport processes and the mechanism of pitting of metals. J. Electrochem. Soc., 1976, 123(4): 464-474.

[40] Hoar T P. The production and breakdown of the passivity of metals. Corros. Sci., 1967, 7(6):341-355.

[41] Hoar T P, Mears D C, Rothwell G P. The relationships between anodic passivity, brightening and pitting. Corros. Sci., 1965, 5(4): 279-289.

[42] Lin L F, Chao C Y, Macdonald D D. A point defect model for anodic passive films: Ⅱ.

Chemical breakdown and pit initiation. J. Electrochem. Soc., 1981, 128(6): 1194-1198.

[43] Macdonald D D. The point defect model for the passive state. J. Electrochem. Soc., 1992, 139(12): 3434-3449.

[44] Macdonald D D. Passivity-the key to our metals-based civilization. Pure Appl. Chem., 1999, 71(6): 951-978.

[45] MacDougall B, Mitchell D F, Sproule G I, et al. Incorporation of chloride ion in passive oxide films on nickel. J. Electrochem. Soc., 1983, 130(3): 543-547.

[46] Marcus P, Herbelin J M. The entry of chloride ions into passive films on nickel studied by spectroscopic (ESCA) and nuclear (36Cl radiotracer) methods. Corros. Sci., 1993, 34 (7): 1123-1145.

[47] Murphy O J, Bockris J O, Pou T E, et al. Chloride ion penetration of passive films on iron. J. Electrochem. Soc., 1983, 130(8): 1792-1794.

[48] Sato N. A theory for breakdown of anodic oxide films on metals. Electrochim. Acta, 1971, 16(10): 1683-1692.

[49] Sato N. Anodic breakdown of passive films on metals. J. Electrochem. Soc., 1982, 129 (2): 255-260.

[50] Xu Y, Wang M H, Pickering H W. On electric field induced breakdown of passive films and the mechanism of pitting corrosion. J. Electrocheml. Soc., 1993, 140 (12): 3448-3457.

[51] Evans U R. CXL. —The passivity of metals. Part I. The isolation of the protective film. J. Chem. Soc., 1927, (1): 1020-1040.

[52] Vernon W H J, Wormwell F, Nurse T J. 142. The thickness of air-formed oxide films on iron. J. Chem. Soc., 1939, (1): 621-632.

[53] Foley C L, Kruger J, Bechtoldt C J. Electron diffraction studies of active, passive, and transpassive oxide films formed on iron. J. Electrochem. Soc., 1967, 114 (10): 994-1001.

[54] McBee C L, Kruger J. Nature of passive films on iron-chromium alloys. Electrochim. Acta, 1972, 17(8): 1337-1341.

[55] Calinski C, Strehblow H H. ISS depth profiles of the passive layer on Fe/Cr alloys. J. Electrochem. Soc., 1989, 136(5): 1328-1331.

[56] Castle J E, Qiu J H. The application of ICP-MS and XPS to studies of ion selectivity during passivation of stainless steels. J. Electrochem. Soc., 1990, 137(7): 2031-2038.

[57] Yang W P, Costa D, Marcus P. Resistance to pitting and chemical composition of passive films of a Fe-17% Cr alloy in chloride-containing acid solution. J. Electrochem. Soc., 1994, 141(10): 2669-2676.

[58] Maurice V, Yang W P, Marcus P. X-ray photoelectron spectroscopy and scanning tunneling microscopy study of passive films formed on (100) $Fe_{18}Cr_{13}Ni$ single-crystal surfaces. J. Electrochem. Soc., 1998, 145(3): 909-920.

[59] Goetz R, MacDougall B, Graham M J. An AES and SIMS study of the influence of chloride on the passive oxide film on iron. Electrochim. Acta, 1986, 31(10): 1299-1303.

[60] Mitrovic-Scepanovic V, MacDougall B, Graham M J. The effect of Cl^- ions on the passivation of $Fe_{26}Cr$ alloy. Corros. Sci., 1987, 27(3): 239-247.

[61] Landolt D, Mischler S, Vogel A, et al. Chloride ion effects on passive films on FeCr and FeCrMo studied by AES, XPS and SIMS. Corros. Sci., 1990, 31: 431-440.

[62] Natishan P M, O'Grady W E, Martin F J, et al. Chloride interactions with the passive films on stainless steel. J. Electrochem. Soc., 2010, 158(2): C7-C10.

[63] Olefjord I, Wegrelius L. Surface analysis of passive state. Corros. Sci., 1990, 31: 89-98.

[64] Hubschmid C, Landolt D, Mathieu H J. XPS and AES analysis of passive films on $Fe_{25}Cr$-X (X= Mo, V, Si and Nb) model alloys. Frese. J. Analyt. Chem., 1995, 353(3-4): 234-239.

[65] Mischler S, Vogel A, Mathieu H J, et al. The chemical composition of the passive film on $Fe_{24}Cr$ and $Fe_{24}Cr_{11}Mo$ studied by AES, XPS and SIMS. Corros. Sci., 1991, 32(9): 925-944.

[66] Mitchell D F. Quantitative interpretation of auger sputter profiles of thin layers. Appl. Surf. Sci., 1981, 9(1-4): 131-140.

[67] Olefjord I, Brox B, Jelvestam U. Surface composition of stainless steels during anodic dissolution and passivation studied by ESCA. J. Electrochem. Soc., 1985, 132(12): 2854-2861.

[68] Massoud T, Maurice V, Klein L H, et al. Nanoscale morphology and atomic structure of passive films on stainless steel. J. Electrochem. Soc., 2013, 160(6): C232-C238.

[69] Maurice V, Yang W P, Marcus P. XPS and STM investigation of the passive film formed on Cr (110) single-crystal surfaces. J. Electrochem. Soc., 1994, 141(11): 3016-3027.

[70] Maurice V, Yang W P, Marcus P. XPS and STM study of passive films formed on $Fe_{22}Cr$ (110) single-crystal surfaces. J. Electrochem. Soc., 1996, 143(4): 1182-1200.

[71] Ryan M P, Newman R C, Thompson G E. Atomically Resolved STM of Oxide Film Structures on Fe-Cr Alloys during Passivation in Sulfuric Acid Solution. J. Electrochem. Soc., 1994, 141(12): L164-L165

[72] Ryan M P, Newman R C, Thompson G E. An STM study of the passive film formed on iron in borate buffer solution. J. Electrochem. Soc., 1995, 142(10): L177-L179.

[73] Ryan M P, Newman R C, Thompson G E. A scanning tunnelling microscopy study of structure and structural relaxation in passive oxide films on Fe-Cr alloys. Philos. Mag. B, 1994, 70(2): 241-251.

[74] Zhang B, Wang J, Wu B, et al. Unmasking chloride attack on the passive film of metals. Nat. Commun., 2018, 9(1): 1-9.

[75] 张波，马秀良. 点蚀形核机制的透射电子显微学研究. 中国材料进展. 2018, 37(11): 866-879.

[76] Wei X X, Zhang B, Wu B, et al. Enhanced corrosion resistance by emgineering crystallography on metals. Nat. Commun., 2022, 13(726): 1-13.

[77] Evans U R. Isolation of the film responsible for the passivity of an iron anode in acid solution. Nature, 1930, 126: 130-131.

[78] Evans U R. Why does stainless steel resist acid. Chemistry & Industry, 1962, 41: 1779-1781.

[79] 魏欣欣. 不锈钢钝化和过钝化机制的像差校正透射电子显微学研究. 沈阳：中国科学院金属研究所，2022.

[80] Grocholski B. Tracking corroding chloride. Science, 2018, 361: 989.

[81] Vinay M. Protecting against corrosion with atomic engineering. Communication Engineering, 2022.

[82] Zhang B, Wei X X, Wu B, et al. Chloride attack on the passive film of duplex alloy. Corros. Sci., 2019, 154: 123-128.

[83] Zhang B, San X Y, Wei X X, et al. Quasi-in-situ observing the growth of native oxide film on the FeCr15Ni15 austenitic alloy by TEM. Corros. Sci., 2018, 140: 1-7.

第7章 准晶体的发现及其启迪

7.1 引言

自1912年劳厄(Max von Laue)发现X射线通过晶体产生衍射开始到1982年这70年间，所有观察过的晶体都具有平移周期性。尽管人们没有回答晶体为什么一定具有周期性，但却从未怀疑它的正确性。

1982年4月8日，在美国国家标准局短期工作的以色列学者Dan Shechtman博士利用透射电子显微镜在对快速冷却的Al_6Mn合金进行电子衍射实验时，得到了一张奇特的电子衍射图，给晶体学及物质科学领域带来了一场革命。之后，与该实验结果相关的论文、专著、会议、研讨等在全球范围内迅速展开，几年内数量便成千上万。似乎之前世界一直在等着Shechtman的这一实验！

Shechtman所观察到的是一个单晶体的准晶相，具有二十面体对称性，这在经典的晶体学当中是不允许的。

准晶体的发现从根本上改变了化学家对固态物质结构的看法，丰富和发展了传统的晶体学理论。尽管曾受到以获两次诺贝尔奖的Linus Carl Pauling为代表的一批大科学家的强烈质疑，但终因大量令人信服且接连不断的实验证据逐渐被大家所接受，使得国际晶体学联合会于 1992 年对晶体进行了重新定义："晶体是能给出明锐衍射的固体，非周期晶体是没有周期平移的晶体"。

2011 年，Shechtman 因准晶体的发现而独享诺贝尔化学奖。诺贝尔奖委员会在公告中称他"顽强地与已建立的科学抗争""从根本上改变了化学家先前对固态物质结构的看法"。

几乎在 Shechtman 发现准晶的同一时间，中国科学家郭可信先生带领的研究团队独立地在过渡金属 Ti－V－Ni 合金中发现了二十面体准晶，并被 Shechtman 的合作者法国晶体学家 Denis Gratias 称为"中国相(China phase)"。"中国相"的发现是研究高温合金中四面体密堆结构的直接结果，与 Shechtman 的发现殊途同归。

7.2　经典晶体学

自然界中的五次对称非常常见，如一些五颜六色的花朵、水果(例如苹果、枇杷等)果籽的排列形式，某些树干在横截面上显示的图案等(如图 7.1)。从几何学的角度来看，五边形沿其对角线的膨胀和收缩会产生与无理数 $\tau=(1+\sqrt{5})/2$ 直接相关的大小五边形(图 2.49)。1982 年，以色列学者 Shechtman 博士在研究 Al_6Mn 合金的过程中发现了具有五次对称的电子衍射图，这为晶体学及材料科学领域带来了一场革命。

图 7.1　自然界中的五次对称(左上角树木横断面实物由卢柯院士提供)

晶体学起始于观察可见的晶体外形(图 7.2)。从对称的角度看，晶体外形存在若干种旋转轴。经典的晶体学认为晶体的主要特征是其原子的配置具有周期性及一定的对称性。广义地说，周期性也是一种对称性，即平移对称性。平移对点操作的制约使得晶体中的对称轴次只能有 1、2、3、4、6 这 5 种。在一定的条件下，晶体可结晶成为具有一定尺寸的单晶体，其外形为多面体，可以反映该种晶体的对称性。这些外形遵循一定的几何规则，从看似无限多的形状中可总结出几种有限形式的组合。虽然德国科学家布拉维(A. Bravais)在 1850 年就用数学方法推导出周期性晶体中原子的三维周期排列方式可概括为 14 种空间点阵，然而晶体学的实验基础却是 X 射线衍射。

(a)

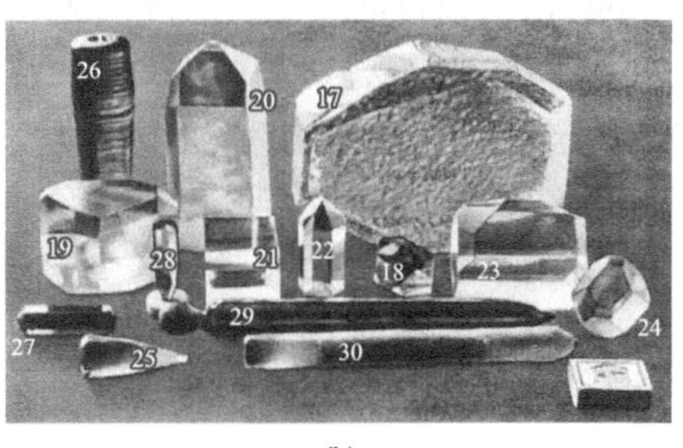

(b)

1—食盐；2—方解石；3—绿柱石；4—沃罗比耶夫矿；5—翡翠；6—黄铁矿；7—石英；8—天河石；9—辉锑矿；10—红电气石；11—黄玉；12—巴西黄玉；13—透辉石；14—萤石；15—赤铁矿；16—天青石。17、18—石英；19—三甘氨酸硫酸盐；20—磷酸二氢钾；21—氟化锂；22—碘酸锂；23—碘酸；24—钾钒；25—红宝石；26—激光红宝石；27—石榴石；28—铌酸锂；29—硅；30—蓝宝石

图 7.2　(a) 若干天然晶体实物的照片；(b) 若干人工合成单晶体实物的照片[1]

X 射线的发现者伦琴(1845—1923，图 7.3)，出生于 1845 年 3 月 27 日。3 岁时随家人迁往母亲的故国荷兰。当其 20 岁进入荷兰乌得勒支大学学习物理后，在没有完成所规定的学业的情况下转学到瑞士苏黎世联邦理工学院，并改行学习机械工程。令人刮目的是，伦琴只上了 4 年大学(包括转学)就在 24 岁

图 7.3　物理学家伦琴(Wilhelm Röntgen)

时拿到了苏黎世大学的博士学位，并留校当助教，后随导师转至法国斯特拉斯堡大学。后来又于 1888 年转到德国维尔茨堡(Würzburg)大学，并最终在发现 X 射线后的 1900 年来到慕尼黑大学任实验物理系主任，在此终其一生。其间于 1901 年获诺贝尔物理学奖。

伦琴到慕尼黑大学任物理系主任后，聘固体物理学家索末菲(Arnold Sommerfeld)任理论物理教授。1910 年索末菲给他的学生埃瓦尔德(Paul Peter Ewald)出的题目涉及晶体点阵问题。为此，埃瓦尔德找到普朗克以前的学生劳厄(Max von Laue，1879—1960，图 7.4)一起讨论这个问题。当时劳厄在研究波动光学，讨论中产生了晶体三维空间结构的想法，于是在 1912 年发现了 X 射线通过晶体时产生衍射这一现象，发表了《X 射线的干涉现象》一文，文中不仅证明了 X 射线的波动性，而且证实了晶体内部结构的平移周期性，标志着原子尺度的微观晶体学诞生。劳厄因发现 X 射线通过晶体时产生衍射于 1914 年获得诺贝尔物理学奖。

(a)

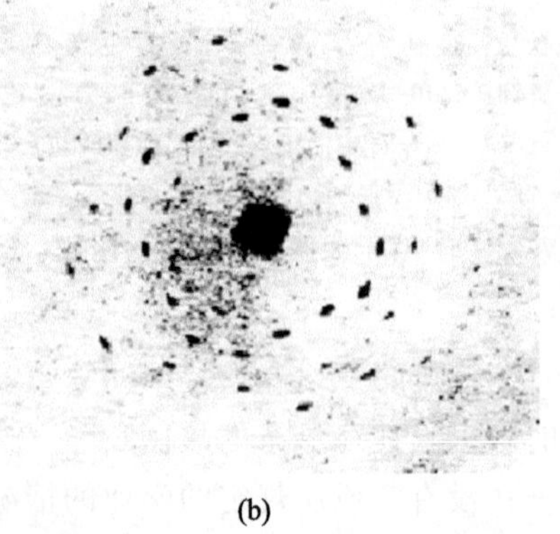

(b)

图 7.4　劳厄(Max von Laue)及其所得的 X 射线衍射图像

劳厄的文章发表后不久，就引起了英国物理学家老布拉格(William Henry Bragg，1862—1942)和他的儿子小布拉格(William Lawrence Bragg，1890—1971)的关注。当时老布拉格已是利兹大学的物理学教授，而小布拉格则刚从剑桥大学毕业，他们提出了著名的布拉格公式：$2d\sin\theta = n\lambda$，证明了能够用 X 射线获取关于晶体结构的信息。布拉格父子俩(图 7.5)因此于 1915 年共享诺贝尔物理学奖。

这样，自 1912 年劳厄发现 X 射线通过晶体产生衍射开始到 1982 年这 70 年时间里，所有观察过的晶体都具有平移周期性。具有平移周期性的晶体被划分为 7 个晶系、14 种布拉维点阵(表 7.1)。

(a)

(b)

图 7.5　(a) 英国物理学家老布拉格(William Henry Bragg，右)和他的儿子小布拉格(William Lawrence Bragg，左)；(b) 他们测量用的摄谱仪

表 7.1　周期性晶体 7 个晶系及 14 种布拉维点阵的相关参数

晶系	点阵符号	特征	单胞参数
三斜	P	$a \neq b \neq c$ $\alpha \neq \beta \neq \gamma$	a、b、c、α、β、γ
单斜	P、C	$a \neq b \neq c$ $\alpha = \gamma = 90° \neq \beta$	a、b、c、β
正交	P、C、I、F	$a \neq b \neq c$ $\alpha = \beta = \gamma = 90°$	a、b、c
四方	P、I	$a = b \neq c$ $\alpha = \beta = \gamma = 90°$	a、c
立方	P、I、F	$a = b = c$ $\alpha = \beta = \gamma = 90°$	a
三角	R	$a = b = c$ $\alpha = \beta = \gamma \neq 90°$	a、α
六角	P	$a = b \neq c$ $\alpha = \beta = 90°$ $\gamma = 120°$	a、c

这种平移周期性只允许晶体结构有 1、2、3、4、6 次旋转轴存在。就像生活中不能用正五边形铺满方正的地面一样，晶体中原子排列不允许出现 5 次或 6 次以上的旋转对称性——晶体中不允许有空隙存在。从图 7.6 可以看出，三

次对称[图7.6(a)]中的每个原子被其他三个相同的原子包围，因为如果把其中之一沿着平面转过120°，将与另一个发生重叠。四次对称[图7.6(b)]中转过90°后可得相同图形。六次对称(图7.6(c)]中转过60°可得相同图形。但是五次对称[图7.6(d)]却无法通过类似的操作得到相同的图形，因为其中原子间的距离长短不一，由此就充分证明了在晶体中找不到五次对称。依此，七次对称或者更高次的对称都是找不到的。在晶体结构中不允许出现五次或六次以上的旋转对称性，这一概念已被写进教科书。

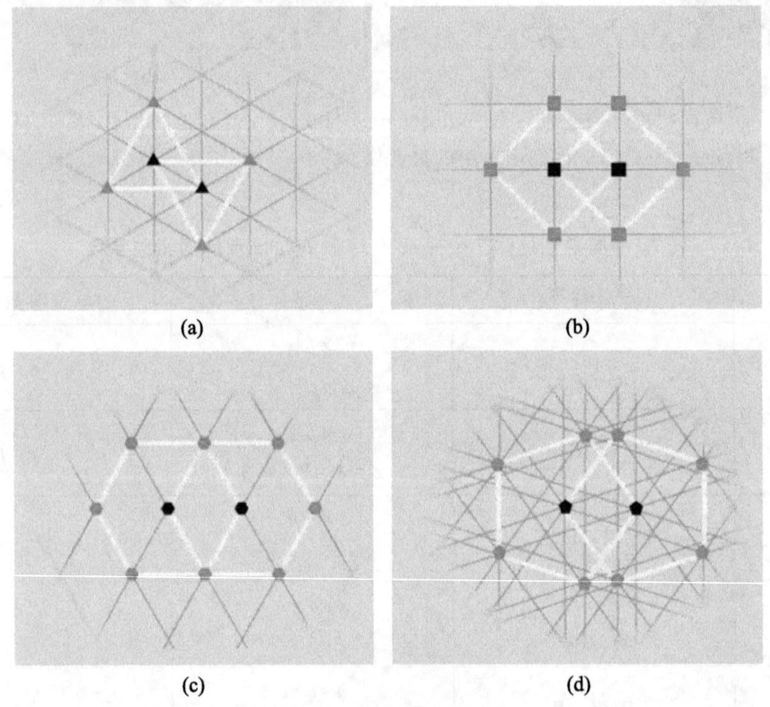

图7.6　晶体中不同的对称性，具有五次对称的晶体结构单元无法重复[2]：(a) 三次对称；(b) 四次对称；(c) 六次对称；(d) 五次对称

这样，晶体的平移长程序或称平移对称、平移周期性，成为了晶体的定义。对于非理想晶体，当平移周期性遇到障碍时，可通过引入晶体缺陷，如点缺陷(空位)、间隙原子、线缺陷(位错)、面缺陷(层错)等，或通过增加复合晶体等一些概念使之适用，如晶粒构成的多晶体。尤其是，当两个(或多个)晶体以镜面反映的取向关系共同生长时，称之为“孪晶(或多次孪晶)”。面心立方结构的晶体的孪晶面是{111}面，两个孪晶体取向差相当于绕特定的[110]方向旋转了70°32′，与360°的1/5—— 72°十分相近。如果围绕同一个

[110]方向连续产生五次孪晶，即会留下7°20′的缝隙。在团簇、颗粒中可以观察到由5个四面体块按孪晶取向长成的十面体，或在块体中的局部区域有五次孪晶(图7.7)。在大多数情况下，由于结构弛豫，缝隙会接合，从而产生附加的五次对称性，但每个孪晶体内部仍保留平移周期性[3]。图7.7是面心立方晶体中五次孪晶的高分辨电子显微像，从中可以看出连续产生的孪晶留下的缝隙被均匀地弛豫掉。

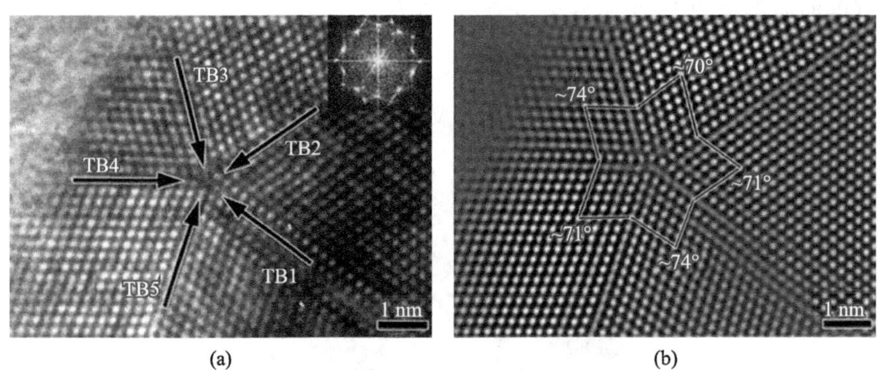

图7.7　面心立方晶体中五次孪晶的高分辨电子显微像(a)和经图像处理后的图片(b)[4]

7.3　准晶体的发现

7.3.1　Al-Mn合金中五次旋转对称准晶的发现

1. 材料及工程背景

二十面体准晶在20世纪80年代中期被发现有其历史的必然性。首先，二十面体密堆概念在20世纪50年代就提出并已经成熟[5]，且广泛应用于非晶、原子簇及合金相的结构研究中。当原子簇直径小于10 nm时，不但金、银、铜、镁等金属以二十面体生长形貌出现，就连共价键结合的金刚石、硅、锗等也有这种形貌。其次，20世纪70年代，用于研究亚微米晶体结构的纳米电子衍射和高分辨电子显微技术已经兴起，并在80年代已经普遍推广。最后，也是最重要的，航空和航天技术的迅速发展需要制备强度更高的铝、镁合金及镍基高温合金。然而，过渡金属在铝中的固溶度很小，如500 ℃时Mn在Al中的固溶度仅为0.2 at.%Mn原子。为了能在Al中固溶更多的Mn以产生固溶强化，将熔融的Al-Mn合金急冷凝固(冷却速度达10^5 ℃/s)可以迫使高达10 at.% Mn原子仍保留在Al的固溶体中。这样，促使科学家们采用非传统的冶金技术生产新合金品种。理论、实验技术、工程需要的三结合就产生了对二十面体准晶的研究[6]。

2. Dan Shechtman 其人

Dan Shechtman，以色列理工学院教授、美国工程院院士、欧洲科学院院士、以色列科学院院士。由于创造性地发现了准晶而享誉世界，荣获 Wolf 物理奖、Weizmann 科学奖和瑞典皇家科学院 Aminoff 奖等多项世界大奖，并且因发现准晶而独享 2011 年诺贝尔化学奖(图 7.8)。

图 7.8　2011 年 12 月 10 日，瑞典斯德哥尔摩音乐厅，Shechtman(左)接收国王 Carl XVI Gustaf 颁发的诺贝尔化学奖

Shechtman 于 1941 年 1 月 24 日出生于以色列特拉维夫，家族中多数人死于大屠杀和第二次世界大战。1959 年起到部队服役两年半的时间。由于当时患有支气管哮喘，因此得到主管部门的照顾，于是被安排在军中做心理测试及接待工作等，其间遇见了一位叫 Zipora 的女士(后来成为 Shechtman 的太太)。

服役结束后，Shechtman 渴望进入耶路撒冷的希伯莱大学学习生物或进入位于海法的以色列理工学院学习机械工程。1962 年他顺利考入以色列理工学院，并于 1966 年获机械工程学位。他对自己在读期间的评价是“I was a good student but far from the top of the class”。1966—1971 年间他继续在以色列理工学院攻读硕士及博士学位，从事有关钛合金方面的研究。1967 年他所在的学院引进了第一台透射电子显微镜，他很幸运地成为可以使用这台先进设备的学生之一，并利用这台透射电镜主要研究钛合金经循环载荷作用后的结构与缺陷。

3. Dan Shechtman 第一次留美

Shechtman 博士毕业之后便申请留校工作，但被校方告知需要有几年的海外工作经历方可在校工作。于是，1972 年他与世界上一百余所大学和研究机构进行了联络，期望有机会“出国深造”，但最终只有两个国外机构愿意给予他临时位置，其中之一便是美国俄亥俄州赖特帕特森空军基地航空航天研究实验室(Natl. Res. Council，Aerosp. Res. Lab，Ohio)。

1972—1975 年间他在俄亥俄的空军实验室做博士后，在那里他花了三年时间研究钛铝合金的微观结构和物理冶金学(同时他的太太 Zipora 就读于美利坚大学)。在做博士后期间，Shechtman 一直念念不忘回国效力，期待母校以色列理工学院能给予职位，但却迟迟得不到肯定的答复。无奈，他决定接受美国空军这个实验室给予的永久职位。但是，恰巧就在签订合同的前一刻，以色列理工学院同意接收他。实乃喜出望外！1975 年夏，Shechtman 到母校以色列理工学院材料工程系任职。

4. Shechtman 应冶金学家 John W. Cahn 之邀第二次留美

20 世纪 70 年代末，美国国家标准局冶金学家 John W. Cahn(图 7.9)访问以色列理工学院，期望进一步加强盟友之间的互访及学术交流。在访问期间 Cahn 了解到 Shechtman 正在利用透射电镜观察微小的粉末样品，也看到了 Shechtman 取得的一些实验结果，并被 Shechtman 高超的电镜实验技术所折服。同时，Cahn 得知 Shechtman 即将有两年的学术休假……

于是，Cahn 给他在美国的老板发去传真：“我找到了我们要找的人……”并在信的结尾补充道：“Shechtman 具有强烈的好奇心和独立工作的能力”。

图 7.9　冶金学家 John W. Cahn

Cahn 是美国国家标准与技术研究院(原美国国家标准局)教授、著名冶金学家、美国科学院院士、美国工程院院士、美国艺术与科学院院士。他于 1928 年 1 月 9 日出生于德国科隆，1949 年毕业于密歇根大学，1953 年在加利福尼亚大学伯克利分校获得博士学位，获得国际及国内奖项 30 余项。

在本章将要提到的准晶体发现及认识的整个过程中，Cahn 教授虽然在初期表现出怀疑的态度，但很快又表现出敏锐的洞察力，他积极地联系各个方面的专家进行讨论，寻找合理解释，为关于准晶体发现的标志性论文的发表做出了重要贡献。

Shechtman 被 Cahn 在访问以色列理工学院期间相中，使得他有机会在 1981—1983 年期间以学术度假的形式在美国霍普金斯大学进行访问研究。其间从事铝与过渡族金属合金的快速凝固组织结构的分析，这是一项与美国国家标准局合作的课题。项目负责人曾告诉他说：不要局限于研究计划，做你感兴趣的任何事情!

他制备了一系列具有不同 Mn 含量的 Al-Mn 合金，并在研究中发现 Mn 超过一定含量后合金变脆。

5. 大发现之后的欣喜与困惑

1982 年 4 月 8 日，Shechtman 在透射电子显微镜下观察 Al-14 at.%Mn 合金急冷凝固样品的微结构时，得到一张奇特的电子衍射图(图 7.10)。这张电子衍射图中具有 10 个强的衍射斑点，它们彼此等间距，而且与中心斑距离也相等。但是在每一列衍射点上，点与点之间又不是等间距的。这令他惊讶不已!

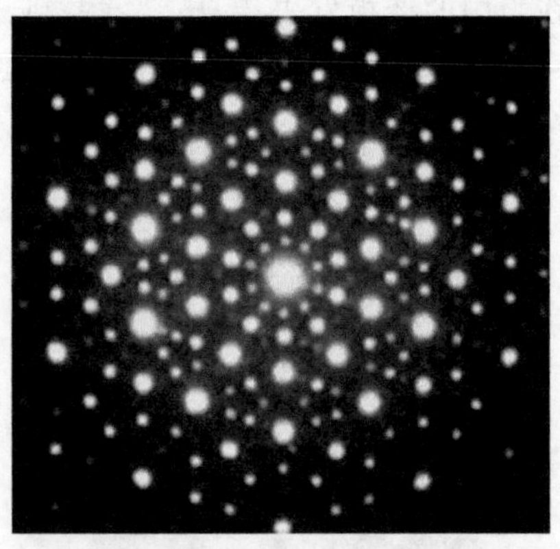

图 7.10　Shechtman 在透射电子显微镜下观察 Al_6Mn 时得到的奇特电子衍射图[7]

Shechtman 在不同的方向上、不同圆周上反复地数这些衍射斑点，越发觉得奇怪，并自言自语道：“There is no such animal!”。

哈佛大学终身教授何毓琦曾经说过："……当你在数个月的艰苦工作后第一次有了不错的发现，你会陷入几秒钟的狂喜——全世界你是唯一一个认识这个真理的人。这样的感觉只可意会不可言传。你坐立不安、来回踱步、彻夜难眠，有时候甚至会高兴到胃疼的地步"。

发现的确是一种独特的体验，所以科学家们通常都有立刻分享发现时快乐的冲动，Shechtman 也不例外。他发现奇特的电子衍射图后，按捺不住兴奋，于是他来到走廊，想找人说说这件怪事，但却没有找到人！于是他返回电镜前，又花了几个小时的时间做了相关实验：选区衍射、微衍射、明场像、暗场像(图 7.11)[8]。这次实验过程的原始记录如图 7.12。他利用不同的相机常数分别记录了电子衍射图；同时也用微小的电子束进行微衍射并与选区电子衍射进行对比分析；为了验证具有十次对称的电子衍射图来自一个单晶体，他利用不同强度的衍射斑点分别作暗场像(底片号为 1726～1729)。他在底片号为 1725 的实验记录里标注了："10 Fold ???"。这三个问号足以表明他当时对具有十次

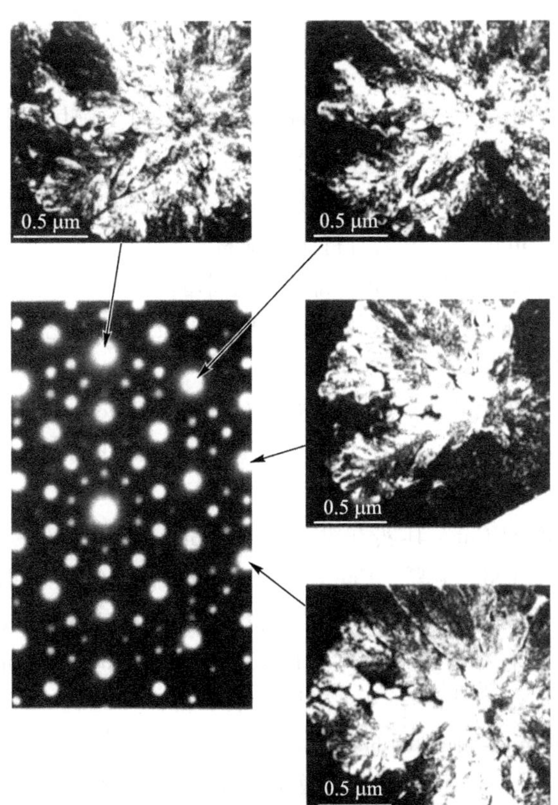

图 7.11　从球状相的 4 个不同衍射斑点所获得的相应暗场像[8]

对称的电子衍射图的不解！

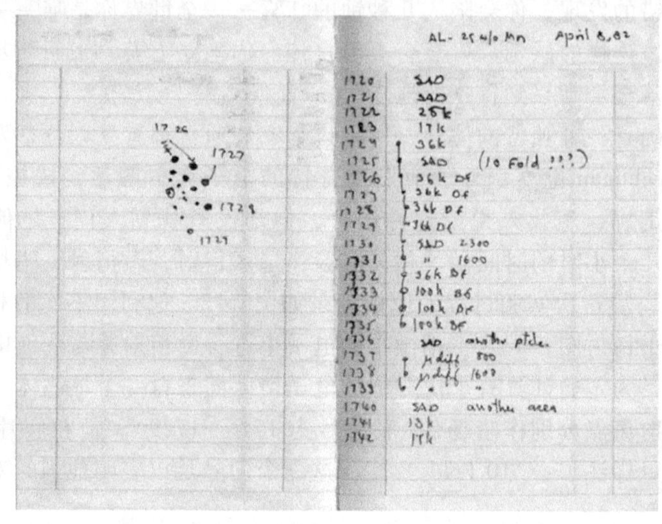

图 7.12　Shechtman 初次发现准晶时的实验记录[9]

获得了奇特的电子衍射图后，Shechtman 开始向美国国家标准局的同事询问谁知道十次对称，其间遭遇众多嘲笑……

一天，他来到 Cahn 的办公室，进行了一段简短而经典的对话——

Shechtman："John，您怎么看待十次对称？"

Cahn："Danny，你别打搅我，那显然是孪晶。"

Shechtman："我不认为是这样，我有足够的证据证明它不是孪晶。"

谈话草草结束。

这次见面没有产生共鸣，甚至没有得到鼓励，Shechtman 离开了 Cahn 的办公室。之后 Cahn 似乎再也没有去想这件事，而 Shechtman 也不来找 Cahn 讨论了……

看似没有兴趣的 Cahn 其实并没有忘记这张具有十次对称的电子衍射图，他在默默地揣摩。1982 年夏，Cahn 带着十次对称的电子衍射图来到他的母校——麻省理工学院，并与其他科学家讨论。母校的同事当中也没有人知道它是什么，但一些人猜测可能是晶体中的某类缺陷。Cahn 告诉他们显微结果表明这不是常规晶体中的缺陷结构，它是一个单相，且颗粒内没有晶界（这正是 Shechtman 曾在 Cahn 面前强调的！）。

Shechtman 继续向周围的同事请教十次对称电子衍射的事。一天他找到了一位 X 射线衍射方面的专家。这位专家拿出一本 X 射线晶体学的教科书，说道："Danny，请读一读这本书，如果你读了这本书你就一定会明白你所认为的事情是不可能的。”

“我知道这本书。当我还是以色列理工学院一名学生的时候，考试题当中就要求我们证明五次对称在晶体中是不允许的。所有这些对称性规则都是对的，但是，它们必须有一个前提，那就是周期性晶体。自从 1912 年劳厄发现 X 射线通过晶体产生衍射到现在这 70 年间，所有的教科书里都假设晶体是周期性的。”Shechtman 回复道。

鉴于当时的情况，Shechtman 被“请”出了自己所在的研究团队，“同事们说我的研究让他们蒙羞。对此，我并不在意，我深信自己是对的，他们是错的”，Shechtman 回忆说[9]。

Shechtman 不断地给他人看具有十次对称的电子衍射图，越来越多的科学家知道了这件事情，但没有人能给予合理的解释。鉴于十次对称电子衍射图看起来很漂亮，Shechtman 后来用它做成了圣诞卡，老板 Cahn 也将它贴到自己的墙上。

尽管没有合理的解释，Shechtman 仍时不时地把他的 Al-Mn 样品放在电镜里去观察，但每次都得到与 4 月 8 日相同的结果。在此基础上，他通过双倾台确定了这种晶体具有五次、三次、二次旋转对称(图 7.13)，越发对实验结果的可靠性坚信不疑。

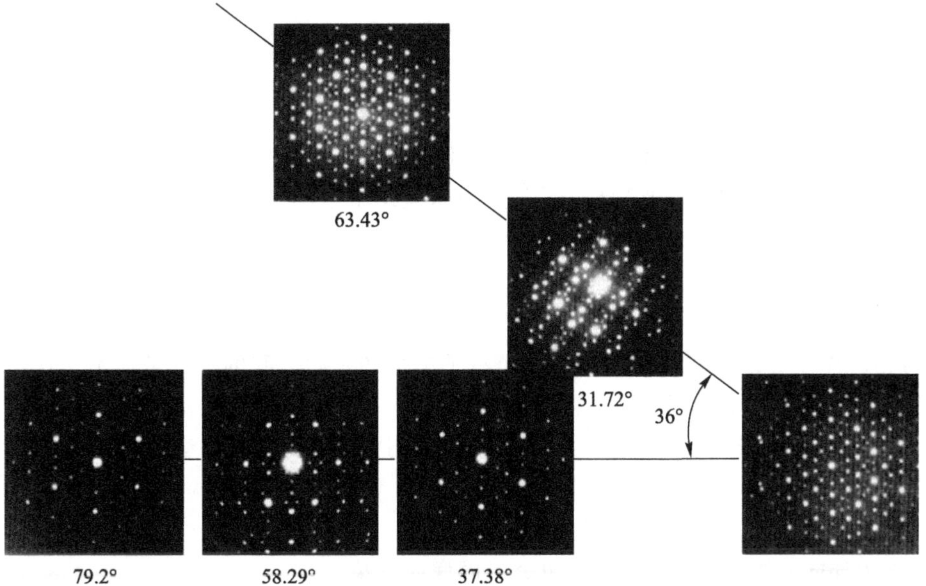

图 7.13 Al-Mn 准晶电子衍射图。按不同转轴倾转得到的五次、三次、二次旋转轴衍射图之间的夹角符合二十面体对称性的空间分布[7]

6. Shechtman 获得晶体学家 Ilan Blech 的支持

在困惑和郁闷中过去了一年。1983 年夏，Shechtman 回到以色列理工学院，照样把他的电子衍射图给大家看，其中只有一人对此感兴趣。这个人叫 Ilan Blech，是 X 射线衍射方面的专家(后来不久离开学术界，转到美国加州进入企业界)。

于是 Blech 和 Shechtman 开始搭建结构模型，寻找能够经傅里叶(Fourier)变换后显示与实验结果相同的结构模型。他们利用二十面体纸板并让它们共边或共面连接起来(后来被称为二十面体玻璃模型)，得到了与实验像一致的具有五次对称的图谱。

此时的 Shechtman 感到非常欣慰，世界上至少有一个科学家和他站在一起，相信他的电镜结果，并且共同搭建结构模型、共同发表相关结果。Shechtman 曾一度感到他们两人在与整个世界作对！

1984 年夏，Shechtman 和 Blech 一起将相关结果整理成一篇长文，投寄到《应用物理期刊》(*Journal of Applied Physics*，*JAP*)。其实这篇文章的内容侧重于冶金学，而没有强调五次对称这一新的发现。

7. 冶金学家 John W. Cahn 展示出敏锐的洞察力

Shechtman 和 Blech 合作把文章投到 *JAP* 之后，Shechtman 返回美国。此时 Cahn 教授正在参加戈登会议(Gordon Conference)，他了解到 Shechtman 已回到美国，且急于见他并有重要事情相谈，于是 Cahn 教授从会场提前返回。

在一个星期四的晚上，他看到了 Shechtman 和 Blech 投寄到 *JAP* 的文章，他为实验违背了现有的理论而感到兴奋。他虽然没有被其中的模型所说服，但此时他坚信电镜下的实验结果：这显然不是孪晶，它一定是一个目前人们还不知道的新东西！如果 1982 年就看到所有这些结果，就不至于浪费两年的时间！(其实，怎么能说 1982 年他没看到呢？Shechtman 给他看这些结果时，他表现得很不耐烦，且武断地认为那是孪晶！)

第二天，他找来 Shechtman，说道："这篇文章写得很糟糕，你隐藏了那个新相。你在文章里罗列了太多实验上有关冶金的东西，我的感觉是你不想让审稿人仔细推敲你的新发现，试图想蒙混过关……"

Cahn 教授建议找来正在美国国家标准局进行短期访问的法国年轻晶体学家 Denis Gratias。

Cahn："Danny 的实验对吗？"

Gratias："对，如果我做，也会有同样的结果。"

Cahn："我们还有其他实验需要做吗？"

Gratias："没有！"

此时的 Cahn 已经察觉到这一定是一个大的发现，因为"非周期+明锐的衍射斑点"就足够重要了。必须快马加鞭，因为已经有人开始研究相关的合金了，随后很多人会转到这个方向来。他建议只用透射电镜的结果写篇短文，用事实说话，不给模型。

在这一阶段，Cahn 并不在作者之列，似乎也不期望成为作者之一。但他反复告诉 Shechtman："你那篇文章写得不好。"

接下来 Cahn 去了科罗拉多州阿斯本(Aspen)物理中心，花了两周多的时间，查阅了有关二十面体对称，使自己加深了对这个问题的了解。

两周后 Cahn 从 Aspen 物理中心回来，Shechtman 失望地告诉他投往 *JAP* 的文章被拒稿了(此时的 Shechtman 感觉像在网球场上，一个网球重重地打到了自己的脸上)。文章被拒的理由是："这篇的文章内容不适于在应用物理期刊登载，请另投一冶金学刊物……"

Shechtman 曾把那封委婉的退稿信做成幻灯片，在多个学术场合作为开场白，至少用来说明 JAP 没有做到独具慧眼。

听说那篇文章被拒，Cahn 反而对 Shechtman 说："很好，你有机会重新写篇好文章了……"Shechtman 马上告诉 Cahn："*JAP* 的编辑认为这篇文章讲的是一个无聊的冶金学问题，物理学家不会感兴趣。所以，我立刻转手把这篇文章投到了《冶金学报》(*Metallurgical Transaction*)"。

Cahn 顿时感到很无奈，看来机会又失去了，便反复说道："Danny，这篇文章写得不好……"

在随后的谈话中，Shechtman 向 Cahn 流露出自己的意愿："如果你感觉这么强烈，那可否由你来写这项工作?"Cahn 答道："Danny，这是你的成果，如果那样的话，你是在给我送了个大礼!"Shechtman 说："我不介意!"

于是，Cahn 决定写个短文投到《物理评论快报》(*Physics Review Letters*)。

按照原计划，Shechtman 将在 1984 年 9 月底返回以色列。

此行之前，Cahn、Shechtman 以及 Gratias 通力合作。Gratias 在这项工作中从数学的角度提供了很多好的建议，但他自认为不应该作为作者。不过 Shechtman 坚持大家联名发表(图 7.14)这项工作。论文基本定稿后，Shechtman 于 9 月底返回了以色列。

当时在美国国家标准局有这样一项规定，每篇文章在投稿之前必须经过一个内部委员会的评审。该委员会邀请了相当数量的专家对 Shechtman 4 人的这篇文章进行了分析，召开了很多次会议。但是，Cahn 却从未列席。于是，有的委员甚至登门来找他讨论，但都没有得到一致的意见。

标准局冶金部门的一位主管说："John，你有那么高的声望，为什么冒险在那篇文章里面加上你的名字?"

Cahn："你读一下这篇文章，这是一项非常重要且激动人心的工作，我们

图 7.14　左起依次 John W. Cahn、Dan Shechtman、Ilan Blech 和 Denis Gratias，法国，1995

现在不是保守的时候了！……”

文章终于得以在 1984 年 10 月初寄出。这篇文章以“具有长程取向序而无平移对称序的金属相”为题。还是《物理评论快报》独具慧眼，10 月 9 日收到稿件，四周后的 11 月 12 日便正式刊出[7]。

这个 1982 年 4 月 8 日获得的实验结果，正式发表却是在两年半后的 1984 年 11 月 12 日(之前 Shechtman 投到《冶金学报》的那篇论文直到 1985 年 6 月才正式发表)。其间 Shechtman 经历了大发现之后的困惑、郁闷、欣慰、狂喜！这篇论文随即成为准晶发现的标志性论文，它的发表立即在晶体学、固体物理、固体化学、材料科学、矿物甚至艺术领域掀起轩然大波，开辟了一个崭新的研究领域，也使世界范围内的大批科学家和学者投身到准晶的研究热潮。仅在 1985—1987 年间，Shechtman 频繁应邀在世界各地的大学和研究机构进行讲演，平均每年 25~30 场报告、每年获一个奖项。

在 Shechtman 等那篇文章发表的 6 周后，《物理评论快报》又刊出了美国宾夕法尼亚大学物理系 Levine 和 Steinhardt(图 7.15)的一篇文章，题目为“准晶(quasicrystals)：一种新的有序结构[10]”。他们将彭罗斯(Penrose)拼图及 Mackay 菱面体三维堆砌中的顶点的坐标写出来，然后作傅里叶变换，得到了相应的五次旋转对称衍射图和三次旋转对称衍射图(图 7.16)。

1981 年宾夕法尼亚大学物理系的 Steinhardt 和其研究生 Levine 开始研究金属玻璃是否具有内在的对称规律。受二维彭罗斯拼图的启发，他们在此基础上扩展到三维系统，预测准晶体可在实际材料中存在。1984 年 9 月 Steinhardt 与 Levine 带着他们的理论工作到 IBM，试图说服实验工作者在实际材料中寻找准晶。恰巧碰到来自哈佛的 David Nelson 教授(两人曾在金属玻璃中二十面体键

图 7.15 Paul J. Steinhardt（左）和 Dov Levine（右），以色列理工学院，2006 年

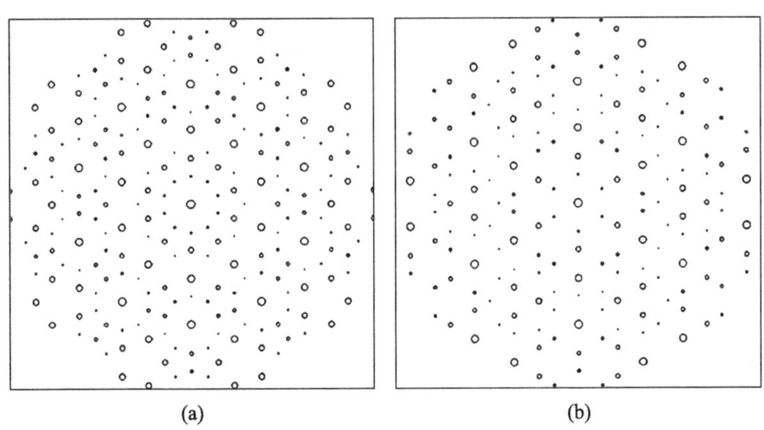

图 7.16 计算所得的理想二十面体准晶的五次(a)和三次(b)对称电子衍射图[10]

合取向序方面有过合作）。Nelson 手头有从 David Turnbull(1915—2007)那里复印过来的 Shechtman 的文章手稿。Steinhardt 看后喜出望外！没想到这么快实验上就做出来了。

实际上，这两篇文章的发表还有一个小插曲。1984 年秋在加州大学圣塔芭芭拉分校理论物理中心召开的一次讨论会中，Gratias 听到 Steinhardt 讲他们的理论计算结果——不但液体结构中近邻取向序是二十面体对称，固体也是如此。理论与实践完美统一，一拍即合。Shechtman 等 10 月 9 日投稿的标题是“具有长程取向序而无平移对称序的金属相”，11 月 2 日 Levine 和 Steinhardt 投稿的标题是“准晶：一种新的有序结构”，第一次提出准晶这个名词，并且说这是准周期晶体的简称[10]。Steinhardt 曾在哈佛大学应用物理系进修，在那里 Nelson 等一直用 Frank-Kasper 相结构中的二十面体研究液体及非晶态结构，所以 Steinhardt 能有以上准晶的思想是有其根源的。其实早在 1974 年，英国数学家彭罗斯就用一种锐角为 36°的菱形和另一种锐角为 72°的菱形按一定法则拼接出五次对称图案而填满平面[图 7.17(a)][11]。

彭罗斯真是个天才，他不但是杰出的数学家，而且也是顶尖的物理学家，他因黑洞形成的证明并成为广义相对论的证据于 2020 年获诺贝尔物理学奖。

图 7.17　(a) 彭罗斯拼图。(b) 彭罗斯(左)：1931—，英国数学家，英国皇家科学院院士，获奖无数，包括诺贝尔物理学奖，被 8 所大学授予荣誉博士学位。Alan L. Mackay(右)：1927—，英国晶体学家，英国皇家科学院院士。对晶体中二十面体的堆垛颇有建树，建立 Mackay 多面体的结构模型[9]

1982 年，英国晶体学家 A. L. Mackay(图 7.17(b)为彭罗斯和 Mackay 的合影)将两种菱面体非周期堆砌于三维空间，并且采用准晶格(quasilattice)这个词来描述这种有两种长度、存在一定规律的平移扩展[12]，同时用光学变换在实验上阐明了准晶格具有明锐五次对称的斑点衍射花样(图 7.18)，他可谓是

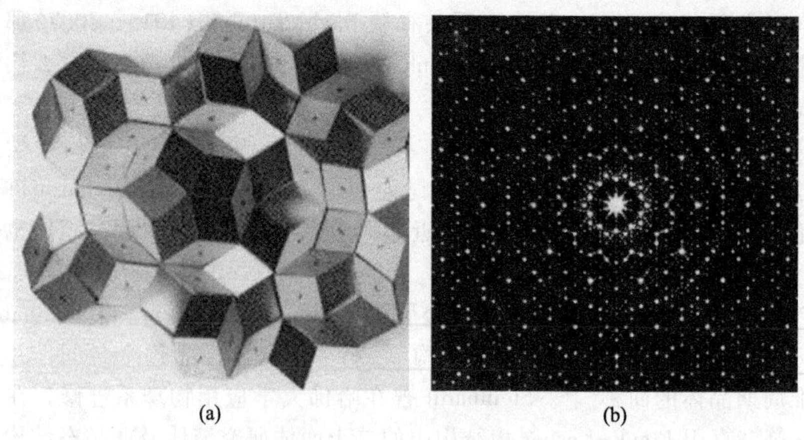

图 7.18　彭罗斯三维铺砌(a)及经光学转化后的衍射图(b)[12]

第一个把五次对称引入晶体学的人。Mackay 曾与 Steinhardt 就此进行过讨论，但是 Steinhardt 在 1984 年发表的这篇论文中却闭口不谈 Mackay 的贡献，只是在他计算得出的五次对称衍射图的脚注中说明 Mackay 曾得出相似的光学变换图。

1984—1986 年间，Shechtman 往返于以色列与美国之间，和大家讨论研究准晶并联合发表文章。图 7.19 所示为 1985 年 Shechtman 在美国国家标准局与包括 Cahn 在内的同事讨论准晶的复杂结构。1990 年，准晶的命名人之一——Dov Levine 也开始就职于以色列理工学院，图 7.20 为他和 Shechtman 教授的合影。

图 7.19 1985 年 Shechtman 在与 Cahn 教授等讨论准晶的结构(从左到右依次为：Shechtman、Frank Biancaniello、Denis Gratias、John Cahn、Leonid Bendersky、Robert Schaefer)

图 7.20 1996 年 Shechtman 在以色列理工学院的办公室与 Levine(左)合影[13]

7.3.2　“中国相”的发现

几乎在 Shechtman 发现准晶的同一时间，中国科学家郭可信先生(图 7.21)带领的研究团队独立地在过渡金属 Ti-V-Ni 合金中发现了二十面体准晶，并被 Shechtman 的合作者法国晶体学家 Denis Gratias 称之为“中国相(China phase)”。“中国相”的发现是研究高温合金中四面体密堆结构的直接结果，与 Shechtman 的发现殊途同归。

图 7.21　郭可信先生

郭可信，1923.8.23—2006.12.13，出生于北京，祖籍福建福州。中国科学院院士，物理冶金和晶体学家。1946 年毕业于浙江大学化工系，第二届公费留学去瑞典，1947—1956 年在瑞典皇家理工学院(Kungliga Tekniska Högskolan, KTH)及乌普萨拉大学(Uppsala Universitet)任助教、研究员。1956—1988 年任中国科学院金属研究所研究员、课题组长、研究室主任、副所长，1980—1988 年任沈阳分院副院长、院长，1985—1993 年任中国科学院北京电子显微镜实验室主任，1993 年任中国科学院物理研究所研究员。第三、第五、第六届全国人民代表大会代表。曾担任多所大学兼职教授、博士生导师。早年在北欧游学 9 年期间，研究了合金钢中的碳化物及合金相。20 世纪 80 年代起开始从事准晶的合金学和晶体学研究。主要贡献有：在四面体密堆晶体(Frank-Kasper 相)的电子衍射图中观察到五次对称的强电子衍射斑点，并给予正确的诠释；独立在 Ti-Ni 合金中发现具有五次旋转对称的三维准晶；首先发现八次旋转对称二维准晶；首先发现稳定的十次旋转对称的二维准晶；首先发现一维准晶；首先发现具有立方对称的三维准晶，阐明准晶的必要条件是准周期性，而不是所谓的非晶体学旋转对称(如五次、八次、十次、十二次旋转对称)，将当时中国的准晶实验观察和理论诠释的研究引领至世界前沿。主要论著有《电子衍射图在晶体学中的应用》《高分辨电子显微学在固体科学中的应用》《晶体学中的对称群》《准晶研究》等，并主持编辑了准晶学、高温超导体及电子显微学等国际会议论文集 12 册。1980 年当选为中国科学院院士，同年获颁瑞典皇家工学院技术科学荣誉博士学位，入选瑞典皇家工程科学院外籍院士，1990 年被选为日本金属学会荣誉会员，1991 年被选为印度材料学会荣誉会员。1987 年获国家自然科学一等奖。1993 年获第三世界科学院物理奖。1994 年获何梁何利基金科学技术进步奖。

1. 郭可信 9 年的欧洲之旅[14,15]

1946 年夏，郭可信从浙江大学化工系毕业后就赶上了公费留学考试，然而化工方面唯一的报考专业就是造纸。由于他不想学造纸，就转行搞冶金。在此之前就有不少浙大化工系毕业的学生这么做了，因为这些化工系的学生化学基础好，特别是物理化学，考试有优势。郭可信的物理化学考得还不错，可是无机化学就砸锅了，因为有一道题(20 分)要列出 10 种金属矿物名称，他除了黄铁矿、赤铁矿、褐铁矿外，其他都不知道。当年秋后发榜，居然榜上有名，于是就去瑞典学习冶金。因对冶金外行，他便去了重庆最大的大渡口钢铁公司实习了一个月，那里有一座高炉是 1938 年武汉沦陷前从汉冶萍钢铁公司拆运来的，有两座 20 吨平炉，现在看来小得可怜，但是那时却是大后方最大的。在那儿他见到了刚从美国回来的周自定工程师(新中国成立后在东北大学任冶金系主任)，他带回来一本才出版的 *Open-Hearth Steel Making*，用物理化学原理分析炼钢过程中的钢渣反应。郭可信第一次接触到这门三十年代兴起的化学冶金学科，非常兴奋。

瑞典的优质合金钢著称于世，特别是以其为材料的 SKF 的轴承(第二次世界大战(简称二战)时盟军曾派潜水艇去瑞典西海岸偷运瑞典轴承)，还有诺贝尔家族独占全部股份的 Bofors 钢厂生产的大炮。郭可信于 1947 年秋天到了斯德哥尔摩(图 7.22)，才知道只有瑞典皇家理工学院有冶金系，但也只有三位教授：一位教冶金，一位教金相，一位教轧钢。郭可信表明想学合金钢，就被分配到金相教授 Hultgren 那里，从此进入 40 年代才兴起的物理冶金学的大门。

按照郭可信先生自己的说法，他是在油灯下念的大学，初到未受战火波及繁荣富有的瑞典，连实验室煤气灯都不知道怎么点，曾受到一个英国实验员的嘲笑。但郭可信发愤图强，要为中国的科学繁荣贡献一份力量，所以很快就被金相显微镜所显示的金属微观组织结构的大千世界迷住了，如饥似渴地学习 Masing 著的《二元系相图》(*Ternary Systems: Introduction to the Theory of Three Component Systems*)这本书。Masing 原是西门子公司的实验室主任，二战后是哥廷根大学的金属学教授，发明了碳管炉用以冶炼合金，他带领一批学生和外国进修学者不到几年就研究了几百种二元合金相图，找出合金规律，奠定了金

图 7.22　郭可信留学期间在瑞典哥德兰岛骑车旅行

属学的基础。虽然他的相图只是大体轮廓上正确而细节上错误不少，但是由这几百个不很准确的相图 Masing 找出不少有规律性的学问。

中国最早从事金相学研究的是陆志鸿先生，1926 年，他在美国哈佛大学金相大师 Sauveur 指导攻读博士学位期间就发现了针状铁素体，这是贝氏体的前奏。从日本学成回来的陆志鸿先生在 30 年代末、40 年代初就在一些大学讲授金相学，并写了一本教科书，后来他到台湾大学执教，在台湾创办了金属学会。郭可信为在这本物理化学教科书中学到的非常简单的“Gibbs 相律”竟能解释千变万化的合金相变而异常兴奋，夜以继日地工作、学习，不到一年就读了当时能找到的金相专著和几百篇文献，并成为金相权威 Hultgren 团队里唯一的由大学支付工资的研究助教，管理该实验室的奥氏体恒温转变组，并研究合金元素对奥氏体转变的影响。同时也不满足于金相观察，开始阅读 X 射线晶体学书籍和合金碳化物的 X 射线粉晶分析书籍。

Hultgren 在 20 世纪 20 年代末在著名的柏林高等工业学院学习金相学，属于那一代仅凭借金相观察和逻辑思维进行全部研究工作的人。他最出名的成就是研究钢锭凝固过程中气泡的形成及逸出以及由此造成的偏析，这是一个很重要的生产问题，但是研究手段非常简单，用一个十几倍的放大镜进行宏观组织结构观察就行了。他把钢厂生产的上百个钢锭纵向剖成两半，然后再横向锯成若干段，进行观察，从而得以完成他的巨著。他就凭这些工作当上了赫赫有名的美国金属学会的荣誉会员。他不但保守，而且专横，是一个名副其实的“暴君”。随着郭可信对 X 射线晶体结构研究兴趣的增长，师徒之间的矛盾也就加深了，终于在 1950 年，郭可信当面对他的导师说了“我不相信你那一套有关合金元素影响奥氏体相变的自相矛盾的说法”，并放弃了三年多的研究成果、在读的学位以及固定的工作，一走了事。

这件事好像郭可信是输家，工作、学位、到手的论文都没有了。其实不然，他换来的是学术上的彻底解放和自由。1951 年，他得到了瑞典钢铁协会的资助，立了一个“合金钢中的碳化物”课题，自己当家作主，每天工作从早八点到晚十二点，有时还雇一两个实验员帮助做实验。此时的郭可信心情舒畅，才智和干劲得以充分发挥，此后每年都会发表 3~5 篇学术论文。到 1956 年回国时已经有二十多篇文章，在 1956 年出版的德文《合金钢手册》一书广泛引用了他的研究成果。

只有与旧的研究课题、旧的学术思想决裂，才能有所作为。郭可信后来还用传统的金相方法研究了铁素体的转变这个过去很少研究的课题，很快在合金含量高的不锈钢、耐热钢、高速钢中发现了不少新现象，并写了 5 篇论文，成为这方面的奠基工作。

30 年后，瑞典皇家理工学院的教授会在 1980 年授予郭可信技术科学荣誉博士学位(图 7.23)，那时国际冶金界得此殊荣的不过三四人，其中有麻省理工学院的马氏体相变专家 Cohen 及英国的位错方面的权威 Cottrell。那时 Hultgren 已过世，否则或许还会有一番学术上的争论。

图 7.23　1980 年，瑞典皇家理工学院的教授会授予郭可信博士学位

这件事给大家的启发是，只有不断更新学术思想，掌握新的实验技术，才能在科学研究中有所发现。当然，这样做有时就难免与导师发生矛盾，因为有的导师迷恋过去的成就，舍不得丢掉原有的研究基础。随着青年人业务逐渐成熟，有时导师的学术地位在青年人眼里会逐渐下降。郭可信先生的主张是据理力争(当然不一定吵架)，只有自己骨头硬才能赢得别人的尊重。

1951—1953 年，郭可信在乌普萨拉大学无机化学系从事以 X 射线衍射方法研究合金结构的工作。一来是他对用 X 射线衍射方法研究结构感兴趣，自学了 Guinier、Buerger、Barrett、Bunn 以及 Taylor 等的名著，了解到原子位置稍有变动，衍射强度就有明显变化，完全为这门严谨的科学所倾倒。二来是Hagg教授在30年代研究碳化物、氮化物时总结出一系列规律：如间隙原子(C、N、B)与金属原子的半径比小于0.69，间隙相就有简单结构(如面心立方，六角密堆)，否则就会出现复杂结构。Hagg是一位学识渊博、为人正直的长者，深受学生及同事的尊重。他是乌普萨拉大学无机化学教授，早期的学生都有出色的工作，如R. Kissling的硼化物及钢中夹杂的研究，A. Magnéli的金属氧化物缺陷结构的研究。后来获得诺贝尔化学奖的Tiselius当年也申请过这个教授职位，但那时他没竞争过Hagg。

到乌普萨拉大学不久，郭可信就发现了一种新的MoC结构，这是他做的第一个晶体结构测定，尽管比较简单，也算是一个新发现。但Hagg认为，这项工作写不出系统的长篇大作，于是建议合写一篇短文投给*Nature*，该文在1952年刊出[16]。

郭可信在瑞典皇家理工学院做钨钢的奥氏体恒温转变时就发现，在淬火后最先析出的钨碳化物是W_2C，而不是一般认为的高速钢碳化物Fe_3W_3C(M_6C)。M_6C在高速钢中大量存在，之前被误认为是高速钢红硬性的原因，因此称为高速钢碳化物。这种看法显然是错了，红硬性是由W_2C析出产生的。到了乌普萨拉大学，他用那里的Guinier聚焦相机得到更可靠的证据，在1952年发表了一篇学术论文“Carbide precipitation, secondary hardening, and red-hardness of a hot-working steel[17]”。后来在1953年又发表了一篇长文，讨论的是高速钢中的碳化物与红硬性。接着又研究了Fe-Cr-C、Fe-Mo-C、Fe-W-C、Fe-Mn-C、Fe-Cr-W-C系中碳化物的析出过程，分别写成论文发表。在Fe-W-C一文中弄清了六角密堆W_2C转变为单胞参数为11.06 Å的面心立方Fe_3W_3C的过程。

Fe_3W_3C的晶体结构是Hagg的同事Phragmén首先确定的，郭可信在那工作一年多，一连发现许多合金碳化物，如Nb_3Cr_3C、W_3Mn_3C等，都有相同的结构，在1953年写了一篇题为“The Formation of η Carbides”，发表在*Acta Metallurgica*上[18]。η碳化物是晶体学名，高速钢碳化物是冶金学名，都指的是Fe_3W_3C一类碳化物。大约在同时，美国科学家在一系列Ti合金相(如Ti_2Ni、Ti_2Co、Ti_2Fe)中发现与之相同的晶体结构(只是其中没有碳)。

高合金耐热钢中，除了合金碳化物外，还会出现一些中间相，如现在大家熟知的σ相、拉弗斯相等。郭可信研究了它们生成的合金化规律，在1953年写了一篇“Ternary laves and sigma-phases of transition metals[19]”在*Acta Metallurgica*上发表。当时，σ相的结构研究如火如荼，原因有二。一是σ-FeCr相首先是贝茵(Edgar C. Bain，贝氏体的发现人)于1925年在18-8不锈钢中发现的，由于它的析出，晶界贫铬而不耐腐蚀而且变脆。但是，用X射线粉晶谱标定一直未成功。加之那时高温合金已普遍受人重视，σ 相致脆成为焦点之一。二是 β-U 与 σ 相有相似的结构，战后正是和平利用核能的大发展期，对 β-U 的研究方兴未艾。σ 相的四方点阵直到 1950 年才定下来。

1954 年，郭可信又回到了斯德哥尔摩，此时他之前的导师 Hultgren 已退休，于是他继续在瑞典皇家理工学院开展高合金钢的研究。该校工程物理系的 O. Linde 曾申请因 Hultgren 退休而空出来的职位。Linde 是第一个有序结构 $AuCu_3$ 的发现人之一，在金属物理界赫赫有名，但是 Hultgren 坚持认为此人不懂冶金，培养不出钢厂要的工程师。于是，他利用在钢铁界的影响硬是把这位学者挤了下去，选一个学问不大但由钢厂来的工程师继任。

郭可信在这期间除了研究碳化物析出外，还研究 δ 铁素体的转变，δ→γ(奥氏体)+M_6C 或拉弗斯/σ 相。他需要使用电子显微镜，于是就到附近的金属研究所使用瑞典唯一的 RCA 电镜(关于这款电镜，第 1 章中略有介绍)。那是二战后第一代电镜，只有一个聚光镜，没有衍射功能，消像散靠机械移动在物镜极件周围的 8 个小铁块来实现。但是，他还是用复型观察到 δ 共析物的细节，写了两篇不锈耐热钢过烧的文章。1953 年夏郭可信去德国参观 Schrader 的工作，1955 年 11 月初去英国谢菲尔德大学参观了 Seal 的碳复型工作，顺便去了剑桥大学游览。那时 Whelan 已经用西门子 EM1 观察到铝中位错的运动，也可能做了不锈钢中层错与不全位错的工作。郭可信用胶膜(萃取)复型观察到几十埃大小的 VC 颗粒及针状 Mo_2C，这是 V、Mo 在钢中产生晶粒细化及析出硬化(或二次硬化)的原因，于是在 1956 年写了一篇文章。这是用电镜进行这类研究工作的早期著作，同时期还有 Seal 在英国谢菲尔德大学及 Schrader 在西德马克斯·普朗克科学促进学会(马普学会)钢铁研究所做的类似工作。也就是在这一时期，郭可信读了苏联科学家 Pinsker 写的由墨尔本学派(J. M. Cowley 为首)译成英文的《电子衍射》一书。

1951/1952 年郭可信在期刊上见过 Anna Chou 在剑桥大学冶金系在 Nutting 指导下做的电镜工作。Anna Chou 就是李林，她用她先生邹承鲁的姓。李林可能是中国第一个用电镜研究合金的人，她用的电镜说不定就是 Nutting 作为战胜国的专家在二战后去德国把尖端仪器作为战利品拆运回英国的(1964 年 Nutting 曾对郭可信讲过这件事)。1960 年日本的桥本初次郎在剑桥大学冶金系进修一年，算是李林的师弟，他 1978 年第一次来中国时一下飞机就要找 Anna Chou，但谁也不知道这是哪一位，后来幸亏了解内情的柯俊解了围。1950 年前后柯俊在英国伯明翰大学用光学显微镜观察过过热和过烧的钢，其脆断断口上有硫化物的枝晶，证明有沿奥氏体晶界熔化的现象。他知道桥本初次郎找的就是李林。葛庭燧、柯俊、郭可信后来都被日本金属学会选为荣誉会员，但是国际同行一直为不能准确分辨葛(Ke)、柯(Ko)、郭(Kuo)三个字的发音而苦恼，在美国多年的晶界专家石田洋一(Ishida)还戏称这三人为“3K 党”。

拉弗斯(Laves)是瑞士籍矿物学家，因为他在 20 世纪 30 年代后期确定了 C36-$MgNi_2$ 晶体结构，并找出它与 C14-$MgZn_2$(六角)及 C15-$MgCu_2$(立方)结构间的关系，后来统称这三种结构为拉弗斯相。不过，晶体化学家 Pauling 对将这些结构称之为拉弗斯相却大为恼火，因为 C14-$MgZn_2$ 及 C15-$MgCu_2$ 结构是他的学生 Friauf 在 1928 年首先确定的，因此他后来称这些合金相为 Friauf-Laves 相。郭可信在乌普萨拉的几年时间里都是使用 X 射线粉晶谱做合金相分析。为了弥补在单晶体 X 射线衍射方面知识的不足，他在 1955 年 11 月下旬去荷兰代尔夫特的皇家理工学院跟 W. G. Burgers 教授做白锡到灰锡的相变。Burgers 是金属物理方面特别是金属范性形变的专家，但对一些位错的问题搞不清楚。当他在美国教水力学的哥哥 J. M. Burgers 回荷兰度暑假时，Burgers 就向他哥哥请教。他哥哥没用多久就搞出那篇以伯格斯回路和伯格斯矢量闻名于世的文章，不过此后 J. M. Burgers 再也没有做过有关位错的工作。白锡是金属，灰锡是金刚石结构，类似于半导体，白锡在-13 ℃下可以转变为灰锡。欧洲教堂中风琴的乐管都是用锡做的，有一年冬天特别冷，白锡中长满了黑斑(灰锡)并且由于体积膨胀而脆裂，称为 Zinnpest，“Zinn”是德文的“Tin”，“pest”是黑死病，可译作锡疫。郭可信长出白锡单晶，低温转变成灰锡，再用劳厄法研究两者的取向关系，并于 1956 年 3 月完成了一篇论文。郭可信从这项工作中学到一些有关单晶的知识，如劳厄衍射带，这对日后的电子衍射工作很有帮助。

1956 年 3 月郭可信在代尔夫特看到周总理《向科学进军》的动员令，兴奋不已，4 月底就乘机经苏联回到阔别 9 年的祖国，来到刚刚成立两年多的中国科学院金属研究所(沈阳)。

2. 望洋兴叹读书自娱二十余载[14,15]

薄膜衍衬技术是 1955 年兴起的，由于它能把晶体空间与衍射空间的信息结合起来，非常有生命力，很快就在全世界蓬勃开展起来，广泛用于晶体缺陷和相变的研究。这个时期郭可信已回到国内，看到人家电镜工作如火如荼地开展，自己守着几台苏联生产的落后电镜，开始心急如焚。

中国第一台电镜其实是英国 Metropolitan Vickers 生产的，这台电镜的具体来历以及运输纪实我们在第 1 章中已经有所介绍。1953 年钱三强率中国科学院代表团去莫斯科买回了几台苏联生产的仿战前西门子的电镜。1954 年民主德国总统皮克(Wilhelm Pieck)送给毛主席一台蔡司生产的静电透射显微镜，安装在中科院物理所。1962 年中科院金属所安装了一台民主德国的磁透镜电镜。1958 年前国内曾引进一批日本 JEM6、JEM7、JEM150、H10、H11 电镜，分辨率都不错，但是因为没配有双倾台，而国内又无力自己研制，衍衬工作还是不能真正开展起来，不过选区衍射的工作可以做了。

自分配到中国科学院金属研究所，直到 1987 年转到中国科学院北京电子显微镜实验室，郭可信前后在沈阳工作了 31 年，即使在“文化大革命”期间，他对合金相理论、晶体的对称理论和电子显微镜技术的学习也从未中断(图 7.24 为郭可信笔记中的部分内容)。在“文化大革命”期间，郭可信除了安排些 X 射线衍射方面的研究课题外，主要是写一些电子衍射几何的教材和阅读一些有关合金结构的文章，如 Frank 及 Frank-Kasper 以及 Pauling 学派关于四面体密堆相的论文。

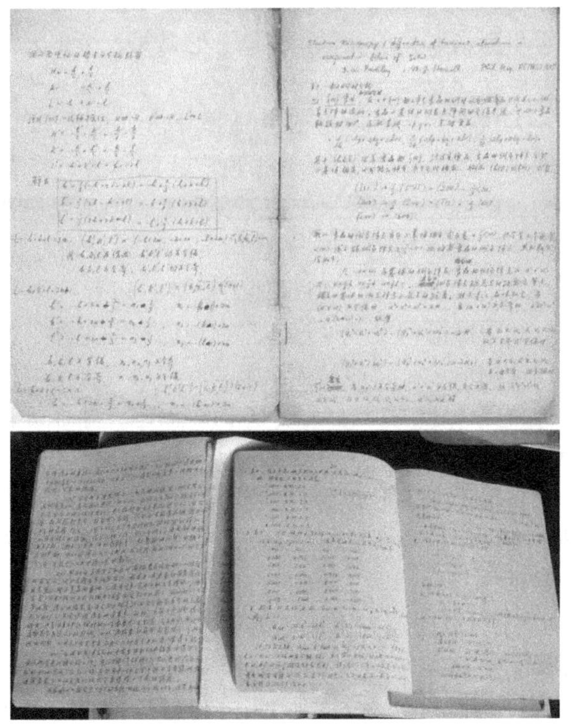

图 7.24 郭可信先生的读书笔记(马秀良研究员收藏)

Frank 早在 1952 年在讨论液体结构时就指出，等径钢球堆在一起得出配位数为 12 的多面体有三种可能性：一是面心立方密堆结构，二是六角密堆结构，三是二十面体。前两种结构是常见的密堆结构，其中除了四面体间隙外，还有体积较大的八面体间隙。后一种密堆结构只有四面体间隙，因此堆垛密度最高，从原子对的 Lennard-Jones 势来看也最低。此外，它与前两种密堆结构相比，对称性最高，也最接近球对称。不过，这种二十面体密堆结构具有五次旋转对称，与点阵的周期平移对称不相容，因此只能存在于液体、非晶态、小粒子、生物大分子当中。在具有平移对称性的晶体中，二十面体单元一定要略加畸变才能相容。后来 Mackay 也在 1962 年讨论了这个问题及五次旋转对称，同时指出二十面体两个顶点间的距离比中心到顶点的距离长约 5%。如果用等径钢球堆砌，在顶点上的 12 个钢球不能两两相接。换句话说，二十面体的表面要有裂隙。但是在两种元素构成的合金中，如果一种原子的半径比另一种小 10%，则小原子居于二十面体中心，稍大的原子落在顶点，正好满足二十面体的几何要求。如 $MnAl_{12}$相，略小的一个 Mn 原子在中心，稍大的 12 个 Al 原子在顶点上，构成一个二十面体单元，这些 $MnAl_{12}$单元再放在一个体心立方点阵上，就是 $MnAl_{12}$结构。Mackay 后来还在 1982 年进一步研究了二维及三维的五次对称晶体学并得出五次对称的光学衍射图，它是第一个把五次对称引入晶体学的。Frank 和 Mackay 可以说是五次对称的先驱，在实验观察到五次对称之前就预见其存在，令人钦仰。Mackay 还独立地推导出夹角为 72°及 36°的菱形单元，此即彭罗斯铺砌块。Mackay 是一个兴趣广泛的学者，需借助计算机把英文译成中文、日文、朝鲜文，在科研上有不少创见，但无系统性著作，英国前首相撒切尔夫人曾为了紧缩教育研究经费让一部分人提前退休，Mackay 就榜上有名，1984 年发现准晶后，他不但保住了职务，还晋升为教授，并选为英国皇家学会会员。如果准晶的发现推迟一年，他已提前退休，就不好圆场了。

Kasper 是美国通用电气公司的晶体学家，专门研究合金结构，他首先提出四面体密堆相中配位数为 12、14、15 及 16 的多面体，并且所有四面体密堆相都是由这些多面体单元堆砌成的，只是数量及方式不同而已。Frank 曾在西班牙看到正方形、五角形、六角形套在一起的阿拉伯图案，并从中得到启发，把四面体密堆相的多面体结构分解成一些单元层，而这些层中的原子就坐落在这些多边形连在一起的网络顶点处。1958—1959 年，他们把这些结果发表在晶体学报(*Acta Cryst.*)上，成为这方面的经典著作。美国物理学家，特别是哈佛大学的 Nelson 学派，称这些结构为 Frank-Kasper 相。其实这些合金相的晶体结构大都是化学大师 Pauling 和他的学生 Friauf、Bergman、Samson 及 Shoemaker 夫妇测定的。因此，Pauling 很不服气，在一次大会上大叫，不应称这些为 Frank-Kasper 相。不公平的事在科学史上屡见不鲜，而这种偏见则是由于物理学家和化学家彼此间不了解造成的。

Pauling 凭直觉“破译”了不少晶体结构，其中最出名的就是 $Mg_{32}(Al,Zn)_{49}$。他在体心立方点阵的顶点上先放一个空心的二十面体，再在 20 个三角形上放 20 个原子构成有十二个正五角形的五角十二面体；再在这 12 个正五角形中心上放 12 个原子就构成由 30 个菱形组成的三十面体；每个菱形的两个三角形上放 2 个原子共 60 个原子就构成一个由正五角形和正六角形的如 C60 一样的多面体，有如足球一样；再在正五角形及六角形上放一个原子就构成大三十面体；所有这些壳层都满足五次对称要求。这些大三十面体的体心立方排列就是 $Mg_{32}(Al, Zn)_{49}$的结构，他们用这个模型计算出的 X 射线衍射强度与实验观察到的结构相符，这一成果于 1957 年发表在 *Acta Cryst.* 上[20]。

3. 卷土重来更上一层楼——“中国相”的发现

1978 年后，先是恢复研究生招生，接着是着力将科学技术转变为生产力，在此背景下郭可信等再度酝酿引进新的电子显微镜。这一年，分别以藤本及桥本初次郎率领的两个日本电子显微学访华团来访，吹了不少高分辨电子显微镜(high resolution electron microscope，HREM)的风，接着 1979 年诺贝尔研讨会选中了以 HREM 作为主题。这样，中国科学院就决定引进两台 JEM200CX 型高分辨电子显微镜，一台放在金属所(沈阳)，一台放在物理所(北京)，1982 年安装就绪。后来中国科技大学、南京大学、浙江大学、上海硅酸盐研究所等先后引进近 10 台 JEM200CX，不过大都是分析型的样品台。

当时郭可信从四面八方招来的研究生不少都集中在沈阳这台 JEM200CX 上做高分辨工作。大家排队一天三班倒使用这台电镜，实验室在夜里总是灯火辉煌、热闹非常。据统计，那几年这台电镜加高压的运转时间每年多达 5000 多小时，平均每天工作十几个小时，几乎每天都会发现一些新结果。郭可信与大家一起忘我地工作，经常与大家讨论实验现象和新的研究结果(图 7.25)。与基础研究告别了四分之一世纪，一时不知从何下手，于是他们就在材料科学这个战场上摆开一条宽广的战线。从合金、半导体、氧化物、催化剂、矿物到有机化合物，什么都做。后来逐渐集中到 Frank-Kasper 相上：一则样品易得，二则结构花样多，三则中年骨干叶恒强及李斗星先后到美国亚利桑那州立大学(ASU)、比利时安特卫普(Antwerp)大学、瑞典隆德(Lund)大学学习。1984 年夏叶恒强和李斗星在镍基和铁基高温合金中发现了四面体密堆相(在高温合金

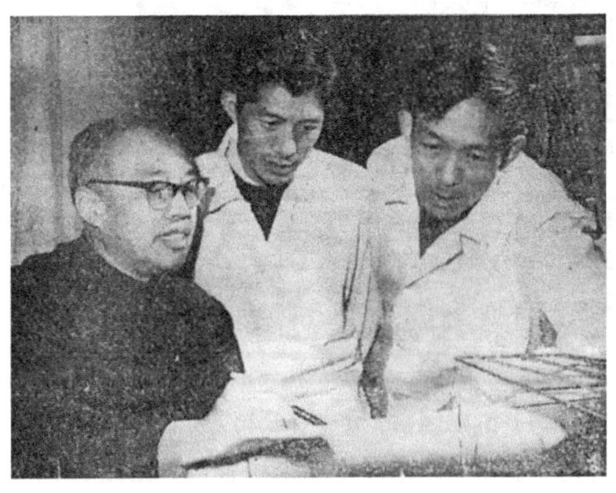

图 7.25　郭可信在与叶恒强、杨奇斌讨论(1987 年辽宁日报)

界称拓扑密堆相，在物理界称 Frank-Kasper 相）的畴结构。拉弗斯相和 μ 相中不同相畴间的五角反棱柱（二十面体去掉上下两个五重顶）有相同取向，于是他们连续写了 3 篇论文投到英国哲学期刊（*Philosophical Magazine*）。到了这年秋天，王大能在叶恒强的指导下发现了一个新的四面体密堆相——C 相，其电子衍射图的中心部分由周期性的斑点构成一个二维点列，周围有 10 个呈五次旋转对称的斑点。随之发现拉弗斯相和 μ 相的电子衍射图也有此现象。中间的二维点列是晶体衍射的正常现象，周围的 10 个五次旋转对称的斑点是反常现象，这是实验观察上的一个突破，值得进一步推敲，上升为理性认识。经过认真分析，认为这是由于这些合金相中的不同相畴（取向差为 72°）中的五角反棱柱具有相同取向的缘故。为了验证这个假想，他们计算了单个五角反棱柱的傅里叶变换，得出的最外圈的 10 个呈五重旋转对称光学衍射斑点与实验观察得到的周围的 10 个电子衍射斑点相重合。1984 年底他们写了一篇“正空间与倒易空间中的五重对称（*Fivefold symmetry in real and reciprocal spaces*）[21]”（图 7.26），投寄给国际超显微学期刊（*Ultramicroscopy*），并于 1985 年刊出。

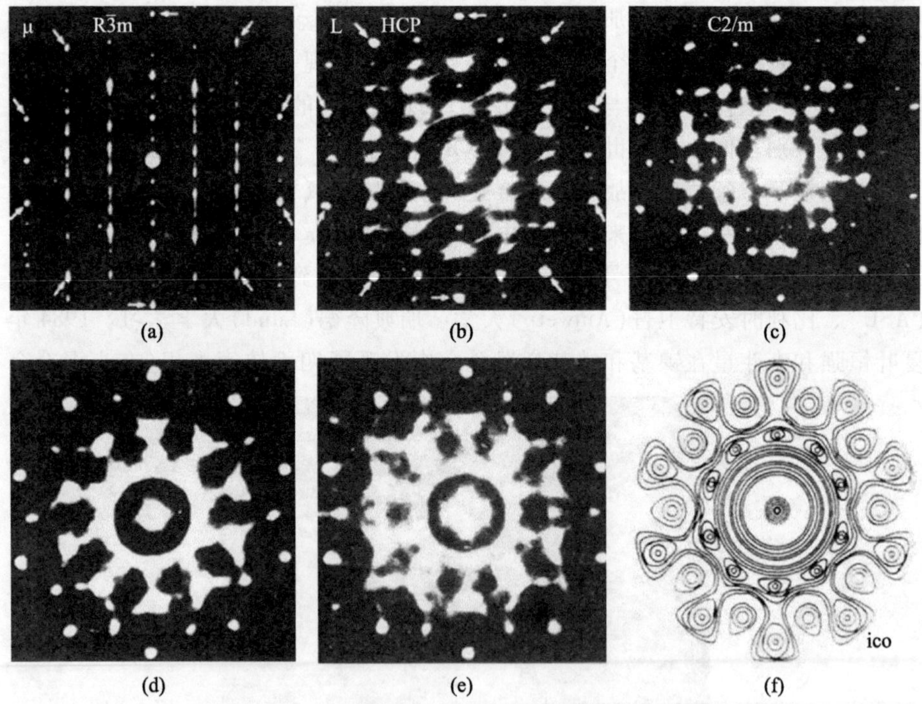

图 7.26　四面体密堆相的电子衍射图（叶恒强等[21]）：(a) μ 相；(b) 拉弗斯相；(c) C 相的电子衍射图；(d) 这些合金相的纳米畴的衍射图；(e) 由图(a)、(b)、(c)叠加成的电子衍射图；(f) 单个二十面体的傅里叶变换

叶恒强(图 7.27)，1940 年 7 月生，广东省番禺市人，中国科学院院士。1964 年毕业于北京钢铁学院(现北京科技大学)。1967 年中国科学院金属研究所研究生毕业。曾在美国、比利时、日本等从事访问研究。曾任中科院金属研究所副所长、所长、兼国家自然科学基金会委员、国家 973 计划顾问组成员、国务院学位委员会学科评议组第三、四、五届成员、中国电子显微学会理事长(2000—2004)。作为我国最早从事固体原子像的研究者之一，对固体材料结构与缺陷进行了深入的研究。20 世纪 70 年代，在对高温合金材料的故障分析中，发现了冲击韧性随硅含量出现马鞍形变化的规律，为冶金产品的质量改进做出了贡献。20 世纪 80 年代初，对层状晶体的长周期结构进行了系统的探索，发现了两种新的相畴，并用高分辨点阵像确定了碳化硅中 6 种多型体的结构。80 年代中，与合作者独立地在 Ti-Ni 合金中发现晶体块体中传统晶体学不允许的五重对称性，进而与合作者发现并研究了二十面体对称、八次对称等准晶相，为我国在准晶实验研究居于国际前列做出了贡献。在高温合金长时间时效析出的拓扑密堆相中发现了 4 种新相及大量的平移畴、旋转畴结构，总结出这类相结构的晶体学构造规律。此成果获 1986 年中国科学院科技进步一等奖。用高分辨电子显微像直观揭示了合金非公度结构的原子模型，并在固体表面与界面中观察到新的重构与界面及相应产物。以上部分成果获院、部级奖励二等奖 5 项。已发表 250 余篇学术论文，合作出版了《电子衍射图》《高分辨电子显微学在固体科学中的应用》《高空间分辨分析电子显微学》等 6 部著作。曾 4 次获国家自然科学奖(1982 年三等奖，1987 年一等奖，1989 年四等奖，1999 年四等奖)。1994 年获中国电子显微镜学会钱临照奖。1996 年获何梁何利科学与技术进步奖。1991 年增选为中国科学院院士。

图 7.27　叶恒强院士

此外，郭可信和叶恒强等发现由不同四面体密堆相的纳米畴给出的电子衍射图中竟没有显示周期晶体结构的二维周期衍射点列，所有衍射斑点都呈五次旋转对称，因此也是非周期性的。这一现象引起他们很大的兴趣，一些合金熔化后再急冷凝固，会不会得到单个的五角反棱柱呢？为此，最好选一种既与四面体密堆相成分相近又有生成非晶态倾向的合金。郭可信就此事与当时正在做非晶态晶化的吴玉琨和黑祖琨研究员讨论，决定用 Ti_2Ni 及 ZrNi 合金做这个实验。当时 1980 级中科院金属所研究生张泽(图 7.28)正在做$(Ti, V)_3Ni$ 晶体结构的硕士学位论文，于是郭先生就安排由张泽做$(Ti, V)_2Ni$ 合金急冷凝固的研究，由 1983 级研究生蒋为吉(郭可信在上海交通大学的研究生)做 ZrNi 合金急冷凝固的研究。

图 7.28　学生时代的张泽(左一)

张泽(图 7.29)，1953 年生于天津市，中国科学院院士。1980 年毕业于吉林大学物理系。1987 年在中国科学院金属研究所获博士学位。之后一直在中国科学院和高等院校从事基础科学研究工作，曾在德国、比利时、美国从事访问研究。1987 和 1990 年分别晋升为副研究员和研究员。担任政协第九届、第十届、第十一届全国委员会委员。张泽院士曾任国家重点基础研究发展计划(973 计划)首席科学家、国家自然科学基金委员会数学物理科学部第四届专家咨询委员会委员、亚太地区显微学会理事长、中国分析测试协会理事长、中国电子显微镜学会理事长、中国发明学会副理事长、中国创新方法研究会副理事长。曾任中国科学院北京电子显微镜实验室主任，亚洲晶体学会主席，国际晶体学会执委，中国物理学会、中国材料研究学会副理事长，中国晶体学会常务理事，中国科协党组成员、书记处书记等职务。现任浙江大学学术委员会主任。

到了 1984 年底，张泽得到了 Ti_2Ni 的五次旋转非周期电子衍射图，与他们

图 7.29 张泽院士

预期相符。蒋为吉也得到了一种五次旋转对称的电子衍射图，但高分辨电子显微像指出它是正交 ZrNi 相的五次旋转孪晶。

1985 年春节期间，张泽去南京探亲，郭先生就安排他在春节后去上海硅酸盐研究所做大角度倾转电子衍射实验。就在这期间(3 月 13 日)，郭可信在北京钢铁学院的研究生邹进寄来 Shechtman 等于 1984 年 11 月 12 日在《物理评论快报》上发表的论文“具有长程取向序而无平移对称序的金属相”的复印件。这篇文章中所用的合金是 Al-16 at.% Mn，急冷凝固后给出了五次、三次、二次电子衍射图，而这些五次轴、三次轴、二次轴间的角度关系满足二十面体点群 235 的要求。郭可信及时把这些情况告诉了在上海的张泽，于是也得到类似的电子衍射结果(图 7.30)，相应的高分辨电子显微像如图 7.31(经过邹本三同志做图像处理)所示。

显然，Shechtamn 等与郭可信研究团队做的是同一类实验，前者用的是Al-Mn 合金，而郭可信团队用的是 Ti-Ni 合金。

值得指出的是，郭可信团队发现 Ti-Ni 准晶的过程中并没受到五次孪晶这种想法的干扰，因为蒋为吉同时已经得到了 Zr-Ni 十次孪晶(图 7.32)，它的高分辨电子显微像(图 7.33)与张泽得到的 Ti-Ni 准晶的高分辨电子显微像(图 7.31)不一样。前者显示取向差为 72°的 5 个二维周期分布的像点，后者是呈五次旋转对称的非周期分布的像点。

郭可信等写了题为“一种新的具有 m35 对称的二十面体准晶(*A new icosahedral phase with m35 symmetry*)[22]”和“急冷 Ni-Zr 合金的十次孪晶(*Tenfold twins in a rapidly quenched NiZr alloy*)[23]”两篇简报在 1985 年的同一期 *Philosophical Magazine A* 中刊出。两相对应，说服力很强。Shechtman 的合作者 Cratias 称 Ti-Ni 准晶为“中国相”，并邀请郭可信去参加他在法国组织的第一届

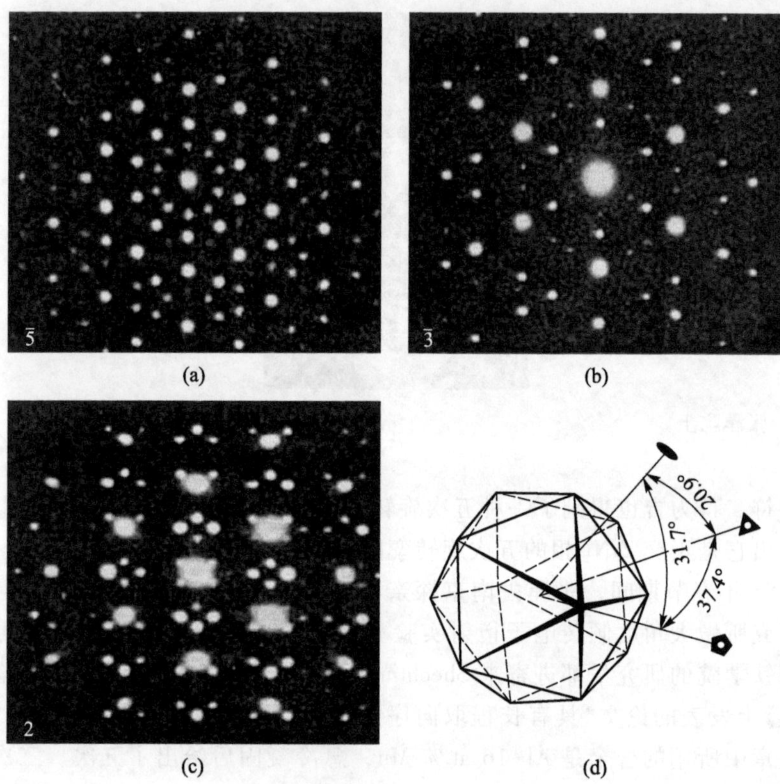

图 7.30　Ti-V-Ni 合金中准晶的电子衍射图[22]

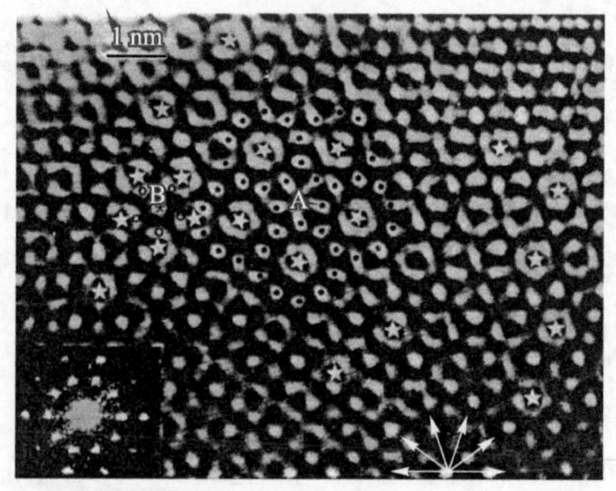

图 7.31　Ti-V-Ni 准晶的高分辨电子显微像[22]

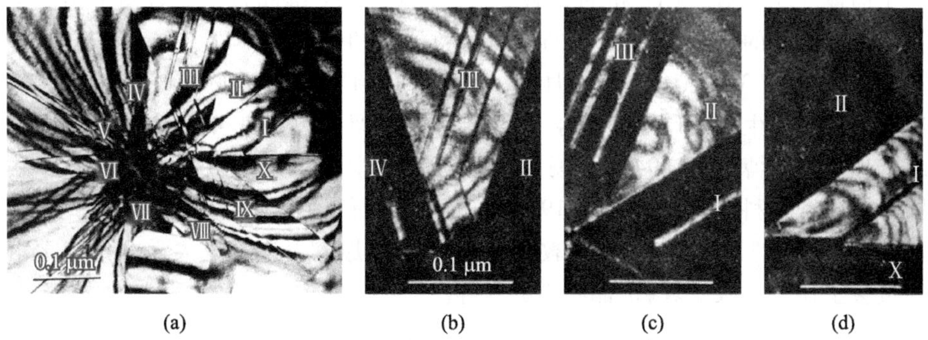

图 7.32 Zr-Ni 十次孪晶的衍衬分析[23]

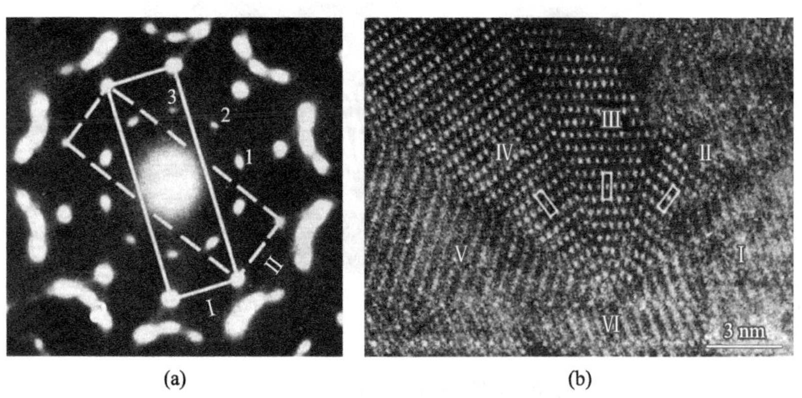

图 7.33 Zr-Ni 十次孪晶的电子衍射图(a)及五次孪晶的高分辨电子显微像(b)[23]

国际准晶会议，报告题目是"*From Frank-Kasper Phases to Quasicrystal*"，说明郭可信团队发现的准晶是研究四面体密堆合金相的直接结果，同时指出准晶与四面体密堆合金相都是由二十面体原子团簇构成的，只不过它们在准晶中呈非周期排列，而在四面体密堆合金相中呈三维周期性排列。后来的工作证明这个观点是正确的。1987 年，郭可信、叶恒强、李斗星、张泽和王大能因"五次对称性及 Ti-Ni 准晶相的发现与研究"而获第三届国家自然科学一等奖。

1987 年 3 月，张泽完成了用英文撰写的博士学位论文。4 月，钱临照、师昌绪、冯端、李林、林兰英、章综、柯俊七位学部委员(院士)参加并通过了张泽的博士论文答辩。这个答辩委员会的阵容在今天看来依然是空前罕见的。

既然张泽在急冷的 Ti_2Ni 合金中得到了二十面体准晶，与 η-Ti_2Ni 具有相同结构的 η-Ti_2Fe 的合金是否也能通过急冷凝固得到准晶呢？董闯等[24,25]的研究结果证明这种设想是正确的。董闯等在急冷凝固的 Ti_2Fe 合金中观察到 Ti_2Fe

二十面体准晶与 B2-TiFe 相的共晶组织，说明 Ti_2Fe 准晶直接从熔体中结晶生成，最后凝固的是六角密堆 β-Ti 及体心立方 α-TiFeSi。

董闯（图 7.34），1963 年 6 月生，博士。1984 年本科毕业于大连工学院后，师从郭可信先生攻读硕士研究生，1988 年赴法留学，1991 年获法国洛林国立综合理工学院博士。1994 年 4 月回大连理工大学工作并聘为教授，1996 年获国家杰出青年科学基金资助。1998 年 3 月起担任国家重点联合实验室主任，2005 年被聘为“长江学者”特聘教授。2019 年起加入大连交通大学，任校学术委员会主任。出版专著《准晶材料》[26] 等。

图 7.34　董闯教授

在张泽等发现 Ti_2Ni 和董闯等发现 Ti_2Fe 二十面体准晶的启发下，美国学者 K. F. Kelton 及其合作者从 1988 年起对二元及三元 Ti-TM(Si) 准晶开展了系统研究。他们除了在急冷凝固的 Ti_2Co 及 Ti_2Mn 合金中发现二十面体准晶外，还在 Ti-TM(TM = Fe、Mn、Cr、V) 等急冷凝固的合金中观察到二十面体准晶与 α 相共存[27-29]。

1987 年夏第二届国际准晶会议在北京召开，从一个侧面说明中国科学家的准晶研究当时已经得到国际上的认可。图 7.35 是 Shechtman 参加第二届国际准晶会议时的照片。

为什么郭可信领导的团队能于 1985 年在金属研究所发现准晶呢？如上所述，这是在研究高温合金中的四面体密堆合金相（拉弗斯相、μ 相等）时偶然观察到五次旋转对称的。其实这里面也是有必然性的。德国的准晶学家 Kunt Urtan 在 1986 年见到郭可信时曾说：“看到你们在 1985 年发表的那三篇关于五角四面体密堆相的论文中，对畴结构的详尽论述，就会理解为什么你们会发现五次旋转对称和二十面体准晶了”。那时，发展高温合金正是金属研究所的一个研究热点。为了提高使用温度，措施之一就是增加 Ti、Al、Mo 等合金元素

图 7.35 1987 年 Shechtman 在北京参加第二届国际准晶会议的照片(感谢俞大鹏院士提供)

的含量，伴随而来的后果就是容易出现片状 σ、拉弗斯等脆化相。这就为随后的研究提供了大量的素材。国外首先发现的 Al-Mn 及 Al-Li-Cu 准晶也是发展高强超轻铝合金的附产物。此外，无论在理论上还是在实验方面都有储备。郭可信在 20 世纪 50 年代初曾研究过拉弗斯相、β-Mn 结构、σ 相等，它们分别是五次对称二十面体准晶、八次对称二维准晶、十二次对称二维准晶的近似晶体相。换句话说，这些合金相中的原子团簇与相应的准晶中的原子团簇相同或类似，这些经验的确有助于后来的准晶研究。另外，金属研究所在急冷凝固制造非晶合金方面也有便利的实验设备和一支科研队伍，为准晶研究提供了方便。准晶研究需要三方面知识的结合：合金学、晶体学、电子显微学。郭可信带领的团队正好在这三方面都有所储备，因此才能在准晶研究中得心应手、左右逢源。

7.3.3 Shechtman 与郭可信的交往

为纪念准晶发现 25 周年，2007 年国际准晶会议特别选在二十面体准晶发现者 Shechtman 的家乡特拉维夫举行。大会上，Shechtman 讲述了他与郭可信先生的交情(图 7.36)。他说他与先生多年来一直有学术上的交流，图 7.37 为 1987 年第二届和 1999 年第七届国际准晶会议上他们的合影。Schechtman 仍然珍藏着当年郭可信送给他并与他讨论过的五次孪晶的照片。那张照片在当时使他很惊奇。他感到最遗憾的是 2006 年秋天去北京，因郭可信病重而没能拜访，失去了一次宝贵的见面机会，也因此成为永别。在会议的闭幕晚宴上的发言中，他讲起了第一次来中国的经历。他特别佩服郭可信的“神通广大”。他说几乎所有准晶领域的重要学者都云集北京准备参加了 1987 年第一次在北京召开的国际准晶会议，因未拿到中国的签证，唯独他这位准晶发现人不能前来。正当 Shechtman 感到非常失望的时候，他接到了中国大使馆的电话，郭先生已经帮他搞定了签证的问题。当他兴高采烈地带着夫人去办理签证时，新问题又来了，大使馆只能先给他一个人的签证。当然没过很久，大使馆便通知他去拿两个人的签证，他夫人的签证也是经过郭可信先生的协调才拿到的。

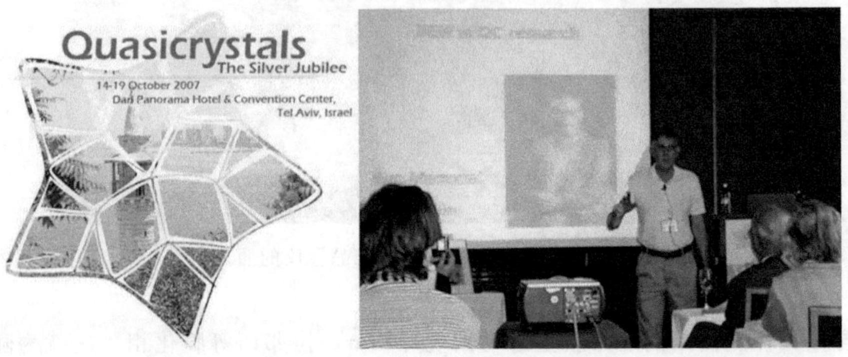

图 7.36　Shechtman 在 2007 年国际准晶会议上介绍郭可信在准晶研究领域的特殊贡献（王宁教授提供）

图 7.37　(a) 1987 年 Shechtman 在北京参加第二届国际准晶会议时与郭可信的合影[郭可信(左二)，Shechtman(左三)]；(b) 1999 年在斯图加特举办的第七届国际准晶会议的合影[Shechtman(第一排右一)，郭可信(第一排右二)]

7.3.4　视而不见者的遗憾

1984 年 11 月 4 日，也就是 Shechtman 那篇经典论文还没有正式发表的时候，美国伊利诺伊大学厄巴纳-香槟分校冶金系的两位学者 R. D. Field 和 H. L. Fraser 联名投寄到 *Materials Science and Engineering* 一篇论文，题目是“*Precipitates possessing icosahedral symmetry in a rapidly solidified Al-Mn alloy*[30]”。

文章在摘要中这样写道："我们在急冷 Al-15 wt.% Mn 合金中观察到一个析出相。这个析出相明显具有二十面体对称性。我们提出了一个孪晶模型来解释这一奇特的现象，而且理论模拟与实验结果吻合得很好"。

咳，终身遗憾呀！这不就是 Shechtman 发现的那个二十面体准晶吗？合金的制备方法以及电子显微学实验方法与 Shechtman 几乎完全相同，而且得到的电子衍射图及其角度关系也一模一样(图 7.38)。假如他们不给出孪晶模型(图 7.39)而只简单地报道一个具有二十面体对称的新物相，那不就是与 Shechtman 相互独立的发现了吗？

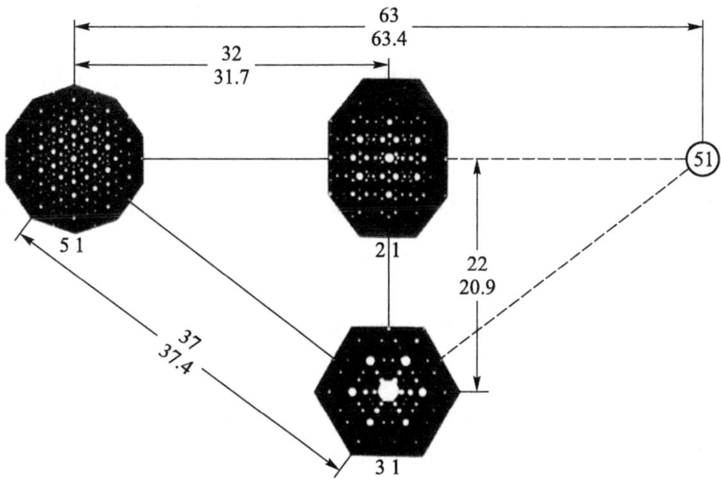

图 7.38 R. D. Field 和 H. L. Fraser 在 Al-15 wt.% Mn 合金中得到的析出相的电子衍射图，该相具有二十面体对称性[30]

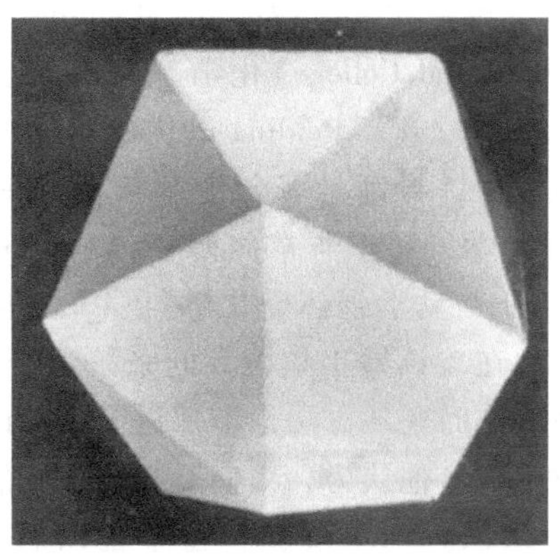

图 7.39 R. D. Field 和 H. L. Fraser 利用二十面体模型解释他们的新发现，认为奇异的电子衍射图源自一个菱方相的(111)多重孪晶[30]

7.3.5　关于准晶体的大辩论

1984 年准晶体的发现，破除了“几百年来关于晶体必须具有周期性，因而不可能存在五次旋转对称的信条”。于是，挑战当时主流科学权威的 Shechtman 遭遇到来自主流科学界、权威人物的质疑和嘲笑也是可以预见的。

发现“准晶体”后，Shechtman 花费了好几个月的时间，试图说服他的同事，但一切均徒劳，没人认同他的观点。不仅如此，他还被“请”出他所在的研究小组。无奈，Shechtman 只有返回以色列，但仍然四处寻求将“准晶体”的研究成果公开发表。“当我告诉人们，我发现了准晶体的时候，所有人都取笑我”，Shechtman 在一份声明中说。

两次诺贝尔奖获得者 Linus Carl Pauling 便是准晶反对派的主角。Linus Carl Pauling，美国著名化学家，量子化学和结构生物学的先驱者之一。他被认为是 20 世纪最伟大的化学家，科学史上罕见的天才。在诺贝尔奖 100 多年的历史中，能够两次获奖的只有 4 个人，Pauling 是其中之一；而能够两次独自获得诺贝尔奖的，就只有 Pauling 一个人了。他因阐明了化学键的本质和分子结构的基本原理[图 7.40(a)]而获得 1954 年度诺贝尔化学奖。Pauling 是“主张自由表达信仰的理想主义者”和激进的社会活动家，因致力于核武器的国际控制和发起反对核试验的运动[图 7.40(b)]，获得了 1962 年度诺贝尔和平奖。所以，他既是伟大的科学家又是和平战士。Pauling 曾被英国《新科学家》(*New Scientist*)周刊评为人类有史以来 20 位最杰出的科学家之一，与牛顿、居里夫人及爱因斯坦齐名。然而，路透社在报道 Pauling 逝世的消息时却说，他是“20 世纪最受尊敬和最受嘲弄的科学家之一”。

1901 年 2 月 28 日，Pauling 出生在美国俄勒冈州波特兰市(Portland，Oregon)。幼年聪明好学，酷爱化学。1917 年，Pauling 以优异的成绩考入俄勒冈州农学院(Oregon Agricultural College)化学工程系，他希望通过学习大学化学最终实现自己的理想。1922 年，Pauling 以优异的成绩大学毕业，同时，考取了加州理工学院的研究生，导师是著名化学家 Roscoe G. Dickinson。他的导师擅长物理化学和分析化学，知识非常渊博。对学生循循善诱，为人和蔼可亲，学生们评价他“极善于鼓动学生热爱化学”。1925 年，Pauling 以出色的成绩获得化学哲学博士。他在攻读博士学位期间系统地研究了化学物质的组成、结构、性质三者的联系，同时还从方法论上探讨了决定论和随机性的关系。他最感兴趣的问题是物质结构，他认为，人们对物质结构的深入了解，将有助于人们对化学运动的全面认识。Pauling 获博士学位以后，于 1926 年 2 月去欧洲，在索末菲(Sommerfeld)实验室里工作一年，然后又到玻尔(Bohr)实验室工作了半年，还到过薛定谔(Schrödinger)和德拜实验室。在此期间的学术研究，

(a) (b)

图 7.40 Linus Carl Pauling（1901—1994）：（a）著名化学家；（b）和平主义战士

使 Pauling 对量子力学有了极为深刻的了解，坚定了他用量子力学方法解决化学键问题的信心。Pauling 从读研究生到去欧洲游学，所接触的都是世界一流的专家，直接接触到科学前沿问题，这对他后来学术成就的取得是十分重要的。他所撰写的《化学键的本质》被认为是化学史上最重要的著作之一。他以量子力学入手分析化学问题，结论却以直观、浅白的概念重新阐述，即便未受量子力学训练的化学家亦可利用准确的直观图像研究化学问题，影响至为深远，比如他所提出的许多概念——电负度、共振论、价键理论、混成轨域、蛋白质二级结构等，如今已成为化学领域最基础和最广泛使用的概念。

他提出了维生素作用的新观点，尤其是主张超大剂量服用维生素 C。Pauling 在晚年突然对医学萌发了兴趣，致力于“营养保健”的研究，创建了“正分子医学”，认为每天服用大剂量(1 g 以上)的维生素 C 可以预防感冒和癌症。据说他本人身体力行，每天至少服用 12 g 维生素 C。1994 年他以 93 岁高龄去世，死因恰恰是他想极力预防的癌症——前列腺癌。他所提倡的维生素 C 疗法在主流医学界遭到了毫不留情的批评，被认为是无稽之谈，甚至视为江湖医术，但是在民间却有众多信奉者，这当然要归功于 Pauling 作为诺贝尔奖获得者的崇高声望。

晚年时，在“准晶发现”的论战中，作为最有代表性和最权威的反对者，Pauling 认为准晶是“胡说八道(Nonsense!)”[31-33]，并利用自己的特殊身份在《美国科学院院刊》上连发檄文反对“准晶”[34-36]。他坚信晶体具有周期性一说，因此不能接受五重对称，尽管早期 Pauling 和他的学生测定了很多二十面体单元的结构，特别是 Frank-Kasper 相，而且他还用四层二十面体对称壳层模型确定了 $Mg_{32}(Al, Zn)_{49}$ 的结构，可谓搞了一辈子的五次对称结构单元而且是贡献极大的人。Pauling 公开说："Shechtman 在胡言乱语，根本没有什么准晶体，只有准科学家（*There is no such thing as quasi-crystal. There is only quasi-scientist.*）"，Shechtman 回忆说。对此，准晶的支持者写了一组题为"Pauling 的模型不被广泛接受（*Pauling's model not universally accepted*）[37]"的文章。

《公正的科学》（*Candid Science*）及《通往斯德哥尔摩之路》等系列作品的作者匈牙利布达佩斯技术与经济大学化学系豪尔吉陶伊（István Hargittai）教授曾对许多著名科学家进行过访谈。下面是他在对 Shechtman 访谈中，Shechtman 告诉他的一些鲜为人知的细节[9]。

当 Pauling 听说我们发现准晶之后，曾给我写了封信希望索取一些数据和资料。我随后把相关材料寄给了他。收到后 Pauling 又来信并有几分抱怨，说我提供给他的一些信息是不对的。尽管如此，我还是继续给他提供电镜照片及其他数据，而且还专门为他写了一个短文。最后他回复道：是呀，你做得很好，但我就是不能同意你的解释。

我曾经专门拜访过他，给他看相关实验结果，而且做了一个针对一个人的长篇讲座。他提了许多问题，我一一做了回答，他非常否定，就是不肯相信我的结果。我给他看对我来说已经有定论的实验结果，他说："我不知道你是怎么做的"。

如果是一个学生对我这么说，我也许会说：不知道请回去看书。但是，现在站在我面前的是曾经写书的大化学家、诺贝尔奖得主 Pauling 教授。

在我离开之前，我跟他说，如果有朝一日你改变主意，同意我的观点，请发表出来，让大家都知道。

我们经常在会议上见面，每次见面都很愉快，我们还互相邀请吃饭。一些人看到我们俩在一起，似乎等待着看我们如何吵架，但是我们谈得很高兴。我们在很多议题上有共同语言，例如，我们都认为维生素 C 对人体是很重要的，但我们不谈论准晶。

有一次，我参加一个由美国化学学会组织的他在斯坦福的讲演。他看起来既像一个政治家又像一个牧师。他具有那种能够呼风唤雨的领导者的素质，享受着台下听众对他的崇拜。听众对他的讲演没有任何疑问。

他在讲演中提到了准晶，他把准晶说得一无是处。我静静地坐在台下，当然没有人认识我。在他解释二十面体准晶相的时候，他给出了一个被普遍认为是错误的孪晶模型。他在报告中提到了我的名字，但是他不知道我就坐在下面。我曾转头对身边的一位男子说："噢，他错了"。那位男子说："什么？"我重复道：Pauling 说得不对。这位男子大声吼起来：什么？他的样子似乎要打我。

1987 年我来中国参加第二届国际准晶会议，遇见了 Pauling 的几个弟子。他们或者单独或者几个人一起对我说，Danny，我们知道你是对的。我说，嗨，这很重要，我希望你们用文字来表达。但是他们说，我们永远也不会写出来，因为那样会毁掉我们的 Linus（Pauling）。他相信我们，我们不能背叛我们的老师。我听后感觉很差，我认为科学不应该这样做。

一次，Pauling 在给我的信中建议我们一起写篇文章以便停止我们之间的分歧。我回信道：如果能和你一起发表文章我会很荣幸，但是我们必须首先在基本原则上达成一致，那就是准晶是存在的，准晶不是孪晶。他又给我回信说道：看来我们一起写文章还为时太早。

按照 Max Planck 的说法，一个重要的科学创新很少是由反对者逐渐地改变看法而得到普遍认可。通常是反对者逐渐离世，而新生一代从一开始就熟悉这个观点。

我的情况和 Max Planck 有些不同。第一个相信我并愿意和我合作的是晶体学家 I. Blech 教授，他的贡献巨大。1984 年春，我曾一度感觉到我们俩在与整个世界作对。后来，J. Cahn 和 D. Gratias 加入其中，情况有了巨大的变化。有了这些支持者(其中有些人曾经是极力反对的)，大家逐渐认可准晶是客观存在的。

Pauling 对准晶的质疑直到他 1994 年去世。

1984 年 11 月 12 日，Shechtman 等在一篇题为“具有长程取向序而无平移对称序的金属相（*Metallic phase with long - range orientational order and no translational symmetry*）[7]”的论文中，报道了他们在急冷凝固的 Al-14 at.% Mn 合金中发现了一种具有包括五次旋转轴在内的二十面体点群对称的合金相，并称之为二十面体相，这揭开了准晶研究的序幕。准晶体或准晶(quasicrystal)是准周期晶体（quasiperiodic crystal）的简称[10]，这个名词是由准晶格(quasilattice)[12]一词衍生得出的。众所周知，五次旋转与周期晶格是不相容的，而晶体学的一个传统概念就是晶体应该具有周期性，尽管从来没有人证明这是晶体的必要条件。因此，五次旋转在晶体学中一直被称为“非晶体学的(non-crystallographic)”或“禁止的(forbidden)”旋转对称。由此我们可以理解为什么 Shechtman 等的这篇论文有如一石激起千层浪，立即在与晶体及晶体学有关的各个学科中产生轩然大波。英国《自然》(*Nature*)周刊报道这一发现时用的标题是“面对五次对称吗？（*Towards fivefold symmetry*）[38]”，另一家学术周刊用的标题是“晶体学定律的瓦解(*The rules of crystallography fall apart*)[39]”，而诺贝尔化学奖得主 Pauling 则嗤之为“胡说八道”[33]。

40 年来的研究证明，随着准晶研究的深入开展，晶体学不但没有瓦解，反而更加丰富了，不仅包括周期性晶体，还包括种类繁多的非周期晶体，准晶也在其中。国际晶体学联合会下设的非周期晶体学术委员会在 1992 年建议，将晶体的定义改为“晶体是能给出明锐衍射的固体(any substance is a crystal if it has a diffraction pattern with Bragg spots)，非周期晶体是没有周期平移的晶体”[40]。这样，就把准晶也包括在晶体的范畴中了，属于没有周期平移的晶体。

二十面体准晶不仅可以在急冷合金中生成，还可以在一些二元及三元合金系中以热力学稳定的形式存在。除 Al-TM(过渡族金属)合金外，在 Ti-Zr-Hf，Ga-In，Mg-Zn-RE，Ni、Fe、Pd、Ag 基合金中也都观察到了二十面体准晶。目前已有近百种成分合金中发现有二十面体准晶，其中近 50 种是热力学稳定的。1985 年第一个被发现的稳定的二十面体准晶相是 $T_2-Al_6Li_3Cu$ 相[41]。实际上这是“再发现”，因为早在 1955—1956 年 T_2 相就已出现在 Al-Li-Cu 三元平衡相图中了[42]。同样，1987 年旅日中国台湾学者蔡安邦(A. P. Tsai)博士报道的 $Al_{65}Cu_{20}Fe_{15}$合金中的二十面体稳定准晶[43]其实早在 1939 年就出现在相图中了[44]。稳定准晶的发现使得人们可以通过缓慢冷却的方式获得一定尺寸的准晶单晶体。图 7.41(a)~(d)分别是稳定的 $Al_{65}Cu_{20}Fe_{15}$二十面体准晶的正五角十二面体形貌，稳定的 Al_6Li_3Cu 二十面体准晶的菱面三十面体生长形貌，Ho-Mg-Zn 准晶的正五角十二面体形貌以及 Al-Mn 准晶所展示出的五瓣花朵状形貌。

7.3.6 二维十次对称准晶的发现

1. Al-Mn 合金中二维十次旋转对称准晶的发现

这次，Shechtman 却视而不见，错失了一个新的重大发现！其合作者来自苏联的年轻学者——Leonid A. Bendersky，在毫无征兆的情况下捷足先登！独自赢得了另一波鲜花、掌声……

Shechtman 在 Al-Mn 合金中不仅发现了二十面体准晶，同时也发现了另外一个新物相，并命名为“T 相”。Shechtman 与美国国家标准局冶金部的另外两位同事 Schaefer 和 Biancaniello 联名写了篇文章于 1984 年 11 月发表在《冶金会刊》(*Metallurgical Transaction A*)上。他们在文章中对“T 相”(图 7.42)是这样描述的：“这个相通常呈长条状，具有高密度的层错结构，其晶体学特征尚没有完全确定出来……”[49]。

同一时期，印度理工学院冶金系的四位学者 Chattopadhyay、Ranganathan、Subbanna 以及 Thangaraj 也在利用电镜观察急冷的 Al-14wt.% Mn 合金。他们验证了二十面体准晶，同时也发现“T 相”与二十面体准晶共存在于同一个样品里

图 7.41 (a) 稳定的 $Al_{65}Cu_{20}Fe_{15}$ 二十面体准晶的正五角十二面体生长形貌[43]；(b) Al_6Li_3Cu 二十面体准晶的菱面三十面体生长形貌[45-47]；(c) 单个晶粒的 Ho-Mg-Zn 准晶形貌像，其边长为 2.2 mm，清晰显示了五边形的面及十二面体的形貌[48]；(d) Al-Mn 准晶 SEM 像，展示出准晶具有的五瓣花朵状，蔡安邦教授拍摄。(参见书后彩图)

面[50]。虽然，这四位学者在 1985 年初把相关结果发表在 Script Metallurgica 上，但对于那个“T 相”没有做太多的解释。

Shechtman 在美国国家标准局工作期间，有一个以色列理工学院的校友与他共事。这个人叫 Leonid A. Bendersky(图 7.43)。

Leonid A. Bendersky 于 1970 年毕业于苏联列宁格勒大学物理系。他的博士学位是在以色列理工学院材料工程系获得的，是 Shechtman 真正的校友。1983 年，他到美国国家标准局的冶金学实验室从事快速凝固及金属间化合物的研究。

由于和 Shechtman 属于一个研究团队，因此他们时常联名在一起发表论文。其中有一篇文章就是关于 Al-Mn 合金中的“T 相”，于 1985 年 4 月 29 日投

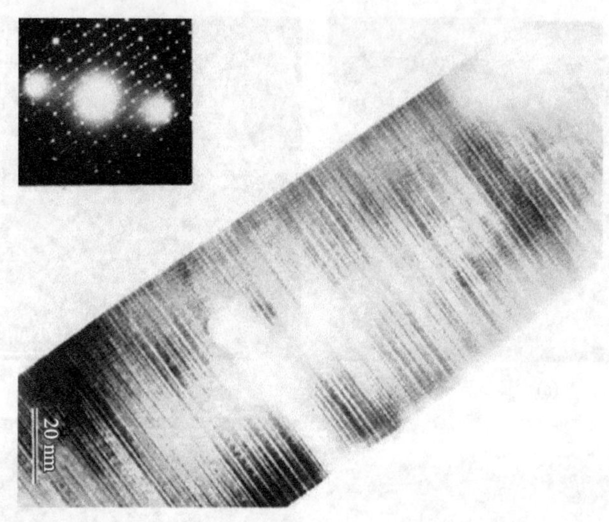

图 7.42　Al-Mn 合金中 T 相，复杂缺陷垂直于它的长轴方向从而导致复杂的衍射花样[49]

图 7.43　1987 年 Leonid A. Bendersky 来北京参加第二届国际准晶会议期间游览长城(照片由 Bendersky 本人提供)

寄给 *Script Metallurgica*。这篇文章中 Bendersky 是第一作者，Shechtman 是 6 个作者中的最后一位[51]。他们发现"T 相"与二十面体准晶通常共生在一起，而且，两者具有相似的电子衍射图(图 7.44)。

1985 年 4 月 29 日至 5 月 20 日期间，Bendersky 默默地做了一系列倾转实验(图 7.45)，发现那个所谓的"T 相"是一个在一个方向具有周期性而在其余

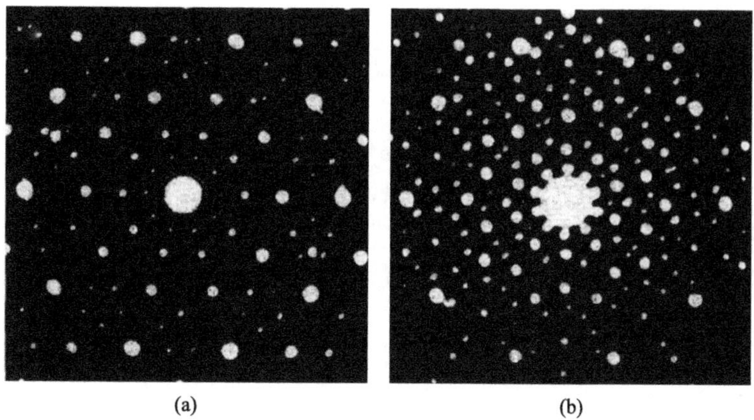

图 7.44 （a）沿“T 相”某一晶向的电子衍射图（也具有十次旋转对称）；（b）二十面体准晶的五次对称电子衍射图[51]

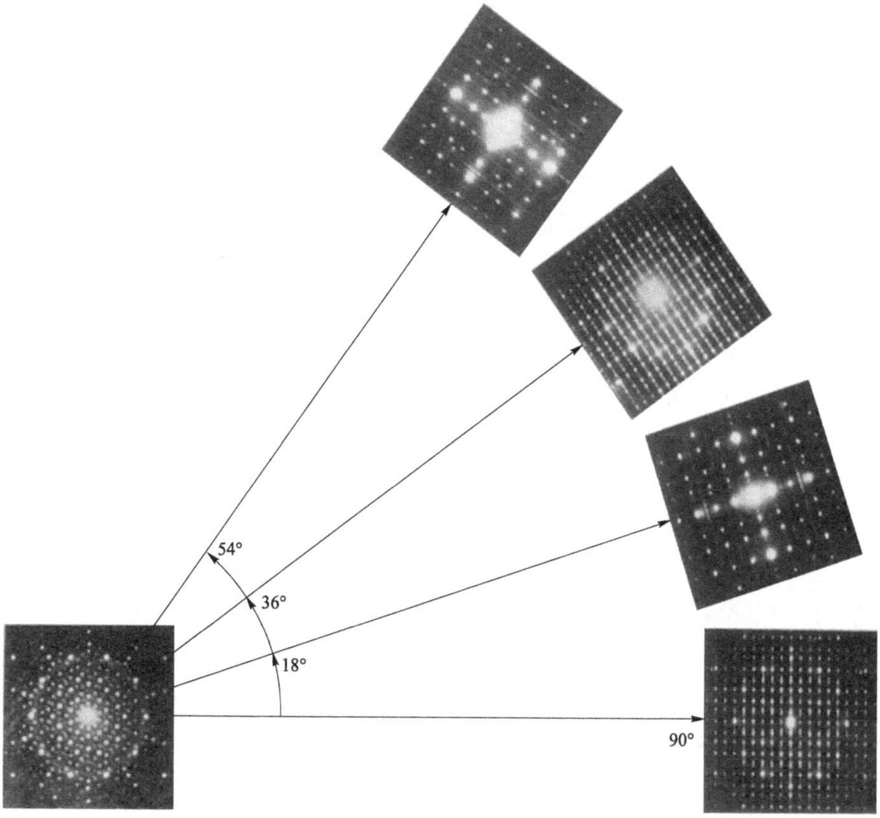

图 7.45 二维十次旋转对称准晶系列电子衍射图[52]

两个方向具有准周期性的十次对称准晶！随后，Bendersky 抛开所有其他合作者，独自一人将文章发表在 1985 年 9 月 30 日的 *Physical Review Letters* 上[52]，宣告十次旋转对称准晶的诞生。

2. 稳定的十次对称准晶及其相关晶体相

与二十面体五次旋转对称准晶类似，十次准晶的发现源于急冷合金。但不久人们就发现了稳定的十次对称准晶。何伦雄(中国科学院金属所固体原子像实验室 85 级研究生)和马秀良分别通过常规的缓冷铸造方法获得了毫米量级的 Al-Cu-Co 和 Al-Co-(Ni)单晶准晶体，并与中国科学院物理所张殿林研究员领导的研究组合作测得了这些准晶有别于传统周期性晶体的独特的物理性能数据[53-56]。

准晶与其共存的晶体相有相似的组成和相似的结构单元。二维十次准晶的结构特征是五次或十次对称准周期层在五次或十次轴方向上的周期堆垛。因此，它的相关晶体相的晶体结构中，一是应有五角面或十角面层，二是在这些层的法线方向的晶格常数应与十次方向的周期相同或者有整数倍的关系。

Al-Cu-Co 合金中稳定的十次对称准晶发现之后，郭可信当时就想，Al-Co 及 Al-Cu-Co 合金别人早已研究过，说不定早就遇到过这种稳定准晶。如本书第 2 章所述，剑桥大学卡文迪许实验室在五六十年代曾经先后有十几名博士在 W. H. Taylor 指导下系统地用 X 射线系统地研究过铝合金相。好的成套的结果都发表了，零星的解释不了的就留在故纸堆中，说不定其中有宝。为此，郭可信先生专门要卡文迪许实验室主任 A. Howie 邀请于 1990 年春访问剑桥大学。来到剑桥后，郭可信先生在离卡文迪许实验室不远的图书馆，仔细翻阅那十几部博士学位论文，终于在 1959 年 R. C. Hudd 的有关 Al-Co 合金相的硕士论文中找到他观察到五次对称 X 射线衍射的描述。当时就通过传真要我做 Al_3Co 合金的缓冷研究。

在 Al-Co 二元相图的富 Al 端，已知一些合金相由液态包晶反应生成[57]，参见图 2.18。除了 Al_9Co_2 和 Al_5Co_2 外，Bradley 和 Seager[58] 早在 1939 年就发现了 $Al_{13}Co_4$ 和 Al_3Co，虽然 Al_3Co 的存在后来被许多研究者所证实，但长期以来其结构一直没有确定；六方结构的 Al_5Co_2 是由 Bradley 和 Cheng[59] 确定的，它与 $Al_{10}Mn_3$[60]、Al_9Mn_3Si[61] 具有相同的结构，Co 和 Mn 原子在这些结构中具有二十面体配置；单斜 $Al_{13}Co_4$[62] 虽然与 $Al_{13}Fe_4$[63,64] 不完全相同，但两者在结构上有着非常密切的关系。

利用大连理工大学铸造工程中心的熔炼设备，我把名义成分分别为 $Al_{13}Co_4$、$Al_{11.5}Co_4$、$Al_{11}Co_4$、$Al_{10}Co_4$ 的二元 Al-Co 原料在中频感应炉中加热融化并通过缓慢的炉冷方式获得了相应的铸锭(每个铸锭大约 600 g)。在合金锭的上中部，通常会生长出一些几毫米长的针状单晶体，直径为 0.1~0.5 mm，在高倍电子显微镜下放大这些针状单晶体显示出十棱柱状的形貌(见图 2.15)，这与 $Al_{65}Cu_{20}Co_{15}$[53,65] 的情况相似。上述合金中一个显著的特征是除了十次对称准晶[图 7.46(a)]外，还有一系列与准晶密切相关的大单胞晶体相(crystalline approximants)，如正交的 Al_3Co 相、单斜 $Al_{13}Co_4$ 相以及与单斜 $Al_{13}Co_4$ 密切相关的多种结构变体，它们的 ***b*** 轴都平行于长度方向，即与十重准晶的周期方向相同。

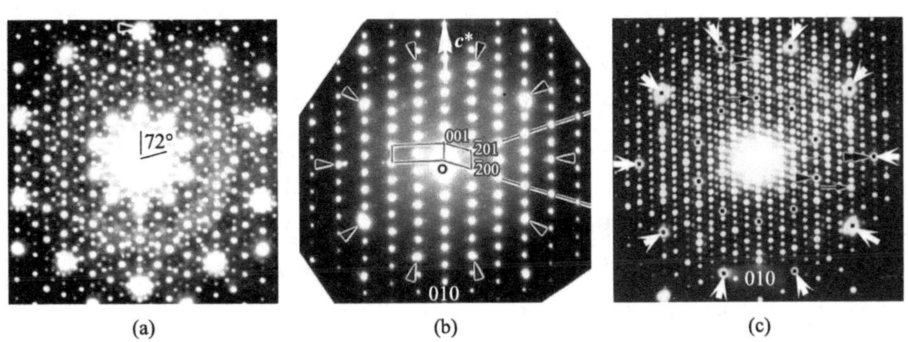

图 7.46 Al-Co 合金中的十重对称准晶(a)和与准晶密切相关的晶体近似相 $Al_{13}Co_4$(b) 及 τ^2-$Al_{13}Co_4$(c)的电子衍射图[55]

$Al_{13}Co_4$ 的结构特征早已熟知，它作为十次对称准晶的一个相关晶体相，从[010]带轴上反映出伪十次性[图 7.46(b)]。在实验中，当电子束方向与针状单晶体的轴线方向平行时，通常会发现一种与 $Al_{13}Co_4$[010]带轴相似但衍射点很密的电子衍射图，如图 7.46(c)，在这里(0013)和($\overline{20}05$)衍射点分别与图 7.46(b)中(005)、($\bar{8}02$)相当(详见第 2 章相关内容)，也就是说，衍射点的数目有这样的比值关系，在竖直方向为 13/5，而在水平方向为 5/2。这在斐波那契数列 0，1，1，2，3，5，8，13，21，…，F_n 中成两步膨胀关系。在这个序列中，当 $n\to\infty$ 时，$F_{n+1}/F_n\to\tau=(1+\sqrt{5})/2$。当完成两步膨胀后，$a$、$c$ 值分别近似为原来的 τ^2 倍。它的 b 与 $Al_{13}Co_4$ 中的 b 相同，表明仅仅在垂直于 ***b*** 的平面上单胞增大 τ^2 倍，而沿 ***b*** 方向的堆垛方式与 $Al_{13}Co_4$ 中的情况相同。利用高分辨电子显微术研究其结构特征，结果显示这些单斜相的结构单元皆为 Co 原子在(010)面上的五边形网状结构。τ^2-$Al_{13}Co_4$ 中呈周期排列的五边形边长为 1.23 nm，是 $Al_{13}Co_4$ 中 Co 原子构成的五边形边长(0.47 nm)的 τ^2 倍[66]。

按照这样的膨胀规则，马秀良等在实验中还发现了 τ^3-$Al_{13}Co_4$ 和 τ^4-$Al_{13}Co_4$，它们在垂直于[010]方向上的晶格参数分别为 $Al_{13}Co_4$ 的 τ^3、τ^4 倍，

τ^3-$Al_{13}Co_4$中五边形亚单元有两种，边长分别为0.76 nm 和 2.00 nm；τ^4-$Al_{13}Co_4$中五边形边长分别为1.23 nm 和 3.23 nm，有趣的是这些五边形边长为0.47 nm、0. 76 nm、1.23 nm、2.00 nm、3 nm、23 nm，它们的比值近似于1：τ：τ^2：τ^3：τ^4。这些五边形结构单元在晶体中呈周期性排列；而在准晶体中却呈准周期排列。在 $Al_{13}Co_4$ 的基础上，晶格常数膨胀越大，与准晶的近似程度就越好，也就是说 Al-Co 十次对称准晶不仅是 $Al_{13}Co_4$ 家族中的一员，而且是这一家族中的极限成员，它在准周期平面上具有无穷大的单胞。

由于单斜 τ^n-$Al_{13}Co_4$ 具有五边形亚结构单元，且五边形具有五次旋转对称特征，因此在单斜相中极易形成层错、孪晶等多种形态的微畴结构。高分辨电子显微术的研究结果表明，单斜相中的(100)面重复层错必然会演变成与单斜相具有相同单胞体积的正交点阵。单斜 τ^n-$Al_{13}Co_4$ 家族中的每一个单斜相都对应一个正交相，于是便产生了正交 $Al_{13}Co_4$ 家族。根据单斜 $Al_{13}Co_4$ 的结构数据及高分辨电子显微像的结构特征，他们构造了正交 $Al_{13}Co_4$、正交 τ^2-$Al_{13}Co_4$及单斜 τ^2-$Al_{13}Co_4$ 的原子结构模型。另外，实验中还发现单斜相中的(100)面重复孪晶演变成另一种新的正交结构(详见第 3 章)。

除了在单斜 $Al_{13}Co_4$($\beta \approx 108°$) 基础上演变出的多种结构变体外，实验中还发现一种与单斜 $Al_{13}Os_4$ 同型结构的单斜 $Al_{13}Co_4$($\beta \sim 116°$) 以及在此基础上的正交结构变体。总之，通过电子衍射以及高分辨透射电子显微镜成像(简称高分辨成像)，仅在 Al-Co 合金中的 Al_3Co 成分附近就发现了包括稳定十次对称准晶在内的 13 个新物相(表 7.2、表 7.3、表 7.4)，极大地丰富和发展了该合金系已有的平衡相图。这些新物相通常以微畴的形式共生在一起，很难把它们分别制备出可用于 X 射线衍射的单晶体，甚至很难得到具有单相结构的样品。这就是为什么在以 X 射线为主要分析手段的剑桥大学 Hudd 的硕士论文(1959)中留下了那么大一个问号。

表 7.2　τ 倍膨胀的单斜 $Al_{13}Co_4$ 相家族

物相	空间群	点阵参数				实验方法
		a/nm	*b*/nm	*c*/nm	*β*/(°)	
$Al_{13}Co_4$	Cm	1.518 5	0.812 2	1.234 0	107.90	X 射线衍射(1962)
τ^2-$Al_{13}Co_4$	Pm	3.984	0.814 8	3.223	107.94	电子衍射、高分辨成像、X 射线衍射
τ^2-$Al_{13}Co_4$	Cm	3.984	0.814 8	3.223	107.94	电子衍射、高分辨成像、X 射线衍射

续表

物相	空间群	点阵参数				实验方法
		a/nm	b/nm	c/nm	β/(°)	
τ^3-$Al_{13}Co_4$	Cm	6.4	0.81	5.2	108	电子衍射、高分辨成像
τ^4-$Al_{13}Co_4$	Cm	10.4	0.81	8.4	108	高分辨成像
DQC	10/mmm	∞	0.81	∞	—	电子衍射、高分辨成像、X射线衍射

表 7.3　τ 倍膨胀的正交 $Al_{13}Co_4$ 相家族

物相	空间群	点阵参数			实验方法
		a/nm	b/nm	c/nm	
$Al_{13}Co_4$	Pnmn	1.46	0.81	1.25	电子衍射、高分辨成像、X射线衍射
τ^2- $Al_{13}Co_4$(Ⅰ)	P	3.8	0.81	3.2	电子衍射、高分辨成像
τ^2- $Al_{13}Co_4$(Ⅱ)	P	7.6	0.81	3.2	电子衍射、高分辨成像
τ^2- $Al_{13}Co_4$(Ⅲ)	B	5.2	0.81	3.8	高分辨成像
τ^3- $Al_{13}Co_4$	P	6.1	0.81	5.2	电子衍射
DQC	10/mmm	∞	0.81	∞	电子衍射、高分辨成像、X射线衍射

表 7.4　Al-Co 合金中的 $Al_{13}Os_4$ 型单斜相及其正交变体

物相	空间群	点阵参数				实验方法
		a/nm	b/nm	c/nm	β/(°)	
$Al_{13}Co_4$(M)	C2/m	1.711	0.41	0.709	116	电子衍射
$Al_{13}Co_4$(O)	I/mmm	1.531	1.235	0.756	—	电子衍射、X射线衍射

7.3.7　二维十二次旋转对称晶体

日本科学家 Ishimasa 等[67]首先于 1985 年在气相沉积的 $Cr_{70.6}Ni_{29.4}$合金粉末中观察到十二次旋转对称电子衍射图，高分辨电子显微像中的像点构成众多正方形和正三角形(还有少许 30°菱形)的准周期分布。受此启发，Stampfli[68]在

1986 年推导出两种二维十二次对称准晶格，一种是上述三种几何拼块的准周期拼图，另一种是只有正方形和正三角形两种拼块的准周期拼图，两者都与白金数或 Dodecanacci 数 $\rho=2+\sqrt{3}$ 有关。

Ishimasa 等还发现二维十二次准晶与 Cr-Ni 四角 σ 相共存，后者的晶胞中有两个正方形和四个三角形结构单元，它是典型的六角四面体密堆相（TCP 相）或 F-K 相。郭可信[19]在 1953 年曾系统地研究过过渡金属合金系中 σ 相出现的规律。1984 年他和叶恒强、李斗星研究铁基和镍基高温合金中 σ 相的纳米畴[69]，发现一系列与 σ 相结构有关的六角四面体密堆相[70-73]。在此基础上，陈焕等[74]于 1988 年在急冷凝固的 V_3Ni_2 和 $V_{15}Ni_{10}Si$ 合金中观察到二维十二次准晶（图 7.47）与 σ 相共存。此外，Yoshida 等[75-77]在 Bi-Mn 多层膜的加热过程中观察到十二次准晶。Harbrecht 及其合作者[78-81]在碲化物 $Ta_{1.6}Te$ 中发现十二次准晶与一系列与 σ 相结构类似的 Ta-Te 晶体相共存。最近研究人员还在树枝状有机超分子液晶中发现十二次液晶准晶[82]。

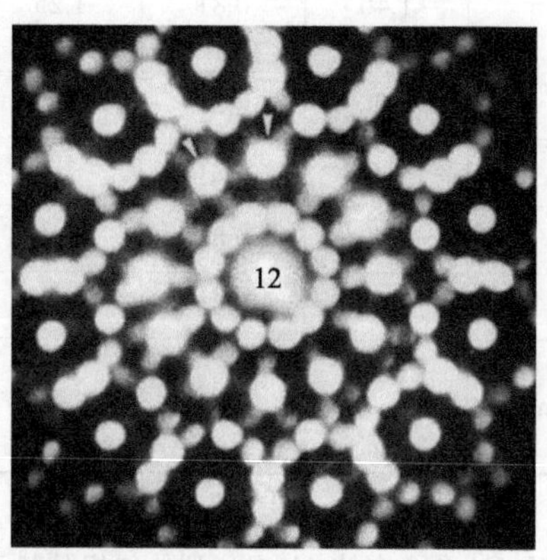

图 7.47　V_3Ni_2 十二次对称准晶的电子衍射图[74]

7.3.8　二维八次旋转对称晶体

前面提到贝氏体的发现者贝茵（Bain）于 1925 年在 18-8 不锈钢中发现 σ-FeCr 相，由于它的析出，晶界贫铬而不耐腐蚀并且变脆。σ 相的（410）和（330）是强衍射，一共有 12 个，因此显示伪 12 次对称。Ishimasa 等[67]就是在 FeCr 合金中首先发现十二次对称准晶的。因为 CrNiSi 及 VNi 合金都生成 σ 相，因此郭可信分别让研究生王宁和陈焕来研究这些合金，结果是陈焕在 VNi 及 VNiSi 合金中发现了十二次对称准晶，而王宁却扑了个空，没有发现十二次对称准晶。幸运的是，王宁无意中第一次发现八次旋转对称准晶（图 7.48）。随后，曹魏等[83,84]在 Mn_4Si 合金中发现八次准晶。这些准晶都与一种具有 β-Mn 结构的类似准晶的晶体相共存。与十次准晶相似，八次准晶也是一种二维准晶，八次旋转轴具有周期性，而与它正交的则是具有八次旋转对称的准周期平面。

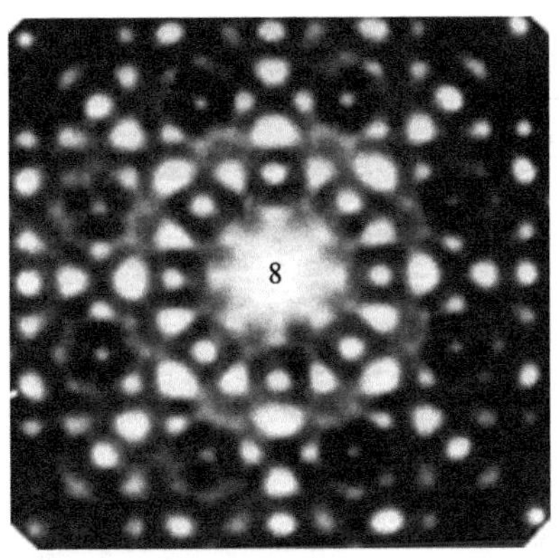

图 7.48　$Cr_5Ni_3Si_2$ 八次对称准晶的电子衍射图[85]

王宁(图 7.49)，1985 年毕业于北京钢铁学院(现北京科技大学)。因在研究生在读期间发现八次对称准晶，他仅用四年时间就取得了硕士和博士学位，并因此获吴健雄物理奖、国家自然科学奖和亚洲杰出成就奖。1989 年获德国洪堡基金在哥廷根大学和柏林弗里茨-哈伯研究所从事研究工作。现任香港科技大学物理学系讲座教授和量子材料中心主任，主要科研领域包括纳米材料及合成技术在新材料领域、能源和电子器件方面的应用研究，低维度材料结构与物理特性的微观鉴定，固体材料表面科学及原子成像高分辨电子显微学等

图 7.49　王宁教授

领域。

至今为止，在整个准晶领域的研究中，与八次对称准晶相关的工作几乎都是由中国科学家完成的(表 7.5)。这也从另一侧面说明在 20 世纪 80 年代郭可信领导的团队把中国的准晶研究引领至世界前沿。

表 7.5　实验得到的八次准晶的结构特征与相关准晶相

八次对称准晶	结构特征	相关晶体相	文献
$Cr_5Ni_3Si_2$	八次轴周期 0.62 nm	β-Mn 结构($P4_132$) $a=0.63$ nm	王宁等[85,86]
$V_{15}Ni_{10}Si$	八次轴周期 0.62 nm	β-Mn 结构	王宁等[85,86]
Mn_4Si	八次轴周期 0.62 nm	β-Mn，$a=$ 0.63 nm α-Mn_3Si($Im\bar{3}m$)， $a=$ 0.291 nm $Mn_{12}Si_5$(体心四角)， $a=0.89$ nm，$c=0.50$ nm	曹巍等[83,84]
$Mn_{82}Al_3Si_{15}$	8/m 或 8/mmm 点群，完整性高	β-Mn 结构 α-Mn_3Si(八次准晶慢速升温)	王宁等[87,88]， 徐路等[89]
$Mn_{80}Al_5Si_{15}$	公度错及畴结构	β-Mn 结构	姜节超等[90]
$Mn_{77}Fe_4Si_{19}$	畸变使八重对称蜕变为四次对称(5/2 Mn_3Si 类型结构)		王宁等[88]， 王曾楣等[91]
$Mo_{25}Cr_{26}Ni_{49}$	四次对称，公度错及畴结构	β-Mn 结构	陈焕等[92]， 姜节超等[93,94]

7.3.9　一维准晶及立方准晶

虽然上面提到的二维及三维准晶都同时具有非晶体学旋转对称，但是准晶的必要条件是准周期性，而不是非晶体学旋转对称。

1. 一维准晶

二十面体准晶属三维准晶，在三个方向上都是准周期的。二维准晶在两个方向上有准周期性而在第三个方向上为周期性，与二维准晶相比，三维准晶的相关晶体相在三个方向均有周期性。在这两者之间还存在两个方向有周期性而在第三个方向为准周期的晶体，即一维准晶。一维准晶是周期平面在其法线方向的准周期堆垛。

何伦雄、李兴中、张泽和郭可信[95]首先在 Al-Cu-Mn，Al-Cu-Co 及 Al-Ni-Si 等合金中发现一维准晶，并指出它们是二维十重准晶的转变产物。在二维十重准晶的基础上，张洪和郭可信[96]在一个准周期方向不断引入相子，得出一系列周期的长度比为 34∶21∶13∶8∶5∶3 的一维准晶，说明这是用相邻两个有理数的斐波那契数的比值替代与十次旋转有关的无理数 $\tau=(1+\sqrt{5})/2$ 的结果。迄今为止，在实验中发现的一维准晶都属这种类型。与此相对应，从二维八次和二维十二次准晶的蜕化得出相关的一维准晶的可能性也应该是存在的。Soma 和 Watanabe[97]曾在二维八次准晶中的一个准周期方向上引入相子并计算出一种与无理数 $\sigma=1+\sqrt{2}$ 有关的一维准晶。此外，还有人工合成的一维准晶，如 Merlin 等[98]制备出 GaAs(厚为 L)和 AlAs(厚为 S，且 $L/S=\tau$)的 LSLLS…多层膜，并称之为斐波那契超晶格。胡安等不但将其应用到金属多层膜[99]，而且将二组元的斐波那契一维准晶推广到 k 组元的一维准晶[100]。

在 Al-Cu-Co 合金中发现一维准晶的同时，何伦雄等[95]还观察到由空位有序产生的长周期 CsCl 立方结构，在[111]方向上，一个周期内的(111)面分别是 3、5、8、13，21 层。这就是 20 世纪 50 年代由陆学善和章综[101]发现的并由 Vansande 等[102]在 70 年代用电子衍射证实的 τ_n 相($n=3$、5、8、13、21 等)。Chattopadhyay 等[103]指出，如果 $n\to\infty$，斐波那契数列无穷延伸下去，τ_n 相就成为一种具有三次旋转对称的一维准晶。

2. 立方准晶

对晶体平移周期性的第一个冲击来自调制结构。在调制结构中，有一个有着稳定周期的基本结构，而由于畸变、成分、有序、磁性或电性极化造成的调制则出现另一种周期。这种调制周期与基本结构周期如果有公倍数，那么就可以用长周期结构描述整个晶体；如果两个周期是非公度的，那么整个晶体也可能不是周期性的。叶恒强和比利时安特卫普大学的 S. Amelinckx(1922—2007)曾在 1986 年对 $MnSi_2$ 合金中的调制结构进行了详细的研究[104]。在该结构中，Mn 原子构成四方格子，比较稳定，成对的 Si 原子则处于 Mn 原子格子的间隙中。由于 Si 原子按化学比总是短缺，因此 Si 原子对在 $\boldsymbol{c}$ 方向要松弛排列。但由于 Mn 原子格子的间隙沿 $\boldsymbol{c}$ 方向分布是不均匀的，因而 Si 原子对在沿 $\boldsymbol{c}$ 方向移动时要绕着 c 轴转动以找到合适的 Mn 格子的间隙位置。因此，Si 原子在 $\boldsymbol{c}$ 方向的周期随 Si 原子短缺的程度而变。由于调制一般是小的偏离，二来一个无理数总可以用充分大的有理数加以描述，所以晶体平移周期性并未因此被怀疑。在郭可信和叶恒强的带领下，冯永昌(中科院金属所 1984 级研究生)在 V-

Ni-Si 合金中发现具有 2、3、4 次旋转对称轴的准周期性晶体，即立方准晶[105]。这说明准晶的必要条件是准周期性，而不是所谓的非晶体学旋转对称。

7.4　本章小结

本书的第 2 章讲到 20 世纪 30 年代初德国电气工程师 Ernst Ruska 与他的老板 Max Knoll 一起发明了历史上第一台透射电子显微镜，开启了人类通往微观世界的一扇新的大门。透射电子显微镜发明的初衷是突破光学显微镜分辨的极限，因为在此之前的 19 世纪末，光学显微镜的分辨率已经到了理论极限(约 0.2 μm)。所以，在透射电子显微镜发明之初，人们主要是在利用它的放大功能，从事生物方面的研究，Ruska 的弟弟 H. Ruska(1908—1973)就从中受益匪浅。在 Ruska 工作的基础上，1947 年荷兰代尔夫特大学的 Vandorsten 等为飞利浦光学电子公司设计了一款颇具创意的电镜，他们在物镜和投影镜之间加入了一个中间镜，通过改变中间镜线圈的磁场，在不移动样品和电子束的情况下实现了在成像和衍射模式之间方便地切换。另外，他们在物镜的像平面上还装有一个可变换孔径的光阑，只选择感兴趣部分进行电子衍射。选区衍射功能的实现从根本上改变了电子显微镜的功能，因为这意味着可以在微小尺度下把形貌与结构的对应关系联系起来。到了 20 世纪 80 年代，用于研究亚微米晶体结构的纳米束电子衍射和高分辨电子显微技术已经得到普遍推广。在这个时期最重要的研究背景是航空和航天领域需要制备强度更高的铝、镁合金及镍基高温合金，这就需要借助一些非传统的冶金技术。急冷凝固可以迫使更多的过渡族金属原子固溶在基体中，这就必然会形成了一些用其他研究手段无法看到的一些小晶粒。显微技术的成熟、生产的需要以及 20 世纪 50 年代就已提出的二十面体密堆概念这三者的结合就必然产生了对二十面体准晶的研究。最先发现的 Al-Mn 准晶是急冷凝固形成的，只有微米大小，现在已有数十种稳定准晶可以培育出毫米以上尺寸的块体，这使得准晶体的神秘面纱逐步被揭开，而归入到系统研究的体系中。首次提出准晶概念的理论物理学家 Steinhardt 曾组织他的学生在已有晶体 X 射线卡片中寻找准晶，并在意大利佛罗伦萨自然博物馆的铝锌铜矿和赤铜矿混合矿中找到成分为 $Al_{63}Cu_{24}Fe_{13}$ 的二十面体准晶晶粒(该矿发现于俄罗斯，据说已有 2 亿年的历史)，说明自然界中本来就存在着准晶，只是在 Shechtman 的工作之前人们不认识而已。

2011 年 8 月，《通往斯德哥尔摩之路》一书的作者匈牙利化学家(也是科学史专家)István Hargittai 针对准晶体的发现在 *Structural Chemistry* 期刊上发表一篇文章，文中总结出 8 条经验教训[23]。其中一条中提到“Public Relations is also important in science”。当然，Shechtman 的二十面体对称于 1984 年 11 月在 *Physical Review Letters* 上发表得益于大科学家的支持(尽管当初曾极力否定)。Hargittai 的感慨是否还有点弦外之音？Hargittai 和 Shechtman 是很要好的朋友，具有共同的价值观，青年时期都投身于具有社会主义色彩的青年运动，注重同事之间的团结和友爱……Hargittai 在《公正的科学》(*Candid Science*)及《通往斯德哥尔摩之路》等系列作品中，收集了他对许多著名科学家的访谈。对于准晶的发现过程，Hargittai 采访了绝大多数当事人，并把相关细节公布于世。其中包括 Shechtman 本人、著名冶金学家 John W. Cahn、英国晶体学家 Alan L. Mackay、理论物理学家 Paul J. Steinhardt 及 Dov Levine 等。Shechtman 在被采访中客观地道出：在他发现五次对称之后的将近两年时间里，世界上只有一个科学家愿意和他站在一起、相信他的电镜结果、共同搭建结构模型并联名发表相关结果。这个人就是他的校友——以色列理工学院的晶体学家 Ilan Blech。Shechtman 也因此曾一度感到他们两人在与整个世界作对。Hargittai 对这些历史事件的挖掘及客观报道与 Shechtman 独享诺贝尔化学奖是否有什么关联？耐人寻味！

参考文献

[1] Vainshtein B K. Modern Crystallography 1. Berlin：Springer-Verlag，1981.

[2] The royal swedish academy of sciences. The nobel prize in chemistry 2011. Information for the pubic.

[3] 叶恒强. 准晶闪耀光芒. 科学，2012，64(1)：57-60.

[4] An X H，Lin Q Y，Wu S D，et al. Formation of fivefold deformation twins in an ultrafine-grained copper alloy processed by high-pressure torsion. Scr. Mater.，2011，64(3)：249-252.

[5] Bergman G，Waugh J L T，Pauling L. Crystal structure of the intermetallic compound $Mg_{32}(Al, Zn)_{49}$ and related phases. Nature，1952，169(4312)：1057-1058.

[6] 郭可信. 准晶研究. 杭州：浙江科学技术出版社，2004.

[7] Shechtman D，Blech I，Gratias D，et al. Metallic phase with long-range orientational order and no translational symmetry. Phys. Rev. Lett.，1984，53(20)：1951-1953.

[8] Shechtman D，Blech I A. The microstructure of rapidly solidified Al_6Mn. Metall. Trans. A，1985，16(6)：1005-1012.

[9] Hargittai I. Quasicrystal discovery：A personal account. Chemical Intelligencer，1997，3(4)：25-49.

[10] Levine D，Steinhardt P J. Quasicrystals：A new class of ordered structures. Phys. Rev. Lett.，1984，53(26)：2477-2480.

[11] Penrose R. The role of aesthetics in pure and applied mathematical research. Bulletin of the Institute of Mathematics and its Applications, 1974, 10(2): 266-271.

[12] Mackay A L. Crystallography and the penrose pattern. Physica A, 1982, 114(1-3): 609-613.

[13] Hargittai I. "There is no such animal"—Lessons of a discovery. Struct. Chem., 2011, 22(4):745-748.

[14] 郭可信. 准晶与电子显微学——略述我的研究经历. 电子显微学报. 2007, 26(04): 259-269.

[15] 马秀良，叶恒强，郭可信. 第四章：准晶体的发现//师昌绪，郭可信，孔庆平，等. 材料科学研究中的经典案例(第一卷). 北京：高等教育出版社，2014.

[16] Kuo K H, Hägg G. A new molybdenum carbide. Nature, 1952, 170: 245-246.

[17] Kuo K H. Carbide precipitation, secondary hardening, and red-hardness of a hot-working steel. Research, 1952, 5: 339-340.

[18] Kuo K H. The formation of η carbides. Acta Metall., 1953, 1(3): 301-304.

[19] Kuo K H. Ternary laves and sigma-phases of transition metals. Acta Metall., 1953, 1(6): 720-724.

[20] Bergman G, Waugh J L T, Pauling L. The crystal structure of the metallic phase $Mg_{32}(Al, Zn)_{49}$. Acta Cryst., 1957, 10(4): 254-259.

[21] Ye H Q, Wang D N, Kuo K H. Fivefold symmetry in real and reciprocal spaces. Ultramicroscopy, 1985, 16(2): 273-277.

[22] Zhang Z, Ye H Q, Kuo K H. A new icosahedral phase with m35 symmetry. Philos. Mag. A, 1985, 52(6): L49-L52.

[23] Jiang W J, Hei Z K, Guo Y X, et al. Tenfold twins in a rapidly quenched NiZr alloy. Philos. Mag. A, 1985, 52(6): L53-L58.

[24] Dong C, Hei Z K, Wang L B, et al. A new icosahedral quasicrystal in rapidly solidified $FeTi_2$. Script. Mat., 1986, 20(8): 1155-1158.

[25] Dong C, Chattopadhyay K, Kuo K H. Quasicryatalline eutectic growth and metastable phase orientation relations in rapidly solidified $FeTi_2$ alloys. Script. Met., 1987, 21(10): 1307-1312.

[26] 董闯. 准晶材料. 北京：国防工业出版社，1998.

[27] Kelton K F. Quasicrystal related structures//Westbrook J H, Fleischer R L. Intermetallic Compounds. New York: Wiley, 1994: 453-491.

[28] Kelton K F, Kim W J, Stroud R M. A stable Ti-based quasicrystal. Appl. Phys. Letts., 1997, 70(24): 3230-3232.

[29] Kim W J, Gibbons P C, Kelton K F. A new 1/1 crystal approximant to the stable Ti-Zr-Ni icosahedral quasicrystal. Philos. Mag. Letts., 1997, 76(3): 199-205.

[30] Field R D, Fraser H L. Precipitates possessing icosahedral symmetry in a rapidly solidified Al-Mn alloy. Mater. Sci. Eng., 1985, 68(2): L17-L21.

[31] Pauling L. So-called icosahedral and decagonal quasicrystals are twins of an 820-atom cubic crystal. Phys. Rev. Lett., 1987, 58(4): 365-368.

[32] Pauling L. Apparent icosahedral symmetry is due to directed multiple twinning of cubic crystals. Nature, 1985, 317(6037): 512-514.

[33] Pauling L. The nonsense about quasicrystals. Science News, 1986, 129(1): 3.

[34] Pauling L. Additional evidence from x-ray powder diffraction patterns that icosahedral quasicrystals of intermetallic compounds are twinned cubic crystals. Proc. Natl. Acad. Sci. U. S. A., 1988, 85(13): 4587-4590.

[35] Pauling L. Unified structure theory of icosahedral quasicrystals: Evidence from neutron powder diffraction patterns that AlCrFeMnSi, AlCuLiMg, and TiNiFeSi icosahedral quasicrystals are twins of cubic crystals containing about 820 or 1012 atoms in a primitive unit cube. Proc. Natl. Acad. Sci. U. S. A., 1988, 85(22): 8376-8380.

[36] Pauling L. Icosahedral quasicrystals of intermetallic compounds are icosahedral twins of cubic crystals of three kinds, consisting of large (about 5000 atoms) icosahedral complexes in either a cubic body-centered or a cubic face-centered arrangement or smaller (about 1350 atoms) icosahedral complexes in the β-tungsten arrangement. Proc. Natl. Acad. Sci. U. S. A., 1989, 86(22): 8595-8599.

[37] Cahn J W, Gratias D, Shechtman D. Pauling's model not universally accepted. Nature, 1986, 319: 102-103.

[38] Maddox J. Towards fivefold symmetry. Nature, 1985, 313(6000): 263.

[39] Milgrom L. The rules of crystallography fall apart. New Sci., 1985, 105(1440): 34.

[40] Report of the executive committee for 1991. Acta Cryst., 1992, 48(6): 922-946.

[41] Sainfort P, Dubost B, Dubus A. Quasicrystalline precipitation from solid solutions of the aluminum-lithium-copper-magnesium system. Acad. Sci. Paris, 1985, 301(10): 689-692.

[42] Hardy H K, Silcock J M. The phase sections at 500° and 350° C of aluminium-rich aluminium-copper-lithium alloys. J. Inst. Met., 1956, 84(11): 423-428.

[43] Tsai A P, Inoue A, Masumoto T. A stable quasicrystal in Al-Cu-Fe system. Jpn. J. Appl. Phys., 1987, 26: L1505-L1507.

[44] Bradley A J, Goldschmidt H J. An X-ray study of slowly cooled iron-copper-aluminium alloys. Part Ⅱ. Alloys rich in aluminium. J. Inst. Met., 1939, 65: 403-418.

[45] Ryomaezawa Y K, Kaneko H, Ishimasa T. Cu-based icosahedral quasicrystal formed in Cu-Ga-Mg-Sc alloys. Philos. Mag. Lett., 2002, 82(9): 483-493.

[46] Kaneko Y, Maezawa R, Ishimasa T. The formation condition of a stable Cu-Ga-Mg-Sc icosahedral quasicrystal. J. Non-Cryst. Solids, 2004, 334: 8-11.

[47] Ishimasa T, Kaneko Y, Kaneko H. New group of stable icosahedral quasicrystals: Structural properties and formation conditions. J. Non-Cryst. Solids, 2004, 334: 1-7.

[48] Fisher I R, Cheon K O, Panchula A F, et al. Magnetic and transport properties of single-

grain R-Mg-Zn icosahedral quasicrystals [R=Y, ($Y_{1-x}Gd_x$), ($Y_{1-x}Tb_x$), Tb, Dy, Ho, and Er]. Phys. Rev. B, 1999, 59(1): 308-321.

[49] Shechtman D, Schaefer R J, Biancaniello F S. Precipitation in rapidly solidified Al-Mn alloys. Metall. Mater. Trans. A, 1984, 15(11): 1987-1997.

[50] Chattopadhyay K, Lele S, Prasad R, et al. On the variety of electron-diffraction patterns from quasicrystals. Scr. Metall., 1985, 19(11): 1331-1334.

[51] Bendersky L, Schaefer R J, Biancaniello F S, et al. Icosahedral Al-Mn and related phases—Resemblance in structure. Scr. Metall., 1985, 19(7): 909-914.

[52] Bendersky L. Quasicrystal with one-dimensional translational symmetry and a tenfold rotation axis. Phys. Rev. Lett., 1985, 55(14): 1461-1463.

[53] He L X, Wu Y K, Meng X M, et al. Stable Al-Cu-Co decagonal quasi-crystals with decaprismatic solidification morphology. Philos. Mag. Lett., 1990, 61(1): 15-19.

[54] Lin S Y, Wang X M, Li L, et al. Anisotropic transport properties of a stable two-dimensional quasicrystal: $Al_{62}Si_3Cu_{20}Co_{15}$. Phys. Rev. B, 1990, 41(13): 9625.

[55] Ma X L, Kuo K H. Decagonal quasicrystal and related crystalline phases in slowly solidified Al-Co alloys. Metall. Mater. Trans. A, 1992, 23(4): 1121-1128.

[56] Zhang D L, Cao S C, Wang Y P, et al. Anisotropic thermal conductivity of the 2D single quasicrystals: $Al_{65}Ni_{20}Co_{15}$ and $Al_{62}Si_3Cu_{20}Co_{15}$. Phys. Rev. Lett., 1991, 66(21): 2778-2781.

[57] Gödecke T. Number and composition of the intermetallic phases in the Al-Co system between 10 and 40 at.% Co. Z. Metallkd., 1971, 62(11): 842-843.

[58] Bradley A J, Seager G C. An X-ray investigation of cobalt-aluminium alloys. J. Inst. Met., 1939, 64: 81-91.

[59] Bradley A J, Cheng C. The crystal structure of Co_2Al_5. Z. Kristallogr. Cryst. Mater., 1938, 99(6): 480-487.

[60] Taylor M A. The crystal structure of Mn_3Al_{10}. Acta Cryst., 1959, 12(5): 393-396.

[61] Robinson K. The structure of β (AlMnSi)-Mn_3SiAl_9. Acta Cryst., 1952, 5(4): 397-403.

[62] Hudd R C, Taylor W H. The structure of Co_4Al_{13}. Acta Cryst., 1962, 15(5): 441-442.

[63] Black P J. The structure of $FeAl_3$. Ⅰ. Acta Cryst., 1955, 8(1): 43-48.

[64] Black P J. The structure of $FeAl_3$. Ⅱ. Acta Cryst., 1955, 8(3): 175-182.

[65] Kuo K H. Electron diffraction and microscopy evidences of quasicrystals. Solid State Phenom., 1989, 5: 153-168.

[66] Ma X L, Li X Z, Kuo K H. A family of τ-inflated monoclinic $Al_{13}Co_4$ phases. Acta Cryst., 1995, 51(1): 36-43.

[67] Ishimasa T, Nissen H U, Fukano Y. New ordered state between crystalline and amorphous in Ni-Cr particles. Phys. Rev. Lett., 1985, 55(5): 511-513.

[68] Stampfli P. A dodecagonal quasi-periodic lattice in 2 dimensions. Helv. Phys. Acta, 1986,

59(6-7): 1260-1263.

[69] Ye H Q, Kuo K H. High-resolution images of planar faults and domain-structures in the sigma-phase of an iron-base superalloy. Philos. Mag. A, 1984, 50(1): 117-132.

[70] Li D X, Ye H Q, Kuo K H. A hrem study of domain-structures in the H-phase coexisting with the sigma-phase in a nickel-based alloy. Philos. Mag. A, 1984, 50(4): 531-544.

[71] Ye H Q, Li D X, Kuo K H. Structure of the H-phase determined by high-resolution electron-microscopy. Acta Cryst., 1984, 40(OCT): 461-4.

[72] Kuo K H, Ye H Q, Li D X. Tetrahedrally close-packed phases in superalloys: New phases and domain structures observed by high-resolution electron microscopy. J. Mater. Sci., 1986, 21(8): 2597-2622.

[73] Li D X, Kuo K H. Some new sigma-related structures determined by high-resolution electron-microscopy. Acta Cryst., 1986, 42(2): 152-159.

[74] Chen H, Li D X, Kuo K H. New type of two-dimensional quasicrystal with twelvefold rotational symmetry. Phys. Rev. Lett., 1988, 60(16): 1645-1648.

[75] Yoshida K, Yamada T, Taniguchi Y. Long-period tetragonal lattice formation by solid-state alloying at the interfaces of Bi-Mn double-layer thin-films. Acta Cryst., 1989, 45(1): 40-45.

[76] Yoshida K, Taniguchi Y. Disordered twin boundary regions in long-period tetragonal Bi-Mn films. Philos. Mag. Lett., 1991, 63(3): 127-132.

[77] Yoshida K. Different stages of structure from regular to quasicrystalline in Bi-Mn double layer thin films. Quasicrystals and Imperfectly Ordered Crystals. 1994, 150: 129-138.

[78] Krumeich F, Conrad M, Nissen H U, *et al.* The mesoscopic structure of disordered dodecagonal tantalum telluride: a high-resolution transmission electron microscopy study. Philos. Mag. Lett., 1998, 78(5): 357-367.

[79] Conrad M, Krumeich F, Reich C, *et al.* Hexagonal approximants of a dodecagonal tantalum telluride—The crystal structure of $Ta_{21}Te_{13}$. Mater. Sci. Eng. A, 2000, 294: 37-40.

[80] Krumeich F, Reich C, Conrad M, *et al.* Periodic and aperiodic arrangements of dodecagonal $(Ta, V)_{151}Te_{74}$ clusters studied by transmission electron microscopy—The method's merits and limitations. Mater. Sci. Eng. A, 2000, 294: 152-155.

[81] Reich C, Conrad M, Krumeich F, *et al.* The dodecagonal quasicrystalline telluride $(Ta, V)_{1.6}Te$ and its crystalline approximant $(Ta, V)_{97}Te_{60}$. Quasicrystals, 1999, 553: 83-94.

[82] Zeng X B, Ungar G, Liu Y S, *et al.* Supramolecular dendritic liquid quasicrystals. Nature, 2004, 428(6979): 157-160.

[83] Cao W, Ye H Q, Kuo K H. A new octagonal quasicrystal and related crystalline phases in rapidly solidified Mn_4Si. Phys. Status Solidi A, 1988, 107(2): 511-519.

[84] Cao W, Ye H Q, Kuo K X. On the microstructure of a rapidly quenched Mn_4Si alloy. Z.

Kristallogr. Cryst. Mater., 1989, 189(1-2): 25-31.

[85] Wang N, Chen H, Kuo K H. Two-dimensional quasicrystal with eightfold rotational symmetry. Phys. Rev. Lett., 1987, 59(9): 1010-1013.

[86] Wang N, Kuo K H. Octagonal quasicrystal and eightfold twins in a rapidly solidified Cr-Ni-Si alloy. Mater. Sci. Forum, 1987, 22-24: 141-150.

[87] Wang N, Fung K K, Kuo K H. Symmetry study of the Mn-Si-Al octagonal quasicrystal by convergent beam electron-diffraction. Appl. Phys. Lett., 1988, 52(25): 2120-2121.

[88] 王宁，郭可信. 具有赝八次旋转对称性电子衍射谱的 45° 微孪晶. 电子显微学报，1988(3): 142.

[89] Xu L, Wang N, Lee S T, *et al.* Electron diffraction study of octagonal-cubic phase transitions in Mn-Si-Al. Phys. Rev. B, 2000, 62(5): 3078-3082.

[90] Jiang J C, Wang N, Fung K K, *et al.* Direct observation of domains and discommensurations in Mn-Si-Al octagonal quasicrystal by transmission electron-microscopy. Phys. Rev. Lett., 1991, 67(10): 1302-1305.

[91] Wang Z M, Kuo K H. The octagonal quasilattice and electron-diffraction patterns of the octagonal phase. Acta Cryst., 1988, 44(6): 857-863.

[92] Chen H, He Y, Burkov S E, *et al.* High resolution electron microscopy study and modeling of octagonal and decagonal quasicrystals. Bull. Am. Phys. Soc., 1990, 35 (1): 522.

[93] Jiang J C, Fung K K, Kuo K H. Discommensurate microstructures in phason-strained octagonal quasicrystal phases of Mo-Cr-Ni. Phys. Rev. Lett., 1992, 68(5): 616-619.

[94] Jiang J C, Kuo K H. Quantitative-evaluation of phasons in octagonal quasicrystals by high-resolution electron-microscopy. Ultramicroscopy, 1994, 54(2-4): 215-220.

[95] He L X, Li X Z, Zhang Z, *et al.* One-dimensional quasicrystal in rapidly solidified alloys. Phys. Rev. Lett., 1988, 61(9): 1116-1118.

[96] Zhang H, Kuo K H. Transformation of the 2-dimensional decagonal quasicrystal to one-dimensional quasicrystals—A phason strain analysis. Phys. Rev. B, 1990, 41(6): 3482-3487.

[97] Soma T, Watanabe Y. A class of patterns generated by modification of beenkers pattern. Acta Cryst., 1992, 48(4): 470-475.

[98] Merlin R, Bajema K, Clarke R, *et al.* Quasiperiodic gaas-alas heterostructures. Phys. Rev. Lett., 1985, 55(17): 1768-1770.

[99] Hu A, Tien C, Li X J, *et al.* X-ray diffraction pattern of quasi-periodic (fibonacci) Nb-Cu superlattices. Phys. Lett. A, 1986, 119(6): 313-314.

[100] Hu A, Wen Z X, Jiang S S, *et al.* One-dimensional kappa-component fibonacci structures. Phys. Rev. B, 1993, 48(2): 829-835.

[101] Lu S S, Chang T. Crystal structure changes in the τ-phase of aluminium-copper-nickel alloys. Sci. Sin., 1957, 6: 431-462.

[102] Vansande M, De Ridder R, Van Landuyt J, *et al.* A study by means of electron microscopy and electron diffraction of vacancy ordering in ternary alloys of the system AlCuNi. Phys. Status Solidi A, 1978, 50(2): 587-599.

[103] Chattopadhyay K, Lele S, Thangaraj N, *et al.* Vacancy ordered phases and one-dimensional quasi-periodicity. Acta Metall., 1987, 35(3): 727-733.

[104] Ye H Q, Amelinckx S. High-resolution electron-microscopic study of manganese silicides $MnSi_{2-X}$. J. Solid State Chem., 1986, 61(1): 8-39.

[105] Feng Y C, Lu G, Ye H Q, *et al.* Experimental-evidence for and a projection model of a cubic quasicrystal. J. Phys. Condens. Matter, 1990, 2(49): 9749-9755.

附录 1

周期性晶体的晶系、点群、空间群

三斜晶系		
	点群	空间群
1	1	P1
2	$\bar{1}$	P$\bar{1}$

单斜晶系			
	点群	空间群(简单)	空间群(完全)
3	2	P2	P121
4		$P2_1$	$P12_11$
5		C2	C121
6	m	Pm	P1m1
7		Pc	P1c1
8		Cm	C1m1
9		Cc	C1c1

续表

单斜晶系			
	点群	空间群(简单)	空间群(完全)
10	2/m	$P2/m$	$P1\ 2/m\ 1$
11		$P2_1/m$	$P1\ 2_1/m\ 1$
12		$C2/m$	$C1\ 2/m\ 1$
13		$P2/c$	$P1\ 2/c\ 1$
14		$P2_1/c$	$P1\ 2_1/c\ 1$
15		$C2/c$	$C1\ 2/c\ 1$

正交晶系			
	点群	空间群(简略)	空间群(完全)
16	222	P222	P222
17		P222	$P222_1$
18		$P2_12_12$	$P2_12_12$
19		$P2_12_12_1$	$P2_12_12_1$
20		$C222_1$	$C222_1$
21		C222	C222
22		F222	F222
23		I222	I222
24		$I2_12_12_1$	$I2_12_12_1$
25	mm2	Pmm2	Pmm2
26		$Pmc2_1$	$Pmc2_1$
27		Pcc2	Pcc2
28		Pma2	Pma2
29		$Pca2_1$	$Pca2_1$
30		Pnc2	Pnc2
31		$Pmn2_1$	$Pmn2_1$
32		Pba2	Pba2
33		$Pna2_1$	$Pna2_1$
34		Pnn2	Pnn2

续表

正交晶系			
	点群	空间群(简略)	空间群(完全)
35	mm2	Cmm2	Cmm2
36		$Cmc2_1$	$Cmc2_1$
37		Ccc2	Ccc2
38		Amm2	Amm2
39		Abm2	Abm2
40		Ama2	Ama2
41		Aba2	Aba2
42		Fmm2	Fmm2
43		Fdd2	Fdd2
44		Imm2	Imm2
45		Iba2	Iba2
46		Ima2	Ima2
47	mmm	Pmmm	P2/m 2/m 2/m
48		Pnnn	P2/n 2/n 2/n
49		Pccm	P2/c 2/c 2/m
50		Pban	P2/b 2/a 2/n
51		Pmma	$P2_1/m\ 2/m\ 2/a$
52		Pnna	$P2/n\ 2_1/n\ 2/a$
53		Pmna	$P2/m\ 2/n\ 2_1/a$
54		Pcca	$P2_1/c\ 2/c\ 2/a$
55		Pbam	$P2_1/b\ 2_1/a\ 2/m$
56		Pccn	$P2_1/c\ 2_1/c\ 2/n$
57		Pbcm	$P2/b\ 2_1/c\ 2_1/m$
58		Pnnm	$P2_1/n\ 2_1/n\ 2/m$
59		Pmmn	$P2_1/m\ 2_1/m\ 2/n$
60		Pbcn	$P2_1/b\ 2/c\ 2_1/n$
61		Pbca	$P2_1/b\ 2_1/c\ 2_1/a$

续表

正交晶系

	点群	空间群(简略)	空间群(完全)
62	mmm	Pnma	$P2_1/n\ 2_1/m\ 2_1/a$
63		Cmcm	$C2/m\ 2/c\ 2_1/m$
64		Cmca	$C2/m\ 2/c\ 2_1/a$
65		Cmmm	C2/m 2/m 2/m
66		Cccm	C2/c 2/c 2/m
67		Cmma	C2/m 2/m 2/a
68		Ccca	C2/c 2/c 2/a
69		Fmmm	F2/m 2/m 2/m
70		Fddd	F2/d 2/d 2/d
71		Immm	I2/m 2/m 2/m
72		Ibam	I2/b 2/a 2/m
73		Ibca	I2/b 2/c 2/a
74		Imma	I2/m 2/m 2/a

四方晶系

	点群	空间群(标准)	空间群(完全)
75	4	P4	
76		$P4_1$	
77		$P4_2$	
78		$P4_3$	
79		I4	
80		$I4_1$	
81	$\overline{4}$	$P\overline{4}$	
82		$I\overline{4}$	
83	4/m	P4/m	
84		$P4_2/m$	
85		P4/n	
86		$P4_2/n$	

续表

四方晶系			
	点群	空间群(标准)	空间群(完全)
87	4/m	I4/m	
88		$I4_1/n$	
89	422	P422	
90		$P42_12$	
91		$P4_122$	
92		$P4_12_12$	
93		$P4_222$	
94		$P4_22_12$	
95		$P4_322$	
96		$P4_32_12$	
97		I422	
98		$I4_122$	
99	4mm	P4mm	
100		P4bm	
101		$P4_2cm$	
102		$P4_2nm$	
103		P4cc	
104		P4nc	
105		$P4_2mc$	
106		$P4_2bc$	
107		I4mm	
108		I4cm	
109		$I4_1md$	
110		$I4_1cd$	
111	$\bar{4}2m$	$P\bar{4}2m$	
112		$P\bar{4}2c$	
113		$P\bar{4}2_1m$	

续表

四方晶系

	点群	空间群(标准)	空间群(完全)
114		$P\bar{4}2_1c$	
115		$P\bar{4}m2$	
116		$P\bar{4}c2$	
117		$P\bar{4}b2$	
118	$\bar{4}2m$	$P\bar{4}n2$	
119		$I\bar{4}m2$	
120		$I\bar{4}c2$	
121		$I\bar{4}2m$	
122		$I\bar{4}2d$	
123		P4/mmm	P4/m 2/m 2/m
124		P4/mcc	P4/m 2/c 2/c
125		P4/nbm	P4/n 2/b 2/m
126		P4/nnc	P4/n 2/n 2/c
127		P4/mbm	P4/m 2/b 2/m
128		P4/mnc	P4/m 2_1/n 2/c
129		P4/nmm	P4/n 2_1/m 2/m
130		P4/ncc	P4/n 2_1/c 2/c
131	4/mmm	$P4_2$/mmc	$P4_2$/m/2/m 2/c
132		$P4_2$/mcm	$P4_2$/m 2/c 2/m
133		$P4_2$/nbc	$P4_2$/n 2/b 2/c
134		$P4_2$/nnm	$P4_2$/n 2/n 2/m
135		$P4_2$/mbc	$P4_2$/m 2_1/b 2/c
136		$P4_2$/mnm	$P4_2$/m 2_1/n 2/m
137		$P4_2$/nmc	$P4_2$/n 2_1/m 2/c
138		$P4_2$/ncm	$P4_2$/n 2_1/c 2/m
139		I4/mmm	I4/m 2/m 2/m
140		I4/mcm	I4/m 2/c 2/m

续表

四方晶系			
	点群	空间群(标准)	空间群(完全)
141	4/mmm	$I4_1/amd$	$I4_1/a\ 2/m\ 2/d$
142		$I4_1/acd$	$I4_1/a\ 2/c\ 2/d$
三方晶系			
	点群	空间群(简略)	空间群(完全)
143	3	P3	
144		$P3_1$	
145		$P3_2$	
146		R3	
147	$\bar{3}$	$P\bar{3}$	
148		$R\bar{3}$	
149	32	P312	
150		P321	
151		$P3_112$	
152		$P3_121$	
153		$P3_212$	
154		$P3_221$	
155		R32	
156	3m	P3m1	
157		P31m	
158		P3c1	
159		P31c	
160		R3m	
161		R3c	
162	$\bar{3}$m	P31m	$P\bar{3}\ 1\ 2/m$
163		$P\bar{3}1c$	$P\bar{3}\ 1\ 2/c$
164		$P\bar{3}m1$	$P\bar{3}\ 2/m\ 1$
165		$P\bar{3}c1$	$P\bar{3}\ 2/c\ 1$

续表

三方晶系

	点群	空间群(简略)	空间群(完全)
166	$\bar{3}m$	$R\bar{3}m$	$R\bar{3}\ 2/m$
167		$R\bar{3}c$	$R\bar{3}\ 2/c$

六方晶系

	点群	空间群(简略)	空间群(完全)
168	6	P6	
169		$P6_1$	
170		$P6_5$	
171		$P6_2$	
172		$P6_4$	
173		$P6_3$	
174	$\bar{6}$	$P\bar{6}$	
175	6/m	P6/m	
176		$P6_3/m$	
177	622	P622	
178		$P6_122$	
179		$P6_522$	
180		$P6_222$	
181		$P6_422$	
182		$P6_322$	
183	6mm	P6mm	
184		P6cc	
185		$P6_3cm$	
186		$P6_3mc$	
187	$\bar{6}m2$	$P\bar{6}m2$	
188		$P\bar{6}c2$	
189		$P\bar{6}2m$	
190		$P\bar{6}2c$	

续表

六方晶系			
	点群	空间群(简略)	空间群(完全)
191	6/m 2/m 2/m	P6/mmm	P6/m 2/m 2/m
192		P6mcc	P6/m 2/c 2/c
193		$P6_3$/mcm	$P6_3$/m 2/c 2/m
194		$P6_3$/mmc	$P6_3$/m 2/m 2/c

立方晶系			
	点群	空间群(简略)	空间群(完全)
195	23	P23	
196		F23	
197		I23	
198		$P2_13$	
199		$I2_13$	
200	m3	Pm3	$P2/m\overline{3}$
201		Pn3	$P2/n\overline{3}$
202		Fm3	$F2/m\overline{3}$
203		Fd3	$F2/d\overline{3}$
204		Im3	$I2/m\overline{3}$
205		Pa3	$P2_1/a\ \overline{3}$
206		Ia3	$I2/a\overline{3}$
207	432	P432	
208		$P4_232$	
209		F432	
210		$F4_132$	
211		I432	
212		$P4_332$	
213		$P4_132$	
214		$I4_132$	

续表

立方晶系			
	点群	空间群(简略)	空间群(完全)
215	$\bar{4}3m$	$P\bar{4}3m$	
216		$F\bar{4}3m$	
217		$I\bar{4}3m$	
218		$P\bar{4}3n$	
219		$F\bar{4}3c$	
220		$I\bar{4}3d$	
221	m3m	Pm3m	$P4/m\bar{3}\ 2/m$
222		Pn3n	$P4/n\bar{3}\ 2/n$
223		Pm3n	$P4_1/m\ \bar{3}\ 2/n$
224		Pn3m	$P4_1/n\ \bar{3}\ 2/m$
225		Fm3m	$F4/m\bar{3}\ 2/m$
226		Fm3c	$P4/m\bar{3}\ 2/c$
227		Fd3m	$P4_1/d\ \bar{3}\ 2/m$
228		Fd3c	$P4_1/d\ \bar{3}\ 2/c$
229		Im3m	$I4/m\bar{3}\ 2/m$
230		Ia3d	$I4_1/a\ \bar{3}\ 2/d$

附录 2

蓝带(LANDYNE)电子晶体学软件介绍

蓝带(LANDYNE)软件包由美国内布拉斯加大学李兴中博士(图 A2.1)于 2000 年开始研发，后经逐步完善而成，主要用于电子衍射模拟、图像处理与晶体学分析。该软件包是材料科学研究和电子显微教学的实用工具。

李兴中曾师从郭可信先生，于 1991 年底获得北京科技大学材料物理博士学位，随后在中国科学院北京电子显微镜实验室从事博士后研究。1993 年获中国科学院青年科学家奖。先后在法国、德国、日本、挪威、美国等地从事电子显微学在合金材料结构中应用的研究。自 2000 年起，他加入美国内布拉斯加大学内布拉斯加州材料与纳米科学中心。在这期间，他开发了用于电子衍射模拟、图像处理和晶体学分析的软件。李兴中博士在 *Ultramicroscopy*、*Micron*、*Journal of Applied Crystallography* 等具有重要影响力的国际学术期刊上发表论文 160 多篇。他与本书作者马秀良研究员曾依据他们在攻读博士学位期间的研究成果共同为《透射电子显微学进展》一书撰写了二维十次准晶与相关晶体相的电子显微学研究的章节(科学出版社，2003)。

下面分别从 7 个方面对蓝带电子晶体学软件进行简要介绍。

(1) 软件概况；

(2) 晶体结构显示与分析；

图 A2.1　李兴中博士

(3) 极射投影晶体学分析；

(4) 电子衍射的模拟与分析；

(5) 实验电子衍射图的强度测量与分析；

(6) 利用电子显微镜确定晶胞参数；

(7) 实验电子显微镜结构像处理与分析。

A2.1　软件概况

蓝带软件包可执行代码和用户手册(landyne5.7z)可从相关网页中获得(可以参考李兴中博士相关研究，也可与本书作者联系获取)。

下载的文件包括一个软件管理启动界面(简称管理条)和 14 个可独立运行的软件组件。其中每个组件都是为电子晶体学在材料科学中应用的一个主题而设计的。

蓝带软件包采用 Java 语言开发，需要个人计算机(PC)中安装 JRE 的支持。在计算机命令提示符下，键入 java-version。如果显示“java version 1.8.0_xxx”或更高版本，表示该机安装了可支持蓝带的 JRE。如还没有安装或版本较低，则需下载并安装新版本的 JRE 后，再使用蓝带软件包。

解压下载文件到同一文件夹中，例如 c：\ landyne5 \ 。它包括一组次级文件夹，例如，在 documents 文件夹包括所有软件的用户使用说明书，在 programs 文件夹包括可执行文件。为方便起见，建议创建 landyne.exe 的快捷方式并将其移动到桌面。双击 landyne.exe(或快捷方式图标)将释放软件管理条，如图 A2.2 所示。

如需移动管理条到显示器上的新位置，可将鼠标指针移动到蓝带图标上并

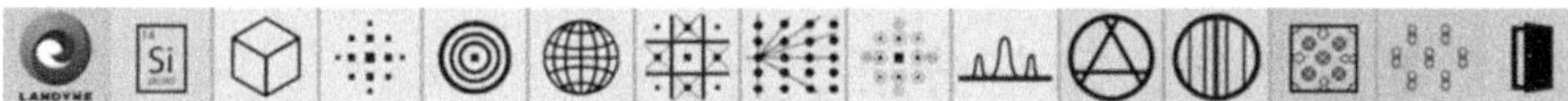

图 A2.2 蓝带(LANDYNE)电子晶体学软件管理条

按住鼠标左键拖动管理条实现。在蓝带图标上单击鼠标右键将开启选项对话框。用户可在对话框中选取软件组件，以调整管理条的软件组合。

在处理 TIFF 格式的图像时需要 Java 高级图像包(JAI)的支持。可以下载该软件包，例如 JAI-1_ 1_ 3-LIB.zip；解压后将 jai_ core.jar 和 jai_ codec.jar 复制到计算机的 Java 系统的 JRE 文件夹中，例如 c：\ program files \ java \ jre1.8.0_ 31 \ lib \ ext \ 。

蓝带软件包在 2010 年提供第一版本后，一直在持续更新并增添新组件，目前的版本是第五版。用户可以定期访问蓝带网站以获取有关 LANDYNE 套件的升级信息。欢迎联系蓝带获取软件运行许可文件。如有任何建议和问题，可发送到 jlandyne@ gmail.com 或 xzli@ unl.edu。

有关晶体学与透射电子显微学书籍，通常会在附录中给出常用的列表和图示，如高压与电子波长、晶体的衍射束的消光距离、标准极射投影图、常用单晶衍射图等。蓝带软件可快速计算和模拟出这些列表参数与图示。有关理论背景与使用详细说明请参见软件的用户使用说明书和列出的有关参考文献和书籍。

蓝带软件包括下列组件：PTELS 提供了一个实用的化学元素周期表；SVAT 提供了显示与分析的三维晶体的结构；SAED 用于模拟与分析单相、孪晶和共存多相的电子衍射图；作为 SAED 的扩展，ESPOT 用于计算晶体静电势图；PCED 用于多晶样品电子衍射图模拟与晶体相识别；SAKI 用于菊池衍射图模拟与分析，同时可用具有三个菊池对的电子衍射图来确定精确晶体取向；SPICA 用于极射投影图分析，可应用于 TEM 样品台调整晶体取向；HOLZ 是使用运动学理论的一级动力学修正方法计算高阶劳厄带(high order Laue zone，HOLZ)线，SMART 是使用包括吸收效应双束动力学的会聚束电子衍射(convergent beam electron diffraction，CBED)模拟，可用于消光距离与晶体样品厚度测量；QSAED 用于定量测量并显示电子衍射图上的衍射强度；QPCED 用于处理与测量多晶样品电子衍射强度；TEMUC 用于 TEM 中晶体相的晶胞参数测量；SIMPA 用于电子显微结构像的晶体学图像处理，包括快速傅里叶变换(fast Fourier transform，FFT)和傅里叶逆变换(inverse fast Fourier transform，IFFT)分析、结构像的定量测量。

A2.2　晶体结构显示与分析

A2.2.1　蓝带软件包中的化学元素周期表(PTELS)

PTELS 是蓝带软件包中的化学元素周期表(periodic table of elements for LANDYNE suite)的简称。PTELS 是为蓝带软件包提供的化学元素周期表，如图 A2.3 所示。当准备新晶体结构数据时，PTELS 为核查元素符号和原子序号提供了方便。此外，PTELS 标示了元素的半径信息，同时提供了一个计算相对分子质量的对话窗。

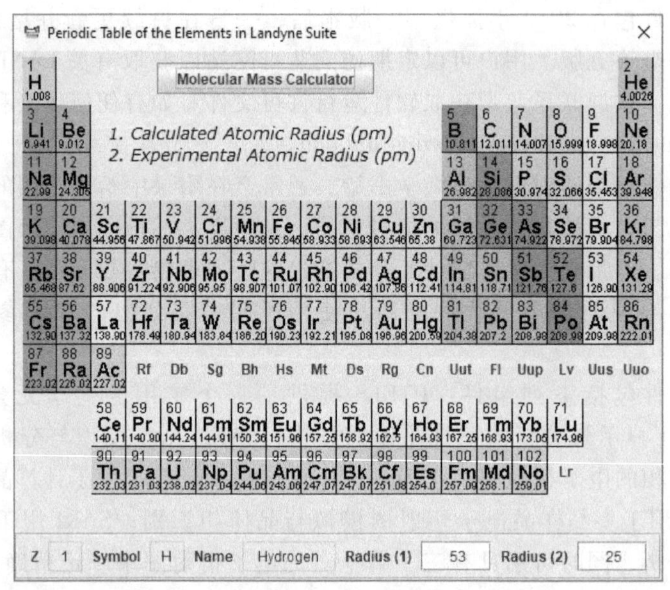

图 A2.3　PTELS 元素周期表

A2.2.2　晶体结构的显示与分析(SVAT)[1]

SVAT 是晶体结构的显示与分析工具(structure visualization and analysis tool)的简称。与所有晶体结构的显示与分析一样，SVAT 的基本功能包括晶体三维结构的显示，其中包含化学键和磁矩。更多的功能有：① 可选择[*uvw*]方向晶体结构的投影或一定厚度的层结构的投影；② 通过定义中心原子和球形范围的半径来定义局部结构(或多面体簇)；③ 用于计算键长/角度和化学成分检查的工具；④ 可以保存晶胞中全部原子坐标数据；⑤ 该结构可以旋转或摆动的动画模式显示；⑥ 可以将结构的显示另存为 JPEG 和 TIFF 图像格式的文件。一个重要的特点是用户可以将对当前晶体结构已完成的操作保存到文件中，然后可以重新加载该文件以便下次快速显示晶体结构与先前已完成的操作，或者可以继续进行未完成的操作。SVAT 的图形用户界面包括下拉菜单、菜单图形栏、显示面板和多个操作面板，如图 A2.4 所示。具体的使用可参考用户操作手册。

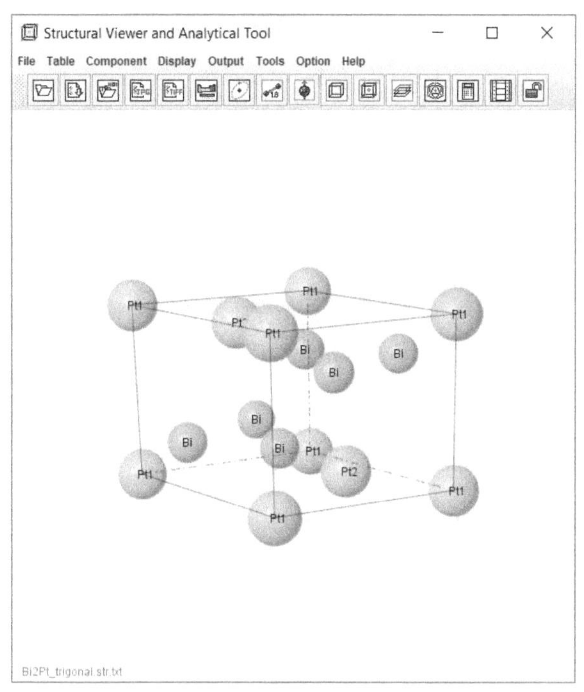

图 A2.4 SVAT 的用户界面。其中以 Bi_2Pt 结构为例

A2.2.3 晶体结构文件

SVAT 提供了一个用于准备晶体结构新文件的模板，如图 A2.5 所示。这个模板可以输入晶体结构数据，也可以转换晶体学文件(CIF)。需要说明的是蓝带软件包中的所有组件中使用的文件格式都相同。

模板使用了国际晶体学表中的 230 个空间群与相应的赫尔曼-莫金(Hermann-Mauguin)空间群符号。如果使用了单斜系统和正交系统中的非标准晶胞空间群的数据文件，可用软件中的工具将非标准空间群转换为标准空间群结构数据。

蓝带软件包提供了一组晶体结构文件，部分结构数据来自文献[2]附录 1

中的列表，部分结构数据来自研究工作所涉及的晶体结构。

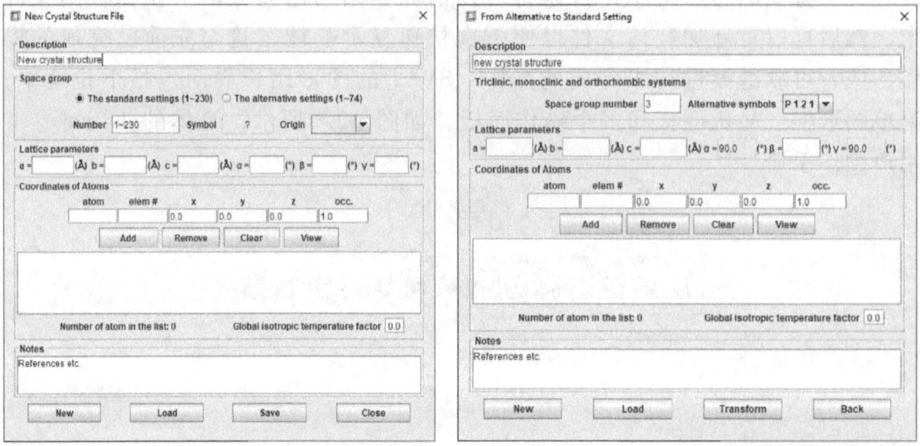

(a)　　　　　　　　(b)

图 A2.5　(a) SVAT 提供的用于准备晶体结构文件的模板；(b) SVAT 提供的用于在单斜晶系和正交晶系中使用非标准空间群的晶体结构文件的模板

A2.2.4　晶体结构的显示与分析示例

图 A2.6~图 A2.9 列出了一些晶体结构的显示与分析示例，用于显示上述 SVAT 的一些特点。图 A2.6 显示了带有化学键的硅晶体结构。图 A2.7 显示了 Al-Mn 十边形准晶体的晶体近似相 Al_3Mn 的晶体结构以及其中包含的多面体

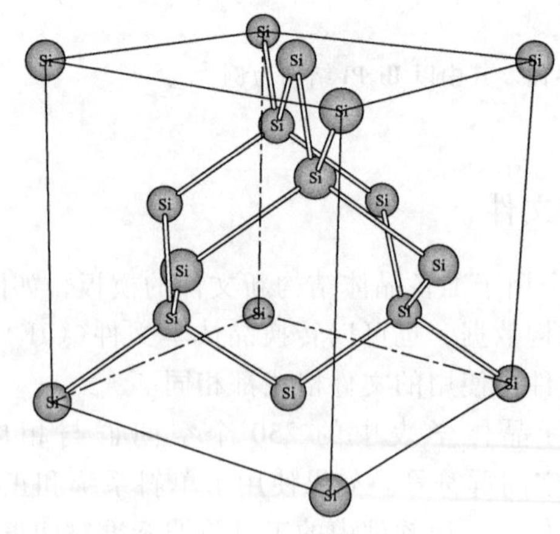

图 A2.6　带有化学键的硅晶体结构

簇。图 A2.8 显示 Al_3Mn 相的结构投影和部分层的结构。图 A2.9 显示了 α-As 相的晶体结构，包括常规单胞、对称胞和菱形胞。

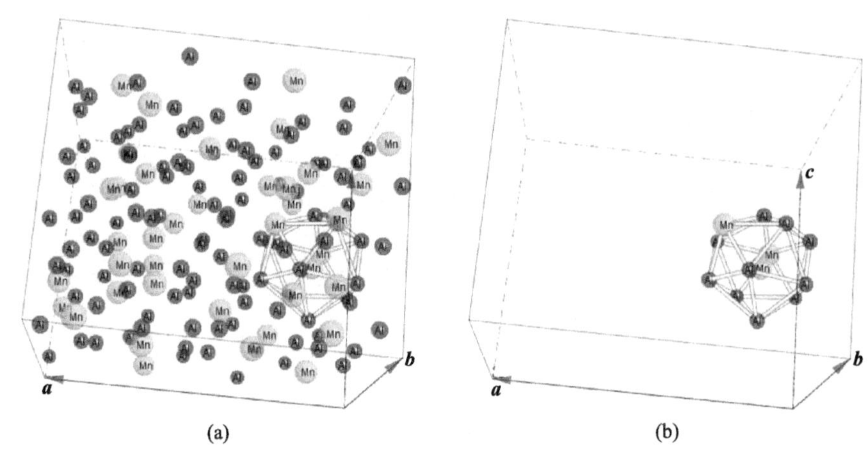

图 A2.7　Al_3Mn 相的晶体结构(a)以及其中包含的多面体簇(b)

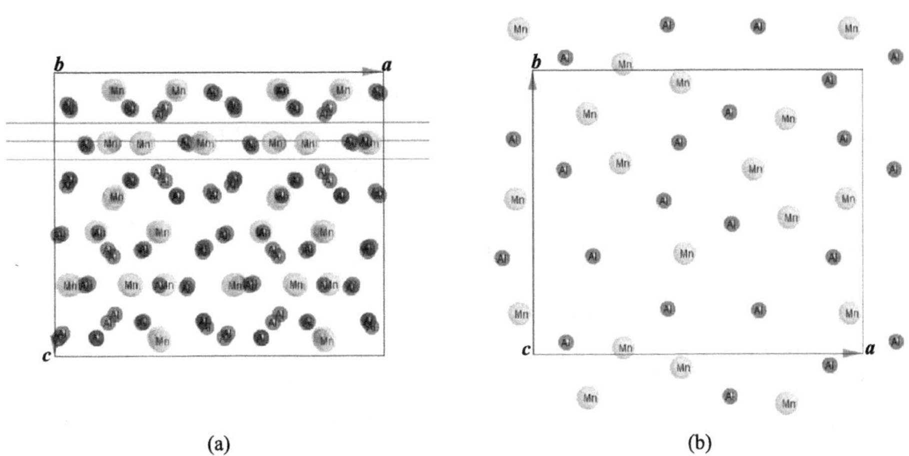

图 A2.8　Al_3Mn 相的晶体结构投影和部分层的结构

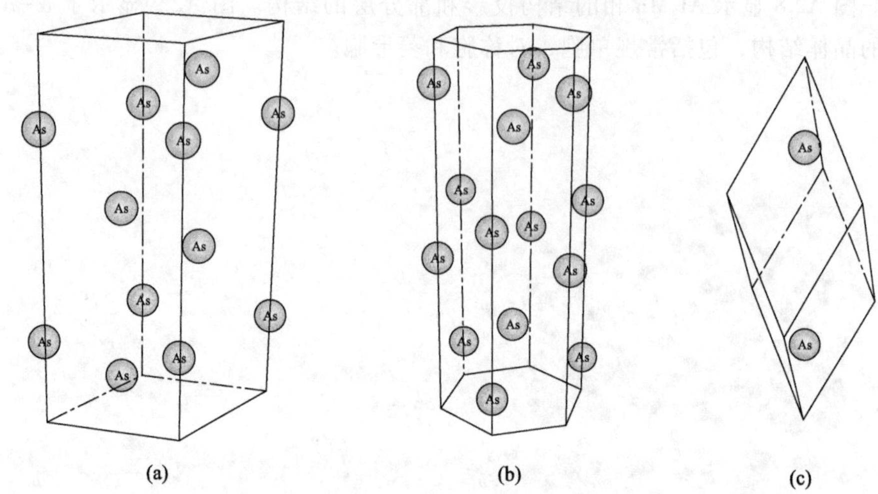

图 A2.9　α-As 相的晶体结构：(a) 常规单胞；(b) 对称胞；(c) 菱形胞

A2.3　极射投影晶体学分析

极射投影是点从球体表面到其赤道平面的投影。极射投影在晶体学中很重要，一组点提供了三维空间中一组方向的完整表示，方向是从球心到一组点的一组线。某些特定点集的完整极射投影通常称为极射图。SPICA 的应用不仅包括标准极射投影图分析，例如，晶体方向和平面的极射投影，还包括用于分析两种晶相关系的复合极射投影图、菊池衍射图的模拟和选区电子衍射(selected area electron diffraction，SAED)实验中的倾角预测。

A2.3.1　SPICA 的基本功能[3]

SPICA 是利用极射投影图进行交互式晶体学分析(stereographic projection for interactive crystallographic analysis)的简称。图 A2.10 显示了 SPICA 的显示面板，以带有立方晶体的平面(hkl)与主要轨迹线的极射投影图为示例。SPICA 基本功能是可以产生晶向和晶面的极射投影图。图 A2.11 是经度和纬度曲线在球面上的极射投影图。

SPICA 提供了用于从晶面(hkl)到非立方晶相的平面法向[uvw]的转换的一个模块。其他模块包括计算两个晶面之间、两个晶带轴之间或平面法线和晶带轴之间的角度，六边形系统的 Miller 和 Miller-Bravais 指数之间的转换，计算的反射点(hkl)的列表，以及平面间距和使用衍射运动学理论得到的衍射强度。

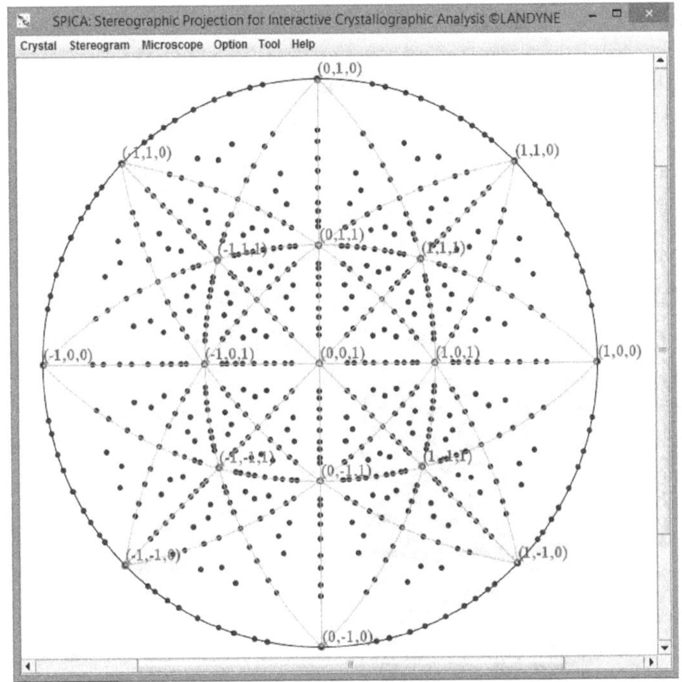

图 A2.10　SPICA 用户界面。其中以立方晶体的主要轨迹线的极射投影图为例

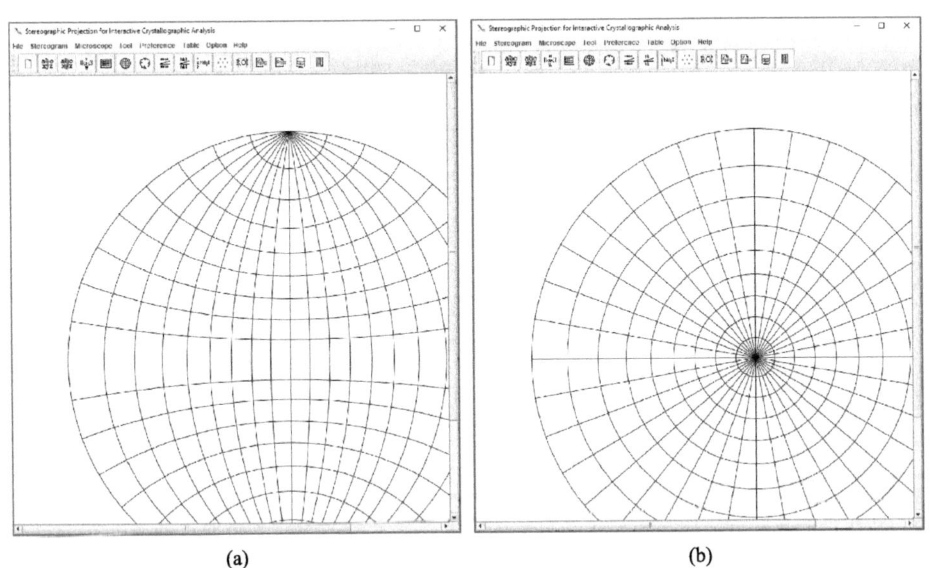

图 A2.11　乌尔夫(Wulff)网的构造：经度(a)和纬度(b)在球体上的极射投影图

A2.3.2　复合极射投影图

SPICA 可同时生成来自相同或不同晶体结构的两个极射投影图，来显示单独的极射投影图或叠加的极射投影图，从而分析两晶体间关系。如果极射投影图是由相同的晶相生成的，则可以显示不同的属性。例如，具有所选平面指数的一个显示轨迹曲线，另一个显示标准平面指数；一个显示平面(hkl)极点，另一个显示[uvw]极点；或者一个显示菊池衍射图，另一个显示[uvw]晶带轴分布。

图 A2.12 取自有关 $Mn_2CrGa_{1-x}Al_x$ 合金的研究文章[4]。$Mn_2CrGa_{1-x}Al_x$(x = 0.2，0.5)合金的调幅分解会在 500 ℃下 2 h 退火处理后产生具有固定取向关系

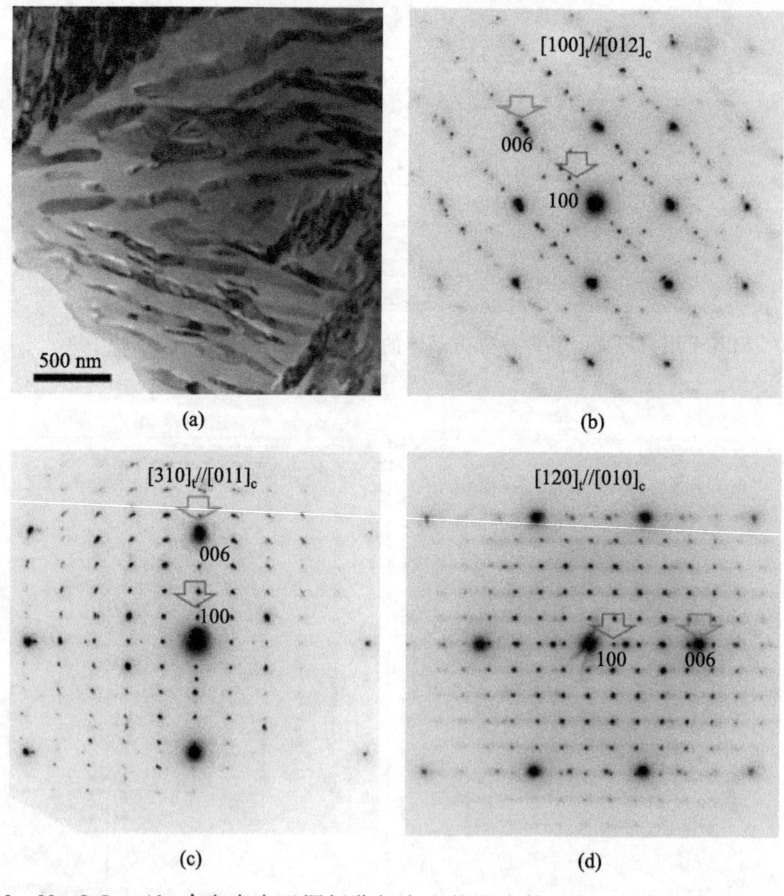

图 A2.12　$Mn_2CrGa_{0.5}Al_{0.5}$合金中由于调幅分解产生的两个结晶相：(a)两相的电子显微图像，浅灰色的为立方晶体相和深灰色的带状为四方晶体相；(b)~(d)取自两个晶相的电子衍射图

的两个结晶相。图 A2.12(a)为 $Mn_2CrGa_{0.5}Al_{0.5}$ 合金由于调幅分解产生的两相的电子显微图像，浅灰色的立方相具有 $Mn_{63}Cr_{11}Ga_{13}Al_{13}$ 的成分，深灰色带状四方相的成分为 $Mn_{45}Cr_{31}Ga_{13}Al_{11}$。图 A2.12（b）、（c）、（d)显示了两个晶相的电子衍射图，表明两种晶体相的取向关系。图 A2.13 显示了立方相标定指数和四方相的标定指数复合极射投影图。两个晶相的固定取向关系为

$$(001)_{t}\parallel(100)_{c}[100]_{t}\parallel[012]_{c}[310]_{t}\parallel[011]_{c}[120]_{t}\parallel[010]_{c}$$

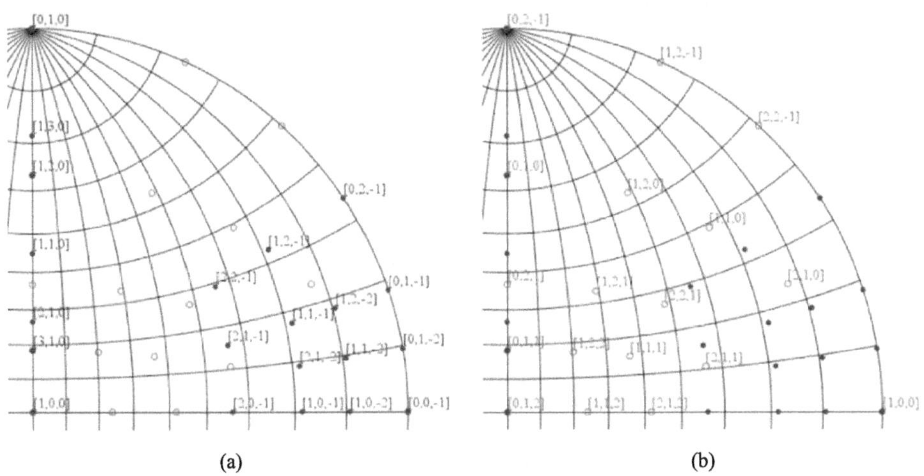

图 A2.13 复合极射投影图：（a）立方相的标定指数；（b）四方相的标定指数

A2.3.3 菊池衍射图和迹线

可以编辑(*hkl*)列表以显示所选(*hkl*)平面极点的迹线。菊池衍射图可以根据(*hkl*)平面极点的生成数据和入射束的波长显示出来。菊池衍射图的晶带轴可以从第二个极射投影图上的相同结晶相生成，然后与上述菊池衍射图重叠。虽然使用电镜获得的菊池衍射图案并不是真正的立体投影，但当相机长度相对较大时，它们是对它极好的近似。此外，在模拟图中使用立体投影允许在单个图形上显示所有可能的方向，这是使用多个实验衍射图拼图方法不易完成的。

图 A2.14 显示了以[111]晶带轴为中心的立方结构的菊池衍射图，图 A2.14(a)是使用 Liu 等[5]描述的方法生成，图 A2.14(b)是使用 Young 和 Lytton 的方法[6]生成的，波长为 0.025 1 Å（200 kV）。作为复合极射投影图的结果，[*uvw*]晶带轴的叠加分布如图 A2.14(b)所示。与菊池衍射图类似，通过选择合适的波长，也可以使用 SPICA 模拟 X 射线衍射中的 Kossel 图和电子背散射衍射(electron backs cattered diffraction，EBSD)图。通过生成(*hkl*)的极射投影图，

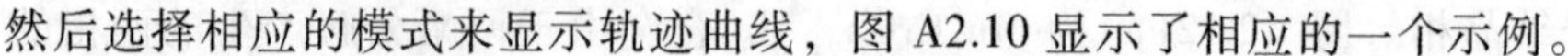
然后选择相应的模式来显示轨迹曲线，图 A2.10 显示了相应的一个示例。

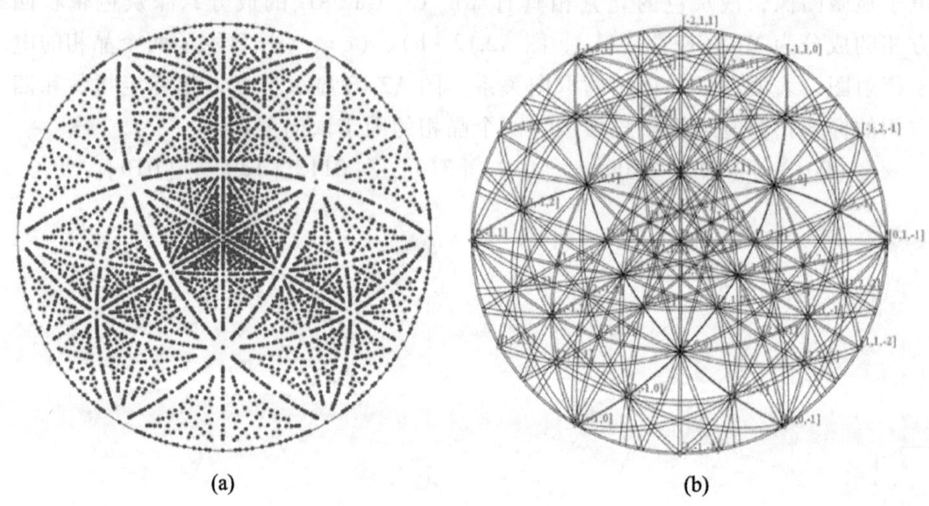

图 A2.14　以［111］带轴为中心的立方结构的菊池衍射图：(a)使用 Liu 和 Liu [5] 描述的方法生成；(b)使用 Young & Lytton [6] 的公式生成，波长为 0.025 1 Å (200 kV)

A2.3.4　TEM 样品台倾斜或旋转角度的预测

SPICA 的另一个应用是辅助计算双倾和旋转 TEM 样品台轴的倾斜/旋转角度。对于晶格参数已知的晶体样品，可以在 TEM 实验中进行计算机辅助的样品取向调整。电子显微镜可以保持在图像模式下，同时在计算预测值引导下将样品倾斜到 TEM 样品台可用范围内的任何晶带轴。Chou 于 1987 年描述了极射投影在样品方向调整中的应用[7]。在早期的 JECP/SP 中采用了与上述文献略有不同的算法，并在 SPICA 中继承了该算法。

此功能在许多情况下都是有益的。例如，① 当观察到污染严重的标本时，菊池线对的可见度因此不足；② 对电子束敏感的样品，当电子束在感兴趣的样品区域上时，必须缩短倾斜样品所花费的时间；③ 当研究小晶粒尺寸样品时，即使是轻微的取向调整也可能导致相应的衍射图由于样品横向偏移而消失；④ 当结晶样品用于获取可到达晶带轴衍射图的电子衍射强度以进行结构测定时。

A2.4　电子衍射的模拟与分析[8-13]

用选区电子衍射技术获得衍射花样是以近似平行的电子束入射晶体样品，

从而在物镜的后焦面上得到衍射强度分布。单晶和多晶样品的电子衍射图在本质上是相同的，但在模拟与应用方法上有所不同，因此我们分别处理这两种情况。SAED 用于单晶样品的选区电子衍射图的模拟与分析。PCED 用于多晶样品的选区电子衍射图的模拟与分析。此外，SAKI 用于单晶样品的菊池衍射图的模拟与分析。

采用会聚束电子衍射技术，电子束以足够大的会聚角入射晶体，在物镜的后焦面上透射束斑和衍射束斑都扩展为盘。盘内强度分布归结起来有两种类型，一种是比较细的线；另一种是间距较宽的黑白交替的粗条纹。前者来源于高阶劳厄带(high order Laue zone，HOLZ)反射与透射束之间的交互作用。测量 HOLZ 线出现的几何位置，可以通过微区点阵参数的精确测量和局部应变场分析(见 A2.4.4 节)来进行。后者则是零阶劳厄带(zero order Laue zone，ZOLZ)反射与透射束动力学交互作用的结果；测定盘中的粗条纹的分布，可以进行晶体膜厚与消光距离的测量(见 A2.4.5 节)。

A2.4.1 单晶电子衍射图的模拟与分析(SAED)[8]

SAED 是单晶电子衍射图的模拟与分析(simulation and analysis of single crystal electron diffraction pattern)的简称。SAED 是用于模拟单晶电子衍射的软件，可用于分析孪晶关系，多相共存关系以及来自不同相的两个相似衍射图的比较。另一个应用是标定实验衍射图的指标晶带轴，并为下面的 ESPOT 提供衍射数据，用于计算晶体静电势(差)投影图。图 A2.15 显示 SAED 的主界面与模拟控制板界面。

在 SAED 软件中，使用了电子衍射运动学(默认选择)理论与布洛赫(Bloch)波法电子衍射动力学理论计算电子衍射强度。对于具有较大晶格参数的晶体结构，布洛赫波理论中的计算可能需要一定时间。为了节省时间，软件具有以下功能：① 提供了一个选项供用户在结果足够好的时候终止计算过程或继续计算；② 当仅改变厚度时，软件将使用先前计算的参数来模拟衍射图。

在模拟过程中，应在加载的结构数据列表中选择用于计算的结构数据。选择厚度、晶带轴、倾斜角，在点击计算按钮后生成新的衍射图。也可以通过更改其他参数来调整图。其中质量比例为所有加载的结构定义相同的单位质量作为默认值。仅当以复合衍射图计算两个或多个结构数据时，质量比例才有意义。定向和镜像操作用于定向模拟图案以匹配实验图案并生成各种孪生。可以使用 4 种预定义的形状和各种颜色查看衍射图。ZOLZ 和 FOLZ 衍射图可以显示或隐藏。指数和强度可以标记为基本的倒数向量和由强度级别选择的衍射点。基本向量和劳厄中心可以显示和隐藏。

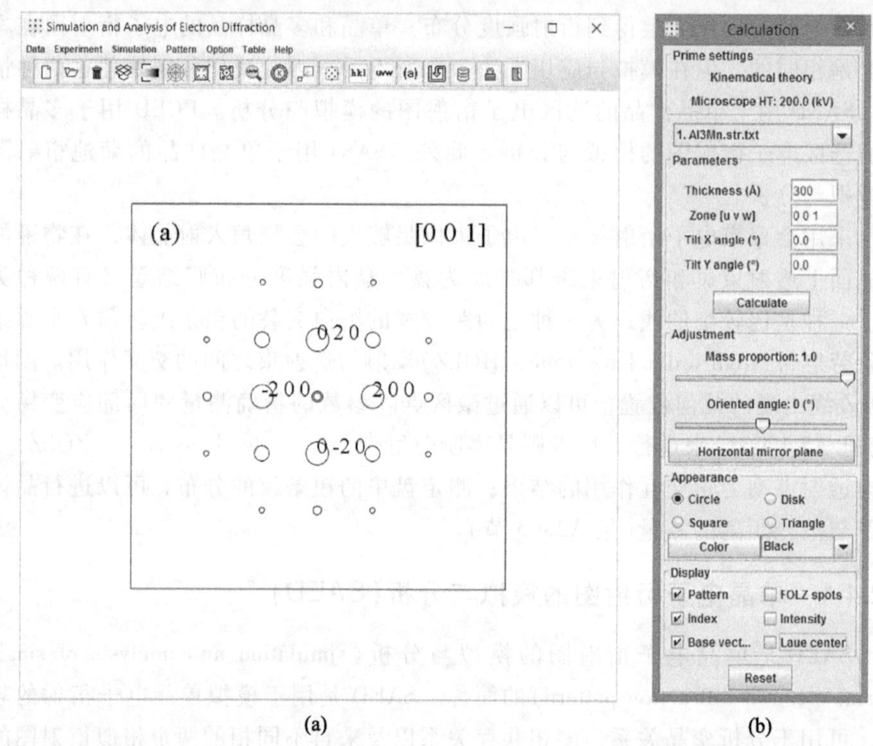

图 A2.15　SAED 中主面板的界面截图(a)和模拟控制面板的界面截图(b)。图中显示了铝晶体沿[001]晶带轴的电子衍射模拟图

图 A2.16 所示实例是关于 Pt—Bi 薄膜的实验电子衍射图分析[14]。基于 Pt 和 Bi 的三种常见金属间化合物是 PtBi、$PtBi_2$ 和 Pt_2Bi_3。样品是具有织构的

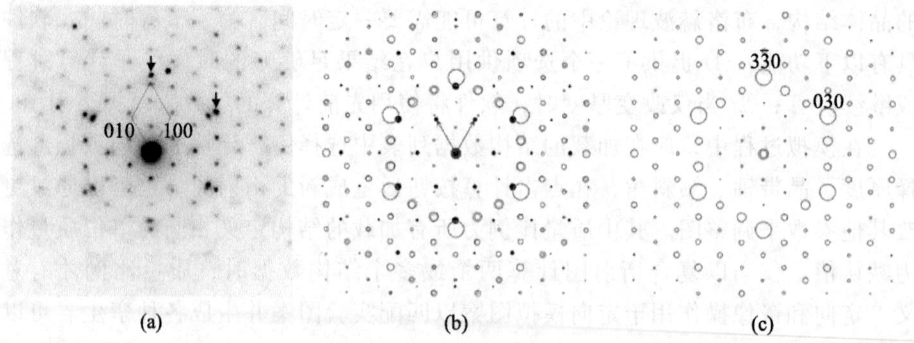

图 A2.16　Pt-Bi 薄膜的 SAED 图，由 γ-$PtBi_2$ 孪晶和共存的六方 PtBi 相组成：(a) 实验电子衍射图；(b) 模拟的合成电子衍射图；(c) 单相 γ-$PtBi_2$ 的模拟电子衍射图。(参见书后彩图)

PtBi 和 γ-$PtBi_2$，其中 γ-$PtBi_2$ 薄膜具有沿 ***c*** 轴择优取向的，而 ***c*** 轴垂直于薄膜平面。图 A2.16(a)显示了 PtBi 和 γ-$PtBi_2$ 晶体相的混合电子衍射图，它由 γ-$PtBi_2$ 的孪晶和共存的六方 PtBi 相组成，图 A2.16(b)和(c)显示了模拟的合成电子衍射图与单相 γ-$PtBi_2$ 的模拟电子衍射图。γ-$PtBi_2$ 与 PtBi 相之间的取向关系为

$$[001]\ \gamma\text{-PtBi}_2 /\!/ [001]\ \text{PtBi}$$

$$(100)\ \gamma\text{-PtBi}_2 /\!/ (110)\ \text{PtBi}$$

A2.4.2 多晶电子衍射图的模拟与分析(PCED)[9]

PCED 是多晶电子衍射图的模拟与分析和晶体相的鉴别(simulation and analysis of polycrystal electron diffraction pattern and phase identification)的简称。对于多晶或粉末电镜样品，如同使用指纹鉴定一样，已知相的衍射图广泛用于晶体结构鉴定。PCED 的主界面如图 A2.17 和图 A2.18 所示，包括一个用于获取输入参数的菜单和工具栏以及一个用于显示模拟输出的框架。使用 PCED 进行模拟需要加载结构数据并设置输入参数。使用 PCED 进行晶体相识别需要先加载实验衍射图，然后在计算出的衍射图中可直接比较。此外，还可以同时加载两个结构数据，用于两相的比较或合成图。

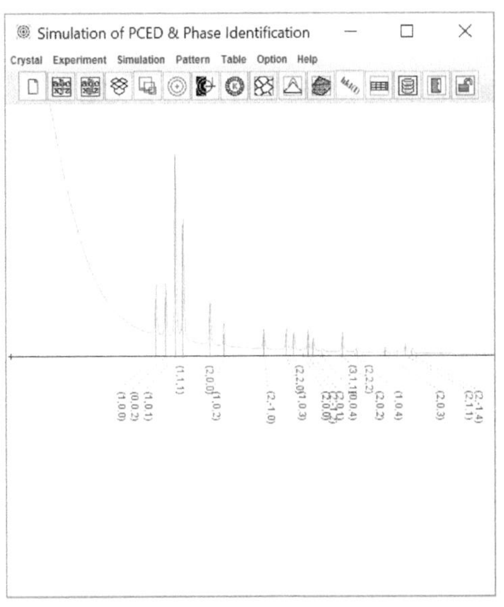

图 A2.17 PCED 主要界面截图，Al 和 Mg 两相系统中多晶电子衍射的模拟

图 A2.19 所示实例是 PCED 的应用[15]。FePtL1_0 相的高各向异性能量使

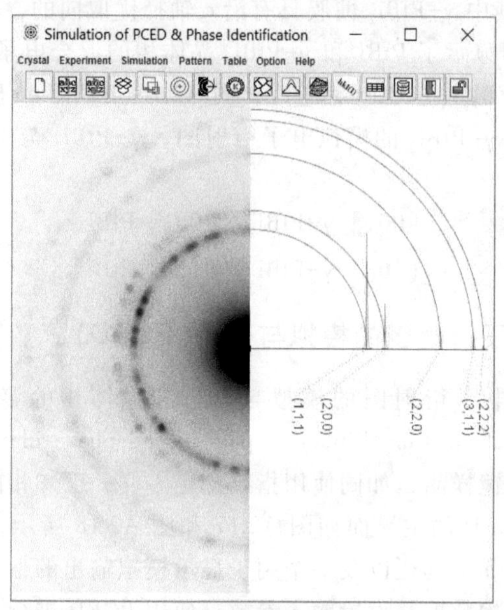

图 A2.18　PCED 主要界面的截图，使用计算的多晶电子衍射图进行晶体结构鉴定。实验 PCED 图案是铝多晶体

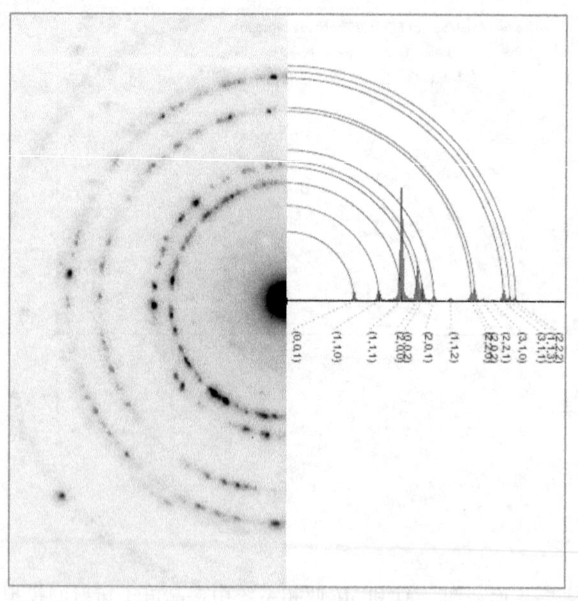

图 A2.19　厚度为 20 nm 的薄膜中 FePt $L1_0$ 相的多晶电子衍射图，在 600 ℃下退火 30 s，并计算出相应的模拟多晶电子衍射图

FePt 合金系统成为最有前途的候选材料之一。初始沉积的 FePt 薄膜通常由无序的 FCC 相组成，它是一种软磁相，可以在退火处理后转变为 $L1_0$ 相，其化学顺序取决于薄膜的成分和热处理条件。由于 $L1_0$ 相的[001]是易磁化轴，因此 $L1_0$ 相的[001]轴应垂直于薄膜平面才满足数据存储应用要求。图 A2.19 显示了在 600 ℃下退火 30 s 时厚度为 20 nm 的 FePt 薄膜的电子衍射图和计算模拟图，其中环半径和相应强度与实验衍射图匹配良好。因此该相被确认为是化学有序的 FePt $L1_0$ 相。

A2.4.3 菊池衍射图的模拟与分析(SAKI)[10,11]

SAKI 是菊池衍射图的模拟与分析(simulation and analysis Kikuchi diffraction pattern)的简称。SAKI 的主要功能包括模拟 TEM 菊池衍射图与使用具有三个菊池极的实验图谱确定晶体的精确方向。其中也包括二次衍射效应的单晶电子衍射图模拟。图 A2.20 显示了 SAKI 的模拟菊池衍射图的主界面与模拟参数对

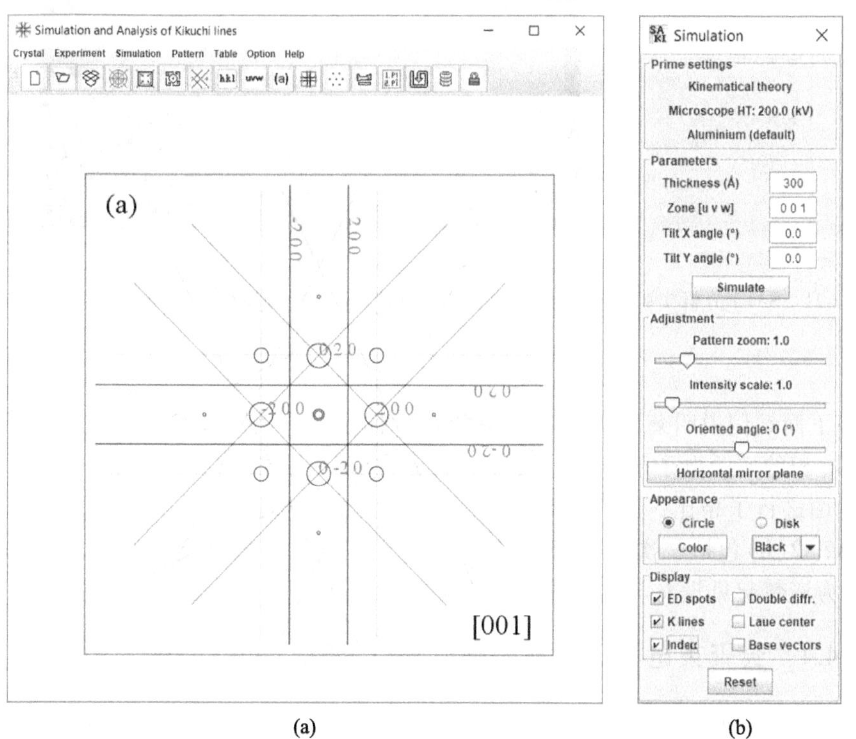

(a) (b)

图 A2.20 SAKI 模拟菊池衍射图的主要界面截图，图中以铝晶体的[001]晶带轴模拟衍射图为例

话窗。图 A2.21 显示 SAKI 的分析实验菊池衍射图的主界面与分析对话窗。除了上面提到的主界面之外，还有各种工具和选项的对话窗口可用于图像模拟和分析的选项。

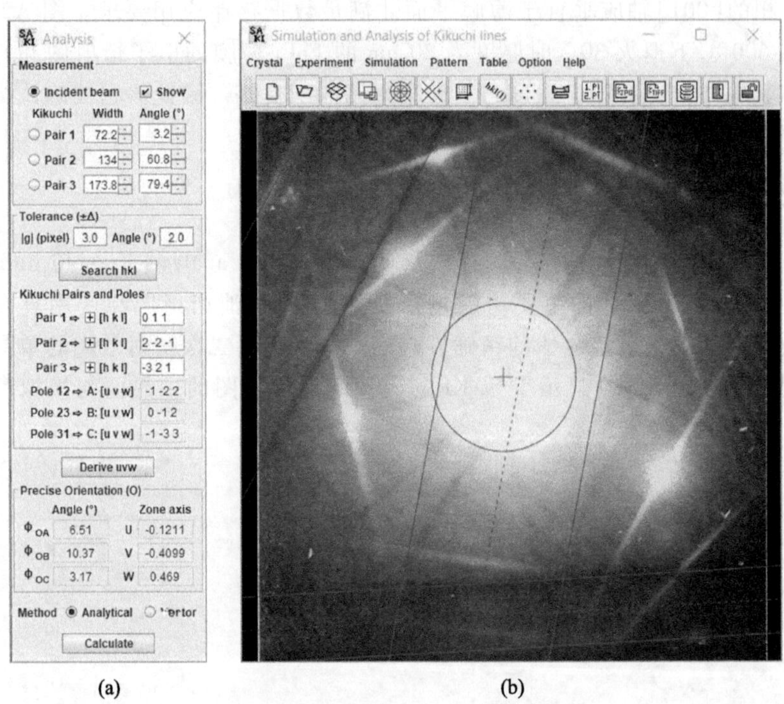

图 A2.21　SAKI 分析实验菊池衍射图的主界面，以 Mg 实验菊池衍射图为例。(参见书后彩图)

下面举例说明菊池衍射图模拟与指数标定[16]。图 A2.22(a)~(c)显示了 Cr_3Ge 相的实验电子衍射图，晶带轴确定为[210]。图中将模拟衍射图与实验衍射图进行了相比，图 A2.22(a)显示了衍射运动学理论下模拟的单晶衍射图，图 A2.22(b)包括二次衍射效应，图 A2.22(c)显示了菊池线衍射图，图 A2.22(d)为清楚起见没有与实验图相混的模拟衍射图。

A2.4.4　会聚束电子衍射高阶劳厄带(CBED HOLZ)图[12,13]

HOLZ 是高阶劳厄带(high-order Laue zone)的简称。HOLZ 使用运动学近似和一阶动态校正来模拟高阶劳厄带(HOLZ)线。HOLZ 线的形成位置可用衍射的色散面几何简化得到[5]。图 A2.23 显示了具有硅晶体的 HOLZ 的截图，其中包含具有会聚角的相应电子衍射图。可在 HOLZ 和 CBED 衍射图上显示标定

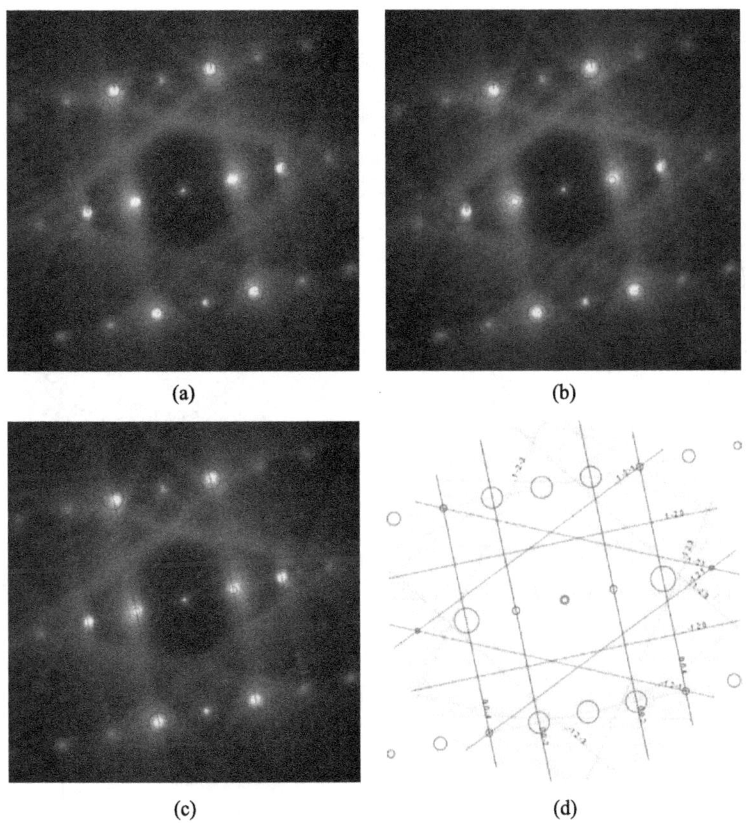

图 A2.22　(a)～(c) Cr_3Ge 相的实验衍射图与模拟线条图的叠加图，其中，图(a)为衍射运动学理论下模拟的衍射图，图(b)为包括二次衍射效应的衍射图，图(c)为模拟菊池衍射图；(d)单纯模拟衍射图。(参见书后彩图)

指数。HOLZ 中引入了晶体约束来调整晶格参数，并允许用户选择的输出区域以 TIFF、JPEG 和 GIF 格式保存文件。

图 A2.24 显示了 HOLZ 软件的控制对话框，可以在下拉菜单中加载晶格参数以计算 HOLZ 图，也可以在控制面板上改变晶格参数，同时计算出的模式将立即更新。HOLZ 图的其他参数是电镜高电压和晶体样品的取向，可以模拟会聚角和偏离对称轴实验情况，也可以调整图案的大小取向等外观。指数标定面板为 HOLZ 和 CBED 模式的最佳指数标定提供了各种位置选项。提供的 HOLZ 图的外观有直线或曲线两种。

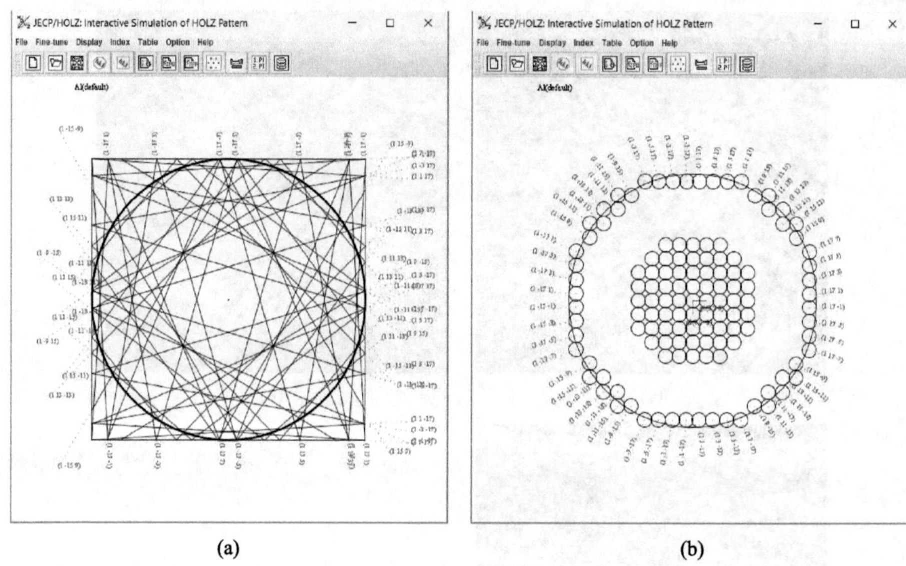

图 A2.23　以硅晶体为例的 HOLZ 的界面截图，其中包含具有会聚角的相应电子衍射图

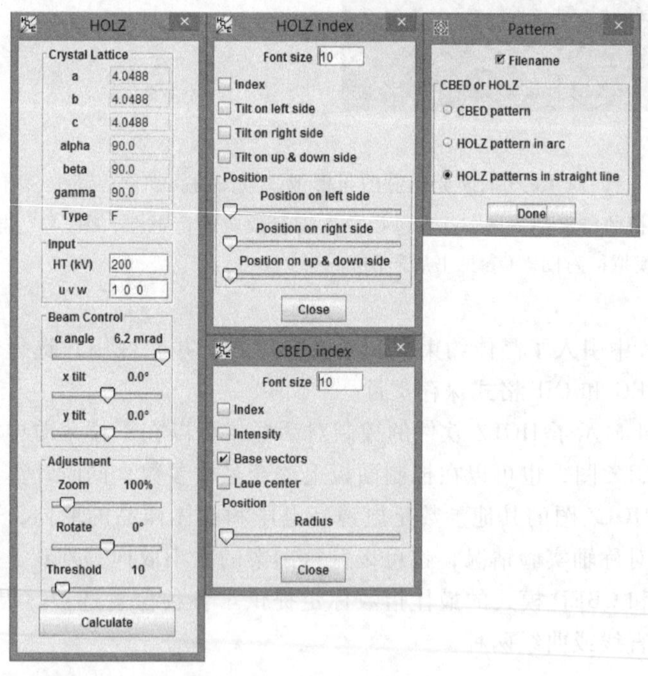

图 A2.24　HOLZ 软件的一组模拟界面截图

A2.4.5 会聚束衍射模拟与晶体厚度高精确测量(SMART)

SMART 是会聚束电子衍射模拟与晶体厚度高精确测量(simulation and measurement with high accuracy for crystal thickness)的简称。SMART 程序包括模拟和实验会聚束图的测量与计算两方面，一方面用于使用包括吸收效应的动力学衍射理论模拟双束 CBED 衍射图，另一方面使用实验双束 CBED 衍射图测量消光距离与晶体样品厚度。双束近似是指认为只有入射波和一束强衍射波，其余衍射波很弱而忽略不计。模拟部分可用在电子衍射课程教学中，介绍偏离参量、消光距离、吸收效应、双束条件、CBED 图等，也可以对比核实实验双束 CBED 衍射图。图 A2.25 显示了铝晶体的 CBED 和回摆曲线的模拟图的截图。从实验双束条件下拍摄的 CBED 中得到回摆曲线并计算出样品厚度的方法可参

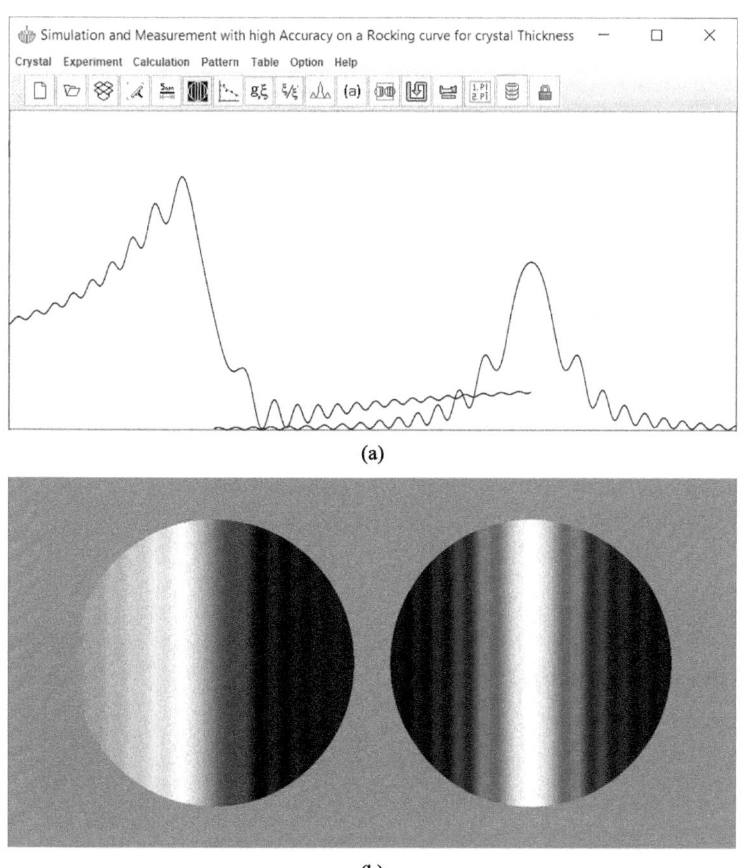

图 A2.25 铝晶体的 CBED 和回摆曲线的模拟图的截图

考有关书籍[17]和文章[18]以及电子衍射技术国家标准[19]。这种方法适用于测定厚度在几十纳米至几百纳米范围的薄晶体样品。

图 A2.26 是用于模拟和测量的控制面板。在模拟方式下，SMART 同时提供了电镜电子波长、晶体消光距离、衍射束的倒易长度的计算界面。可选择在模拟中是否包括吸收效应。可选择回摆曲线和 CBED 图单独或同时显示。在测量方式下，SMART 可将实验双束近似 CBED 图转换为回摆曲线，可选择实验回摆曲线和 CBED 图单独或同时显示。同时提供了用于衍射束的倒易长度与偏离参量的测量方式，最终计算出相应的消光距离与晶体厚度。如果所用晶体样品是已知的晶体结构，可同时做模拟图以便检查核实计算结果。可选择显示模拟与实验的回摆曲线或模拟与实验的 CBED 图做对比。图 A2.27 显示最小二乘法优化直线和计算结果列表。

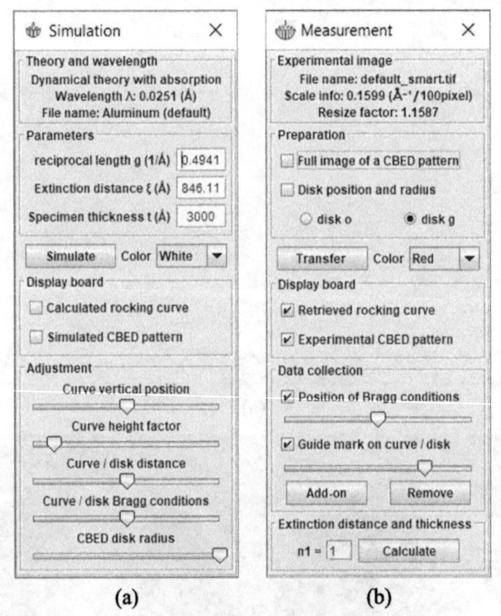

图 A2.26　用于模拟和测量的控制面板截图

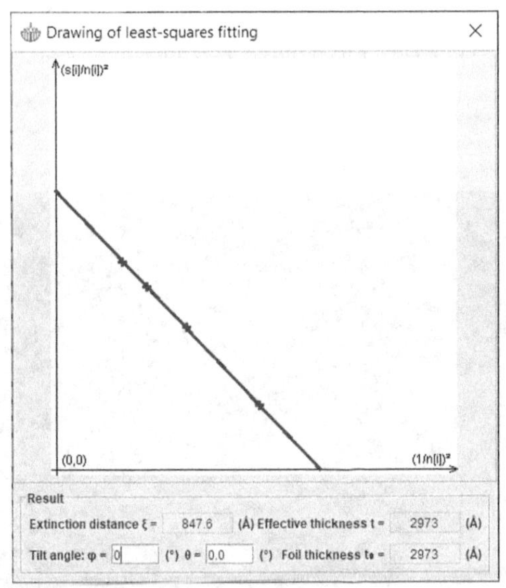

图 A2.27　最小二乘法优化直线和计算结果列表

A2.5　实验电子衍射图的强度测量与分析

与前面对 SAED 和 PCED 的处理相同，我们将单晶和多晶实验电子衍射图的强度测量与分析也分开处理。QSAED 用于单晶样品的实验电子衍射图的强度测量与分析。QPCED 用于多晶样品的实验电子衍射图的强度测量与分析。此外，ESPOT 用于单晶样品的静电势投影的计算。如果结合 QSAED 提供单晶样品的实验电子衍射图的强度分布，ESPOT 可用于单晶样品的静电势差投影的计算。进而，可用于改进晶体结构模型。

A2.5.1　单晶选区电子衍射图定量分析与图像处理(QSAED)[20]

QSAED 是单晶选区电子衍射图定量分析与图像处理(quantification and processing of selected-area electron diffraction pattern)的简称。QSAED 的主界面如图 A2.28 所示。主要应用是测量实验电子衍射图的强度分布。其次，QSAED 还提供一个方便工具加工实验衍射图。例如调整的实验电子衍射图大小、旋转、反转、比例尺，添加标定指数与晶带轴。图 A2.29 显示从图 A2.28 取出并加入选出的衍射指标和晶带轴的 SAED 图。使用 QSAED 既可以在 SAED 图中得到沿用户定义的直线的一维强度分布，也可在除去背景强度分布后得到 SAED 图的二维衍射强度分布。此外，晶格间距可以在 QSAED 中精确测量，可根据 SAED 图的平面对称性调整衍射强度，如图 A2.30 所示。测量的强度可用于 ESPOT 和 SIMPA，以进行电子晶体学分析。

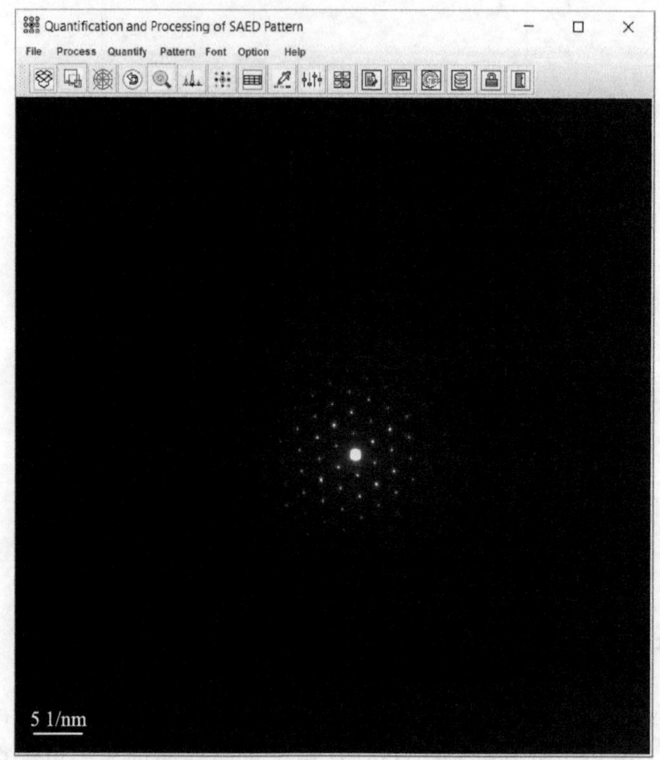

图 A2.28　QSAED 的用户图形界面截图

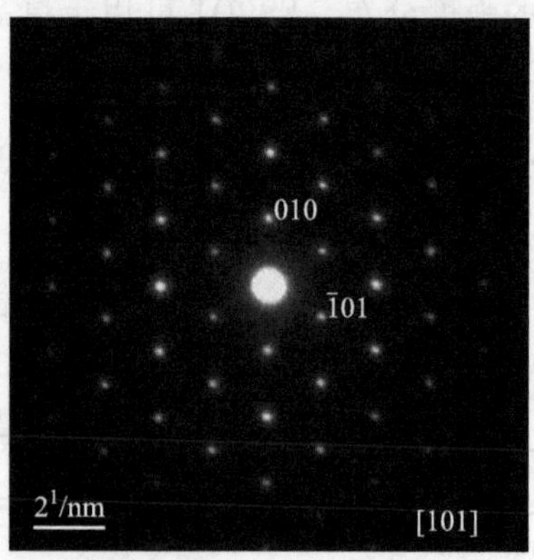

图 A2.29　由图 A2.28 取出并加工的 SAED 图

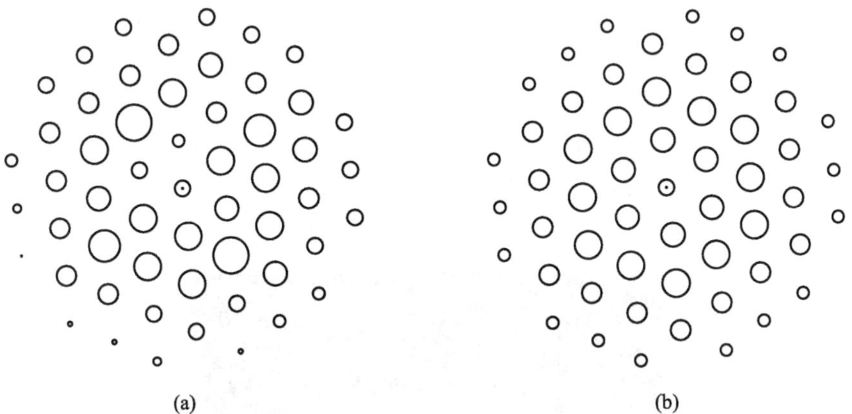

图 A2.30 （a）由实验电子衍射图取出的衍射强度数据；（b）根据推测的对称性调整后的衍射强度数据

A2.5.2 多晶电子衍射图定量分析与图像处理(QPCED)[21]

QPCED 是多晶电子衍射图定量分析与图像处理(quantification and processing of polycrystalline electron diffraction pattern)的简称。QPCED 的用户图形界面如图 A2.31 所示。除了测量实验电子衍射图中衍射环的强度分布的主要应用外，

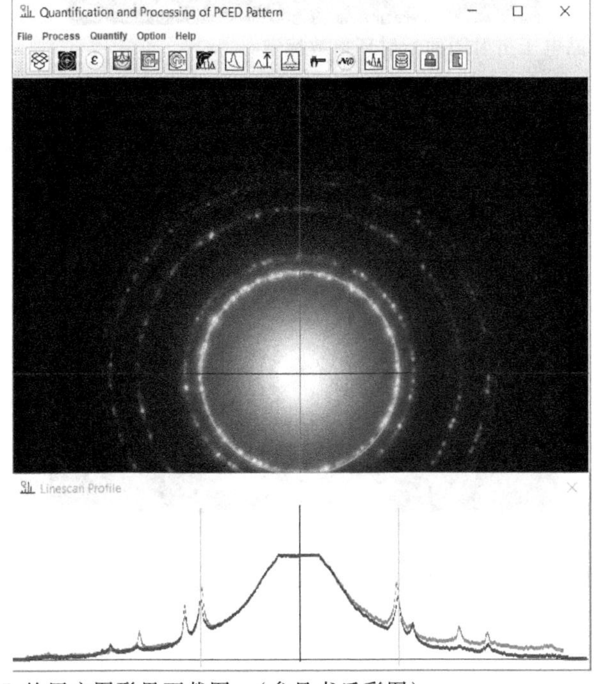

图 A2.31 QPCED 的用户图形界面截图。(参见书后彩图)

QSAED 还提供了一个方便工具，用来调整的实验电子衍射图大小、旋转、反转、比例尺，添加标定指数。图 A2.32 是由实验多晶电子衍射图对中后选出方形区域并标定衍射环指数。多晶电子衍射图可以沿选定的环(图 A2.33)或从整个图(图 A2.34)转换为一维强度数据。通过去除背景并自动拟合带参数的峰曲线，可以进一步分析来自整个图案的强度数据。因此，可以在 QPCED 中精确测量强度和倒易晶格间距。测量的强度可用于电子晶体学结构相关分析。

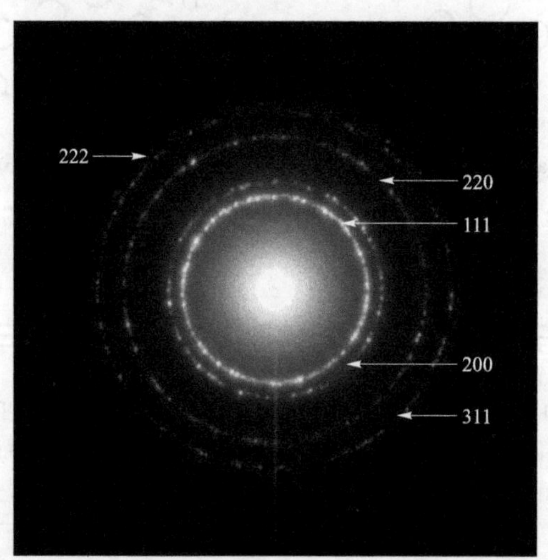

图 A2.32　实验多晶电子衍射图的衍射环指数标定

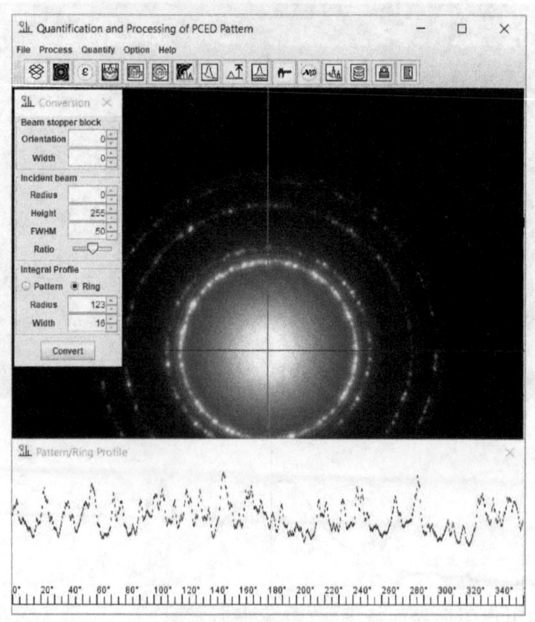

图 A2.33　从衍射环到衍射强度一维分布的转换示例

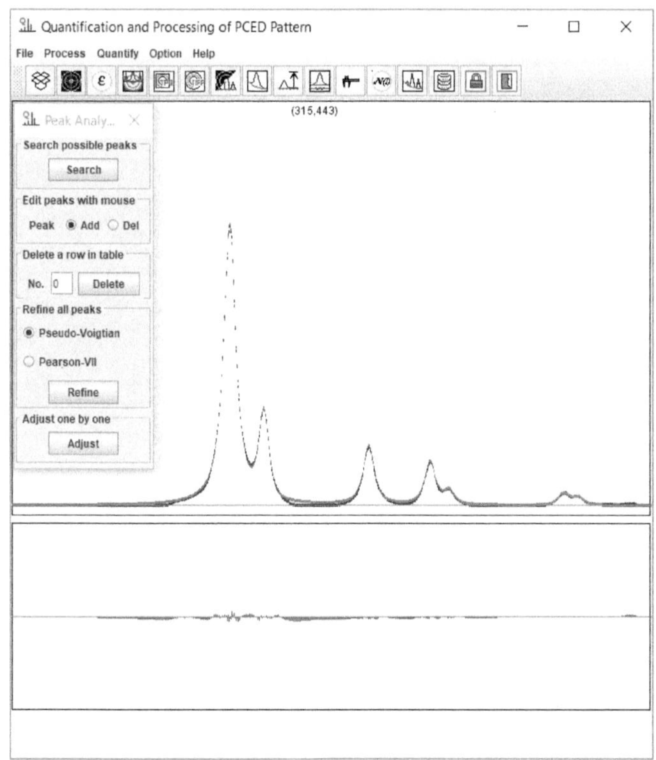

图 A2.34 从整个图案到衍射强度一维分布的转换示例

A2.5.3 傅里叶合成与晶体静电势分析（ESPOT）

ESPOT 是晶体静电势分析的简称，它可看作 SAED 和 QSAED 的扩展。根据 SAED 计算的衍射数据计算原子静电势图投影。结合使用 QSAED 从实验中得到的衍射数据，可以获得原子静电势差图以分析和改进结构模型。

ESPOT 的图形用户界面有双显示面板。一个用于显示计算的衍射图或计算和实验衍射图比较的界面，如图 A2.35 所示。可以调整倒易空间中的分辨率以生成投影的原子势图。另一个是计算和显示静电势投影图的界面，如图 A2.36 所示。

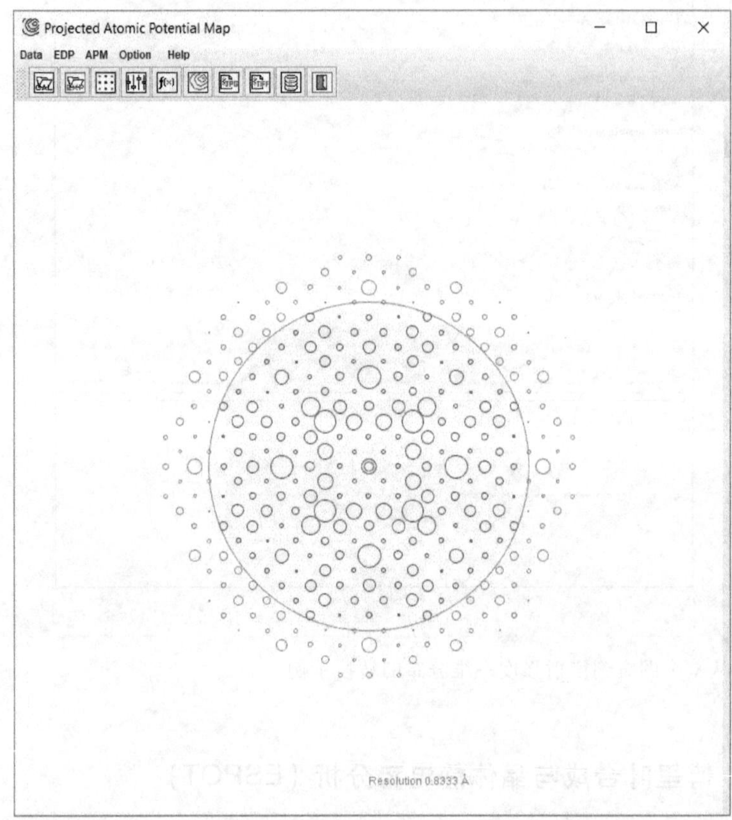

图 A2.35 ESPOT 的用户图形界面，显示衍射数据。可选择倒易空间中衍射点的范围以生成不同分辨率静电势投影图

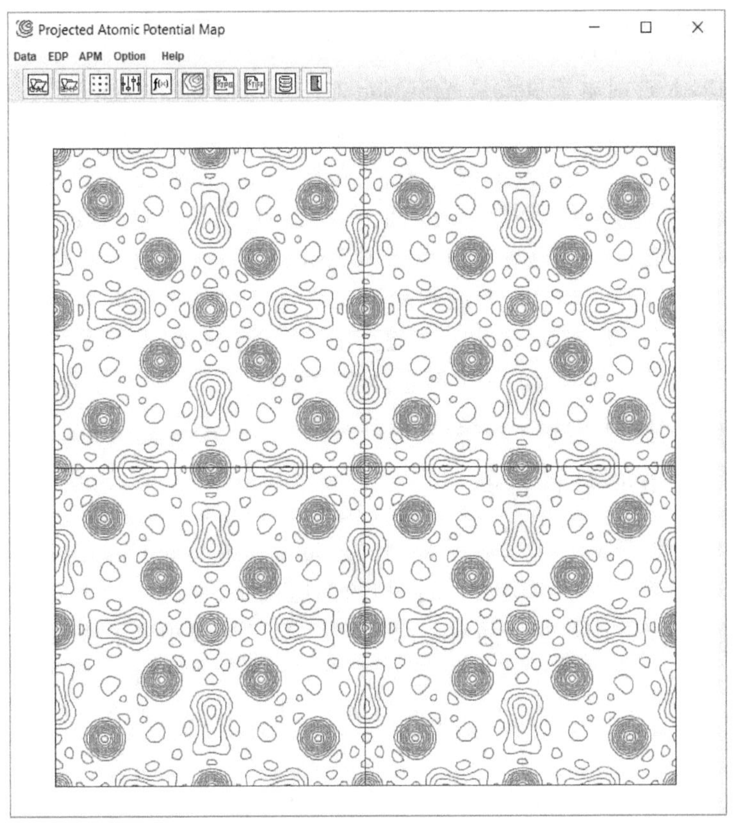

图 A2.36 ESPOT 用户图形界面，显示静电势投影图

A2.6 利用电子显微镜确定晶胞参数

A2.6.1 透射电子显微镜晶胞测定方法(TEMUC)[22]

TEMUC 是透射电子显微镜晶胞测定方法(unit-cell determination on TEM)的简称。选区电子衍射(SAED)图案是三维倒易晶格的二维截面。通过旋转或双倾斜样品台可以获得一系列相关倒易平面，进而确定未知晶相的晶胞。Vanishtein 曾在 1964 年展示了一种简单的重建方法，即可以从电子衍射倾斜系列构建三维晶格[23]，但这种方法在应用于属于单斜晶系或三斜晶系的晶相时很麻烦。郭可信等[24]将 Niggli 胞和晶胞还原技术的概念应用于电子衍射实验中的晶胞测定，类似的技术已广泛用于 X 射线晶体学[25,26]。1981 年，Fraundorf 讨论了一种通用的三维倒易格重建方法[27]，Zou 等[28]在 2004 年为此开发了一个具有视觉三维倒易空间的程序。

A2.6.2 TEMUC 软件特点

图 A2.37 是 TEMUC 用户图形界面。这是一套用于电子衍射实验中确定晶胞的计算机程序，用于 TEM 中晶体相的晶胞确定，包括① 倒易晶格重建方法；② 结合 Niggli 胞概念的晶胞还原方法；③ 晶格最小二乘法精化参数。图 A2.38 是 TEMUC 软件中常规方法晶胞重建的用户图形界面。数据准备好后，点击显示按钮，数据的图形将显示在面板中。每次操作都调整晶格网以匹配实验数据。图 A2.39 显示了 TEMUC 的演示数据。调整使得晶格网与实验数据匹配，可以构建互易/直接晶胞。图 A2.40 显示利用晶胞重建中的变换方法得到晶胞参数。

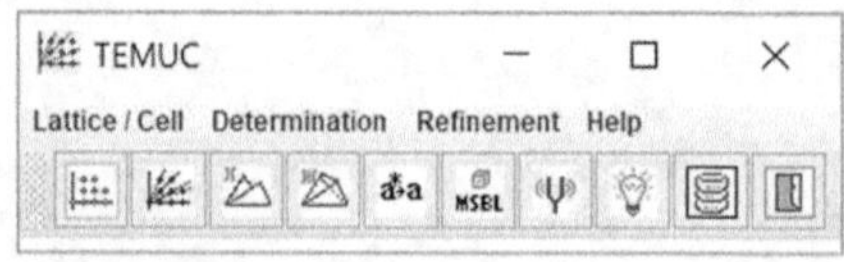

图 A2.37 TEMUC 软件的用户图形界面

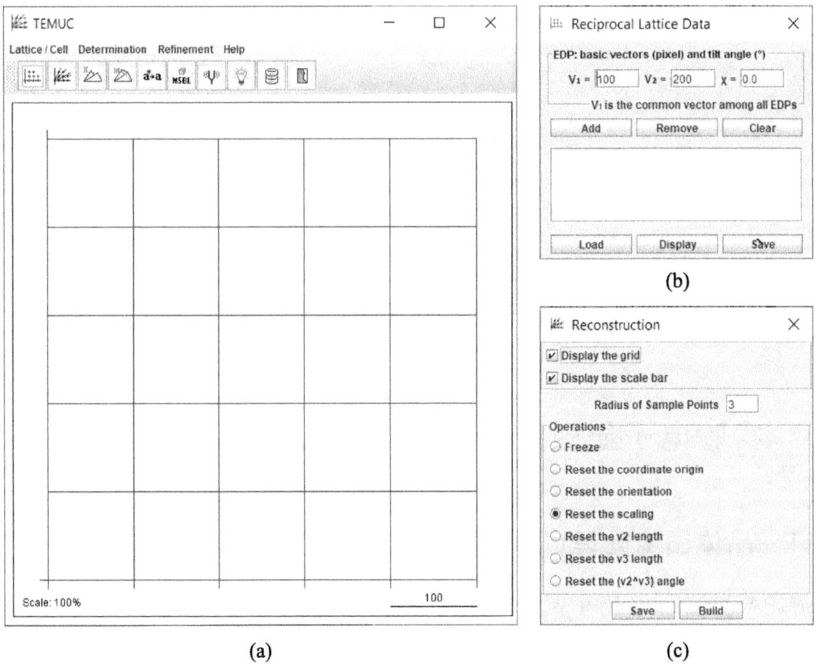

图 A2.38 TEMUC 软件中常规方法晶胞重建的用户图形界面截图

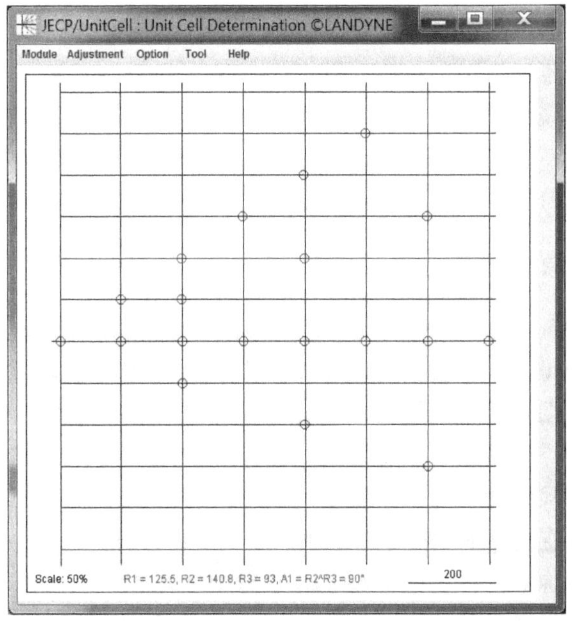

图 A2.39 利用 TEMUC 提供的数据演示常规方法进行晶胞重建的过程

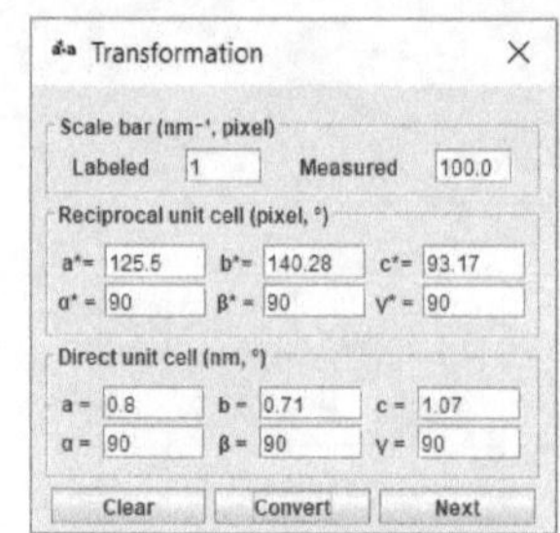

图 A2.40　利用 TEMUC 提供的数据演示常规方法进行晶胞重建中的变换方法的应用

A2.7　实验电子显微镜结构像处理与分析

A2.7.1　晶体图像处理(CIP)技术

SIMPA 的核心采用了晶体图像处理(crystal image processing, CIP)技术。其必要的步骤可概括为：这种类型的图像处理的本质是在获得第一个图像之后，它是一个两步过程。首先生成原始图像的傅里叶变换。接下来，傅里叶系数被操纵或以其他方式校正，然后再次变换回来以重现重建的图像。该方法首先应用于用高分辨透射电子显微镜成像的周期性有机配合物，随后用于无机晶体的高分辨率电子显微镜(high resolution electron microscope, HREM)图像、扫描透射电子显微镜图像，并应用于二维周期阵列的扫描探针显微镜(scanning probe microscope, SPM)图像。与其他 CIP 软件(例如 CRISP[29]、EDM、VEC 和 T4SC)相比，SIMPA 具有其独特的设计界面并增加了其他功能。

A2.7.2　结构像处理与分析 (SIMPA)

SIMPA 是结构像处理与晶体学分析(structural image processing and crystallography analysis)的缩写。SIMPA 提供了高分辨电子显微图像处理工具，具有以下功能：图像的对比度可以反转；选定的点可以很容易地移动到面板的中心；当选定的点保持在面板中心时，图像可以调整大小并旋转；可以测量原始图像中的比例尺，并且可以重置新比例尺的长度并重新定位到图像的选定区域；图像可以保存为 TIFF 格式的文件；提供了一维图像强度分布的工具，其轮廓可用于测量像点间距。图 A2.41 给出 SIMPA 的设计流程图。

高分辨电子显微像的傅里叶变换，可以选择具有各种边长为 2^n 的正方形区域或正方形内的圆形区域。校准原始图像中的比例尺后，可以将比例尺添加

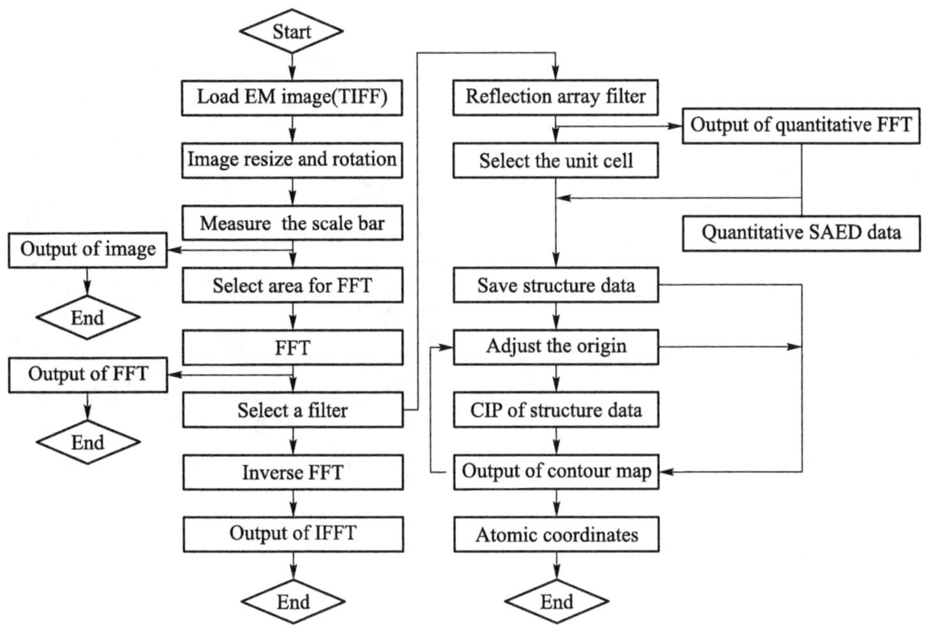

图 A2.41 SIMPA 的设计流程图

到傅里叶变换的图中。圆形选择区域将减少傅里叶变换图中的干扰条纹[30]。傅里叶变换图的圆形选择区域特别适合纳米粒子的电子显微镜图像。图 A2.42(a)显示了输入的高分辨电子显微像和用于傅里叶变换的选框，图 A2.42(b)是傅里叶变换图，中心区域是一个用于傅里叶逆变换的圆形滤波选择范围。用于傅里叶逆变换各种滤波选择范围包括孔状内圆、外圆、圆形带、通过入射光束的条带、一对镜像对称的圆盘、圆盘阵列。傅里叶逆变换图可以伪彩色显示在原始图处。类似孔径的内圆过滤器类似于显微镜中的物镜孔径，它控制图像的分辨率。带状过滤器可以很好地显示点阵图像中是否存在任何不匹配。阵列过滤器可用于量化傅里叶变换模式用于计算晶格参数。

SIMPA 提供等高线图用于单胞的量化显示。在 CIP 处理中可以从 17 个平面对称群中的一个强制选择对称。为了在 SIMPA 中程序设计和分析中的简化和一致性，将 17 个平面群扩展到 21 个，以区分两个基本向量上的相同对称性。一个居中的晶胞也被转换成一个原始的晶胞。衍射数据中的晶相取决于晶胞的原始坐标，可以在等高线图上进行调整。三个评价参数：R 值、相位差值和消光比值也可用于评估对称数据是否更好地代表衍射数据在 CIP 处理高分辨电子显微像后可计算和显示晶胞的等高线图。图 A2.43 显示了晶体结构的晶胞的等高线图。

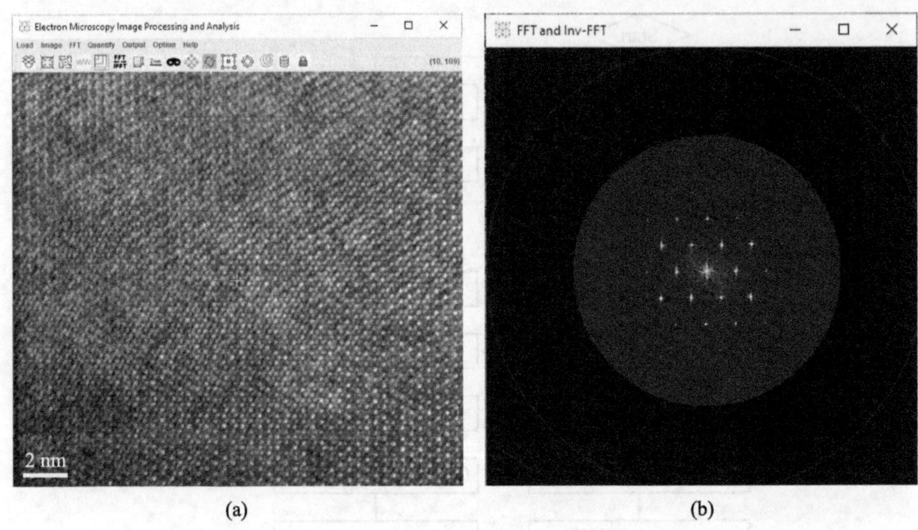

(a)　　(b)

图 A2.42　用户图形界面：(a)高分辨电子显微像；(b)傅里叶变换图。(参见书后彩图)

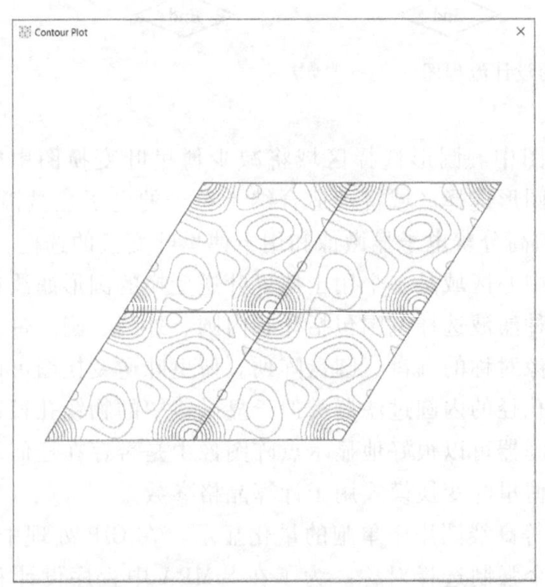

图 A2.43　带有高分辨电子显微图像的等高线图。(参见书后彩图)

A2.7.3　应用实例

下面的例子中是通过使用惰性气体冷凝的簇沉积方法制备的纳米颗粒。在这种生产高度单分散金属和合金纳米粒子的方法中，使用直流等离子体溅射产生的铁原子蒸气在冷却的惰性气体气氛中冷凝，以在气体聚集室中形成纳米粒子。具有低纳米颗粒覆盖率的碳涂层铜网格用于透射电子显微镜测量。

图 A2.44 显示了 Fe 颗粒的高分辨电子显微镜图像。由图可知，晶体为近六边形，尺寸约为 30 nm。使用 SIMPA 处理 HREM 图像。图 A2.45(a)显示了原点被任意选择的单位单元，图 A2.45(b)为原点被重置的单位单元，图 A2.45(c)显示了 CIP 增强了一个单位单元，以及图 A2.45(d)显示了可以比较的 9×9 单位单元到 HREM 图像。

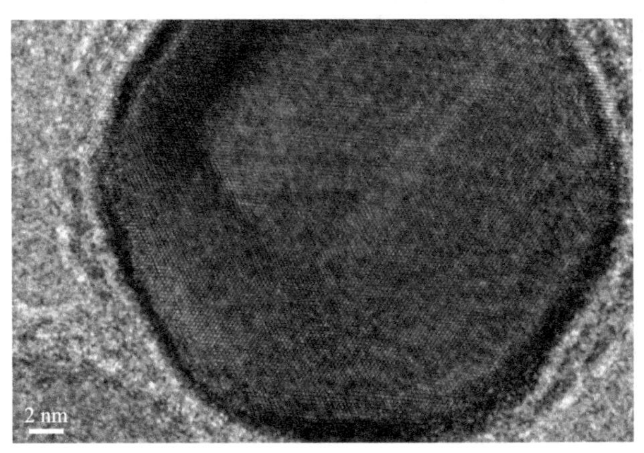

图 A2.44 Fe 颗粒的高分辨电子显微图像。晶体近六边形，晶体尺寸约 30 nm

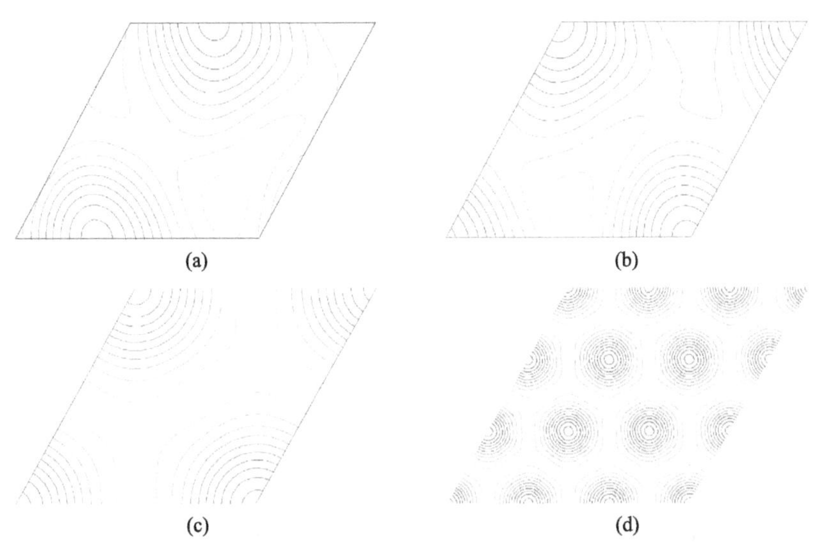

图 A2.45 使用 SIMPA 处理 Fe 颗粒的 HREM 图像：(a) 原点被任意选择的单位单元；(b) 原点被重置的单位单元；(c) 通过 CIP 增强的单位单元；(d) 9×9 单位单元，它可以与 HREM 图像进行比较。(参见书后彩图)

参考文献

[1] Li X Z. SVAT4：A computer program for crystal structure visualization and analysis. J. Appl. Cryst.，2020，53(3)：848-853.

[2] De Graef M，McHenry Michael E. Structure of Materials：An Introduction to Crystallography，Diffraction and Symmetry. London：Cambridge University Press，2012.

[3] Li X Z. SPICA：Stereographic projection for interactive crystallographic analysis. J. Appl. Cryst.，2016，49(5)：1818-1826.

[4] Li X Z，Zhang W Y，Sellmyer D J. Structural investigation of phase segregation in Mn_2CrGa-based alloys. Acta Mater.，2016，140：188-195.

[5] Liu H W，Liu J W. SP2：A computer program for plotting stereographic projection and exploring crystallographic orientation relationships. J. Appl. Cryst.，2012，45（1）：130-134.

[6] Young C T，Lytton J L. Computer generation and identification of kikuchi projections. J. Appl. Phys.，1972，43(4)：1408-1417.

[7] Chou C T. Computer software for specimen orientation adjustment using double-tilt or rotation holders. J. Elec. Micros. Tech.，1987，7(4)：263-268.

[8] Li X Z. SAED3：Simulation and analysis of electron diffraction patterns. Anal. Sci.，2019，May issue：16-19.

[9] Li X Z. PCED2.0：A computer program for the simulation of polycrystalline electron diffraction pattern. Ultramicroscopy，2010，110(4)：297-304.

[10] Li X Z. On the precise determination of crystal orientation with kikuchi patterns. J. Mater. Educ.，2020，42：97-104.

[11] 李兴中. SAKI，一款透射电镜菊池衍射图模拟与分析软件. 电子显微学报，2021，4：398-405.

[12] Li X Z. JECP/HOLZ：An interactive computer program for simulation of HOLZ patterns. J. Appl. Cryst.，2005，38：576-577.

[13] Li X Z. On geometrical interpretation of the formation of HOLZ lines. J. Mater. Educ.，2007，29：177-186.

[14] Li X Z，Kharel P，Shah V R，et al. Synthesis and characterization of highly textured Pt-Bi thin films. Philos. Mag.，2011，91：3406-3415.

[15] Li X Z，Georg T，Jin L F，et al. TEM study of FePt and FePt：C composite double-layered thin films. Microsc. Microanal.，2007，13(S02)：632-633.

[16] Jin Y L，Li X Z，Sellmyer D J，et al. A new tetragonal phase in CoFeCrGe heusler alloy. Mater. Charact.，2018，136：302-309.

[17] Spence J C H，Zuo J M. Electron microdiffraction. Plenum publishing corporation，New York，1992.

[18] Kelly P M, Jostsons A, Blake R G, et al. The determination of foil thickness by scanning transmission electron microscopy. Phys. Status Solidi A, 1975, 31(2): 771-780.

[19] Allen S M. Foil thickness measurements from convergent-beam diffraction patterns. Philos. Mag. A, 1981, 43(2): 325-335.

[20] Li X Z. JECP \ QSAED: A computer program for quantification of SAED patterns. Microsc. Microanal., 2014, 20(S03): 1486-1487.

[21] Li X Z. QPCED2.0: A computer program for the processing and quantification of polycrystalline electron diffraction patterns. J. Appl. Cryst., 2012, 45(4): 862-868.

[22] Li X Z. TEMUC3: A computer program for unit-cell determination of crystalline phases in TEM experiments. Micron, 2019, 117: 1-7.

[23] Vainshtein B K. Structure analysis by electron diffraction. Oxford: Pergamon press, 1964.

[24] 郭可信，叶恒强，吴玉昆. 电子衍射图在晶体学中的应用. 北京：科学出版社，1983.

[25] Santoro A, Mighell A D. Determination of reduced cells. Acta Cryst., 1970, 26(1): 124-127.

[26] Gruber B. The relationship between reduced cells in a general bravais lattice. Acta Cryst., 1973, 29: 433-440.

[27] Fraundorf P. Stereo analysis of single crystal electron diffraction data. Ultramicroscopy, 1981, 6(3): 227-236.

[28] Zou X D, Hovmöller A, Hovmöller S. TRICE-A program for reconstructing 3D reciprocal space and determining unit-cell parameters. Ultramicroscopy, 2004, 98(2-4): 187-193.

[29] Hovmöller S. CRISP: Crystallographic image processing on a personal computer. Ultramicroscopy, 1992, 41(1-3): 121-135.

[30] Lee W B, Park C R, Park C G, et al. Computer simulation of electron diffraction kikuchi pattern and its applications. Korean J. Electron Microsc., 1994, 24: 115-122.

致 谢

值此专著完成之际，我深深地怀念我的导师、已故著名科学家郭可信先生。先生多年来的言传身教，塑造了我的行事风格、学术志向、胸怀与格局，夯实了我做人和做事的原则和定力。本书部分实验组图是 20 世纪 90 年代初由郭先生手工裁剪和编辑的，这使本书的出版别具意义。

感谢 21 年来中国科学院金属研究所课题组里的同事及数十名研究生。我们共同营造出一种温馨和谐的家庭气氛和浓郁的学术氛围，共同坚守了十年磨一剑的定力和耐心，共同体验了发现的乐趣和自然之美。大家在前沿探索和对基础科学问题的再认识过程中互相学习、共同提高。由于涉及的人较多，这里不一一列举。

特别感谢我的师妹，也是我生活中的伴侣朱银莲研究员。30 年来我们在工作上相互切磋，在生活上松萝共倚。感谢我们的儿子马德生以其聪颖独立、追求卓越的品德给家庭带来了很多温馨和正能量。没有这些支持和保障，对我来说，撰写该书是不可能完成的任务。

马秀良

2022 年春节于松山湖

索　　引

B

C

D

E

F

G

H

J

K

L

M

N

P

S

W

X

Z

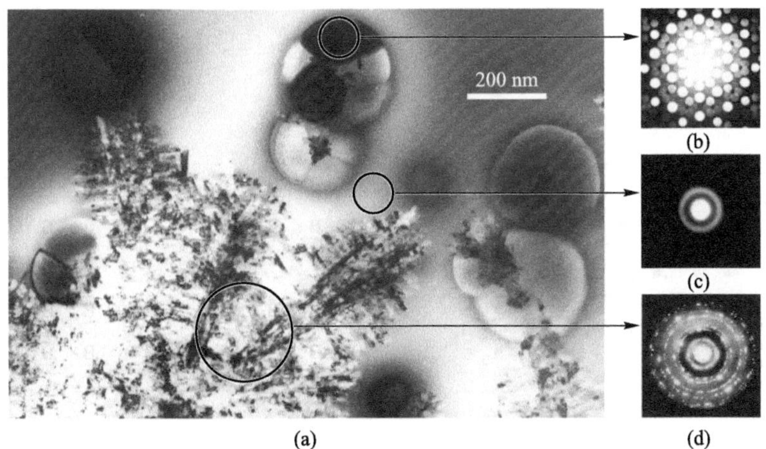

图 2.6　选区电子衍射的实验案例。样品为通过急冷得到的 Zr 基非晶并经 400 ℃加热处理①

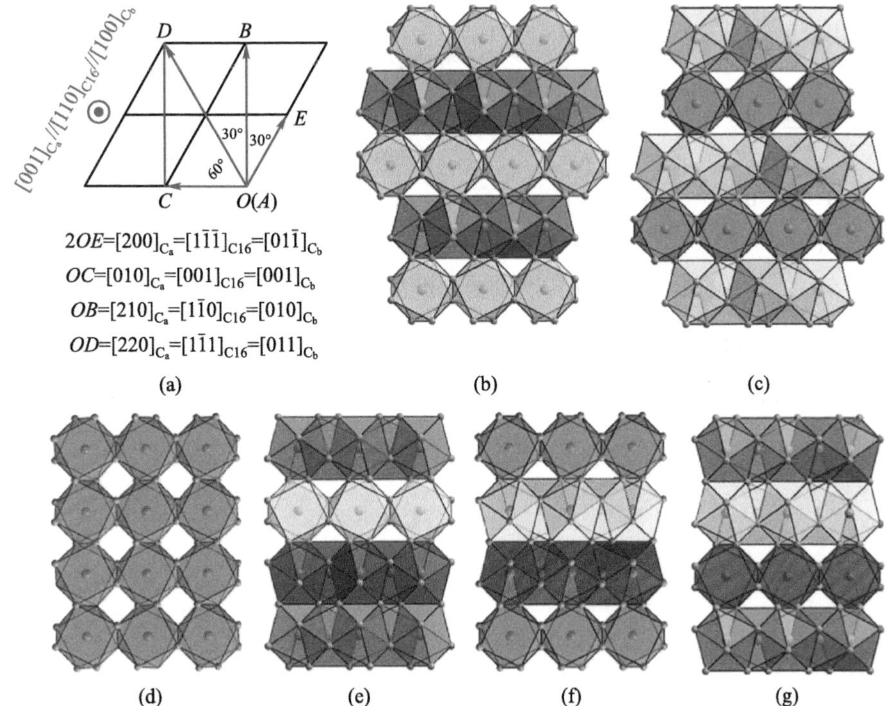

图 4.6　(a) C16、C_b、C_a 点阵之间的内在联系；(b)、(c) C_b 结构在$[011]_{C_b}$(b)、$[01\bar{1}]_{C_b}$(c)方向的结构投影；(d) C16 结构沿$[001]_{C16}$方向的投影图；(e)～(g) C_a 结构在$[110]_{C_a}$(e)、$[100]_{C_a}$(f)、$[010]_{C_a}$(g)方向投影(胡肖兵等[33])

① 马秀良 1997 年未公开发表的工作。

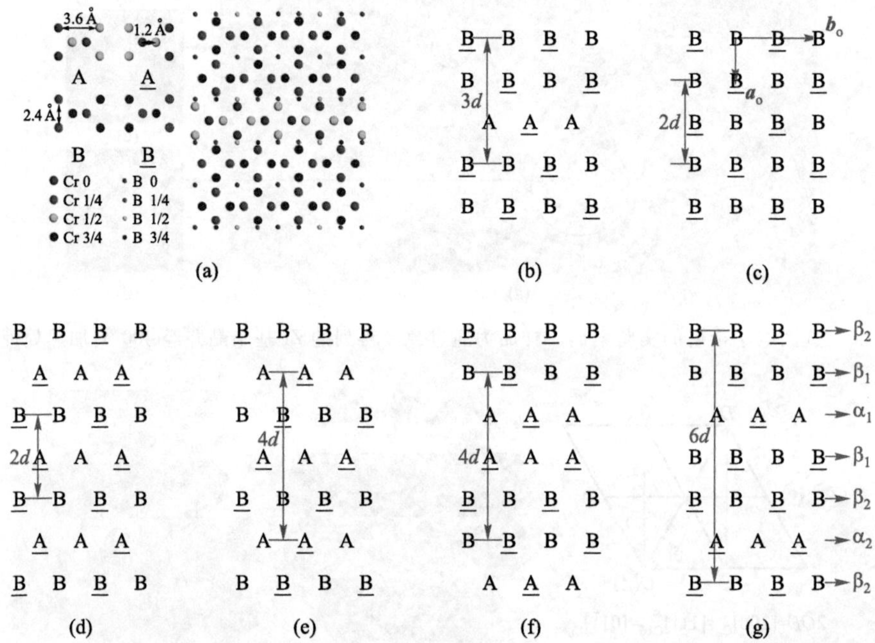

图 4.7 (a)、(b) C_a 结构在[100]$_{C_a}$方向的投影及其简化排列图；(c)、(d) C16 结构在[001]$_{C16}$(c)，[1$\bar{1}$1]$_{C16}$(d)方向投影的简化排列图；(e)、(f) C_b 结构在[001]$_{C_b}$(e)、[011]$_{C_b}$(f)方向投影的简化排列图；(g) 一种新的 N2 有序结构[001]的投影简化图(胡肖兵等[33])

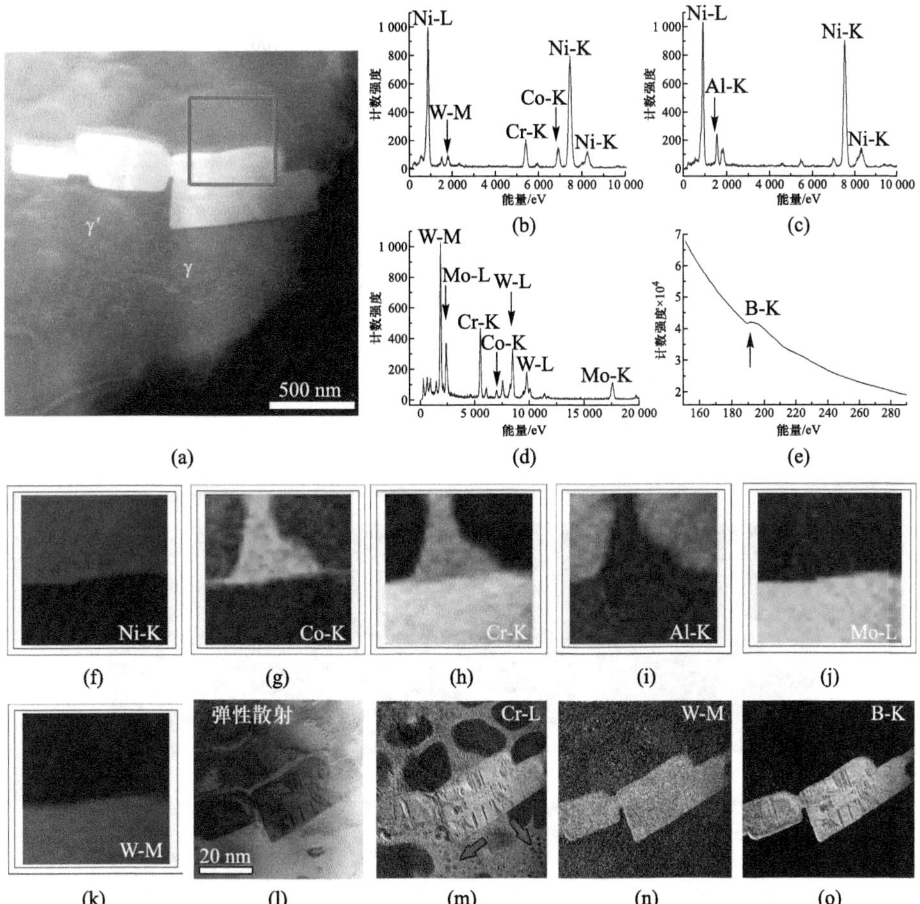

图 4.19　γ/γ′与 M_3B_2 的成分分析：(a) 高角环状暗场像，其中明亮衬度的长条状晶体为 M_3B_2 相；(b)～(d) γ(b)、γ′(c) 和 M_3B_2(d) 相的 EDX 谱；(e) 电子能量损失谱，对应于 M_3B_2 相中 B 元素位于 188 eV 处的吸收峰；(f)～(k) Ni-K(f)、Co-K(g)、Cr-K(h)、Al-K(i)、Mo-L(j)、W-M(k) 的元素分布图，与图(a)中的矩形框区域相对应；(l)-(o) 对应于弹性散射电子(l)、Cr-L(m)、W-M(n)、B-K(o) 的能量过滤像(胡肖兵等[32])

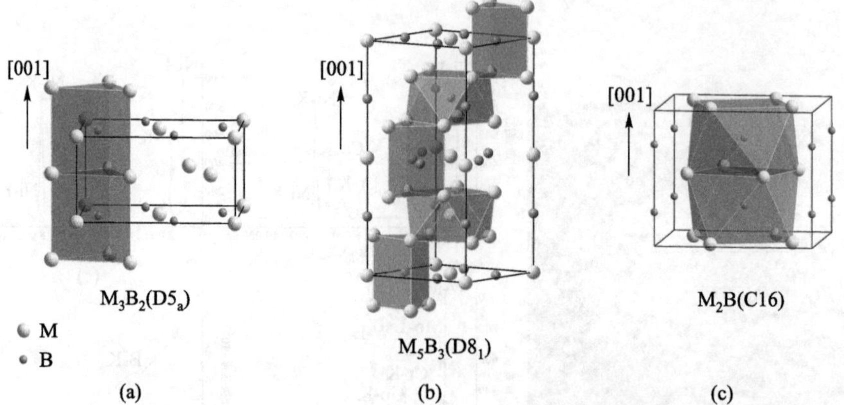

图 4.21　$M_3B_2(D5_a)$(a)、$M_5B_3(D8_1)$(b)、M_2B (C16)(c)的单胞示意图，阴影部分标示组成对应结构的多面体(胡肖兵等[32])

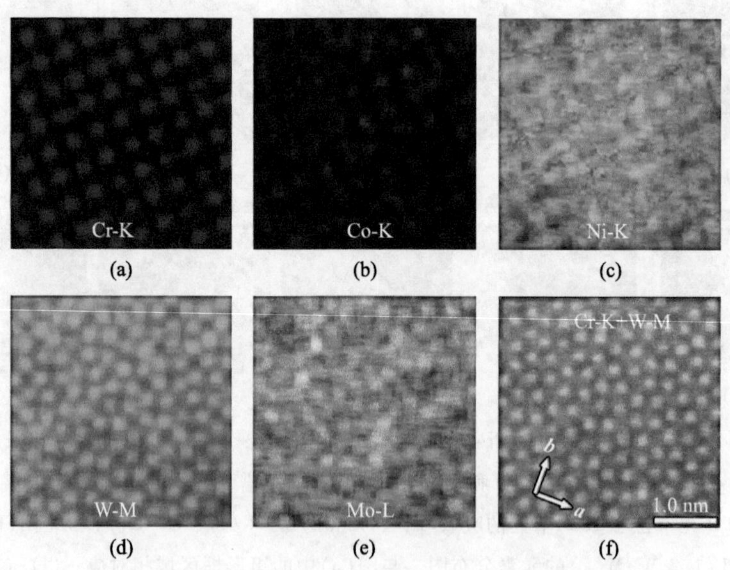

图 4.23　M_3B_2[001]方向上原子尺度的成分分布图谱，其中 Cr 和 W 明显具有化学有序现象(胡肖兵等[35])

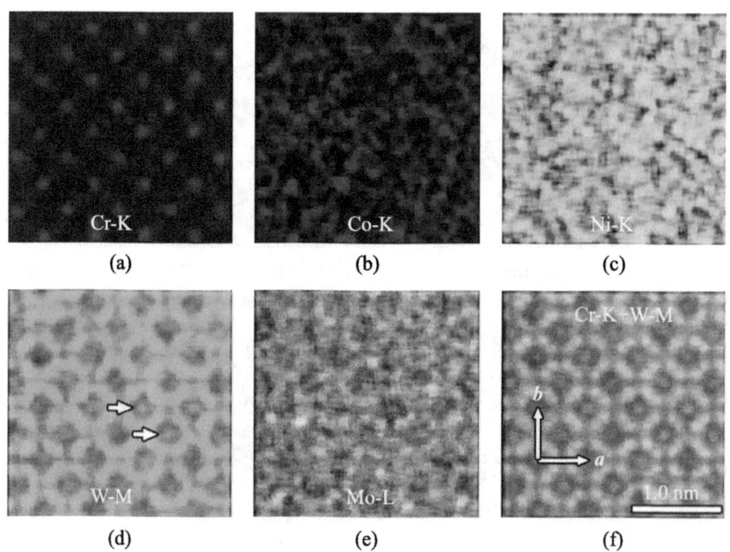

图 4.25　M_5B_3 型硼化物在[001]方向上原子尺度的成分分布图谱（胡肖兵等[35]）

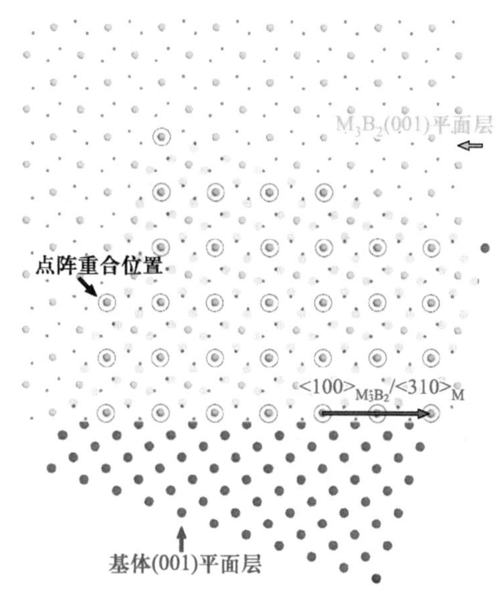

图 4.28　$(001)_{M_3B_2}$和$(001)_M$ 点阵格子的重合点示意图（胡肖兵等[50]）

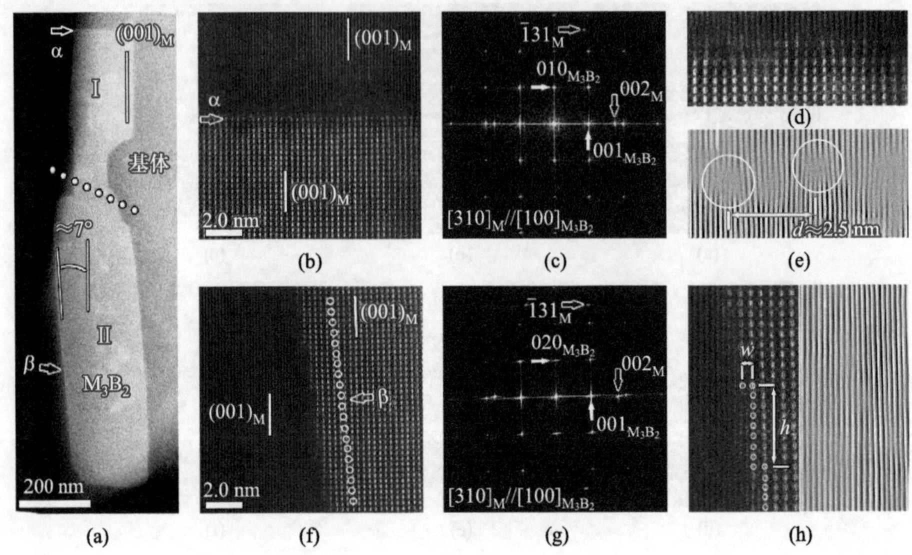

图 4.29　V3 和 V4 取向变体与基体间的界面特征：(a) $[310]_M$ 方向的低倍 HAADF 图像显示了 M_3B_2 型硼化物与基体间界面特征，该硼化物晶粒可分为两部分，如区域Ⅰ、Ⅱ所表示；(b)～(e) 原子尺度分辨率 HAADF 图像、傅里叶变换斑点、傅里叶逆变换图像显示出Ⅰ部分的非奇异界面特征；(f)～(i) 原子尺度分辨率 HAADF 图像、傅里叶变化斑点、傅里叶逆变换图像显示出Ⅱ部分的奇异界面特征(胡肖兵等[50])

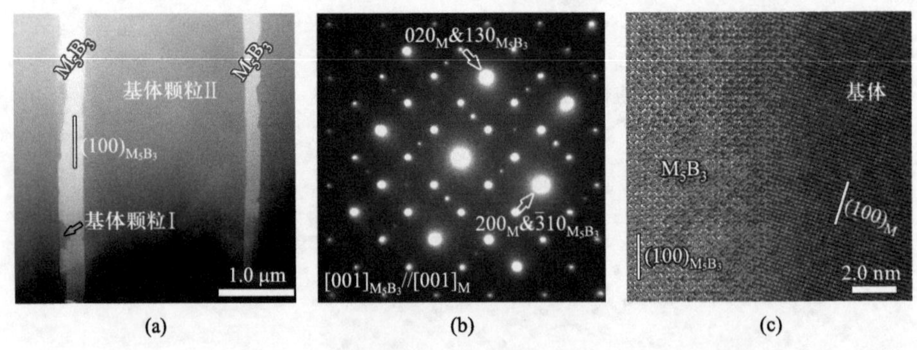

图 4.30　TLP 样品中析出的 M_5B_3 型硼化物与基体间的取向关系与界面特征(胡肖兵等[50])

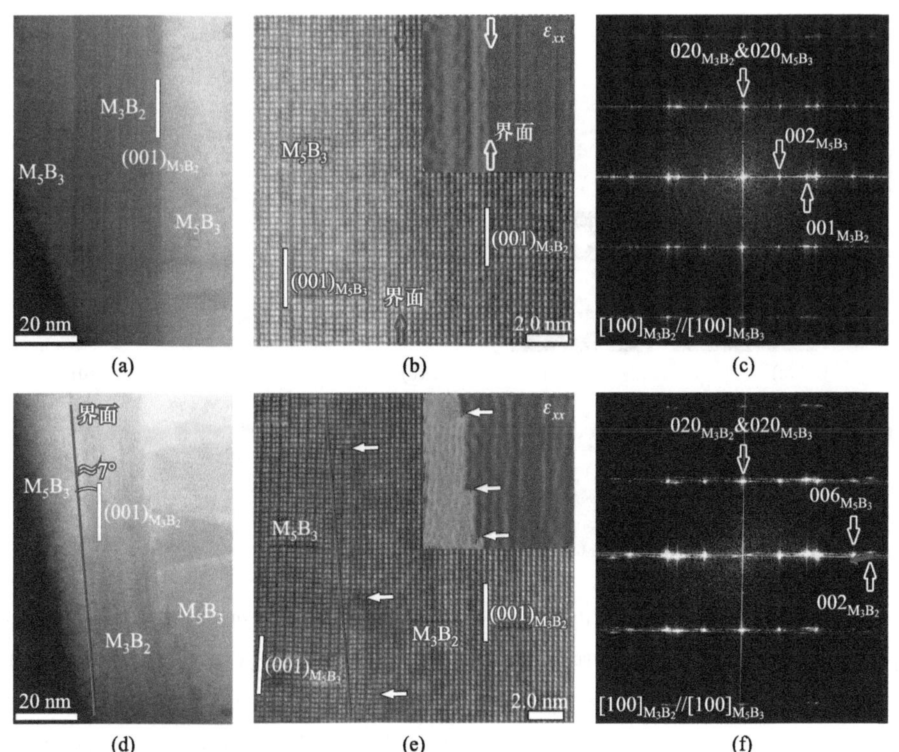

图 4.35　M_3B_2 与 M_5B_3 间的非奇异界面特征：(a) $[100]_{M_3B_2/M_5B_3}$ 非奇异界面的低倍 HAADF 图像；(b) 原子尺度分辨率图像，插图为其对应的应变分布图；(c) 傅里叶变换斑点显示出 M_3B_2 与 M_5B_3 间的非奇异界面特征；(d) $[100]_{M_3B_2/M_5B_3}$ 奇异界面的低倍 HAADF 图像；(e) 原子尺度分辨率图像，插图为其对应的应变分布图；(f)傅里叶变换斑点显示出 M_3B_2 与 M_5B_3 间的奇异界面特征(胡肖兵等[50])

图 4.37　变形前后 Al_2Cu 沉淀相内部局域成分分析：(a) Al 合金初始双相材料的微观组织高角环形暗场像，其中颗粒是四方 θ-Al_2Cu 相，已通过 X 射线和系列电子衍射证实；(b)单个 Al_2Cu 沉淀相沿[001]晶带轴的高角环形暗场像(插图为[001]带轴电子衍射花样)；(c)、(d)图(b)中白色方框区域 Al(c)和 Cu(d)元素的面分布，两种元素分布均匀；(e)变形导致沉淀相内产生位错列的显微照片；(f) Al_2Cu 颗粒内(110)滑移面的 TEM 明场像；(g) 图(f)中相同区域经过滑移变形后的高角环形暗场像，其中可以清楚看到衬度的变化，左下角插图是其中黑色矩形框所示滑移带区域的放大像，左上角插图是来自黑色圆圈所示区域的[$\bar{1}$10]带轴的电子衍射花样(杨兵等[83])

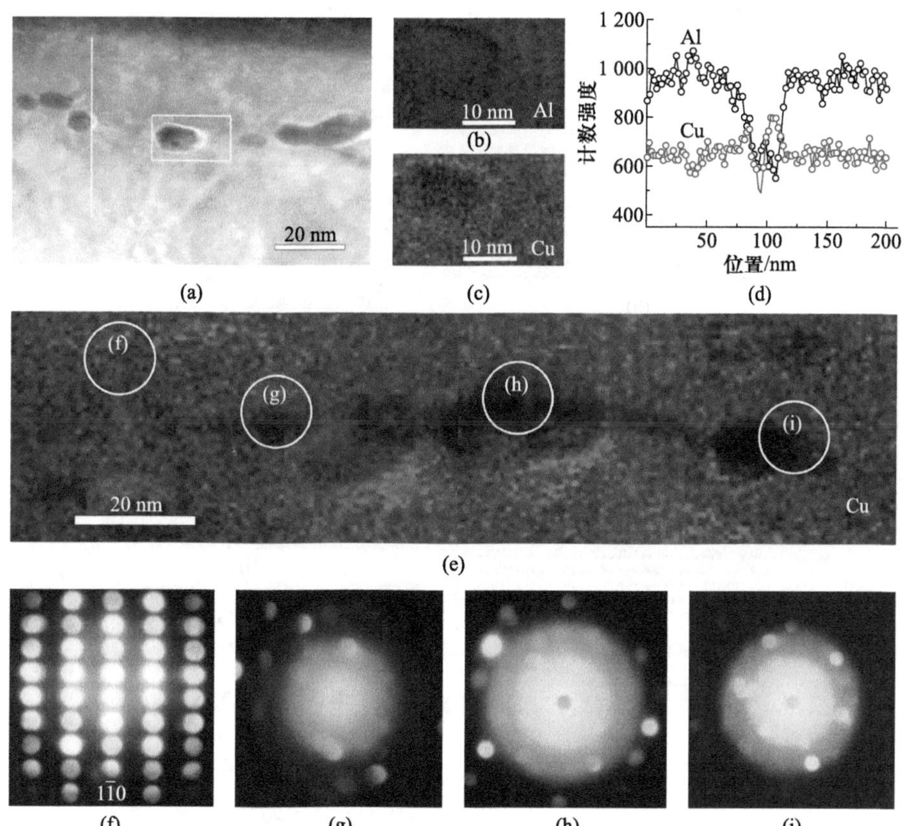

图 4.40 Al_2Cu 滑移带上成分和结构的演变规律：(a) (110)滑移带上典型区域的高角环状暗场像，从中可以看到富 Cu 区域的形貌从圆形演化成椭圆形，以及有些区域呈现无规则形；(b)、(c)图(a)中白色矩形框所示区域的 Al 元素(b)和 Cu 元素(c)的面分布，图(b)中暗环对应着图(c)亮环，表明该区域贫 Al 和富 Cu；(d) 图(a)中白色直线所示区域的 EDS 线分布，表明沿滑移带存在局域化学成分波动；(e) 沿滑移带的 Cu 元素分布，其中 Cu 的强度发生变化；(f) 靠近滑移带区域的[$\bar{1}10$]微衍射照片；(g)～(i)滑移带上不同贫 Cu 区域的微衍射照片，这些电子衍射花样不能再标定为四方 Al_2Cu 相(杨兵等[83])

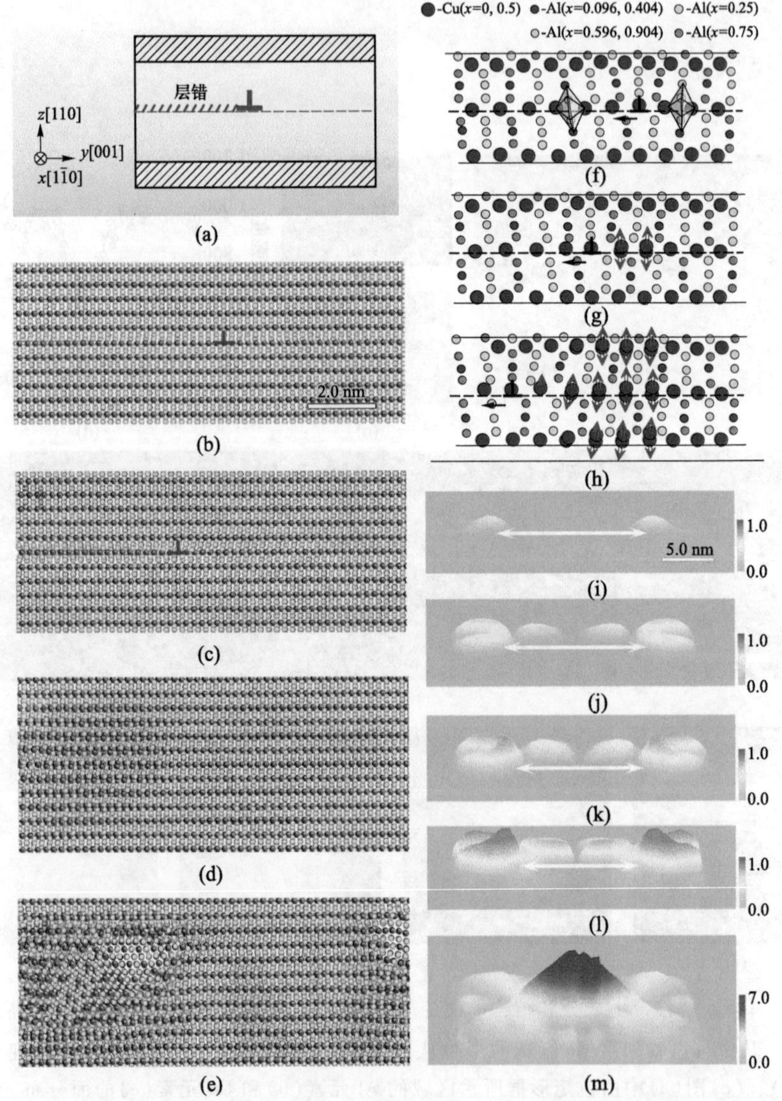

图 4.42 [001](110)滑移系位错结构分子动力学模拟：(a) 用于分子动力学模拟的计算单胞示意图。位错用"⊥"标识，层错用蓝色断点标识（在位错芯左侧）；(b) 用于分子动力学模拟的原子单胞，其中包含了不全位错，其中，绿球和棕球分别表示 Al 和 Cu 原子；(c)~(e) 运行 14 000(c)，200 000(d)，400 000(e)步的原子构型截图，其中，绿球和棕色球分别表示 Al 和 Cu 原子；(f) 沿[$\bar{1}$10]带轴投影的原子模型图，其中示意了完整区域、不全位错核和层错；(g)、(h)位错连续运动后在滑移面产生 Cu 原子偏离平衡位置(如红色箭头所示)；(i)~(m) 分子动力学模拟表明两个不全位错趋向于相向运动(见图中双箭头线的长度变化)，图片根据 Cu 原子位移量 $\sqrt{dx^2+dy^2+dz^2}$ 着色，分别显示在 6000、10 000、16 000、30 000 和 240 000 时间步下。Cu 原子位移量在图(i)~(l)中在 0~1 Å 变化而在图(m)中在 0~7 Å 变化。在图(j)~(l)中，两个不全位错之间的附加峰是层错区内应力导致的局域原子畸变导致的(杨兵等[83])

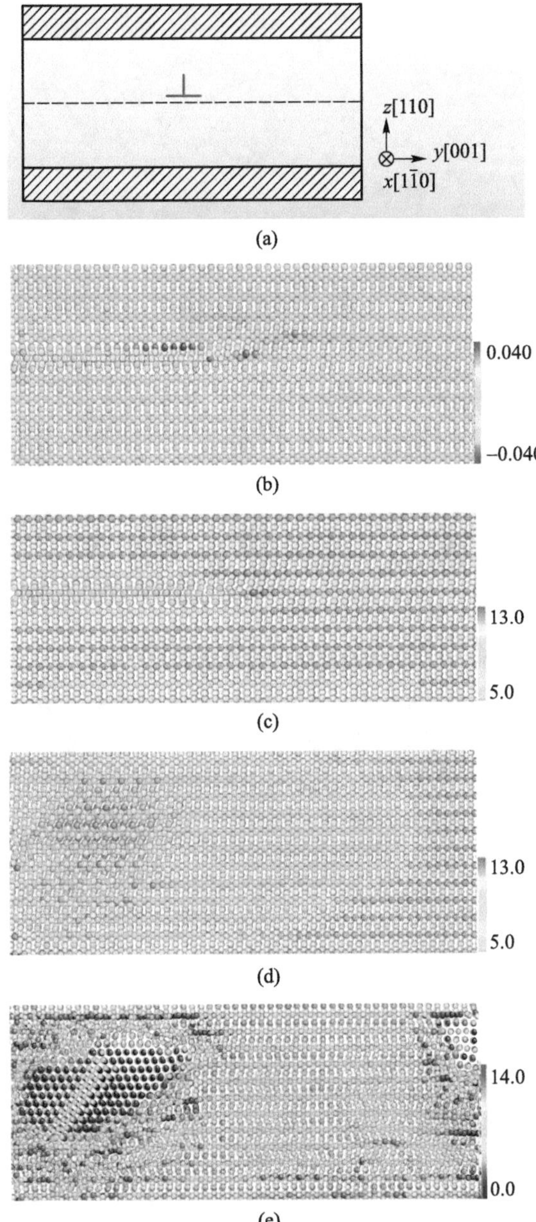

图 4.43　1/2[001](110)不全位错的分子动力学模拟：(a) 分子动力学模拟单胞的示意图，层错在不全位错"⊥"的左侧；(b) 在 14 000 步，投影在(−110)面的原子模型截图，其按原子在[001]水平方向上的受力大小着色，大小在−0.040~0.040 eV/Å 之间变化；(c) 在 14 000 步，原子按中心对称参数着色显示，大小在 5.0~13.0 Å^2 之间变化；(d) 在 200 000 步，原子按中心对称参数着色显示，大小在 5.0~13.0 Å^2 之间变化；(e) 在 400 000 步，原子按中心对称参数着色显示，大小在 0.0~14.0 Å^2 之间变化(杨兵等[83])

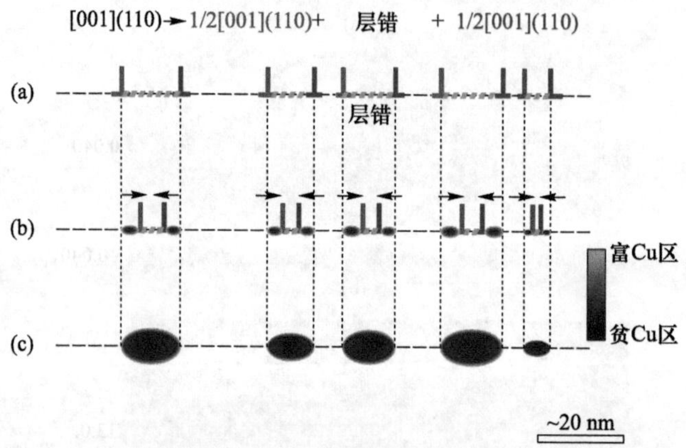

图 4.44 Al_2Cu 相内(110)面内扩展位错列运动前后的微结构演化示意图：(a) 运动前，每个扩展位错由两个不全位错中间夹着一片层错组成。根据实验，层错宽度是变化的，从 10 nm 到 20 nm 不等；(b) 位错运动特征是两个不全位错相向运动，导致不全位错滑过区域 Cu 元素偏离化学计量比；(c) 扩展位错相吸最后导致不全位错合并。Cu 偏移和 Cu 富集导致在其富集区附近出现贫 Cu 区(杨兵等[83])

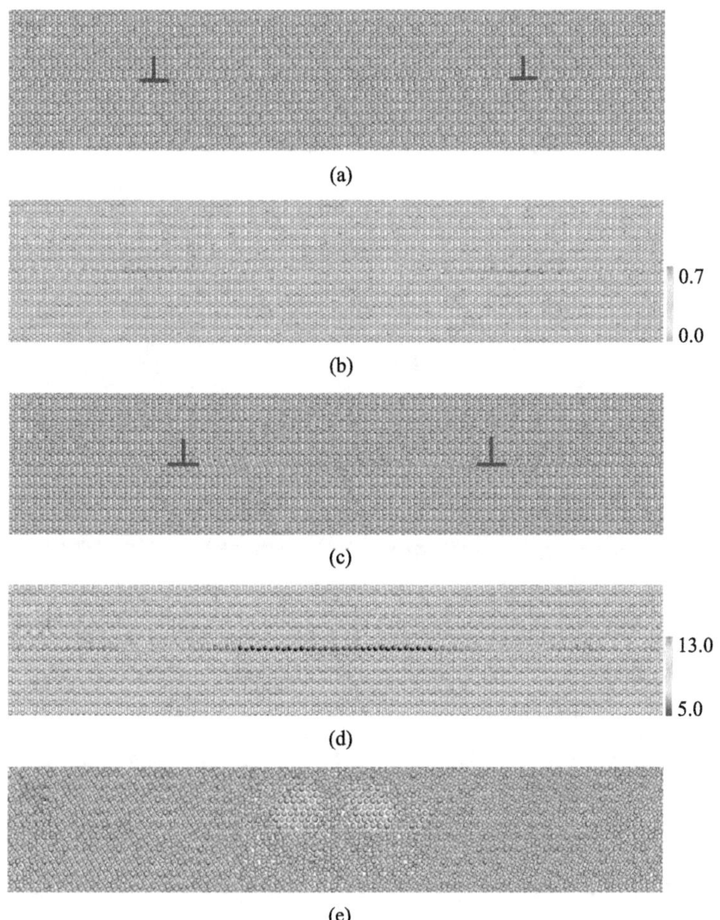

图 4.46　位错Ⅰ在弛豫和应变状态下($1\bar{1}0$)投影平面上的原子结构投影图：(a) 弛豫完成后的状态，灰色球为铝原子，黄色球为铜原子；(b) 弛豫完成后的状态，用不同颜色显示了在水平方向［001］，即 y 轴上原子所受力的大小，力的大小范围 0.0～0.7 eV/Å；(c) 9000 时间步长；(d) 9000 时间步长，原子根据中心对称参数(CSP)的值着色，值变化范围为 13.0～5.0 Å^2；(e) 75 000 时间步长(陈东等[93])

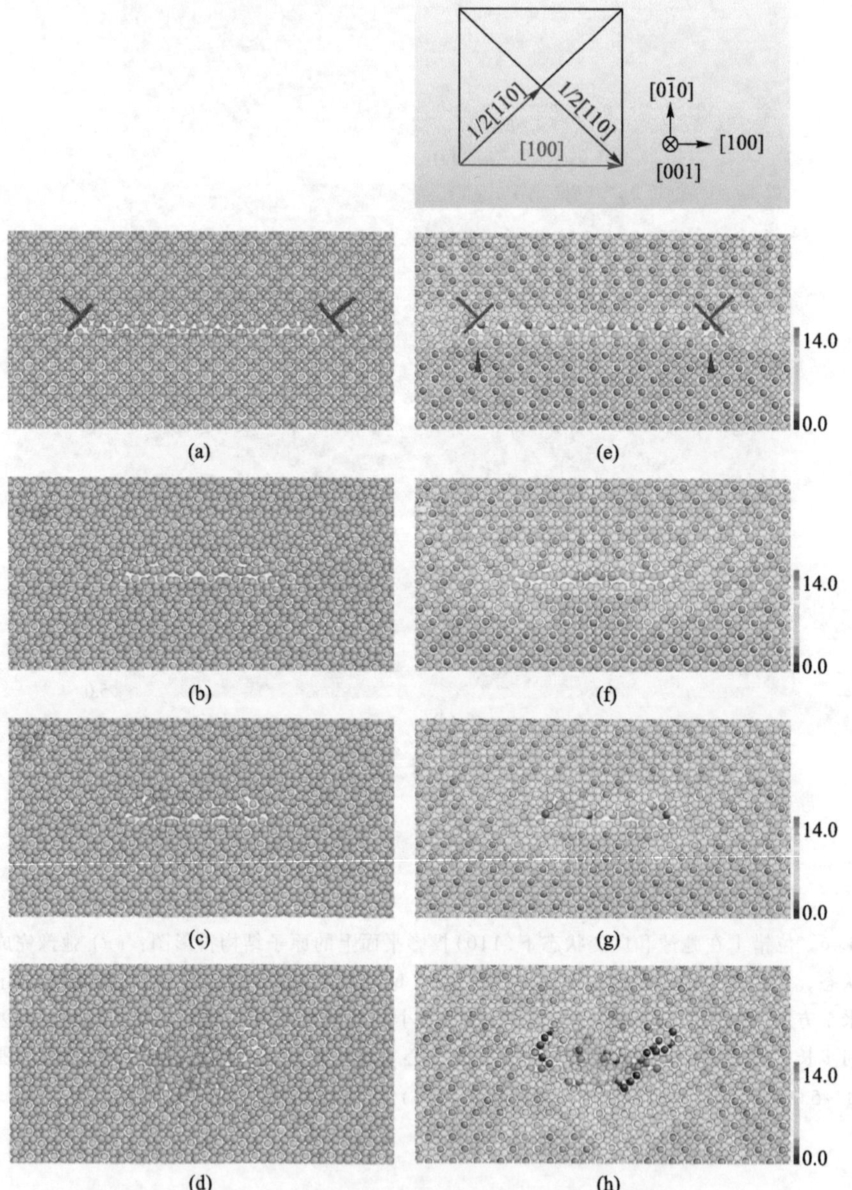

图 4.47　位错Ⅱ在弛豫和应变状态下(001)投影平面上的原子结构投影图：(a)、(e) 弛豫完成后的情况；(b)、(f) 55 000 时间步长在(001)平面上的原子结构投影图；(c)、(g) 75 000 时间步长；(d)、(h) 130 000 时间步长。图(a)~(d)中，灰色球为铝原子，黄色球为铜原子。图(e)~(h)中原子根据中心对称参数(CSP)的值着色，值变化范围 0.0~14.0 Å^2。上方插图为伯格斯矢量方向示意图(陈东等[93])

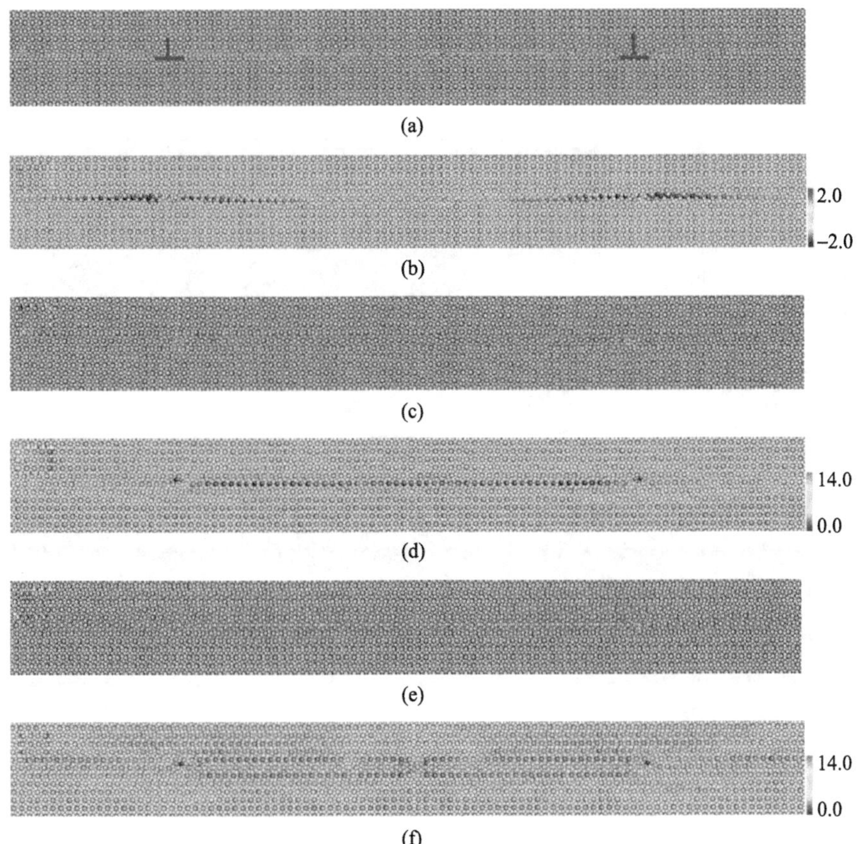

图 4.48 位错Ⅲ在弛豫和应变状态下(001)投影平面上的原子结构投影图：(a) 弛豫完成后的状态，灰色球为铝原子，黄色球为铜原子；(b) 弛豫完成后的状态，不同颜色显示了在水平[110]方向即 y 轴上原子所受力的大小，力的范围为−2.0~2.0 eV/Å；(c)、(d) 6000 时间步长；(e)、(f) 20 000 时间步长。图(d)、(f)中原子根据中心对称参数(CSP)的值着色，值变化范围为 0.0~14.0 $Å^2$(陈东等[93])

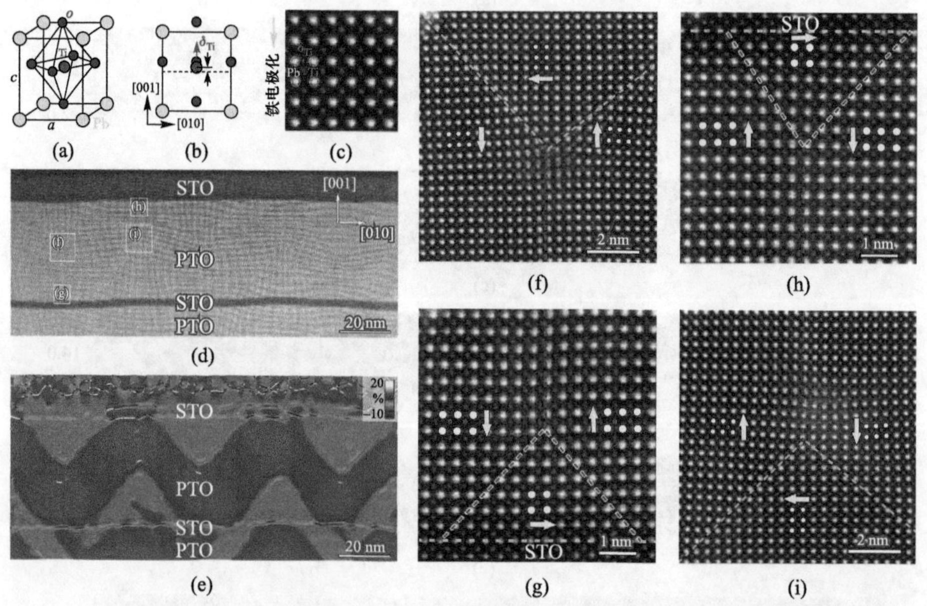

图 4.54 生长在钪酸盐衬底上的超薄 $PbTiO_3$ 铁电薄膜。利用具有原子尺度分辨能力的像差校正电子显微术，不仅发现通量全闭合畴结构及其新奇的原子构型图谱，而且还观察到由顺时针和逆时针闭合结构交替排列所构成的大尺度周期性阵列（唐云龙、朱银莲等[109]）

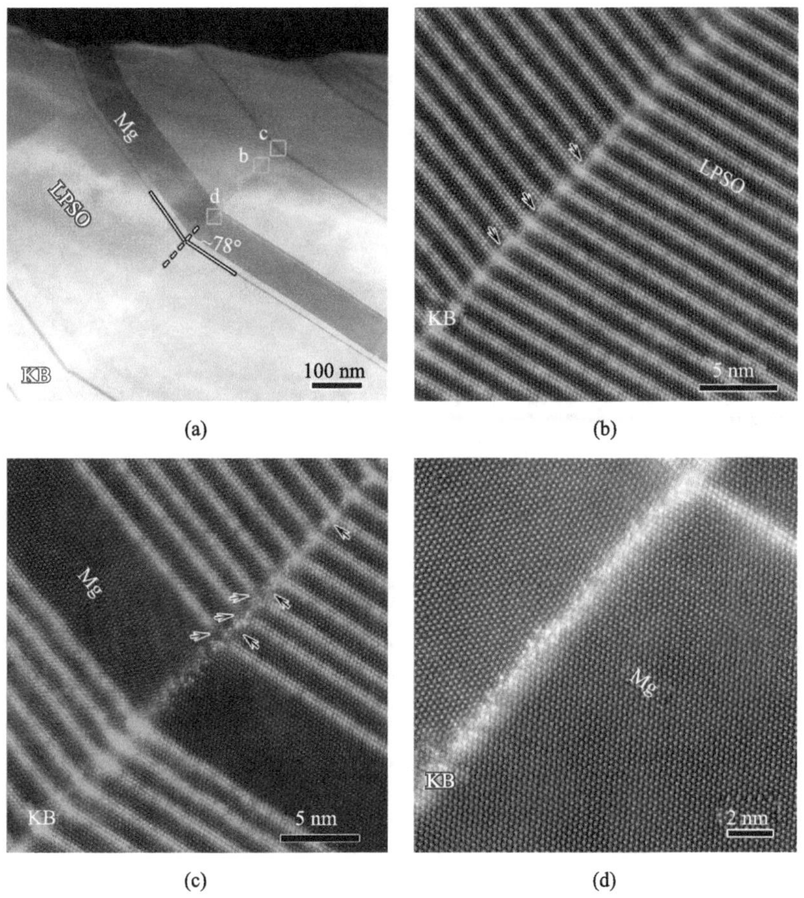

图 5.53　扭折界面上元素再分布，扭折界面上的较亮衬度表明有溶质元素的富集：(a) LPSO/Mg 纳米片层扭折的低倍 HAADF-STEM 图像；(b)～(d) 分别为对应于图(a)中区域“b～d”的原子分辨率 STEM 形貌(邵晓宏等[30])

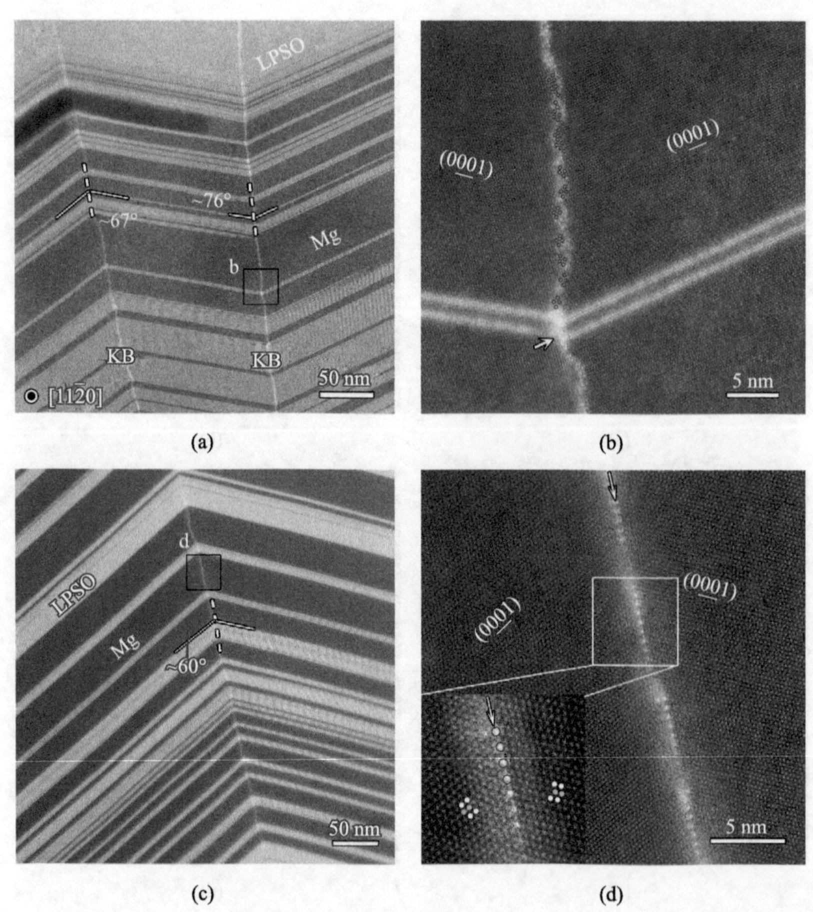

图 5.54　样品经 10 个月自然时效后 KB 处的微观形貌，显示 KB 处依然存在明显的溶质元素偏聚：(a)、(c)具有一定角度的 KB 的低倍 HAADF-STEM 图像；(b)、(d)分别对应于图(a)中的区域“b”和图(c)中的区域“d”的高分辨 HAADF-STEM 形貌，清晰展示溶质元素的原子构型(邵晓宏等[30])

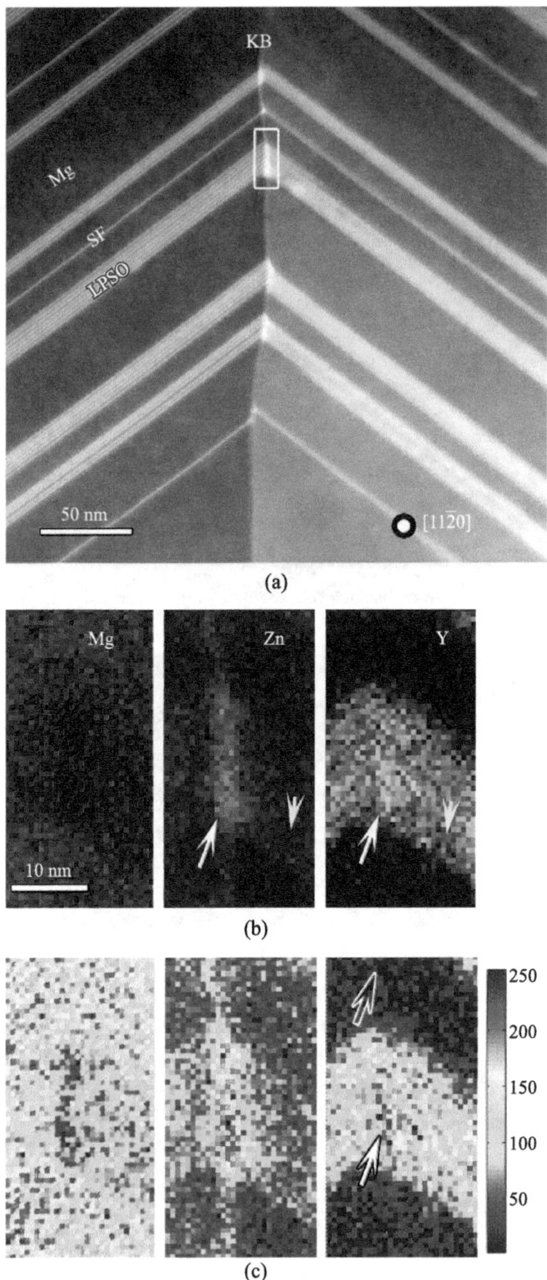

图 5.55　LPSO 结构和 SF 中 KB 处的化学成分特征：(a) LPSO 结构和 Mg 纳米片层的对称 KB 形貌；(b) 对应图(a)中矩形区域的 EDS 面扫描结果，表明 Zn 元素沿 KB 面的富集；(c) 经过 MATLAB 计算得到图(b)的 2D 强度图，显示 Y 元素在 LPSO 结构的 KB 处有少量偏聚(邵晓宏等[30])

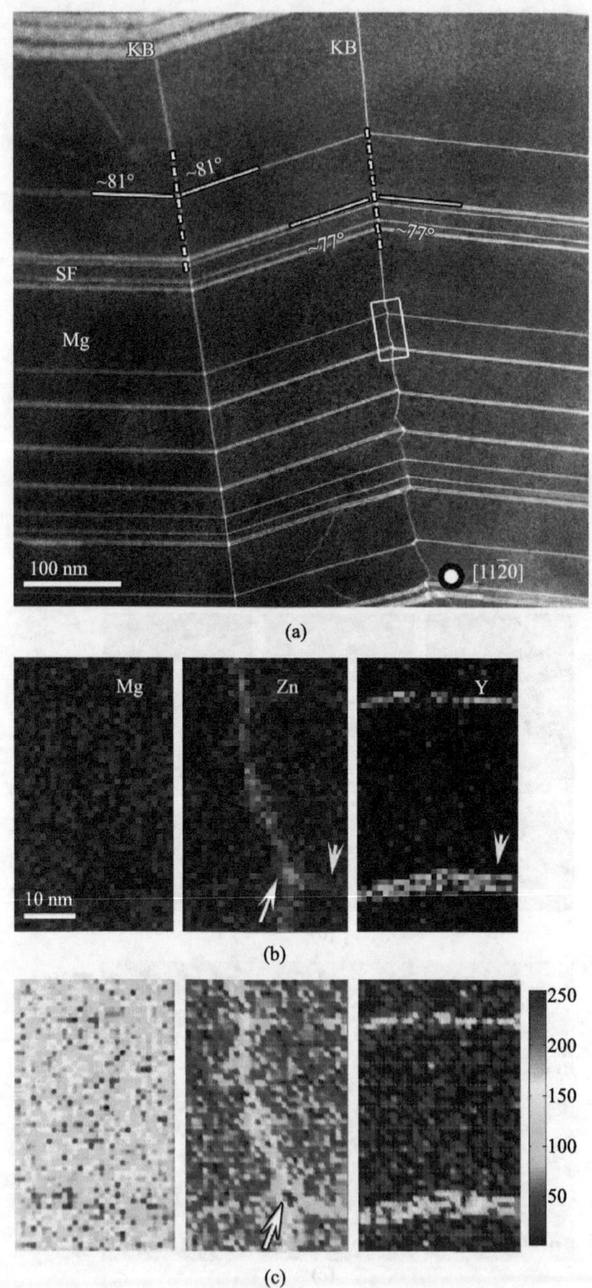

图 5.56 SF 和 Mg 纳米片层中 KB 处的化学成分特征：(a) SF 和 Mg 纳米片层的对称 KB 形貌；(b) 对应图(a)中矩形区域的 EDS 面扫描结果，可以看出 Zn 元素沿 KB 面的富集；(c) 经过 MATLAB 计算得到图(b)的 2D 强度图，没有探测到 Y 元素的偏聚(邵晓宏等[30])

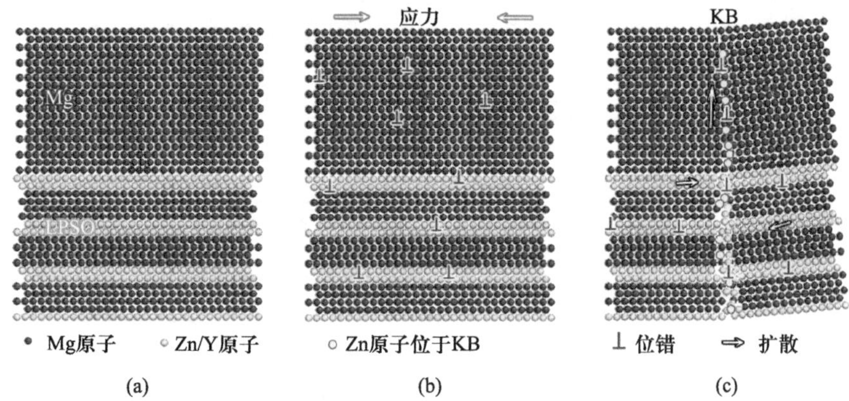

图 5.57　位错加速扩散引起溶质元素在 KB 处再分布的示意图

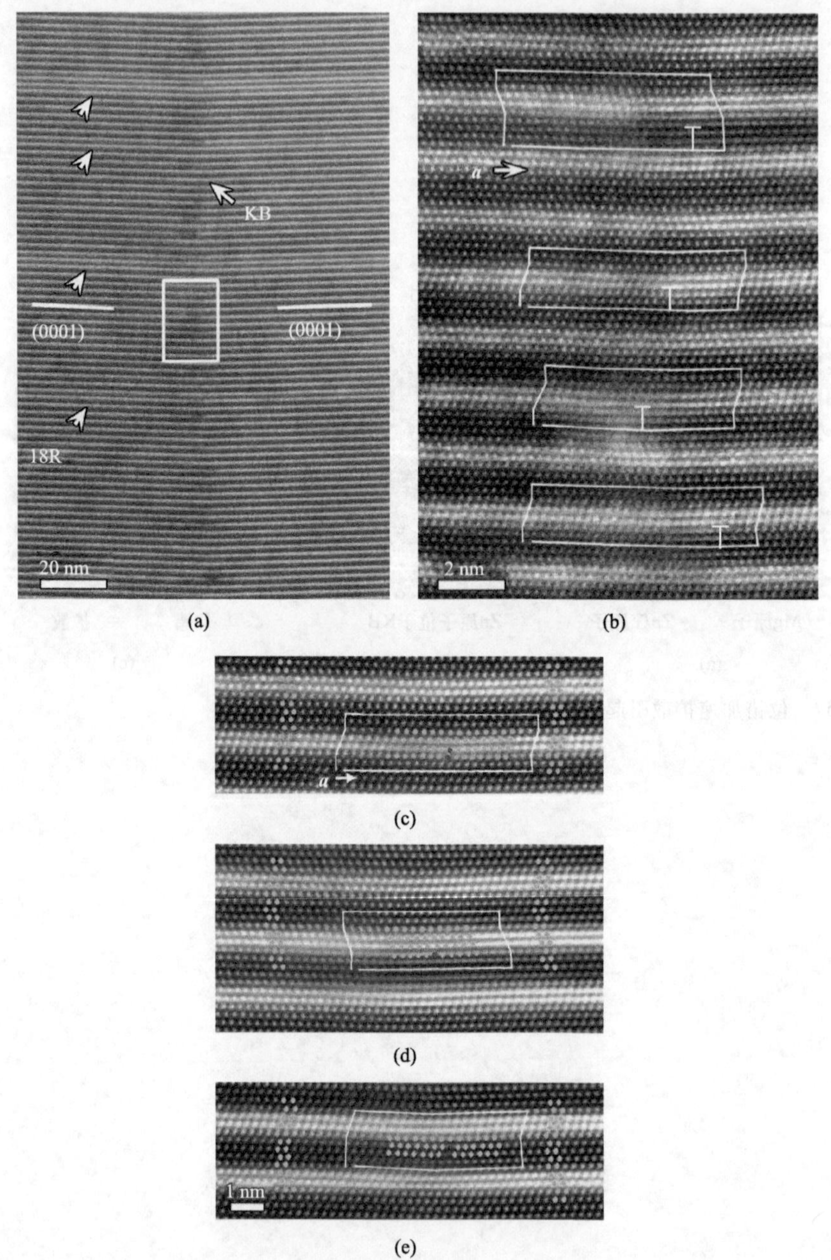

图 5.60　靠近弯曲 LPSO 晶粒外边缘的 LAKB[图 5.58(c)中的位置“2”]：(a) 低倍 HAADF-STEM 像；(b) 图(a)中所标注区域的原子分辨率 HAADF-STEM 的图像，显示该 LAKB 由<***a***>全位错组成，由符号“⊤”表示；(*c*) 位错核心在 *B*′和 *C*′层的分布；(*d*) 位错核心在 *A* 层的分布；(*e*) 位错核心在其他 *Mg* 层的分布。其中多余的半原子面用红点表示。橙色和蓝色的点分别表示在 *B*′层和 *C*′层以及其他层上的原子投影(彭珍珍等[60])

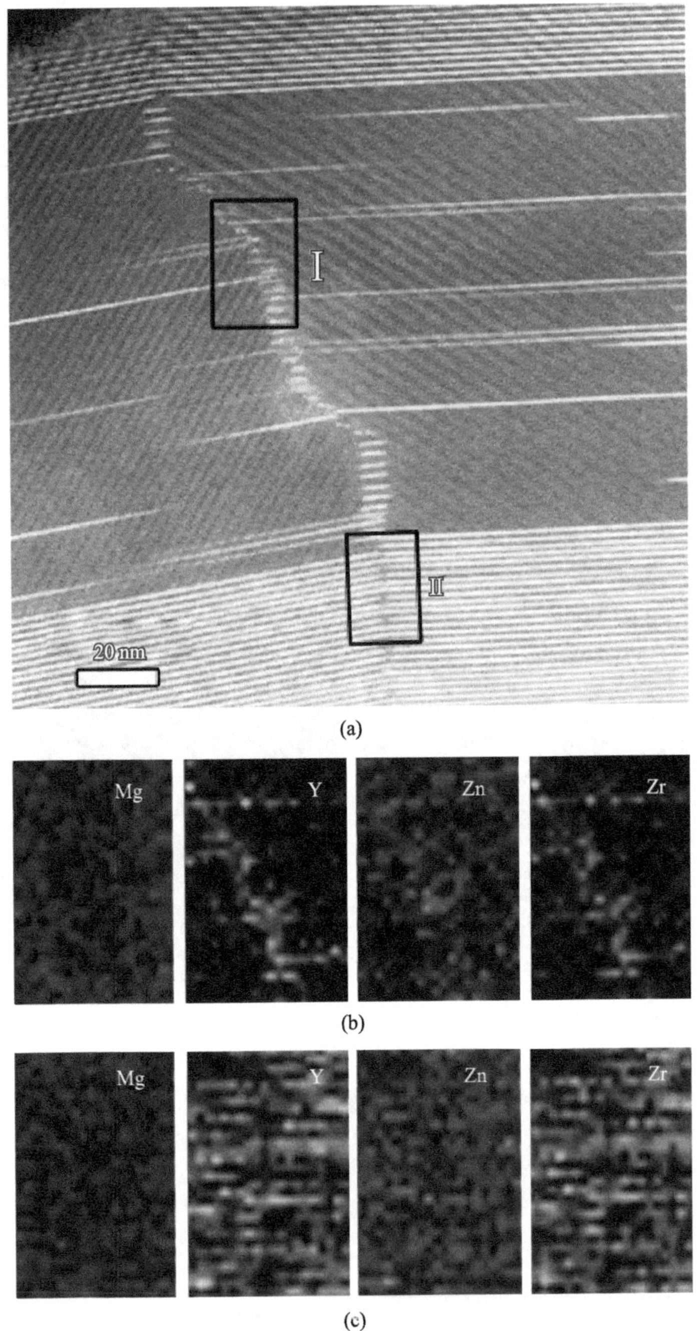

图 5.65　LPSO/Mg 晶粒中 LAKB 的 EDS 成分分析：(a) 低倍 HAADF-STEM 图像；(b) Mg 纳米片层中 LAKB 的面扫描结果，图中可以看出 LAKB 富集了 Y、Zn 和 Zr 元素；(c) LPSO 中 LAKB 的面扫描结果，可见 LAKB 处缺失 Y、Zn 和 Zr 元素(彭珍珍等[60])

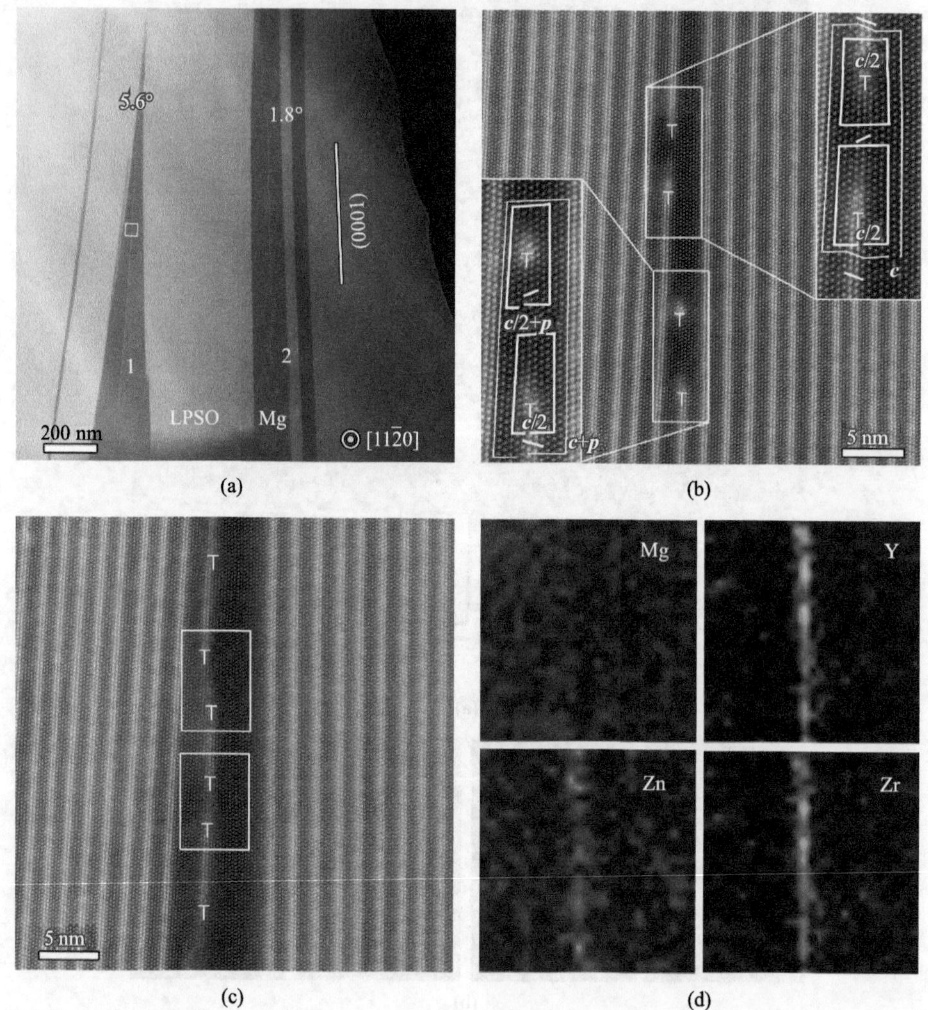

图 5.66 楔形 Mg 区域中的 LAKB 及其 EDS 面扫描图：(a) 18R-LPSO 中包含两个楔形区域的(如拉阿伯数字“1”和“2”所示)HAADF 图像；(b)、(c)楔形区域“1”中 LAKB 顶部(b)和中部(c)的原子分辨率照片，可以看出 LAKB 由一列有序排列的分解了的<***c*+*a***>位错组成。伯格斯矢量为 1/2[0001]的位错由符号“丅”表示；(d) LAKB 的 EDS 面扫描结果，表明 LAKB 富集 Y、Zn 和 Zr 元素(彭珍珍等[60])

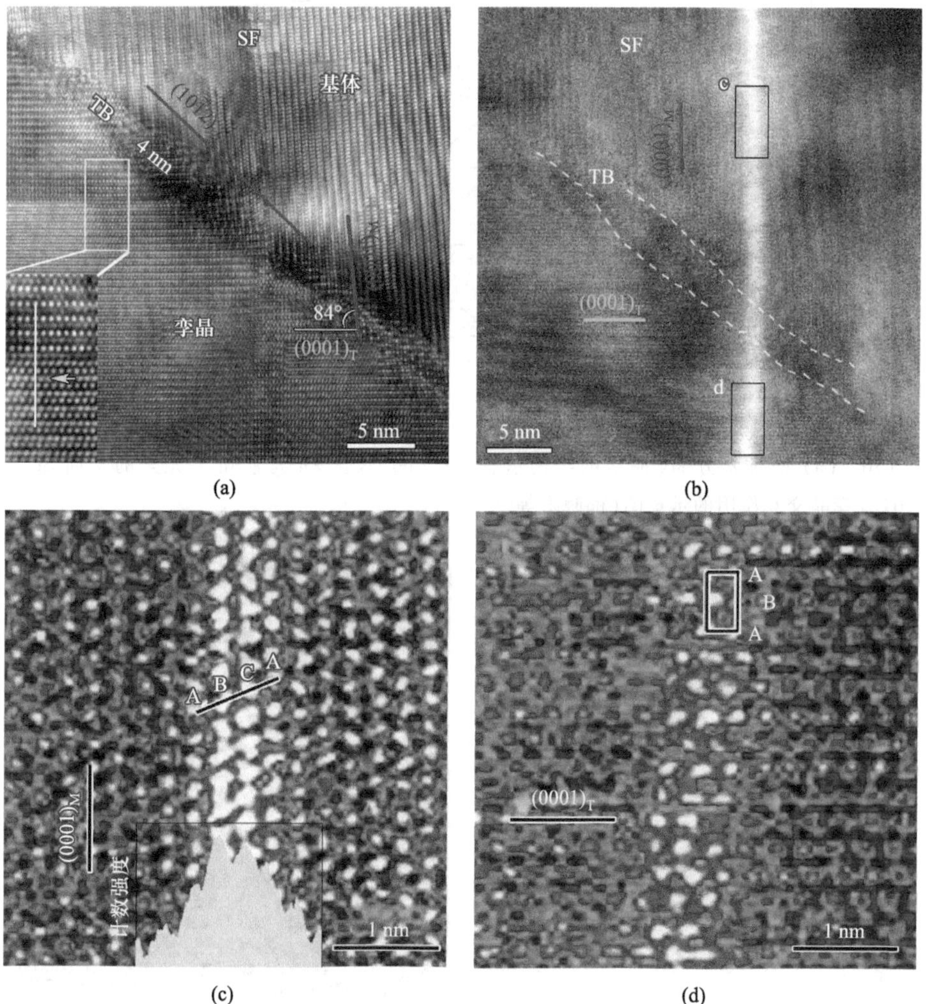

图 5.68 $\{10\bar{1}2\}$孪晶与 LPSO 结构的交互作用：(a) $\{10\bar{1}2\}$孪晶界穿过 SF 的高分辨 SETM 像，其中左下角插图是矩形区域的放大图，表明内禀层错的产生；(b) 对应图(a)的 HAADF-STEM 像；(c)和(d)分别为 SF 中 Zn、Y 元素在基体和孪晶内部的分布(邵晓宏等[64])

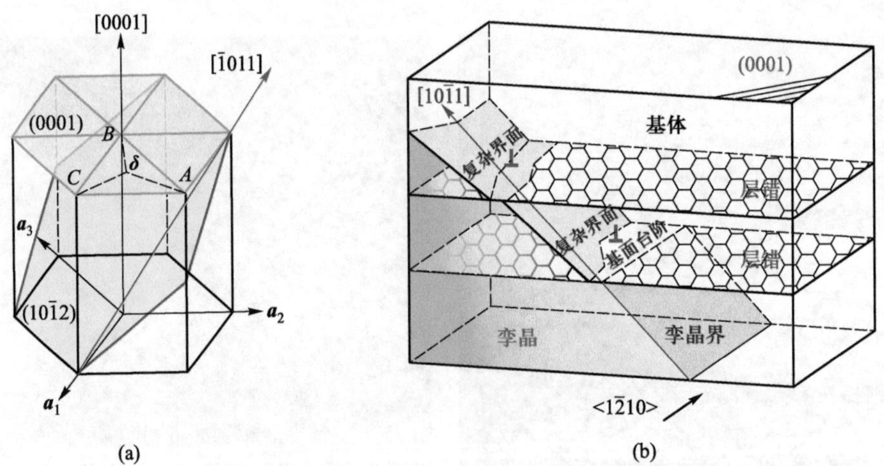

图 5.70 (a) 密排六方 Mg 晶格的结构示意图；(b) 富含 Zn 元素和 Y 元素的基面 SF 与 {10$\bar{1}$2} 孪晶交互作用的示意图(邵晓宏等[64])

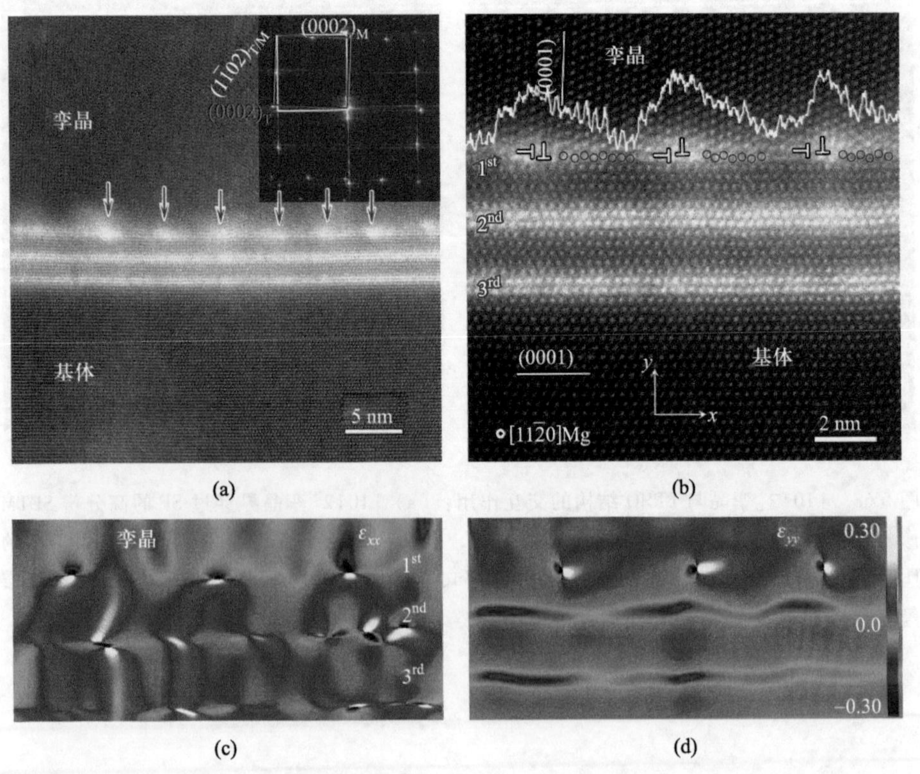

图 5.72 LPSO-TB 的周期性位错及其应变分析：(a) LPSO-TB 的 STEM 像以及对应的 FFT 图谱，表明上下两部分呈现孪晶取向；(b) LPSO-TB 的原子尺度分辨率 STEM 图像显示界面上的周期性失配位错；(c) 平行(ε_{xx})于 LPSO-TB 的 GPA 分析；(d) 垂直(ε_{yy})于 LPSO-TB 的 GPA 分析(邵晓宏等[33])

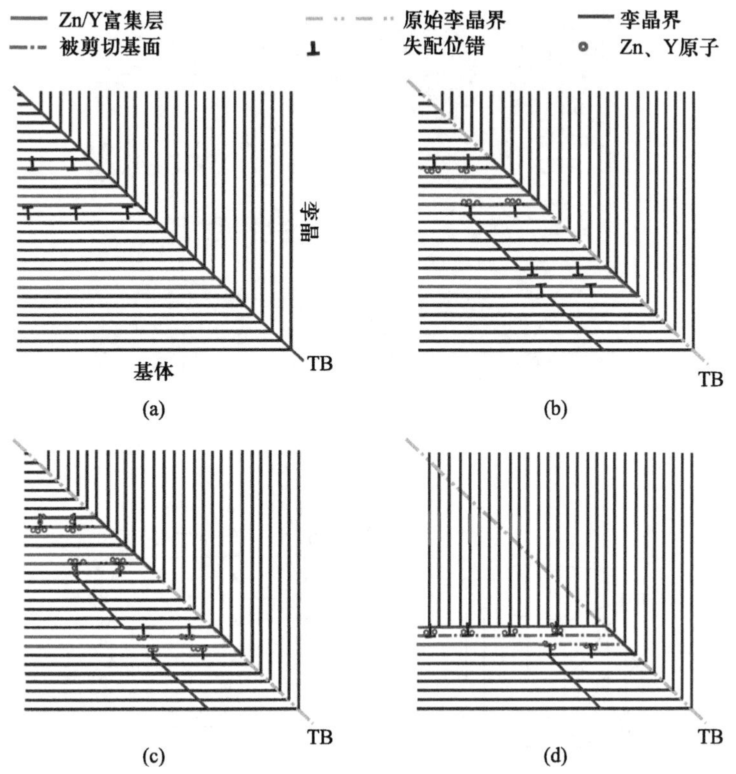

图 5.75　Mg 合金在热变形时，孪晶扩展过程中层状 LPSO 结构和 SF 中的 Zn、Y 元素发生空间再分布的微观机理示意图

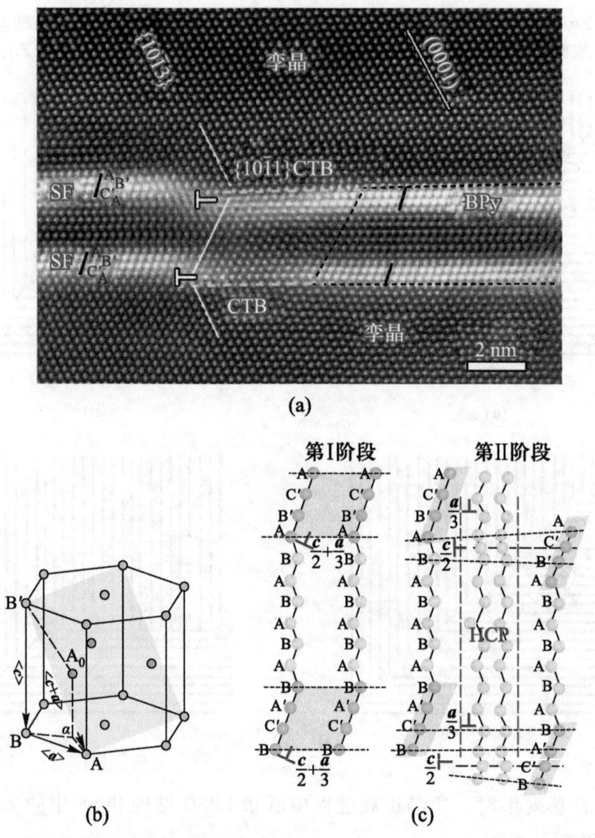

图 5.78 {10$\bar{1}$3} - {10$\bar{1}$1} 孪晶组态通过位错反应形成于孪晶与连续两个 SF 交截处：(a){10$\bar{1}$3} - {10$\bar{1}$1}组态的微观形貌；(b) HCP 镁的结构示意图；(c) 位错反应示意图(邵晓宏等[67])

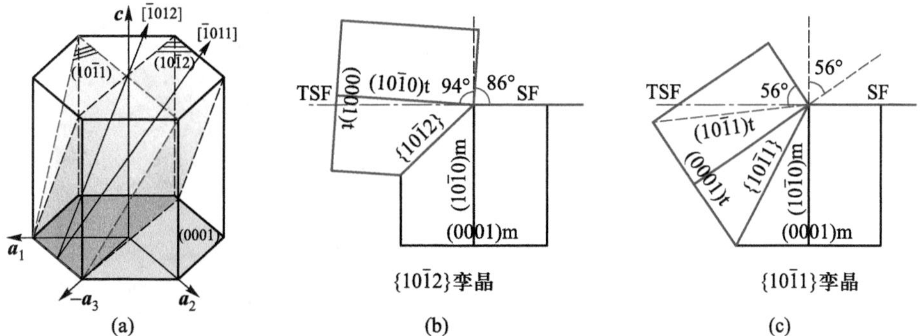

图 5.80 (a) $\{10\bar{1}2\}\langle 10\bar{1}1\rangle$拉伸孪晶和$\{10\bar{1}1\}\langle 10\bar{1}2\rangle$压缩孪晶示意图；(b) 对于拉伸孪晶，其基面与孪晶内基体基面延伸线(虚线代表 TSF)的夹角为 94°；(c) 对于压缩孪晶，其基面与孪晶内基体基面延伸线(虚线代表 TSF)的夹角为 56°。图中 m 和 t 分别代表基体和孪晶

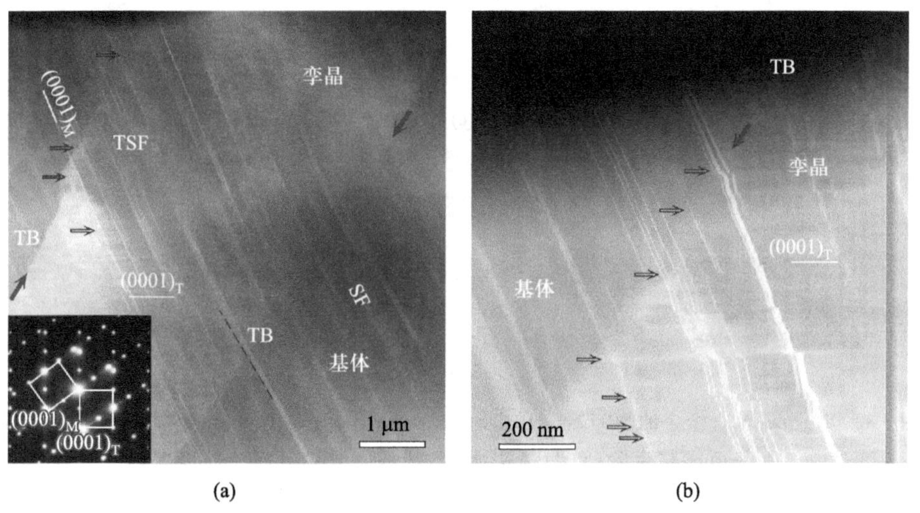

图 5.81 Mg-Zn-Y 合金中的$\{10\bar{1}1\}\langle 10\bar{1}\bar{2}\rangle$压缩孪晶：(a) $\{10\bar{1}1\}\langle 10\bar{1}\bar{2}\rangle$变形孪晶的 HAADF-STEM 图像，插图为其选区电子衍射图。基体中存在大量富集溶质原子的堆垛层错，在孪晶内部转变为孪晶取向，被称为 TSF；(b) 图(a)中左上角孪晶界的放大图像，红色箭头表示变形孪晶中基面剪切台阶(邵晓宏等[70])

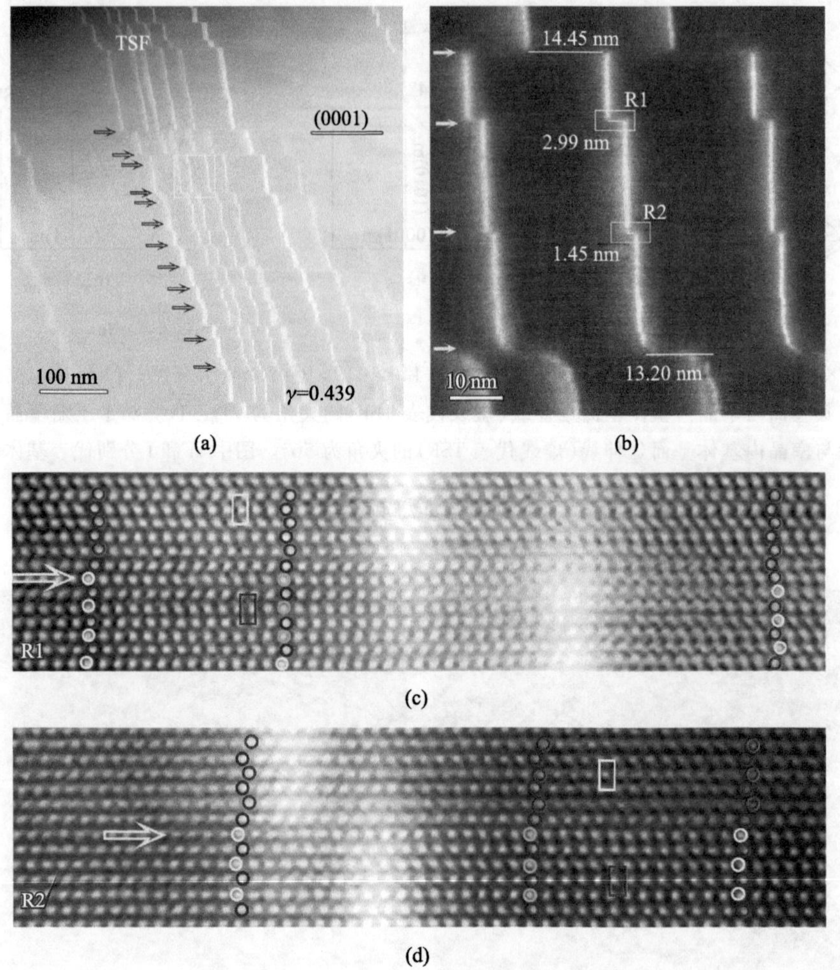

(a) (b) (c) (d)

图 5.82　Mg-Zn-Y 合金中的{10$\overline{1}$2} <10$\overline{1}$1>孪晶：(a) 高密度基面滑移剪切 TSF，并导致变形孪晶中产生基面滑移台阶(红色箭头所示)，基面滑移引起的局部剪切应变估测为 0.439；(b) 对应图(a)中矩形标注区域的放大像，表明基面剪切各不相同，且在同一基面上发生了多次剪切；(c)、(d)图 5.82(b)中区域 R1(c)和 R2(d)的高分辨率图，可见 TSF 的基面滑移剪切附近存在严重的晶格畸变，红色矩形中的 A 和 B 位置沿<10$\overline{1}$0>方向的距离小于黄色矩形中的理论距离(邵晓宏等[70])

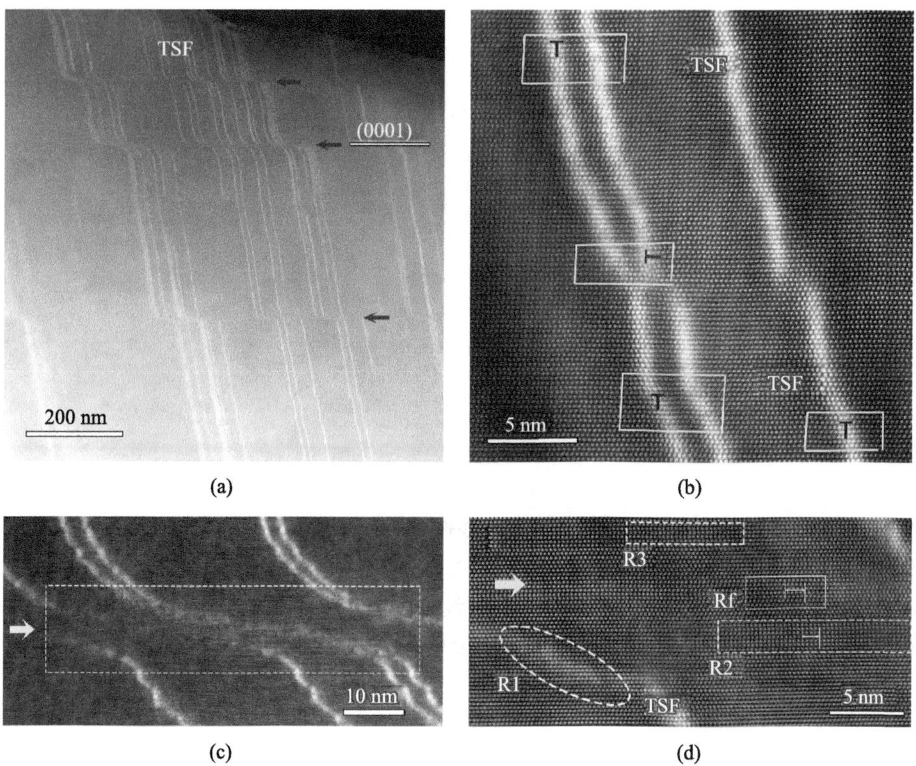

图 5.83 （a）HAADF-STEM 图像表明 TSF 被基面位错剪切产生较大弯曲，如红色箭头所示；（b）左侧两个单元的 TSF 内存在少量分位错，表明 TSF 可以钉扎位错，降低位错滑移能力；（c）TSF 中的溶质原子在基面滑移带中重新分布，如虚线矩形所示；（d）图(c)中矩形标记区的高分辨率像。区域 R1 中明显缺失溶质原子；与区域 Rf 中的晶格相比，区域 R2 和 R3 中存在严重的晶格畸变(邵晓宏等[70])

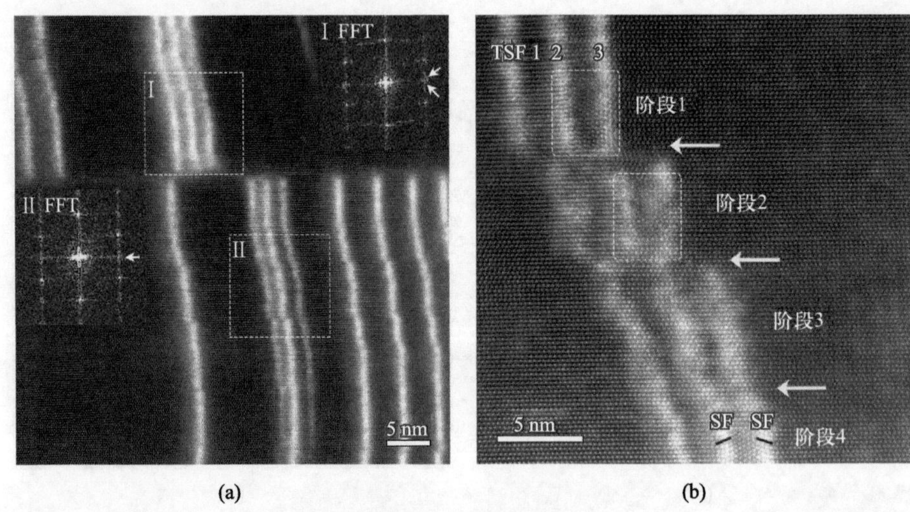

图 5.84　三个单元厚的 TSF 中同时发生孪生变形和基面剪切：(a) TSF 上部存在原始基体取向(Ⅰ FFT 中的两个箭头所示)，而 TSF 的下部已完全转变为孪晶取向(Ⅱ FFT)；(b) 阶段 1 和 2 处的三个单元厚 TSF 呈现环状图案(虚线矩形框出)，阶段 4 处存在残留基体取向的 SF(红色斜线表示)，同时，这些 TSF 沿基面发生滑移(黄色箭头所指)(邵晓宏等[70])

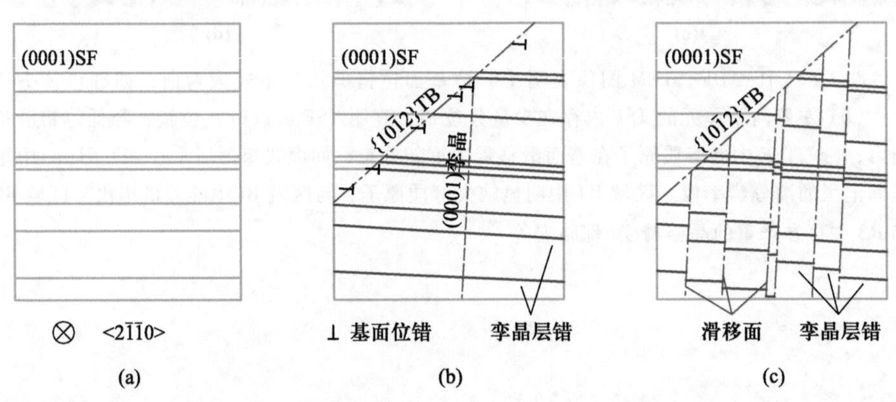

图 5.86　{10$\bar{1}$2}变形孪晶中基面滑移与 LPSO/SF 的交互作用示意图：(a) {10$\bar{1}$2}孪生之前基体中的 LPSO/SF；(b) 变形孪晶中 TSF 的形成和基面位错的激活；(c) TSF 发生基面剪切

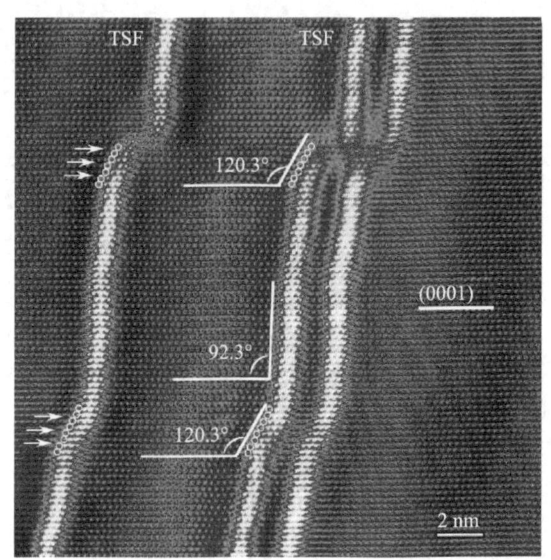

图 5.87 孪晶内 TSF 中的单次(白色箭头)和多次剪切(红色箭头)行为(邵晓宏等[70])

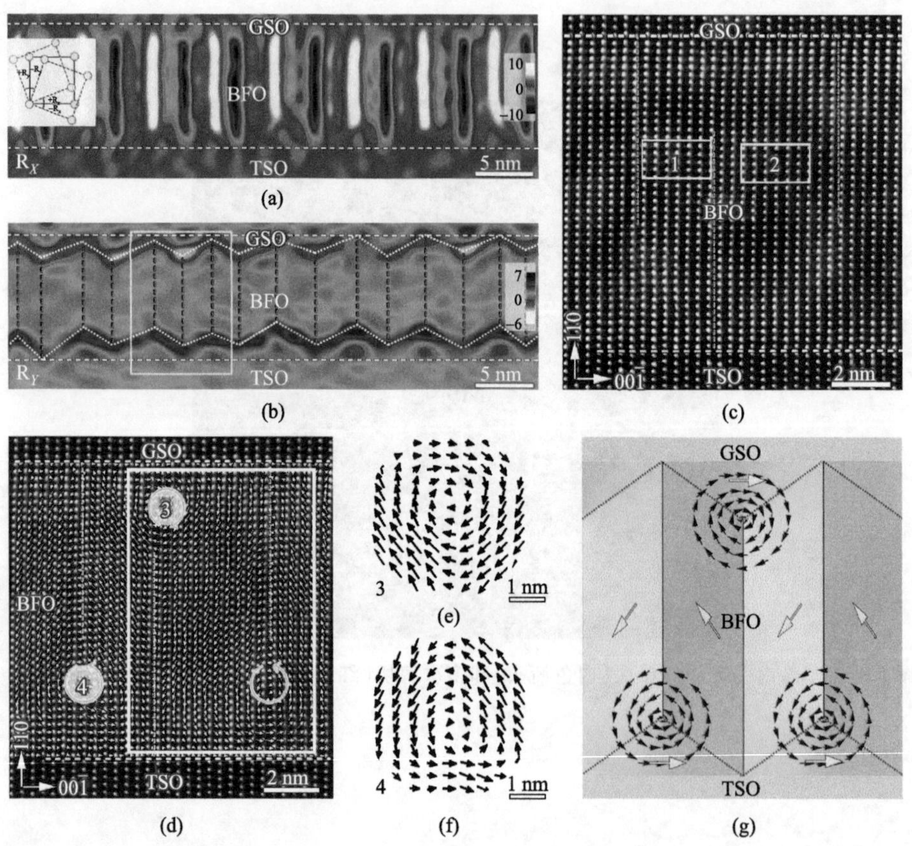

图 5.90　生长在 $TbScO_3(010)_O$ 衬底上的 $BiFeO_3$(10 nm)/$GdScO_3$(3 nm)/$BiFeO_3$(10 nm)多层膜的像差校正电子显微解析。$BiFeO_3$ 层中靠近异质界面处形成了周期性的、由正交和菱方两相构成的极化涡旋结构(耿皖荣等[80])

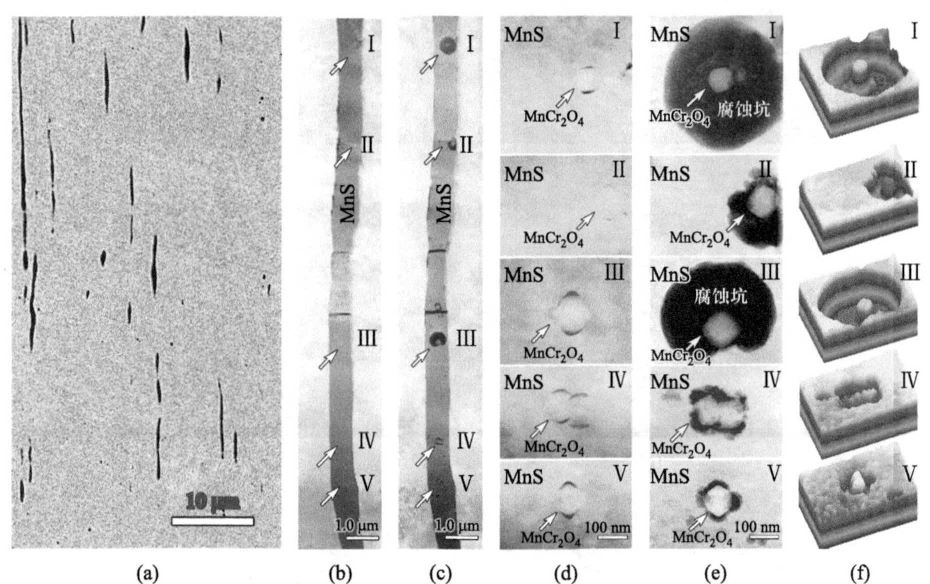

图 6.7 利用原位外环境透射电子显微学方法发现 MnS 的局域溶解起始于镶嵌在其中的纳米颗粒：(a) 实验中所用 316F 不锈钢样品的 SEM 照片，其中黑色条状物是 MnS 夹杂物；(b)、(c) MnS 夹杂腐蚀实验前(b)、后(c)的 HAADF 照片，可以看出 MnS 的非均匀溶解都发生在其中的纳米颗粒周围；(d)图(b)中箭头所指的纳米颗粒的放大图；(e)图(c)中 MnS 发生溶解的部分的放大图像；(f)，对图(e)衬度数字处理得到的三维可视化图像(郑士建等[1])

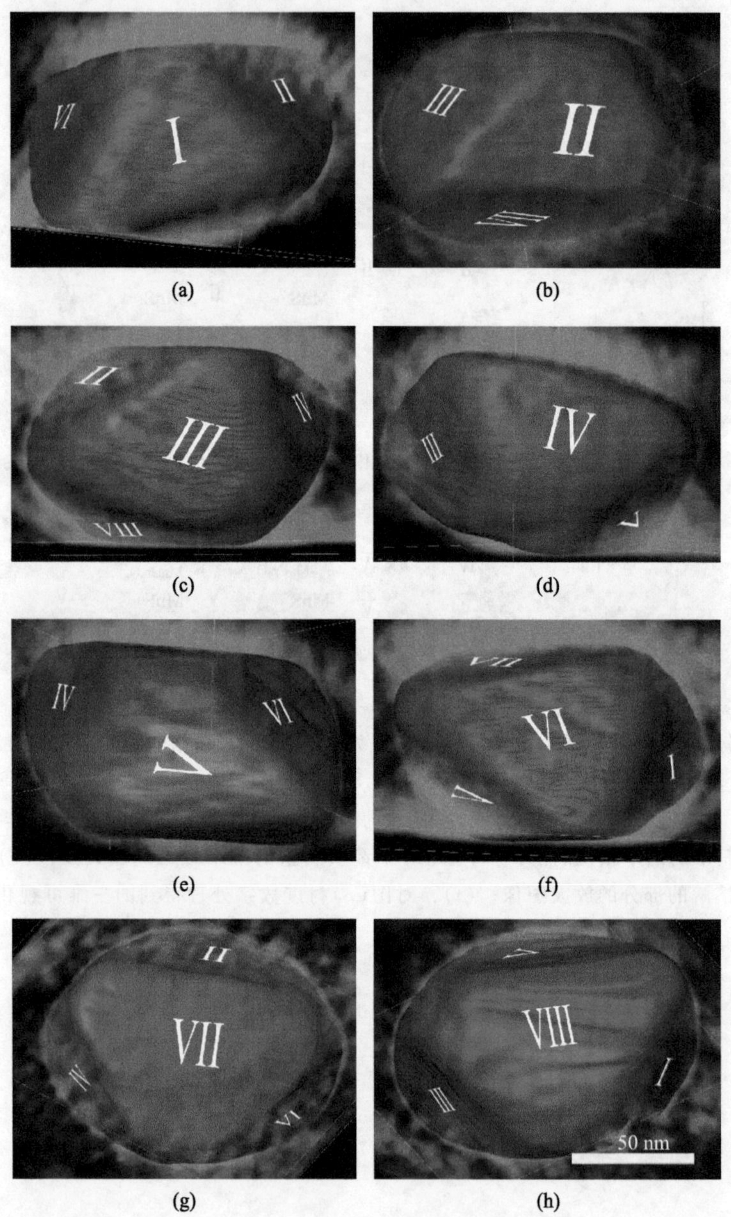

图 6.21　利用 STEM 三维重构可以确认 $MnCr_2O_4$ 纳米颗粒为正八面体构型。每一个外表面在图中用Ⅰ、Ⅱ、Ⅲ、…、Ⅷ 标注(郑士建、王宇佳等[1])

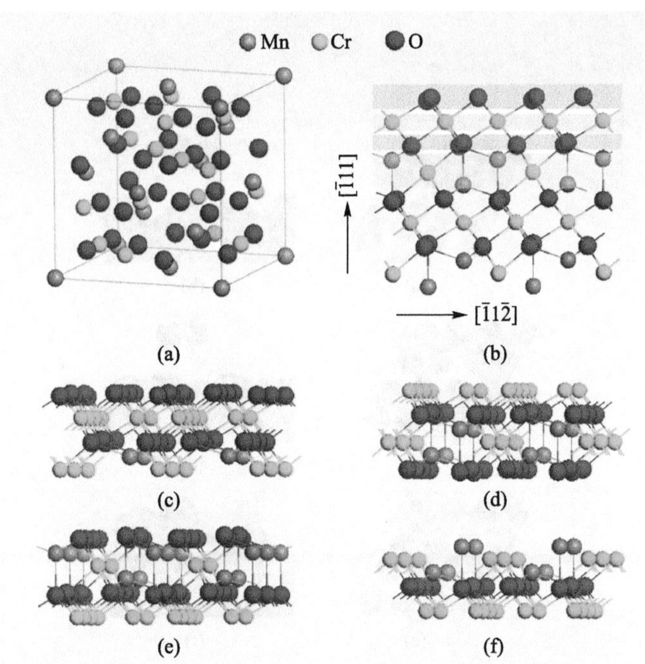

图 6.23　尖晶石 $MnCr_2O_4$ 的晶体结构：(a) 一个尖晶石 $MnCr_2O_4$ 单胞的三维原子构型；(b) 沿着[110]方向的原子投影，图中 4 个(111)原子层已标记出来；(c) O 离子在(111)表面层的原子构型，其中它的下方是 Cr 离子；(d) Cr 离子在表面截止层的原子构型；(e) O-Mn 在表面截止的原子构型；(f) Mn-Cr 在表面截止的原子构型(郑士建、王宇佳等[1])

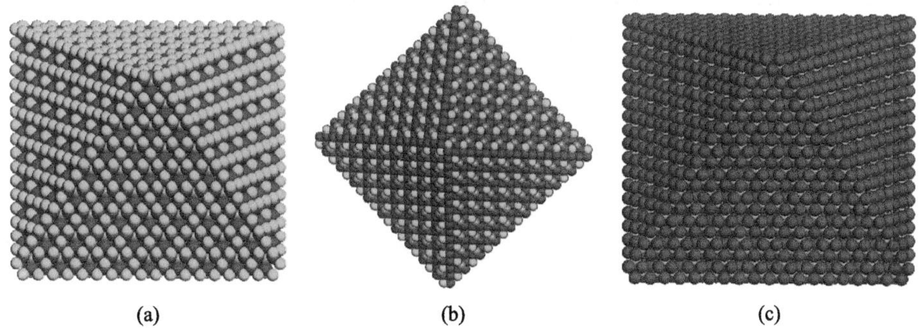

图 6.24　具有不同离子截止面的八面体的结构模型：(a) Cr 离子截止层的八面体；(b) Mn 离子截止层的八面体；(c) O 离子截止层的八面体。八面的催化反应活性由截止层离子类型所决定(郑士建、王宇佳等[1])

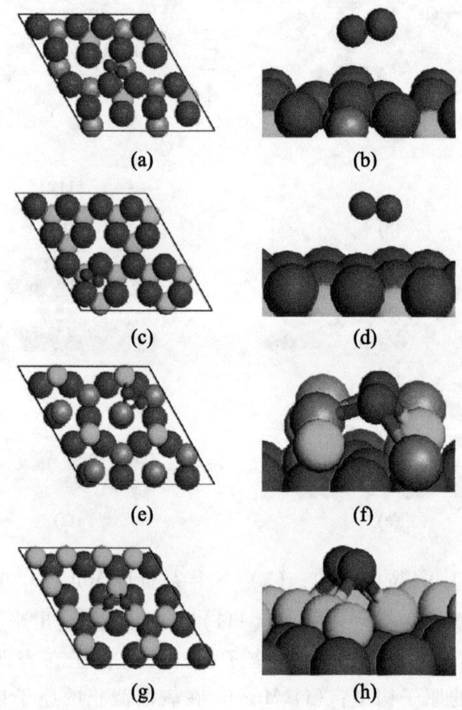

图 6.25　O_2 在 $MnCr_2O_4$ 的 4 种(111)表面上的吸附结构的俯视图以及侧视图：(a)、(b) O—Mn；(c)、(d) O—Cr；(e)、(f) Mn—Cr；(g)、(h) Cr—O 表面。4 种吸附结构的 O—O 键长分别为 1.236 Å、1.236 Å、1.541 Å、1.494 Å。O_2 到吸附表面原子的直线距离分别为 2.458 Å、2.854 Å、0.514 Å、1.323 Å(郑士建、王宇佳等[1])

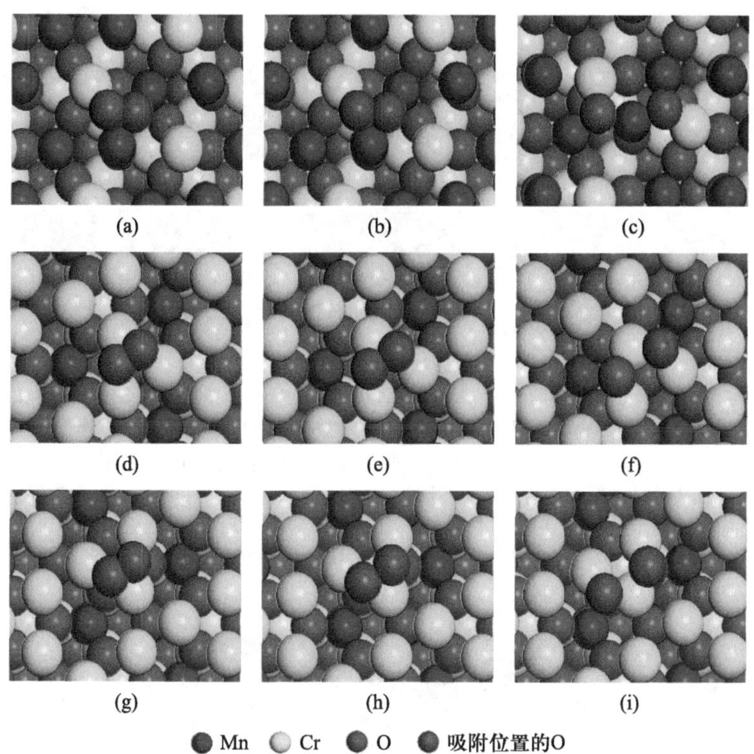

图 6.26　O_2 分子的直接裂解过程：(a)~(c) O_2 分子吸附在 Mn-Cr 表面上的情况；(d)~(f) O_2 分子吸附在 Cr-O 表面上的第一种吸附位置的情况；(g)~(i) O_2 分子吸附在 Cr-O 表面上的第二种吸附位置的情况。从图(d)和(g)可以看出，在 Cr-O 表面上，O_2 分子可能吸附在两种 Cr 原子三角形上，这两种吸附位置分别命名为 Δ1 和 Δ2。从图(f)和(i)可以看出，它们的区别在于三角形中心的正下方有无 O 原子。图(a)、(d)、(g)，(b)、(e)、(h)和(c)、(f)、(i)分别给出了裂解反应的初始态、过渡态和末态(王宇佳等[34,37])

图 6.27　O_2 分子裂解之后的两个 O 原子分别与两个 H_2O 分子之间发生的质子传递反应：(a)～(d)O_2 分子吸附在 Mn-Cr 表面上的情况；(e)～(h) O_2 分子吸附在 Cr-O 表面上 Δ1 处的情况；(i)～(m) O_2 分子吸附在 Cr-O 表面上 Δ2 处的情况。其中，图(a)、(c)、(e)、(g)、(i)、(k)是各反应的初始态，图(b)、(d)、(f)、(h)、(j)、(m)是各反应的末态，图(l)是过渡态。只有在 Cr-O 表面上的 Δ2 处，第二个 O 原子与第二个 H_2O 分子之间的质子传递反应才有明显的势垒，能够找到过渡态。其他反应的势垒都非常低，以至于在离子弛豫的过程中就能发生(王宇佳等[34,37])

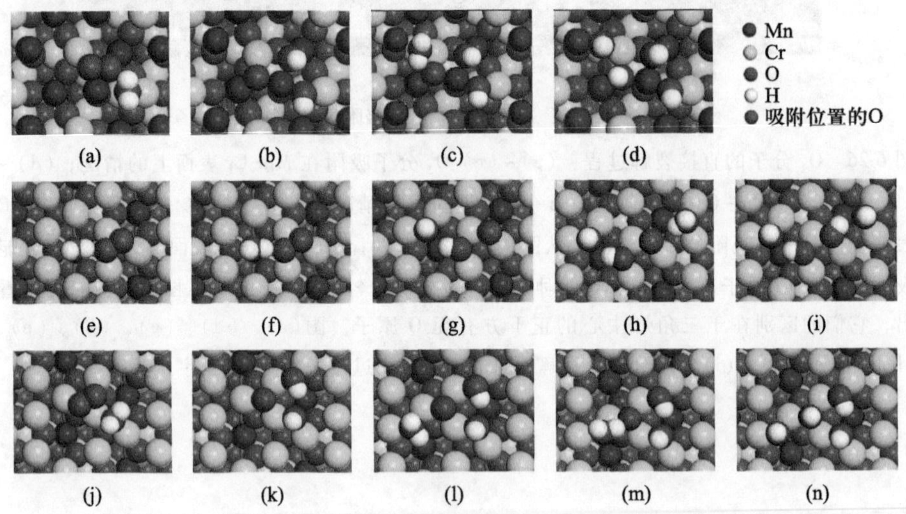

图 6.28　H_2O 分子协助 O_2 分子裂解的反应过程：(a)～(d) O_2 分子吸附在 Mn-Cr 表面上的情况；(e)～(i) O_2 分子吸附在 Cr-O 表面上 Δ1 处的情况；(j)～(n) O_2 分子吸附在 Cr-O 表面上 Δ2 处的情况。其中，图(a)、(c)、(e)、(h)、(j)、(l)是各反应的初始态，图(b)、(d)、(g)、(i)、(k)、(n)是各反应的末态，图(f)、(m)是过渡态(王宇佳等[34,37])

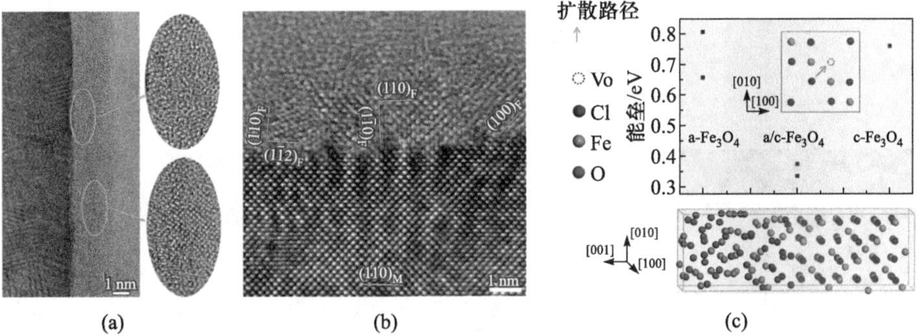

图 6.30 钝化膜中晶体/非晶界面作为氯离子在膜中的传输通道：(a) 沿基体[001]晶带轴的 HRTEM 像显示钝化膜主要为非晶态，其中包含有一些纳米晶；(b)界面处 HRTEM 像的局部放大图，其中包含三个纳米晶；(c)氯离子在钝化膜中的晶体、非晶及二者界面处进行扩散所需能量的第一性原理计算，插图所示为氯离子在晶体区域的扩散路径，结果表明晶体/非晶界面处扩散阻碍最小[74,75]

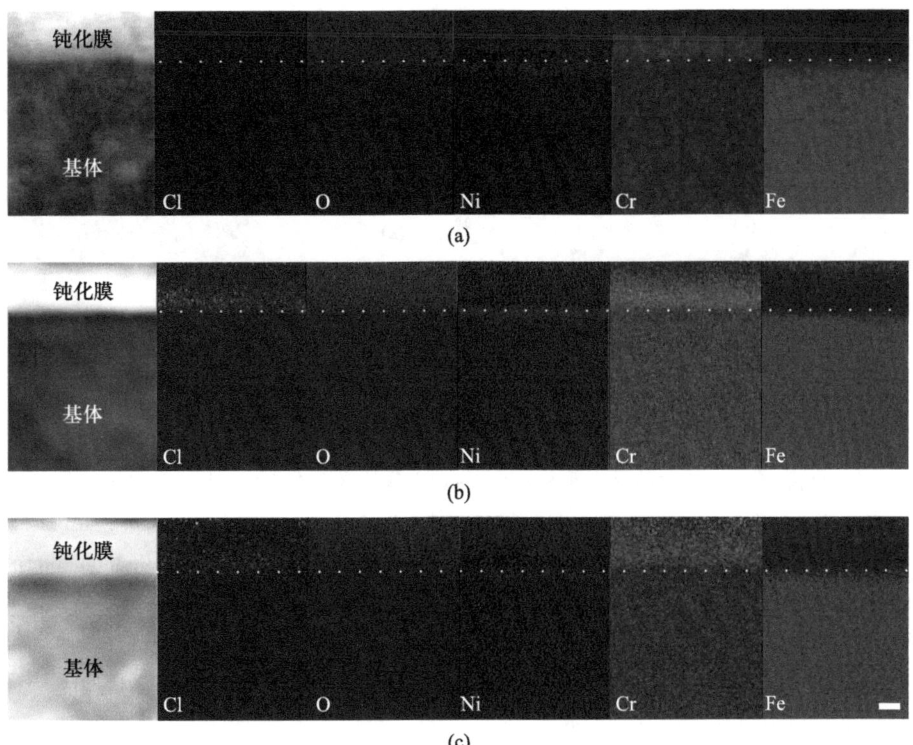

图 6.31 不同形成条件下钝化膜的元素面分布分析：(a) 0.5 mol · L^{-1} H_2SO_4 中 640 mV/SHE 下恒电位钝化 30 min；(b) 在 0.5 mol · L^{-1} H_2SO_4+0.3 mol · L^{-1} NaCl 中 640 mV/SHE 下恒电位钝化 30 min；(c) 先在 0.5 mol · L^{-1} H_2SO_4中 640 mV / SHE 下恒电位钝化 30 min，然后向溶液中加入 NaCl 溶液[74,75]

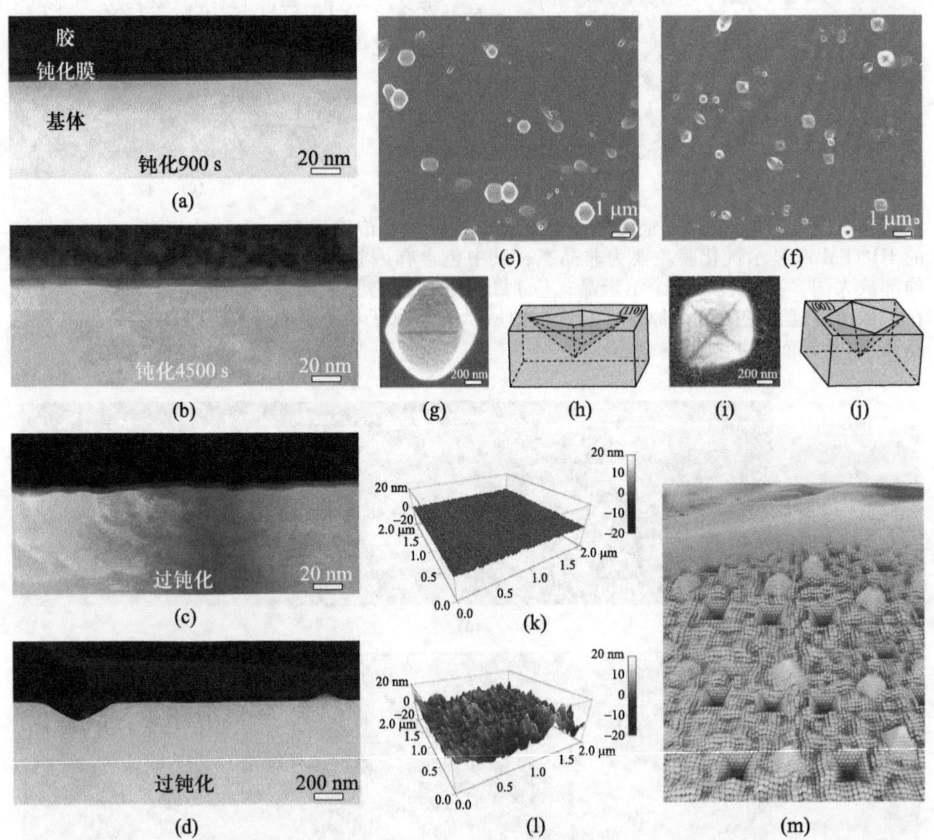

图 6.33　金属/钝化膜界面的晶面重构：(a)~(b)单晶合金在 0.5 mol · L^{-1} H_2SO_4 溶液中 0. 4 V/SCE下钝化 900 s(a)和 4500 s(b)的 HAADF-STEM 像；(c)、(d)单晶合金在0.5 mol · L^{-1} H_2SO_4溶液中先在 0.4 V/SCE 下钝化 900 s(c)，而后在 1.1 V/SCE 下过钝化 3600 s(d)的 HAADF-STEM 像；(e)、(f) SEM 图像表明过钝化处理在(110)表面(e)及(001)表面(f)上形成不同外形的凹坑；(g)~(j)不同表面上凹坑的局部放大图[(g)、(i)]及示意图[(h)、(j)]；(k)、(l)钝化(k)和过钝化(l)表面的 AFM 图像；(m)过钝化后的形貌示意图，表面的起伏由密排的{111}晶体学面构成[76]

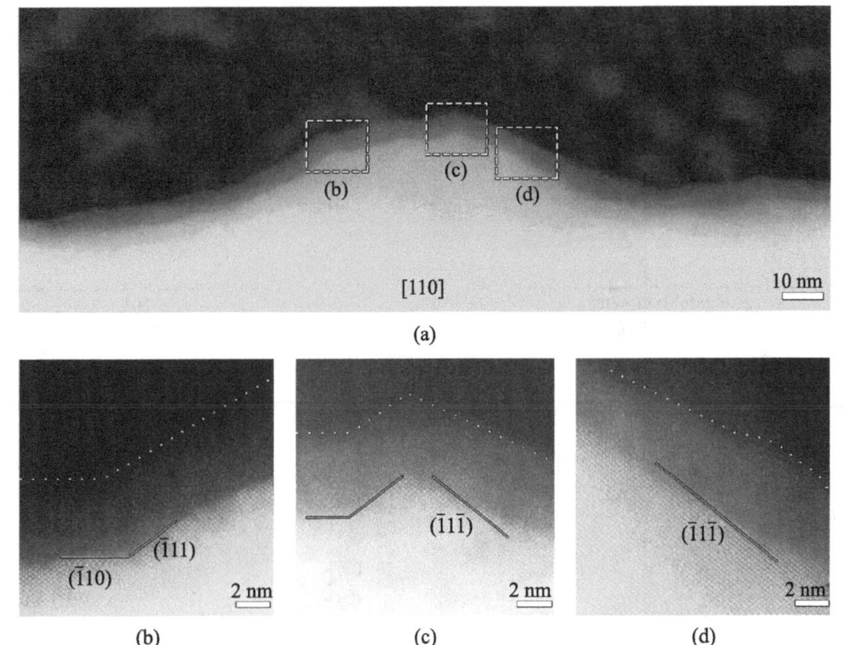

图 6.34　过钝化处理将界面修饰成由密排{111}晶体学面构成的低能界面：(a) 起伏界面的 HAADF-STEM 像；(b)~(d)图(a)中标示位置的局部放大图[76]

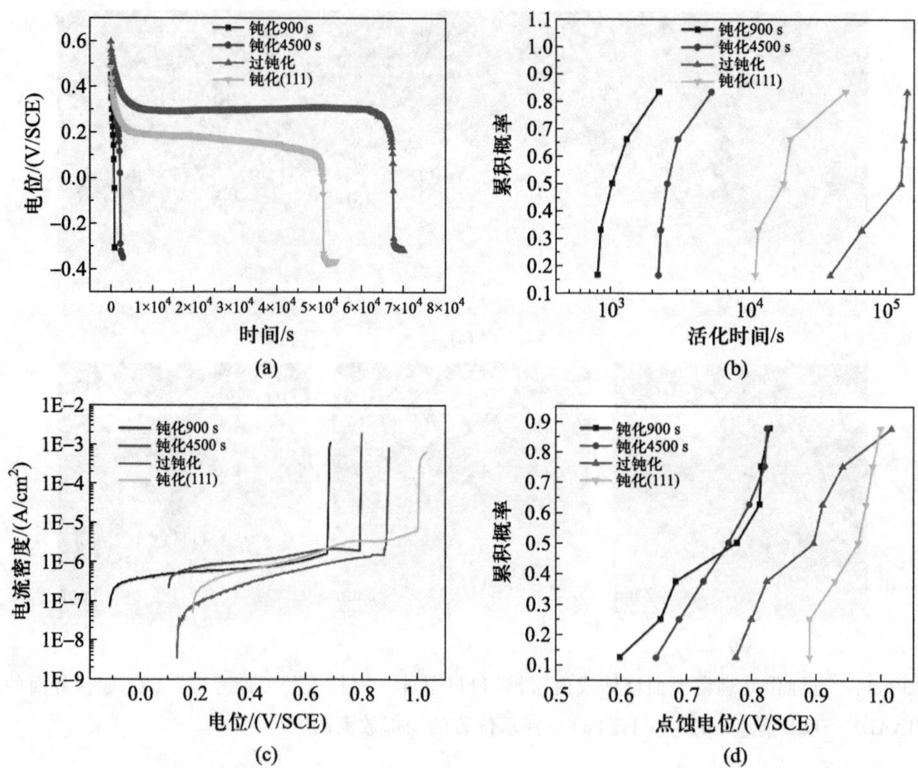

图 6.35　低能密排界面提高材料的耐还原溶解及抗点蚀能力：(a) 室温下 $FeCr_{15}Ni_{15}$ 单晶合金在 5.6 mol · L^{-1} H_2SO_4 溶液中的开路电位衰减曲线，密排{111}界面的形成显著延长了活化时间；(b) 活化时间的累计概率分析；(c) 不同条件处理的 $FeCr_{15}Ni_{15}$ 单晶合金在 3.5% NaCl 溶液中(50 ℃)的动电位极化曲线；(d)点蚀电位的累计概率分析[76]

图 7.41 (a) 稳定的 $Al_{65}Cu_{20}Fe_{15}$ 二十面体准晶的正五角十二面体生长形貌[43]；(b) Al_6Li_3Cu二十面体准晶的菱面三十面体生长形貌[45-47]；(c) 单个晶粒的 Ho-Mg-Zn 准晶形貌像，其边长为 2.2 mm，清晰显示了五边形的面及十二面体的形貌[48]；(d) Al-Mn 准晶 SEM 像，展示出准晶具有的五瓣花朵状，蔡安邦教授拍摄

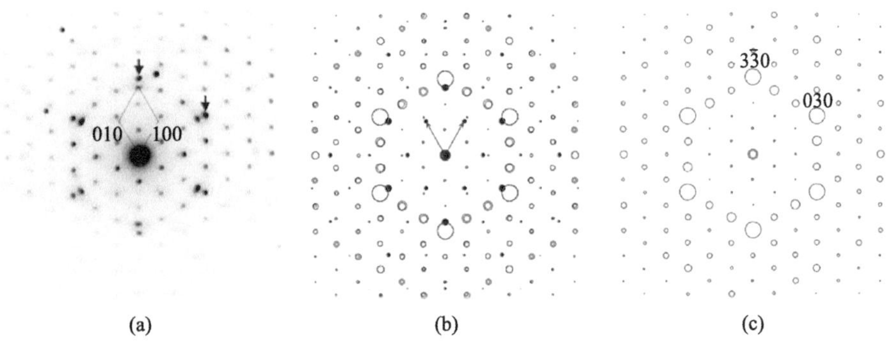

图 A2.16 Pt-Bi 薄膜的 SAED 图，由 γ-$PtBi_2$ 孪晶和共存的六方 PtBi 相组成：(a) 实验电子衍射图；(b) 模拟的合成电子衍射图；(c) 单相 γ-$PtBi_2$ 的模拟电子衍射图

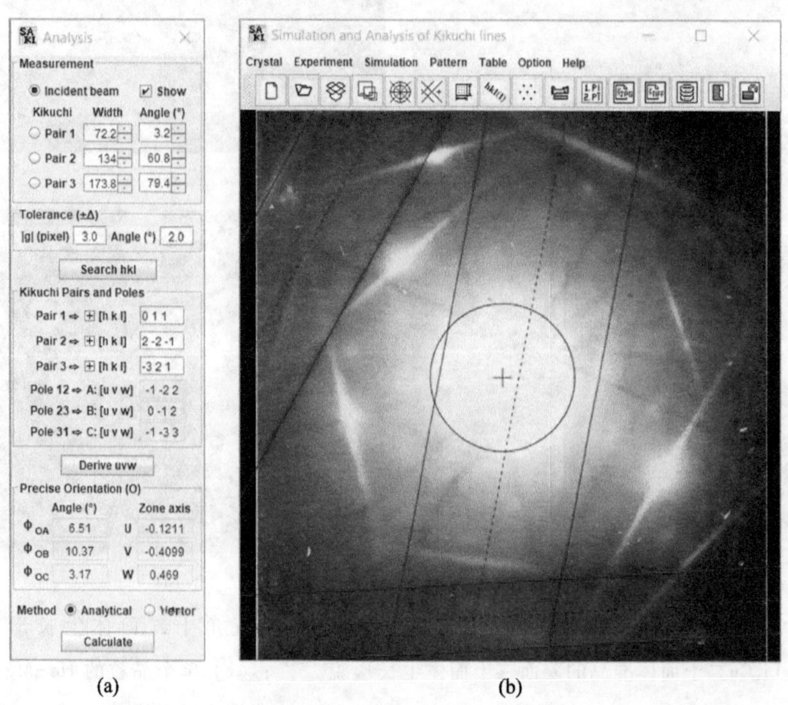

(a) (b)

图 A2.21　SAKI 分析实验菊池衍射图的主界面，以 Mg 实验菊池衍射图为例

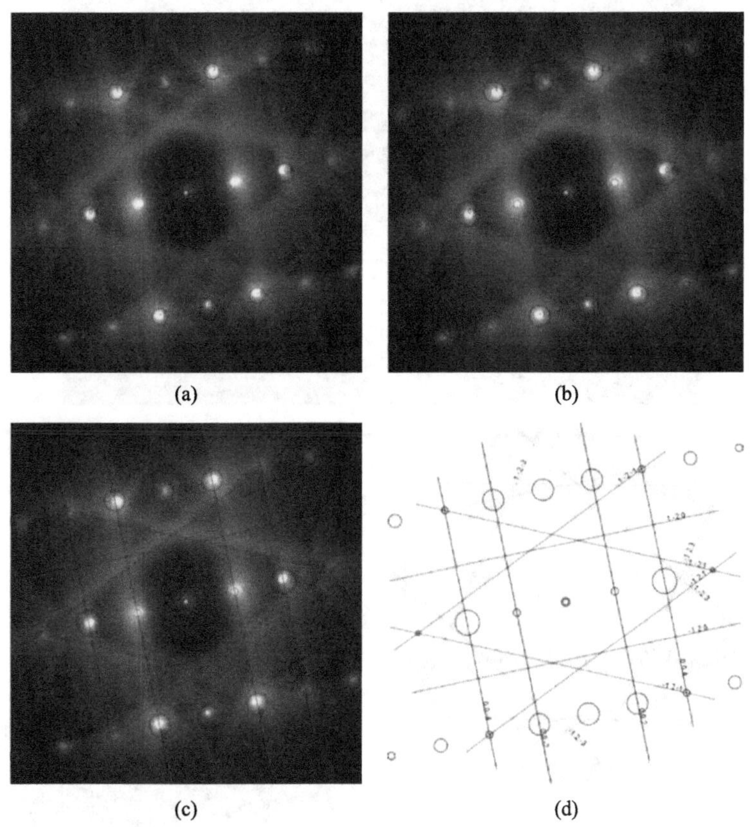

图 A2.22　(a)~(c)Cr_3Ge 相的实验衍射图与模拟线条图的叠加图，其中，图(a)为衍射运动学理论下模拟的衍射图，图(b)为包括二次衍射效应的衍射图，图(c)为模拟菊池衍射图；(d)单纯模拟衍射图

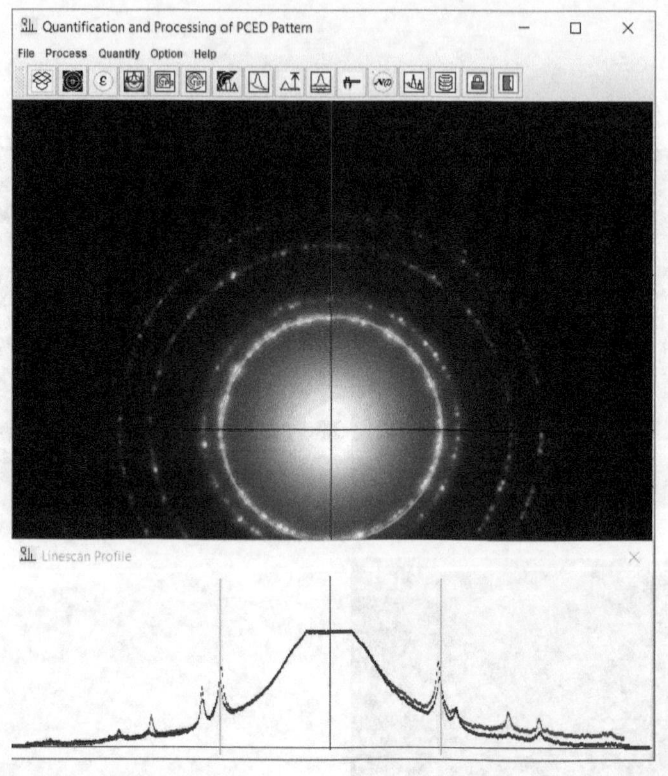

图 A2.31　QPCED 的用户图形界面截图

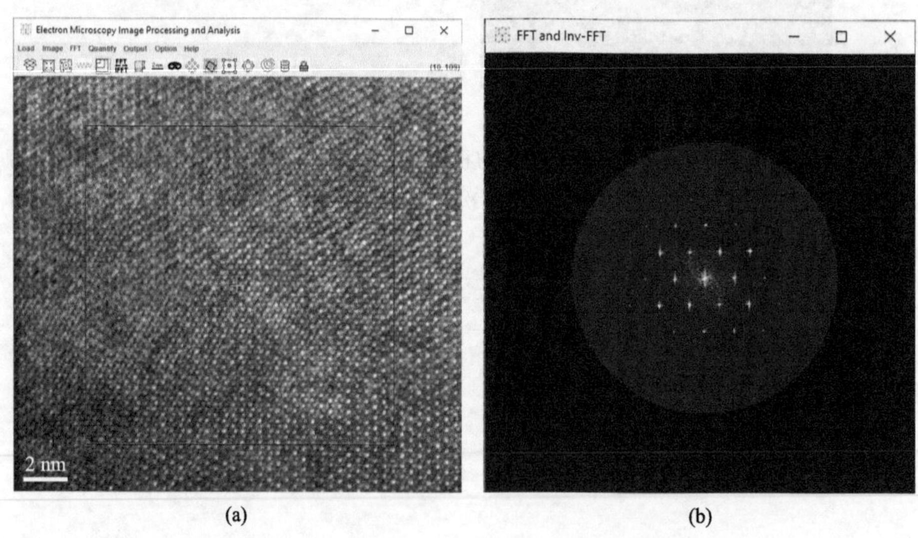

图 A2.42　用户图形界面：(a)高分辨电子显微像；(b)傅里叶变换图

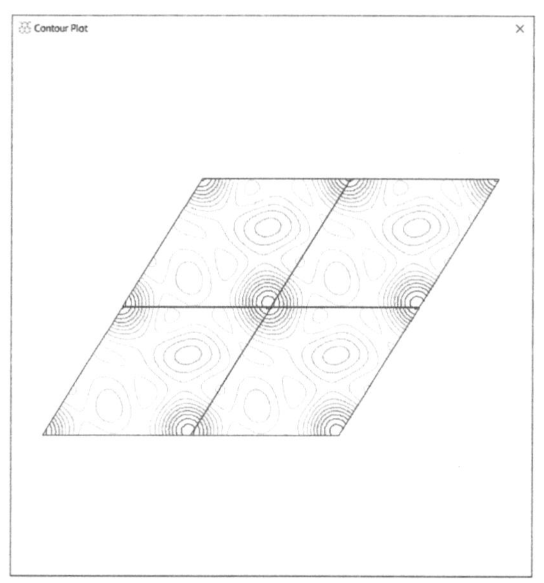

图 A2.43　带有高分辨电子显微图像的等高线图

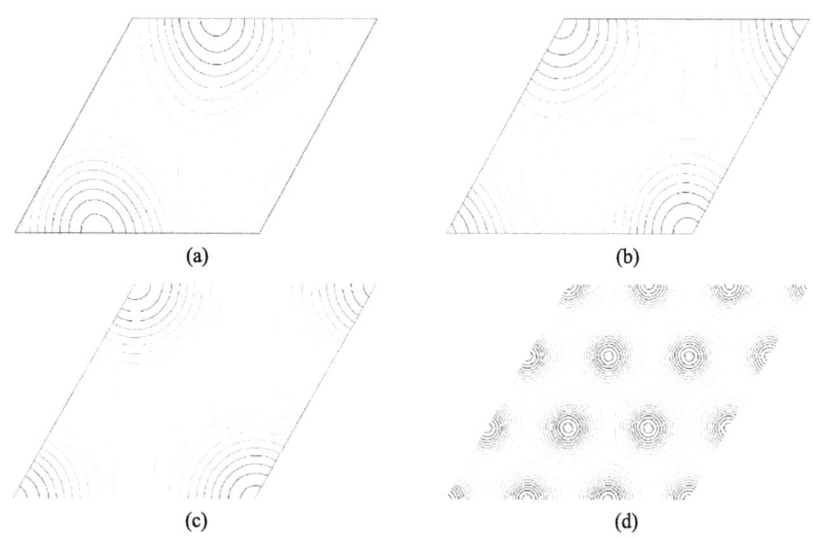

图 A2.45　使用 SIMPA 处理 Fe 颗粒的 HREM 图像：(a) 原点被任意选择的单位单元；(b) 原点被重置的单位单元；(c) 通过 CIP 增强的单位单元；(d) 9×9 单位单元，它可以与 HREM 图像进行比较

HEP MSE

材料科学与工程著作系列
HEP Series in Materials Science and Engineering

已出书目－1

□ 省力与近均匀成形——原理及应用
王仲仁、张琦 著
ISBN 978-7-04-030091-8
9 787040 300918 >

□ 材料热力学（英文版，与Springer合作出版）
Qing Jiang，Zi Wen 著
ISBN 978-7-04-029610-5
9 787040 296105 >

□ 微观组织的分析电子显微学表征（英文版，与Springer合作出版）
Yonghua Rong 著
ISBN 978-7-04-030092-5
9 787040 300925 >

□ 半导体材料研究进展（第一卷）
王占国、郑有炓 等 编著
ISBN 978-7-04-030699-6
9 787040 306996 >

□ 水泥材料研究进展
沈晓冬、姚燕 主编
ISBN 978-7-04-033624-5
9 787040 336245 >

□ 固体无机化学基础及新材料的设计合成
赵新华 等 编著
ISBN 978-7-04-034128-7
9 787040 341287 >

□ 磁化学与材料合成
陈乾旺 等 编著
ISBN 978-7-04-034314-4
9 787040 343144 >

□ 电容器铝箔加工的材料学原理
毛卫民、何业东 著
ISBN 978-7-04-034805-7
9 787040 348057 >

□ 陶瓷科技考古
吴隽 主编
ISBN 978-7-04-034777-7
9 787040 347777 >

□ 材料科学名人典故与经典文献
杨平 编著
ISBN 978-7-04-035788-2
9 787040 357882 >

□ 热处理工艺学
潘健生、胡明娟 主编
ISBN 978-7-04-022420-7
9 787040 224207 >

□ 铸造技术
介万奇、坚增运、刘林 等 编著
ISBN 978-7-04-037053-9
9 787040 370539 >

□ 电工钢的材料学原理
毛卫民、杨平 编著
ISBN 978-7-04-037692-0
9 787040 376920 >

□ 材料相变
徐祖耀 主编
ISBN 978-7-04-037977-8
9 787040 379778 >

已出书目－2

□ 材料分析方法
董建新

ISBN 978-7-04-039048-3
9 787040 390483 >

□ 相图理论及其应用（修订版）
王崇琳

ISBN 978-7-04-038511-3
9 787040 385113 >

□ 材料科学研究中的经典案例（第一卷）
师昌绪、郭可信、孔庆平、马秀良、叶恒强、王中光

ISBN 978-7-04-040190-5
9 787040 401905 >

□ 屈服准则与塑性应力－应变关系理论及应用
王仲仁、胡卫龙、胡蓝 著

ISBN 978-7-04-039504-4
9 787040 395044 >

□ 材料与人类社会：材料科学与工程入门
毛卫民 编著

ISBN 978-7-04-040807-2
9 787040 408072 >

□ 分析电子显微学导论（第二版）
戎咏华 编著

ISBN 978-7-04-041356-4
9 787040 413564 >

□ 金属塑性成形数值模拟
洪慧平 编著

ISBN 978-7-04-041234-5
9 787040 412345 >

□ 工程材料学
堵永国 编著

ISBN 978-7-04-043938-0
9 787040 439380 >

□ 工程材料结构原理
杨平、毛卫民 编著

ISBN 978-7-04-046434-4
9 787040 464344 >

□ 合金钢显微组织辨识
刘宗昌 等 著

ISBN 978-7-04-046868-7
9 787040 468687 >

□ 光电功能材料与器件
周忠祥、田浩、孟庆鑫、宫德维、李均 编著

ISBN 978-7-04-047315-5
9 787040 473155 >

□ 工程塑性理论及其在金属成形中的应用（英文版）
王仲仁、胡卫龙、苑世剑、王小松 著

ISBN 978-7-04-050587-0
9 787040 505870 >

□ 先进高强度钢及其工艺发展
戎咏华、陈乃录、金学军、郭正洪、万见峰、王晓东、左训伟 著

ISBN 978-7-04-051837-5
9 787040 518375 >

□ 粉末冶金学（第三版）
黄坤祥 著

ISBN 978-7-04-049362-7
9 787040 493627 >